D1639940

Gärung und Reifung des Bieres

Grundlagen
Technologie
Anlagentechnik

3. überarbeitete Auflage 2020

Prof. Dr. sc. techn. Gerolf Annemüller

Dr. sc. techn. Hans-J. Manger

Im Verlag der VLB Berlin

Bibliografische Information Der Deutschen Bibliothek
Die Deutsche Bibliothek verzeichnet diese Publikation in der Deutschen National-bibliografie; detaillierte bibliografische Daten sind im Internet über:
portal.dnb.de abrufbar.

Kontaktadresse:
Dr. Hans-J. Manger
Pflaumenallee 14
15234 Frankfurt (Oder)
Email: hans.manger@t-online.de

3. aktualisierte Auflage 2020

ISBN 978-3-921690-94-9

Herstellung: VLB Berlin, PR- und Verlagsabteilung
Druck: BestPreisPrinting, Gilching

Inhaltsverzeichnis

Inhaltsverzeichnis, detailliert

Häufig verwendete Abkürzungen und Formelzeichen

A	Fläche
ADP	Adenosindiphosphat
AG	Auftraggeber
AGI	Arbeitsgemeinschaft Industriebau e.V.
AGW	Arbeitsplatzgrenzwert (ersetzt den MAK-Wert; s.a. GefStoffV vom 23.12.2004)
AMP	Adenosinmonophosphat
AN	Auftragnehmer
ASI	Arbeitssicherheits-Informationen
ASR	Arbeitsstätten-Richtlinie
AST	Aufgabenstellung
ATP	Adenosintriphosphat
AW	Anstellwürze
B	Bestimmtheitsmaß in statistischen Auswertungen
BDE	Betriebsdatenerfassung
BE	Bittereinheiten (EBC)
BG	Berufsgenossenschaft
BGN	BG Nahrungsmittel und Gastgewerbe
BGV	Berufsgenossenschaftliche Vorschriften
BImSchG	Bundes-Immissionsschutzgesetz
BImSchV	Bundes-Immissionsschutzverordnung
BHKW	Blockheizkraftwerk
BMSR	Betriebsmess-, Steuer- und Regeltechnik
BP	befähigte Person (früher Sachkundiger)
c	Konzentration eines Inhaltsstoffes
c_A	Ethanolgehalt
CAD	Computer Aided Design
CE	Communauté Européenne = Europäische Gemeinschaft bzw. Conformité Européenne
c_H	Hefekonzentration
c_{H0}	Anstellhefekonzentration
c_{Hmax}	maximale Hefekonzentration
CIP	Cleaning in place
CO_2	Kohlendioxidgas
COP	Coeffizient of Performance (Leistungszahl)
c_p	spezifische Wärme bei konstantem Druck
CrNi-Stahl	Chrom-Nickel-Stahl (Edelstahl)
c_v	spezifische Wärme bei konstantem Volumen
c_{VD}	Gesamtdiacetylgehalt (Vorstufen + vicinale Diketone)
d	Durchmesser
DIN	Deutsches Institut für Normung e.V.
DGUV	Deutsche Gesetzliche Unfallversicherung
DGUV-V	Deutsche Gesetzliche Unfallversicherung - Vorschriften
DGUV-G	Deutsche Gesetzliche Unfallversicherung - Grundsätze
DGUV-I	Deutsche Gesetzliche Unfallversicherung - Informationen
DGUV-R	Deutsche Gesetzliche Unfallversicherung - Regeln

DMS	Dimethylsulfid
DN	Nennweite
EBC	European Brewery Convention
EHEDG	European Hygienic Equipment Design Group
EMSR	Elektro-, Mess-, Steuerungs- und Regelungs-(Technik)
EP	Epoxidharz
EPDM	Ethylen-Propylen-Dien-Mischpolymerisat
Es	scheinbarer Extrakt
Ew	wirklicher Extrakt
f	Freiheitsgrad in statistischen Auswertungen
F	Kraft
FAN	Freier α-Aminostickstoffgehalt (EBC)
Fbk	Filtrierbarkeitskennziffer
FCKW	Fluorchlorkohlenwasserstoff
FDA	Food and Drug Administration (USA)
FDP-Weg	Fructose-1,6-diphosphat-Weg (*Emden-Meyerhof-Parnas-Weg)*
FHM	Filterhilfsmittel
FS	Fettsäuren
g	Fallbeschleunigung, $g = 9{,}81\ m/s^2$
GAA	Gesamtamylolytische Aktivität
GGD	Gesamtgrenzdextrinase-Aktivität
GKA	Gärkellerausbeute
GLRD	Gleitringdichtung
GT	Großtank, meist ZKT
GVs	scheinbarer Gärkellervergärungsgrad
GWP	Treibhauseffekt (globing warming potential)
h	Enthalpie in kJ/kg
H	Flüssigkeitshöhe, Flüssigkeitsdruck
h/d	Höhen-Durchmesser-Verhältnis
HG	Hauptgärung
HNBR	Hydrierter NBR-Kautschuk
HTS	Hefetrockensubstanz
i.N.	im Normzustand (0 °C, 1,013 bar)
K	Kelvin
k	*k*-Wert = Wärmedurchgangskoeffizient (bei Wärmedämmungen: auch Wärmedämmwert, U-Wert)
KP	Kalt- und Klärphase
KS	Konusstutzen
KWK	Kraft-Wärme-Kopplung
KZE	Kurzzeiterhitzung
LFGB	Lebensmittel-, Bedarfsgegenstände- und Futtermittelgesetzbuch
m WS	Meter Wassersäule
MAK	Maximale Arbeitsplatzkonzentration (s.a. AGW)
ME	Maßeinheit
MEBAK	Mitteleuropäische Brautechnische Analysenkommission
MGW	Malzgleichwert der Schüttung
MID	Magnetisch-induktives Durchflussmessgerät
M_{max}	Filtrierbarkeitskennwert nach *Esser*
MSR	Mess-, Steuerungs- und Regelungs-(Technik)
n	Drehzahl

$NADH+H^+$	reduziertes Nicotinamid-Adenin-Dinucleotid
NBR	Acrylnitril-Butadien-Kautschuk
NPSH-Wert	Net positive suction head-Wert (Haltedruck der Anlage)
Ø	Durchmesser
ODP	Ozongefährdungspotenzial (ozone depletion potential)
OKF	Oberkante Fundament
p	Druck
P	Leistung
PCR	Polymerasekettenreaktion
PE	Pasteurisiereinheiten
PN	Nenndruck
PP	Polypropylen
PS	Polystyrol
PTFE	Polytetrafluorethylen
$p_ü$	Überdruck
$p_{üerf}$	erforderlicher Spundungsdruck
PUR	Polyurethan
PVC	Polyvinylchlorid
PVDF	Polyvinylidenfluorid
PVPP	Polyvinylpolypyrrolidon
PW	Porenweite
PWÜ	Plattenwärmeübertrager
Q	Wärme
R	Korrelationskoeffizient
r	Radius
R/D	Reinigung und Desinfektion
R^2	Bestimmtheitsmaß in statistischen Auswertungen
R_a	Rautiefe
Re	*Reynolds*-Kennzahl
RI-	Rohrleitungs- und Instrumenten-(Fließbild)
RL	Rücklauf
RNA	Ribonucleinsäure
RWÜ	Rohrbündelwärmeübertrager
s	Entropie
s	Standardabweichung in statistischen Auswertungen
Sch	Schüttung
SH	Sudhaus
SIP	Sterilization in place
SPS	Speicherprogrammierbare Steuerung
SR	Steigrohr
St	Stammwürze des Bieres
St_{AW}	Konzentration Anstellwürze
T	Temperatur in K
t	Zeit
TEWI	Total Equivalent Warming Impact
t_G	Generationszeit
TWA	Technisch-Wissenschaftlicher Ausschuss der VLB
UVV	Unfallverhütungsvorschriften
V	Volumen
VB	Verkaufsbier,

VDI	Verein Deutscher Ingenieure
VDMA	Verband Deutscher Maschinen- und Anlagenbau e.V.
vEs	bereits vergorener scheinbarer Extrakt
vEw	bereits vergorener wirklicher Extrakt
V_H	Volumen der Hefezelle
VL	Vorlauf
VLB	Versuchs- und Lehranstalt für Brauerei in Berlin (gegründet 1883)
VOB	Verdingungsordnung Bauwesen
Vs	scheinbarer Vergärungsgrad
Vsaus	scheinbarer Ausstoßvergärungsgrad
Vsend	scheinbarer Endvergärungsgrad
Vw	wirklicher Vergärungsgrad
WHG	Wasserhaushaltsgesetz
WIG	Wolfram-Inertgas-Schweißen
w_R	Fließgeschwindigkeit im ZKT
WR	Warmreifung
WÜ	Wärmeübertrager
ZKG	zylindrokonischer Gärtank
ZKL	zylindrokonischer Lagertank
ZKT	zylindrokonischer Tank (Tank in zylindrokonischer Bauform)
ZS	Ziehstutzen
ZÜS	zugelassene Überwachungsstelle (früher Sachverständiger)

Abkürzungen für vergärbare Zucker im vergärbaren Extrakt

G	Glucose
G_2	Maltose
G_3	Maltotriose
F	Fructose
S	Saccharose

Δ	Differenz
$\Delta\vartheta$	Temperaturdifferenz
ΔEs	vergärbarer scheinbarer Restextrakt (noch vorhandener E.)
ΔEw	vergärbarer wirklicher Restextrakt (noch vorhandener E.)
ΔVs	Differenz des scheinbaren Vergärungsgrades zum scheinbaren Endvergärungsgrad
ε	Leistungszahl (-ziffer)
Σ	Summe
$\dot{m}$	Massenstrom
$\dot{V}$	Volumenstrom
$\bar{x}$	Mittelwert
$\dot{Q}$	Wärmestrom
λ	Liefergrad oder Leitfähigkeit
ρ	Dichte
η	Wirkungsgrad oder dynamische Viskosität
φ	relative Luftfeuchte
ϑ	Temperatur in °C
ω	Winkelgeschwindigkeit

ϑ_a	Außentemperatur
ϑ_B	Biertemperatur
ϑ_F	Flüssigkeitstemperatur
ϑ_{HG}	Temperatur der Hauptgärung
ϑ_K	Kaltlagertemperatur
ϑ_R	Reifungstemperatur
ϑ_W	Würzetemperatur
*	statistisches Ergebnis mit 95 % Sicherheit
**	statistisches Ergebnis mit 99 % Sicherheit
***	statistisches Ergebnis mit 99,9 % Sicherheit
–	keine statistische Sicherheit
[P]	Proteinkonzentration
[T]	Tannin- bzw. Gerbstoffkonzentration
°P	Grad *Plato*, % Extrakt
μ	spezifische Geschwindigkeit (Wachstumsrate, Produktbildung)
ν	kinematische Viskosität

Zur Angabe von grafischen Symbolen in technischen Dokumentationen (z. B. in RI-Fließbildern) und zur Prozessleittechnik (z. B. Kennbuchstaben für Messgrößen und deren Verarbeitung) wird auf die einschlägigen Normen verwiesen (zum Beispiel [1], [2], [3], s.a. [4]).

Bildnachweis:
Die Bildquellen werden in den Bildunterschriften genannt. Unbezeichnete Abbildungen stammen von den Autoren, bei einigen Abbildungen konnten die Quellen nicht ermittelt werden.

Vorwort

Die letzten deutschsprachigen Buchveröffentlichung zur Thematik Gärung und Reifung datieren aus den Jahren 1963 [5] und 1964 [6].

Die Autoren haben es sich zum Ziel gesetzt, diese Lücke zu schließen und eine aktuelle Gesamtdarstellung der Verfahrens- und Apparatetechnik der Prozessstufen Gärung und Reifung vorzulegen, die auch im Rahmen der Berufs- und Hochschulausbildung genutzt werden kann.

Dabei wird der Themenkomplex Brauereihefe/Hefemanagement bewusst ausgeklammert, da hierfür eine aktuelle, umfassende Arbeit vorliegt [7]. Auf diese Veröffentlichung wird deshalb an verschiedenen Stellen Bezug genommen, um unnötige Doppelungen zu vermeiden und den Buchumfang zu reduzieren.

Aus dem gleichen Grund werden die Ausführungen zu Kälteanlagen, Anlagen für die CO_2-Rückgewinnung und Druckluft-Bereitstellung sowie zur Online-Messtechnik kurz gehalten und es wird auf die einschlägige Literatur verwiesen, s.a. [4], [8], [9], [10]. Auf die Publikationen Planung von Anlagen der Gärungs- und Getränkeindustrie [595] und Armaturen, Rohrleitungen, Pumpen etc. [612] wird hingewiesen.

Da immer noch einige kleinere Brauereien mit traditioneller Verfahrens- und Apparatetechnik arbeiten, wird auch der historische Bezug nicht ganz vernachlässigt.
Die wesentlichen Themen der vorliegenden Arbeit sind:

- Stellung und Bedeutung der Gärung und Reifung des Bieres im Prozess der Bierherstellung;
- Stoffumwandlungen und Veränderungen während der Gärung und Reifung des Bieres;
- Nebenprodukte der Gärung und Reifung und ihre Bedeutung für die Qualität des Bieres;
- Technologische und technische Einflussfaktoren zur Steuerung der Gärung und Reifung;
- Klassische Verfahren der Gärung und Reifung;
- Verkürzte Gär- und Reifungsverfahren in klassischen Gefäßsystemen;
- Optimierung der diskontinuierlichen Gärung und Reifung durch die Anwendung von zylindrokonischen Tanks (ZKT);
- ZKT - Anlagentechnik;
- Halbkontinuierliche Gärungs- und Reifungsverfahren;
- Kontinuierliche Verfahren;

- Obergärige Biere und Besonderheiten der Obergärung;
- Spezialbiere - ihre Besonderheiten bei der Gärung und Reifung einschließlich alkoholfreie Biere;
- High-gravity-brewing - Vergärung höher konzentrierter Würzen;
- Technologische Maßnahmen im Prozess der Gärung und Reifung zur Gewährleistung der Endproduktqualität;
- Anforderungen an das fertig vergorene, ausgereifte, geklärte und vorstabilisierte Unfiltrat;
- Separation und Separatoren bei der Gärung und Reifung;
- Berechnung des Schwandes und der Kapazität von Gär- und Reifungsabteilungen;
- Hefebiergewinnung und Verwertungsmöglichkeiten von Hefebier und Überschusshefe;
- Reinigung und Desinfektion im Gär- und Lagerkeller;
- Hinweise für die Gestaltung von Anlagen und Anforderungen an die Anlagen;
- Hinweise zum Einsatz von Pumpen, Rohrleitungen und Armaturen;
- Werkstoffe und Oberflächen;
- CO_2-Rückgewinnungsanlagen und Druckluftversorgung;
- Arbeits- und Gesundheitsschutz, technische Sicherheit.

Die Klärung und Stabilisierung des Bieres sind nicht Gegenstand dieser Abhandlung (hierzu siehe [11]). Das gleiche gilt für die mikrobiologische Betriebskontrolle.

Über sachdienliche Hinweise zur Verbesserung des Inhaltes würden sich die Autoren sehr freuen.

Die Quellen von Abbildungen sind in den Bildunterschriften vermerkt. Die Autoren bedanken sich für die Bereitstellung bzw. Nutzung dieser Unterlagen.

Für die zweckdienlichen Informationen, die wir im Rahmen unserer Mitarbeit in den Arbeitsausschüssen des TWA der VLB Berlin erhalten haben, möchten wir uns bei den Fachkollegen bedanken. Ebenso möchten wir den Firmen GEA Westfalia und GEA Tuchenhagen für die Bereitstellung von Unterlagen danken.

Der Versuchs- und Lehranstalt für Brauerei (VLB) in Berlin gilt unser Dank ganz besonders für die Mühen, die mit der Herausgabe und dem Druck dieses Buches verbunden sind.

Berlin und Frankfurt (Oder) im April 2020

Gerolf Annemüller
Hans-J. Manger

1. Einführung, Stellung und Bedeutung der Gärung und Reifung des Bieres im Prozess der Bierherstellung, Begriffe, Einflussfaktoren

Die Gärung und Reifung des Bieres ist nach der Würzeherstellung und Würzekonditionierung der zweite große Arbeitsabschnitt im Prozess der Bierherstellung. Mithilfe der Brauereihefen werden in dieser Prozessstufe einfache Zucker zu Ethanol und Kohlendioxid umgewandelt, d. h., sie werden *vergoren*. Bei den Prozessverläufen unterscheidet man zwischen *untergärigen* und *obergärigen Bieren*, die mit unterschiedlichen Hefestämmen, einer *untergärigen* oder entsprechend einer *obergärigen* Hefe hergestellt werden können.

1.1 Teilprozesse der Biergärung und -reifung

Dieser zweite große Abschnitt der Bierherstellung kann in folgende drei Teilprozesse unterteilt werden:

- Mit dem Hefezusatz zur geklärten, gekühlten und konditionierten Würze, dem sog. Anstellen, beginnt die Gärung, das Produkt ist jetzt Bier.
  Aus der süßen, gebitterten Würze entsteht dabei das alkohol- und kohlendioxidhaltige, schäumende Bier.
  Im klassischen Bierherstellungsprozess unterscheidet man noch in Haupt- und Nachgärung (siehe Tabelle 1), bei den modernen Verfahren ist dieser Unterschied kaum noch möglich.
- In enger Verbindung mit dem Energie- und Baustoffwechsel der Hefe (ausführliche Darstellung siehe [7]) finden eine Vielzahl von biochemischen Reaktionen im Bier statt, deren Zwischen- und Endprodukte den Charakter und die Qualität des Bieres wesentlich mit bestimmen. Am Ende der Zuckervergärung müssen vor allem mithilfe der Hefe die sensorisch unangenehmen Jungbierbukettstoffe abgebaut und aus dem Bier im erforderlichen Umfang entfernt werden. Dieser Prozessabschnitt wird als Reifung des Bieres bezeichnet, der eng an den Gärprozess gekoppelt ist.
  Je nach dem Reifegrad des Bieres spricht man am Anfang von Jungbier und am Ende des Prozesses von ausgereiftem Lagerbier.
- Nach Abschluss der an die Hefezelle gebundenen Gär- und Reifungsprozesse findet die Klär- und Lagerphase des Bieres statt, in der die Hefe bei der Untergärung durch Sedimentation auf den Behälterboden und bei der klassischen Obergärung vorwiegend am Ende der Hauptgärung durch Aufsteigen an die Flüssigkeitsoberfläche in die sogenannte Decke, auch als Hefetrieb bezeichnet, aus dem Bier ausgeschieden wird.
  Diese Prozesse finden bei der Untergärung hauptsächlich im abgekühlten, kalten Bier, der sogenannten Kaltlagerphase, statt, bei dem weitere instabile Eiweiß-Gerbstoff-Kolloide aus dem Bier entfernt werden.

Alle drei Teilprozesse der Gärung und Reifung beeinflussen die Bierqualität entscheidend, wie die nachfolgenden Kapitel zeigen.

1.2 Ablaufende Qualitätsprozesse bei der Gärung und Reifung des Bieres

Die folgenden Prozesse während der Gärung, Reifung und Klärung des Bieres prägen die Bierqualität entscheidend:

- Ethanol wird während der Gärung gebildet, der mit steigenden Konzentrationen zur Vollmundigkeit und Süße des Bieres beiträgt. Seine Konzentration charakterisiert entscheidend mit die Biersorte, den Biertyp und natürlich auch die Bekömmlichkeit.
- Das andere Gärungshauptprodukt ist Kohlendioxid, das in seiner Hauptmenge aus dem gärenden Bier als Gas ausgeschieden wird und separat gewonnen werden kann. Dabei entfernt es teilweise einige flüchtige und unerwünschte Aromakomponenten. Dies ist eine Art „CO_2-Wäsche", die aber nicht für die Erreichung der erforderlichen geschmacklichen Reife des Bieres ausreicht. Weiterhin kommt es in Abhängigkeit von Biertemperatur und dem eingestellten Behälterüberdruck (Spundungsdruck) zur gewünschten CO_2-Anreicherung im Bier, dies beeinflusst entscheidend die Rezenz und Frische des Bieres sowie die mögliche Schaummenge.
  Das im Bier verbleibende Kohlendioxid steht neben anderen Verbindungen für den perlenden und frischen Geschmackseindruck.
- Neben der CO_2-Wäsche führen vor allem an die Hefe gebundene biochemische Prozessabläufe zur Verminderung von im Bier befindlichen Stoffwechselzwischenprodukten der Hefe, die den unreifen Jungbiercharakter ausmachen. So wird z. B. die Reduktion der durch oxidative Decarboxylierung der α-Acetohydroxysäuren entstandenen vicinalen Diketone als Gradmesser für die Bierreifung verwendet.
- Es kommt in Verbindung mit dem Gärungs- und Vermehrungsstoffwechsel der Hefe zur Aromabildung des Bieres. Die dabei gebildeten Bukettstoffe, wie die höheren Alkohole und Ester, machen den Aromaunterschied zwischen einem jungen und einem ausgereiften Bier aus und bestimmen somit den Biertyp. Ihre Konzentration wird vor allem durch den Hefestamm, die Hefevermehrung und die Verfahrensführung geprägt.
- Durch die Bildung organischer Säuren während der Gärung sinkt der pH-Wert um mehr als eine Einheit. Dadurch verändert sich der Geschmackseindruck, insbesondere auch der Bittergeschmack, und die Klärung des Bieres wird beschleunigt.
- Gleichzeitig erreichen einige kolloidal gelöste Substanzen in Abhängigkeit vom pH-Wert und der Kaltlagertemperatur ihre Löslichkeitsgrenze und fallen aus. Dies trifft vor allem für viele Proteine zu, die im sauren Bereich ihren isoelektrischen Punkt haben und dort unlöslich werden. Zusätzlich sinkt die Löslichkeit verschiedener schwach saurer Verbindungen wie Hopfenbitterstoffe, Polyphenole und Lipide und dies führt letztlich auch zu ihrer Ausfällung. Diese gewünschten Ausscheidungs- und Klärprozesse fördern die Filtrierbarkeit der Biere und verbessern ihre kolloidale Stabilität.

1.3 Klassische Gärung und Reifung und moderne Großtanktechnologie

Die Gärung, Reifung und Klärung des Bieres sind bei modernen Gär- und Reifungsverfahren keine örtlich und zeitlich scharf zu trennenden Prozessstufen mehr, die bei der klassischen Bierherstellung noch deutlich als Gär- und Lagerkeller erkennbar waren, wie Tabelle 1 zeigt. Die Gärung und Reifung erforderte hier mindestens noch 91...94 % der technologisch erforderlichen Gesamtprozessdauer der Bierherstellung.

Der Begriff *klassisches* Gär- und Reifungsverfahren beinhaltet selbst sehr ungenaue Zeitvorstellungen. Betrug z. B. die gesamte Herstellungszeit für untergäriges Bier in Deutschland um 1900 noch 12...14 Wochen, so war sie um 1965 durchschnittlich auf eine Gärdauer von 9 Tagen und eine Lagerdauer von 6...9 Wochen gesunken.

In Verbindung mit den derzeitigen modernen Filter- und Stabilisierungsverfahren ist die in Tabelle 1 aufgeführte Prozessdauer zurzeit üblich.

Die klassische Verfahrensweise wird vorwiegend nur noch in Klein- und Gasthausbrauereien mit klassischen Gefäßsystemen durchgeführt.

Tabelle 1 Schematischer Überblick über die erforderliche Prozessdauer der klassischen und modernen untergärigen Bierherstellung

Klassische Bierherstellung					
	Würze- herstellung, -gewinnung und -konditionierung	Klassische Hauptgärung bis Δ Es ≈ 1... 2 % bei ϑ = 5...9 °C ($p_{\ddot{u}}$ = 0 bar)	Klassische Nachgärung bis Δ Es ≈ 0,1...0,2 % bei ϑ = 4...-1 °C ($p_{\ddot{u}}$ = 0,3... 0,5 bar)	Filtration, Stabilisierung u. Abfüllung	Σ in Tagen
Abteilung der Brauerei	Sudhaus Kühlhaus	Gärkeller	Lagerkeller	Filterkeller Abfüllkeller	-
Gefäß- systeme	-	Gärbottich (Gärtank)	(Lagerfass) Lagertank	-	-
technologisch erforderliche Prozessdauer	max. 1 Tag	6...10 d	14...21 d	max. 1 d	22...33
		≈ 91...94 % der Gesamtprozessdauer			
Moderne Großtanktechnologie					
	Würze- herstellung, -gewinnung und -konditionierung	kombinierte Gärung und Reifung des Bieres bis Δ Es ≈ 0... 0,2 % bei ϑ = 8...18 °C $p_{\ddot{u}}$ = 0,3... 2,0 bar	Kaltlagerung (und eventuelle Stabilisierung) bei ϑ ≈ 15 °C → 0...-2 °C und $p_{\ddot{u}}$ = 0,8... 2,0 bar	Filtration, Stabilisierung u. Abfüllung	Σ in Tagen
Abteilung der Brauerei	Sudhaus Kühlhaus	zylindrokonisches Tanklager (mit Gärtank- u. Lagertanks oder im Eintankverfahren)		Filterkeller Abfüllkeller	
technologisch erforderliche Prozessdauer	ca. 12 h pro ZKT	7...12 d	5...7 d	≤ 1 d	14...21
		≈ 85...90 % der Gesamtprozessdauer			

Mit der modernen Großtanktechnologie kann eine weitere Verkürzung der Gär- und Reifungsprozesse durch eine auf den Behälterspundungsdruck abgestimmte Temperaturerhöhung erreicht werden, die alle Prozesse in der Gär- und Reifungsphase ohne Qualitätsverluste beschleunigt.

1.4 Einflussfaktoren und Auswirkungen der Verfahrensführung

Die Verfahrensführung der Gärung und Reifung wird entscheidend von den in Abbildung 1 aufgeführten vier Einflussfaktoren beeinflusst:

- Von der verwendeten Würze- und Hefequalität,
- Der Verfahrensführung selbst und
- Der eingesetzten Apparatetechnik.

Alle Faktoren beeinflussen nicht nur den Verlauf der Gärung und Reifung, sondern auch die Endproduktqualität und die Wirtschaftlichkeit der Bierherstellung (s.a. Abbildung 1).

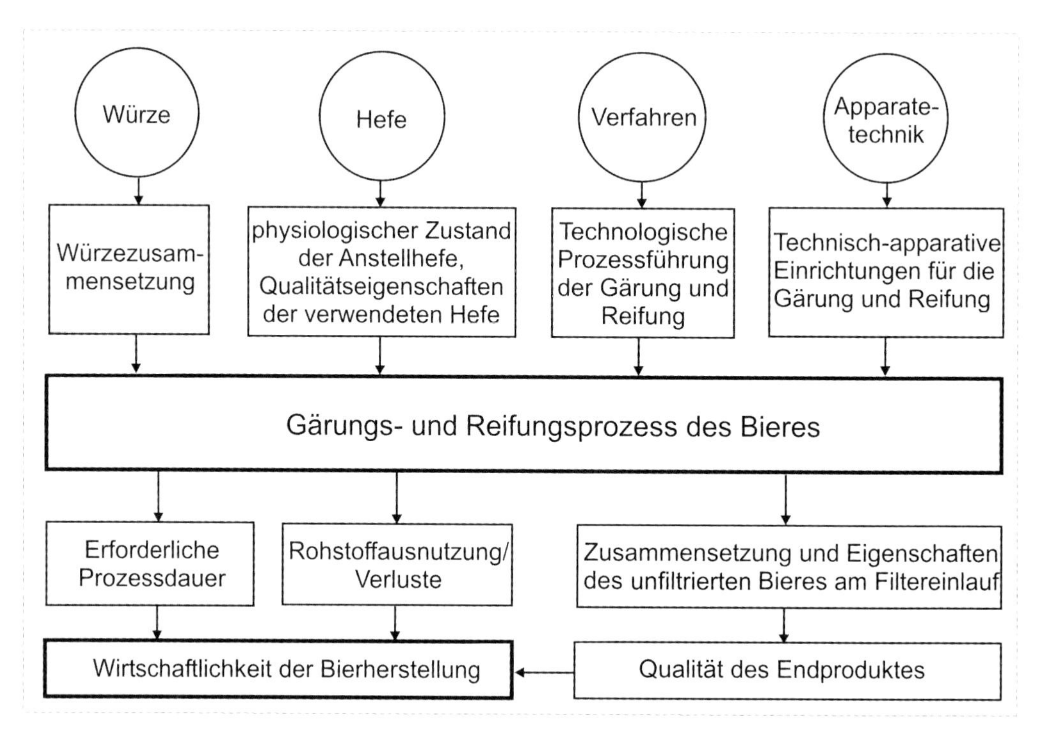

Abbildung 1 Einflussfaktoren auf den Gär- und Reifungsprozess des Bieres und die wirtschaftlichen und qualitativen Zusammenhänge

2. Die Brauereihefen

2.1 Vorbemerkungen

Die Brauereihefen sind bei der Bierherstellung für den Brauer die wichtigsten Hilfsmittel, die von ihm gepflegt und im erforderlichen Umfang vermehrt werden müssen. Die Pflege und Verwertung der Brauereihefen im Prozess der Bierherstellung wird als Hefemanagement bezeichnet.

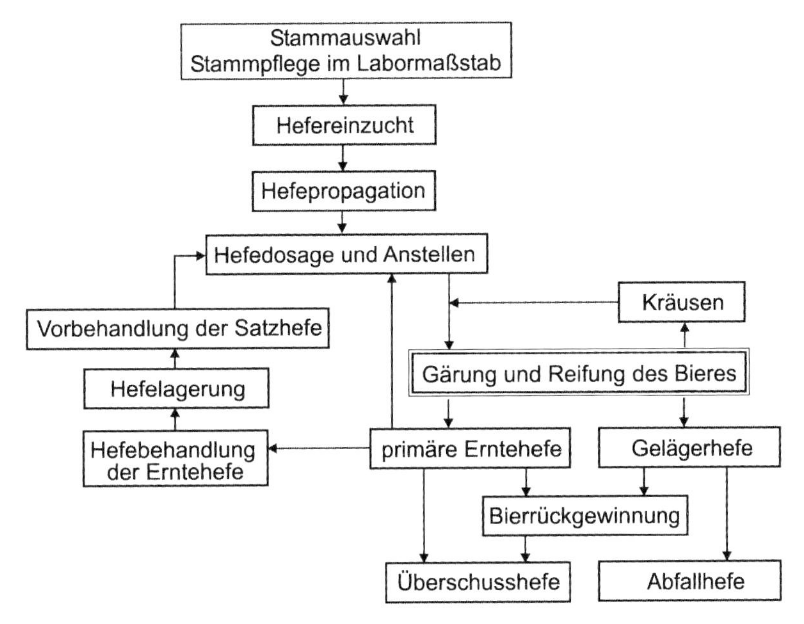

Abbildung 2 Positionen des Hefemanagement im Bierherstellungsprozess (nach [7])

Unter dem Begriff *Hefemanagement* (Synonym: *Hefewirtschaft*) fasst man in der Brauerei sämtliche Prozesse und Handlungen zusammen, die den Umgang mit der Betriebshefe betreffen. Sie beginnen mit der Stammauswahl und der Stammpflege im Labormaßstab und enden mit der Bierrückgewinnung aus der Überschusshefe und deren anschließender Entsorgung. Einen allgemeinen Überblick über die einzelnen Positionen des Hefemanagements in der Brauerei gibt Abbildung 2.

Die dominierenden Bestandteile eines Hefemanagements sind die *Reinzucht des Hefestammes* und die *Propagation* eines Hefesatzes.

Die für eine Anstellwürzecharge benötigte und eingesetzte Hefemenge wird als *Hefesatz* bezeichnet.

Wesentliche Teile dieses Themenkomplexes inklusive der Charakterisierung der Brauereihefen wurden in dem Fachbuch *Die Hefe in der Brauerei* [7] bereits umfangreich behandelt. Deshalb wird in dieser Schrift in den die Hefe betreffenden Kapiteln auf dieses Buch verwiesen bzw. es werden nur kurze Auszüge bzw. Zusammenfassungen wiedergegeben.

2.2 Ober- und untergärige Hefen

Tabelle 2 Unterschiede zwischen ober- und untergäriger Brauereihefe

Qualitätskriterium	Untergärige Brauereihefe	Obergärige Brauereihefe
Größe, Form u. Zellinhalte der Einzelzelle unter dem Mikroskop	keine Unterschiede	
Bildung von Sprossverbänden im Gärsubstrat u. Agglutinationsvermögen	lockere, nur wenige Zellen umfassende Sprossverbände; weniger starkes Agglutinationsvermögen	bildet am Ende der Gärung Sprossverbände von 8 bis 10 Zellen; kein Agglutinationsvermögen
Verhalten am Ende der Hauptgärung im offenen Gärbottich	ballt sich zusammen und setzt sich im Normalfall, mehr oder weniger stark ausgeprägt, am Boden ab	steigt im Normalfall nach oben (CO_2-Auftrieb) und scheidet sich in der Gärdecke (Hefedecke) aus [1])
Temperaturempfindlichkeit	vermehrt sich und gärt auch bei niederen Temperaturen (5...10 °C) noch sehr gut	empfindlich gegenüber Gärtemperaturen unter 10 °C, gärt im Normalfall im Temperaturbereich von ϑ = 12... 25 °C, sedimentiert bei niedrigen Temperaturen
Maximale Wachstumstemperatur [12]	ϑ_{max} = 31,6...34,0 °C	ϑ_{max} = 37,5...39,8 °C
Optimale Wachstumstemperatur [12]	ϑ_{opt} = 26,8...30,4 °C	ϑ_{opt} = 30...35 °C
Bildung von Gärungsnebenprodukten	untergärige Biere sind im Normalfall deutlich weniger fruchtig u. aromatisch im Bukett	deutlich höhere Nebenproduktbildung bei höheren Alkoholen, einigen Estern, flüchtigen Phenolen u. Schwefelverbindungen
Sporenbildungsvermögen	besitzt nur ein geringes Sporenbildungsvermögen, erfolgt erst nach 72 h nach Ausbringung auf den Gipsblock	sporulationsfreudiger, höherer Anteil sporenbildender Zellen, bereits nach 48 h feststellbar
Raffinoseverwertung	vollkommene Raffinoseverwertung, besitzt sowohl das Enzym β-Fructosidase (Invertase) als auch das Enzym α-Galactosidase (Melibiase)	besitzt nicht das Enzym α-Galactosidase, verwertet Raffinose nur zu einem Drittel, kann Melibiose nicht verwerten
Atmungsaktivität in Glucose (0,3 %) limitierten Medien	sehr schwache Atmungsaktivität	größere Atmungsaktivität
SO_2-Bildung	bildet mehr S-Verbindungen, SO_2 > 4 mg/L	bildet weniger S-Verbindungen, SO_2 < 2 mg/L
Weitere Differenzierungsmöglichkeiten	ober- und untergärige Hefestämme lassen sich weiterhin durch genetische, elektrophoretische, immunologische u. enzymatische Methoden differenzieren	

Noch zu Tabelle 2: [1]) Bei der Gärung und Reifung im ZKT werden durch die große Turbulenz die Sprossverbände der obergärigen Hefen zerstört und auch sie sedimentieren am Ende der Gärung nach dem Erreichen des Vsend.

Die in der Brauerei eingesetzten ober- und untergärigen Bierhefen gehören als Kulturhefestämme zur großen Gattung *Saccharomyces* (weitere Erläuterungen siehe in [7]). Sie lassen sich aus physiologischer, morphologischer und gärungstechnologischer Sicht recht gut unterscheiden, wie Tabelle 2 zeigt.

In jedem Brauereibetrieb müssen die untergärige Bierherstellung und das Management der untergärigen Hefe sehr streng räumlich, technologisch und verfahrenstechnisch in einem Gemischtbetrieb von der obergärigen Bierherstellung und dem Management mit der obergärigen Hefe getrennt sein. Obergärige Hefen sind für untergärige Biere wie eine Infektion zu behandeln, dies trifft umgekehrt genauso zu. Ganz besonders ist eine strenge Einhaltung dieser Hygienebedingungen bei einem Brauereibetrieb erforderlich, der auch milchsaure Fermentationsgetränke, wie z. B. die Berliner Weiße, produziert.

In den letzten Jahren wurden die Hefestämme des Weihenstephaner Brauereiforschungszentrums und der TU München neu und ausführlich charakterisiert sowie teilweise mit neuen Namen versehen (siehe u.a. [13] und [14]).

Auch die Versuchs- und Lehranstalt für Brauerei in Berlin (VLB) bietet nach *Pahl* [15] und *Hageboeck* [16] für unterschiedliche Zielstellungen die dazu geeigneten Hefestämme an. Eine Zusammenstellung der in der VLB gepflegten Hefestämme, verbunden mit einer Kurzcharakteristik, wird auch in [7] gezeigt.

In Verbindung mit der sich ausbreitenden Craftbier-Scene werden von diesen experimentierfreudigen Bierbrauern oft auch Nicht-*Saccharomyces*-Hefen eingesetzt, um neue, besondere Geschmackseindrücke zu kreieren (weitere Hinweise dazu siehe auch [7])

2.3 Zur Auswahl eines untergärigen Hefestammes

Bei den *untergärigen* Brauereihefen werden verschiedene Stämme unterschieden, die nach ihren Eigenschaften grob unterteilt werden in:

- Hoch oder niedrig vergärende Hefen und
- Staub- oder Bruchhefen.

Diese Hefestämme sind genetisch eng verwandt. Aber bei der Selektion und dem physiologischen Verhalten der mikrobiellen Populationen spielt die Umwelt die Hauptrolle. Damit erklärt man die Existenz zahlreicher Stämme der Gattung *Saccharomyces*, die sich infolge einer längeren Entfernung von ihrem ökologischen Sitz und damit durch die Verminderung des selektiven Zwanges entwickelt haben.

Die verwendeten untergärigen Brauereihefestämme lassen sich sehr gut in ihren brauereitechnologischen und gärungsphysiologischen Eigenschaften unterscheiden und im Interesse der Brauereipraxis durch folgende ausgewählte *Bewertungskriterien* charakterisieren:

- Vermehrungsintensität und Hefezuwachs;
- Angärgeschwindigkeit (Adaptionszeit);
- Gärleistung und Extraktabnahme;
- Kohlenhydrat- und Stickstoffverwertung;
- Konzentrationsverlauf der in Schwebe befindlichen Hefezellen;

- Bruchbildung und Sedimentation;
- Bildung und Abbau von Jungbierbukettstoffen;
- Bildung von Aromakomponenten;
- pH-Wert- und rH-Wert-Verlauf;
- Beeinflussung der Schaumhaltbarkeit;
- Beeinflussung der sensorischen Qualität des Bieres.

Die Eignung und die Qualitäten eines Hefestammes können absolut sicher nur unter den spezifischen Verhältnissen des vorgesehenen Einsatzbetriebes geprüft werden.

Die gleichzeitige Überprüfung mehrerer Hefestämme im Produktionsbetrieb kann während der klassischen Hauptgärung recht einfach und ohne Risiko mithilfe der von *Lietz* [17] bzw. den von der EBC [18] vorgeschlagenen Gärgefäßen erfolgen. *Schade* et al. [19] haben ein Laborverfahren entwickelt, das für die Gärung und Reifung unter erhöhtem Druck, bei Beachtung betriebsspezifischer Bedingungen, die Auswahl eines optimalen Hefestammes ermöglicht.

Da sich neue Hefestämme schnell an die betrieblichen Bedingungen gewöhnen, werden in der Praxis meist die Unterschiede zwischen einzelnen Hefestämmen durch andere betriebliche Einflüsse, insbesondere durch Zusammensetzung und Qualität der Anstellwürze und durch das angewandte Gär- und Reifungsverfahren, überdeckt. Deshalb sollten gut eingeführte Betriebshefestämme auch bei Umstellungen der Gär- und Reifungstechnologie möglichst beibehalten werden, um die Risiken (z. B. Veränderung des Biercharakters), die mit der Einführung eines neuen Hefestammes immer verbunden sind, zu vermeiden.

Im Zusammenhang mit der Entwicklung beschleunigter Gär- und Reifungsverfahren, insbesondere bei den Druckgärverfahren (s.a. Kapitel 7.3), wurden in der Zeit von 1950 bis 1965 hoch vergärende, feinflockige Bruchhefen selektiert und erfolgreich in die Brauereipraxis eingeführt.

Jedoch wurde vielfach durch Praxisversuche festgestellt, dass für Schnellgärverfahren (einschließlich Druckgärverfahren) der Einsatz besonderer Hefestämme nicht erforderlich ist [20], [21], [22]. In den meisten Brauereien konnten die vorhandenen Hefestämme bei einer Umstellung des Gär- und Reifungsverfahrens (z. B. auch von offenen Gärbottichen auf hohe zylindrokonische Tanks) mit Erfolg weiter eingesetzt werden. Es kann dabei nicht ausgeschlossen werden, dass ein vorhandener Hefestamm in einzelnen Fällen unter den Gegebenheiten eines Betriebes nur mäßige Resultate bringt.

So kann eine höhere CO_2-Konzentration im Bier (z. B. beim Druckgärverfahren) zu einer verstärkten Bruchbildung der Hefe führen, dadurch verringert sich die erforderliche Hefekonzentration im Bier und verursacht eine Verzögerung der Nachgärung und Reifung. Bei der Umstellung der klassischen Gärung und Reifung auf ein Eintankverfahren in zylindrokonischen Großtanks (s.a. Kapitel 8.4) müssen an den verwendeten Betriebshefestamm jedoch folgende zwei besonderen Anforderungen gestellt werden:

- Der verwendete Hefestamm sollte im Interesse einer kurzen Klärphase von maximal 1 bis 2 Tagen einen deutlichen Bruchhefecharakter haben. Hefestämme mit einem geringen Bruchbildungsvermögen erfordern eine wesentlich längere Klärzeit und verlängern damit die technologisch erforderliche Prozessdauer.
- Die Intensivgär- und -reifungsverfahren in zylindrokonischen Großtanks erfordern Hefestämme mit einer geringen Kälteschockempfindlichkeit, bzw. das angewandte Gär- und Reifungsregime muss die Temperatur-

schockempfindlichkeit des vorhandenen Betriebshefestammes in der Verfahrensführung berücksichtigen.

Bei der Auswahl eines Hefestammes müssen also auch das Gärverfahren und die verwendeten technischen Einrichtungen berücksichtigt werden. Dabei hat das spezifische Flockungsvermögen eines Hefestammes eine besonders große technologische Bedeutung. In Tabelle 3 werden einige allgemeine Hinweise zu den Qualitätsunterschieden von Bruch- und Staubhefen und zu ihren Einsatzmöglichkeiten gegeben.

Tabelle 3 Unterschiede zwischen Staub- und Bruchhefestämmen und ihre mögliche Anwendung

Eigenschaften	Bruchhefen	Staubhefen
frühzeitiges Zusammenballen und Sedimentation der Hefezellen	+	-
gute Hefevermehrung und Hefeernte im Gärbottich	+	-
weitgehende Vergärung (auch bei kalten Lagertemperaturen)	-	+
Anpassungsvermögen an schlechtere Würzequalitäten	-	+
pH-Wert-Abfall bei der Nachgärung	-	+
Glykogenspeicherung	+	-
Glycerolbildung	+	-
Bildung und Abbau der vicinalen Diketone	x	x
Bildung höherer Alkohole	(+)	(-)
Anwendung		
bei kalter, langer, klassischer Nachgärung	-	+
bei beschleunigten Gär- und Reifungsverfahren ohne spezielle Klärvorrichtungen	+	-
bei Verwendung von Jungbierseparatoren	-	+
bei Gärbehältern mit hohen Flüssigkeitssäulen und ohne spezielle Klärapparaturen	+	-

Bewertungsmaßstab: + größer/schneller/höher/besser
– weniger/langsamer / niedriger / schlechter
( ) nur bedingt bzw. zweifelhaft
x keine Unterschiede bekannt

2.4 Anzeichen für die Degeneration eines Hefesatzes

Zweifellos ist die von der Hefe verlangte „Arbeitsleistung" bei klassischer Prozessführung der Gärung und Reifung geringer als bei den beschleunigten Großtankverfahren. Gerade bei diesen wird häufig beobachtet, dass die Hefe in ihrer Aktivität relativ schnell nachlässt und deshalb nach wenigen Führungen ausgewechselt werden muss. Man bezeichnete diese Veränderungen der Eigenschaften eines Hefesatzes in den früheren Jahrzehnten als Degeneration (einige Anzeichen dazu siehe nachfolgende Aufzählung).

Anzeichen für die Degeneration eines Hefesatzes sind u.a.:

- Der Hefesatz wird von Führung zu Führung flockiger.
- Die Vergärung wird langsamer und erfolgt immer weniger vollständig.
- Die im Labor ermittelbare Gärintensität der Ernte-/Anstellhefen wird nach wenigen Führungen deutlich schlechter.
- Der Reifungsgrad der Biere verschlechtert sich von Führung zu Führung, bzw. die Ausreifung der Bierchargen erfordert immer längere Prozesszeiten.
- Das Konzentrationsverhältnis der höheren Alkohole zu den Estern nimmt von Führung zu Führung zugunsten der höheren Alkohole zu, sensorisch ergeben sich immer weniger aromatische und immer mehr trocknere Biere.
- Die Schaumhaltbarkeit der Fertigbiere verschlechtert sich.
- Die Vitalität der Erntehefen nimmt ab und der Totzellenanteil im Hefesatz steigt an, die Gefahr eines hefigen und im schlimmsten Fall eines Autolysegeschmackes im Fertigbier nimmt zu.
- Die Verwertung des freien α-Aminostickstoffs (FAN) der Anstellwürze nimmt ab, dies bedeutet, der FAN-Gehalt und der pH-Wert im Fertigbier steigen an. Normal nimmt bei einer „gesunden Hefe" der FAN-Gehalt von der Würze zum Bier um 100...140 mg/L ab.
- Das Reduktionsvermögen des Hefesatzes während der Gärung nimmt ab und die Geschmacksstabilität des Bieres kann sich verschlechtern.

2.5 Mögliche Ursachen für eine Degeneration des Hefesatzes

Folgende Punkte werden oft als Ursache für die Degeneration eines Hefesatzes angesehen:

- Eine unsachgemäße Aufbewahrung des Hefesatzes vor dem Wiederanstellen, z. B. längere Lagerzeiten (ab 5 Stunden bei Temperaturen >4 °C, längere Lagerzeiten >24 Stunden unter Wasser bzw. im endvergorenen Bier) führen zu einem Verlust an Wuchs- und Nährstoffen in den Hefezellen, zu einem Verlust der Fähigkeit, Maltose beim Wiederanstellen sofort zu verstoffwechseln, und damit insgesamt zur Verlängerung der Adaptionszeit an den Hauptgärzucker und zur Verlängerung der „Lag-Phase". Wie sich die verlängerte Lag-Phase auf die Entwicklung der Hefekonzentration in einem ZKG auswirken kann, zeigt Abbildung 53 in Kapitel 5.2.2.
- Jede Verlängerung der Lag-Phase eines Hefesatzes erhöht die Gefahr der kurzzeitigen Entwicklung raschwüchsiger Würzebakterien aus den in Würzen normal enthaltenen Sporen oder durch Rekontamination im Würzekühl- und -klärprozess (insbesondere bei pH-Werten > 5,0 und bei Anstelltemperaturen > 6 °C), damit verbunden ist ein Entzug an Wuchsstoffen und Spurenelementen aus der Würze. Dieser Nährstoffverlust für die Hefe verschlechtert wiederum die Vitalität und Lebensbedingungen für den betreffenden Hefesatz.
- Die Entwicklung von Würzebakterien im angestellten Bier verursacht weiterhin meist auch eine Reduzierung des in der Würze enthaltenen Nitrats zu Nitrit, das als starkes Zellgift die Hefezellen schwer schädigt und meist mit einem deutlichen Anstieg des Totzellengehaltes verbunden ist.
- Jeder Mangel an Nährstoffen in der Würze, insbesondere von FAN, Spurenelementen, besonders Zink, Vitaminen, Wuchsstoffen und unter Umständen auch Sauerstoff fördert eine schnelle Entartung des Hefesatzes.
- Technologische Maßnahmen, die eine normale drei- bis vierfache Hefevermehrung mehrmals verhindern (zu hoher Überdruck von $p_{ü} \geq 0,3$ bar,

Temperaturschocks von $\Delta\vartheta > 1$ K in der Angär- und Vermehrungsphase und unzureichende Würzekonditionierung mit Sauerstoff) führen zur Überalterung und Degeneration des Hefesatzes.

- Bei beschleunigten ZKT-Gärungen verursacht eine Führung des gesamten Hefesatzes bis zur Endvergärung und bis zum Ende der anschließenden Ausreifung (Diacetylabbau bis < 0,1 mg/L) dazu, dass die Hefe nach dem Verbrauch des vergärbaren Extraktes ihre Adaption an die Maltoseverwertung verliert (siehe Ergebnisse in Abbildung 52 in Kapitel 5.2.2) und bei einem sofortigen Wiederanstellen diese erst in der Angärphase neu ausbilden muss. Eine längere Lagerphase würde den Hefesatz auch durch den Mangel an Reservekohlenhydraten weiter schädigen.

Die Veränderungen von Stammeigenschaften eines Hefesatzes werden auch als Mutationen bezeichnet, die durch äußere Einwirkungen, sogenannte Stressfaktoren, verursacht werden können (s.a. in [7], Kapitel 3.3).

2.6 Physiologischer Zustand der Hefe und die Notwendigkeit ihrer Regenerierung

Der physiologische Zustand des verwendeten Hefesatzes wird mit den Begriffen *Lebensfähigkeit* („viability“) und *Hefevitalität* („vitality“) beschrieben.

Unter „viability“ versteht man in erster Linie den mit verschiedenen Analysenverfahren erfassbaren prozentualen Anteil an lebenden Zellen einer Hefeprobe.

Der Begriff „vitality“ charakterisiert die mit sehr unterschiedlichen Analysenmethoden quantifizierbaren Stoffwechselaktivitäten der Hefeprobe (s.a. in [7], Kapitel 1) und ihre Widerstandsfähigkeit gegenüber Stresszuständen.

Die in den letzten Jahrzehnten gesteigerte Produktivität im Bierherstellungsprozess, insbesondere in den Prozessstufen Gärung und Reifung, sowie die wesentlich erhöhten Qualitätsanforderungen an das Endprodukt Bier erfordern auch höhere Anforderungen an die Anstellhefe. Sie leistet den entscheidenden Beitrag für die Produktivität des Gär- und Reifungsverfahrens als auch für die Gewährleistung und Erhaltung der gewünschten Bierqualität im zu garantierenden Verbrauchszeitraum.

Während zahlreiche Betriebe den Hefesatz nur ein- oder zweimal, teilweise bis zu sechsmal, führen und ihn dann aussondern und durch eine neue Herführung ersetzen, gibt es auch Betriebe, die die Hefe wesentlich länger führen und sie erst beim Nachlassen der Vitalität und Gärleistung austauschen (10...12fache Führungen, zum Teil auch noch länger).

Aus den o.g. Gründen ergibt sich die Notwendigkeit, dass die Hefestammkulturen nicht nur sachgemäß gelagert, sondern auch ständig gepflegt und erneuert werden müssen. Dies bedeutet, dass aus diesen Stammkulturen regelmäßig eine Neuisolierung von Hefezellen mit den gewünschten Stammeigenschaften erfolgen muss, die dann als neue Stammkultur für die Hefereinzucht und weitere Hefepropagation zur Verfügung steht. Aus den gleichen Gründen sind die Hefesätze in den Brauereien aus diesen Stammkulturen regelmäßig neu heranzuziehen, da die Betriebstechnologie mit ihren natürlichen Schwankungen und die Schwankungen in der betrieblichen Würzequalität auch die Vitalität und Qualitätseigenschaften eines Hefesatzes verändern.

Um diese durch äußere Einflüsse verursachten Veränderungen und auch um die spontanen natürlichen Veränderungen einer Hefepopulation in technologisch akzeptablen Grenzen zu halten, ist eine regelmäßige Erneuerung von der Stammkultur bis zu dem zum Anstellen vorgesehen Hefesatz erforderlich (s.a. in [7], Kapitel 3.3 bis 3.5).

Der Erneuerungsrhythmus ist für die einzelnen Prozessstufen nicht einheitlich: Stammkulturen sind je nach Konservierungsart in 1...2 Jahren einmal zu erneuern, bei beschleunigten Gär- und Reifungsverfahren in ZKT sollten die vorhandenen Hefesätze nicht länger als 3...6-mal geführt werden, bzw. so lange, wie keine Beeinträchtigung der Stoffwechselleistung und Bierqualität festgestellt wird. Die Summe der positiven wie negativen Veränderungen belegt, dass zu mindestens die bis zu 6fache Wiederverwendung einer infektionsfreien Satzhefe technologisch sinnvoll ist.

Ein in der logarithmischen Wachstumsphase am Ende der Hefepropagation zum Anstellen verwendeter Hefesatz ist:

- voll an Maltose adaptiert,
- hat normalerweise keine technologisch feststellbare Lag-Phase und
- hat dadurch gegenüber Würzebakterien eine deutlich bessere Startposition für die Nährstoffausnutzung als bei einer feststellbaren Lag-Phase.
- Die aus der Propagationsphase entnommenen Hefesätze sind kleinzelliger, haben noch keine oder keine großen Vakuolen (s.a. in [7], Kapitel 4.3.5) und sind damit gegen Druckschwankungen und osmotische Druckveränderungen weniger empfindlich als gelagerte, ältere Erntehefen mit schon großen Vakuolen;
- Die Gefahr der Ausscheidung von hydrolytischen, insbesondere proteolytischen Enzymen und die dadurch verursachte Schädigung des Bierschaums ist geringer als bei älteren, großzelligeren Hefen;
- Die absolute Anzahl der Zellen mit einem hohen Sprossnarbenanteil ist geringer als in einer gelagerten Erntehefe und damit die wirksame Zelloberfläche für den normalen Stoffaustausch größer.

Zur Abhilfe muss deshalb regelmäßig eine neue Reinzucht oder Herführung in den betrieblichen Anstellrhythmus eingeführt und der laufende Betriebshefesatz im normalen Gärverfahren durch eine 3...4fache Vermehrung regelmäßig verjüngt werden.

2.7 Die Anforderungen an die Anstellhefe in der Brauerei

In Tabelle 4 sind die bekannten technologischen Anforderungen an eine Anstellhefe für die Bierherstellung zusammengestellt.

Ein Überblick über die möglichen Prüfmethoden gibt [7] (Kapitel 3.6). Neben der mikrobiologischen Bestimmung der Infektionsorganismen haben folgende Methoden eine besondere Bedeutung erlangt:

- Die Beurteilung des Lebend-Tot-Anteils in einer Hefeprobe (Hefe-Viabilität) wird am einfachsten mit der klassischen Methylenblaufärbung (bzw. als Alternative mit Methylenviolett) und mittels Lichtmikroskop kontrolliert. Die Fehlerquote liegt bei allen, auch bei teueren Färbemethoden bei 10...15 % und
- die Messung des intrazellulären pH-Wertes mit der sog. ICP-Methode (die ausführliche Darstellung siehe [23]), s.a. Richtwerte in Tabelle 5 (s.a. in [7], Kapitel 4.4.5.7.3).

Bei einem Parallelbetrieb von klassischer Hauptgärung (= Schlauchen mit noch vergärbarem Restextrakt) und Eintankverfahren im ZKT (= Hefeernte meist aus endvergorenem Bier) müssen die zum Wiederanstellen vorgesehenen Erntehefen aus beiden Produktionslinien getrennt geerntet und getrennt geführt werden, da sie beide sehr unterschiedlich noch an Maltose adaptiert sind (s.a. in [7], Kapitel 3.2).

Tabelle 4 Anforderungen an die Anstellhefe

Anforderungen	Richtwerte
Abstammung von einer Reinkultur	1...5 Führungen
gute Vitalität (gute Gärkraft)	zum Beispiel: - gemessen durch die CO_2-Bildung einer 10 %igen Maltoselösung bei 20 °C in 3 h nach *Hlaváček* [24]: 25...28 mL CO_2; *) - Vergärung von mind. ca. 1 % Es in den ersten 24 Stunden nach dem Anstellen; - Zügige Vergärung in 4...5 Tagen bis zu einem vergärbaren Restextrakt von $\Delta Es \leq 0,1...0,3$ %
Infektionsfreiheit	frei von Fremdhefen und bierschädlichen Mikroorganismen
geringer Trubgehalt	visuell: Helle Farbe, ohne erkennbare Trubbestandteile
niedriger Totzellengehalt (viability)	≤ 5 %, optimal < 2 %
dickbreiige Konsistenz	ca. $3 \cdot 10^9$ Zellen/mL
verleiht dem Bier in der geplanten Gär- und Reifungszeit ein dem Typ entsprechendes, ausgereiftes Gärungsbukett	Bukettstoffverhältnis bei untergärigen hellen Bieren: Höhere Alkohole **:** Ester = 3,4...3,8 **:** 1 Gesamtdiacetylgehalt: $\leq 0,10$ mg/L
gewährleistet eine dem Bier- und Brauwassertyp entsprechende pH-Wert-Abnahme und den pH-Endwert (Säuerungsvermögen)	pH-Wert-Abnahme in den ersten 24 Stunden: 0,3...0,4 pH-Einheiten; Bier-pH-Wert (untergäriges helles Bier) = 4,1...4,4
gute Sedimentationseigenschaften und befriedigendes Klärvermögen	Hefegehalt im klassischen Jungbier: $5...10 \cdot 10^6$ Zellen /mL Filtereinlaufbier: $\leq 2 \cdot 10^6$ Zellen /mL
ein für den Biertyp und die Anforderungen des Betriebes entsprechender sensorisch bestgeeigneter Hefestamm	Auswahlverfahren des betrieblichen Hefestammes unter Berücksichtigung der betrieblichen Erfahrungen und Gegebenheiten sowie den Markterfordernissen in praxisnahen Kleinversuchen
gutes Redoxvermögen zur Erhaltung der Bierfrische	z. B. durch eine SO_2-Bildung im untergärigen Bier zwischen > 4...< 10 mg SO_2/L
keine Schädigung der Schaumhaltbarkeit in der Reifungs- und Abkühlphase (keine Proteaseexkretion)	positive Veränderung der Schaumhaltbarkeit von der Reifungsphase bis zum filtrierten Bier

*) Es werden 30 mL einer 10%igen Maltoselösung mit 150 mg HTS angestellt. Eine Modifikation dieser Methode unter Verwendung von *Einhorn*-Gärröhrchen und unter Zusatz von 0,4 g zentrifugierter Hefe wurde von [25] vorgeschlagen.

Tabelle 5 ICP-Richtwerte der Hefe (nach [26])

ICP-Wert	Physiologischer Zustand
> 6,10	Sehr gut
≥ 5,70...≤ 6,10	Mittelmäßig
< 5,70	Schlecht

2.8 Flockung und Sedimentation

2.8.1 Bruchbildung der Hefe und ihre Einflussfaktoren

Die Sedimentationseigenschaften sind wesentliche und technologisch interessante Eigenschaften einer Hefe. Der Sedimentationsprozess einer untergärigen Hefe wird im Normalfall durch das Zusammenballen der im Gärsubstrat befindlichen Hefezellen zu größeren, teilweise sichtbaren Flocken, dem sogenannten Hefebruch, eingeleitet. Das Flockungs- oder Bruchbildungsvermögen eines Hefestammes ist genetisch bedingt und damit ein spezifisches Hefestamm-Merkmal. Es verhält sich bei Kreuzungen stets dominant. Dieses Merkmal ist bei der betriebsspezifischen Hefestammauswahl zwischen Staub- und Bruchhefen unbedingt zu berücksichtigen (s. Tabelle 3).

Zum Vorgang der Bruchbildung gibt es eine Reihe von Theorien. Die Bruchbildung hängt wahrscheinlich sehr eng mit der chemischen Veränderung der äußeren Mannanschicht der Zellwand zusammen. Stark flockende Hefen weisen während ihres Wachstumszyklus stärkere Schwankungen des Mannangehaltes in ihrer Zellwand auf als Staubhefen. Das Flockungsvermögen der Zellen durch Querbrückenbildung soll besonders den in der äußeren Schicht des Mannan-Protein-Komplexes vorhandenen Phosphatgruppen proportional sein. Man stellte auch fest, dass während der exponentiellen Wachstumsphase auch unter ungünstigen Bedingungen keine Bruchbildung erreicht werden konnte. Wird die exponentielle Wachstumsphase durch einen hohen Gehalt an assimilierbarem Stickstoff im Nährsubstrat verlängert, verzögert sich die Bruchbildung deutlich. Daraus ist erkennbar, dass Hefen mit deutlichem Bruchcharakter während der Vermehrungsphase und der intensiven Gärung staubig sind.

Der Zeitpunkt der Bruchbildung und das Sedimentationsverhalten eines Hefestammes wird sehr stark durch die Behandlung der Hefe, die Vitalität der Anstellhefe, die Würzezusammensetzung und die Technologie der Gärführung beeinflusst, wobei die stammspezifischen Eigenschaften eines Hefestammes durch äußere Einflüsse völlig überdeckt werden können. Ein zu frühzeitiger Zeitpunkt der Bruchbildung führt meist bei zu hohen vergärbaren Restextrakten zu einem Abbruch der Gärung, da sich die zusammengeballten und sedimentierenden Hefezellen am weiteren Gärprozess auch aufgrund der verringerten wirksamen Oberfläche nur noch in geringem Umfang beteiligen. Es konnte mehrfach nachgewiesen werden, dass das Ansteigen, das Maximum und das Nachlassen der Gärleistung eng mit der Menge der in Schwebe befindlichen Hefezellen korreliert [27].

Man kann die genannten Einflussmöglichkeiten auf den Zeitpunkt der Bruchbildung hinsichtlich ihrer Wirksamkeit wie folgt differenzieren:

- Alle Einflüsse, die die Hefevermehrung fördern, verzögern die Bruchbildung und fördern die Vergärung.

- Alle Einflussfaktoren, die die Hefevermehrung ständig reduzieren und die Vitalität des Hefesatzes negativ beeinflussen, beschleunigen die Bruchbildung und können Gär- und Reifungsschwierigkeiten verursachen.

Vom Zeitpunkt der Bruchbildung und Sedimentation ist in der klassischen Betriebstechnologie der Zeitpunkt des Schlauchens des Jungbieres abhängig, damit für die klassische Nachgärung noch eine ausreichende Hefemenge zur Verfügung steht (Richtwerte s.a. Tabelle 4).

2.8.2 Hefezellgrößen und Sedimentationsgeschwindigkeit der Hefe

Die in [7] (Kapitel 4.2.1) vorgestellten Messungen über die Größenverteilungen der Hefezellen in den unterschiedlichen Fermentationsstufen und die daraus abgeleiteten Schlussfolgerungen zur Sedimentationsgeschwindigkeit der Hefe (s.a. den Auszug in Tabelle 6 und in [7], Kapitel 4.2.10) bestätigen die oben genannten Zusammenhänge:

- Intensive Propagationen ergeben viele kleinzellige Hefezellen, die sehr vital und gäraktiv sind, sie verlängern entscheidend die erforderliche Sedimentationszeit bis zur Erreichung einer guten Hefeklärung mit dem Ziel, Hefekonzentrationen unter $2 \cdot 10^6$ Zellen/mL im Filtereinlaufbier ohne Separation zu erzielen.
- Die möglichen Ursachen für den hohen Anteil an kleinzelligen Hefezellen bei einer intensiven Vermehrung, z. B. bei Propagationstemperaturen über 12 °C, können Veränderungen in der äußeren Hefezellwand sein, die die Flockungsneigung verringern und vor allem, dass die Hefepopulation keine Zeit für das Auswachsen der Einzelzellen hatte.
- Alle Maßnahmen, die die Flockungseigenschaften der Hefe fördern, vergrößern die Partikel, erhöhen die Sedimentationsgeschwindigkeit und verkürzen die erforderliche Absetzdauer.
- Die Flockungseigenschaften sind bekannter Weise stammspezifische Eigenschaften, die auch durch technologische Maßnahmen gefördert werden können. Nach *Wackerbauer* und Mitarbeitern [28] kann die Bruchbildung durch eine niedrige Propagationstemperatur (10 °C) und durch einen Zusatz von Zink-Ionen (0,3 ppm) zur Propagationswürze gefördert werden, beide Maßnahmen dürften das Wachstum der Einzelzelle fördern und damit das Volumen der Hefezelle erhöhen.
- Bei der Untersuchung der Phänomene der Hefesedimentation sollte grundsätzlich auch die Hefezellgröße und die davon abhängige Hefepartikelgrößenverteilung mit erfasst werden, um das Sedimentationsverhalten des jeweiligen Hefesatzes auch aus verfahrenstechnischer Sicht interpretieren zu können.
- Der Einsatz eines Klärseparators zur Hefeernte bzw. vor der Filtration ist eine sichere Möglichkeit, die Hefeklärung unabhängig von der Zell- und Partikelgröße zu gewährleisten, aber auch eine kostenintensive Lösung.
- Die Hefeernte mittels eines Jungbierseparators hat durch die Vermeidung von Temperaturschocks für die Hefe zusätzliche positive Effekte. Die Kühlung der Hefe kann nach der Separation und damit außerhalb der ZKT erfolgen.

Tabelle 6 Auszug aus einer Modellrechnung über den Einfluss der Zellgröße V_H auf die Sedimentationszeit t im Bier bei 5 °C (nach Tabelle 44 in [7] für Zellagglomerate aus 100 Zellen berechnet)

V_H in 10^{-18} m^3/Zelle	289	202	127	21
t für 10 m Biersäule in Tagen	4,4	5,6	7,6	25,5

2.9 Einflussfaktoren auf die Geschwindigkeit der Hefevermehrung und Richtwerte für die Generationsdauer in der logarithmischen Wachstumsphase

Die Generationszeit und die spezifische Wachstumsrate sind keine feststehenden Größen. Sie wird organismenspezifisch in starkem Maße beeinflusst von:

- Den Fermentationsbedingungen, insbesondere durch die Fermentationstemperatur,
- Ferner durch die Konzentration der Fermentationssubstrate und deren Nährstoffgehalte (s.a. Kapitel 13.3) und
- Der Konzentration der gebildeten externen Stoffwechselprodukte der Hefe.

Die Hefe unterliegt im Fermentationsprozess den unterschiedlichsten Stressbedingungen (siehe auch die nachfolgende Punkte).

Eine ausführlichere Darstellung dieser Zusammenhänge erfolgt in [7] (Kapitel 3.3 und Kapitel 4.4.5).

Hefezüchter [29] konnten durch Einkreuzen von z. B. *Saccharomyces cerevisiae* in die untergärige Lagerbierhefe diese in ihrer Widerstandsfähigkeit gegenüber Gärungsstress (Würzekonzentrationen >18 %, Ethanolkonzentrationen >10 Vol.-%) verbessern. Perspektivisch sind leistungsfähigere untergärige Hefestämme zu erwarten, die auch an das High-gravity-brewing besser angepasst sind.

2.9.1 Fermentationstemperatur

In Tabelle 7 werden die Durchschnittswerte der bei Betriebsversuchen (siehe [7]) ermittelten Generationszeiten t_g für untergärige Brauereihefen in Abhängigkeit von der jeweiligen Temperatur ausgewiesen.

Die Generationszeit der Hefe, d. h. die Zeit für die Verdopplung der Zellzahl, ist nur gültig in der sog. logarithmischen Wachstumsphase. Die Dauer der logarithmischen Wachstumsphase der Hefe wird bei der Biergärung durch das gebildete Ethanol begrenzt und hat eine Prozessdauer normalerweise von nur 15...24 Stunden. Bei Ethanolgehalten von > 0,7...1,0 Vol.-% geht die Hefevermehrung bei der Biergärung von der logarithmischen in die sogenannte Verzögerungsphase über.

In der Anstell- und Vermehrungsphase der Hefe darf die Hefe keiner Temperaturerniedrigung (= Temperaturschock) ausgesetzt werden, um eine Schädigung der Vitalität der Hefezellen zu vermeiden (siehe Kapitel 5.3.1.5).

Tabelle 7 Durchschnittswerte von Generationszeiten t_g für untergärige Brauereihefen [7]

Fermentationstemperatur in °C	12	13	15	20
Generationszeit t_g in Stunden	12	11	8	5

2.9.2 Einfluss der Substratkonzentration

Es ist zu beachten, dass sich der Hefestoffwechsel beim Überschreiten einer kritischen Substratkonzentration an Zuckern auch unter aeroben Bedingungen durch den einsetzenden *Crabtree*-Effekt (s.a. in [7], Kapitel 4.5.3) ändert.

Da der *Crabtree*-Effekt bereits bei Zuckerkonzentrationen größer als 100...200 mg/L auftritt, geht in normalen Brauereiwürzen mit Zuckergehalten > 50 g/L auch bei Sauerstoffüberschuss der Hefestoffwechsel immer von einer rein oxidativen Zuckerverwertung mit einer maximalen Biomasseausbeute in einen Zustand der aeroben Gärung mit einer limitierten Biomasseausbeute über. Hier ist der Baustoffwechsel in der Anstell- bzw. Angärphase mit einem logarithmischen Hefewachstum zeitlich sehr begrenzt (maximal 8...15 h bei 10...15 °C) und es dominiert dann nur der reine Gärungsstoffwechsel als Erhaltungs- und Energiestoffwechsel der Hefezelle (siehe unten: auch Einfluss der Ethanolkonzentration).
Neben der Zuckerkonzentration haben auch die anderen, essenziell für die Hefevermehrung erforderlichen Nährstoffkonzentrationen im Fermentationssubstrat einen großen Einfluss auf die Vermehrungsgeschwindigkeit und die erreichbare Hefeausbeute (s.a. in [7], Kapitel 4.6). Eine besondere Rolle spielt hier die von der Hefe assimilierbare Stickstoffkonzentration der Fermentationslösung.

2.9.3 Einfluss der Konzentration der extrazellulären Stoffwechselprodukte Ethanol und Kohlendioxid

Ethanol als das hauptsächlichste extrazelluläre Stoffwechselprodukt der *Saccharomyces*-Hefen bei der anaeroben und auch aeroben Gärung hat, wie Kapitel 4.4.5.3 in [7] zeigt, einen sehr deutlichen Einfluss auf die Wachstumsgeschwindigkeit und auch auf die Gärrate der Hefen.

In Betriebsversuchen (s.a. in [7], Kapitel 6.2.5.2) wurde eine direkte Beziehung zwischen dem Anteil der in der G_2-/S-Phase befindlichen vermehrungsfähigen Zellen und dem Ethanolgehalt der Fermentationslösung gefunden. Der Anteil der in der G_2-/S-Phase befindlichen vermehrungsfähigen Zellen (Bestimmung über den DNA-Gehalt mit dem Durchflusszytometer PAS der Fa. *Partec* u.a. nach [30], [31] und [32]; s.a. in [7], Kapitel 4.4.3) betrug bei gleichmäßiger Belüftung zwischen 70...90 %, er sank unter 50 %, wenn der Ethanolgehalt trotz Belüftung auf Werte > 0,7 Vol.-% anstieg. Die Belüftung sollte im Interesse der Erhaltung der Bierqualität der Propagationsbiere zu diesem Zeitpunkt eingestellt werden.

Wirkungsvoll ist das betriebsorganisatorisch zwar aufwendige Verfahren des Mehrfachdrauflassens von frisch belüfteter Würze (mit 6...8 mg O_2/L) und der damit erreichbare Ethanolverdünnungseffekt. Ein betriebssicherer *Ethanol*-Sensor kann deshalb sehr gut als Online-Sensor zur Regelung der Propagation eingesetzt werden.

Auch das bei der Atmung und Gärung gebildete Kohlendioxid würde in gleicher Weise die Vermehrung und auch die Gärung hemmen, wenn es durch einen entsprechenden Behälterdruck in der Fermentationslösung gelöst würde.

Kohlendioxid wird in Abhängigkeit vom intrazellulären pH-Wert hauptsächlich als wässrig gelöstes Gas CO_2 (aq) oder als HCO_3^--Ion in der Hefezelle vorkommen und dort Reaktionen begünstigen, die nachhaltig den Aufbau der in der Zelle vorliegenden freien Proteine und der integralen und peripheren Proteine der Cytoplasmamembran stören (s.a. in [7], Kapitel 4.4.5.3).

Diese Wirkungen des höheren intrazellulären CO_2-Gehaltes werden bei der technologischen Prozessführung durch die bekannten und gemeinsam angewendeten technologischen Steuergrößen Druck und Temperatur ausgenutzt. Höhere Fermentationstemperaturen führen zur Beschleunigung des Hefestoffwechsels und damit zur Beschleunigung der Gärung und Reifung. Durch den gleichzeitig angewendeten höheren Prozessdruck und damit höheren CO_2-Partialdruck im gärenden Bier wird trotz der höheren Fermentationstemperatur gleichzeitig eine Dämpfung der Hefevermehrung und der damit verbundenen Gärungsnebenproduktbildung erreicht. Ein höherer CO_2-Partialdruck beeinträchtigt in erster Linie den Baustoffwechsel und nicht den Energiestoffwechsel. Allerdings muss ein die ruhende Zelle schädigender hoher CO_2-Gehalt bei der Hefelagerung unbedingt vermieden werden.

2.9.4 Einfluss des Fermentationsverfahren

Den negativen Einfluss des *Crabtree*-Effektes auf die erreichbare Hefeausbeute kann man durch ein verändertes Fermentationsverfahren vermeiden, bei dem kein Nährstoffmangel im Hefefermenter auftritt und ein an die sich ständig erhöhende Hefekonzentration im Fermenter angepasster Nährstoffzulauf so erfolgt, dass die Zuckerkonzentration nicht über 100 mg/L steigt. Dieses sogenannte Zulauf- oder Auffüllverfahren wird in der Backhefeindustrie angewendet und ist zurzeit in der klassischen Brauindustrie organisatorisch nicht ohne Weiteres realisierbar.

Bei der Hefereinzucht und bei der Hefepropagation in der Brauerei wird bisher die Chargenkultur bzw. das Batchverfahren angewendet. Die komplette Nährlösung (Bierwürze) wird mit Anstellhefe beimpft und das Züchtungsende wird theoretisch durch den Verbrauch der für die Hefevermehrung erforderlichen essenziellen Nährstoffe bestimmt. Da die fermentierbaren Zuckerkonzentrationen in den Brauerei-Vollbierwürzen zwischen 50...100 g/L Bierwürze liegen, ist hier der *Crabtree*-Effekt nicht zu vermeiden, d. h., unter diesen Bedingungen findet auch bei intensiver Belüftung von Beginn an eine aerobe Gärung statt. Die dabei auftretende zunehmende Ethanolbildung hemmt die Biomassebildung und führt nach einer kurzen logarithmischen Wachstumsphase zum Ende der Hefevermehrung. Als Kriterium für den Abbruch der Propagation kann der oben genannte Ethanolgehalt der Fermentationslösung sehr gut angenommen werden (s.a. in [7], Ergebnisse in Kapitel 6.2.5.2).

Das vielfach bei der Hefereinzucht geübte chargenweise Auffüllen bzw. bei der Propagation die partielle Entnahme einer Teilcharge und das Wiederauffüllen mit frischer Würze verhindert nicht den *Crabtree*-Effekt, sondern führt zur Senkung des die Vermehrung hemmenden, schon gebildeten Ethanolgehaltes. Bei einer rechtzeitigen Verdünnung im niedrigen Ethanolkonzentrationsbereich kann die logarithmische Wachstumsphase verlängert werden, vorausgesetzt, es liegt keine Nährstofflimitierung vor.

2.9.5 Die Vitalität der Satzhefe

Die Vitalität der Satzhefe beeinflusst den Zeitpunkt des Beginns der logarithmischen Wachstumsphase (s.a. Kapitel 5.2.2 und in [7], Kapitel 4.4.5.5). Sie ist abhängig vom Ernährungszustand und der Altersstruktur des betreffenden Hefesatzes.

Die Vitalität der Stellhefe wird bei modernen Verfahren der Hefevermehrung so gehalten, dass sich der Hefesatz in seinem Gesamtstoffwechsel nach der so genannten Lag- und der Anpassungsphase (charakterisiert durch eine intensive Nährstoffaufnahme und Vorproduktion von Bausteinen für den Baustoffwechsel; messbar über den Biomassezuwachs bei weitgehender Konstanz der Hefezellkonzentration) in der maximalen Hefevermehrungsphase befindet, der sogenannten logarithmischen oder exponentiellen Wachstumsphase. Diese Phase findet auch bei der Brauereihefevermehrung im Batch- bzw. bei einem Drauflassverfahren in einem begrenzten Zeitraum statt (s.a. in [7], Kapitel 4.6.9).

2.9.6 Die Anstellkonzentration der Stellhefe

Die Hefekonzentration beim Anstellen beeinflusst nicht unmittelbar die spezifische Wachstumsrate (s.a. in [7], Kapitel 4.4.5.6). Das Hefe-Nährstoffverhältnis beeinflusst jedoch die Dauer der logarithmischen Wachstumsphase und den Zeitpunkt bis zur Erreichung der maximal möglichen Hefekonzentration.
Je nach Hefevermehrungsverfahren müssen in der Brauerei für unterschiedliche Hefeanstellkonzentrationen unterschiedlich vorbereitete Würzen eingesetzt werden, z. B.:

- Bei der Hefereinzucht mit Anstellhefekonzentrationen von $< 1 \cdot 10^6 \ldots < 10 \cdot 10^6$ Zellen/mL ist eine Ausschlagwürze einzusetzen, die einer 2. thermischen Entkeimung bzw. Sterilisation unterzogen wurde (s.a. in [7], Kapitel 4.6.10.3 bis 4.6.10.5)
- Bei einem Herführverfahren mit keimfreier Würze (d. h. die Würze hat keine vegetativen Keime, ist aber nicht steril, da sie Sporen der Würzebakterien enthalten kann), wie bei den bekannten großtechnischen Propagationsverfahren, sind mindestens Anstellhefekonzentrationen von $>10 \cdot 10^6$ Zellen/mL erforderlich (s.a. in [7], Kapitel 4.6.10.3 bis 4.6.10.5).

2.9.7 Beeinflussung des Hefestoffwechsels durch weitere physikalisch-chemische Faktoren

Der Stoffwechsel der Hefezellen wird außer durch die Zusammensetzung der Nährsubstrate und durch deren Konzentrationen überwiegend auch durch physikalisch-chemische Umweltbedingungen bestimmt (s.a. in [7], Kapitel 4.4.5.7). Nur in gewissen Grenzen können Hefezellen überleben und nur innerhalb noch engerer Grenzbedingungen ist ein aktiver Hefestoffwechsel mit Zellproduktion möglich. Für die Brauereihefe-Technologie sind außer der Temperatur folgende physikalisch-chemische Faktoren für die Hefevermehrung wichtig:

- Verfügbares Wasser und osmotischer Druck;
- Statischer Druck und Druckimpulse;
- Wasserstoffionenkonzentration;
- Redoxpotenzial;
- Oberflächenspannung;
- Sauerstoffkonzentration in der Lösung (siehe in [7], Kapitel 4.7);

- CO_2-Konzentration in der Lösung (s.a. Kapitel 2.9.3 und siehe unten: unter statischem Druck).

Die Faktoren Licht, elektrische Ströme und Felder sowie UV-, Röntgen- und Gammastrahlen haben für die Hefetechnologie keine Bedeutung.

Als Schlussfolgerung der oben genannten Aufzählungen (s.a. in [7], Kapitel 4.4.5) ergibt sich, dass der Parameter Temperatur die bestimmende Einflussgröße für die Vermehrungsgeschwindigkeit der Hefe ist.

2.10 Biomasse-, Produkt- und Energiebilanz der Hefe bei der Bierherstellung

In [7], Kapitel 4.5.1, werden die theoretischen und praktischen Bilanzen, die mit dem Energie- und Baustoffwechsel in Verbindung stehen, dargestellt und erläutert. Der Energiegewinn beim aeroben katabolischen Glucoseabbau (Atmung) wird durch den völlig oxidierten Endzustand (CO_2 und H_2O) der organischen C-Quelle bestimmt. Es werden alle C-H-Bindungen des ursprünglichen Glucosemoleküls gelöst und mit ihnen auch die entsprechenden Bindungsenergien freigesetzt. Während bei der Gärung der bei den Dehydrierungen abgespaltene Wasserstoff auf organische Intermediärstoffe des Glucoseabbaus übertragen wird und diese hydriert (reduziert) werden, wird bei der Atmung der abgespaltene Wasserstoff dagegen auf den Luftsauerstoff übertragen (Bildung von Wasser).

In Tabelle 8 sind die bei der Gärung praktisch erreichbaren Biomasse-, Produkt- und Energieausbeuten bei einer ausreichenden Versorgung mit assimilierbarem Stickstoff, Wuchs- und Mineralstoffen pro 100 g Glucose zusammengestellt.

Tabelle 8 Theoretische und praktische Produkt- und Energieausbeute bei der ethanolischen Gärung

Theoretische Ausbeute		$C_6H_{12}O_6 \rightarrow 2\ C_2H_5OH + 2\ CO_2$			$\Delta G_0'$
Massenbilanz bezogen auf 100 g		100 g → 51,1 g + 48,9 g			-230 kJ
Praktische Ausbeute:					
100 g Glucose →	47 g Ethanol	+ 45 g CO_2	+ 7,5 g Hefe	+ 1,02 Mol ATP	+ Wärme
1594,4 kJ →	1348,7 kJ	+ 0 kJ	ca. 160 kJ *)	+ 31,2 kJ	+ Ø 55 kJ
$\Delta G_0'$ = 100 %	84,6 %	+ 0 %	ca. 10 % *)	+ ca. 2 %	+ ca. 3,5 %

$\Delta G_0'$ = Freie Enthalpie

*) Abschätzung des „Energieverlustes" durch Biomassebildung:
1594,4 kJ - 1348,7 kJ - 31,2 kJ - 55 kJ ≈ 160 kJ ≈ 10 %

Wärmebildung unter Betriebsbedingungen: 50…60 kJ/100 g vergorene Glucose

Brauerei: Ø 590 kJ/kg vergorener wirklicher Extrakt ($\sum$ vEw = G + F + G_2 + G_3 + S)

Eine der ersten Mengenbilanzen für die Biergärung wurde von *Balling* [33] erstellt, sie ist heute noch gültig für die Definition und Berechnung der Stammwürze der Biere, auch wenn die bei der Gärung gebildete Hefemenge in der angegeben Höhe nicht mehr der jetzigen Gärungstechnologie entspricht.

Definition des Begriffes Stammwürze:
Die Stammwürze eines Bieres (St) ist der theoretische Extraktgehalt der zugehörigen, kalten Anstellwürze, den diese unmittelbar vor dem Hefezusatz beim Anstellen theoretisch besessen hätte, wenn in den nachfolgenden Prozessstufen keine weitere Verdünnung des Bieres mehr stattfinden würde.

Stammwürzeformel nach *Balling*:

$$St = \frac{(A \cdot 2{,}0665 + Ew) \cdot 100}{A \cdot 1{,}0665 + 100}$$ Gleichung 1

St = Stammwürze in Masse-Prozent
Ew = noch vorhandener wirklicher Extrakt in Masse-Prozent
A = Ethanolgehalt in Masse-Prozent
Aus 2,0665 g Extrakt entstehen bei der Gärung:
1,0 g Ethanol (A) + 0,9565 g CO_2 + 0,11 g Hefetrockensubstanz (HTS)
Je 1,0 g Ethanol werden von der Stammwürze aus dem Bier entfernt:
0,9565 g CO_2 + 0,11 g HTS = 1,0665 g Substanz
Da die Bezugsbasis Würze ist, beträgt der Nenner:
100 g Bier + 1,0665 g Ethanol (A)

Abzuführende Reaktionswärme bei der Gärung des Bieres
Die in der Tabelle 8 ausgewiesene messbare Wärmemenge bei der Gärung bezieht sich auf die reine Glucosevergärung. Bei der Biergärung sind jedoch die vorhandenen vergärbaren Zucker ein Mischsubstrat aus Monosacchariden, Di- und Trisacchariden, wobei das Disaccharid Maltose bei reinen Malzwürzen mit einem durchschnittlichen Anteil am vergärbaren Extrakt von 65 % dominiert. Da in der Hefezelle nach der Aufnahme und Hydrolyse der Maltose (Faktor: 1,034) und Maltotriose (Faktor: 1,07) 100 g vergärbarer Malzwürzeextrakt mehr sind als 100 g Glucose, ergibt sich auch bei der Verwertung von 100 g Würzeextrakt durch die Hefezelle eine höhere Reaktionswärme als die in Tabelle 8 für Glucose gemessene Wärmemenge.

Im Normalfall werden von der Bierhefe nach dem Anstellen nur ca. 2 % der Zucker veratmet und der große Rest (98 %) vergoren. Die abzuführende Reaktionswärme bei der Biergärung wird, bedingt durch die nicht konstanten Verhältnisse zwischen dem aeroben und anaeroben Bau- und Betriebsstoffwechsel, in der Literatur sehr unterschiedlich angegeben, wie die in Tabelle 9 ausgewiesenen Messwerte zeigen.

Tabelle 9 Abzuführende Reaktionswärme bei der Gärung des Bieres

Literaturstelle	Reaktionswärme, bezogen auf den wirklich vergorenen Extrakt in kJ/kg
Lüers [34]	587
De Clerck [35]	587
Dyr [36]	746...754
Lejsek [37]	567,7 ± 5,9
Narziss [38]	746

Für die Dimensionierung der Wärmeübertragerflächen von zylindrokonischen Gärtanks kann ein Wert von 587 kJ/kg wirklich vergorenem Extrakt mit Erfolg in der Praxis angewendet werden [39]. Bei der Dimensionierung der Kühlflächen von Hefereinzucht- und Propagationstanks bei der Bierherstellung ist dieser Richtwert ebenfalls verwendbar. Hier sind allerdings auch die erhöhten Energieeinträge durch den erhöhten Homogenisierungsaufwand (Pumpen, Rührer) und die erhöhte Belüftungsrate mit zu berücksichtigen.

2.11 Stoffwechselwege der Hefezelle und bei der Biergärung zu beachtende Regulationsmechanismen

2.11.1.Stoffwechselwege

Der Erhaltungs- und Energiestoffwechsel und der Baustoffwechsel erfordern einen komplexen, ineinandergreifenden Reaktionsmechanismus von katabolischen (= Dissimilation der organischen C-Quelle mit Energiefreisetzung), anabolischen (= Assimilation der C-Quelle mit Biosynthese unter Energieverbrauch) und sog. anaplerotischen Reaktionen. Letztere sind wichtig als Auffüllmechanismen von Zwischenprodukten des Stoffwechsels, um Reaktionsketten im Fließgleichgewicht zu halten, wenn deren Zwischenprodukte als Metaboliten für den Baustoffwechsel ausgeschleust wurden. Einen groben Überblick über die wichtigsten Stoffwechselwege zeigt Abbildung 3.

Der Fructose-1,6-diphosphat-Weg (FDP-Weg) ist der Hauptstoffwechselweg für den Zuckerabbau, der aerob und anaerob bis zur zentralen Zwischenstufe Pyruvat (Brenztraubensäure) in gleicher Weise verläuft. Einen Überblick über die wichtigsten Stoffwechselwege und ihr Zusammenspiel geben die Kapitel 4.5 und 4.5.2 in [7].

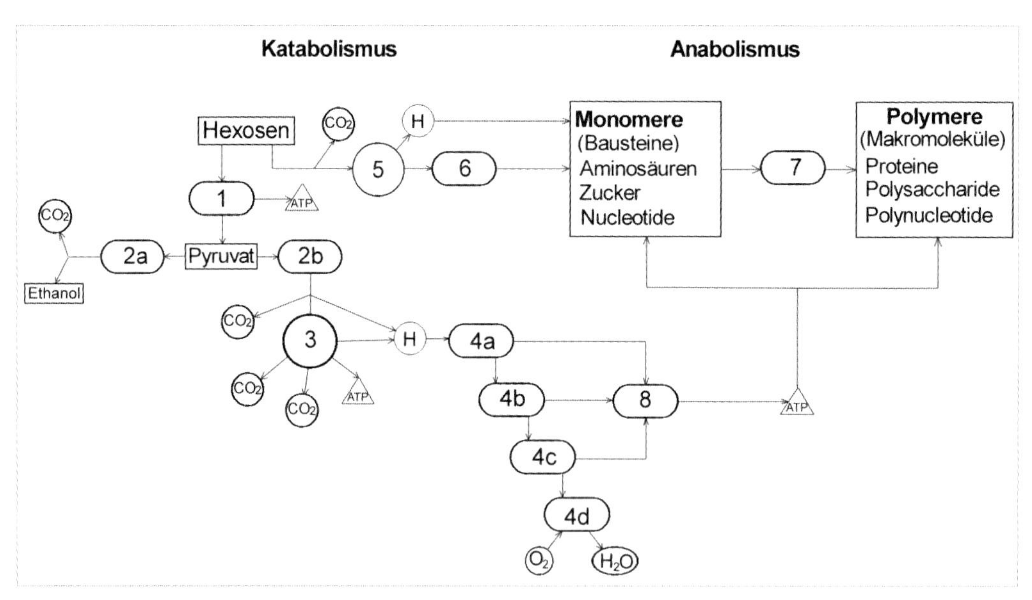

Abbildung 3 Hauptabschnitte der Stoffwechselwege in der Hefezelle
1 Fructose-1,6-diphosphat-Weg (FDP-Weg) **2a** Alkoholische Gärung **2b** Oxidation von Pyruvat zu Acetyl-CoA **3** Tricarbonsäure-Zyklus (Citronensäure-Zyklus) **4a... 4d** Atmungskette **5** Pentosephosphat-Weg **6** Monomeren-Synthese **7** Polymeren-Synthese **8** Atmungskettenphosphorylierung
ATP ATP-Bildung **H** Wasserstoffionenübertragung durch $NADH+H^+$ ($NADPH+H^+$)

Bei der anaeroben Zuckerassimilation muss die Hefezelle andere Synthesewege als bei der aeroben Zuckerassimilation beschreiten, um die erforderlichen Bausteine für ihre Vermehrung und Biosynthese zu erhalten. Abbildung 4 zeigt schematisch einige Synthesewege und die so gebildeten Bausteine für die Biosynthese. Dabei entstehen Intermediärprodukte, die zum Teil in das gärende Bier als Gärungsnebenprodukte (Jungbierbukett- oder Bukettstoffe) ausgeschieden werden und das Aroma und die Reifungsdauer entscheidend beeinflussen (s.a. Kapitel 4).
Im Verlauf der normalen chargenweisen Biergärung wird die Hefezelle sich ständig verändernden Umweltbedingungen (Veränderung der physikalisch-chemischen Bedingungen und Veränderung der Inhaltsstoffe von der Würze zum Bier) ausgesetzt.

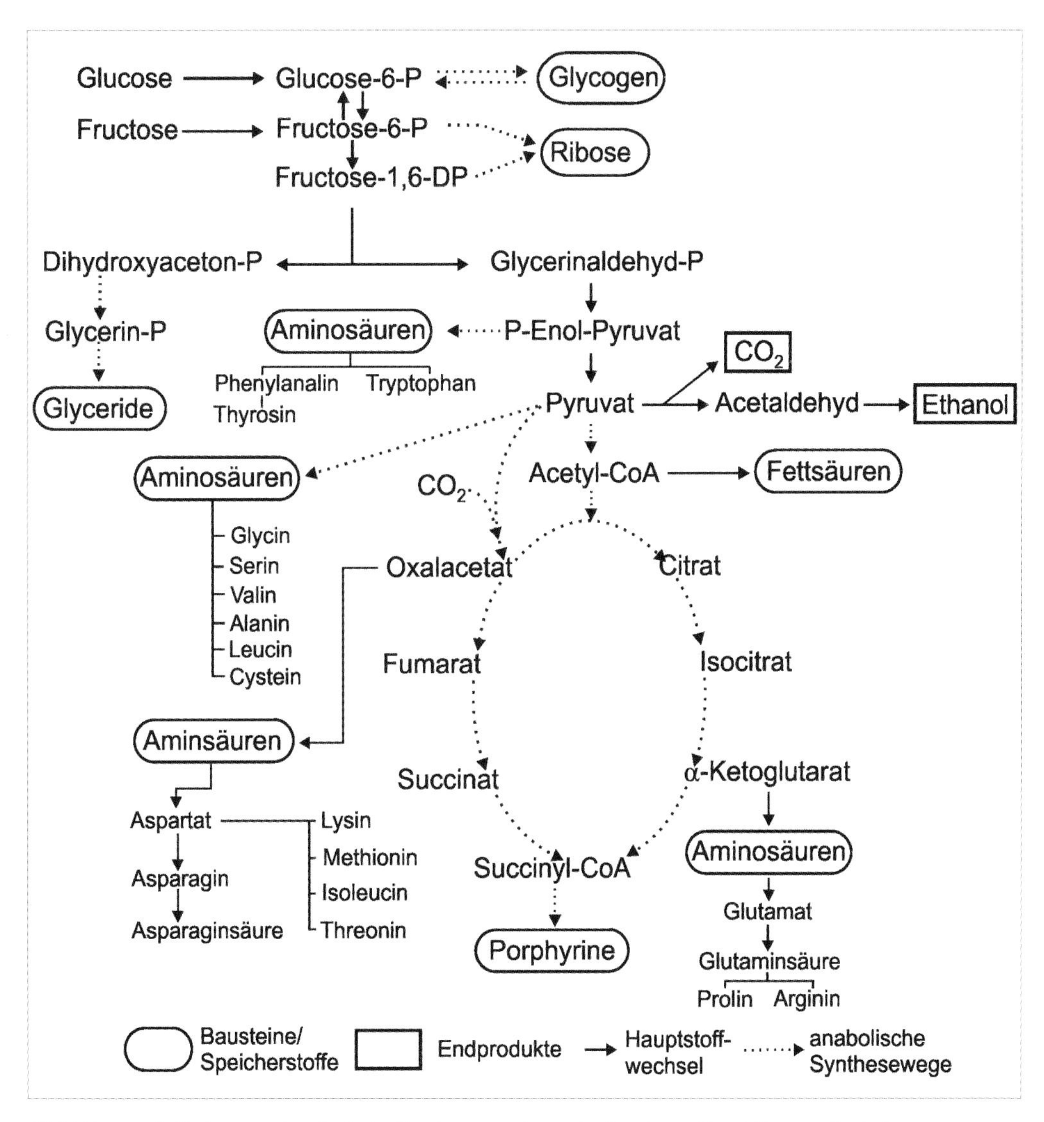

Abbildung 4 Schema der katabolischen und anabolischen Reaktionen bei der anaeroben Zuckerassimilation der Hefe zur Beschaffung von Intermediärbausteinen für die Biosynthese

Abbildung 5 weist die wesentlichen Veränderungen für einen in einer Vollbierwürze angestellten Hefesatz bei der Biergärung aus. Die Veränderungen zeigen, dass sich das Fließgleichgewicht zwischen der Konzentration der Stoffe im Substrat, den in der Hefezelle aufgenommenen Substanzen und den ausgeschiedenen Reaktionsprodukten ständig ändert.

Der komplizierte, ineinandergreifende Ablauf der katabolischen, anabolischen und anaplerotischen Reaktionsmechanismen im Hefestoffwechsel erfordert eine dem Ziel des Stoffwechsels entsprechende Koordinierung bzw. eine sinnvolle Regulation. Diese Regulation ist darauf gerichtet, den zur Lebenserhaltung und Zellvermehrung erforderlichen Stoffwechsel an wechselnde Umweltbedingungen anzupassen und ihn möglichst ökonomisch für die Zelle zu gestalten.

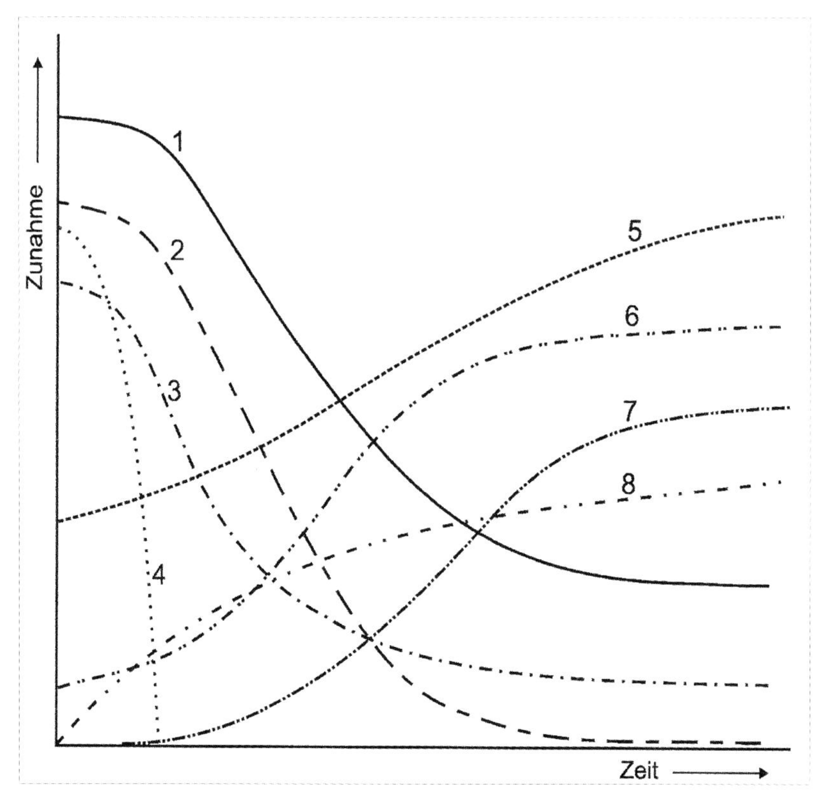

Abbildung 5 Veränderungen bei der Fermentation in einer Vollbierwürze (nach [7])

1 Gesamtextrakt/Dichte: Ew = 12% → Es = 1,8…2,5 % ≙ 1,046 g/mL → 1,005…1,008 g/mL

2 Zuckerkonzentration: c_{Zucker} = 8…10 Ma.-% → 0…0,5 Ma.-%

3 pH-Wert: 5,2…5,6 → 4,1…4,5

4 Sauerstoff, gelöst: c_{O2} = 8…9 mg O_2/L → 0 mgO_2/L

5 osmotischer Druck: 0,8 MPa → 2,3 MPa

6 Hefekonzentration: c_H = 15…30·10^6 Z/mL → 50…90·10^6 Z/mL

7 Ethanolkonzentration: c_A = 0 → 4…5 Ma.-%

8 CO_2-Konzentration bei konstantem Systemdruck: c_{CO2} = 0 g/L → 3…6 g/L

2.11.2 Pentosephosphat-Weg (Horecker-Weg, PP-Weg)

Für den Intermediärstoffwechsel von Hefen ist neben der Glycolyse und dem Citrat-Zyklus der Pentosephosphat-Weg (*Horecker*-Weg) wichtig. Letzterer spielt bei der Hefe keine entscheidende Rolle als Energiebeschaffungsprozess. Der Pentosephosphat-Weg dient bei der Hefe bevorzugt der Bildung von Pentosen, insbesondere Ribose (als wichtigem Baustein der Nucleotide und Nucleinsäuren). Neben der Gewinnung von Pentosephosphaten ist dabei die Bildung von $NADPH_2$ wichtig für die Fettsäure-synthese.

Unter aeroben Bedingungen verläuft dieser Weg von Glucose-6-P ausgehend oxidativ über Gluconsäure-6-Phosphat unter CO_2-Abspaltung zu den Pentosen. Der erste oxidative Schritt ist irreversibel; die von den Pentosen zu Fructose-6-P und Glycerinaldehyd-P führenden enzymatischen Reaktionen sind dagegen reversibel und erlauben auch unter anaeroben Bedingungen (rückwärts) die Bildung von Pentosen.

2.11.3 Anaerobe Zuckerassimilation zur Realisierung anabolischer Synthesereaktionen

Zur Realisierung anabolischer Synthesereaktionen bei der anaeroben Zucker-assimilation der Hefe sind folgende Änderungen in Teilprozessen des Katabolismus bekannt:

- Der Pentosephosphat-Weg verläuft nicht zyklisch rückwärts bis zur Pentosenstufe, ein normaler oxidativer Ablauf ist mangels O_2 nicht möglich.
- Der oxidative Citratzyklus kann nicht ablaufen, verschiedene Intermediär-stoffe des Zyklus müssen jedoch gebildet werden, um eine Biosynthese der essenziellen Grundaminosäuren Glutaminsäure und Asparaginsäure zu ermöglichen.
  Der Weg wird deshalb nichtzyklisch in beiden Richtungen (oxidativ und reduktiv ausgeglichen) beschritten. Es erfolgt eine Pyruvatcarboxylierung zu Oxalacetat (oder P-Enolpyruvatcarboxylierung).

Die wichtigsten Änderungen sind in der Abbildung 4 sehr vereinfacht schematisch dargestellt. Die gestrichelten Pfeile in diesen Abbildungen weisen auf den Entzug von katabolischen Intermediärstoffen (in Form einiger Beispiele) zur Zellsubstanzbildung hin. Die praktisch erreichbaren Produkt- und Biomassenausbeuten sind in Tabelle 8 zusammengefasst.

Zu weiteren vertiefenden Einzelheiten über den Verlauf der anabolisch zu Nuclein-säuren, Proteinen, Zellkohlenhydraten usw. führenden enzymatischen Reaktionsketten wird auf die neuere biochemische Fachliteratur verwiesen (siehe u.a. [40]).

2.11.4 Anaplerotische Reaktionen bei der oxidative Zuckerassimilation

Bei der oxidativen Zuckerassimilation verlaufen die Glycolyse, der Pentosephosphat-weg und der Citratzyklus in der für den Katabolismus typischen Weise einheitlich. Durch den ständigen Abzug von Intermediärstoffen werden die beiden erstgenannten katabolischen Wege nicht entscheidend beeinflusst.

Der Citratzyklus könnte jedoch nicht für längere Zeit ablaufen, wenn nicht durch eine simultan verlaufende Carboxylierung von Pyruvat das für die Kopplung mit Acetyl-CoA notwendige Oxalacetat entsprechend dem Abzug von Intermediärstoffen des Citratzyklus für Biosynthesen nachgeliefert würde. Derartige Auffüllreaktionen werden als anaplerotische Reaktionen bezeichnet.

2.11.5 Regulationsmechanismen

Folgende Regulationsmechanismen sind aus der Sicht der Hefetechnologie unter brauereitechnologischen Bedingungen von besonderer Bedeutung:

- *Induktion und Repression der Maltosepermease und der α-Glucosidase* (Maltase):
  Das Maltose-Transportsystem („Maltosepermease") und das Enzym Maltase (= α-Glucosidase; beide Enzyme werden häufig zusammengefasst unter dem Begriff „Maltozymase") werden von den meisten Brauereihefen erst nach Adaption an Maltose (trifft auch zu für Maltotriose) gebildet und erst dann können sie diese Zucker vergären bzw. assimilieren.
  Die beiden Enzyme sind in den meisten Brauereihefen nicht konstitutiv vorhanden. Ihre Bildung wird erst durch die im Nährsubstrat vorhandene Maltose und Maltotriose nach einer Adaptionsphase induziert.
  Eine hohe Glucosekonzentration hemmt die Synthese der Maltopermease und α-Glucosidase durch eine sogenannte Katabolitrepression.
  Neuere Untersuchungen zeigen, dass die Maltoseverwertungsrate der Hefe von der Maltoseaufnahme- und -transportrate abhängig ist. Höhere spezifische Gärleistungen erfordern auch höhere Maltosetransportleistungen [41].
  Es ist bei der Substitution von Malz durch Saccharose (wirkt wie Glucose) bekannt, dass bei einem Glucose- und Saccharoseanteil bei den vergärbaren Zuckern in der Fermentationslösung von über 50 % die Maltose- und Maltotrioseverwertung teilweise oder fast gänzlich unterdrückt wird.
  Auch bei einer längeren Lagerung eines Hefesatzes im endvergorenen Bier geht den Brauereihefen ihre Fähigkeit der Maltoseverwertung wieder verloren. Nach einem Wiederanstellen eines solchen Hefesatzes in Bierwürze benötigen sie dann eine längere Adaptionsphase für die Maltoseverwertung.

- *Der Pasteur-Effekt*:
  Bei einer Sauerstoffzufuhr in Würzen mit gärenden Hefezellen werden die Atmungsenzyme induziert (*Pasteur*-Effekt). *Pasteur* (1861) hatte ursprünglich diesen Effekt definiert als eine Verminderung der Gärung der Hefen bei Zutritt von Luftsauerstoff zugunsten der einsetzenden Zellatmung.
  Meyerhof und andere Bearbeiter haben diesen Effekt später konkreter definiert und quantitativ erfasst. Demnach lautet die Definition:
  Bei anaerober Gärung ist die Glucoseverbrauchsrate größer als bei der nach Luftsauerstoffzufuhr einsetzenden, mit Teilatmung verbundenen aeroben Gärung oder bei Vollatmung der Hefezellen.
  Eine Zufuhr von Luftsauerstoff zum gärenden Bier reduziert durch diesen Effekt die Vergärungsgeschwindigkeit, da der Energiegewinn der Zelle dadurch schlagartig steigt und der dafür erforderliche Zuckerbedarf sinkt.

- *Der Crabtree-Effekt*:
  Der reine Atmungsstoffwechsel der Hefe wird bei einer höheren Zuckerkonzentration im Nährsubstrat von > 0,1 g/L auch bei einer ausreichenden Sauerstoffkonzentration zugunsten einer aeroben Gärung gehemmt (*Crabtree*-Effekt).
  Es handelt sich hierbei um den wohl wichtigsten Regulationsmechanismus der Hefezelle mit technologischen Konsequenzen, insbesondere für eine effektive Hefebiomasseproduktion.
  Der *Crabtree*-Effekt - als besondere Form einer Katabolit-Repression - ist der Grund dafür, dass in der Brauindustrie durch die Vorlage einer Vollbierwürze bei der Hefereinzucht und Hefepropagation trotz ausreichender Belüftung die Hefeausbeute relativ klein ist und dass grundsätzlich dabei auch Ethanol gebildet wird.
  Der Zucker hemmt in der Atmungskette die Cytochromoxidase und verhindert in der letzten Stufe der Atmungskette die Oxidation des Wasserstoffs zu Wasser.
  Die Definition des *Crabtree*-Effekts lautet: Partielle Atmungshemmung durch einsetzende Glycolyse bei Zuckerüberschuss im Substrat.
  Als Konsequenz kann eine maximale Hefeausbeute bei der Backhefeproduktion nur mithilfe des sogenannten Zulauf-Verfahrens erreicht werden, wobei die Zuckerkonzentration in der Hefewürze stets ≤ 0,1 g/L gehalten werden muss.
  Bei limitiertem Zuckerangebot durch das sog. „Zulauf-Verfahren" liegt in den Hefezellen ein rein oxidativer Katabolismus vor, bei dem die Atmungsenzyme voll aktiv sind.
  Aufgrund der hohen Zuckerkonzentration der Vollbierwürzen von über 60 g/L und der zurzeit technologisch nur sinnvoll realisierbaren Fermentation im Batchverfahren (Deutsches Reinheitsgebot) ist bei der Hefereinzucht und Hefepropagation bei der Bierherstellung der *Crabtree*-Effekt immer vorhanden und es handelt sich hier immer um eine sogenannte aerobe Gärung, d. h., Gärung und Atmung laufen parallel.
  Bei steigender Zuckerkonzentration wird die Atmung immer mehr gehemmt. Bei normaler Biergärung beträgt der aerobe Zuckerumsatz nur ca. 2 % vom Gesamtzuckerumsatz.

- Das *ATP-ADP-AMP-Verhältnis* in der Hefezelle und die Intensität der Glycolyse:
  Die Übertragung der katabolisch freiwerdenden Energie erfolgt durch energiereiche Bindungen, insbesondere durch energiereiche Phosphatbindungen, im besonderen Maße durch das ATP (Adenosintriphosphat).
  Das Verhältnis von ATP zu den weniger energiereichen Adenosindi- und Adenosinmonophosphat (ADP und AMP) in der Zelle reguliert die Intensität des Glycolyse-Stoffwechsels, indem bei einer ausreichen hohen ATP-Konzentration die Phosphofructokinase gehemmt wird.
  ATP verringert allosterisch die Affinität des Substrates (hier: Fructose-6-phosphat) für das Enzym und damit die Reaktionsgeschwindigkeit der Phosphofructokinase. Bei einem kleinen ATP-AMP-Verhältnis bleibt die Phosphofructokinase aktiv.

- *Die Glycogenspeicherung der Hefezelle*:
  Durch eine Hemmung der Phosphofructokinase wird Fructose-6-phosphat und das damit im Gleichgewicht stehende Glucose-6-phosphat in der Zelle angehäuft. Die Hefezelle hat die Möglichkeit bei dieser günstigen Versorgungslage durch die Synthese von Speichermolekülen (hier Glycogen), die akkumulierten Zuckerphosphate (Glucose-6-phosphat, G-6-P) abzuziehen. Auch hier gibt das ATP-AMP-Verhältnis das Signal für die Umstellung des Stoffwechsels von Energieerzeugung auf Energiespeicherung. Bei der späteren Nutzung des Energiespeichers werden wieder phosphorylierte Glucosemoleküle gebildet.
  Die Speicherung ist sehr effizient.
  Die Energieverluste bei den Reaktionen G-6-P $\rightarrow$ Glycogen $\rightarrow$ G-6-P betragen nur ca. 3 %, d. h., fast 97 % der gespeicherten Energie stehen wieder zur Verfügung.
  Die technologische Bedeutung des Glycogens liegt in seiner Funktion als Reservekohlenhydrat der Hefezelle. Die Hefezelle kann durch den Abbau des zelleigenen Glycogens bei Nährstoffmangel (Lagerung unter endvergorenem Bier oder unter Wasser) ihren Energiestoffwechsel und damit ihre Lebenserhaltungsprozesse aufrechterhalten (Dauer abhängig von den Milieubedingungen und Lagertemperaturen). Glycogenreiche Hefen sind auch als Presshefen länger haltbar.

- *Glycerinbildung*:
  Ausgehend von dem im Gleichgewicht stehenden beiden isomeren phosphorylierten Triosen Glycerinaldehyd-3-phosphat und Dihydroxyaceton-phosphat werden bei einem normalen anaeroben Gärungsstoffwechsel der Bierhefen 3...5 % (bei der Weingärung 8...10 %) der vergorenen Zucker in Glycerin umgewandelt
  Der Glyceringehalt der Biere liegt normal zwischen 1200...2000 mg/L und beeinflusst in diesem Bereich mit steigender Konzentration die Biergüte positiv (s.a. Kapitel 4.7).
  Glycerin wird von der Hefe auch unter Wasserstress produziert und in der Zelle akkumuliert, um die intrazelluläre Osmolarität zu erhöhen.
  Es ist eine Schutzfunktion der Hefezelle bei hohen Salz- und Zuckerkonzentrationen im Nährsubstrat, um zelluläre Wasserverluste zu vermeiden.
  Auch bei einer Hefelagerung bei tiefen Temperaturen hat der Glyceringehalt eine Schutzfunktion (Schutzantwort der Hefezelle bei Kältestress) [42].

2.12 Hefeernte

2.12.1 Die klassische Hefeernte

Am Ende der Gärung - der gesamte vergärbare Extrakt wurde verwertet - bzw. am Ende der Hauptgärung - der vergärbare Extrakt wurde zu etwa 80...90 % vergoren - kann die Hefe geerntet werden.

Die untergärige Hefe sedimentiert in diesem Stadium auf dem Boden des Gärbehälters. Diese Sedimentation erfolgt unter dem Einfluss der Schwerkraft, da die Dichte der Hefezellen größer als die des Bieres bzw. des Jungbieres ist. Die Größe der

Hefezell-Agglomerate beeinflusst die Sedimentationsgeschwindigkeit (siehe Kapitel 2.8.2), sodass kleinere Hefezellen länger in Schwebe bleiben. Das während der Gärung gebildete CO_2 ist für den Auftrieb der Hefezellen verantwortlich.

Bei der klassischen Gärführung in Gärbottichen kann die Hefe nach dem Schlauchen des Bieres vom Boden des Bottichs gewonnen werden. Mittels einer Hefekrücke wird das Sediment zum Ablaufstutzen gefördert und in größeren Brauereien mit einer Pumpe oder durch Schwerkraftförderung in die Aufbewahrungsgefäße (Hefewannen, Hefebottiche, Hefetanks) geleitet. Dabei kann das Geläger in Nachzeug, Kernhefe und Vorzeug getrennt werden, indem mit der Hefekrücke schichtweise ausgetragen wird. Der Effekt dieser Prozedur ist allerdings umstritten seit bekannt ist [43], dass die Hefevitalität in allen 3 Sedimentschichten gleich und nur der Gehalt an Trubteilchen, toten Zellen etc., also der „Verschmutzungsgrad", unterschiedlich ist.

Vor- und Nachzeug werden im Allgemeinen der Althefe zugeführt, die meist als Futtermittel entsorgt wird. Die Kernhefe wird zum Anstellen benutzt, nicht benötigte Hefe wird ebenfalls entsorgt.

In kleineren Brauereien wird in Hefeeimer ausgeheft, die manuell in die Hefewanne entleert werden müssen, teilweise können auch fahrbare Hefewannen unter den Bottichauslauf gestellt werden.

Erwähnt werden soll, dass der CO_2-bedingte Auftrieb der Hefezellen auch für die Kombination von Hefeernte und Anstellen genutzt werden kann. Nach dem Schlauchen des Bieres wird der Bottich oder Tank mit Würze aufgefüllt und nach ca. 1...2 Stunden kann abgepumpt und ggf. weiter mit Würze verdünnt werden.

2.12.2 Hefeernte aus einem zylindrokonischen Gärtank

In Abhängigkeit von der vorhandenen Anlagentechnik und der betrieblichen Verfahrensführung kann die Hefeernte aus zylindrokonischen Gärtanks in unterschiedlichen Varianten durchgeführt werden, u.a. in folgenden Varianten:

Variante 1: Zweitankverfahren ohne Jungbierseparation

Nach der abgeschlossenen Gärung und Reifung wird der Tankinhalt mit der Hefe in einer Teilabkühlung von der Reifungstemperatur auf 4...8 °C abgekühlt. Vorraussetzung ist eine wirkungsvolle Konuskühlung.

Vorteile:

- Die CO_2-Entbindung und die Turbulenz im Gärtank wird durch die Teilabkühlung deutlich reduziert.
- Die Hefe sedimentiert schneller und vollkommener.
- Der Großteil der Hefe kann ca. 12 Stunden nach Beendigung der Abkühlung geerntet werden.
- Der Stoffwechsel der abgekühlten Hefe wird reduziert.

Nachteile:

- Es besteht die Gefahr eines Temperaturschocks für die Hefe.
- Das Tanksediment ist inhomogen (Temperaturgradient).
- Um die Gefahr einer Hefeautolyse und die Erwärmung der Hefe durch autokatalytische Stoffwechselprozesse (Selbstverdauung) im Tanksediment zu vermeiden, ist eine sofortige und mehrmalige Hefeernte mit einer weiteren Tiefkühlung der zu bevorratenden Hefe erforderlich.

Variante 2: Zweitankverfahren mit Jungbierseparation

Nach Beendigung der Gärung und Reifung wird das Bier mit der Hefe ohne große Abkühlung zur Hefegewinnung separiert (siehe auch Kapitel 2.12.3).

Vorteile:

- Die Hefe wird im Bier keinem Temperaturschock ausgesetzt.
- Die Hefe ist gäraktiv und sofort wieder einsetzbar, siehe auch Ergebnisse von *Quain* et al. [44].
- Ein mehrmaliges Hefeziehen ist nicht mehr erforderlich.
- Die Abtrennung der Hefe erfolgt reproduzierbar in dem technologisch erforderlichen Rahmen (Einstellung auf Hefekonzentrationen < 2...5·10^6 Zellen/mL).
- Die separierte Hefe hat eine gleichmäßige Hefekonzentration und ist damit sehr gut beim Wiederanstellen nach Volumen dosierbar.

Nachteile:

- Die Hefe hat eine hohe Anfangstemperatur und erfordert auch für kurze Zwischenlagerzeiten (> 6 Stunden) bis zur nächsten Satzgabe nach der Separation eine sofortige Tiefkühlung.
- Der Stoffwechsel der Hefe ist ungebremst und benötigt dringend Nährstoffe, die im endvergorenen Bier nicht mehr vorhanden sind.
- Die Hefe verbraucht sehr schnell ihre eigenen Reservekohlenhydrate und erwärmt sich sehr schnell bei einer Zwischenlagerung ohne vorherige Tiefkühlung.

Variante 3: Eintankverfahren mit Mantelkühlung

Nach Beendigung der Gärung und Reifung erfolgt zur Vorbereitung der Hefeernte eine Zwischenkühlung auf 4...8 °C und nach der Hefesedimentation ist ein mehrmaliges Hefeziehen erforderlich.
Vor- und Nachteile: wie Variante 1

Variante 4: Eintankverfahren mit einer Tankkühlung mit externem Wärmeübertragerkreislauf

Abkühlung des ausgereiften Tankinhaltes mit der gesamten Hefe auf die Hefelagertemperatur (< 4 °C) oder eine Zwischentemperatur (4...8 °C), Unterbrechung des Umpumpprozesses zur Beschleunigung der Hefesedimentation, Hefeziehen bei gleichzeitiger weiterer Abkühlung des Tankinhaltes nach der Umstellung des Bierkühlerzulaufes vom Konus- zum Ziehstutzen, die sedimentierte Hefe wird nicht mehr umgepumpt.

Vorteile:

- Das Hefesediment hat eine homogene Anfangstemperatur.
- Vorteile sonst wie Variante 1.

Nachteile:

- Da dieser Tanktyp keine Konuskühlung besitzt, ist auch hier eine sofortige und mehrmalige Hefeernte mit einer weiteren Tiefkühlung für die zu bevorratende Hefe erforderlich.

- Es besteht auch hier die Gefahr eines Temperaturschocks für die Hefe, insbesondere bei schon geschädigten Hefesätzen.

Variante 5: Eintankverfahren mit maximaler Tankkühlung mit externem Wärmeübertragerkreislauf

Kühlung wie bei Variante 4 bis zur Zwischentemperatur 4...8 °C, Hefeernte nach Bedarf zum Anstellen oder auch direkt von der Reifungstemperatur aus.

Danach wird mit der maximalen Wärmeübertragerleistung bei „umgedrehtem" Kreislauf gekühlt. Dazu wird im oberen Teil das Bier entnommen, gekühlt und in den Konus zurückgeleitet (s.a. Abbildung 104 in Kapitel 8.4.2.6).

Vorteil: sehr schnelle Abkühlung des ZKT-Inhaltes bei maximal möglichem $\Delta\vartheta$. Die gesamte Resthefe wird mit gekühlt, ohne dass sie umgepumpt werden muss.
Weitere Varianten und Zwischenstufen sind möglich.

Zur Hefeernte aus ZKT

Bei der Gärung in zylindrokonischen Tanks (ZKT) sammelt sich die Hefe im Konus des Tanks und kann aus diesem geerntet werden. Das ist durch Schwerkraftförderung unter Nutzung des statischen Druckes der überstehenden Biersäule und des überlagerten Spundungsdruckes möglich. Bei Bedarf kann die Förderung durch eine geeignete Pumpe unterstützt werden.

Die Pumpenförderung kann beim Einsatz von Verdrängerpumpen (z. B. Kreiskolben-, Exzenterschnecken- oder Membranpumpen) gleichzeitig zur Begrenzung oder Konstanthaltung des Volumenstromes des Hefeabzuges benutzt werden. Dadurch kann die Hefe also relativ langsam und zeitlich definiert geerntet werden. Die Hefe erhält damit genügend Zeit, im Konus nachzurutschen und die horizontale Grenzfläche Hefe/Bier bleibt erhalten. Erfolgt der Hefeabzug zu schnell, dann ist dieses Nachrutschen nicht mehr möglich und in der Hefe bildet sich ein „Trichter" aus, durch den vor allem Bier abgezogen wird. Der Volumenstrom der Hefeernte sollte deshalb ≤ 10...15 hL/h sein (250-m^3-ZKT) bzw. ≤ 20...30 hL/h (500-m^3-ZKT). Bei Bedarf muss die Hefe in Etappen geerntet werden.
Zur Überwachung eines möglichen „Bierdurchbruches" lassen sich vorteilhaft optische Trennsensoren einsetzen.

Die Pumpen für die Hefeförderung müssen ein kontaminationsarmes oder -freies Fördern ermöglichen, sie sollen entsprechend den Richtlinien der EHEDG (European Hygienic Equipment Design Group) gefertigt sein (sie müssen auch den Forderungen des US 3-A-Standards 74-00 entsprechen). Gleiches gilt natürlich auch für alle anderen Ausrüstungselemente wie Rohrleitungen, Armaturen, Sensoren usw. (s.a. Kapitel 22).

Bei pulsierend fördernden Pumpen können die Schwingungen auf der Saugseite der Pumpe das Nachrutschen der Hefe im Tankkonus fördern. Das Nachrutschen der Hefe wird durch polierte Werkstoffoberflächen und kleine Konuswinkel erleichtert. Der Konuswinkel beträgt deshalb vorzugsweise 60°...70° und sollte 90° nicht übersteigen.

Der Mittenrauwert der Konusoberfläche soll bei $R_a \leq 1{,}6$ µm liegen, besser noch sind Werte von $R_a \leq 0{,}8$ µm. Elektrochemisch polierte Oberflächen sind besonders günstig.

Die Hefe ist bei ZKT durch den statischen Druck der Biersäule und eventuelle Spundung relativ hoch mit gelöstem CO_2 angereichert. Bei der Hefeernte in einen drucklosen Behälter entgast das CO_2 und bildet einen relativ stabilen Schaum. Diese Volumenzunahme muss also beachtet werden und erfordert Steigraum in den

Hefeaufbewahrungsgefäßen. Die Schaumbildung kann vermieden werden, indem die Ernte in gespundete Behälter vorgenommen wird. Nach Abschluss der Hefeernte wird die Hefe entgast, z. B. durch Rühren, Umpumpen und/oder definierte Druckentlastung. Nach der CO_2-Entfernung kann der Behälter entspannt werden.

Prinzipiell kann die Hefe bei langsamer Ernte aus ZKT auch in Vorzeug, Kernhefe und Nachzeug getrennt werden, darauf wird aber aus den o.g. Gründen im Allgemeinen verzichtet (s.a. Kapitel 2.12.1).

Bei der Verarbeitung von schlecht gelösten Malzen kann es zu β-Glucanausscheidungen kommen, die sich in den Grenzphasen zwischen Kernhefe und Bier mit Trubbestandteilen anreichern. Hier ist eine differenzierte Abtrennung und Weiterverarbeitung erforderlich.

Für den Zeitpunkt der Hefeernte gilt: so bald als möglich! Die Hefe sollte möglichst bald vom Bier getrennt und abgekühlt werden, um die Exkretion von Zellinhaltstoffen zu vermeiden und die Assimilation ihrer Reservestoffe im Interesse der Erhaltung ihrer Vitalität zu reduzieren, vor allem dann, wenn der Endvergärungsgrad erreicht ist. Im Extremfall kann die Hefe autolysieren. Daraus ergibt sich die Notwendigkeit der mehrmaligen Hefeernte bei einem ZKT, beginnend bereits gegen Ende der Hauptgärung. Die einzelnen Erntefraktionen können oder sollen gemischt verwendet werden.

Die dickbreiige Erntehefemenge beträgt üblicherweise 2...2,5 L/hL bei einer Anstellhefekonzentration von etwa $15...20 \cdot 10^6$ Zellen/mL Würze, entsprechend einer dickbreiigen Anstellhefemenge von 0,5...0,6 L/hL Würze.

Die Hefe wird bei der klassischen Zweibehältertechnologie zum größten Teil nach der Hauptgärung geerntet, der Rest nach der Reifung/Lagerung als minderwertiges Geläger.

Zur Ernte obergäriger Hefen

Obergärige Hefen bilden in offenen, klassischen Gärgefäßen größere Sprossverbände und steigen durch den Auftrieb der CO_2-Bläschen an die Oberfläche und bilden eine voluminöse Kräusenschicht (Hefetrieb). Hier können sie bei Verwendung von offenen Gärbottichen durch Überschäumen (Hefetrieb) in besondere Auffanggefäße oder durch Abschöpfen geerntet werden.

Beim Einsatz von zylindrokonischen Gärtanks werden durch die Turbulenz während der Gärung die Sprossverbände zerstört und die obergärige Hefe kann wie die untergärige Hefe als Hefesediment geerntet werden. Bei Gärtanks ist es möglich, im Bereich der Kräusendecke/Würzeoberfläche Taschen für den Abzug der Kräusen anzuordnen, in denen sich die Kräusen sammeln und aus denen sie abgeleitet werden können. Bedingung ist die exakte Einhaltung des Füllniveaus.

2.12.3 Die Hefeernte mittels Jungbierseparation

Bei einem Zweitankverfahren kann die Hefe beim „Schlauchen“ durch einen Jungbierseparator vor der Kühlung abgetrennt werden und kann sowohl zum direkten Anstellen eingesetzt als auch als Überschusshefe verkauft werden. Vorteilhaft ist bei dieser Variante, dass die Hefe *vor* der Kühlung auf Lagertemperatur *ohne* „Temperaturschock“ geerntet werden kann.

Die Gärführung ist bei dieser Variante bis zum Abschluss der Reifung bei quasi konstanter Temperatur möglich.

Als Jungbierseparatoren können hermetische Zentrifugalseparatoren eingesetzt werden (z. B. in der Bauform selbstentleerender Tellerseparator; Variante mit periodischer Trommelöffnung oder quasikontinuierlichem Austrag durch Einsatz von Schälrohren). Bedingung ist, dass eine Sauerstoffaufnahme durch den Separator vermieden wird (s.a. Kapitel 17).

Der Durchsatz sollte so bemessen werden, dass die tägliche Produktionsmenge in 16...≤ 24 h entheft werden kann. Kürzere Zeiten führen zu unnötigen Energiespitzen bei der Kühlung.

Der Grad der Hefeentfernung kann eingestellt oder mittels eines Sensors geregelt werden. Bei Bedarf kann nach der nahezu vollständigen Enthefung auch eine definierte Hefemenge wieder dosiert werden.

Bei einer eventuellen Zwischenstapelung muss die Hefe auf ≤ 4 °C im Durchlauf gekühlt werden (s.a. Kapitel 2.13.1).

2.13 Hefebehandlung

2.13.1 Kühlung der Hefe

In allen Fällen, bei denen die geerntete Hefe nicht direkt wieder zum Anstellen verwendet wird, muss sie gekühlt werden, um die Stoffwechselaktivitäten zu reduzieren. Dazu sind die Aufbewahrungsgefäße, wie Hefewannen oder Hefetanks, mit Mantelkühlflächen ausgerüstet, deren Effizienz durch Rührwerke verbessert wird.

Zum Teil erfolgt die Gelägerkühlung bereits im Gärgefäß, bei den ZKT werden deshalb auch Konuskühlzonen installiert.

Die schnelle Abkühlung der Hefe in Behältern mit Mantelkühlung ohne Rührwerk oder im ZKT-Konus mit aufgesetzten Kühlflächen ist nicht möglich. Die Wärme wird nur durch Wärmeleitung abgeführt, Konvektion ist nicht vorhanden. Die Temperaturdifferenz zwischen Hefe und Kälteträger kann nicht beliebig gesteigert werden, da es zu Eisbildung bzw. Anfrierungen kommt.

Wenn eine schnelle Kühlung der Hefe erfolgen soll, müssen geeignete Wärmeübertrager (WÜ) installiert werden, mit denen die Hefe im Durchlauf gekühlt wird, ggf. im mehrmaligen Umlauf. Geeignet sind beispielsweise Doppelrohr-WÜ, Spiral-WÜ, Platten-WÜ, Wendelrohr-WÜ in CIP-gerechter Ausführung.

Beachtet werden muss, dass die Hefe auf Temperaturschocks mit Exkretion des Zellinhalts reagieren kann. Dieser ist im fertigen Bier unerwünscht. Proteasen und Fettsäuren können z. B. den Schaum und die sensorische Stabilität des Bieres negativ beeinflussen.

2.13.2 Das Sieben der Hefe

Die Hefe kann gleich bei der Ernte oder auch danach gesiebt werden. Verwendet werden dazu Siebvorrichtungen, deren Durchsatz durch eine höherfrequente Bewegung des Siebes, hervorgerufen durch Vibrationsantriebe (Unwuchterreger, magnetische Schwingantriebe), erhöht wird.

Während in der Vergangenheit angenommen wurde, dass der positive Einfluss des Siebens auf die Entfernung von Trubteilchen und Hopfenharzen zurückzuführen ist, wird in neuerer Zeit davon ausgegangen, dass die Entgasung der Hefe (CO_2-Entfernung) - wichtig vor allem bei Hefe aus einem ZKT und aus Druckgärungen - und die Belüftung der Hefe, d. h. die Zufuhr von Sauerstoff, die wichtigen Ergebnisse des Hefesiebens sind.

Eine Verdünnung der Hefe mit Wasser sollte nicht erfolgen; ist eine Verdünnung der Hefe erforderlich, dann sollte Bier oder Würze genommen werden.

Moderne Hefesiebanlagen können für kontaminationsfreies Arbeiten mit einer Sterilbelüftung ausgerüstet sein.

Alternativ zum Hefesieben kann die Hefe auch im Aufbewahrungsgefäß oder in einer Umpumpleitung mit weniger Kontaminationsrisiko und geringerem Aufwand belüftet werden. Die Belüftung einer Anstellhefe sollte immer erst unmittelbar vor dem Wiederanstellen erfolgen, da die Hefe sonst bei längeren Lagerphasen ihre Reservekohlenhydrate verbraucht und dann sehr schnell autolysiert.

Das Sieben der Hefe wird immer weniger praktiziert, in der Regel nur noch in Kleinbetrieben.

2.13.3 Das Aufziehen der Hefe

Das Aufziehen der Hefe erfolgt als Vorbereitung für das Anstellen der Würze mit Hefe. Ziel ist die Homogenisierung der Anstellhefe bei gleichzeitiger maximaler Belüftung.

In kleineren Brauereien werden mit Muskelkraft im Aufziehapparat Hefe, Würze und Luft innig miteinander gemischt und damit wird dann angestellt.

In mittleren Betrieben wird mittels „Hefebirne" aufgezogen, indem Sterilluft über Sintermetallkerzen, befestigt an einer Lanze oder am Behälterboden installiert, in die vorgelegte Würze und Hefe eingeblasen wird. In vielen Fällen werden statt des Sintermetalls perforierte Rohre benutzt. Anstatt der Hefebirne kann bei größerem Bedarf je Sud auch in den Hefetanks aufgezogen werden.

Auch das Umpumpen des Hefetanks im Kreislauf bei gleichzeitiger Belüftung in der Umpumpleitung ist sinnvoll. Dabei kann die Kreiselpumpe gleichzeitig als Mischer arbeiten, wenn die Luft auf der Saugseite so dosiert wird, dass die Strömung nicht abreißt. Die Verwendung von genau dosiertem Sauerstoff erleichtert diese Arbeitsweise und vermeidet die Schaumbildung weitestgehend.

2.13.4 Das moderne Aufziehen oder „Vitalisieren"

Wie unter Anstellen (Kapitel 5.3.1) angesprochen, wird im modernen Großbetrieb das Aufziehen automatisiert. Die geerntete Hefe wird mit Würze versetzt (Verhältnis 1 : 1...1 : 2) und im Kreislauf gepumpt. Dabei wird der Hefesuspension Luft zugesetzt. Ziel ist die Entfernung des CO_2 und die Zufuhr von Sauerstoff.

Wird gekühlte Hefe zum Anstellen genommen, so kann mit der zugesetzten Würze die Temperatur der Suspension auf Anstelltemperatur angehoben werden (Temperaturen und Mengen ergeben sich aus der Mischungsrechnung). Die erforderliche Umpump- bzw. Belüftungszeit muss individuell ermittelt werden.

Das System muss unter Überdruck stehen, wenn die Erntehefe noch nicht entgast wurde. Zur Verminderung des Schäumens ist grundsätzlich ein geringer Überdruck über dem CO_2-Sättigungsdruck vorteilhaft.

Das Entgasen der Hefe und die Zufuhr von Sauerstoff vor dem Anstellen wird auch als „Vitalisierung" bzw. „Oxigenation" bezeichnet (s.a. in [7], Kapitel 5.4.3).
Das Belüften der Hefe muss unmittelbar vor dem Anstellen erfolgen (der Zeitrahmen beträgt 1...2 Stunden), belüftete Hefe sollte *n i c h t* mehr gelagert werden.

Die aufgezogene Hefesuspension wird anschließend vorzugsweise nach Zellzahl zur Würze dosiert.

2.13.5 Die Hefewäsche

Zur Wäsche wird die Hefe in kaltem Wasser suspendiert und nach einer Sedimentationszeit wird das „Waschwasser" abdekantiert. Durch die Flockulation der Hefe ist eine Phasentrennung im Allgemeinen recht gut möglich.

Als wesentlicher Nachteil einer Wäsche wird gesehen, dass die Hefe, durch die osmotischen Druck- und Konzentrationsunterschiede bedingt, an das Wasser wichtige Zellinhaltsstoffe abgibt und somit geschwächt wird. Ein Ausschwemmen von toten Hefezellen ist im Prinzip nicht möglich, da lebende und tote Zellen keinen Dichteunterschied aufweisen. Dagegen lassen sich Bakterien und Trubteilchen bedingt ausschwemmen, aber auch nur bei gleichzeitiger Schwächung der Hefe.

Die Säurewäsche der Hefe wird als Notmaßnahme zur Verringerung einer Kontamination mit diversen Bakterien gesehen. Eine Ansäuerung der Hefe mit verdünnter Schwefelsäure oder Phosphorsäure (≤ 10%ig) auf pH-Werte von 2,1...2,5 und eine Einwirkzeit von 2...5 Stunden soll die Kontaminanten abtöten oder stark schwächen. Hefen werden bei den genannten pH-Werten weniger geschädigt als Bakterien (s.a. den in [45] ausgeführten Verfahrensvorschlag). Da eine quantitative Auswaschung der Säure nach der Behandlung nicht erreichbar ist, entspricht dieses im Ausland vielfach angewandte Verfahren nicht dem Deutschen Reinheitsgebot.

In neuerer Zeit werden die möglichen Effekte einer Hefewäsche oder des „Wässerns" in Relation zu den damit verbundenen Nachteilen sehr kritisch gesehen und deshalb auch immer weniger, nach Möglichkeit überhaupt nicht, praktiziert.

2.14 Die Hefelagerung

Die geerntete Hefe muss in vielen Fällen bis zum erneuten Anstellen aufbewahrt werden. Die Zeitdauer reicht von wenigen Stunden bis zu einigen Tagen, beispielsweise über das Wochenende. Ziel der technologischen Konzeption muss es sein, die Aufbewahrungszeiten soweit wie möglich zu minimieren.

Eine Aufbewahrung unter Wasser sollte aus den im Kapitel 2.13.1 genannten Gründen nicht praktiziert werden.

Wenn kurzfristig aufbewahrt werden muss, sollte dies unter Würze oder restextrakthaltigem Bier bei Temperaturen zwischen 1...< 4 °C erfolgen, dies bestätigen auch neuere Versuche von *Fischer* et al. [46].

Die niedrigen Aufbewahrungstemperaturen sind erforderlich, um den Stoffwechsel der Hefe so weit wie möglich abzusenken und damit die Reservestoffe der Zelle zu erhalten. Die Abkühlung muss so schnell als möglich erfolgen (s.a. Kapitel 2.12).

Bei längeren Aufbewahrungszeiten, beispielsweise während einer Sudpause, sollte die Hefe mit wenig oder nicht belüfteter Anstellwürze im Verhältnis 1 : 1 vermischt bei 0...2 °C gelagert werden.

Nach neueren Erkenntnissen sollte jede Erntehefe vor einer Aufbewahrungsphase, die länger dauert als 12 h, grundsätzlich auf etwa < 4 °C gekühlt und durch technische Maßnahmen (Druckentlastung, Rühren, Umpumpen) ohne Belüftung entgast werden, um das CO_2 zu entfernen.

Die Abkühlung der Hefe auf Temperaturen < 4 °C sollte immer im Durchflussverfahren vor der Hefeeinlagerung erfolgen. Denn bei einer Abkühlung der Hefe erst in einem mit Kühlmantel ausgerüsteten Hefeaufbewahrungsgefäß bildet sich trotz Umpumpen oder Rühren des Inhaltes (Rühren ist aber immer noch besser als Umpumpen) über längere

Zeit ein deutlicher Temperatur- und Konzentrationsgradient aus, der eine Verschlechterung der Hefelebensfähigkeit verursacht (s.a. Ergebnisse von [47]).

Auch die Zwischenlagerung der Überschusshefe vor der Hefebiergewinnung nach den unter Punkt 19 beschriebenen Verfahren sollte bei Temperaturen unter 4 °C und so kurz wie möglich bis zur Weiterverarbeitung erfolgen, um eine Qualitätsschädigung des Endproduktes durch den Hefebierzusatz zu vermeiden (s.a. in [7], Kapitel 7).

Durch die Lagerung der Hefe kommt es bei steigender Lagertemperatur nach Versuchen von [48] und [49] beschleunigt zur:

- Anreicherung von Zellgiften und damit zur Verringerung der Hefevitalität und Hefeviabilität,
- Anreicherung von Acetaldehyd und daraus gebildetem Ethylacetat,
- Deutlichen Zunahme der mittelkettigen Fettsäuren (C_5 bis C_{12}, insbesondere von Octan- und Decansäuren),
- Erhöhung des FAN-Gehaltes (z. B. bei einer Lagertemperatur von 10 °C bis auf 400 mg FAN/L; dies verursacht bei einer thermischen Behandlung des Hefebieres eine verstärkte Bildung von *Strecker*-Aldehyden (2-Furfural) und anderen Alterungskomponenten),
- Zunahme der Schaum schädigenden Aktivität der Proteinase A (bei Lagertemperaturen von 10 °C erfolgt wieder eine Abnahme der Aktivität, vermutlich durch Selbstverdauung),
- Abnahme der Wasserstoffionenkonzentration mit einem Anstieg des pH-Wertes auf über 6,0 und
- Anreicherung der Hefe mit Calciumoxalat-Kristallen.

2.15 Einige Hinweise zur Hefepropagation und deren Belüftung

In Auswertung von kleintechnischen und Betriebsversuchen (ausführlichere Darstellung siehe in [7]) sollten nachfolgende Punkte insbesondere bei der Hefepropagation beachtet werden:

- Die Geschwindigkeit der Hefevermehrung wird unter vergleichbaren großtechnischen Versuchsbedingungen nur von der Fermentationstemperatur bestimmt.
- Für Anstellhefekonzentrationen von $<10 \cdot 10^6$ Zellen/mL ist die „sterile" Arbeitsweise erforderlich (= 2. thermische Entkeimung bzw. Sterilisation der gekochten Ausschlagwürze ist erforderlich).
- Bei der weiteren Vermehrung einer Reinzucht in Propagationstanks mit keimfreien, nicht sterilisierten Betriebswürzen ist im Interesse der Reinerhaltung des Hefesatzes immer eine Hefekonzentration von $> 10 \cdot 10^6$ Zellen/mL auch unmittelbar nach dem Drauflassen einzustellen.
- Für die Erkennung des Zellzustandes der sich vermehrenden Hefepopulation ist die kontinuierliche Onlinemessung des Ethanolgehaltes im Fermentationsmedium aussagekräftiger und auch automatisierbar, als eine Labormessung des G_2/S-Anteils der Hefezellen.
- Für die Steuerung des Drauflasszeitpunktes und der Drauflassmenge ist die Kontrolle der Hefekonzentration und eine kontinuierliche Ethanolmessung empfehlenswert.
- Bei Ethanolkonzentrationen von >0,7 Vol.-% geht die untergärige Brauereihefe von der logarithmischen in die Verzögerungsphase

über, bei Ethanolkonzentrationen >1,2 Vol.-% sollte im Interesse der Erhaltung der Bierqualität (Erhaltung des Redox-Zustandes: SO_2-Gehalte > 3,0 mg/L) die Belüftung eingestellt werden.

- Die Variation der Belüftungsrate bei großtechnischen Versuchen im Bereich von 2,6 bis 185 L Luft i.N./(hL·h) hatte keinen erkennbaren Einfluss auf die Geschwindigkeit der Hefevermehrung und die Biomasseausbeute.
- In normalen Bierwürzen stehen für die Hefevermehrung 150...< 200 mg/L assimilierbarer Stickstoff zur Verfügung. Bei einem durchschnittlichen Stickstoffbedarf von 92,5 g N/kg HTS-Zuwachs ergibt sich, dass in normalen Brauereiwürzen der Hefezuwachs auf $60...80 \cdot 10^6$ Zellen/mL begrenzt ist (bezogen auf eine Anstellhefekonzentration von ca. $20 \cdot 10^6$ Zellen/mL; 1 g HTS/L = $25...50 \cdot 10^6$ Zellen/mL; Ø-Wert: 1 g HTS/L = $38,5 \cdot 10^6$ Zellen/mL).
- Der spezifischer Sauerstoffbedarf in synthetischen Würzen mit Zuckergehalten > 0,1 g/L (*Crabtree*-Effekt) beträgt bei *Saccharomyces cerevisiae* ca. 120 mg O_2/g HTS-Zuwachs (Berechnungsvorschlag für die Auslegung der Belüftung).
  In komplex zusammengesetzten Bierwürzen mit vielen essenziellen Bausteinen (Fettsäuren, Phospholipide u.a.) liegt der Sauerstoffbedarf niedriger, z. B. bei 30...35 mg O_2/g HTS-Zuwachs (Literaturzusammenstellung siehe [7]).
  In der Backhefeindustrie: Bei Zuckergehalten < 0,1 g/L (Zulaufverfahren) werden 740 mg O_2/g HTS-Zuwachs benötigt.
- In Abhängigkeit von der Temperatur und vom physiologischen Zustand des Hefesatzes betrug in Bierwürze die spezifische Sauerstoffaufnahmerate 2...33 mg O_2/(g HTS·h), bei 15...16 °C lag der Durchschnittswert bei 13 mg O_2/(g HTS·h).
- Die Belüftung sollte nicht nach der Maxime erfolgen „viel hilft viel", sondern nach dem spezifischen Bedarf der tatsächlichen Verwertungsmöglichkeit in Abhängigkeit von der vorhandenen Hefekonzentration (am Anfang wenig, Intervalle größer und am Ende der Vermehrungsphase öfter).
- Aus einem Berechnungsbeispiel für die Belüftungszyklen können folgende Werte zur Orientierung dienen:

Startphase 1. bis 10. Stunde	3 Zyklen á 3 min/10 h
Endphase 20. bis 30. Stunde	11 Zyklen á 4 min/10 h

Überzogene Belüftungsraten verursachen:

- Teure Technik und hohen Energieverbrauch;
- Große Schaumentwicklung, schlechte Raum-Zeit-Ausbeute;
- Übermäßigen Verlust an schaumpositiven Inhaltsstoffen;
- Übermäßige Oxidation von Würzeinhaltsstoffen, erhöhte Alterungsgefahr (SO_2-Verluste);
- Die Gefahr eines oxidativen Stresses für die Hefezellen.

2.16 Einige Hinweise zur Verwendung von Trockenhefe

Viele Klein- und Gasthausbrauereien verwenden für ihre Gär- und Reifungsprozesse kommerziell im Beutel angebotene Trockenhefen, die teilweise mit einer Nährlösung im Extrabeutel umgeben sind. Nach einer einfachen mechanischen Einwirkungen (Druck zur Zerstörung des darin enthaltenen Trockenhefebeutels) wird die Trockenhefe kurz vor dem Anstellen in der Nährlösung verteilt. Es wird gewartet, bis der äußere Beutel sich durch die einsetzenden Lebensprozesse der revitalisierten Hefe (CO_2-Bildung) aufbläht. Es werden die unterschiedlichsten Hefestämme für die unterschiedlichsten Biersorten angeboten (lieferbare Hefen siehe z. B. unter www.brouwland.com).

Die Rehydratisierung der Trockenhefe (= Erhöhung des Wassergehaltes in der Hefezelle von 4...6 % H_2O auf bis zu 70 % H_2O) ist ein einfacher, aber sehr wichtiger Prozess, um diesen Hefesatz für eine gute Gärleistung mit hoher Vitalität zu erhalten. Aktive Trockenhefe (ADY = activ dry yeast bzw. IADY = instant activ dry yeast) entwickelt nach *Powell* et al. [50] erst nach weiteren Führungen ihre typischen Stammcharakteristika, d. h., bei der ersten Führung wird die gewünschte Qualität offensichtlich noch nicht im Gärprozess erreicht. Die phenotypischen und genetischen Eigenschaften der aktiven Trockenhefe bleiben über mehrere Führungen erhalten, sodass auch die Endproduktqualität bei einer mehrfachen Wiederverwendung gleichbleibend ist, vorausgesetzt, der Prozess läuft mikrobiologisch stabil ab. Weitere Informationen über Trockenhefe siehe auch in [7], Kapitel 6.10.

Rehydratisation

Die Rehydratisation muss so erfolgen, dass die Trockenhefe möglichst wenig Aktivitätsverlust erleidet, der Totzellenanteil soll nur geringfügig steigen.

Durch die Trocknung der Hefezelle kommt es zur Schädigung ihrer Zellmembransysteme, die in der Anfangsphase der Rehydratisierung zu Verlusten an essentiellen Inhaltsstoffen führt.

Die Rehydratisierung von Trockenhefe erfolgt bei 35...< 40 °C in Leitungswasser in einem Verhältnis von Trockenhefe zu Wasser von 1 : 10 am schnellsten und relativ schonend. Messungen haben ergeben, dass bei der o.g. Temperaturspanne die Stoffausscheidungen der Hefezelle nach ca. 5...10 Minuten beendet sind. In diesem Bereich erhöht sich der Totzellenanteil um ≤ 10 %.

Bei der Rehydratisierung von Trockenhefe werden von den Trockenhefeherstellern teilweise unterschiedliche Empfehlungen gegeben, folgende Empfehlungen sind zu beachten:

- Grundsätzlich ist zur Rehydratisation steriles (abgekochtes), chlorfreies und mineralstoffhaltiges Leitungswasser zu verwenden.
- Die Verwendung von steriler Vollbierwürze ist auch möglich, verzögert aber die Wasseraufnahme, erhöht die Gefahr einer osmotischen Schädigung der Hefe und kann ein Schäumen des Ansatzes verursachen.
- 1 Teil Trockenhefe ist in der 10-fachen Menge an sterilem Wasser bzw. Würze einzuteigen.
- Nach dem behutsamen Einrühren muss die Hefe mindestens 30 Minuten Wasser aufnehmen und quellen.
- Üblich erfolgt die Rehydratisierung bei Wasser- bzw. Würzetemperaturen von 35...< 40 °C. Messungen haben ergeben, dass bei der genannten Temperaturspanne die Stoffausscheidungen der Hefezellen nach ca. 5...10 Minuten beendet sind. In diesem Bereich erhöht sich der Totzellenanteil um ≤ 10%.

Die Fa. fermentis [51] empfiehlt für ihre Trockenhefen folgende differenzierte Rehydratisationstemperaturen als optimal:

Ale-Hefen bei 25...29 °C,
Lagerhefen bei 21...25 °C.

Weiterhin schlägt die Fa. fermentis in Abhängigkeit von der Aufbewahrungstemperatur des Ansatzes folgende maximale zulässige Standzeiten bis zum Anstellen vor:

Bei 4 °C Lagerung $\leq$ 18 h,
Bei 20 °C Lagerung $\leq$ 6 h,
Bei 25 °C Lagerung $\leq$ 4 h.

Verpackung der Trockenhefe

Der Hersteller muss die Trockenhefe unter Schutzgas (N_2, CO_2) verpacken. Dafür verwendet er metallisierte Aluminium-Verbundfolien aus Polyethylen (PE) und Polyethylenterephthalat (PET). Diese sind gas- und lichtundurchlässig.
Die Trockenhefe sollte kalt (< 8 °C) gelagert werden.

Kommerzielle Trockenhefehersteller setzen vor dem Trocknen der Hefesuspension spezielle Membranschutzstoffe zu. Für die Einhaltung der erforderlichen Dauer der Rehydratisierung sind die Angaben des Trockenhefeherstellers einzuholen, inwieweit diese Zusatzstoffe die Rehydratisierung verzögern.

Eigene Versuche ergaben nach ca. 1 Stunde Rehydratisierungszeit bei 35 °C in Leitungswasser unter mehrmaligem Umrühren einen klumpenfreien Hefebrei, der eine sehr gute Gärleistung besaß.
Zu lange Standzeiten der Hefe in Wasser können schnell zu einem Mangel an Nährstoffen für die beginnenden Lebensprozesse der Zellen führen (abhängig vom Glycogengehalt der Hefezellen) und ebenfalls die Hefe schädigen.

Von einigen Trockenhefeherstellern werden spezielle Nährlösungen für die Rehydratisierung empfohlen (s.o.).

Berechnung der Hefegabe unter Verwendung einer Trockenhefe

Je nach Züchtungsbedingungen kann die Hefezellzahl pro Gramm Hefetrockensubstanz in folgendem Bereich schwanken:

- Schwankungsbereich der Zelltrockenmasse in Abhängigkeit von Züchtung: $(2...4)\cdot 10^{-11}$ g HTS/Zelle

Liegen keine konkreten Angaben der Trockenhefelieferanten vor, kann erfahrungsgemäß mit folgenden Richtwerten gerechnet werden, um eine zu geringe Hefegabe zu vermeiden:

- Durchschnittliche Zellzahl pro 1 g Hefetrockensubstanz (HTS); $3{,}7\cdot 10^{10}$ Zellen/g HTS;
- Durchschnittlicher Trockensubstanzgehalt einer aktiven Trockenhefe 94 %;
- Durchschnittlicher Totzellenanteil einer schonend getrockneten Trockenhefe: 40 %.

Rechenbeispiel

Wie viele Gramm Trockenhefe pro 1 hL Würze müssen zugesetzt werden, wenn unter Beachtung der vorher genannten Durchschnittswerte eine Anstellhefekonzentration von

$20 \cdot 10^6$ lebenden Zellen/mL Würze (= ca. 0,66 L dickbreiige Hefe/hL Würze) bei einer untergärigen Hefe erreicht werden soll?

1 g Trockenhefe enthält 0,94 g HTS.

Die lebende Hefemenge in 1 g Trockenhefe beträgt damit:

Nach dem Durchschnittswert $3{,}7 \cdot 10^{10}$ Zellen/g HTS:

$$\frac{3{,}7 \cdot 10^{10}\,\text{Zellen}}{1\,\text{g HTS}} \cdot \frac{0{,}94\,\text{g HTS}}{1\,\text{g Trockenhefe}} \cdot \frac{(100-40)\,\%}{100\,\%} =$$

$2{,}087 \cdot 10^{10}$ lebende Zellen/g Trockenhefe $\approx 2{,}1 \cdot 10^{10}$ Zellen/g

Nach dem kleinsten Wert $2 \cdot 10^{-11}$ g HTS/Zelle:

$$\frac{1\,\text{Zelle}}{2 \cdot 10^{-11}\,\text{g HTS}} \cdot \frac{0{,}94\,\text{g HTS}}{1\,\text{g Trockenhefe}} \cdot \frac{(100-40)\,\%}{100\,\%} =$$

$0{,}282 \cdot 10^{11}$ lebende Zellen/g Trockenhefe $\approx 2{,}8 \cdot 10^{10}$ Zellen/g

Nach dem oberen Wert $4 \cdot 10^{-11}$ g HTS/Zelle:

$$\frac{1\,\text{Zelle}}{4 \cdot 10^{-11}\,\text{g HTS}} \cdot \frac{0{,}94\,\text{g HTS}}{1\,\text{g Trockenhefe}} \cdot \frac{(100-40)\,\%}{100\,\%} =$$

$0{,}141 \cdot 10^{11}$ lebende Zellen/g Trockenhefe $\approx 1{,}4 \cdot 10^{10}$ Zellen/g

Um $20 \cdot 10^6$ Zellen/mL Würze zu dosieren, sind folgende Trockenhefemenge in Gramm für 1 hL Würze erforderlich:

Variante mit dem Durchschnittswert:

$$\frac{20 \cdot 10^6\,\text{Zellen}}{\text{mL Würze}} \cdot \frac{10^5\,\text{mL Würze}}{\text{hL Würze}} \cdot \frac{\text{g Trockenhefe}}{2{,}1 \cdot 10^{10}\,\text{lebende Zellen}} = 95{,}2$$

≈ 95 g Trockenhefe/hL Würze

Variante mit dem kleinsten Wert:

$$\frac{20 \cdot 10^6\,\text{Zellen}}{\text{mL Würze}} \cdot \frac{10^5\,\text{mL Würze}}{\text{hL Würze}} \cdot \frac{\text{g Trockenhefe}}{2{,}8 \cdot 10^{10}\,\text{lebende Zellen}} = 71{,}4$$

≈ 71 g Trockenhefe/hL Würze

Variante mit dem oberen Wert:

$$\frac{20 \cdot 10^6\,\text{Zellen}}{\text{mL Würze}} \cdot \frac{10^5\,\text{mL Würze}}{\text{hL Würze}} \cdot \frac{\text{g Trockenhefe}}{1{,}4 \cdot 10^{10}\,\text{lebende Zellen}} = 142{,}9$$

≈ 143 g Trockenhefe/hL Würze

Unter Berücksichtigung des Durchschnittswertes sollten damit 95 g Trockenhefe je 1 hL Anstellwürze eingesetzt werden.

Hinweis: Bei obergärigen Hefen und einer warmen Gärführung (> 10 °C) reicht im Normalfall eine Anstellhefekonzentration von c_H = (8...10) · 10^6 Zellen/mL (≈ 0,3 L dickbreiige Hefe/hL)!

Die Arbeit mit Trockenhefe hat folgende Vorteile:

- Ständige Verfügbarkeit der Hefe, unabhängig von territorialen Gegebenheiten, ein relativ großes Sortenspektrum;
- Reproduzierbare Hefequalität;
- Spezielle Aufwendungen für die Pflege der Satzhefe können entfallen.

Ein Nachteil sind hingegen die deutlich höheren Kosten der Trockenhefe im Vergleich zur eigenen Reinzüchtung.

Einige Anforderungen an aktive Trockenhefe:

Äußere Form der Hefepartikel	zylindrisch
Mittlerer Partikeldurchmesser	0,4 mm
Rohproteingehalt (bezogen auf HTS)	50 bis 51 %
Wassergehalt	4 bis 6 %
HTS	94 bis 96 %
Aktivitätsverlust bei Lagerung unter Schutzgas	≤ 10 %/a
Dichte	1,80 kg/L

geringer Aktivitäts- und Substanzverlust bei der Rehydratisierung
Verpackung unter Schutzgas

Produktspezifikationen für Trockenhefe der Firma DCL Yeast

Der britische Trockenhefehersteller DCL Yeast [52] gibt für seine Trockenhefen u.a. die nachfolgenden Produktspezifikationen an:

HTS	94 bis 96 %
Stickstoffgehalt (bezogen auf HTS)	5 bis 7 %
P_2O_5 -Gehalt (bezogen auf HTS)	1 bis 3 %

Mikrobiologische Analyse nach dem Anstellen von 100 g Trockenhefe/Hektoliter Würze:

Hefekonzentration	ca. 10·10^6 Zellen/mL
Lebende Zellen	> 6·10^6 Zellen/mL

(entspricht < 40 % Verlust!)
Pathogene Mikroorganismen: Salmonellen nicht nachweisbar in 25 g
Bakterienkonzentration, gesamt < 5/mL
Wilde Hefen < 1 /mL
Haltbarkeit unter Schutzgas 24 Monate

3. Stoffumwandlungen und Veränderungen während der Gärung und Reifung des Bieres

Im Verlauf der Gärung und Reifung des Bieres finden neben dem Hauptprozess der Vergärung von Zucker zu Ethanol und CO_2 eine Vielzahl von Veränderungen und Stoffumwandlungen statt, deren wichtigste nachfolgend aufgeführt werden.

Eine Wichtung ihrer Bedeutung ist schwer möglich, da nur die Gesamtheit der Stoffumwandlungen und Veränderungen die Qualität und den Charakter des Bieres bestimmen.

3.1 Allgemeines zur Einheit von Gärung und Reifung

Eine Unterteilung des Bierherstellungsprozesses in die klassischen Prozessstufen *Hauptgärung* und *Nachgärung* (Lagerung, klassische Reifungsphase) ist bei einem beschleunigten Gärverfahren nur noch schwer möglich. Da wesentliche Prozesse der Gärung und Reifung parallel verlaufen bzw. sich unmittelbar bedingen, ist es richtiger, bei derartigen Verfahren in folgende zwei Prozessstufen zu unterteilen:

1. Gärung und Reifung (als Einheit) und
2. Klärung, Stabilisierung und Konditionierung.

Für die Intensivierung eines Gärverfahrens ist es wichtig, wenn die meisten Stoffwechselvorgänge während der Hauptgärphase ablaufen, z. B.

- Die Vergärung bis nahe an den Endvergärungsgrad,
- Die Bildung der Bukettstoffe in den gewünschten Konzentrationsbereichen,
- Die CO_2-Anreicherung in der gewünschten Konzentration und
- Die Verringerung der Jungbierbukettstoffe und anderer Verbindungen.

Unmittelbar daran muss sich, möglichst bei Aufrechterhaltung einiger Prozessparameter der Hauptgärphase, wie höhere Hefekonzentration und höhere Temperaturen, eine intensivere Reifungs- oder Reduktionsphase anschließen.

Nach Abschluss der Gärung und Reifung hat die anschließende Klär- und Konditionierungsphase die Aufgaben:

- Verbesserung der Filtrierbarkeit durch die Entfernung der Hefe und anderer Trübungsstoffe;
- Verbesserung der kolloidalen Stabilität, z. B. durch eine Kaltlagerung, evtl. kombiniert mit einem Stabilisierungsmitteleinsatz;
- Evtl. eine Nachimprägnierung zur Einstellung des CO_2-Gehaltes;
- Abrundung des Geschmackes, bedingt durch die Ausscheidungsprozesse.

Selbst bei klassischen Gefäßsystemen kann zur Intensivierung des Gär- und Reifungsprozesses die Haupt- und Nachgärung des Bieres weitgehend in einer einheitlichen Prozessstufe ablaufen (s.a. Kapitel 7).

Die Reifung des Bieres wird im Allgemeinen als ein Vorgang erklärt, der nach Beendigung der Gärung in dem Erreichen eines bestimmten Gleichgewichtes zwischen den verschiedenen Aromakomponenten zu suchen ist. Da der Endpunkt dieser Veränderungen im Wesentlichen gleichzeitig erreicht wird, kann die Steuerung und Kontrolle der Gärung und Reifung des Bieres anhand einzelner weniger Kriterien erfolgen, z. B. durch die Kontrolle

- Des Extraktabbaues,
- Des Gehaltes an vicinalen Diketonen und ihrer Vorstufen im reifenden Bier und
- Des CO_2-Gehaltes.

3.2 Vergärung, Vergärungsgrad, Geschwindigkeit der Vergärung

Der wichtigste Stoffumwandlungsprozess während der Gärung und Reifung des Bieres ist die *Vergärung* der in der Würze enthaltenen Zucker durch die Hefe, d. h. die damit verbundene Umwandlung der Zucker in Ethanol und Kohlendioxid.

3.2.1 Stoffumsätze im Prozess der Gärung

Die wichtigsten Stoffwechselvorgänge werden dazu in Kapitel 2 und ausführlich in [7] (Kapitel 4.5) erläutert. Es erfolgt der Hauptumsatz der vergärbaren Zucker nach dem FDP-Weg (Abbildung 3, Kapitel 2.11) über Pyruvat zu Ethanal und CO_2 und dann weiter zu Ethanol. Bei der Biergärung werden etwa 94...98 % der von der Hefe verwerteten Zucker zu Ethanol und CO_2 umgesetzt.

Balling [53] (ref. auch in [33]) hat als Erster vor rund 150 Jahren das Mengenverhältnis zwischen dem bei der Gärung verschwindenden wirklichen Extrakt einerseits und den entstehenden Umwandlungsprodukten Ethanol, CO_2·und Hefe andererseits bestimmt und dabei folgende Werte gefunden:

2,0665 g Ew → Gärung → 1 g Ethanol + 0,9565 g CO_2 + 0,11 g HTS Gleichung 2

Damit ergeben:

100 g vergorener Ew → 48,39 g Ethanol + 46,29 g CO_2 + 5,32 g HTS Gleichung 3

Dieses Verhältnis ist auch heute noch Grundlage für die Stammwürzeberechnung. Unter den jetzigen Produktionsbedingungen der untergärigen Bierherstellung liegt die Hefebildung (hier bestimmt als Hefetrockensubstanz HTS) in den meisten Fällen jedoch deutlich tiefer. Da die Werte aber von Betrieb zu Betrieb und von Verfahren zu Verfahren verschieden sind, gibt es keine absolut richtige, allgemeingültige Formel für die Extraktverwertung im Bierherstellungsprozess. *Balling* ging bei der oben genannten Gleichung auch nur von der Vergärung von Glucose aus.

Unter Berücksichtigung des Hauptgärzuckers Maltose verändern sich jedoch die Mengenverhältnisse. Geht man z. B. von der summarischen Gärungsgleichung aus, die von *Gay-Lussac* 1815 aufgestellt wurde und die nur die biochemische Umwandlung der Glucose in Ethanol und Kohlendioxid aus stöchiometrischer Sicht berücksichtigt, so entstehen aus:

1 Mol Glucose (180 g) → 2 Mol Ethanol (92 g) + 2 Mol CO_2 (88 g) Gleichung 4

Geht man von der theoretischen *Gay-Lussac*'schen Gärungsgleichung aus, so entstehen bei der Gärung (siehe auch Tabelle 8 in Kapitel 2.10) aus:

100 g Glucose → 51,1 g Ethanol + 48,9 g CO_2 Gleichung 5

Da 1 Mol Maltose (342 g) vor der Vergärung durch die α-Glucosidase der Hefezelle unter Aufnahme von 1 Mol Wasser (18 g) zu 2 Mol Glucose hydrolytisch gespalten wird, entstehen damit theoretisch bei der Vergärung von:

100 g Maltose → ca. 53,8 g Ethanol + 51,5 g CO_2 Gleichung 6

Die unterschiedliche Zuckerzusammensetzung der Würzen ist damit eine weitere Schwierigkeit beim Aufstellen einer allgemeingültigen Extraktverwertungsformel.

3.2.2 Reihenfolge der Zuckerverwertung

Die Angärzucker Glucose, Fructose und Saccharose werden bei einer zwischengelagerten Anstellhefe sofort verwertet. Erst wenn diese weitgehend vergoren sind, schalten die Brauereihefen auf die Maltoseverwertung um. Die Adaption der Hefe an die Maltose- und Maltotrioseverwertung erfordert die Ausbildung der Maltosepermease und α-Glucosidase in der Hefezelle. Diese Adaption wird durch hohe Angärzuckerkonzentrationen verzögert oder sogar unterdrückt (siehe auch Abbildung 6).

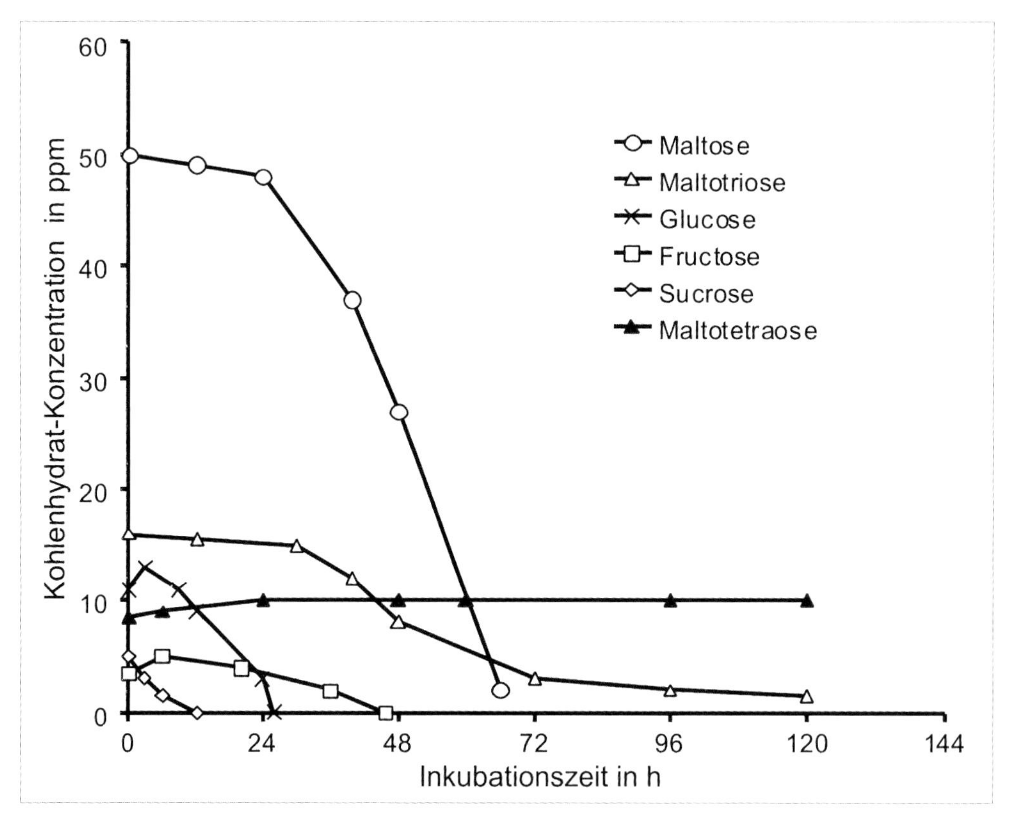

Abbildung 6 Reihenfolge der Zuckervergärung

Die Verwertung der Maltotriose beginnt bei hoch vergärenden untergärigen Hefestämmen, nachdem etwa über 50 % der Maltose verwertet wurden (siehe auch Abbildung 6). Maltotetraose und weiter höhere α-Dextrine werden von Brauereihefestämmen nicht verwertet. Dies ist besonders zu beachten bei der Aufkonzentrierung von High-gravity-Würzen in der Würzepfanne mit kristalliner Saccharose oder reinen Glucosesirupen. Der summarische Gehalt an Angärzucker am gesamten vergärbaren Zuckergehalt sollte einen Anteil von 20...25 % in der Anstellwürze nicht übersteigen, um die Maltoseverwertung nicht zu verzögern. Dies könnte eine schleppende Hauptgärung und noch zu hohe vergärbare Restextrakte in der Reifungsphase verursachen. Bei gärenden Hefen in der Hauptgärphase und bei scheinbaren Vergärungsgraden von Vs > 25 % bis zu einem vergärbaren Restextrakt von ΔEs > 1 % erfolgt im Normalfall die Verwertung aller Zucker weitgehend gleichzeitig.

3.2.3 Vergärungsgrade und andere Kontrollwerte für die Vergärung

Da das gebildete CO_2 zum größten Teil aus dem gärenden Bier entweicht und das gebildete Ethanol spezifisch leichter ist als der *vergorene* Extrakt, kann die Zuckerverwertung der Hefe über die Abnahme der Dichte der Gärflüssigkeit erfasst werden. Der quantitative Ausdruck für die Charakterisierung der Vergärung ist der *Vergärungsgrad.* Er gibt an, wie viele Prozent des Extraktes der Anstellwürze zum Zeitpunkt der Probenahme bereits vergoren sind.

Im Produktionsprozess erfolgt die Kontrolle des noch vorhandenen Extraktgehaltes im gärenden bzw. im fertigen Bier durch Dichtebestimmung, im Normalfall mit sogenannten Bier-Würzespindeln (*Saccharometer*), die den Extraktgehalt in Masseprozenten ausweisen. Da bei dem *Spindeln* der Bierprobe das bereits gebildete Ethanol aus dem Bier nicht entfernt wird, kommt es zu einer Verfälschung der Extraktangabe. Aufgrund der geringeren Dichte des Ethanols gegenüber Wasser wird beim Spindeln von entkohlensäuerten Bierproben der verschiedenen Prozessstufen ein geringerer Extraktgehalt vorgetäuscht (der scheinbare Extrakt *Es*) als tatsächlich in Form des wirklichen Extraktes *Ew* vorhanden ist.

Die Bestimmung des wirklichen Extraktgehaltes kann deshalb im Bier nur nach dem Abdestillieren des Ethanols und nach dem Aufwiegen des Rückstandes mit destilliertem Wasser auf die ursprüngliche Masse erfolgen.

Aus den scheinbaren und wirklichen Extraktwerten lassen sich deshalb für die gleiche Anstellwürzekonzentration der scheinbare und wirkliche Vergärungsgrad berechnen. Zwischen beiden Vergärungsgraden besteht nach *Balling* (l.c. [33]) eine enge Korrelation, sodass mit hinreichender Genauigkeit für den Technologen eine Umrechnung mithilfe des von *Balling* ermittelten Faktors 0,81 möglich ist. Der Brauereitechnologe arbeitet deshalb aufgrund der einfacheren Kontrollmöglichkeit hauptsächlich mit den scheinbaren Extraktwerten und den daraus berechenbaren scheinbaren Vergärungsgraden.

In Abhängigkeit von den einzelnen technologischen Prozessstufen unterscheidet man folgende Vergärungsgrade:

- Gärkellervergärungsgrad,
- Lagerkellervergärungsgrad,
- Ausstoßvergärungsgrad und
- Endvergärungsgrad.

Für die Charakterisierung des Bieres und für die Steuerung des Gärprozesses ist der scheinbare Endvergärungsgrad *Vsend* von besonderer Wichtigkeit. Er gibt den Gesamtgehalt der in der Würze enthaltenen und von der Brauereihefe unter Laborbedingungen vergärbaren Zucker an. Die hellen untergärigen Vollbiere in Deutschland liegen in ihrem scheinbaren Endvergärungsgrad im Bereich von 75...85 %.

Der Endvergärungsgrad der normalen untergärigen Würzen und Biere wird nur durch die angewandte Sudhaustechnologie und die Qualität der verwendeten Extrakt liefernden Rohstoffe beim Maischen festgelegt. Eine weitere Korrektur des Vsend ist im Prozess der Gärung und Reifung ohne Zusatz von amylolytischen Enzymen in das Gärsubstrat dann nicht mehr möglich (s.a. Diätbierherstellung Kapitel 12.1).

Für die Einschätzung des Verlaufes des Gärprozesses ist besonders die Differenz zwischen dem scheinbaren Endvergärungsgrad und dem scheinbaren Vergärungsgrad ΔVs in der jeweiligen Prozessstufe wichtig. Das Ziel eines jeden Gär- und Reifungsverfahrens ist es, den Gärprozess so zu führen, dass die Differenz zwischen dem scheinbaren Ausstoß- und dem Endvergärungsgrad möglichst kleiner ist als 2... 5 %. Bei beschleunigten Gär- und Reifungsverfahren werden im Interesse einer beschleunigten Reifung meist weitgehend endvergorene Biere angestrebt.

Bei der praktischen Gärführung arbeitet man vorwiegend mit der Differenz zwischen der Spindelanzeige der jeweiligen (entkohlensäuerten) Bierprobe Es und der dazugehörigen Endvergärungsprobe Esend (= im Labor ermittelter, niedrigster erreichbarer scheinbarer Extraktwert der Gärcharge), sie gibt den noch vergärbaren scheinbaren Restextrakt ΔEs zum Zeitpunkt der Probenahme an.

Die ΔEs-Werte sind wichtige technologische Orientierungspunkte zur Feststellung und Charakterisierung:

- der Hefeaktivität (s.a. Tabelle 4 in Kapitel 2.7),
- der Schlauchreife eines Jungbieres (s.a. Kapitel 6.2.2) und
- des Reifungsgrades des fertigen Ausstoßbieres (s.a. Kapitel 15.3).

Die Extraktabnahme und -verläufe werden bei den einzelnen Gärverfahren ausgewiesen.

Folgende Gleichungen werden zur Berechnung und Charakterisierung der Vergärung angewendet:

Bereits vergorener scheinbarer Extrakt vEs in Prozent:

$$vEs = St - Es \qquad \text{Gleichung 7}$$

- Scheinbarer Vergärungsgrad Vs in Prozent:

$$Vs = \frac{(St - Es) \cdot 100}{St} = \frac{vEs \cdot 100}{St} \qquad \text{Gleichung 8}$$

- Scheinbarer Endvergärungsgrad Vsend in Prozent:

$$Vsend = \frac{(St - Esend) \cdot 100}{St} \qquad \text{Gleichung 9}$$

- Wirklicher Vergärungsgrad Vw in Prozent:

$$Vw = \frac{(St - Ew) \cdot 100}{St} = 0{,}81 \cdot Vs \qquad \text{Gleichung 10}$$

- Bereits vergorener wirklicher Extrakt vEw in Prozent:

$$vEw \approx 0{,}81 \cdot vEs \qquad \text{Gleichung 11}$$

- Noch vorhandener vergärbarer Restextrakt ΔEs in Prozent:

$$\Delta Es = Es - Esend \qquad \text{Gleichung 12}$$

Die folgenden Gleichungen können zur Abschätzung des gebildeten Ethanolgehaltes A auf der Grundlage des vergorenen wirklichen Extaktes vEw verwendet werden:

- Ethanolgehalt A unter Verwendung der *Balling*'schen Gleichung (siehe oben) in Ma.-%:

$$A = vEw \cdot 0{,}484 \qquad \text{Gleichung 13}$$

- Ethanolgehalt A unter Verwendung der Gleichung für die theoretische Maltoseverwertung (siehe oben) in Ma.-%:

$$A = vEw \cdot 0{,}538 \qquad \text{Gleichung 14}$$

Für die Umrechnung der ermittelten Ethanolkonzentration A von Ma.-% in Vol.-% wird im Normalfall die folgende Gleichung verwendet:

$$A[Vol.-\%] = \frac{A[Ma.-\%] \cdot d\,^{20}\!/_{20}}{0{,}791} \qquad \text{Gleichung 15}$$

d 20/20 = Dichteverhältnis des filtrierten Bieres
0,791 = Dichteverhältnis d 20/20 des 100%igen Ethanols

Weiterhin kann nach *Tabarié* (ref. durch [88]) die Dichte der reinen Ethanol- und der reinen Extraktlösung eines Bieres aus dem Ethanolgehalt A und der Dichte eines Bieres ρ_1 wie folgt berechnet werden:

$$\rho_{Eth} = 0{,}9982 - 1{,}4529 \cdot 10^{-3} \cdot A + 1{,}1316 \cdot 10^{-5} \cdot A^2 \qquad \text{Gleichung 16}$$

$$\rho_{Ex} = \rho_1 - \rho_{Eth} + \rho_{H2O} \qquad \text{Gleichung 17}$$

$$c_{Ex} = c_{Sacch} = 2610{,}45 \cdot \rho_{Ex} - 2606{,}00 \qquad \text{Gleichung 18}$$

ρ_{Eth} = Dichte einer extraktfreien Ethanol-Wasser-Lösung mit dem Ethanolgehalt des betreffenden Bieres in kg/L
A = Ethanolgehalt des betreffenden Bieres in Vol.-%
ρ_{Ex} = Dichte der ethanolfreien Extraktlösung des betreffenden Bieres in kg/L
ρ_1 = Dichte des Originalbieres in kg/L
ρ_{H2O} = Dichte des reinen Wassers bei 20 °C, ρ_{H2O} = 0,9982 kg/L
c_{Ex} = Extraktgehalt des Bieres als Saccharose c_{Sacch} berechnet in g/L

Beispiel:
Bei einem Bier mit einem Ethanolgehalt von A = 4,8 Vol.-% und einer Bierdichte von ρ_1 = 1,0059 kg/L (20 °C) beträgt die Dichte seiner extraktfreien Ethanollösung ρ_{Eth} = 0,9915 kg/L und die Dichte seiner ethanolfreien Extraktlösung ρ_{Ex} = 1,0126 kg/L (c_{Ex} = 37 g/L).

3.2.4 Die Geschwindigkeit der Vergärung

Die Geschwindigkeit der Vergärung wird durch eine Reihe von Faktoren beeinflusst, deren wichtigste (summarische Einflussfaktoren) sind:

- Zusammensetzung der Anstellwürze (s. Kapitel 5.1),
- Qualität des verwendeten Hefesatzes (s. Kapitel 2 und Kapitel 5.2),
- Prozessführung während der Gärphase (s. Kapitel 5.3) und
- verwendetes Apparatesystem (s. Kapitel 5.4).

Als Charakteristika für die Geschwindigkeit der Vergärung kann man u. a. folgende Werte ermitteln:

- Durchschnittliche Abnahme des scheinbaren Extraktes in der An- und Hauptgärphase je 24 h (Richtwerte s.a. Tabelle 4 in Kapitel 2.7).
- Durchschnittliche Vergärung Gd je Volumeneinheit (bezogen auf den wirklichen Extraktabbau) berechnet nach *Brischke* [54], sie soll bei der klassischen Gärphase vom Anstellen bis zum 5. bis 6. Gärtag bei Gd ≥ 150 kg Ew/(100 hL · d) liegen.
  Bei Betriebsversuchen in Verbindung mit einem Spezialmaischver-

fahren konnte in einer klassischen Brauerei die durchschnittliche Vergärung von Gd_5 (9 °C) von ca. 170 kg Ew/(100 hL · 24 h) auf 200...460 kg Ew/(100 hL · 24 h) gesteigert werden [55].

- Zur Berechnung der durchschnittlichen Vergärung Gd:

$$Gd_5\,(9\,°C) = \frac{\Delta vEw_5 \cdot 10^2 \cdot 24 \cdot 9}{t_{HG5} \cdot \overline{\vartheta}_{HG5}}$$ Gleichung 19

Gd_5 = Durchschnittliche Vergärung vom Anstellen bis zum 5. Gärtag (7:00 Uhr), bezogen auf eine durchschnittliche Gärtemperatur von 9 °C in kg Ew/(100 hL · 24 h)

t_{HG5} = Dauer der Hauptgärphase vom Anstellen bis zum 5. Gärtag in h

$\overline{\vartheta}_{HG5}$ = Durchschnittstemperatur der Hauptgärphase vom Anstellen bis zum 5. Gärtag (7:00 Uhr) in °C

ΔvEw_5 = vergorener wirklicher Extrakt vom Anstellen bis zum 5. Gärtag (7:00 Uhr) in kg Ew/hL, berechnet mit Gleichung 20.

$$\Delta vEw_5 = St_{AW} \cdot d_{AW} - (0{,}19 \cdot St_{AW} + 0{,}81 \cdot Es_5) \cdot d_{Ew5}$$ Gleichung 20

$St_{AW} \cdot d_{AW}$ = Extraktgehalt der Anstellwürze in kg/hL

St_{AW} = Extraktgehalt der Anstellwürze in %, g/100 g oder kg/100 kg

Es_5 = Scheinbarer Extrakt des Jungbieres am 5. Gärtag (7:00 Uhr) in %, g/100 g oder kg/100 kg

d_{AW} = Dichte der Anstellwürze in g/mL oder kg/L

d_{Ew5} = Dichte des wirklichen Extraktes des Jungbieres am 5. Gärtag Ew_5 (7:00 Uhr) in g/mL oder kg/L,

Ew_5 = wirklicher Extraktgehalt des Jungbieres am 5. Gärtag (7:00 Uhr) in g/100 g oder kg/100 kg

$$Ew_5 = 0{,}19 \cdot St_{AW} + 0{,}81 \cdot Es_5$$ Gleichung 21

Bei Betriebsversuchen mit ZKT (2500 hL, externe Kühlung) und bei Gärtemperaturen zwischen 8...13 °C schwankte die durchschnittliche Vergärung zwischen Gd = 150...200 kg Ew/(100 hL · 24 h).
Es konnten dabei die folgenden drei signifikanten Einflussgrößen für die durchschnittliche Geschwindigkeit der Vergärung in folgender signifikanten multiplen Funktion zusammengefasst werden [22]:

$$Gd_5 = 23{,}3 + 1{,}345 \cdot c_{H0} + 11{,}9\ \overline{\vartheta}_{HG5} - 72{,}7 \cdot \overline{p}_ü \qquad B_{mult} = 86{,}5\ \%^{**}$$ Gleichung 22

Gd_5 und $\overline{\vartheta}_{HG5}$ Erklärung siehe oben

c_{H0} = Anstellhefekonzentration, bezogen auf den gesamten ZKT-Inhalt in 10^6 Zellen/mL

$\overline{p}_ü$ = durchschnittlicher Überdruck des ZKT-Inhaltes (Gasphase) vom Anstellen bis $\Delta Es \approx 1$ % in bar

Die Gültigkeit der Gleichung 22 setzt einen FAN-Gehalt der Anstellwürze von FAN > 160 mg/L und einen Totzellenanteil der Anstellhefe von < 10 % voraus.
Mit dieser Funktion waren 86,5 % der Veränderungen der durchschnittlichen Vergärung vom Anstellen bis zum 5. Gärtag (7:00 Uhr) durch die Veränderungen der drei technologischen Stellgrößen erklärbar.

Nimmt man eine konstante Anstellhefekonzentration von $c_{H0} = 30 \cdot 10^6$ Zellen/mL und einen konstanten Überdruck in der Gärphase von $\overline{p}_ü$ = 0,3 bar an, so ergeben sich die nachfolgend aufgeführten Veränderungen der durchschnittlichen Vergärung in Abhängigkeit von der Gärtemperatur:

Tabelle 10 Einfluss der Gärtemperatur $\overline{\vartheta}_{HG5}$ auf die durchschnittliche Vergärung

$\overline{\vartheta}_{HG5}$ in °C	Gd_5 in kg Ew/(100 hL · 24 h)
7	125,1
9	148,9
10	160,8
11	172,7
13	196,5

Berücksichtigt man die durch die Stammwürze und den Vsend festgelegte vergärbare Zuckermenge der Würze, so kann man bei einer durchschnittlichen Vergärung von Gd = 155 kg Ew/(100 hL · 24 h) die erforderliche Dauer der Hauptgärdauer t_{HG} bis zu einem ΔEs = 1 % mit der folgenden hochsignifikanten Regressionsgleichung abschätzen bzw. für ausgewählte Beispiele die erforderliche Zeitdauer aus Abbildung 7 entnehmen:

t_{HG} = 10,86·St + 1,44·Vsend - 130,67 B_{mult} = 99,7 %** Gleichung 23

t_{HG} = Dauer der Hauptgärung bis ΔEs = 1 % in h
St = Stammwürze der Anstellwürze in %
Vsend = scheinbarer Endvergärungsgrad der Anstellwürze/Gärcharge in %

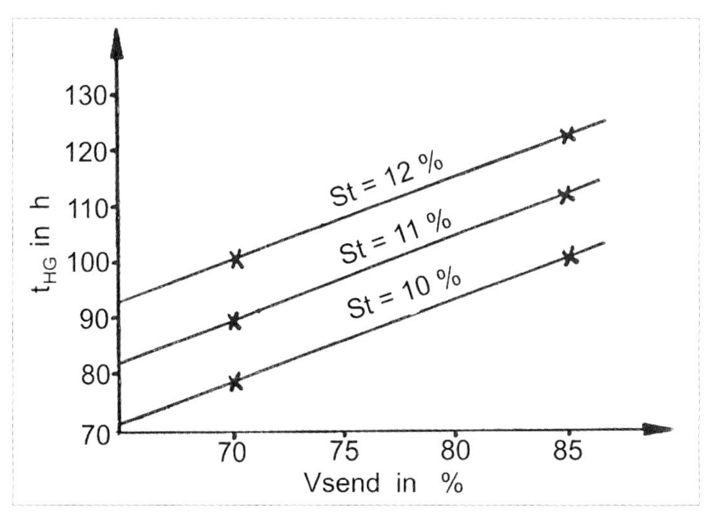

Abbildung 7 Einfluss der Zuckermenge bei einer normalen Malzwürzezusammensetzung auf die Dauer der Hauptgärung t_{HG} bis ΔEs = 1 % und bei Gd = 155 kg Ew/(100 hL · 24 h)

- Spezifischer Extraktabbau pro Hefezelle. Hierzu sind jedoch genaue Hefekonzentrationsermittlungen und homogene Konzentrationsverhältnisse Voraussetzung.
  Während der Hauptgärphase in zylindrokonischen Großtanks wurden in Abhängigkeit von der Hefegabe, den Temperatur-Druckverhältnissen und dem physiologischen Zustand der Hefe Werte zwischen $0{,}8 \ldots 1{,}4 \cdot 10^{-11}$ g wirklicher Extrakt/(Hefezelle und Stunde) als Durchschnittswert für die mittlere spezifische Extraktabbaugeschwindigkeit einer Hefezelle gefunden [22].
- Eine weitere Gleichung zur Abschätzung der Gärgeschwindigkeit wurde u.a. auch von *Schröderheim* [56] vorgeschlagen:

$$Gw_5 = \frac{(St_{AW} - Es_5) \cdot 24 \cdot 10^3}{t_{HG5} \cdot (\overline{\vartheta}_{HG5} - 1)}$$ Gleichung 24

Gw_5 = Gärgeschwindigkeit nach *Schröderheim* vom Anstellen bis zum 5. Gärtag (7:00 Uhr)

St_{AW}, $\overline{\vartheta}_{HG5}$ und Es_5 : Erklärungen siehe oben

t_{HG5} = Zeitdauer der Hauptgärphase vom Anstellen bis zum 5. Gärtag (7:00 Uhr) in h

Die Gärgeschwindigkeit der untergärigen, klassischen Hauptgärung sollte nach *Schröderheim* im Bereich von Gw = 70...150 [-] liegen. Bei eigenen Betriebsversuchen in klassisch eingerichteten Brauereien wurden bei einer kalten Gärführung Werte von Gw_5 = 200...300 ermittelt.

3.3 Veränderungen der Stickstoffsubstanzen und die Bedeutung für die Hefevermehrung und die Bierqualität

Die Hefe benötigt Stickstoff hauptsächlich zum Aufbau von zelleigenem Protein, insbesondere für die Enzym- und Vitaminsynthese. Die Hefezelle verwertet vor allem dazu die niedermolekularen Stickstoffverbindungen aus der Würze (ausführlichere Darstellung s.a. Kapitel 4.6.3 bis 4.6.6 in [7]). Dabei nimmt die Hefe die Aminosäuren der Würze in einer bestimmten Reihenfolge auf (siehe
Tabelle 11) und kann sie aber nicht direkt in ihre Proteine einbauen, sondern sie muss deren Aminogruppe auf eine im Intermediärstoffwechsel gebildete organische Säure (z. B. eine Ketosäure) übertragen (= Transaminierung). Dabei kann die Hefe die Aminosäuren der Würze nicht direkt in ihre Proteine einbauen, sondern sie muss deren Aminogruppe auf eine im Intermediärstoffwechsel gebildete organische Säure (z. B. eine Ketosäure) übertragen (= Transaminierung). Dabei entstehen aromawirksame Gärungsnebenprodukte (s.a. Kapitel 4.5.1). Eine gesunde Hefe verbraucht bei einer normalen Vermehrung bei der untergärigen Gärung in Form von Aminosäuren und niederen Peptiden etwa

100...140 mg α-Aminostickstoff/L Würze

Der FAN-Gehalt der Anstellwürze und der FAN-Verbrauch im Gärprozess haben einen entscheidenden Einfluss auf die Höhe der Hefevermehrung, auf die Erhaltung der Hefevitalität und auf die Intensität der Gärung (s.a. Kapitel 5.1.2).

Tabelle 11 Einteilung der Aminosäuren nach der Reihenfolge ihrer Assimilation durch die Hefe aus der Bierwürze (nach [57], [58])

Gruppe	Aminosäure(n)	Reihenfolge der Assimilation
1	Glutaminsäure, Asparaginsäure, Serin, Threonin, Lysin + [1])	Sofortige und vollständige Aufnahme
2	Valin, Methionin, Leucin, Isoleucin, Histidin	Langsame, aber kontinuierliche Aufnahme während der ganzen Gärzeit (nach und nach)
3	Glycin, Phenylalanin, Tyrosin, Alanin, Tryptophan + [2])	Aufnahme erfolgt erst, nachdem die Gruppe 1 völlig verschwunden ist, nach einer sog. Lag-Phase
4	Prolin	Wird von der Bierhefe in den ersten 60 h der Gärung und Hefevermehrung nicht verwertet [3])

[1]) Weiterhin gehören als Amino-Stickstoffquellen zur Gruppe 1: Asparagin, Glutamin und Arginin
[2]) Weiterhin gehören zur Gruppe 3: Ammonium-Ionen
[3]) Die langsame Abnahme der Prolinkonzentration erst nach ca. 60 h Fermentation (d. h. nach Beendigung der normalen Hefevermehrung bei der Biergärung) wird vermutlich nicht durch eine Adsorption durch die Hefe verursacht, sondern kann durch die Reaktivität des Prolins mit Polyphenolen auch durch ein Ausscheiden als Trübungssubstanz begründet werden (s.a. Kapitel 14.2.1).

3.3.1 Der freie α-Aminostickstoffgehalt (FAN) und seine Kontrolle

In Anbetracht der großen Transaminaseaktivität der Hefe ist die Erfassung der totalen Menge an assimilierbaren Stickstoffverbindungen in der Würze technologisch aussagekräftiger als die Kontrolle der einzelnen Aminosäuren, deren Einzelkonzentration durch technologische Maßnahmen bei der Bierwürzeherstellung sowieso nicht korrigiert werden kann. Die summarische Erfassung der Aminosäurekonzentration der Würzen erfolgt durch die kolorimetrische Bestimmung des freien α-Aminostickstoffgehaltes (= FAN-Gehalt) mit Ninhydrin (EBC-Standardmethode [59]).

Die Bestimmung ermöglicht eine gute Einschätzung dieses wichtigen Nährstoffes für die Hefe. Die in der Literatur angegebenen zulässigen Mindestwerte für den FAN-Gehalt schwanken zwischen 150...200 mg FAN/L Würze.

Der obere Wert gilt für Würzen aus 100 % Malz, der untere Wert für Würzen, die anteilig unter Verwendung von Rohfrucht hergestellt wurden (Rohfruchtwürzen haben eine niedrigere Konzentration bei der Aminosäure Prolin, die auch von der Brauereihefe normalerweise nicht verwertet wird).

Die Kontrolle des FAN-Verbrauches (= Differenz zwischen dem FAN-Gehalt der Anstellwürze und dem FAN-Gehalt des endvergorenen Bieres) bei einer Hefepropagation und bei einer normalen Gärung und Reifung gibt einen sehr guten Hinweis auf einen technologisch störungsfreien Prozess und zu eventuellen Mangelerscheinungen. Bei einer normalen störungsfreien Hefevermehrung sollte der FAN-Verbrauch von der Anstellwürze bis zum endvergorenen Bier:

ΔFAN = 100...140 mg FAN/L betragen.

Ein Rest-FAN-Gehalt im Bier von 20...40 mg FAN/L ist ein Nachweis, dass die Hefe das vorhandene Potenzial an FAN in der Anstellwürze aufgebraucht hat, da dieser Restgehalt normalerweise von der Hefe nicht mehr verwertbar ist. Höhere Restgehalte und eine unbefriedigende Hefevermehrung sind ein deutliches Indiz für andere Nährstoffmängel (z. B. Wuchsstoffe, Spurenelemente, unzureichende Sauerstoffversorgung) oder schwerwiegende Technologiefehler (meist Fehler beim Anstellen, bei der Hefelagerung und in der Vermehrungsphase der Anstellhefe).

Tabelle 12 Veränderung des gesamtlöslichen Stickstoffgehaltes durch die Gärung (Orientierungswerte bezogen auf St = 12 %)

Malzanteil in der Schüttung in %	Gesamtlöslicher Stickstoffgehalt in der Würze in mg/L	Gesamtlöslicher Stickstoffgehalt im Bier in mg/100 mL	Abnahme des gesamtlöslichen Stickstoffgehaltes in mg/L
100	900...1000	600...700	250...350
55...65	700...800	500...600	200...300

3.3.2 Veränderung des Gesamtstickstoffgehaltes

Weiterhin verringert sich der Gehalt an höhermolekularen Stickstoffbestandteilen durch Ausfällungen und Dispersitätsgradvergröberung, verursacht durch pH-Wert-Erniedrigung, Adsorption an der Hefeoberfläche oder durch die Ausscheidung in die Kräusen (Anreicherung in den Grenzflächen der CO_2-Bläschen).
Die Verminderung des Gehaltes an gesamtlöslichem Stickstoff ist bei normalen Gärbedingungen auch abhängig von der Ausgangskonzentration in der Würze (siehe Tabelle 12).

3.3.3 Ausscheidungs- und Exkretionsvorgänge der Hefe

Die Hefe adsorbiert nicht nur Stickstoffsubstanzen, sondern sie scheidet während der Gärung und Reifung einen Teil davon als Aminosäuren, Polypeptide u.a. stickstoffhaltige Verbindungen wieder aus. Diese Ausscheidungs- oder Exkretionsvorgänge sind sehr stark abhängig vom physiologischen Zustand der sich im Gärsubstrat befindenden Hefezellen, von der Dauer und Intensität des Kontaktes zwischen Hefe und Medium und den Temperaturverhältnissen im Gärsubstrat. Sie müssen als zwei getrennte Stufen wie folgt aufgefasst werden [60]:

1. Exkretionsvorgänge der Hefezelle, die nach Abschluss der Hauptgärung, bedingt durch Veränderungen des physiologischen Zustandes der Hefe, stattfinden.
   Die Zellstrukturen und besonders die Zellmembran bleiben noch voll funktionsfähig erhalten. Diese Vorgänge sind reversibel, die Hefezelle lebt noch. Bei Veränderung des Nährstoffangebotes ist ein Wachstum wieder möglich. Diese Ausscheidungsvorgänge der Hefe sind normal und tragen im bestimmten Rahmen zur Abrundung des Biergeschmackes und Erhöhung der Vollmundigkeit bei. Neben Eiweißabbauprodukten, wie Aminosäuren und Peptide, scheidet die Hefezelle Vitamine, organische und anorganische Phosphate, Nucleid-Derivate, Glycoproteine und Enzyme aus.
   Diese positive Geschmacksänderung des Bieres findet also nur im Beisein

von Hefe statt und muss als ein Beitrag zur Bierreifung angesehen werden. Eine zu frühe Entfernung der gesamten Hefe kann leere und trockene Biere, selbst bei noch anschließenden längeren Lagerphasen, ergeben.

2. Exkretionsvorgänge, die durch einen irreversiblen Abbau der zahlreichen Bestandteile der Hefezelle mithilfe zelleigener Enzyme verursacht werden. Diese Vorgänge führen zur Selbstauflösung oder Autolyse der Hefezelle. Tritt diese Hefeautolyse nicht nur partiell bei einigen Hefezellen auf, sondern generell bei allen mit dem Bier in Kontakt befindlichen Hefezellen, so werden folgende Qualitätsschäden verursacht:
   - deutliche Geschmacksverschlechterung durch die Bildung eines hefigen Fremdgeschmackes,
   - pH-Wert-Anstieg des Bieres durch die Ausscheidung basischer Aminosäuren, durch die Bindung von Wasserstoffionen durch Proteine und sekundäre Phosphate, führt zur negativen Beeinflussung der kolloidalen Bierstabilität,
   - die Ausscheidung von proteolytischen Enzymen (Proteinase A, s.u.) die deutlich den Bierschaum schädigen können,
   - Erhöhung der Bierfarbe,
   - ausgeschiedene Stoffe bilden einen guten Nährboden für bakterielle Kontaminationen, dadurch kann eine deutliche Verschlechterung der biologischen Haltbarkeit verursacht werden.

Da etwa 70 % des von der Hefezelle ausgeschiedenen Stickstoffs in Form von Aminosäuren im Bier vorliegen, können die Exkretionsvorgänge indirekt auch über die Erfassung der α-Aminostickstoffkonzentrationen im Bier (s.a. Abbildung 8) gemessen werden.

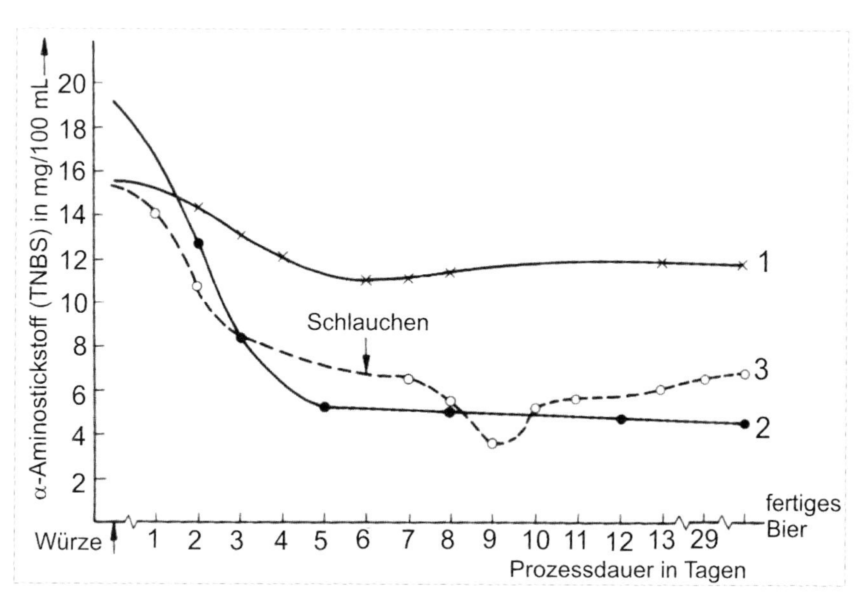

Abbildung 8 Veränderungen des α-Aminostickstoffgehaltes (FAN) der Biere im Verlauf der Gärung und Reifung [22]

Zu Abbildung 8

Versuch-Nr.	Verfahren	Abnahme des FAN der Würze bis zum Minimalwert der Gärung	Veränderung des Totzellenanteils von der Anstell- bis zur Erntehefe
1	Eintankverfahren im ZKT (mit Umpumpen)	4,6 mg/100 mL	+ 6,3%
2		14,5 mg/100 mL	- 2,0%
3	Klassische Gärung und Reifung	11,7 mg/100 mL	

1 physiologisch schlechte Hefequalität, keine deutliche Abnahme des FAN-Gehaltes, Autolyse bereits in der Hauptgärphase vermutbar.

2 physiologisch gute Hefequalität, normales Eintankverfahren.

3 typischer Verlauf der klassischen Gärung und Reifung, der FAN-Anstieg in der Lagerphase von über 30 mg/L ist ein deutliches Zeichen für beginnende Hefeautolyse

3.3.4 Proteinase A und ihre Bedeutung für die Bierschaumhaltbarkeit

Eine bereits aus der Sicht der Bierqualität besonders herausgestellte Protease, die sich auch in den Hefevakuolen befindet, ist die Proteinase A. Sie wird u.a. wie folgt beschrieben (siehe [61], [62]):

- Sie ist eine Endopeptidase mit einem ähnlichen Aufbau wie Pepsin und Renin;
- Sie beteiligt sich am intrazellulären Hefestoffwechsel in der Vakuole der Hefezelle und ist dort für die Aktivierung, Inaktivierung und Modifikation von Enzymen verantwortlich;
- Weiterhin spielt sie eine wichtige Rolle in der Proteolyse von vegetativen Zellproteinen in der Vakuole, wenn nicht genügend Stickstoffnährstoffe im Fermentationsmedium vorhanden sind und Aminosäuren benötigt werden;
- Sie wird von der lebenden Zelle unter Stressbedingungen (osmotischer Druck, hoher Ethanolgehalt, mechanischer Beanspruchung, Temperaturstress, fehlende oder mangelhafte Nährstoffversorgung) während der Gärung und Reifung ins Bier ausgeschieden;
- Bei High-gravity-Würzen mit St = 20 % wird signifikant mehr Proteinase A von Bierhefen ins Bier ausgeschieden als in normalen Vollbierwürzen (St = 12 %);
- Die Höhe der Proteinase A-Ausscheidung ist auch von der genetischen Ausstattung des verwendeten Hefestammes abhängig;
- Es besteht eine enge positive Korrelation zwischen dem bei einzelnen Hefestämmen unterschiedlich stark expremierten Hefegen PEP4 und der Konzentration von Proteinase A im Jungbier;
- Das PEP4 Gen codiert die Proteinase A;
- Proteinase A wird in größeren Mengen besonders von toten und autolysierenden Hefezellen ins Bier abgegeben;
- Sie wird als inaktive Vorform mit einem Molekulargewicht von 48… 52 kDa ins Bier ausgeschieden und wird dort über Autokatalyse oder durch eine Protease B in das aktive Protein mit einem Molekulargewicht von 41,5 kDa und ein Propeptid gespalten;

- Ihr pH-Wert-Optimum liegt im pH-Wert-Bereich von 4,0...4,5 (nach Stamm [61] bei einem pH-Wert 6,0);
- Sie ist thermolabil und nur bis 45 °C stabil;
- Bei ihrer thermischen Inaktivierung sollten mindestens 30 PE angestrebt werden;
- Sie baut im Bier definitiv die schaumpositiven Proteine zwischen 30... 60 kDa (insbesondere das Lipid Transfer Protein LTP1 mit seinen hydrophoben Domänen) ab und schädigt den Bierschaum;
- Eine proteolytische Aktivität von unter 10 ppb im Fertigbier wird als unproblematisch angesehen.

Die schaumschädigende Wirkung der Proteinase A tritt besonders deutlich in Erscheinung:

- wenn keine Pasteurisation des Bieres erfolgt,
- bei Produktlagerung unter erhöhten Temperaturen,
- bei erhöhten Proteinase A-Konzentrationen im Bier durch Hefestämme mit erhöhter PEP4 Genexpression,
- bei langen Kontaktzeiten zwischen Hefezellen und vergorenem Jungbier,
- bei mangelhafter oder zu später Entfernung des Hefesedimentes nach der Gärung und Reifung und vor der Kaltlagerung,
- bei langsamer und langer Gärung,
- bei Fehlern im Hefemanagement (Temperaturschocks und andere Stressfaktoren),
- bei ständig erhöhter Hefegabe und
- bei High-gravity-Würzen.

Diese Aussagen sind besonders bei der Hefelagerung, Hefebiergewinnung und dessen Weiterverarbeitung zu beachten (s.a. Kapitel 2.14 und 19).

3.3.5 Nucleobasen und Nucleoside

Bei den Nucleobasen und Nucleosiden erfolgt durch die Hefe in der Angär- und Vermehrungsphase (besonders bei niedriger Hefegabe und hoher Gärtemperatur) eine Aufnahme, ab dem 2. Gärtag exkretiert die Hefe wieder z.T. diese Stoffe, und ab dem 4. Gärtag verringert sich wieder die Konzentration dieser für die Enzym- und Proteinsynthese der Hefe wichtigen Stoffe allmählich im Bier.

Es wurde eine Gesamtmenge an Nucleobasen und Nucleosiden in der Würze von 282...367 mg/L und im Bier von 220...280 mg/L gefunden [63], [64].

3.4 Pufferung und pH-Wert

3.4.1 Die Veränderungen des pH-Wertes bei Gärung und Reifung

Die Wasserstoffionenkonzentration, ausgedrückt durch den pH-Wert (negativer Logarithmus der Wasserstoffionenkonzentration, genauer: Hydroniumionenkonzentration), verändert sich während der Gärung und Reifung des Bieres von einem Wert in der Würze von 5,2...5,7 auf einen Wert von 4,2...4,65 im Bier. Der pH-Wert sinkt besonders in der Angär- und logarithmischen Wachstumsphase der Hefe sehr schnell und stark ab, s.a. Kurvenverlauf der Wasserstoffionenkonzentration im Kapitel 8.4.4.1 (Abbildung 113) und Kapitel 2.11.1.

Während der weiteren Gärphase nimmt der pH-Wert nach dem Abschluss der Hefevermehrung (etwa ab 2. Gärtag) nur noch langsam durch die Bildung von organischen Säuren und CO_2 (geringfügige Dissoziation der Kohlensäure) ab.

Am Ende der Gärung und nach Beendigung der Reifungsphase nimmt der pH-Wert geringfügig wieder zu (normale pH-Wert-Zunahme: 0,05...0,10 pH-Einheiten). Die Ursachen sind die Ausscheidungsvorgänge der Hefe (s. Kapitel 3.3) sowie die Aufnahme und Verwertung des im Substrat vorhandenen Pyruvats durch die Hefe.

Ein pH-Wert-Anstieg über 0,1 pH-Einheiten deutet auf eine deutliche Autolysegefahr mit ihren negativen Auswirkungen hin. Besonders Hefesätze mit einer geringen Nachgärung können einen Anstieg des pH-Wertes zum Ende bewirken, weil die Hefe besonders alkalisch wirkende Aminosäuren ausscheidet.

3.4.2 Die Ursachen für den pH-Wert-Abfall

Eine deutliche pH-Wert-Abnahme erfolgt in der aeroben Phase durch:

- Die Bildung von organischen Säuren durch die Desaminierung von Aminosäuren (vorwiegend auch basischer Aminosäuren), Ausscheidung kleiner Mengen an Bernsteinsäure;
- Den Verbrauch von in der Würze vorhandenen puffernden Phosphaten durch die Hefe (Verschiebung der Pufferung in den sauren Bereich);
- Die Aufnahme von Ammoniumionen durch die Hefe, es bleiben die den pH-Wert erniedrigenden Säureanionen im Bier;
- Die Aufnahme von Kaliumionen durch die Hefe und die Abgabe von Wasserstoffionen.

Eine geringere pH-Wert-Abnahme findet während der anaeroben Phase statt durch:

- Die Ausscheidung von im sauren Bereich puffernden Proteinen (pH-Wert-Bereich 5,7 bis 4,3);
- Die CO_2-Lösung im Bier, inklusive der geringen Dissoziation der gebildeten Kohlensäure (effektiv bis zu einem pH-Wert von 4,4);
- Die Ausscheidung der Hefe von organischen Säuren als Gärungsnebenprodukte (z. B. Bernsteinsäure, Milchsäure, Essigsäure).

Die Höhe der pH-Wert-Abnahme ist abhängig:

- Von der Restalkalität des Brauwassers (niedrige Restalkalität erhöht die Würzepufferung);
- Von der Pufferkapazität der Würze (Malzqualität und Restalkalität des Brauwassers);
- Maischverfahren und Säuregabe zur Maische (Förderung der Phosphatasen bei Maischtemperaturen unter 55 °C und Maische-pH-Werten unter pH-Wert 5,5 und damit Förderung der Pufferung);
- von dem Hefetyp (bei Bruchhefen ist der pH-Wert ca. 0,1 höher) und nimmt zu:
  - mit der Intensität und Höhe der Hefevermehrung,
  - mit höheren Anstell- und Gärtemperaturen und
  - mit geringerer Würzepufferung.

In einem automatisierten Gärverfahren [65] konnte mithilfe einer kontinuierlichen pH-Wert-Kontrolle in der Angärphase die gewünschte Hefevermehrung (durch eine davon abhängige Temperaturregelung und O_2-Dosage) eingestellt und der gesamte Gärprozess gesteuert werden.

Der pH-Wert der gesunden Hefezelle selbst liegt während der Gärung und Reifung konstant bei 6,0...6,5 (Bedeutung siehe Kapitel 2.7).

3.4.3 Bedeutung des Bier-pH-Wertes für die Bierqualität

Der pH-Wert des Bieres hat einen wesentlichen Einfluss auf die Qualität des Bieres, im Allgemeinen werden im normalen untergärigen Bier pH-Werte zwischen 4,2...4,45 angestrebt. Ein pH-Wert des Bieres unter 4,45 (bis 4,2) fördert u.a.:

- die Ausscheidung kolloidal instabiler Eiweißgerbstoffverbindungen,
- sichert eine beschleunigte bzw. normale Reifungsgeschwindigkeit durch die schnellere oxidative Decarboxylierung der Acetohydroxysäuren (s. Kapitel 4.2),
- verfeinert den Bittergeschmack des Bieres und
- ist eine Voraussetzung für eine höhere biologische Haltbarkeit des Bieres und eine verbesserte Filtrierbarkeit (siehe auch Kapitel 14.7.2.3 und 14.7.4).

Eine langsamere pH-Wert-Abnahme begünstigt die Schaumhaltbarkeit und die Bitterstoffausbeute, z. B. durch ein Anstellen bei kalten Temperaturen und mit einer niedrigen Anstellhefemenge. Niedrigere pH-Werte hemmen Milchsäurebakterien und begünstigen die Bildung von Eiweißtrübungen.
Ein pH-Wert-Abfall in der Reifungs- oder Lagerphase untergäriger Biere auf Werte unter 4,1 ist dagegen für die Bierqualität auch sehr abträglich und deutet im Normalfall auf eine mikrobiologische Infektion des Bieres hin.

3.4.4 Pufferstoffe und die Veränderungen des Pufferungsvermögens

Das Pufferungsvermögen von Würze und Bier wird verursacht durch ihre Inhaltsstoffe:

- wie die organischen Säuren und ihre Salze,
- die primären und sekundären Phosphate und
- die Eiweißabbauprodukte,

die zusammen Puffersysteme darstellen und einer pH-Wert-Verschiebung entgegenwirken. Das Pufferungsvermögen von Würze und Bier wird in der Hauptsache durch die Rohstoffqualität und das Würzeherstellverfahren festgelegt. Das Pufferungsvermögen, bestimmt aus der Titrationsacidität und der Titrationsalkalität (nach [66]), liegt im Normalfall zwischen 17...22 mL (n/10 NaOH + n/10 HCl) je 100 mL Probe. Durch Gärung und Reifung nimmt das Pufferungsvermögen nur geringfügig zu, wobei jedoch die Titrationsacidität auf Kosten der Titrationsalkalität deutlich abnimmt (Tabelle 13).

Eine Beeinflussung der Pufferung durch Gärung und Reifung ist kaum möglich. Das Puffervermögen eines Bieres kann besonders für die Erhaltung der Bierqualität auf dem Filtrations- und Abfüllweg von Bedeutung sein.

Tabelle 13 Richtwerte für die Veränderungen im pH-Wert und im Pufferungsvermögen

Durchschnittliche pH-Wert-Abnahme	-	1,16
Durchschnittliche Säurebildung	mL n/10 NaOH/100 mL Bier	5,3 (2,5...6,5)
Zunahme der Pufferung bei einer pH-Abnahme von 5,67 → 4,27	mL n/10 (NaOH + HCl) pro 100 mL Bier	1,05
Angaben in mL pro 100 mL Würze bzw. Bier (Schwankungsbereich)	Würze	Bier
Titrationsacidität (bis pH = 7,07) in mL n/10 NaOH	7,2...27,7	16...23
Titrationsalkalität (bis pH = 4,27) in mL n/10 HCl	4,7...7,4	0,2...1,4
Gesamtpufferung in mL n/10 HCl + mL n/10 NaOH	12...35	17...25

3.5 Redoxverhältnisse des Bieres und ihre Bedeutung für die Alterung des Biergeschmacks

3.5.1 Oxidation und Alterung des Bieres

Eine wichtige Veränderung während der Gärung der Würze ist die Abnahme des Redoxpotenzials oder besser die Zunahme der Reduktionskraft des Bieres. Die Abnahme des Redoxpotenzials steht in enger Verbindung mit dem Verbrauch des in der Würze gelösten Sauerstoffs durch die Hefe sowie mit den damit verbundenen Stoffwechselprozessen in der Phase der Vermehrung und Gärung.

Mit den in den letzten Jahrzehnten geforderten Haltbarkeiten der abgefüllten Biere von > 3...6 Monate hat die Geschmacksstabilität als Qualitätskriterium eines Bieres eine immer größere Bedeutung. Zur Erhaltung der Geschmacksstabilität ist die durch Oxidationsprozesse verursachte Alterung im Bierherstellungsprozess und nach der Abfüllung soweit wie möglich hinauszuschieben. Es gilt, die positiven Geschmackskomponenten zu erhalten und die durch Oxidation verursachten Alterungsaromen zu vermeiden.

Oxidationsprozesse und das antioxidative Potenzial der Biere wurden intensiv mit neuen Analysentechniken erforscht. Es wurden die Alterungsindikatoren und das antioxidative Potenzial der Biere untersucht. Dabei wurden die Radikalgenerierung und die Bedeutung der *Fenton*-Reaktion bei der Sauerstoffaktivierung erkannt. So konnten *Kaneda* et al. ([67], ref. durch [68]) im Bier freie Radikale entdecken. Besonders das sehr reaktive Hydroxylradikal des Sauerstoffs reagiert sehr unspezifisch mit den Bierinhaltsstoffen. Es kann durch eine *Fenton*-Reaktion unter Mitwirkung reduktiv wirkender Bierinhaltsstoffe und durch Metallionen katalysiert gebildet werden (siehe Reaktionsmodell in Abbildung 9).

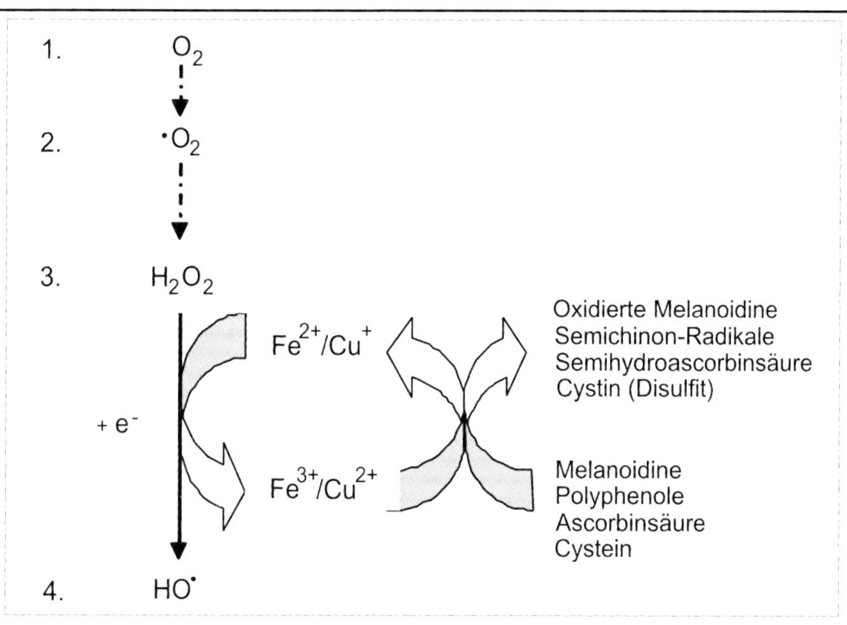

Abbildung 9 Schema der Fenton-Reaktion in Verbindung mit Bierinhaltsstoffen
1 Molekularer Sauerstoff **2** Superoxidradikalanion **3** Wasserstoffperoxid
4 Hydroxylradikal
(Von *H. J. H. Fenton* (1876) entdeckte Reaktion, bei der Eisensalze die Oxidation organischer Substrate mit Wasserstoffperoxid im sauren Medium katalysieren).

Die katalytische Wirkung der Kupferionen bei der Herausbildung des reaktiven Hydroxylradikals wurde von *Kunz* und *Methner* [69] auch als *Haber-Weiß*-Reaktion wie folgt beschrieben:

$$Cu^{2+} + O_2^{-\bullet} \rightarrow Cu^{+} + O_2$$
$$Cu^{+} + H_2O_2 \rightarrow Cu^{2+} + HO^{\bullet} + OH^{-}$$
$$\text{Netto: } O_2^{-\bullet} + H_2O_2\ [Cu] \rightarrow O_2 + HO^{\bullet} + OH^{-}$$

Beschleunigende Faktoren für die Ausbildung des reaktiven Hydroxylradikals und anderer stabiler organischer Radikale durch beide Reaktionen sind:
- ein steigender Sauerstoffgehalt des Bieres,
- eine steigende Produkttemperatur,
- ein steigender Metallionengehalt des Bieres,
- der Einfluss von Licht (Flaschenbier),
- ein steigender Alkoholgehalt führt zur Verstärkung des Metall-Polyphenol-Protein-Komplexes und
- ein fallender pH-Wert.

Im fertig filtrierten Bier ablaufende Alterungsprozesse äußern sich vor allem in folgenden Qualitätsveränderungen:
- in einer Zunahme der Bierfarbe,
- in zunehmenden Trübungsbildung und
- in einer negativen Aromaentwicklung (engl.: flavour) mit u.a. folgenden Teilprozessen:
  - Verschlechterung der Bitterqualität,

- Abnahme der Bitterintensität,
- Zunahme der süßlichen Note,
- Abnahme und Verschlechterung des Hopfenaromas,
- Abnahme der fruchtigen und frischen Aromanoten,
- Abnahme der schwefeligen Aromakomponenten.

Folgende zwei unterschiedlichen chemischen Reaktionsketten laufen nach *Zufall* [70] bei der Bieralterung ab:

- Die Oxidation der Fettsäuren und ihrer Derivate, sie verursacht das sog. Karton-, Papp-, Leder- oder ranzige Aroma.
  Es ist eine schnelle Reaktion, bei der der Aromaeindruck schnell erscheint und mit der Zeit wieder verschwindet.
- Die Maillardreaktion, sie verursacht das sogenannten Brot-, Caramel-, süßes, holziges oder Sherry-Wein-Aroma.
  Es ist eine langsame Reaktion mit bleibendem Geschmackseindruck.

3.5.2 rH- und ITT-Werte

Als ein älteres Maß für die Redoxverhältnisse im Bier wurde oft der rH-Wert (negativer Logarithmus des Wasserstoffpartialdruckes) angegeben. Die elektrochemische Messung des Redoxpotenzials von Würzen und Bieren hat jedoch mit den früheren Elektrodensystemen keine technologische Aussagekraft [71]. Bei betrieblichen Untersuchungen erfolgt deshalb die Bestimmung der Reduktionskraft der Würzen und der Biere indirekt über die Bestimmung des ITT-Wertes (Indicator-Time-Test nach *Gray* und *Stone* [72]). In Tabelle 14 werden dazu einige Orientierungswerte genannt. Die ausgewiesenen Schwankungen treffen für normale Verhältnisse zu und berücksichtigen nicht die Zugabe von Reduktionsmitteln. Alle Maßnahmen, die während der Bierherstellung das Produkt intensiver oder länger mit Sauerstoff in Berührung bringen, führen zum Verbrauch reduzierender Substanzen und damit zur Verschlechterung der Redoxverhältnisse im Bier. Bei elektrochemischen Redoxmessungen im Bier wird nur der jeweilige Zustand der anwesenden Redoxsysteme als Mischpotenzial erfasst und nicht der Oxidationszustand des Bieres als Ganzes [73]. Es ist aus Erfahrung bekannt, dass niedrige ITT-Werte sowohl die chemisch-physikalische als auch die Geschmacksstabilität eines Bieres positiv beeinflussen.

Nach [5] war der ITT-Wert bei einem rechtzeitig geschlauchten Jungbier: 70, bei zu spät geschlauchtem Jungbier: 200.

Tabelle 14 rH- und ITT-Werte

Produkt	rH-Wert	ITT-Wert
Würze	20...30	250...500
Jungbier	8...12	70...200
Flaschenbier	18...22	100...500

ITT-Wert im Fertigprodukt: unter 200 = sehr gute Redoxverhältnisse
ITT-Wert im Fertigprodukt: 200...500 = gute Redoxverhältnisse

Die von der MEBAK [74] vorgeschlagene spektralfotometrische Methode zur Bestimmung des Reduktionsvermögens im Bier verwendet wie der Indikator-Time-Test (ITT) als zu reduzierenden Farbstoff 2,6-Dichlorphenol-Indophenol (DPI). Sie misst bei einer vorgelegten Menge an DPI in 10 mL Bier den Prozentsatz der Farbreduktion innerhalb von 60 Sekunden, dabei gilt die Reduktionskraft:

> 60 % als sehr gut,
50...60 % als gut,
45...50 % als befriedigend und
< 45 % als schlecht.

Biere mit niedrigen ITT-Werten können im Prozess der Gärung und Reifung erzielt werden durch:

- Verfahren mit geschlossenen Gefäßsystemen, insbesondere in Verbindung mit Eintankverfahren,
- eine kräftige und intensive Gärung (Abhängigkeit von der Qualität der Würze und Hefe) und
- alle Maßnahmen, die einen Sauerstoffeintrag nach dem Anstellen der Würze vermeiden.

3.5.3 Die Reduktone des Bieres und ihre unterschiedlichen Wirkungen

Back und Mitarbeiter haben die Bedeutung einzelner antioxidativer Stoffgruppen des Bieres für seine antioxidative Aktivität differenziert bewertet und die große Bedeutung des durch die Hefe gebildeten SO_2 für eine nachhaltige Erhaltung der Geschmacksstabilität herausgestellt (siehe u.a. [68], [75], [76], [77], [78] und Tabelle 15).

Tabelle 15 Antioxidative Inhaltsstoffe des Bieres und ihre Wirkungsweise

Stoffgruppe	Herkunft	Wirkungsweise	Stabilität
Melanoidine	Malz u. Maillard-reaktion beim Würzekochen	Schnell reduzierend (ca. 1 min), reaktiv, Wirkung abhängig vom pH-Wert, negative Auswirkung auf die Geschmacksstabilität	Instabil
Polyphenole	Hopfen u. Malz	Mäßig reduzierende Wirkung (ca. 1...10 min), Wirkung abhängig vom pH-Wert, positive Wirkung im Sudhaus, je nach Struktur differenzierte Wirkung	Mäßig stabil
Schwefeldioxid	Stoffwechsel der Hefe (nur geringe Mengen aus dem Malz und Hopfen)	Reduzierende Wirkung langsam und nachhaltig, eliminiert Sauerstoff ohne sensorisch relevante Reaktionsprodukte zu bilden, positive Wirkung auf die Geschmacksstabilität bei gesunder Hefe	Stabil
Proteinprodukte	Malz (evtl. Hefeausscheidungen) z. B. Reaktionskette Cystein ↔ Cystin	Einfluss auf Geschmacksstabilität unbekannt	

Während durch die Reduktionskraft der Melanoidine der Sauerstoff erst in eine sehr reaktive Form umgewandelt wird und damit die Oxidation forciert wird, eliminiert das SO_2 den oxidativ wirksamen Sauerstoff des H_2O_2 (siehe auch Abbildung 9). Nicht alle reduzierenden Substanzen des Bieres wirken also gleichfalls antioxidativ, wie man aus Abbildung 9 und Tabelle 15 erkennen kann. Deshalb ist es wichtig, dem SO_2-Gehalt im Prozess der Gärung und Reifung mehr Aufmerksamkeit zu schenken und seine Bildung im technologisch möglichen Rahmen zu fördern (zur weiteren Bedeutung und Beeinflussung des SO_2-Gehaltes im Bier siehe Kapitel 4.4.6).

3.5.4 Einige Hinweise zur Abschätzung der voraussichtlichen Geschmacksstabilität

Nach *Back* et al. [68] hat sich die Ermittlung der Lag-Time zur Erfassung der Radikalentstehung über einen Zeitraum von 2 Stunden als wichtiger Analysenparameter für die voraussichtliche Geschmacksstabilität etabliert. Nach dem Zusatz eines Spin-Traps als Stabilisierungsmittel der freien Radikale wird das Bier einem oxidativen Forciertest unterzogen. Die bei 60 °C entstehenden Hydroxylradikale werden als Spin-Trap-Addukte mit einem Elektronenspinresonanz-Spektrometer gemessen. Die endogene antioxidative Aktivität des Bieres unterdrückt am Anfang die Ausbildung dieser Hydroxylradikale und damit einen Anstieg des Messsignals. Diese sog. Lag-Phase bzw. Lag-Time endet, wenn die antioxidative Aktivität des Bieres erschöpft ist. Werte zwischen 0...120 min wurden für sie gemessen. Der Wert korreliert sehr gut mit dem SO_2-Gehalt der Biere und ist allerdings nur betriebsspezifisch ein Maß zur Abschätzung der voraussichtlichen Geschmacksstabilität.

Bei eigenen großtechnischen Propagationsversuchen (ausführliche Darstellung s.a. in [7], Kapitel 6.2.5.2), die vielfach in vergleichbaren Brauereien mit überhöhten Belüftungsraten gefahren werden, konnte durch eine reduzierte Belüftung eine ausreichende Hefevermehrung bei gleichzeitiger nicht überhöhter oxidativer Belastung der fertigen Propagationsbiere erzielt werden (Kurzfassung der Ergebnisse siehe Tabelle 16), wie die SO_2-Gehalte und die Werte für die Lag-Time der fertigen Propagationsbiere zeigen.

Tabelle 16 Ergebnisse von großtechnischen Propagationsversuchen der Hefe (Kurzfassung nach [7])

	Propagation im Batchverfahren	Propagation im Drauflass- und Entnahmeverfahren
SO_2-Gehalt des Propagationsbieres	3,5 mg/L	3,1 mg/L
Lag-Time	63 min	48 min
Ø Belüftungsrate in Liter Luft i.N./(hL·h)	2,6	47...5,3 [1])
Abbruch der Belüftung	32. Stunde	60. Stunde
Vermehrungsrate	8,7fach (nach 40 h)	32fach (nach ca. 80 h)
Fermentationstemperatur	16 °C	13 °C

700...750 hL Fermentationsversuche, Abbruch der Belüftung bzw. Entnahme und Wiederauffüllung mit frischer Würze bei einem Ethanolgehalt > 0,8...1 Vol.-%

[1]) Belüftungsrate auch abhängig vom Füllstand

Tabelle 17 Indikatoren für den Zustand der Alterung und Hinweise für ihre Entstehung

Substanz	Alterung	Sauerstoff-einfluss	Thermische Belastung
3-Methyl-Butanal	+	+	
2-Furfural	+		+
5-Methyl-Furfural	+		
Benzaldehyd	+	+	
2-Phenyl-Ethanal	+	+	
Bernsteinsäure-Diethyl-Ester	+		
Phenylessigsäure-Ethyl-Ester	+		
2-Acetyl-Furan	+		
2-Propionyl-Furan	+		
Gamma-Nonalacton	+		+

3.5.5 Einige Leitsubstanzen für die Ursachen von Geschmacksveränderungen

Von dem gleichen Arbeitsteam von *Back* werden Bierinhaltsstoffe vorgestellt, die in ihrer Summe als Indikatoren zur Einschätzung des Alterungszustandes verwendet werden können (siehe Tabelle 17).

Bei Betriebsversuchen von *Hartwig* [77] mit ZKT und mit unterschiedlich belüfteten Anstellwürzen ergaben sich für die in Tabelle 17 genannten einzelnen Indikatorengruppen die Schwankungsbereiche gemäß Tabelle 18.

Tabelle 18 Schwankungsbereich für die Indikatorengruppen (Summe der Konzentration in ppb)

Bieralter	Alterungskomponenten	Sauerstoffindikatoren	Wärmeindikatoren
Frisch	82...97	19...25	47...54
Forciert gealtert	162...202	23...25	117...158

Tabelle 19 Geschmacksschwellenwerte für Reinsubstanzen und Gemische (nach [79])

Stoffgruppe	Alterungskomponente	Geschmacksschwellenwert		Geschmacks-eindruck
		Reinsubstanz	als Gemisch	
Strecker- Aldehyde	2-Methylbutanal	150 µg/L		
	3-Methylbutanal	56 µg/L		
	2-Methylbutanal + 3-Methylbutanal		14 µg/L	
			30 µg/L	
Ungesättigte Aldehyde	(E, Z)-2,6-Nonadienal	450 µg/L		Gurke
	(E)-2-Nonenal	35 µg/L		Karton
	(E, Z)-2,6-Nonadienal + (E)-2-Nonenal		23 µg/L	süß, fruchtig
			2 µg/L	

Als weitere Alterungsindikatoren werden genannt: 2-Furfurylether, Hexanal, Hexenal, Heptanal, Hexadienal und trans-2-Nonenal. Es sind sicher noch weitere interessante

Forschungsergebnisse zu erwarten, die das Phänomen Oxidation und Alterung des Bieres behandeln.

In neueren Untersuchungen von *Hanke* [79] wurden die synergistischen Auswirkungen von Aromagemischen auf den Geschmacksschwellenwert auch für folgende Alterungskomponenten ermittelt (siehe Tabelle 19):

3.6 Die Farbe des Bieres

3.6.1 Die normale Farbaufhellung des Bieres bei der Gärung und Reifung

Im Prozess der Gärung und Reifung (hauptsächlich in den ersten Gärtagen) kommt es von der Würze zum Bier zu einer Farbaufhellung, die bei hellen Bieren durchschnittlich etwa 3 EBC-Einheiten beträgt. Die Ursachen dieser Farbaufhellung sind:

- die durch den pH-Wert-Abfall verursachte Entfärbung färbender Substanzen (z. B. Indikatorwirkung der Melanoidine),
- die Adsorption an die Hefezelle oder Ausscheidung in die Kräusen und in das Geläger von farbintensiven Stoffen (Melanoidine, Gerbstoffe).

Besondere Maßnahmen zur bewussten technologischen Steuerung der Farbänderungen bei hellen Bieren im Prozess der Gärung und Reifung werden normalerweise nicht angewendet. Um Zufärbungen zu vermeiden, ist der Kontakt des Bieres mit unlegiertem Eisen und der Eintrag von Eisenionen und Sauerstoff grundsätzlich zu vermeiden. Die Farbaufhellung von Bieren mit Fehlfarben ist nur im beschränkten Umfang vor der Filtration durch den Zusatz von Aktivkohle möglich.

3.6.2 Die gezielte Zufärbung mit Röstmalzbier

In der Vergangenheit bis Ende des 19.Jahrhunderts dominierten die dunklen Biertypen, da man die Bräunungsprozesse bei der Malz- und Bierbereitung noch nicht beherrschte. Jetzt stellt man dunklere Bierfarben gezielt durch die Wahl der Spezialmalze in der Sudhausschüttung oder durch die Dosage eines Röstmalzbieres in ein helles „Mutterbier“ ein.

Dabei kann die Dosage des Röstmalzbieres in allen Stufen des Brauprozesses, auch automatisiert, z. B. nach Abbildung 10, erfolgen. Die Dosage erfolgt normal vor der letzten Filtrationsstufe. Die Verwendung von Röstmalzbieren ist im vorläufigen Biersteuergesetzes (vorl. BierG) (§9, I-VI des vorl. BierG sowie im §17, I-III DVO des vorl. BierG) reglementiert.

Es gibt nach *Hormes* [81] eine Vielzahl von Röstmalzbieren. Sie unterscheiden sich nach der Farbtiefe, Farbton, Geschmackseindruck und technologischen Einsatzbedingungen. Die Farbtiefen der marktüblichen Röstmalzbiere reichen von 3000...15 000 EBC-Einheiten. Die Extraktgehalte variieren zwischen 20...60 %.

Der Geschmackseintrag des Röstmalzbieres ist abhängig von seinem Herstellungsverfahren und den dabei ausgewählten Rohstoffen. Es gibt Röstmalzbiere, die dem Fertigbier ein typisches Röstaroma oder ein vollmundiges Malzaroma verleihen. Die gewünschte Farbtiefe sollte vorher im Labor erprobt werden.

Beispielsweise wird für das entbitterte Röstmalzbier *Sinamar*® die Spezifikation gemäß Tabelle 20 angegeben (nach [80]). Eine Übersicht über die Farbtiefen der einzelnen dunklen Biere ist in Kapitel 15 enthalten.

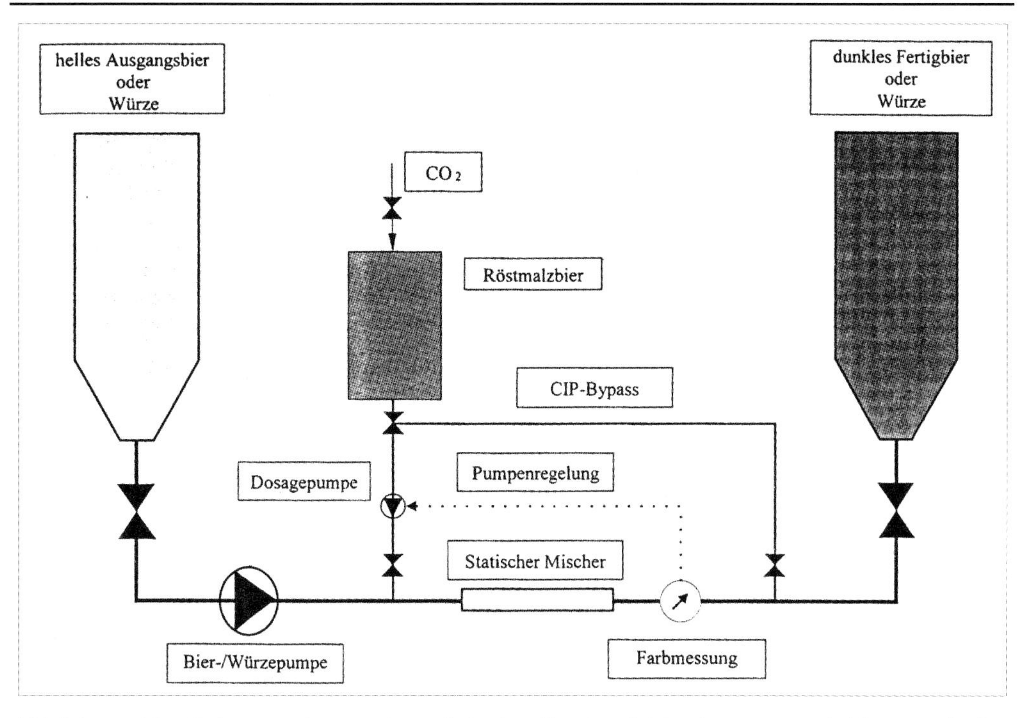

Abbildung 10 Schema einer automatisierten Röstmalzbierdosage nach Hormes [81]

Tabelle 20 Spezifikation des Röstmalzbieres Sinamar®

Farbe	8000 EBC-Einheiten
Wirklicher Extrakt	36...40 %
Dichte	1,16...1,18 g/cm³
pH-Wert	4,0...4,5
Ethanolgehalt	< 0,5 %
Dosageempfehlung für eine Farberhöhung um 1 EBC-Einheit	14 g/hL Bier

3.7 Die Bitterstoffe und Gerbstoffe des Bieres

Durch die während der Gärung und Reifung bedingten pH-Wert-Veränderungen kommen kolloid gelöste Bitter- und Gerbstoffe in den Bereich ihres isoelektrischen Punktes und neigen in diesem instabilen Stadium besonders zu Ausfällungen, werden an der Oberfläche von CO_2-Bläschen angereichert und dann in den Kräusen ausgeschieden bzw. werden von der Hefe an ihrer Oberfläche adsorbiert.

Weiterhin fallen insbesondere die im Würzekochprozess nicht isomerisierten α-Säuren aus, da sie bei pH-Werten unter 5,0 im Bier und bei Temperaturen unter 10 °C nur noch geringfügig löslich sind (etwa 3 mg/L) [82].

Auch ein Teil der Isohumulone und Hulupone wird während der Gärung vorwiegend durch Oberflächeneffekte ausgeschieden. Diese Bitterstoffe sind stark oberflächenaktive Stoffe, sie reichern sich in den Grenzflächen der aufsteigenden CO_2-Blasen an und werden damit an die Oberfläche der gärenden Würze getragen und dort in den Kräusen lokalisiert. Je intensiver die Hauptgärung in offenen Gefäßsystemen abläuft, um so höher sind diese Bitterstoffverluste.

Laws und Mitarbeiter [83] konnten bei obergärigen Bieren durch ein vorsichtiges Unterrühren der ersten Kräusendecke (18 h nach dem Anstellen bei einem Ethanolgehalt von mindestens 1 % im Bier) die Bitterstoffverluste bei unveränderter Qualität wesentlich verringern. Es ist wichtig, dass dieses wieder Unterrühren kurzfristig erfolgt, bevor sich diese Bitterstoffe durch Sauerstoffeinfluss verändern.

Eine Verringerung der Bitterstoffverluste kann erreicht werden durch eine Unterdrückung der Kräusenausbildung während der Gärphase bei Anwendung von Druck bzw. durch die kombinierte Anwendung von Druck und mechanischem Unterrühren der Kräusendecke, z. B. durch das Umpumpen unter Druck stehender Gärbehälter.
Bei der normalen klassischen Gärung und Reifung gehen von dem Bitterstoffgehalt der kalten Anstellwürzen (= 100 %) bis zum filtrierten Bier durchschnittlich 25...30 % verloren, wobei 70...80 % dieser Verluste bereits bis zum Ende der Hauptgärung anfallen. In besonderen Fällen, hauptsächlich bei sehr warmer Gärführung, können die Verluste (von der Würze bis zum Bier) bis zu 50 % betragen. Bei der Gärung und Reifung von Bier im ZKT wurden in vergleichenden Gärversuchen die Bitterstoffverluste gegenüber dem klassischen Verfahren um 40 % in dieser Prozessstufe gesenkt [22]. Eine Reduzierung des Bitterstoffeinsatzes war erforderlich. Ein typischer Verlauf der Bitterstoffkonzentration ist in Abbildung 11 dargestellt.

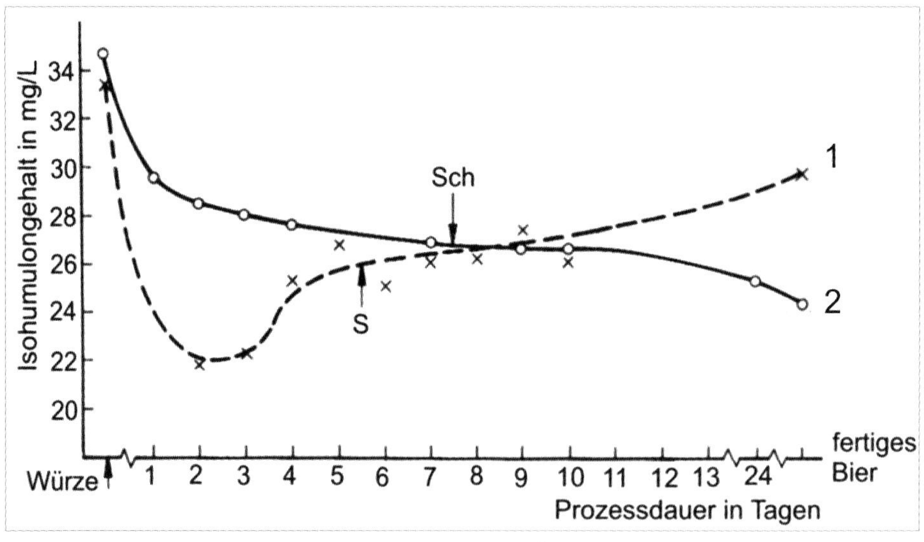

Abbildung 11 Verlauf der Bitterstoffkonzentration [1]) bei der Gärung und Reifung (ausgewählte typische Versuche nach [22])

1 Eintankverfahren im ZKT (mit Umpumpen) **2** klassische Gärung und Reifung
Sch Zeitpunkt des Schlauchens des Jungbieres der klassischen Hauptgärung
S Zeitpunkt des Aufspundens des ZKT-Inhaltes von $p_ü$ = 0,2 bar auf 0,9 bar
[1]) Bestimmt mit der Methode nach *Klopper* (ref. durch [66]), diese Methode erfasst neben Isohumulonen auch α-Säuren, Hulupone, β-Säuren und Humulinsäuren.

Eine differenzierte Untersuchung des Verhaltens der einzelnen Bitterstofffraktionen erfolgte durch *Narziss* et al. [84]. Hier wurde nachgewiesen, dass durch Druckanwendung im Verlauf der Gärung wieder eine Zunahme der Iso-α-Säuren, α-Säuren und Hulupone erfolgt.

Gerbstoffe

Neben den Bitterstoffen nehmen auch die Gerbstoffe aus ähnlichen Gründen wie die Bitterstoffe bei der Gärung und Reifung ab. Die Abnahme des Gesamtpolyphenolgehaltes schwankt zwischen 15...35 %. Die Hauptursachen sind hier die Ausbildung von Eiweiß-Gerbstoff-Komplexen, insbesondere durch die Erniedrigung des pH-Wertes und im Prozess der Abkühlung und in der Kaltlagerphase (Ausbildung der Kältetrübung und Vergröberung der Eiweiß-Gerbstoff-Komplexe) sowie die Assoziation an der Oberfläche der Hefezellen. Diese Abnahme wird im Interesse einer Geschmacksverfeinerung, der Verbesserung der Filtrierbarkeit und der Erhöhung der kolloidalen Stabilität als wichtig erachtet. Auch die niedermolekularen Gerbstofffraktionen werden bis zu 40 % im Verlauf der Gärung und Reifung reduziert (weitere Aussagen dazu siehe Kapitel 14.2).

3.8 CO_2-Gehalt und Spundung des Bieres

3.8.1 Höhe des CO_2-Gehaltes im fertigen, gelagerten Bier (Unfiltrat)

Der CO_2-Gehalt des Bieres ist eines seiner wichtigsten Qualitätskriterien (Bedeutung siehe Kapitel 15.4). Untergärige abgefüllte Biere mit guter bis sehr guter Rezenz und Schaummenge liegen im CO_2-Gehalt zwischen 4,8...5,5 g/L, obergärige Weizenbiere zwischen 5,5...6 g/L (vereinzelt bis 9 g/L, meist in Verbindung mit einer Flaschengärung).

Nimmt man im Normalfall die CO_2-Verluste vom Lagergefäß bis zum Flaschenbier mit etwa 0,3 g/L an, so sollten die zu filtrierenden untergärigen Ausstoßbiere bei hohen Qualitätsansprüchen mindestens 5,1...5,8 g CO_2/L Bier enthalten. Da Kegbiere meist im CO_2-Gehalt niedriger liegen (siehe auch Kapitel 15.4), wird die Spundung meist auf deren CO_2-Gehalt eingestellt und die Flaschenbiere werden nachcarbonisiert.

Da ein frühzeitiges Spunden und hohe Spundungsdrücke dazu führen können, dass die Hefe bei der Gärung und Reifung im ZKT mit Mantelkühlung zu früh sedimentiert, die Gärung und Reifung verzögert bzw. im schlimmsten Fall bei noch hohen vergärbaren Restextrakten oder Gesamtdiacetylgehalten abgebrochen wird, arbeiten eine Reihe von Brauereien beim ZKT mit sehr niedrigen Spundungsdrücken (beispielsweise $p_ü$ = 0,2...0,4 bar) und teilweise auch in Verbindung mit sehr hohen Reifungstemperaturen (16...18 °C). Diese Biere müssen dann vor der Abfüllung grundsätzlich einer Nachcarbonisierung unterzogen werden.

Das während der Gärung gebildete Kohlendioxid wird nur zu einem geringen Teil (etwa 15 % der entstandenen CO_2-Menge) im Bier gelöst, der größte Teil entweicht und steht, wie im Kapitel 24 beschrieben, für die CO_2-Rückgewinnung mit folgenden Richtwerten zur Verfügung:

- Von dem gebildeten CO_2 werden maximal 0,50 kg CO_2/hL Bier direkt gelöst, und etwa 0,05 kg CO_2/hL Bier sind als Verluste (z. B. im Behältersteigraum) zu berücksichtigen.
- Als Richtwerte werden in der Literatur zwischen 1,5...3 kg gewinnbare CO_2-Menge/hL Bier angegeben, weitere Angaben siehe in Kapitel 24.

Volumen CO_2

In der alkoholfreien Getränkebranche, insbesondere auch in den USA, wird der CO_2-Gehalt in „Volumen“ angegeben, diese Konzentrationsangabe ergibt sich aus folgender Umrechnung:

Molvolumen des CO_2 i.N.		= 22,263 L/mol
Molare Masse des CO_2		= 44,011 g/mol
Spezifisches Volumen		= 0,5059 L CO_2/g CO_2
Kehrwert		= 1,977 g CO_2/L CO_2
Dichte des CO_2 i.N.	ρ	= 1,977 kg/m^3

Von diesem letzten Kennwert wird die Konzentrationsangabe für CO_2 mit gerundeten Werten abgeleitet:

1 Volumen CO_2-Gas = 2 g CO_2/L Flüssigkeit
1 L CO_2-Gas = 2 g CO_2
1 kg CO_2 = 500 L CO_2 (gasförmig)

3.8.2 Einflussfaktoren auf die CO_2-Lösung in Getränken

Die CO_2-Aufnahme des Bieres ist ein rein physikalischer Vorgang, der prinzipiell durch das *Henry*'sche Gesetz beschrieben wird:

- Bei gleicher Temperatur ist die Löslichkeit eines Gases in der Flüssigkeit dem Partialdruck des Gases über der Lösung, ohne Rücksicht auf den Gesamtdruck, direkt proportional.
- Dieses Gesetz gilt nur für ideale Systeme, die nicht zu hohe Konzentrationen, niedrige Drücke (für CO_2 bis zu einem Druck von p = 5 bar), nicht zu tiefe Temperaturen und keine chemischen Reaktionen zwischen Gas und absorbierender Flüssigkeit aufweisen.
- Das Maß für die Löslichkeit eines Gases in einer Flüssigkeit ist der Technische Lösungskoeffizient λ, der u.a. in cm³ Gas i.N./(1000 g H_2O · bar) bei 20 °C in Tabellenbüchern ausgewiesen wird (siehe z. B. [85]) oder für die Getränkeindustrie als Absorptionskoeffizient in g CO_2/(L-Getränk · bar) bei 20 °C differenziert ermittelt werden musste, da das *Henry*'sche Gesetz für die Lösung von CO_2 im Bier nur annähernde Gültigkeit hat (z. B. durch eine geringfügige Dissoziation des CO_2 in Bier und Wasser und vor allem durch den Extrakt- und Ethanolgehalt der Biere).
- Bei konstantem Druck verringert sich bei steigender Flüssigkeitstemperatur die Löslichkeit eines Gases nach einer Exponentialfunktion.
- Die Lösung des CO_2 in Bier und Wasser wird also durch steigenden Druck und fallende Temperatur gefördert (Richtwerte siehe [85]).
- Von *Enders* und Mitarbeitern [86] und *Paukner* [87] wurden die tatsächlich gelösten CO_2-Mengen im Bier experimentell in Abhängigkeit von Temperatur und Druck bestimmt. Sie konnten nachweisen, dass das CO_2 im Bier nicht, wie vorher angenommen, an Kolloide gebunden wird, sondern echt gelöst ist.
- Die Löslichkeit von CO_2 im Bier ist in jedem Fall geringer als die unter gleichen Bedingungen im reinen Wasser festgestellte Löslichkeit. Dabei hat der Ethanolgehalt des Bieres eine löslichkeitserhöhende Wirkung gegenüber Wasser, und die Extraktstoffe setzen mit steigender Konzentration die Löslichkeit herab.

Da beide Wirkungen sich bei Bieren mit Stammwürzen zwischen 11...18 % und scheinbaren Vergärungsgraden von Vs = 65...85 % annähernd kompensieren, ergeben sich für alle Voll- und Starkbiersorten sehr ähnliche CO_2-Absorptionskoeffizenten λ_{CO2} (siehe Tabelle 21).

- In erster Näherung kann der „Wassergehalt" des Bieres berücksichtigt werden, da die Extraktstoffe im Prinzip kein CO_2 lösen können:
  z. B. Ew = 5 %: $\lambda_{CO2} = \lambda_{H2O} \cdot 0{,}95$ (λ_{H2O} = Löslichkeitskoeffizient von CO_2 in Wasser, s. a. Tabelle 184).

Die Berechnung des CO_2-Gehaltes kann bei bekanntem Absorptionskoeffizienten nach folgender Gleichung erfolgen (Gesetz von *Henry*):

$$c_{CO2} = \lambda_{CO2} \cdot p_{CO2} \qquad \text{Gleichung 25}$$

c_{CO2} = gelöste CO_2-Konzentration in g/L
λ_{CO2} = CO_2-Absorptionskoeffizient in g/(L · bar)
p_{CO2} = Partialdruck des CO_2 in der Gasphase in bar (Absolutdruck)

Da sich aber der Absorptionskoeffizient in Abhängigkeit von der Temperatur verändert (siehe Abbildung 12) sind für die Festlegung des CO_2-Gehaltes des Bieres und der dazu erforderlichen Prozessparameter Druck und Temperatur berechnete grafische Darstellungen (s.a. z. B. Abbildung 13) oder für genauere Berechnungen die folgenden ermittelten Regressionsfunktionen zu verwenden:

Tabelle 21 Absorptionskoeffizienten für CO_2 bei 20 °C für unterschiedliche Biere nach Rammert und Pahl [88]

Biersorte	Gesamtextrakt in g/L	Alkoholgehalt in Vol.-%	CO_2-Absorptionskoeffizient bei 20 °C in g/(L · bar)
Einfachbiere	ca. 120	0,5	1,56
Schankbiere	60...70	0,5	1,66...1,63
Vollbiere	35...45	4,5...5,5	1,66...1,64
Starkbiere	50...140	7...13	1,62...1,47
Radler	45	2,5	1,58

Nach [88] beträgt der Absorptionskoeffizient für Vollbier, gültig für den Bereich 0 °C ≤ ϑ ≤ 20 °C, in g CO_2/(L · bar):

$$\lambda_{CO_2} = 10 \cdot e^{\left(-10{,}738 + \frac{2618}{\vartheta + 273{,}15\,K}\right)} \qquad \text{Gleichung 26}$$

Diese Gleichung führt zu nahezu identischen Ergebnissen wie die von der Firma *Haffmans* für ihre CO_2-Messgeräte veröffentlichte Gleichung für Bier (nach [88] und [89]). CO_2-Gehalt in g/L:

$$c_{CO_2} = 10 \cdot (p_{Ü} + 1{,}013\,bar) \cdot e^{\left(-10{,}738 + \frac{2617}{\vartheta + 273{,}15\,K}\right)} \qquad \text{Gleichung 27}$$

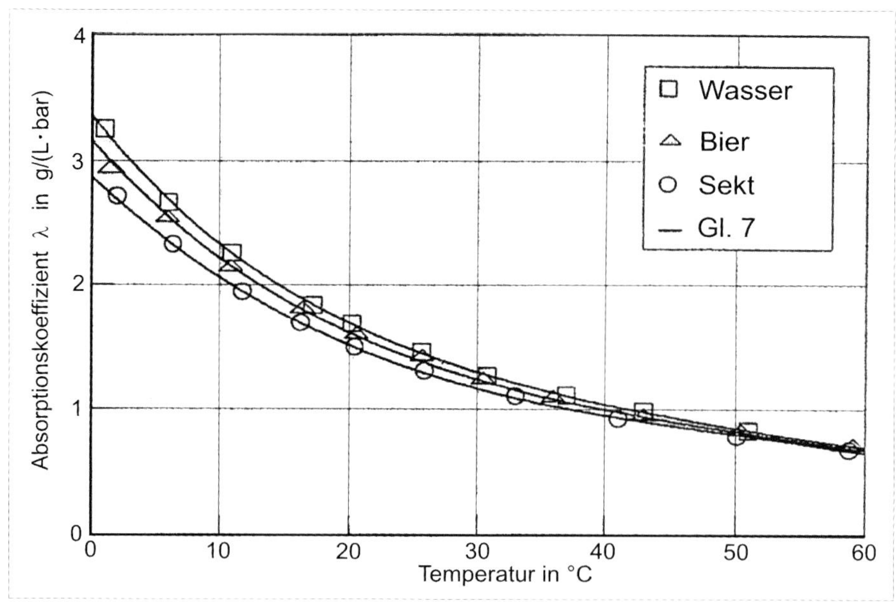

Abbildung 12 Absorptionskoeffizient λ_{CO2} in Abhängigkeit von der Temperatur (nach [88])

Für genauere Berechnungen des Absorptionskoeffizienten λ als Funktion der Temperatur, des CO_2-Gleichgewichtsdruckes, des Extrakt- und Ethanolgehaltes wurde von *Rammert* und *Pahl* Gleichung 28 erarbeitet [88]:

$$\lambda_{CO_2} = 3{,}36764 + 0{,}07(1 - \frac{c_{O_2}}{9}) - (0{,}014 - 0{,}00044\, c_{O_2})p_{CO_2}$$
$$- 0{,}12723 \cdot \vartheta + 2{,}8256 \cdot 10^{-3} \cdot \vartheta^2 - 3{,}3597 \cdot 10^{-5} \cdot \vartheta^3 + 1{,}5933 \cdot 10^{-7} \cdot \vartheta^4$$
$$- (0{,}47231 - 0{,}02988 \cdot \vartheta + 1{,}1605 \cdot 10^{-3} \cdot \vartheta^2 - 2{,}251 \cdot 10^{-5} \cdot \vartheta^3$$
$$+ 1{,}5933 \cdot 10^{-7} \cdot \vartheta^4) \cdot (\frac{c_{Extr}}{128} + \frac{c_{EtOH}}{43} + \frac{c_{Sa,Sä}}{27} + \frac{c_{FS}}{50}) \qquad \text{Gleichung 28}$$

In Gleichung 28 bedeuten:

λ_{CO_2} = Absorptionskoeffizient für CO_2 in g/(L·bar), gültig für 0,7 g/(L·bar) $\leq \lambda_{CO_2} \leq$ 3,4 g/(L·bar);

c_{O_2} = O_2-Gleichgewichtskonzentration in mg/L, im Bier ≈ 0;

p_{CO_2} = CO_2-Gleichgewichtsdruck in bar, gültig für: 0 bar $\leq p_{CO_2} \leq$ 10 bar (es wird immer mit dem Absolutdruck gerechnet)

ϑ = Getränketemperatur in °C, gültig für: 0 °C $\leq \vartheta \leq$ 60 °C

c_{Extr} = Extrakt- bzw. Zuckergehalt in g/L, gültig für: 0 g/L $\leq c_{Extr} \leq$ 300 g/L

c_{EtOH} = Ethanolgehalt in Vol.-%, gültig für: 0 Vol.-% $\leq c_{EtOH} \leq$ 20 Vol.-%

$c_{Sa,Sä}$ = Salz-, Grundstoff- oder Gesamtsäurekonzentration in g/L, gültig für: 0 g/L $\leq c_{Sa,Sä} \leq$ 50 g/L; im Bier gilt: $c_{Sa,Sä} \approx 0$

$c_{Sa,Sä}$ = Fruchtsaftgehalt in Ma.-%, gültig für: 10 Ma.-% $\leq c_{FS} \leq$ 20 Ma.-% für Bier gilt $c_{Sa,Sä} \approx 0$.

Weiterhin ist zu beachten, dass zur Bestimmung des CO_2-Gleichgewichtsdruckes die Messung des Gleichgewichtsdruckes allein nicht ausreicht. Nach dem Gesetz von *Dalton* ist der Gesamtdruck einer Gasmischung gleich der Summe seiner Partialdrücke. Bei einem Getränk gilt Gleichung 29:

$$p_{ges} = \sum_{i=1}^{i=n} p_i = p_{CO_2} + p_{H_2O} + p_{EtOH} + p_{O_2} + p_{N_2} \qquad \text{Gleichung 29}$$

p_{ges} = mit dem Manometer gemessener Gesamtdruck in bar

p_{CO_2} = Partialdruck des CO_2 in bar

p_{H_2O} = Partialdruck des Wasserdampfes in bar

p_{EtOH} = Partialdruck des Ethanols in bar

p_{O_2} = Partialdruck des Sauerstoffs in bar

p_{N_2} = Partialdruck des Stickstoffs in bar

beziehungsweise:

$$p_{CO_2} = p_{ges} - p_{H_2O} - p_{EtOH} - p_{O_2} - p_{N_2} \qquad \text{Gleichung 29a}$$

Die temperaturabhängigen Partialdrücke für den Wasserdampf bzw. eine wässrige Ethanollösung lassen sich nach folgenden Beziehungen errechnen (nach [90]):

$$p_{H_2O} = (643{,}5 + 18{,}47 \cdot \vartheta + 3{,}572 \cdot \vartheta^2 - 0{,}03372 \cdot \vartheta^3 + 0{,}0009681 \cdot \vartheta^4) \cdot 10^{-5}$$

Gleichung 30

$$p_{5\%ig-EtOH} = \left(801{,}3 + 33{,}86 \cdot \vartheta + 3{,}714 \cdot \vartheta^2 - 0{,}02603 \cdot \vartheta^3 + 0{,}001051 \cdot \vartheta^4\right) \cdot 10^{-5}$$

Gleichung 31

p = Partialdruck in bar;
ϑ = Temperatur in °C

Die Partialdrücke eventuell vorhandener Fremdgase lassen sich aus der Gleichung nach *Henry* (analog zu Gleichung 25) berechnen, wenn der Fremdgasgehalt des Getränkes bekannt ist und die entsprechenden Parameter eingesetzt werden.

3.8.3 Spunden und erforderlicher Spundungsdruck

Im klassischen Gär- und Reifungsprozess beginnt die CO_2-Anreicherung bereits während der Hauptgärung. Der CO_2-Gehalt des klassischen Jungbieres beträgt beim Schlauchen etwa 2...2,5 g/L.

Bei einer ausreichenden Nachgärung im Lagertank kann durch eine gezielte Druckeinstellung in Abhängigkeit von der Biertemperatur der erforderliche CO_2-Gehalt im Bier sicher gewährleistet werden. Diese Prozesshandlung wird mit *Spunden* des Bieres oder des Lagertanks bezeichnet. Da sich das CO_2 im Bier mit steigender Biertemperatur schlechter löst (siehe Abbildung 13), erfordern z. B. beschleunigte Reifungsverfahren mit einer Warmreifungsphase höhere Spundungsdrücke oder gesonderte technologische Maßnahmen zur CO_2-Anreicherung (Nachcarbonisierung).

Folgende Orientierungswerte können für die Temperatur-Druck-Führung zur CO_2-Anreicherung angenommen werden:

- Eine Temperaturerhöhung um 1 K reduziert bei konstantem Druck den CO_2-Gehalt um ≈ 0,01 %.

- Eine Erhöhung des Spundungsdruckes um $p_ü$ = 0,05 bar erhöht bei konstanter Biertemperatur den CO_2-Gehalt um ≈ 0,015 %.
- Bei einem Reifungsbehälter mit einer hohen Flüssigkeitssäule und einer geringen Durchmischung kommt es in der Nachgärphase und bei längerer Standzeit zur Ausbildung eines CO_2-Konzentrationsgefälles im Tank. Dabei kann der CO_2-Gehalt von oben nach unten um etwa 0,03 % je 1 m Flüssigkeitshöhe zunehmen (siehe auch Kapitel 8.4.3.3).

Berechnung des erforderlichen vergärbaren Restextraktes zum Zeitpunkt des Spundens

Die für eine ausreichende Nachgärung erforderliche, noch vergärbare Extraktmenge zum Zeitpunkt des Schlauchens bzw. des Spundens kann z. B. mit folgender Näherungsrechnung abgeschätzt werden:

- Gewünschter CO_2-Gehalt im fertigen Unfiltrat: 5,0 g CO_2/L
- CO_2-Gehalt des Schlaucherbieres: 2,0 g CO_2/L
- Erforderlicher wirklicher, noch vergärbarer Restextrakt für 3 g CO_2/L Neubildung: ca. 6 g Ew/L ≈ 0,6 % ΔEw
  0,6 % ΔEw entsprechen (0,6 : 0,81) einem noch vergärbaren scheinbaren Restextrakt von ΔEs: 0,74 %
- Sicherheitszuschlag bei Nichterreichung des Vsend + 0,2 %
- Erforderlicher vergärbarer, scheinbarer Restextrakt beim Schlauchen ΔEs: 0,9...1,0 %
- Erforderlicher scheinbarer Restextrakt bei einer Spindelanzeige der Endvergärungsprobe von Esend = 2,0 % ergibt Es = 2,9...3,0 %.

Berechnung des Spundungsdruckes

Für die orientierenden Berechnungen des erforderlichen Spundungsdruckes kann von einer Gleichung für die Berechnung des CO_2-Gehaltes im Bier ausgegangen werden. Es ist dabei der für die CO_2-Lösung verantwortliche Gleichgewichtsdruck zu differenzieren in:

- Den mittleren atmosphärischen Druck : p_0 = 1,013 bar (Mitteleuropa)
- Den mittleren Flüssigkeitsdruck p_F: Dieser Teildruck ist besonders bei hohen Flüssigkeitssäulen ab ca. 3 m Flüssigkeitssäule zu beachten. Eine Flüssigkeitssäule von H_F = 10 m entspricht etwa 1 bar. Bei ZKT hat es sich bewährt, dass sich bei einer intensiven Gärung und Durchmischung ein Flüssigkeitsdruck für die CO_2-Lösung einstellt, der ca. 50 % der Flüssigkeitssäule entspricht:

  $$p_F = 0{,}5 \cdot H_F \cdot 0{,}1 \qquad \text{Gleichung 32}$$

  p_F in bar
- $p_{üerf}$ ist der eigentliche, erforderliche Spundungsdruck in bar

Der erforderliche Spundungsdruck beträgt:

$$p_{üerf} = \frac{c_{CO_2}}{10 \cdot e^{\left(-10{,}738 + \frac{2617}{\vartheta + 273{,}15\ K}\right)}} - (1{,}013 + p_F) \qquad \text{Gleichung 33}$$

Beispiel:

Ein ZKT mit 16 m Flüssigkeitssäule hat erfahrungsgemäß einen p_F von

$p_F = 0{,}5 \cdot 16 \cdot 0{,}1 = 0{,}8$ bar

Reifungstemperatur $\vartheta = 12$ °C

Gewünschter CO_2-Gehalt $c_{CO2} = 5{,}5$ g CO_2/L Bier

Erforderlicher Spundungsdruck in der Gasphase $p_{üerf} = 0{,}805 \approx \underline{0{,}81 \text{ bar}}$

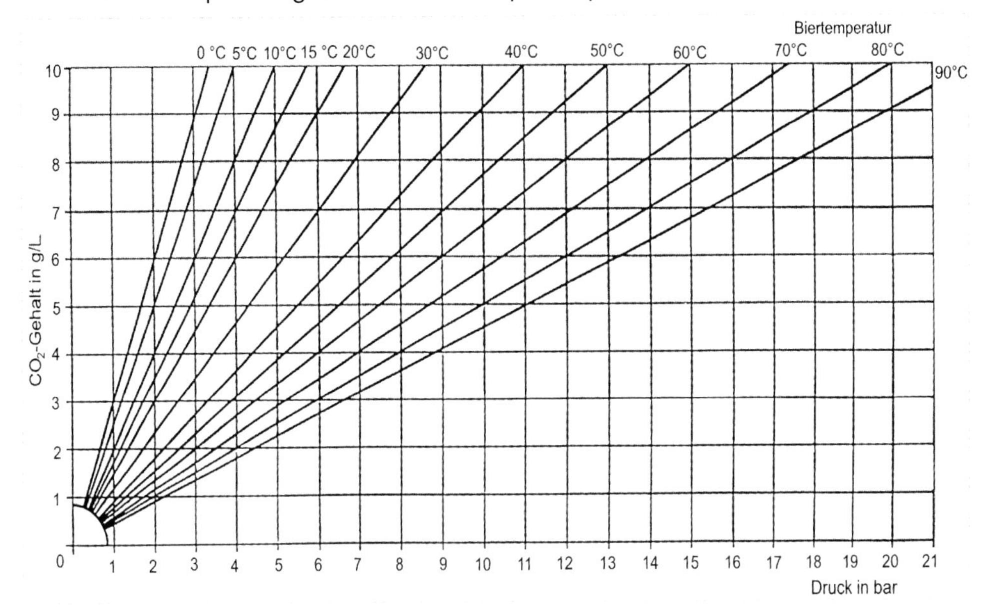

Abbildung 13 Löslichkeit von CO_2 im Bier

3.8.4 Die Nachcarbonisierung

Das Carbonisieren der Biere wird in vielen Brauereien, die über eine eigene CO_2-Rückgewinnungsanlage verfügen, grundsätzlich vorgenommen. Es kann in Verbindung mit Warmreifungsphasen eine wesentliche Voraussetzung zur Verkürzung der Reifungsphase und grundsätzlich beim *High-gravity-brewing* erforderlich sein. Den Aufbau einer Carbonisieranlage zeigt Abbildung 14. Die Anforderungen an die Reinheit des zur Nachcarbonisierung vorgesehenen CO_2 werden in Kapitel 24 beschrieben.

Ziel der Carbonisierung ist es, die gewünschte CO_2-Menge so schnell wie möglich vollständig zu lösen. Visuell dürfen am Kontrollschauglas am Bieraustritt an der Carbonisieranlage keine sichtbaren Bläschen mehr vorhanden sein. Die erforderliche Länge der Lösungsstrecke mit ihren in bestimmten Abständen eingebauten statischen Mischern, die einer Phasentrennung der Gas-Flüssigkeitsphase entgegen wirken und für eine feine Verteilung der CO_2-Blasen sorgen, wird durch die Geschwindigkeit der CO_2-Absorption bestimmt.

Die vollständige Gaslösung, also auch der Mikrobläschen, ist zeitabhängig. Nach *Rammert* [91] kann die vollständige Lösung ≥ 1 min betragen.

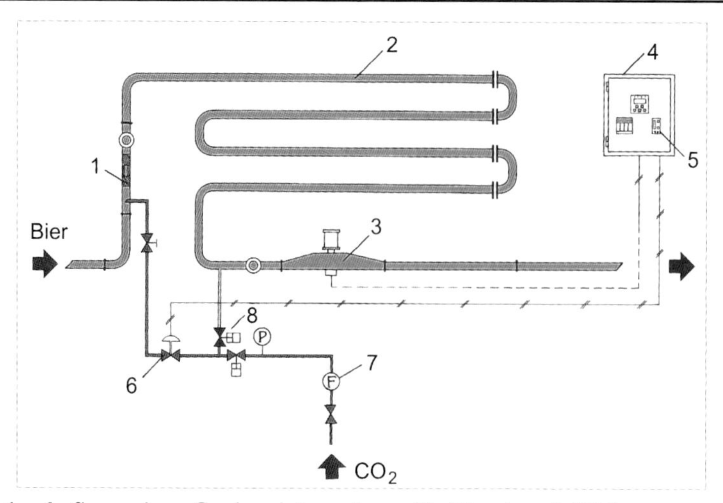

Abbildung 14 Aufbau einer Carbonisieranlage für Bier (nach [92])
1 Carbonisiergerät **2** Lösungsstrecke **3** CO_2-Sensor **4** Schaltschrank **5** CO_2-Regler **6** CO_2-Dosierventil **7** CO_2-Durchflussanzeige **8** CIP-Bypass-Ventil

Einflussfaktoren auf die Geschwindigkeit der CO_2-Lösung

Die Geschwindigkeit der Gasaufnahme und -abgabe wird durch die Gesetzmäßigkeiten der Absorption/Desorption erklärt. Ein durch die Bierinhaltsstoffe bedingtes, gegenüber Wasser besseres CO_2-Bindungsvermögen im Bier wird grundsätzlich verneint, allerdings beeinflussen eine Reihe physikalischer Stoffeigenschaften der zu carbonisierenden Getränke die Geschwindigkeit der Gasabsorption und damit die erforderliche Dimensionierung der CO_2-Lösungsstrecke. Die Höhe des Stoffübergangs wird u.a. als HTU-Wert (Height of Transfer Unit) wie folgt definiert:

$$HTU = \frac{v_L}{k_L \cdot a} \qquad \text{Gleichung 34}$$

v_L = Fließgeschwindigkeit des Bieres in m/s
k_L = Stoffübergangskoeffizient (-)
a = volumenbezogene Stoffaustauschfläche in m^2/m^3

Nach Untersuchungen von *Haffmans* [93] beeinflussen folgende Eigenschaften den Stoffübergang des CO_2 bzw. die theoretische Länge der Carbonisierstrecke:

- Biertemperatur: Eine höhere Temperatur verringert die Löslichkeit des CO_2 und verschiebt die Sättigungslinie (siehe Abbildung 15) nach unten.
  Obwohl der Diffusionskoeffizient (k_La-Wert) durch die Temperaturerhöhung bedingte Verringerung der Viskosität und der Oberflächenspannung angehoben wird, verschlechtert sich insgesamt die CO_2-Absorption.
- Druck: Eine Druckerhöhung verschiebt die Sättigungslinie nach oben und der Carbonisierungsprozess wird günstiger.

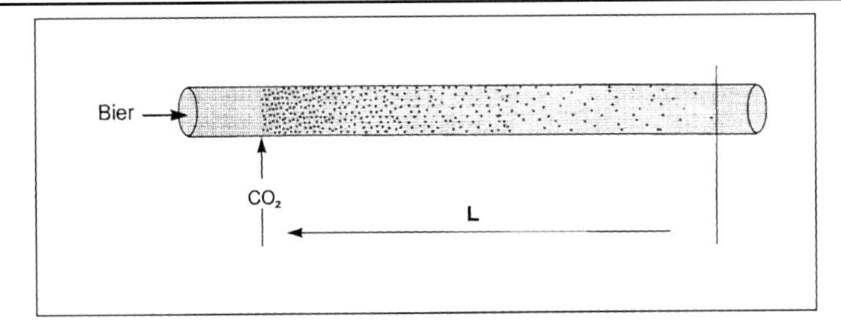

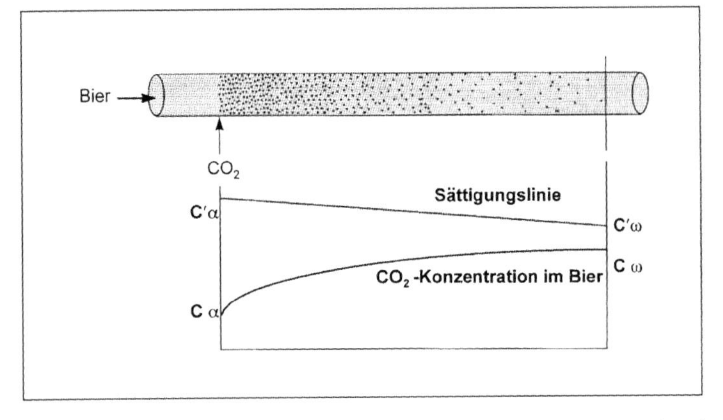

Abbildung 15 Verlauf der Sättigungslinie und der CO_2-Konzentration in einer idealisierten Carbonisierstrecke
c_α zufließendes Bier c_ω abfließendes, carbonisiertes Bier

- Fließgeschwindigkeit des Bieres: Obwohl mit einer größeren Fließgeschwindigkeit sich die Verweilzeit des Bieres in der Carbonisieranlage verkürzt, wird durch eine höhere Reynolds- und Weber-Zahl eine starke Erhöhung des Stoffübergangskoeffizienten und der Stoffaustauschfläche erreicht. Je höher die Fließgeschwindigkeit, um so kürzer kann die Carbonisierstrecke sein.
- Oberflächenspannung des Bieres: Die Länge der theoretischen Carbonisierstrecke verringert sich im Vergleich zum reinen Wasser durch die niedrigere Oberflächenspannung des Bieres, s.a. Tabelle 22:

Tabelle 22 Einfluss der Oberflächenspannung auf die theoretisch erforderliche Länge einer Carbonisierstrecke

Flüssigkeit	Oberflächenspannung in mN/m	Erforderliche Länge der Carbonisierstrecke
Wasser	72,7	100 %
Alkoholfreies Bier	49,5	82,5 %
Bockbier	45,1	78,7 %
Pils	41,5	75,5 %

- Dichte des Bieres: Eine Dichteerhöhung führt zu kürzeren erforderlichen Reaktorlängen, wie Tabelle 23 zeigt (der Einfluss ist allerdings gering):

Tabelle 23 Einfluss der Dichte auf die theoretisch erforderliche Reaktorlänge einer Carbonisieranlage

Flüssigkeit	Dichte in kg/L	Erforderliche Länge der Carbonisierstrecke
Wasser	1,000	100 %
Vollbier	1,005	99,4 %
Bockbier	1,020	97,6 %
Malzbier	1,043	94,9 %

- Dynamische Viskosität: Die Viskosität hat von allen Stoffeigenschaften den größten Einfluss auf die Carbonisierung. Eine Streuung der Bierviskositätswerte zwischen 1,30...2,00 mPa·s ist bei europäischen Brauereien möglich und kann zur Verdopplung der erforderlichen Reaktorlänge (= Anzahl der statischen Mischelemente) führen (s.a. Tabelle 24).

Tabelle 24 Einfluss der dynamischen Viskosität auf die theoretisch erforderliche Reaktorlänge einer Carbonisieranlage

Flüssigkeit	Dynam. Viskosität in mPa·s	Erforderliche Länge der Carbonisierstrecke
Wasser	1,00	100 %
Alkoholfreies Bier	1,30	144 %
Pils (12 % St.)	1,60	193 %
Bockbier	2,00	264 %

Unter Beachtung der aufgeführten Einflussfaktoren auf die Carbonisierung sind bei der Auslegung einer Carbonisieranlage folgende Kriterien zu berücksichtigen:

Auslegungskriterien für Carbonisieranlagen (nach [93])
- Bierdurchfluss: minimal / maximal;
- Biertemperatur maximal;
- Druckverhältnisse;
- CO_2-Konzentration: Istwert minimal / Sollwert maximal;
- Bierviskosität maximal.

Eine entscheidende Rolle für die Auslegung spielt dabei das Verhältnis zwischen minimalem und maximalem Bierdurchfluss.

Aufstellungsort der Carbonisieranlage

Es gibt die in Tabelle 25 aufgeführten drei unterschiedlichen Varianten der Einbindung einer Carbonisieranlage in den technologischen Prozess mit ihren Vor- und Nachteilen.

Weiterhin sind zu beachten:

- Bei einer Bierverdünnung mit Wasser oder Vor- und Nachlauf sollte die Carbonisierung nach dem Filter stattfinden. Die Stammwürzemessung erfordert eine konstante CO_2-Konzentration.
- Um CO_2-Entbindungen auch nach der Carbonisierung zu vermeiden, ist das carbonisierte Bier ≥ 0,2 bar über dem neuen Sättigungsdruck zu halten.
- Um eine Infektion des Bieres über die CO_2-Leitung zu vermeiden, z. B. durch ein Eindringen von Bier bei Druckspitzen in der Bierleitung, ist das CO_2-Verteilungsnetz gegenüber dem Bierdruck unter einem Überdruck zu halten.
  Funktionssichere Rückschlagventile in der CO_2-Leitung sind selbstverständlich.
- Auch das CO_2-Leitungssystem ist in das CIP-Progamm mit einzubeziehen, alle Armaturen im Verteilernetz sind sanitär und dämpfbar auszuführen.
- Es ergeben sich keine qualitativen Unterschiede im CO_2-Verhalten zwischen Bieren mit natürlicher CO_2-Anreicherung und künstlicher Carbonisierung. Als einziger Unterschied wird genannt, dass ein carbonisiertes Bier nach beendeter Anreicherung eine bestimmte Zeit benötigt, um sämtliche Reste der am Anfang vorhandenen größeren CO_2-Bläschen vollständig zu absorbieren (wichtig zur Vermeidung von Abfüllschwierigkeiten) [94].

Tabelle 25 Standort der Carbonisieranlage - Vor- und Nachteile (nach [93])

Aufstellungsort	Vorteile	Nachteile
Vor dem Bierfilter	Das zudosierte CO_2 wird mit dem Bier filtriert	Das Bier wird kurz vor der Filtration einer großen Turbulenz ausgesetzt
	Der für die Carbonisierung erforderliche höhere Druck ist vorhanden	Nicht gelöstes CO_2 kann in den Filter gelangen, evtl. Filtrationsstörungen
Zwischen Bierfilter und Drucktank	Keine Beeinträchtigung der Filtration durch die Carbonisierung	Es ist meist eine Druckerhöhungspumpe zusätzlich erforderlich;
	Bei dem Einsatz einer Druckerhöhungspumpe bleibt der Filterauslaufdruck immer konstant	Im Falle einer Kontamination des CO_2 fehlt die „Polizeiwirkung“ des Bierfilters
Zwischen Drucktank und Abfüllung	Keine Differenzierung zwischen Keg- und Flaschenbier im Drucktankkeller erforderlich;	Trotz höherem Regelaufwand sind Abweichungen im CO_2-Gehalt aufgrund stark schwankender Durchflussverhältnisse nicht auszuschließen; zusätzlicher Puffertank ist erforderlich
		Bei Störungen in der Carbonisieranlage ist keine Abfüllung möglich

3.9 Klärung und kolloidale Stabilisierung des Bieres

Die letzte Phase des Biergär- und -reifungsprozesses dient der Klärung und Verbesserung der Filtrierbarkeit sowie der Erhöhung der kolloidalen Stabilität des Bieres.

Ein Maß für den Klärprozess des Bieres ist die in Schwebe befindliche Hefekonzentration. In Abhängigkeit von ihren stammspezifischen Eigenschaften (Staub- oder Bruchhefe) sedimentiert die Hefe durch:

- Verringerung des Auftriebes infolge Abnahme der Dichte des Mediums;
- Nachlassen bzw. die Beendigung der Gärung und der damit verringerten Turbulenz im Gär- bzw. Lagergefäß;
- Biochemische Veränderungen in der Hefezellwand der Hefezelle (s. Kapitel 2.8);
- Als Richtwert für ein gut geklärtes Bier wird eine Hefekonzentration (gemessen am Filtereinlauf) von unter $2 \cdot 10^6$ Zellen/mL angestrebt.
  Es ist dabei zu beachten, dass eine Hefekonzentrationsbestimmung von der Zwickelprobe eines liegenden Lagertanks keine Aussagen über den Klärungsgrad des unterhalb des Zwickels befindlichen Bieres liefert.
  Hier können wesentlich höhere Hefekonzentrationen, besonders in Verbindung mit β-Glucan-Ausfällungen, vorliegen, die sehr deutlich die Filtrierbarkeit der Biere beeinträchtigen.

Neben der Hefeklärung erfolgt in dieser Phase die Ausscheidung und Sedimentation viskoser Stoffe (besonders von hochmolekularen α- und β-Glucanen) und von instabilen, das Bier trübenden Eiweiß-Gerbstoff-Verbindungen. Die Ausscheidung und vollständige Sedimentation dieser komplexen Stoffgruppen ergibt eine Verbesserung der Filtrierbarkeit, eine Abrundung und Verbesserung des Biergeschmackes und erhöht die chemisch-physikalische Stabilität des Bieres (ausführlichere Darstellung s. Kapitel 14.2 bis 14.4).

Als Richtwert für ein gut filtrierbares Bier kann mit dem modifizierten Membranfiltrationstest nach *Esser* (beschrieben in [95]) ein Unfiltrat angesehen werden, das eine Filtrationskennziffer von $M_{max} > 90$ g (gemessen am Filtereinlauf) aufweist.

Einflussfaktoren auf die Klärung des Bieres

Die Klärung des Bieres wird beeinflusst von der Menge und Beschaffenheit der Trubstoffe im Bier:

- Die Klärung erfolgt um so schneller, je voluminöser und schwerer die Trubstoffbestandteile des Bieres sind. Die Ausscheidung der Trubstoffe aus dem Bier wird durch alle Maßnahmen begünstigt, die eine Dispersitätsgradvergröberung der Kolloide verursachen, z. B. durch die Bewegung des Bieres auch bei tiefen Temperaturen (verursacht z. B. durch eine intensive Nachgärung) und durch niedrige pH-Werte ≤ 4,4; bedingt durch eine weitgehende Vergärung.
  Dabei ist es für einen normalen Klärverlauf wichtig, dass die Ausscheidung (Unlöslichwerden) der Trubstoffe beginnt, bevor die Hefe vollkommen sedimentiert ist. Die Hefe nimmt einen Teil der Trubstoffe schneller mit in das Geläger und unterstützt dadurch die Klärung wesentlich (spänende Wirkung der Hefe, auch durch die Oberflächenladung der Hefezelle!).
  Eine rechtzeitige Tiefkühlung fördert die Dispersitätsgradvergröberung.
  Eine zu späte Tiefkühlung auf Temperaturen unter 1...2 °C (kurz vor

dem Filtrationstag) in Abwesenheit von Hefe und CO_2-Blasen als Kläroberflächen ergibt eine feindisperse Kältetrübung, die die Filtrierbarkeit der Biere wesentlich verschlechtert. Die Kältetrübung kann in ihren Bestandteilen erheblich schwanken.
Bei Membranfiltrationstests nach [95] (Porenweite 0,3 µm) von bei 0 °C gelagerten Bieren mit normalen Filtrierbarkeiten wurde eine Abnahme folgender Bierinhaltsstoffe festgestellt:
- koagulierbarer Stickstoff um 25...35 %,
- mit $MgSO_4$ fällbarer Stickstoff um 10...20 %,
- Gesamtpolyphenole um 2...5 %,
- Anthocyanogene um 10...30 %.

Weiterhin nahm die Viskosität der Biere bei der Membranfiltration um etwa 10 % ab. Bei schlecht filtrierbaren Bieren wurde außerdem eine Reduzierung des α-Glucangehaltes um 25 % festgestellt. Aus diesen Werten ist erkennbar, dass die Kältetrübung eine komplexe Zusammensetzung hat und neben Eiweiß-Gerbstoff-Verbindungen auch andere Polymere, z. B. α- und β-Glucane, mit ihr vergesellschaftet sein können (weitere Ausführungen dazu siehe Kapitel 14).

- Von der Form der Lagergefäße und der Flüssigkeitshöhe. Je geringer die Flüssigkeitshöhe ist, um so schneller erfolgt die Klärung. Gefäßsysteme mit einer großen Flüssigkeitssäule erfordern deshalb von vornherein eine bessere Vorklärung der Würzen als klassische Gefäßsysteme. Je höher die Gefäßsysteme werden, um so länger werden die Sedimentationswege und um so erschwerter wird die Klärung des Bieres.
- Von der Kaltlagertemperatur. Für Biere mit guter kolloidaler Stabilität werden im Allgemeinen Kaltlagerphasen bei 0...-2 °C von mindestens 1 Woche als erforderlich angesehen.
  Wirkungsvoller und rationeller ist jedoch die kombinierte Anwendung von Kälte und speziellen Stabilisierungsmitteln. Hier kann die erforderliche chemisch-physikalische Stabilität bereits nach einer Kaltlagerphase von 1 bis 2 Tagen erreicht werden.
  Die zulässige Tiefkühltemperatur richtet sich nach dem jeweiligen Gefrierpunkt K_{Bier} des Bieres in °C, der sich mit Gleichung 43 in Kapitel 8.7.7 abschätzen lässt (l. c. [96], [305]):
- Von den physikalischen Eigenschaften des Bieres, wie Viskosität und Dichte, die wiederum in einer engen Beziehung zu den vorstehend genannten Einflussfaktoren stehen.

3.10 Die Thermodynamik der Biergärung

Die Vergärung von Zucker zu Ethanol und Kohlendioxid ist ein exothermer Vorgang, wobei zur Steuerung des Prozesses die freigewordene Gärungswärme für den Technologen von Interesse ist. Sie ist als Reaktionswärme abzuführen oder kann für eine gewünschte Temperaturerhöhung genutzt werden.

Die bei der Gärung und Atmung ablaufenden Vorgänge entsprechen den Gesetzen der Thermodynamik (theoretische Ausführungen über die grundlegenden Gesetze der Thermodynamik aus biochemischer Sicht siehe [97], [98]).

Die Reaktionswärme ΔH (Reaktions-Enthalpie, Wärmetönung oder Wärmeinhalt der Reaktion) wird in der Literatur sehr unterschiedlich für die reine Gärung angegeben (siehe auch Tabelle 9 im Kapitel 2.10). Bei der untergärigen Bierherstellung werden jedoch im Normalfall von der Hefe nur etwa 2 % der Zucker veratmet und die restlichen 98 %, verursacht durch Sauerstoffmangel (Anstellwürze hat nur max. 8 mg O_2/L), vergoren.

Berechnungsbeispiele für unterschiedliche Biersorten

Bei einer Stammwürze von 11,5...12 % (Vollbier) und einem Vergärungsgrad Vsend von 75...85 % ergeben sich die maximal vergärbaren Extraktmengen zu Ew = 7... 8,3 %. Daraus und mit der spezifischen Gärungsenthalpie von c = 587 kJ/kg Extrakt ergeben sich für die frei werdende Gärungswärme Q bzw. für die Temperaturerhöhung je Hektoliter die in Tabelle 26 ausgewiesenen Werte.

Tabelle 26 Extraktabbau, Gärungswärme und Temperaturerhöhung bei der Gärung als Funktion von Stammwürze und Vergärungsgrad [1])

Stamm-würze	Extrakt in kg/hL	Vsend	75 %	80 %	85 %	spez. Wärme-kapazität in kJ/(hL·K)
9 %	9,32	E_w in kg/hL	5,66	6,04	6,42	406
		Q in kJ/hL	3322	3545	3768	
		$\Delta\vartheta$ in K	8,2	8,7	9,3	
11 %	11,48	E_w in kg/hL	6,97	7,44	7,90	404
		Q in kJ/hL	4091	4367	4637	
		$\Delta\vartheta$ in K	10,1	10,8	11,5	
12 %	12,58	E_w in kg/hL	7,64	8,15	8,66	402
		Q in kJ/hL	4485	4784	5083	
		$\Delta\vartheta$ in K	11,2	11,9	12,6	
16 %	17,02	E_w in kg/hL	10,34	11,02	-	396
		Q in kJ/hL	6070	6469	-	
		$\Delta\vartheta$ in K	15,3	16,3	-	

[1]) Diese Tabelle wurde ohne Berücksichtigung der Wärmemengen, die durch Verdunstung bzw. die mit der CO_2-Entfernung abgeführt werden, erstellt. Es wurde mit den Mittelwerten gerechnet. Die spezifische Wärmekapazität wurde überschlägig berechnet.

Diese Werte beziehen sich vorwiegend auf die in der Gärphase vergorenen Zucker. Sie stimmen nicht mehr in der Phase der Reifung, wenn die Hefe nach Beendigung der Gärung von außen gezwungen wird, in Schwebe zu bleiben, und ihre Reservekohlenhydrate verbraucht. In dieser Phase übersteigt die spezifische Gärungswärme die ausgewiesenen Werte.

3.11 Weitere Veränderungen des Bieres im Verlauf der Gärung und Reifung

Im Verlauf der Gärung und Reifung des Bieres kommt es zu einer Reihe von weiteren Veränderungen in der Zusammensetzung des Bieres und in seinen physikochemischen Eigenschaften, z. B.:

- Die Verringerung der Viskosität des Bieres gegenüber der Würze durch die Vergärung der Zucker, Verwertung von Aminosäuren und durch Ausscheidungsprozesse (Eiweiß, Gerbstoff-Verbindungen, hochmolekulare Polysaccharide und Bitterstoffe), normal ist eine Abnahme der Viskosität von der Würze zum Bier um 0,01...0,1 mPa·s (St = 10 %).
- Der Verlust und die Neubildung von oberflächenaktiven Stoffen, sodass die Biere mit normalen Werten für die Oberflächenspannung zwischen 45...56 mN/m meist etwa 1 bis 5 mN/m höhere Werte haben als die dazu gehörigen Würzen (siehe auch [99]).
- Durch neue Methoden in der Analytik und Messtechnik sind ständig weitere Erkenntnisse über Veränderungen bei der Gärung und Reifung des Bieres zu erwarten.

4. Nebenprodukte der Gärung und Reifung und ihre Bedeutung für die Qualität des Bieres

4.1 Einführung

Während der alkoholischen Gärung entstehen durch den Stoffwechsel der Bierhefen eine Vielzahl von Nebenprodukten unterschiedlicher chemischer Zusammensetzung, wie vicinale Diketone, Aldehyde, höhere Alkohole, Ester, organische Säuren, Schwefelverbindungen u. a., die das Aroma und damit die sensorischen Qualität eines Bieres wesentlich beeinflussen (siehe Übersicht in Tabelle 27).

Tabelle 27 Die wichtigsten Aromakomponenten des Bieres und ihre Herkunft

Herkunft und Bildung	Aromagruppe	Wesentliche Komponenten
Aminosäurestoffwechsel der Hefe oder Kontamination	Vicinale Diketone	Diacetyl, Pentandion
Aminosäurestoffwechsel der Hefe	Höhere Alkohole	Isoamylalkohole, Isobutanol
Energiestoffwechsel der Hefe	Ester	Ethylacetat, Isoamylacetat
Fettsäurestoffwechsel der Hefe, Biologische Säuerung u. Gärungsstoffwechsel der Hefe	Organische Säuren	Capronsäure, Caprylsäure Milchsäure
Schwefelstoffwechsel der Hefe oder Kontamination Eintrag durch Malz	Schwefel-verbindungen	H_2S, Mercaptane Dimethylsulfid
Eintrag durch Malz + Stoff-wechsel der Hefe Eintrag durch Wasser	Phenole	4-Vinylguajacol Chlor-Phenole
Zwischenprodukt der alkoholischen Gärung Oxidationsprozesse, verursacht durch Alterung, thermische Belastung, Licht	Carbonyle	Acetaldehyd Trans-2-Nonenal
Hopfen	Hopfenöle	Linalool, Myrcen

Die Bildungswege dieser Stoffwechselprodukte sind, bedingt durch die Komplexität des Hefestoffwechsels, in ihrer Gesamtheit nicht darzustellen (s.a. Abbildung 4 in Kapitel 2.11). Bisher wurden über 400 Aromaverbindungen, die durch die Hefen gebildet werden, in alkoholischen Getränken nachgewiesen. Man unterteilt die Nebenprodukte in:

- Jungbierbukettstoffe (Aldehyde, vicinale Diketone, Schwefelverbindungen). Sie verleihen dem Bier einen unreinen, jungen, unreifen, unharmonischen Geschmack und Geruch und beeinflussen bei höheren Konzentrationen die Bierqualität negativ.

- Bukettstoffe (höhere Alkohole, Ester, organische Säuren).
  Sie bestimmen das Aroma des Bieres, und ihr Vorhandensein ist in bestimmten Konzentrationsbereichen Voraussetzung für ein Qualitätsbier.

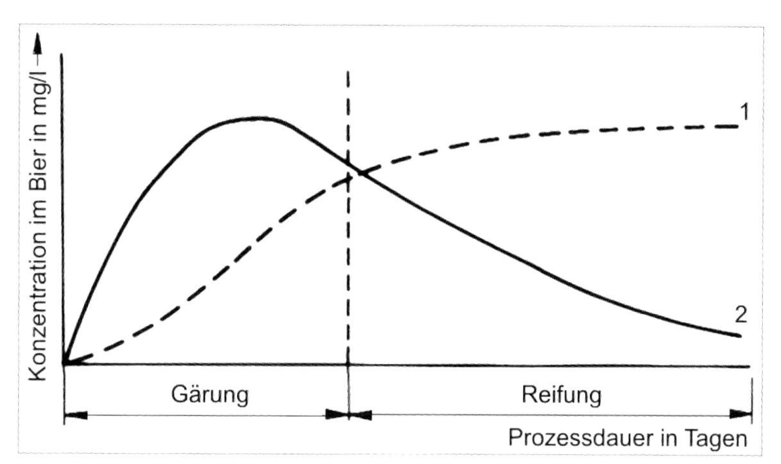

Abbildung 16 Verallgemeinerter Konzentrationsverlauf von Nebenprodukten während der Gärung und Reifung von Bier
1 Bukettstoffe **2** Jungbierbukettstoffe

Beide Stoffgruppen unterscheiden sich deutlich in ihrem Konzentrationsverlauf während der Gärung und Reifung des Bieres (Abbildung 16, Abbildung 17). Während die Jungbierbukettstoffe auf biochemischem Wege in weniger gefährliche Nebenprodukte umgewandelt bzw. aus dem Bier entfernt werden können, sind einmal gebildete Bukettstoffe durch normale technologische Maßnahmen aus dem Bier nicht mehr entfernbar. Ein Ziel der Gärung und Reifung besteht darin, die Konzentration an Jungbierbukettstoffen soweit als möglich im Bier zu verringern und die Bukettstoffe in den gewünschten Konzentrationsbereichen anzureichern. Einige Richtwerte für diese Nebenprodukte im fertigen Bier werden in Tabelle 28 aufgeführt.

Die Festlegung von geschmacklichen Richt- und Schwellenwerten bereitet bei vielen Substanzen Schwierigkeiten, da das Ergebnis ihrer Bestimmung in reinen wässrigen Lösungen meist nicht mit dem Geschmacks- oder Geruchseindruck, den sie dem Bier geben, identisch ist. Wechselwirkungen zwischen Aromaträgern können z. B. zu gegenseitigen Verstärkungs- oder Abschwächungseffekten führen. So wird z. B. für untergärige Biere ein Bukettstoffverhältnis von höheren Alkoholen zu Estern = 3...4 zu 1 angestrebt. Eine Vergrößerung dieses Verhältnisses durch einen Anstieg der Konzentration der höheren Alkohole im Bier führt zu einem „trockneren" und weniger aromatischen Biercharakter.

Auch die Hopfenaromakomponeneten können durch aromatische Gärungsnebenprodukte in ihrem Aromaeindruck abgeschwächt oder auch gefördert werden, wie *Hanke* [79] konkret nachweisen konnte (siehe Tabelle 29).

Die Beeinflussung dieses Bukettstoffverhältnisses ist durch unterschiedliche technologische Maßnahmen möglich. Der Gehalt an Estern im Bier wird dabei stärker durch die Würzequalität und der Gehalt an höheren Alkoholen dagegen stärker durch die Prozessführung beeinflusst.

Da weiterhin eine gezielte Steuerung aller für das Bieraroma verantwortlichen Substanzen im Prozess der Gärung und Reifung unmöglich ist, erfolgt die Ausrichtung der Technologie in den einzelnen Prozessstufen auf der Grundlage des derzeitigen Erkenntnisstandes anhand von Leitsubstanzen, deren wichtigste für den Reifungsprozess des Bieres die vicinalen Diketone und ihre Vorstufen sind. Verallgemeinert lässt sich sagen, dass alle Maßnahmen, die bei der Gärung zu einem überzogenen Kohlenhydrat- und Aminosäurenabbau und zu einer übersteigerten Hefevermehrung führen, eine erhöhte intrazelluläre Bildung von Stoffwechselprodukten und eine verstärkte Ausscheidung dieser sensorisch und diätetisch weniger erwünschten Nebenprodukte der alkoholischen Gärung verursachen. Nachfolgend können nur die wichtigsten Nebenproduktgruppen auszugsweise behandelt werden.

Tabelle 28 Ausgewählte Gärungsnebenprodukte der Biergärung und ihre Richtwerte für untergärige Vollbiere (nach [100], [101])

	Richtwert in ppm	Geschmacks-schwellenwert in ppm	Bildungswege
Bukettstoffe			
2-Methylbutanol-1	10…15	15	1. Ehrlich-Weg mit den Stufen: ○ Desaminierung der Aminosäure, ○ Decarboxylierung der α-Ketosäure u. Reduktion des gebildeten Aldehyds zum höheren Alkohol 2. Anabolischer Weg vom Pyruvat über α-Acetolactat
3-Methylbutanol-1	30…50	60…65	
Isobutanol	5…10	10…100	
n-Propanol	2…10	2…50	
Σ höhere aliphatische Alkohole	70…90		
Aromatischer Alkohol: β-Phenylethanol	6…44	100	
Ethylacetat	15…25	25…30	Energiestoffwechsel der Hefe unter Mitwirkung von Acetyl-Coenzym A
Isoamylacetat	0,5…1,5	1,0…1,6	
β-Phenylethylacetat	1…5	3,0	
Σ Ester	15…30		
Organische Säuren: Milchsäure	30…530	400	Biologische Säuerung u. Gärungsstoffwechsel der Hefe
Niedere Fettsäuren mit 4…10 C-Atomen	10…18		Bau- und Gärungsstoffwechsel der Hefe
Höhere Fettsäuren mit 12…18 C-Atomen	0…0,5		
Jungbukettstoffe			
Acetaldehyd	< 8	25	Gärungsstoffwechsel der Hefe
Butan-2,3-dion	< 0,05	0,1…0,2	Bei der Aminosäurensynthese Bildung der Acetohydroxysäuren und deren oxidative Decarboxylierung zu vicinalen Diketonen
Pentan-2,3-dion	< 0,02	0,5…0,6	
Σ Gesamtdiacetyl = vicinale Diketone + Vorstufen (Acetohydroxysäuren)	< 0,10		

Richtwerte für die Schwefelverbindungen siehe Kapitel 4.4.2.

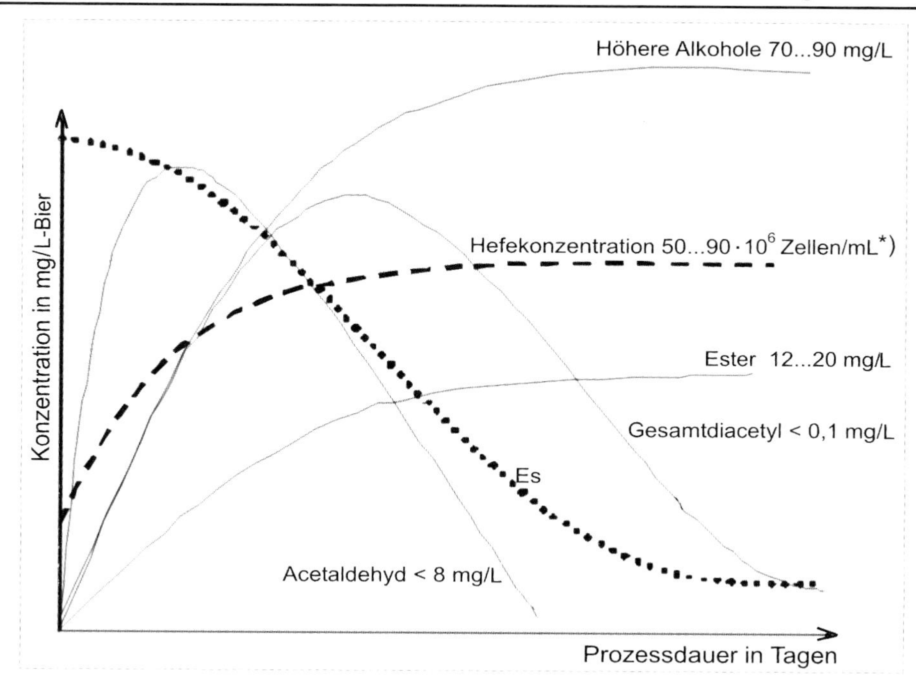

Abbildung 17 Konzentrationsverlauf und Richtwerte von Gärungsnebenprodukten der Biergärung (Bukettstoffe und Jungbukettstoffe) in Beziehung zur Hefevermehrung und Extraktvergärung (Es) eines untergärigen Bieres.
**) Anstellhefekonzentration 10...30·10^6 Zellen/mL*

Tabelle 29 Geschmacksschwellenwerte von Gemischen aus Hopfenölkomponenten und ausgewählten Gärungsnebenprodukten

Hopfenöl-komponente	Zusatz zum Hopfenöl	Geschmacksschwellenwert	
		Reinsubstanz	+ Zusatz
Linalool	-	ca. 27 µg/L	-
	+ 10 mg/L Ethylacetat	-	95 µg/L
	+ 2 mg/L Isoamylacetat	-	67 µg/L
Geraniol	-	ca. 90 µg/L	-
	+ 47 mg/L 2-Phenylethanol	-	149 µg/L
	+ 2 mg Isoamylacetat	-	77 µg/L

Auch Off-Flavour-Komponenten, wie Diacetyl können im geringen Umfang durch die o.g. Hopfenölkomponenten überdeckt werden.

4.2 Biochemismus der vicinalen Diketone im Prozess der Bierherstellung und seine Bedeutung für die Steuerung des Reifungsprozesses

In Untersuchungen über das komplexe Gebiet der *vicinalen Diketone* konnte Folgendes festgestellt werden (zusammenfassende Berichte siehe [102], [103], [104]):

4.2.1 Bedeutung der vicinalen Diketone

Die vicinalen Diketone verleihen dem Bier beim Überschreiten der Geschmacksschwellenwerte (siehe Tabelle 28) einen unreinen, süßlichen und je nach Konzentration bis widerlichen Geschmack.

Das Pentan-2,3-dion hat durch den höheren Geschmacksschwellenwert dabei nicht diese Bedeutung wie das Butan-2,3-dion.

Der Abbau der vicinalen Diketone verläuft während des Bierreifungsprozesses parallel zu den anderen Teilvorgängen der Reifung und ist besonders bei beschleunigten kontinuierlichen wie diskontinuierlichen Verfahren, der die Reifungsgeschwindigkeit bestimmende Prozess. Deshalb kann der Gehalt an vicinalen Diketonen (richtiger: Die Summe der vicinalen Diketone und ihrer Vorstufen entspricht dem sogenannten Gesamtdiacetyl) im Fertigbier (Flasche, Fass) als ein wesentliches Kriterium für den Reifungsgrad angesehen werden (chemische Struktur und Begriffserklärung der vicinalen Diketone und ihrer Vorstufen siehe Abbildung 18).

Vorstufen der vicinalen Diketone		Ihre vicinalen Diketone	
α-Acetomilchsäure (2-Acetolactat)	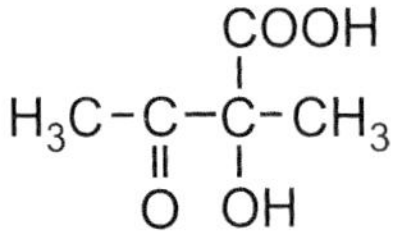 $H_3C{-}C({=}O){-}C(OH)(COOH){-}CH_3$	Butan-2,3-dion (Diacetyl)	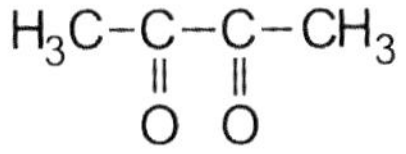 $H_3C{-}C({=}O){-}C({=}O){-}CH_3$
α-Acetohydroxybuttersäure (2-Acetohydroxybutyrat)	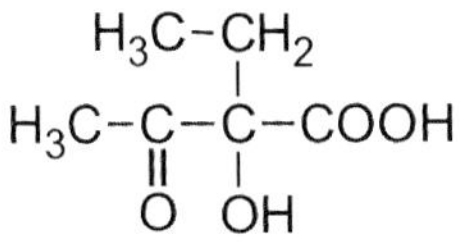 $H_3C{-}C({=}O){-}C(OH)(CH_2{-}CH_3){-}COOH$	Pentan-2,3-dion	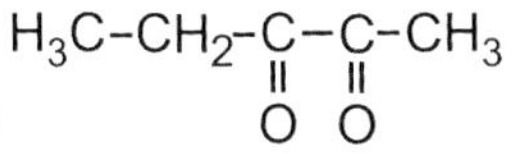 $H_3C{-}CH_2{-}C({=}O){-}C({=}O){-}CH_3$

Abbildung 18 Vicinale Diketone (VD) des Bieres und ihre Vorstufen
Begriffserklärung: vicinal von vicinales [lat.] = nachbarlich; VD: Diketon mit zwei nebeneinander liegenden bzw. benachbarten Ketogruppen

4.2.2 Die drei Stufen des Metabolismus der vicinalen Diketone im Prozess der Bierherstellung

4.2.2.1 Erste Stufe: Bildung der Vorstufen der vicinalen Diketone durch die Hefezellen

Die vicinalen Diketone werden von der Hefe in ihrem Stoffwechsel nicht unmittelbar selbst gebildet, sondern nur ihre Vorstufen (engl.: precursor), zwei Acetohydroxysäuren, die als einzige Vorstufen der vicinalen Diketone angesehen werden müssen. Diese Vorstufen werden in das Bier abgegeben. Sie sind geschmack- und geruchlos, also sensorisch nicht feststellbar! Sie können aber gaschromatografisch bestimmt werden.

Die Entstehung dieser Vorstufen in der Hefezelle ist insbesondere gebunden an die Pantothensäure- und Aminosäuresynthese aus einfachen Verbindungen des Intermediärstoffwechsels. Ein Ausgangspunkt dieser Synthese ist das bei der Atmung und Gärung entstehende Zwischenprodukt, die Brenztraubensäure (Pyruvat), siehe Abbildung 19.

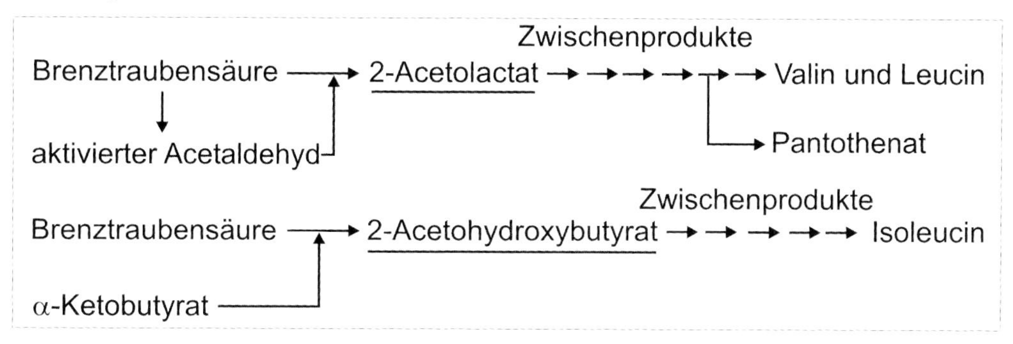

Abbildung 19 Bildungswege der Acetohydroxysäuren

Hohe intrazelluläre Gehalte der Hefe an Valin und Isoleucin (Aminosäurepool der Hefezelle) hemmen die Bildung der Acetohydroxysäuren merklich, erst nach deren Verbrauch steigt der Gehalt der Vorstufen der vicinalen Diketone im Bier an (siehe Abbildung 20).

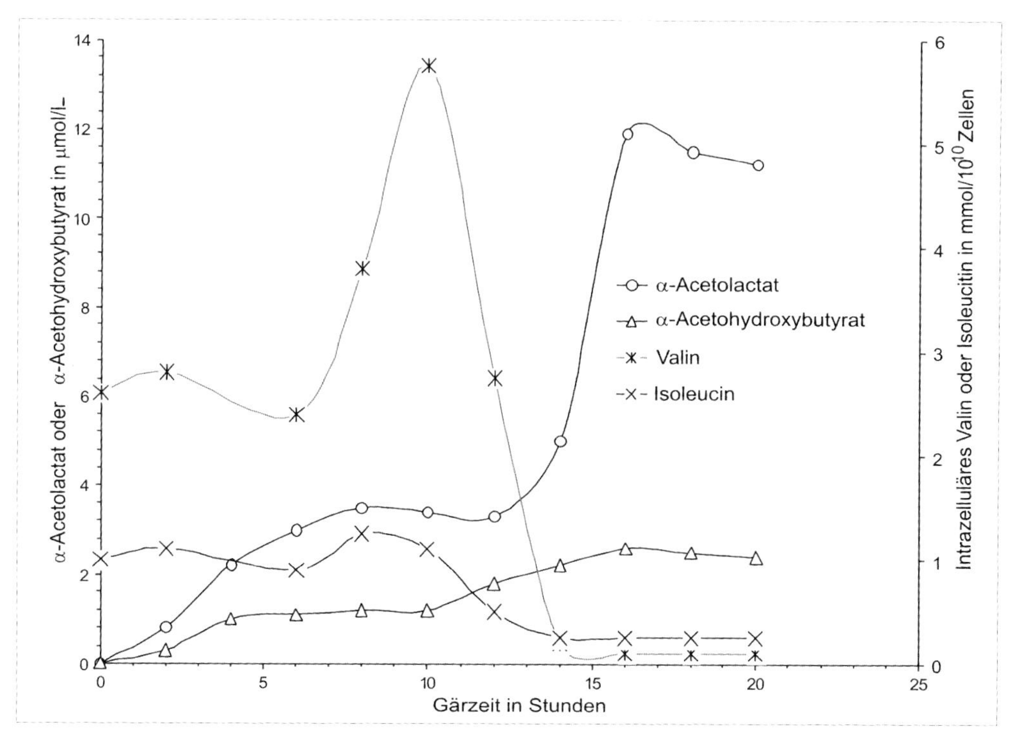

Abbildung 20 Der Zusammenhang zwischen dem intrazellulären Aminosäuregehalt der Hefe (Valin, Isoleucin) und der Bildung der Vorstufen der vicinalen Diketone (nach [138])

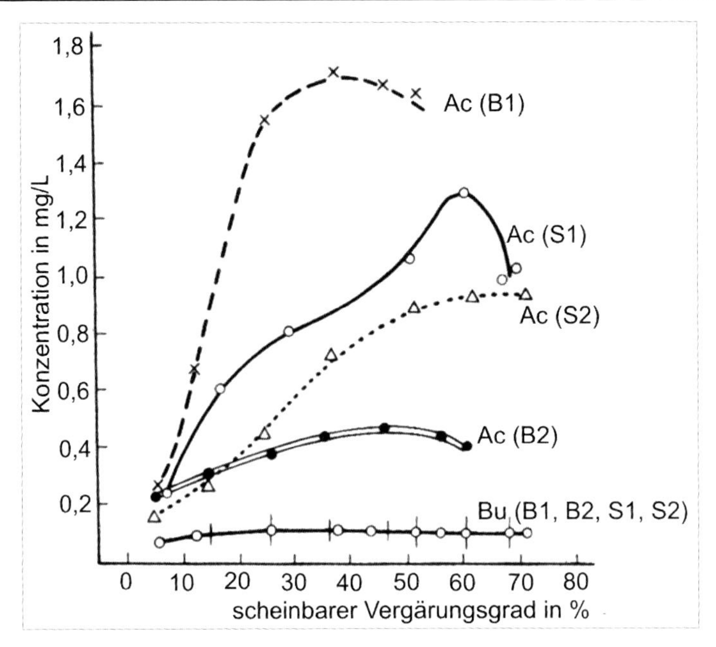

Abbildung 21 Einfluss des Hefestammes auf die Bildung von 2-Acetolactat nach [102]
B1 Bruchhefe 1 **B2** Bruchhefe 2 **S1** Staubhefe 1 **S2** Staubhefe 2
Ac 2-Acetolactatkonzentration **Bu** Butan-2,3-dionkonzentration

Nach den bisherigen Erkenntnissen ist die Menge der während der Gärung gebildeten Acetohydroxysäuren von folgenden Faktoren abhängig:

1. Hefestamm

Der Zeitpunkt der Bildung und die Konzentration der Acetohydroxysäuren im Jungbier scheint ein spezifisches Merkmal des jeweiligen Hefestammes zu sein, wie die Untersuchungsergebnisse von *Mändl*, *Geiger* und *Piendl* [102] zeigen (Abbildung 21).

Deutliche Unterschiede wurden bei den geprüften Hefestämmen in der 2-Acetohydroxybutyratbildung festgestellt. Hier ist zu beachten, dass sich die Hefestämme bei verschiedenen Würzen sehr unterschiedlich verhalten und eine Prüfung eines Hefestammes nur in der vorgesehenen Betriebswürze eine gesicherte Aussage liefert.

Es wurden bereits Hefemutanten isoliert, die keine 2-Acetolactatsynthase besaßen und damit keine Butan-2,3-dionbildung bei der Gärung verursachen. Wegen anderer Mängel (geringere Gärleistung, abartiger Biergeschmack) konnten derartige Mutanten bisher in die Praxis nicht eingeführt werden. Richtiger sollte hier nicht mehr von Diketonbildungsvermögen des Hefestammes, sondern von der Eignung eines Hefestammes zur Bildung von Acetohydroxysäuren gesprochen werden.

2. Hefegabe

Eine Erhöhung der Hefegabe kann bei druckloser Gärung zu einer stärkeren Bildung der Acetohydroxysäuren führen. Höhere Hefegaben fördern aber auch durch eine intensivere Gärung einen frühzeitigeren, schnelleren Abbau der vicinalen Diketone und ihrer Vorstufen im Bier.

3. Sauerstoffeinfluss

Sauerstoffeinfluss nach dem Anstellen der Würze mit Hefe führt je nach Eintragsmenge und Zeitpunkt des Eintrages zur erhöhten Bildung der Acetohydroxysäuren durch die Hefe.

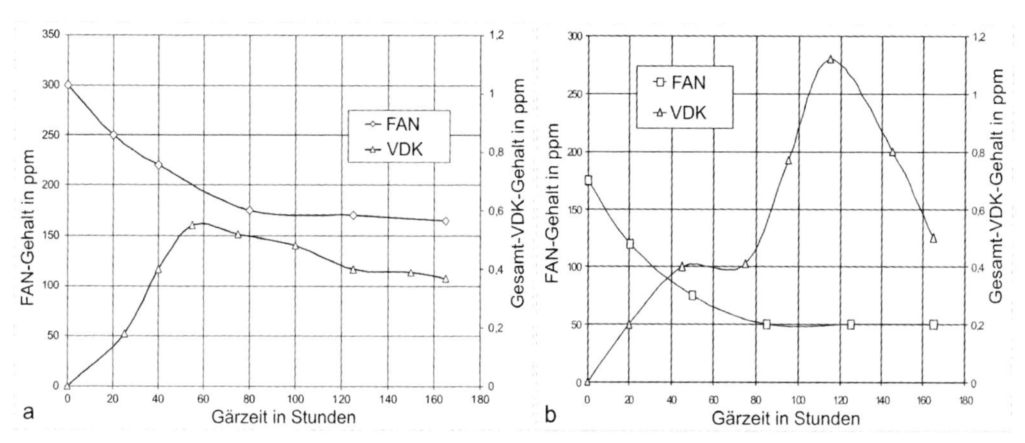

Abbildung 22 Einfluss des α-Aminostickstoffgehaltes der Anstellwürzen (FAN) auf den Gesamtgehalt an vicinalen Diketonen (Gesamt-VDK) nach [138].
a Hoher FAN-Gehalt **b** Niedriger FAN-Gehalt

4. Würzezusammensetzung

Besonders der Gehalt der Würze an direkt assimilierbaren Stickstoffverbindungen ist eine wesentliche Einflussgröße. Bei einem Mangel an α-Aminostickstoff wird die. Bildung von Acetohydroxysäuren übermäßig angeregt, besonders bei einem intensiven Drauflassverfahren und einer verstärkten Hefevermehrung (siehe Abbildung 22).

5. Gärtemperatur und Druck

Der Einfluss auf den Gesamtdiacetylgehalt in der Gärphase ist davon abhängig, ob durch eine höhere Gärtemperatur die Hefevermehrung angeregt wird, oder durch eine kombinierte Drucksteigerung sie gebremst wird. Jede Steigerung der Hefevermehrung führt insbesondere bei FAN-armen Würzen zu überhöhten Gesamtdiacetyl-Werten in der Hauptgärphase. Die Konzentration der Vorstufen werden bei warmer Gärführung schneller und teilweise auch deutlich mehr gebildet, aber auch wieder schneller abgebaut, wie die Versuchsergebnisse in Abbildung 23 erkennen lassen.

Eine Druckerhöhung in der Gärphase erhöht den CO_2-Gehalt im gärenden Bier und drosselt dadurch die Hefevermehrung. Als Folge davon sinkt das Maximum der Gesamtdiacetylkonzentration im gärenden Bier mit steigendem Druck und CO_2-Gehalt in der Gärphase (siehe Abbildung 24).

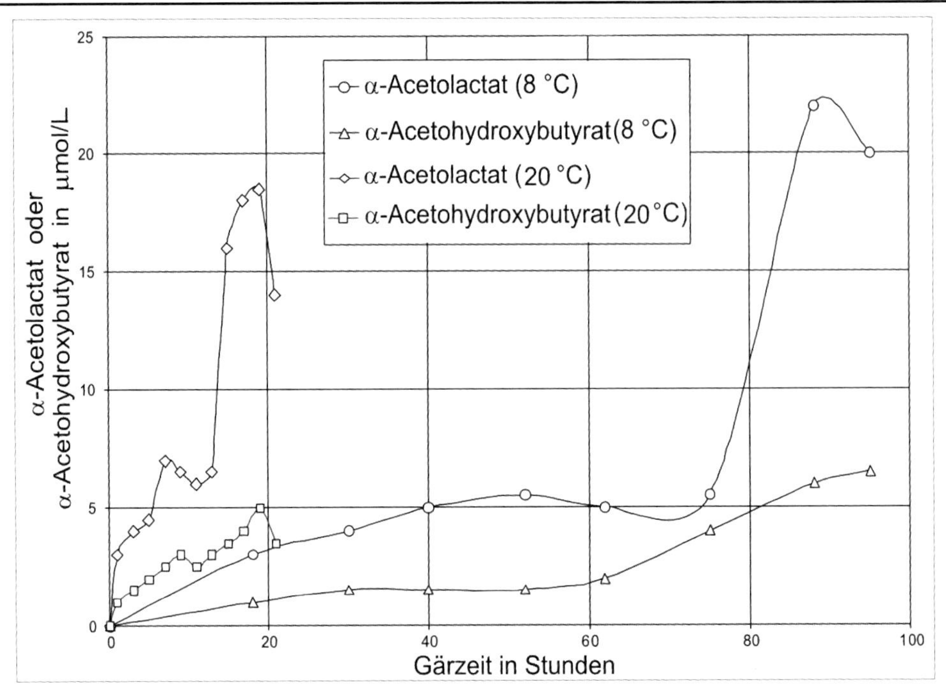

Abbildung 23 Die Konzentrationsentwicklung der Vorstufen der vicinalen Diketone in Abhängigkeit von Gärtemperatur (nach [138])

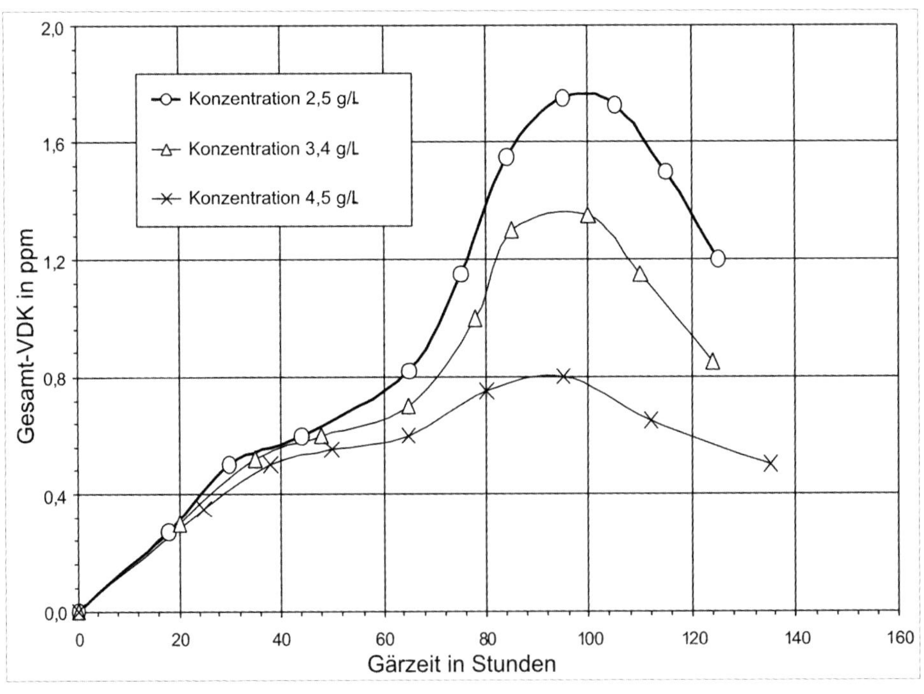

Abbildung 24 Der Einfluss des CO_2-Gehaltes im gärenden Bier auf das Maximum (Höhe und Zeitpunkt) des Gesamtdiacetylgehaltes (Gesamt-VDK) in der Hauptgärung (nach [138]).

6. Andere technologischen Maßnahmen

Der Einfluss der anderen Würzeinhaltsstoffe und der Würzebelüftung auf die Höhe der gebildeten Acetohydroxysäuren in der Gärphase ist durch widersprüchliche Ergebnisse umstritten. Wichtiger ist es, die Auswirkungen einer technologischen Maßnahme auf die Hefevermehrung zu prüfen. Jede Intensivierung der Hefevermehrung erhöht in Abhängigkeit vom Nährstoffangebot der Würze das Gesamtdiacetylmaximum in der Hefevermehrungsphase. Allerdings sagt die Höhe des Maximums nichts aus über die erreichbare Endkonzentration im ausgereiften Bier. Sie hat nur eine Auswirkung über die erforderliche Zeit für die Reifung des Bieres.

4.2.2.2 Zweite Stufe: Umwandlung der Vorstufen in ihre vicinalen Diketone außerhalb der Hefezelle

Die vicinalen Diketone entstehen bei entsprechenden Bedingungen aus den genannten Acetohydroxysäuren außerhalb und unabhängig von der Hefezelle und der von ihr gebildeten Enzyme durch den chemischen Vorgang einer *oxidativen Decarboxylierung* (Abbildung 25).

Bei der spontanen Umwandlung von 1 mg 2-Acetolactat entsteht 0,65 mg Butan-2,3-dion. Acetohydroxysäuren sind sehr labile Verbindungen und werden relativ leicht in ihre vicinalen Diketone überführt.

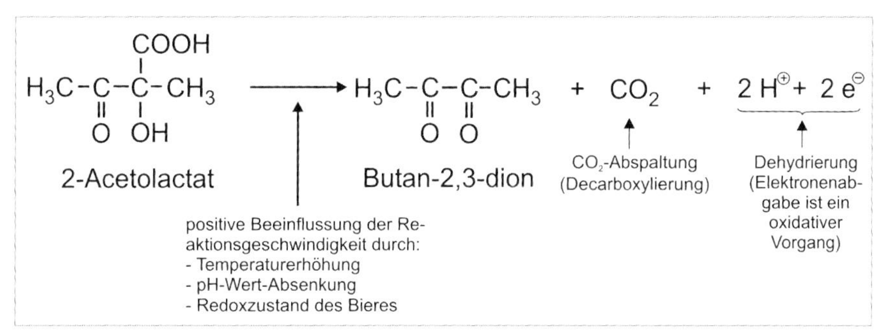

Abbildung 25 Oxidative Decarboxylierung von 2-Acetolactat zu Butan-2,3-dion (Diacetyl)

Die Umwandlung der sensorisch nicht feststellbaren Acetohydroxysäuren in ihre sensorisch feststellbaren Diketone wird gefördert durch:

- *pH-Wert-Absenkung:*
  pH-Werte zwischen pH = 4,2...4,4 sind für eine schnelle Umwandlung günstig. Inoue und Yamamoto [105] fanden bei Variationen des pH-Wertes im reifenden Bier, dass sich die Acetohydroxysäuren bei einem pH-Wert = 4,0 doppelt so schnell zersetzen wie bei einem pH-Wert > 4,5.
- *Erwärmung:*
  Inoue und Yamamoto [105] ermittelten eine Zunahme der Zersetzungsrate der Acetohydroxysäuren in filtrierten, sauerstofffreien Jungbieren um das etwa 3,5-fache für jede 10 K Zunahme der Inkubationstemperatur in einem Temperaturbereich zwischen 1...40 °C.
  Der pH-Wert des Bieres und die Reifungstemperatur beeinflussen gemeinsam, wie

- Tabelle 31 zeigt, die Umwandlungsgeschwindigkeit der Acetohydroxysäuren. Nach [106] wurde eine vollständige Umwandlung der Vorstufen in ihre Diketone durch Erhitzung·eines endvergorenen Bieres bei folgenden Temperaturen und Heißhaltezeiten erreicht, siehe Tabelle 30:

Tabelle 30 Einfluss der Intensität der Erwärmung auf die Umwandlung der Vorstufen in ihre Diketone

Temperatur in °C	Heißhaltezeit in min
45	45
60	15
80	4

Die Umwandlung der Acetohydroxysäuren in ihre vicinalen Diketone entspricht einer chemischen Reaktion erster Ordnung, bei der die Reaktionsgeschwindigkeitskonstante temperaturabhängig ist.
Als Aktivierungsenergie wurden ermittelt: E = 108,5 kJ/mol [107].

Tabelle 31 Umwandlungsgeschwindigkeit von 2-Acetolactat in Butan-2,3-dion (nach [108]); Erforderliche Zeit, um den Gehalt an 2-Acetolactat von 1 mg/l auf 0,3 mg/L zu reduzieren:

Reifungstemperatur in °C	pH-Wert des Bieres		
	4,2	4,4	4,6
8,0	155 h	215 h	271 h
8,5	144 h	201 h	252 h
9,0	134 h	186 h	235 h
9,5	125 h	176 h	221 h
10,0	117 h	160 h	205 h

- *Sauerstoffeintrag:*
  Eine Sauerstoffaufnahme des Bieres, z. B. beim Schlauchen, Filtrieren oder während des Abfüllprozesses führt zu einer spontanen Umwandlung der Vorstufen in die vicinalen Diketone. Unter den sehr reduzierten Milieubedingungen des Bieres während der Hauptgärphase (rH-Werte < 10) werden aus den Acetohydroxysäuren keine vicinalen Diketone gebildet.

- *Reduktions-Oxidations-Zustand:*
  Der Reduktions-Oxidations-Zustand des Bieres beeinflusst wesentlich die physikochemische Umwandlung der Acetohydroxysäuren.
  Eine Methode zur genauen Erfassung des Reduktions-Oxidations-Zustandes des Bieres zur Beeinflussung der Umwandlungsgeschwindigkeit ist bis jetzt noch unbekannt. Die Messgrößen „rH-Wert", „ITT" und „Sauerstoffgehalt" sind hierfür noch zu grobe Informationen.

Die Umwandlung der gebildeten Acetohydroxysäuren in ihre „vicinalen" Diketone ist der geschwindigkeitsbegrenzende Schritt der Bierreifung. Deshalb müssen Verfahren zur

Beschleunigung der Reifung des Bieres Maßnahmen festlegen, die eine beschleunigte oxidative Decarboxylierung gewährleisten, wie z. B. eine thermische Zwischenbehandlung unmittelbar nach Beendigung der Hauptgärung bei einem beschleunigten Gär- und Reifungsverfahren im ZKT (großtechnische Verfahrensvorschläge dazu siehe [109], [110], [111] und Kapitel 8.4.6).

4.2.2.3 Dritte Stufe: Die Reduktion der vicinalen Diketone durch die Hefezellen

Die im Bier durch oxidative Decarboxylierung außerhalb und unabhängig von der Hefezelle entstandenen vicinalen Diketone können nur mithilfe der Hefe weiter zu weniger den Biergeschmack beeinträchtigenden Substanzen abgebaut werden.

Der Abbau des Butan-2,3-dion erfolgt durch Reduktion über Acetoin zum Butan-2,3-diol durch Wasserstoffübertragung (Hydrierung = Elektronenaufnahme = Reduktion) mithilfe der Hefereduktasen, deren Wirkgruppe (das Coenzym) Nicotinsäureamid-adenin-dinucleotid (NAD) ist (ältere synonyme Bezeichnungen: Diphosphopyridinnucleotid DPN, Coenzym I; Cozymase), s.a. Abbildung 26.

Das Acetoin, ein für den Biergeschmack noch relativ „gefährliches“ Zwischenprodukt der Butan-2,3-dion-reduktion, wird gewöhnlich von der Hefe schnell weiter zu dem weniger unangenehmen Butan-2,3-diol reduziert.

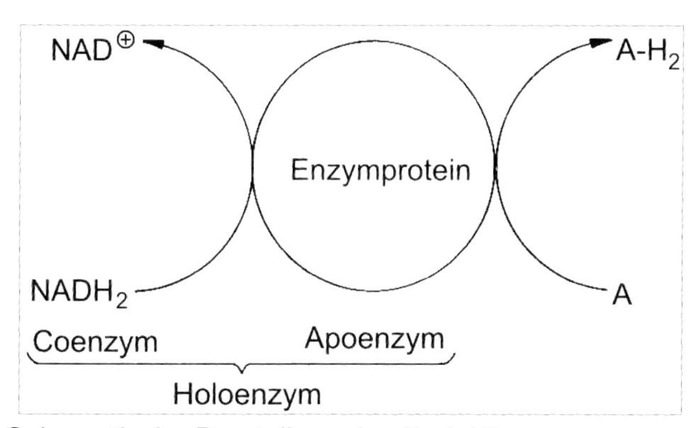

Abbildung 26 Schematische Darstellung des Reduktionsvorganges
NAD^+ = oxidierte Form des NAD
$NADH_2$ = reduzierte Form des NAD
$A\text{-}H_2$ = reduziertes Produkt der Reductasereaktion
A = oxidiertes Produkt der Reductasereaktion

Der Abbau des Pentan-2,3-dion erfolgt in gleicher Weise wie beim Butan-2,3-dion über 3-Hydroxy-Pentan-2-on. Es entsteht hier als Endprodukt Pentan-2,3-diol [108] (siehe Tabelle 32).

Der Acetoingehalt im Jungbier gibt weiterhin Aufschluss über den physiologischen Zustand der im Gärsubstrat befindlichen Hefe. Bei einem großen Gehalt der Hefezellen an ungesättigten Fettsäuren wird Acetoin ausgeschieden, bei einem Mangel an Fettsäuren dagegen erfolgt eine Absorption und die weitere Reduktion des Acetoins durch die Hefezellen. Das Acetoin im Bier kann nicht nur durch Reduktion aus dem Butan-2,3-dion, sondern auch direkt durch die Hefezelle gebildet worden sein. Über den Abbau (Reduktion) der vicinalen Diketone und die Möglichkeiten seiner Beeinflussung liegen bis jetzt folgende Erkenntnisse vor [103], [112]:

- Die Hefe verfügt während der Gärung über beträchtliche enzymatische Kapazitäten zum Abbau der vicinalen Diketone. Die Abbaufähigkeit ist etwa um das Zehnfache größer als die Bildungsfähigkeit während der Gärung.
  Die Hefe kann bis zu 12,5 mg Butan-2,3-dion/(g HTS·h) während der Hauptgärung abbauen. Sind alle Cofaktoren, besonders $NADH_2$ (siehe Abbildung 26), vorhanden, liegt die maximale Abbaukapazität der Hefe sogar bei 1000 mg Butan-2,3-dion/(g HTS·h).
  Deshalb befinden sich in einem hefehaltigen Bier keine oder nur wenige vicinale Diketone. Ein Butan-2,3-diongeschmack ist sensorisch erst in einem hefefreien (filtrierten) Bier feststellbar.
- Die Fähigkeit der Hefe, Diketone abzubauen, bleibt während der Hauptgärung konstant und nimmt dann allmählich während der Nachgärung ab.
- Die Überprüfung der verschiedenen Brauereihefestämme ergab, dass nur geringfügige Unterschiede in der Butan-2,3-dion und Pentan-2,3-dion abbauenden Aktivität zwischen ihnen feststellbar waren.
- Die diketonabbauende Aktivität der Hefe ist stark temperaturabhängig und nimmt mit der Erhöhung der Temperatur bis zu 20°C zu (s.a. Abbildung 27).
- Auch bei einer sehr schnellen Erhitzung des Bieres auf Temperaturen von 75...80 °C mit einem Plattenwärmeübertrager konnte noch in Abhängigkeit von der Erhitzungstemperatur, der Heißhaltezeit, dem pH-Wert des Bieres und vor allem auch der Hefekonzentration ($1...3 \cdot 10^6$ Zellen/mL) eine signifikante Reduktion des Gesamtdiacetyls im endvergorenen Jungbier erreicht werden [107], s.a. Abbildung 117.
- Die Geschwindigkeit der Reduktion der vicinalen Diketone ist weiterhin stark abhängig von der Hefekonzentration im reifenden Bier und von den Faktoren, die den intensiven Kontakt zwischen dem diacetylhaltigen Substrat und den Hefezellen fördern bzw. hemmen (Zusammenstellung der Einflussfaktoren Tabelle 33).
- Auch das von Infektionsorganismen im Bier gebildete Butan-2,3-dion wird durch gärkräftige Hefe über Acetoin zu Butan-2,3-diol reduziert und damit „unschädlich" gemacht. Bei den langen kalten Lagerzeiten der klassischen Bierherstellung ist die Hefe meist jedoch nicht mehr so vital, dass das von Kontaminationen, speziell von Mikrokokken, gebildete Butan-2,3-dion noch wirkungsvoll abgebaut werden kann.

Tabelle 32 Charakteristische Merkmale der Reduktionsprodukte des Butan-2,3-dions (früher Diacetyl)

	Butan-2,3-dion	Acetoin	Butan-2,3-diol
Reduktionsstufen des Butan-2,3-dions	$CH_3COCOCH_3 + H_2 \rightarrow CH_3COCHOHCH_3 + H_2 \rightarrow CH_3(CHOH)_2CH_3$		
Geschmacksschwellenwerte im Bier in mg/L	0,15...0,20	6...10...(50)	400...500
Konzentrationen im ausgereiften Bier in mg/L	0,03...0,20	1,0...6,0	40...250
Sensorischer Eindruck bei Überschreitung des Schwellenwertes im Bier	Süßlich, unrein, widerlich (Infektionsgeschmack)	Hauptträger des Jungbierbuketts, mastig, breit, muffig, dumpf, hervorstechender, unangenehmer Bittergeschmack	Muffig, dumpf

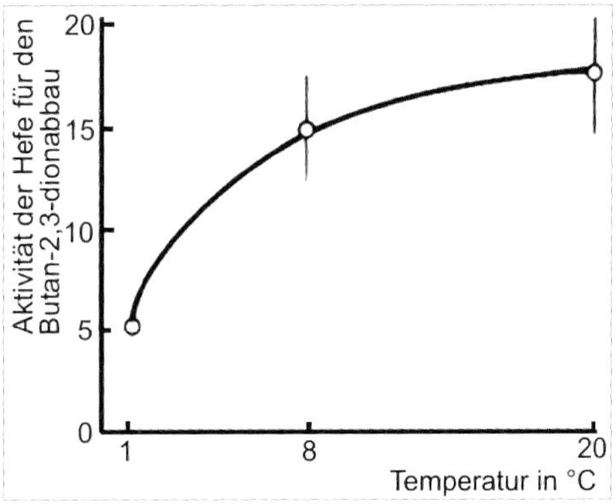

Abbildung 27 Einfluss der Temperatur auf die Butan-2,3-dion abbauende Aktivität der Hefe nach Ishibashi, Okada, Yamamoto und Sasahara, ref. d. durch [102]

Tabelle 33 Einflussfaktoren auf die Reduktionsgeschwindigkeit der vicinalen Diketone

Beschleunigung der Reduktion erfolgt durch	Verzögerung der Reduktion erfolgt durch
Maßnahmen, die eine Erhöhung bzw. mindestens Erhaltung einer Hefekonzentration im reifenden Bier $\geq 5 \cdot 10^6$ Zellen/mL sichern	Maßnahmen, die eine Verringerung der Hefekonzentration im reifenden Bier auf Werte unter $5 \cdot 10^6$ Zellen/mL verursachen
Maßnahmen zur Zwangsbewegung des reifenden Bieres ohne Sauerstoffeintrag	Maßnahmen/Einflüsse, die ein frühzeitiges Flocken und Sedimentieren der Hefe verursachen
Die Temperaturerhöhung des Gärsubstrates	Die Abkühlung des Gärsubstrates

4.2.3 Konzentrationsverlauf der Acetohydroxysäuren und der vicinalen Diketone bei der klassischen Haupt- und Nachgärung

Der Konzentrationsverlauf wurde von *Mändl* et al. [102] bei der klassischen Haupt- und Nachgärung von Lagerbier, wie in Abbildung 28 und Abbildung 29 dargestellt, ermittelt. Daraus ist Folgendes erkennbar:

- Während der ersten Tage der Hauptgärung nehmen die Acetohydroxysäuren sehr stark zu (auf dem Bild bis zum 4. Gärtag).
- Aus dem Konzentrationsverlauf sind im Wesentlichen 2 Phasen erkennbar:
  Hauptgärung = Bildungsphase der Acetohydroxysäuren und
  Nachgärung = Abbauphase der Acetohydroxysäuren.
- Der Sauerstoffeinfluss beim Schlauchen führt zu einem Anstieg der Acetohydroxysäurenkonzentration im Jungbier.
- Die Konzentration der beiden vicinalen Diketone verändert sich während der gesamten Prozessdauer kaum. Ihre Konzentration liegt ständig unterhalb des Geschmacksschwellenwertes.
- Die Acetohydroxysäuren werden bis zu einem Vergärungsgrad von etwa Vs = 70 % gebildet, und erst dann erfolgt ihr Abbau.

Auch bei einem von der Temperaturführung mäßig beschleunigten Eintankverfahren nimmt der Gesamtdiacetylgehalt des gärenden Jungbieres bis zu einem Vs > 70 % zu (siehe Abbildung 112 und Abbildung 113 in Kapitel 8.4.4.1) und erst dann erfolgt dessen Reduktion.

4.2.4 Schlussfolgerungen für die Prozessführung ohne enzymatische Fremdzusätze

Für Prozessführung und Kontrolle ergeben sich aus den vorhergehenden Darlegungen die nachfolgenden allgemeinen Schlussfolgerungen:

- Als ein Kriterium für den Reifungsgrad eines Bieres kann sein summarischer Gehalt an vicinalen Diketonen und deren Vorstufen angesehen werden. Die Bedeutung ihrer Kontrolle nimmt mit einer erforderlichen Verkürzung der Gär- und Reifungszeit zu.
- Der Reifungsgrad eines hefehaltigen Bieres kann nur dann mit einer Analysenmethode richtig eingeschätzt werden, wenn damit sowohl die vicinalen Diketone als auch ihre Vorstufen erfasst werden.
  Als Kontrollmethode eignet sich die unter [113] aufgeführte Vorschrift zur Erfassung der vicinalen Diketone und ihrer Vorstufen, deren Gehalt als Gesamtdiacetylgehalt ausgewiesen werden kann.
- Eine praktikable technologische Maßnahme zur vollkommenen Unterdrückung der Acetohydroxysäurebildung ist bisher nicht bekannt. Deshalb muss vorrangig durch technologische Maßnahmen im Gär- und Reifungsprozess, z. B. durch eine möglichst optimale Würzezusammensetzung und Prozessführung, eine übermäßige Bildung der Acetohydroxysäuren in der Gärphase vermieden und eine möglichst baldige und schnelle Umwandlung der Acetohydroxysäuren in ihre vicinalen Diketone angestrebt werden, ehe die Entfernung der physiologisch aktiven Hefezellen (z. B. durch Sedimentation oder Filtration) aus dem reifenden Bier erfolgt.

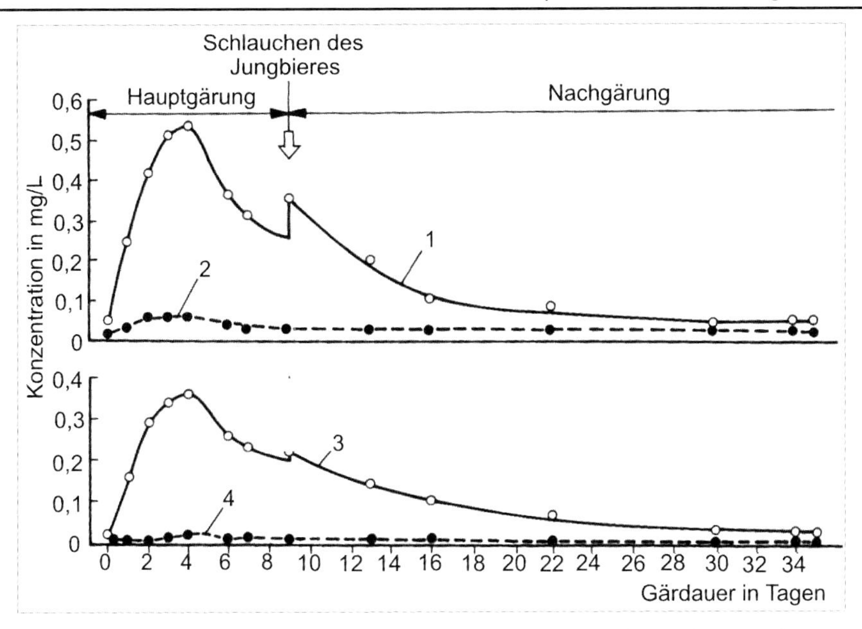

Abbildung 28 Verhalten der Acetohydroxysäuren und vicinalen Diketone in Abhängigkeit von der Prozessdauer nach [102]

1 2-Acetolactat **2** Butan-2,3-dion **3** Acetohydroxybutyrat **4** Pentan-2,3-dion

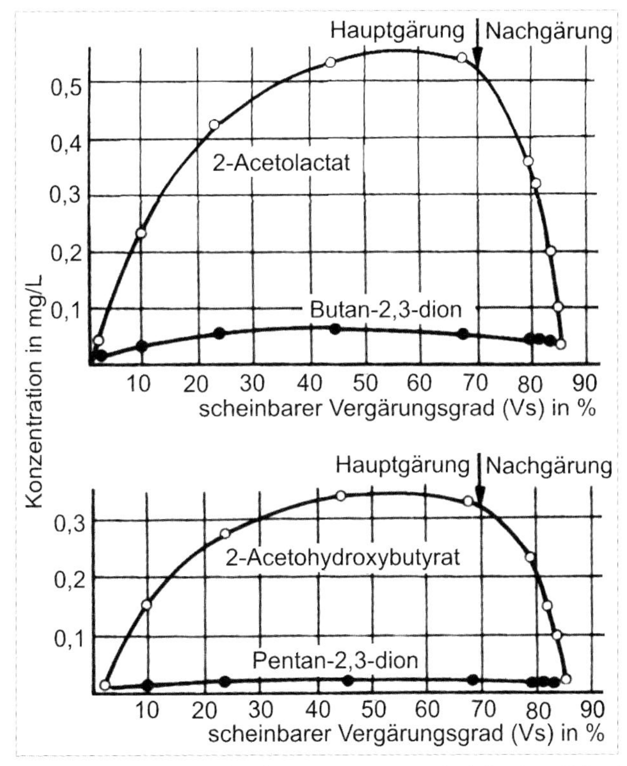

Abbildung 29 Verhalten der Acetohydroxysäuren und vicinalen Diketone in Abhängigkeit vom scheinbaren Vergärungsgrad des Bieres [102]

- Neben dem pH-Wert ist eine variable Temperaturführung in der Gär- und Reifungsphase die wirkungsvollste Stellgröße für die Beschleunigung des Reifungsprozesses (z. B. die Kombination der klassischen kalten Angärung mit einer nachfolgenden Warmreifungsphase).
- Eine zügige Gärung bis nahe an den Endvergärungsgrad mit einem deutlichen pH-Wert-Abfall in den Bereich von pH-Wert 4,2...4,4 und die Vermeidung von einem weiteren Sauerstoffeintrag nach dem Anstellen verringert das Maximum der Acetohydroxysäurenkonzentration bzw. fördert ihre Umwandlung und damit die Reifung.
  Alle Ursachen, die zu Gärschwierigkeiten führen, verzögern oder verhindern auch die qualitätsgerechte Reifung des Bieres.
- Der Abbau der vicinalen Diketone in der Reifungsphase kann nur mit Hilfe aktiver, vitaler Hefezellen im Lagerbier erfolgen. Deshalb ist die Bestimmung der wirksamen Hefekonzentration und deren Vitalität auch im reifenden Bier eine wesentliche technologische Kontrollmaßnahme zur Einschätzung der voraussichtlichen Dauer bzw. Effektivität der Reifungsphase.
- Als Richtwert für ein ausgereiftes Spitzenbier wird international ein Gesamtdiacetylgehalt von unter 0,10 mg/l angestrebt.
- Folgende in Tabelle 34 ausgewiesenen technologischen Einflussfaktoren beeinflussen den Gesamtdiacetylgehalt im Fertigprodukt.

Tabelle 34 Technologische Einflussfaktoren auf den Gesamtdiacetylgehalt im Bier

Technologische Maßnahme	Veränderung im Gesamtdiacetylgehalt
Erniedrigung des FAN-Gehaltes der Würzen durch Rohfruchteinsatz	+
Erhöhung der Hefegabe	+/-
Erhöhung des O_2-Gehaltes der Anstellwürzen (einmalige Belüftung)	+/-
Intensives längeres Drauflassen	+
Erhöhung der Gär- und Reifungstemperatur	-
Rührgärung unter atmosphärischem Druck	+
Erhöhung des Druckes in der Gärphase	-
Reduzierung der Würzepufferung	-
Säuerung der Pfannevollwürze	-

+ = Erhöhung   +/- = kein sicherer Einfluss   - = Erniedrigung

Abschätzung der erforderlichen Warmreifungstage

Die Berechnung der erforderlichen Warmreifungstage bis zur Erreichung eines Gesamtdiacetylgehaltes im fertig gereiften Bier von z. B. $c_{VD} \leq 0,10$ mg/L kann nach dem Erreichen des Endes der Gärphase mit folgenden Messungen und folgender Gleichung abgeschätzt werden:

$$W = a + \frac{(b-a)\cdot(c_1 - 0{,}1)}{(c_1 - c_2)}$$ Gleichung 35

W = erforderliche Warmtage bis zum Erreichen des gewünschten Gesamtdiacetylgehaltes c_{VD} in Tagen
a = bereits erfolgte Warmtage bis zur vorletzten Messung des c_{VD} in Tagen
b = bereits erfolgte Warmtage bis zur letzten Messung des c_{VD} in Tagen
c_1 = Gesamtdiacetylgehalt des reifenden Bieres bei der vorletzten Messung in mg/L
c_2 = Gesamtdiacetylgehalt des reifenden Bieres bei der letzten Messung in mg/L

Beispiel:
a = 2. Tag der Warmreifung mit c_1 = 0,35 mg c_{VD}/L
b = 4. Tag der Warmreifung mit c_2 = 0,15 mg c_{VD}/L

$$W = 2 + \frac{(4-2)\cdot(0{,}35-0{,}1)}{(0{,}35-0{,}15)} = 4{,}5\ \text{d}$$

Im Beispiel beträgt die erforderliche Prozessdauer bis zur Erreichung eines Gesamtdiacetylgehaltes von c_{VD} = 0,1 mg/L für die Warmreifungsphase W ≈ 4,5 d.

4.2.5 Beschleunigung des Abbaues der vicinalen Diketone mithilfe bakterieller Enzympräparate

Um den geschwindigkeitsbegrenzenden Schritt der Bierreifung aus der Sicht des Metabolismus der vicinalen Diketone zu beschleunigen oder besser ganz zu umgehen, wurde mithilfe von Bakterienstämmen das Enzym α-Acetolactat-Decarboxylase erzeugt, angereichert und für die internationale Brauindustrie von der Fa. *Novo Nordisk* A/S (DK) als einsatzfähiges Enzympräparat unter dem Namen „Maturex L" ab ca. 1991 auf den Markt gebracht [114]. Das Präparat wird seit 2000 von *Novozymes AS* hergestellt und vertrieben. Die Wirkungsweise dieses Enzyms ist aus Abbildung 30 ersichtlich. Es decarboxyliert α-Acetolactat direkt zu Acetoin und „überspringt" die Bildung des Diketons Diacetyl, das Acetoin muss dann, wie im normalen Reifungsprozess, von der Hefe zu Butandiol reduziert werden.
Die ersten Untersuchungen dazu stammen von *Godtfredsen* und *Ottesen* [115], die 1982 ein bakterielles Enzympräparat verwendeten, das aus *Enterobacter aerogenes* isolierte Acetolactat-Decarboxylase enthielt. Es sollte innerhalb von 24 h bei 10°C die Gesamtdiacetylkonzentration unter den Geschmacksschwellenwert absenken.

Die von *Novo Nordisk* produzierte α-Acetolactat-Decarboxylase wird mit einem Stamm von *Bacillus subtilis* produziert und ist auf eine α-Acetolactat-Decarboxylase-Aktivität von 1500 ADU/g standardisiert (ADU = α-Acetolactat-Decarboxylase-Unit).
Nach *Jepsen* [116] sind eine Dosage von 1...3 g Maturex (Dichte: 1,2 g/mL) je Hektoliter kalte Anstellwürze unmittelbar beim Anstellen ausreichend, um eine gute Lagerbierqualität in 7...10 Tagen zu produzieren.

Die in Abbildung 31 ausgewiesenen Aktivitätsoptima von Maturex zeigen, dass unter den Bedingungen der untergärigen Biergärung durchschnittlich nur ca. 20 % der maximal möglichen Aktivität relativ wirksam werden.

Die Stabilität des Enzyms ist unter den Bedingungen der Biergärung gut und gewährleistet eine Langzeitwirkung (siehe Abbildung 32).

Recherchen ergaben, dass dieses Präparat in Ländern, die sich nicht dem Deutschen Reinheitsgebot verpflichtet fühlen (Osteuropa, Amerika), recht häufig zur Sicherheit eingesetzt wird, auch um den erforderlichen Kontrollaufwand bei der Reifung zu reduzieren.

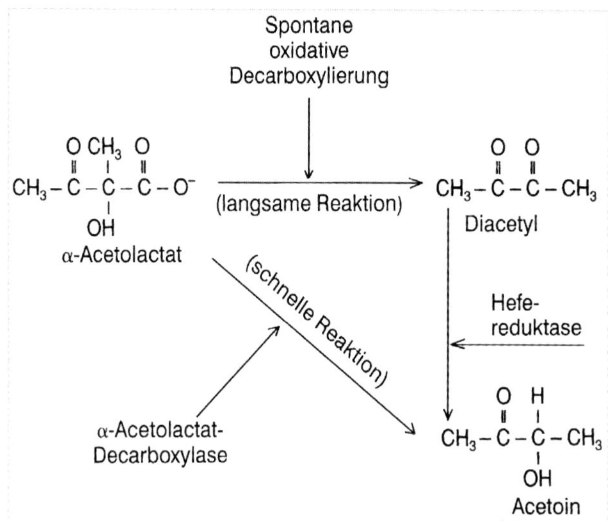

Abbildung 30 Beseitigung von α-Acetolactat während der Gärung durch eine bakterielle α-Acetolactat-Decarboxylase (ALDC), hergestellt mit einem Stamm von Bacillus subtilis von der Fa. Novo Nordisk [114]

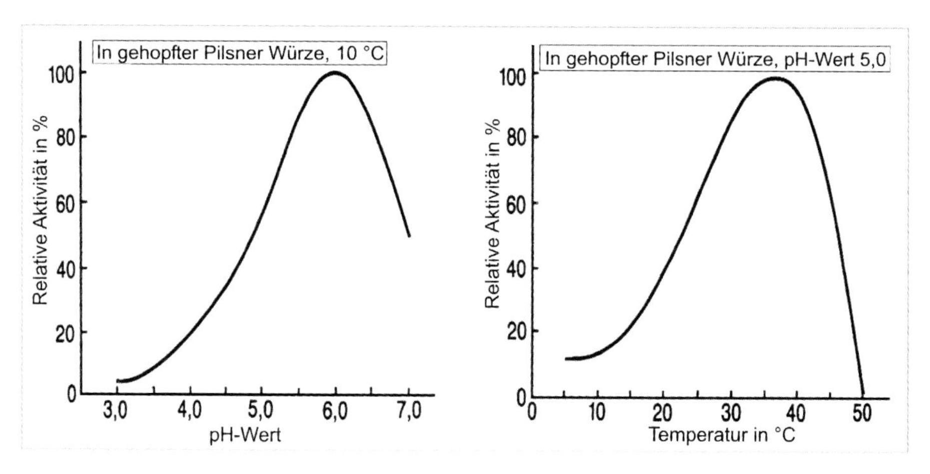

Abbildung 31 Einfluss des pH-Wertes und der Temperatur auf die Aktivität von Maturex [114]

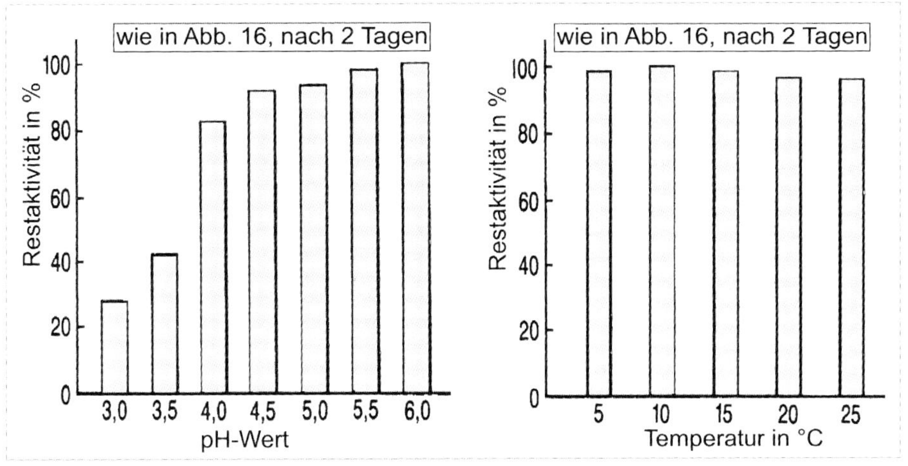

Abbildung 32 Einfluss des pH-Wertes und der Temperatur auf die Stabilität von Maturex [114]

4.3 Aldehyde

4.3.1 Bildungswege

Der wichtigste Aldehyd des Bieres ist das Ethanal (Acetaldehyd), das als ein Zwischenprodukt bei der Gärung durch Decarboxylierung (CO_2-Abspaltung) aus Pyruvat (Enzym: Pyruvatdecarboxylase) entsteht und im weiteren Verlauf der Gärung durch die Hefe (Enzym: Alkoholdehydrogenase) zu Ethanol reduziert wird (siehe Abbildung 33). Ethanal wird in den ersten drei Tagen der Hauptgärung von der Hefe am stärksten in das Gärsubstrat abgegeben. In dieser Phase können Konzentrationen von 20...40 mg/L im Jungbier vorliegen.

Die Ethanalkonzentration ist mit verantwortlich für den grünen Jungbiergeschmack (manchmal auch als „Grabbel"- oder „Keller"-Geschmack gekennzeichnet) und damit ein wesentliches Merkmal für den Reifungsgrad eines Bieres.

4.3.2 Technologische Einflussfaktoren

Im weiteren Verlauf der Gärung und Reifung wird seine Konzentration durch die Wirkung der Hefe parallel zum Abbau des Jungbiergeschmackes ständig verringert. Die wichtigsten technologischen Faktoren zur Beeinflussung der Ethanalkonzentration sind in Tabelle 35 zusammengestellt.

Im Normalfall erfolgt die Ethanalreduktion im reifenden Bier schneller als der Abbau der vicinalen Diketone und ihrer Vorstufen. Ein Ethanalüberschuss kann nur mithilfe einer ausreichenden Konzentration an vitalen Hefezellen in der Reifungsphase abgebaut werden.

Eine Zunahme des Ethanals im filtrierten Flaschenbier wurde bei der Pasteurisation in Flaschen bei einem hohen Luftgehalt beobachtet [117]. Die Konzentrationszunahme wird hier auf eine Oxidation des Ethanols zu Ethanal zurückgeführt.

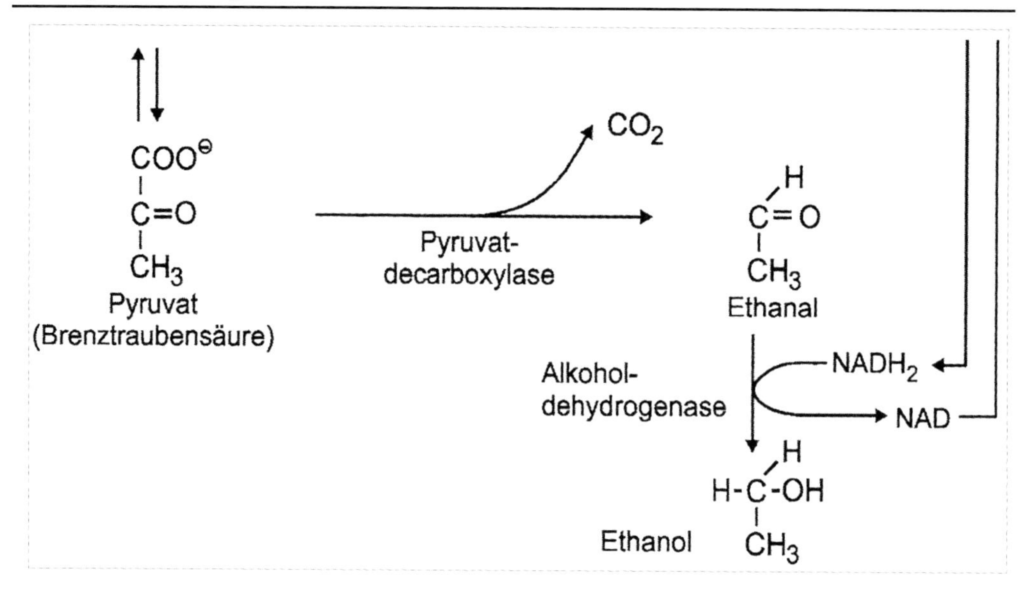

Abbildung 33 Die Stellung des Acetaldehyd im Gärungsstoffwechsel (nach [7], Ausschnitt aus Abbildung 98)

Tabelle 35 Einflussfaktoren auf die Ethanalkonzentration im Bier

Bildung von Ethanal wird gefördert durch:	Abbau des gebildeten Ethanals wird gefördert durch.
Intensive Angärung	Maßnahmen, die eine intensive Nachgärung und weitgehende Vergärung sichern
Temperaturerhöhung während der Hauptgärung	wärmere Reifungsphase
Erhöhung der Hefegabe	ausreichende Würzebelüftung
Druckanwendung während der Hauptgärung	erhöhte Hefekonzentration, auch in der Reifungsphase
Zu geringe Würzebelüftung	
Infizierte Würzen	

4.3.3 Richtwerte

Der Geschmacksschwellenwert für Ethanal wird im Bier allgemein mit 25 mg/L angegeben, bei aromaschwächeren Bieren liegt der sensorische Gefahrenbereich bereits bei 12 mg/l. Als Richtwert für ein ausgereiftes Bier wird eine Konzentration von < 10 mg/l, besser < 8 mg/L gefordert.

Neben dem Ethanal wurden noch über 50 andere Aldehyde im Bier gefunden, z. B. Furfuraldehyde, Propanal, Butanal usw. [118]. Sie entstehen im Prozess der Würzeherstellung aus den Inhaltsstoffen der Rohstoffe, zum Teil beim Maischen durch enzymatisch katalysierte Oxidation der aus dem Malz stammenden Fettsäuren in ihre Aldehyde (Wirkung der Lipoxygenasen) oder durch thermische Prozesse im Rahmen der *Maillard*-Reaktion aus Zuckern und Aminosäuren und des dabei ablaufenden *Strecker*-Abbaues.

Sie bilden das typische Würzearoma, das durch die Hefe bei der Gärung und Reifung z. B. durch Reduktion dieser Aldehyde zu Alkoholen und Ester abgebaut wird. Diese Wirkung spielt eine Rolle bei der Herstellung von alkoholfreiem Bier im Hefekontaktverfahren (s.a. Kapitel 3.5 und Kapitel 12.3.3). Einzelne Substanzen, wie das 5-Hydroxymethylfurfur-2-al (HMF) werden als Indikatoren für die thermische Belastung der hergestellten Anstellwürze genommen (Ziel: < 1,5 ppm HMF), da diese höheren Aldehyde für den Alterungsgeschmack des Bieres hauptverantwortlich sind. Ein Teil dieser Aldehyde wird auch durch das bei der Gärung gebildete SO_2 gebunden und damit auch die Alterung des Bieres verzögert.

4.4 Schwefelhaltige Verbindungen

4.4.1 Übersicht über die Veränderungen der Schwefelverbindungen im Bier

Im Stoffwechsel der Hefe sind viele biochemische Prozesse an das Vorhandensein von schwefelhaltigen Substanzen gebunden. So wird Schwefel unter anderem zum Aufbau des Protoplasmas der Hefezelle und wichtiger Enzyme benötigt, z. B. für das Coenzym A und das Glutathion (Coenzym im Energiehaushalt).

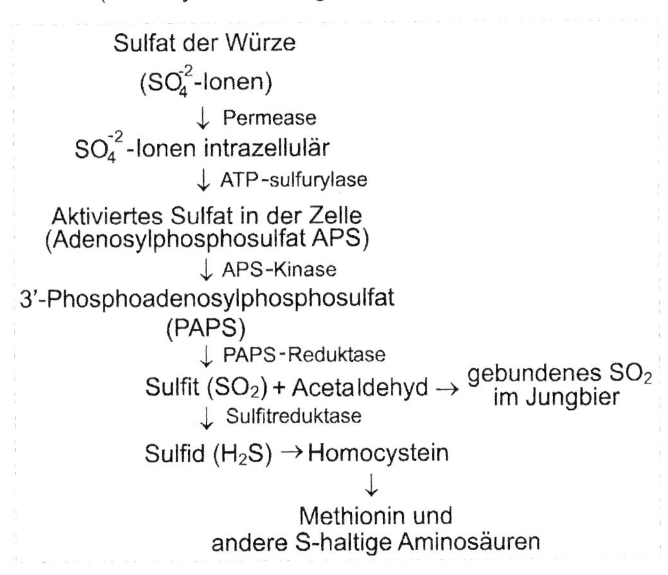

Abbildung 34 SO_2 und H_2S als Zwischenprodukte der Synthese schwefelhaltiger Aminosäuren aus Sulfat

Schwefel ist also ein lebensnotwendiges Element für die Hefezelle. Der Schwefelgehalt der Hefezelle liegt zwischen 0,2...0,6 % der Hefetrockensubstanz (s.a. „Molformel" der Hefe: Tabelle 9 in [7]).

Die Brauereihefen können sowohl aus anorganischen als auch aus organischen Schwefelverbindungen (vorrangig aus schwefelhaltigen Aminosäuren) ihre zelleigenen Verbindungen synthetisieren. Dabei kommt dem Schwefelwasserstoff und dem SO_2 im

Hefemetabolismus eine zentrale Bedeutung zu. Der Schwefelwasserstoff ist auch direkt am Aufbau weiterer Schwefelverbindungen beteiligt.

Seine Bildung ist durch die Hefe (siehe Abbildung 34 und Abbildung 35) aus verschiedenen schwefelhaltigen Substanzen der Würze möglich. Im Verlauf der Gärung nehmen die anorganischen Schwefelverbindungen etwa um 5...10 mg/l und der organisch gebundene Schwefel um etwa 10...20 mg/L ab.

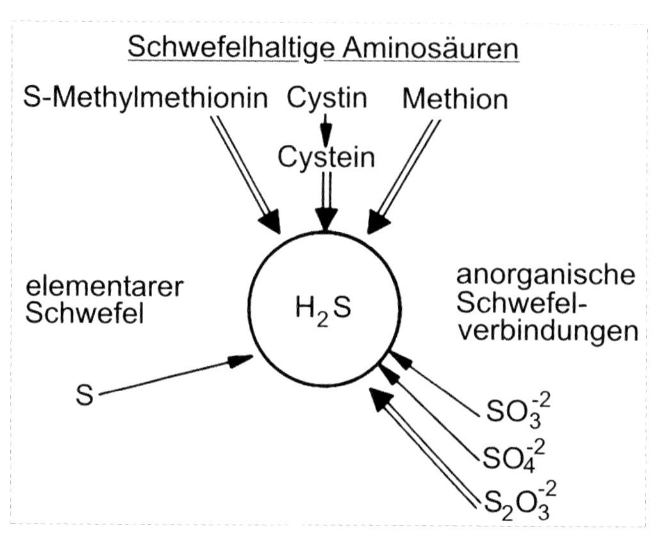

Abbildung 35 Bildung von Schwefelwasserstoff aus schwefelhaltigen Quellen [119]

Die Ursachen für die Abnahme des Gesamtschwefelgehaltes von der Würze zum Bier sind:

- Die Verminderung durch die Abtrennung von Heiß- und Kühltrub;
- Die Absorption durch die Hefe parallel zum Zellenzuwachs;
- Die Ausfällung bei der Hauptgärung;
- Der Abgang durch die Gärgase (spielt als Verlustquelle eine geringe Rolle).

4.4.2 Bedeutung der Schwefelverbindungen für die Qualität des Bieres

Im Interesse einer langen Geschmacksstabilität hat der SO_2-Gehalt im Bier jetzt an Bedeutung gewonnen und verdient bei der Verfahrensführung eine größere Beachtung. Eine zentrale Rolle für die Synthese schwefelhaltiger Aminosäuren spielt das über mehrere Reaktionsstufen gebildete Sulfid (H_2S), wie Abbildung 34 schematisch zeigt. Schwefelwasserstoff und die Thiole (= Mercaptane) müssen im Bierreifungsprozess aus qualitativen Gründen weitgehend entfernt werden (s.a. in Tabelle 36 Geschmackseindruck und technologische Einflussfaktoren in Tabelle 38). Das Niveau des Dimethylsulfids (DMS) wird hauptsächlich durch die Qualität der Rohstoffe und die Intensität des Würzekoch- und Klärprozesses beeinflusst (thermische Umwandlung des Precursors S-Methylmethionin in DMS und Austreiben des DMS mit Wasserdampf).

Aus qualitativen Gründen ist dagegen im Fertigbier eine SO_2-Konzentration zwischen 5...10 mg/l zu erhalten. Das Schwefeldioxid korreliert mit der antioxidativen Aktivität des Bieres und bildet reversible Verbindungen mit Carbonylen (maskierender Effekt), die bei der Fertigbierlagerung als Alterungskomponenten dadurch verzögert freigesetzt werden. Ein merklicher SO_2-Gehalt im Fertigbier verlängert damit die Geschmacksstabilität des abgefüllten Bieres [120], [121], [122].

In Tabelle 36 sind die wichtigsten Schwefelverbindungen im Bier mit ihren Geschmacksschwellenwerten aufgeführt. Diese schwefelhaltigen Nebenprodukte der Gärung sind bereits in sehr geringen Konzentrationen sehr geruchs- und geschmacksintensiv.

Tabelle 36 Mögliche Schwefelverbindungen im Bier [123], [124], [125]

Verbindung	Formel	Mittelwert im Bier in mg/L	Geschmacksschwellenwert im Bier in mg/L	Geschmackseindruck bei Überschreitung des Schwellenwertes
1. Methanthiol	CH_3SH	0,001	0,002	Reduktions- + Lichtgeschmack
2. Ethanthiol	CH_3CH_2SH	0,001	0,005	Reduktions- + Lichtgeschmack
3. Schwefelwasserstoff	H_2S	Spuren	Gefahr > 0,005	dumpf, hefig (faule Eier)
4. Dimethylsulfid (DMS)	CH_3-S-CH_3	0,075	0,030 [1])	kohlartig, gekochter Mais
5. Diethylsulfid	C_2H_5-S-C_2H_5	0,008	0,030 [1])	süßlich, zwiebelartig
6. Dimethyldisulfid	CH_3-S-S-CH_3	0,001	0,050	süßlich, zwiebelartig
7. Schwefeldioxid	SO_2	5…9	ca. 10	hefiger Jungbiergeschmack

[1]) Gefahrenbereich für Bier beginnt bei einer Summe von 4 + 5 ≥ 0,035 mg/L

Eine erste Identifizierung von sensorisch feststellbaren Schwefelverbindungen im Bier ist mit dem in Tabelle 37 beschriebenen Geruchstest möglich. Bei Überschreitung ihrer Geschmacksschwellenwerte verleihen sie im Allgemeinen dem Bier einen jungen, unausgereiften, unreinen Geschmack. Durch den vergleichenden Geruchstest mit den 3 Gläsern können Geruchsfehler, die durch Schwefelverbindungen verursacht werden, grob, aber mit einfachen Mitteln charakterisiert werden.

Eine Beeinträchtigung der Qualität eines fertigen Bieres durch flüchtige Schwefelverbindungen kann außer auf die Würzezusammensetzung, die Rohstoffqualitäten und den Hefestoffwechsel auch auf eine Infektion durch bestimmte Bakterienstämme, insbesondere durch Termobakterien, zurückgeführt werden. Dabei wurde ein Anstieg der flüchtigen Schwefelverbindungen im Bier bis auf das 20-fache der Normalwerte beobachtet [126], [127]. Weitere technologische Faktoren, die den Gehalt an Schwefelverbindungen im Bier beeinflussen können, werden in Tabelle 38 genannt.

Tabelle 37 Einfacher Geruchstest zur Charakterisierung von sensorisch feststellbaren Schwefelverbindungen im Bier (nach [128])

3 Gläser mit der gleichen Bierprobe füllen		
Glas 1	Glas 2	Glas 3
Vergleichsprobe ohne Zusatz	Zugabe von ein paar Tropfen einer 1%igen wässrigen Cadmiumsulfat- oder Zinksulfatlösung	Zugabe von ein paar Tropfen einer wässrigen Kupfersulfatlösung
Bei Geruchsprobe: Originalgeruch	Cadmium- oder Zinkionen binden H_2S und beseitigen damit die Geruchsverschlechterungen, die durch H_2S verursacht werden.	Kupferionen binden H_2S und die aktiveren oder flüchtigen Thiole und vermindern bzw. beseitigen damit Geruchsverschlechterungen, die von beiden Schwefelverbindungen verursacht werden.

4.4.3 Schwefelwasserstoff

Er entsteht während des Gärverlaufes hauptsächlich aus den schwefelhaltigen Aminosäuren Methionin, S-Methylmethionin, Cystein sowie das Disulfid Cystin, das mit Cystein ein Redoxsystem bildet. Elementarer Schwefel, Sulfat-, Sulfit- und Thiosulfat-Ionen (siehe Abbildung 35) können durch eine entsprechende Vorbehandlung der Rohstoffe (z. B. Schwefeln des Hopfens, Abdarren von Malz mit direkt beheizten Koksdarren) und durch das Brauwasser als zusätzliches Schwefelreservoir für die Hefe in die Würze kommen. Insbesondere ein Angebot an Thiosulfat-Ionen soll gegenüber Sulfat- und Sulfit-Ionen bei gleicher Konzentration eine Verzehnfachung der H_2S-Bildung verursachen [119]. Auch elementarer Schwefel kann in einer nicht-enzymatischen Reaktion mit den von der Hefe bereits gebildeten Thiolen (R-SH) zu Disulfiden (R-S-S-R) und H_2S reagieren:

$$2\ R\text{-}SH + S \rightarrow R\text{-}S\text{-}S\text{-}R + H_2S$$

Weiterhin führt der Mangel oder der Verlust an Wuchsstoffen in der Würze, z. B. von Panthothenat und Pyridoxin (Vitamin B6), zur Verringerung der Biosynthese der schwefelhaltigen Aminosäure Methionin in der Hefezelle. Dadurch wird die H_2S-Bildung bei der Gärung nicht mehr gesteuert und kann zu höheren H_2S Gehalten im Bier führen. Besondere Vorsicht ist in dieser Hinsicht bei kontinuierlichen Verfahren und bei Verfahren, die mit Kräusen arbeiten, erforderlich [129]. Schwefelwasserstoff ist leicht flüchtig und wird während der Gärung und Reifung z.T. durch CO_2 desorbiert.

Die desorbierte Menge nimmt mit steigender Temperatur und steigender Flüssigkeitshöhe zu. Die höchste H_2S-Konzentration im entweichenden CO_2 findet man in der Periode der größten Gärgeschwindigkeit [130]. Während der Hauptgärung wurden Maximalwerte bis zu 0,2 mg H_2S/L Jungbier gefunden. Da H_2S unter normalen·Gär- und Reifungsbedingungen nur zum Teil durch CO_2 desorbiert wird, ist seine chemische und biochemische Umsetzung im Bier als ein wichtiger Faktor der Reifung anzusehen.

Die Schwefelwasserstoffbildung verläuft in der Gärphase in enger Beziehung zum Hefewachstum, dabei wurden bis zu 4 Konzentrationsmaxima festgestellt. Zwischen den Konzentrationsmaxima fiel die H_2S-Konzentration bis unter 10 µg/l ab, in diesen Phasen hatte die Hefe immer den höchsten Anteil an sprossenden Zellen. Alle technologischen Einflussfaktoren, die die Hefevermehrung verzögern und die Vermehrungsphase hinausziehen, verzögern auch die Ausbildung des letzten H_2S-Maximums. Dadurch erhöht sich die Gefahr, dass auch bei einer längeren klassischen Reifungsphase die H_2S-Konzentration nicht unter den Geschmacksschwellenwert abgesenkt wird. Verzögernd wirken besonders eine zu kalte Gärführung, eine Unterbelüftung der Würze und ein Sauerstoffeintrag beim Schlauchen (siehe auch Tabelle 38).

Unter klassischen Produktionsbedingungen wird bei einer H_2S-Konzentration von 0,02 mg/l zum Zeitpunkt des Schlauchens eine etwa 3-wöchige Lagerphase zur H_2S-Eliminierung als erforderlich gehalten [131]. Für ein ausgereiftes Bier sollten Werte unter 5 µg H_2S/L Bier angestrebt werden.

Tabelle 38 Einfluss einiger technologischer Faktoren auf den Gehalt an Schwefelverbindungen im Bier

Mögliche Veränderungen technologischer Einflussfaktoren	Auswirkungen auf den Gehalt an Schwefelverbindungen
Technologische Fehler, die zu höheren Wuchsstoffverlusten in der Würze und während der Anstellphase führen (z. B. durch Infektionen von Würzebakterien)	H_2S nimmt zu
Überhöhte Hefezuwachsraten, insbesondere bei FAN-Mangel	H_2S nimmt zu
Schärfere Trub- und besonders Kühltrubentfernung	alle flüchtigen Schwefelverbindungen nehmen ab
Zunehmende Würzebelüftung	H_2S nimmt zu
Höhere Gärtemperaturen	H_2S nimmt ab (schnellerer u. höherer Anstieg in der Angärphase, aber auch anschließend schnellere Verminderung)
Zunehmende Hefeautolyse	Sulfide, Thiole nehmen zu
Zunehmende Bewegung	H_2S, Thiole nehmen zu
Steigender CO_2-Druck	H_2S, Thiole nehmen zu
Sauerstoffeintrag beim Schlauchen	H_2S nimmt zu
Zunehmende Malzsubstitution durch Rohfrucht	DMS nimmt ab

4.4.4 Thiole

Die Thioalkohole Methan- und Ethanthiol (veraltet: „Mercaptane") gehören zu den Verbindungen, die das Aroma eines Bieres am stärksten schädigen können. Sie werden auch für den sogenannten „Lichtgeschmack" (Entstehung des „Lichtmercaptans" durch Sonnenenergie aus Isohumulon) mitverantwortlich gemacht. Entstehen können sie u.a. aus schwefelhaltigen Aminosäuren. So kann Methanthiol als Abbauprodukt der Aminosäure Methionin betrachtet werden.

Ethanthiol entsteht auch durch Kondensation des Ethanals mit H_2S über Trithioethanal. Ethanthiol hat einen Siedepunkt von 37 °C und ist in alkoholischen Lösungen gut löslich. Gegenüber Sauerstoff ist es sehr reaktionsfreudig. Bei Abwesenheit von

SO_2 führt ein Sauerstoffeintrag zur Oxidation des Ethanthiols in Diethyldisulfid mit einem Siedepunkt von 154 °C:

$$4\ C_2H_5\text{-}SH + O_2 \rightarrow 2\ C_2H_5\text{-}SS\text{-}C_2H_5 + 2\ H_2O$$

Der Thiolgehalt im Jungbier nimmt bis zu einem Vergärungsgrad von Vs = 50...75 % (im Durchschnitt bis zu einem Vs = 60 %) zu. Es wurden hier Maximalwerte von 0,97 mg/L gefunden. Danach erfolgt eine Abnahme bis zum fertigen Bier auf Werte unter 0,001 mg/l (l. c. [132]), wobei Thiole bereits durch geringste Mengen von Sauerstoff zu den entsprechenden sensorisch weniger gefährlichen Disulfiden oxidiert werden können.

4.4.5 Dimethylsulfid (DMS)

Dimethylsulfid ist die organische, schwefelhaltige Komponente, die während der Gärung in größerer Konzentration im Bier nahezu konstant verbleibt. Als Vorstufe dieser Verbindung wird S-Methylmethionin angenommen, das größtenteils während des Mälzungsprozesses durch enzymatische Methylierung des Methionins bei Anwesenheit von Pektin als Methyldonator gebildet wird (siehe Abbildung 36). Während man 1973 noch annahm, dass diese Vorstufe enzymatisch durch die Hefe in DMS und Homoserin gespalten wird (siehe [119] und Abbildung 36), weiß man jetzt, dass sich das DMS hauptsächlich während der thermischen Prozessstufen der Bierherstellung (Darren des Grünmalzes, Würzekochung und Heißwürzeklärung) durch Aufspaltung der Vorstufe (= Precursor: S-Methylmethionin) bildet. Seine Konzentration im Bier wird deshalb hauptsächlich durch eine Reduzierung der thermischen Belastung bei der Würzeherstellung und -klärung, verbunden mit effektiven Verfahren zum „Ausstinken" der Würze unmittelbar vor der Würzekühlung, bestimmt.

Der Gesamt-DMS-Gehalt (= DMS + Precursor) gilt jetzt als Leitwert für die Intensität des Ausdampfens unedler Würzearomastoffe.

Ein DMS-Gehalt im Bier unter und in der Nähe des Schwellenwerts trägt zum Aroma des Bieres bei und wird nicht negativ beurteilt.

Dimethylsulfidgehalte in Bieren, die den Geschmacksschwellenwert deutlich übersteigen (z. B. bei Werten > 0,1 mg/l), deuten auch oft daraufhin, dass Biere vorliegen, die mit gärbeständigen Würzebakterien infiziert waren [124].

Weiterhin traten hohe DMS-Gehalte bei Brauversuchen mit Grünmalz auf, da die Vorstufe des DMS sehr hitzeempfindlich ist und sonst beim Darren durch die höheren Abdarrtemperaturen bereits zerstört wurde. Werte über 0,08 mg DMS/L im Bier wurden sensorisch als unangenehm empfunden (aufdringliches Gesamtaroma, „grüner" Geschmack nach gekochtem Mais).

Eine Malzsubstitution durch Rohfrucht führt bei vergleichbaren Bieren zu einer deutlichen Erniedrigung des DMS-Gehaltes. In Bieren aus 100 % Malz wurden bei konventioneller Gärung Durchschnittswerte von 0,075 mg DMS/L-Verkaufsbier (Schwankungsbreite: 0,226 bis 0,035·mg/L) und bei einer Druckgärung Durchschnittswerte von 0,042 mg DMS/L-Verkaufsbier (Schwankungsbreite: 0,073 bis 0,025 mg/l) gefunden [133].

In Verbindung mit den modernen schonenden Verfahren der Würzekochung, der Würzeklärung und des „Ausstinkens" (durch Vakuumverdampfung oder Strippens mittels Dampf) werden Gesamt-DMS-Gehalte von < 60...80 µg/L Würze und Bier angestrebt und erreicht.

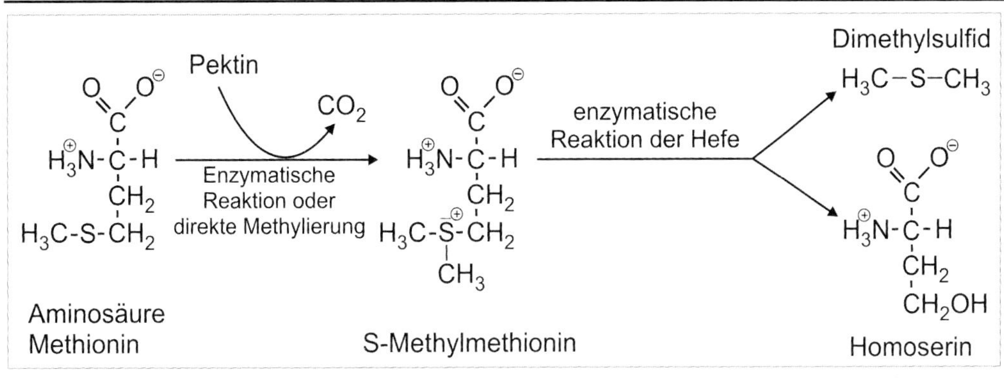

Abbildung 36 Veraltete Ansicht zur Bildung des Dimethylsulfids aus Methionin (nach [119]; Neu: Zerfall des S-Methylmethionins vor allem durch thermische Reaktion in DMS und Homoserin.

4.4.6 Schwefeldioxid

4.4.6.1 Herkunft und Bildungswege des SO_2 im Bier

Die Anstellwürzen weisen bereits SO_2-Gehalte zwischen 0,4...1,1 mg/l auf, und selbst bei einem stark geschwefelten Malz und einer stark geschwefelten Hopfenpartie steigt der SO_2-Gehalt in der Würze nicht weit über 1 mg/L.

Die obergärige Hefe gibt bereits in der Angärphase SO_2 an das Bier ab und nimmt während der Lagerung wieder etwas auf. Die untergärige Hefe bildet langsamer, aber dafür mehr SO_2 als die obergärige Hefe. Bei der untergärigen Nachgärung nimmt die SO_2-Konzentration geringfügig ab. Das Maximum der SO_2-Konzentration im untergärigen Bier liegt beim Schlauchen im Normalfall zwischen 8...10 mg/L.

Die SO_2-Bildung verläuft in enger Verbindung zur Zellvermehrung und Vergärung. Die SO_2-Bildung der Hefe hängt mit der zelleigenen Proteinsynthese zusammen. Bei Mangel an schwefelhaltigen Aminosäuren in der Würze werden durch die Hefe vorhandene Sulfationen (SO_4^{-2}) über Sulfit (SO_3^{-2}) bis zum Schwefelwasserstoff reduziert, der dann zur Synthese der schwefelhaltigen Aminosäuren herangezogen wird. In der Sulfitstufe kommt es zur Anreicherung von SO_3^{-2} und auch zur Ausscheidung von SO_2, wenn die Weiterreduktion von Sulfit zu H_2S gehemmt ist. Die Höhe der SO_2-Bildung ist dabei auch ein stammspezifisches Merkmal der untergärigen Hefen [134].

Man unterscheidet nach [122] folgende Synthesephasen der Hefe, die den SO_2-Gehalt im Bier beeinflussen (siehe Abbildung 37):

- 1. Beginn des Hefezellwachstums, es besteht ein großer Bedarf an S-haltigen Aminosäuren, die durch eigene Vorräte und Würzeaminosäuren gedeckt werden, es gibt keine SO_2-Ausscheidung.
- Weiterhin hoher Bedarf an S-haltigen Aminosäuren: Die organischen Schwefelquellen sind weitgehend aufgebraucht, die Sulfatassimilation aus der Würze wird aktiviert, das gebildete Sulfit wird zum größten Teil durch die Zelle verbraucht, es gibt nur eine geringe Sulfitausscheidung.

- Durch Sauerstoff- und Nährstoffmangel werden das Hefewachstum und die Aminosäuresynthese gehemmt, die Sulfatassimilation läuft weiter und das überschüssige Sulfit wird von der Hefezelle ausgeschieden, die SO_2-Konzentration im Bier nimmt vom 2. bis 5. Gärtag zu.
- Die SO_2-Bildung hört mit dem Erreichen des Endvergärungsgrades auf und sie bleibt im Bier konstant bzw. nimmt bei einem nachträglichen Sauerstoffeintrag ab.

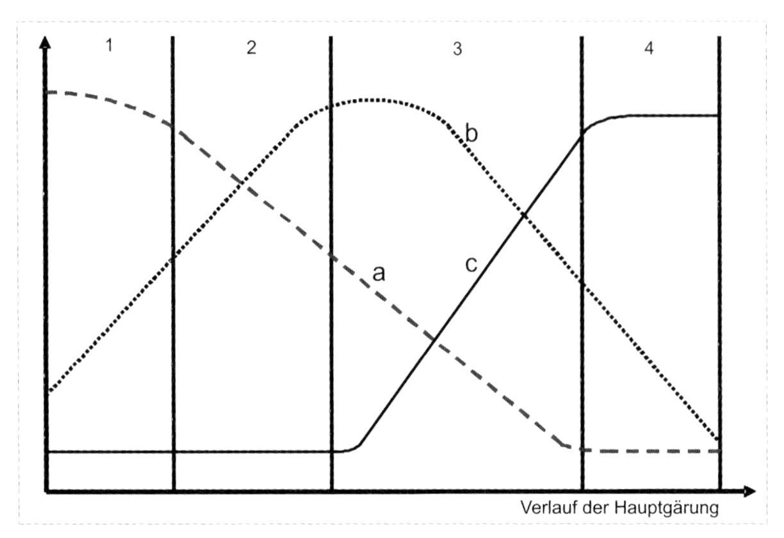

Abbildung 37 Die Zeitpunkt der SO_2-Bildung im Verlauf der untergärigen Hauptgärung (nach [138])
a Extrakt **b** in Schwebe befindliche Hefezellen **c** Gesamt-SO_2

4.4.6.2 SO_2-Richtwerte

SO_2-Konzentrationen im Bier über 15...20 mg/L deuten auf den Zusatz von stark reduzierend wirkenden Sulfiten hin. Zur Verringerung des Sauerstoffeinflusses im Bier ist in einigen Ländern der Zusatz von Natriumbisulfit ($NaHSO_3$) bzw. Natriumsulfit (Na_2SO_3) vor der Abfüllung erlaubt. Dazu wurde der zulässige Höchstgehalt an SO_2 im Bier gesetzlich festgelegt.

Er beträgt z. B. in der BRD 10 mg SO_2/L (Zusätze von Sulfiten sind hier auf der Grundlage des Deutschen Reinheitsgebotes nicht erlaubt), Holland 25 mg SO_2/L, Frankreich 100 mg SO_2/l, Italien 20 mg SO_2/L, Großbritannien 70 mg SO_2/L und USA 70 mg SO_2/L-Bier (l. c. [134]).

Konzentrationen von > 10 mg SO_2/L Bier müssen in Deutschland als Zusatz von Konservierungsstoff deklariert werden.

4.4.6.3 Technologische Einflussfaktoren auf die SO_2-Bildung

Die SO_2-Bildung wird vor allem beeinflusst von:

- Dem physiologischen Zustand der Hefe;
- Der Würzezusammensetzung;
- Den Hefestammeigenschaften;

- Der Gärtemperatur;
- Dem Sauerstoffgehalt der Anstellwürze;
- Der Stammwürze.

Alle Einflussfaktoren, die die Hefevermehrung fördern, verzögern und vermindern die SO_2-Bildung und umgekehrt. Als normales Stoffwechselprodukt der Hefe wird die SO_2-Bildung gefördert durch höhere Stammwürzegehalte der Anstellwürzen (siehe z. B. Abbildung 38), durch höhere Gärtemperaturen mit reduzierter Belüftung, durch einen hohen Sulfatgehalt in der Anstellwürze und durch eine reduzierte Belüftung der Anstellwürzen.

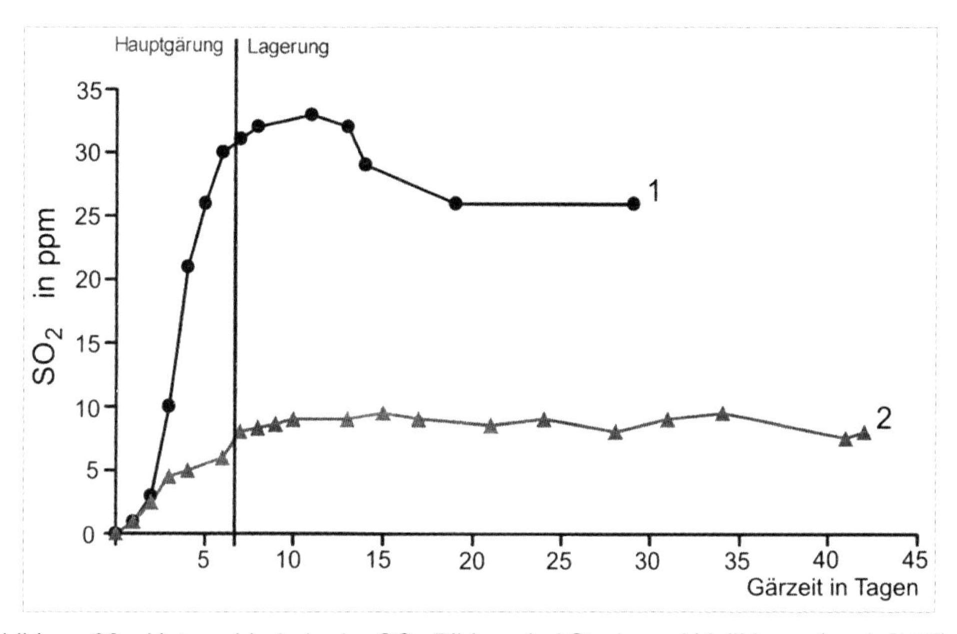

Abbildung 38 Unterschiede in der SO_2-Bildung bei Stark- und Vollbieren (nach [138])
***1** Starkbier **2** Deutsches Pilsner*

In Betriebsversuchen von *Link* [121] ergab eine Steigerung des SO_2-Gehaltes um ca. 5 mg/l (z. B. von 2 auf 7 mg/l) bei der Alterung eine zeitliche Verlängerung der Wahrnehmungsgrenze um ca. 2 Monate sowie eine Verlängerung der Ablehnungsgrenze um ca. 3 Monate. Nach den Erfahrungen dieses Betriebes hängt die Alterungsstabilität zu ca. 80 % vom SO_2-Gehalt des Fertigbieres ab.

Jede Reduzierung des Sauerstoffeintrages in allen Prozessstufen der Bierherstellung vom Sudhaus bis zur Abfüllung führte zur Erhöhung des SO_2-Gehaltes im Bier und zur Verbesserung der Geschmacksstabilität.

Eine Hefebelüftung unmittelbar vor dem Anstellen vitalisiert die Hefe und fördert bei gleichzeitig deutlicher Reduzierung der Belüftung der Anstellwürze höhere SO_2-Gehalte und verbesserte Geschmacksstabilitäten der Biere [135].

Als Orientierungswert kann man nach *Wurzbacher* [136] annehmen, dass jedes Milligramm SO_2/L Bier mehr die Geschmacksstabilität dieses Bieres um ca. 1 Monat verlängert.

4.4.6.4 Zusammenfassung der Optimierungsvorschläge zur SO_2-Einstellung im Bier

Versuche zur Optimierung des SO_2-Gehaltes im Bier ergaben bisher nach [121] und [122] folgende Erkenntnisse (siehe auch Kapitel 3.5):

- Es besteht eine deutliche Abhängigkeit des SO_2-Gehaltes im Bier von den Eigenschaften des verwendeten Hefestammes, Unterschiede zwischen 2... 10 mg SO_2/L im Fertigbier bei gleicher Würze und Verfahrensführung sind möglich.
- Es besteht eine deutliche Abhängigkeit von der Vitalität des Hefesatzes, hochvitale Hefen aus der Propagationsstufe bilden kaum SO_2, da das Wachstum nicht durch einen Mangel einer optimalen Lipidausstattung der Zellen eingeschränkt wird.
- Bei intensiv propagierten Reinzuchthefen steigt das SO_2-Bildungsvermögen erst ab der 2. Führung deutlich an.
- Eine geringere Würzebelüftung führt beim Wiedereinsatz von Erntehefen zu deutlich höheren SO_2-Gehalten, es erhöht sich dabei die Gefahr einer Gärzeitverlängerung, wenn nicht der fehlende Hefezuwachs durch eine höhere Hefegabe ausgeglichen wird.
- Einer Absenkung der Belüftungsrate von 10 l Luft je 1 hL Würze auf ca. 2 l Luft je 1 hL Würze verdoppelte den SO_2-Gehalt im Bier.
- Bei Belüftungsraten über 10 l Luft pro hL Würze sank der SO_2-Gehalt im Bier auf Werte unter 1 mg/l.
- Eine Erhöhung des vergärbaren Extraktes führt bei gleicher Anstellhefekonzentration zur Erhöhung des SO_2-Gehalt im Bier.
- Der SO_2-Gehalt im Bier wird auch durch den Zeitpunkt des Drauflassens und die zeitliche Einteilung des Belüftungsregimes beeinflusst.
- Zur Gewährleistung einer ausreichenden Gärgeschwindigkeit und einem ausreichenden SO_2-Gehalt im Fertigbier wird der Mischeinsatz von Propagations- und schon geführter Erntehefe vorgeschlagen.

Unter Beachtung dieser Ergebnisse sollte auch bei der Hefevermehrung und Hefepropagation die Belüftung nur auf das erforderliche Maß eingestellt werden (s.a. Vorschläge im Kapitel 2.15 und die Versuchsergebnisse in [7], Kapitel 6.2.5).

4.5 Höhere Alkohole

4.5.1 Bildungswege

Die Bildung der höheren Alkohole („Fuselöle") erfolgt während der Gärung durch den aktiven Hefestoffwechsel, insbesondere beim Aufbau zelleigener Aminosäuren. Hier sind mehrere Entstehungswege der höheren Alkohole bekannt. Die wichtigsten Bildungswege sind der *Ehrlich*-Mechanismus und der anabolische Weg (weitere Übersichten dazu siehe [100], [137]).

Beim *Ehrlich*-Weg werden die in der Würze vorhandenen Aminosäuren von der Hefe durch Desaminierung (Abspaltung der Aminogruppe); Decarboxylierung und Reduktion in die entsprechenden Alkohole umgebaut (siehe Abbildung 39 und Tabelle 39). Aus den dazu notwendigen Hauptsubstraten, den Aminosäuren Valin, Leucin und Isoleucin, entstehen so 2-Methylpropan-1-ol (Isobutanol), 3-Methylbutan-1-ol (Isoamylalkohol) und 2-Methylbutan-1-ol (D-Amylalkohol). Die Bildung der höheren Alkohole kann auch auf anabolischem Weg (siehe Abbildung 40) über die entsprechenden Hydroxysäuren oder Ketosäuren erfolgen. Allein die Zahl der identifizierten Alkohole im Bier lässt darauf schließen, dass nicht alle als Nebenprodukte des Aminosäure-Metabolismus zu betrachten sind. Ihre Bildung ist auch direkt aus den Würzezuckern über Acetat möglich.

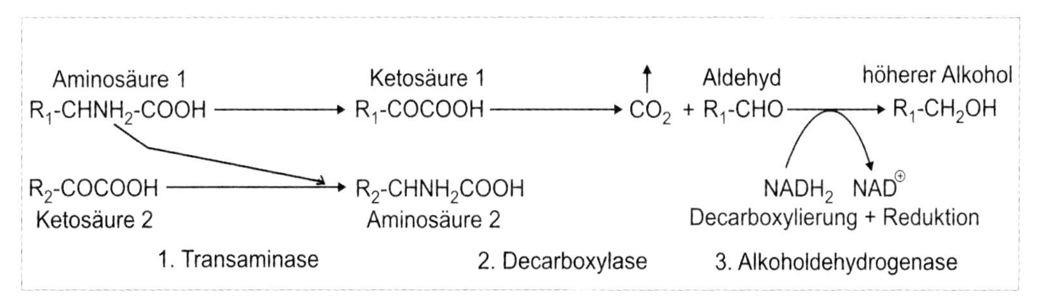

Abbildung 39 Verbindung zwischen der Transaminierung und der Bildung der höheren Alkohole - die drei Abbaustufen und Enzyme des „Ehrlich-Weges" bei der Bildung der höheren Alkohole

Die Bildung der höheren Alkohole erfolgt, bedingt durch die enge Beziehung zum Baustoffwechsel der Hefe, hauptsächlich in der ersten Phase der Hauptgärung. Etwa 80 % der höheren Alkohole werden während der Hauptgärung gebildet (siehe auch Abbildung 112 und Abbildung 113 in Kapitel 8.4.4.1). Die Zunahme in der Lagerphase untergäriger Biere liegt nur zwischen 5...20 mg/l.

Neben den höheren aliphatischen Alkoholen, die etwa 85 % der höheren Alkohole ausmachen (Schwellenwerte der wichtigsten höheren aliphatischen Alkohole siehe Tabelle 28), sind einige aromatische höhere Alkohole im Bier, die sehr geschmacksintensiv sind. Deren wichtigster Vertreter ist das 2-Phenylethanol mit einer Konzentration im Bier zwischen 2 bis 20 mg/l. Das 2-Phenylethanol entsteht bei der Verwertung von Phenylalanin als Amino-N-Quelle, er verleiht dem Bier ab 15 mg/l einen Rosenduft.

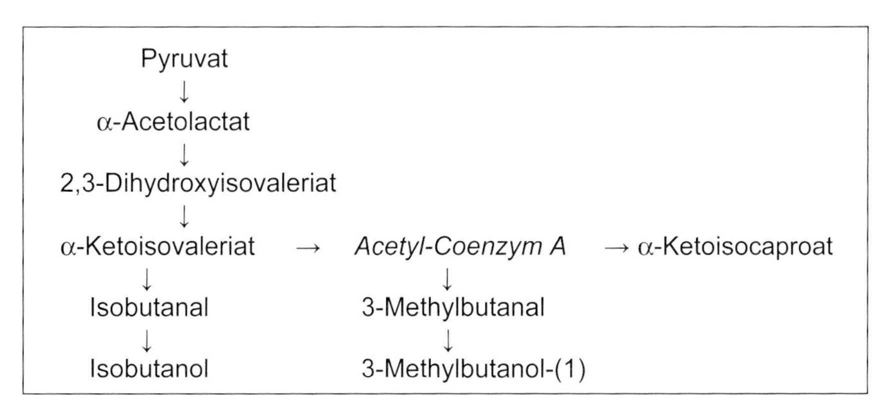

Abbildung 40 Der anabolische Bildungsweg von Isobutanol und 3-Methylbutanol-(1)

Tabelle 39 Die wichtigsten höheren Alkohole im Bier und ihre Ausgangsaminosäuren

Aminosäure	Höherer Alkohol	Synonyme Bezeichnungen (Fuselöle)	
Threonin →	n-Propanol	Propan-1-ol	
Valin →	Isobutanol	2-Methylpropan-1-ol	
Leucin →	3-Methyl-Butanol	3-Methylbutan-1-ol	Isoamylalkohole
Isoleucin →	2-Methyl-Butanol	2-Methylbutan-1-ol, D-Amylalkohol, opt. aktiver Amylalkohol	
Phenylalanin →	Phenylethanol		

4.5.2 Technologische Beeinflussung

Eine wirkungsvolle Reduzierung einer bereits vorhandenen Konzentration an höheren Alkoholen im Bier ist mit gärungstechnologischen Maßnahmen nicht möglich. Die Einstellung der Konzentration der höheren Alkohole im Fertigbier muss deshalb vorrangig durch die Beeinflussung in ihrer hauptsächlichen Bildungsphase in der ersten Gärphase erfolgen (Zusammenstellung der Einflussfaktoren siehe Tabelle 41).

Die Anwendung dieser die Bildung höherer Alkohole unterdrückenden technologischen Maßnahmen ist besonders bei beschleunigten Gärverfahren (s.a. Kapitel 5.3.2) zur Gewährleistung einer guten Bierqualität erforderlich. Ihre Konzentration kann durch gärungstechnologische Maßnahmen, wie die folgenden Beispiele zeigen, recht gut beeinflusst werden:

- Die Auswahl eines geeigneten Hefestammes ermöglicht eine wirkungsvolle Einflussnahme auf das gewünschte Aromaprofil unter den jeweiligen betrieblichen und technologischen Bedingungen (siehe z. B. Tabelle 40).
- Die steigende Intensität der Belüftung der Anstellwürze fördert über die Anregung der Hefevermehrung auch die Bildung der höheren Alkohole (siehe Tabelle 42).
  Besonders das beim High-gravity-Brauen hin und wieder praktizierte wiederholte Belüften der bereits angestellten Starkbierwürzen fördert die Hefevermehrung und die höheren Alkohole und reduziert die Esterkonzentration bei diesen Bieren.
- Jede Temperaturerhöhung in der Gärphase führt zur Reduzierung der CO_2-Konzentration im Bier, fördert die Intensität des Hefestoffwechsels und damit auch die Hefevermehrung und erhöht die Konzentration der höheren Alkohole (siehe Tabelle 43).
- Durch Druckanwendung in der Gärphase wird der CO_2-Gehalt im gärenden Bier erhöht, es kommt zur Hemmung der Hefevermehrung und damit zur Verminderung der Bildung höheren Alkohole (s.a. Tabelle 44).

Tabelle 40 Einfluss des untergärigen Hefestammes (Bruchhefen) auf den Gehalt an höheren Alkoholen (Angaben in ppm nach [138])

Hefestamm	RH	E	HB	HA
n-Propanol	5,2	5,0	5,2	6,0
2-Methylpropanol-(1)	9,2	10,3	8,9	6,2
2-Methylbutanol-(1)	14,5	11,4	11,5	10,9
3-Methylbutanol-(1)	47,5	42,3	43,6	25,1
Σ Höhere Alkohole	77	69	69	48

Tabelle 41 Einflussfaktoren auf die Konzentration der höheren Alkohole im Bier

Bildung der höheren Alkohole wird gefördert durch:	Bildung der höheren Alkohole wird gedämpft durch:
Maßnahmen, die eine Beschleunigung der Hauptgärung bewirken, wie die Erhöhung der Gärtemperaturen und Bewegung des Gärmediums (z. B. durch Rühren)	Maßnahmen, die die Hefevermehrung oder die Gärintensität vermindern, wie: - die Erhöhung der Hefegabe beim Anstellen, - kältere Anstelltemperaturen, - kältere Gärführung, - Anwendung von Druck bereits in der Anstell- und Gärphase und - Vermeidung eines Sauerstoffeintrages nach dem Anstellen
Verringerung der Aminosäurekonzentration in den Anstellwürzen (z. B. durch schlechter gelöste Malze oder durch Rohfruchteinsatz) bei gleich-bleibender Hefevermehrung	
Alle Maßnahmen, die eine Erhöhung der Hefevermehrung bewirken, wie intensivere Belüftung der Anstellwürzen, intensiveres Drauflassen und Anstelltemperaturen über 8 °C in der drucklosen Gärung	Eine ausreichende Ausstattung der Anstellwürze mit Aminosäuren bei gleichem technologischem Regime

Tabelle 42 Einfluss der Würzebelüftung auf die Menge der gebildeten höheren Alkohole bei der Untergärung (Angaben in ppm (nach [138])

Belüftung in ppm O_2	0 ppm	8 ppm	12 ppm	Wiederholte Belüftung
n-Propanol	5,9	8,2	10,5	22,0
2-Methylpropanol-(1)	10,0	12,0	10,9	15,2
2-Methylbutanol-(1)	7,9	15,5	16,7	17,6
3-Methylbutanol-(1)	33,7	54,9	57,1	88,2
Σ Höhere Alkohole	57,5	90,6	95,2	143,0

Tabelle 43 Einfluss der Gärtemperatur auf die Menge der gebildeten höheren Alkohole (Untergärung); Angaben in ppm (nach [138])

Gärtemperatur	8 °C	15 °C	20 °C
n-Propanol	4,4	5,4	13,6
2-Methylpropanol-(1)	8,2	14,3	23,7
2-Methylbutanol-(1)	15,5	20,0	24,8
3-Methylbutanol-(1)	43,8	59,2	61,6
Σ Höhere Alkohole	72	99	124

Tabelle 44 Einfluss des Druckes in der Gärphase auf die Menge der gebildeten höheren Alkohole bei konstanter Temperatur (Angaben in ppm nach [138])

Druck	0 bar	1 bar	2 bar
n-Propanol	4,5	3,6	3,0
2-Methylpropanol-(1)	10,0	5,0	4,0
2-Methylbutanol-(1)	20,6	10,4	7,5
3-Methylbutanol-(1)	49,2	37,0	31,1
Σ Höhere Alkohole	84	56	46

4.5.3 Technologieempfehlung - Ergebnisse aus großtechnischen Versuchen

Unter den Versuchsbedingungen: 250 m^3-ZKT, gesamte Hefegabe mit dem 1. Sud, Befüllungsdauer etwa 36 h, Temperatur des Tankinhaltes bei „Tank-voll" ϑ = 8...11 °C ergaben sich folgende mit einer wahrscheinlichen Genauigkeit von P > 95 % statistisch abgesicherte Beziehungen:

Es wurden gewählt als:

- Zielgröße:
  $y = c_{HA}$ = Summarische Konzentration der höheren Alkohole im Fertigprodukt in mg/L
- Einflussgrößen:
  $x_1 = Vs_0$ = Scheinbarer Vergärungsgrad des ZKT-Inhaltes am Ende des Füllvorganges in %
  $x_2 = p_{ü1}$ = durchschnittlich eingestellter Spundungsdruck während der Gärphase vom Anstellen bis ΔEs ≈ 1% in bar

Bei $p_{ü1}$ = const. (0,3 bar) ergab eine Zunahme des
Vs_0 um 1 % → eine Zunahme von c_{HA} um 0,95 mg/L,

bei einem V_{s0} = const. (12 %) ergab eine Zunahme
$p_{Ü1}$ um 0,1 bar → eine Reduzierung von c_{HA} um -2,6 mg/L.

Diese Ergebnisse wurden in Abbildung 41 als Orientierungsvorschlag zusammengefasst. Der Vergärungsgrad zum Zeitpunkt „Tank-voll" wurde signifikant durch die Temperaturführung des Tankinhaltes in der Anstellphase beeinflusst.

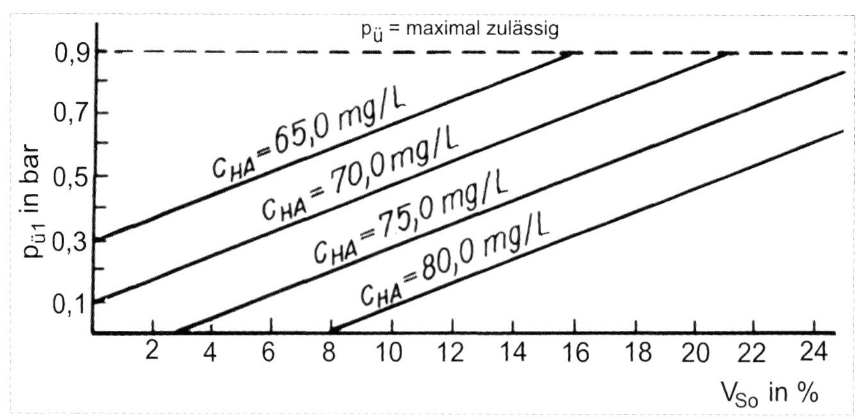

Abbildung 41 Beziehung zwischen dem Anstellverfahren und der Konzentration der höheren Alkohole im Fertigprodukt [22]

Beispiel:
Ziel soll sein: c_{HA} = 70...75 mg/L
Das Anstellverfahren ergibt bei „Tank voll" einen Vs_0 = 10...12 %.
Einzustellen ist $p_{ü1}$ = 0,29...0,33 bar

Bei ähnlichen Versuchsbedingungen: 250 m^3-ZKT, gesamte Hefegabe mit dem 1. Sud, Befüllungsdauer etwa 36 h, Temperatur des Tankinhaltes bei „Tank-voll" ϑ = 8...11 °C, aber unter nur sehr geringem Überdruck in der gesamten Gärphase von $p_{ü1} \leq 0,05$ bar ergab sich die in Abbildung 42 dargestellte hoch signifikante Beziehung zwischen dem V_{s0} und dem Gehalt des Fertigbieres an höheren Alkoholen.

Unter diesen Bedingungen hatte die Intensität der Angärung einen wesentlich größeren Einfluss, wie die Regressionsgleichung zeigt. Eine Erhöhung des V_{s0} um 1 % ergab einen Zuwachs im höheren Alkoholgehalt um rund 2,6 mg/L.

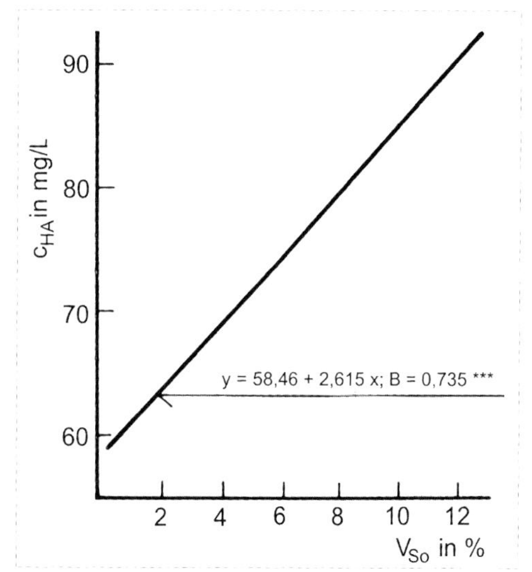

Abbildung 42 Einfluss der Intensität der Angärung bei der Befüllung eines ZKT auf den summarischen Gehalt der höheren Alkohole c_{HA} im Fertigbier (nach [22]) (Ergebnisse bei $p_{ü1} \leq 0,05$ bar)
Vs_0 Scheinbarer Vergärungsgrad des ZKT-Inhaltes in % am Ende des Füllvorganges

4.5.4 Richtwerte

Eine Konzentration der höheren Alkohole von über 100 mg/L in untergärigen Bieren verschlechtert deutlich die sensorische Qualität durch einen unangenehmen Bittergeschmack und beeinträchtigt die Bekömmlichkeit der Biere. Als Bukettstoffe sind sie aber in einer Mindestkonzentration im Bier erforderlich. Es werden für unter- und obergärige Biere folgende Richtwerte für den erwünschten Konzentrationsbereich der höheren Alkohole angegeben:

Tabelle 45 Richtwerte für Höhere Alkohole im Bier (Angaben in ppm)

	Untergärige Biere	Obergärige Biere
Normalbiere	60...90	90...180
Premiumbiere	65...80	

4.6 Ester

Ester sind Verbindungen einer Säure mit einem Alkohol. Die Ester sind die wichtigsten Bukettstoffe des fertigen Bieres und bestimmen wesentlich das Bieraroma mit. Höhere Esterkonzentrationen können dem Bier aber auch einen unangenehmen bitteren, fruchtigen oder lösungsmittelartigen Geschmack verleihen.

4.6.1 Bildungswege

Die Bildung der Ester erfolgt zu einem geringen Teil durch Veresterung der höheren Alkohole:

$$R_1COOH + R_2OH \rightarrow R_1COOR_2 + H_2O$$

Hauptsächlich entstehen sie durch Veresterung von Fettsäuren während der Gärung auf biosynthetischem Wege durch die Hefe mithilfe des Acetyl-CoA (siehe Abbildung 44), das selbst die Drehscheibe für mehrere wichtige Synthesewege bildet (weitere Informationen siehe [7]):

$$R_1COOH + SCoA + R_2OH \rightarrow R_1COOR_2 + CoASH$$

Die Esterbildung ist also unmittelbar mit den Hefestoffwechselvorgängen bei der Gärung verbunden, sie ist, wie die Hefevermehrung, ein Energie verbrauchender Prozess und hört auf, wenn die Gärung beendet ist. Hefevermehrung und Ester- und Fettsäuresynthese haben eine enge Beziehung zueinander, wie das vereinfachte Schema nach *Nordström* zeigt (siehe Abbildung 43).

Der Zusammenhang kann aus dem Fettstoffwechsel der Hefe erklärt werden. Die Hefe verbraucht während der Wachstumsphase Acetyl-Coenzym A für die Bildung von ungesättigten Fettsäuren und Stearinen, die besonders für das Funktionieren der Zellmembran und des Stofftransportes wichtig sind. Die Synthese dieser Stoffe kann durch die Hefe nur bei Anwesenheit von molekularem Sauerstoff erfolgen (Bedeutung des Sauerstoffs für die Hefevermehrung, s.a. Kapitel 5.1.1). Nach dem Verbrauch des Sauerstoffs verlangsamt sich die Produktion ungesättigter Fettsäuren, und immer mehr Acetyl-Coenzym A kann für andere Energie verbrauchende Reaktionen, wie die Esterbildung, genutzt werden. Der größte Teil der Ester wird gewöhnlich während der Hauptgärung gebildet, wobei die wichtigsten Ester Ethylacetat und 3-Methylbutylacetat (Isoamylacetat) in der Angärphase verhältnismäßig langsam gebildet werden. Ihre Konzentration nimmt hauptsächlich in der intensiven Gärphase erst richtig zu, wenn die Hefevermehrung zurückgeht. Etwa 60 % der gebildeten Ester werden von der Hefe in der Phase der Hauptgärung in das Jungbier ausgeschieden. Die Konzentrationszunahme der Ester ist in der Reifungsphase abhängig von der Dauer der Nachgärung. Sie kann bei langer und langsamer Nachgärung bis zur Verdopplung der im Jungbier enthaltenen Esterkonzentration führen.

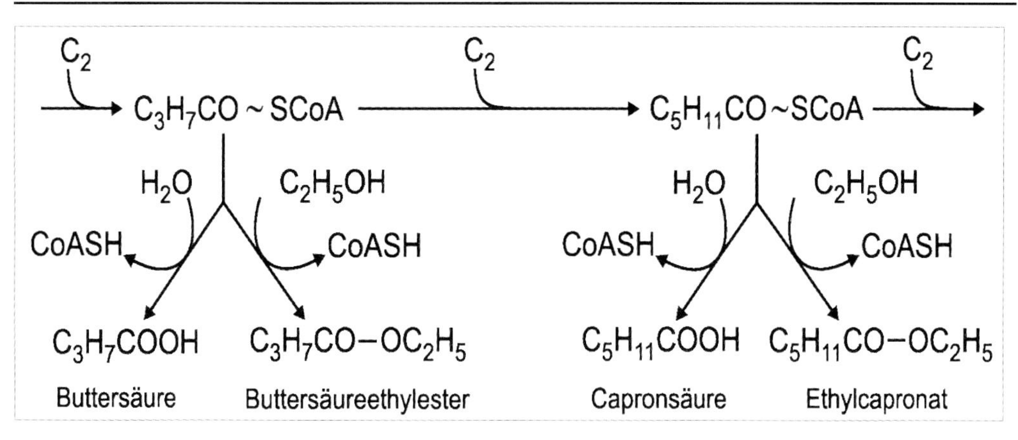

Abbildung 43 Vereinfachtes Schema der Synthese von Fettsäuren und Estern nach Nordström (L. c.[139])

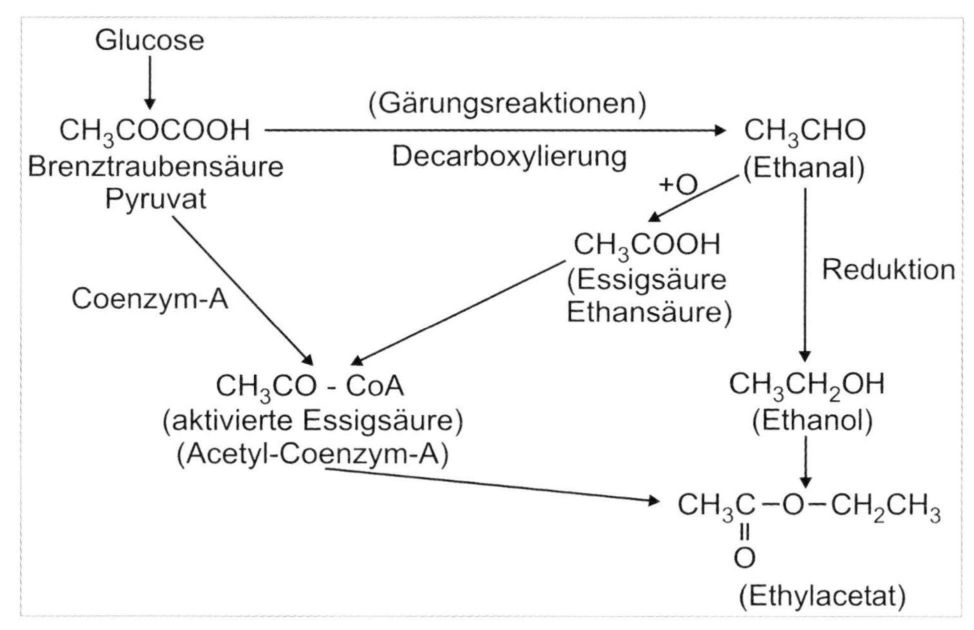

Abbildung 44 Schematische Darstellung der Bildung von Ethylacetat während der alkoholischen Gärung [140]

4.6.2 Technologische Einflussfaktoren

Folgende Einflussfaktoren wirken auf die Esterkonzentration im Bier (s.a. Tabelle 46): Die Bildung der Ester wird gefördert durch:

- Eine Erhöhung der Stammwürzekonzentration (besonders starke Zunahme ab St > 13 % [141], s.a. Kapitel 13;
- Erhöhung des Endvergärungsgrades bei gleichzeitiger Erhöhung des Ausstoßvergärungsgrades;

- Zusatz von Saccharose bzw. Stärkehydrolysate als Malzsubstitute;
- Eine Erhöhung der Glucosekonzentration (z. B. durch ein die Maltase betonendes Maischverfahren bei 50…55 °C oder durch Zusätze von Glucosesirup zur Würze - Bedeutung für die Herstellung von aroma-intensive obergärige Weizenbiere im ZKT);
- Das Abbremsen der Fettsynthese bei einem hohen Acetyl-CoA-Gehalt der Hefe;
- Eine kalte, langsame und längere Nachgärung in liegenden Lagertanks (Ursache: Acetyl-CoA-Bildung in einer Phase, wo die Hefevermehrung abgeschlossen ist).

Die Bildung der Ester wird gedämpft durch:

- Die entgegengesetzten Veränderungen der vorstehend aufgeführten Maßnahmen;
- Alle Maßnahmen, die die Hefevermehrung intensivieren (= schnellere und größere Hefevermehrung);
- Steigender Sauerstoffeintrag in die Anstellwürze und in der Angärphase;
- Steigende Gärtemperaturen;
- Eine Erhöhung der ungesättigten Fettsäuregehalte in der Würze (z. B. durch trübes Abläutern);
- Eine zunehmende Bewegung in der Gärung und Reifung des Bieres (z. B. durch die hohe Turbulenz bei der Gärung in ZKT).

Tabelle 46 Veränderung der Fettsäureethylester im Bier durch technologische Maßnahmen (nach [138])

Parameter und Bezugsbasis (100 %)	Veränderung der technologischen Maßnahme	Veränderung der Fettsäureethylesterkonzentration in %
Hefegabe $10 \cdot 10^6$ Zellen/mL	$30 \cdot 10^6$ Zellen/mL	- 7,4 %
	$7{,}5 \cdot 10^6$ Zellen/mL	+ 20,9 %
Belüftung 8 mg O_2/L	16 mg O_2/L	- 10,4 %
	2 mg O_2/L	+ 40,3 %
Stammwürze St = 12 %	St = 18 %	+ 82,1 %
	St = 12 % *)	+ 21,4 %
Gärtemperatur ϑ = 15 °C	ϑ = 23 °C	- 26,9 %
	ϑ = 6 °C	+ 16, 4 %

*) nach Rückverdünnung auf St = 12 %

Einige Einflussfaktoren, wie z. B. der Überdruck in der Gärphase und die Hefegabe können nicht eindeutig zur Steuerung der Esterbildung herangezogen werden. Die Ursache ist in der komplexen Verwendung des Acetyl-Coenzyms A in den einzelnen Gärphasen zu suchen. Alle Maßnahmen für eine intensive und kurze Gärung geben der Hefe nicht die Möglichkeit viel Ester zu bilden. Lange Gärphasen (viel vergärbarer Extrakt, kalte Gärung, geringe Turbulenz) fördert die Esterbildung.

Bei der Gärung und Reifung des Bieres im zylindrokonischen Großtank (Verfahren s.a. Kapitel 8.4.4.1) ergab:

- eine Zunahme des vergorenen Extraktes von 10 g Ew/L eine signifikante Zunahme der Esterkonzentration um 3,5 mg/L.
- Gleichzeitig verursachte eine Erhöhung des Hefezuwachses um $10 \cdot 10^6$ Zellen/mL eine um 0,75 mg/L verringerte Esterbildung [55].

Die Einstellung des gewünschten Konzentrationsbereiches im Estergehalt eines Bieres muss ausgehend von einem ausreichenden Verhältnis von vergärbaren Zuckern zu assimilierbaren Stickstoffverbindungen in der verwendeten Würze und mit einer angemessenen Würzebelüftung durch eine gezielte Hefevermehrung erfolgen.

4.6.3 Richtwerte

Der Estergehalt im Bier ist auch sehr abhängig von der Biersorte und dem Hefestamm. Obergärige Biere können bis zu 80 mg Ester/L und untergärige Biere bis zu 60 mg Ester/L haben. Im Bier wurden über 60 Ester gefunden; die beiden wichtigsten sind in Tabelle 28 und Tabelle 47 aufgeführt (weitere Informationen dazu siehe [100], [101], [125], [142], [143]).
Ethylacetat verursacht in höheren Mengen einen stechenden scharfen Geruch und einen bitteren Geschmack. Im Konzentrationsbereich zwischen 10...20 mg/L führte eine Zunahme dieses Esters zur signifikanten Verbesserung des Biergeruches [55].

Tabelle 47 Die wichtigsten Bierester für untergärige Biere

Bierester	Schwellenwert in ppm	Normalbereich in ppm	Aromaeindruck
Ethylacetat	25...30	15...25	Lösungsmittelartig
Isoamylacetat	1,0...1,6	0,5...1,5	Fruchtig, nach Banane
Ethylcaprylat	1,0	0,1...0,3	
Ethylcapronat	0,2	0,1...0,3	
β-Phenylethylacetat	3,0	1...5	Rosen, Honig

Weiterhin sind die Ester nach Tabelle 48 im geringen Umfang in Bieren nachweisbar.

Als Richtwerte für untergärige Biere Pilsner Art können folgende Konzentrationsbereiche für den Gesamtestergehalt angenommen werden:

Gesamtestergehalt für Normalbiere: 15...35 mg/L;
Gesamtestergehalt für Spitzenbiere: 18...25 mg/L.

Tabelle 48 Höhere Ester im Bier

Ester	Aromaeindruck
Isobutylacetat	Banane, fruchtig
Hexansäureethylester (C_6)	Apfel, Anis
Octansäureethylester (C_8)	Apfel, fruchtig
Decansäureethylester (C_{10})	Apfel, fruchtig

4.7 Glycerin

4.7.1 Bildungswege

Glycerin (Synonym: Glycerol) ist ein dreiwertiger Alkohol, der als Nebenprodukt bei der Biergärung entsteht (siehe Abbildung 45, ein Ausschnitt aus Abbildung 98 in [7]) und mengenmäßig als Bierinhaltsstoff sogar an 4. Stelle steht.

Ausgehend von dem im Gleichgewicht stehenden beiden isomeren phosphorylierten Triosen Glycerinaldehyd-3-phosphat und Dihydroxyacetonphosphat werden bei einem normalen anaeroben Gärungsstoffwechsel der Bierhefen 3...5 % (bei der Weingärung 8...10 %) der vergorenen Zucker in Glycerin umgewandelt (siehe Abbildung 45: Reduktion des Dihydroxyacetonphosphats zu Glycerin-3-phosphat).

4.7.2 Bedeutung des Glycerins für die Hefezelle

Glycerin wird von der Hefe auch unter Wasserstress produziert und in der Zelle akkumuliert, um die intrazelluläre Osmolarität zu erhöhen.

Es ist eine Schutzfunktion der Hefezelle bei hohen Salz- und Zuckerkonzentrationen im Nährsubstrat, um zelluläre Wasserverluste zu vermeiden. Auch bei einer Hefelagerung bei tiefen Temperaturen hat der Glyceringehalt eine Schutzfunktion (Schutzantwort der Hefezelle bei Kältestress) [144].

4.7.3 Technologische Beeinflussung

Die Glycerinkonzentration im Bier steht vorwiegend mit der Zunahme des Vergärungsgrades und der Höhe des Endvergärungsgrades in Beziehung. Würzebelüftung, Hefegabe und Gärtemperatur sind dabei nur von mittelbarer Bedeutung [145], [147].

Wird jedoch der durch Decarboxylierung des Pyruvats gebildete Acetaldehyd (siehe Abbildung 33) durch den Zusatz von z. B. Natriumhydrogensulfit ($NaHS0_3$) irreversibel in Acetaldehydhydroxysulfonat überführt, kann kein $NADH^+H^+$ für die Reduktion des Acetaldehyds zu Ethanol verbraucht werden und die Hefezelle muss zur Aufrechterhaltung des Erhaltungsstoffwechsels und der erforderlichen NAD-Bildung das Gleichgewicht in der 4. Stufe des Fructose-1,6-diphosphat-Wegs zugunsten einer verstärkten Glycerinbildung verschieben (siehe Abbildung 45).

Unter optimalen Bedingungen können auf diesem Wege 30 % der eingesetzten Zucker in Glycerin umgewandelt werden (Verfahren zur gärungstechnologischen Glycerinerzeugung).

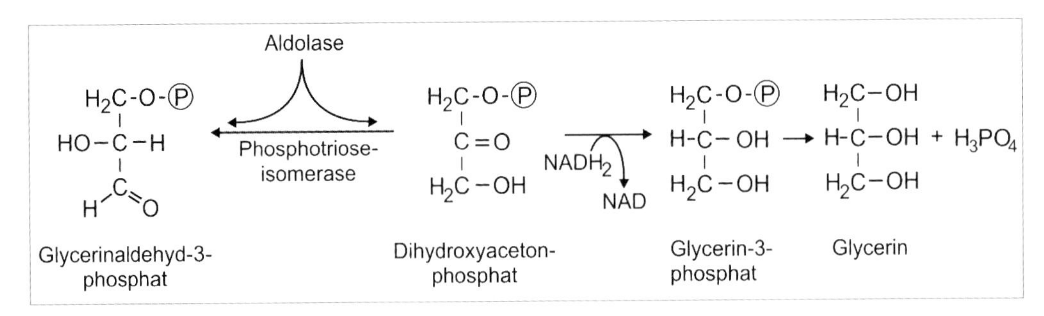

Abbildung 45 Die Stellung des Glycerin im Gärungsstoffwechsel der Hefe (Ausschnitt aus Abbildung 98 in [7])

Das Schwefeln durch den Zusatz von SO_2 wird in der Weinindustrie als eine Maßnahme zur Beschleunigung der Weinreifung des Jungweines angewendet, auch das bei der Biergärung entstehende SO_2 wird sicher teilweise durch diese Bindung an Acetaldehyd ausgeschieden und trägt damit auch zur schnelleren Reifung bei.

4.7.4 Richtwerte

In Bieren wurden Glycerinmengen zwischen 1200...2000 mg/l gefunden. Der zu erwartende Konzentrationsbereich liegt immer bei 3...5 % der Menge der Zucker, die vergoren wurden [146].
Als Geschmacksschwellenwerte werden in der Literatur Konzentrationen zwischen 3000 bis 10.000 mg Glycerin/L genannt. Ein ansteigender Glyceringehalt im Bereich von 1200...2000 mg/l Bier beeinflusst die Bierqualität, insbesondere die Gesamtgüte, positiv (l. c. [147]).

4.8 Organische Säuren

4.8.1 Bildungswege

In das Bier kommt durch den Stoffwechsel der Hefe auch eine große Zahl von organischen Säuren. Bisher wurden bis zu 80 Säuren identifiziert [148]. Sie entstehen zum Beispiel als Zwischenprodukte bei der alkoholischen Gärung (siehe z. B. Abbildung 4 in Kapitel 2.11) und dem Aminosäuren- und Fettsäurestoffwechsel. Ihre Bildung ist eng mit der Esterbildung verbunden (siehe Abbildung 43).

Ihre Bildung erfolgt hauptsächlich in den ersten 4 Tagen der Hauptgärung. Während der Lagerphase bei der Biergärung kommt es nur noch zu geringen Verschiebungen, obwohl *Saccharomyces*-Hefen grundsätzlich die enzymatische Fähigkeit haben, einzelne organische Säuren (z. B. L-Äpfelsäure mithilfe des Malatenzyms) zu Pyruvat zu decarboxylieren und dann weiter wie bei der Zuckervergärung zu Ethanol zu vergären, eine Eigenschaft, die bei den Weinhefen zum Säureabbau im Most genutzt wird.

Die organischen Säuren beeinflussen deutlich die pH-Wert-Veränderungen bei der Biergärung mit und haben auch für den Biergeschmack eine große Bedeutung, indem sie selbst zum Bukett des Bieres beitragen oder andere Geschmacksträger in ihrem Geschmackseindruck modifizieren bzw. verstärken.
Durch den Hefestoffwechsel entstehen niedere und höhere Fettsäuren, deren einfachere Homologe (z. B. Ethansäure, Propansäure) auch als flüchtige Säuren erfasst werden. Weiterhin bildet die Hefe eine Reihe von α-Ketosäuren (wichtigste Säure ist das Pyruvat), Oxysäuren (z. B. Milchsäure mit einer gefundenen Konzentration im Bier zwischen 31...532 mg/L und einem Geschmacksschwellenwert von 400 mg/L nach (l. c. [146]), Acetohydroxysäuren (siehe Kapitel 4.2) und Di- und Tricarbonsäuren (siehe z. B. Abbildung 4 Kapitel 2.11). Diese Säuren werden alle auch in das Gärsubstrat abgegeben. Von den freien niederen Fettsäuren sind die Säuren mit 4 bis 10 C-Atomen als Bukettstoffe im Bier besonders wichtig (siehe auch [100]). Ihre Gesamtmenge schwankt in untergärigen Bieren zwischen 10...18 mg/l. Die höheren Fettsäuren mit 12 bis 18 C-Atomen liegen im Bier in Mengen zwischen 0...0,5 mg/l vor ([l. c. [149]). In höheren Konzentrationen beeinflussen die Fettsäuren die Schaumhaltbarkeit und Alterungsstabilität negativ [100].

4.8.2 Technologische Einflussfaktoren

In Tabelle 49 und Tabelle 50 werden einige technologische Maßnahmen aufgeführt, die einen Einfluss auf den Fettsäuregehalt im Bier haben.

Im Allgemeinen nimmt die Menge an organischen Säuren im Bier bei beschleunigten Gärverfahren ab, so reduzieren z. B. höhere Gärtemperaturen, höhere Hefegaben und eine stärkere Bewegung den Gehalt des Bieres an freien niederen Fettsäuren.

Ein Anstieg der Decansäure- und Decansäureethylestergehalte im Bier deutet nach [511] auf eine zu lange Reifungszeit, verbunden mit einer Hefeexkretion (Hefeautolyse), hin. Zum Beispiel soll dies bei einer Decansäurekonzentration von 1,9 mg/L und einer Decansäureethylesterkonzentration von 0,11 mg/L zutreffen.

Tabelle 49 Technologische Einflussfaktoren auf den Fettsäuregehalt im Bier

Technologische Maßnahme	Fettsäuregehalt im Bier
Hefestammwechsel	Stammspezifisch +/-
Höhere Stammwürze	+
Höhere Hefegabe	-
Höhere Gärtemperatur	-
Stärkere Belüftung	-
Anwendung von Druck bei der Gärung	-
Höhere Lagertemperatur	+
Mehr ungesättigte Fettsäuren in der Würze	-
Mehr Biotin und Mineralstoffe in der Würze	-

+ = höher, +/- = neutral, - = geringer

Tabelle 50 Veränderung der Fettsäurekonzentration im Bier durch technologische Maßnahmen (nach [138])

Parameter und Bezugsbasis (100 %)	Veränderung der technologischen Maßnahme	Veränderung der Fettsäurekonzentration in %
Hefegabe $10 \cdot 10^6$ Zellen/mL	$30 \cdot 10^6$ Zellen/mL	- 0,06 %
	$7{,}5 \cdot 10^6$ Zellen/mL	+ 34,1 %
Belüftung 8 mg O_2/L	16 mg O_2/L	- 24,7 %
	2 mg O_2/L	+ 44,2 %
Stammwürze St = 12 %	St = 18 %	+ 61,8 %
	St = 12 % *)	+ 7,8 %
Gärtemperatur ϑ = 15 °C	ϑ = 23 °C	- 33,7 %
	ϑ = 6 °C	+ 24,7 %

*) nach Rückverdünnung auf St = 12 %

4.8.3 Oxalsäure

Eine besondere Stellung im organischen Säurehaushalt des Bieres spielt die Oxalsäure $(COOH)_2$, eine Dicarbonsäure. Die Oxalsäure wird nur durch die Rohstoffe Malz und Hopfen in die Würze eingebracht. Sie reagiert mit den Ca-Ionen des Wassers zu Calciumoxalat, das eine sehr geringe Löslichkeit im Bier hat und während des Würzeherstellprozesses und der Gärung ausfällt.

Die Ausscheidungsprozesse sind bei der Gärung um so größer, je kälter das Bier ist und je größer der Ca^{+2}-Überschuss im Bier ist (siehe Abbildung 46). Probleme bereitet der Oxalsäuregehalt des Bieres bei sehr weichen, Ca^{+2}-armen Brauwässern. Hier kann es bei einem nachträglichen Ca^{+2}-Eintrag durch die Filterhilfsmittel und durch die langsame Reaktionszeit der Calciumoxalatbildung zu Ausscheidungen im filtrierten und evtl. schon abgefüllten Bier kommen, die eine Ursache für „Gushing" sein können. Als Gegenmaßnahme ist in Deutschland der Zusatz von $CaSO_4$ oder $CaCl_2$ zum Brauwasser erlaubt (zur Abschätzung der Gushing-Gefahr siehe Kapitel 13.5.3).

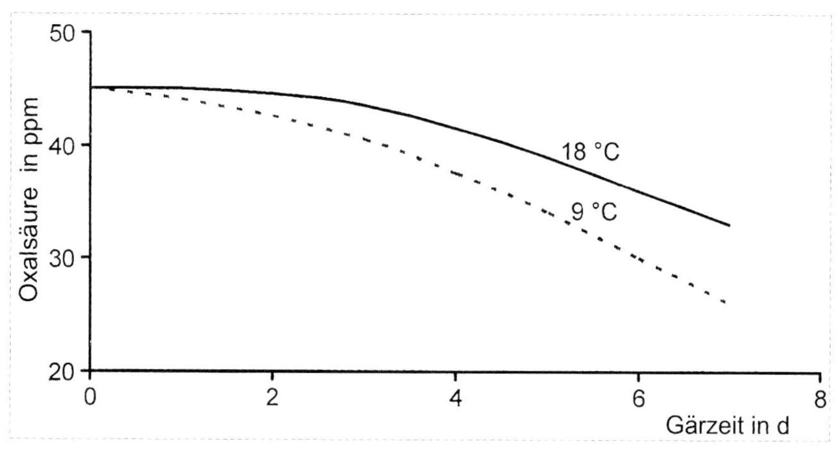

Abbildung 46 Veränderungen des Oxalsäuregehaltes in der Hauptgärung in Abhängigkeit von der Gärtemperatur (nach [138])

4.8.4 Richtwerte für organische Säuren im Bier

Nach MEBAK [150] liegen die Konzentrationen für die organischen Säuren im Bier in den in Tabelle 51 angegebenen Normbereichen.

Der große Schwankungsbereich der Milchsäurekonzentration hängt auch davon ab, ob bei der Würzeherstellung eine biologische Säuerung der Maische und/oder Würze vorgenommen wurde.

Tabelle 51 Organische Säuren im Bier - Normbereiche nach [150]

Organische Säure	Konzentration in mg/L
D(-) Milchsäure	20...60
L(+) Milchsäure	5...250
Essigsäure	< 100
Ameisensäure	0...12
Äpfelsäure	50...100
Propionsäure	< 5
Brenztraubensäure	50...100
Bernsteinsäure	50...150
Weinsäure	< 1
Oxalsäure	10...20
Citronensäure	100...200

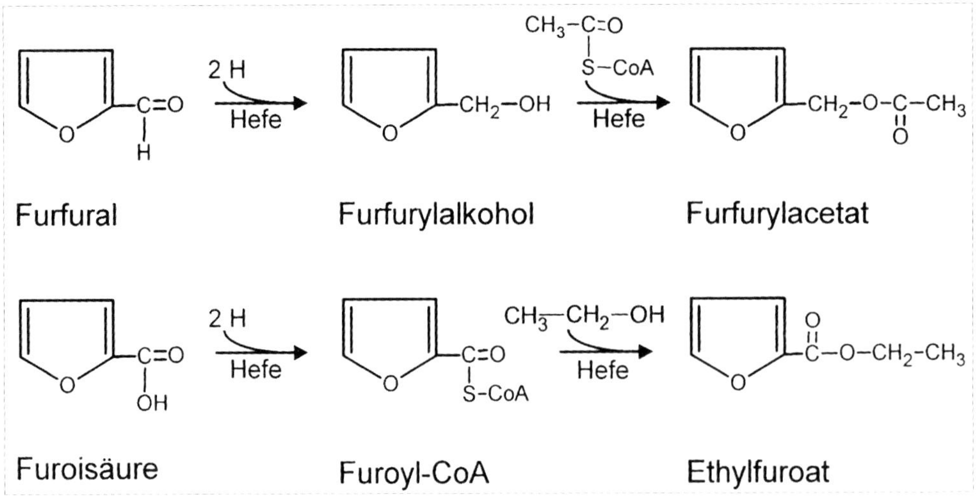

Furfural — Furfurylalkohol — Furfurylacetat

Furoisäure — Furoyl-CoA — Ethylfuroat

Abbildung 47 Umwandlung von Malz- und Würzearomastoffen durch die Hefe zu Alkoholen und Estern (nach [138])

4.9 Umwandlung der Malz- und Würzearomastoffe durch die Hefe

Eine weitere wesentliche Aromaveränderung vom Würze- zum Biergeschmack wird mithilfe der Hefe im Gär- und Reifungsprozess dadurch erreicht, dass sie durch den Kontakt mit den Würzearomastoffen diese teilweise zu Alkoholen reduziert und zu Estern umwandelt (siehe z. B. Abbildung 47).
Eine große technologische Bedeutung hat diese Erkenntnis bei der Herstellung von alkoholarmem bzw. alkoholfreiem Bier mit dem in der Kälte durchgeführten Hefekontaktverfahren erlangt.

4.10 Veränderungen der aus dem Getreide stammenden Phenolcarbonsäuren durch obergärige Hefen bei der Weizenbierherstellung

Phenolcarbonsäuren werden beim Mälzen und Maischen aus den bei der Bierherstellung verwendeten Getreidearten freigesetzt und damit löslich. Die bekannteste Phenolcarbonsäure ist die Ferulasäure, sie ist im Getreide über eine Sauerstoffbrücke an Arabinoxylan angebunden.

Die freigesetzte Ferulasäure wird durch obergärige Bierhefestämme durch Decarboxylierung in 4-Vinylguajacol umgewandelt. Es verleiht dem obergärigen Bier bei einem Geschmacksschwellenwert von ca. 1 mg/L einen gewürznelkenartigen Geschmack, der bei höheren Konzentrationen ($c > 3$ mg/L) leicht bitter und phenolartig werden kann (weitere Aussagen dazu siehe Kapitel 11.3).

Dieser Geschmack in untergärigen Bieren wird immer durch Infektionen (wilde Hefen, obergärige Hefen, Bakterien) verursacht und führt zu einem abzulehnenden „Off-flavour".

5. Wichtige technologische und technische Einflussfaktoren zur Steuerung der Gärung und Reifung

5.1 Qualität der Anstellwürzen

Die Würzequalität muss als der „Schlüssel" für die Bierqualität angesehen werden. Fehler in der Anstellwürzequalität lassen sich kaum oder nur teilweise durch das Gär- und Reifungsverfahren ausgleichen bzw. korrigieren. Folgende kontrollierbaren Stoffkennwerte der Würze sind für die Qualität wesentlich und beeinflussen die Gärung und Reifung entscheidend.

5.1.1 Sauerstoffgehalt

Biochemische Zusammenhänge

Der Sauerstoffgehalt der für die normale Gärung vorgesehenen Anstellwürzen ist einer der limitierenden Faktoren für die Hefevermehrung. Der Technologe hat die Möglichkeit, mit einer gezielten Sauerstoffeinstellung in der Anstellwürze die Hefevermehrungsrate und die erforderliche Verjüngung des Zellmaterials bei Vorhandensein aller anderen Nährstofffaktoren zu beeinflussen. Für eine gute Angärung ist in Verbindung mit einer normalen Zellvermehrung ein ausreichender Sauerstoffgehalt in der Anstellwürze nötig.

Bei der Biergärung mit ihren Zuckergehalten in den Anstellwürzen von > 70 g/L kommt der *Crabtree*-Effekt voll zur Wirkung. Die Cytochromoxidase, das terminale Enzym in der Atmungskette, wird gehemmt und die Hefe muss ihre Energie über den Gärungsstoffwechsel beziehen. Der Sauerstoff agiert sowohl als Wasserstoffakzeptor bei Oxidationsprozessen, dies ist hier weitgehend unterbunden durch die blockierte Cytochromoxidase, sowie auch als essenzieller Nährstoff. Der Sauerstoffgehalt der Anstellwürze wird bei der Biergärung hauptsächlich für die Synthese von Fettsäuren und Sterinen durch die Hefe und damit auch für die Bildung von Bukettstoffen benötigt [151].

Es ist der Sauerstoffbedarf einer Hefe vom Gehalt an ungesättigten Fettsäuren in der Würze und in der Hefezelle selbst abhängig. So kann zum Erzielen einer bestimmten Hefevermehrung unter völlig anaeroben Bedingungen der Sauerstoff durch Zusatz von ungesättigten höheren Fettsäuren ersetzt werden [152], [153], [154]. Da die Plasmamembran der Hefezelle aus einer Doppelschicht von Lipidmolekülen mit eingelagerten Makromolekülen aufgebaut ist, vermutet man auch eine Veränderung der Zellwandpermeabilität bei einem Mangel an Sauerstoff bzw. beim Fehlen von extra- und intrazellulären ungesättigten Fettsäuren [155], [154]. Gleichfalls konnte bei verschiedenen intrazellulären Enzymgruppen der Hefe eine deutliche Abhängigkeit ihrer Enzymaktivitäten von der Belüftungsrate der Würze festgestellt werden. Diese Aktivitätsveränderungen bedingen Veränderungen im Stoffumsatz und im Bukett des Bieres [156].

So bewirkt eine zunehmende Würzebelüftung im Bereich von 4...9 mg O_2/L Würze bei sonst normaler Würzequalität und gleichem Gärverfahren eine:

- Erhöhung der Hefevermehrung,
- Erhöhung der Gärintensität,
- Verringerung des Stickstoffgehaltes im fertigen Bier,
- Schnellere und tiefere pH-Wert-Absenkung in der Gärphase,

- Verstärkte Bildung der Jungbierbukettstoffe Ethanal und 2-Acetolacetat als Vorläufer des Butan-2,3-dion in der Gärphase,
- Verstärkte Bildung der Bukettstoffe in der Gärphase, besonders der höheren Alkohole,
- Erhöhung der Bitterstoffverluste in der Gärphase,
- Verringerte Bildung von Schwefelwasserstoff und von freien niedrigen Fettsäuren,
- Reduzierte SO_2-Bildung bei Vorhandensein der anderen erforderlichen Nährstoffe (verstärkte Bildung von S-haltigen Aminosäuren aus den vorhandenen Schwefelverbindungen in der Zelle) und damit eine Verringerung der antioxidativen Aktivität des Bieres und Zunahme der Gefahr einer beschleunigten Alterung (siehe die Ergebnisse u.a. von [121]).

Technologische Richtwerte

Für eine ausreichend belüftete Anstellwürze werden allgemein Werte zwischen 5,5...8,0 mg O_2/L Würze (12 %) bzw. eine Sauerstoffsättigung der Würze von 60...80 % des mit Luft erreichbaren Sättigungswertes angegeben. Es ist zu beachten, dass die Sauerstofflöslichkeit in der Bierwürze mit einem steigenden Stammwürzegehalt abnimmt (siehe Abb. 141 in [7]). Deshalb kann es bei High-gravity-Würzen mit einer Stammwürze von St > 16 % Extrakt in Abhängigkeit von der gewünschten Hefevermehrung notwendig sein, ca. 12 h nach dem Anstellen des Gärtanks vorsichtig eine kurze Zweitbelüftung durchzuführen.

Bei konventioneller Gärung (klassische Gefäße, Hefegabe: etwa 0,5 L untergärige Hefe/hL Würze ≈ etwa $15 \cdot 10^6$ Zellen/mL; maximale Gärtemperatur: 9 °C; Dauer der Hauptgärung: etwa 7 bis 9 Tage) sollte eine luftgesättigte Anstellwürze mit etwa 8... 9 mg O_2/L angestrebt werden.

Die Richtwerte für den Sauerstoffbedarf bei der Hefereinzucht und einer intensiven Hefepropagation wurden in [7] ausgewiesen, eine kurze Zusammenfassung siehe Kapitel 2.15.

Schroederheim [56] fand, dass je 1 mg O_2/L mehr in der Anstellwürze, bis zu einem oberen Grenzwert von 8 mg O_2/L Würze, sich die Gärgeschwindigkeit um 4...5 % zu erhöhen scheint. Nach *Narziss* [157] soll im Bereich von 4...8 mg O_2/L Würze jedes Milligramm mehr an Sauerstoff die Gärdauer um einen Tag vermindern.

Dagegen reduziert man die Belüftungsrate bei Schnellgärverfahren, da hier das Hefewachstum zugunsten der eigentlichen Gärung gedrosselt wird. So wurde z. B. bei einem mäßig beschleunigten Gär- und Reifungsverfahren im ZKT [22] mit 1 L dickbreiiger Hefegabe je Hektoliter Würze ein durchschnittlicher Sauerstoffgehalt von 5... 7 mg O_2/L Würze als ausreichend für eine etwa 3fache Hefevermehrung festgestellt, ein O_2-Gehalt von unter 4,5 mg/l verursachte dagegen auch hier eine deutliche Minderung des Hefezuwachses und eine Gärverzögerung.

Es ist unbedingt zu beachten, dass die Belüftung auf das angewandte Gärverfahren abgestimmt sein muss und sich nach der angestrebten Hefevermehrung zu richten hat. Die Würze darf um so weniger belüftet werden, je höher die Hefegabe und je höher die Gärtemperatur gewählt wird.

5.1.2 Gehalt an assimilierbaren Stickstoffverbindungen

Biochemische Zusammenhänge

Der Gehalt an assimilierbaren Stickstoffverbindungen in der Würze entscheidet wesentlich mit über:

- die erreichbare Hefevermehrung und damit Verjüngung sowie die Erhaltung der Eigenschaften eines Hefesatzes,
- die erforderliche Gär- und Reifungsprozessdauer und
- die Intensität und Qualität des Hefestoffwechsels und damit auch über die sensorische Qualität des Endproduktes.

Von der Hefe können die in [7] (Kapitel 4.6.3) aufgeführten Stickstoffquellen aufgenommen und zu zelleigenen Proteinen (z. B. Enzyme, Coenzyme) und anderen stickstoffhaltigen Bausteinen (Nukleinsäuren, Phosphorproteide) umgebaut werden. Die Hauptmenge des von der Hefe assimilierbaren Würzestickstoffs besteht aus dem α-Aminostickstoff der Würzeaminosäuren. Die Konzentration einzelner Aminosäuren in der Würze hat sicher einen Einfluss auf den Stoffwechsel der Hefe. So wurde z. B. die 2-Acetolactatbildung durch einen Zusatz der Aminosäure Valin reduziert bzw. unterdrückt und damit die Butan-2,3-dionbildung gehemmt [158], [159] (s.a. Kapitel 4.2). Ähnliche Beziehungen wurden auch zwischen einzelnen Aminosäuren und höheren Alkoholen gefunden [160] (s.a. Kapitel 4.5). Da aber die Konzentration von einzelnen Aminosäuren in reinen Malzwürzen bisher durch keine technologisch vertretbaren Maßnahmen beeinflusst werden kann, sind diese wissenschaftlichen Ergebnisse bis jetzt nur für das Auffinden der Stoffwechselwege in der Hefezelle von Interesse.
Die Zusammensetzung und die Konzentration der Aminosäuren werden aber entscheidend durch die Wahl der Extrakt liefernden Rohstoffe bei der Würzeherstellung beeinflusst. So hat *Kreisz* [161] bei Brauversuchen mit 100 % Gerstenrohfrucht (+ diversen Enzympräparaten) im Vergleich zu 100 % Malzwürzen in den Rohfruchtwürzen Ø 20,5 % weniger Prolin und 13,7 % mehr Aminosäuren der Gruppe 1 gefunden (siehe Kapitel 3.3), vor allem Arginin, Lysin und Asparagin. Derartige Würzen sollen ab 120 mg/L FAN gut fermentiert werden können.

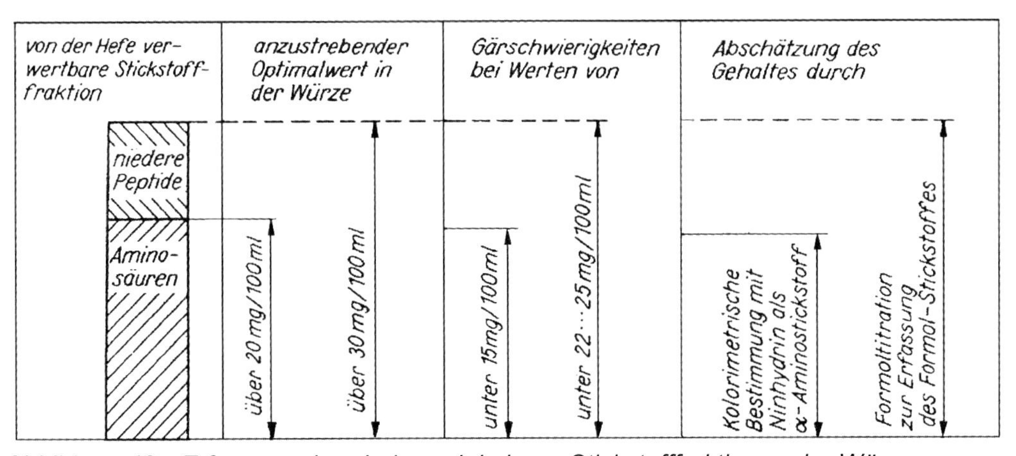

Abbildung 48 Erfassung der niedermolekularen Stickstofffraktionen der Würze

Erfassung und Richtwerte der assimilierbaren Stickstoffverbindungen in der Würze

In Anbetracht der großen Transaminaseaktivität der Hefe erscheint deshalb die Erfassung der totalen Menge an freien Aminosäuren in der Würze weitaus bedeutungsvoller als die Kontrolle der einzelnen Aminosäuren.

Die summarische Erfassung der Aminosäurekonzentration der Würzen durch die kolorimetrische Bestimmung mit Ninhydrin (EBC-Standardmethode seit 1975 [162]) charakterisiert ausreichend den freien assimilierbaren Stickstoffgehalt (ausgedrückt als freier α-Aminostickstoff (FAN)) der Würzen und erlaubt damit eine gute Einschätzung dieses wichtigen Nährstoffangebotes für die Hefe. Der Gehalt an niederen Peptiden kann aus der Differenz Formol-Stickstoff minus α-Aminostickstoff abgeschätzt werden. Diese beiden niedermolekularen Stickstofffraktionen der Würze sind für die Hefevermehrung und damit für die Erhaltung der Gärkraft des Hefesatzes sowie für eine zügige Haupt- und Nachgärung verantwortlich (Richtwerte siehe Abbildung 48).

Die in der Literatur angegebenen zulässigen Mindestwerte für den freien α-Aminostickstoff der Würzen schwanken im allgemeinen (nach der EBC-Methode) zwischen 150...200 mg FAN/L Würze. Es wird hierbei zwischen reinen Malzwürzen und Rohfruchtwürzen unterschieden, die Ersteren benötigen zur normalen Vergärung einen deutlich höheren α-Aminostickstoffgehalt (oberer Grenzwert) als vergleichbare Rohfruchtwürzen (unterer Grenzwert). Als eine Ursache für diesen Unterschied wird vermutet, dass die Hefe in der reinen Malzwürze gegen ein bestimmtes Nährstoffangebot arbeiten oder andere begrenzende oder regulierende Faktoren überwinden muss [163]. Weiterhin ist in den Rohfruchtwürzen ein niedrigerer Prolingehalt als in den Malzwürzen festgestellt worden, mit der Ninhydrinfärbung der EBC-Methode wird allerdings das Prolin kolorimetrisch nur unterrepräsentativ erfasst und Prolin wird als einzige Aminosäure von Brauereihefen nicht verwertet (siehe Kapitel 3.3).

Technologischer Einfluss des α-Aminostickstoffgehaltes der Anstellwürzen (FAN)

Der Einfluss des FAN-Gehaltes auf den Gärverlauf ist mehrfach nachgewiesen worden (s.a. z. B. [22]). So führte z. B. unter den vergleichbaren Bedingungen bei der Hauptgärung im ZKT ein Abfall der durchschnittlichen FAN-Gehalte (EBC-Methode) in der Anstellwürze von 150 mg/L auf 110...120 mg/L (s.a. in [7] Kapitel 4.6.4):

- zu einer Reduzierung des Hefezuwachses um etwa 45 %,
- zu einer deutlichen Erhöhung der Temperaturschockempfindlichkeit der Satzhefe in den ersten zwei Gärtagen,
- zu einer Verringerung der durchschnittlichen Vergärung (bis zum 5. Gärtag) um 22 % und
- zu einer Erhöhung des vergärbaren Restextraktes von ΔEs = 0,5 % auf ΔEs = 3,0...4,0 %.

Ein zu niedriger α-Aminostickstoffgehalt in einer vorhandenen Anstellwürze kann in geringem Umfang noch durch eine verstärkte Würzebelüftung ausgeglichen werden (verstärkte Bildung energiereicher Hefestoffwechselprodukte für den erschwerten Baustoffwechsel).

Da eine gesunde Hefe im Verlauf einer störungsfreien Gärung etwa 100...140 mg α-Aminostickstoff/L von der Würze zum Bier (nach EBC-Methode) verwertet (siehe Kapitel 3.3), bleiben je nach Ausgangskonzentration und je nach Gärverfahren etwa 20...140 mg α-Aminostickstoff/L im Bier. Ein negativer Einfluss dieser α-Aminostickstoffkonzentration auf die Bierqualität (einschließlich der biologischen Haltbarkeit) konnte bisher nicht nachgewiesen werden. Zur Gewährleistung einer zügigen Gärung und Reifung sind deshalb alle technologischen Möglichkeiten zur Erhöhung des α-Aminostickstoffgehaltes in den Anstellwürzen auszuschöpfen. Eine ständige Überschreitung der angegebenen Mindestwerte ist anzustreben.

Nach den Nährstoffkalkulationen (s.a. in [7], Kapitel 4.6.9) ermöglicht eine normale Vollbierwürze (100 % Malz) mit einem FAN-Gehalt von ca. 200 mg FAN/L aufgrund des verfügbaren assimilierbaren Stickstoffgehaltes bei einer Anstellhefekonzentration von $20 \cdot 10^6$ Zellen/mL einen realen Hefezuwachs auf ca. $60 \ldots 80 \cdot 10^6$ Zellen/mL.

Bei Gärschwierigkeiten und Hefedegenerationserscheinungen sind die Kontrolle des α-Aminostickstoffgehaltes der Anstellwürzen und der FAN-Verbrauch während der Gärung zur Ermittlung der Ursachen in die laufende Betriebskontrolle aufzunehmen (siehe weitere Hinweise in Kapitel 3.3).

Nach neueren Untersuchungen werden die Aminosäuren von den unterschiedlichsten Lagerbierhefestämmen annähernd gleich verwertet. Die im Bier noch vorhandenen Aminosäuren sind Vorstufen (Precursor) für die im Bieralterungsprozess entstehenden Alterungsaldehyde, sodass Rohfruchtwürzen mit ihrem geringeren FAN-Gehalt von vorn herein weniger alterungsempfindlich sind [164].

5.1.3 Gehalt an vergärbarem Extrakt

Biochemische und technologische Bedeutung

Als Maß für den Gehalt des Extraktes an vergärbaren Zuckern wird der scheinbare Endvergärungsgrad Vsend verwendet. Die Höhe des Vsend hat allein keinen direkten Einfluss auf die Bierqualität, wenn man von extremen Werten, wie Vsend > 90 % bzw. < 70 %, absieht [165], [166]. Der Vsend muss immer in Verbindung mit der Stammwürze der verwendeten Anstellwürze bewertet werden. Eine erhöhte Stammwürze wie beim High-gravity-brewing ergibt auch bei einem konstanten Vsend natürlich pro Würzevolumen mehr vergärbaren Extrakt und erhöht die zur Vergärung erforderliche Zeit (weitere Auswirkungen auf die Qualität siehe Kapitel 13). Dagegen kann ein hoher Gehalt an vergärbarem Restextrakt ΔEs im reifenden Bier bzw. Ausstoßbier die Qualität des Endproduktes negativ beeinflussen. Ein hoher Gehalt an ΔEs kann z. B. verursachen:

- Höhere pH-Werte;
- Eine deutliche Verzögerung der Reifung (verzögerte Umwandlung der Vorstufen der vicinalen Diketone in ihre Diketone, siehe Kapitel 4.2);
- Eine unedlere Bittere;
- Einen breiten und mastigen Geschmack;
- Einen geringeren CO_2-Gehalt;
- Eine höhere Infektionsgefahr;
- Eine geringere Rezenz;
- Dunklere Bierfarben.

Technologische Zielstellungen

Das Ziel des Gär- und Reifungsprozesses muss es deshalb sein, die Differenz zwischen Vsend und Ausstoßvergärungsgrad so gering wie möglich zu halten, optimal sind Werte von Vsend – Vsaus ≤ 2 % (entspricht einem ΔEs ≤ 0,2 %). Der Vsend für helle Vollbiere liegt zwischen 75...84 %, der Vsend von Pilsner Spitzenbieren sollte zwischen 80...84 % liegen. Ganz allgemein muss bei der Festlegung des Vsend beachtet werden, dass damit besonders die Wirtschaftlichkeit der Bierherstellung beeinflusst werden kann:

- Hohe Vsend-Werte bedeuten ein schwierigeres Erreichen von ΔEs ≤ 0,2 %, längere Gärzeiten und damit eine Verlängerung der Gesamtprozessdauer sowie einen höheren Energieaufwand für die Kühlung.

- Niedrige Vsend-Werte ermöglichen evtl. eine Verkürzung der Prozessdauer, führen aber signifikant zu höheren α-Glucangehalten und können dadurch eine Verschlechterung der Filtrierbarkeit der Biere bewirken [55], sie verursachen weiterhin vorwiegend eine Reduktion der Maltosekonzentration und verschlechtern dadurch das Verhältnis von Hauptgär- zu Angärzuckern.

Die quantitative Zusammensetzung des vergärbaren Extraktes

Die Zuckerzusammensetzung entscheidet mit über die Vergärungsgeschwindigkeit und die Bildung von Gärungsnebenprodukten [167], [168], [169]. Auf die Unterschiede in der Verwertung der einzelnen Zucker durch die Hefezelle wurde bereits hingewiesen (siehe Kapitel 3.2). Daraus ist erkennbar, dass eine Unterscheidung in Angär- und Haupt- bzw. Nachgärzucker bei normal zusammengesetzten Brauereiwürzen (Richtwerte siehe Tabelle 52) und bei Verwendung von frisch geernteten Hefen kaum gerechtfertigt ist. Die Verwertung der einzelnen Zucker erfolgt hier annähernd gleichzeitig. Mit steigendem Anteil an Glucose und Saccharose wird jedoch die Aufnahme und Verwertung der Maltose und Maltotriose gehemmt. Untergärige Brauereihefen reagieren hier wesentlich empfindlicher als obergärige Hefestämme. Als Richtwert für die Praxis wurde gefunden, dass der negative Einfluss der Glucose- und Saccharose-Konzentration bei einem Anteil von über 50 % an vergärbarem Gesamtextrakt deutlich wird [170].

Tabelle 52 Richtwerte für die Zusammensetzung des vergärbaren Extraktes in den Würzen für helle Vollbiere. Bei einem Vsend 76...84 % besteht der vergärbare Extrakt bei 100 % Malzwürze aus:

Vergärbare Zucker	in Prozent des Gesamt-extraktes	in g/100 mL einer 12,5%igen Würze (St = 13,11 g/100 mL)	Ø Anteil am vergärbaren Gesamtextrakt in %	Allgemeine Gruppen-bezeichnung
Hexosen	7...9	0,9...1,2	11,9	Angärzucker
Saccharose	3...4	0,4...0,5	5,1	
Maltose	43...45	5,6...5,9	65,4	Hauptgärzucker
Maltotriose	11...13	1,4...1,7	17,6	Nachgärzucker
Summe	Vw = 62...68	Ø 8,8	100	Vergärbarer Extrakt

Besonders negativ wirkt die summarische Konzentration von Glucose und Saccharose auf die Verwertung der Maltotriose. *Haboucha* und *Masschelein* [171] fanden eine bleibende Desadaption der Hefe bereits bei einem Verhältnis von Maltotriose zu Glucose/Saccharose = 1 zu 1, eine vorübergehende Desadaption trat bei einem Verhältnis von 1 zu 0,4 ein.

Einige Richtwerte für die Zusammensetzung des vergärbaren Extraktes werden für 100%ige Malzwürzen in Tabelle 52 ausgewiesen. Bei der Substitution von Malz durch Reis oder Mais ändern sich die Zuckerzusammensetzung und der Vsend nicht wesentlich. Die Höhe des Vsend wird hier durch die Malzqualität und das Maischverfahren festgelegt. Beim steigenden Einsatz von Gerstenrohfrucht ohne Verwendung spezieller amylolytischer Enzympräparate kommt es dagegen zur deutlichen Verringerung des Vsend. In der Zuckerzusammensetzung äußert sich das vorwiegend in einer Abnahme des Maltosegehaltes der Würze und damit in einer deutlichen Verschlechterung der Verhältnisse von Angär- zu Hauptgärzucker bzw. von Hauptgär- zu Nachgärzucker [55].

Ein Saccharosezusatz während des Würzekochprozesses ergibt zwar eine äquivalente Verbesserung des Vsend, erhöht jedoch nur die Gruppe der Angärzucker. Bereits bei einem Saccharosezusatz von 20...25 % (in Malzextraktgleichwert: 78 kg Saccharose = 100 kg Malz), bezogen auf die Gesamtschüttung, kann der Anteil der Angärzuckergruppe am vergärbaren Gesamtextrakt etwa 50 % betragen.

Die beim High-gravity-brewing oft eingesetzten jodnormalen Stärkehydrolysate sind in ihrer Zuckerzusammensetzung im Vergleich zur Saccharose wesentlich günstiger, da sie in Abhängigkeit von ihrem Hydrolysegrad die gesamte Palette der Stärkeabbauprodukte ähnlich wie die Malzwürze enthalten. Eine einseitige Verschiebung der Zuckerverhältnisse zugunsten der Angärzucker findet hier nicht statt.

Technologische Schlussfolgerungen

Da die Zuckerzusammensetzung der Würze beim Maischen nur indirekt über die Einstellung des Vsend beeinflusst werden kann, sind die Zusammensetzung und Qualität der Schüttung sowie das Maischverfahren möglichst so einzustellen, dass ein Vsend von > 75 % (ohne Saccharosezusatz) in der Würze sicher erzielt wird. Reine Saccharosezusätze zur Ausschlagwürze verschlechtern das Verhältnis von Angärzucker zur Maltose/Maltotriose und sollten die Grenze von 20 %, bezogen auf die Gesamtschüttung (berechnet als Malzgleichwert), nicht überschreiten.
Bestimmte Gärverfahren, wie das *Drauflassen* und *Kräusen* des Bieres, sind nicht willkürlich anzuwenden, sondern müssen auch unter Berücksichtigung der Zuckerzusammensetzung der Würze die Adaptionsphase der Hefe beachten, um ein „Hängen bleiben“ der Gärung zu vermeiden. So sollten zum Aufkräusen verwendete Jungbiere mindestens einen scheinbaren Vergärungsgrad von Vs ≥ 25 % haben, da zu diesem Zeitpunkt die Hefe normalerweise an Maltose adaptiert ist.

5.1.4 Mineralstoffgehalt

Biochemische Zusammenhänge

Die bekannte biochemische Bedeutung der einzelnen Mineralstoffe und Spurenelemente im Stoffwechsel der Hefe wurde in [7] (Tabelle 80) zusammengestellt. Sie beeinflussen die enzymatischen Prozesse im Stoffwechsel der Hefen und damit die Hefevermehrung, die Gärleistung, den physiologischen Zustand der Hefezellen und damit auch die Bierqualität. Die Mineralstoffe wirken in ihren Ionenformen und bestimmen damit auch die Wasserstoffionenkonzentration und den osmotischen Druck in den Hefezellen, sie beeinflussen die Permeabilitäts- und Adsorptionsvorgänge an der Zellwand, die Löslichkeit der Zellkolloide und die chemischen Reaktionen an den Zellbestandteilen.

Durchschnittswerte der Mineralstoffgehalte von Würzen

Eine schnelle und relativ einfache Kontrolle der einzelnen Mineralstoffbestandteile der Würze ist nur mit einem Atomabsorptionsspektrophotometer möglich. In [7] (Tabellen 80, 88 und 90) sind die Durchschnittswerte für die wichtigsten Mineralstoffe und Spurenelemente für eine 12%ige Ausschlagwürzen aus 100 % Malz zusammengestellt und für einen definierten Biomassezuwachs bilanziert. Daraus geht hervor, dass im

Normalfall für einen maximalen Biomassezuwachs in Würze der Zinkionenbedarf nur zu 87 % und der Eisenionenbedarf nur zu 83 % abgedeckt werden.

Der Mindestgehalt an Spurenelementen in der Würze sollte den Richtwerten in Tabelle 53 entsprechen.

Tabelle 53 Spurenelementbedarf der Bierhefe in Würze

Spurenelement	Erforderlicher Mindestgehalt in der Fermentationslösung
Fe	0,2 ppm
Cu	0,01 ppm
Zn	0,2 ppm

Von besonderer Bedeutung für Gärhefen ist der Zinkgehalt. Zinkionen benötigt die Hefe für die Eiweißsynthese, die Zellvermehrung und für die Gärung. Zink ist auch als Cofaktor für das Hefeenzym Alkoholdehydrogenase wichtig.

Bei dem außerhalb von Deutschland oft praktizierten Verfahren des Zusatzes von Zinkionen in die Anstellwürze wird als optimaler Wert ein einzustellender Zinkgehalt von 0,3 ppm empfohlen. Bei der Überschreitung des oberen Grenzwertes von 1 ppm ist mit toxischen Schädigungen der Hefe zu rechnen [172].

Weiterhin ist der Nitrat-/Nitritgehalt in der Würze wegen der Wirkung des Nitrits als Hefegift von Bedeutung (siehe auch Kapitel 5.1.6). Die differenzierte Erfassung des Nitrat- und Nitritgehaltes in der Würze ist schwierig, da das durch Reduktion aus dem Nitrat gebildete Nitrit unmittelbar in der Würze gebunden wird. Deshalb sollte zur Abschätzung der zu erwartenden Nitrat-/Nitritverhältnisse in der Würze unbedingt das verwendete Brauwasser im Sudhaus und Gärkeller untersucht werden. Nach [173] wird der Nitratgehalt des Brauwassers wie folgt eingeschätzt:

- Unter 10 mg NO_3^-/L: niedriger Gehalt, positiv.
- < 20 mg NO_3^-/L: anzustrebende Mindestforderung.
- Bis 25 mg NO_3^-/L: für Brauzwecke noch geeignet.
- Bei 40 mg NO_3^-/L: Würze enthielt bereits 4...7 mg NO_2^-/L und damit deutliche Beeinträchtigung des Hefewachstums.

Technologische Auswirkungen

Obwohl die erforderlichen Mengen der verschiedenen Mineralstoffe für den Hefestoffwechsel unter Brauereibedingungen nur ungenau bekannt sind, konnte in verschiedenen Fällen Mineralstoffmangel als Ursache von Gärschwierigkeiten nachgewiesen werden. *Mändl* [174] erreichte in einem Betrieb mit Rohfruchtverarbeitung, in dem die Hauptgärung trotz warmer Gärführung und trotz aller üblichen technologischen Maßnahmen, wie Hefewechsel, Verbesserung des Kohlenhydrat- und Aminosäurenangebots, Regulierung der Belüftung und Trubausscheidung, noch schleppend verlief, erst durch eine Mineralstoffanreicherung eine deutliche Verbesserung. Wegen Unterbilanzierung an Natrium, Eisen und Zink wurden 4 g NaCl, 0,1 g $FeCl_2$ und 0,1 g $ZnCl_2$ pro 1 hL Würze zugesetzt. Dies führte zu einer um 2 Tage kürzeren Hauptgärung bei einer gleichzeitigen Erhöhung des Gärkellervergärungsgrades um über 20 %. Weiterhin wurden eine erhöhte Hefevermehrung und ein beschleunigter Gesamtdiacetyl-Abbau festgestellt. Der positive Einfluss auf den Gärverlauf wird dabei primär auf die Aufbesserung des Zinkpotentials zurückgeführt. Diesem Spurenelement ist aus technologischer Sicht die größte Beachtung zu schenken. Es ist der in Tabelle 53 ausgewiesene Zinkgehalt für normale Bierwürzen anzustreben.

Eigene kleintechnische Versuche ergaben, dass Zinkgehalte in den Würzen von über 0,35 mg Zn^{+2}/L keine weitere positive Wirkung auf die Hefe haben.

Die Bedeutung der Kontrolle des Mineralstoffgehaltes in der Würze steigt mit der Verringerung des Malzanteiles in der Schüttung und bei Verwendung von Rohstoffen, die unter abnormen Witterungsbedingungen angebaut und geerntet werden mussten. Allerdings führt eine Substitution von Malz durch Gerstenrohfrucht nicht signifikant zur Reduktion des Zinkgehaltes.

Eine Erhöhung des Zinkgehaltes in Würzen wird erreicht durch besser gelöste Malze, intensivere Maischverfahren, eine Erniedrigung des Maische-pH-Wertes und eine getrennte Auslaugung der Malzspelzen und Zugabe des gewonnenen Extraktes zur Würze.

Bei Zinkmangel (z. B. bei Zinkgehalten von ≤ 0,05 mg Zn^{+2}/L Würze) wird bei der Bierherstellung, die nicht nach dem Deutschen Reinheitsgebot erfolgt, der direkte Zusatz von Zinkionen zur Ausschlagwürze, am besten in Form von $ZnCl_2$, praktiziert. Eine ständige Dosage von 0,05 bis 0,20 mg Zn^{+2}/L Würze ergab bei einer klassischen Gärung von Vollbieren eine signifikante Verkürzung der Hauptgärung um 0,4 bis 1,1 Tage/Charge. Im Mineralstoffgehalt des Bieres wurden dann keine Unterschiede zwischen den Vergleichsbieren festgestellt.

5.1.5 Gehalt an Vitaminen und Wuchsstoffen

Biochemische Zusammenhänge

Die Brauereihefen sind wie alle heterotrophen Lebewesen sowohl auf eine organische Kohlenstoffquelle, auf gebundenen Stickstoff und auf in Lösung befindliche Mineralsalze als auch auf einzelne Vitamine (auch als Wachstumsfaktoren und Biowuchsstoffe bekannt) im Nährsubstrat für die Durchführung ihres Bau- und Betriebsstoffwechsels angewiesen.

Die Vitamine sind in vielen Fällen die Wirkgruppen von Coenzymen, die in Verbindung mit spezifischen Proteinkomponenten die wichtigsten Biokatalysatoren, die Enzyme, bilden. Von ihrem Vorhandensein und ihrer Konzentration ist die Art und Intensität des Stoffwechsels des betreffenden Organismus abhängig. In [7] (Kapitel 4.1.2.7, 4.6.8 und 4.6.9) sind die wichtigsten Vitamine der Brauereihefen, ihre bekannten Funktionen im Stoffwechsel und ihre durchschnittlichen Konzentrationen in Brauereiwürzen ausführlich zusammengestellt.

Technologische Bedeutung des Vitamingehaltes der Würze

Die meisten *Saccharomyces*-Stämme sind bei folgenden drei Wuchsstoffen heterotroph: D-Biotin, D-Pantothensäure und m-Inosit. Es findet vor allem bei Mangel an Biotin keine Hefevermehrung statt. Dagegen können alle anderen Vitamine von der untergärigen Brauereihefezelle synthetisiert werden. Das Fehlen einzelner Vitamine in der Würze äußert sich dann meist „nur" in einer Verzögerung der Zellvermehrung, die häufig durch eine längere Induktionsphase oder durch eine längere Generationsdauer verursacht wird. Dies kann zur Verzögerung der Gärung und Reifung, zur Veränderung des Hefestoffwechsels und damit zur Veränderung der Bierzusammensetzung sowie zur Verringerung der Vitalität der im Gärsubstrat befindlichen Hefezellen und der entsprechenden Erntehefen führen. Vitaminmangel kann damit eine Ursache für

Degenerationserscheinungen des Hefesatzes (s.a. Kapitel 2.4 und 2.5) und eine erhöhte Absterbequote sein. Der Vitaminbedarf der Hefen kann bei niedrigeren Gärtemperaturen deutlich größer sein als bei höheren Gärtemperaturen. Das Verhalten kann hier in Abhängigkeit von den spezifischen Hefestammeigenschaften unterschiedlich sein.

Biotinmangel verursacht ähnlich wie Sauerstoffmangel eine Veränderung des Aufbaus der Lipoproteine in der Plasmamembran der Hefezelle. Dadurch kann der Stofftransport nicht mehr optimal funktionieren, Stoffwechselvorgänge werden gebremst bzw. kommen zum Erliegen. Weiterhin scheint das Biotinangebot eine enge Beziehung zum Fettsäurestoffwechsel der Hefe zu haben [154], [155]. Die analytische Bestimmung der Vitaminkonzentration ist bis jetzt noch sehr aufwendig (meist mikrobielle Bestimmungsmethoden) und kann deshalb zurzeit in der normalen Betriebskontrolle in der Brauerei nicht angewendet werden.

Technologische Schlussfolgerungen

Die Brauereiwürzen haben im Normalfall ein Überschussangebot an essenziellen Vitaminen für die Brauereihefen, das soll sowohl für 100 %-Malzwürzen als auch für eine mit einem Gerstenrohfruchtanteil hergestellte Würze zutreffen. Die in [7] (Kapitel 4.6.9) durchgeführte Nährstoffbilanz weist für das Hefevitamin Pantothensäure in Bierwürzen eine Unterbilanz aus. Aber Pantothensäure kann durch β-Alanin ersetzt werden und Pantothensäuremangel führt primär zum Mangel an Coenzym A und damit zum Rückgang der Atmungsaktivität. Der Gärungsstoffwechsel wird dadurch kaum beeinflusst, sodass bei der Bierwürzevergärung dieses evtl. Vitamindefizit nicht von technologischer Bedeutung ist.

Dagegen ist eine Verringerung des Vitaminangebotes bei einer Malzsubstitution durch reine Saccharose bzw. durch mehrfach gereinigte Stärkehydrolysate als sicher anzusehen. Da außer durch derartige Schüttungsvariationen die Möglichkeiten der Beeinflussung des Vitamingehaltes der Ausschlagwürzen durch brauereitechnologische Maßnahmen bisher unbekannt sind, hat der Technologe die Aufgabe, die in der Ausschlagwürze erwartungsgemäß vorhandene Vitaminkonzentration möglichst vollständig für die Anstellhefe zu erhalten. Dies bedeutet, alle Verluste an Vitaminen, insbesondere in der Phase vom Ausschlagen bis zum Anstellen, zu vermeiden. Die Vitaminverluste in dieser Prozessstufe können vor allem verursacht werden durch andere Mikroorganismen, die als Würzeinfektionen mikrobiologisch erfassbar sind (weitere Ausführungen hierzu siehe Kapitel 5.1.6).

5.1.6 Biologischer Zustand und Infektionsgrad

Mikrobiologische Zusammenhänge

Auf die Möglichkeit der Degeneration und Schädigung eines Hefesatzes, die durch eine biologische Verunreinigung der Würze verursacht wurde, z. B. durch raschwüchsige Termobakterien (Würzebakterien), ist bereits von *Weinfurtner* [5] hingewiesen worden. Ein zu langes Stehen bzw. ein zu spätes Anstellen der Würze kann zu einer starken Entwicklung von Termobakterien führen. Dabei werden der Würze bereits sehr viele Wuchsstoffe und Vitamine entzogen. Weiterhin werden die Stoffwechselprodukte dieser Würzebakterien als Hefegifte angesehen, sodass insgesamt eine deutliche Beeinträchtigung der Gärtätigkeit und Vermehrung der Hefe bei der Vergärung derartiger Würzen erwartet werden muss [175].

Würzebakterien sind auch als die Verursacher der Nitritbildung (durch Reduktion der in der Würze enthaltenen Nitrate) erkannt worden [173]. Da bereits eine Nitritkonzentration von 5...20 mg NO_2^-/L Würze das Wachstum der Hefen deutlich hemmt und niedere Vergärungsgrade verursacht (s.a. Kapitel 5.1.4), ist die Gefährlichkeit dieser im Bier sonst nicht lebensfähigen Bakterien nicht zu unterschätzen.

Ihre Gefährlichkeit beruht auch auf ihrer äußerst kurzen Generationszeit. Sie beträgt unter optimalen Bedingungen bei Würzebakterien 20 min, dagegen benötigt untergärige Hefe bei optimalen Temperaturen (28 °C) etwa 5...6 h, um ihre Zellzahlen einmal zu verdoppeln. Dies bedeutet, dass sich die Würzebakterien gegenüber Hefe bei optimalen Temperaturen um das 15- bis 18fache schneller vermehren. Die Vermehrungsrate nimmt zwar bei tieferen Temperaturen sowohl bei Würzebakterien als auch bei Hefen ab, aber die Relationen dürften sich ähnlich verhalten. Selbst in einer bei 0 °C aufbewahrten, unangestellten Würze wird eine ständige Erhöhung der Keimzahl dieser Würzebakterien festgestellt. Da einige Sporenbildner selbst den Würzekochprozess überleben, würde auch unter keimfreien Betriebsbedingungen nur eine wiederholte (fraktionierte) Würzesterilisation die Gewähr für eine keimfreie Würze bieten. Besonders ist dies zu beachten bei Gär- und Reifungsverfahren, die mit Würzebevorratung arbeiten und bei Reinzuchtführungen mit Anstellhefekonzentrationen < $10 \cdot 10^6$ Zellen/mL (s.a. [176] und in [7] (Kapitel 4.6.10.4 - 4.6.10.8).

Technologische Auswirkungen der Kontamination einer Anstellwürze

Bei vergleichenden Gär- und Reifungsversuchen von Vollbieren im ZKT [22], [177] kam es bei einer Erhöhung des Kontaminationsgrades der Anstellwürzen von unter 100 Keime/mL auf über 1000 Keime/mL zu folgenden technologischen Auswirkungen (Durchschnittswerte):

- Die Zunahme des Totzellenanteils von der Anstell- zur Erntehefe stieg von unter 1 % auf über 8 %. Dabei war ein Anstieg des Totzellenanteils erst ab 4. bis 6. Prozesstag deutlich feststellbar (siehe Abbildung 49).
- Der Hefezuwachs (erfasst durch Zellzahlbestimmungen) und die Vermehrungsrate (volumenmäßige Erfassung) verringerten sich um rund 30 %, parallel dazu verringerte sich auch der FAN-Verbrauch um etwa 30 %.
- Es kam zu einer deutlichen Verzögerung der Hauptgärung um 1 bis 3 Tage. Am 5. Gärtag wurde statt eines Vs von rund 70 % nur ein Vs von rund 55 % erreicht, die ΔEs-Werte betrugen zum gleichen Zeitpunkt statt 0,3 % noch 2,7 %.

Die Zunahme des Totzellenanteils der Hefe bei den Großtankversuchen mit hoher Würzekeimzahl (vom Zeitpunkt des Spundens ab und während der Ausreifungsphase) bei Temperaturen zwischen 10...13 °C weist auf Mangelerscheinungen von Nährstoffen in der Würze hin. Diese Stoffe scheinen die Vitalität der Hefe unter den Bedingungen des ständigen „In-Schwebe-Haltens“ und unter den vorliegenden Temperatur-Druckverhältnissen zu gewährleisten. Unter klassischen Produktionsbedingungen sedimentierte diese Hefe bei ähnlichen Kontaminationsgraden bereits ab 3. bis 5. Gärtag, eine deutlichere Zunahme des Totzellenanteils war hier auch bei hohen Würzekeimzahlen nicht feststellbar. Trotzdem war auch hier der negative Einfluss der Keimzahl auf die Hefevermehrung und auf die Vergärung eindeutig erkennbar.

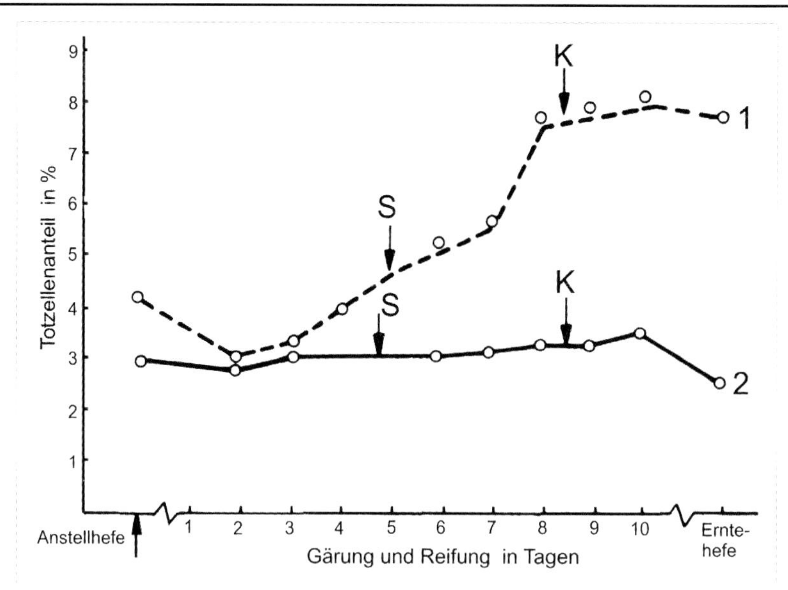

Abbildung 49 Veränderung des Totzellenanteils in % der vorliegenden Hefekonzentration während der Gärung und Reifung im ZKT bei unterschiedlich kontaminierten Würzen [22]

S Spunden mit $p_ü$ = 0,9 bar **K** Herunterkühlen von 12 °C auf 3 °C
(**1**) 1400 Keime/mL Würze (**2**) 12 Keime/mL Würze

Technologische Schlussfolgerungen

Jede Würzeinfektion durch Termobakterien oder durch in Bier lebensfähige Infektionsorganismen führt zu einer Schädigung der Hefe und zu einer Verlängerung der technologisch erforderlichen Prozessdauer der Gärung und Reifung. Durch Maßnahmen der Hygiene und Sauberkeit im technologischen Prozess sowie durch eine entsprechende technologische Prozessführung sind in der Anstellwürze (unmittelbar vor der Hefegabe) Fremdkeimgehalte von weniger als 10 Keimen/mL (davon aber keine Fremdhefen) grundsätzlich anzustreben.

In der technologischen Prozessführung sind im Prozess der Würzekühlung und -klärung bei Temperaturen unter 60 °C die Würzedurchlauf- und -standzeiten auf ein Minimum zu beschränken.

Nach dem Erreichen der Anstelltemperatur ist die Würze sofort ohne längere Standzeit mit der geplanten Hefemenge anzustellen. Das Anstellverfahren und die Hefequalität müssen eine innige Vermischung der Hefe und Würze und ein kurzfristiges Ankommen der Hefe gewährleisten (s.a. Kapitel 5.3.1). Die Keimzahlkontrolle der Anstellwürzen ist in der Prozesskontrolle ständig anzuwenden, wobei die Würze, die sich zwischen den Sudintervallen noch im Würzeleitungssystem befindet, besonders zu kontrollieren ist. Auch diese in warmen Rohrleitungssystemen zwangsläufig noch stehenden Würzereste in den Sudintervallen müssen unbedingt vorher mit Anstellhefe versetzt sein.

5.1.7 pH-Wert der Anstellwürzen

Biochemische Zusammenhänge

Im Kapitel 3.4 und 4.2 wird auf die große Bedeutung des pH-Wertes im Bier für die Geschwindigkeit der Reifung, den Bittergeschmack sowie für die biologische und kolloidale Stabilität hingewiesen. Die Umwandlung der Vorstufen der vicinalen Diketone, d. h. der für die Bierreifung geschwindigkeitsbegrenzende Schritt, wird durch einen niedrigen pH-Wert im reifenden Bier von pH < 4,4 stark beschleunigt. pH-Werte im reifenden Bier von > 4,5 verzögern dagegen die Reifung deutlich.

Das Niveau des pH-Wertes im Bier hängt außer vom Gärverlauf sehr wesentlich von dem Ausgangsniveau des pH-Wertes in der Würze ab. Der pH-Wert der Würze und die den pH-Wert beeinflussenden Pufferstoffe der Würze (s.a. Kapitel 3.4) entscheiden damit auch über die erforderliche Prozessdauer für die Reifung und Klärung des Bieres.

Technologische Schlussfolgerungen

- Für eine biologisch einwandfreie Anstellwürze ist ein pH-Wert von 5,20...5,45 anzustreben. Die Gesamtpufferung der Würze sollte im Interesse einer deutlichen pH-Wert-Abnahme bei der Gärung einen Wert von 19 mL (n/10 HCl + n/10 NaOH)/100 mL Würze nicht überschreiten.
- Alle technologischen und gesetzlich erlaubten Möglichkeiten zur Erreichung dieses Würze-pH-Wertes können zur Beschleunigung der Reifung und Klärung angewendet werden. Dabei ist z. B. eine Säuerung der Pfannevollwürze wesentlich wirkungsvoller als eine Maischesäuerung (erhöht die Würzepufferung).
- Bei Reifungsschwierigkeiten sind grundsätzlich auch der pH-Wert der Anstellwürzen und der pH-Wert-Verlauf bei der Gärung und Reifung zu kontrollieren.

5.1.8 Trubgehalt

Bedeutung des Trubgehaltes

Der Einfluss des Trubgehaltes der Anstellwürzen auf den Gärverlauf und die Bierqualität lässt sich wie folgt zusammenfassen:

- Die Abtrennung des Heiß- oder Grobtrubes einschließlich des Hopfentrubes muss vor dem Anstellen bei allen Gärverfahren vollständig erfolgen. Obwohl der Grobtrub eine spänende Wirkung für die Hefe haben kann, führt er zu einer immer stärkeren Verschmutzung des Hefesatzes. Das Verschmieren der Oberfläche der Hefezellen mit Trub kann dann die Gärtätigkeit der Hefe und ihre Vermehrung von Führung zu Führung negativ beeinträchtigen. Biere aus trubreichen Würzen haben meist auch einen etwas rohen (Trub-) Geschmack mit einer breiten, unedlen Bittere.
- Allerdings ergibt ein Trubzusatz zur Anstellwürze eine zusätzliche Freisetzung von das Hefewachstum fördernden Inhaltsstoffen.
  So erzielte *Kühbeck* [178] bei einem Zusatz von Heißtrub (Partikelgröße 30...40 µm) inklusive von Hopfentrub (Partikelgröße > 200 µm) zu einer blank geläuterten Anstellwürze eine zusätzliche Freisetzung von 0,10... 0,15 mg Zn^{2+}/L und von ca. 1 mg/L C_{14}...$C_{18.3}$-Fettsäuren. Dies führte zu einer zusätzlichen Hefevermehrung von $10 \cdot 10^6$ Zellen/mL, zu einem

0,2 pH-Wert-Einheiten tieferem pH-Wert des Bieres und zu einer um ca. 1 Tag kürzeren Gärzeit.

- Der Kühl- oder Feintrub soll bei hohen Konzentrationen z. T. ähnliche Auswirkungen wie der Heißtrub auf die Gärung haben. Jedoch konnten bisher dazu keine eindeutigen Ergebnisse vorgelegt werden. Der Einfluss des Kühltrubgehaltes von unter 250 mg/L auf den Gärverlauf und die Bierqualität muss deshalb als unbedeutend angesehen werden, da ein großer Teil dieser Bestandteile als Gärtrub bei der Abkühlung in der Bierlagerphase auch mithilfe der Hefe ausgeschieden werden.
- Eine schlechte Kühltrubausscheidung kann jedoch in Abhängigkeit vom Gär- und Reifungsverfahren eine Verlangsamung der Klärung und Verschlechterung der Filtrierbarkeit der Biere verursachen. Deshalb wird selbst für das klassische Gär- und Reifungsverfahren eine 50...70%ige Kühltrubentfernung als optimal angesehen.
- Selbst bei einer klassischen Gärung und Reifung im kleintechnischen Versuchsmaßstab erbrachte bei gleicher Anstellwürze eine Reduzierung des Trubgehaltes von 320 mg/L auf 70 mg/L unter sonst gleichem Gär- und Reifungsregime nach 3-wöchiger kalter Lagerung bei 2 °C eine etwa 30%ige bessere Filtrierbarkeit.
- Für beschleunigte Gär- und Reifungsverfahren mit zeitlich kurzen Klärphasen und für Verfahren mit hohen Flüssigkeitsschichten wird grundsätzlich eine weitgehende Kühltrubentfernung auf einen Wert unter 100 mg/L empfohlen. Sie ist Voraussetzung für die Gewährleistung einer guten Filtrierbarkeit auch nach einer kurzen Klärphase von maximal 3 Tagen (Versuchsergebnisse siehe Abbildung 50) und für einen mengenmäßig geringeren Anfall eines Trub-Hefe-Bier-Gemisches, das zur Gewährleistung des trubstofffreien Ziehstutzens abzuziehen ist (geringerer Arbeitsaufwand und Schwand) [22], [177].
- Eine etwa 50%ige Kühltrubentfernung hat bei 100-%-Malzwürzen außer einer messbaren Entlastung der späteren Bierfiltration noch folgende Effekte:
  - Verringerung des Gehaltes an hochmolekularem Stickstoff um 30...50 mg N/L Würze,
  - deutliche Reduzierung des Polyphenolgehaltes, ohne dass dabei der Polymerisationsindex eine Verschlechterung erfährt,
  - Ausscheidung von Gummistoffen,
  - Ausscheidung von solchen Bitterstoffen (unisomerisierte α-Säuren und bestimmte Teile von Isohumulonen), die zur Verringerung der Bitterstoffverluste bei der Gärung und damit zur „Entlastung" der Gärdecke führen (keine echten Bitterstoffverluste).

    Dies kann besonders für geschlossene Gärverfahren als eine Maßnahme zur Verbesserung der Bierqualität angesehen werden.

Als technologische Richtwerte werden die in Tabelle 56 ausgewiesenen Werte empfohlen.

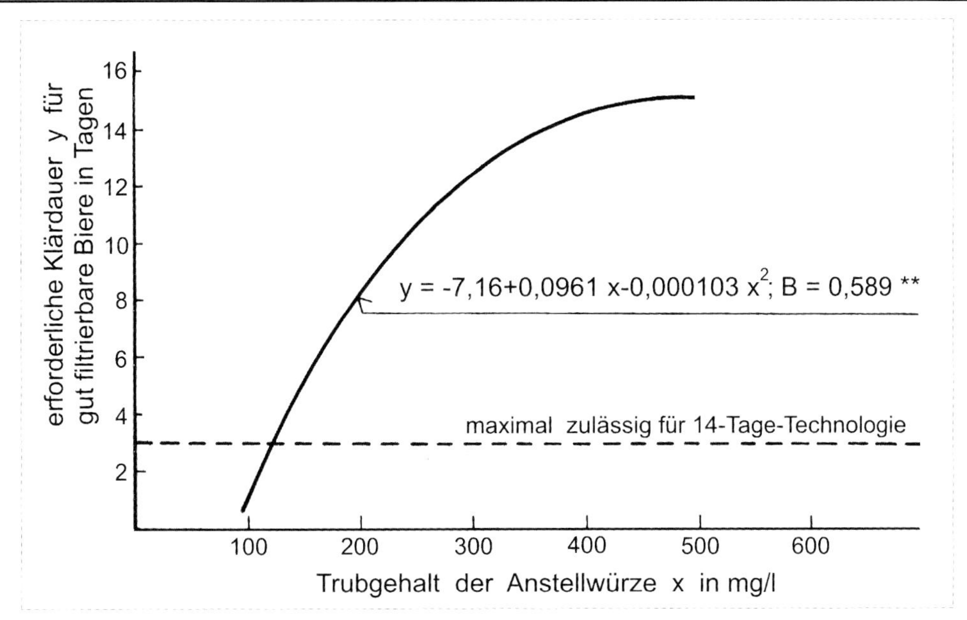

Abbildung 50 Einfluss des Trubgehaltes der Anstellwürze auf die erforderliche Klärdauer im ZKT bis zur Erreichung einer guten Filtrierbarkeit des Bieres

5.1.9 Gehalt an nicht vergärbaren Kohlenhydraten

Begriff und Charakterisierung

Die in der Brauereiwürze enthaltenen nicht vergärbaren Kohlenhydrate gehören im Wesentlichen zu zwei großen Gruppen von Verbindungen, die einen unterschiedlichen Anteil am Würzeextrakt haben. Die mengenmäßig größere Gruppe bilden die jodnormalen α-Glucane oder auch Achrodextrine, die als Stärkeabbauprodukte durch die unvollständige Amylolyse bei der Malz- und Würzeherstellung entstehen.
Sie bestehen aus Glucosemolekülen in α-1,4- und α-1,6-Verknüpfungen (weitere zusammenfassende Literaturübersichten zur Beeinflussung und Zusammensetzung der α-Glucane in der Würze siehe u.a. [179], [180], [181], [182], [183], [184]).

Die mengenmäßig geringere Gruppe der nicht vergärbaren Kohlenhydrate bilden die wasserlöslichen Gummistoffe. Sie bestehen aus etwa 80...90 % β-Glucanen (Glucosemoleküle in β-1,4- und β-1,3-Verknüpfungen) und aus etwa 10...20 % Pentosanen. Die technologisch wichtigeren β-Glucane stellen lang gestreckte Moleküle dar, die nicht wie Amylose schraubenförmig gewunden sind und deshalb mit Jod keine Färbung ergeben. In der Würze wurden β-Glucane mit einer Molmasse bis über 300 000 gefunden [185] (weiterführende Literatur s.a. [55], [180], [186], [187], [188], [189], [190] und Kapitel 14).

Bedeutung dieser Stoffgruppen für das angewandte Gär- und Reifungsverfahren

Die α- und β-Glucane der Würze haben selbst keinen Einfluss auf den Stoffwechsel der Hefe und die biochemischen Umwandlungen im Prozess der Gärung und Reifung. Sie sind geschmacksfrei und sollen als Aromaträger für die Vollmundigkeit eines Bieres mitverantwortlich sein. Weiterhin haben sie eine gewisse Schutzkolloidwirkung und fördern insbesondere durch die Erhöhung der Viskosität die Schaumhaltbarkeit.

Für die Prozessstufe der Gärung und Reifung sind nur ihre physikochemischen Eigenschaften von großer Bedeutung. Bekannt ist die viskositätserhöhende Wirkung der löslichen α-Glucane und besonders der löslichen β-Glucane in Würze und Bier. Der spezifische Viskositätseintrag dieser Stoffgruppen nimmt mit ihrer Molekülgröße und ihrer Konzentration zu. Weiterhin neigen diese Stoffgruppen mit zunehmender Molmasse bei ansteigendem Vergärungsgrad (aufgrund ihrer Ethanolunlöslichkeit) und bei der Abkühlung des Bieres (Löslichkeit nimmt mit tieferen Temperaturen ab) zur Bildung von feindispersen Trübungen (α-Glucane) bzw. zur Ausfällung von gelartigen Komplexen (β-Glucane). Dabei können sie auch bei der Herausbildung der Kältetrübung Verbindungen mit Protein-Gerbstoffkomplexen eingehen. Besonders α-Glucane wurden bereits als wesentliche Bestandteile der Kältetrübung identifiziert [l. c. 184].

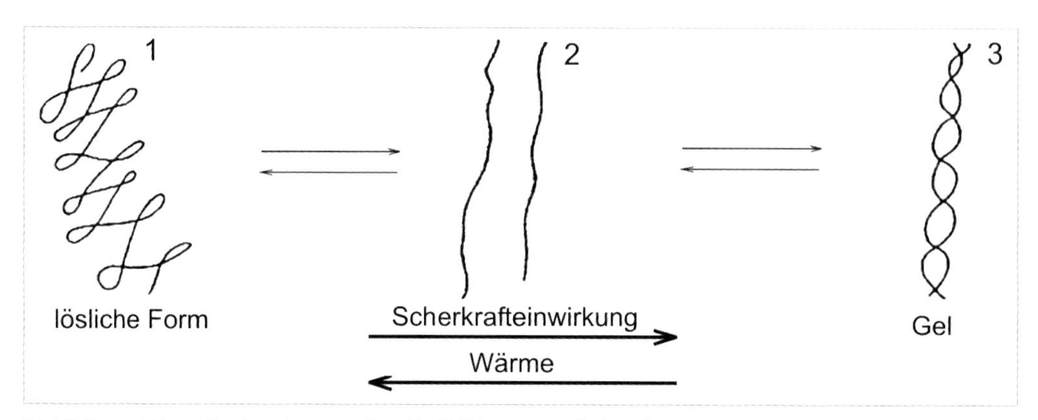

Abbildung 51 Mechanismus der Gelbildung nach [189]

1 wahllos gefaltetes β-Glucanmolekül, wasserlöslich

2 lineare Ketten von 2 β-Glucanmolekülen, Entfaltung von (1) durch Scherkräfte möglich

3 β-Glucan-Helix durch Wasserstoffbrückenbindungen, gelförmiges Polymer durch Wassereinlagerungen in den Helices, Auflösung von (3) nach (1) durch Einwirkung von Wärme

Nach Untersuchungen von *Letters* soll die Maltose in der Würze die Gelbildung der β-Glucane hemmen, d. h., mit zunehmender Vergärung der Maltose wird diese Hemmung aufgehoben. Auch erhöhte mechanische Beanspruchungen der Biere (Scherkrafteinwirkungen), z. B. durch eine Hefeabtrennung mittels Separatoren, haben die Gelbildung der β-Glucane beschleunigt [189]. Dabei wird der Mechanismus der Gelbildung mit der Entstehung von Helixstrukturen durch Wasserstoffbindungen zwischen einzelnen β-Glucanmolekülen erklärt (siehe Abbildung 51).

Die Herausbildung der α-Glucantrübungen soll auf ähnlichen Mechanismen beruhen. Diese Trübungs- und Gelbildung der α- und β-Glucane kann sehr entscheidend die erforderliche Prozessdauer für die Klärphase des ausgereiften Lagerbieres verlängern bzw. die Filtrierbarkeit dieser Biere wesentlich verschlechtern [55]. Ihre Bedeutung für das angewandte Gär- und Reifungsverfahren wächst damit, je kürzer die gewünschte Gesamtprozessdauer vom Anstellen bis zur Filtration und je höher die Flüssigkeitssäule des Bieres in der Klärphase ist.

Analytische Erfassung der technologisch wichtigen Fraktionen

Der summarische Gehalt dieser Stoffgruppen wird zur Orientierung für ein Gerstenmalzbier in Tabelle 54 ausgewiesen. Als Orientierung wird für einen ausreichenden Gummistoffabbau beim Mälzen und Maischen ein β-Glucangehalt in den Würzen von unter 200 mg/L angesehen [191].

Tabelle 54 Verhältnisse von α- und β-Glucanen in Würze und Bier nach [180], [186]

Stoffgruppe	Gesamtgehalt		Hochmolekularer Anteil mit einer molaren Masse > 12000	
	Würze	Bier	Würze	Bier
α-Glucane in g/L	81	23	10	5
β-Glucane in g/L	0,4	0,3	0,3	0,2

Derartige summarische Angaben haben jedoch keine praktische Bedeutung für eine Voreinschätzung des zu erwartenden Klärverhaltens der Biere und ihrer voraussichtlichen Filtrierbarkeit. Entscheidend für die erforderliche Klärdauer ist die spezifische Erfassung der für die Trübung bzw. Gelbildung verantwortlichen Fraktionen. Bewährt haben sich folgende Analysenmethoden zur Erfassung der die Filtration erschwerenden Fraktionen:

- Neben der fluorimetrischen Bestimmung des gelösten Gesamt-β-Glucangehaltes wird die Erfassung der „gelbildenden Fraktion" der β-Glucankonzentration mit der von der MEBAK eingeführten Methode angewendet [192].
- Zur Erfassung der hochmolekularen α-Glucane werden auf der Grundlage der von *Wieninger* [193] vorgeschlagenen verschärften Jodprobe der Jodwert nach MEBAK [194] angewendet. Bewährt hat sich auch die differenzierte α-Glucanbestimmung nach [204], hier erfolgt nach der Fällung der α-Glucane mit Ethanol, der Wiederauflösung des Niederschlages in einer Pufferlösung die spektrofotometrische Messung der Zufärbung nach dem Zusatz einer Jodlösung bei den Wellenlängen E 452 (Erfassung der mehr rötlich gefärbten α-Glucanabkömmlinge des verzweigten Amylopektins) und E 565 (Erfassung der mehr blau gefärbten α-Glucanabkömmlinge der Amylose).

Technologische Richtwerte für normal filtrierbare Biere

Für einen normalen α-Glucangehalt gelten deshalb als kontrollierbare und technologisch beeinflussbare Orientierungswerte:

- Je höher der beim Maischen erzielte Endvergärungsgrad ohne Saccharose- und Stärkesirupzusatz liegt, umso niedriger ist der α-Glucangehalt. Erst bei Würzen mit einem Vsend > 75 % (ohne Saccharosezusatz) werden α-Glucangehalte erreicht, die eine Voraussetzung für gute Filtrierbarkeiten der Biere sind. Die Prüfung der Anstellwürzen auf Jodnormalität darf keine Verfärbung nachweisen. Nicht jodnormale Würzen ergeben schwer filtrierbare Biere.
  Bei Filtrationsschwierigkeiten sind zur besseren Überwachung der Würzeherstellung die o.g. verschärften und quantifizierten Jodprüfungen

anzuwenden. Die Richtwerte nach MEBAK und für die differenzierte α-Glucanbestimmung sind in Tabelle 56 ausgewiesen.

- Die Einschätzung des β-Glucanabbaus in Würzen und Bieren ist mit den o.g. Methoden sehr gut möglich, ihre Richtwerte für eine störungsfreie Filtration sind in Tabelle 56 aufgeführt.
- Auch die klassische Viskositätsbestimmung der Anstellwürzen liefert einen guten Hinweis auf den β -Glucanabbau bei der Würzeherstellung.
- In Tabelle 55 werden zur Orientierung Erfahrungswerte für den Einfluss der Würzeviskosität auf die Filtrierbarkeit von vergleichbaren Bieren aus ZKT aufgeführt. Diese Werte gelten auch für andere Gär- und Reifungsverfahren. Bei genaueren Modelluntersuchungen ergab eine Erhöhung der Würzeviskosität von 1,60 mPa·s auf 1,70 mPa·s (bezogen auf St = 10 %) eine Verschlechterung der Bierfiltrierbarkeit um rund 30 % und verursachte einen um etwa 28 % höheren theoretischen Filterhilfsmittelverbrauch. Die Viskosität der Anstellwürzen sollte deshalb bei den klassischen Gefäßsystemen auf Werte von unter 1,65 mPa·s und bei ZKT optimal unter 1,60 mPa·s, bezogen auf St = 10 %, eingestellt werden, um gute Filtrierbarkeiten in den Bieren zu erreichen [55], [203].
- Viskositätsmessungen von Bieren während der Reifungs- und Klärphase lassen keine Filtrierbarkeitsvorhersagen für den gesamten Tankinhalt zu. Ihre Aussage bezieht sich nur auf das an der Probenahmestelle vorhandene Bier. Ein deutlicher, nicht durch die Gärung verursachter Viskositätsabfall deutet in diesen Prozessstufen meist auf β-Glucanausscheidungen mit hin und lässt in Abhängigkeit von der Dauer der Klärphase Filtrationsschwierigkeiten zumindest bei den untersten Bierschichten erwarten.
- Bei der Vergärung von Würzechargen mit Viskositäten über 1,60 mPa·s (St = 10 %) können in Ländern, wo es erlaubt ist, unmittelbar beim Anstellen so genannte Filtrationsenzyme (Enzyme mit vorwiegend β-Glucanase- und α-Amylaseaktivität) dosiert werden. In solchen Fällen hat sich der Einsatz von bakteriellen Amylasepräparaten mit einer definierten β-Glucanaseaktivität von 1000 IE/g bis zu maximal 1 g/hL Würze bewährt [22], [203], [197].

  Zusätze von Enzymen zur Verbesserung der Filtrierbarkeit bei der Gärung und Reifung sollten jedoch grundsätzlich nur als Notmaßnahmen für vorhandene Bierchargen angesehen werden und keine ständige technologische Maßnahme sein!

  Negative Qualitätsbeeinflussungen und Veränderungen in der Bierzusammensetzung sind bei derartigen Zusätzen möglich.

5.1.10 Gehalt an Bitterstoffen und anderen Stoffgruppen

5.1.10.1 Gehalt an Bitterstoffen in der Würze

Der Einsatz von isomerisierten Hopfenextrakten zum Zwecke der postfermentativen, kalten Bitterung des fertig gereiften Bieres führte zur Überprüfung des Einflusses der Bitterstoffe auf den Gärverlauf. Bitterstofffreie Anstellwürzen verursachten ein verändertes Gärverhalten der Hefe (intensivere Vermehrung und Gärung mit Veränderungen im Aromaprofil der Biere [195], [196]).

Tabelle 55 Einfluss der Würzeviskosität auf die Filtrierbarkeit von Großtankbieren [197]

Viskosität der Anstellwürze (mPa·s) auf St = 10 % berechnet	Filtrierbarkeit der Biere unter Berücksichtigung der möglichen Filterleistung und eines vergleichbaren Trubgehaltes
1,50...1,60	Gut bis sehr gut (100...125 % des normalen Filterdurchsatzes)
1,60...1,70	Normal bis mäßig (60...100 % des normalen Filterdurchsatzes)
> 1,70 (deutlich ab 1,78)	Filtration unmöglich durch Verblockung des Filters mit in der Abkühlphase ausgefallenen Gummistoffen

Im Interesse eines normalen Gärverlaufes und einer gleich bleibenden Bierqualität ist deshalb auch beim Einsatz von isomerisierten Hopfenextrakten in den Anstellwürzen ein Grundgehalt an Bitterstoffen von mindestens 10 mg Isohumulon/L Würze einzustellen. Ab dieser Grundbittere verliefen Gärung und Reifung normal und ermöglichten eine Nachbitterung entsprechend der Qualität des isomerisierten Hopfenextraktes ohne Qualitätsverluste im Fertigprodukt durch ein abnormes Gärungsbukett.

5.1.10.2 Polyphenole und Anthocyanogene

Der Einfluss dieser Stoffgruppen auf den Hefestoffwechsel und auf den Gär- und Reifungsverlauf ist von untergeordneter Bedeutung. Ihr Einfluss auf die Trübungsbildung (insbesondere Kältetrübung), Filtrierbarkeit und kolloidale Stabilität hängt sehr stark von ihrem Oxidations- und Polymerisationszustand ab (weiterführende Literatur siehe [198], [199], [200], [206] und Kapitel 14).

5.1.10.3 Lipide

Zu den Lipiden der Würze zählt man Mono-, Di- und Triglyceride, Stearine, Phospholipide und freie gesättigte und ungesättigte Fettsäuren. Diese Stoffgruppen beeinflussen den Hefestoffwechsel, die Schaumhaltbarkeit und Geschmacksstabilität des fertigen Bieres und sie sind auch für das Überschäumen (*Gushing*) der Biere mit verantwortlich. Für den Hefestoffwechsel sind besonders die ungesättigten Fettsäuren von großer Bedeutung, sie beeinflussen positiv die Hefevermehrung und vermindern die Esterbildung.

Durch Zusätze von ungesättigten C16- und C18-Fettsäuren konnte die Hefevermehrung und Gärung forciert werden, ohne dass die Esterbildung abnorm anstieg [201] Derartige Zusätze waren besonders positiv bei der Vergärung von konzentrierten Würzen. Der Lipidgehalt der Würze liegt zwischen 60...70 mg/L und stammt vorwiegend vom Malz [202].

Tabelle 56 Technologische Orientierungswerte für Anstellwürzen (nach [55], [203])

Technologische Kennwerte	Maß-einheit	Klassisches Gär- und Reifungs-verfahren	Beschleunigtes Eintankverfahren im ZKT	Einfluss des Kennwertes [2] auf
1. α-Aminostickstoffgehalt (EBC) mindestens optimal	mg/L	150 200	150 200	G/R H, Q
2. Sauerstoffgehalt	mg/L	8...9	4,5 ... 6	G/R, Q, H
3. Vsend (ohne Saccharose-zusatz) mindestens maximal	%	≥ 75 84	≥ 75 84	Q, G/R K, H
4. Saccharosezusatz (bezogen auf Gesamt-schüttung in MGW) maximal optimal	%	20 <15	20 < 15	G/R, Q
5. Zinkgehalt	mg/L	≥ 0,20	≥ 0,20	G/R, Q
6. Keimzahl auf Würze- und Nähragar Optimalwert	Keime/ mL	< 10 [1]	< 10 [1]	G/R, H, Q
7. pH-Wert	-	5,2...5,45	5,2...5,45	G/R, Q, K
8. Jodnormalität	-	o.B.	o.B. auch bei ver-schärfter Jodprobe	K
9. Jodwert nach MEBAK [194]	E	< 0,30	< 0,30	K
10. α-Glucangehalt [204]	$E_{452} \cdot 1000$ $E_{565} \cdot 1000$	≤ 100 ≤ 40	≤ 100 ≤ 40	K
11. Viskosität (bezogen auf St = 10 %) optimal	mPa·s	≤ 1,65	≤ 1,60	K
12. β-Glucangehalt (gesamtlösl.)	mg/L	≤ 200	≤ 200	K
13. Gelbildende β-Glucan-fraktion [205]	mg/L	< 10	nicht nachweisbar	K
12. Resttrubgehalt maximal optimal	mg/L	250 ≤ 100	200 ≤ 100	K
13. Bitterstoffgehalt mindestens	BE	≥ 10	≥ 10	Q, H

1) Die festgestellten Keime dürfen keine Hefen, Langstäbchen und Tetraden sein
2) Abkürzungen: G/R erforderliche Prozessdauer der Gärung und Reifung
Q sensorische Qualität des Endproduktes
K erforderliche Prozessdauer der Klärphase (Bierfiltrierbarkeit)
H Erhaltung der Qualität des Hefesatzes

5.1.10.4 Reduzierende Substanzen der Würze

Die reduzierenden Substanzen der Würze beeinflussen das Redoxpotenzial des Bieres und damit wesentliche biochemische Vorgänge bei der Gärung und Reifung (s.a. Kapitel 3.5). Sie können nach *Chapon* [206] entsprechend der Entfärbungsgeschwindigkeit von 2-6-Dichlorphenol-indophenol in 3 Kategorien eingeteilt werden (siehe auch [163], [207]).

5.1.11 Zusammenfassung der technologischen Orientierungswerte für Anstellwürzen

Aus den unter 5.1.1 bis 5.1.10 aufgeführten Anforderungen ergeben sich die in Tabelle 56 enthaltenen Kenndaten als technologische Orientierungswerte für die Anstellwürzen.

5.2 Die Qualität der verwendeten Betriebshefe

5.2.1 Der Betriebshefestamm

Der verwendete betriebliche Hefestamm beeinflusst sehr entscheidend sowohl die Qualitätsmerkmale des Fertigproduktes als auch die Produktivität des Gesamtverfahrens (weitere Hinweise zur Auswahl siehe Kapitel 2 und die Darlegungen in [7]) durch:

- seinen Flockungscharakter,
- seine spezifische Gärgeschwindigkeit,
- den Umfang der Extraktverwertung (Höhe des erreichbaren Vergärungsgrades),
- sein spezifisches Säurebildungsvermögen,
- die unterschiedliche Bildung von Bukettstoffen,
- die unterschiedliche Bildung und den Abbau der Jungbukettstoffe und
- unterschiedliche Ausscheidung von Eiweiß-, Gerb- und Bitterstoffen aus dem Bier.

Im letzten Jahrhundert wurden durch Selektion und Kreuzung von der nationalen und internationalen Brauindustrie sowie von den sie betreuenden wissenschaftlichen Instituten Hefestämme für die unterschiedlichsten Anwendungsfälle und Einsatzbedingungen gezüchtet, die allen technologischen Anforderungen genügen. Diese können als Reinzucht auf Schrägagar, als Flüssigkultur, als Press- oder Trockenhefe von den wissenschaftlichen Instituten bezogen werden. In Tabelle 57 sind die bekanntesten und am meisten verwendeten Hochleistungshefestämme der deutschen Brauindustrie aufgeführt (s.a. in [7], Kapitel 1 und Tabelle 5).

In den Stammsammlungen sind eine Vielzahl von definierten Hefestämmen vorhanden, die sich auch bei den untergärigen Hefestämmen durch eine große Variationsbreite in ihrem Aromaprofil auszeichnen (siehe [208], [209]) und den Brauereien die Möglichkeit geben, nicht nur ein alltägliches Einheitsbier zu produzieren, sondern auch Spezialitäten für den besonderen Genuss (siehe z. B. Ergebnisse in Tabelle 58). Man erkennt aus diesen Versuchsergebnissen, dass z. B. der Hefestamm 199 35...50 % mehr höhere aliphatische Alkohole, ca. 100 % mehr 2-Phenylethanol und ca. 35 % mehr Ester als die Vergleichsstämme produziert.

Tabelle 57 Die bekanntesten deutschen Hochleistungshefestämme für die Bierherstellung

Deutsche Brauereihefe-Stammsammlungen	Geeignet für Biersorte	Stamm Nr.	Kurzcharakteristik
Hochvergärende, untergärige Bierhefen mit sehr gutem Bukettstoffverhältnis der			
Versuchs- und Lehranstalt für Brauerei in Berlin (VLB) nach [210]	Export Pils Lager	RH	Neutrales Aroma, feinflockig
		Nr. 42	Neutrales Aroma, flockig
		He-Bru.	Fruchtige Note, flockig
		SMA-S	Neutrales Aroma, staubig
		1901	Neutrales Aroma, staubig
Wissenschaftliche Station für Brauerei in Weihenstephan		W 34/70	Neutrales Aroma, feinflockig
Hochvergärende, obergärige Weizenbierhefe mit typischen Weizenbieraroma der			
Versuchs- und Lehranstalt für Brauerei in Berlin (VLB) nach [210]	Weizen	68 obg.	Betonung auf Isoamylacetat (Banane), nahezu staubig
		Nr. 94	Betonung auf 4-Vinyl-guajakol, nahezu staubig
Wissenschaftliche Station für Brauerei in Weihenstephan		W 68	Aromahefe für nahezu 90 % der Bayrischen Weizenbiere (siehe auch Kapitel 11.3)
Hochvergärende, obergärige Bierhefe zur Herstellung von Ale, Altbier und Kölsch der			
Versuchs- und Lehranstalt für Brauerei in Berlin (VLB) nach [210]	Ale	160 obg.	Staubig
	Alt	139 obg.	Nahezu staubig
	Kölsch	O.K.3	Nahezu staubig

Tabelle 58 Einfluss von untergärigen Heferassen auf die Bieraromastoffe bei der Vergärung ein- und derselben Würze nach Narziß [208] (Angaben in ppm)

Hefestamm	34	35	120	128	199
Höhere aliphatische Alkohole	64	74	85	65	97
2-Phenylethanol	10	12	15	9	26
Essigsäureester	19	19	20	21	27
Fettsäureester	0,4	0,5	0,4	0,4	0,4
Fettsäuren (C_6...C_{10})	5,7	8,0	5,5	5,7	6,9

5.2.2 Der betriebliche Hefesatz

Entscheidend für den Verlauf der betrieblichen Gärung und Reifung sind aber nicht nur die spezifischen Eigenschaften des Hefestammes, sondern auch der physiologische Zustand und das Alter des verwendeten Hefesatzes (siehe auch Kapitel 2.6 und 2.9.5 und [7]). Die Anforderungen an den Hefesatz sind allgemein in Kapitel 2.7 formuliert. Folgende Faktoren können die Effektivität des Hefesatzes auch beeinflussen:

Die Adaption an die Maltoseverwertung

Mögliche Ursachen für die unterschiedlichen Gärintensitäten in der Angärphase eines Hefesatzes sind unterschiedliche Erntezeitpunkte und die Bedingungen der Zwischenlagerung bis zum Wiederanstellen der Hefesätze.

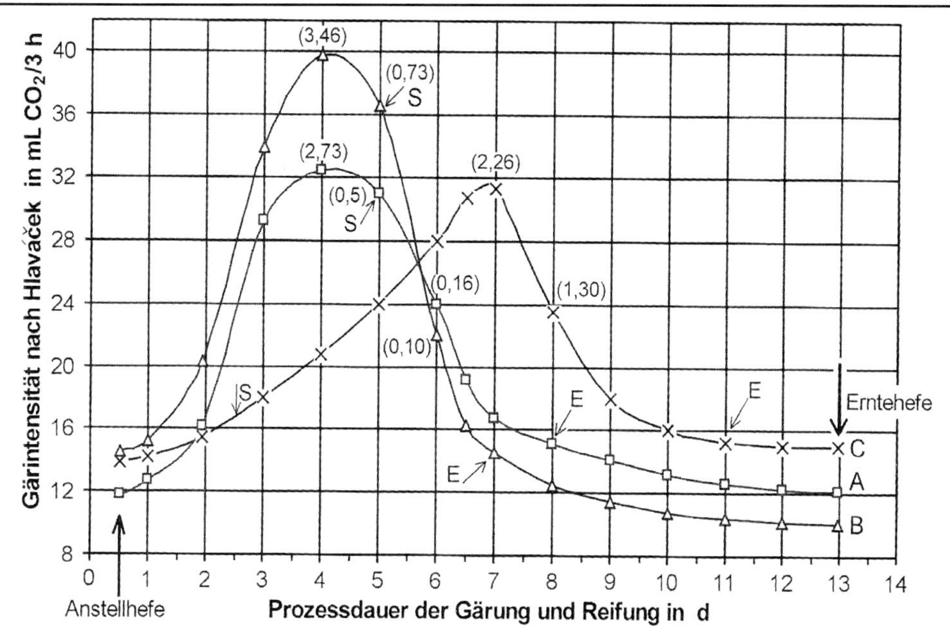

Abbildung 52 Veränderung der Gärintensität (gemessen mit der Methode nach Hlaváček [211]) in Betriebsversuchen in einem ZKT [22])
Die Gärintensität entspricht der in drei Stunden in 30 mL einer 10%igen Maltoselösung bei 20 °C gebildeten CO_2-Menge in Millilitern, gemessen an Hefen aus der Gärung und Reifung im ZKG; Klammerwerte sind ΔEs-Werte zum Zeitpunkt der Probenahme;
S = Zeitpunkt des Spundens des Tankinhaltes mit $p_ü$ = 0,9 bar (bei Versuch A und B am 5. und bei Versuch C am 2. Prozesstag); **E** = Endvergärung ist erreicht.

So besitzt ein Hefesatz, der zum Ende der Hauptgärung bei ΔEs > 1 % geerntet wird, noch fast seine maximale enzymatische Kapazität Maltose zu verwerten (siehe Abbildung 52). Ein unter Wasser oder unter endvergorenem Bier gelagerter Hefesatz bzw. ein erst zum Zeitpunkt der Endvergärung aus dem ZKT geernteter Hefesatz hat die Adaption an Maltose verloren und muss die zur Maltoseverwertung benötigten Enzyme erst in der Angärphase neu ausbilden (Erläuterungen dazu siehe Kapitel 2.11.5 und in [7], Kapitel 4.3.9).

Bei einer 10%igen Glucose-/Saccharoselösung lagen die Werte der Gärintensitäten bei allen Hefeproben immer im Bereich von 28...30 mL CO_2/3 h. Man erkennt daraus, dass die Brauereihefe keine Adaptionsphase für die Angärzucker benötigt.

Die Angärzuckerkonzentration in der Würze entscheidet dann über die Dauer der Adaptionsphase bis die Maltoseverwertung voll ausgebildet ist. In den in Abbildung 52 dargestellten Messungen aus großtechnischen Betriebsversuchen wurden Würzen angestellt, bei denen folgende Malzanteile der Schüttung durch Saccharose substituiert wurden (Angaben in % Malzgleichwert: 78 kg Saccharose = 100 kg Malz):

Versuch B = 5,7 % Saccharose,
Versuch A = 10,4 % Saccharose und
Versuch C = 14,1 % Saccharose.

Hier sind die Unterschiede in der Entwicklung der Gärintensität der Hefeproben aus dem jeweiligen ZKT deutlich erkennbar, sie stehen auch im Verhältnis mit der erforderlichen Prozessdauer bis zur Erreichung der Endvergärung (E). Ein frühes Spunden verzögert die Adaption besonders deutlich.

Die Dauer der Lag-Phase t_{lag}

Ein länger in extraktarmer Lösung gelagerter Hefesatz verliert in dieser Zeit viele Nährstoffe und Zellbausteine, die er erst nach dem Wiederanstellen während der sog. Lag-Phase neu aufnehmen bzw. für den aktiven Stoffwechsel und für die Vermehrung neu bilden muss. In dieser Phase führt die Hefezelle nur einen reduzierten Stoffwechsel aus.

In Abbildung 53 ist die Entwicklung der Hefekonzentration für die beiden Varianten t_{lag} = 0 h und t_{lag} = 10 h berechnet und dargestellt worden.

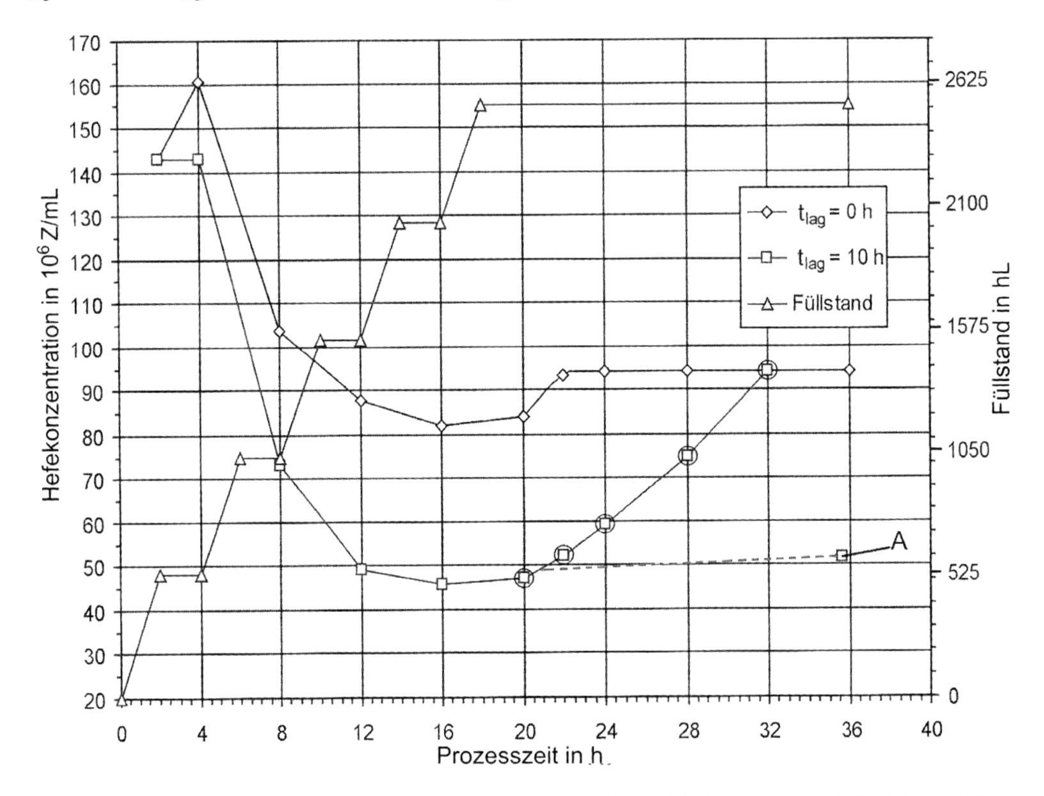

Abbildung 53 Einfluss der Dauer der Lag-Phase eines Hefesatzes auf die Entwicklung der Hefekonzentration in der Anstell- und Befüllphase eines ZKG bei einer angenommenen logarithmischen Wachstumsphase von t_{log} = 20 h

Befüllung mit 5 Suden á 500 hL; Sudfolge 4 h; Zulaufdauer der Anstellwürze 2 h/Sud;
Temperatur des Tankinhaltes ϑ = 12 °C;
Einmalige Hefegabe von 25 hL dickbreiiger Satzhefe mit einer Anstellhefekonzentration von $30 \cdot 10^6$ Zellen/mL mit dem ersten Sud, bezogen auf den gefüllten ZKG;
Generationsdauer der Hefe bei der angegebenen Temperatur des Tankinhaltes t_G = 12 h (siehe [7]).
○ Bereiche, in dem eine durch Wuchsstoffmangel geschädigte Hefe die Vermehrung einstellen kann; **A** wahrscheinlicher Kurvenverlauf

Bei t_{lag} = 0 h setzt sofort die Vermehrung der angestellten Hefe in der gesamten Befüllungsphase ein, dies ist mit einer intensiven Angärung, einer deutlichen pH-Wert-Abnahme, einer erhöhten biologischen Sicherheit und mit einer auseichenden Vermehrung und Qualitätserhaltung des Hefesatzes verbunden. Bei dem Hefesatz mit einer ausgeprägten Lag-Phase wird die pH-Wert-Abnahme in der damit angestellten Würze in den ersten 20 h dieser Gärcharge sehr gering sein und damit ist die Gefahr einer sich entwickelnden Würzebakterieninfektion sehr groß. Dies verursacht durch den damit verbundenen Wuchsstoffverlust und der erhöhten Gefahr der Nitritbildung u.a. eine ca. 40...50%ige Verringerung der maximalen Hefekonzentration, eine weitere qualitative Schädigung des Hefesatzes und eine Verzögerung der Gärung und Reifung.

Ein derartiger gelagerter Hefesatz sollte vor der Wiederverwendung in einem separaten Hefetank in etwas frischer Anstellwürze suspendiert und unter Belüftung mehrere Stunden (5...6 h) propagiert werden (optimal: Umpumpverfahren, die Volumenverhältnisse sind abhängig von der Größe der zur Verfügung stehenden Behälter und der erforderlichen Menge des Hefesatzes).

Der Einfluss der durchschnittlichen Hefezellgröße auf die wirksame Stoffaustauschfläche bei konstanter Volumendosage

Bei der Beurteilung der Gärleistungen eines Hefesatzes sind nicht nur das dosierte Hefevolumen und die Hefezellkonzentration von entscheidender Bedeutung, sondern es ist auch die durchschnittliche Zellgröße und die damit zusammenhängende für den Stoffaustausch wichtige Zelloberfläche zu beachten, wie die Berechnungsbeispiele in Tabelle 59 zeigen sollen.

Unter Berücksichtigung der realen Zellmesswerte aus [7] (Tabelle 16) werden für die zwei Hefeproben mit ihren unterschiedlichen durchschnittlichen Zellgrößen die äquivalenten Zellzahlen berechnet, die in diesem Hefevolumen enthalten sein könnten. Mit ihrer durchschnittlichen Oberfläche wurde theoretisch die wirksame Stoffaustauschfläche pro Liter angestellte Würze berechnet und in Tabelle 59 ausgewiesen.

Das Ergebnis erklärt auch die praktischen Erfahrungen, dass eine junge Reinzuchthefe bei gleicher Volumendosage je Hektoliter Würze und bei vergleichbaren Bedingungen eine intensivere Gärung realisiert als eine mehrfach geführte Erntehefe. Sie hat aufgrund der kleineren Zellgröße bei gleicher Hefevolumendosage eine deutlich größere Stoffaustauschfläche (im Berechnungsbeispiel > 40 %).

5.3 Technologische Möglichkeiten zur Variation der Prozessführung

Nachfolgend werden nur die wichtigsten technologischen Grundoperationen zur Führung des Gär- und Reifungsprozesses behandelt, deren Kombination und zeitliche Variabilität die einzelnen Gär- und Reifungsverfahren charakterisieren.

5.3.1 Anstellen der Würze

Das Anstellen der Würze (Zugabe der Hefe zur Würze) leitet den Gär- und Reifungsprozess ein. Mit dem Anstellverfahren werden sowohl die Prozessdauer der Gärphase, die Qualität der Erntehefe und die Qualität des Endproduktes beeinflusst. Bei geschlossenen Gefäßsystemen und einer Befüllung mit mehreren Sudchargen ist der Tankinhalt in dieser Phase meist eine „Blackbox“. Erst nach dem Abschluss des Anstell- und Befüllprozesses und nach einer deutlichen Angärung ist der Tankinhalt weitgehend homogen und eine repräsentative Durchschnittsprobe für die Analyse möglich. Deshalb ist es besonders wichtig, ein reproduzierbares und sicheres Anstellverfahren anzuwenden.

Tabelle 59 Einfluss der Hefezellgröße auf die wirksame Stoffaustauschfläche nach dem Anstellen und Homogenisieren bei konstanter Hefevolumendosage

Satzhefe [1])	Hefevolumen, MW [1]) in μm^3	MW der Zellmaße (Achsen A u. B) in µm	MW der Zelloberfläche [2]) in μm^2/Zelle	Zellzahl bei 0,5 L Hefe/hL in Zellen/mL [3])	Wirksame Stoffaustauschfläche in m^2/L Würze
Erntehefe aus der Reinzucht, Probe 2	152	A = 8,30 B = 5,80	138	$17{,}8 \cdot 10^6$	2,46
Erntehefe aus ZKT nach 5. Führung Probe 13	408	A = 9,95 B = 8,73	263	$6{,}6 \cdot 10^6$	1,74

[1]) Messwerte aus [7], Tabelle 16; MW = Mittelwerte

[2]) Berechnet mit der Näherungsgleichung für die Zelloberfläche nach [212]:

$$O = B(2{,}225 \cdot A + 0{,}915 \cdot B) \qquad \text{Gleichung 36}$$

O = Oberfläche der Hefezelle in μm^2
A = Lange Achse der Hefezelle in µm
B = Kurze Achse der Hefezelle in µm

[3]) Bezugsbasis für die Berechnung der Zellzahlen ist das in [7] (Tabelle 14) ausgewiesene Volumen für die Modellhefezelle: $V = 180 \cdot 10^{-18}$ m^3/Zelle. Dadurch ergibt sich bei einer Anstellhefekonzentration von $15 \cdot 10^6$ Zellen/mL ein Hefevolumen von $2{,}7 \cdot 10^{-9}$ m^3/mL angestellter Würze.

Folgende Punkte sind bei der Festlegung jedes Anstellverfahrens zu beachten:

5.3.1.1 Die Höhe der Hefegabe

Die biochemische Gesamtleistung der Hefe bei der Biergärung und -reifung ist im Wesentlichen ihrer Biomassekonzentration im Gärmedium proportional, jede Erhöhung der Hefekonzentration führt zur Erhöhung der Gärgeschwindigkeit und zur Beschleunigung der anderen biochemischen Reaktionen (siehe auch Kapitel 4.2).

Mit der Höhe der Hefegabe zur Anstellwürze wird bereits die gewünschte maximale Hefekonzentration in der Gärphase unter Beachtung der Würzequalität festgelegt und damit die Intensität des biochemischen Umsatzes beeinflusst.

Auswirkungen einer Erhöhung der Hefegabe

Eine Erhöhung der Hefegabe ergibt bei konstanter Temperaturführung:

- Eine Erhöhung der Gärintensität,
- Eine Verringerung des Hefezuwachses,
- Ein höheres und früheres Maximum in der Konzentration der vicinalen Diketone und ihrer Vorstufen,
- Eine schnellere Entfernung dieser Jungbierbukettstoffe (Beschleunigung der Reifung),

- Eine Verringerung der Nebenproduktbildung, insbesondere bei den höheren Alkoholen, Aldehyden und freien niederen Fettsäuren,
- Bei druckloser Hauptgärung einen erhöhten Bitterstoffverlust in klassischen Gärgefäßen, bedingt durch die höhere Gärintensität,
- Eine erhöhte Gefahr der Hefeautolyse.

Richtwerte für die Hefegabe und ihre technologischen Auswirkungen

In Tabelle 60 werden Orientierungswerte für die Hefegabe bei einer klassischen und beschleunigten Gärphase im offenen Gärbottich ausgewiesen. Das Verhältnis von Anstellhefe und Würze schwankt auch beim klassischen Gär- und Reifungsprozess meist zwischen 0,5...1,0 L dickbreiiger Hefe/hL Würze.

Im klassischen Gärkeller konnte nachgewiesen werden, dass sich die Hefe innerhalb der Grenzen von 0,5...2 L Anstellhefe/hL Würze unabhängig von der Anstellhefemenge vermehrt und der absolute Hefezuwachs nur durch den Sauerstoffgehalt und das Nährstoffangebot in der Anstellwürzen begrenzt wird. Durch eine Erhöhung der Hefegabe von 0,5 auf 2 L/hL Würze wurde bei gleicher Bierqualität eine Verkürzung der Hauptgärung von 12 Tagen auf 4 Tage erzielt. Auch nach der 15. Führung bei einer ständigen Hefegabe von 2 L/hL Würze war die Erntehefe im einwandfreien Zustand [213].

Die eigenen Versuche [22], [177] mit einer mäßig beschleunigten Gärung und Reifung im ZKT hatten folgende Ergebnisse:

- Die erhöhte Hefegabe (bis 1 L dickbreiige Hefe/hL) ergab bei längerer Führung des Hefesatzes in infektionsfreien Anstellwürzen keinen Abfall in der Hefequalität und Gär- und Reifungsintensität.
- Mit der Hefegabe konnte im ZKT unter den gegebenen Versuchsbedingungen die durchschnittliche Vergärung (siehe Abbildung 54) effektiv gesteuert werden.
- Es wurden folgende Versuchsergebnisse erzielt:
  Die Erhöhung von c_{H0} um $1 \cdot 10^6$ Zellen/mL ergab eine Zunahme der durchschnittlichen Vergärung Gkd:
  - vom Anstellen bis zum 2. Tag: 3,64 kg Ew/(100 hL · 24 h) bzw.
  - vom Anstellen bis zum 5. Tag: 1,79 kg Ew/(100 hL · 24 h).
- Eine Erhöhung der Anstellhefekonzentration von $20 \cdot 10^6$ Zellen/mL auf $50 \cdot 10^6$ Zellen/mL führte hier (Mangelwürzen, hergestellt mit 35 % Gerstenrohfrucht) zu einer 50%igen Verringerung des Hefezuwachses.
- Diese Verringerung des Hefezuwachses bedeutet auch einen verringerten Extraktverbrauch der Hefe für den eigenen Baustoffwechsel. So kann eine Verminderung des Zellenzuwachses um $10 \cdot 10^6$ Zellen/mL eine Extraktschwandsenkung von etwa 0,45 % ergeben (s.a. Richtzahlen und das Berechnungsbeispiel in [7], Kapitel 4.6.11).

Tabelle 60 Richtwerte für die Hefegabe und ihre technologischen Auswirkungen bei der klassischen Gärung einer Vollbierwürze sowie für ein normales Ankommen der Gärcharge nach 24 h

Verfahren	Maßeinheit	Klassisches Gär- und Reifungsverfahren	Mäßig beschleunigte Gärung	Stark beschleunigte Gärung
Dickbreiige Hefegabe je 1 hL Würze	L/hL	0,5	1,0	2,0
Hefekonzentration nach dem Anstellen	10^6 Zellen/mL	15	ca. 30	ca. 60
Erforderliche Gärdauer bei 9 °C	Tage	8…10	6…7	4…5
Maximale Hefekonzentration	10^6 Zellen/mL	50…60	70…80	90…100
Hefeernte je 1 hL Bier	L/hL	ca. 1,5…2	ca. 2…3	ca. 3…3,5
Extraktabnahme in den ersten 24 h	% Es	0,3…0,5	0,8…1,0	1,5…2,0
pH-Wert-Abnahme in den ersten 24 h	-	0,25…0,30	0,4…0,6	0,6…0,7
Temperaturanstieg in den ersten 24 h ohne Kühlung	K	0,5…1,0	1,4…2,0	2,0…3,0
Ø Hefekonzentration nach 24 h	10^6 Zellen/mL	35…45	55…65	70…80

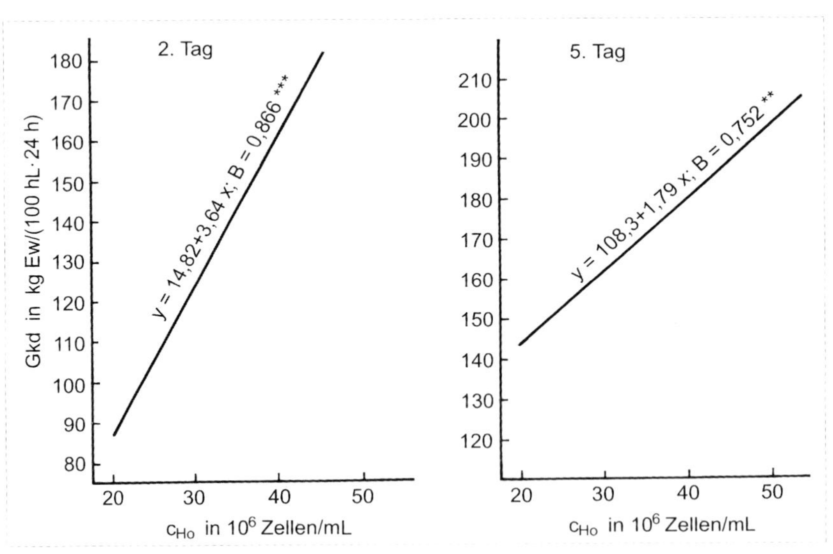

Abbildung 54 Der Einfluss der Anstellhefekonzentration (x) auf die durchschnittliche Vergärung (y) vom Anstellen bis zum angegebenen Tag [22]

c_{H0} Anstellhefekonzentration, bezogen auf den gesamten, homogenen ZKT-Inhalt
Gkd durchschnittliche Vergärung vom Anstellen bis zum 2. bzw. 5. Gärtag, berechnet nach *Brischke* [54]

Die Notwendigkeit einer Erhöhung der Hefegabe

Sie ergibt sich bei folgenden technologischen Veränderungen (unter sonst gleichen Bedingungen):

- Einem verstärkten Infektionsgrad der Anstellwürze;
- Einem schlechten physiologischen Zustand des Hefesatzes;
- Einem Hefesatz, der nach einer längeren Aufbewahrungsphase (z. B. nach der Braupause) verwendet werden muss;
- Einer sehr kalten Gärführung (Anstelltemperaturen von 4...5°C);
- Einer Vergärung von dunklen Würzen (meist ungünstigere Nährstoffverhältnisse);
- Einer Vergärung von Starkbierwürzen (ungünstigere osmotische Verhältnisse für die Hefezelle);
- Einem unzureichenden Sauerstoffgehalt in den Anstellwürzen (z. B. bei Werten < 5 mg O_2/L Würze);
- Unsauberen und trubreichen Hefesätzen;
- Einer geringen Konsistenz der Anstellhefe (normale Konzentration einer dickbreiigen Hefe: etwa $3 \cdot 10^9$ Zellen/mL);
- Einer erforderlichen Verkürzung der Gärzeit in Saisonspitzen.

Bedenken gegen eine Erhöhung der Hefegabe

Gegen ein Arbeiten mit ständig erhöhter Hefegabe wurden in früheren Jahren Bedenken geäußert [214], [215], weil die erhöhte Hefegabe (vermutlich > 1 L Hefe/hL-Würze) zu folgenden Auswirkungen führt:

- Einer Verminderung der Hefevermehrung und
- Damit zur Gefahr der Überalterung des Hefesatzes bei mehrfacher Wiederverwendung;
- Einer negativen geschmacklichen Veränderung im Bier (Hefegeschmack);
- Einer Erhöhung der Infektionsgefahr und
- Einer Erhöhung der Bitterstoffverluste (abhängig von der Temperatur, Reduzierung bei Druckanwendung).

Technologische Schlussfolgerungen zur Höhe der Hefegabe

- Die Erhöhung der Hefegabe stellt ganz allgemein eine der wirksamsten und geeignetsten technologischen Maßnahmen zur Forcierung der Gärung dar, ohne dass dabei die Gefahr von nicht korrigierbaren Qualitätseinbußen zunimmt.
- Sie ist bei offenen Gärsystemen in jedem Fall der Temperaturerhöhung vorzuziehen.
- Diese Maßnahme setzt aber eine gesunde, gärkräftige Anstellhefe voraus, wenn ein wiederholter Einsatz der Erntehefe vorgesehen ist.
- Mit der Variation der Hefegabe besteht nicht nur die Möglichkeit, den Gär- und Reifungsprozess zu optimieren, sondern man kann dadurch auch eine Senkung der technologisch bedingten Extraktverluste und damit eine bessere Ausnutzung des Grundmaterials erreichen.
- Die volle Nutzung der Vorteile einer höheren Hefegabe erfordert unbedingt entsprechende technologische Kontrollen (Hefekonzentrationsbestimmungen, genaue Volumendosierung, Kontrolle der Hefevitalität) und die Gewährleistung eines hygienisch einwandfreien technologischen Regimes.

- Bei der Gärung und Reifung im ZKT sollte die sedimentierte Hefe zum frühestmöglichen Zeitraum mehrmals abgezogen werden.

5.3.1.2 Der Zeitpunkt und die Art und Weise der Hefegabe

Die Hefegabe muss aus mikrobiologischen Gründen grundsätzlich schon bei Beginn des Würzeeinlaufs in den Anstellbottich, Gärbottich oder ZKT erfolgen (Begründung siehe auch Kapitel 5.1.6). Der frühestmögliche Zeitpunkt der Hefegabe beschleunigt die Gärung und erhöht die biologische Sicherheit des Gär- und Reifungsprozesses.
Eine zeitliche Aufteilung der Hefegabe auf mehrere Sude, die im gleichen Gärgefäß angestellt werden, ist grundsätzlich anwendbar, erhöht aber den erforderlichen Kontroll- und Realisierungsaufwand. Weiterhin wird dadurch die Induktionsphase für die später dosierten Satzhefeteilmengen verschoben und eine beschleunigte Angärung vermieden.

Diese mehrfache, aufgeteilte Hefegabe ist nur bei einer zu langen Befüllungsphase eines Gärgefäßes (> 18 h) sinnvoll. D. h., dass bei einem nicht auf die Sudgröße abgestimmten Gärtankvolumen diese Hefegabe zu empfehlen ist, um ein zu intensives, verlängertes Drauflassverfahren zu vermeiden.
Grundsätzlich muss die Hefegabe bei einer Hauptgärung im ZKT so erfolgen, dass auch die Würzereste in der Würzeleitung zwischen Würzekühler und ZKT in den Standzeiten zwischen den Sudintervallen für eine ZKT-Charge mit Satzhefe angestellt sind.

Der Hefezusatz sollte dabei unmittelbar hinter dem Würzekühler und der Würzebelüftung erfolgen. Sollte dies nicht möglich sein, ist die restliche Würze jedes einzelnen Sudes aus der Rohrleitung mittels Wasser in den ZKT zu drücken.

Bei ZKT-Anlagen mit Mantelkühlung muss unbedingt am Ende des Befüllprozesses darauf geachtet werden, dass auch die im Zulaufrohr zum ZKT verbleibende Würze zwischen Konus und Absperrarmatur ausreichend mit Hefe angestellt ist. Diese eventuell unangestellte Würze außerhalb des ZKT wäre sonst auch ein gefährlicher Infektionsherd, der insbesondere bei einer langsamen Angärung zur Schädigung des Hefesatzes führen kann.

Um diesen negativen Effekt bei langen waagerechten Rohrleitungen von > 1 m Länge bis zur ZKT-Absperrarmatur zu vermeiden, bieten sich folgende Lösungsvarianten beim ZKT mit Mantelkühlung an:

- Separates Anstellen der letzten einlaufenden Würze;
- Kurzes Vorschießenlassen in einen anderen ZKT am Ende der Befüllung, um hefehaltige Würze in der ZKT-Zuleitung zu sichern;
- Umpumpen mit einer geeigneten Pumpe vom ZKT-Auslauf in die Probenahmeleitung.
- Umbau der ZKT-Verrohrung auf das ECO-MATRIX-System.

Begründung für diesen Aufwand

Auch in anfänglich keimfreien, drucklos gekochten Anstellwürzen können sich bei einer Standzeit von einigen Stunden ohne Satzhefe aus Sporen Würzebakterien in einer ca. 10fach kürzeren Generationszeit als die Hefezellen entwickeln. Sie entziehen der Würze und damit der Satzhefe notwendige Vitamine und Wuchsstoffe und bilden vor allem auch Stoffwechselprodukte, wie Nitrit durch Reduktion aus Nitrat, die starke Hefegifte sind, ohne selbst dann bei Bier-pH-Werten lebensfähig zu bleiben (s.a. in [7] Kapitel 4.6.10.4).

Tabelle 61 Form der Hefegabe mit ihren Vor- und Nachteilen

	Form der Hefegabe	Vorteile	Nachteile
1.	100 % Propagations- oder Reinzuchthefe	- Intensive Gärung u. Reifung - Hohe mikrobiologische Sicherheit - Gleichmäßig hohe Bierqualität - Automatisierbares Betriebsregime	- Hoher Investitionsaufwand - Schlechtere Hefeklärung u. Filtrationsprobleme - Niedrige SO_2-Gehalte - Große Mengen an Überschusshefe - Höherer Extraktschwand
2.	Mischung aus Erntehefe (z. B. 70 %) und Propagationshefe (30 %)	Bei gesunder Hefe zügige Gärung u. Reifung bei gleichmäßig guter Qualität im Vergleich zu (1): - höhere SO_2-Gehalte, - geringere Investitionskosten - geringere Anfallmenge an Überschusshefe, - bessere Hefeklärung	Im Vergleich zu (1): - Höheres mikrobiologisches Risiko, - erhöhter Arbeitsaufwand bei der Kontrolle u. Dosage der beiden Hefearten, - zusätzlicher Bedarf an Erntehefetanks, - zusätzlicher Aufwand für die Pflege der Erntehefe
3.	100 % Erntehefe	- Bei gesunder Hefe zügige Gärung u. Reifung bei gleichmäßig guter Qualität - Gegenüber (1) und (2): ○ Geringeres Investitionsvolumen, ○ höhere SO_2-Gehalte, ○ bessere Hefeklärung, ○ geringster Anfall an Überschusshefe/ Althefe	- Erhöhtes mikrobiologisches Risiko - Höchster Arbeitsaufwand bei der Pflege der Erntehefe - Zusätzlicher Bedarf an Erntehefetanks - Mehr Aufwand bei einer gleichmäßigen Hefedosage - Gefahr der Überalterung des Hefesatzes u. Qualitätsschwankungen - Erhöhter Qualitätskontrollaufwand bei der Satzhefe
4.	100 % Kräusen aus dem Drauflassverfahren	Gegenüber (3): - Verringertes mikrobiologisches Risiko, - intensive Gärung u. Reifung, - gut automatisierbar u. rationell für eine oder wenige Biersorten gleicher Art (z. B. nur untergärige, helle Vollbiere)	- Hoher betrieblicher Organisationsaufwand - Bei großer Sortenvielfalt nicht generell durchführbar - Kapazitätsreserven beim Gärbehältervolumen erforderlich - Beim intensiven Drauflassen weniger SO_2 im Bier und mögliche Hefeklärprobleme

Diese „zeitweisen" Infektionen verursachen analytisch nachweisbar:

- eine geringere Hefevermehrung und damit
- eine geringere FAN-Abnahme und
- langsamere Vergärung sowie

- bei Gärungen unter höheren Drücken als im klassischen Gärbottich eine Zunahme des Totzellenanteils der Erntehefe und damit
- eine deutliche Verschlechterung der Hefequalität.

5.3.1.3 Varianten der Hefedosage

Die angewandte Variante der Hefegabe ist abhängig vom betrieblichen Hefemanagement. Es sind hier hauptsächlich die in Tabelle 61 charakterisierten vier Varianten bekannt. Eine Besonderheit ist Anstellen mit Kräusen.

Anstellen mit Kräusen

Eine für den großtechnischen Betrieb mit normalen Gärtanks oder modernen Gärgefäßen abgewandelte Hefepropagation ist das „Anstellen mit Kräusen", d. h. der Vermehrung der Anstellhefe in der logarithmischen Wachstumsphase. Eine mit Reinzuchthefe angestellte Würzecharge wird im Hochkräusenstadium mit Hefekonzentrationen zwischen $30...60 \cdot 10^6$ Zellen/mL mit frisch propagierter Anstellwürze so „verdünnt", dass die Hefekonzentration im Bereich zwischen $>10...< 30 \cdot 10^6$ Zellen/mL liegt. Je nach vorhandener Behältergeometrie wird die frische Anstellwürze einmal oder mehrmals „draufgelassen" oder die Kräusen werden auf die neu anzustellenden Gärtanks entsprechend verteilt.

Anstellen mit Reinzucht- oder Propagationshefe

Bekannt sind Klärschwierigkeiten beim alleinigen Anstellen mit Reinzucht- oder Propagationshefe. Ursache ist die Kleinzelligkeit intensiv propagierter Hefe (s.a. in [7] Kapitel 4.2.1 und 4.2.10). Bei Betrieben ohne Klärseparatoren können die Probleme der lang andauernden Hefesedimentation durch das Anstellen mit anteiliger Erntehefe (ab der zweiten Führung) gemindert werden. Vorteile bietet die Hefeernte mit Separatoren. Hier bestehen keine Gefahren durch Temperaturschocks, wenn vor der Abkühlung zentrifugiert wird und eine quantitative Ernte ist möglich.

5.3.1.4 Technologie der Hefedosage

Die Hefegabe muss so durchgeführt werden, dass eine innige Vermischung der Hefe mit der Anstellwürze erfolgt und die Freilegung der für den Stoffaustausch wirksamen Oberfläche der einzelnen Hefezelle gewährleistet wird. Eine gute Verteilung der Hefezellen in der Würze sichert auch eine Reduzierung der Hefepartikelgröße und damit ihre Sinkgeschwindigkeit in der Lag- bzw. Adaptionsphase bis zum Beginn der Gärung (s.a. in [7] Kapitel 4.2.10).

Die folgenden bekannten klassischen Methoden der Hefeverteilung in der Anstellwürze sind nicht automatisierbar, mikrobiell anfällig, arbeitsintensiv und bei modernen geschlossenen Gärsystemen nicht mehr anwendbar:

Klassische Methoden des Aufziehens und der Hefegabe:

- Aufziehen der Hefe im Satzeimer (Hefegabeeimer) und das Einschütten in das Gärgefäß von Hand.
- Verwendung eines Aufziehapparates oder einer sog. Hefebirne.

- Verwendung von Anstellbottichen; dies gewährleistet vor allem die Entfernung des restlichen Heißtrubes, eines Teiles des Kühltrubes sowie von toten Hefezellen und Verunreinigungen des Hefesatzes. Es wird eine Forcierung der Hefevermehrung durch die zusätzliche Belüftung beim Umpumpen (nach etwa 12...24 h) und eine gleichmäßigere Gärung großer Würzepartien bei kleinen Gärgefäßen erreicht.
- Direkte Hefegabe in den offenen Gärbottich und das Aufkrücken oder das Aufziehen der Hefe im Gärbottich durch Belüftung mit steriler Luft über ein von Hand bedientes perforiertes Rohr.

Bei den modernen Verfahren, insbesondere in Verbindung mit einer Gärung im ZKT, hat sich die gleichmäßige Dosage der Satzhefe in die gekühlte und belüftete Anstellwürze mithilfe von Dosierpumpen und kontrolliert und gesteuert durch Sensoren bewährt (s.a. in [7] Kapitel 6.3.2).

Moderne Methoden der Hefegabe

- Die Hefegabe erfolgt mit je nach Hefekonsistenz einstellbaren Dosierpumpen, die die Satzhefe gleichmäßig in den belüfteten Würzestrom eines Sudes dosieren und durch Sensoren gesteuert werden. Eine Dosierung möglichst kurz nach dem Würzekühlen verbessert bei längeren Leitungswegen die Durchmischung.
- Dem gleichen Zweck dient ein statischer Mischer nach der Dosierung. Eventuelle Druckerhöhungspumpen in der Würzeleitung übernehmen diese Aufgabe ebenfalls.
- Das Einpumpen der abgemessenen Satzhefe mit der ersten Würze in ein geschlossenes Gärgefäß und die anschließende Durchmischung in diesem Gefäß durch Umpumpen oder Rühren unter Einblasen von steriler Luft. Besonders wirksam ist eine Belüftung in einem Gefäß mit der Satzhefemenge, der das gleiche Volumen Würze vorher zugesetzt wurde, das entspricht dem „modernen Aufziehen".
- Aufziehen der Hefe in separaten Hefetanks (geschlossene Druckgefäße, in der Größe ausgelegt zur einmaligen Hefegabe für ein Großgärgefäß) durch Rühren unter aseptischen Bedingungen.
- Besonders bei einem länger gelagerten Hefesatz erhöht ein Mischen des Hefesatzes im Aufbewahrungsgefäß die Gleichmäßigkeit. Eine Belüftung der Satzhefe zur Förderung deren Vitalität sollte hier nur unmittelbar vor dem Anstellen durchgeführt werden, da diese Belüftung den Verbrauch der noch vorhandenen hefeeigenen Reservekohlenhydrate beschleunigt.

Notwendige Kontrollen

Die Hefegabe sollte nicht schematisch nur nach Volumen bemessen werden. Die Hefekonzentration in der Satzhefe kann je nach Konsistenz zwischen $1 \cdot 10^9$ Zellen/mL bis $4 \cdot 10^9$ Zellen/mL schwanken und damit bei gleicher Volumendosierung unterschiedliche Anstellkonzentrationen und ungleichmäßige Gärverläufe verursachen. Eine dickbreiige Satzhefe hat etwa $3 \cdot 10^9$ Zellen/mL. Durch eine schnelle und einfache Abschätzung des Feststoffanteils eines sauberen und homogenisierten Hefesatzes (z. B. durch Abnutschen über Filterpapier oder durch Zentrifugieren; s.a. in [7] Kapitel 6.3.2) ist auch im Produktionsbetrieb die Hefegabe relativ leicht normierbar. Durch

Differenztrübungsmessungen in der Würze vor und nach der Hefegabe wurde eine Automatisierung des Anstellens erreicht.

5.3.1.5 Die Anstelltemperatur

Je nach dem verwendeten Gärgefäßsystem unterscheiden sich die Anstelltemperaturen, dabei unterscheidet man zwischen kalter oder warmer Gärführung. Diese Anstelltemperaturen bestimmen auch die Hauptgärtemperaturen. In Tabelle 62 werden die wichtigsten Bereiche für die Anstelltemperaturen ausgewiesen. Allgemein führt eine Erhöhung der Anstelltemperatur:

- zur Beschleunigung der Hefevermehrung,
- zur Intensivierung des gesamten Hefestoffwechsels und der Zunahme des Vergärungsgrades in der Anstellphase,
- zur größeren Turbulenz im Gärgefäß und damit zur besseren Hefeverteilung,
- zu einem schnelleren und tieferen pH-Wert-Abfall,
- zu einer stärkeren Ausscheidung von Eiweiß- und Bitterstoffen,
- zu einem stärkeren Anstieg der Konzentration an höheren Alkoholen und einem ungünstigeren Verhältnis von höheren Alkoholen zu Estern,
- zu weniger aromatischen und zu mehr leeren Bieren und
- zur Verringerung der flüchtigen Säuren und zur Erhöhung der fixen Säuren.

Allgemein führt eine Erhöhung der Anstelltemperaturen zu den gleichen Erscheinungen wie eine höhere Gärtemperatur. (siehe auch Kapitel 5.3.2).

Tabelle 62 Bereiche der Anstelltemperaturen bei untergärigen Bieren

Gär- und Reifungsverfahren	Art der Gärführung	Bereich der Anstelltemperaturen
Klassische Gärung u. Reifung	kalte Gärführung	5...6 °C
	warme Gärführung	7...8 °C
Gärung und Reifung im ZKT	kalte Gärführung	8...10 °C
	warme Gärführung	10...16 °C

Temperaturführung beim Anstellen

Die Befüllungsdauer entscheidet über die weitere Temperaturführung beim Anstellen. Die Temperatur der zulaufenden Würze muss der jeweiligen Temperatur der bereits angestellten Charge entsprechen, um ein „Abschrecken“ der Hefe zu vermeiden.

Problem Temperaturschock

Bereits eine kurzzeitige Abkühlung von nur 10 Sekunden Einwirkungszeit mit einer Temperaturerniedrigung von $\Delta\vartheta$ = 1 K am ersten Tag der Fermentation verursachte u.a. (nach [22]):

- eine Zunahme des Totzellengehaltes von bis zu 3 %,

- eine deutliche Verringerung des Sprosszellenanteils um bis zu 80 %,
- einen Anstieg des FAN-Gehaltes im Fertigbier bis zu 90 mg/l,
- eine Reduzierung der Extraktabnahme in der Hauptgärung um 10...30 %,
- einen pH-Wert-Anstieg um 0,05 pH-Einheiten und
- eine Reduzierung der Gärkraft der Erntehefen (gemessen in 10%iger Maltoselösung bei 20 °C) um bis zu 3 mL CO_2/3 h.

Es wird vermutet, dass Temperatursprünge eine Veränderung der Plasmamembran verursachen und dadurch die Diffusionsvorgänge der Nährstoffe gestört werden. Temperaturschocks wirken besonders negativ auf sprossende Zellen. Sobald die Zellteilung beendet ist, wächst das Widerstandsvermögen der Hefezelle gegenüber dem Entzug von Wärme.

Bei längeren Befüllzeiten ist entweder die bereits angestellte Teilmenge vorsichtig zu kühlen ($\Delta\vartheta$ < 1 K/24 h bzw. bei einer externen Kühlung nur mit einem $\Delta\vartheta$ < 1 K zwischen PWÜ-Einlauf und PWÜ-Auslauf) oder, als die bessere Variante, ist immer die später zulaufenden Würzechargen in ihrer Zulauftemperatur auf die jeweilige Temperatur des Tankinhaltes einzustellen.

Bei geschlossenen Gärgefäßen kann ein zu schneller Temperaturanstieg und der damit verbundene intensivere Hefestoffwechsel sehr gut durch einen geringen Überdruck bereits in der Anstell- und Befüllphase gedämpft werden. Bei einem 250 m^3 fassenden ZKT (mit ca. 20 m Würzesäule) konnte mit einem Überdruck von 0,3 bar in der 24...36-stündigen Befüllphase bei ansteigenden Temperaturen des Tankinhaltes von ϑ = 10 °C auf 13 °C der Gehalt an höheren Alkoholen in normalen Grenzen eingestellt werden [22].

5.3.1.6 Die Zeitdauer des Anstellens und die Würzebelüftung

Zeitdauer des Anstellens

Die Zeitdauer des Anstellens ist im diskontinuierlichen Gärprozess von der Sudgröße, der Sudfolge und den Gärgefäßgrößen abhängig. Um die Schwierigkeiten bei der Temperaturführung durch lange Befüllungsphasen in der Anstellphase zu vermeiden, sind Befüllungszeiten von ≤ 10...14 Stunden (maximal 18 Stunden) anzustreben. Dies entspricht einem Volumenverhältnis von Ausschlagwürze zu Gärgefäßinhalt von 1 : 4 bis 1 : 5 bei einem Ausschlagrhythmus von 3...4 Stunden. Längere Füllzeiten erfordern ein Anstellverfahren mit erhöhtem Kontroll- und Manipulationsaufwand, um Qualitätsprobleme zu vermeiden, kürzere Sudfolgen sind günstiger.

Drauflassverfahren

Bei noch nicht optimal abgestimmten Kapazitätsverhältnissen zwischen der Sudkapazität und der ZKT-Größe mit langen Befüllungsphasen von > 18 h kann nach dem *Drauflass*-Verfahren gearbeitet werden. Es wird im klassischen Gärverfahren auch zum Zwecke der Hefeherführung (Hefevermehrung im großtechnischen Maßstab durch stufenweise Auffüllung einer gärenden Hefereinzucht mit frischer Würze im Verhältnis 1 : 2...4) und zur Vermeidung eines ständigen Hefegebens vielfach mit Erfolg angewendet (oft in Verbindung mit einem Anstellbottich). Die Folge ist, dass sich damit die Zeitdauer des Anstellens verlängert.

Sowohl bei der klassischen als auch bei der Großgefäßtechnologie sind bei einer zeitlichen Verlängerung des Anstellvorganges folgende Erkenntnisse zu beachten:

- Zeitlich hat das Hefegeben sofort beim Einlauf des 1. Sudes zu beginnen.

- Eine Würzebevorratung und das Anstellen der gesamten Tankcharge auf einmal erleichtern zwar die Steuerung des biochemischen Prozesses, erfordern aber zur Vermeidung mikrobieller Schädigung der Würze deren zusätzliche Pasteurisation (erheblicher Energie- und Kostenaufwand) und sind damit nicht praktikabel.
- Eine zeitliche Aufteilung der Hefegabe auf mehrere Sude einer Füllung (z. B. Teilhefemengen zum 1., 3. und 5. Sud einer ZKT-Füllung) ist möglich und reduziert die Gefahr eines zu starken Drauflasseffektes, erhöht aber den Kontrollaufwand und verschiebt die Induktionsphase der später gegebenen Teilhefemengen.
- Bei einer reduzierten Hefegabe (0,3...0,5 L Hefe/hL) muss der Zulauf der weiteren Würzemengen zu einer bereits angestellten Charge immer so erfolgen, dass in der Gesamtmenge am Ende des Zulaufes die Hefekonzentration einen Grenzwert von $12...15 \cdot 10^6$ Zellen/mL nicht unterschreitet, um ein deutliches und schnelles Ankommen (äußere Kennzeichen für Beginn der Gärung, CO_2- und Schaumentwicklung) der Gesamtcharge 12...18 h nach Füllende zu gewährleisten (Kennwerte siehe Tabelle 60).
- Das Drauflassen belüfteter Würze hat so zu erfolgen, dass sich die Hefe in der Vermehrungsphase befindet und der scheinbare Vergärungsgrad Vs = ≤ 10 % beträgt.
- Sobald eine Gärcharge deutlich angegoren ist (Vs > 15...20 %, Ethanolgehalt > 0,7 Vol.-%) ist das Drauflassen belüfteter Würze zu unterlassen, um eine abnorme Nebenproduktbildung zu vermeiden, insbesondere eine überhöhte und verzögerte Bildung der vicinalen Diketone und ihrer Vorstufen (siehe Versuchsergebnisse in Abbildung 55).
- Das Hinausschieben des Gesamtdiacetylmaximums wird auf eine durch das mehrmalige, längere Drauflassen verursachte Verzögerung der Absorption der Würzeaminosäure Valin (Aminosäure der Gruppe 2) zurückgeführt, die die Bildung des α-Acetolactats unterdrückt [216]. Die Hefe nimmt am Anfang fast ausschließlich nur die Aminosäuren der Gruppe 1 auf, die beim einmaligen Anstellen innerhalb der ersten 36 Stunden von der Hefe vollkommen verwertet werden (s.a.
- Tabelle 11 in Kapitel 3.3). Erst dann erfolgt die Assimilation der Aminosäuren der Gruppe 2.
- Um bei einem längeren Befüllungsvorgang einen zu intensiven Drauflasseffekt mit den negativen Auswirkungen für eine verzögerte Reifung und erhöhten Gehalt an Gärungsnebenprodukten in ZKT zu vermeiden, kann folgende Arbeitsweise empfohlen werden:
  - Kaltes Anstellen der ersten beiden Sude (5...6 °C) und steigende Einlauftemperaturen entsprechend dem Tankinhalt bei den folgenden Würzechargen,
  - Verringerung der Belüftungsrate bei den wärmer einlaufenden Suden und Wegfall der Belüftung bei den letzten 20...25 % des Tankinhaltes,
  - Druckanwendung bereits in der Anstellphase bei einem Temperaturanstieg des Tankinhaltes auf über 8,5 °C.

Großtechnische Versuchsergebnisse

Es ist zu beachten, dass ein Temperaturanstieg bei längeren Füllzeiten (besonders mit belüfteter Würze) sehr wesentlich die Hefevermehrung und den Hefestoffwechsel intensivieren kann. Beide beeinflussen sowohl die Geschwindigkeit der Vergärung als auch die Qualität des Endproduktes, z. B. bei Füllzeiten zwischen 24...36 h und vergleichbaren Druckverhältnissen waren Unterschiede im scheinbaren Vergärungsgrad eines ZKT-Inhaltes am Ende der Füllung (Vs_0) zu etwa 60 % von den Veränderungen der Temperaturführung verursacht worden (siehe Abbildung 56).

Verwendeter ZKT: 1200 hL Inhalt,
Füllung mit 8 Suden;

Versuch A: einmalige Füllung und Anstellen des ZKT-Inhaltes insgesamt

Versuch B: chargenweise Füllung (8 Sude in 24 h) der gleichmäßig belüfteten Würze, gesamte Hefegabe beim 1. Sud, Sudintervall 3 h

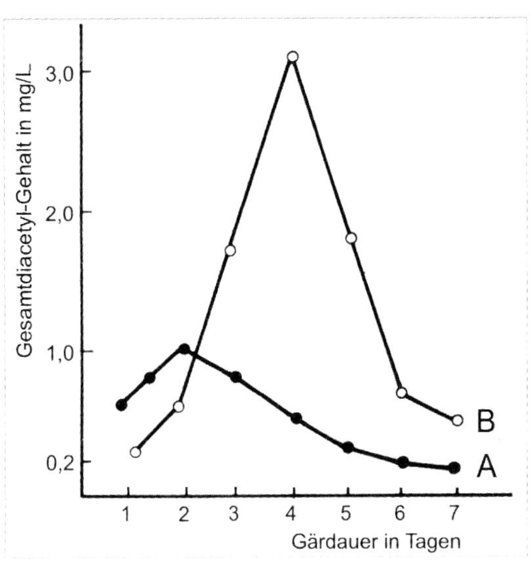

Abbildung 55 Einfluss der Fülltechnologie eines Gärtanks auf die Bildung und den Abbau des Gesamtdiacetyls [216]

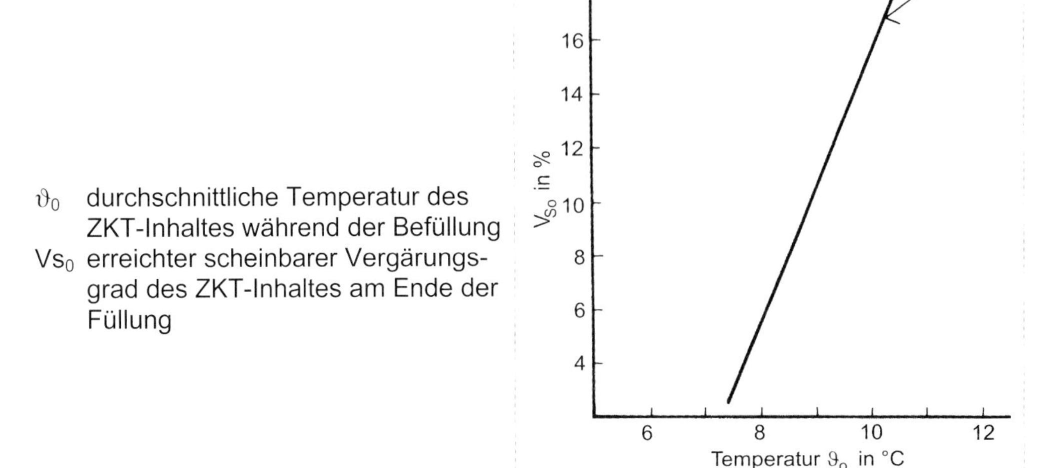

Abbildung 56 Beziehung zwischen ϑ_0 (x) und Vs_0 (y) des ZKT-Inhaltes (nach [22])

Der erzielte Vergärungsgrad am Ende des Anstellvorganges charakterisiert recht gut die Intensität des Hefestoffwechsels unter den Bedingungen des Drauflassens und der damit verbundenen ständig neuen Sauerstoffzufuhr. Daraus ist auch der enge Zusammenhang zwischen dem Vs_0 und dem Gehalt an höheren Alkoholen im Fertigprodukt (siehe Kapitel 4.5.3) erklärbar.

Eine Erhöhung des Vs_0 um 1 % ergab unter den Versuchsbedingungen eine Erhöhung des Gehaltes an höheren Alkoholen im Fertigprodukt um (2,6 ± 0,94) mg/L [22].

Die Intensität des Hefestoffwechsels und der Nebenproduktbildung beim Anstellvorgang kann durch tiefere Anstelltemperaturen und bei geschlossenen Gärsystemen durch die Anwendung von Druck bereits in der Anstellphase wirkungsvoll gedrosselt werden (weitere Ausführungen siehe Kapitel 4.5.3).

Belüftung und Sauerstoffgehalt der Anstellwürzen

Der Sauerstoffgehalt muss der gewünschten Hefevermehrungsrate entsprechen (Richtwerte siehe Tabelle 63).

Beschleunigte Gärverfahren in klassischen Gefäßsystemen, die die Verteilung der Hefekonzentration in der Gär- und Reifungsphase nicht durch verfahrenstechnische Elemente unterstützen (z. B. durch Pumpen, Rührwerke, hohe Flüssigkeitssäulen wie im ZKG), benötigen eine intensive Propagationsphase zur Erzeugung vieler junger und länger in Schwebe bleibender Hefezellen.

Der Sauerstoff der Anstellwürze hat im gärenden Medium vor allem Wuchsstoffcharakter und wird für die Synthese von Bausteinen für die Zellmembran benötigt (Auswirkungen einer zunehmenden Belüftung und weitere Ausführungen dazu siehe Kapitel 5.1.1 sowie in [7] (Kapitel 4.6.10.3 und 4.7).

Tabelle 63 Richtwerte für Sauerstoffgehalte in belüfteten Anstellwürzen

<table>
<tr><th>Gär- u. Reifungstechnologie</th><th>Richtwerte</th></tr>
<tr><td rowspan="2">Allgemeine Richtwerte</td><td>5,5...8,0 mg O_2/L 12%ige Würze</td></tr>
<tr><td>60...80%ige Sauerstoffsättigung der Würze des mit Luft höchstens erreichbaren Sättigungswertes</td></tr>
<tr><td>Klassische Gärung:
- offener Gärbottich, 4fache Hefevermehrung
- 0,5 L untergärige Hefe/hL Würze,
- maximale Gärtemperatur 9 °C,
- 7... 9 Tage Hauptgärung</td><td>8...9 mg O_2/L Würze</td></tr>
<tr><td>Beschleunigte Gärung und Reifung in ZKG:
- 1 L Hefe/hL Würze,
- 10...12 Tage bei $\vartheta \leq 12$ °C bis zum Beginn der Kaltlagerung,
- 3fache Hefevermehrung</td><td>4,5...6 mg O_2/L Würze</td></tr>
<tr><td>Verminderung des Hefezuwachses und Gärverzögerung ab</td><td>≤ 4,0 mg O_2/L Würze</td></tr>
</table>

5.3.1.7 Technologische Schlussfolgerungen für den Anstellvorgang

- Das Anstellverfahren entscheidet wesentlich mit über die gewünschte Hefevermehrung, die Prozessdauer der Gärung und Reifung und die Qualität des Endproduktes.
- Sowohl das sofortige Anstellen des 1. Sudes als auch die Vermeidung übermäßiger Nebenproduktbildung durch zu intensives Drauflassen sind durch Variationen des Anstellverfahrens mit der Temperatur-Druckführung, der Menge der Hefegabe und ihrer Homogenisierung sowie der abgestuften Belüftungsrate der Würze realisierbar.

Bei Rekonstruktionen ist die Größenordnung der Gärgefäße der Ausschlagmenge und dem Sudintervall unter Berücksichtigung perspektivischer Entwicklungen anzupassen. Für Großgärgefäße sind als Füllzeiten optimal 12...14 h und maximal 18 h anzustreben. Dies entspricht einem Volumenverhältnis von Ausschlagwürze zu Gärtankinhalt von etwa 1 zu 4 bis 1 zu 5 bei einem Ausschlagrhythmus von 3...4 h. Längere Füllzeiten erfordern ein Anstellverfahren mit erhöhtem Kontroll- und Manipulationsaufwand, um Qualitätsschäden zu vermeiden.

Weitere Ausführungen über Problemfälle des Anstellprozesses beim Einsatz von ZKT und über Möglichkeiten zur Prozesssteuerung dieses Teilprozesses in zylindrokonischen Großtanks siehe Kapitel 8.

5.3.2 Temperatur-Druck-Führung im Prozess der Gärung und Reifung

Der gesamte Stoffwechsel der Hefe kann wie bei allen chemischen und enzymatischen Reaktionen durch eine Temperaturerhöhung forciert und wiederum besonders bei mikrobiell gebundenen Prozessen durch die Erhöhung der eigenen Stoffwechselproduktkonzentration im Substrat gehemmt werden. Diese Hemmung des Stoffwechsel, insbesondere des Baustoffwechsels der Hefe, ist technologisch sehr einfach durch die Erhöhung der CO_2-Konzentration bereits in der Angärphase mithilfe der Erhöhung des Spundungsdruckes realisierbar. Die Temperatur- und die Druckführung sind zwei effektiv einsetzbare und entgegengesetzt wirkende Steuergrößen in der Gärführung der Bierherstellung.

5.3.2.1 Auswirkungen einer Temperaturänderung bei der Biergärung

Die Verkürzung der Hauptgärung durch erhöhte Gärtemperaturen wurde bereits 1898 durch *Nathan* [l. c. [217], [218]) ausgenutzt und auch bei moderneren Schnellgärverfahren angewandt.

Die negativen Einflüsse einer Temperaturerhöhung treten besonders im klassischen Gefäßsystem mit den offenen, drucklosen Gärsystemen auf, hier unterscheidet man traditionell zwischen kalter und warmer Gärführung. Bei der Gärung und Reifung im ZKT können diese Temperaturbereiche in Abhängigkeit vom zulässigen Betriebsdruck der Behältersysteme ohne Qualitätsschäden deutlich überschritten werden, wie die Richtwerte in Tabelle 64 zeigen.

Eine Temperaturerhöhung in der Gärphase bewirkt:

- eine Erhöhung und Beschleunigung der Hefevermehrung,
- eine Erhöhung des Extraktschwandes,
- eine Intensivierung des gesamten Hefestoffwechsels,
- eine Erhöhung der Gärintensität (Verkürzung der Gärphase),

- eine verstärkte und schnellere Bildung der höheren Alkohole (besonders deutlich), der Aldehyde und der Vorstufen der vicinalen Diketone,
- ein ungünstigeres Verhältnis von höheren Alkoholen zu Estern (= weniger aromatische und mehr leere Biere),
- eine Verringerung der flüchtigen und Erhöhung der fixen Säuren (= insgesamt Verschlechterung der sensorischen Bierqualität),
- eine höhere DMS- und niedrigere H_2S-Konzentration,
- einen schnelleren pH-Wert-Abfall und tiefere pH-Werte,
- eine verstärkte α-Aminostickstoffaufnahme aus der Würze,
- eine Erhöhung der Bitterstoffverluste
- eine stärkere Eiweißausscheidung,
- eine Verringerung der Schaumhaltbarkeit und
- eine größere Turbulenz im Gärgefäß und eine bessere Hefeverteilung.

Eine Temperaturerhöhung in der Reifungsphase bewirkt:

- eine schnellere Umwandlung der Acetohydroxysäuren in ihre Diketone und damit eine Beschleunigung der Reifung (geschwindigkeitsbegrenzender Schritt der Reifung),
- eine Erhöhung der diacetylabbauenden Aktivität der Hefe,
- eine schnellere Reduktion auch der anderen Jungbierbukettstoffe und damit Beschleunigung der Reifung insgesamt (z.T. auch abhängig von der in Schwebe befindlichen Hefekonzentration),
- eine größere Gefahr der Hefeautolyse,
- eine Verringerung des CO_2-Gehaltes im Bier und
- eine Gefahr der Wiederauflösung von bereits ausgeschiedenen Bestandteilen der Kältetrübung.

Tabelle 64 Angewandte Maximaltemperaturen bei der untergärigen Gärung und Reifung

Gärverfahren	Gärführung	Maximaltemperaturen	
Klassische Hauptgärung in offenen Gärgefäßen, drucklos	kalt	8…9 °C	
	warm	10…11 °C	
		Gärphase	Reifungsphase
Geschlossene Gärung und Reifung im ZKT und unter Überdruck	kalt	10…14 °C	12…15 °C
	warm	14…16 °C	16…18…(20) °C

Eine plötzliche Abkühlung in der Angärphase von $\Delta\vartheta > 1$ K/h führt:

- zum Hefeschock,
- zur deutlichen Reduzierung der Hefevermehrung bzw. zur Verzögerung der Hefevermehrung und
- zur Schädigung des Hefesatzes.

Jungbier sollte in der klassischen Hauptgärung maximal um 1…1,5 K/24 Stunden (besser 0,8…1 K/24 h) abgekühlt werden, dabei muss die Abkühlung gleichmäßig über 24 h erfolgen (s.a. Problem der erhöhten Temperaturschockempfindlichkeit der Hefen in Kapitel 5.3.1.5).
Die aufgeführten Nachteile einer warmen Gärführung können bei einer geschlossenen Gärung und unter Überdruck im Wesentlichen vermieden werden.

5.3.2.2 Auswirkungen einer Druckerhöhung

Die Druckführung ist eine für den Technologen sehr nützliche Regelgröße zur Regulierung des gesamten Hefestoffwechsels und zur Steuerung der Bukettstoffkonzentrationen in den Bieren. Die Summe aus dem statischen Druck der im Gärsystem befindlichen Flüssigkeitssäule und dem in der Gasphase herrschenden Spundungsdruck reguliert in Abhängigkeit von der Gärtemperatur den im Gärmedium befindlichen CO_2-Gehalt. Ein steigender CO_2-Gehalt hemmt die Hefevermehrung und die Gärintensität (biochemischer Mechanismus der Endprodukthemmung) und damit auch die übermäßige Bildung unerwünschter Nebenprodukte.

Eine Druckerhöhung in der Gärphase bewirkt:

- eine Verringerung der Hefevermehrung,
- eine Verringerung der Gärintensität und damit eine Verlängerung der Gärphase,
- eine Verringerung der Gärungsnebenproduktbildung (besonders von höheren Alkoholen),
- einen langsameren pH-Wert-Abfall und einen höheren pH-Wert im Endprodukt,
- eine Verringerung der Bitterstoffverluste (positiv für Schaumhaltbarkeit),
- eine Verringerung der Eiweißausscheidungen (positiv für Schaumhaltbarkeit),
- eine Verringerung der Turbulenz im Gärgefäß durch eine verminderte CO_2-Entbindung und
- eine Erhöhung des CO_2-Gehaltes im Fertigprodukt.

Eine Druckerhöhung in der Reifungsphase bewirkt

- eine Erhöhung des CO_2-Gehaltes bei der weiteren Gärung und
- eine Beschleunigung der Hefesedimentation.

5.3.2.3 Die Regelgrößen Temperatur und Druck in großtechnischen Versuchen

Diese entgegengesetzt wirkenden Regelgrößen für die Steuerung der Gärung bieten die Möglichkeit ihrer Kombination und zeitlichen Veränderungen im Prozess der Gärung und Reifung. Sie werden bei allen beschleunigten Gär- und Reifungsverfahren ausgenutzt. Eine Verkürzung der Gärphase von etwa 7 bis 10 Tagen (klassische Hauptgärung) auf 3 bis 5 Tage bei einer warmen Druckgärung (siehe unter anderem [219]) ist dadurch erreichbar.

In einem 250-m^3-ZKT konnte eine Verringerung der Gärleistung bei einer Erhöhung des Spundungsdruckes um 0,16 bar durch eine Erhöhung der durchschnittlichen Gärtemperatur um 1 K (sonst konstante Bedingungen) ausgeglichen werden [22].

Aus großtechnischen Versuchsergebnissen bei der Biergärung und -reifung im ZKT wurde der in Kapitel 4.5.3 dargestellte Orientierungsvorschlag zur Steuerung der Konzentration der höheren Alkohole im Fertigprodukt für die angegebenen Versuchsbedingungen berechnet. Daraus ist ersichtlich, dass eine Zunahme in der Intensität der Angärung durch eine Temperaturerhöhung die Bildung der höheren Alkohole fördert und die Anwendung von Überdruck in der Gärphase ihre Bildung dämpft.

Die Temperatur-Druck-Führung hat auch in der Reifungsphase des Bieres eine große Bedeutung. Insgesamt beschleunigt eine Temperaturerhöhung in der Reifungsphase den Abbau und die Umwandlung der Jungbierstoffe zu sensorisch nicht mehr feststellbaren Stoffen. Die Beschleunigung der Bierreifung durch Temperaturerhöhung führte zur Entwicklung von Warmreifungsverfahren (s.a. Kapitel 7 und 8), die in Abhängigkeit von der Reifungstemperatur u.a. die in Tabelle 65 ausgewiesenen Reifungszeiten benötigen.

Ein direkter Einfluss des Druckes auf die Geschwindigkeit der Reifungsvorgänge ist nicht festgestellt worden. Die Druckführung kann jedoch indirekt die erforderliche Reifungsdauer beeinflussen, indem z. B. durch eine Druckentlastung die sedimentierte Hefe mit dem noch zu reifenden Bier wieder in Kontakt gebracht wird (siehe Druckgärverfahren unter Kapitel 7.3).

Tabelle 65 Einfluss der Reifungstemperatur auf die erforderliche Reifungsdauer

Literaturstelle	Reifungs-temperatur in °C	Erforderliche Reifungsdauer und Abbaurichtwerte
Masschelein [216]	2	Umwandlung der Acetohydroxysäuren je 24 h Reifungszeit:
		0,02 mg/L
	20	0,25 mg/L
Krauß und *Sommer* [213]	7	14 d bis c_{VD} < 0,2 mg/L
	20	4 d bis c_{VD} < 0,2 mg/L
Devreux [220]	über 10	1...4 d
Wellhoener [221]	18	15...36 h
Hashimoto und *Kuroiwa* [222]	14	6 Tage
Schnellreifungsverfahren :		
Narziss [223], [224]	30	< 24 h
Liebs, Wolter und *Krüger* [225], [226]	25	< 24 h
Annemüller, Manger, Müke et al. [109]	75...80	10...5 min

5.3.2.4 Technologische Schlussfolgerungen zur Temperatur-Druck-Führung

- Für die Verkürzung der Gesamtprozessdauer sind Temperaturerhöhungen in der Reifungsphase wirkungsvoller als höhere Temperaturen in der Hauptgärung, da eine höhere Temperatur in der Angär- und Vermehrungsphase der Hefe zu mehr Gärungsnebenprodukten in der Hauptgärung führt und dadurch auch eine längere Reifungsphase erfordert.
- Die Temperatur-Druck-Führung ist nur als Einheit zu betrachten und kann nur kombiniert variiert werden, damit Qualitätsschäden des Bieres vermieden werden.
- Bei klassischen Gärsystemen haben sich zur Beschleunigung der Gärung und Reifung untergäriger Biere die im Kapitel 7.1 und 7.2. beschriebenen technologischen Regime bewährt.
- Bei geschlossenen Gär- und Reifungssystemen können prinzipiell ähnliche Temperaturstufen eingehalten werden. Durch Druckanwendung sind jedoch bereits in der Angärphase höhere Temperaturen zulässig.

5.3.3 Das Verhältnis zwischen vergärbarem Restextrakt und der noch in Schwebe befindlichen Hefekonzentration im Gär- und Reifungsprozess

Das Ziel eines Gär- und Reifungsverfahrens ist es, eine solche Hefekonzentration im gärenden und reifenden Bier zu sichern, dass die Vergärung des Extraktes bis $\Delta Es \leq 0,2$ % und die Reifungsphase optimal ablaufen können. Dabei ist besonders die Gewährleistung eines bestimmten Verhältnisses der Hefekonzentration zum noch vergärbaren Restextrakt für die erforderliche Prozessdauer von Bedeutung. Dieses Ziel wird durch eine Vielzahl von Faktoren beeinflusst, wie der Qualität der Anstellwürze und des Hefesatzes, die Verfahrensführung und die verwendete Apparatetechnik.

Bei dem klassischen Verfahren und Apparatesystem sind die technologischen Möglichkeiten begrenzt, das Hefe-Restextrakt-Verhältnis so einzustellen, dass die Vergärung des Extraktes und die Reifung des Bieres in der gewünschten Qualität und Zeit ablaufen. Dieses Ziel wird hier wesentlich stärker durch die Qualität der Anstellwürze und der Anstellhefe sowie durch Unregelmäßigkeiten in der Verfahrensführung beeinflusst als bei optimierten Verfahren.

Folgende technologischen und technische Maßnahmen beeinflussen die in Schwebe befindliche Hefekonzentration positiv, um eine weitgehende und schnelle Vergärung bis nahe an den Endvergärungsgrad (Ziel im Ausstoßbier: Δ[Vsend - Vsaus] < 2 %) und damit auch eine zügige Reifung zu erreichen (Ziel: Gesamtdiacetylgehalt < 0,1 mg/lL Fertigbier):

- Die Verwendung von 2 verschiedenen Hefestämmen, von denen einer mehr Staubhefe- und der andere mehr Bruchhefecharakter hat.
  Nach getrennter Führung im Gärkeller werden die Jungbiere miteinander verschnitten, wobei ein Volumenanteil Staubhefebier mit 1... 5 Volumenteilen Bruchhefebier verschnitten werden. Je höher der Anteil des Staubhefebieres liegt, um so länger ist eine intensivere Nachgärung gesichert.
- Eine klassische Zweibehältertechnologie, bei der nach der Hauptgärung mehrere Chargen in ein Lagergefäß geschlaucht und miteinander verschnitten werden;
- Eine unterschiedliche Schlauchreife der zu verschneidenden Jungbiere fördert die Nachgärung und Reifung. Man unterscheidet beim klassischen Gär- und Reifungsverfahren zwischen den beiden Grenzfällen: einem lauteren und einem grünen Jungbier (siehe Tabelle 66).

Tabelle 66 Charakteristiken für lauteres und grünes Schlauchen

	lauteres Jungbier	grünes Jungbier
Vergärbarer Restextrakt ΔEs in %	0,6...1,2	1,4...1,8...(2,0)
Hefekonzentrationen in 10^6 Zellen/mL	2...8	10...15
Biertemperatur in °C	3...5	3...5
Anwendung bei Lagerkellertemperaturen	über 3 °C	unter 2 °C
Lagerdauer	über 6 Wochen	unter 4 Wochen

- Als eine wirksame Methode zur Forcierung der Nachgärung ist das Aufkräusen, besonders bei zu lauter geschlauchten Bieren, anzusehen. Unter Aufkräusen versteht man den Verschnitt eines lauteren Bieres (Bier mit geringer Hefekonzentration bzw. wenig vergärbarem Restextrakt) mit einem Jungbier, das sich erst am Anfang der Hauptgärphase

(1. bis 4. Tag der Hauptgärung) befindet. Dieses Bier wird vom äußeren Erscheinungsbild her (niedere bis hohe Schaumdecke des klassischen Gärbottichs bedeutet Nieder- bis Hochkräusenstadium der Hauptgärung) als *Kräusenbier* oder kurz als *Kräusen* bezeichnet.
Als Kräusenbiere werden angegorene Jungbiere mit einem Vergärungsgrad von Vs = 20...30 % und einer Hefekonzentration von c_H = 50... $60 \cdot 10^6$ Zellen/mL angesehen. Die Hefe hat zu diesem Zeitpunkt die Angärzucker verbraucht und ist an Maltose adaptiert. Die Kräusenbiermenge sollte 10...15 % des Volumens des aufzukräusenden Bieres betragen und mit diesem innig vermischt werden;

- Der direkte Zusatz von Hefe aus der Aufbewahrungsphase zu einem lauteren Bier erfordert dagegen erst eine längere Adaptionszeit der Hefe und ist deshalb nicht wie ein Kräusenzusatz zu empfehlen. Hier besteht die Gefahr einer zu schnellen Sedimentation der zugesetzten Hefe.
- Der Einsatz zylindrokonischer Gärtanks mit Flüssigkeitssäulen zwischen 10...25 m beschleunigt nach dem Einsetzen der Gärung den Gär- und Reifungsverlauf. Die durch die Gärung entstehende und sich entbindende CO_2-Menge erzeugt im ZKT einen „turbulenten" Bereich, der zur fast homogenen Verteilung der Hefezellen und damit zum beschleunigten Stoffaustausch bis zum Ende der Gärung führt. Die intensive Gärung, verbunden mit einem schnellen pH-Wert-Abfall, fördert die Umwandlung der Vorstufen der vicinalen Diketone in ihre Diketone und ihre weitere Reduktion durch die noch in Schwebe befindliche Resthefemenge.
- Um die Reifung nicht zu verzögern, wird der Tankinhalt erst nach dem Erreichen eines Gesamtdiacetylgehaltes von < 0,1 mg/L abgekühlt;
- Die Beschleunigung der Reifung nach der Beendigung der Gärung kann durch eine zusätzlich Bewegung des Tankinhaltes gefördert werden, z. B. durch:
  - ein ZKT-System mit externer Kühlung (s.a. Beschreibung im Kapitel 8.4).
  - eine Begasung im Konus mit CO_2, z. B. über einen Düsenring;
  - eine plötzliche Druckentlastung des hochgespundeten Tankinhaltes und
  - durch das Umpumpen bei einer Zweibehältertechnologie beim Einsatz von ZKT.
- Der Verschnitt (Vermischung) möglichst mehrerer Chargen/Bottiche beim Schlauchen und das mehrmalige Draufschlauchen im Reifungsgefäß fördern nicht nur die Gleichmäßigkeit des Produktes, sondern auch einen gleichmäßigen Hefegehalt. Durch die mehrmalige Durchmischung des Tankinhaltes wird eine intensivere Nachgärung erzielt.
- Das Verschneiden von Bierchargen sollte im Interesse der Gleichmäßigkeit der Bierqualität auch in allen anderen Prozessstufen so weit möglich durchgeführt werden. Beim Verschnitt von 2 Bierchargen sind nicht nur die vorhandenen Hefekonzentrationen und vergärbaren Restextraktwerte beider Chargen zu beachten, sondern auch evtl. Stammwürzeunterschiede.

Die allgemeine Formel für die Verschnittrechnung lautet:

$$V_1 \cdot St_1 + V_2 \cdot St_2 = (V_1 + V_2)\, St_3 \qquad \text{Gleichung 37}$$

V_1, V_2 Volumen der Biere 1 und 2 in Hektoliter

St_1, St_2, St_3 Stammwürzegehalt der Biere 1, 2 und des Verschnittbieres 3 (Masse-Volumen-Prozente) in kg/hL

Hinweis*:* Anstelle von St kann in die Verschnittformel auch die auf das Volumen bezogene Hefekonzentration oder der vergärbare Restextrakt in kg/hL eingesetzt werden.

- Die Dosierung ist möglichst mit Volumenmessinstrumenten zu überwachen. Eine innige Durchmischung der zu verschneidenden Biere ist beim Zusammenpumpen („Beidrücken" oder „Umdrücken") zu gewährleisten.
- Ein vergärbarer Restextrakt von 0,8...1,2 % sichert bei guter Nachgärung nach dem Schlauchen noch eine ausreichende CO_2-Bildung. Die Praxiswerte liegen gewöhnlich etwas höher.
- Bei Druckgärverfahren in klassischen Gefäßsystemen wird in der Reifungsphase eine Druckentlastung (Abspunden) durchgeführt. Damit wird durch die CO_2-Entbindung im Tanksediment ein Aufsteigen bereits sedimentierter Hefe (Anlagerung von Hefezellen an aufsteigende Gasblasen) bzw. eine bessere Verteilung der noch in Schwebe befindlichen Hefezellen durch die entstandene Bewegung im gesamten Reifungsgefäß erreicht.
  Die Druckentlastung ist eine mögliche Maßnahme, um für einige Tage die für eine beschleunigte Reifung erforderliche höhere Hefekonzentration im Bier zu gewährleisten. Das gewünschte Ergebnis wird jedoch nicht immer erzielt, da es von vielen Faktoren abhängt (Tankform und -größe, Festigkeit des Hefesedimentes, Entbindungsgeschwindigkeit des CO_2 u. a.).
- Zur Förderung der Klärung und Hefesedimentation in der Lagerphase sind Klärzusätze beim Schlauchen, z, B. Fischleim, Buchenholz- oder Biospäne, zwar international bekannt, werden aber in Deutschland nicht mehr angewendet (siehe auch Kapitel 14.2 und 14.4).

Bei beschleunigten Gär- und Reifungsverfahren können außer den vorher aufgeführten technologischen Operationen je nach vorhandener Apparatetechnik noch folgende Maßnahmen zur Beeinflussung des Hefe-Extrakt-Verhältnisses angewendet werden:

- Zur Beschleunigung der Gärung und Reifung (bis zu einem $\Delta Es \leq 0{,}2$ %) streben diese Verfahren nach einer weitgehenden Homogenität des Gärsubstrates, d. h. nach einer möglichst hohen, ständig mit dem Gärsubstrat in Kontakt befindlichen Hefekonzentration. Dieses Ziel wird durch spezielle Verfahrens- und Apparatetechniken (z. B. Rühren und Pumpen) gesichert. Dabei wird angestrebt, den Stoffaustausch zwischen dem Gärsubstrat (Jungbier) und dem Enzymträger (einzelne Hefezelle) so zu forcieren, dass der geschwindigkeitsbegrenzende Schritt der Gärung bzw. der Reifung nur durch die Dauer der jeweiligen biochemischen/chemischen Reaktionen in Abhängigkeit vom jeweiligen Temperaturregime bestimmt wird. *Wolf* [227] hat unter den Bedingungen der Quasihomogenität in einer kontinuierlichen Rührgärkolonne mit einer Turbulenz von $Re > 10^4$ (*Reynolds*-Zahl für turbulenten Bereich) die Zeitrelationen für die Teilschritte des Stoffaustausches bei der Gärung berechnet und in diesem konkreten Fall festgestellt, dass die erforderliche biochemische Reaktionszeit etwa 880 mal größer ist als die für die Quasi-homogenität erforderliche technische Homogenisierzeit und für die einzelnen Diffusionsschritte.

- Zur Beschleunigung der Hefesedimentation und Klärung des Bieres nach Beendigung der Gärung und Reifung können bei einzelnen optimierten Verfahren u. a. folgende Operationen angewendet werden:
  - plötzliche und schnelle Abkühlung des Tankinhaltes, z. B. um $\Delta\vartheta$ = 3 K/d,
  - schnelle Druckerhöhung am Ende der Gärphase auf Werte von 0,8...1 bar Überdruck bzw. höher,
  - Einsatz von Jungbierseparatoren zur Einstellung einer gewünschten Hefekonzentration nach der Hauptgärung für die Nachgärphase oder zur maximalen und schnellen Entfernung der gesamten Hefe nach der Reifungsphase,
  - weitgehende und einfache Abtrennung der sedimentierten Hefe und der anderen Trubstoffsedimente zu technologisch günstigen Zeitpunkten, bei Verwendung zylindrokonischer Tankformen meist ohne Gefäßwechsel.

5.3.4 Bewegung des Bieres im Gär- und Reifungsprozess

Alle Möglichkeiten zur aktiven Beeinflussung der Bewegung des Bieres im Gär- und Reifungsprozess führen durch den besseren Kontakt von Substrat und Hefe zu einem besseren Wärme- und Stoffaustausch und damit zur Intensivierung des Stoffwechsels der Hefezellen. Eine stärkere Bewegung kann damit besonders bei Vermeidung eines zusätzlichen Sauerstoffeintrages in das gärende oder reifende Bier zur Intensivierung des Gesamtprozesses sehr wesentlich beitragen.

Technologische Auswirkungen einer zunehmenden Bewegung in der Gärphase:

- Erhöhung der Hefevermehrung;
- Erhöhung der Gärintensität;
- Ein verstärkter und schnellerer pH-Wert-Abfall und niedrigere Bier-pH-Werte;
- Eine Erhöhung der Bitterstoffverluste (besonders bei offenen, drucklosen Gefäßsystemen);
- Eine intensivere Eiweißausscheidung und damit niedrigere Stickstoffgehalte im Bier;
- Eine Verringerung der Schaumhaltbarkeit;
- Eine verstärkte Bildung der Jungbierbukettstoffe (Aceto-hydroxysäuren als die Vorstufen der vicinalen Diketone, Ethanal und Schwefelverbindungen);
- Eine verstärkte Bildung der Bukettstoffe, besonders der höheren Alkohole, wobei sich das Verhältnis der Ester zu den höheren Alkoholen ungünstiger gestaltet. Hier kann in Abhängigkeit von den verwendeten Gefäßsystemen mittels einer angepassten Temperatur-Druck-Führung effektiv gegengesteuert werden;
- Eine Verringerung der freien niederen Fettsäuren, so dass die flüchtigen Säuren im Bier vermindert und der Gehalt an nicht-flüchtigen Säuren erhöht werden.

Technologische Auswirkungen einer zunehmenden Bewegung in der Reifungsphase:

- Eine schnellere und intensivere Nachgärung und ein schnelleres Erreichung des Endvergärungsgrades;
- Eine Forcierung der Reifungsreaktionen durch die schnellere Umwandlung und den Abbau der Jungbierbukettstoffe;
- Eine beschleunigte Verteilung der Hefeexkretionsstoffe im Bier (negativer Qualitätseintrag bei geschädigten und alten Hefezellen, sehr abhängig von der Hefekonzentration) und
- Eine erhöhte Gefahr von CO_2-Verlusten (auch bei ZKT) und eines unerwünschten O_2-Eintrages bei einem nicht vollkommen geschlossenen System (z. B. in Verbindung mit einem Gefäßwechsel).

Bewegung im klassischen Gär- und Reifungsprozess:

Im klassischen Gär- und Reifungsprozess erfolgt eine aktive Bewegung des Gärsubstrates nur durch das Umpumpen der einzelnen Gärchargen:

- vom Anstellbottich in den Gärbottich (muss innerhalb von 12...18 h nach dem Anstellen erfolgen) und
- vom Gärbottich in den Lagertank (= Schlauchen oder „Fassen" des Jungbieres).

Beim Schlauchen des Jungbieres lässt sich auch unter optimalen Bedingungen ein Sauerstoffeintrag in das Bier nicht vermeiden (normaler Sauerstoffeintrag: weniger als 1 mg O_2/L Bier). Bei erhöhtem Sauerstoffeintrag ergibt sich in Abhängigkeit vom Sauerstoffeintrag eine deutliche Zunahme des Gesamtdiacetyl- und Ethanalgehaltes im Jungbier. Der Sauerstoffgehalt der Biere wird während einer kalten Lagerung und bei Anwesenheit einer ausreichenden und gesunden Hefemenge im Bier gewöhnlich innerhalb von 7 Tagen verbraucht.

Bei einem sehr hohen O_2-Eintrag von über 10 mg O_2/L sind dagegen Unterschiede im Aldehydgehalt noch nach 50 Tagen Lagerdauer feststellbar (siehe [228]).

Bewegung bei beschleunigten Gär- und Reifungsverfahren:

Bei beschleunigten Gär- und Reifungsverfahren wird eine stärkere Bewegung des Gärmediums je nach Verfahren erzielt durch:

- Rühren;
- Umpumpen;
- plötzliche Druckentlastung des hochgespundeten Tankinhaltes;
- Begasung über einen Düsenring mit CO_2 oder
- durch das bei der Gärung gebildete CO_2 bei hoher Flüssigkeitssäule.

Technologische Schlussfolgerungen

Eine Verstärkung der Bewegung des Bieres im Prozess der Gärung und Reifung fördert ganz allgemein den Stoffumsatz. Bei beschleunigten Verfahren ist aus Gründen der Erhaltung der Qualität des Bieres jeder durch die verstärkte Bewegung verursachte Sauerstoffeintrag grundsätzlich durch konstruktive Maßnahmen bei der verwendeten Apparatetechnik zu vermeiden.

Der unvermeidliche Sauerstoffeintrag beim klassischen Schlauchen und bei Verfahren mit Gefäßwechsel erfordert in Abhängigkeit vom O_2-Eintrag ausreichend lange Lagerzeiten und ausreichende Hefegehalte im Schlauchbier, um Qualitätseinbußen zu verhindern.

5.3.5 Beschleunigung der Hefeklärung

Nach dem Abschluss der Gärung (ΔEs < 0,2 %) und Reifung ist im Interesse einer guten Bierqualität eine schnelle Klärung erforderlich, insbesondere eine zügige Hefesedimentation und Abtrennung des Hefesedimentes. Eine schnelle Hefesedimentation wird gefördert durch:

- Eine plötzliche und schnelle Abkühlung des Tankinhaltes über externe Wärmeübertrager bzw. mithilfe einer wirkungsvollen Kühlzonenanordnung (möglichst erst nach der Haupternte des Hefesedimentes am Ende der Gärphase anwenden);
- Eine schnelle Druckerhöhung am Ende der Gärphase auf Werte von $p_ü$ = 0,8...1,0 bar bzw. höher;
- Einen Einsatz von Jungbierseparatoren;
- Den Einsatz von Klärhilfen (z. B. Buchenholz- oder Biospäne, in Deutschland nicht mehr im Gebrauch);
- Einsatz von Hefen mit deutlichem Bruchhefecharakter;
- Beim Anstellen von Reinzuchthefen aus der Propagationsanlage durch einen Zusatz von bereits mehrmals (1...3 mal) geführten infektionsfreien Erntehefen, z. B. im Verhältnis 1 : 1.

Nach dem Abschluss der Gärung und Reifung und der Hefeernte erfolgt in den modernen zylindrokonischen Gefäßsystemen eine schnelle Abkühlung des Tankinhaltes zur weiteren Klärung, kolloidalen Stabilisierung und sensorischen Abrundung mit einer anschließenden Kaltlagerung bei 0...-2 °C im Umfang von normal 7 Tagen. Eine schnelle Abkühlung kann beispielsweise realisiert werden mit (s.a. [229]):

- Einem Eintankverfahren mit externem Kühlkreislauf (die Entnahme aus dem ZKT und die Rückführung können umgeschaltet werden, sodass bei der schnellen Abkühlung die Unterschichtung möglich wird);
- Einem Zweitankverfahren mit zwischengeschaltetem Kühler und ggf. einem vorgeschalteten Jungbierseparator (Hefeernte ohne „Temperaturschock").

5.4 Einfluss der verwendeten Apparate auf den Gär- und Reifungsprozess

Auch die verwendeten Apparate haben einen entscheidenden Einfluss auf die Prozessdauer der Gärung und Reifung und die Qualität des Endproduktes. Ihr Einfluss soll hier am Beispiel eines zylindrokonischen Großtanks in Freibauweise, der im Chargenbetrieb (z. B. nach [22], [39]) verwendet wird, erläutert werden (Vergleich dieser Tankform mit anderen Gefäßtypen siehe Tabelle 67). Der zylindrokonische Tank hat alle technologischen Vorzüge zur Optimierung der diskontinuierlichen Gärung und Reifung, die von folgenden konkreten apparatetechnischen Lösungen gefördert werden:

- Die Vergrößerung des Gefäßvolumens (Standardbehälter z. B. 250...300 m^3 Nutzinhalt) führte durch die damit verbundene Verbesserung der Konvektion im Großtank zur Erhöhung der Raum-Zeit-Ausbeute (Erhöhung des Stoffumsatzes pro Zeiteinheit und Mikroorganismus).
  Es konnte dadurch in Verbindung mit technologischen Optimierungsaufgaben die Gesamtdauer der Gärung und Reifung von 4

bis 6 Wochen im klassischen Prozess auf unter 10 Tage (ohne ca. 6...10 Tage Abkühlung und Kaltlagerphase) reduziert werden.

- Eine Verbesserung der Konvektion im Vergleich zum klassischen Gärbottich konnte erreicht werden durch die Festlegung eines bestimmten Höhen-Durchmesser-Verhältnisses (Schlankheitsgrad des Behälters) und durch die zylindrokonische Tankform. Durch diese konstruktiven Maßnahmen wird die Selbstumwälzung des Tankinhaltes in der Gärphase gefördert.
- Der Einfluss der Bodenform auf das Strömungsbild in Gärtanks wurde von *Delente* et al. [230], [231] untersucht. Danach soll das Kohlendioxid stets an der tiefsten Stelle des Behälters gasförmig in Blasen freigesetzt werden.
  Dies ist sehr idealisiert in Abbildung 57 dargestellt, da nachgewiesen werden konnte, dass die CO_2-Entbindung im großtechnischen Fermenter und die Strömung räumlich instationär und ungeordnet sind. Die Strömung ist durch impulsartiges Aufströmen des gärenden Bieres und durch eine Vielzahl von Wirbeln gekennzeichnet [232], s.a. Kapitel 8.4.3.6.
- Die Energie der aufsteigenden Blasen sorgt für die Bewegung des Substrates. Je höher der Fermenter ist, um so größer ist die Leistung der Gasblasen und damit die Strömungsgeschwindigkeit im Tank (Abbildung 58). Die mögliche Höhe der Flüssigkeitssäule wird limitiert durch die Beziehung zwischen dem CO_2-Gehalt der Flüssigkeit und dem hydrostatischen Druck im System, s.u.
  Nach [231] wurden folgende Strömungsgeschwindigkeiten in Abhängigkeit von der Flüssigkeitshöhe bei der Biergärung festgestellt:
  9 m Flüssigkeitshöhe v = 0,15 m/s
  27 m Flüssigkeitshöhe v = 0,23 m/s (= Steigerung um das 1,5fache)

Das Maximum der Fermentergesamthöhe dürfte, bezogen auf einen Behälterdurchmesser von 4200 mm und einen Konusöffnungswinkel von ≥ 60°, bei etwa 25...30 m liegen [236].
Der Schlankheitsgrad des Großtanks sollte zwischen 4 und 6 betragen. Das gewählte Behälterdurchmesser-Höhen-Verhältnis für einen 250-m^3-Tank liegt mit einer Flüssigkeitshöhe von 19...20 m (= Schlankheitsgrad von 4,6) noch deutlich unter dem voraussichtlich zulässigen Höhenmaximum. Größere Flüssigkeitshöhen werden vor allem durch den CO_2-Gehalt des Bieres limitiert.

Vergleichsgärungen im klassischen Gärbottich und im ZKT ergaben bei gleicher Technologie eine Verkürzung der Hauptgärphase im ZKT um 1 bis 2 Tage. Diese Verkürzung beruht auf dem durch die größere Turbulenz verursachten höheren Stoffumsatz der Hefezellen.

In neueren Untersuchungen von *Boulton* und *Nordkvist* [233] werden die positiven technologischen Eigenschaften der stehenden zylindrokonischen Großtanks bestätigt. Der ZKT kann für Ale und Lagerbier gleichermaßen verwendet werden, mit seinem sehr guten Oberflächen-Volumen-Verhältnis gewährleistet er niedrige Flüssigkeitsverluste und exzellente hygienische Bedingungen. Er gewährleistet eine gute Nutzung des verfügbaren Raumes. Nachteile ergeben sich bei der ZKT-Variante mit Mantelkühlung vor allem im Hefemanagement und in der Kontrolle der Prozessführung (siehe Kapitel 8.4.2.1 und insbesondere Kapitel 8.4.2.5).

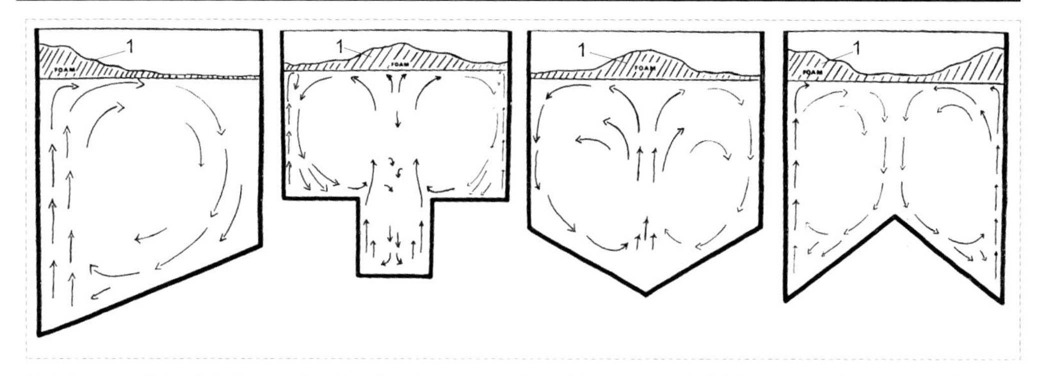

Abbildung 57 Einfluss der Bodenform auf das Strömungsbild im Tank (nach [231])
1 Schaumdecke

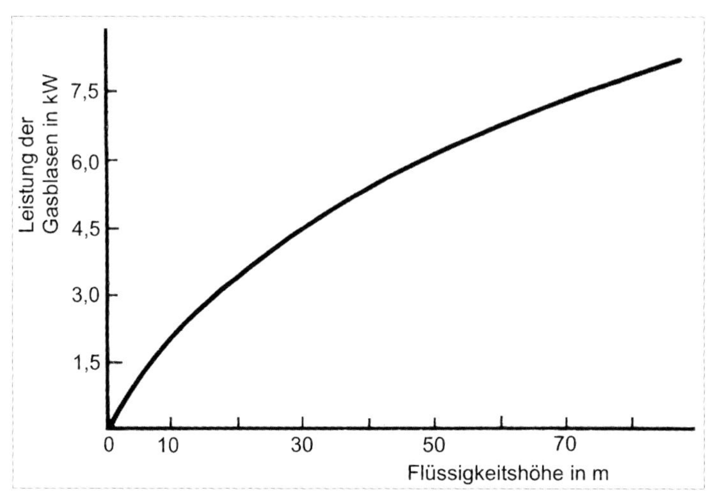

Abbildung 58 Leistung der Gasblasen in Abhängigkeit der Höhe in einem 6550-hL-ZKT(nach [230])

Bemerkungen zu Tabelle 67:

1) nur in Sonderfällen gegeben, vor allem bei externem Wärmeübertrager

2) nur bei abgedeckten Bottichen möglich

3) nur bei Anordnung in Form eines Tankhochhauses

4) bis zu einem max. Durchmesser d_a = 4500 mm komplette Werkstattfertigung möglich, unter bestimmten Transportvoraussetzungen auch größer

5) bei einem max. Durchmesser d > 4500 mm in der Regel Baustellenmontage erforderlich

6) nur mit zum Teil erheblichem Aufwand möglich

Tabelle 67 Bewertung einzelner Gefäßtypen auf ihre Verwendungsfähigkeit für die Gärung und Reifung von Bier nach [39]

Kriterium	Großraumgärbottich	Großraumlagertank	Kombitank	Stehender Behälter mit flachem Boden, drucklos	Stehender Behälter mit flachem konischen Boden, drucklos	Stehender Behälter mit konischem Boden und Spundungsmöglichkeit
Gärung und Reifung in einem Behälter	O	O	++	O	+	++
Schwand	O	O	+	O	++	++
Nur für Hauptgärung	++	O	++	++	++	++
Nur für Reifung	O	++	+	+	+	++
Variabilität der Verfahrensführung	(+)	(+)	+	+	+	++
Gär- und Reifezeitverkürzung möglich	O	O	+	O	+	++
CO_2-Sättigung möglich	O	++	++	+	+	++
Möglichkeit der CO_2-Gewinnung	+	O	++	++	++	++
Probeentnahmemöglichkeit	++	+	+	+ [1])	+ [1])	+ [1])
Hefeerntemöglichkeit	+	O	O	O	+	++
manuelle mechanische Reinigung	O [2])	+	+	O	O	O
automatische Reinigung	O [2])	(+)	(+)	++	++	++
Steuer- und Regelbarkeit	+	O	+	++	++	++
Ausnutzung der Grundfläche, bezogen auf den Inhalt	O	+ [3])	+ [3])	++	++	++
Freibauweise sinnvoll möglich	O	O	+	++	++	++
Nutzung der Höhe	O	+ [3])	+ [3])	+	+	++
Bauaufwand (Hoch- und Tiefbau)	O	O	O	++	++	++
Kälteverluste	O	+	+	++	++	++
Montagezeit	O	+	+	O [5])	O [5])	++ [4])
Inspektionsmöglichkeit	+	+	+	O [6])	O [6])	O [6])
Arbeits- u. Lebensbedingungen	O	O	O	+	++	++

Bewertungskriterien:
- O schlecht oder nicht brauchbar
- (+) mit Einschränkung verwendbar
- \+ gut
- ++ sehr gut

Kegelöffnungswinkel

Der Kegelöffnungswinkel beeinflusst

- die Hefesedimentation,
- das Strömungsbild im ZKT,
- den Reinigungs- und Desinfektionsmittelablauf,
- den Hefeaustrag bzw. die Hefeerntezeit und
- damit die erforderliche Manipulations- und Überwachungszeit,
- die Konsistenz der geernteten Hefe
- und damit den auftretenden Bierschwand
- sowie die Bauhöhe des zylindrokonischen Tanks.

Aus der Literatur sind Kegelöffnungswinkel zwischen 60...155° (für ZKT 60°...120°) bekannt.

Manger [39] hat in Modellversuchen das Fließverhalten der Hefe unter Bier in Abhängigkeit vom Kegelöffnungswinkel untersucht und dabei festgestellt, dass sich das Verhältnis der Fließgeschwindigkeiten der Hefe, wie in Tabelle 94 in Kapitel 8.5.1.4 ausgewiesen, verändert. Als eine betriebswirtschaftlich brauchbare Lösung wurde ein Kegelöffnungswinkel von 90° gewählt.

Die technisch realisierbare Hefefließgeschwindigkeit beim Hefeziehen beträgt etwa 5 hL/h. Es ist dabei zu beachten, dass die Fließgeschwindigkeit der Hefe auch wesentlich von den Eigenschaften des Hefesediments und der Oberflächenbeschaffenheit des Konuswerkstoffes sowie der Nennweite des Abzugs abhängig ist.

Für den Boden wird eine Kegelschale angewendet. Nur diese Tankbodenform gewährleistet eine einwandfreie Hefeernte auch bei darüber stehendem, noch in der Klärphase befindlichem Bier. Sie ist die einzige vertretbare Bodenform, die die Anwendung eines Eintankverfahrens ermöglicht.

Großtanks wurden für einen zulässigen maximalen Betriebsdruck in der Gasphase von $p_ü \leq 0{,}99$ bar ausgelegt. Damit waren diese Behälter „drucklose" Behälter im Sinne der in der Vergangenheit gültigen gesetzlichen Bestimmungen (Lagerbehälter in der Brauerei waren bei $p_ü \leq 0{,}99$ bar keine Druckbehälter).

In Abhängigkeit der jeweils aktuellen gesetzlichen Bestimmungen für Druckbehälter werden ZKT für $p_ü \geq 2$ bar ausgelegt. Aktuell sind die in [234] genannten Regelwerke gültig.

Mit der Einsetzbarkeit der ZKT bei Drücken $p_ü \geq 1...2$ bar sind alle in normalen Temperatur-Druck-Bereichen liegenden technologischen Gär- und Reifungsregime realisierbar ohne eine zusätzlich erforderliche CO_2-Imprägnierung. Die technische Möglichkeit einer Druckanwendung bereits in der Gärphase erweitert die Variationsmöglichkeiten in der Temperaturführung erheblich, beeinflusst damit nicht nur den Gärverlauf und steuert die Nebenproduktbildung, sondern verringert auch die Bitterstoffverluste und den erforderlichen Kräusensteigraum und erhöht damit die Ausnutzung des Behälterbruttovolumens. Bei einem 250-m^3-Tank betrug die Kräusenhöhe 2,10...2,60 m und damit der Steigraumanteil am Behälterbruttovolumen 10,1...12,5 % [39].

Bei einer Druckerhöhung von $p_ü = 0{,}5$ bar auf $p_ü = 2$ bar konnte bei einem dafür geeigneten ZKT der Steigraumbedarf von 25 % auf 10 % verringert werden [235].

Die Kühlung des Tankinhaltes über einen extern angeordneten Plattenwärmeübertrager im Umpumpsystem bietet gegenüber der Mantelkühlung eine Reihe von Vorteilen, die in Kapitel 8.4.2 ausführlicher vorgestellt werden.

Dies sind vor allem die größeren Möglichkeiten für eine variablere Verfahrensführung, wie z. B.:

- Ein Aufziehen der Hefe beim Anstellen und Befüllen direkt im ZKT;
- Eine deutlich schnellere Realisierung der Abkühlung des Tankinhaltes auf die Kaltlagertemperatur von $\vartheta \leq -1$ °C (≤ 24...36 h) und damit eine Verkürzung der technologischen Manipulationszeit;
- Durch Umpumpen und gleichzeitiges Hefeziehen kann in der Reifungsphase jede erforderliche Hefekonzentration eingestellt werden;
- Es ermöglicht auch die zeitliche Ausdehnung einer effektiven Reifungsphase bei Spezialverfahren (z. B. Biere für Diabetiker);
- Ein Umpumpen nach Beendigung der Gärphase forciert im Verlauf der Reifungsphase auch den Ausgleich im CO_2-Gehalt zwischen den einzelnen Tankschichten und gewährleistet damit die Homogenität des Tankinhaltes.

Grundsätzliche Vorteile jeder ZKT-Technologie sind:

- Die Verwendung von CrNi-Stahl für alle mit dem Gärsubstrat in Berührung kommenden Behälterteile und Rohrleitungen sowie ein geschlossenes Behälter- und Rohrleitungssystem ermöglichen die Anwendung einer vollmechanisierten bzw. teilautomatisierten chemisch-thermischen Reinigung und Desinfektion im CIP-Verfahren (hohe biologische Sicherheit).
- Bei der Gärung und Reifung des Bieres in ZKT kann die abgesetzte Hefe sowie der sich absetzende Gärtrub ohne Gefäßwechsel zu den technologisch erforderlichen und möglichen Zeiten abgezogen werden. Ein ZKG bzw. ZKL mit externer Kühlung im Umpumpverfahren bietet noch weitere Möglichkeiten zur Variation der Verfahrensführung (siehe oben).
- Die Bedienungs- und Kontrollfunktionen bei der Gärung und Reifung in Großtanks sind in klimatisierbaren, CO_2-freien, feuchtigkeitsarmen und hellen Bedienungsgängen durchführbar. Die physisch schwierigen Arbeits- und Lebensbedingungen des klassischen Gär- und Lagerkellers wurden mit der Einführung der ZKT grundlegend verändert. Dabei erhöht sich die Arbeitsproduktivität beträchtlich [236].
- Die Aufstellung der Großtanks außerhalb umbauter Räume (in Freibauweise) senkt den sonst dafür notwendigen spezifischen Bauaufwand auf etwa 5...10 % [236]. Gleichzeitig ist eine wirkungsvolle Wärmedämmung erforderlich, die auch bei 30 °C Außentemperatur und bei ausgeschalteter Kühlung eine Erwärmung des Tankinhaltes (Biertemperatur ≤ 0 °C) von ≤ 0,2 K/d gewährleistet.
- Die gewählten Durchmesser-Höhen-Verhältnisse ermöglichen eine weitgehende Vormontage der kompletten Großraumtanks im Herstellerwerk.
  Durch die Anwendung neuer Fertigungs-, Transport- und Montageverfahren reduzieren sich die Investitionszeiten bedeutend [236].

6. Klassische Verfahren der Gärung und Reifung

6.1 Geschichte und Bedeutung der klassischen Gär- und Reifungsverfahren

Der Begriff „klassisches Gär- und Reifungsverfahren" beinhaltet selbst sehr ungenaue Zeitvorstellungen. Betrug z. B. die gesamte Herstellungszeit für untergäriges Bier in Deutschland um 1900 noch 12 bis 14 Wochen, so war sie im Jahre 1964 in Deutschland durchschnittlich auf eine Gärdauer von 8...9 Tagen und eine Lagerzeit von 6...9 Wochen gesunken (s. Tabelle 1 im Kapitel 1). Zwischen 1970 und 1975 haben die klassische Gärung und Reifung und das klassische Gefäßsystem bei der untergärigen Bierproduktion noch dominiert, seitdem geht/ging ihr Anteil zugunsten der Großbehältersysteme, speziell der zylindrokonischen Tanks, ständig zurück.

Weiterhin erfolgte eine immer konsequentere und gezieltere Anwendung technologischer Einflussfaktoren zur Intensivierung des diskontinuierlichen Gär- und Reifungs prozesses. In Tabelle 68 werden die Charakteristiken des konventionellen und der beschleunigten Verfahren verglichen.

Gärung und Reifung des Bieres lassen sich in die Verfahrensstufen: Anstellen, Hauptgärung, Hefeernte und -behandlung sowie Reifung und Lagerung (Nachgärung) untergliedern. Diese Verfahrensstufen werden beim klassischen Gär- und Reifungsverfahren zeitlich, räumlich und apparativ klar abgegrenzt. Die drei erstgenannten Verfahrensschritte werden im Gärkeller und die Reifung des Bieres im Lagerkeller durchgeführt. Zum Teil wurde ein eigenständiger Anstellkeller benutzt.

Auch in Klein- und Gasthausbrauereien werden zunehmend geschlossene Gärsysteme, natürlich mit wesentlich kleineren Volumina, installiert.

Zur Berechnung der Produktionskapazitäten klassischer Behältersysteme siehe Kapitel 18.

6.2 Durchführung der klassischen Gärung und Reifung

6.2.1 Anstellen

Im Kapitel 5.3.1 wurden alle technologischen Probleme des Anstellens der Würze behandelt, sie sind auch für das klassische Gär- und Reifungsverfahren zu beachten.

Das Anstellen, d. h. die Hefezugabe (Ø 0,5...0,7 L/hL) zur Anstellwürze, erfolgt entweder im Anstellbottich, direkt im Gärbottich oder durch Zudosieren in den einlaufenden Würzestrom (Hefekonzentration in der angestellten Würze $15...20 \cdot 10^6$ Zellen/mL).

Stammwürze

Der Gehalt der Anstellwürze an gesamtlöslichen Extraktstoffen unmittelbar vor der Hefegabe wird allgemein als *Stammwürze* (St) bezeichnet. Sie ist für jede Biersorte in bestimmten Grenzen gesetzlich festgelegt und wird analytisch mithilfe der Bieranalyse nach MEBAK [237] erfasst und nach der von *Balling* (l. c. [33]) aufgestellten Gleichung für die Anstellwürze zurück berechnet (siehe Gleichung 1 in Kapitel 2.10).

Dieser im fertigen Bier ermittelte Stammwürzegehalt ist ein theoretischer Wert für die zu diesem Bier gehörende Anstellwürze. Der tatsächliche Stammwürzegehalt der realen Anstellwürze muss immer größer als die im fertigen Bier gewünschte bzw. geforderte Stammwürzekonzentration sein, da in den weiteren Prozessstufen vom

Anstellen bis zum Abfüllen mit einer weiteren Verdünnung zu rechnen ist. Eine wichtige Kontrollaufgabe im Gärkeller unmittelbar vor dem Anstellen ist deshalb die Kontrolle der Anstellwürzekonzentration mithilfe der Extraktspindel.

Die Anstellwürzekonzentrationen sollten bei normalen Betriebsverhältnissen etwa 0,2...0,3 % über der im fertigen Ausstoßbier geforderten Mindestkonzentration des Bierstammwürzegehaltes liegen. Bei Unterschreitungen ist durch Verschnitt mit Bierchargen höherer Stammwürzekonzentration die Einhaltung der Forderungen zu gewährleisten.

Tabelle 68 Allgemeine Charakteristiken des konventionellen Gär- und Reifungsverfahrens und der beschleunigten Verfahren

	Konventionelle Gär- und Reifungsverfahren	Beschleunigte Gär- und Reifungsverfahren
Anstellwürze-qualität	- mäßige Trubentfernung - starke Würzebelüftung	- weitgehende Trubentfernung - mäßige Würzebelüftung
Anstellen	- niedere bis mittlere Hefegabe (0,3...0,7 L/hL) - niedere Anstelltemperatur	- höhere Hefegaben bis über 1 L/hL - höhere Anstelltemperatur
Hauptgärung	- niedere Maximaltemperatur - relativ langsame Gärung - drucklose Gärung - langsame Abkühlung - Teilvergärung des Extraktes	- höhere Gärtemperaturen - beschleunigter Gärablauf - ansteigender CO_2-Druck in der Hauptgärphase und CO_2-Bindung - Bewegung des Gärmediums - Vergärung bis möglichst $Vs \approx Vsend$
Nachgärung und Reifung	- Vergären des Restextraktes - langsamer Druckaufbau durch CO_2 (Spunden) - langsamer Abbau der Jungbierbukettstoffe	- weitgehender Abbau der Jungbierbukettstoffe in der kombinierten Gär- und Reifungsphase bei hohen Temperaturen
Konditionierung	- langsames Absetzen von Hefe und anderen Trubstoffen - langsame Eiweißaus-scheidung - Einstellen des kolloidalen Gleichgewichtes - natürliche CO_2-Bindung	- nach Abschluss der Reifungsvorgänge möglichst weitgehende Hefeabtrennung - schnelle Abkühlung auf tiefe Temperaturen (0...-2 °C) - Eiweißausscheidung auch unter Verwendung von Adsorbentien - kolloidale Stabilisierung je nach Qualitätsanforderung - evtl. CO_2-Einstellung durch Nachimprägnierung

Gärkellerausbeute GKA

Unmittelbar nach dem Anstellen kann im Gärkeller die Effektivität der vorhergehenden Würzekühlung und -klärung durch die Berechnung der Gärkellerausbeute GKA überprüft werden:

$$GKA = \frac{V_{AW} \cdot St_{AW} \cdot \rho_{AW}}{Sch} \qquad \text{Gleichung 38}$$

GKA = Gärkellerausbeute in Prozent
V_{AW} = Volumen der kalten Anstellwürze in Hektolitern
St_{AW}· = durchschnittlicher Extraktgehalt der kalten Anstellwürze in Masse-/Volumen-%
ρ_{AW} = Dichte der Ausschlagwürze in kg/hL
Sch = Schüttung des Sudes auf Malzbasis in Dezitonnen

Die Gärkellerausbeute gibt an, wie viel Prozent der Schüttung (auf Malzbasis) als Würzeextrakt angestellt wurden. Die Extraktverluste, verursacht durch Benetzung, Hopfentreber und Trub, betragen von der heißen Ausschlagwürze bis zur kalten Anstellwürze etwa 1...3 % (Extraktschwand).

Die Sudhausausbeute liegt normalerweise 1...2 % über der Gärkellerausbeute. Bei sehr rationeller Arbeitsweise können Differenzen unter 1 % erreicht werden.

6.2.2 Hauptgärung

Je nach Vitalität der Anstellhefe beginnt die einzelne Hefezelle, die von ihr verwertbaren Würzeinhaltsstoffe aufzunehmen und sie in ihrem Bau- und Betriebsstoffwechsel umzuwandeln. Die Intensität des Hefestoffwechsels in der Hauptgärphase wird durch die Gärführung gesteuert. Die wichtigsten Stellgrößen des Technologen sind dabei:

- Die Temperaturführung im Gärprozess (siehe Kapitel 5.3.2.1);
- Der Grad der Belüftung der Anstellwürze bzw. O_2-Gehalt der einzelnen Würzechargen (siehe Kapitel 5.1.1 und 5.3.1.6);
- Die Temperatur der Anstellwürze bzw. Temperaturstufen der einzelnen Würzechargen bei einem Drauflassverfahren (siehe Kapitel 5.3.1.5);
- Die Höhe der Hefegabe (siehe Kapitel 5.3.1.1);
- Die Zwangsbewegung des Jungbieres (siehe Kapitel 5.3.4);
- Die Dauer der Gärphase (gewählte zeitliche Ausdehnung der Hauptgärung);
- Die Höhe des vergärbaren Restextraktes im Schlauchbier und die Festlegung der Schlauchreife (siehe Kapitel 5.3.3 und nachfolgende Ausführungen).

Kalte und warme Gärführung

Nach dem Anstellen kann der Verlauf der klassischen Hauptgärung hauptsächlich nur noch durch die Temperaturführung gesteuert werden. Man unterscheidet je nach dem Wert der Anstell- und Höchsttemperatur zwischen einer kalten oder warmen Gärführung, deren typische Verläufe im Abbildung 59 dargestellt werden. Je nach Gärführung steigt die Temperatur des gärenden Bieres in den ersten 2 bis 3 Tagen durch die Tätigkeit der Hefe um 3...5 K von der Anstell- auf die Maximaltemperatur an. Es werden dabei in etwa die in Tabelle 69 ausgewiesenen Temperaturstufen eingehalten.

Mit der vorsichtigen Kühlung des Bottichs wird gewöhnlich erst kurz vor dem Erreichen der Maximaltemperatur begonnen. Während bei der kalten Gärführung die Höchsttemperatur 2 bis 3 Tage gehalten wird, muss bei der warmen Gärführung nach dem Erreichen der Höchsttemperatur der Bottichinhalt bereits langsam abgekühlt werden. Die Abkühlung sollte immer gleichmäßig und nicht mehr als 1 K (maximal bis 1,5 K) pro Tag erfolgen, um einen zu großen Temperaturschock auf die Hefe zu vermeiden, der zu geringen Hefekonzentrationen im Schlaucherbier führen würde (Verzögerung bzw. Abbruch der Nachgärung und Reifung).

Bei der warmen Gärführung kann dies nur durch einen frühzeitigen Kühlbeginn und eine höhere Schlauchtemperatur realisiert werden, dabei kann die Schockwirkung beim Schlauchen dieses warmen Bieres in einen kalten Lagerkeller immer noch erfolgen. Für die meisten Betriebsbedingungen ist deshalb die im Kapitel 7.1 beschriebene Verfahrensweise wesentlich betriebssicherer.

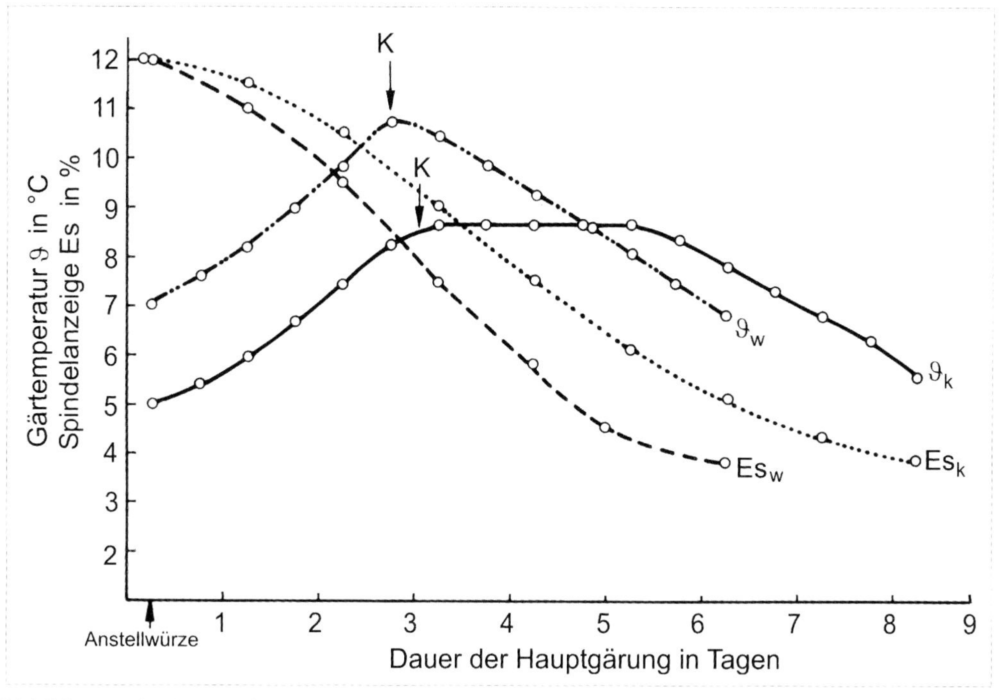

Abbildung 59 Verlauf der klassischen Hauptgärung bei kalter (k) und warmer (w) Gärführung

Würze: St = 12,0 %, Esend = 2,5 %, Vsend = 79,2 %, Hefegabe: 0,5 L/hL Würze
Schlauchbier: Es = 3,8 %, ΔEs = 1,3 %, GVs = 68,3 %, ΔVs = 10,9 %
K: Beginn der Kühlung

Tabelle 69 Temperaturstufen der klassischen Hauptgärung

ϑ in °C	kalte Gärführung	warme Gärführung
Anstelltemperatur	(4)...5...6	(6)...7...8
Maximaltemperatur	8...9	10...11
Schlauchtemperatur	(4)...5...6	6...7

Tabelle 70 Charakteristische Merkmale der Gärstadien einer kalten, klassischen Gärung

Tag der Haupt-gärung	Gärstadium	Erscheinungsbild der Gärdecke	Abnahme des scheinbaren Extraktes in %/d
1.	Beginn (Ankommen)	nach etwa 10...12 h Herausbildung einer niederen weißen Schaumschicht (Überweißen des Bottichs)	0,2...0,6
2. bis 3.	niedere Kräusen	Schaumdecke wird höher und dichter, Ausbildung von braunen Spitzen aus Trub und ausgeschiedenen Hopfenharzen	1,0...1,2
4. bis 6.	Hochkräusen	bis zu etwa 30 cm hohe kompakte Schaumdecke, die Braunfärbung nimmt zu, je nach Gärintensität und Trubgehalt kommt es zur Ausbildung einer geschlossenen braunen bis dunkelbraunen Schicht auf der kompakten Kräusendecke	1,2...1,8
6. bis 8.	fallende Kräusen	durch das Nachlassen der Gärung fällt der Schaum langsam zusammen, das Aussehen der Decke wird „schmutziger“	0,8...0,6
8. bis 9.	Schlaucherdecke	es bildet sich eine gleichmäßige, dunkelbraune bis schwarze geschlossene Decke aus, die im Normalfall etwa 1...3 cm hoch ist	(0,2)...0,3...0,4

Kontrolle des Gärverlaufes

Sie erfolgt durch den Gärführer, der für folgende Überprüfungen täglich sorgt:

- Temperaturverlauf (mindestens 2 Messungen täglich, das so genannte *Gradieren*),
- Extraktabnahme mithilfe der Bier-Würze-Spindel; Verlauf siehe Abbildung 59 (Bestimmung des scheinbaren Extraktgehaltes und Berechnung des noch vorhandenen vergärbaren Restextraktes nach Gleichung 12 in Kapitel 3.2.3),
- Erscheinungsbild der Gärdecke (Beurteilung der Gärstadien – siehe Tabelle 70).

Die Gärdecke des untergärigen Bieres besteht aus durch CO_2-Blasen mitgerissenen Bierbestandteilen und ausgeschiedenen Bitter-, Gerb- und Eiweißstoffen (siehe auch Kapitel 3.7).

Schlauchreife

Die Hauptgärung ist beendet, wenn das Jungbier die gewünschte *Schlauchreife* erreicht hat. Ein untergäriges Bier ist *schlauchreif*, wenn es folgenden Qualitätskriterien entspricht:

- Der vergärbare Restextrakt sollte bei üblicher 3- bis 4-wöchiger kalter Lagerung (Raumtemperatur ϑ = 3...4 °C auf 1...0 °C zurückgehend) in folgenden Bereichen liegen:

  Tabelle 71 Schlauchreife der klassisch vergorenen Biere

Biersorte	ΔEs in %	Differenz (Vsend - GVs) in %
St = 12 %	1,0...1,6	10...14
St = 10 %	1,0...1,5	12...16

  Da die Differenz zwischen Gärkeller- und Endvergärungsgrad von der Höhe der Stammwürze, der Biersorte und der Höhe des Endvergärungsgrades abhängig ist, gibt der Wert des vergärbaren Restextraktes ΔEs eine realere und aussagekräftigere Einschätzung über die während der Nachgärung maximal mögliche CO_2-Bildung.

- Die tägliche Extraktabnahme sinkt in den letzten 24 h der Hauptgärung auf einen Wert unter 0,3...0,4 %.
- Die sich ausgebildete *Schlaucherdecke* zieht sich beim Hineinblasen nicht mehr zusammen. Dieses äußere Merkmal ist jedoch zu grob und reicht für die Beurteilung der Schlauchreife nicht aus (aus hygienischen Gründen sollte das auch nicht mehr praktiziert werden).
- Die noch in Schwebe befindliche Hefekonzentration sollte bei den o.g. ΔEs-Werten zwischen 12...15·10^6 Zellen/mL liegen. In einigen Brauereien wird zur sicheren Einstellung einer ausreichenden Hefekonzentration in der Nachgärphase mit 2 verschiedenen Hefestämmen - einer Bruch- und einer Staubhefe - gearbeitet.
  Das Verhältnis zwischen Bruch- und Staubhefe ist abhängig von den Eigenschaften und dem Gärverhalten beider Stämme. Bekannt sind Verhältnisse der Bieranteile mit Bruchhefe zu Staubhefe von 2 : 1 bis 3 : 1. Die ständige getrennte Führung der beiden Hefestämme ist jedoch im Produktionsbetrieb aufwendig und ist nicht immer sicher zu realisieren. Eine grobe Orientierung über den Zeitpunkt der Bruchbildung der Hefe (siehe auch Kapitel 2.8) und über den Hefegehalt des zu schlauchenden Bieres ist durch die visuelle Kontrolle mithilfe von kleinen Schaugläsern möglich (Schichthöhe der abgesetzten Hefe in der Schlaucherbierprobe nach 24 h Standzeit ist ein Maß für den Hefegehalt des Schlaucherbieres und für die Geschwindigkeit der Hefesedimentation in der Nachgärphase).
  Höhere oder niedere Hefekonzentrationen im Schlaucherbier kennzeichnen grüne oder lautere Jungbiere, die für verschiedene Bedingungen der Nachgärung und Reifung eingesetzt werden können (siehe Tabelle 66 in Kapitel 5.3.3).
- Die Temperatur des Schlaucherbieres sollte im Bereich zwischen 5...6 °C liegen, damit die Hefe bei einem kalten Lagerkeller keinen Schock erleidet.

- Vor dem Schlauchen sollte unbedingt auch durch eine sensorische Qualitätskontrolle das Jungbier auf etwaige Bierfehler hin geprüft werden.

Je nach Biersorte und Hefegabe dauert die klassische Hauptgärung bei der kalten Gärführung zwischen 7 und 10 Tagen und bei der warmen Gärführung zwischen 5 und 7 Tagen. Am Abschluss der Hauptgärung wird das erzielte Zwischenprodukt als *Jung-* oder *Schlaucherbier* bezeichnet.

Ein klassisches Schlaucherbier enthält durchschnittlich etwa 2 g CO_2/L und weniger als 0,3 mg O_2/L.

6.2.3 Schlauchen des Jungbieres und Hefeernte

Schlauchen des Jungbieres

Das *Schlauchen* oder *Fassen* des Jungbieres beinhaltet den Transport dieses Bieres durch Schläuche oder Rohrleitungen mithilfe einer Pumpe oder durch eigenen hydrostatischen Druck aus dem Gärbottich in das Lagergefäß. Vor dem Schlauchen wird bei offenen Gärsystemen die Gärdecke (jetzt Schlaucherdecke) mit einem Schaumlöffel abgehoben, da diese Deckenbestandteile sonst am Ende des Schlauchens die Erntehefe stark verschmutzen. Weiterhin besteht bei lauteren Bieren die große Gefahr, dass diese Schlaucherdecke „durchfällt“, d. h., dass sich ihre Bestandteile wieder im Bier verteilen und diesem dann einen unangenehmen, kratzigen, unedlen Biergeschmack verleihen, der auch im Fertigprodukt noch erkennbar ist, sowie die Trübung des Bieres verstärken (verursacht durch den Sauerstoffeinfluss und die Oxidation der Deckenbestandteile bei klassischen offenen Bottichen).

Beim Schlauchen werden meist mehrere Bottiche einer Sudserie miteinander geschlaucht (verschnitten), vorausgesetzt, die einzelnen Chargen haben sensorisch keinen abnormen Geschmack oder sonstige Bierfehler. Bei einem Jungbier mit einem deutlichen Bierfehler (siehe Kapitel 6.2.5) ist ein Verschnitt zur Aufbesserung meist erst bei der Bierfiltration ratsam, um die Verschlechterung der Bierqualität einer größeren Sudserie möglichst zu vermeiden.

Das Schlauchen erfolgt am Gärbottichanstich über einen Hefestutzen, der die abgesetzte Hefe zurückhält.

Die Hefeernte

Die Hefeernte im klassischen Gärkeller wird nach dem Leerwerden des Gärbottichs von Hand durchgeführt, indem das Geläger mit einer Hefekrücke zum Bottichanstich heraus geschoben und von dort mittels Pumpe (oder mittels Eimer [„Schaffel“]) je nach Verwendungszweck, biologischem Zustand und Verschmutzungsgrad zum sofortigen Wiederanstellen, zur Aufbewahrung, zum Abfallhefeverkauf oder (eher selten) zur Hefewäsche weitertransportiert wird.

Eine Unterteilung der Hefeernte in mehrere Schichten ist bei ordnungsgemäßer Würzeklärung nicht mehr üblich, bei großen Bottichen kaum realisierbar und auch nicht mehr sinnvoll (s.a. in [7] Kapitel 6.6 und 7).

Normalerweise werden bei der klassischen Gärung mit Bruchhefen etwa 2…3 L Hefe/hL Bier geerntet. Man rechnet bei einer Anstellhefegabe von 0,5…0,7 L dickbreiiger Hefe/hL Würze mit einer etwa 3- bis 4fachen Hefevermehrung.

Bei Staubhefen ist je nach der Gärführung und den Eigenschaften des Hefestammes die Menge der Erntehefe deutlich geringer (Ø 1…2 L/hL).

Die Thematik Abfallhefeverwertung s.a. Kapitel 19.

6.2.4 Nachgärung, Reifung und Klärung des Bieres

Die Nachgärung, Reifung und Klärung des Bieres erfolgt beim klassischen Gär- und Reifungsprozess während der Lagerung des Bieres im Lagerkeller. In dieser Produktionsphase erfolgen:

- die Vergärung des vergärbaren Restextraktes,
- die natürliche Anreicherung von CO_2 und die Einstellung des gewünschten CO_2-Gehaltes im Bier,
- die geschmackliche Reifung des Bieres und die Entfernung der unerwünschten Jungbierbukettstoffe,
- die Klärung des Bieres und die Verbesserung der Filtrierbarkeit,
- die Verbesserung der Schaumhaltbarkeit,
- die Ausscheidung von instabilen Eiweiß-Gerbstoff-Verbindungen und die Erhöhung der kolloidalen Stabilität bei niedrigen Temperaturen.

Das Schlauchen in das Lagergefäß

Nach dem Einschlauchen des Jungbieres in das Lagergefäß wird, durch die Bewegung des Bieres bedingt, die mit geschlauchte Hefe im Gärsubstrat gut verteilt, und es setzt eine kräftige Nachgärung ein. Die Dauer dieser stürmischen Nachgärphase liegt in Abhängigkeit vom vergärbaren Restextrakt zwischen 1 und 3 (maximal bis 7) Tagen. Die Intensität dieser Nachgärphase kann noch durch mehrmaliges „Draufschlauchen" gefördert werden. Zur Förderung der Nachgärung und Verbesserung der Gleichmäßigkeit des Produktes wird dazu das Lagergefäß innerhalb von 2 bis 3 Tagen gewöhnlich mit 2 bis 3 Teilchargen von Jungbier unterschiedlicher Sude schrittweise gefüllt. Dieses mehrmalige Draufschlauchen fördert die Durchmischung und Bewegung im Lagergefäß und beschleunigt dadurch nicht nur die Gärung und Reifung, sondern auch die Vergröberung der instabilen Trübungskolloide und deren Ausscheidung.

Reduzierung des Sauerstoffeintrages

Bei mehrmaligem Draufschlauchen besteht jedoch die erhöhte Gefahr mehrmaligen Sauerstoffeintrages in das Jungbier und damit die Gefahr der Reifungsverzögerung. Der Lufteintrag beim Schlauchen ist deshalb durch eine richtige Arbeitsweise (z. B. Vorfüllen der Schläuche mit Wasser, Vermeiden des Lufteinziehens beim Leerwerden des Gärbottichs) und durch technische Maßnahmen (z. B. Einbau von Tankeinlaufscheiben zur Vermeidung der Fontänenbildung beim Anschlauchen, entlüftete Rohrleitungen u.a.) auf ein Minimum zu reduzieren. In Saisonspitzen mit evtl. nur kurzen Lagerzeiten der Biere bis zum Verkauf ist mehrmaliges Draufschlauchen deshalb nicht ratsam.

Das Spunden

Bei einer zu reichlichen Füllung des Lagertanks kann es in der ersten Phase der intensiven Nachgärung bei noch geöffneter Spundleitung zum „Stoßen" des Bieres kommen. Es wird aus dem gefüllten Tank, durch diese Angärung bedingt, intervallmäßig Bierschaum über die Spundrohrleitung ausgestoßen. Dies sollte aus hygienischen Gründen vermieden werden.

Nach diesem intensiven Beginn der Nachgärung wird gewöhnlich der Lagertank geschlossen und an einen Spundapparat (siehe Kapitel 6.3.4.7) zur Steuerung des Tankinnendruckes angeschlossen. Dieser Vorgang wird als *Spunden* des Bieres oder des Lagertanks bezeichnet. Die verwendeten Spundapparate gewährleisten in der Phase der ruhigen Nachgärung die Aufrechterhaltung des gewünschten Tankinnendruckes und leiten weiterhin, wie eine Sicherheitsarmatur, das überschüssige CO_2

aus dem Tank ab, dabei sollte jedes einzelne Lagergefäß mit einem Spundapparat („Einzelspundung") und nicht mehrere Gefäße gemeinsam mit einem Spundungsapparat („Kolonnenspundung") versehen werden. Die Höhe des eingestellten Spundungsdruckes ist abhängig von der Temperatur des Lagerkellers, der Temperatur des Schlaucherbieres, der Menge des vergärbaren Restextraktes, der tatsächlichen Lagerdauer und dem gewünschten CO_2-Gehalt im Bier.

Mit dem Spundungsdruck werden der CO_2-Gehalt des Fertigproduktes, die Rezenz und die Schaummenge dieses Bieres wesentlich beeinflusst (siehe Kapitel 3.8). Eine Erhöhung des Spundungsdruckes ist erforderlich bei:

- einem Wunsch nach höheren CO_2-Gehalten im Fertigprodukt,
- einem Anstieg der Lagerkellertemperaturen,
- höheren Temperaturen des Schlaucherbieres,
- einer kürzeren Lagerdauer in Saisonspitzen und
- lauteren Schlaucherbieren.

Im Allgemeinen werden für die hellen, untergärigen Vollbiere im Fertigprodukt CO_2-Gehalte von mindestens 0,48 bzw. 0,52 % angestrebt. Zur Gewährleistung einer guten bis sehr guten CO_2-Sättigung des Lagerbieres werden die in Tabelle 72 Richtwerte für die Spundung empfohlen (weitere Hinweise siehe Kapitel 3.8).

Mit dem Spunden des Bieres beginnt die Phase der stillen Nachgärung. Das Spunden fördert die Sedimentation der Hefe und die Klärung des Bieres. Die Dauer der stillen Nachgärung ist abhängig von der Temperatur des Bieres, von der Höhe des vergärbaren Restextraktes und von der noch in Schwebe befindlichen Hefekonzentration.

Tabelle 72 Lagerbedingungen und Spundungsdrücke in klassischen Lagergefäßen

Lagerdauer in Wochen	Lagerkellertemperaturen ϑ in °C	erforderlicher Spundungsdruck $p_ü$ in bar
4...6	-1...1	0,35...0,45
2...4	1...4	0,50...0,80

Ziele der Nachgär- und Reifungsphase

Folgende Ziele und Veränderungen werden angestrebt:

- Die Erreichung des Ausstoßvergärungsgrades, der höchstens 2...5 % unter dem Endvergärungsgrad liegen sollte; bei den hellen, qualitativ hochwertigen Vollbieren werden vergärbare Restextrakte von höchstens 0,2...0,3 % angestrebt.
- Die Einstellung des gewünschten CO_2-Gehaltes (normal 4,8... 5,2 g CO_2/L).
- Die Abkühlung des Bieres von der Schlauchtemperatur auf eine Biertemperatur möglichst zwischen 0...-2 °C,
- Parallel zur stillen Nachgärung erfolgt die geschmackliche Ausreifung des Bieres in der Reifungsphase (s.a. Kapitel 3.3 und Kapitel 4) durch die weitere Bildung von Bukettstoffen (vorwiegend Ester, geringfügig höhere Alkohole und organische Säuren), den Abbau der Jungbierbukettstoffe unter den Geschmacksschwellenwert (z. B. Ethanal unter 10 mg/L, „Gesamtdiacetyl" unter 0,10 mg/L), Exkretionsvorgänge der bereits sedimentierten und der noch sedimentierenden Hefezellen (zulässige

Höchstwerte für diese Veränderungen sind ein pH-Wert-Anstieg um maximal 0,1 pH-Wert-Einheiten und die Zunahme der α-Aminostickstoffkonzentration um 10...20 mg/L vom Schlaucherbier zum Ausstoßbier).

- Parallel zur stillen Nachgärung, Reifung und Abkühlung des Bieres erfolgt die Ausscheidung kälteinstabiler Bierinhaltsstoffe und deren Agglomeration, die Sedimentation der Hefe und der Trübungspartikel (s.a. Kapitel 3.9). In dieser Klärphase wird die kolloidale Stabilität, insbesondere die Kältestabilität, des Bieres erhöht.
  Die Ausscheidung von instabilen Bierinhaltsstoffen nimmt mit zunehmendem Ethanolgehalt, tieferen Lagertemperaturen, niedrigeren pH-Werten und durch die von der Nachgärung verursachte Bewegung des Bieres zu.

Eine kontinuierliche Nachgärung während der gesamten Lagerung des Bieres im Lagergefäß fördert nicht nur die Zielsetzung, möglichst ein endvergorenes Bier zu erreichen, sondern gewährleistet auch die Reifung und Klärung des Bieres. Eine scharfe Trennung dieser Teilprozesse der Bierherstellung während der Aufbewahrung der Biere im Lagerkeller ist nicht möglich. Sie sind voneinander abhängig und sollten als Einheit betrachtet werden.

Tabelle 73 Temperaturregime der klassischen Bierlagerung

Lagerphase	Biertemperaturen ϑ in °C für	
	normale Vollbiere	Spezialbiere / Starkbiere
1. Woche	5...7 → 4...5	5...6 → 4...5
2. Woche	4...5 → 3...4	4...5 → 3...4
3. Woche	3...4 → 2...3	3...4 → 2...3
4. Woche	(2...3 → 1...2)	2...3 → 1...2
5. Woche		1...2 → 0...1
Ab 6. Woche		0...1 → -1...0

Dieser Gesamtprozess der Nachgärung, Reifung und Klärung kann neben den im Kapitel 5 genannten Einflussfaktoren besonders von der Temperaturführung und der Dauer der Lagerung beeinflusst werden. Die Temperaturführung kann, bedingt durch die Raumkühlung der Lagerkellerabteilungen, nur in gewissen Grenzen variiert werden. Sie ist abhängig von der Schlauchtemperatur des Bieres, der Größe der Lagergefäße und der Lagerdauer des Bieres und der Kühlungsvariante des Kellers.

Spezial- und Starkbiere erfordern gewöhnlich tiefere Lagertemperaturen und eine längere Lagerdauer, um eine höhere kolloidale Stabilität zu erreichen. Für die klassische Lagerung wird das Temperaturregime nach Tabelle 73 empfohlen:

Die Lagerdauer des Bieres entscheidet wesentlich mit über die Qualität des Produktes. Die für die Produktionsplanung zugrunde zu legenden Richtwerte liegen zwischen 60...10 % über den Mindestlagerzeiten. In Deutschland werden bei den klassischen Gärungs- und Reifungsverfahren Lagerzeiten von 4 bis 6 Wochen eingehalten. Längere Lagerzeiten, bei denen die Nachgärung zum Stillstand gekommen ist, sind dann wegen der zunehmenden Autolysegefahr nicht mehr qualitätsfördernd. Entsprechend den Lagerbedingungen und der Qualität des

Schlaucherbieres ist für jedes Bier individuell eine optimale Lagerdauer zu finden. Eine Verkürzung der Lagerdauer bei z. B. 6 Wochen um eine Woche kann zu einer Reduzierung der Lagerkellerkosten um etwa 10 bis 15 % führen.

Anstecken und Ziehen des fertigen Lagerbieres

Nach dem Erreichen des gewünschten Reifungsgrades kann das Bier filtriert und abgefüllt werden. Dazu wird das Lagergefäß durch das sogenannte Anstecken mithilfe von Schläuchen oder starr verlegten Rohrleitungen über Verschneidbock und Pumpe mit dem Bierfilter verbunden. Ein zusätzlicher Überdruck im Lagergefäß vermeidet beim Abpumpen CO_2-Verluste des Bieres. Der Druck beim Anstecken klassisch gespundeter Lagertanks sollte deshalb so gewählt werden, dass etwa der 1,5fache CO_2-Sättigungsdruck erreicht wird (max. bis zum zulässigen Betriebsdruck der Tanks; bei den „klassischen" Bierlagertanks maximal $p_ü$ = 0,99 bar). Zur Vermeidung von CO_2-Verlusten sind die Querschnitte der Bierleitungen so auszulegen, dass die Filterpumpe ohne Saugwirkung ausreichend Bier bekommt und die Fließgeschwindigkeit des Bieres einen Wert von 1,5...2 m/s nicht überschreitet.

Der Transport des Bieres vom Lagertank zum Filter wird auch als *Ziehen* des Bieres bezeichnet.

Erforderliche Qualitätskontrollen

Während der Lagerung des Bieres sollten durch regelmäßige wöchentliche Probenahme (Zwickeln) vom Kellermeister oder von anderen Beauftragten folgende Qualitätskontrollen unbedingt durchgeführt werden:

- Kontrolle des Spundungsdruckes und Untersuchungen zur Überprüfung des CO_2-Gehaltes, der Schaummenge und der Schaumhaltbarkeit,
- Kontrolle der Raum- und Biertemperatur,
- Überprüfung der Extraktabnahme,
- Sensorische Begutachtung des Lagerbieres einschließlich der Beurteilung des Aussehens,
- Sauberkeit der Räume, Gefäße, Leitungen und Geräte (auch im mikrobiologischen Sinne).
- Empfehlenswert sind auch regelmäßige Kontrollen des Gesamtdiacetylgehaltes,
- des pH-Wertes und
- bei warmer Lagerung auch die Kontrolle des α-Aminostickstoffgehaltes.

6.2.5 Einige Probleme bei der Durchführung der klassischen Gärung und Reifung und mögliche Bierfehler

Die Überlastung des Gärkellers

Ein typischer Verlauf der klassischen Gärung und Reifung bei einer Überlastung des Gärkellers wird in Abbildung 60 und Abbildung 61 gezeigt; daraus lassen sich folgende, das klassische Verfahren bestimmende Charakteristika ablesen:

- Bei einer Hefegabe von etwa 0,7 L/hL wird bei einer Würzequalität mit einem mäßigen FAN-Gehalt nur eine etwa 3fache Hefevermehrung erzielt (Vermehrung hier von $c_{H0} = 20 \cdot 10^6$ Zellen/mL auf $c_{Hmax} = 60 \cdot 10^6$ Zellen/mL) der Anstellhefegabe.

- Die maximale Hefekonzentration wird bei kalter Gärführung (max. Temperatur 8...8,5 °C) am 3. Gärtag der Hauptgärung erreicht, parallel erfolgt dazu der maximale Extraktabbau von 1,8...2,3 % Es je 24 h.
- Parallel zur intensiven Abkühlung ab 3. Gärtag verringert sich die in Schwebe befindliche Hefekonzentration im Gärbottich auf einen normalen Wert von c_H = 10...15·10^6 Zellen/mL im Schlaucherbier.
  Die Abkühlung vom 6. zum 7. Tag überschreitet den empfohlenen Höchstwert von 1...1,5 K/24 h und fördert die schnelle Sedimentation der Hefe nach dem Schlauchen.
- Bereits am 7. bis 8. Tag wird bei einem zu hohen ΔEs = 1,8 bis 2,2 %, bedingt durch die Engpasskapazität im Gärkeller, 1 bis 2 Tage zu früh geschlaucht.
- Die verwendete Hefe hat einen sehr deutlichen Bruchcharakter und sedimentiert im Verhältnis zum noch vorhandenen vergärbaren Restextrakt viel zu schnell - wie in Tabelle 74 an einem typischen Betriebsfall ausgewiesen wird. Die Ursachen sind vor allem in einer fehlerhaften Würzequalität und damit in einer nicht ausreichenden Hefevermehrung zu suchen.
  Weiterhin erfordert die kalte Gärführung eine längere Hauptgärphase, als aus Kapazitätsgründen realisiert werden kann. Die Hefesedimentation wird durch das frühzeitige und intensive Abkühlen des Gärbottichs und durch den relativ hohen und frühzeitigen Spundungsdruck noch gefördert.
- Der vergärbare Restextrakt liegt aus diesem Grunde im Flaschenbier mit ΔEs = 1,2...1,3 % (= Differenz zwischen Vsend und Vsaus ≈ 10 %) deutlich über dem angestrebten Optimalwert von ΔEs ≤ 0,2 % (bzw. Vsend – Vsaus ≤ 2 %) und entspricht damit nicht einem Qualitätsbier.
- Dieser langsame Extraktabbau und die geringe Hefekonzentration in der Lagerphase verursachten auch den zu langsamen Abbau der Jungbierbukettstoffe im Lagerbier. In dem ausgewiesenen Flaschenbier (siehe Abbildung 61) liegt besonders die Aldehydkonzentration trotz einer 3-wöchigen Lagerung über dem zulässigen Höchstwert für ein ausgereiftes Bier.
- Ein sofortiges Aufspunden der voll geschlauchten Lagertanks war notwendig, um die nur kurze Nachgärphase für eine ausreichende CO_2-Sättigung des Bieres zu nutzen.
- Normal ist der durch den Sauerstoffeintrag bedingte Anstieg des Gesamtdiacetylgehaltes unmittelbar nach dem Schlauchen (s.a. Abbildung 28 in Kapitel 4.2.3).
- Der Gehalt an Estern und höheren Alkoholen liegt bei dieser Charge (siehe Abbildung 61) im unteren Bereich (s.a. Richtwerte in Tabelle 28 in Kapitel 4.1) eines untergärigen Bieres mit kalter Gärführung. Bedingt durch das sofortige Aufspunden nach dem Schlauchen und durch die nur geringfügige Nachgärung, wurden bei dem untersuchten Bier während der Reifungsphase keine deutlich feststellbaren Bukettstoffe mehr gebildet, ihre Bildung war mit der Hauptgärung beendet. Dies ist auch ein Zeichen für eine schleppende oder unzureichende Nachgärung.
- Der pH-Wert-Anstieg in der Lagerphase bis zum Fertigbier um 0,1 pH-Wert-Einheiten ist normal und steht in enger Beziehung mit der niedrigen Hefekonzentration, der relativ niedrigen Biertemperatur und der kurzen Lagerphase.

Der Verlauf der klassischen Gärung und Reifung zeigt an einem typischen Beispiel die Probleme, die bei nicht ausreichender Gär- und Reifungsdauer auftreten können. Die Anwendung beschleunigter Gär- und Reifungsverfahren in klassischen Gefäßsystemen kann hier zur Qualitätsverbesserung führen.

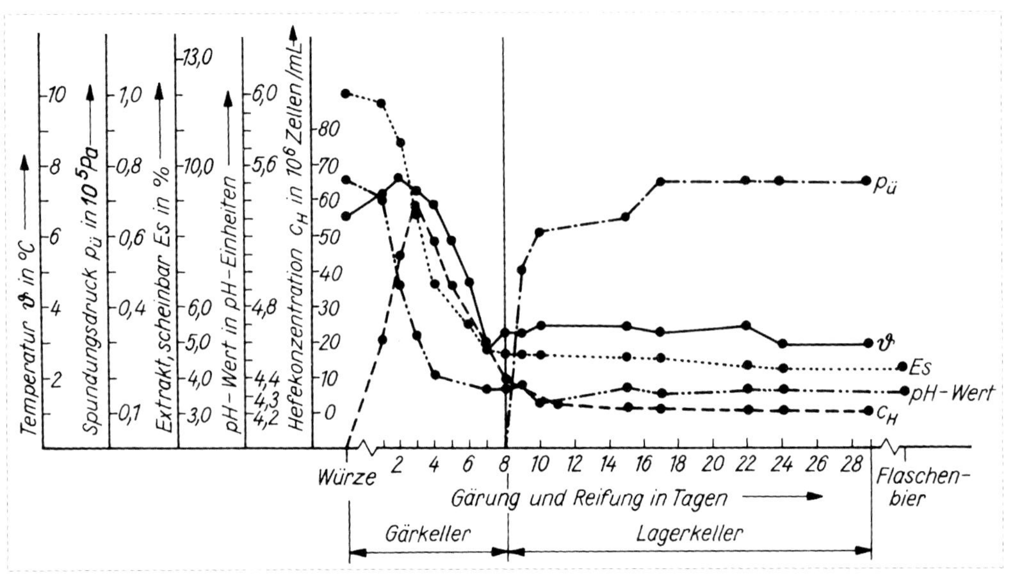

Abbildung 60 Typischer Verlauf einer klassischen Gärung und Reifung bei Überlastung des Gärkellers - Teil 1 -

Tabelle 74 Fehlerhaftes Extrakt-Hefe-Verhältnis im Lagertank

Lagertag	Hefekonzentration in der Lagertankmitte (Tankzwickel) in 10^6 Zellen/mL	ΔEs in %
2. Tag	5...8	1,7
5. Tag	1...2	1,5
10. Tag	≈ 1,0	1,4
14. Tag	< 1,0	1,3

Unerwünschte Gärerscheinungen und Geschmacksfehler

Weiterhin können auch ständig oder sporadisch abnorme und unerwünschte Gärerscheinungen in der Hauptgärphase auftreten. Die Ursachen und einige Hinweise zu ihrer Behebung sind in Tabelle 75 zusammengestellt. Bei einer gewissenhaften Qualitätskontrolle können bereits in der Lagerphase die durch Fehler in der Gärung und Reifung verursachten Qualitätsmängel im Lagerbier festgestellt und evtl. noch behoben bzw. in Zukunft vermieden werden. In Tabelle 76 werden einige Qualitätsmängel von Lagerbieren und ihre Ursachen charakterisiert. Diese Hinweise sind nicht nur für das klassische Verfahren, sondern auch für alle anderen Gär- und Reifungsverfahren gültig. Die Hauptursachen für Qualitätsmängel des Lagerbieres sind meist schon in einer fehlerhaften Würzezusammensetzung zu suchen (s.a. Kapitel 5.1).

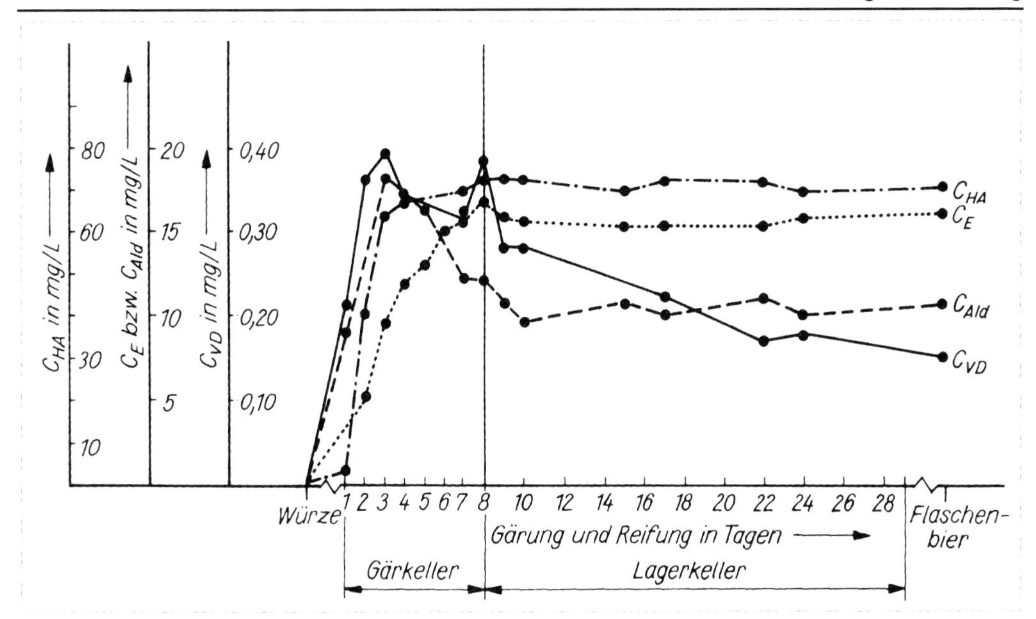

Abbildung 61 Typischer Verlauf einer klassischen Gärung und Reifung bei Überlastung des Gärkellers - Teil 2 -

Würze: St = 12,0 %, Esend = 3,0 %, Vsend = 75,0 %, FAN (EBC) = 150 mg/L, Hefegabe: 0,7 L Hefe/hL Würze

c_{HA} Summarische Konzentration der höheren aliphatischen Alkohole,
c_E Summarische Konzentration Ester, c_{VD} Gesamtdiacetylgehalt
c_{Ald} Acetaldehydkonzentration

Tabelle 75 Abnorme und unerwünschte Gärerscheinungen in der Hauptgärphase

Äußeres Erscheinungsbild	Ursachen	Kontrolle und mögliche Gegenmaßnahmen
Verzögertes Ankommen (s.a. Tabelle 60 in Kapitel 5.3.1.1)	- zu geringe Hefegabe, - zu späte Hefegabe, - Hefe mit geringer Gärkraft und hohem Totzellenanteil, - Würze zu kalt (ϑ_W < 5 °C), zu niedrige Anstelltemperatur, - Hefe beim Anstellen nicht ausreichend mit Würze vermischt, - Fehler in der Würzezusammensetzung (zu geringer O_2-Gehalt, zu niedriger FAN- und Zinkgehalt), - Anstellwürze bereits stark infiziert,	- Kontrolle der Hefekonzentration ($c_H > 15 \cdot 10^6$ Zellen/mL) im Bier, - Kontrolle des Totzellenanteils der in Schwebe befindlichen Hefe, - mikrobiologische Untersuchung der Würze und des Jungbieres, - Überprüfung der Temperaturführung, - Zugabe von zusätzlich belüfteter u. aufgezogener gärkräftiger Hefe, - vorsichtiges Aufziehen des Bottichs durch Belüftungsstab oder durch Umpumpen in anderen Bottich, - Überprüfung der Würzekühlung und -klärung (Infektion, O_2-Eintrag, Temperatur)

Hängen bleiben der Gärung, verzögerter Gärverlauf	- Fehler in der Würzezusammensetzung (O_2-Gehalt, FAN, zu hoher Saccharosezusatz), - Infektion der Würze, - zu schnelle Abkühlung des Bottichinhaltes (Temperaturschock), - zu kaltes Drauflassen, - schlechte Vitalität der Hefe,	- Untersuchung der Anstellwürze (O_2- und FAN-Gehalt, Vsend), - mikrobiologischer Zustand der Würze und Hefe prüfen, - Anstellverfahren und Temperaturführung bei der Gärung überprüfen, bei betreffendem Bottich Gärbottichkühlung abstellen und wärmer führen, - Gärverfahren ändern, - Maßnahmen zur Verbesserung der Würzequalität einleiten
Kochende Gärung (große Schaumblasen, starke Bewegung im Bottich, zusammengefallene Gärdecke)	Ursachen sind oft unbekannt, möglich sind: - hoher Trubgehalt in der Anstellwürze (Ursache: schlechte Würzeklärung), - frische Malze und jahrgangsbedingte Gersten- und Malzqualitäten	- Kontrolle des Trubgehaltes und Verbesserung der Würzeklärung, - Lagerdauer der Malzcharge prüfen (Ziel > 2 Wochen), - möglichst Deckenbestandteile abheben, sonst keine wirkungsvollen Gegenmaßnahmen bekannt, - gewöhnlich ist die kochende Gärung ohne Einfluss auf die Bierqualität
Aufsteigen der Hefe im Verlaufe der Hauptgärung (sehr selten)	Entartung des verwendeten Hefesatzes zu einem obergärigen Erscheinungsbild (tiefere Ursachen meist unbekannt),	Verwerfung des Hefesatzes, Herführung eines neuen Hefesatzes, evtl. Wechsel des Hefestammes
Durchfallen der Gärdecke am Ende der Hauptgärung	- bei großen Bottichen mit relativ geringer Flüssigkeitshöhe, - hoher Anteil an dunklen Malzen in der Schüttung,	rechtzeitiges Abheben der Gärdecke, um negative geschmackliche Veränderungen zu vermeiden
Blasengärung (Ausbildung einer großblasigen Gärdecke während der Hochkräusen)	Ursachen meist unbekannt, möglich sind: - zu hoher Trubgehalt, - schlecht geputzte Malze und hoher Staubanteil in der Schüttung, - alter Hopfen, - hochviskose Würze (β-Glucanausfall)	- wie bei kochender Gärung - Sauberkeit der Malzcharge prüfen, - β-Glucanabbau optimieren, - gewöhnlich ist die Blasengärung ohne Einfluss auf die Bierqualität

Tabelle 76 Durch Fehler in der Gärung und Reifung verursachte Qualitätsmängel des fertigen Lagerbieres

Qualitätsmängel	Ursachen	Gegenmaßnahmen
- Nicht rezent, schal, - zu geringe Schaummenge, - CO_2-Gehalt <0,4 %	- zu lauter geschlaucht (ΔEs < 0,6 %), - Hefe durch zu schnelle Abkühlung zu schnell abgesetzt, - Lagergefäß undicht, - Lagertemperatur und Spundungsdruck sind nicht auf den gewünschten CO_2-Gehalt eingestellt,	- Ursachen feststellen und beheben, - Tankinhalt vom Geläger trennen, umdrücken, dann aufkräusen (10...15 % des Volumens an Kräusen, bezogen auf den Tankinhalt), - evtl. bei einer geringfügig erforderlichen CO_2-Erhöhung vor dem Filtern carbonisieren
- Breiter, mastiger Geschmack, - zu hohe vergärbare Restextrakte (ΔEs > 0,4 %)	- Qualität der Schüttung und Sudhausarbeit fehlerhaft, - Fehler in der Gärführung bzw. in der Qualität der Anstellwürze oder Hefe, - evtl. zu hoher Sauerstoffeintrag beim Schlauchen, - mäßige Nachgärung und zu kurze Lagerzeit,	- bei zu hohem ΔEs mögliche Ursachen (Würzequalität, Hefe, Gärführung, Gär- und Lagerdauer) überprüfen und versuchen zu beheben, - bei nur einem fehlerhaften Lagertank Tankinhalt umdrücken und mit 10...15 % Kräusen versetzen
Kratziger, unedler Bittergeschmack	- Qualität der Bitterstoffgabe, - pH-Wert im Bier > 4,5, - Gärdecke im Gärkeller durchgefallen, - zu hohe Trubgehalte in den Anstellwürzen, - evtl. Autolyseprodukte der Hefe, - evtl. verstärktes Auftreten einer Infektionshefe (z. B. *Sacch. pastorianus*) und von *Termobakterien* in der Anstellwürze, - träge Haupt- und Nachgärung (allgemeine Gärschwierigkeiten),	- Gärführung überprüfen und konsequent vor dem Schlauchen die Decke abheben, - Qualität der Würze (Bitterstoffgehalt, Trubgehalt) prüfen, - pH-Wert-Regulierungen im Sudhaus und Brauwasserqualität überprüfen, - fehlerhaften Lagertankinhalt umdrücken, evtl. Aufkräusen und verschneiden, - Qualität der Hefe beim Schlauchen und in der Lagerphase (Totzellenanteil) und FAN des Bieres kontrollieren, - mikrobiologische Überprüfung des Lagerbieres auf Infektionshefe,
- Stark hefiger Geschmack, - deutlicher Autolysegeschmack, - pH-Wert-Anstieg in der Lagerphase von über 0,1 pH-Wert-Einheiten,	- zu grün geschlaucht für die vorhandenen Lagerbedingungen, - generell zu warme Lagerung (Temperatur des Bieres über 2 °C), - zu lange Lagerung des Bieres (bei evtl. auch höheren Lagertemperaturen),	- sofortiges Umdrücken des Lagertankinhaltes und Entfernung von bereits sedimentiertem Geläger, - vorsichtiger Verschnitt und evtl. Aufkräusen des Lagertankinhaltes je nach Intensität des Autolysegeschmacks,

- deutliche Zunahme des FAN in der Lagerphase von über 10 mg FAN/L,	- Hefe im Schlaucherbier bereits durch fehlerhafte Würzequalität oder Gärführung stark degeneriert (Totzellenanteil über 5 %),	- verstärkte Kontrolle in der Lagerphase (Temperatur, Hefekonzentration, pH-Wert, FAN), - verstärkte Überprüfung der Vitalität der Hefe und der Hefekonzentration im Schlaucherbier, - Veränderung der Gärführung zur Veränderung der Schlaucherbierzusammensetzung unter Berücksichtigung der zu erwartenden Lagerdauer und Lagerkellertemperaturen
- Unharmonischer (unausgereifter) Biergeschmack, - Gesamt-Diacetylgehalt > 0,15 mg/L, - Ethanalgehalt > 10 mg/L,	- unausgereiftes Bier bzw. starker Jungbiercharakter durch evtl. zu kurze Lagerzeiten, - Fehler in der Gärführung (z. B. Temperaturschock, zu kalt geschlaucht), - zu kalte Lagerung schon vom Beginn der Lagerphase an, - zu geringe Hefekonzentration in der Lagerphase, - zu früh sedimentierende Hefe durch Fehler in der Gärführung, - unzureichende Würzequalität, - Überalterung des Hefesatzes	- Feststellung der Ursachen und Veränderung der Gärführung, - evtl. Einführung eines beschleunigten Gär- und Reifungsverfahrens unter Berücksichtigung der technischen Möglichkeiten. - Optimierung der pH-Wert-Verhältnisse (Ziel: Bier-pH-Werte 4,1... ≤4,45)
- Schwer filtrierbare Biere, - zu trübe Biere	- fehlerhafte Zusammensetzung der Würzequalität (s. Kapitel 5.1.8 und 5.1.9), - zu hohe Hefekonzentration ($c_H > 2...5 \cdot 10^6$ Zellen/mL), - lockeres Tanksediment,	- Ursachen feststellen (Würzequalität, Hefekonzentrationen, Filtrierbarkeitsuntersuchungen), - evtl. längere Lagerdauer erforderlich oder Zusatz von Klärhilfen, - lauterer Schlauchen, - Puffertank vor Filtereinlauf zum Abfangen von Gelägerstößen, - Höhe der Hefestutzen im Lagertank prüfen, - in schwierigen Fällen umdrücken des Lagertankinhaltes vor der Filtration, - im Ausland: Zusatz von Filtrationsenzymen

6.3 Apparate und Anlagen für die klassische Gärung und Reifung

Für die Verfahrensstufen Anstellen, Hauptgärung und Reifung werden Anstellbottiche (Ausführung wie Gärbottiche, nur ohne Kühlung), Gärbottiche in offener oder geschlossener Ausführung, „Kombitanks" und/oder Lagertanks als Gefäßsysteme benutzt (historische apparatetechnische Ausrüstungen siehe u.a. [238]).

6.3.1 Wichtige Geräte und Gestaltung der Räume

6.3.1.1 Gärkeller-Raumgestaltung

Der Gärkeller wird im Allgemeinen fensterlos und wärmegedämmt gebaut. Dabei ist auf ausreichende Lüftung zu achten (MAK-Wert für CO_2: ≤ 9 g/m^3 [239]), s.a. Kapitel 26.

Für die Raumkühlung sind etwa 3800...5100 kJ/(m^2-Grundfläche und Tag) vorzusehen, entsprechend etwa 55...60 W/m^2 Grundfläche. Diese Werte gelten für eine Belegungsdichte von 9...12 hL/m^2-Grundfläche. Die Kühlung erfolgt entweder als stille Raumkühlung (Kühlflächen werden an der Raumdecke oder an den Wänden angebracht; die Kühlung erfolgt ausschließlich durch Konvektion) oder durch Umluftkühlung. Letztere erleichtert den Luftwechsel. Das Absaugen am Fußboden verbessert den CO_2-Austrag. Da bei der Umluftkühlung (Umwälzung 6- bis 10fach/h) die Trocknung der Luft an den WÜ-Flächen intensiviert wird, sind diese Gärkeller meist trockener als bei stiller Kühlung (Luftgeschwindigkeit bei Umluftkühlung: ≤0,1... 0,2 m/s). Als Isolierwerkstoff werden expandierter Kork (in der Vergangenheit fast ausschließlich), die mehrschalige Bauweise mit Luft als Isolator, Kieselgur, Mineralwolle, Schaumpolystyrol oder PUR-Hartschaum verwendet.

Die Räume sind ausreichend auszuleuchten und die Fußbodengestaltung soll arbeitserleichternd sein (Bitumen-Asphaltbeläge, Zementestrich mit Epoxidharzbeschichtung oder säurefest verlegte Fußbodenplatten) (s.a. Kapitel 26). Die Wände und Bottichseitenwände sollten mit Fliesen verkleidet werden oder zumindest mit Antifäulnis-Farbanstrichen („Antifouling"-Farbe) versehen werden. Wärmedämmung und Luftwechsel müssen garantieren, dass Schwitzwasserbildung auf den Wänden zuverlässig vermieden wird. Ausführliche Kennwerte für die Dimensionierung und Kühlung des klassischen Gärkellers gibt beispielsweise *Huppmann* [240].

Die Kelleranlagen wurden nach Möglichkeit unter dem Hofniveau angelegt. Zu mindestens wurden sie nach Norden ausgerichtet, um die Sonneneinstrahlung zu minimieren. Wichtig war die Isolierung des Mauerwerkes gegen Feuchtigkeit oder Grundwasser. In der Vergangenheit wurde diese Aufgabe vor allem mit Ton bzw. Lehm erledigt.

6.3.1.2 Lagerkeller-Raumgestaltung

Die Aufstellung der für die Nachgärung erforderlichen Lagergefäße (Lagertanks aus Metall oder Beton; Holzfässer sind nur noch von historischem Interesse) erfolgt im „Lagerkeller". Der Keller war ursprünglich unterirdisch (s.o.) und wurde durch Natureis konvektiv gekühlt (Eiskeller). Lagerfässer wurden zum Teil vollständig in Eis gepackt. Lagerkeller im 20. Jahrhundert wurden nach 1920 in der Regel oberirdisch angelegt, vor allem aber nach 1950 oft als sogenannte Tankhochhäuser. Das gesamte Gebäude wird mit einer Wärmedämmung umgeben. Die Kühlung der Keller erfolgt durch stille Kühlung oder Umluftkühlung. Bei der stillen Kühlung werden die Wärmeübertragerflächen (Rippenrohre, glatte Rohre) an der Kellerdecke installiert. Darunter befindet sich eine Tropfrinne, die das Schmelzwasser vom regelmäßig erforderlichen Abtauen ableitet. Der k-Wert beträgt bei glattem Rohr etwa 15...18 W/(m^2·K). Deshalb müssen entsprechend viele Rohre als Rohrregister installiert werden. Rippenrohre haben nur einen k-Wert von 6...8 W/(m^2·K), dafür ist aber die Oberfläche je Meter Rohr etwa 10 bis 15 mal so groß wie bei glattem Rohr. Bei der Umluftkühlung (besonders bei der Variante a, s. Abbildung 62) wird die Kellerluft 6...10 mal/h über einen WÜ umgewälzt, dabei getrocknet und gekühlt. Der WÜ muss deshalb intervallmäßig abgetaut werden.

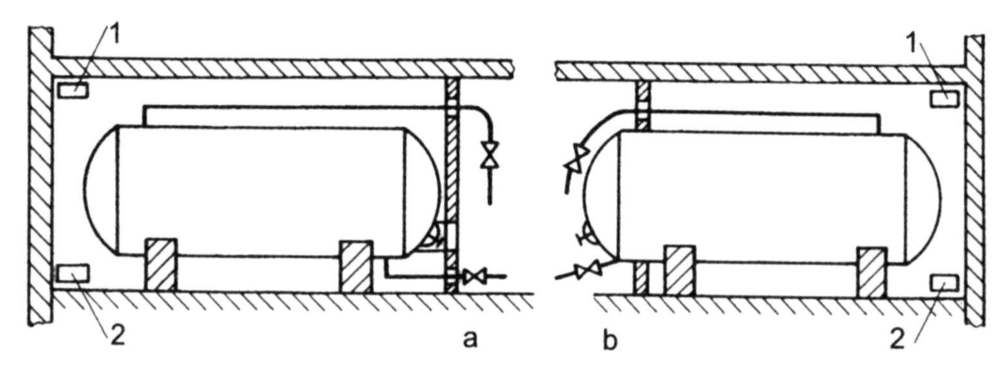

Abbildung 62 Aufstellungsvarianten für Tanks „hinter der Wand"
a vollständige Abmauerung **b** teilweise Abmauerung **1** Zuluftkanal **2** Abluftkanal

Durch die Kühlung müssen die Nachgärungswärme und die Flüssigkeitswärme abgeführt werden. Dabei muss mit einem Kältebedarf von 2900...4200 kJ/(m^2 Grundfläche und Tag) bei einer Lagerzeit von etwa 6 Wochen gerechnet werden. Wird die Reifungszeit verkürzt, muss dieser Wert auf etwa 8000 kJ/(m^2·d) erhöht werden (Lagerzeit etwa 3 Wochen). Die Lagerkeller müssen gut belüftet werden, um das entstehende CO_2 abzuleiten (MAK-Wert: ≤ 9 g CO_2/m^3). Fußböden müssen 2...3 % Gefälle haben, sich leicht säubern lassen sowie trittsicher und rutschfest sein. Die Räume müssen ausreichend beleuchtet sein (s.a. Kapitel 26). Die Wände sollten gefliest sein, zumindest bis zu einer Höhe von 1500 mm.

In den Lagerkellerabteilungen müssen Ver- und Entsorgungsleitungen vorhanden sein für: Wasser, biologisch und chemisch belastetes Abwasser, Spanngas (Druckluft, CO_2), Kälteträger-Vor- und -Rücklauf, Entlüftung (z.T. nur Konvektion, z.T. auch spezielle Besaugung), Kleinspannung (für Beleuchtungszwecke, besonders beim Befahren von Lagertanks), Produktleitungen für Würze, Jungbier, Bier, Hefe und Abfallhefe sowie für R/D-Vor- und -Rücklauf.

6.3.1.3 Einschätzung der klassischen Apparate und Anlagen

Mit der vorstehend genannten Ausrüstung kann das klassische Verfahren zur Herstellung qualitätsgerechter Biere realisiert werden.

Diese Ausrüstung besitzt jedoch folgende Nachteile:

- Großer Raum- bzw. Grundflächenbedarf;
- Großer Aufwand für Hoch- und Tiefbau;
- Großer manueller Aufwand (Arbeitskräftebedarf) vor allem für Reinigungsarbeiten, Hefeernte etc.;
- Keine sichere Reinigung und Desinfektion, insbesondere bei den Spundleitungen, Pfortendichtungen und Probenahmestellen

- Kälteverluste trotz aufwendiger Gebäudeisolierung;
- Schlechte Arbeits- und Lebensbedingungen (Raumtemperatur, CO_2-haltige Luft, Feuchtigkeit);
- CO_2-Rückgewinnung nur z. T. und nur unter Schwierigkeiten möglich;
- Zeitaufwendige Kühlung der Lagertanks (da kleine k-Werte);
- Eine Erhöhung des Stoffumsatzes durch Beeinflussung der Strömungsvorgänge im Gär- und Lagerbehälter ist nicht möglich und
- Relativ hoher Schwand (Hefeernte, Kräusenentfernung, Geläger- und Wandhaftungsverluste).
- Offene Gefäßsysteme verursachen immer eine erhöhte Infektionsgefahr;
- Bei kleineren Gefäßgrößen erhöht sich beim Gefäßwechsel (z. B. Schlauchen) die Gefahr eines erhöhten Sauerstoffeintrages in das betreffende Bier;
- Höhere Gärtemperaturen in offenen, drucklosen Gärgefäßen ergeben Biere mit einer höheren Konzentration an höheren Alkoholen, sie verschlechtern die Bekömmlichkeit und die Schaumhaltbarkeit dieser Biere;
- Offene Gefäßsysteme sind deshalb für beschleunigte Gärverfahren wenig geeignet.

6.3.2 Gärbottiche

6.3.2.1 Charakteristik der Gärbottiche

Es sind meist rechteckige Bottiche mit oder ohne Abdeckung, geschlossene Bottiche lassen sich z. T. nach dem CIP-Verfahren reinigen und gestatten die Gewinnung des CO_2. Das Bottichvolumen liegt zwischen 100...2000 hL. Der größte bekannte Bottich hat einen Inhalt von 13.000 hL. Der Boden der Bottiche ist mit etwa 2...5 % Gefälle zum Auslauf geneigt. Da ebene Wände zum Ausbeulen neigen, müssen diese durch außerhalb aufgeschweißte Profile versteift werden, oder der Bottich wird als „Auskleidung" eines Stahlbeton- oder Betonbottichs in diesen eingesetzt. Auch Bottiche mit kreisförmigem Grundriss sind üblich ($V \leq 150$ hL). Die Würzehöhe ist im Allgemeinen ≤ 2000 mm (maximal bis 3000 mm), der Steigraum für Kräusen beträgt 200...300 mm (Abbildung 63).

Der Auslauf besteht im Allgemeinen aus einem Gewindestutzen oder Hahn, an dem ein Schlauch angeschlossen wird. Der Stutzen wird durch eine Blindkappe verschlossen. Im Bottich wird der Auslauf durch einen Ventilkegel gedichtet, der mit einer Ventilstange betätigt wird (s.a. Abbildung 63 und Abbildung 68). Teilweise werden auch spezielle Ansticharmaturen benutzt, mit denen das Bottichventil geöffnet werden kann.

6.3.2.2 Werkstoffe

Als Werkstoffe werden verwendet:

- Stahlblech mit Auskleidung (Epoxidharze, Brauerpech, Kunststoff „Ebon", „Bottichlack"). Ausführung: freitragend, z.T. auch ummantelt mit Beton.
- Aluminium: Reinheit ≥ 99,5 % sichert ausreichende Beständigkeit. Aluminium wird stets in Verbindung mit monolithischen Bottichen angewandt. Zwischen Aluminium und Betonwand muss eine Isolierschicht (Bitumen, Asphalt) angebracht werden (Vermeidung von Korrosion). Der Werkstoff darf keine Verbindung zu anderen metallischen Werkstoffen haben (Lokalelement-Bildung!).
- Stahlblech emailliert: Ideale Werkstoffkombination, das Fertigungsverfahren begrenzt das maximale Volumen auf etwa 500 hL. Die Stahlblechkonstruktion

muss biegesteif sein, da Emaille keine Biegespannungen verträgt. Meist werden Emaillebottiche monolithisch eingegossen/ummantelt.

- CrNi-Stahlblech: Für offene oder geschlossene Bottiche, Verwendung meist als Auskleidewerkstoff bei monolithischen Bottichen für alle Volumina (Wanddicke: ≤ 1,2 mm). Nach dem „Rostenit"-Verfahren erfolgt das Verschweißen der Bleche durch WIG-Schweißung vor Ort auf im Beton verankerten CrNi-Stahlblechstreifen.
- Kunststoffauskleidungen (PVC, PE, Epoxidharze, Polyesterharze, Phenolharze) bei monolithischen Bottichen haben sich nicht bewährt.
- Holzbottiche in runder Ausführung haben nur noch historisches Interesse (V ≤ 50 hL, z. T. auch größer). Auskleidung mit Bottichlack oder Brauerpech.

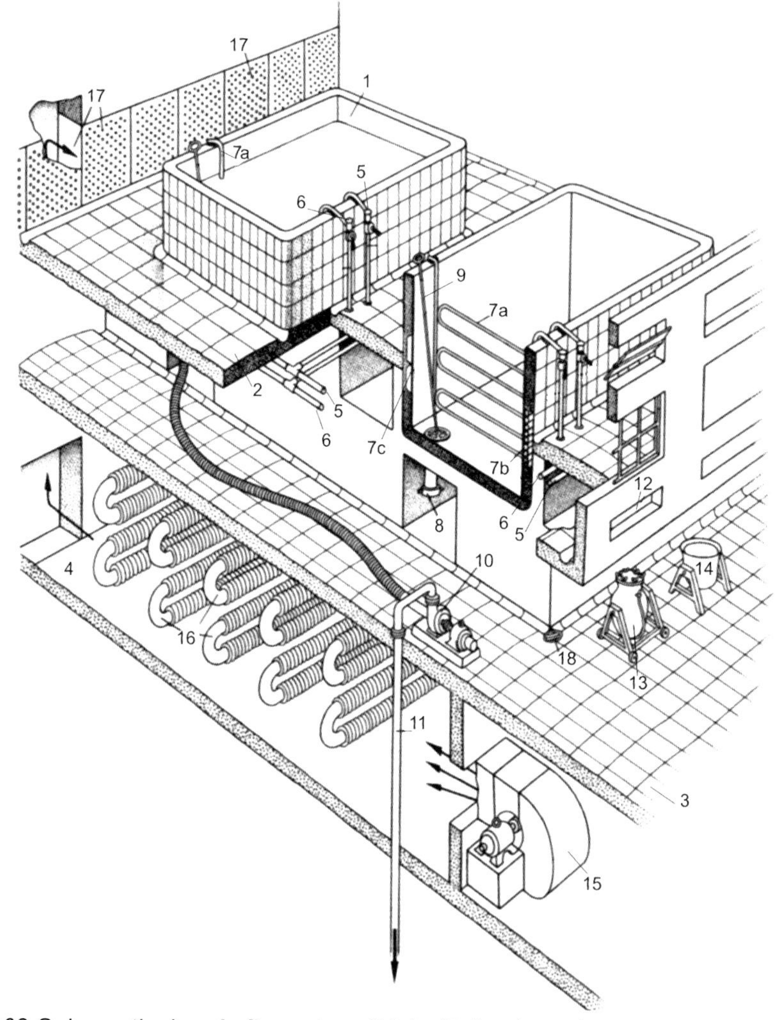

Abbildung 63 Schematischer Aufbau einer Gärbottichanlage (nach [241])
1 Gärbottich, gefüllt **2** obere Bedienungsebene **3** untere Bedienungsebene **4** Kühlraum **5** Kälteträger-Vorlauf **6** Kälteträger-Rücklauf **7a** Kühlschlange **7b** Mantelkühlung nach Dr. *Schmid* **7c** Taschenkühlung **8** Auslaufstutzen **9** Ventilstange **10** Schlaucherpumpe **11** Schlaucherleitung **12** CO_2-Absaugung **13** Hefebirne **14** Hefewanne **15** Ventilator **16** Rippenrohre **17** Einleitung gekühlte Luft **18** Gully

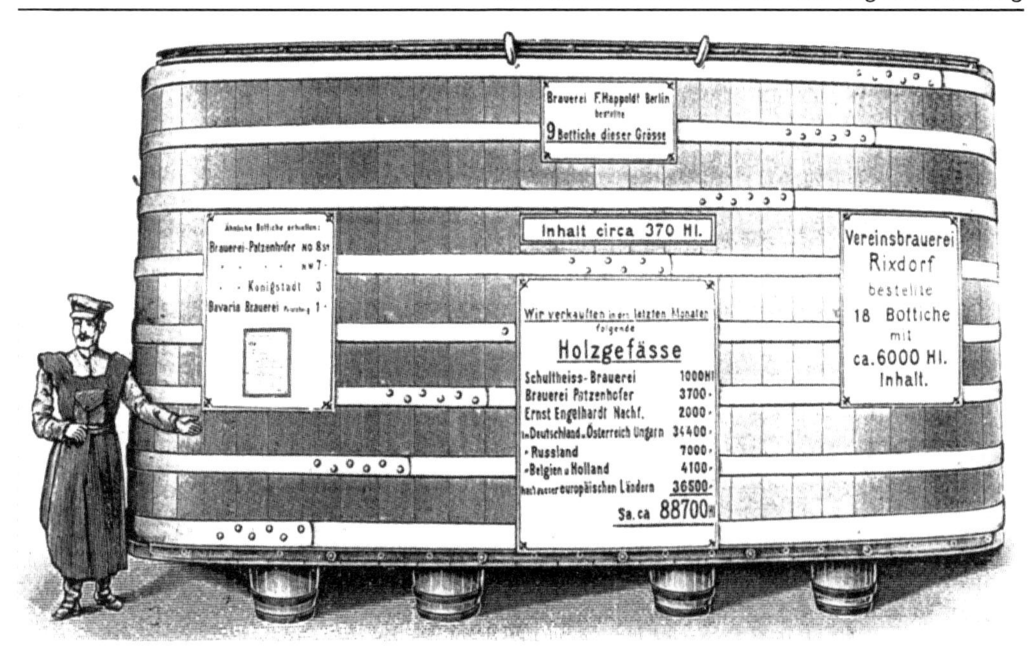

Abbildung 64 Gärbottiche aus Holz mit 370 hL Inhalt um 1910! [242]

Abbildung 65 Klassischer Gärkeller in der Pilsner Urquell-Brauerei (nach [243])

Abbildung 66 Klassischer Gärkeller mit eckigen Gärbottichen (nach [244])

Abbildung 67 Klassischer Gärkeller der Versuchs- und Lehrbrauerei der VLB Berlin

Gärbottiche aus Holz

Holzgärbottiche wurden bis in die 1970er Jahre auch in größeren Betrieben eingesetzt. Aktuell sind diese Bottiche nur noch vereinzelt in Kleinbrauereien anzutreffen.

Die übliche Bottichgröße lag bei 30...35 hL, kleinere und größere Bottiche waren ebenfalls im Gebrauch (s.a. Abbildung 64).

Holzbottiche sind sehr aufwendig in der Unterhaltung (z. B. „Ein- und Auskellern" für die Neuauskleidung, Vorbereitung für die Neuauskleidung mit Bottichlack oder Brauerpech, Beschichtung, Antreiben der Reifen).

Verzinkter Flachstahl vermindert die Korrosion der Reifen. Zusätzlich werden die Bottichreifen gestrichen.

Abbildung 64 bis Abbildung 67 zeigen Beispiele von Gärkellern mit Holzbottichen.

Gärbottiche aus Metall

Gärbottiche aus Metall mit kreisrunder Grundfläche werden selbsttragend gefertigt, rechteckige Bottiche werden im Allgemeinen als Behälter in eine tragende Struktur, in der Regel eine monolithische Konstruktion aus Stahlbeton, eingesetzt (Abbildung 68). Nur kleinere Bottiche werden freitragend aufgestellt, teilweise mit vorgewölbten Wänden zur Stabilitätserhöhung.

Der eigentliche Metallbottich kann gefertigt sein aus:

- Aluminium (Abbildung 70);
- Emailliertem Stahlblech (Abbildung 69);
- Stahlblech mit Beschichtung;
- Edelstahl Rostfrei®.

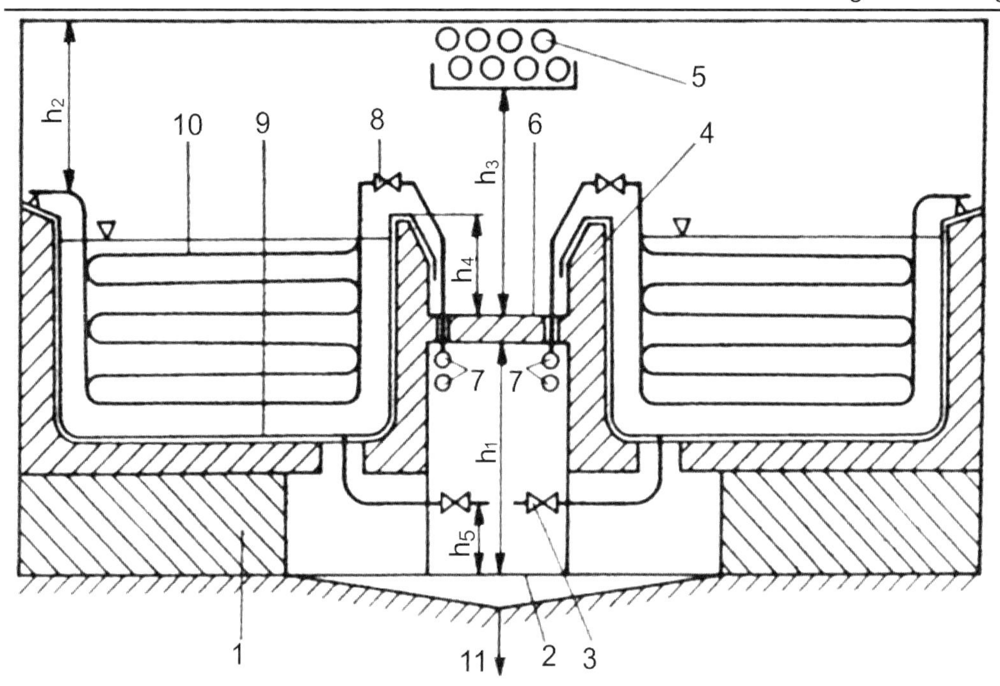

Abbildung 68 Gärbottichanlage schematisch
1 Fundament **2** Fußbodenniveau **3** Bottich-Auslauf **4** Monolithischer Bottich **5** Kühlsystem (stille Kühlung, mit Tropfrinne) **6** Bedienungspodest **7** Kälteträger-Vor- und -Rücklauf **8** Kälteträgerarmaturen **9** Metallbottich **10** Kühlschlange **11** Gully
$h_1 \geq 2000$ mm; $h_2 \approx 1500$ mm; $h_3 \approx 2200$ mm; $h_4 \approx 700...800$ mm; $h_5 \approx 500$ mm

Die direkte Beschichtung des monolithischen Beton-Bottichs mit Kunststoffen (s.o.) wurde zwar vorgenommen, hat sich aber nicht bewährt. Gleiches gilt für die Beschichtung mit Glas- oder Keramikfliesen.

Die Auskleidung mit relativ dünnen Edelstahlblechen (Rostenit®-Verfahren, s.o. und Abbildung 72) ist arbeitsaufwendig, ermöglichte aber die Reparatur und längerfristige Nutzung beschädigter Bottiche.

Emaillierte Bottiche wurden anfangs aus Ring-Segmenten zusammengeschraubt, da die Brennöfen in ihrer Größe limitiert waren (Abbildung 69).

Um die Gärungskohlensäure zurückzugewinnen, wurden die Gärbottiche geschlossen ausgeführt (Abbildung 71), Werkstoff war dann in der Regel CrNi-Stahl. Damit bestand auch die Möglichkeit der automatischen Reinigung nach dem CIP-Verfahren.

Abbildung 69 Gärbottiche aus Stahl, emailliert und aus Ringen verschraubt (nach [244])

Abbildung 70 Gärbottiche aus Aluminium mit monolithischer Stützkonstruktion (nach [244])

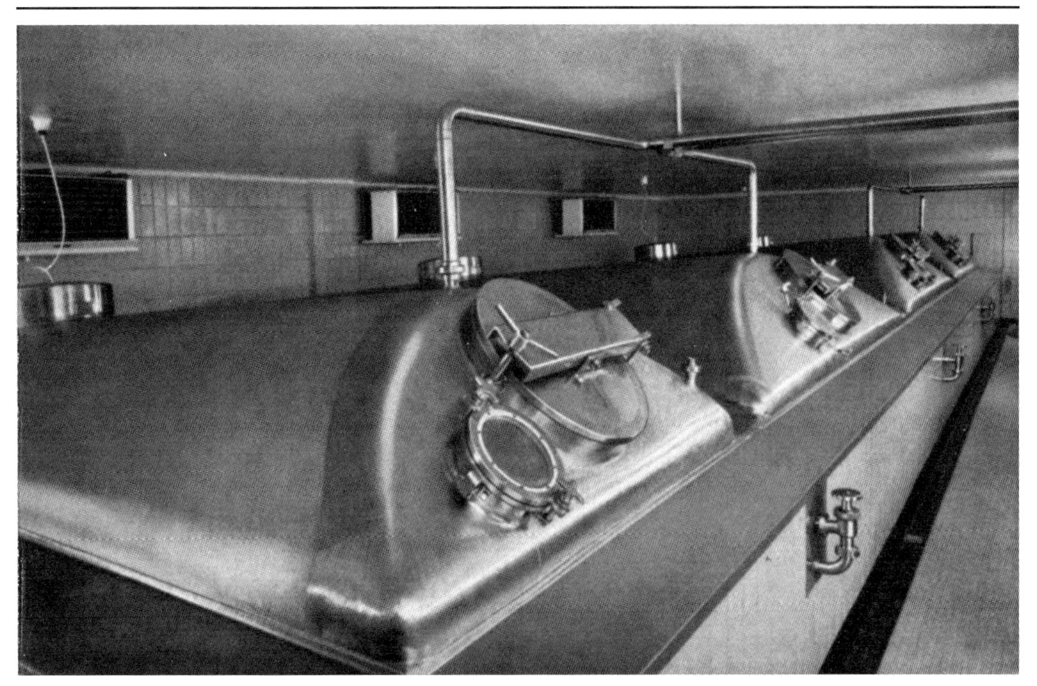

Abbildung 71 Geschlossene Gärbottiche für CO_2-Rückgewinnung (nach Ahlborn)

Abbildung 72 Bottich bei der Auskleidung nach dem Rostenit®-Verfahren

Gärbottiche aus Beton

Betonbottiche wurden eingesetzt in den Varianten:

- Beton mit metallischer Auskleidung (s.o.);
- Beton mit Beschichtung (s.o.);
- Beton mit sonstigen Auskleidungen.

Die möglichen metallischen Auskleidungen und Beschichtungen mit organischen Produkten wurden bereits vorstehend genannt.
Weitere Auskleidungen wurden vorgenommen mit:

- Fliesen aus Glas und Keramik
- Direkte Beschichtung mit Brauerpech oder speziellen Lacken.

Diese Auskleidungen waren in der Regel nicht erfolgreich, weil Kontaminationsquellen nicht ausgeschlossen werden konnten.

6.3.2.3 Reinigung und Desinfektion

Die Reinigung erfolgt manuell; bei geschlossenen Bottichen aus CrNi-Stahl auch nach dem CIP-Verfahren. Die Hefeernte wird manuell mittels einer gummibelegten Hefekrücke durchgeführt.

6.3.2.4 Bottichkühlung

Die Bottichkühlung erfolgt durch eingehängte Rohrschlangen („Schwimmer") aus Kupfer oder CrNi-Stahl oder durch Mantelkühlung bei Bottichwänden in Metallausführung. Dazu hat die Bottichwand aufgeschweißte Profile. In den Profilen wird eine Fließgeschwindigkeit des Kälteträgers von 1,5...2 m/s angestrebt (k-Werte: Tabelle 77). Die Mantelkühlung bietet durch glatte Oberflächen auf der Produktseite Vorteile bei der Reinigung.

Die erforderliche Kühlfläche beträgt bei Gärbottichen A = 0,05...0,06 m^2/hL Bottichinhalt, wenn die Abführung der Flüssigkeitswärme nach der Hauptgärung mit etwa ≥2 K/Tag erfolgen soll. Wird nur die Gärungswärme abgeführt, so reicht eine Kühlfläche von A = 0,016...0,017 m^2/hL aus.
Als Kühlmedium wird vorzugsweise „Eiswasser" verwendet:

Vorlauftemperatur: ϑ = -1...0 °C
Rücklauftemperatur: ϑ = 2...3 °C.

Tabelle 77 k-Werte für die Kühlung von Gärbottichen (Kälteträgergeschwindigkeit etwa 1 m/s)

Kühlung durch	k-Wert in W/($m^2 \cdot$ K)	
	Hauptgärphase	Nachgärphase
Rohrschlange	170...180	50...60
Mantelkühlung	160...170	45...50

6.3.3 Kombitanks

Zur Verbesserung der klassischen Gärung wurden sogenannte Kombitanks entwickelt. Das sind liegende Tanks mit Kühltaschen, sie sind für Betriebsdrücke von $p_ü \leq 2$ bar geeignet. Ihre Vorteile sind Flexibilität im Einsatz für Gärung und Reifung, die Möglichkeit der CO_2-Rückgewinnung und die CIP-Reinigung. Die Hefeernte ist nur manuell mittels Krücke oder durch „Drauflassen", Rast und anschließendes Umpumpen durchführbar.

Die Kühlfächen (0,05...0,06 m^2/hL) sind seitlich am Tankmantel, in 2 oder 4 Zonen aufgeteilt, angeordnet. Ursprünglich wurden die Kombitanks auch mit Innenkühlung mittels Rohrschlangen gefertigt (Abbildung 73).

Zum Zubehör gehören Innenbeleuchtung, Schauglas, Thermometer, Füllstandsanzeige (ggf. Standschlauch), R/D-Vorrichtung, Mannloch, Probeentnahmearmatur, Vakuumsicherheitsventil und Spundarmatur. Als Werkstoff werden CrNi-Stähle, z.T. auch Aluminium (≥ 99,5 %) eingesetzt. Der Steigraum für Kräusen beträgt 20...25 %. Der Durchmesser ist ≤ 4000 mm (maximal 5000 mm), und die Länge ist ≤ 20.000 mm (maximal 26.000 mm) wählbar. Zur Erhöhung der Festigkeit bzw. zur Sicherung der Geometrie des Tankmantels werden Stabilisierungsringe eingesetzt.

Kombitanks werden oft „hinter der Wand" aufgestellt (s.a. Abbildung 62). Der hermetisch abgetrennte Raum ist hier vorteilhaft durch stille Kühlung oder Umluftkühlung definiert kühlbar und trocken, d. h., auch bei nicht isolierten Kombitanks tritt keine Schwitzwasserbildung auf. Energieverluste durch die Wärme der Arbeitskräfte, der Beleuchtung, durch Luftwechsel werden verringert.

Die Bedeutung der Kombitanks ist seit dem Aufkommen der zylindrokonischen Tanks stark zurückgegangen, Neuinstallationen erfolgen nicht mehr.

Abbildung 73 Kombitanks in CrNi-Stahl-Ausführung; die Kombitanks verfügen über eine Innenkühlung (nach ZIEMANN)

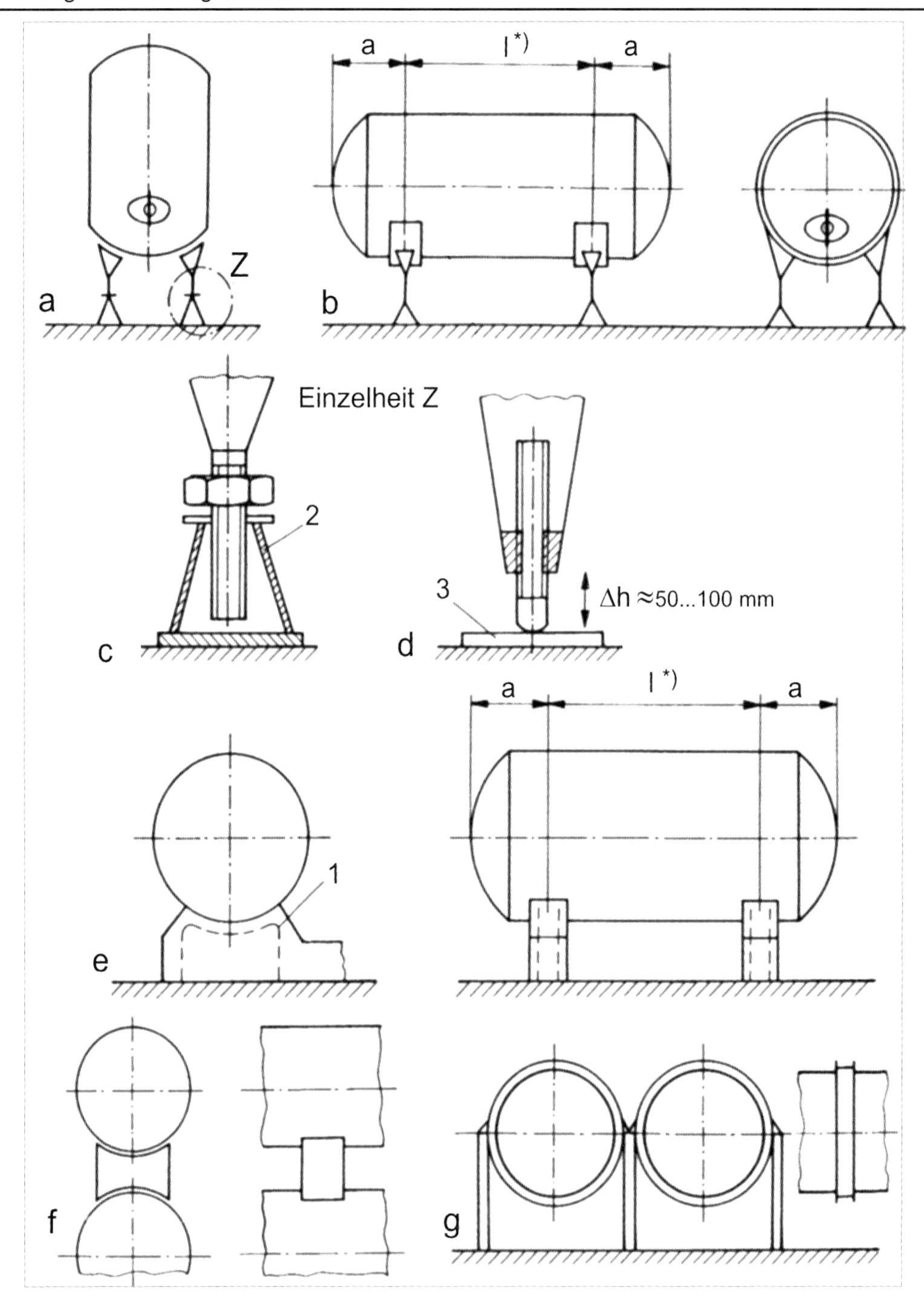

Abbildung 74 Auflagergestaltung bei Lagertanks

a 3- bis 4-Punkt-Lagerung **b** 4-Punkt-Lagerung **c** Spindelfuß **d** Kalottenfuß **e** Betonlager **f** Stahlbau-Brückenlager für direkte Sattelung **g** Brückenringlager **1** Armierung **2** Stahlguss **3** CrNi-Stahl-Platte

*) $l = \sqrt{6} \cdot a$ ist günstig, da dann der Anstieg der Biegelinie am Auflagerpunkt den Wert Null ergibt, d. h., es tritt keine Kantenpressung auf.

Abbildung 75 Montage eines Tankhauses mit liegenden Lagertanks. Aufnahme der Tanks mittels Hängebandlagerung (nach ZIEMANN)

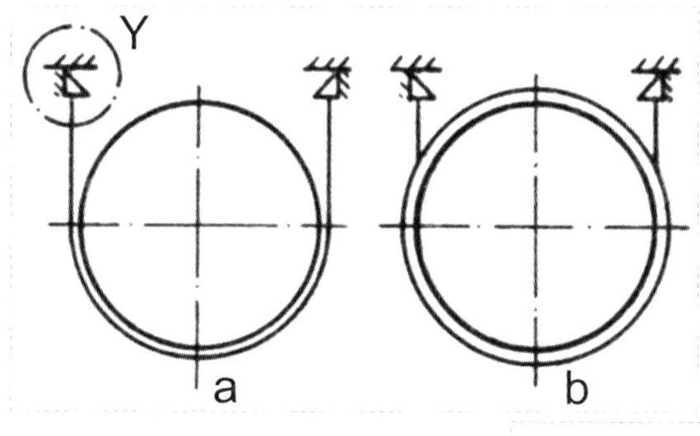

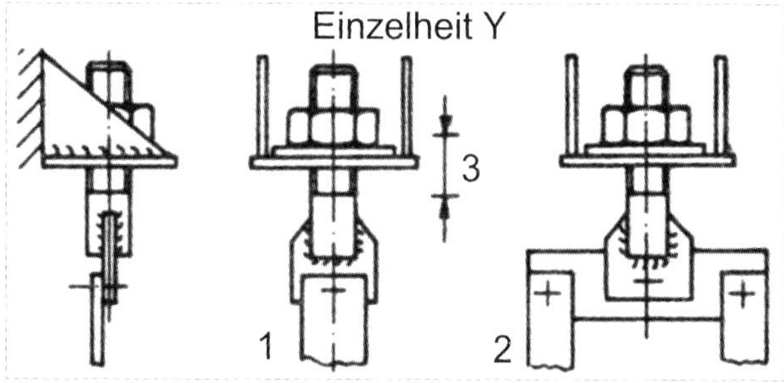

Abbildung 75a Hängebandlagerung (HBL) von Tanks, schematisch
a direkte HBL **b** HBL mit Ring **1** Einfach Hängeband (HB) **2** Doppel-HB **3** einstellbar

6.3.4 Lagerbehälter

6.3.4.1 Charakteristik der klassischen Metall-Lagertanks

Diese sind im klassisch eingerichteten Brauereibetrieb dominierend. Ihre Anwendung erfolgt vorwiegend als liegender oder stehender Behälter. Lagertanks sind für einen Betriebsdruck von $p_ü$ ≤ 0,99 bar ausgelegt (das ist sogenannter druckloser Betrieb im Sinne der ehemaligen Arbeitsschutz-Anordnungen; diese waren nur für Lagerbehälter in der Brauerei gültig). Neuere Lagertanks wurden für einen Betriebsdruck $p_ü$ ≤ 2 bar ausgelegt.

Die Böden werden als Klöpper-, Halbellipsoid-, Membran- oder Korbbogen-Boden ausgeführt. Liegende Tanks sind mit etwa 2 % Gefälle zum Auslauf aufzustellen. Ihre Kühlung erfolgt nur durch die Raumluft (Konvektion). Sie haben ein Volumen von normalerweise ≤ 1500 hL (Extremwerte ≈ 4300 hL) bei einem Durchmesser von ≤ 3200 mm (maximal ≈ 4000 mm).

Als Werkstoffe werden Aluminium (Reinheit ≥ 99,5 %, oft auch Al-Legierungen), Stahl mit Emaille-, Kunststoff- oder Brauerpechbeschichtung und CrNi-Stahl verwendet. Soweit es der Werkstoff gestattet, ist das CIP-Verfahren mit Einschränkungen anwendbar. Liegende Tanks sind aber bei Längen > 10 m ungünstig, insbesondere ist der Gelägeraustrag nur manuell realisierbar. Diese Gründe waren mit entscheidend, um die Entwicklung und Einführung der ZKT zu fördern.

Als Aufstellvarianten sind die einreihige und gesattelte Aufstellung (2- oder 3-reihige Aufstellung) mit direkter Sattelung oder Sattelung auf Lücke bekannt. Im modernen Keller wird nicht mehr gesattelt, große Tanks sind für die Sattelung ungeeignet. Die Aufstellung der Tanks selbst erfolgt bei kleinen Tanks (Länge ≤ 8000 mm, Ø ≤ 2600 mm und geeignetem Werkstoff) durch 4-Punkt-Lagerung und bei großen Tanks durch 6 oder mehr Auflager (Auflagergestaltung Abbildung 74). Der Bedienungsgang kann an der Stirnseite des Gebäudes oder mittig für 2 Tankreihen angeordnet werden. Die Hängebandlagerung ist bei Tankhochhäusern günstig einsetzbar, da die Stützen gleichzeitig als Tragelemente des Gebäudes genutzt werden. Tankhochhäuser wurden im Allgemeinen als Stahlskelett-Montagebau errichtet und nach Montage der Tanks verkleidet (Abbildung 75). Die Verkleidung umfasst den Witterungsschutz und die Wärmedämmschicht (PUR-Hartschaum oder Polystyrol-Platten) einschließlich der Wasserdampf-Diffusionssperre.

Aktuell werden liegende Tanks in Großbetrieben noch vereinzelt genutzt (vor allem, um die druckabhängige Gärungsnebenproduktbildung zu steuern). Bevorzugt werden Edelstahl-Tanks. Der Trend geht jedoch eindeutig zum ZKT, auch bei kleinen Betriebsgrößen.

6.3.4.2 Der Lagertank aus Aluminium oder CrNi-Stahl

Aluminium und vor allem Edelstahl, Rostfrei® waren die dominierenden Tankwerkstoffe des klassischen Lagerkellers, insbesondere auch in der Form des Tankhochhauses (s.a. Abbildung 75), bis zur Einführung der ZKT. Auf die optische Gestaltung wurde bei Tankanlagen in den 1950er bis 1960er Jahren großer Wert gelegt.

Wesentlicher Nachteil dieser Tanks sind die relativ hohen Investitions- und Betriebskosten. Eine Automation ist mit vertretbaren Kosten kaum möglich.

Nicht unerwähnt soll bleiben, dass die ersten CrNi-Stahl-Tanks („V2A-Tanks") in der Brauindustrie Anfang der 1930er Jahre eingeführt wurden. Ihre Lebensdauer wurde aber zum Teil erheblich durch Interkristalline- und Spannungsriss-Korrosion reduziert.

6.3.4.3 Emaillierte Lagerbehälter

Emaille („Glasemaille") ist eine Beschichtung, die auf den Trägerwerkstoff aufgeschmolzen („eingebrannt") wird. Der fertige Behälter wird mit der Emaillesuspension beschichtet und muss nach dem Trocknen in einem Brennofen gebrannt werden. Die Größe der verfügbaren Brennöfen limitiert die Größe emaillierter Behälter.

Aus diesem Grund wurden anfangs die emaillierten Behälter aus Segmenten (Flanschringen) unter Zwischenlage einer Dichtung (Zinn) zusammen geschraubt. Damit waren Behälter mit etwa 1000 hL Inhalt möglich. Den Abschluss bilden flach gewölbte Böden (Abbildung 77). Vor allem die Fa. *Pfaudler* hat sich um die Einführung der emaillierten Tanks verdient gemacht.

Der Trägerwerkstoff muss biegesteif sein, damit die Emaille hält. Emaille ist spröde, schlag- und biegeempfindlich. Deshalb müssen relativ große Wandstärken eingesetzt werden mit der Folge schwerer Behälter. Die Tankanschlüsse werden in der Regel als Flanschanschluss ausgeführt, der natürlich auch vollständig beschichtet ist.

Zuletzt lagen die lieferbaren Tankgrößen bei liegenden Tanks bei etwa V ≤ 630 hL bei einem Ø von ≤ 3200 mm, bei stehenden Behältern bei V ≤ 250 hL bei einem Ø von 2400 mm [245]. Emailletanks sind relativ schwer (z. B. 250 hL ≈ 6 t, 630 hL ≈ 14,5 t). Emailletanks für die Brauindustrie werden nicht mehr gefertigt.

Abbildung 76 Edelstahl-Lagertanks mit schwenkbaren Mannlochverschlüssen (nach ZIEMANN)

Abbildung 77 Emaillierte Tanks aus Flanschringen zusammengeschraubt

Abbildung 78 Emailletanks (nach [245])

6.3.4.4 Lagerbehälter aus Beton

Kubische Lager-„Tanks" aus Stahlbeton (monolithisch) haben eine sehr gute Raumausnutzung. Hauptnachteil ist, dass größere ebene Wände monolithisch mit vertretbarem Aufwand nicht biegesteif hergestellt werden können (Gefahr der Rissbildung), sodass der Metalltank wesentlich billiger ist.

Lagerbehälter aus Beton müssen ausgekleidet werden (früher Pech, Kunststoff „Ebon“, in neuerer Zeit Epoxidharze (kalthärtend, Lösungsmittel frei), zum Teil auch mit CrNi-Stahl-Blechen: „Rostenit“-Verfahren). Kubische Betontanks werden nach der Firma *Rostock* und *Baerlocher*, Wien, die sie hauptsächlich fertigte, auch als „Rostock“-Tanks bezeichnet. Die Unzulänglichkeiten des Werkstoffes und der Auskleidung führten bei Überdruck oft zu mechanischen Brüchen oder Rissen, sodass diese Tanks heute nur noch selten in Betrieb sind. Sie besitzen nur noch historisches Interesse.

Die Kühlung erfolgte durch eingebaute Rohrschlangen (Kupfer, CrNi-Stahl) oder durch Mantelkühlung (eingelassene Rohrschlangen im Beton) mittels Ethanol-Wasser-Gemischen, um bei Undichtheiten des Kühlsystems den Tankinhalt zu erhalten.

6.3.4.5 Zubehör für Lagerbehälter

Mannlochverschlüsse werden für Lagerbehälter üblicherweise oval und nach innen öffnend hergestellt. Damit wird die Dichtheit bei innerem Überdruck einfach gesichert. Die ovale Form ist Voraussetzung für das Einbringen des Deckels. Der Deckel wird mit einem Spannbügel und dem am Deckel befestigten Gewindebolzen und einer Mutter gespannt.

Die Mannlochdeckel werden lose eingesetzt oder mittels eines Schwenkbügels nach innen geklappt. Der Mannlochdeckel kann eben sein oder durch Wölbung versteift werden (vor allem bei Aluminium- und CrNi-Stahl). Das Profil der Dichtung ist bedeutungsvoll für die CIP-Reinigung. Flachdichtungen sind bedingt geeignet. Die Dichtungen müssen so ausgeführt sein, dass sie durch den inneren Überdruck nicht herausgepresst werden können. Flachdichtungen erfordern grundsätzlich einen Anschlagring, der bei gewölbten Deckeln durch den Deckel selbst gebildet werden kann.

Bei der manuellen Reinigung der Tanks müssen die Dichtungen natürlich abgenommen werden.

6.3.4.6 Lagerfass

Das Lagerfass war das ursprüngliche Lagergefäß für Bier, vorzugsweise aus Eiche gefertigt. Die Fässer wurden ohne Auskleidung und mit Pech- oder Paraffin-Auskleidung eingesetzt. Die Auskleidung musste regelmäßig erneuert werden („Großfass-Pichen“; die verbrauchte Auskleidung wurde mittels Wärme [Heißluft, offenes Feuer] geschmolzen und entfernt. Nach dem Einbringen des flüssigen Pechs wurde das Fass bis zur Erkaltung der Pechschicht gerollt). Anfangs musste ein Fassboden entfernt werden, um die Auskleidung manuell thermisch zu entfernen.

Ursprünglich wurden die Fassdauben mittels dünnen Holzruten aus Haselnusssträuchern, Weiden oder Birken zusammengehalten („gebunden“; davon leitet sich der Name „Fassbinder“ für Böttcher bzw. Küfer ab). Die „Holzreifen“ wurden von den genieteten Flachstahlreifen abgelöst. Das war die Voraussetzung für druckbeständige Fässer ($p_ü \approx \leq 0{,}5\ldots0{,}7$ bar). Das Gleiche gilt für die Holzbottiche (s.a. Kapitel 6.3.2). Die Fassböden größerer Fässer müssen bzw. sollten beim Entleeren (beim „Ziehen“) zusätzlich abgestützt werden, um Schäden prophylaktisch zu vermeiden.

Bier-Lagerfässer wurden mit einem Volumen von 15...60 hL gefertigt, für größere Betriebe auch ≤ 120 hL.

Fässer werden einreihig aufgestellt, in größeren Betrieben auch „auf Lücke“ gesattelt. Vor Einführung der Kältemaschine wurden die Fässer in Natureis gepackt (Ausführung des Kellers z. B. nach *Schaar*) oder mit dem Eis des Eiskellers konvektiv gekühlt.

Bis in die 1950er Jahre stellten die 7 „Fasstagen“ einen wesentlichen Inventarposten der Brauereieinrichtung dar.

Weitere Hinweise zum Lagerfass und Gärbottich aus Holz, ihrer Handhabung und zum historischen Gär- Lagerkeller müssen der Literatur entnommen werden [246].

Die Böttcher waren bis in die 1950er Jahre eine wichtige Berufsgruppe in der mit Bottichen und Fässern ausgerüsteten Brauerei. Aus dem Jahr 1894 liegen Zahlen der Berliner-Schöneberger Schloßbrauerei AG vor: Auf 81 Brauer kamen 21 Böttcher; Jahresausstoß etwa 140 000 hL, davon etwa 52 000 hL Flaschenbier.

Abbildung 79 Historischer Lagerkeller mit Holzfässern

6.3.4.7 Erforderliche Armaturen und Zubehör für den klassischen Lagerbehälter

In diesem Kapitel wird nur auf die Armaturen des klassischen Lagerkellers eingegangen. Zu Armaturen und Rohrleitungen für moderne Kellereianlagen und ZKT wird auf die Kapitel 8.6 und 21 verwiesen.
Werkstoff dieser Armaturen waren Kupfer-Zink-Legierungen (Messing, Rotguss), Rohrleitungen bestanden in der Regel aus Kupfer. Armaturen und Rohrleitungen wurden in der Regel verschraubt, Verschraubungsteile wurden weich verlötet.

Die genannten Werkstoffe sind für CIP-Verfahren aus Korrosionsgründen nicht geeignet.

Als flexible Verbindung werden Schläuche benutzt. Die Schlauchtüllen aus der Zeit vor 1990 sind im Allgemeinen mikrobiologisch problematisch.

Auslaufarmatur

Als Auslaufarmatur wurden/werden der Kükenhahn und ab etwa 1950 das Ventil („T-Ventil"), eingesetzt. Ende der 1960er Jahre kam dann die Absperrklappe hinzu. Beim Kükenhahn ist besonders nachteilig, dass die Kükenbohrung stets mit Bier gefüllt bleibt; nach jedem Gebrauch muss der Kükenhahn zur Reinigung demontiert werden. Bei der Montage muss er mit „Hahnenfett" „geschmiert" werden. Die Ausläufe sollten grundsätzlich mit einer Blindkappe verschlossen werden.

Die Fässer wurden mit einer speziellen Armatur, dem Fassdegen, „angestochen" und mittels Schlauchverbindung entleert. Der Fassdegen wird in die Fasspforte eingeschlagen (Konus) oder bei entsprechenden Voraussetzungen an der Pforte angeschraubt.

Probeentnahmearmatur

Als Probeentnahmearmatur wird meist ein Kükenhähnchen, der so genannte „Zwickelhahn", eingesetzt (s.a. Kapitel 21.10). Diese Armatur erfordert relativ viel Pflegeaufwand.

Spundarmatur

Für Lagerbehälter ist eine gemeinsame CO_2-Ableitung und Spanngaszuleitung für die Funktionsfähigkeit des Lagertanks erforderlich, die im Betriebszustand mit einer Spundarmatur verbunden ist. Die Spundungsarmatur stellt prinzipiell eine Überströmarmatur dar. Die freie Querschnittsfläche muss so groß sein, dass das entstehende CO_2 ohne Rohrleitungsdrosselverluste abgeleitet werden kann. Die Gasgeschwindigkeit sollte ≤ 15 m/s sein. Lagertanks bis zu V ≈ 400 hL werden mittels U-Rohr-Manometer gespundet („Spundungsapparate" oder „Spundapparat").

Die U-Rohre wurden in der Vergangenheit mit Quecksilber (Hg) gefüllt (die Füllhöhe entspricht dem halben Spundungsdruck; 1 mm Hg-Säule $\hat{=}$ 133,3 Pa). Überschüssiges CO_2 entweicht über die Hg-Vorlage. Zur Vermeidung von Hg-Verlusten wird der U-Rohr-Austritt mit mehreren Erweiterungen und Prallflächen versehen. Wasser als Sperrflüssigkeit in U-Rohr-Spundapparaten erfordert größere Höhen.

Aus Gründen des Arbeitsschutzes (Hg-Dämpfe) wurden die Hg-Spundapparate in den 1960er/1970er Jahren aus dem Verkehr gezogen. Dafür gibt es jetzt Überströmventile mit Belastung durch Massestücke (s. Abbildung 81) oder durch Federkraft- bzw. Gasdruckbelastung (Abbildung 80). Bei Überströmventilen - insbesondere solchen mit Membranen - muss gesichert sein, dass die Dichtflächen nicht verkleben. Die Füllung der Tanks hat so zu erfolgen, dass diese auch bei intensiver Gärung bzw. Nachgärung ohne überzuschäumen arbeiten.

Überströmventile

Überströmventile öffnen bei einem einstellbaren Druck. Der Produktstrom wird aber in der Regel nicht in die Atmosphäre geleitet, sondern einer definierten Verwendung zugeführt, beispielsweise von der Druckseite einer Verdränger-Pumpe auf die Saugseite (es wird also „im Kreise" gefördert).

Die in Brauereien benutzten *Spundarmaturen* sind aus der Sicht ihrer Funktion Überströmventile: CO_2 wird beim eingestellten Spundungsdruck abgeleitet, zum Beispiel zur CO_2-Gewinnungsanlage oder in die Umgebung.

Überströmventile können feder- oder massebelastet sein, auch pneumatische Federn werden eingesetzt. Letztere lassen sich feinfühlig einstellen.

Sicherheitsarmatur

Sicherheitsarmaturen werden eingesetzt, um unzulässige Betriebszustände in Anlagen, Rohrleitungen und Behältern zuverlässig zu vermeiden. Dabei kann es sich um Überdruck, aber auch um Unterdruck (Vakuum) handeln. Durch den Einsatz der Sicherheitsarmaturen sollen die Anlagen gegen mechanische Überlastung/Zerstörung geschützt und das Bedienungspersonal vor gesundheitlichen Schäden bewahrt werden.

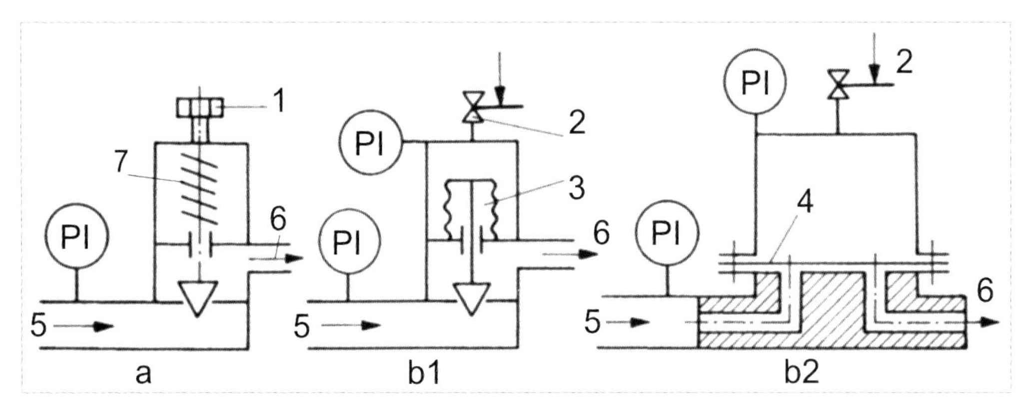

Abbildung 80 Spundarmaturen, schematisch
a Belastung durch Federkraft **b** Belastung durch Gasdruck **a** + **b1** Abschluss durch Ventilkegel **b2** Membranventil
1 Einstellschraube zum Einstellen der Vorspannung **2** Ventil für Gasvorspannung **3** Faltenbalg **4** Membrane **5** CO_2 vom Tank **6** Abgas **7** Feder

Mit dem Schutz gegen unzulässigen Überdruck befassen sich zahlreiche gesetzliche Grundlagen, z. B. das Gerätesicherheitsgesetz, die Druckgeräterichtlinie und die Betriebssicherheitsverordnung.

Grundsätzlich gehört zu jedem Druckbehälter in der Brauindustrie eine Sicherheitsarmatur, die den maximal auftretenden Druck auf den zulässigen Betriebsdruck begrenzt. Die Größe ist entsprechend dem maximal zu erwartenden *CO_2-Volumenstrom* auszuwählen bzw. nach dem maximal auftretenden *Füllvolumenstrom*. Letzteres ist vor allem wichtig, wenn das Schlauchen nicht durch Schwerkraftförderung erfolgt, sondern mittels Pumpe. Der maximale Betriebsdruck darf bei keinem Arbeitsvorgang überschritten werden (Schlauchen, Gärung, Filtration). Die Ausführung erfolgt als masse- oder federbelastete Sicherheitsarmatur.

In älteren Kelleranlagen wurden die Sicherheitsarmaturen oft „eingespart", d. h., die Hg-Spundapparate wurden für diesen Zweck mit benutzt (geschlaucht wurde bei offenem „Lufthahn"). Da die Querschnittsfläche der Spundapparate aber begrenzt ist, kann bei großem CO_2-Volumenstrom ein unzulässig hoher Betriebsdruck auftreten.

Das häufige Fehlen der Sicherheitsarmaturen war in der Vergangenheit der Einordnung der Lagerbehälter in der Brauerei als „drucklose Behälter" ($p_ü \leq 0{,}99$ bar) geschuldet, die dazu führte, dass mit dem Problem Tanksicherheit relativ großzügig umgegangen wurde (s.o.).

Moderne massebelastete Spundarmaturen sind gleichzeitig als Sicherheitsarmatur nutzbar. Weiterhin gehört zu jedem Tank ein Vakuumsicherheitsventil, um zu verhindern, dass durch Bedienungsfehler oder technische Mängel bedingt, Unterdruck im Tank während der Entleerung auftreten kann. Das ist vor allem für dünnwandige Aluminium-Tanks wichtig, die gegenüber äußerem Überdruck sehr empfindlich sind.

Der freie Querschnitt muss in Abhängigkeit vom Auslaufquerschnitt festgelegt werden (Gasgeschwindigkeit ≤ 10 m/s). Werden Tanks nach dem CIP-Verfahren heiß gereinigt, kommt diesem Vakuum-Sicherheitsventil eine besondere Bedeutung zu (Abkühlung des heißen Tanks durch kaltes Wasser). Hierzu sind relativ große Querschnitte für das Vakuumsicherheitsventil erforderlich.

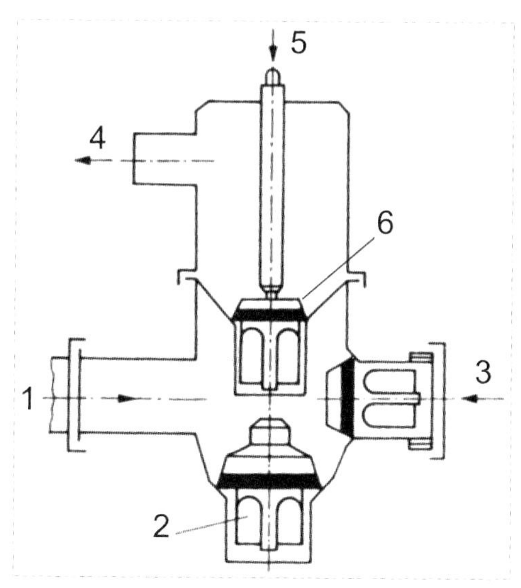

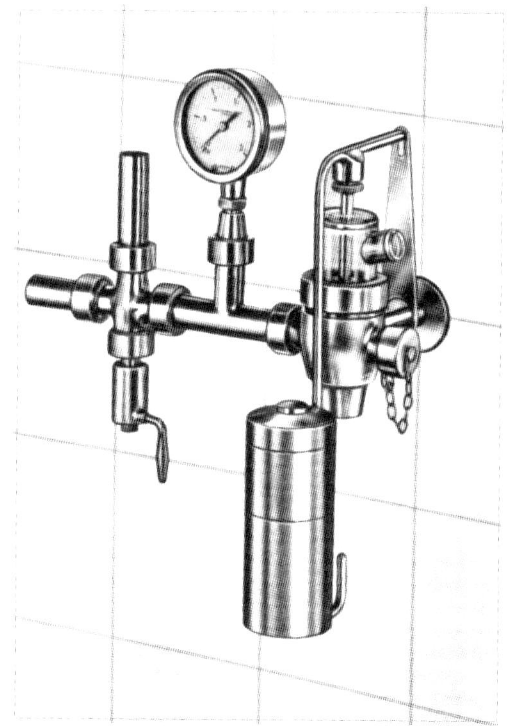

Abbildung 81 Spundarmatur für kleinere Behälter (nach APH, DK)
1 vom Tank **2** Vakuum-Ventil **3** Spanngasanschluss **4** CO_2-Ableitung
5 Massebelastung, einstellbar
6 Überström-Ventilkegel

Zweckmäßigerweise können bei kleineren Behältern die Sicherheitsarmaturen für Überdruck und Vakuum mit der Spundarmatur zu einer Baugruppe vereinigt werden (s. a. Abbildung 81).

Zum Thema Behältersicherheit und Sicherheitsarmaturen wird auf Kapitel 21 verwiesen.

Füllstandsanzeige

Beim „Schlauchen“ (Füllen) und „Ziehen“ (Entleeren) der Tanks ist die Kenntnis des Inhalts durch eine Füllstandsanzeige wünschenswert. Da die Ausrüstung jedes Tanks mit einer Standanzeige nicht sinnvoll ist (Kosten, Infektionsmöglichkeiten, in der Regel ist eine aufwendige manuelle Reinigung erforderlich), gibt es prinzipiell die in Abbildung 82 gezeigten Kontrollvarianten. Bei der Entleerung ist zu beachten, dass es bei Fließgeschwindigkeiten von > 1 m/s am Auslauf zu Fehlanzeigen kommen kann.
Die manuelle Reinigung /Desinfektion dieser Hilfsmittel muss natürlich gesichert sein.

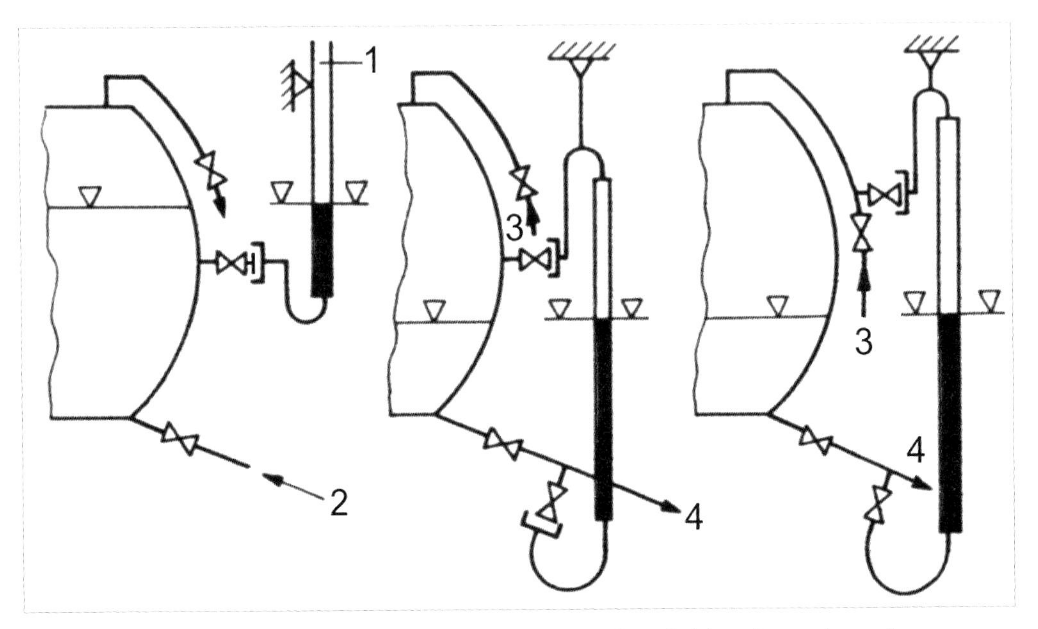

Abbildung 82 Füllstandsanzeige mit Stand-Glas oder -Schlauch an einem Lagerbehälter, schematisch

1 Anhängen des Standschlauches an einen Fixpunkt **2** Füllung **3** Spanngas **4** Entleerung

6.3.5 Ergänzungs- und Zusatzeinrichtungen für den Bereich Gärung und Reifung

6.3.5.1 Verschneidbock

Zur Durchführung der unterschiedlichsten Verschnittaufgaben wird eine einfache Mischvorrichtung, der so genannte „Verschneidbock“ (Abbildung 83), verwendet. Es gibt ihn in verschiedenen Größen, die übliche Bauform hat 2 bis 6 Anschlüsse. „Laternen“-Ein- und -Auslauf sind mit Absperrarmaturen versehen, diese werden üblicher Weise handbetätigt, können aber auch mit Stellantrieb ausgerüstet sein. Bei Letzterem ist eine automatische Umschaltung möglich (Signalgewinnung z. B. durch Leitfähigkeitsmessung), s.a. Abbildung 84.

Die Laternen sind am oberen Ende mit einer Entlüftungsarmatur ausgerüstet, die manuell betätigt oder von einem Schwimmer automatisch gesteuert wird, sie sind teilweise mit einer Hohlkugel versehen, die den Auslauf bei Gaseinbruch selbsttätig verschließt. Die Laternen werden mit einem Splitterschutz ausgerüstet, teilweise wird die Glaslaterne durch eine Stahlblechlaterne mit 2 gegenüberliegenden Schaugläsern ersetzt. Mithilfe des Verschneidbocks lassen sich folgende Arbeiten einfacher durchführen:

- Verschneiden von mehreren Bierchargen, z. B. beim Schlauchen, Umdrücken oder Ziehen des Bieres;
- Druckstoßfreies Umstellen von einer Biersorte auf eine andere bzw. von einem leer werdenden Tank („einziehender Tank") auf einen vollen Tank beim Filtrieren (gewährleistet einen kontinuierlichen Bierfluss) bzw. von Bier auf Wasser zum Leerdrücken des Systems;
- Durch einen Anschluss an die Wasserleitung lässt sich vom Verschneidbock aus die gesamte Rohr- und Schlauchleitung bis zum Anschluss an den Tank mit Wasser füllen und damit entlüften;
- Entfernen eventueller Gasblasen vor dem Filter über die Schaulaterne;
- Beobachtung des Trübungsgrades des laufenden Bieres und die Durchführung von Probenahmen.

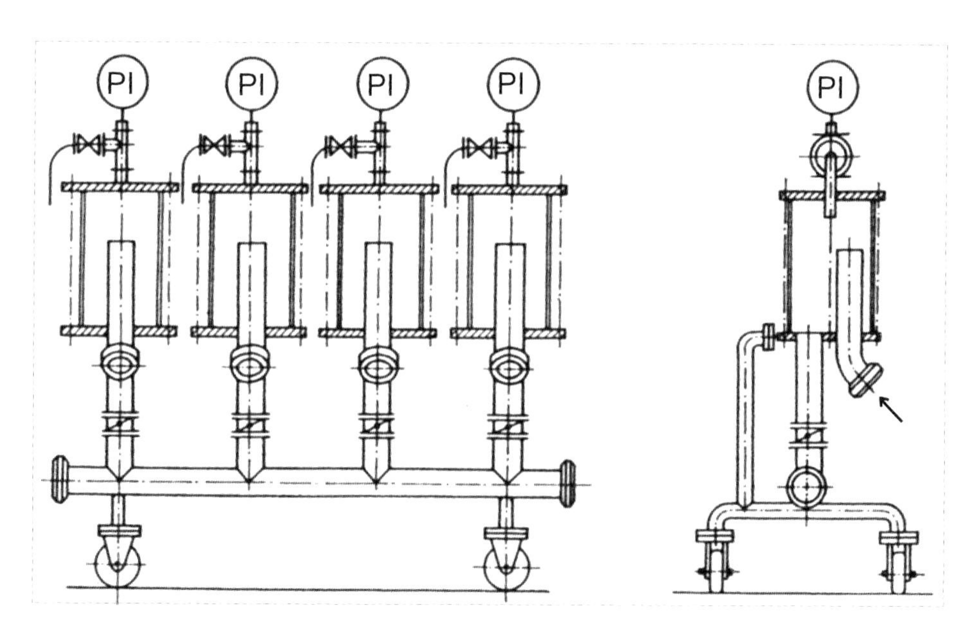

Abbildung 83 Verschneidbock, schematisch

6.3.5.2 Jungbierseparation

Separatoren werden im klassischen Gär- und Lagerkellerbereich in der Regel nicht eingesetzt. Zur Thematik wird auf Kapitel 17 verwiesen.

6.3.5.3 Maschinen und Anlagen für die Restbiergewinnung aus Hefe

Geläger aus den Verfahrensstufen Gärung und Reifung sowie Erntehefen, die als Abfallhefen ausgesondert werden sollen, enthalten Restbiermengen, die gewinnbar sind. Hierzu siehe Kapitel 19.

6.3.5.4 Beleuchtung

Die Gär- und Lagerkellerbereiche müssen ausreichend erleuchtet werden (s.a. Kapitel 6.3.1.1). Beim Befahren von Gär- und Lagerbehältern darf nur Kleinspannung benutzt werden (s.a. Kapitel 26).

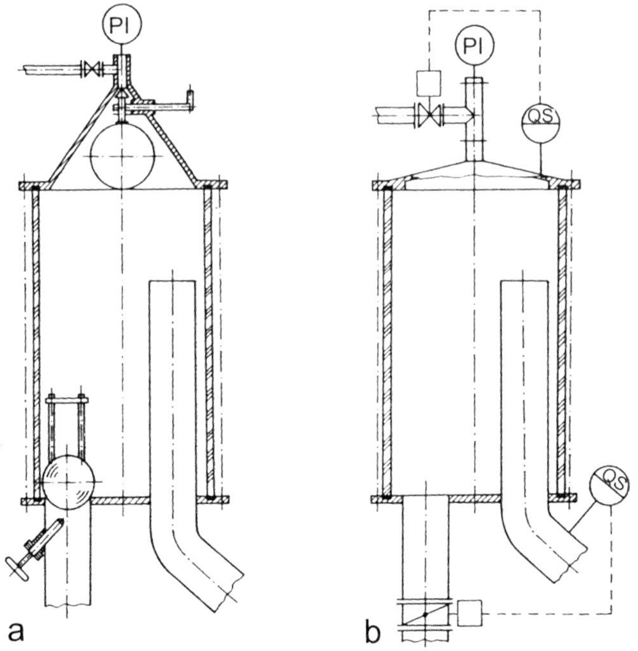

Abbildung 84 Verschneidbocklaterne, schematisch
a Verschneidbocklaterne mit Kugelverschluss
b Verschneidbocklaterne mit automatischer Umschaltung

7. Verkürzte Gär- und Reifungsverfahren in klassischen Gefäßsystemen

Da zurzeit die klassischen Gefäßsysteme für die Gärung und Reifung in Kleinbrauereien noch überwiegen, ergibt sich daraus die wirtschaftliche Notwendigkeit, auch diese älteren Produktionskapazitäten mit den dazugehörenden Gebäuden bis zu ihrem Ersatz immer effektiver zu nutzen. Neben den bekannten technologischen Intensivierungsmöglichkeiten (siehe Kapitel 5) sind hierfür nachfolgende Verfahren bekannt bzw. anwendbar.

Die aufgeführten Verfahren charakterisieren den vor rund 40 Jahren existierenden wissenschaftlichen Erkenntnisstand, sie leisteten auch einen Beitrag für die Entwicklung der modernen und zurzeit angewendeten Gär- und Reifungstechnologie.

7.1 Drucklose Hauptgärung mit Aufkräusen des geschlauchten Jungbieres im Lagerkeller

Die Hauptmenge der Würze wird im klassischen Gärbottich in 7 Tagen (Einhaltung des Wochenrhythmus) möglichst bis zur Erreichung des Endvergärungsgrades vergoren und das Jungbier dann beim Schlauchen im Lagerkeller aufgekräust (siehe Abbildung 85).

Bewertung, Vor- und Nachteile

Dieses Verfahren stellt eine Variante des klassischen Verfahrens dar, das zur Verkürzung der Gesamtprozessdauer um mindestens 7 Tage führt, ohne den Charakter des Bieres grundlegend zu verändern (CO_2-Gehalt, ΔEs im Bier, Gärungsnebenproduktprofil, Hefegehalt im Lagerbier). Weiterhin kann dadurch der Gärkeller ein etwa 15... 20 % (warme Gärführung und Kräusenanteil mit nur 2 bis 3 Tagen Hauptgärung) und der Lagerkeller ein etwa 25 % höheres Produktionsvolumen realisieren. Nachteilig wirkt sich die notwendige Einhaltung eines genauen Produktionsregimes aus, um beim Schlauchen den Verschnitt mit den Kräusen in der erforderlichen Qualität und Quantität termingerecht zu gewährleisten. Der zusätzliche Arbeitsaufwand im Gär- und Lagerkeller dürfte bei richtiger Organisation gering sein.

Das Verfahren erfordert aber gegenüber dem klassischen Verfahren einen höheren Kontrollaufwand. Dieses Verfahren ist für Betriebe zu empfehlen, bei denen der Lagerkeller einen Engpass für die Erhöhung der Bierproduktion darstellt. Die Würzequalität, eine erhöhte Hefegabe und eine reduzierte Belüftungsrate sollen eine zügige Vergärung ohne eine intensive Hefevermehrung und damit verbunden keine zu starke Nebenproduktbildung trotz erhöhter Gärtemperatur sichern.

Weitere Voraussetzungen sind eine ausreichend dimensionierte Kälteanlage und entsprechende Kühlsysteme in den Kellern.

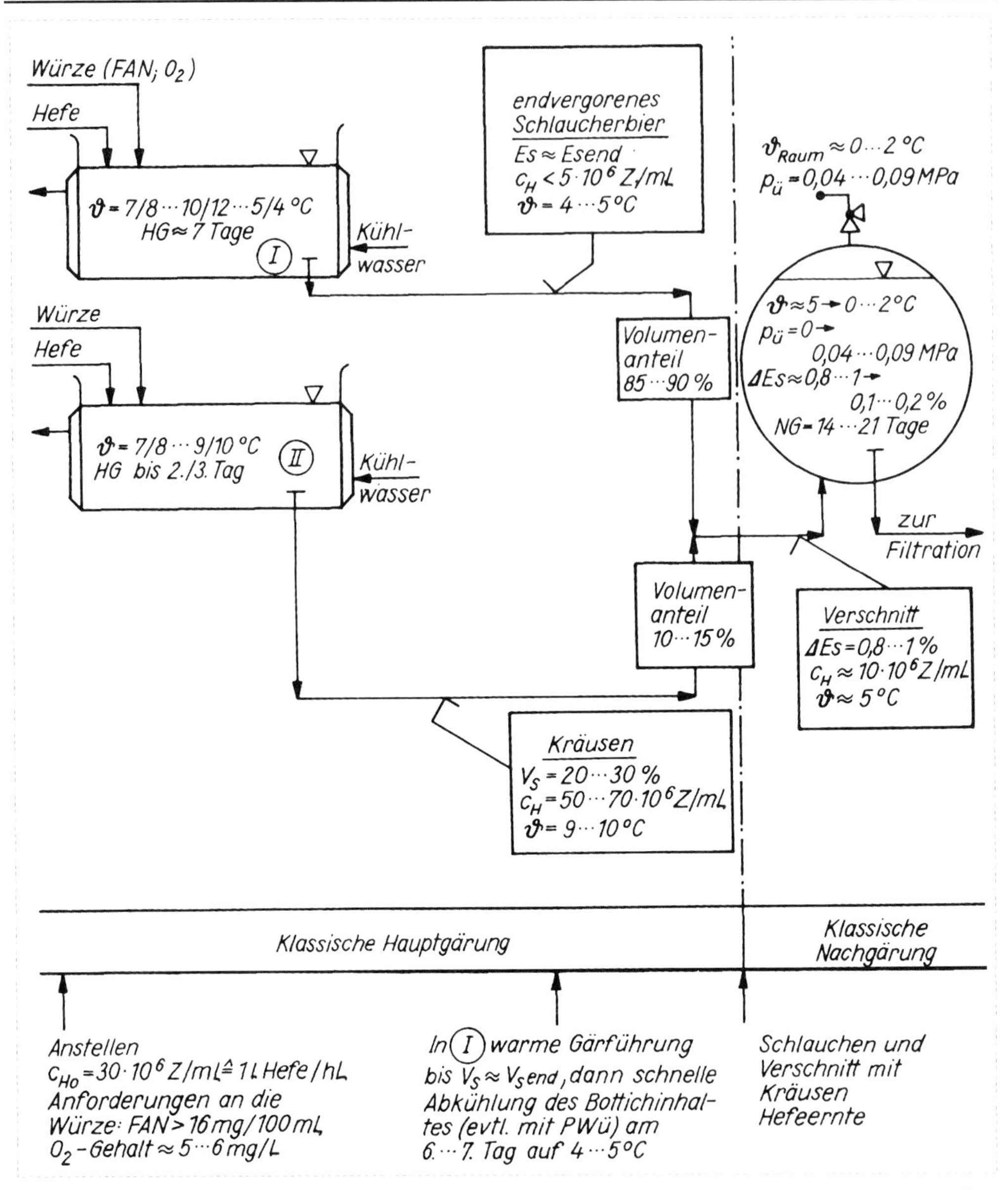

Abbildung 85 Schematische Darstellung des Verfahrens drucklose Hauptgärung mit Aufkräusen und mit klassischer Lagerung
HG Hauptgärung NG Nachgärung

7.2 Drucklose Hauptgärung mit Warmreifung und kalter Lagerung

Verfahren und beschleunigende Faktoren

Die Hauptgärung erfolgt im klassischen Gärbottich bei langsam ansteigenden Gärtemperaturen bis zu einem ΔEs = 1...2 % und ohne Abkühlung des Bottichinhaltes. Die warme Hauptgärung dauert je nach Würzequalität und Hefegabe (bis 1 L Hefe/hL)

5 bis 6 Tage. Beim Erreichen des gewünschten ΔEs wird das Jungbier zur Nachgärung, CO_2-Bindung und Ausreifung in einen Warmreifungstank geschlaucht und gespundet (technologische Richtwerte siehe Abbildung 86). Der Warmreifungstank muss als Drucktank für $p_ü$ = 2...3 bar ausgelegt sein, um eine Nachimprägnierung des Bieres zu vermeiden. Alternativ kann nachimprägniert werden. Eine besondere Kühlung bei konstanter Raumtemperatur ist nicht erforderlich. Die Biertemperatur in der Reifungsphase (ϑ = 12...15 °C) wird gesteuert durch den Gehalt an vergärbarem Restextrakt im Schlaucherbier und durch die Wahl der konstanten Raumtemperatur (ϑ = 15...20 °C). Als Richtwert kann man annehmen, dass die Vergärung von 1 % Es den Tankinhalt um $\Delta\vartheta$ = 1,2 K erwärmt (Voraussetzung: keine externe Wärmezu- oder -abführung) und eine CO_2-Bildung von etwa 4 g CO_2/L Bier ergibt.

Das Spunden kann zur Vermeidung einer zu frühen Hefesedimentation in Abhängigkeit von der Höhe des ΔEs am 2. oder 3. Warmreifungstag erfolgen, oder es kann der Spundungsdruck stufenweise im Prozess der Warmreifung erhöht werden. Für einen CO_2-Gehalt von über 4 g CO_2/L Bier reicht die Vergärung von ΔEs = 1 % aus, da das Schlaucherbier schon etwa 1,5...2 g CO_2/L enthält.

Bewertung, Vor- und Nachteile

Das Verfahren bietet die Möglichkeit, in vorhandenen klassischen Gär- und Lagerkellerabteilungen mehr Bier zu vergären und zu reifen. Die erforderliche Prozessdauer für die Gärung und Reifung schwankt zwischen 18 und 21 Tagen (Verkürzung des Gesamtprozesses gegenüber dem klassischen Verfahren um etwa 14 Tage). Der zusätzliche Energieaufwand ist gering (Bierkühlerpumpe). Nachteilig sind die erforderlichen Neuinvestitionen für eine Drucktankabteilung und den Bierkühler mit Pumpe. Dieses Verfahren lohnt sich dort, wo Ersatzinvestitionen in klassischen Lagerkellerabteilungen erforderlich sind, der Gärkeller noch geringe Kapazitätsreserven hat und der Aufbau von zylindrokonischen Großtanks aus Platz- oder wirtschaftlichen Gründen nicht möglich ist.

Ein wesentlicher Nachteil dieses Verfahrens ist gegenüber dem klassischen Verfahren der erforderliche Mehraufwand an Arbeitszeit für die zusätzliche Prozessstufe der Warmreifung (Umdrücken, zusätzliche Gefäßreinigung, manuelle Hefeernte aus dem Warmreifungstank), der nur durch Mechanisierung der gesamten Tankreinigung im Lagerkeller abgefangen werden kann. Weiterhin ist ein zusätzlicher Kontrollaufwand erforderlich (erhöhte Gefahr bei mikrobiologisch nicht befriedigenden Anstellwürzen und -hefen). Ein weiterer Nachteil ist der zusätzliche Schwand (im Normalfall unter 1 %), der durch die Warmreifungsphase entsteht (Gelägerbier, Benetzungsverluste, Verluste durch zusätzliches Umdrücken).

Dieses Verfahren ermöglicht auch unter annähernd klassischen Produktionsbedingungen die forcierte Vergärung und Reifung von Würzen, die in ihrer Zusammensetzung keiner optimalen Würze entsprechen (α-Aminostickstoff, Vsend, pH-Wert). Man erreicht mit einfachen Mitteln ein ausgereiftes und weitgehend vergorenes Bier mit einem CO_2-Gehalt von über 4 g CO_2/L und einem normalen Gehalt an Bukettstoffen.

Eine weitere Vereinfachung der Gärung und Reifung wurde von *Späth* [247] mit einem drucklosen Eintankverfahren in liegenden zylindrischen Großtanks erreicht. Der dort nachfolgende Klär- und Konditionierungsaufwand ist jedoch erheblich.

7.3 Druckgärverfahren

In der Zeit von 1960 bis 1965 wurden in mehreren Ländern Druckgärverfahren entwickelt. Diese Druckgärverfahren führten die Hauptgärung in geschlossenen

Drucktanks bei unterschiedlichen Temperatur-Druck-Regimen durch. Durch höhere Gärtemperaturen wird eine Beschleunigung der Vergärung und zum Teil auch der Reifung des Bieres erzielt und durch die Druckanwendung (Verminderung der Hefevermehrung) eine übermäßige Bukettbildung verhindert. Die Gesamtprozessdauer betrug unter Praxisbedingungen 14 bis 20 Tage. Die in den beiden deutschen Staaten zu dieser Zeit bekanntesten Verfahren waren das Verfahren nach *Lietz* [248], [249], [250] und das Verfahren nach *Wellhoener* [251], [252].

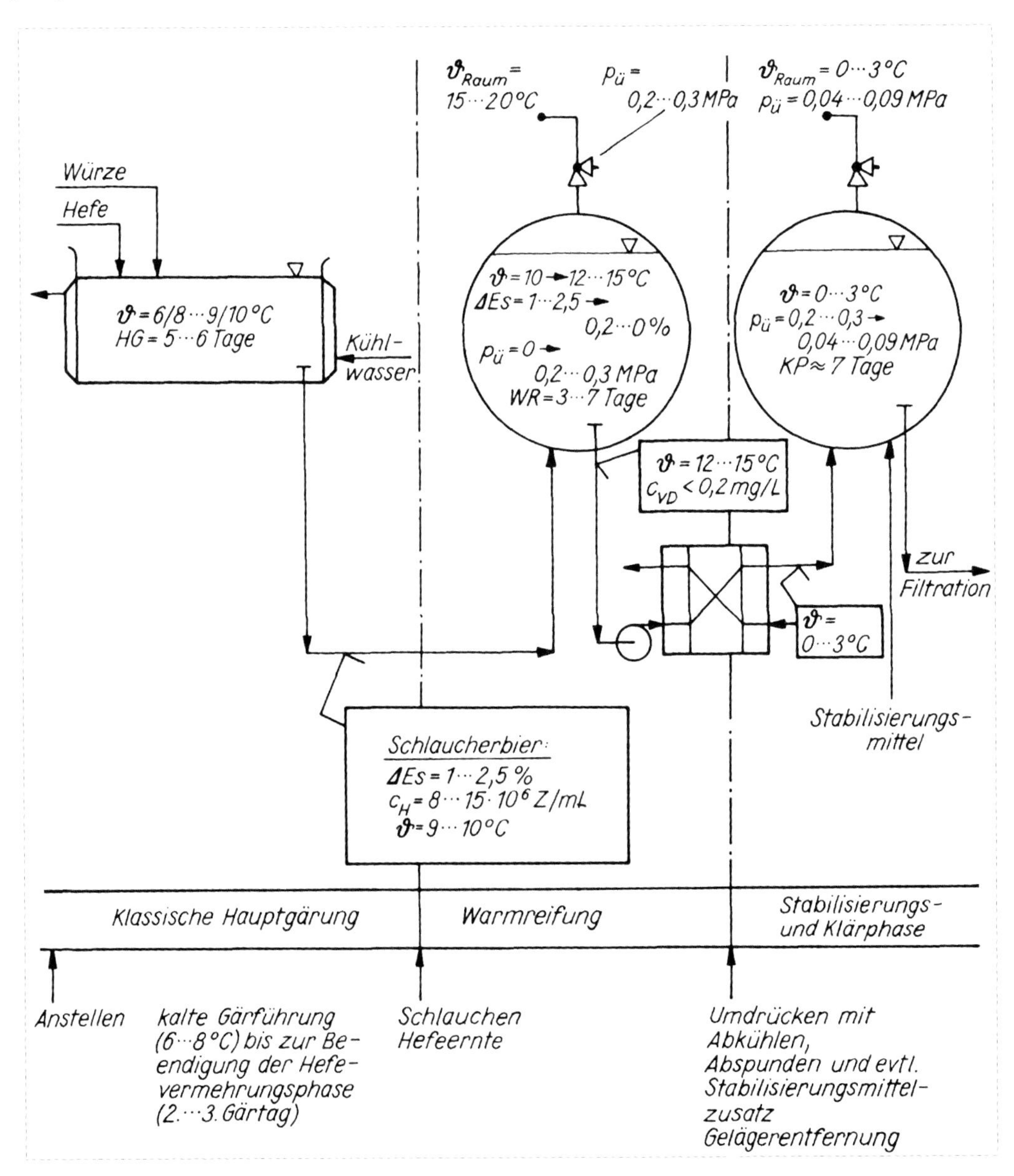

Abbildung 86 Schematische Darstellung des Verfahrens drucklose Hauptgärung mit Warmreifung (jetziges Ziel: c_{VD} < 0,1 mg/L) und mit kalter Lagerung HG Hauptgärung WR Warmreifung KP Klärphase

7.3.1 Druckgärverfahren nach *Lietz*

Dieses Verfahren ist auch unter dem Begriff „Greifswalder Verfahren“ bekannt.

Prozessstufen:

- Das Anstellen der möglichst gut geklärten Würze (7 °C) erfolgt im klassischen Gärbottich (mit Trubstutzen) mit 1 L dickbreiiger Hefe/hL Würze. Es wird die Anwendung einer Spezialhefe (feinflockige, hoch vergärende Bruchhefe) empfohlen.
- Nach dem Ankommen (etwa nach 12...20 h) werden 50 % des Bottichinhaltes (ϑ = 8,5 °C; Vs = 10...20 %) in den Gärdrucktank geschlaucht, durch das Drauflassen von frischer Würze (und zusätzlich 0,25 L Hefe/hL) soll die Hefe in diesem Propagationsbottich ständig in der logarithmischen Wachstumsphase gehalten werden.
- In den Gärtanks (herkömmliche Lagertanks, zugelassen für einen $p_ü$ von mindestens 0,9 bar (besser sind Drucktanks mit einem zulässigen Betriebsdruck bis $p_ü$ = 2 bar) möglichst mit intensiver Raumkühlung bzw. individueller Kühleinrichtung) erfolgt die Hauptgärung bei dem maximal zulässigen Betriebsdruck und einer Biertemperatur zwischen 8,5...9,5 (...12) °C bis nahe an den Endvergärungsgrad. Der erforderliche Steigraum beträgt 10...15 %. Die Dauer der Gärphase wird mit 5 bis 6 Tagen angegeben.
- Nach Beendigung der Gärung wird das Jungbier über einen Bierkühler auf etwa 3 °C abgekühlt und in möglichst mit CO_2 vorgespannte Lagertanks ($p_ü \geq$ 0,9 bar) zur Reifung gepumpt.
- Nach 24...48 h Ruhezeit erfolgen zur Beschleunigung der Reifung eine Druckentlastung von 0,2 bar/Tag bis auf den gewünschten Spundungsdruck und eine weitere 4-tägige Klärphase. Die Gesamtdauer für die Gärung und Reifung wurde mit etwa 14 Tagen angegeben (weitere Angaben zum Prozessverlauf s.a. [248]).

Hinweise zur Wirksamkeit der Druckentlastung und der Gaswäsche

Die durch die Druckentlastung simulierte CO_2-Wäsche führt nicht - wie ursprünglich angenommen (siehe [249]) - zu einem wirksamen Auswaschen der Jungbierbukettstoffe. Selbst bei intensiver CO_2-Begasung im Versuchsmaßstab (bis zu 0,8 L CO_2/hL-Bier bei 0...20 °C, pH-Wert = 4,0...4,5, sowie bei einer Begasungsdauer bis zu 120 min) konnte keine wirksame Reduzierung des Gehaltes an Schwefelwasserstoff und flüchtigen Thiolen erzielt werden [253], [254].

Diese intensive Begasung führte weiterhin erst nach 5 Tagen Begasungsdauer zu einer Abnahme des Butan-2,3-dions im hefefreien Bier um etwa 30 % [254], [255]. Der positive Einfluss der Druckentlastung auf Reifungsgeschwindigkeit und Qualität des Bieres beruht auf folgenden Effekten:

- Die Druckentlastung verursacht den Wiederauftrieb der bereits sedimentierten Hefe und damit einen verbesserten Kontakt zwischen Hefe und Bier (Beschleunigung der biochemischen Reifungsprozesse) und
- zur Entfernung der im Lagerbier vorhandenen Restmenge an gelöstem Sauerstoff.

Die Druckentlastung nach der Warmreifungsphase sollte vorsichtig und langsam erfolgen, da von den o.g. Autoren sonst eine Beschädigung der Zellmembranen und ein Anstieg im Totzellenanteil der Hefe befürchtet wurde (das wurde für diese kleinen Differenzdrücke nicht bewiesen und ist auch unwahrscheinlich, die Autoren).

Besondere Anforderungen

Es werden für die Gär- und Lagerphase getrennte und unterschiedlich kühlbare Abteilungen benötigt. Beim Ersatz klassischer Lagertanks sollten individuell kühlbare Drucktanks ($p_ü \geq 2$ bar) eingesetzt werden. Weiterhin werden Biertiefkühler und Bierpumpen zusätzlich benötigt. An die Würze sind gegenüber dem klassischen Verfahren erhöhte Anforderungen (Trub-, FAN- und O_2-Gehalt) zu stellen.

Bewertung, Vor- und Nachteile

Dieses Verfahren war für alle klassisch eingerichteten ostdeutschen Produktionsbetriebe eines der ersten großtechnisch realisierbaren Verfahren, das eine wesentliche Verkürzung der Gesamtprozessdauer und eine Entlastung besonders der Gärkellerkapazitäten ermöglichte. Die Nachteile des Verfahrens sind:

- Die Biere entsprachen oft nicht den gestellten sensorischen Anforderungen (zum Teil hefiger Geschmack; intensivere, teils nachhängende Bittere; nicht harmonisch; aber gute Schaummengen). Der Vergärungs- und Reifungsgrad des Bieres war sehr stark abhängig vom Sedimentationsverhalten der Hefe (Würzequalität, Propagationsphase).
- Nach 5-tägiger Druckgärung waren die Biere von ihrem Gehalt an Jungbierbukettstoffen her nicht ausgereift. Die anschließende kalte und kurze Lagerphase reichte meist nicht für eine wirkungsvolle Reifung aus. Deshalb wurde in der späteren Anwendung diese Phase auf 8 bis 10 Tage ausgedehnt.
- Das Verfahren benötigt gegenüber dem klassischen Verfahren einen wesentlich höheren manuellen Manipulations- und Arbeitsaufwand (zweimal Umpumpen, Kühlen, zusätzliche Gefäßreinigung und Hefeernte, Kontrollaufgaben).
- Es tritt eine erhöhte Infektionsgefahr durch den mehrfachen Gefäßwechsel und durch den Mehraufwand bei der anwendbaren R/D-Technologie auf.
- Eine frühzeitigere Degeneration des verwendeten Hefesatzes (nur 4 bis 6 Führungen) erfordert einen Mehraufwand bei der Hefeherführung (schneller Anstieg des Totzellenanteils).

Die Nachteile dieses Verfahrens führten nur zur begrenzten längerfristigen großtechnischen Anwendung.

7.3.2 Druckgärverfahren nach *Wellhoener*

Prozessstufen:

- Die optimal geklärte Würze wird bei 10...12 °C im Anstellbottich oder speziellen Tank mit 0,6...1,5 L einer untergärigen Spezialhefe (kleinzellige untergärige Bruchhefe) je Hektoliter Würze angestellt.
- Nach 6...12 h Angärzeit (drucklos) wird die gärende Würze (Vs = 10...15 %) in die Gärdrucktanks umgepumpt.
- In dem Gärdrucktank erfolgt die Vergärung in Abhängigkeit vom erreichten Vergärungsgrad unter genau festgelegten ansteigenden Druckstufen bis zu einem Maximaldruck von $p_ü$ = 1,5...2 bar.
  Die vorgeschlagene Technologie ist für die beiden Druckgrenzwerte aus Abbildung 87 und Abbildung 88 ersichtlich. Die Druckregulierung erfolgt mit Membranspundapparaten.

- Nach 3 Tagen ist die Gärung beendet. Das Jungbier bleibt zum Zwecke der Reifung noch 2 Tage in dem Druckgärtank. Die Biertemperatur soll dabei nicht unter 17 °C absinken.
- Am 5. bis 6. Prozesstag erfolgt die Abkühlung des Bieres auf 0...2 °C, dann die 5- bis 7-tägige Kaltlagerung und das Abspunden wie in dem Druckgärverfahren nach *Lietz* (s.a. Kapitel 7.3.1).
  Die Gesamtprozessdauer beträgt etwa 12 bis 14 Tage. Verzichtet man ganz auf die Kaltstabilisierungsphase, so kann das Bier bereits am 7. Tag gezogen werden (schlechte Filtrierbarkeit, schlechte Kältestabilität).
- Der Höchstdruck $p_{ümax}$ sollte in Abhängigkeit von der Höchsttemperatur ϑ_{max} nach folgender Faustregel gewählt werden:

$$p_{ümax} = \vartheta_{max} \cdot 10^{-1} \qquad \text{Gleichung 39}$$

  $p_{ümax}$ = in bar;
  ϑ_{max} = in °C.
- Nach neueren Erkenntnissen soll zur Erhaltung der Hefevitalität der Druckaufbau erst bei Vs ≥ 30 % beginnen und bei Vs = 50...60 % der Höchstdruck erreicht sein.

Besondere Anforderungen

Es werden hier für die Druckgärung grundsätzlich Drucktanks mit einem zulässigen Betriebsdruck von $p_ü$ ≥ 1,5 (optimal 2) bar benötigt. Die Kühlung kann über einen externen Bierkühler sowie mit einer individuellen Tankmantelkühlung (in sogenannten Kombitanks) erfolgen. An den Klärungsgrad der Würzen werden, wie im Kapitel 7.3.1 genannt, erhöhte Anforderungen gestellt. Das Verfahren verläuft nur mit einem Spezialhefestamm optimal.

Dieses Verfahren hat im Wesentlichen die gleichen Vor- und Nachteile wie das Verfahren von *Lietz*.

Das *Wellhoener*-Verfahren wurde von etwa bis zu 80 Betrieben genutzt [256].

7.4 Rührgärung

Zur Forcierung der Gärung wurden vor etwa 50 Jahren verstärkt Rührmaschinen in Gärgefäße eingebaut und sogenannte Rührgärverfahren entwickelt (l. c. [257], [258], [259]). Rühreinrichtungen wurden auch bei den meisten kontinuierlichen Gärverfahren dieser Zeit bevorzugt.

Zur Problematik der Rührgärung

Eine Forcierung der Gärung durch die mechanische Bewegung des Bieres (s.a. Kapitel 5.3.4) führte bei offenen Behältersystemen zu sehr deutlichen Qualitätsabfällen im Fertigprodukt (siehe z. B. [260]). Für die sensorische Qualität des im Rührgärverfahren hergestellten Bieres waren besonders nachteilig:

- der deutliche pH-Wert-Abfall unter das normale Niveau (höhere Gehalte an organischen Säuren, aber niedere Gehalte an flüchtigen Säuren),
- übermäßige Stickstoffabnahme, die besonders durch eine hohe α-Aminostickstoffabnahme verursacht wurde,
- abnormer Anstieg des Gehaltes an höheren Alkoholen und verringerter Estergehalt und damit deutliche Verschlechterung des Verhältnisses des Gehaltes von höheren Alkoholen zu Estern im

Bier von etwa 3,5 zu 1 auf 7...12 zu 1 (mehr trockene und weniger aromatische Biere),
- größerer Bitterstoffverlust und
- deutlich schlechtere Schaumhaltbarkeit.

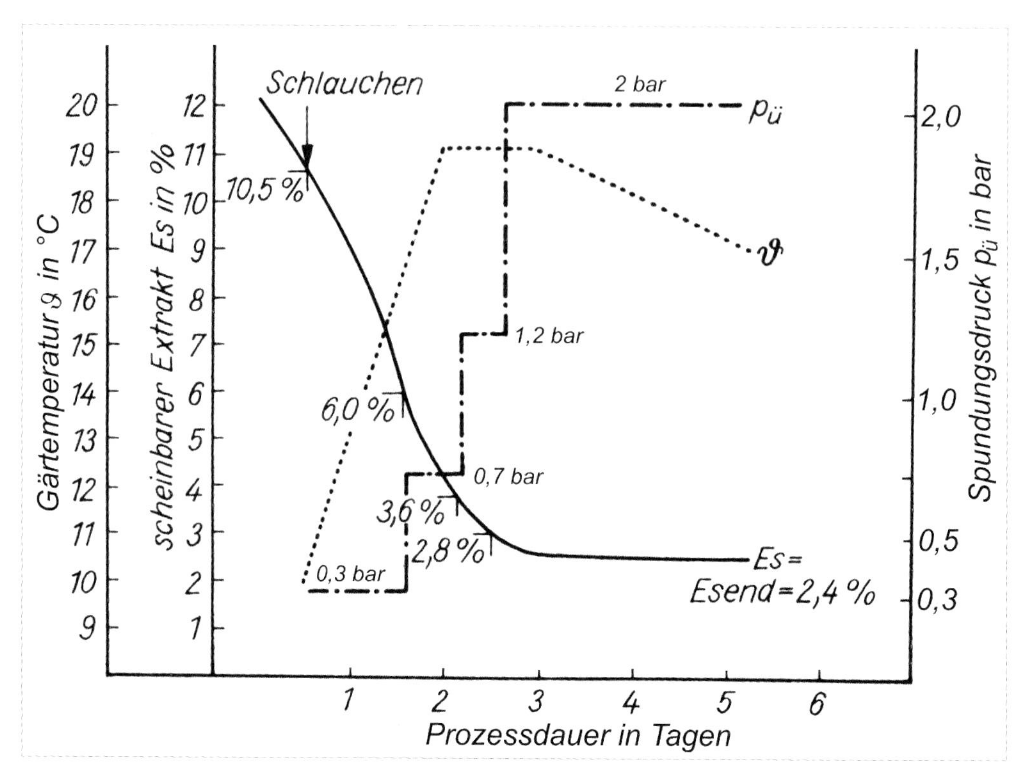

Abbildung 87 Druckgärverfahren nach Wellhoener (Variante 1)
(Druckanstieg vereinfacht dargestellt, s.a. Abbildung 88)

Die Ursache dieser negativen Ergebnisse liegt in einer deutlichen Forcierung der Hefevermehrung (sowohl des absoluten Hefezuwachses als auch der Geschwindigkeit des Hefezuwachses). Ganz besonders negativ war der Einfluss bei Rührsystemen feststellbar, die einen deutlichen Sauerstoffeintrag in das Gärmedium verursachten bzw. nicht vermeiden konnten. Für offene Gärbottiche wurde deshalb ein Turborührer vorgeschlagen (siehe Abbildung 89), der durch eine obere und untere Ablenkscheibe sowohl die Gärdecke als auch das Hefesediment im Bottich nicht zerstört [257]. Durch die Erhaltung der Gärdecke sollte ein Sauerstoffeintrag weitgehend vermieden werden. Der Sauerstoff aus der Atmosphäre dringt nach Untersuchungen von *Seltoft* [261] etwa 1200 mal schneller in ein Bier ohne Schaum ein als in ein schaumbedecktes Bier. Die untere Ablenkscheibe soll das Aufwirbeln der sedimentierten gärschwachen und toten Zellen sowie der anderen Ausscheidungen verhindern, um Geschmacksbeeinträchtigungen zu vermeiden. Der Einfluss des Rührens eines Gärsubstrates auf die beschleunigte Hefevermehrung ist aber auch unter strengem Sauerstoffabschluss (geschlossene Behältersysteme) feststellbar. Man nimmt dafür 2 Gründe an:

- Ein verbesserter Kontakt von Hefe und Substrat und damit besserer Wärme- und Stoffaustausch, der eine Hefevermehrung begünstigt, und
- eine durch das Rühren verursachte intensivere CO_2-Entbindung und damit eine geringere CO_2-Konzentration im gärenden Bier.
- Beides führt zu einer geringeren Endprodukthemmung des Hefestoffwechsels und damit zur Forcierung des Bau- und Betriebsstoffwechsels der Hefe.

Trotz der Möglichkeit, die diskontinuierliche Gärphase durch Rühren sehr deutlich zu verkürzen (Verkürzung der Zeitdauer der Hauptgärung um ≥ 50 %), haben sich deshalb reine Rührgärverfahren nicht bewährt und werden sowohl im offenen als auch im geschlossenen Gefäßsystem nicht mehr angewendet.

Zur Verbesserung der Bierqualität werden hier weitgehend trubfreie Würzen, gesunde Hefesätze mit hohen Gärleistungen, eine Erhöhung der Hefegabe auf über 1 L/hL und eine weitgehende Hefeabtrennung am Ende der Hauptgärung gefordert.

Als Anwendungsbeispiele für Rührgärverfahren sind aus der Literatur das Gärverfahren von *Sandegren* [258] und eine geschlossene Rührgärung für 18%ige Würze (l. c. [262]) bekannt.

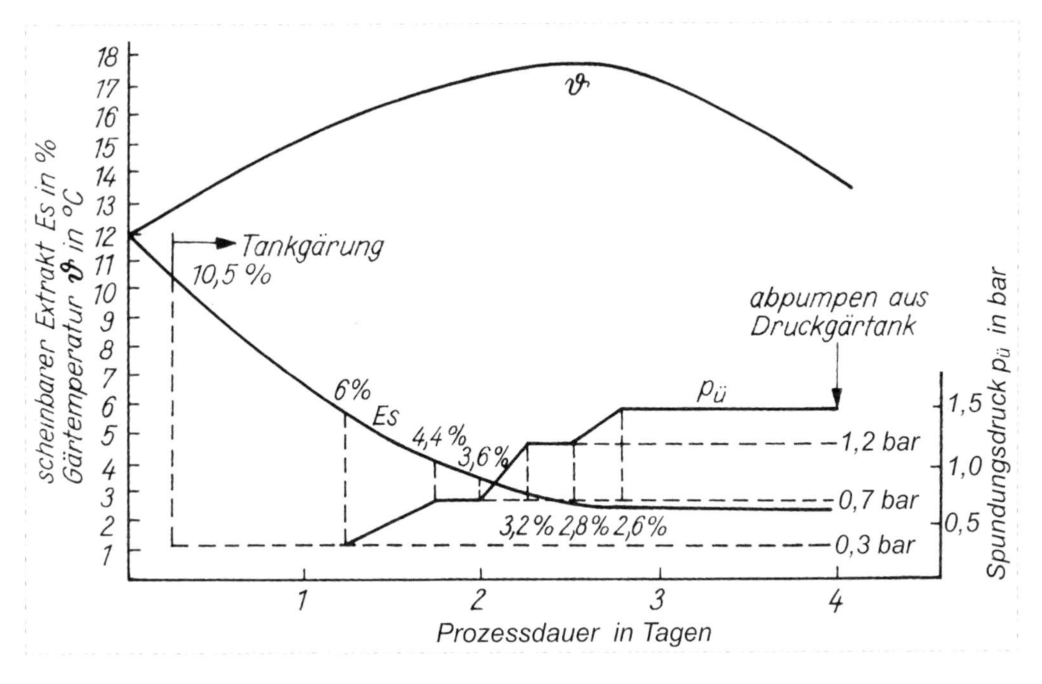

Abbildung 88 Druckgärverfahren nach Wellhoener (Variante 2) [251]

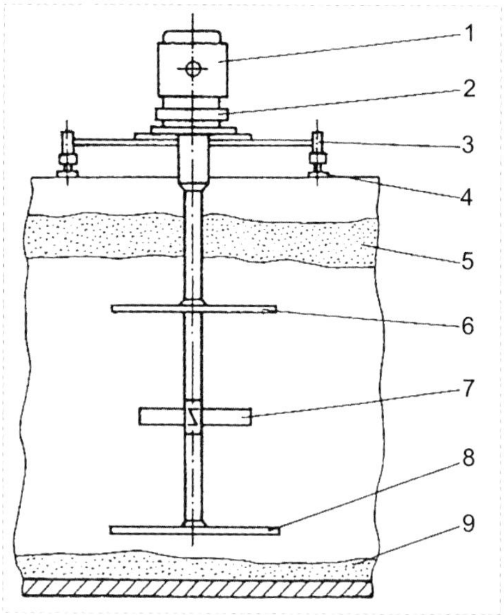

Abbildung 89 Rührsystem für einen offenen Gärbottich nach [257]
1 Motor **2** Getriebe **3** Laufkatze
4 Laufschiene **5** Kräusendecke
6 obere Ablenkscheibe **7** Rührflügel
8 untere Ablenkscheibe **9** sedimentierte Hefe

8. Optimierung der diskontinuierlichen Gärung durch die Anwendung von zylindrokonischen Tanks (ZKT)

8.1 Entwicklungsstadien des zylindrokonischen Tanks (ZKT)

Die Wahl der Behälterform für die Durchführung der Gärung und Reifung entscheidet wesentlich über die Wirtschaftlichkeit des Verfahrens (s.a. Kapitel 5.4). Offene Behältersysteme werden praktisch weltweit nicht mehr neu gebaut, Ausnahme sind allenfalls Gasthaus- und Laborbrauereien.

Geschlossene Behältersysteme, vor allem in der Bauform zylindrokonischer Tank (ZKT) haben einige prinzipielle Vorteile, beispielsweise:

- Mögliche Automation der technologischen Manipulationen (Füllen, Leeren, Hefeernte, Steuerung der Gärung und Reifung);
- Biologische Sicherheit;
- Reinigung und Desinfektion nach dem CIP-Verfahren;
- Investitions- und Betriebskosten;
- Für die „Freibauweise" (Outdoor) geeignet;
- Raum- bzw. Grundflächenausnutzung (siehe Tabelle 67 in Kapitel 5.4).

Anfang der 1960er Jahre begannen die Arbeiten zur Einführung von Großraumbehältern (Volumen ≥ 1000 hL) in der Brauindustrie (s.a. Tabelle 78). Der ZKT wurde ab Ende der 1960er Jahre in der Brauindustrie eingeführt.

Die Entwicklung der Gär- und Reifungssysteme ist weiterhin gekennzeichnet durch die Vergrößerung der Behältervolumina. Als Großraumtank bezeichnet man international Gefäße ab 2000...3000 hL Inhalt. Es wurden bereits Tanks mit einem Fassungsvermögen von bis zu 12.000 hL gebaut, wobei diese Großraumtanks außerhalb umbauter Räume als *Outdoor*-Tanks Aufstellung finden.

Tabelle 78 Großraumbehälter in der Brauindustrie

Entwickler/Literaturstelle	Behälter	Jahr	Netto-Volumen	Höhe / Ø
Asahi-Breweries [263], [264]	*Asahi*-Tank	1965	7500 hL	≤ 12 m / ≤ 10 m
Falstaff Brewing [265]		1965		
Knudsen/Vacano [266]	Uni-Tank	1967	5500 hL	10 m / 8,5 m
Spanien [267]	Sphäro-konischer Tank	1972		
Europäische Brauereien	ZKT	ab Ende der 1960er Jahre	≤ 12.000 hL	≤ 32 m / 8 m

Die ersten außerhalb von Gebäuden aufgestellten Typen von Großraumtanks waren die in Japan entwickelten und 1965 in der *Asahi*-Brauerei zur Biergärung und -reifung eingesetzten *Asahi*-Tanks [264], [263], [268] und die seit 1967 in den USA benutzten Universaltanks (Uni-Tanks) [266], [269]. Beide Großtanktypen sind nur drucklos zu betreiben, die CO_2-Sättigung erfolgt allein durch den hydrostatischen Druck bzw. durch

Nachcarbonisierung. Als eine Kuriosität ist der sphärokonische Tank [267] anzusehen. Diese Behälterform ist festigkeitsmäßig günstig, erfordert aber Baustellenmontage (Erstentwicklung etwa 1972). Die wichtigsten Bauformen der Gärtanks zeigt Abbildung 90 (technische Parameter Tabelle 79).

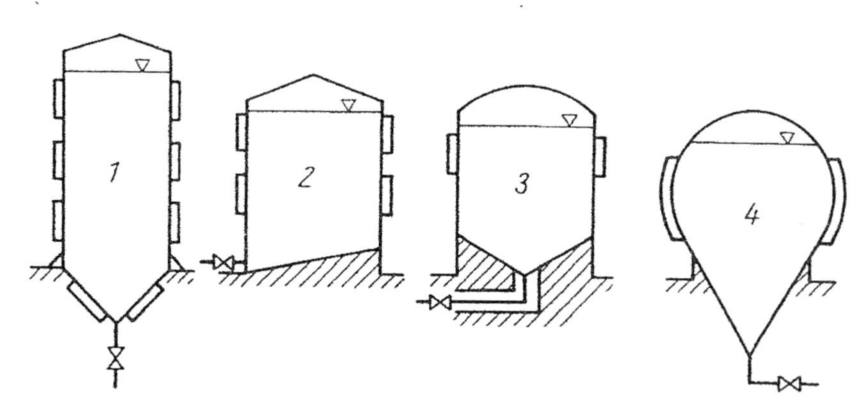

Abbildung 90 Gärtankbauformen, schematisch
1 zylindrokonischer Tank (ZKT) **2** *Asahi*-Tank **3** Uni-Tank **4** sphärokonischer Tank

Waren die ersten Großbehälter in Japan und den USA noch drucklose Behälter mit flachem, nur schwach geneigtem Boden (≤ 7,5°), werden die ZKT aktuell für Betriebsdrücke $p_ü$ ≤ 2 bar ausgelegt. Damit sind diese ZKT bezüglich der Temperaturführung und Spundung (CO_2-Gehalt) relativ universell einsetzbar.

Unterschieden werden ZK-Gärbehälter (ZKG) und ZK-Lagerbehälter (ZKL) beim sogenannten 2-Tank-Verfahren und ZKT beim 1-Tank-Verfahren. Allgemein werden zylindrokonische Brauereitanks als ZKT bezeichnet.

Der zylindrokonische Behälter wurde bereits von *Nathan* verwendet [217], [218], s.a. Kapitel 8.2. Seine Einführung scheiterte aber vor allem aus Gründen der Werkstofftechnik (Aluminium; s.a. [280]) und den Verarbeitungsmöglichkeiten des Werkstoffes.

In der ehemaligen DDR wurde bereits 1968/69 mit der Entwicklung eines frei gebauten Großraumtanks für die Biergärung und -reifung begonnen (einen Überblick dazu siehe in [22], [39]). Dessen Entwicklung und Erprobung erfolgte in enger Verbindung mit der Erarbeitung eines spezifischen Biergär- und Bierreifungsverfahrens durch die Humboldt-Universität zu Berlin.

Der erste drucklose Großtanktyp (1000 hL Nenninhalt) mit schräg geneigtem Behälterboden wurde im damaligen VEB Getränkekombinat Neubrandenburg 1969 erprobt. Dabei wurden die Nachteile dieses Behältertyps für ein beschleunigtes diskontinuierliches Gär- und Reifungsverfahren erkannt. Die Weiterentwicklung dieses Behälters zum zylindrokonischen Großtank (sein Einfluss auf die Beschleunigung der Gärung und Reifung s.a. Kapitel 5.4) und dessen großtechnische Erprobung in den damaligen VEB Getränkekombinaten Leipzig und Berlin in den Jahren 1971 bis 1974 ermöglichte die erfolgreiche Entwicklung eines diskontinuierlichen beschleunigten Gär- und Reifungsverfahrens, das auch mit „Mangelwürzen" (hergestellt unter Verwendung von Rohfrucht und Zucker) realisierbar war [22], [39].

1980 wurden in der DDR etwa 22 % der Bierproduktion mit diesen ZKT hergestellt, bis 1985/86 stieg der Anteil auf 35...40 %.

Tabelle 79 Technische Parameter ausgeführter Großraumfermenter

Parameter	Zylindrokonischer Tank	*Asahi*-Tank	Uni-Tank
Verhältnis Höhe zu Durchmesser	≥ 2…≤ 8	1…2	≈ 1
Durchmesser in m	2,5…8	4…10	8,5
Durchmesser maximal für Straßentransport in m	≤ 4,2	-	-
	≤ 5 in Ausnahmefällen	-	-
Gesamthöhe in m	≤ 32	10…14	10
Flüssigkeitshöhe in m	≤ 25 maximal 10…20	10…12	< 10
Nettovolumen in m^3	50…1200	≤ 750	≤ 550
Steigraum in %	15…20	15…20	15…20
Konusöffnungswinkel vorzugsweise	60…120°	geneigter Boden	155°
	70…90°	50…7,5°	
Betriebsdruck $p_ü$ in bar	≤ 0,9…2	≤ 0,04	≤ 0,04
Betriebsunterdruck in kPa	≤ 4,0	≤ 1,0	≤ 1,0
Verwendung	Eintankverfahren Gärung + Reifung	Gärung oder Reifung	Gärung + Reifung
Hefeernte	gut möglich	nein	möglich mit CO_2-Einblasung
Verkürzung der Gär- und Reifezeit	ja	nein	bedingt
Kühlung	Kühltasche oder PWÜ-Kreislauf	Kühltasche	Kühltasche mit CO_2-Blaseninjektion
Montage	Ø ≤ 4,20 m Werkstatt Ø > 5,00 m Baustelle	Baustelle	Baustelle
Freibauweise	ja	ja	ja
Werkstoffe	CrNi-Stahl, Stahl mit Beschichtung	CrNi-Stahl	CrNi-Stahl
CIP-Reinigung	ja	ja	ja

In der BR Deutschland begann im gleichen Zeitraum der Bau zylindrokonischer Großtanks, s.a. den Überblick von *Gerlach* [270].

Die Nutzung der entwickelten Tanksysteme und Verfahren wird sehr flexibel gehandhabt, wie auch die entsprechende Literatur zeigt, z. B. [271], [272].

Auch nach mehr als 25-jährigem Einsatz der ZKT mit Mantelkühlung wurden immer noch die repräsentative Probenahme [273], das Höhen-/Durchmesserverhältnis der Tanks [274], die Homogenität des Tankinhaltes und die Größe der Kühlflächen und Anordnung der Temperaturfühler erörtert [275].

Vom Standard abweichende Tanksysteme mit externen Kühlkreisläufen wurden bereits vorgestellt [236], [282].

Fragen zur Senkung des Investitionsaufwandes und der Reduzierung der Betriebskosten, zur Minimierung des Kältemitteleinsatzes und der Beeinflussung des Gär- und Reifungsprozesses sind immer noch aktuell.

8.2 *Nathan*-Verfahren als Vorläufer aller diskontinuierlichen beschleunigten Gär- und Reifungsverfahren und als Vorläufer der zylindrokonischen Großtanktechnologie

Wesentliche Merkmale des Verfahrens

Als ältestes Verfahren ist das um 1900 von *Nathan* entwickelte Schnellverfahren zu nennen [217], [218], es hatte folgende Grundvoraussetzungen für ein Schnellverfahren:

- Die Verwendung eines geschlossenen, isolierten, zylindrokonischen Behältersystems mit Mantelkühlung (siehe Abbildung 91);
- Der Versuch einer weit gehenden Trubentfernung aus der Würze durch die Anwendung eines speziellen Absetzgefäßes mit schräg gestellten Absetzplatten;
- Die Anwendung erhöhter Hefegabe (bis 2 L/hL) und die Gärung im normalen Temperaturbereich zwischen 6...10 °C (maximal 12 °C) bis Vs ≈ Vsend;
- Die Verringerung der Infektionsgefahr durch die Verwendung von Reinzuchthefe (revolutionierend für die damalige Zeit) und von geschlossenen Behältern;
- Der Versuch einer Schnellreifung als Ersatz für eine lange Nachgärung;
- CO_2-Gewinnung in der Gärphase und Wiedereinsatz des gereinigten CO_2 zur CO_2-Wäsche und Carbonisierung des Bieres;
- Gesamtprozessdauer je nach Intensität der Hauptgärung (z.T. mit Rühren vorgeschlagen) zwischen 6 und 14 Tagen.

Beispiele für das *Nathan*-Verfahren

Das *Nathan*-Verfahren ist im Laufe der Zeit mehrfach geändert und weiterentwickelt worden (beschriebene Varianten s.a. z. B. [5], [276]). Es wurde vorwiegend in einigen afrikanischen Brauereien (z. B. Ghana und Liberia [279], siehe Abbildung 92) erfolgreich eingesetzt. Beispielsweise war das *Nathan*-Verfahren auch im Bürgerlichen Brauhaus AG in Freiberg i. Sa. ab 1925 im Einsatz [277].

Die verwendeten *Nathan*-Tanks hatten einen Inhalt von 150...200 hL (Gär- und „Fertigungstanks"). Sie wurden zum Teil aus Aluminium oder aus emailliertem Stahl gefertigt, sie sind ausgerüstet mit individueller Mantel- und Konuskühlung, Einzelisolierung, Schwimmerabzugsleitung für Bier, Mannlochklappe im Boden mit Hefeabzugsleitung bzw. im Fertigungstank mit eingelegter poröser Platte für die CO_2-Wäsche und CO_2-Imprägnierung sowie mit diversen anderen Armaturen. Der maximal zulässige Betriebsdruck betrug $p_ü$ = 1 bar. Moderne *Nathan*-Gefäße arbeiten ohne Schwimmerabzug und können im CIP-Verfahren gereinigt werden.

Nach beendeter Gärung kann das Bier beim Originalverfahren (siehe Abbildung 92, Variante a) im Durchlauf beim Umdrücken vom Gärtank in den Fertigungstank in einem speziellen Gefäß (Entgasungsgefäß) entgast werden. Dieser Tank ist leicht konisch und hat 2 Heizmäntel. Das Bier wird durch einen Verteiler oben an die Innenwand geschleudert, fließt in dünner Schicht an dieser herunter und erwärmt sich dabei auf etwa 15 °C. Gleichzeitig strömt von unten nach oben ein starker Strom filtrierter Luft. Dadurch wird das Bier fast völlig von Kohlendioxid befreit, und es sollen dadurch die flüchtigen Jungbierbukettstoffe und unerwünschten Ester mit entfernt werden. Das sich am Boden dieses Gefäßes sammelnde entgaste Bier wird fortlaufend zum Fertigungstank gepumpt. Dort wird das Bier mittels Konus- und Mantelkühlung auf 1...0 °C abgekühlt, über die im Konusdeckel eingelegte poröse Platte 2 bis 3 Tage lang mit gereinigtem CO_2 gewaschen und durch Aufspunden des Tankinhaltes am Ende der CO_2-Wäsche auf $p_ü$ = 0,7 bar gleichzeitig carbonisiert. Nach dem Carbonisieren kann je nach Wunsch Stabilisierungsmittel zugesetzt werden. Die weitere Standzeit richtet sich nach der Absetzdauer des Stabilisierungsmittels. Restbiere, Filtrationsvor- und -nachläufe werden vor der CO_2-Wäsche dem Tankinhalt zudosiert.

Die betriebswirtschaftlich bessere Variante b (s.a. Abbildung 92) erfolgt ohne Gefäßwechsel im Eintankverfahren. Diese Biere sollen auch in der Qualität besser gewesen sein als die mit dem Originalverfahren hergestellten Biere.
Weitere Abbildungen von *Nathan*-Anlagen wurden in [278] dargestellt.

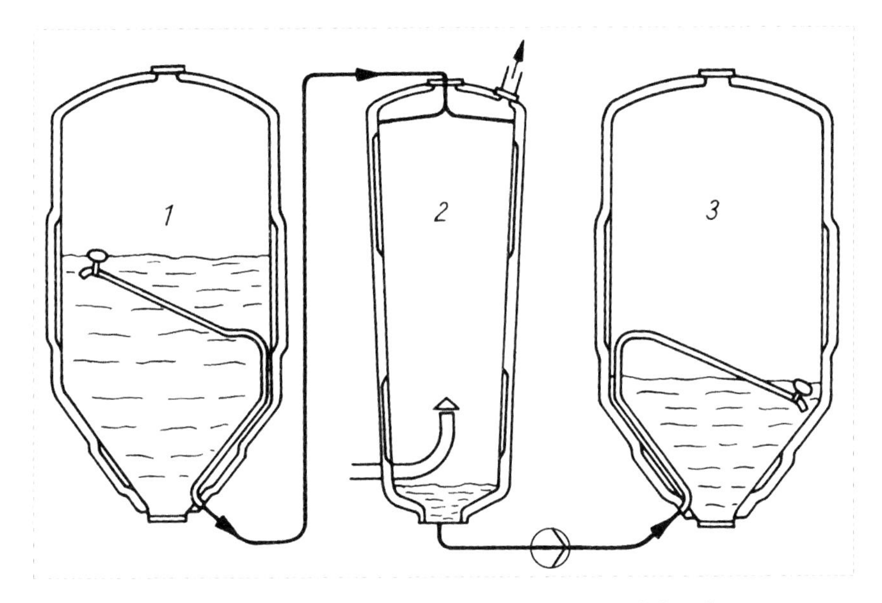

Abbildung 91 Schema des Nathan-Gärverfahrens [217], [218], [279]
1 Gärtank **2** Entgasungsgefäß **3** Fertigungsgefäß

Probleme, Bewertung

- Das geschlossene *Nathan*-System hatte aufgrund der höheren biologischen Sicherheit vorwiegend in tropischen Ländern seine Anhänger gefunden.
- Die Entgasungsstufe des Originalverfahrens ist als sehr problematisch anzusehen, da bei „höherer" (nicht bekannter) Belüftungsintensität und bei der vorhandenen Biertemperatur (15 °C) auch die Entfernung der erwünschten Bierbukettstoffe erfolgt. Weiterhin ist dabei eine verstärkte Oxidation der Bierinhaltsstoffe nicht zu vermeiden.
  Diese Behandlungsstufe verursacht, dass diese Biere ein wenig charakteristisches Aroma und oft einen unerwünschten Oxidationsgeschmack aufweisen. Weiterhin wird die kolloidale und Alterungsstabilität der Biere deutlich negativ beeinflusst. Da durch die neueren wissenschaftlichen

Erkenntnisse der Zusammenhang zwischen Sauerstoffeintrag im gesamten Bierprozess, die Bildung von diversen Oxidationsprodukten und die Herausbildung eines qualitätsmindernden Alterungsgeschmackes nachgewiesen wurde, sind bisher keine weiteren Verfahren mit ähnlichen Behandlungen großtechnisch im Einsatz.

- Eine mechanisierte Reinigung und Desinfektion war noch nicht möglich (fehlende korrosionsbeständige Werkstoffe; Die manuelle Reinigung mit ihren Problemen wurde von *Zangrando* beschrieben [280]).

Die optimierte Variante **b** entspricht dagegen schon eher den derzeitigen Eintankverfahren in zylindrokonischen Tanks. Aber auch hier fehlt der Nachweis der tatsächlichen Wirksamkeit der CO_2-Begasung (siehe dazu auch Kapitel 7.3.1). Analytische Werte vom fertigen Bier sind nicht bekannt.

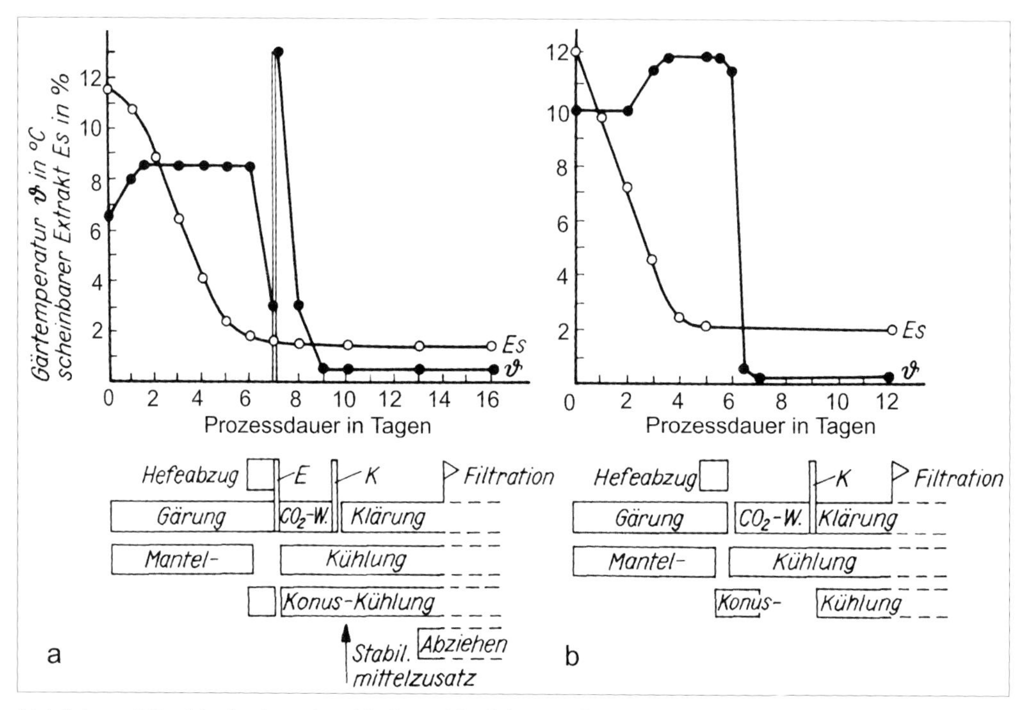

Abbildung 92 Varianten des Nathan-Verfahrens [279]
a typisches Gär- und Reifungsdiagramm beim *Nathan*-Verfahren
b Gär- und Reifungsprozess in *Nathan*-Tanks ohne Entgasung
E: Entgasung **K**: Carbonisierung **CO_2-W.**: CO_2-Wäsche (etwa 2 Tage bzw. 3 Tage)

8.3 Gärung und Reifung in drucklosen zylindrischen Großtanks

Die drucklosen zylindrischen Großtanktypen 2 und 3 (siehe Abbildung 90) sind im wirtschaftlichen Vergleich zum klassischen Apparatesystem günstiger und benötigen gegenüber den druckbelastbaren zylindrokonischen Großtanks 1 und 4 erheblich niedrigere Investitionskosten. Sie sind aber nicht ohne zusätzliche Einrichtungen und Manipulationen (z. B. Hefeernte, Umpumpen, Carbonisierung, Zwischenklärung) für die beschleunigte Gärung und Reifung und besonders für Eintankverfahren einsetzbar (siehe z. B. Uni-Tankverfahren [266],[269]).

Die Verwendung des *Asahi*-Tanktyps ermöglicht ohne Zusatzeinrichtungen nur die Anwendung klassischer Gär- und Reifungsverfahren, wobei die Gärung und Reifung bzw. Lagerung, um die Hefeernte zu ermöglichen, in getrennten Gefäßen durchgeführt werden müssen. Es werden eine Gärdauer von 8 bis 10 Tagen bei 5...8 °C und eine Lagerdauer bei 0...1 °C von etwa 40 bis 50 Tagen angegeben. Die CO_2-Bindung erfolgt nur durch den vorhandenen hydrostatischen Druck der Flüssigkeitssäule im Verlaufe einer relativ langen und kalten Nachgärung, wobei die Gleichmäßigkeit des Bieres im CO_2-Gehalt beim Filtrieren durch eine spezielle Abziehvorrichtung im Tank gesichert wird.

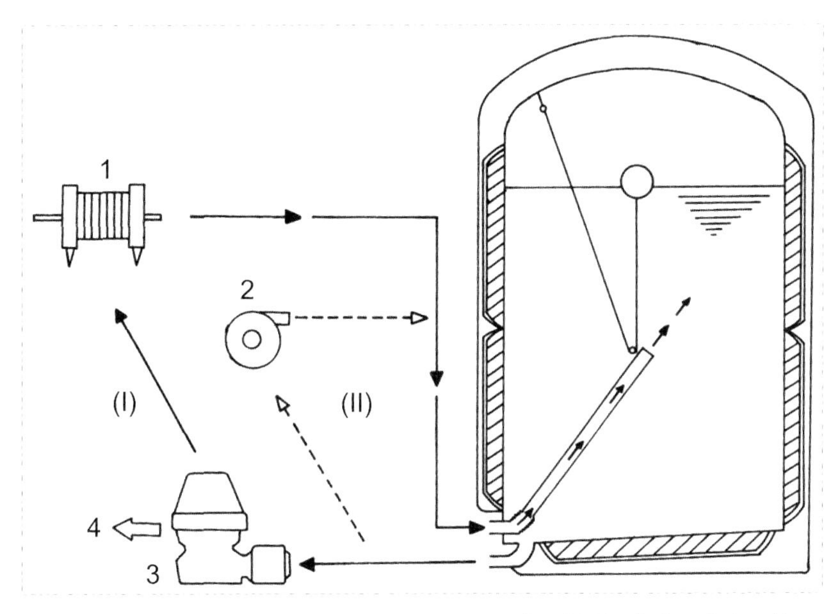

Abbildung 93 Eintankverfahren mit dem drucklosen Asahi-Tank (nach [281])
1 PWÜ **2** Pumpe **3** Hefe-Separator **4** Hefe (I), (II) Kreisläufe, s. Text

Zur Vermeidung der Zweibehältertechnologie wurde für den *Asahi*-Tank auch ein Eintankverfahren mit Umpumpen und Jungbierseparation erprobt [281] und dadurch eine Verkürzung der Prozessdauer um etwa 5 Tage, eine Reduzierung der Investitionskosten um 22 % und der gesamten laufenden Kosten um 35 % erzielt (siehe Abbildung 93). Hier erfolgt die Hauptgärung mit zeitweisem Umpumpen über Kreislauf II und unter Verwendung der Tankmantelkühlung. Nach dem Erreichen eines Gärkellervergärungsgrades von ca. 65 %, wird der Tankinhalt über Kreislauf I (Hefeseparator → Plattenkühler) auf ca. 3 °C abgekühlt und die Hefekonzentration auf $10...30 \cdot 10^6$ Zellen/mL in ca. 7 Stunden eingestellt. Zur Beschleunigung der Reifung wird der Tankinhalt dann 1...2mal täglich 4...24 Stunden umgepumpt und mittels der Mantelkühlfläche langsam auf -1 °C abgekühlt.

Eigene Versuche mit einem 1000 hL fassenden Tank vom *Asahi*-Typ mit einem zusätzlichen Umpumpregime über einen PWÜ, aber ohne eine Hefezentrifuge (ähnlich

Kreislauf I in Abbildung 93) ergaben folgende Ergebnisse (eine Zusammenfassung s.a. [22], [39]):

- Die Hefe konnte nur nach der Gefäßentleerung geerntet werden, ein 2-Tankverfahren ist deshalb bei diesem Tanktyp erforderlich.
- Trotz des Umpumpens sedimentierte die Hefe ab 4./5. Gärtag sehr gut, dies wurde durch die Abkühlung über einen PWÜ noch befördert und erhöhte die Gefahr, dass die Hefekonzentration in der Ausreifungsphase unter $5 \cdot 10^6$ Zellen/mL sank und für eine schnelle Ausreifung zu niedrig war.
- Die drucklose Gärung und Reifung mit einer Flüssigkeitshöhe von 8...9 m ermöglichte nicht innerhalb von 14 Tagen gleichzeitig die Produktion eines ausgereiften und mit mindestens 4,5...5 g CO_2/L gesättigten, qualitativ guten Bieres.
- Der Abbau der Gesamtdiacetylkonzentration innerhalb einer 14-Tage-Technologie erfordert nach dem Erreichen des Endvergärungsgrades noch eine mehrtägige Warmreifungsphase bei Temperaturen über 12 °C, die jedoch zu CO_2-armen Bieren führte, die dann beim Abkühlen aufgekräust oder später carbonisiert werden mussten.
- Die erste Variante erforderte eine längere kalte Nachgärung, ähnlich der klassischen Gärung und Reifung.
  Die zweite Variante setzt das Vorhandensein von ausreichend zur Verfügung stehendem CO_2 und einer Carbonisieranlage voraus, dies bedingt höhere Material- und Energiekosten.
  Beide Varianten sind aus wirtschaftlicher Sicht keine optimalen Lösungen.

8.4 Der zylindrokonische Behälter für die Biergärung und -reifung aus technologischer Sicht

8.4.1 Allgemeine Charakteristik und Einsatzmöglichkeit

Die zylindrokonischen Tanks sind die durch ihre Vorzüge (s.a. Kapitel 5.4, Tabelle 67 und Tabelle 79) am häufigsten gebauten und installierten Großtanktypen. Ihre universelle Einsatzmöglichkeit förderte die Entwicklung der Eintankverfahren, d. h. von Gär- und Reifungsverfahren ohne Gefäßwechsel.

Vorteile des Eintankverfahrens

Vorteile gegenüber einem Zweibehälter-Verfahren sind:

- Die Verminderung des Arbeitszeitaufwandes durch Wegfall des Schlauchens, der 2. Gefäßreinigung, des verminderten analytischen und technologischen Kontroll- sowie des technischen Wartungsaufwandes;
- Die Verminderung der Kosten für Reinigung und Desinfektion um etwa 50 % und damit auch Reduzierung der Abwasserkosten;
- Die erhöhte biologische Sicherheit (kein Gefäßwechsel, weniger Leitungswege);
- Der verringerte Sauerstoffeintrag in das Bier und damit die erhöhte kolloidale und Geschmacksstabilität und schnellerer Abbau des Gesamtdiacetyls (kürzere erforderliche Lagerzeit);

- Die Verminderung der Bierverluste (um etwa 50 %) durch den Wegfall eines 2. Gefäßes und der Wegfall der Gelägerhefe (Gewinnung der Gesamthefe);
- Die einfachere Ernte der Gesamthefe, keine Gefahr der Hefeautolyse in der Lagerphase.

Nachteile eines Eintankverfahrens

Nachteile gegenüber einem Zweibehälter-Verfahren sind:

- Die ungünstige Steigraumausnutzung bei einer längeren Kühl- und Klärphase (z. B. 12 bis 15 Tage bei -1,5 °C).
  Dies kann durch ein Auffüllen des Tankinhaltes mit Kräusen nach Beendigung der Gärung und Reifung sowie nach der Abkühlung auf 4...7 °C und nach der 1. Hefeernte recht einfach vermieden werden.

8.4.2 Die zwei unterschiedlich kühlbaren ZKT-Typen

In Deutschland wurden ca. ab 1968 zwei unterschiedliche ZKT-Typen entwickelt, die sich in der Kühlung des Tankinhaltes wie folgt unterscheiden (Abbildung 94):

- Der ZKT mit Mantelkühlung (Westdeutschland);
  Hierzu s.a. Abbildung 155 und
- Der ZKT mit externer Kühlung (Ostdeutschland);
  Hierzu s.a. Abbildung 156.

Obwohl der ZKT mit Mantelkühlung in Deutschland und sicher auch weltweit dominiert, sollten die Besonderheiten und die Vorzüge des ZKT mit externer Kühlung und seine gute Eignung für besondere Anwendungsfälle nicht außer Acht gelassen werden.

So konnte mit diesem Tanktyp auch bei der Vergärung und Reifung von sogenannten „Mangelwürzen“ (hergestellt in der ehemaligen DDR unter Verwendung von nur 35...50 % Malz, 35...50 % Gerstenrohfrucht und ca. 15 % Saccharose) innerhalb von 14 Tagen ein ausgereiftes, hoch vergorenes Bier mit über 5 g CO_2/L ohne Nachcarbonisierung hergestellt werden.

Beide Kühlsysteme haben ihre Vor- und Nachteile, eine Bewertung dazu wurde u.a. in [282] publiziert (s.a. Tabelle 80). Die beiden Kühlvarianten beeinflussen deutlich die Verfahrensführung der Gärung und Reifung des Bieres, was einige nachfolgende betriebliche Untersuchungsbeispiele zeigen sollen.

Wie die gegenwärtige Bierherstellung in Deutschland mit diesen beiden Tanktypen beweist, sind beide Tankvarianten für die Produktion qualitativ hochwertiger Biere geeignet.

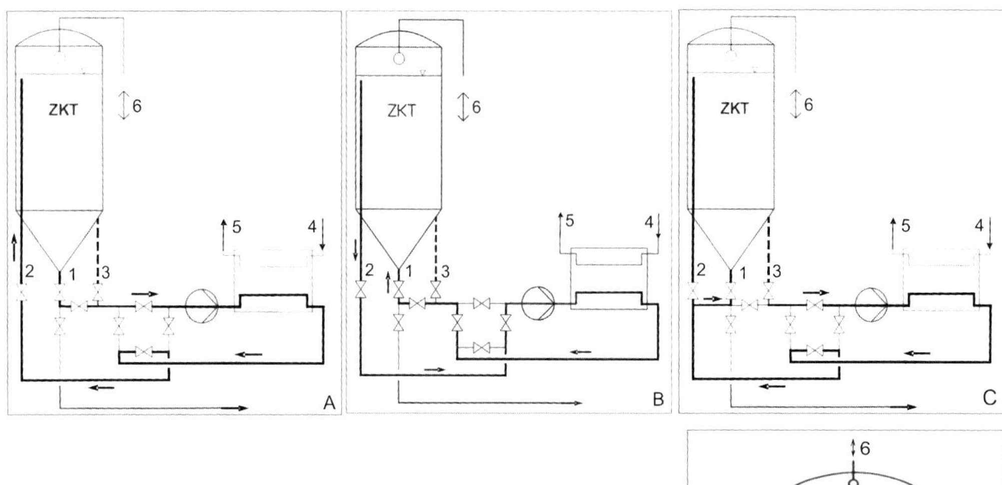

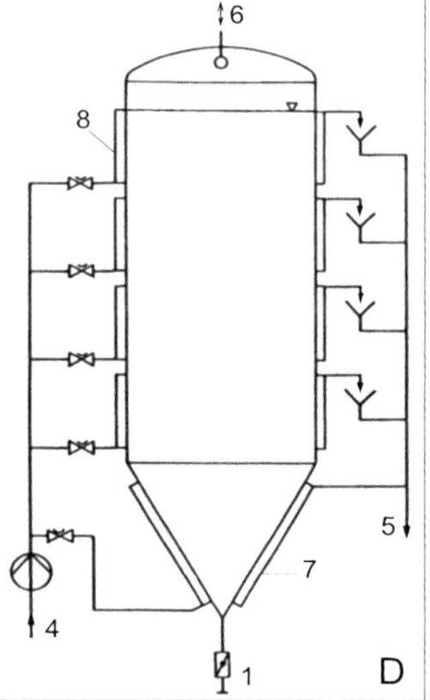

Abbildung 94 Die zwei ZKT-Ausführungen in Deutschland, schematisch
A, B, C ZKT mit externem Kühlkreislauf
D ZKT mit Mantelkühlung
1 Konusstutzen **2** Steigrohr **3** Ziehstutzen
4, **5** Kälteträger **6** CO_2, CIP **7**, **8** Kühlmantel
9 Hefeernte, zur Filtration

Der ZKT mit externer Kühlung ermöglicht folgende drei Umpumpvarianten, die unter bestimmten Bedingungen eingesetzt werden können und technologische Vorteile ergeben (siehe Abbildung 94):

- Variante A die übliche Kühlvariante mit dem Kühlkreislauf: Konusstutzen 1 oder Ziehstutzen 3 → Pumpe ($\dot{V}$ = 12…15 m³/h bei 2500 hL Inhalt) → PWÜ → über Steigrohrstutzen 2 und Steigrohr zurück in den ZKT;
- Variante B das umgekehrte Umpumpregime mit dem Kühlkreislauf: Steigrohr mit dem Anschlussstutzen 2 → Pumpe ($\dot{V}$ = 12…15 m³/h bei 2500 hL Inhalt) → PWÜ → zurück in den ZKT über Konusstutzen 1;
- Variante C der ‚kleine' Umpumpkreislauf in der Phase des Anstellens und der Befüllung: Ziehstutzen 3 → Pumpe → PWÜ ohne Kühlung → Konusstutzen 1. Dazu wird der Stutzen des Steigrohres 2 mit dem Konusstutzen 1 verbunden (Abbildung 94C)

Zu weiteren Vorteilen der ZKT-Kühlvariante mit externem Wärmeübertragerkreislauf im Bereich der Investitions- und Betriebskosten wird auf die nachfolgenden Kapitel und [282] verwiesen.

8.4.2.1 Vergleich der Kühl- und der davon abhängigen Verfahrensvarianten der ZKT

Die beiden Kühlvarianten beeinflussen deutlich die Verfahrensführung der Gärung und Reifung des Bieres (siehe Zusammenstellung auch in Tabelle 97 und Tabelle 98 in Kapitel 8.7.3). Wie die gegenwärtige Bierherstellung in Deutschland mit diesen beiden Tanktypen beweist, sind beide Tankvarianten für die Produktion qualitativ hochwertiger Biere geeignet. Beide ZKT-Typen können sowohl für das Ein- als auch Zwei-Tankverfahren eingesetzt werden, sie haben jedoch auch unterschiedliche technologische Vorteile, wie die Tabelle 80 zeigt. Beide Varianten bieten sich für die Hefeernte ohne Temperaturschock mittels Separation an.

In Tabelle 80 werden die fünf entscheidenden Phasen des Gär- und Reifungsprozesses aus der Sicht der beiden unterschiedlichen Kühlsysteme für ZKT grob bewertet.

Das gleiche gilt auch für ZKT ohne individuelle Kühlfläche, wenn sie über eine Umpumpmöglichkeit verfügen.

Gärung und Reifung

Während die beiden Hauptphasen des Prozesses, die Gärung von Vs > 10 % bis Vsend und die Reifungsphase bis c_{VD} < 0,1 mg/L, bei beiden Systemen aus der Sicht der Temperaturführung problemlos beherrscht werden, können die beiden Kühlsysteme nur unterschiedlich effektiv in den drei anderen Phasen auf die technologischen Aufgaben reagieren.

Tabelle 80 Gär- und Reifungsphasen und ihr Kühlaufwand (nach [282])

Nr.	Gär- u. Reifungsphase	technologische Zielstellung	Kühlung	ZKT mit MK	ZKT mit KKL
1.	Anstellen, Befüllen, Angärung bis Tankvoll u. bis Vs ≈ 10%	möglichst schnell (t< 24 h), keine Hefeschockung	Keine!!	Blackbox (-)	++
2.	Gärung von Vs > 10 % bis Vs ≈ Vsend	maximal 4…6 d in f(St, ϑ_{HG})	möglich in f(ϑ_{HG}), aber nicht erforderlich	0	0
3.	Reifung bis c_{VD} < 0,1 mg/L	möglichst schnell in f(ϑ_R, pH) t_R = 1…4 d	bei Vs = Vsend nur geringe exotherme Vorgänge	0	0
4.	Abkühlung von $\vartheta_R \rightarrow \vartheta_K < 0$ °C	möglichst schnell ohne Hefeschock	möglichst schnell ohne Hefeschockung	t > 48 h	t < 48 h bis t < 24 h
5.	Kaltlagerung (5…7 d = 0…-2 °C) und Entleerung	min. Erwärmung in 3…7 Tagen, keine Störung der Klärung u. Sedimentation der Trubstoffe	Halten d. Kaltlagertemperatur ϑ_K = const.	++	(-) problemlos bei t < 7 d

MK = Mantelkühlung, KKL = Kühlkreislauf, 0 = kein Unterschied, ++ = gute technologische Ergebnisse, (-) = technologische Probleme sind in Abhängigkeit von Betriebsverhältnissen möglich.

Anstellphase

So hat der ZKT mit externer Kühlung gegenüber dem ZKT mit Mantelkühlung in der Anstell- und Befüllphase des ZKT folgende technologische Vorteile:

- Die möglichen Umpumpvarianten in der Befüllphase (am Anfang ZS → KS und später KS → SR) ohne Kühlung gewährleisten:
  - einen sicheren Aufzieheffekt für die Hefe,
  - eine sichere und schnelle Angärung auch bei gelagerten Satzhefen und bei Mangelwürzen,
  - eine schnellere Durchmischung von angestellter Würze und darauf laufenden Suden,
  - die Vermeidung eines hefefreien Würzerestes im Zulaufstutzen und im ZKT-Konus;
- Eine erhöhte biologische Sicherheit durch eine intensive Angärung und eine deutliche Senkung des pH-Wertes schon in dieser Phase;
- Die Möglichkeit einer ständigen Kontrolle der Hefekonzentration und der Hefevermehrung, der Intensität der Angärung und einer kontrollierten Nachbelüftung auch zwischen den Suden.

Abkühlung auf Kaltlagertemperatur

Bei beiden Systemen ist eine mehrmalige oder kontinuierliche Hefeabschlämmung vor oder während des Abkühlens möglich (Kühlung des ZKT mit externer Kühlung mit dem Umpumpkreislauf vom ZS → SR, parallel kann aus dem Konus die Hefe gezogen werden).

Bei einem Umschalten des externen Kühlkreislaufes vom SR → KS bzw. ZS gemäß Abbildung 156b kann bei diesem ZKT-Typ die Abkühlzeit von ca. > 48 h auf ≤ 12 h reduziert werden (weitere technologische Effekte siehe Kapitel 8.4.2.6). Es besteht hier keine Gefahr des Eisansatzes bei einer Tiefkühlung auf -2 °C.

Kaltlagerphase

Beim ZKT mit Mantelkühlung ist jederzeit eine Nachkühlung bei längeren Standzeiten des ZKT möglich, ohne die Klärung des Bieres zu stören. Beim ZKT mit externer Kühlung sollte die Lagerdauer in Abhängigkeit von der Wärmedämmung des ZKT und den Außentemperaturen nicht über 7d ausgedehnt werden, um deutliche Erwärmungen zu vermeiden. Vorteilhaft ist bei diesem ZKT-Typ, die Möglichkeit des weitgehend trub- und hefefreien Abzuges des Bieres zur Filtration über den Ziehstutzen.

Obergärung

Auch bei der Benutzung der ZKT mit der üblicherweise ausgestatteten Mantelkühlung für die Gärung und Reifung von obergärigen Bieren wurden bei neueren Untersuchungen von *Boulton* und *Nordkvist* [233] folgende ähnlichen Schwachpunkte wie bei der vorher diskutierten Untergärung festgestellt:

- Die sedimentierte Hefe vermischt sich mit dem Gärtrub und verschmutzt (Bei eigenen Versuchen mit untergärigen Bieren war im Normalfall bei der Hefeernte immer eine sichere Trennung zwischen sedimentierter Hefe und sich darauf absetzendem Gärtrub möglich).

- Da die Konuskühlung bei abgesetzter Hefe ineffektiv ist, kann es zur Hefeschädigung (Erwärmung des Hefesedimentes) kommen. Die Temperaturkontrolle in der sedimentierten Hefe ist unbefriedigend.
- Die Mantelkühlung ist ineffektiv, um beispielsweise in kurzer Zeit den Tankinhalt von 15 °C auf 4 °C abzukühlen.
- Außer der Temperaturermittlung sind nach dem Anstellen und Befüllende die ablaufenden Gär-, Reifungs- und Klärprozesse schwer zu erfassen. Das Management ist hier meist empirisch begründet.
- Probleme bereiten besonders lange Befüllphasen mit mehreren Suden und lange Rohrleitungen für die Würzezuleitung. Hefegabe, -belüftung und Hefeverteilung sind oft unbefriedigend und führen zu heterogenen Hefequalitäten.
- Der Gärbeginn kann nicht genau bestimmt werden.
- Die natürliche Durchmischung im Konus ist nicht befriedigend.
- Die Hefesedimentation erfolgt oft schneller als gedacht.

Um diese Schwächen zu überwinden, entwickelten die Autoren ein Umpumpsystem mit einer externen Kühlung und einem im Tank eingebauten Mischer. Bei einem ZKT mit 5000 hL Inhalt wurden 250 hL/h umgepumpt. Dabei wurde eine Verkürzung der Prozessdauer erreicht:

- vom Start (Anstellen) bis zum Abbau des Gesamtdiacetyls von 15...29 %,
- bis zum Abschluss der Abkühlung von 10...16 % und
- bis zum Ende des CIP-Prozesses von 20 %.

Dass die o.g. Probleme auch mit einfacherem technischen Aufwand überwunden werden können, zeigen die nachfolgenden Versuchsergebnisse und verfahrenstechnischen Lösungen.

8.4.2.2 Temperaturverteilung im ZKT mit Mantelkühlung beim Tiefkühlen

Bei dem ZKT mit Mantelkühlung ist unbedingt beim Tiefkühlen des ausgereiften Bieres die Veränderung der Bierdichte in Abhängigkeit von der Temperatur und vor allem die Temperatur für die größte Dichte des Bieres zu beachten (siehe Berechnung mit Gleichung 42 und Tabelle 101, Kapitel 8.7.7). Bei der weiteren Abkühlung unter diese Temperatur verringert sich die Dichte des Bieres wieder und es steigt nach oben. Wenn keine Durchmischung erfolgt, besteht die große Gefahr der Bildung eines Eismantels an der oberen Kühlzone (siehe Abbildung 95).

Um dies zu vermeiden, ist bei einer Mantelkühlung eine getrennte Ansteuerung der Kühlzonen Voraussetzung. Durch das Einleiten eines CO_2-Stromes am Konusstutzen kann die Durchmischung und Wärmeübertragung bei diesem Tanktyp etwas verbessert werden.

Ohne CO_2-Einleitung ist bei der Abkühlung des Tankinhaltes auf Temperaturen von ϑ = 0...-2 °C auf Folgendes zu achten:

- Die anzustrebende Kaltlagertemperatur muss oberhalb der Gefrierpunkttemperatur des Bieres liegen (Berechnung nach Gleichung 43 in Kapitel 8.7.7), siehe auch die Abhängigkeit dieser physikalischen Biereigenschaft von der Stammwürze und dem Vergärungsgrad in Tabelle 101 in Kapitel 8.7.7).

- Beim Erreichen der Temperatur der höchsten Bierdichte hat die weitere Abkühlung bis kurz oberhalb der Gefrierpunkttemperatur hauptsächlich mit der Konuszone oder, falls nicht vorhanden, mit der untersten Kühlzone des ZKT zu erfolgen, um einen Eisansatz am Tankmantel zu vermeiden.
- Zur Gewährleistung einer guten Wärmeübertragung auch im Konusbereich ist während der Abkühlung das Resthefesediment abzuschlämmen, da die dickbreiige Hefe ein schlechter Wärmeleiter ist und sie sich weiterhin selbst durch zelleigene exotherme Stoffwechselprozesse (z. B. Verstoffwechslung des Reservekohlenhydrats Glykogen) in der Lagerphase erwärmt.

8.4.2.3 Inhomogenität durch oberschichtige „Warmzone" bei Überfüllung

Die Auswirkungen einer Überfüllung eines ZKT mit Mantelkühlung bzw. eine nicht korrekte Auslegung der Kühlflächen unter Berücksichtigung des Bruttoinhaltes des ZKT können zu deutlich inhomogenen Tankinhalten führen, wie die Ergebnisse einer Betriebsuntersuchung in Tabelle 81 zeigen:

- Die oberen ca. 300 hL Bier in der sogenannten „Warmzone" wurden, wie die Temperaturmessungen am Filtereinlauf zeigten, nur unbefriedigend abgekühlt.
- Das mit gleicher Schärfe filtrierte wärmere Bier hatte gegenüber dem kälteren Bier eine deutlich schlechtere Kältetrübungsstabilität (siehe Alkohol-Kälte-Test) und eine deutlich schlechtere kolloidale Langzeitstabilität (siehe Anzahl der Warmtage bei 60 °C im 1/1-Test).
- Die Ursachen dieser Unterschiede liegen an der unbefriedigenden Ausscheidung von instabilen Eiweiß-Gerbstoff-Trübungskomplexen bei wärmeren Lagertemperaturen (siehe Unterschiede in der Konzentration der Gesamtpolyphenole und Anthocyanogene im filtrierten Bier).
- Auch die Unterschiede in der Kältetrübungsstabilität der unfiltrierten Bierchargen weisen auf die mangelhafte Ausscheidung in der Warmphase hin.

Bei der ZKT-Variante mit externem Kühlkreislauf unterstützt der Flüssigkeitsstrom der Rücklaufleitung den Temperaturausgleich oberhalb der Austrittsöffnung.

Um derartige Inhomogenitäten zu vermeiden, muss

- die Abkühlung des Tankinhaltes durch die Konuskühlung bis auf eine Temperatur kurz über dem Gefrierpunkt erfolgen und
- die Befüllung sollte die oberste Mantelkühlfläche nur maximal bis zu 1 m übersteigen.

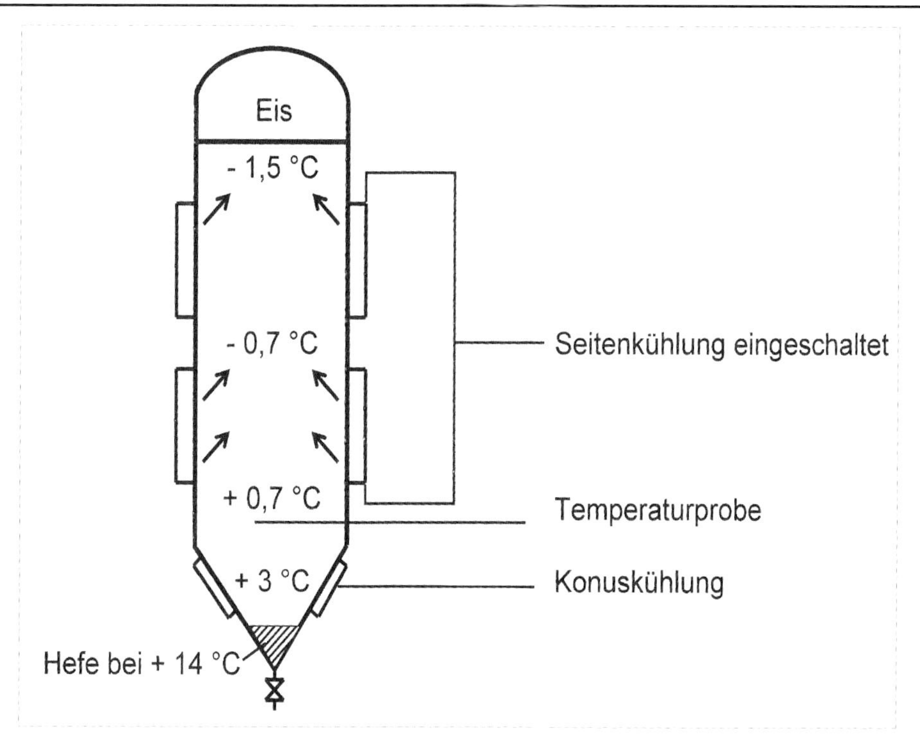

Abbildung 95 Temperaturverteilung des Bieres im ZKT mit Mantelkühlung nach einer längeren Lagerung - nur mit eingeschalteter Seitenkühlung (nach [283])

Tabelle 81 Einfluss der Temperaturschichtung in einem ZKT mit Mantelkühlung auf die Qualität des filtrierten Bieres (nach Betriebsmessergebnissen von [284])

Untersuchung	Maßeinheit	Warmzone [2])	Gekühlte Zone [2])
Biertemperatur am Filtereinlauf	°C	5,0	1.0
Filtrattrübung (25 °C)	EBC - Trübungs-einheiten [1])	0,43	0,43
Alkohol-Kälte-Test [3])	EBC - Trübungs-einheiten [1])	79,9	25,6
Gesamtpolyphenole	mg/L	131 (s = 0,6)	101 (s = 0,4)
Anthocyanogene	mg/L	36 (s = 2,3)	25 (s = 0,4)
Warmtage bei 60 °C 1/1-Test	Tage	4	> 15
Alkohol-Kälte-Test der Unfiltrate [3])	EBC - Trübungs-einheiten [1])	140	102

[1]) gemessen mit dem Tannometer der Fa. *Pfeuffer*; [2]) Tankinhalt 2000 hL, davon ca. 300 hL Bier in der Warmzone [3]) Alkohol-Kälte Test nach Ethanolzusatz bei -8 °C.

8.4.2.4 Die Anstellphase beim ZKT

Die Bedeutung des Anstellprozesses beim ZKT

Die kritischste Prozessstufe bei der Gärung und Reifung im ZKT ist die Anstell- und Befüllphase des ZKT. Im Kapitel 5.3.1 wurden die technologischen Varianten des Anstellprozesses beschrieben, die sowohl für die klassische Gärung als auch für den Gärprozess im ZKT anwendbar sind. Beim zylindrokonischen Großtank kommt es im Vergleich zur klassischen Gärung zusätzlich zu einer wesentlich größeren zeitlichen Ausdehnung des Anstellprozesses. Dies trifft besonders dann zu, wenn zur Befüllung des ZKT mehr als 4...5 Sude erforderlich sind. Die Anstellphase des ZKT beginnt mit dem Einlauf des ersten Sudes unter Zusatz der Anstellhefe (ganz oder teilweise) und endet bei einem Übergang des Tankinhaltes zur intensiven Gärung bei etwa Vs > 10 %. Je nach Sudfolge, Anstelltemperatur und Zellkonzentration, Sud- und ZKT-Größe kann diese erste Phase des Gärprozesses 12...36 h dauern.
In dieser Anstellphase laufen u.a. folgende Teilprozesse ab:

- Die chargenweise Befüllung des ZKT mit gekühlter, geklärter und belüfteter Würze optimal in einer Zeit von < 12 h, maximal in einer Zeit < 24 h.
- Das Anstellen mit dem Beginn der Hefedosage beim Einlauf des ersten Sudes und den bekannten Varianten Anstellen mit Kräusen, einmalige Gesamthefedosage beim ersten Sud oder mehrmalige Teilhefedosagen in Abhängigkeit von der Anzahl der erforderlichen Sude je ZKT.
- Die Nährstoff- und Sauerstoffaufnahme der angestellten Hefe und der hauptsächliche Teil der Hefevermehrung in der ersten Phase durch Biomassezuwachs der einzelnen Hefezelle und in der zweiten Phase durch Zellteilung (Sprossung) und Erhöhung der Zellzahl.
- Die Umstellung der Hefe von der reinen Nährstoffaufnahme und dem begrenzten aeroben Stoffwechsel auf die Gärung mit einer intensiven Ethanol- und Kohlendioxidbildung.

Die Anstellphase ist die entscheidende Phase des Gär- und Reifungsprozesses, in der sowohl die Qualität des Produktes als auch die Wirtschaftlichkeit des Verfahrens (Prozessdauer des Gesamtprozesses) beeinflusst wird. Die Erhöhung der Intensität des Hefestoffwechsels in dieser ersten Gärphase führt bekanntlich:

- zu einer frühzeitigeren und meist auch zu einer größeren Hefevermehrung,
- zur Verkürzung der Dauer der Hauptgärung,
- zu einer stärkeren Abnahme des pH-Wertes,
- zu einem tieferen pH-Wert im Ausstoßbier,
- zur Erhöhung der Bitterstoffverluste in der Angärphase,
- zu einer intensiveren Ausscheidung von instabilen Eiweiß-Gerbstoffverbindungen und meist auch zu einer besseren Klärung und Filtrierbarkeit der Biere,
- zu einer sicheren Erhaltung der Vitalität des Hefesatzes und
- zu einer Zunahme bei der Bildung von Bukettstoffen, vor allem von höheren Alkoholen.

Folgende Möglichkeiten zur Intensivierung der Gärung und Reifung sind bekannt, die allerdings nur in dieser Angärphase wirkungsvoll und qualitätsfördernd angewendet werden können. Voraussetzung dafür ist aber ein installiertes und aussagekräftiges

Prozessleitsystem, das schon während des Befüllprozesses des ZKT sicher quantitative Messwerte ermitteln und auswerten kann, die die Intensität und Qualität des zu erwartenden Gärprozesses abschätzen lassen.
Die folgenden Maßnahmen sind beim Befüllen zur Intensivierung anwendbar:

- Eine stufenweise Erhöhung der Würzezulauftemperatur;
- Eine Belüftung des Tankinhaltes auch in der Befüllungspause mit einer definierten Menge an Sauerstoff, der in der angestellten Würze gelöst wird und von der im ZKT schon befindlichen Hefe auch in der Füllpause verwertet werden kann;
- Eine zusätzliche Hefedosage;
- Ein zusätzliches Aufziehen der schon angestellten Würze im ZKT (Umpumpen ohne Kühlung) zur Verbesserung der Hefeverteilung.

Nach Beendigung der Tankbefüllung bis maximal 12 h nach Füllende können erfolgen:

- eine zusätzliche Belüftung über den Tankkonusstutzen oder über den Umwälzkreislauf, optimal mit genau dosiertem reinen Sauerstoff, um durch das geringere Gasvolumen die Gefahr des Überschäumens zu vermeiden,
- eine zusätzliche Hefedosage und
- durch ein Steigenlassen der Gärtemperatur.

Zur Dämpfung einer zu intensiven Angärung sind beim ZKT u.a. folgende Maßnahmen möglich:

- eine Erhöhung des Spundungsdruckes des ZKT und
- eine Reduzierung der Würzebelüftung und der Zwischenbelüftung.

Zur Kontrolle des Anstellprozesses beim ZKT

Die Kontrolle eines laufenden Anstellprozesses wird noch durch eine Reihe von Stör- und Einflussgrößen, die von Sudcharge zu Sudcharge schwanken können und meist die Hefevermehrung und damit auch die Angärintensität und die Dauer der Hauptgärung beeinflussen, erschwert. Tabelle 82 enthält eine Zusammenstellung dieser Einfluss- und Störgrößen, die trotz des Konstanthaltens des Inputs eines ZKT Schwankungen verursachen, die nicht in jedem Fall vorher kalkulierbar sind.

Ihre Auswirkungen lassen sich bei den kleineren, klassisch offenen Gärbottichen unmittelbar und meist auch schon visuell in den ersten 12 Stunden erfassen. Der ZKT ist dagegen in der Anstell- und Befüllphase meist eine „Blackbox“. Eine repräsentative Probenahme ist bei einem ZKT mit Mantelkühlung erst nach einer deutlichen Angärung und nach der durch die CO_2-Bildung verursachten Durchmischung des gefüllten ZKT möglich, d. h. ca. 12...24 Stunden nach Füllende.

Tabelle 82 Anstellen, Befüllen, Angärung - die Blackbox des Gär- und Reifungsprozesses im ZKT (nach [285])

Nr.	Variable	Stör- u. Einflussgröße	Auswirkungen
1.	Fülldauer	• Ausbeuteschwankungen • Zeitverzögerungen im Sudhaus • Kapazitätsdifferenzen SH - ZKG	• schwankende Befüllungszeit • veränderte Temperaturen der schon angestellten Teilmengen → Probleme bei der Temperaturführung der drauflaufenden Würze
2.	Hefegabe, Hefekonzentration, Vermehrungsintensität	• Genauigkeit der Hefedosage: ± 5...$10 \cdot 10^6$ Zellen/mL • Homogenität der Satzhefe und Hefedosage • schwankende Vitalität der Satzhefe	• bei 0,66 L Hefe/hL Würze = $20 \cdot 10^6$ Zellen/mL → Schwankungen in der Hefekonzentration um ± 25...50 % • Schwankungen in der Intensität der Angärung und Hauptgärung
3.	Temperaturführung Ziel: $\Delta\vartheta = \vartheta_W - \vartheta_B \geq 0$ K	• Temperaturabweichungen vom Sollwert, nicht erfassbare Temperaturschichtungen bei geringer Turbulenz • große Gefahr eines Temperaturschocks der Hefe	• entscheidende Beeinflussung der Hefevermehrung u. Hefevitalität • schwankende Hefekonzentration • veränderte Gär- u. Reifungsleistung • entscheidende Beeinflussung der Bierqualität
4.	Sauerstoff $c_{O2} = f(p_ü, \vartheta)$	• $p_ü$ nimmt mit zunehmendem Füllstand von 0 → 2 bar zu • Gefahr eines schwankenden Sauerstoffeintrages	• Gefahr der unterschiedlichen und schwankenden Sauerstoffversorgung der Hefe • Beeinflussung der Hefevermehrung und Hefevitalität
5.	Würzequalität	• FAN < 200 mg/L • Zn < 0,1 mg/L • ungünstige Zuckerzusammensetzung (z. B. Vsend < 75 %) • Wuchsstoffverluste durch Infektionen	• Beeinflussung der Hefevermehrung • Beeinflussung der Vitalität der Hefe • Beeinflussung der Intensität der Angärung
6.	Füllmenge		• Überschreitung der Nennfüllmenge kann zum Überschäumen führen

Tabelle 83 Möglichkeiten zur Erfassung der Intensität der Angärung in der Befüll- und Angärphase durch den Hefestoffwechsel (nach [285])

Nr.	Veränderungen	Messgröße/Messverfahren	Störgrößen/Probleme
1.	Extraktvergärung	Externes Spindeln, Online-Dichtemessung	Zulaufende Würze, mangelnde Durchmischung, Änderungen in den ersten 12 h gering (< 1 %), großer Messfehler
2.	Temperaturanstieg	Online-Temperaturmessung	Zulaufende Würze, schwankende Würzetemperaturen, mangelnde Durchmischung, Temperaturänderung gering
3.	Abnahme des pH-Wertes	Online-pH-Wert-Messung	Zulaufende Würze, mangelnde Durchmischung, schwankende Pufferung der Würze, schwankendes Nährstoffangebot für die Hefe, in den ersten 24 h Änderung des pH-Wertes um 0,1...0,4 Einheiten
4.	Biomassezuwachs	Trübungsmessung Zellcounter, Hefemonitor	Durch pH-Wert-Abnahme Ausfall von verfälschenden Trübstoffen, nur externe Labormessmethoden, teuer
5.	Abnahme der O_2-Konzentration	Online-Sauerstoffmessung	Zulaufende Würze, physikalische Entbindung durch Luftüberschuss (Flotation), schwankender Sauerstoffeintrag durch steigenden Flüssigkeitssäule im ZKT, O_2-Aufnahme kein sicheres Maß für die Vitalität der Hefe, O_2-Abnahme von 9→0 mg/L in 20 min...2 h
6.	CO_2-Abgasstrom in der Gärphase	Messung des CO_2-Volumenstroms unter Berücksichtigung schwankender Feuchte, Temperaturen und Drücke	Sinnvoll erst nach dem Einsetzen der intensiven Gärphase und nach CO_2-Sättigung des ZKT-Inhaltes, für Angärphase nicht geeignet
7.	Zunahme des gelösten CO_2	Online-CO_2-Sensor, der auch unterhalb der Sättigungsgrenze das CO_2 erfasst	Proportionale Zunahme zur Intensität des Hefestoffwechsels, nur aussagekräftig in der Angärphase, da Korrelation nur bis zur CO_2-Sättigungsgrenze gilt, schnelle CO_2-Verteilung im ZKT
8.	Zunahme des Ethanolgehaltes	Online-Ethanolsensor	Zunahme der Ethanolkonzentration korreliert sehr gut mit der Zunahme des Hefestoffwechsels sowohl von der Angärphase bis zum Ende Gärung

Bei dem ZKT mit externer Kühlung kann schon bereits während der Füll- und Anstellphase eine weitgehend repräsentative Durchschnittsprobe gezogen werden, wenn in dieser Phase der Umpumpprozess über den „kleinen Kreislauf" (Ziehstutzen → Pumpe → PWÜ, ohne Kühlung → Konusstutzen) in Betrieb genommen wird.

Aus diesem Grunde ergibt sich die Notwendigkeit, eine gerade für diese mit sehr vielen Variablen und Prozessveränderungen gekennzeichnete Prozessstufe eine spezifische Prozessleitgröße zu finden.

Einige der bekanntesten Möglichkeiten, die Intensität der Angärung im Verlauf der Befüllung des ZKT zu erfassen sind in Tabelle 83 zusammengefasst.

Es wurden die anwendbaren Messverfahren zur Charakterisierung der in dieser Phase ablaufenden Prozesse aufgelistet und ihre Anwendbarkeit als einzige Prozessleitgröße für diese Prozessstufe aus der Sicht möglicher Störgrößen und anderer Probleme bewertet.

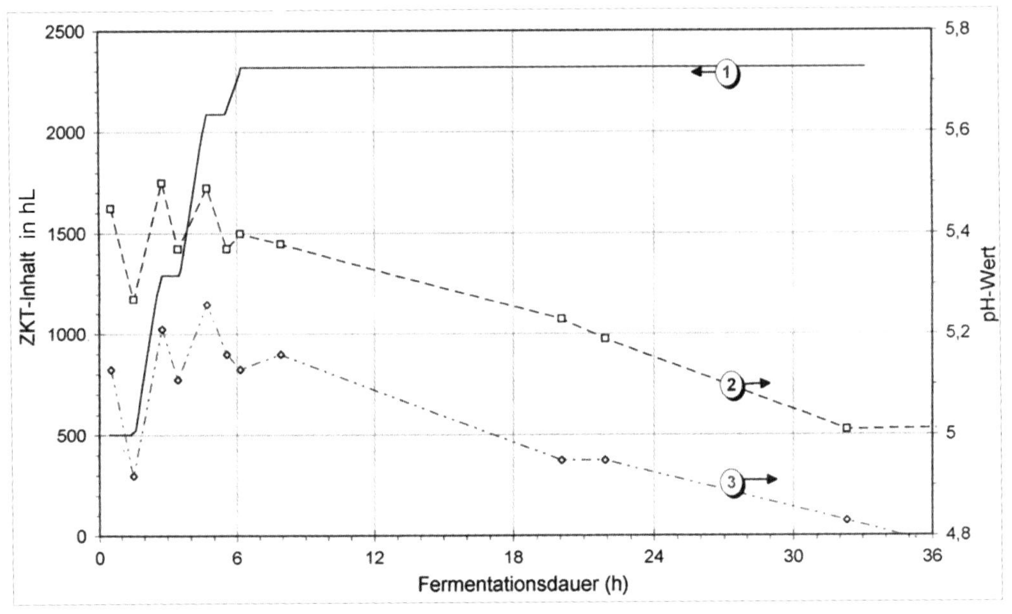

Abbildung 96 Befüllregime und pH-Wert-Verlauf in der Angärphase eines ZKT [286]
1 ZKT-Inhalt **2** pH-Wert der filtrierten Tankprobe **3** pH-Wert der unfiltrierten Tankprobe

Fasst man das Ergebnis dieser Übersicht zusammen, so kann in der Angärphase mit einem CO_2-Sensor der CO_2-Gehalt bis zur Sättigungsgrenze erfasst und als aussagekräftiger, preiswerter Messwert für diese Prozessführung verwendet werden. Alternativ dazu ist die Ermittlung des Ethanolgehaltes mit einem im Prozess integrierten Sensor möglich, damit könnte auch der gesamte Gärprozess verfolgt werden.
Der Einbau eines CO_2- oder Ethanol-Sensors ist sowohl bei einem ZKT mit Mantelkühlung (in der Umpumpleitung mit Probenahmepumpe) als auch beim ZKT mit externem Kühlkreislauf (in der Umpumpleitung) möglich. Wichtig ist, dass die verwendeten Sensoren auch bei den üblichen CIP-Verfahren (10...80 °C, 1...3%ige NaOH, 1%ige HNO_3, 0,1%ige Peressigsäure) im eingebauten Zustand verbleiben können und die verwendeten Membranen eine hohe Stabilität und konstante Permeabilität aufweisen.

Ergebnisse von Betriebsversuchen mit einem CO_2-Sensor in der Anstellphase

Betriebsversuche mit einem industriell hergestellten CO_2-Sensor, der in die Umpumpleitung eines ZKT mit externem Kühlkreislauf eingebaut wurde, belegten die großtechnische Anwendbarkeit dieses Messsystems, wie nachfolgende Ergebnisse zeigen (Beschreibung des Sensors, des Versuchsaufbaues und der ausführlichen Ergebnisse siehe [286]).

In Abbildung 96 weist die Kurve 1 die Befüllung des ZKT in den ersten 7 h durch 4 Würzezuläufe (Inhalt 2200...2340 hL) aus. Ca. 10...15 Minuten nach Beginn des Würzezulaufes mit angestellter Würze (Gesamthefegabe mit dem ersten Sud) wird der Tankinhalt kontinuierlich umgepumpt und die CO_2-Messung gestartet (ein kleiner Kreislauf ist ab 70 hL Inhalt möglich). Auch die gemessenen pH-Werte lassen das Füllregime erkennen und zeigen, dass der Stoffwechsel der Hefe sofort einsetzt.

In Abbildung 97 zeigt Kurve 1 die tatsächlich mit der kalibrierten Sonde ermittelten CO_2-Konzentrationen mit den durch die Befüllphase bedingten Konzentrationsschwankungen. Kurve 2a weist die aus der tatsächlichen CO_2-Konzentration und mit dem jeweiligen Nenninhalt in der Befüllphase berechneten CO_2-Menge in t CO_2/ZKT aus.

Kurve 2b zeigt die aus der parallel ermittelten Ethanolkonzentration berechnete ethanoläquivalente CO_2-Menge im ZKT in t CO_2/ZKT.

Die Kurven 2a und 2b verlaufen bis zur deutlich einsetzenden Entgasung, im vorliegenden Fall ca. ab der 24. Stunde, völlig identisch. Kurve 3 gibt die stündliche CO_2-Bildungsrate in kmol/h an. Sie wird berechnet aus den berechneten Werten der Kurve 2a und zeigt, dass die stündliche Zunahme der Gelöst-CO_2-Menge im ZKT bei einsetzender Entgasung ab der 24. Stunde deutlich abnimmt. Damit kann ab diesem Zeitpunkt die Bestimmung des CO_2-Gehaltes nicht mehr zur Charakterisierung der Intensität des Gärungsstoffwechsels im ZKT verwendet werden.

Abbildung 98 weist den Sauerstoffverbrauch und die Atmungsaktivität im ZKT aus. In Kurve 1 wird die O_2-Konzentration des ZKT-Inhaltes, die mittels Messgerät parallel gemessenen wurde, dargestellt. Die O_2-Konzentrationen steigen während des Zulaufs der belüfteten Würzen (durchschnittliche O_2-Konzentration der Würzen 8 mg/L) an und nehmen in den Sudlaufpausen deutlich ab.

Die Kurven 2a und 2b weisen den O_2- und H_2-Verbrauch durch die Atmung der Hefezellen im ZKT aus. Unter der Annahme, dass 8 mg Gelöst-O_2/l Würze zugeführt wurden, erfolgte die Berechnung der insgesamt im ZKT per Atmung umgesetzten Stoffmengen an O_2 und H_2-Äquivalent (NADH+H in der Atmungskette).

Kurve 3 zeigt den mittels GC bestimmten Acetaldehyd im ZKT. Zum direkten Vergleich mit dem veratmeten H_2-Äquivalent wurden die mittels GC gemessenen Konzentrationen an Acetaldehyd in die jeweils insgesamt im ZKT vorliegenden Stoffmengen umgerechnet. Man erkennt die engen Beziehungen zwischen der Atmung und dem sich dadurch ausbildenden Acetaldehydstau in der Angärphase (Mangel an NADH+H zur Reduktion des Acetaldehyds in Ethanol).

Kurve 4 zeigt die berechnete O_2-Aufnahmerate im ZKT. Die Ableitung der für den O_2-Verbrauch im ZKT ermittelten Kurve nach der Zeit zeigt, dass die Hefezellen vom Augenblick des Anstellens an atmungsaktiv sind. Der zu beobachtende Anstieg der O_2-Aufnahmerate im ZKT während der Befüllung korreliert mit der gemessenen Zunahme an Biomassetrockensubstanz.

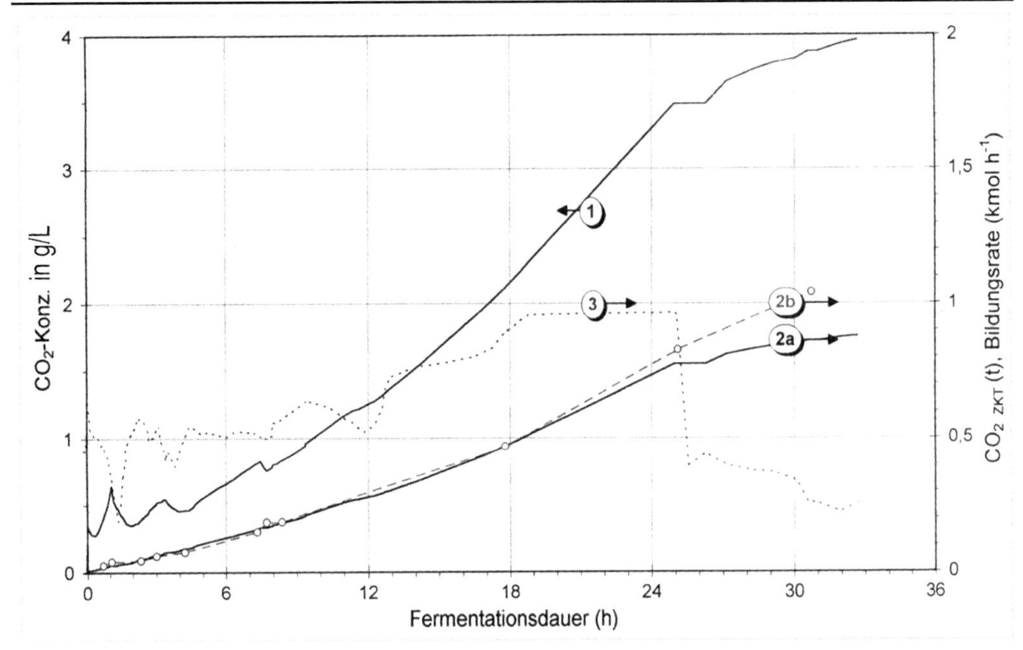

Abbildung 97 Mit dem CO_2-Sensor (Tubingsonde) kontinuierlich gemessene CO_2-Konzentration des ZKT-Inhaltes (1) im Befüllprozess [286]

1 Gemessene CO_2-Konzentration des ZKT-Inhaltes in g/L

2a berechnete Menge an gelöstem CO_2 im ZKT in t/ZKT

2b berechnete Menge an gelöstem CO_2 im ZKT auf der Grundlage der analysierten Ethanolkonzentration (Ethanol äquivalentes CO_2) in t/ZKT

3 berechnete CO_2-Bildungsrate in kmol CO_2/h

Die Würze wurde bis zum Schluss des Würzezulaufes gleichmäßig belüftet und die Dauer der Sauerstoffzehrung nach Tankvoll lag in Abhängigkeit von der Menge der letzten Teilcharge, Befüllzeit und in Abhängigkeit vom Hefestamm zwischen 5 min... 2 h. Bei einem normalen Betriebsregime (Standzeit zwischen den zulaufenden Sudchargen ≤ 2 h) trat während der gesamten Befüllzeit kein Sauerstoffmangel ein, obwohl die gesamte Hefemenge mit dem 1. Sud für den gesamten ZKT gegeben wurde.

Zur Abschätzung der durch Atmung entstehenden CO_2-Menge

Grundlage der Berechnung ist die bekannte Summenformel, nach der bei der Veratmung von 1 mol Glucose 6 mol O_2 benötigt werden und 6 mol CO_2 und 6 mol Wasser entstehen. Geht man davon aus, dass durchschnittlich 8 mg O_2/L Würze gelöst waren, so ergeben sich daraus ein O_2-Eintrag von 55 mol O_2 bei einem ZKT von 2200 hL-Inhalt (bzw. 58 mol O_2 pro ZKT mit 2320 hL Inhalt). Das entspricht einem O_2-Eintrag von 1,76 kg (bzw. 1,86 kg) pro ZKT bzw. einer CO_2-Bildung durch Atmung von 2,42 kg CO_2 (bzw. 2,55 kg CO_2) pro ZKT.

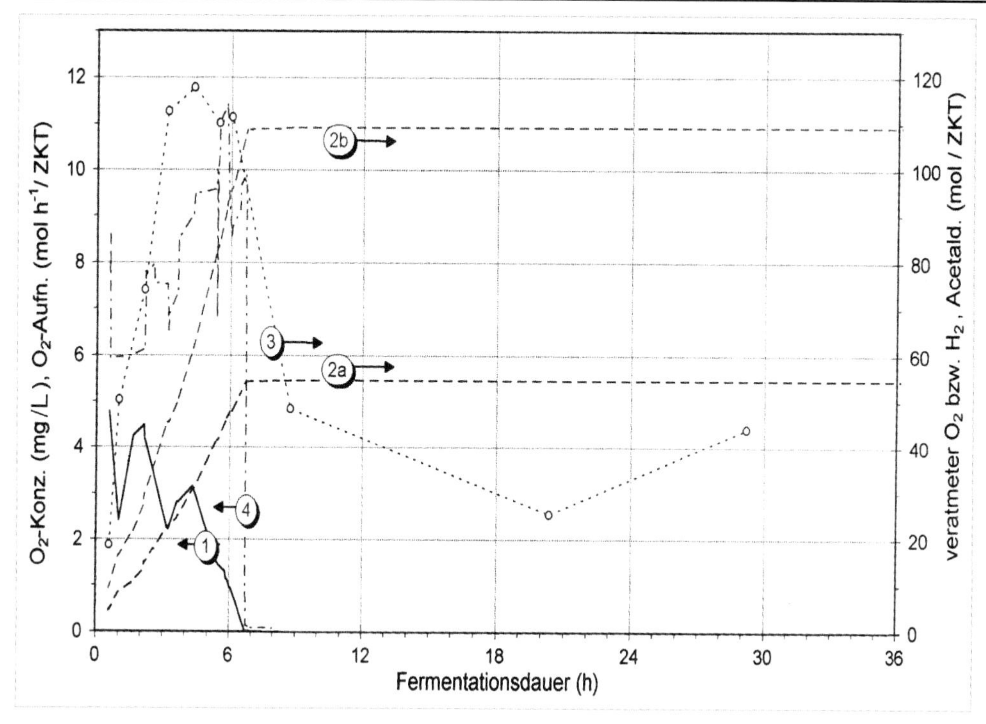

Abbildung 98 Sauerstoffverbrauch und Atmungsaktivität [286]

1 gemessene O_2-Konzentration des ZKT-Inhaltes in mg/L

2a Berechnung der veratmeten Sauerstoffmenge in mol O_2/ZKT

2b Berechnung der veratmeten Wasserstoffmenge in mol H_2/ZKT

3 gemessene Acetaldehydkonzentration des ZKT-Inhaltes in mol Acetaldehyd/ZKT

4 Berechnung der Sauerstoffaufnahme der Hefe in mol O_2/(h · ZKT)

Aus der O_2-Zehrung wurde das Atmungs-CO_2 berechnet und in Abbildung 99 zum Gesamt-CO_2 ins Verhältnis gesetzt. Kurve 1 gibt den im ZKT gelösten Gesamt-CO_2-Gehalt in t/ZKT an. Kurve 2 zeigt das aus dem gemessenen Sauerstoffverbrauch berechnete Atmungs-CO_2 in kg/ZKT.

Kurve 3 weist den Anteil des berechneten Atmungs-CO_2 am Gesamt-CO_2 in Prozent aus. Er beträgt in der Anstell- und Befüllphase im ausgewiesenen Versuch durchschnittlich und relativ konstant 2...2,2 %, d. h. die Hefen gären und atmen in dieser Phase gleichzeitig in einem relativ konstanten Verhältnis.

Nach dem O_2-Verbrauch sinkt natürlich der Atmungs-CO_2-Anteil ab. Der Atmungs-CO_2-Anteil am Gesamt-CO_2 schwankte in der Anstellphase von Hefesatz zu Hefesatz, er lag aber immer zwischen 0,8...2,5 %.

Die CO_2-Bildungsrate nimmt mit der Dauer der Anstell- und Befüllphase bis etwa 24 h nach Füllanfang erwartungsgemäß zu, aber es ließen sich deutliche Niveauunterschiede zwischen den 16 geprüften ZKT-Chargen (mit zwei verschiedenen Hefestämme und 5 verschiedenen Biersorten) erkennen, die gleichbedeutend sind mit unterschiedlichen Gärintensitäten. Die Ursache ist in den physiologischen Leistungsunterschieden der verwendeten Hefesätze zu suchen, wie die in [286] ausgewiesenen Schwankungsbreiten der auf die Biomasse bezogenen spezifischen CO_2-Bildungsraten zeigen.

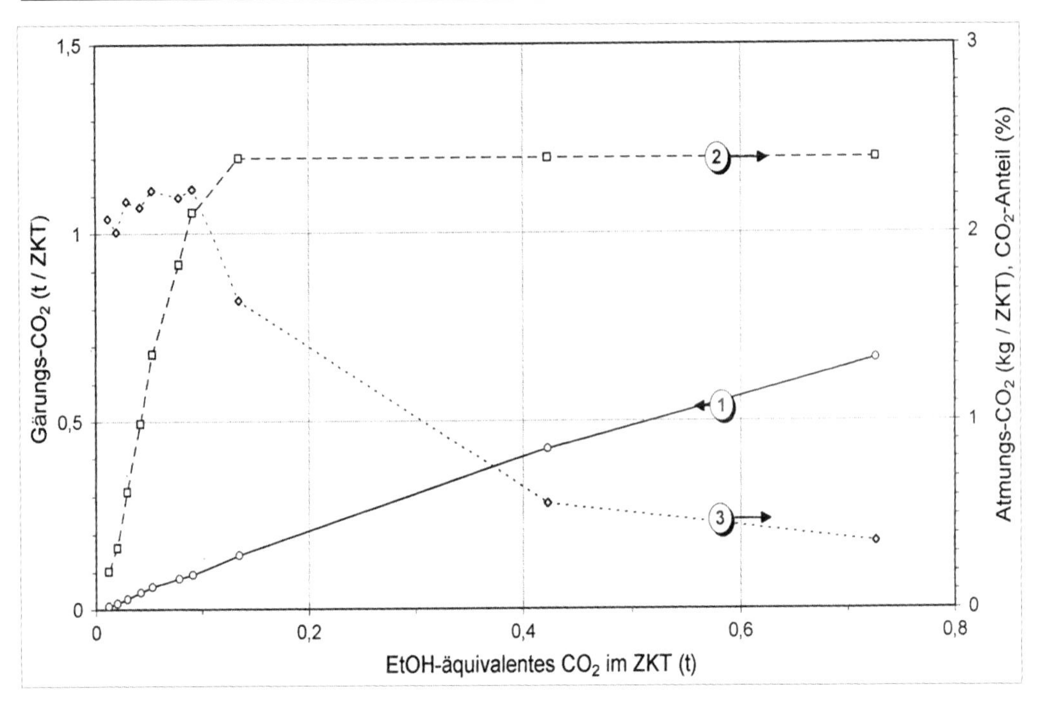

Abbildung 99 Anteil des Atmungs-CO_2 am gesamten im ZKT gelösten CO_2 [286]
1 im ZKT gelöstes Gesamt-CO_2 in t/ZKT
2 im ZKT gelöstes Atmungs-CO_2 in kg/ZKT
3 Anteil des Atmungs-CO_2 am Gesamt-CO_2 in %

In Abbildung 100 sind die Korrelationen zwischen dem CO_2-Gehalt des Tankinhaltes nach 6 Stunden und der Biomassekonzentration beim Anstellen (Kurve 3) bzw. der Biomassekonzentration nach 24 h (Kurve 4) dargestellt. Es besteht, bedingt durch die relative Gleichmäßigkeit des Anstellverfahrens und der Anstellhefegabe, keine signifikante Beziehung.

Die Variabilität in den Gärleistungen der Hefesätze ist größer als die Variabilität in der Biomassekonzentration beim Anstellen der einzelnen Chargen.

Dagegen ist mit der Ermittlung der CO_2-Konzentration nach 6 Stunden (berechnet auf Tankvoll) die Vorhersage der zu erwartenden Gärleistung nach 18 h (Kurve 1), repräsentiert durch die CO_2-Konzentration nach 18 h, bzw. die Gärleistung nach 24 h (Kurve 2), repräsentiert durch die Ethanolkonzentration nach 24 h, hochsignifikant möglich.

Der Extraktabbau in den ersten 24 h war unter den Versuchsbedingungen dagegen eine viel zu ungenaue Messgröße, bzw. die Veränderungen waren zu gering, um sichere Voraussagen über den weiteren Gärverlauf treffen zu können. Auch der FAN-Verbrauch in den ersten 24 h stand mit der Gärleistung (gemessen als CO_2-Konzentration nach 18 h) nicht in Beziehung (Messwerte siehe [286]).

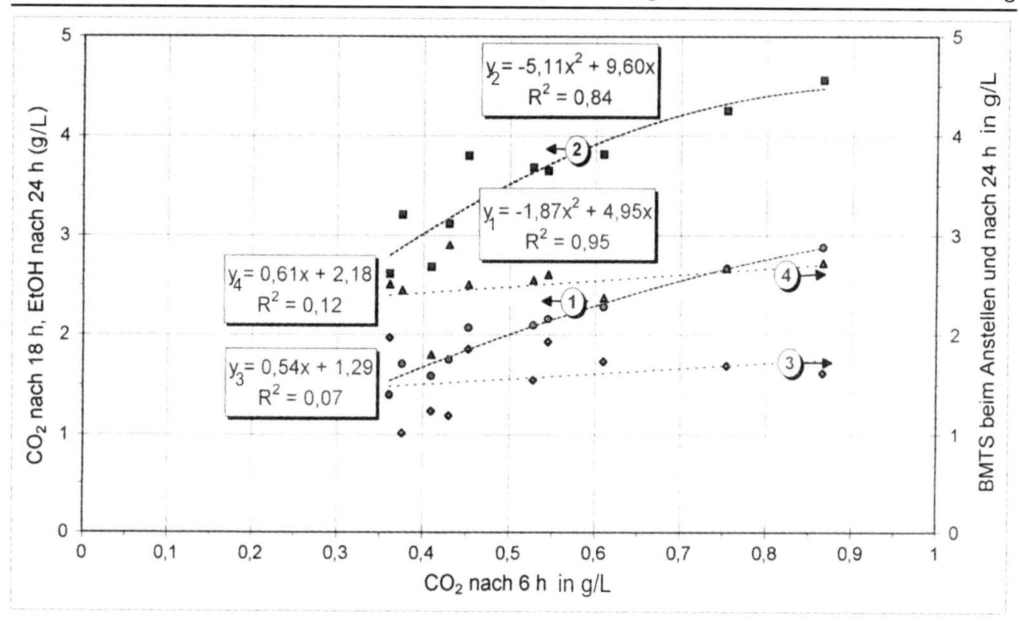

Abbildung 100 Zusammenhänge zwischen der CO_2-Konzentration nach 6 Stunden und der CO_2-Konzentration nach 18 Stunden, der Ethanolkonzentration nach 24 Stunden, der Biomassekonzentration beim Anstellen und der Biomassekonzentration nach 24 Stunden [286]

1 gemessene CO_2-Konzentration des Tankinhaltes nach 18 h in g/L
2 gemessene Ethanolkonzentration nach 24 h in g/L
3 Konzentration der Biomassetrockensubstanz im ZKT beim Anstellen in g/L
4 Konzentration der Biomassetrockensubstanz im ZKT nach 24 h in g/L

Zusammenfassung und Schlussfolgerungen

Es wurde ein von der Fa. *Biotechnologie Kempe* GmbH hergestelltes CO_2-Messsystem verwendet, das für den großtechnischen Einsatz zur Online-CO_2-Messung bei der Biergärung - schon im CO_2-ungesättigten Bier - gut geeignet ist.

Es wird nach einer Kalibrierung des Messsystems eine reproduzierbare CO_2-Konzentration weit unter der CO_2-Sättigungsgrenze im Bier sicher erfasst. Die Nachweisgrenze liegt bei ca. 10 mg CO_2/L und ist auch noch durch die Wahl der Sonde genauer einstellbar. Mit einer Genauigkeit der Messung von ± 10 mg CO_2/L genügt das System den technischen Anforderungen der Brauindustrie. Die CO_2-Messung erwies sich als druckunabhängig.

Als tatsächliches Maß für die Intensität der Angärung kann die ermittelte CO_2-Konzentration bezogen auf einen definierten Tankinhalt bzw. die aus der momentanen CO_2-Konzentration und dem momentanen Tankinhalt berechnete CO_2-Menge in t/ZKT zu jedem beliebigen Zeitpunkt bis zum Einsetzen der CO_2-Entgasung des ZKT eingesetzt und für eine Prozesssteuerung verwendet werden.

Ein Einsatz dieses Messsystems ist bei allen Tanktypen mit entsprechender Anströmung der Tubingsonde und repräsentativer Probenahme möglich.

Das Messsystem kann flexibel während des Füllprozesses und der Angärung am ZKT eingebaut und von Charge zu Charge umgesetzt werden oder auch stationär installiert sein. Es ist CIP-fähig!

Die Sonde ist ein praktikables und aussagekräftiges System, um Licht in die Blackbox beim Anstellen und Befüllen von ZKT zu bringen, erste technologische Zusammenhänge dazu werden dargestellt.

An Stelle eines CO_2-Sensors könnte auch äquivalent ein im Betriebsmaßstab einsetzbarer Ethanolsensor zur Kontrolle der Angärung verwendet werden. Er hätte den Vorteil, dass damit auch der gesamte Gärprozess verfolgt werden könnte.

8.4.2.5 Parallele Betriebsversuche mit beiden ZKT-Gärtanktypen

Wie sich diese Unkontrollierbarkeit des ZKT-Inhaltes mit Mantelkühlung auswirken kann, zeigen die Ergebnisse von großtechnisch parallel durchgeführten Gärversuchen mit beiden ZKT-Typen ähnlicher Größe und Tankgeometrie in einer größeren Brauerei, dargestellt in Abbildung 101 bis Abbildung 103. Der ZKT mit externer Kühlung wird als „Reaktor" und der ZKT mit Mantelkühlung als „ZKT" ausgewiesen [282].

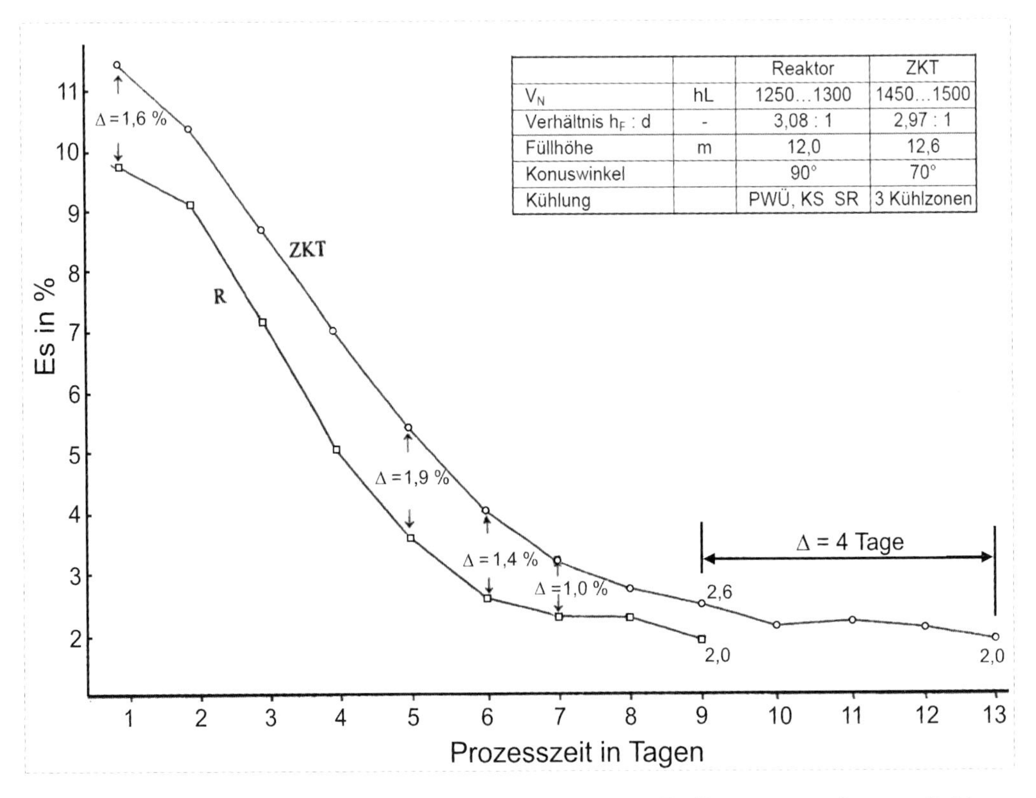

		Reaktor	ZKT
V_N	hL	1250...1300	1450...1500
Verhältnis h_F : d	-	3,08 : 1	2,97 : 1
Füllhöhe	m	12,0	12,6
Konuswinkel		90°	70°
Kühlung		PWÜ, KS SR	3 Kühlzonen

Abbildung 101 Vergleichende großtechnische Gär- und Reifungsversuche parallel in beiden ZKT-Typen - Teil 1: Extraktvergärung - (Messwerte von [287])

Diskussion der Parallelversuche

Beide Gärtanktypen wurden mit der gleichen Würze (5...6 Sude) und Hefe und mit dem gleichen Anstellverfahren befüllt. Das Anstellen erfolgte mit dem ersten Sud über einen Anstellbottich unter Verwendung einer immer schon gelagerten Hefe mit dem gleichen Drauflassverfahren. Die Temperaturführung war bis zum Ende der Reifung vollkommen identisch (siehe Abbildung 103), sie lag bei beiden Gärtanktypen zwischen 10,5...

11,5 °C. Der Inhalt des „Reaktors“ wurde beim Erreichen des Füllstandes in der Höhe des Steigrohres vom Konusstutzen über den Plattenwärmeübertrager und das Steigrohr kontinuierlich umgepumpt. Der Tankinhalt wurde in etwa 20 h einmal umgewälzt.

Abbildung 101 zeigt, dass die „Reaktoren“ trotz gleicher Anstelltechnologie zum Zeitpunkt der Probenahme - ca. 8...12 h nach Füllende - schon durchschnittlich um 1,6 % im scheinbaren Extrakt (Es) weiter vergoren waren als die ZKT. Diese Differenz war während der Hauptgärung bis zu einem vergärbaren Restextrakt von ΔEs ≈ 1 % annähernd konstant. Bis zum 5. bzw. 6. Gärtag „hinkten“ die ZKT grundsätzlich um ca. einen Gärtag hinterher. Bei der Restextraktvergärung kam es beim ZKT zu einer weiteren deutlichen Verzögerung um bis zu vier Prozesstage, bevor der scheinbare Endvergärungsgrad erreicht wurde.

Auch die Reifung (siehe Abbau des Gesamtdiacetyls in Abbildung 102) erfolgte in den „Reaktoren“ zügig, sodass sie durchschnittlich um 5...6 Tage früher auf die Kaltlagertemperatur abgekühlt wurden.

Von Bedeutung sind in diesem Zusammenhang die Unterschiede bei den gemessenen pH-Werten (siehe Tabelle in Abbildung 102). Trotz gleicher Hefe, Würze und Anstell- und Befüllungstechnologie lagen die pH-Werte der „Reaktorbiere“ bereits in der Angärphase um 0,23 pH-Einheiten tiefer als die der „ZKT-Biere“. Diese Differenz der pH-Werte von über 0,2 pH-Einheiten war auch noch eindeutig in der Reifungsphase vorhanden. Dadurch wurde der Diacetylabbau bei den Reaktorbieren erwartungsgemäß beschleunigt.

Die verzögerte pH-Wert-Abnahme bei den „ZKT-Bieren“ weist eindeutig darauf hin, dass der Stoffwechsel der Hefe hier sehr verzögert beginnt und sich die angestellte Würze länger als 24 h in dem gefährlichen pH-Wert-Bereich > 5,0 befindet. Hier besteht die große Gefahr, dass die Sporen der Würzebakterien (Termobakterien) auskeimen und sich noch sehr gut entwickeln können. Als Folge dieser Entwicklung gehen der Hefe Wuchsstoffe verloren und es besteht die große Gefahr, dass von diesen Bakterien Nitrat zu dem Zellgift Nitrit reduziert wird. Beides schädigt die Bierhefe und führt zu einem Anstieg des Totzellengehaltes der Hefe und zu einer verzögerten Gärung und Reifung.

Bei zwischengelagerten Hefen benötigt erfahrungsgemäß der zum Wiederanstellen verwendete Hefesatz eine längere Adaptions- oder Lag-Phase, um Nähr- und Wuchsstoffe zur Bildung von Metaboliten für das Zellwachstum und für die Vermehrung und damit für die Intensivierung der Gärung aufzunehmen. Diese Adaptionsphase eines Hefesatzes kann verkürzt werden durch einen intensiven Kontakt der Oberfläche der vereinzelten, gleichmäßig verteilten Hefezellen mit dem Nährmedium, der Bierwürze. Beim ZKT vom Typ „Reaktor“ wird dazu schon beim Anstellen des Gärtanks mit der gesamten Hefe im ersten Sud der kleine Umpumpkreislauf (Ziehstutzen → Pumpe → PWÜ, ohne Kühlung → Konusstutzen) verwendet, der einen „Aufzieheffekt“ erzielt. Wird dieser Aufzieheffekt bei einer gelagerten Anstellhefe vernachlässigt oder kann er nicht durchgeführt werden, so besteht die Gefahr, dass die Hefezellen aufgrund ihrer größeren Dichte als die der Vollbierwürze sedimentieren und sie in ihrer Nährstoffaufnahme und ihrem Gärungsstoffwechsel behindert werden.

Die Ursachen für die deutlichen Gär- und Reifungsverzögerungen bei dem ZKT mit Mantelkühlung lagen im Anstellverfahren. Hier wurde die gesamte Hefe mit dem ersten Sud dosiert, eine gleichmäßige Verteilung der Hefe im ZKT fand nicht statt.

Durch den Wechsel zu einem anerkannt gärkräftigen Hefestamm, durch die ständige eigene Herführung eines frischen Hefesatzes und durch das sofortige Wiederanstellen der Erntehefen konnte in beiden ZKT-Typen ein gleichmäßiger und zügiger Gär- und

Reifungsverlauf erreicht werden. Zwischen den Suden pro ZKT blieb die Würze auch nicht ohne Hefe im Rohrleitungssystem stehen.

Nach einer Umstellung des Anstellverfahrens für den ZKT arbeiteten beide Tanktypen gleich gut ohne Qualitätsunterschiede bei den Bieren.

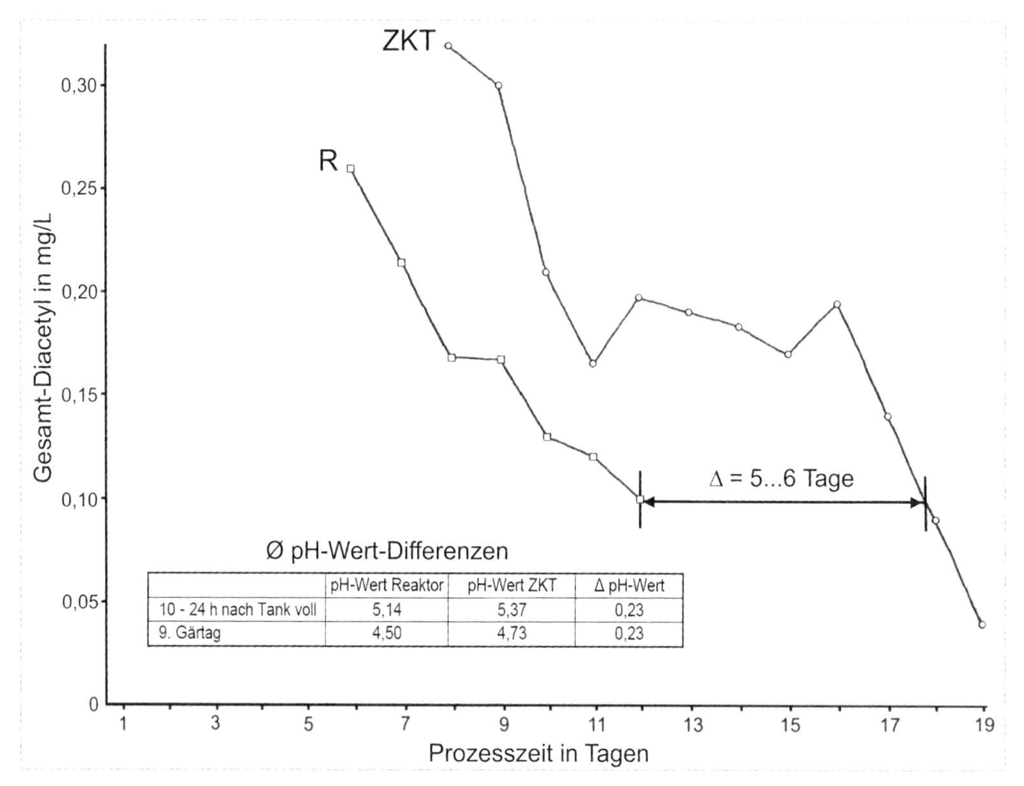

	pH-Wert Reaktor	pH-Wert ZKT	Δ pH-Wert
10 - 24 h nach Tank voll	5,14	5,37	0,23
9. Gärtag	4,50	4,73	0,23

Abbildung 102 Vergleichende großtechnische Gär- und Reifungsversuche parallel in beiden ZKT-Typen - Teil 2: Abbau des Gesamtdiacetyls - (Messwerte von [287])

8.4.2.6 Beispiele für den variablen Einsatz des ZKT mit externer Kühlung

In Abbildung 156 werden die zwei möglichen Varianten zur Gestaltung des Kühlkreislaufes beim ZKT mit externer Kühlung schematisch gezeigt:

- *Variante a* als übliche Variante mit dem Kühlkreislauf: Konusstutzen 1 → Pumpe ($\dot{V}$ = 12...14 m^3/h bei 2500 hL Inhalt) → PWÜ → über Steigrohrstutzen 3 und Steigrohr → zurück in den ZKT,
- *Variante b* als umgekehrtes Umpumpregime mit dem Kühlkreislauf: Steigrohr mit dem Anschlussstutzen 3 → Pumpe ($\dot{V}$ = 16...22 m^3/h bei 2200 hL Inhalt) → PWÜ → zurück in den ZKT über Konusstutzen 1.

Die folgenden Vor- und Nachteile des umgekehrten Umpumpkreislaufes gegenüber der Normalvariante wurden in Betriebsversuchen ermittelt:

Vorteile

Es wird die Sedimentation der Hefe und des ausgefallenen Gärtrubes gefördert und somit die Klärung beschleunigt, ohne die Restvergärung und Reifung zu behindern, da die gesamte sedimentierte Hefe als „Hefepfropfen" in Schwebe gehalten werden kann (siehe Versuchsdarstellung und Versuchsergebnisse in Abbildung 104).

Geht man davon aus, dass die maximal homogen erreichte Hefekonzentration am 3. Prozesstag bei $110 \cdot 10^6$ Z/mL liegt und sich diese Hefemenge am Probenahmestutzen Z1 auf $1145 \cdot 10^6$ Z/mL konzentriert, so kann man abschätzen, dass dieser schwebende Hefepfropfen eine Schichtdicke von etwa 1,4...1,6 m besitzt.

Die Abkühlung des Tankinhaltes auf die Lagertemperatur kann mit konstanter maximaler Temperaturdifferenz erfolgen, da sich das kalte Bier von dem Bier mit Warmreifungstemperatur durch den Dichteunterschied sehr deutlich trennt.

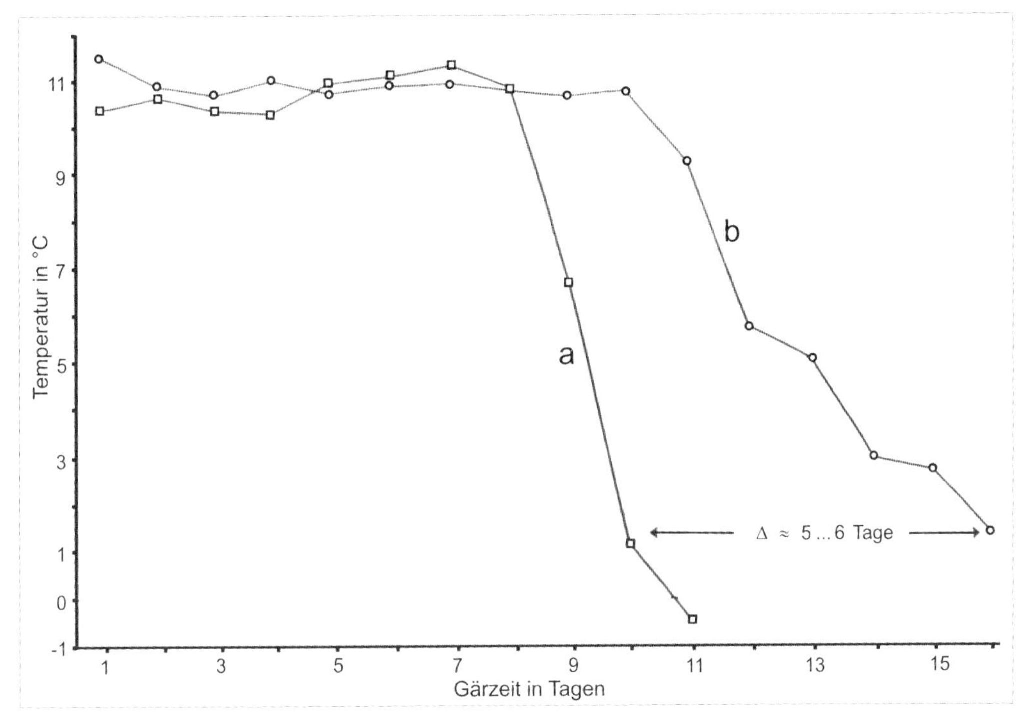

Abbildung 103 Vergleichende großtechnische Gär- und Reifungsversuche parallel in beiden ZKT-Typen - Teil 3: Temperaturverlauf bis zum Abbau des Gesamtdiacetyls unter 0,1 mg/L (Messwerte nach [287])
a ZKT mit externem Kühlkreislauf („Reaktor") **b** ZKT mit Mantelkühlung (ZKT)

Die Abkühlung ist in Abhängigkeit von der Auslegung des PWÜ und des Pumpendurchsatzes bei 2200 hL Tankinhalt in 10...12 h ohne Gefäßwechsel realisierbar.

Die Hefe wird auch beim Aufspunden und Tiefkühlen in ihrer Gesamtheit in Schwebe gehalten und nicht unmittelbar den Kühlflächen des PWÜ ausgesetzt. Sie kann sehr gut in ihrer Hauptmenge auch unmittelbar vor der Tiefkühlung aus dem ZKT geerntet werden, wenn das Umpumpen für ca. 8 h eingestellt wird. Die Temperaturschockgefährdung wird dadurch weiter reduziert.

Dieses System bietet Ansatzpunkte für eine halb- oder vollkontinuierliche Gärung und Reifung, ohne dass eine Fixierung oder Immobilisierung der Hefe erforderlich wird.

Nachteile

Bei einem starren Steigrohr muss die Befüllung genau eingestellt werden (maximale Füllhöhe über dem Steigrohrende ≤ 1,00 m), damit bei der Abkühlphase keine warme Schicht im Tank verbleibt.

Es ist eine Temperaturreglung erforderlich die am Ende der Tiefkühlphase ein Einlaufen von tiefgekühltem Bier in den PWÜ und damit ein Einfrieren des PWÜ vermeidet.

Bei einem wechselseitigen Einsatz desselben ZKT für die beiden Umpumpvarianten führt Variante b zu einer schlechteren Raum-Zeit-Ausbeute, wenn nicht durch konstruktive Maßnahmen das oberschichtige Abziehen verändert wird (z. B. Einbau eines Schwimmer gesteuerten Abzuges).

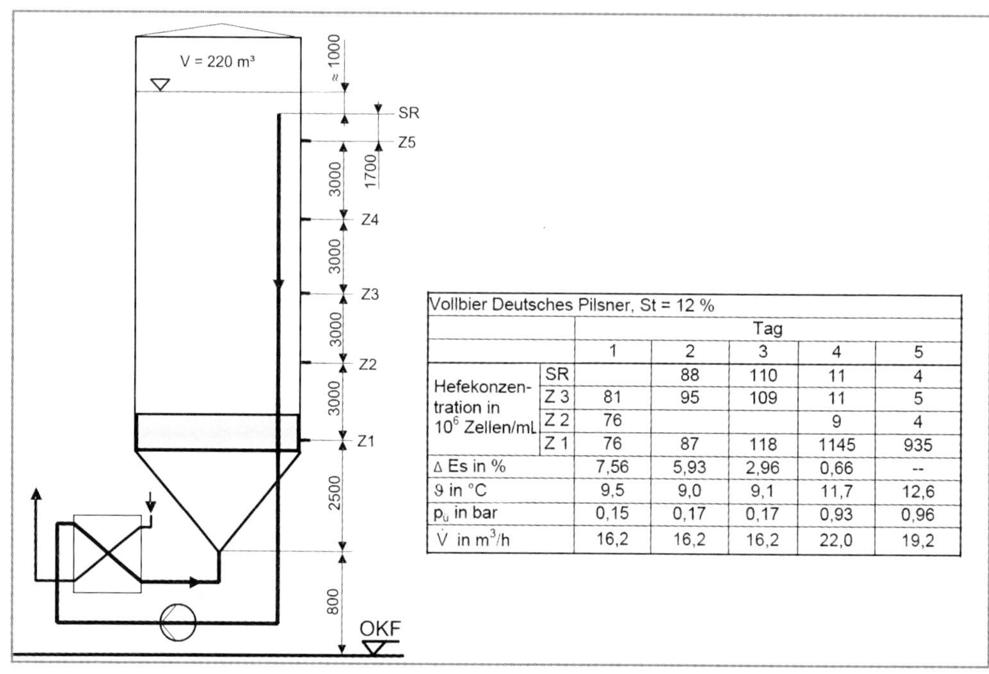

Vollbier Deutsches Pilsner, St = 12 %

		Tag				
		1	2	3	4	5
Hefekonzentration in 10^6 Zellen/mL	SR		88	110	11	4
	Z 3	81	95	109	11	5
	Z 2	76			9	4
	Z 1	76	87	118	1145	935
Δ Es in %		7,56	5,93	2,96	0,66	--
ϑ in °C		9,5	9,0	9,1	11,7	12,6
$p_ü$ in bar		0,15	0,17	0,17	0,93	0,96
$\dot{V}$ in m^3/h		16,2	16,2	16,2	22,0	19,2

Abbildung 104 Verlauf der Hauptgärung im ZKT bei externer Kühlung mit umgekehrtem Kühlkreislauf (nach Messwerten von [22])

SR Steigrohr-Ende, **Z1**...**Z5** Probenahmestellen am ZKT-Versuchstank

8.4.3 Untersuchungen über das Homogenitätsverhalten der ZKT-Inhalte im Prozess der Biergärung und -reifung

Bei der Umstellung der klassischen Gärung und Reifung (offene Hauptgärung, liegende Lagertanks, Flüssigkeitshöhen von ca. 2...< 5 m) auf die geschlossene Gärung und Reifung in stehenden ZKT (Ø 4...< 6 m, Flüssigkeitshöhe ca. 15...24 m) gab es Fragen, z. B.

- wie verhalten sich die Hefezellen unter diesen deutlich höheren Flüssigkeitsdrücken,
- wie ist ihre Verteilung im ZKT,
- wie homogen ist das Bier und
- wie ändert sich seine Zusammensetzung in den einzelnen Schichten?

Pos.	Benennung	DN
S1	Entleerung	100
S2	Entleerung, Filtration	80
S3	Steigrohr	65
S4	CIP-Vorlauf / CO_2-Ableitung	80
S5	Sicherheitsarmatur Überdruck: Unterdruckventile: 2 Stück	 150 150
P1 bis P6	Probeentnahmestutzen	½"

Durchmesser: d_i = 4200 mm
Betriebsdruck: $p_Ü$ ≤ 0,99 bar
Betriebstemperatur: normal: -2...15 °C
bei CIP: ≤ 85 °C
ZKT-Masse: 22,5 t
Volumen netto: 2500 hL
brutto: 2850 hL
Hersteller: VEB Germania K.-M.-Stadt (Chemnitz)

Das Umpumpen erfolgte im Normalfall vom Konusstutzen S1 über Pumpe und PWÜ in das Steigrohr S3 mit $\dot{V}$ = 12...14 m³/h.
Vor der Probenahme erfolgte die Umstellung des Pumpenzulaufes von S1 auf S2.

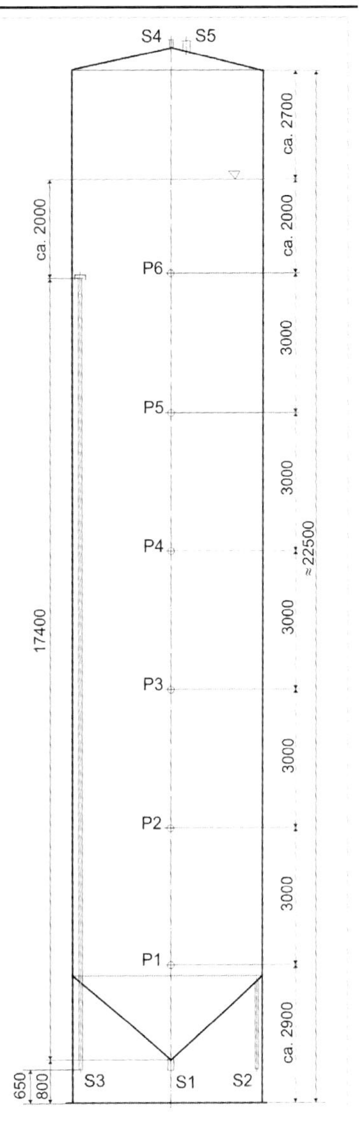

Abbildung 105 Anordnung der Probenahmestellen und Beschreibung des Versuchstanks mit externem Kühlkreislauf

Da im Normalfall ein ZKT mit Mantelkühlung nur mit einer Probenahmestelle im unteren Drittel des ZKT und der ZKT mit externer Kühlung mit einer Probenahmestelle in der Umpumpleitung ausgerüstet ist, waren Homogenitätsuntersuchungen nicht ohne zusätzliche Probenahmestellen durchführbar. Für Versuchszwecke wurde deshalb bei der Verfahrensentwicklung mit dem ZKT mit externer Kühlung ein ZKT mit 6 zusätzlichen Probenahmestellen am Tankmantel ausgerüstet (siehe Abbildung 105), sodass mit den beiden Stutzen S1 und S2 insgesamt 8 Probenahmestellen zur Verfügung standen, da bei der Probenahme wechselseitig von S1 (Konusstutzen) auf S2 (Ziehstutzen) umgestellt werden konnte.

Der Tankinhalt wurde im Normalfall in 24 Stunden etwa 1-mal umgewälzt. In einigen Versuchen wurde der Umpump-Volumenstrom auf über das Dreifache erhöht. Folgende wesentlichen Ergebnisse wurden ermittelt:

8.4.3.1 Untersuchungen zur Temperaturhomogenität

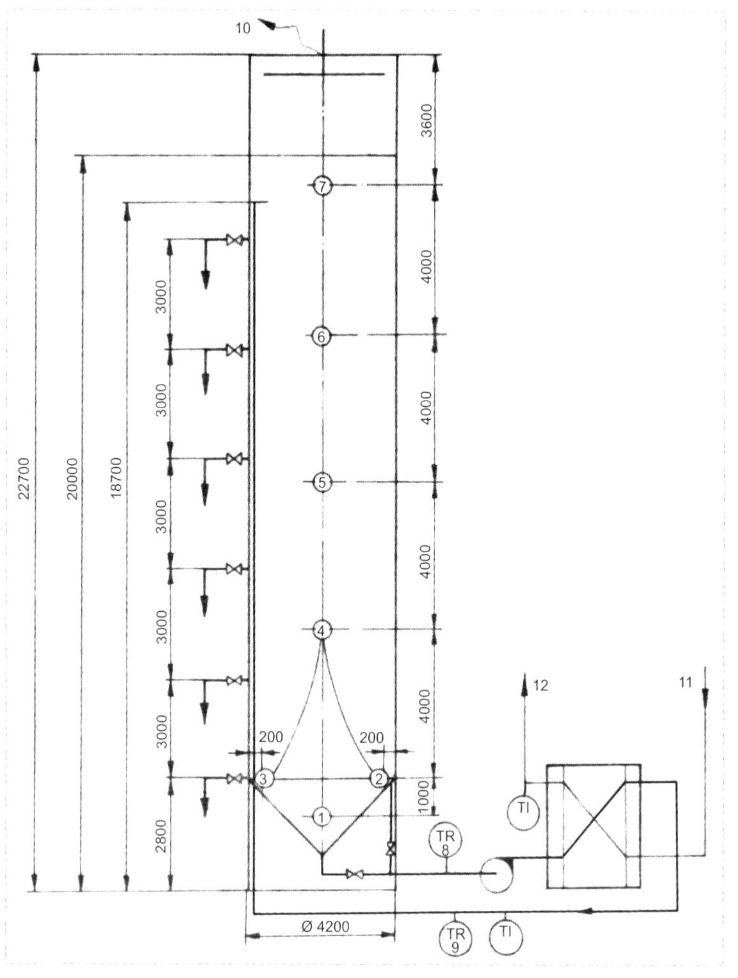

Abbildung 106 Anordnung der in einen 250-m³-ZKT eingebauten Temperaturmessstellen (nach [39])

1 bis **9** Temperaturmessstellen Pt 100 **10** Ableitung der Messleitungen **11**, **12** Kälteträger-Vor- und Rücklauf

Die in einer speziellen Versuchsanordnung mit 7 Temperaturmessstellen im 250 m^3-ZKT und 2 Temperaturmessstellen am PWÜ-Einlauf und PWÜ-Auslauf (s.a. Abbildung 106) durchgeführten Temperaturkontrollen ergaben sowohl in der Phase der Hauptgärung als auch in der Phase der Reifung und Abkühlung bei den 7 Temperaturmessstellen im ZKT keine größeren Temperaturunterschiede als $\Delta\vartheta \leq 0{,}5$ K zum Messfühler 4. Die meisten Abweichungen der einzelnen Messfühler lagen innerhalb der Fehlergrenze der Messeinrichtung von $\Delta\vartheta \approx 0{,}15$ K [39].

Mit folgender Ausnahme, am Messfühler 1 stieg die Temperatur im Vergleich zum Messfühler 4 vom 12. Tag, 7:00 Uhr (Kühlung zu, Pumpe aus, Beginn der Tankruhe) bis zum 14. Tag, 7:00 Uhr (Beginn des 1. Hefeziehens) um 0,74 K an. Die Ursache liegt in den exothermen Lebensprozessen der sedimentierten Hefe. Nach dem Hefeziehen war die Temperaturdifferenz wieder normal. Der gesamte Tankinhalt bleibt auch in der gesamten Ruhephase in seiner Temperatur homogen.

Bei der 4-tägigen Kaltlagerphase wurde durch Wärmeeinstrahlung und evtl. noch ablaufende biochemische Reaktionen ein Temperaturanstieg des Tankinhaltes von $\Delta\vartheta$ = 0,10...0,15 K/96 h festgestellt. Ein Wert, der nur bei Langzeitlagerungen in Abhängigkeit von den Außentemperaturen eine Nachkühlung erfordert.

8.4.3.2 Homogenität des Tankinhaltes im Extraktgehalt, pH-Wert und im Gehalt an Gärungsnebenprodukten

Im Extraktgehalt unterschieden sich die Proben aus den Probenahmestellen P1 und P6 am 1. Tag, 2 Stunden nach der Beendigung der Befüllung, um maximal ΔE_s (P1 - P6) = 0,30 %, danach betrugen die Unterschiede $\Delta E_s \leq$ 0,10 % und lagen im Rahmen des Fehlers der Messmethode [22].

Auch die Untersuchungsergebnisse der Gärungsnebenproduktkonzentrationen (höhere Alkohole, Ester, Acetaldehyd und Gesamtdiacetyl) sowie die pH-Werte ließen ebenfalls zwischen den einzelnen Probenahmestellen keine signifikanten Unterschiede erkennen, sodass für alle weiteren Untersuchungen der genannten Qualitätskriterien die Probenahme nur von einer Probenahmestelle erforderlich war. Die dort ermittelten Werte sind repräsentativ für den gesamten Tankinhalt.

Für den ZKT mit externer Kühlung erfolgte die Probenahme vom Stutzen S2 (Ziehstutzen) aus der Umpumpleitung am PWÜ-Einlauf.

8.4.3.3 Homogenitätsuntersuchungen zum CO_2-Gehalt

Da der CO_2-Gehalt einer Flüssigkeit nach dem Gesetz von *Henry* neben der Temperatur vor allem auch von den vorhandenen Druckverhältnissen abhängig ist, sind bei einem Flüssigkeitsdruckunterschied zwischen den Probenahmestellen P1 (ca. 17 m bis zur Oberfläche Bier) und P6 (ca. 2m bis zur Oberfläche Bier) von rund ΔH = 15 m auch Unterschiede im Kohlendioxidgehalt zwischen den einzelnen Flüssigkeitsschichten zu erwarten.

Erklärung zu Abbildung 107 und Abbildung 108

CO_2-Messungen von den Probenahmestellen P1 und P6 am Tankmantel nach Abbildung 105 in Abhängigkeit vom vergärbaren Restextrakt (ΔE_s in %), der Temperatur (ϑ in °C) und des Spundungsdruckes ($p_ü$ in bar).

- Versuch Abbildung 107:
  - warme Gärung,
  - Spundung erst ab 3. Tag,
  - kühle Reifung.
- Versuch Abbildung 108:
  - Kühle Hauptgärung,
  - Spundung sofort ab 1. Tag,
  - warme Reifung.

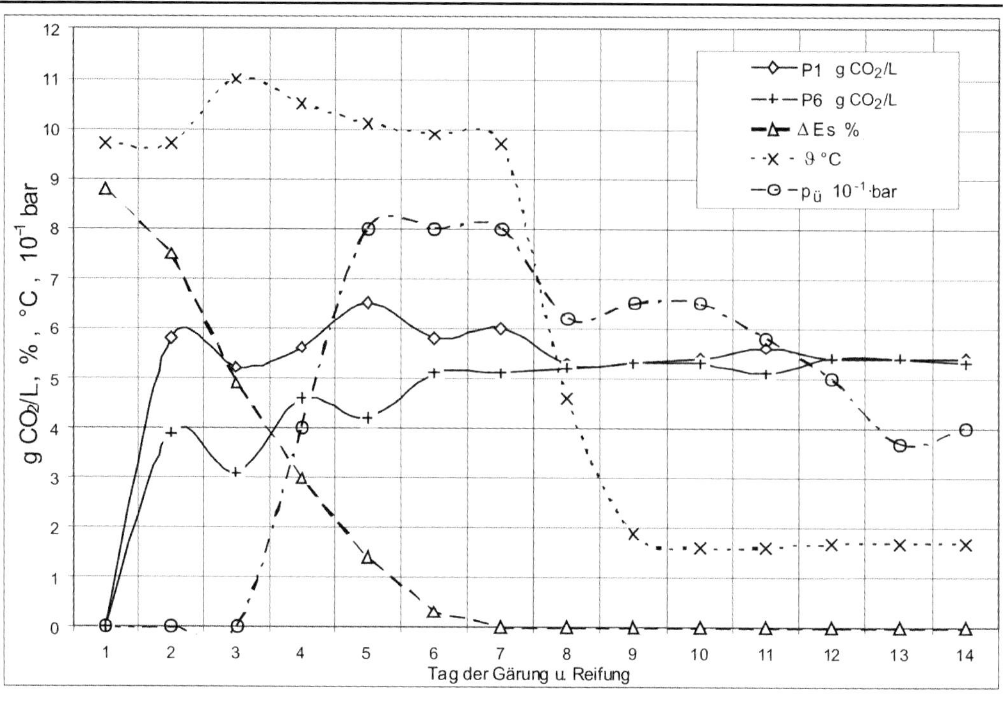

Abbildung 107 Homogenitätsuntersuchungen im CO_2-Gehalt eines 250 m³-ZKT (I) nach Ergebnissen von [22]

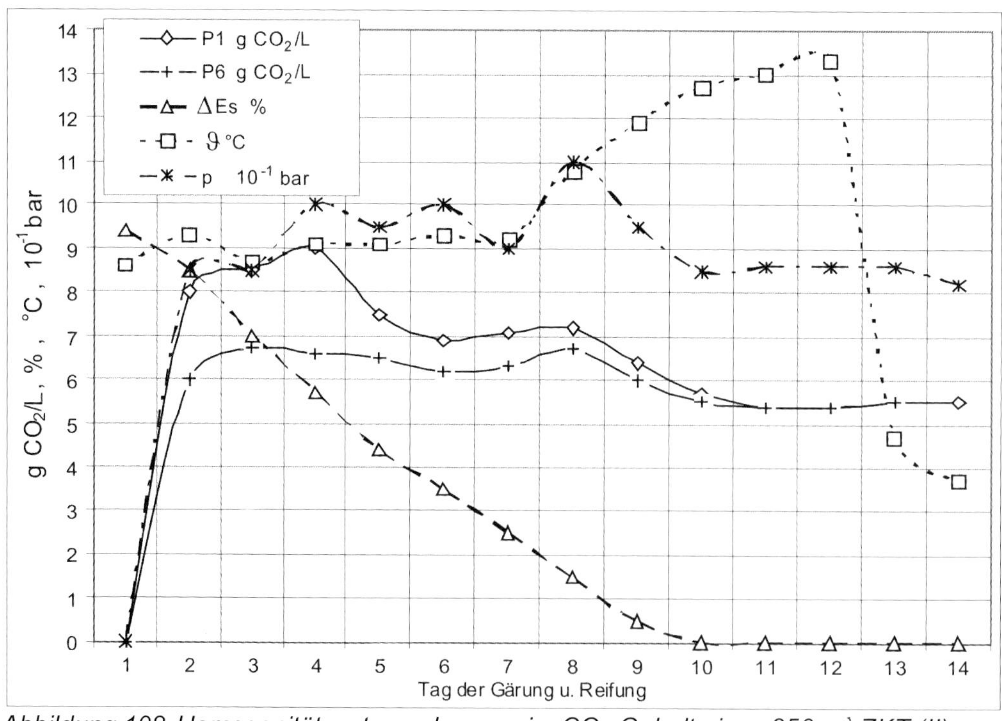

Abbildung 108 Homogenitätsuntersuchungen im CO_2-Gehalt eines 250 m³-ZKT (II) nach Ergebnissen von [22]

Die Ergebnisse der CO_2-Messungen werden auszugsweise in Abbildung 107 und Abbildung 108 dargestellt (Originalwerte siehe [22]). Daraus kann Folgendes abgeleitet werden:

- In der Hauptgärung ist ein deutlicher Konzentrationsunterschied zwischen den Probenahmestellen P1 und P6 zu erkennen, der in seiner Höhe natürlich vom jeweiligen Temperatur-Druck-Regime abhängig war.
- Beim Erreichen des Endvergärungsgrades gleichen sich die CO_2-Gehalte beider Probenahmestellen an und auch unter Auswertung der anderen Messstellen (P2...P5) und unter Berücksichtigung der Standardabweichung der CO_2-Probenahme- und -Analysenmethode von $s \approx 0{,}12$ g CO_2/L kann zu diesem Zeitpunkt der Tankinhalt in seiner CO_2-Konzentration als homogen angesehen werden.
- Die während der Hauptgärung an den Probenahmestellen ermittelten Einzelbestimmungen schwanken um ihren jeweils ermittelten Mittelwert wesentlich stärker als nach Beendigung der Gärung. Die Ursache liegt hier in der Schwierigkeit eine homogene Bierprobe zu entnehmen, da das Bier hier das CO_2 nicht nur physikalisch gelöst, sondern auch als Gasblasen enthält.
  Sichere CO_2-Einzelbestimmungen sind deshalb erst nach Beendigung der Gärung möglich.
- Veränderungen in der Temperatur-Druckführung nach Beendigung der Gärung ergaben bei einem ständigen Umpumpen des Tankinhaltes mit $\dot{V}$ = 14...18 m³/h einen homogenen CO_2-Gehalt (s.a. Versuch in Abbildung 108: Wirken des Umpumpens beim Abspunden und Abkühlen bis zum 13. Tag).
- Die CO_2-Homogenität hat sich auch bei einer Kaltlagerung von 3...5 Tagen nicht verändert, wenn der Spundungsdruck mindestens dem vorhandenen CO_2-Lösungsdruck entsprach.
- Druckentlastungen in der Kaltlagerphase nach Beendigung des Umpumpprozesses unterhalb des CO_2-Lösungsdruckes verursachen CO_2-Verluste in den oberen Tankschichten und führen zu Inhomogenitäten des Tankinhaltes, die nur durch erneutes Umpumpen beseitigt werden konnten (siehe Abbildung 107: Umpumpen am 9. Tag beendet und am 12. bis 13. Tag wieder aufgenommen).
- In der Gärphase ist durch die ständige CO_2-Neubildung eine „CO_2-Überlösung“ vorhanden, die sich in nicht bestimmbaren Zeitabständen „schlagartig“ entbindet.
  Die nachfolgenden Berechnungen des erforderlichen Überdruckes, bezogen auf die gemessenen CO_2-Konzentrationen, zeigen diese Diskrepanzen auf. Bei den nachfolgenden Berechnungen wird der jeweilige Überdruck (ausgedrückt als Absolutdruck) in Verbindung mit der Biertemperatur eingesetzt und der jeweilige Flüssigkeitsdruck als theoretische Variable berechnet. Die Differenz zwischen dem berechneten theoretischen Flüssigkeitsdruck, ausgedrückt in Meter Wassersäule, und der tatsächlichen Flüssigkeitshöhe zwischen P1 und P6 zur Flüssigkeitsoberkante (siehe Abbildung 105) weist auf die Überlösung hin und in der Kaltlagerphase auf eine permanente CO_2-Entgasung.

Berechnung des theoretisch anliegenden Flüssigkeitsdruckes

Das im Vollbier sich lösende CO_2 kann sehr gut mit folgender Regressionsgleichung berechnet werden (hierzu s.a. Kapitel 3.8):

$$c_{CO2} = 10\left(1{,}013 + p_{ü} + H\right) \cdot e^{-10{,}738+\left[2617/(273+\vartheta)\right]} \qquad \text{Gleichung 40}$$

c_{CO2} = CO_2-Konzentration in g/L
1,013 = mittlerer Luftdruck in bar
$p_{ü}$ = Spundungsdruck in bar
H = Flüssigkeitsdruck in bar = (1 bar ≈ 10 m WS)
ϑ = Temperatur des Bieres in °C.

Setzt man in diese Gleichung die in Abbildung 107 und Abbildung 108 ausgewiesenen Messwerte für den CO_2-Gehalt, die Biertemperatur und den Überdruck ein, so kann der für den gemessenen CO_2-Gehalt in Beziehung stehende theoretische Flüssigkeitsdruck für die einzelnen Schichten berechnet werden (Ergebnisse siehe Tabelle 84, die sich verändernde Bierdichte wurde hier noch nicht berücksichtigt!).

Tabelle 84 Erforderlicher theoretischer Flüssigkeitsdruck in m WS bezogen auf den gemessenen CO_2-Gehalt

<table>
<tr><th>Versuch</th><th>P</th><th>3. Tag</th><th>5. Tag</th><th>6. Tag</th><th>7. Tag</th><th>8. Tag</th><th>10. Tag</th><th>11. Tag</th><th>14. Tag</th></tr>
<tr><td rowspan="2">Abbildung 107</td><td>P1</td><td>13,7</td><td></td><td>7,6</td><td></td><td rowspan="2">3,1 [1])</td><td rowspan="2">1,4 [2])</td><td></td><td>4,0</td></tr>
<tr><td>P6</td><td>4,0</td><td></td><td>4,5</td><td></td><td></td><td>3,67</td></tr>
<tr><td rowspan="2">Abbildung 108</td><td>P1</td><td>17,5</td><td>12,7</td><td></td><td>11,6</td><td></td><td rowspan="2">[1])</td><td rowspan="2">8,23</td><td rowspan="2">1,45 [3])</td></tr>
<tr><td>P6</td><td>9,9</td><td>8,4</td><td></td><td>8,1</td><td></td></tr>
</table>

[1]) Vs ≈ Vsend [2]) $\vartheta < 2$ °C [3]) $\vartheta < 4$ °C

Die mit den ermittelten CO_2-Konzentrationen am Probenahmestutzen P6 berechneten äquivalenten Flüssigkeitsdrücke liegen erst bei einer Biertemperatur von $\vartheta < 5$ °C und bei Vs = Vsend in dem realen Bereich von H < 2 m WS.

Bei dem Versuch in Abbildung 107 verhindert der eingestellte Spundungsdruck von $p_{ü}$ = 0,4 bar nicht eine CO_2-Entgasung in der oberen Schicht, da der erforderliche Flüssigkeitsdruck am Probenahmestutzen P6 bei den ausgewiesenen Werten für die Biertemperatur und den Spundungsdruck ca. 2 m WS über dem tatsächlichen Flüssigkeitsdruck liegt. Die beginnende Entgasung ist aus Abbildung 107 schon am 14. Tag erkennbar. Um eine Entgasung zu vermeiden, ist hier ein Spundungsdruck von $p_{ü} \geq 0{,}6$ bar erforderlich.

Schlussfolgerung:

Aus den Ergebnissen kann man ableiten, dass es bei einem berechneten theoretisch erforderlichen Flüssigkeitsdruck (unter Berücksichtigung des gewünschten CO_2-Gehaltes, der Kaltlagertemperatur und des anliegenden Spundungsdruckes) von H >1...1,5 m bei einer Langzeitlagerung zur oberschichtigen Entgasung kommt.

8.4.3.4 Homogenitätsuntersuchungen in der Hefekonzentration

Grundsätzliches zur Hefeverteilung

Eine gleichmäßige Hefeverteilung hat erfahrungsgemäß einen wesentlichen Einfluss auf die Geschwindigkeit der Gärung und Reifung des Bieres. Dabei ist es nicht wichtig, dass die Hefe durch einen hohen Homogenisierungsaufwand in gleicher Konzentration im gesamten Tankinhalt und vor allem in der gesamten Tankhöhe verteilt ist. Wichtig ist aber, dass die Hefe beim Anstellen gleichmäßig in die anzustellende Würze dosiert und während der Gärung weitgehend in Schwebe gehalten wird und sich nicht als festes Hefesediment absetzt. Ein festes Hefesediment nimmt nur noch in sehr geringem Umfang am Gär- und Reifungsprozess des Bieres teil, wenn man von der Verwertung der hefeeigenen Reservekohlenhydrate, den damit beginnenden Autolyse- und Exkretionsprozessen sowie der Erwärmung des Hefesediments bei Langzeitlagerungen absieht.

Für die Reifung, speziell für den Gesamtdiacetylabbau, wird nicht mehr die gesamte im Gärsystem befindliche Hefe benötigt.

Ein Hefekonzentrationsgefälle von unten nach oben ist durch die physikalisch bedingte Hefesedimentation (s.a. Kapitel 2.8.2, Tabelle 6) normal. Eine durchschnittliche Hefekonzentration von 70...80 %, bezogen auf die Hefekonzentration am Ziehstutzen S2 (= 100 %), oder die Konzentration der gesamten im ZKT befindlichen Hefe in einem „schwebenden Hefepfropfen“ oberhalb des ZKT-Konus durch ein umgekehrtes Umpumpregime (siehe Kapitel 8.4.2.6 und Abbildung 104) ergab keine zeitlich feststellbaren Unterschiede bei der Gärung und Reifung des Bieres.

Einfluss der verschiedenen Umpumpmengen auf die Hefeverteilung

Bei einem ZKT mit einem Durchmesser von d = 4200 mm ergeben die geprüften Umpumpmengen in der Reifungsphase die in Tabelle 85 ausgewiesenen durchschnittlichen Fließgeschwindigkeiten und *Reynolds*-Zahlen, bezogen auf den Tankquerschnitt als Maßstab zur Turbulenzeinschätzung. Die durch das Umpumpen erzeugte Strömung liegt, bezogen auf den Tankquerschnitt, immer im laminaren Bereich:

$$Re_{vorhanden} < Re_{kritisch} = 2320$$

Man kann anhand der Hefeverteilungen (siehe Beispiele in Abbildung 109, Abbildung 110 und Abbildung 111) und an der noch vorhandenen Konzentration an vergärbarem Extrakt ΔEs die folgenden zwei Prozessstufen unterscheiden:

- Gärphase: $\Delta Es > 1$ %
- Reifungsphase: $\Delta Es < 1$ %

Bezogen auf die oberhalb des Konus vom Ziehstutzen S2 gemessenen Hefekonzentrationen (= 100 %) hatten die durchschnittlichen Hefekonzentrationen der Probenahmestellen P1 bis P6 [(∑P1...P6): 6 = ø c_H] die in Tabelle 86 ausgewiesenen Anteile.

Tabelle 85 Umpumpmenge $\dot{V}$, Fließgeschwindigkeit w_R im ZKT, Reynolds-Zahl Re

Umpumpmenge $\dot{V}$ in m³/h	w_R in m/s	w_R in m/h	*Re*-Zahl
18	0,000361	1,30	614
38	0,000762	2,74	1296
58	0,000116	4,19	1978

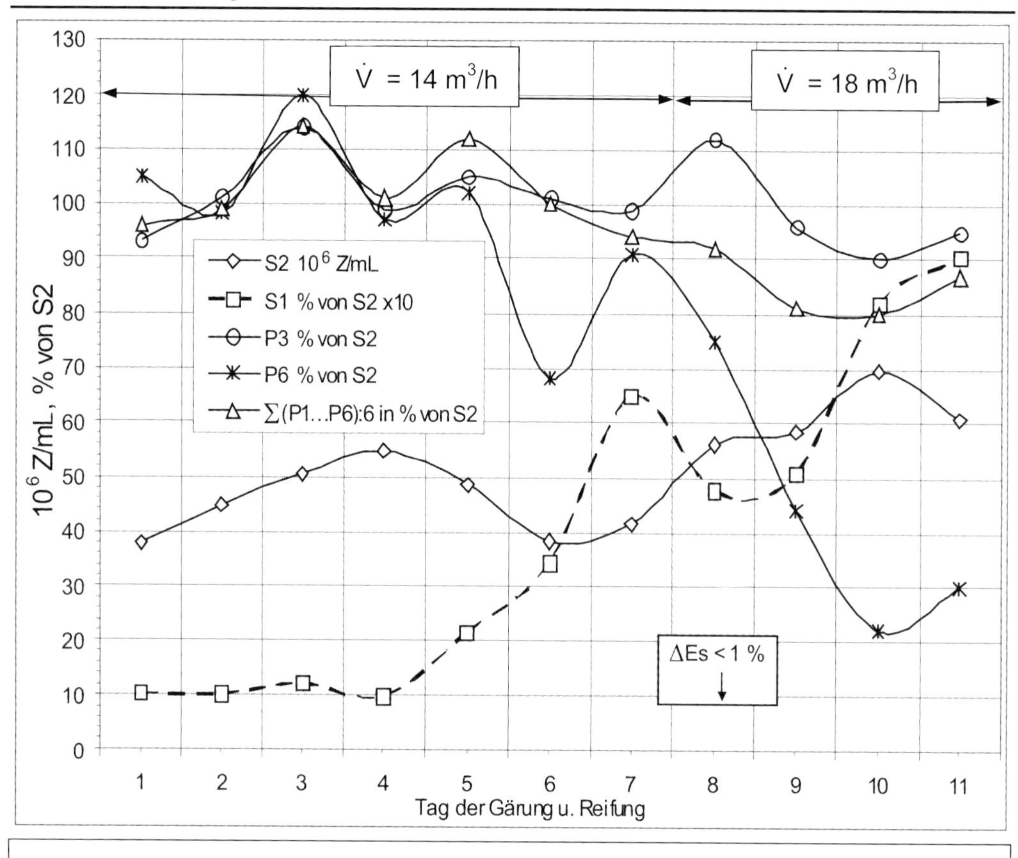

Abbildung 109 Die Hefeverteilung I mit $\dot{V}$ = 14/18 m³/h im ZKT in Abhängigkeit von der Prozessdauer

Gärtemperatur: ø ϑ = 8,9 °C; Vsend des ZKT: 80,4 %; Anstellhefekonzentration: $c_H \approx 30 \cdot 10^6$ Zellen/mL; Spundungsdruck in der Gärphase bis ΔEs = 1 %: ø $p_ü$ = 0,75 bar; maximale Hefekonzentration: $c_{Hmax} = 61 \cdot 10^6$ Zellen/mL; (Messergebnisse siehe [22])

Hinweise zu dem in Abbildung 109 dargestellten Betriebsversuch:

- Bis zum 4. Tag entspricht die Hefekonzentration am Konusstutzen S1 der Hefekonzentration am Ziehstutzen S2, dann beginnt die verstärkte Hefesedimentation, die Hefekonzentration steigt hier bis zum 9fachen Wert von S2 an.
- Die durchschnittliche Hefekonzentration [∑(P1...P6)/6] bewegt sich bis ΔEs = 1 % im Bereich von 90...110 % von S2, dann sinkt der Wert ab.
- Ganz besonders nimmt die Hefekonzentration von P6 auf Werte unter 30 % von S2 ab (20...30 % von $60...70 \cdot 10^6$ Zellen/mL), der aber immer noch über $10 \cdot 10^6$ Zellen/mL liegt und damit für eine zügige Gesamtdiacetylreduktion ausreicht.

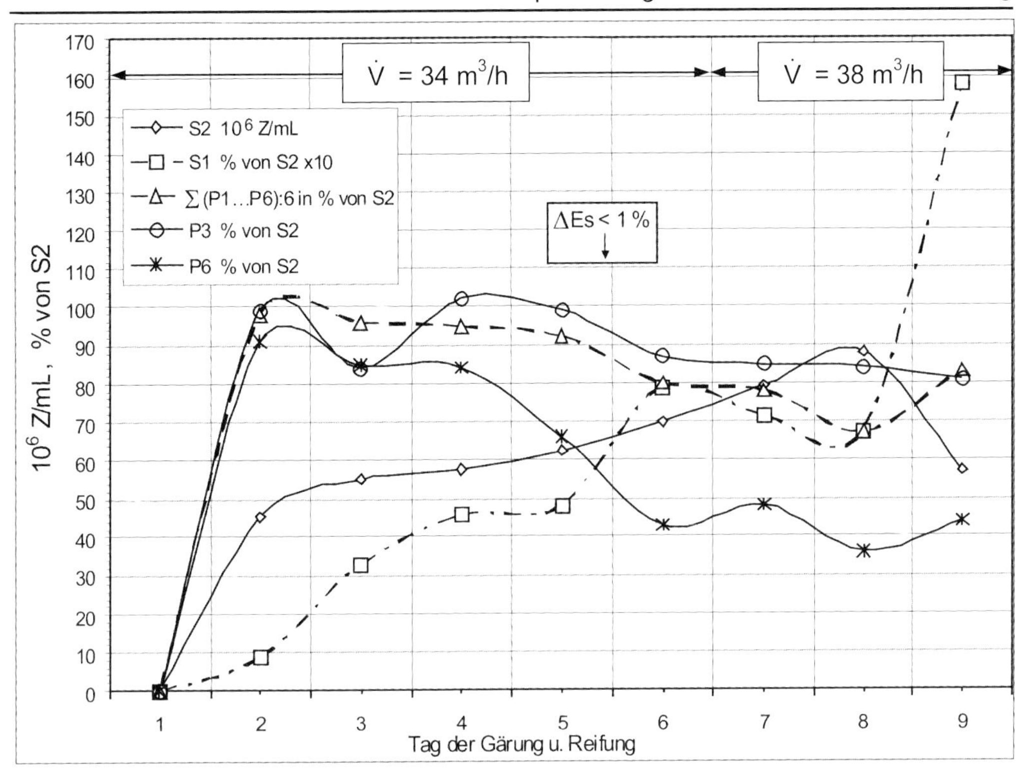

Abbildung 110 Die Hefeverteilung II mit $\dot{V}$ = 34/38 m³/h im ZKT in Abhängigkeit von der Prozessdauer

Gärtemperatur: ø ϑ = 10,7 °C; Vsend des ZKT: 77,8 %; Anstellhefekonzentration: $c_H \approx 30 \cdot 10^6$ Zellen/mL; Spundungsdruck in der Gärphase bis ΔEs = 1 %: ø $p_ü$ = 0,2 bar; maximale Hefekonzentration: $c_{Hmax} = 62 \cdot 10^6$ Zellen/mL; (Messergebnisse siehe [22])

Hinweise zu dem in Abbildung 110 dargestellten Betriebsversuch:

- Bedingt durch den geringeren Überdruck in der Gärphase und die um 2 K wärmere Gärtemperatur gegenüber dem vorigem Versuch, setzt die Gärung intensiver ein, die Reifungsphase wird schneller erreicht, sodass die Hefesedimentation schon ab 2./3. Gärtag beginnt.
- Der höhere Umpumpstrom erhöht die Hefekonzentration von P6 in der Reifungsphase auf durchschnittlich 40 % von S2 (40 % von 70... $90 \cdot 10^6$ Zellen/mL, hier: rd. $30 \cdot 10^6$ Zellen/mL).
- Die durchschnittliche Hefekonzentration des ZKT [∑(P1...P6)/6] sinkt auf 70...80 % von S2 ab.

Tabelle 86 Durchschnittliche Hefekonzentration c_H in Prozent der Probenahmestelle S2

$\dot{V}$ in m³/h	Gärphase: c_H in %	Reifungsphase: c_H in %	Korrekturfaktor K_R [1])
14...18	95,7	73,3	0,73
34...58	97,9	83,4	0,83

1) K_R = Korrekturfaktor zur Berechnung der durchschnittlichen Hefekonzentration im ZKT mit der an der Probenahmestelle S2 ermittelten Hefekonzentration in der Reifungsphase

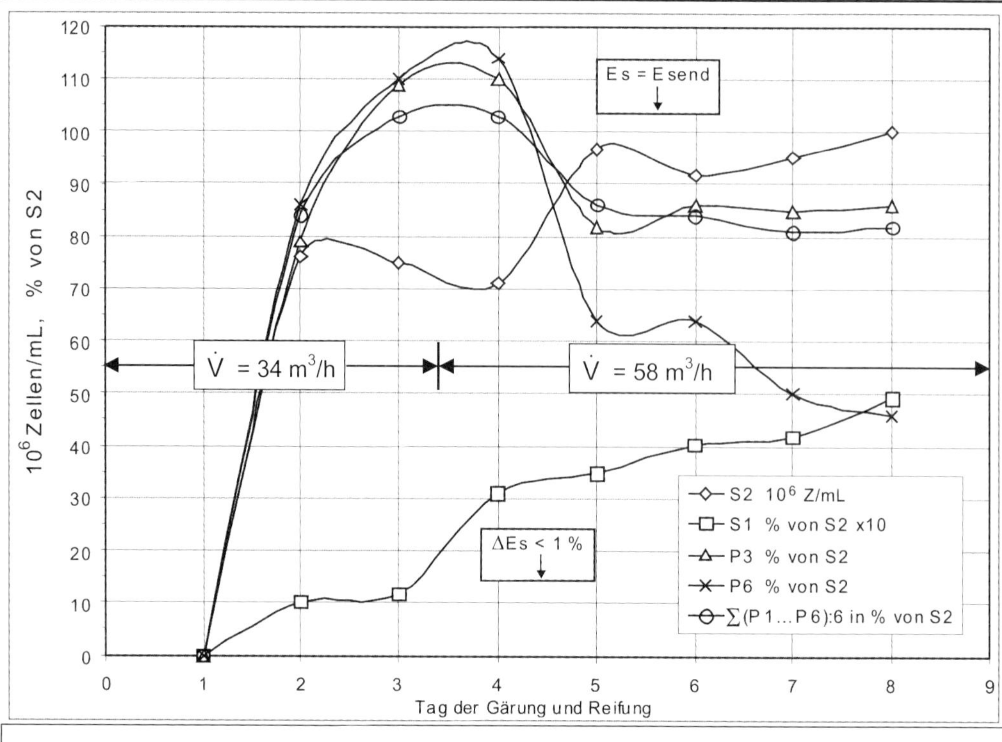

Abbildung 111 Die Hefeverteilung III mit $\dot{V}$ = 34/58 m³/h im ZKT in Abhängigkeit von der Prozessdauer

Gärtemperatur: ø ϑ = 9,7 °C; Vsend des ZKT: 75,4 %; Anstellhefekonzentration: $c_H \approx 28 \cdot 10^6$ Zellen/mL; Spundungsdruck in der Gärphase bis ΔEs = 1 %: ø $p_ü$ = 0,18 bar; maximale Hefekonzentration: $c_{Hmax} = 83 \cdot 10^6$ Zellen/mL; (Messergebnisse siehe [22]).

Hinweise zu dem in Abbildung 111 dargestellten Betriebsversuch:

- Aufgrund der sehr guten Würzequalität in diesem Versuch betrug der Hefezuwachs über $50 \cdot 10^6$ Zellen/mL und führte zu einer noch um 1 Tag schnelleren Hauptgärung gegenüber dem Versuch in Abbildung 110.
- Eine deutliche Hefesedimentation ist hier aufgrund vieler junger Zellen erst ab dem 3. Tag erkennbar.
- Die Hefekonzentration am Probenahmestutzen P6 schwankte in der Reifungsphase auch aufgrund der erhöhten Umpumpmenge zwischen 45...65 % von S2.

Folgende Schlussfolgerungen sind aus den Hefehomogenitätsuntersuchungen zu ziehen:

- Eine Erhöhung der Umpumpleistung von $\dot{V}$ = 14 m³/h auf 58 m³/h hatte während der Gärphase keinen statistisch nachweisbaren Einfluss auf die Hefeverteilung und ist aus wirtschaftlichen Gründen abzulehnen.
  Die durch das Umpumpen erzeugte laminare Strömung wird in der Gärphase durch die turbulente Strömung, verursacht durch das sich entbindende CO_2, völlig überdeckt. Der Tankinhalt ist in dieser Phase weitgehend homogen.

- Die Werte der Hefekonzentrationsbestimmungen am Stutzen S2 entsprachen in der Gärphase annähernd der im gesamten Gärtank vorhandenen Hefekonzentration.
- In der Reifungsphase ist durch eine Erhöhung der stündlichen Umpumpmenge eine Verbesserung der Hefeverteilung statistisch gesichert erreichbar, allerdings ohne eine signifikante Beschleunigung der Gärung und Reifung zu erzielen. Die festgestellten Unterschiede in der Prozessdauer wurden eindeutig verursacht durch Unterschiede in der Hefe- und Würzequalität sowie in der Prozessführung.
- Untersuchungen über die Hefeverteilung im Tankquerschnitt (Probenahmen vom: Tankrand/Zwickel - Abstand 1 m vom Rand - Tankmitte) mit einem Stechrohr am Probestutzen P2 ergaben, dass es keine signifikanten Unterschiede auch bei der niedrigsten Umpumpmenge in der Hefekonzentration im Tankquerschnitt gab. Die Schwankungen lagen alle innerhalb des mit einer Standardabweichung von $s = 5{,}3 \cdot 10^6$ Zellen/mL ermittelten Vertrauensbereiches der angewandten Probenahme- und Messmethode (*Thoma*-Zählkammer).
- Interessant ist, dass die Hefekonzentrationen an der Probenahmestelle P3 unabhängig von der Umpumpmenge etwa annähernd die durchschnittliche Hefekonzentration im ZKT wiedergibt.
  Bei einem ZKT mit Mantelkühlung sollte deshalb bei ähnlichen ZKT-Abmessungen die Probenahmestelle in gleicher Höhe angebracht werden.

8.4.3.5 Orientierende Versuche zur Ermittlung der Verteilungsgeschwindigkeit von Zusätzen und der erforderlichen Homogenisierungszeit

Um für Stabilisierungsmittel und für außerhalb des Deutschen Reinheitsgebotes erlaubte Zusätze (z. B. Kalthopfungspräparate, Enzympräparate) ihre Verteilungsgeschwindigkeit zu ermitteln, wurden mit dem Kalthopfungspräparat „Lupania NP 16“ Aufbitterungsversuche durchgeführt, da die Veränderungen in den Bitterstoffkonzentrationen sofort nach der Probenahme ermittelt werden konnten.

Alle Zusätze erfolgten in der Reifungsphase bei einem weitgehend endvergorenen Bier und hatten folgende Ergebnisse (ausführliche Darstellung der Werte siehe [22]):

- Die Zusätze mit einer Aufbitterung um 5...10 BE waren bei einer Umpumpmenge von $\dot{V}$ = 14...18 m³/h (normales Umpumpregime) innerhalb von ca. 180 min homogen nachweisbar.
- Die Geschwindigkeit der analytisch nachweisbaren Bitterstoffverteilung zwischen den Probenahmestellen konnte mit w > 82,8 m/h ermittelt werden. Sie lag damit rund 80fach über dem theoretischen Wert der mittleren Fließgeschwindigkeit, die durch den Umpumpstrom erzeugt werden konnte (siehe auch Tabelle 85).
- Daraus ist erkennbar, dass auch am Anfang in der Reifungsphase bei $\Delta Es \approx 0$ % noch durch thermisch bedingte Strömungen eine hohe Turbulenz im ZKT vorhanden ist, die auch die Hefesedimentation behindert.
- Für in Bier leicht lösliche Zusätze sollte in dieser Phase der Reifung eine Homogenisierzeit von rund 180 min eingeplant werden.

8.4.3.6 Strömung im ZKT

Bei Untersuchungen zum Strömungsverhalten in einem 250-m^3-ZKT wurde von *Senge* [288] gefunden, dass keine konstanten Auf- und Abströmungen resultieren. Eine aufwärtsgerichtete intervallmäßige Strömung wurde im Wandbereich gefunden, die im oberen Viertel in eine Radialströmung umgelenkt wird und im Zentrum zur Abwärtsströmung wird. In einer Höhe von > 15 m treten die größten axialen Auf- und Abströmungen auf, die sich mit den Radialströmungen pulsierend überlagern.

Die Strömungsgeschwindigkeiten betrugen bis zu 12 cm/s. Eine Aufwärtsströmung entsteht etwa alle 10 min und dauert etwa 2...5 min an.

Ursache der pulsierenden Strömung dürfte die CO_2-Übersättigung im Konusbereich sein, die intervallmäßig zur Freisetzung von CO_2-Bläschen führt, die dann aufsteigen. Gleichzeitig nimmt die CO_2-Konzentration wieder ab, bis erneut eine Übersättigung erreicht wird.

8.4.4 Gär- und Reifungsverfahren in zylindrokonischen Großtanks

8.4.4.1 Variante 1: Mäßig warme Gärung und Reifung im Eintankverfahren mit dem ZKT mit externer Kühlung und unter $p_ü$ < 1,0 bar

Als ein Beispiel für ein beschleunigtes Gär- und Reifungsverfahren in diesem ZKT-Typ ohne Gefäßwechsel kann das nachfolgend charakterisierte Eintankverfahren [22], [289] mit folgendem Prozessverlauf angesehen werden (ergänzende Informationen zur Verfahrensbeschreibung siehe auch Abbildung 112, Abbildung 113, Abbildung 114, Abbildung 115, und Tabelle 87):

- Die gesamte Hefegabe erfolgt mit dem Einpumpen der ersten Würzecharge. Nach jedem Sud ist die Würzeleitung unbedingt leer zu drücken, um Würzestandzeiten ohne Hefe zu vermeiden.
- Die Hefemenge muss mindestens 1 L dickbreiige Hefe/hL des vorgesehenen Tankinhaltes betragen ($\geq 30 \cdot 10^6$ Zellen/mL).
- Die Füllung sollte innerhalb von 24 h abgeschlossen sein (maximal 36 h).
- Durch die Temperatur-Druck-Führung in der Anstellphase können der Gehalt an Bukettstoffen und die Intensität der Angärung wesentlich beeinflusst werden (siehe Abbildung 113).
- Bereits beim Füllvorgang wird der Tankinhalt zur Förderung der Homogenität umgepumpt (kleiner Kreislauf bis 80 % Füllungsgrad: Umpumpen vom Ziehstutzen 2 in den Konusstutzen 3 durch eine Verbindung von Stutzen 4 mit dem Konusstutzen 3; über 80 % Füllungsgrad normales Umpumpen gemäß Abbildung 115 und Tabelle 87 vom Konusstutzen 2/3 in das Steigrohr 4).
- Die Gärphase erfolgt bei geringem Überdruck im Temperaturbereich zwischen 9 bis 10 °C bis zu einem ΔEs = 2...2,5 %.
- Dieser restliche vergärbare Extrakt wird ohne Kühlung des Tankinhaltes weiter vergoren, die Temperatur steigt dabei auf eine gewünschte Reifungstemperatur des Jungbieres von 12...12,5 °C und der Tankinhalt wird bei Beginn dieser Anwärmphase (spätestens bei ΔEs = 1 %) auf den maximal möglichen Spundungsdruck ($p_ü$ = 0,9 bar) gespundet (Anwärmphase ist noch Bestandteil der Hauptgärphase).
- Die Reifungsphase wird bei Beibehaltung des Umpumpregimes so lange ausgedehnt, bis der Gesamtdiacetylgehalt deutlich unter 0,15 mg/L (optimal unter 0,10 mg/L) liegt.

Text weiter Seite 308

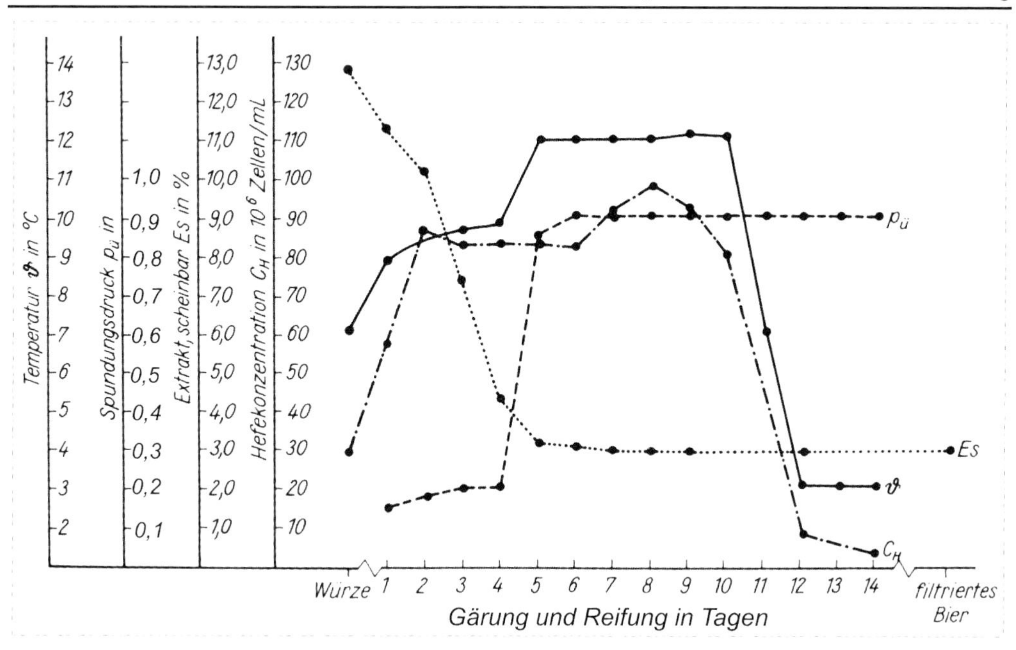

Abbildung 112 Ablauf eines beschleunigten Gär- und Reifungsverfahrens im ZKT [22] (Fortsetzung siehe Abbildung 113)

c_H durchschnittliche Hefekonzentration, berechnet aus Einzelmessungen von 6 Probenahmestellen am Tankmantel im Abstand von 3 m und aus der Messung am Ziehstutzen.

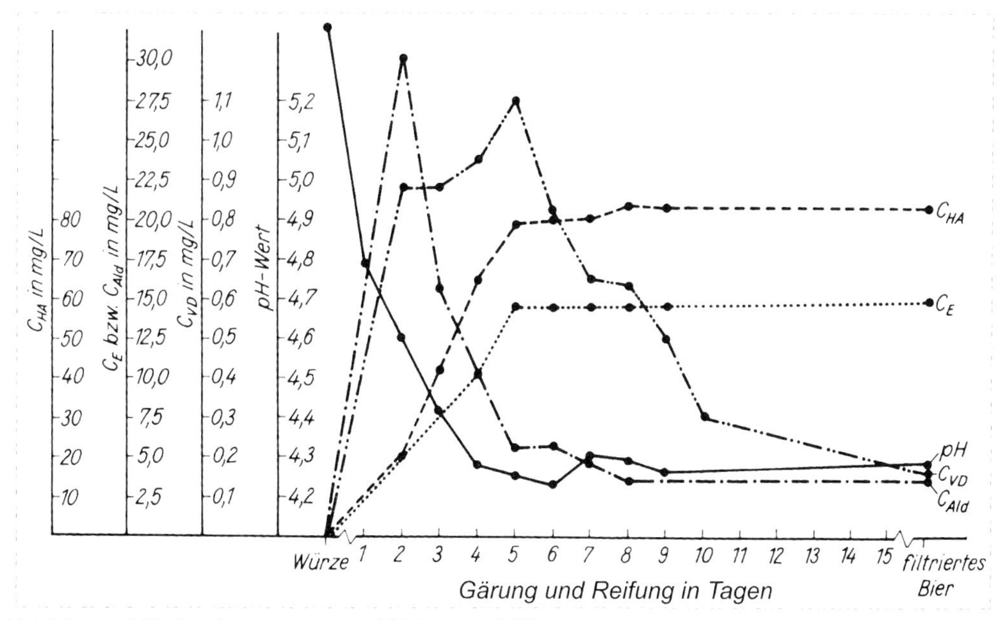

Abbildung 113 Fortsetzung von Abbildung 112

c_{HA} Summarische Konzentration der höheren aliphatischen Alkohole,
c_E Summarische Konzentration Ester, c_{VD} Gesamtdiacetylgehalt
c_{Ald} Acetaldehydkonzentration

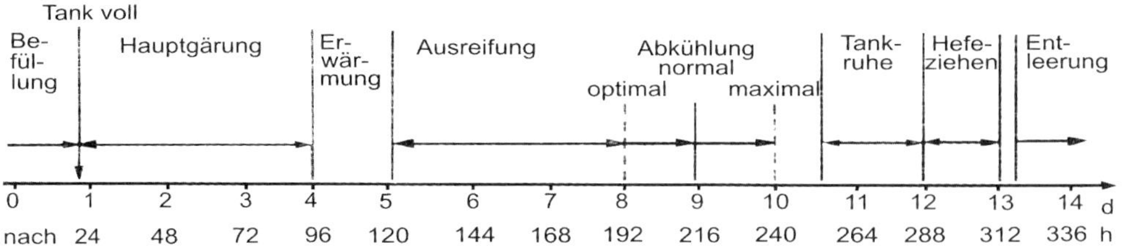

Tank voll

Be-füllung | Hauptgärung | Er-wärmung | Ausreifung | Abkühlung normal, optimal, maximal | Tank-ruhe | Hefe-ziehen | Ent-leerung

	0	1	2	3	4	5	6	7	8	9	10	11	12	13	14 d
nach		24	48	72	96	120	144	168	192	216	240	264	288	312	336 h

ΔEs in %	8,0	5,5	2,5	0,2	0	Vs = Vsend							
ϑ in °C	9,2	9,5	9,5	9,8	12,5	12,7	12,8	12,9	13,0	5,0	2,0		
$p_ü$ in bar	0,3	0,3	0,3	0,5	≤ 0,9	0,9							≤ 0,9
c_H in 10^6 Z/mL		> 50	> 80		Hefekonzentrationsverhältnis KS(3) : ZS(2) ≤ 10 : 1								< 2,0
GNP in mg/L			c_{HA} < 40					c_{VD} < 0,15 c_{Ald} < 10					

Abbildung 114 Schematischer Ablauf des Eintankverfahrens ohne intensive Kaltlagerung

Richtwerte für ein Vollbier: St =12,0 %; Vsend = 80,0 %; Esend = 2,4 %
GNP Gärungsnebenprodukte, c_{HA} Konzentration der höheren Alkohole,
c_{VD} Gesamtdiacetylgehalt, c_{Ald} Konzentration des Acetaldehydgehaltes

Tabelle 87 Erforderliche Verbindungen für die Teilprozesse gemäß Abbildung 115

Nr.	Arbeits-vorgang	Verbindungen des Anschlusspunktes																	
		1	2	3	4	5	6	7	8	9	10	11	12	13	14	15	16	17	18
		mit dem Anschlusspunkt																	
1	Befüllung u. kl. Kreislauf (kK)	5	12	4	3	1	7	6					2						
2	Umpumpen (gK)	5	3	2		1	7	6											
3	CO_2-Gewinnung	5				1	8		6										
4	Normale Tiefkühlung	5	3	2		1	8		6										
5	Schnelle Tiefkühlung	5	3	2		1	8		6										
6	Hefeernte	5		11								3							
7	Ziehen des Bieres	5	13			1								2/3				18	17
8	Restent-leerung	5		13		1								2/3				18	17
9	Reinigung u. Desinfektion	9	10	14						1	2				3	16	15		

gK großer Kreislauf **kK** kleiner Kreislauf **2** Ziehstutzen **3** Konusstutzen

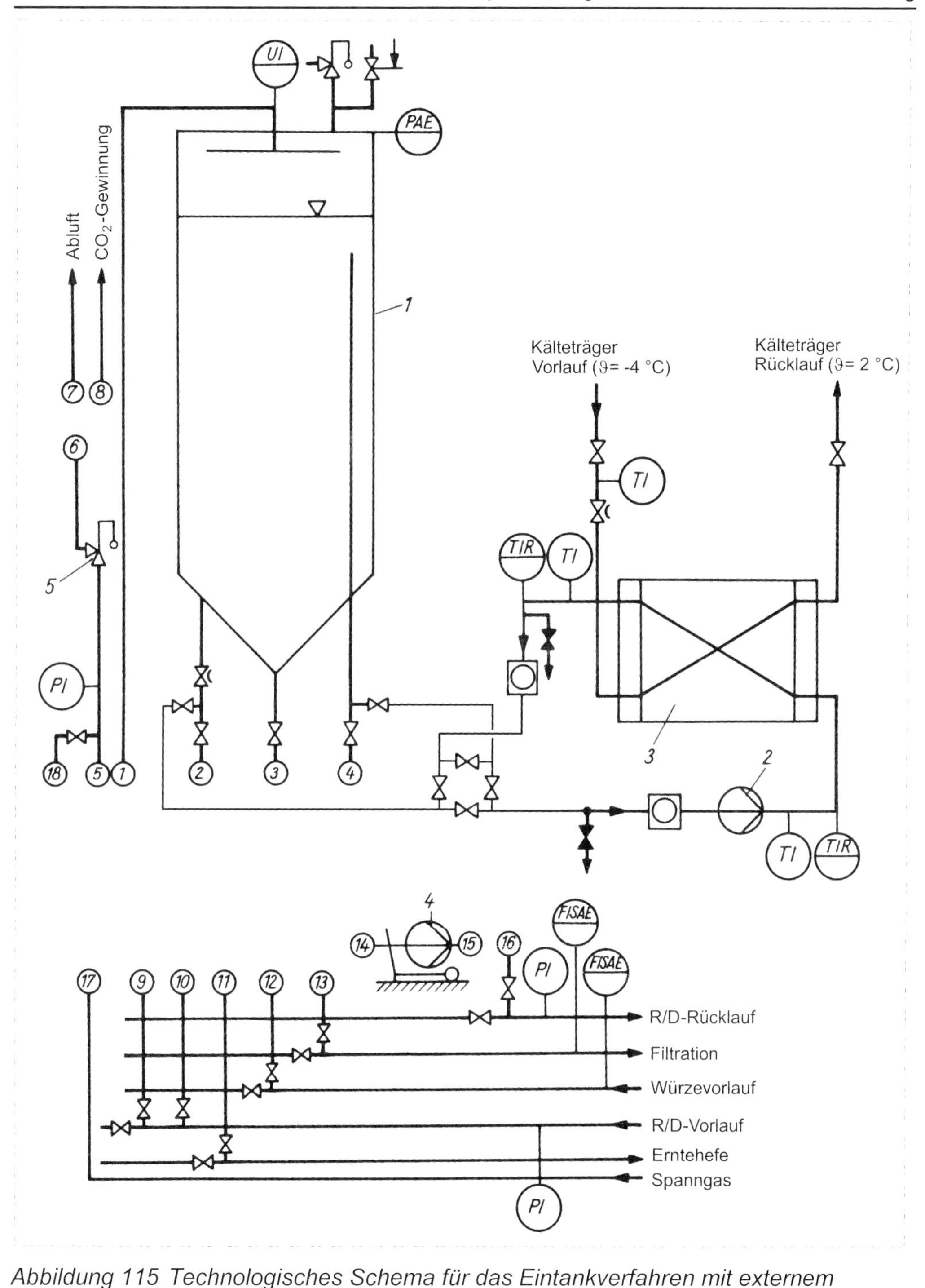

Abbildung 115 Technologisches Schema für das Eintankverfahren mit externem Kühlkreislauf (Verfahrensvorschlag gemäß [290], s.a. Tabelle 87)

1 ZKT **2** Pumpe Kühlkreislauf **3** PWÜ **4** CIP-Rücklaufpumpe **5** Spundarmatur; Die Anschlusspunkte 1 + 5, 2 + 3, 3 + 4, 3 + 14, 1 + 9, 2 + 10 usw. werden bei Bedarf durch Passstücke verbunden.

- Es folgt die Abkühlung des Tankinhaltes, das Umpumpen wird beim Erreichen der gewünschten Biertemperatur bei Bieren mit einer durchschnittlichen kolloidalen Stabilität von 2...3 Monate bei 0...2 °C (> 3 Monate bei 0...-2 °C) beendet, hier schließt sich im Normalfall eine 6...7-tägige Kaltlagerphase an.
- Nach der Kaltlagerphase und einem wiederholten Hefeziehen vom Konusstutzen 1 beginnt das Ziehen des Bieres vom Ziehstutzen 2.

Die Gesamtprozessdauer ohne längere Kaltlagerphase beträgt selbst bei Problemwürzen (hohe Gerstenrohfruchtanteile in der Schüttung) etwa 14...15 Tage. Die Beschleunigung der Gärung und Reifung durch diese Verfahrensführung beruht gegenüber dem klassischen Verfahren auf:

- Einer erhöhten Hefegabe und einem intensiven Aufziehen der angestellten Hefe während der Befüllphase (Umpumpen mit kleinem Kreislauf);
- Einer gesteuerten normalen Propagation der Hefe (deutliches Drauflassverfahren mit gebremster Nebenproduktbildung durch einen geringen Überdruck schon in der Anstellphase);
- Einer intensiven Hauptgärphase bis $V_s \approx V_{send}$, die gefördert wird durch die erhöhte Turbulenz im Großtank und durch ein Ansteigen der Gärtemperaturen in der Anwärmphase;
- Einem „In-Schwebe-Halten" und auf einer innigen Vermischung der gesamten im Tank befindlichen Hefe mit dem Gärsubstrat auch im Prozess der abklingenden Gärung und in der Reifungsphase durch das gewählte Umpumpregime;
- Einer normalen „klassischen" Temperaturführung in der Angär- und Hauptgärphase (keine besondere Intensivierung der Bildung von Jungbierbukettstoffen) und einer wärmeren und beschleunigteren Ausreifungsphase;
- Erhöhten Anforderungen an die zu verwendenden Würzen (insbesondere an solche Stoffgruppen, die die Klärung belasten).

8.4.4.2 Variante 2: Beschleunigte und nicht beschleunigte Zweitankverfahren im ZKT, zum Teil kombiniert mit einer klassischen Lagerung

Allgemeine Hinweise zur Durchführung nur eines Teilprozesses im ZKT

In Abhängigkeit vom Zustand und von der Kapazität vorhandener klassischer Gär- und Lagerkellereinrichtungen werden bei Erweiterungsinvestitionen zylindrokonische Tanks oft nur für Teilprozesse der Gärung und Reifung eingesetzt. Es wird auch vorwiegend nur die Hauptgärung in zylindrokonischen Tanks durchgeführt, die Nachgärung erfolgt dann in liegenden klassischen Gefäßen (Vorteile: bessere Behälterausnutzung, leichtere Klärung der Biere).Bei einer Zwei-Behälter-Technologie in Kombination ZKG - liegender Lagertank ist Folgendes zu beachten:

- Erfolgt das Schlauchen des ZKT zu einem Zeitpunkt, an dem der vergärbare Restextrakt $\Delta E_s \geq 0{,}2$ % ist, so weist der Tankinhalt im CO_2-Gehalt (siehe Kapitel 8.4.3) und in der Hefekonzentration (z. B. oberhalb des Konusstutzens etwa $40...60 \cdot 10^6$ Zellen/mL und etwa 15 m höher $10...15 \cdot 10^6$ Zellen/mL) eine deutliche Schichtung auf.
- Werden die Lagertanks nacheinander befüllt, so besitzen die geschlauchten Biere einen sehr unterschiedlichen Hefe- und CO_2-Gehalt. Dadurch besteht

die Gefahr einer sehr ungleichmäßigen Nachgärung und Ausbildung eines Hefegeschmackes in den hefereicheren Lagertanks.
Bei wärmerer Nachgärung verstärkt sich die Gefahr der Hefeautolyse.

- Zur Gewährleistung einer besseren Gleichmäßigkeit sollte deshalb die Füllung der Lagergefäße über einen Verschneidbock weitgehend parallel erfolgen.
- Eine höhere Gleichmäßigkeit kann durch folgende Arbeitsweise erreicht werden:
  - Der Tankinhalt wird ohne Abkühlung bis Vs ≈ Vsend vergoren,
  - evtl. Spunden des Tankinhaltes gemäß dem gewünschten CO_2-Gehalt am Ende der Gärphase (bei $\Delta Es \geq 1$ %),
  - 1 Tag Ruhepause des Tankinhaltes nach Beendigung der Gärung (beim ZKT mit externer Kühlung ohne Umpumpen und Kühlung; beim ZKT mit Mantelkühlung kann mit der Mantelkühlung bereits eine Teilabkühlung erreicht werden),
  - Hefeziehen nach einer 24-stündigen Ruhepause,
  - Schlauchen des Großtankbieres über einen Bierkühler und Verschneidbock bei gleichzeitiger Abkühlung auf die gewünschte Lagertemperatur und unter entsprechendem Gegendruck zur Erhaltung des eingestellten CO_2-Gehaltes;
  - bei druckloser Hauptgärung erfolgt beim Schlauchen des annähernd endvergorenen, hefearmen ($c_H \leq 10 \cdot 10^6$ Zellen/mL) und CO_2-armen Jungbieres (CO_2-Gehalt je nach Flüssigkeitshöhe zwischen 2…4 g CO_2/L) ein Zusatz von 10…15 % Kräusen,
  - die anschließende Klär- und Reifungsphase benötigt bei klassischen Lagertemperaturen etwa 14 bis 28 Tage.

Allgemeine Hinweise für ein Zweitankverfahren mit der Kombination ZKG und ZKL

Für eine sichere Verfahrensführung sind hier folgende Arbeitsschritte empfehlenswert:

- Bei untergärigen Bieren Durchführung der Gärung im ZKG bei Temperaturen von 10…15 °C und unter einem Überdruck von $p_ü$ = 0,2…0,3 bar bis Vs = Vsend;
- Anschließende Warmreifung bei der höchsten Gärtemperatur bis der Gesamtdiacetylgehalt einen Wert von $c_{VD} < 0{,}15$ mg/L erreicht hat;
- 1. Ernte der sedimentierten Hefe;
- Schlauchen des ausgereiften ZKG-Inhaltes über einen Biertiefkühler mit einer Abkühlung auf -1…-2 °C in den ZKL (kann als gut isolierter ZKT auch ohne Mantelkühlung ausgerüstet sein);
- 2. Hefeernte aus dem ZKL nach 2…3 Tagen;
- Nach ca. 7 Tagen Kaltlagerung kann das Ziehen des Bieres erfolgen, dabei ist das Bier vor der Filtration mit einem voraussichtlichen Ausgangs-CO_2-Gehalt von ca. 4,0…4,5 g/L auf den gewünschten CO_2-Gehalt (z. B. Flaschenbier: 5,0…5,5 g/L, Fassbier: 4,6…5,0 g/L) aufzucarbonisieren;
- Ist eine Nachcarbonisierung nicht möglich, muss am Ende der Gärphase der Spundungsdruck bei einem vergärbaren Restextrakt von $\Delta Es \approx 1…2$ % erhöht werden, wenn man ein Aufkräusen in der Lagerphase vermeiden will.

Folgende Verfahrensvarianten sind für untergärige Vollbiere mit St = 12 % u.a. bekannt (Tabelle 88 bis Tabelle 91):

Tabelle 88 Variante 2.1: Verfahrensführung mit kalter Hauptgärung und mäßig warmer Reifung

Tag	1	2	3	4	5	6	7	8	9	10	11	12	...	20
ϑ in °C	6	→ 9	9	9	→ 12	12	12	12	→ 8	1	0	-1,5		-1,5
ΔEs in %	10	7	5	3	1,5	0								0
c_{VD} in mg/L				1,1	1,2	0,8		0,3		0,1	<0,1			<0,1
Kühlung	zu	auf		zu					TK					
Bemerkung					↓H		↓H		S					

ΔEs vergärbarer Restextrakt c_{VD} Gesamtdiacetylgehalt ↓H Hefeernte,
S Schlauchen des Bieres TK Tiefkühlung des Bieres

Tabelle 89 Variante 2.2: Verfahrensführung mit kalter Hauptgärung und sehr warmer Reifung

Tag	1	2	3	4	5	6	7	8	9	10	11	12	13	20
ϑ in °C	6	→ 9	9	9	9	9	9	→ 20	20	→ 18	8	2	-1,5	-1,5
ΔEs in %	10	7	5	3	1	0	+ 1	0						0
c_{VD} in mg/L				1,2	1,1		0,8	1,0		0,3	<0,1			<0,1
Kühlung	zu	auf					zu		TK					
Bemerkung							S +K +EW		↓H			↓H		↓H

ΔEs vergärbarer Restextrakt c_{VD} Gesamtdiacetylgehalt ↓H Hefeernte
S Schlauchen des Bieres TK Tiefkühlung des Bieres +K Kräusenzusatz
+EW externe Erwärmung

Tabelle 90 Variante 2.3: Verfahrensführung mit kalter Hauptgärung und klassischer Lagerung (Erläuterungen siehe oben)

Tag	1	2	3	4	5	6	7	8	9	10	11	12	17	22
ϑ in °C	6	→ 9	9	9	9	→ 6	4	3	2	1,5	11	0,5	-1,5	-1,5
ΔEs in %	10	8	6	4	3	2	1,5	1				0,5	0,3	0,2
c_{VD} in mg/L				0,8	0,9	0,8				0,5		0,4		0,15
Kühlung	zu	auf					zu							
Bemerkung							S ↓H							

Tabelle 91 Variante 2.4: Verfahrensführung mit kalter Hauptgärung und gezielter warmer Reifung und anschließender Kaltlagerung im ZKL

Tag	1	2	3	4	5	6	7	8	9	10	12	13	15	22
ϑ in °C	6	→ 9	9	9	9	9	9	9	9	9	9	→ 6	-1,5	-1,5
ΔEs in %	10	8	6	4	2	1	1,5	1	0,7	0,4	0			0
c_{VD} in mg/L				0,8	1,0	0,9	1,0	0,7		0,4	0,2		0,15	<0,1
Kühlung	zu	auf									TK			
Bemerkung							S +K ↓H				↓H		↓H	↓H

Erläuterungen siehe oben

8.4.4.3 Variante 3: Beschleunigte Gärung und Reifung als Eintankverfahren im ZKT mit Mantelkühlung

Hierzu siehe Tabelle 92 und Tabelle 93.

Tabelle 92 Variante 3.1: Modifiziertes Druckgärverfahren im ZKT

Tag	1	2	3	4	5	6	7	8	9	10	11	12	13	20
ϑ in °C	10	→ 15	15	15	15	15	15	→ 8	4	0	-1	-1,5		-1,5
ΔEs in %	10	6	4	2	1	0								0
c_{VD} in mg/L		1,2	2,0	1,8	1,4	1,0	0,3	0,2		<0,1				<0,1
$p_{ü}$ in bar	0	→0,3	1,2	1,2	1,2	1,2	1,2	→0,5					0,5	0,5
Kühlung	zu		auf					TK						
Bemerkung					↓H		↓H			↓H				↓H

Erläuterungen siehe oben

Tabelle 93 Variante 3.2: Drucklose warme Gärung und warme Reifung

Tag	1	2	3	4	5	6	7	8	9	10	11	12	19	20
ϑ in °C	8	→ 12	12	12	12	12	12	→ 10	6	0	-1	-1,5		-1,5
ΔEs in %	10	6	4	2	1	0								0
c_{VD} in mg/L			1,4	1,6	1,2	0,8	0,6	0,4		0,15		0,1		<0,1
Kühlung	zu		auf					TK						
Bemerkung					↓H		↓H			↓H			↓H	

Erläuterungen siehe oben

8.4.5 Zur Problematik des kombinierten Produktionsbetriebes

Bei nicht zu vermeidendem, parallelem Produktionsbetrieb von klassischer Gärung und Gärung und Reifung im ZKT ist Folgendes unbedingt zu beachten:

- Die Anstellwürzen für die ZKT sind in ihrem Bitterstoffgehalt durch eine Verringerung der Hopfengabe so weit zu reduzieren, dass sich die Fertigbiere beider Produktionsstränge nicht mehr unterscheiden. Die Bitterstoffverluste bei der Gärung und Reifung im Großtank sind gegenüber dem klassischen Verfahren deutlich geringer (s.a. Kapitel 3.7 und Abbildung 11.).
- Die Erntehefen aus beiden Verfahren sind getrennt aufzubewahren und auch wieder weitgehend getrennt in den jeweiligen Prozess einzusetzen (Begründung s. Kapitel 5.2.2 und Abbildung 52).
  Da die Hefe im klassischen Gärprozess gewöhnlich bei einem vergärbaren Restextrakt von $\Delta Es > 1{,}0$ % geerntet wird, besitzt sie noch aktiv eine gute Maltoseverwertung.
  Die ZKT-Hefe wird meist erst nach dem Erreichen des Endvergärungsgrades geerntet und hat dadurch ihre Maltoseadaption weitgehend verloren, sie muss die dazu erforderlichen Enzymsysteme erst nach dem Wiederanstellen neu ausbilden. Dies kann unter Umständen bei einer nicht normalen Angärzuckerkonzentration der Würze zu Gärverzögerungen führen, ganz besonders, wenn die Hefeverteilung in der Anstellwürze nicht optimal ist und die Hefe nicht durch das Anstellverfahren in Schwebe gehalten wird.
- Die Großtankbiere haben im Normalfall einen höheren CO_2-Gehalt. Bei einem Spundungsdruck von $p_ü = 0{,}9$ bar im 250-m^3-Tank liegt der CO_2-Gehalt der Biere am Filtereinlauf zwischen 5,0...5,6 (Ø 5,3) g/L. Bei den klassisch hergestellten Bieren liegen die CO_2-Gehalte der fertigen Lagerbiere meist zwischen 4,5...5 g/L. Durch Nachcarbonisierung der klassischen Lagerbiere oder durch eine Reduzierung der Spundung der ZKT-Biere lässt sich ein gleichmäßiges Produkt herstellen.
- Ein aus abfülltechnischen Gründen eventuell erforderliches Abspunden der ZKT-Biere muss zur Gewährleistung der Homogenität des Tankinhaltes möglichst am Ende der Reifungsphase vor dem Beginn des Herunterkühlens erfolgen. Das Umpumpregime beim ZKT mit externer Kühlung gewährleistet noch während der Abkühlphase die Einstellung eines gleichmäßigen CO_2-Gehaltes im Tank (dafür sind maximal 24 h erforderlich). Bis zur Beendigung der Gärung ist eine deutliche Schichtung im CO_2-Gehalt des ZKT festzustellen. Die Differenzen im CO_2-Gehalt zwischen den unteren und oberen Schichten des 250-m^3-Tanks betragen in der Gärphase zwischen 1...2,5 g CO_2/L Bier (siehe Kapitel 8.4.3).

8.4.6 Mögliche weitere Verfahrensvarianten

Die hier geschilderten Gär- und Reifungsverfahren für zylindrokonische Großtanks sind im Interesse einer weiteren Qualitäts- und Prozessoptimierung nicht als starre Verfahrensvorschrift zu handhaben. Neue wissenschaftliche Erkenntnisse und die Ergebnisse betriebsindividueller Optimierungs- und Anpassungsversuche lassen sich hier einordnen und sowohl für die Qualitätsverbesserung als auch für die Beschleunigung der Gärung und Reifung ausnutzen.

Folgende Varianten sind u.a. jetzt schon bekannt·und können großtechnisch angewendet werden:

- Zur Verbesserung der Behälterausnutzung und Steigerung des CO_2-Gehaltes im Bier kann vor bzw. nach dem Hefeziehen im Verlauf der Abkühlphase ein Kräusen- oder Würzezusatz (letzterer vor dem Hefeziehen) erfolgen.
- Zur Beschleunigung der Hauptgärung kann eine Erhöhung der Hefegabe und eine wärmere Gärführung unter erhöhtem Überdruck angewendet werden.
  Ein modifiziertes Druckgärverfahren [291] für Großtanks sieht Gärtemperaturen bis 20...24 °C vor und erfordert einen Überdruck von $p_ü$ = 2 bar. Es verkürzt die Gärphase auf 2 bis 4 Tage.
- Eine sensorische Qualitätsverbesserung und die Vermeidung hefiger Geschmackseindrücke im Bier können durch vorsichtigeres Herunterkühlen (Vermeidung des Hefeschocks) bzw. durch frühzeitigere Ernte der Gärhefe (z. B. am Ende der Hauptgärphase) und die Weiterführung der Nachgärung und Reifung mit Kräusen erreicht werden.
- Beim ZKT mit externer Kühlung kann eine Veränderung im Umpumpregime (Abzug von oben, Einpumpen von unten) zur Beschleunigung der Abkühlung (konstante maximale Temperaturdifferenz am PWÜ) und der Klärung führen.
- Durch betriebsspezifische Veränderungen des Anstellverfahrens kann das Verhältnis der Bukettstoffe (höhere Alkohole : Ester) wirkungsvoll und damit die sensorische Qualität beeinflusst werden.

Eine Variante zur thermischen Schnellreifung im Eintankverfahren

In Verbindung mit großtechnischen Versuchen zur Beschleunigung der Klärung und Abkühlung des ZKT-Inhaltes bei einem ZKT mit externer Kühlung (siehe Kapitel 8.4.2.6 und Abbildung 104, Veränderung der Umpumprichtung bei der externen Kühlung) wurde im Anschluss an die Hauptgärphase eine thermische Schnellreifung als Verfahrensvariante entwickelt (s.a. [107], [109], [110], eine ausführliche Darstellung siehe [111]). Die Eckpunkte der Verfahrensführung waren:

- Die Ausnutzung der bekannten Beschleunigung der Umwandlung der Vorstufen der vicinalen Diketone in ihre Diketone (= oxidative Decarboxylierung) durch eine Erwärmung des reifenden Bieres (siehe Kapitel 4.2);
- Die anschließende Reduktion der gebildeten Diketone durch die Hefe in sensorisch nicht mehr negativ wirkende Substanzen (= Reifung des Bieres);
- Das Besondere an der Verfahrensführung war die Durchführung der Gärung und thermischen Schnellreifung im Eintankverfahren, bei der die gesamte Hefe des ZKT`s als schwebender Hefepfropfen für Reifungsreaktionen im ZKT belassen werden konnte (siehe auch Abbildung 104 in Kapitel 8.4.2.6).
  Der Versuchsaufbau ist aus Abbildung 116 ersichtlich.
- Die Geschwindigkeit der oxidativen Decarboxylierung der Vorstufen und ihre weitere Reduktion durch die Hefe war bei der thermischen Behandlung erwartungsgemäß hauptsächlich abhängig von

- der Temperatur der Erwärmung ϑ,
- der Heißhaltedauer t,
- dem pH-Wert des Bieres und erstaunlicherweise auch von
- der Resthefekonzentration des thermisch zu behandelnden Bieres c_H.

Folgender statistischer Zusammenhang wurde gefunden (Gleichung 41):

$$c_{VD} = -1{,}3585 - 0{,}00574\,\vartheta - 0{,}0081\,t - 0{,}03597 \cdot c_H + 0{,}4545 \cdot pH \qquad B = 61{,}8\,\%^{**}$$

c_{VD} = Gesamtdiacetylgehalt des thermisch behandelten Bieres am Auslauf der thermischen Behandlung in mg/L
ϑ = Erwärmungstemperatur in °C
t = Heißhaltedauer in min
pH = pH-Wert
c_H = Resthefekonzentration in 10^6 Zellen/mL.

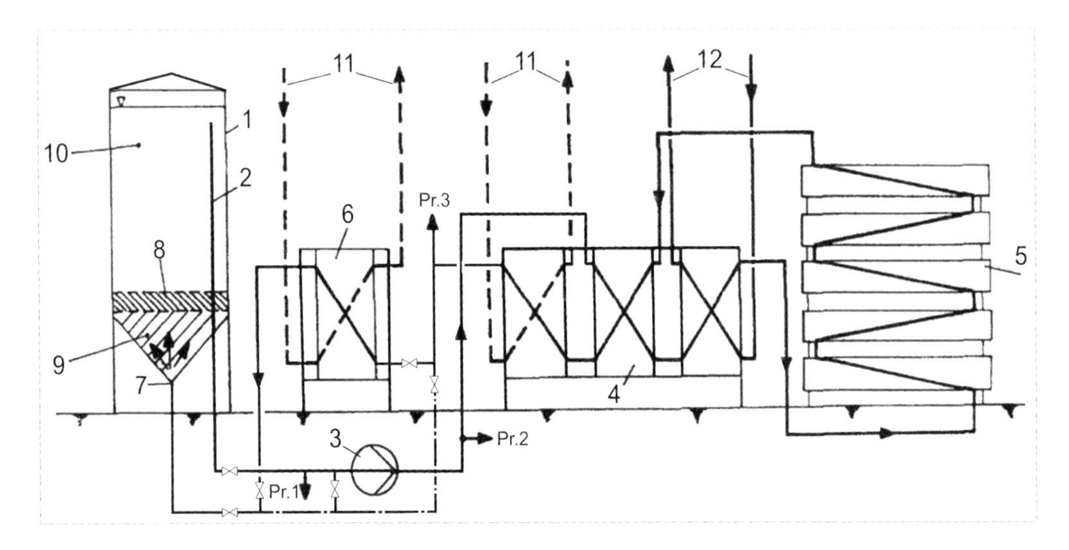

Abbildung 116 Versuchsaufbau für die thermische Schnellreifung im Eintankverfahren
1 ZKT **2** Steigrohr SR **3** Bierpumpe **4** PWÜ **5** Rohrheißhalter **6** PWÜ des normalen Kühlkreislaufes **7** Konusstutzen KS **8** schwebende Hefeschicht **9** thermisch behandeltes Bier (ϑ < 2 °C) **10** unbehandeltes, noch nicht fertig ausgereiftes Bier (ϑ = 12 °C) **11** Kälteträger **12** Wärmeträger **Pr** Probeentnahmestellen

Für die Ermittlung des statistischen Zusammenhanges wurden die vier Variablen in folgenden Schwankungsbereichen geprüft:

ϑ = 60…80 °C
t = 3,75…15 min
c_H = 0,7…2,5·10^6 Zellen/mL
pH-Wert = 4,3…4,7

Es ergaben sich daraus z. B. die in Abbildung 117 abgebildeten Abhängigkeiten.

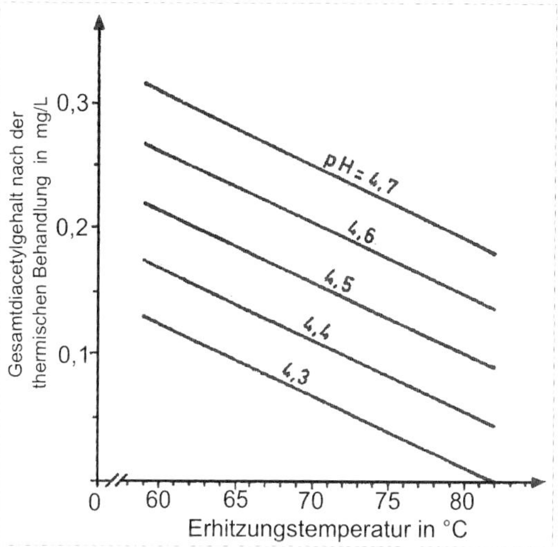

Abbildung 117 Berechnete Beziehung zwischen dem Gesamtdiacetylgehalt c_{VD} (y) und der thermischen Behandlung bei der ausgewiesenen Erhitzungstemperatur ϑ, einer konstanten Hefekonzentration von c_H = 1,8·10⁶ Zellen/mL und einer konstanten Heißhaltezeit von t = 7,5 min

Da in den meisten Fällen (abhängig vom Bier-pH-Wert) die Reifungsreaktionen im ausreichenden Umfang bei der Erwärmung des Bieres in Verbindung mit der Resthefekonzentration im thermisch behandelten Bier stattfanden, erübrigte sich noch ein intensiver Kontakt des behandelten Bieres bei Warmreifungstemperaturen (ϑ = 12 °C) mit der schwebenden Hefeschicht und es konnte das thermisch behandelte Bier sofort mit dem externen Kühler gekühlt werden (Schaltplan siehe Abbildung 118).

In Abbildung 119 wird der vereinfachte Verfahrensablauf eines Großversuches zur thermischen Schnellreifung dargestellt.

Diskussion der Ergebnisse:

Die thermische Behandlung führt problemlos zum Abbau der Jungbierbukettstoffe. Die Parameter Heißhaltetemperatur, Heißhaltedauer, pH-Wert des Bieres und Resthefegehalt des zu behandelnden Bieres ermöglichen eine sichere Prozesssteuerung der Reifung.

Die Verfahrensführung ergab sensorisch und analytisch erfassbar gut ausgereifte Biere mit einer guten Schaumhaltbarkeit.

Das Hauptproblem war eine eindeutige Verschlechterung der Filtrierbarkeit der Biere (Verschlechterung um 40...60 %) gegenüber den Vergleichsbieren, obwohl durch die thermische Behandlung evtl. ausgefällte β-Glucane aufgelöst werden und die Filtration nicht mehr behindern. Die Ursache war die Ausbildung einer feindispersen α-Glucan-Eiweiß-Gerbstoff-Trübung, die sehr stabil und schlecht filtrierbar war, sodass das Verfahren für blank zu filtrierende Biere nicht angewendet werden konnte.

Es ist bestens geeignet für Biere, die sich durch eine stabile Trübung auszeichnen sollen.

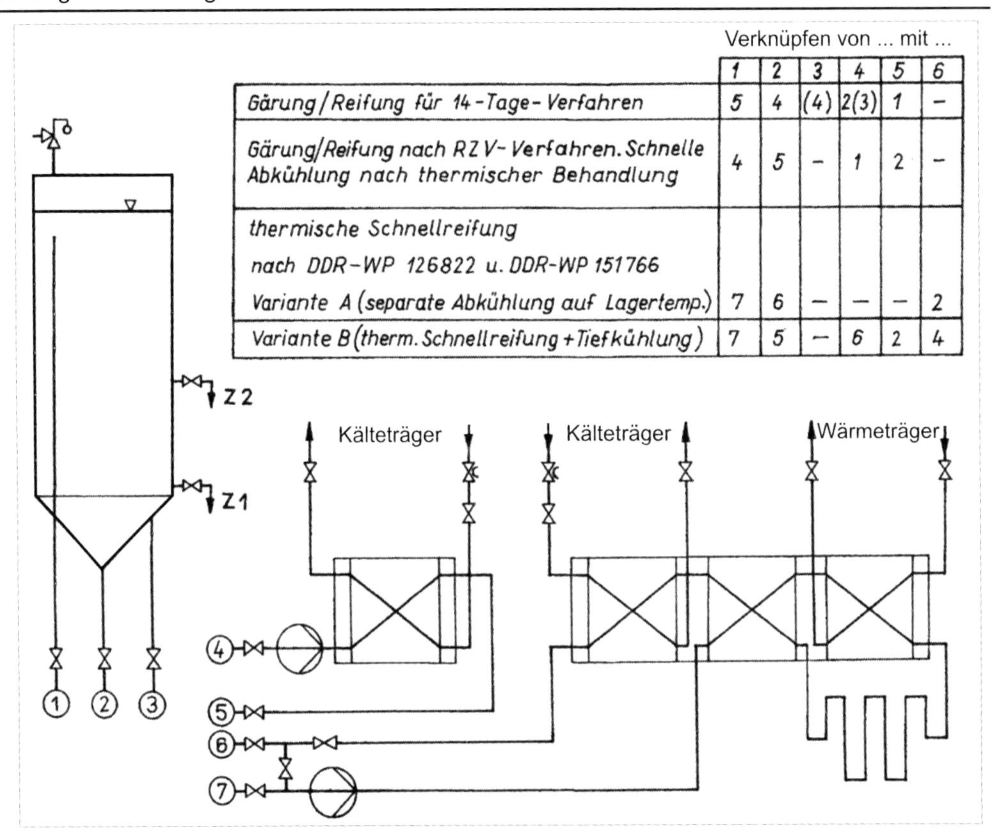

Verknüpfen von ... mit ...	1	2	3	4	5	6
Gärung/Reifung für 14-Tage-Verfahren	5	4	(4)	2(3)	1	–
Gärung/Reifung nach RZV-Verfahren. Schnelle Abkühlung nach thermischer Behandlung	4	5	–	1	2	–
thermische Schnellreifung nach DDR-WP 126822 u. DDR-WP 151766 Variante A (separate Abkühlung auf Lagertemp.)	7	6	–	–	–	2
Variante B (therm. Schnellreifung + Tiefkühlung)	7	5	–	6	2	4

Abbildung 118 Prinzipielle Schaltungsmöglichkeiten für das Verfahren zur Reifungszeitverkürzung (RZV), z. B. Variante B: thermische Behandlung mit sofortiger Tiefkühlung

1 Steigrohr SR **2** Konusstutzen KS **3** Ziehstutzen ZS **Z1** Zwickel (ca. 3 m über KS), **Z2** Zwickel (ca. 6 m über KS)

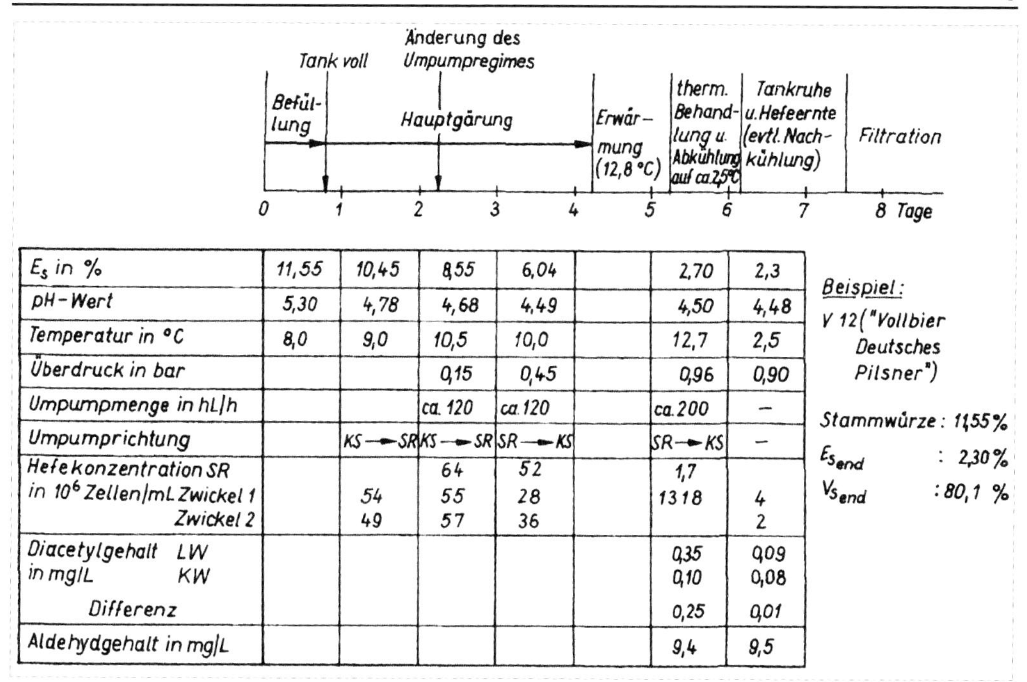

E_s in %	11,55	10,45	8,55	6,04		2,70	2,3
pH-Wert	5,30	4,78	4,68	4,49		4,50	4,48
Temperatur in °C	8,0	9,0	10,5	10,0		12,7	2,5
Überdruck in bar			0,15	0,45		0,96	0,90
Umpumpmenge in hL/h			ca. 120	ca. 120		ca. 200	–
Umpumprichtung		KS → SR	KS → SR	SR → KS		SR → KS	–
Hefekonzentration SR			64	52		1,7	
in 10^6 Zellen/mL Zwickel 1		54	55	28		1318	4
Zwickel 2		49	57	36			2
Diacetylgehalt in mg/L LW						0,35	0,09
KW						0,10	0,08
Differenz						0,25	0,01
Aldehydgehalt in mg/L						9,4	9,5

Abbildung 119 Vereinfachte Darstellung des Verfahrensablaufs bei der thermischen Schnellreifung eines Großversuches (Erklärung siehe Abbildung 118)
Diacetylgehalt: LW = Gesamtdiacetylgehalt KW = nur Diketone ohne Vorstufen

8.5 Der zylindrokonische Behälter

8.5.1 Aufbau und technische Gestaltung

8.5.1.1 Gestaltung eines ZKT

In Abbildung 120 ist ein ZKT schematisch dargestellt.
Die konstruktive Gestaltung ist natürlich Hersteller spezifisch.

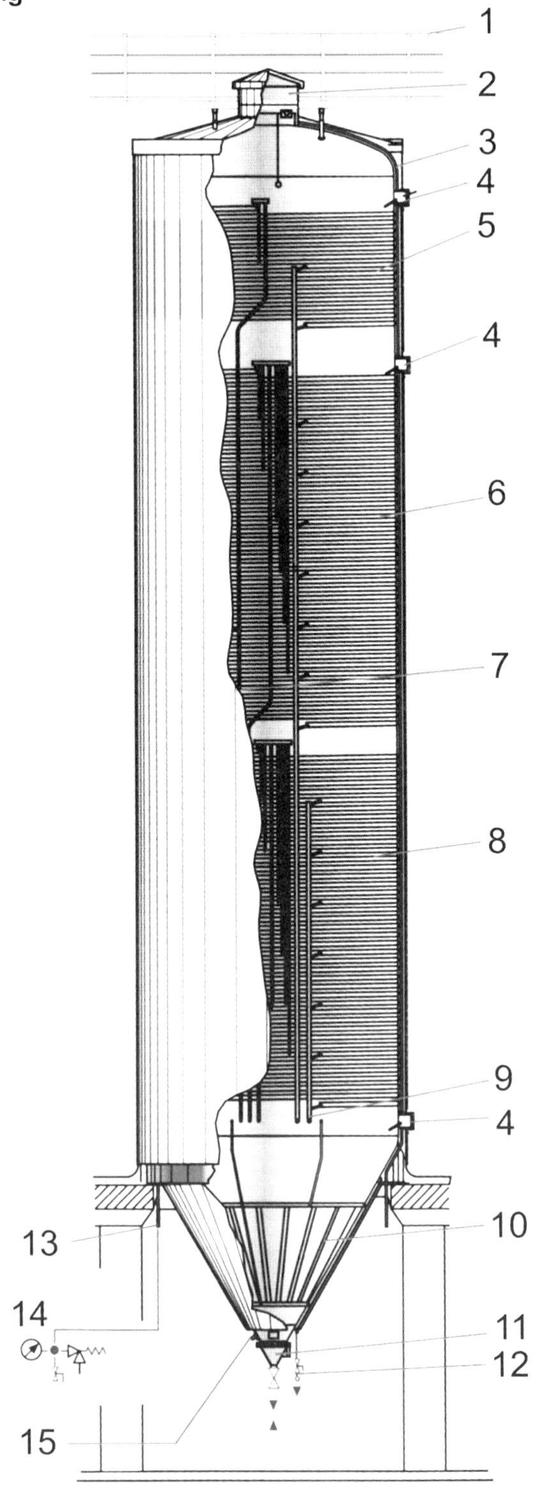

Abbildung 120 Zylindrokonischer Tank (ZKT), schematisch (nach ZIEMANN)

1 Laufsteganlage für Armaturendom
2 Armaturendom mit CO_2-/Luft-Anschluss, Vakuumventil, Sicherheitsventil, Vollmeldesonde und Reinigungseinrichtung
3 Kabelrohre und Entwässerungsrohr für den Armaturendom (innerhalb der Wärmedämmung verlegt)
4 Thermometeranschluss/Pt 100
5 Kühlzone für den Auffüllbereich
6 obere Kühlzone für Gärung
7 Wärmedämmung
8 untere Kühlzone für Gärung
9 Anschlüsse für das Kühlsystem
10 Konuskühlzone
11 Mannlochverschluss DN 450 mit Befüll-/Entleerungsarmatur
12 Probeentnahmearmatur
13 CO_2-, Luft- und Reinigungsleitung (innerhalb der Wärmedämmung verlegt)
14 Druckregelung
15 Inhaltsmessung bzw. Leermeldesonde

8.5.1.2 Werkstoffe und Werkstoffoberflächen

ZKT werden fast ausschließlich aus Edelstahl, Rostfrei® gefertigt. Daneben wurden auch ZKT aus Walzstahl hergestellt, die mit einer Kunststoffbeschichtung ausgerüstet wurden. Als Beschichtungswerkstoff kommen kalt härtende, lösungsmittelfreie Epoxidharze zum Einsatz. Die Mindestschichtdicke muss etwa ≥ 2 mm betragen, um Unterrostung durch Wasserdampfdiffusion auszuschalten. Die Erfahrungen mit der Haltbarkeit der Beschichtung sind in der Regel nicht befriedigend, sodass der Mehraufwand beim CrNi-Stahl-Einsatz gerechtfertigt ist. Eine Neuauskleidung mit Epoxidharz setzt die Einrüstung des ZKT im Inneren und eine Untergrundbearbeitung der ZKT-Flächen durch Sandstrahlen voraus, um eine metallisch reine Oberfläche zu schaffen. Das Aufbringen der Beschichtung erfordert eine Mindesttemperatur des Behälters.

Wichtiges Kriterium für die Auswahl der Werkstoffqualität ist der Gehalt des Wassers an Halogenionen.

Für ZKT sind im Bereich des oberen Bodens und der Zarge kaltgewalzte Bleche ausreichend. Eine Rautiefe von $R_a \leq 0{,}8$ µm ist anzustreben, aber keine Bedingung. Das gilt insbesondere dann, wenn das CIP-Verfahren an die Oberflächenbedingungen angepasst werden kann (Temperatur).

Im Bereich der Konusoberfläche sind Rautiefen $R_a \leq 0{,}8$ µm sinnvoll, besser noch $R_a \leq 0{,}4$ µm bzw. eine Elektropolitur, denn diese verbessert den Hefeaustrag.
Weitere Hinweise zum Thema Werkstoffe und Oberflächen siehe Kapitel 23.

8.5.1.3 Tankgeometrie

Wichtige Kriterien der Tankgeometrie sind:

- Tankvolumen;
- Steigraum;
- Verhältnis Höhe : Durchmesser;
- Konuswinkel;
- Aufstellungsvariante.

Tankvolumen

Das Tankvolumen wird in Abhängigkeit von Sudgröße, Sortiment, Filterkapazität und täglichem Ausstoß festgelegt. Je mehr Bier je Sorte und Tag benötigt wird, desto größer kann der ZKT ausgelegt werden. Ziel muss es sein, den Behälter in weniger als einem Tag zu entleeren, um ihn möglichst schnell wieder befüllen zu können.

Die spezifischen Kosten eines ZKT sinken mit dem ZKT-Volumen, da die spezifische Oberfläche kleiner wird und der Aufwand für das ZKT-Zubehör relativ gering von der Größe abhängig ist.

Steigraum

Der Steigraum ist erforderlich, um die bei der Gärung entstehenden Kräusen aufzunehmen. Ein Überlaufen des ZKT muss unbedingt verhindert werden.

Deshalb muss in einem ZKG (beim 2-Tank-Verfahren) bzw. einem ZKT (beim 1-Tank-Verfahren) ein Steigraum vorhanden sein. Die Kräusenhöhe wird bei einer Hauptgärung unter Druck mit steigendem Spundungsdruck reduziert.

Die Größe des Steigraumes ist u.a. von der Höhe der Würzesäule abhängig und eine Funktion der Gärtemperatur: je höher diese ist, desto mehr muss Steigraum vorhanden sein.

Der Steigraum eines ZKG/ZKT sollte bei untergärigen Bieren (Temperaturen ≤ 15 °C) 15 bis 20 % des Nettovolumens betragen, bei obergärigen Bieren (Temperaturen ≤ 25 °C) ≥ 20 %.

Bei ZKL kann der Steigraum auf Werte von ≤ 2 % reduziert werden.
Der Steigraum steht für Schwankungen der Füllmenge im Prinzip nicht zur Verfügung.

Verhältnis Höhe : Durchmesser

Ausgehend von den Erfahrungen in Japan und den USA wurde das Verhältnis anfangs mit h : d = 1 : 1 festgelegt. An diesem Verhältnis wurde in einigen Teilen Deutschlands lange festgehalten.

Inzwischen werden ZKT im Allgemeinen mit einem Verhältnis von h/d = ≤ 5...6 erfolgreich eingesetzt, bezogen auf die Gesamthöhe.

Limitierend ist vor allem die Höhe der Würzesäule, da der CO_2-Gehalt des Bieres neben der Temperatur vom Druck bestimmt wird (Berechnung siehe Kapitel 3.8.3). Die mittlere Höhe der Würzesäule ist für die Berechnung des CO_2-Gehaltes bei bekannter Temperatur nutzbar. Deshalb ist in der Regel die Höhe der Würzesäule auf ≤ 20 m begrenzt.

Der maximale ZKT-Durchmesser limitiert die Transportfähigkeit der Behälter auf der Straße. Brücken sind in der Regel nur für eine Durchfahrthöhe von 4,5 m gebaut.

ZKT mit größerem Durchmesser müssen auf Straßen so transportiert werden, dass keine Brücken zu unterqueren sind. Günstig ist in solchen Fällen der Wasserweg.

Werden Behälter mit ≥ 5 m Durchmesser benötigt, müssen die ZKT im Allgemeinen auf der Baustelle gefertigt werden (s.a. Kapitel 8.5.2.4).

8.5.1.4 Konusgestaltung

Zur Konusoberfläche wird auf Kapitel 8.5.2.1 verwiesen.

Der Konusöffnungswinkel wird überwiegend im Bereich 70° festgelegt. Kleinere Winkel (≤ 65°) erhöhen die Gesamthöhe des Tanks, mit größer werdendem Winkel wird der Hefeaustrag ungünstiger. Winkel von > 90° sind ungünstig, s.a. Tabelle 94.

Tabelle 94 Hefeaustrag als Funktion des Konusöffnungswinkels [39]

Kegelöffnungswinkel	70°	90°	120°	150°
Hefeerntezeit	1 zu	3 zu	30 zu	100

Der Hefeernte-Volumenstrom muss soweit gedrosselt werden, dass die Gelägeroberfläche im Konus gleichmäßig absinkt. Es dürfen sich keine Vorzugsströmungen bzw. „Trichter" bilden. Bilden sich Trichter, wird fast nur Bier ausgetragen und die Hefe bleibt zurück.

8.5.1.5 ZKT-Transport

ZKT mit einem max. Durchmesser ≤ 4,5 m und Längen ≤ 25 m sind im Allgemeinen ohne Beschränkungen transportfähig. Größere Durchmesser (≤ 5 m) benötigen Sonderfahrstrecken unter Umgehung von Brücken.

Abbildung 121 Transport eines 2500-hL-ZKT (ohne Wärmedämmung) mit Spezialfahrzeug, freitragend zwischen den beiden Fahrwerken (Foto: VEB GERMANIA)

Abbildung 121a Hilfskonstruktion für den Transport an einem 2500-hL-ZKT

ZKT werden in der Regel komplett und mit Wärmedämmung auf Tiefladern zur Brauerei transportiert. Abbildung 121 zeigt eine Transportvariante, bei der der ZKT freitragend, zwischen zwei Fahrwerken hängend, gefahren wird. Der ZKT kann während des Transportes bei Bedarf vertikal abgesenkt werden. Der ZKT besitzt Transportflansche. Ein geringer Überdruck kann den ZKT bei liegendem Transport stabilisieren. Den gleichen Zweck erfüllen aufgeschweißte Profile.

Die ZKT werden in der Regel mittels Mobilkranen vom Transportfahrzeug abgeladen und zwischengestapelt. Das Aufstellen wird ebenfalls von 2 Mobilkranen erledigt.

8.5.2 Aufstellungsvarianten für ZKT

8.5.2.1 Allgemeine Hinweise

Die ZKT können in folgenden Varianten aufgestellt werden:

- Im Freien. Diese Variante wird auch als Freibauweise (*Outdoor*-Aufstellung) bezeichnet. Sie erfordert die Wärmedämmung des Einzelbehälters.
- Aufstellung in einem Gebäude (*Indoor*-Aufstellung). Die Umhausung kann als reine, die Optik verbessernde Hülle dienen oder beispielsweise behördliche Auflagen des Genehmigungsverfahrens erfüllen, oder die Bauhülle ist gleichzeitig ganz oder teilweise die Wärmedämmung der ZKT-Anlage.

Für alle Varianten gilt die Fragestellung: Können die ZKT betriebsfertig angeliefert werden oder muss eine Baustellenmontage erfolgen?

Weitere Unterscheidungsmerkmale bei der ZKT-Aufstellung in einem Gebäude sind:

- Aufstellung mit individueller Wärmedämmung in einer Bauhülle ohne Wärmedämmung;
- Aufstellung ohne Wärmedämmung in einer Bauhülle mit Wärmedämmung;
- Aufstellung mit einer vollständigen oder reduzierten Wärmedämmung in einer wärmegedämmten Bauhülle.

Bezüglich der Anordnung der Bedienungsflächen bzw. Bedienungsraumes sind nachfolgende Möglichkeiten gegeben:

- Bedienungsraum unterhalb der ZKT; die ZKT sind auf einer Zwischendecke oder Stützen gelagert;
- Bedienungsraum unterhalb der ZKT innerhalb der Tragkonstruktion;
- Bedienungsraum neben den ZKT in Form eines Bedienungsganges.

Beispiele siehe Abbildung 122 bis Abbildung 126.

8.5.2.2 Varianten der Auflagergestaltung bei ZKT

Die Auflagergestaltung der ZKT kann in vielen Varianten erfolgen. Diese haben alle Vor- und Nachteile, die im konkreten Fall betriebsspezifisch bewertet werden müssen. Bei dieser Bewertung müssen beispielsweise durch Vergleich der Bau- und Montagekosten folgende Fragen geklärt werden:

- Soll der Bedienungsraum der ZKT unter den ZKT oder neben den ZKT angeordnet werden?
- Gibt es bauseitige Vorgaben für die Aufstellung (Tragmasse, Untergrund-Tragfähigkeit, Aufstellung in oder auf einem Gebäudeteil, Aufstellung auf der „grünen Wiese“ usw.)?

Die Auflagergestaltung kann wie folgt gestaltet werden:

- Mit Tragmantel (Synonym: Standzarge): Der Tragmantel kann auf einer Stahlbeton-Montagefläche direkt aufgestellt werden. Der Raum im Tragmantel („Konusraum“) kann als Bedienungsraum genutzt werden (Abbildung 122, rechts);
- Mit Tragring: Der Tragring kann auf 4 Stützen gestellt werden oder in die tragende

Zwischendecke eingehängt werden (Abbildung 122 links; Abbildung 123 links; Abbildung 124 rechts; Abbildung 125; Abbildung 126).

- Mit Tragpratzen:
  Der ZKT wird mit den Tragpratzen auf 2 oder 4 Stück Säulen gesetzt (Abbildung 123 rechts; Abbildung 124 links)

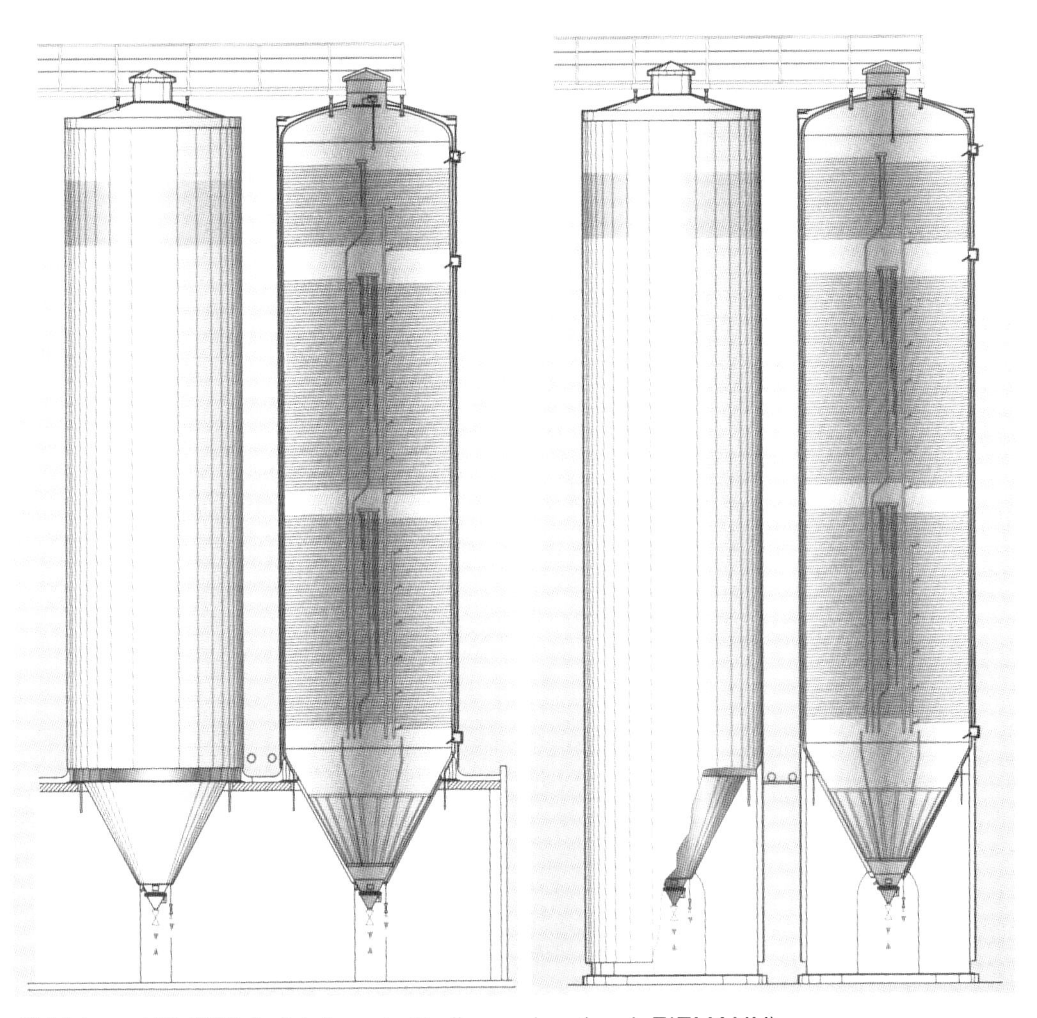

Abbildung 122 ZKT-Aufstellung in Freibauweise: (nach ZIEMANN)
links Tank isoliert mit geschlossenem Bedienraum;
rechts Tank isoliert mit hoher Standzarge/Bediengang

Die Aufstellung auf einer Standzarge hat den Vorteil, dass die Aufstellungsfläche vollständig fertiggestellt werden kann und dass dann die Montage mittels Autokran relativ freizügig und vor allem in kurzer Zeit möglich ist.

Wenn die Standzarge mit einer Wärmedämmung (wie der ZKT, verlängert bis zum Fußring) ausgerüstet ist, kann der Konusraum als Bedienungsfläche genutzt werden. Dazu erhalten die Standzargen entsprechende Durchbrüche, die mit selbsttragenden Dämmstoffen verbunden werden. Die Grundfläche wird optimal genutzt und es ergeben sich relativ kurze Rohrleitungen (Abbildung 122, rechts).
Zwischen den ZKT reicht im Prinzip ein Zwischenraum von etwa ≤ 0,5 m.

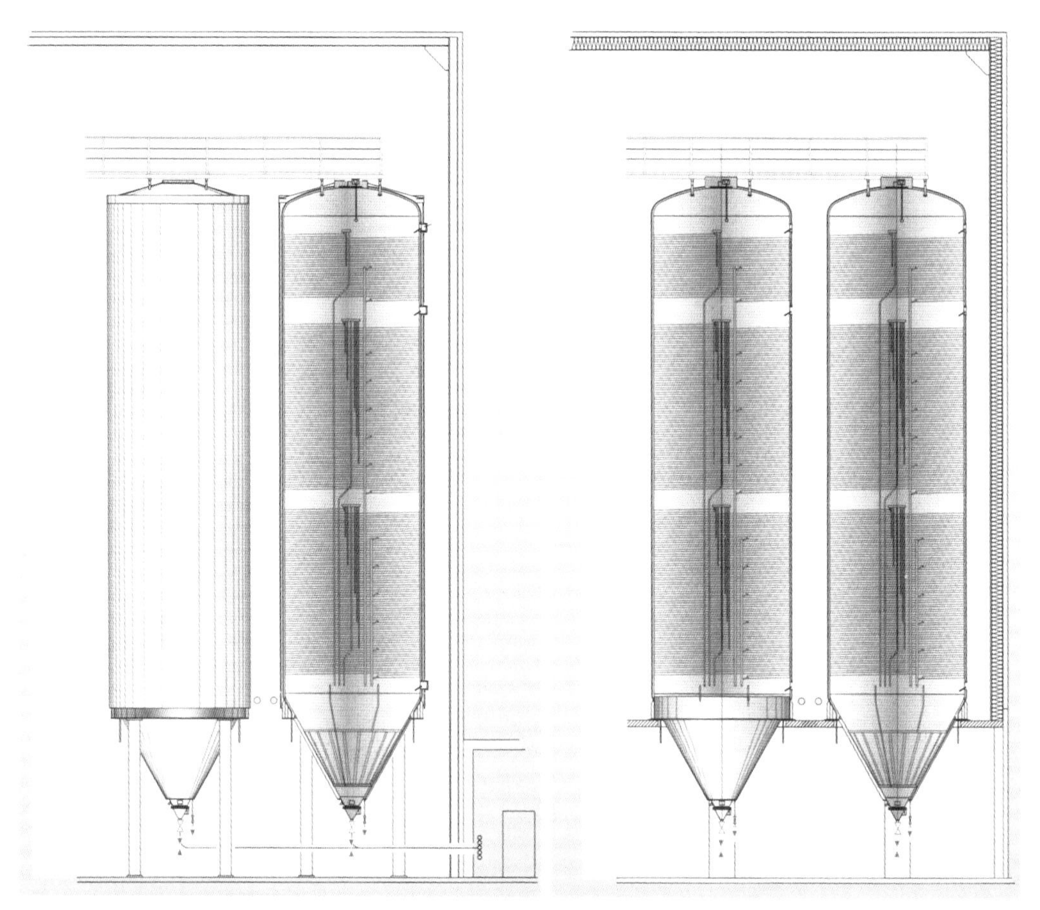

Abbildung 123 ZKT-Aufstellung in einer Bauhülle: links: ZKT mit Dämmung; rechts ZKT ohne Dämmung in einer Bauhülle mit Wärmedämmung (nach ZIEMANN)

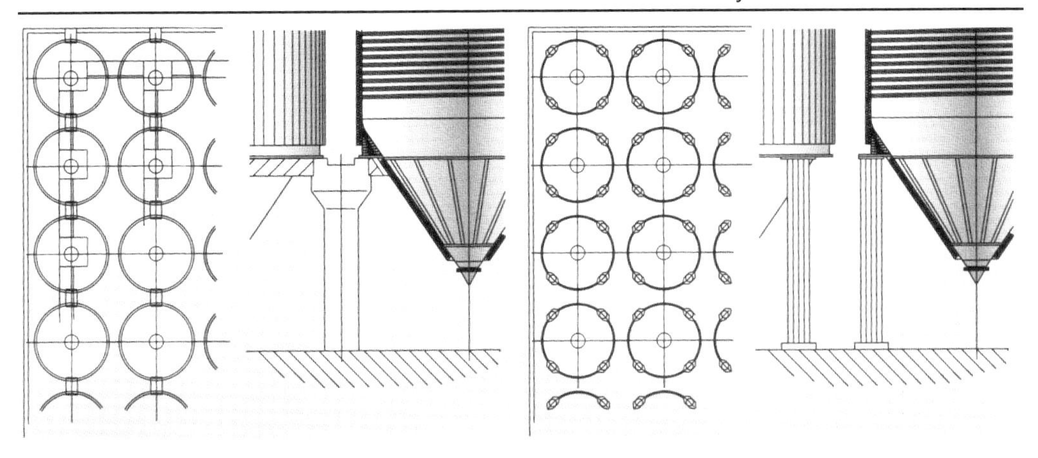

Abbildung 124 ZKT-Aufstellung: links: 2-Punkt-Lagerung mit Hammerkopfstützen aus Stahl oder Stahlbeton; rechts: Auflagerung über 4 Rohrstützen aus Stahl; Ausführung mit oder ohne Zwischendecke möglich (nach ZIEMANN) Beispiele s.a. Abbildung 124a

Abbildung 124a ZKT-Aufstellung: links: 2-Punkt-Lagerung mit Hammerkopfstützen aus Stahl oder Stahlbeton; rechts: Auflagerung über 4 Rohrstützen aus Stahl; Ausführung mit oder ohne Zwischendecke möglich (nach ZIEMANN)

8.5.2.3 Gestaltung der Bedienungsfläche

Bei frei gebauten ZKT kann die Bedienungsfläche unterhalb der Behälter eingerichtet werden. Beispiele zeigen Abbildung 122, links, Abbildung 124, links, Abbildung 125 und Abbildung 126. Selbstverständlich muss der ZKT regendicht zur Bedienungsraumdecke gestaltet werden. Dabei muss das unterschiedliche Ausdehnungsverhalten der Betondecke und des ZKT berücksichtigt werden. Beispiele für die diese Aufstellungsform zeigen Abbildung 124a, links und Abbildung 127.

Alternativ kann bei Aufstellung mit Standzarge der Zargenraum mit genutzt werden (s.a. Abbildung 122 rechts; Abbildung 129). Vorteilhaft ist es dabei, wenn die Standzarge eine Wärmedämmung erhält (s.o.). Abbildung 131 zeigt eine Variante, bei der der Konusraum mit Sichtfenstern zur Straßenfront ausgerüstet wurde und damit Passanten einen Einblick in die Anlage ermöglicht.

Bei der Aufstellung in einer Gebäudehülle (Indoor-Aufstellung) ergibt sich die Bedienungsfläche unterhalb der ZKT (Abbildung 128). Im Prinzip kann Abbildung 127 auch ein Beispiel für eine Aufstellung mit Umhausung sein, wenn die ZKT in eine Betondecke eingehängt werden.

Eine weitere Aufstellungsvariante ist ein Bedienungsgang zwischen den ZKT-Reihen. Sinnvoll sind 1 bis 2 Reihen auf jeder Seite des Ganges. Diese Gestaltungsvariante lässt sich kostengünstig installieren und bietet mehr Aufstellungsfläche als der Konusraum einer Standzarge (Abbildung 130).

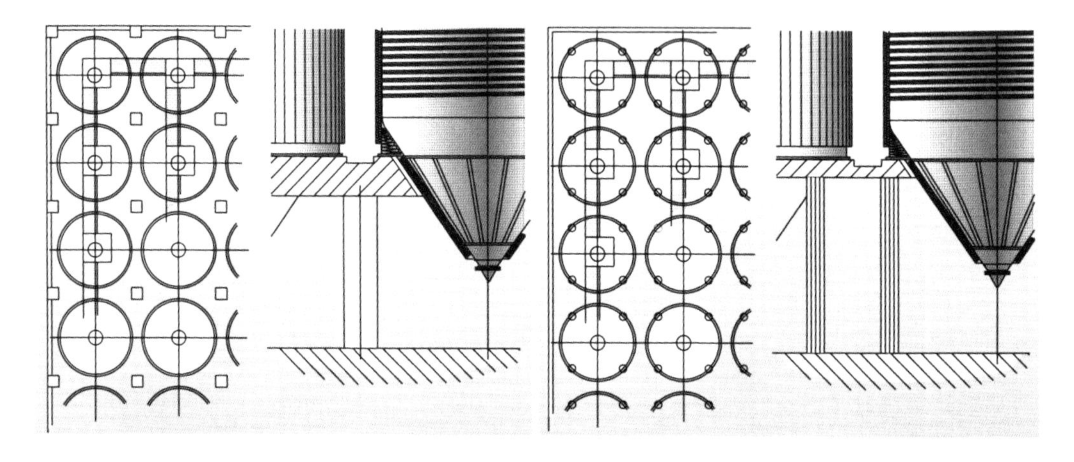

Abbildung 125 ZKT-Aufstellung: links: Tragende Decke mit Gebäudestützen aus Stahlbeton; rechts: Decke mit Gebäudestützen aus Stahlbeton; 4 Auflager je Tank, besonders für sehr große Tanks geeignet (nach ZIEMANN)

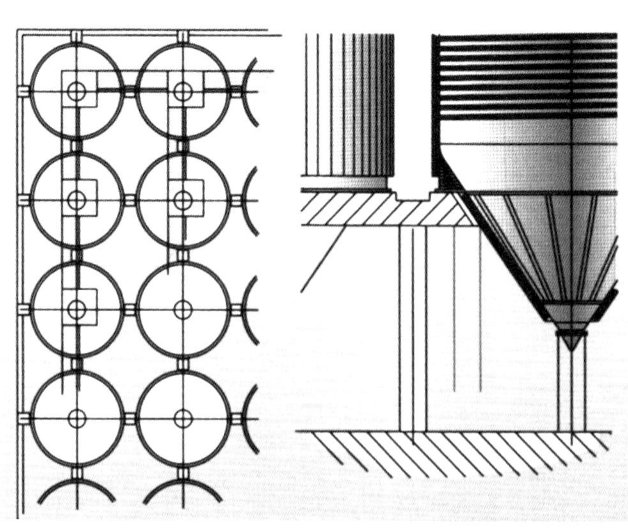

Abbildung 126 ZKT-Aufstellung: Auflage über Tragring und 4 Stützen aus Stahlbeton; Decke nicht tragend (nach ZIEMANN)

Abbildung 127 Bedienungsraum unterhalb der ZKT; die ZKT-Last wird über die Betondecke und durch Stützen in das Fundament geleitet (nach ZIEMANN), s.a. Abbildung 125 links.

Abbildung 128 ZKT-Aufstellung in einer Bauhülle mit Wärmedämmung (Indoor-Aufstellung). Die ZKT mit Tragring stehen auf je 4 Stützen; Bedienungsfläche unterhalb der ZKT (nach ZIEMANN)

Abbildung 129 ZKT-Anlage; Aufstellung der ZKT mit Tragmantel. Der Tragmantel wird als Bedienungsraum genutzt: Jeweils 5 ZKT sind verbunden, ebenfalls die letzten ZKT der Reihe; fast keine Wärmedämmung des Tragmantels. Zwischen den beiden ZKT-Komplexen ist ein Bedienungsgang installiert (nach ZIEMANN)

Abbildung 130 Bedienungsgang zwischen ZKT-Reihen. Im Bild ist ein PWÜ der externen ZKT-Kühlung zu sehen (ein PWÜ-Gestell mit 2 WÜ-Abteilungen für 2 ZKT)

Abbildung 131 Nutzung des Konusraumes als Bedienungsgang in der Kulmbacher Brauerei. Sichtfenster zur Straßenfront ermöglichen Passanten einen Einblick in die Anlage; der Tragmantel ist ohne Wärmedämmung.

Abbildung 131a Nutzung des Konusraumes als Bedienungsgang in der Kulmbacher Brauerei. Sichtfenster zur Straßenfront ermöglichen Passanten einen Einblick in die Anlage

Abbildung 132 Aufstellungsvariante für ZKT mit Verrohrung nach dem Eco-Matrix®-System (nach GEA Tuchenhagen)

Abbildung 132a Detailaufnahme der Abbildung 132 (nach GEA Tuchenhagen)

Abbildung 132 zeigt eine moderne, aktuelle Installation eines ZKT-Kellers mit dem Eco-Matrix®-System (s.a. Kapitel 8.6.2). Die Vorteile dieser Armaturenvariante sind u.a.:

- Eine optimale, übersichtliche Rohrleitungsinstallation mit einfacher Kompensation der temperaturbedingten Längenänderungen;
- Eine minimale Anschlusslänge des ZKT an alle Rohrleitungen. Damit wird das Auslaufvolumen minimiert. Abweichungen des Gärverlaufes in der Leitung gegenüber dem ZKT sind nicht mehr vorhanden, im Gegensatz zur üblichen Installation einer längeren ZKT-Leitung zu einem Paneel oder Ventilknoten.
  Das Problem von ohne Hefe angestellter Würze ist damit gelöst.
- Optimale Voraussetzungen für die CIP-Prozesse;
- Geringe Ausschubverluste;
- Geringere Betriebskosten: nur etwa 50 % gegenüber einer klassischen Installation (nach [292]).

8.5.2.4 ZKT-Montage auf der Baustelle

ZKT mit einem Ø ≤ 4500 mm sind relativ unkompliziert und ohne wesentliche Einschränkungen Straßentransport fähig. In Ausnahmefällen lassen sich auch noch ZKT mit etwa Ø = 5000 mm transportieren. Der Transport größerer Durchmesser auf dem Wasserweg ist dagegen relativ freizügig realisierbar.

Größere ZKT müssen deshalb in der Brauerei vor Ort montiert werden. Dazu werden der obere Boden und der Konus in Teilen angeliefert und verschweißt. Die zylindrischen Zargen werden direkt vom Coil (Stahlblech-Rolle) aus gefertigt. Prinzipiell ist auch die Teilung der Zarge in Längsrichtung möglich (Halb- oder Viertelschalen).

Der ZKT wird von oben nach unten gebaut: zuerst der obere Boden, dann werden die Zargenringe („Schüsse") untergesetzt und verschweißt. Am Ende wird die fertige Zarge mit dem oberen Boden auf den Konus gesetzt und verschweißt.

Kühlflächen werden vorgefertigt als flache Konstruktion geliefert und auf der Baustelle zu einem Zargenschuss gerollt.

Die Wärmedämmung wird nach der Druckprobe installiert, in der Regel nach dem „Gießverfahren": Der Hartmantel aus Blech wird mit Abstandshaltern montiert und anschließend ausgeschäumt.

8.5.3 ZKT-Zubehör

Mit dem nachfolgend genannten Zubehör sollten die ZKT ausgerüstet sein, dabei sind natürlich Modifikationen möglich.

8.5.3.1 Laufpodest auf den ZKT

Die ZKT werden durch Laufpodeste miteinander verbunden. Die Podeste werden durch Steigleitern (mit Rückenschutz) erreicht. Teilweise werden auch Treppen installiert.

Die Podeste werden mit Gitterrosten abgedeckt. Die Konstruktion wird aus feuerverzinktem Stahl erstellt (Verzinkung nach dem Schweißen!), teilweise auch aus Edelstahl, Rostfrei® oder korrosionsbeständigen Leichtmetall-Legierungen.

Abbildung 133 Podeststütze, einstellbar (nach ZIEMANN)

Die Durchführung durch die Wärmedämmungsverkleidung kann verklebt oder verschweißt werden.

Die Podeststützen auf dem ZKT sollten in der Höhe einstellbar sein, um die Montage zu erleichtern. Die Durchführung der Stützen durch die Blechverkleidung der Wärmedämmung muss flüssigkeitsdicht erfolgen (Abbildung 133).

Das Podest kann mit einer abschaltbaren Beleuchtungsanlage, zumindest mit Steckdosen für Handlampen, komplettiert werden.

8.5.3.2 Leerrohre in der Wärmedämmung des ZKT

In der Wärmedämmung des ZKT werden mindestens 2 Leerrohre (z. B. DN 50) integriert. Eines dient als Leckageablauf aus dem Tankdombereich.

Das zweite Rohr wird für die Kabelverlegung zum Tankdom (z. B. Pneumatik-Steuerleitungen, Sensoranschlüsse, Elektroenergie, Druckluft usw.) benötigt.

Alternativ können natürlich auch alle Kabel und Steuerleitungen/BUS-Systeme zentral auf den Tankpodesten verlegt werden (offene oder geschlossene Kanäle).

8.5.3.3 Tankdom-Verkleidung

Die Tankdom-Verkleidung ist vor allem ein Witterungsschutz bei frei gebauten ZKT. Sie darf Sicherheitsventile in ihrer Funktion nicht behindern. Das gilt vor allem für das Vakuum-Sicherheitsventil. Hierzu siehe Abbildung 134.

Abbildung 134 Tankdomdeckel, klappbar; der Deckel besitzt auch im geschlossenen Zustand einen ausreichend freien Durchgang (nach ZIEMANN)

8.5.3.4 Begleitheizung

Bei einigen Armaturen auf dem Tankdom muss die Funktionssicherheit bei Frost durch eine Begleitheizung gesichert werden.

8.5.3.5 Mannloch/Schwenkkonus

Der Einstieg in einen ZKT erfolgt in der Regel durch einen schwenkbaren Konus, der mittels Flanschverbindung mit dem ZKT verbunden wird (Abbildung 135, Abbildung 136). Abbildung 135 zeigt eine optimierte Verbindung.

Ein „normales“ Mannloch im Konusbereich ist nur ein Notbehelf, der im Prinzip nur bei heißer ZKT-Reinigung tolerierbar ist [293].

Abbildung 135 Schwenkkonus für ZKT (nach ZIEMANN)

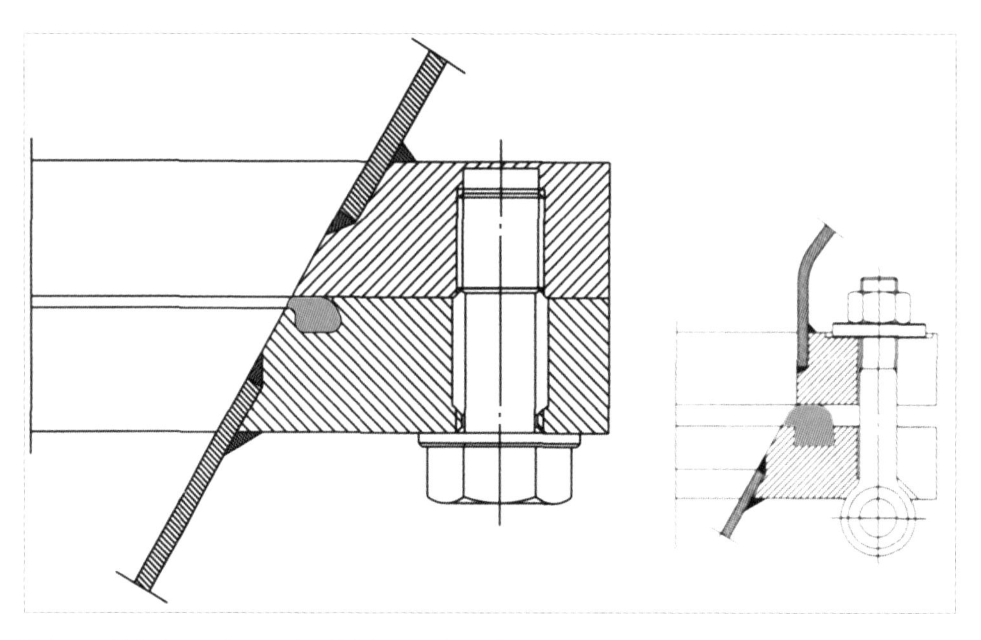

Abbildung 136 Gestaltung der Dichtung bei einem Schwenkkonus nach den Prinzipien des Hygienic Designs. Der Flansch wird formschlüssig verschraubt, dabei wird die Dichtung definiert vorgespannt, eine Quetschung ist nicht möglich (nach ZIEMANN), rechts die veraltete Ausführung, bei der die Dichtung gequetscht wurde. Die Schrauben verbleiben unverlierbar im Flansch.

8.5.4 Sensoren für ZKT

Sensoren für Druck

Der Drucksensor auf der Tankdomarmatur ist für die Angabe des Spundungsdruckes erforderlich. Er kann gleichzeitig für die Spundungsdruck-Regelung mit benutzt werden.

Dieser Sensor kann auch für die Anzeige des eventuell im ZKT entstehenden Unterdruckes mit genutzt werden. Bedingung hierfür ist die Auslegung des Sensors bezüglich seines Messbereiches.

Die verschiedentlich in der Literatur genannte Extraktabnahmebestimmung durch Messung des Differenzdruckes mittels zweier Drucksensoren, die sich mit einem Abstand von z. B. 2...10 m in der ZKT-Wandung befinden, ist prinzipiell möglich. Der Aufwand steht aber in keinem Verhältnis zum Nutzen, da das gleiche Ergebnis auch anders ermittelt werden kann, beispielsweise durch Ultraschallsensoren. Außerdem ist die Messgenauigkeit der Drucksensoren nicht ausreichend für eine Extraktbestimmung mit geringem Fehler.

Sensor für die Temperatur

Es reicht in der Regel nicht, nur einen Temperatursensor vorzusehen. Deshalb werden in verschiedenen Höhen an der Zarge Temperatursensoren installiert (Pt 100). Damit können die Temperaturen im Bereich der Kühlzonen erfasst werden. Das ist wichtig, weil bei der Abkühlung, infolge temperaturbedingter Dichteunterschiede, die Ansteuerung der Kühlflächen in Abhängigkeit von der erreichten Temperatur des Bieres erfolgen muss.

Die Installation des Sensors muss so erfolgen, dass der Messwert nicht durch Wärmeleitung von der ZKT-Oberfläche aus verfälscht wird.

Leermeldesonde

Eine Leermeldesonde ist bei der ZKT-Entleerung notwendig. Sie soll den Beginn des Spanngaseintritts in die Rohrleitung signalisieren. Das Signal wird z. B. auch für die automatische Umschaltung auf einen anderen ZKT benötigt.

Bei der CIP-Reinigung ist das Signal für die Medientrennung im CIP-Rücklauf wichtig, es wird für die SPS-Steuerung benötigt.

Sonde für den Füllstand

Eine eigenständige Füllstandsmessung ist bei ZKT im Prinzip nicht erforderlich. Sinnvoll bzw. notwendig ist eine Maximum-Sonde (Messprinzip: z. B. Leitfähigkeit) auf dem Tankdom, um eine Überfüllung zu verhindern (mit dem Signal kann zum Beispiel die Pumpe abgeschaltet werden).

Die Erfassung des Füllstandes eines ZKT kann beispielsweise dadurch erfolgen, dass die Messwerte der Durchflussmessung beim Füllen und Entleeren gespeichert werden. Die Differenz ergibt den aktuellen Füllstand.

Kamerasystem im Tankdom

Bei einigen ZKT wurde in der Tankdomarmatur eine Kamera installiert. Damit kann die Kräusenbildung erfasst werden. Der Nutzen solcher Installationen ist sehr fraglich bzw. erübrigt sich, wenn das technologische Regime konstant gehalten wird (Füllmenge, Temperatur, Anstellkonzentration, Belüftung).

8.5.5 Inspektionsmöglichkeiten bei ZKT

Die Inspektionsmöglichkeiten in Form von mikrobiologischen Wischproben zum Oberflächenzustand sind bei ZKT in der Regel auf den Bereich des Schwenkkonus und der Tankdom-Armatur beschränkt. Eine weitere Möglichkeit bietet das letzte Spülwasser bzw. die im Auslauf befindliche Restflüssigkeit.

Möglichkeiten zur Inspektion der ZKT-Oberflächen

Eine Begutachtung der inneren ZKT-Oberflächen ist gegeben durch:

- Einrüstung des ZKT;
- Befahrung mit einem Schlauchboot;
- Nutzung einer Befahr-Vorrichtung;
- Nutzung einer Kamera;
- Nutzung von Endoskopen.

Bedarf für eine Oberflächeninspektion besteht beispielsweise bei möglicher Korrosion, sowie für Reparaturen und Schweißarbeiten.

Einrüstung

Die Einrüstung ist sehr material- und zeitaufwendig, da die Rüstmaterialien durch den Schwenkkonus bzw. den Tankdom-Flansch eingebracht werden müssen.

Schlauchboot

Diese Variante ist relativ schnell realisierbar. Die Belange des Arbeits- und Gesundheitsschutzes sind zu beachten. Der Einstieg muss von oben erfolgen. Die gesamte Oberfläche ist erreichbar.

Die einschlägigen Sicherheitsvorschriften der Berufsgenossenschaft müssen beachtet werden.

Befahrvorrichtung

Die Einbringung einer Befahr-Vorrichtung (ähnlich den Silo-Befahrvorrichtungen der Mühlenindustrie) ist möglich, der Einbau aber zeitaufwendig, siehe „Einrüstung“. Die gesamte Oberfläche ist erreichbar.

Die einschlägigen Sicherheitsvorschriften der Berufsgenossenschaft müssen beachtet werden.

Kameratechnik

Eine hochauflösende Kamera mit einem optischen Zoom-Objektiv kann an zwei Führungsseilen zwischen Tankdom und Schwenkkonus vertikal bewegt werden. Außerdem kann die Kamera um 360° horizontal und 270° im rechten Winkel dazu geschwenkt werden. Die Bilder können in Echtzeit ausgewertet werden.
Eine derartige Kamera wurde von *Pahl* vorgestellt [294].

Endoskope

Endoskope eignen sich vor allem für die Inspektion von Rohrleitungen.

8.6 Armaturen, Rohrleitungen und andere Ergänzungen

8.6.1 Allgemeine Hinweise

Im Kapitel 8.6 werden Armaturen vorzugsweise für den Betrieb von ZKT vorgestellt.

Außerdem werden auch die Armaturen für den klassischen Gär- und Lagerkeller mit behandelt, soweit diese auch für den Betrieb von ZKT erforderlich sind.

Ausführungen zu Rohrleitungen für Produkt (Würze, Hefe, Bier, CIP, Sterilluft und CO_2, Kälteträger) erfolgen im Kapitel 8.6.4 und im Kapitel 21.

8.6.2 Armaturen

Für den Betrieb eines ZKT sind erforderlich:

- Auslaufarmatur für die Füllung bzw. Entleerung mit Würze oder Bier sowie den Hefeabzug. Außerdem erfolgt über diese Armatur der CIP-Rücklauf;
- Probeentnahme-Armatur;
- Sicherheitsarmaturen (unzulässiger Überdruck bzw. Unterdruck);
- Reinigungsvorrichtung;
- Sensoren für Temperatur und Druck;
- Druckregelung für die Spundung;
- Sonde für maximalen Füllstand;
- Möglichkeit der Füllstandsermittlung (s.a. Kapitel 8.5.4);
- Leermeldesonde.

Die Sicherheitsarmaturen, die Reinigungsvorrichtung, die Sonden für Druckmessung und maximalen Füllstand werden in der Regel zur sogenannten Tankdomarmatur zusammengefasst. Einzelheiten hierzu siehe Kapitel 8.6.2.6

8.6.2.1 Auslaufarmatur

Ziel muss es sein, die Leitungslänge zwischen Auslaufarmatur bzw. Ventilknoten oder Rohrleitungspaneel und ZKT-Konus so kurz wie möglich zu installieren. Zumindest muss durch das Betriebsregime sichergestellt werden, dass sich in der Leitung nach der Füllung keine hefefreie Würze befindet (s.a. Kapitel 5.3.1.2).

Die Temperatur in der Leitung weicht zum Teil erheblich von der ZKT-Temperatur ab, gleiches gilt für die technologischen Parameter. Insbesondere muss auf die Infektionsgefahr einer hefefreien Würze in der Würzeleitung hingewiesen werden.

Die in Abbildung 132 (Kapitel 8.5.2.3) sowie Abbildung 317 gezeigte Armatur Eco-Matrix® der Fa. GEA Tuchenhagen ergibt kürzeste Verbindungen. Hierzu siehe auch Kapitel 21.8.

Eine weitere Variante ergibt sich, wenn ein ZKT im Rahmen einer Tankgruppe betrieben werden soll, die bei Bedarf mit den Produktleitungen verbunden wird (Abbildung 146) oder wenn die Rohrleitungen über ein Paneel mit einem ZKT verschaltet werden. In diesen Fällen können sogenannte Doppelsitz-Tankbodenventile mit einem oder zwei Abgängen (Abbildung 318) eingesetzt werden (Abbildung 137a und Abbildung 137b) oder es werden die üblichen Doppelsitzventile am ZKT-Konusauslauf kombiniert (Abbildung 137c).

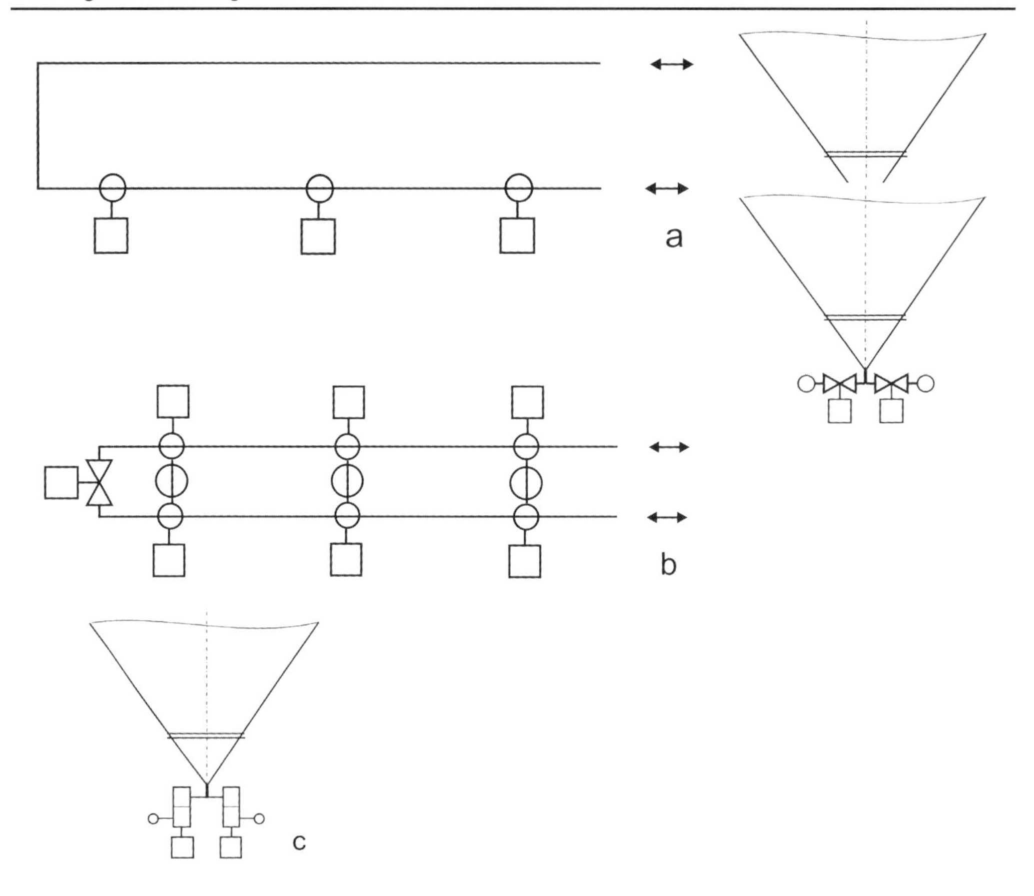

Abbildung 137 ZKT-Auslauf mit Doppelsitzventilen in Varianten, schematisch
a ZKT-Auslauf mit einem Bodendoppelsitzventil **b** ZKT-Auslauf mit zwei Bodendoppelsitzventilen **c** ZKT-Auslauf wie Variante b, aber mit zwei Doppelsitzventilen „normaler“ Bauform
Hinweis: die Variante b entspricht im Prinzip einer Armaturenkombination des Eco-Matrix-Systems mit nur einer Ventilebene (s.a. Abbildung 317).

8.6.2.2 Probeentnahmearmaturen

Hierzu siehe auch Kapitel 21.10: Probeentnahmearmaturen.

In vielen Fällen wird die Probe im Bereich von etwa 1 m über dem Konusende aus dem ZKT entnommen. Dazu wird eine Rohrleitung bis in Bedienungshöhe verlegt. Bei der Probenahme muss dann eine mehr oder weniger große Biermenge entnommen werden („Vorschießen lassen“), um eine aktuelle Probe zu erhalten. Da diese Leitung in sehr vielen Fällen in DN 25 ausgeführt wird, müssen je Meter Leitungslänge ca. 0,5 L Probe als Vorschießmenge entnommen werden (diese Menge geht im Allgemeinen in den Kanal!). Für die Probeentnahmeleitung ist eine Nennweite von DN 10 ausreichend.
Deshalb muss empfohlen werden, die Probeentnahmeleitung als Kreislaufleitung mit einer entsprechenden Pumpe zu installieren. Nach einer entsprechenden Vorlaufzeit

steht die aktuelle Probe bereit. Die Pumpe läuft nur vor und während der Probenahme. Die Probe sollte immer unter Druck (z. B. mit einer vorgespannten Flasche) entnommen oder über eine Druck-Kompensationswendel schaumfrei gezapft werden. Die Pumpe kann beispielsweise stopfbuchslos mit Magnetkupplung ausgeführt werden.

Der Probeentnahmekreislauf muss selbstverständlich in den CIP-Vorlauf einbezogen werden.

In einigen Fällen werden ZKT mit einem Probenahmesystem ausgerüstet. Dabei wird vor und nach der Probenahme ein CIP-Prozess des gesamten Systems durchgeführt. Die Probe wird über ein Doppelsitzventil direkt am ZKT oberhalb des Konus entnommen und an einer geeigneten zentralen Stelle bereitgestellt. Einzelheiten siehe im Kapitel 21.10.

Alternativ muss bei größeren ZKT-Anlagen empfohlen werden, durch Anschluss eines tragbaren bzw. ortsbeweglichen Analysenautomaten die benötigten Messwerte online aus der Umpumpleitung ohne Schaumentwicklung bei gedrosseltem Auslauf zu bestimmen.

8.6.2.3 Reinigungsvorrichtung

Hierzu siehe Kapitel 20.5.

8.6.2.4 Sicherheitsarmaturen

Sicherheitsarmaturen werden eingesetzt, um unzulässige Betriebszustände in Anlagen, Rohrleitungen und Behältern zuverlässig zu vermeiden. Dabei kann es sich um:

- Überdruck, aber auch um
- Unterdruck (Vakuum) handeln.

Durch den Einsatz der Sicherheitsarmaturen sollen die Anlagen gegen mechanische Überlastung/Zerstörung geschützt und das Bedienungspersonal vor gesundheitlichen Schäden bewahrt werden.

Mit dem Schutz gegen unzulässigen Überdruck befassen sich zahlreiche gesetzliche Grundlagen, z. B. das Gerätesicherheitsgesetz, die Druckgeräterichtlinie und die Betriebssicherheitsverordnung (s.a. Kapitel 26).

Grundsätzlich gehört zu jedem Druckbehälter in der Brauindustrie eine Sicherheitsarmatur, die den maximalen Druck auf den zulässigen Betriebsdruck begrenzt. Die Größe ist entsprechend dem maximal zu erwartenden *CO_2-Volumenstrom* auszuwählen bzw. nach dem maximal auftretenden *Füllvolumenstrom*. Letzteres ist vor allem wichtig, wenn das Schlauchen nicht durch Schwerkraftförderung erfolgt, sondern mittels Pumpe. Der maximale Betriebsdruck darf bei keinem Arbeitsvorgang überschritten werden (Schlauchen, Gärung, Filtration). Die Ausführung erfolgt als masse- oder federbelastete Sicherheitsarmatur.

Moderne massebelastete Spundarmaturen sind gleichzeitig als Sicherheitsarmatur nutzbar. Weiterhin gehört zu jedem Tank ein Vakuumsicherheitsventil, um zu verhindern, dass, durch Bedienungsfehler oder technische Mängel bedingt, Unterdruck im Tank während der Entleerung oder bei der Tankreinigung auftreten kann.

Der freie Querschnitt muss in Abhängigkeit vom Auslaufquerschnitt festgelegt werden (Gasgeschwindigkeit $\leq$ 10 m/s). Werden Tanks nach dem CIP-Verfahren heiß gereinigt, kommt diesem Vakuum-Sicherheitsventil eine besondere Bedeutung zu (Abkühlung des heißen Tanks durch kaltes Wasser). Hierzu sind relativ große Querschnitte für das Vakuumsicherheitsventil erforderlich.

Zweckmäßigerweise können bei kleineren Behältern die Sicherheitsarmaturen für Überdruck und Vakuum mit der Spundarmatur zu einer Baugruppe vereinigt werden (s.a. Abbildung 144 in Kapitel 8.6.2.6).

Die wiederkehrenden Prüfungen und ggf. die Justierung der Sicherheitsarmaturen erfordert *befähigte* Personen (BP; vormals Sachkundige) bzw. *zugelassene Überwachungsstellen* (ZÜS; vormals: Sachverständige).

Sicherheitsventile

Sicherheitsventile öffnen bei einem Druck, der größer als der zulässige ist, und sie schließen, sobald der Druck wieder auf den zulässigen Wert gefallen ist. Eine Schaltdifferenz zwischen Öffnungs- und Schließdruck ist physikalisch bedingt und wird auch als Hysterese bezeichnet. Durch die Öffnung wird das Fluid (Flüssigkeit, Gas oder Dampf) zur Atmosphäre oder einen Aufnahmebehälter abgeleitet und damit der wirksame Druck abgesenkt. Bedingung dabei ist, dass der verfügbare Öffnungsquerschnitt so groß ist, dass ein genügend großer Volumenstrom bei einem sehr kleinen Strömungswiderstand abgeleitet werden kann. Dabei muss beachtet werden, dass die Sicherheitsarmatur eines Behälters, der durch eine Pumpe gefüllt wird, für den maximal möglichen Volumenstrom der Pumpe auszulegen ist!

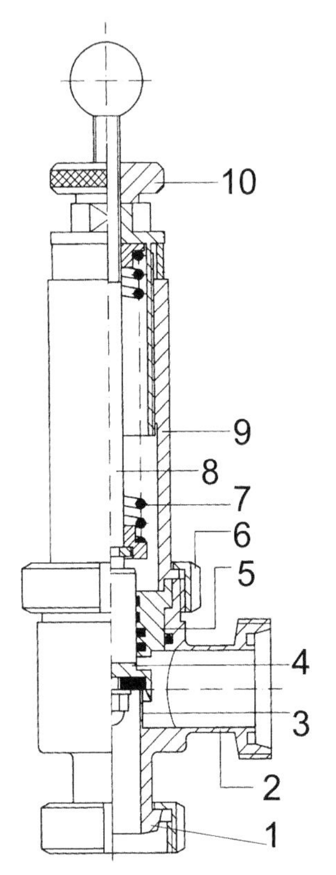

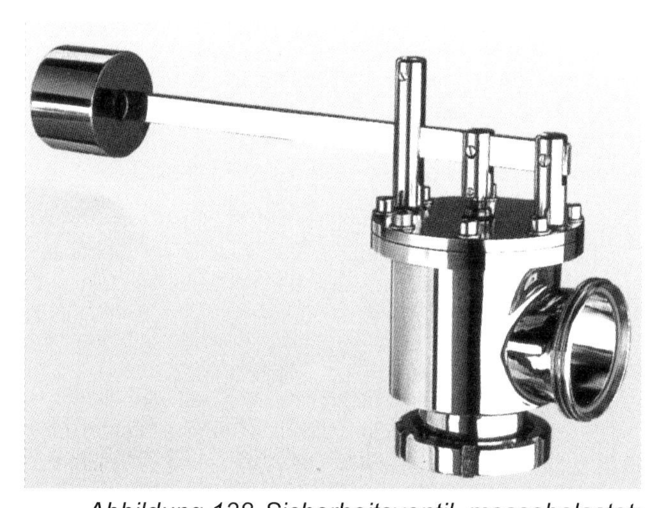

Abbildung 138 Sicherheitsventil, massebelastet; mit Anschluss für Gasableitung (nach Kieselmann)

Abbildung 139 Sicherheitsventil, federbelastet, schematisch (nach M & S)
1 Prozessanschluss **2** Abblasestutzen **3** Ventilsitz **4** Ventilteller **5** Führung
6 Mutter **7** Feder **8** Ventilspindel **9** Ventiloberteil **10** Handrad

Sicherheitsventile müssen in das CIP-Programm eingebunden werden. Armaturen, die mit Produkt (Würze, Hefe, Bier) beaufschlagt werden, müssen während des CIP-Programmes angeliftet werden, um den Ventilsitz zu spülen.

Die Schließkraft, die bei einem Sicherheitsventil auf den Ventilteller wirkt, wird entweder durch eine vorgespannte Feder oder durch ein Massestück erzeugt.
Abbildung 138 und Abbildung 139 zeigen Sicherheitsventile.

8.6.2.5 Armaturen zum Schutz gegen Unterdruck/Vakuum

Der Schutz gegen Vakuum soll vor allem Behälter (z. B. ZKT, Lagertanks, Hefebehälter, CIP-Behälter, Silos) gegen äußeren Überdruck schützen, gegen den diese im Allgemeinen nicht beständig sind und von den resultierenden Kräften zerstört werden.

Beispielsweise sind ZKT zwar bei Drücken von $p_{ü} \leq 2$ bar sicher betreibbar, aber bei einer Druckabsenkung um etwa 400 mmWS $\hat{=}$ 0,04 bar gegenüber der Atmosphäre auf p = 0,96 bar kann ihre Stabilität bereits überschritten sein!

Zur Vermeidung der Unterdruckbildung muss das „Vakuum-Sicherheitsventil" zuverlässig öffnen und die Verbindung zur Umgebungsluft herstellen, damit genügend Luft nachströmen kann. Da bei Bedarf recht große Volumenströme bei einem sehr geringen Druckverlust nachströmen müssen, sind große Querschnittsflächen erforderlich, s.a. Abbildung 140.

In Abbildung 142 ist eine Sicherheitsarmatur dargestellt, die auch für große ZKT bei einer Heißreinigung geeignet ist.

Vakuum-Sicherheitsventile müssen immer am Behälterkopf installiert werden, um die Funktion zu garantieren (bei einem überlaufenden Behälter könnte Unterdruck bereits durch die Heberwirkung auftreten).

Vakuum-Sicherheitsventile sind in der Regel mit einem Massestück belastet (zum Teil reicht dafür die Masse des Ventiltellers aus).

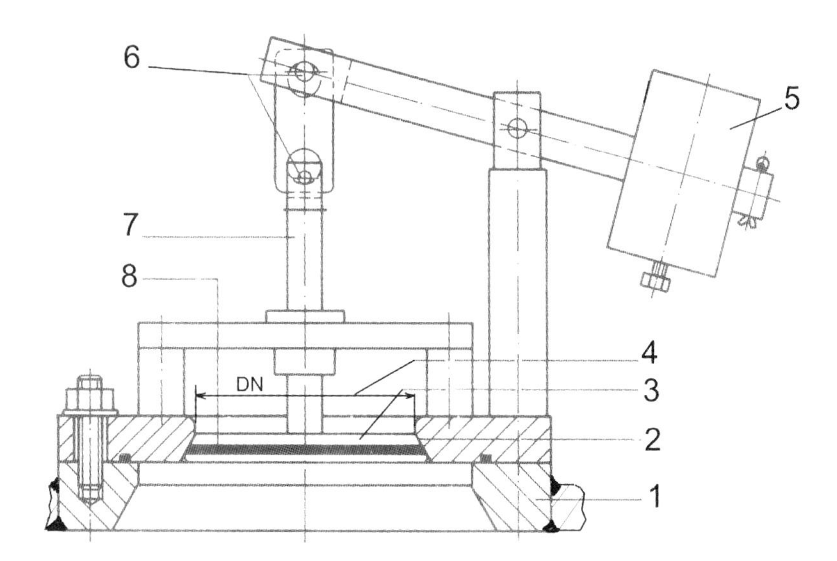

Abbildung 140 Vakuum-Sicherheitsventil, massebelastet, schematisch
1 Anschlussflansch **2** Ventilsitz **3** Ventilteller **4** Ventilquerschnitt **5** Massestück
6 Gelenke **7** Ventilspindel **8** O-Ring an Pos. 3

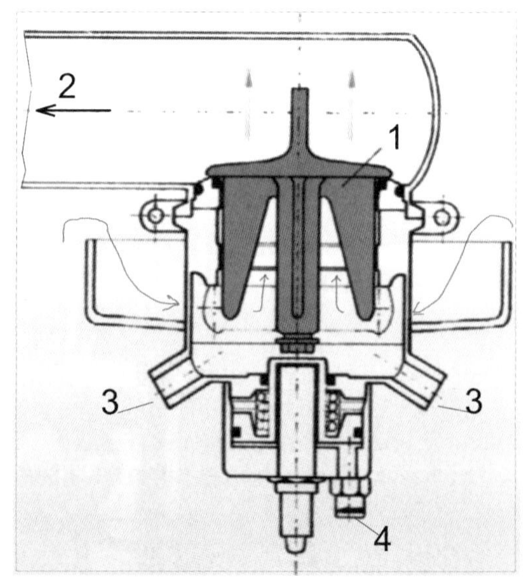

Abbildung 141 Vakuum-Sicherheitsventil (nach GEA Tuchenhagen)
1 Ventilkegel **2** Gas **3** Leckageablauf **4** Ventil-Anlüftung

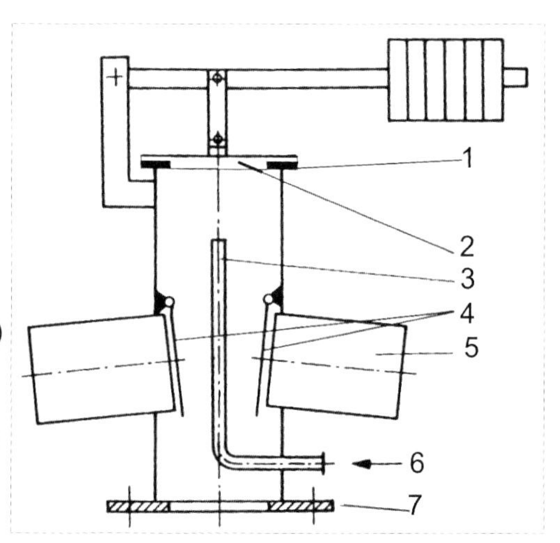

Abbildung 142 Sicherheitsarmatur für einen 250-m³-ZKT, schematisch (nach VEB GERMANIA)
1 Dichtung aus Silicon-Gummi
2 Überdruckventil, Masse belastet (DN 150)
3 Sprühröhrchen
4 Klappen mit Dichtung
5 Vakuumventil (2 x DN 150; Neigung ≈ 3°)
6 CIP-Vorlauf
7 Flanschanschluss an ZKT-Deckel

8.6.2.6 Tankdomarmatur

Die Tankdomarmatur ist eine Zusammenfassung aller für den Betrieb eines ZKT erforderlichen Armaturen: Überströmventil, Sicherheitsventil, Vakuumventil, Reinigungsvorrichtung, Maximum-Sonde, Drucksensor, ggf. auch Tankinnenbeleuchtung bzw. Schauglas. Bei größeren ZKT wird das Überströmventil als Regelventil ausgerüstet. Damit lässt sich der Spundungsdruck von der Steuerung aus beeinflussen (in Abbildung 144 nicht dargestellt).

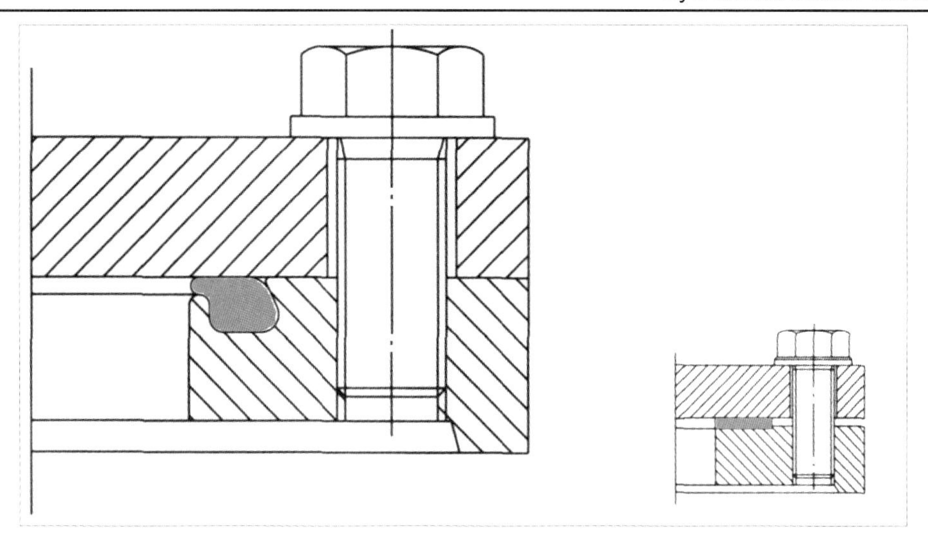

Abbildung 143 Gestaltung der Dichtung an einem Tankdomflansch nach den Prinzipien des Hygienic Designs (nach ZIEMANN), rechts die veraltete Ausführung, bei der die Dichtung gequetscht wurde.

Die Armaturen werden komplett auf einem Flanschdeckel montiert, der dann auf den ZKT aufgeschraubt wird. Zur Gestaltung der Flanschdichtung siehe Abbildung 143. Die Flansche werden formschlüssig verschraubt, die Dichtung wird dabei definiert vorgespannt.

Die Nennweiten der einzelnen Armaturen werden in Abhängigkeit der ZKT-Größe festgelegt. Ein Beispiel zeigt Abbildung 144.

Die einzelnen Armaturen der Tankdomarmatur erhalten in der Regel eine eigene Innenreinigung, die am CIP-Vorlauf eingebunden wird.

8.6.3 Rohrleitungen am ZKT-Kopf

In der Regel werden die Funktionen CO_2-Ableitung, Spanngaszufuhr und CIP-Vorlauf über eine gemeinsame Rohrleitung realisiert.

Diese Rohrleitung wird überwiegend in der Dämmschicht des ZKT angeordnet, sie kann aber auch außerhalb verlegt werden. Die Vorteile bestehen bei der Integration in die Wärmedämmung vor allem in Folgendem:

- Keine Probleme beim Transport und der Aufstellung;
- Verringerter Montageaufwand auf der Baustelle;
- Keine Probleme bei niedrigen Temperaturen ($\vartheta < 0$ °C).

Die Nennweite dieser Leitung richtet sich nicht nur nach dem erforderlichen CIP-Volumenstrom, sondern auch nach dem maximal möglichen CO_2-Volumenstrom. Dabei sollte beachtet werden, dass bei einer nicht ganz auszuschließenden Überfüllung Schaum mit dem CO_2 aus dem ZKT entweichen kann. Schaum führt zu höherem Druckverlust mit der Folge, dass ggf. der Druck im ZKT soweit ansteigt, dass die Sicherheitsarmatur anspricht, Schaum in die Atmosphäre gelangt und die ZKT-Oberflächen verunreinigt werden (nicht nur im Winter unangenehm).

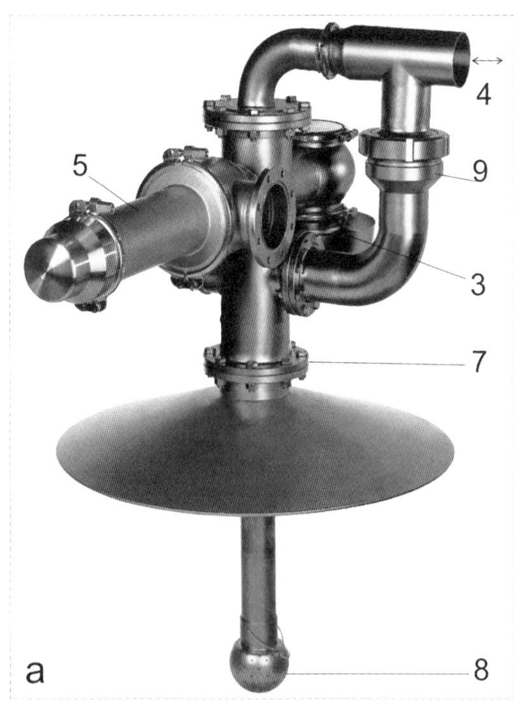

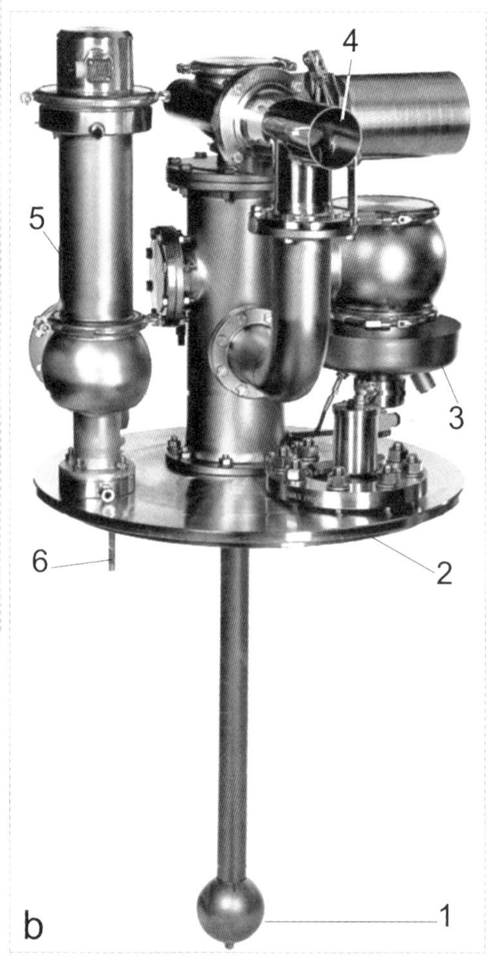

Abbildung 144 Tankdomarmatur Varitop® (nach GEA Tuchenhagen)
a Einbau mittels Zentralflansch
b Einbau auf Flanschdeckel
1 Zielstrahlreiniger **2** Flanschdeckel
3 Vakuum-Ventil, anlüftbar **4** CIP-Vorlauf/ CO_2-Ableitung **5** Sicherheitsventil
6 Max.-Sonde **7** Zentralflansch
8 Sprühkugel **9** Umschaltarmatur CIP/Gas

Deshalb wird die CO_2-Ableitung/der CIP-Vorlauf oft in einer größeren Nennweite ausgeführt, als für den normalen Gebrauch erforderlich (z. B.: CIP-$\dot{V}$ = 30 m^3/h; es würde DN 65 genügen; gewählt werden sollte aber DN 80).

Auf Leerrohre für weitere Installationen wird im Kapitel 8.5.3.2 hingewiesen.

8.6.4 Rohrleitungen

Wie bereits im Kapitel 8.6.1 angedeutet, folgen die allgemeinen Ausführungen zu Rohrleitungen für Produkt (Würze, Hefe, Bier, CIP usw.) im Kapitel 21. Nachfolgend wird auf einige ZKT-spezifische Fragen zur Rohrleitungsgestaltung eingegangen.

Die einzelnen Medien werden in Ringleitungen (s.a. Abbildung 145) gefördert, in sehr großen Betrieben können mehrere Ringleitungen parallel betrieben werden. Die Ringleitungen können vertikal übereinander angeordnet werden (hierfür wird zum Teil der Begriff *Rohrzaun* benutzt) unter Beachtung der temperaturbedingten Ausdehnungsmöglichkeit. Die Produkt-Ringleitungen sind immer auch als CIP-Vor- bzw. -Rücklaufleitung nutzbar. Für die Verbindung eines ZKT mit den entsprechenden Rohrleitungen gibt es zwei grundsätzliche Varianten:

- Jedes Medium erhält in der Nähe des ZKT einen Abzweig (Abbildung 145). Die Verbindung kann dann erfolgen durch:
  - Paneeltechnik und Passstück (z. B. Abbildung 127);
  - Paneeltechnik und Schlauch;
  - Einfachen Rohrleitungsabgang und Verbindungselement (z. B. Abbildung 130)
  - Festverschaltung mit Doppelsitzventil(en), auch in der Variante Eco-Matrix (Abbildung 317);
- Mehrere ZKT bilden eine Tankgruppe (Abbildung 146). Diese kann mit den einzelnen Produktleitungen verbunden werden, wie in den vorstehend genannten Varianten genannt.

Die Zusammenfassung mehrerer ZKT zu einer Tankgruppe ist möglich, weil die Verweilzeit des Bieres in einem ZKT relativ lange ist. In einer Gruppe ist dann natürlich nur jeweils eine Manipulation möglich: Entweder Füllen mit Würze, oder Ziehen des Bieres, oder Hefe ziehen, oder CIP-Rücklauf usw. Deshalb darf die Gruppe nicht zu groß gewählt werden.

Eine weitere Möglichkeit besteht zum Beispiel darin, die Tankgruppe mit zwei getrennten Gruppenleitungen auszurüsten, z. B. für Füllen und Entleeren oder CIP und Füllen/Entleeren.

Die mögliche Tankgruppengröße muss unter Beachtung des Sortiments, der Belegungszeiten, der Zeiten für Füllung, Entleerung, CIP usw. festgelegt werden.
Wesentlicher Vorteil der Zusammenfassung der ZKT zu einer Tankgruppe ist der geringere Armaturen- und Rohrleitungsbedarf und damit ein Beitrag zur Reduzierung der Investitionskosten.

Die Zusammenfassung der CIP-Vorlaufleitungen innerhalb einer Tankgruppe ist prinzipiell möglich, die Gasleitungen (Abluft, CO_2-Rückgewinnung und Spanngas) müssen aber in der Regel mit jedem ZKT separat verbunden werden. Sie können aber als Ringleitung installiert werden, deren CIP-Fähigkeit gesichert sein muss.

Auch für die Gestaltung der Verbindungen der Gasleitungen und der CIP-Vorlaufleitung mit dem ZKT bietet sich vor Ort das Eco-Matrix-Prinzip an.

Eine allgemeingültige Aussage für die betriebliche Installation der Rohrleitungen im ZKT-Bereich ist nicht möglich. Die Planung muss die örtlichen, betriebsspezifischen Gegebenheiten berücksichtigen und optimiert werden. Die genannten Varianten sind nur als Beispiele zu verstehen.

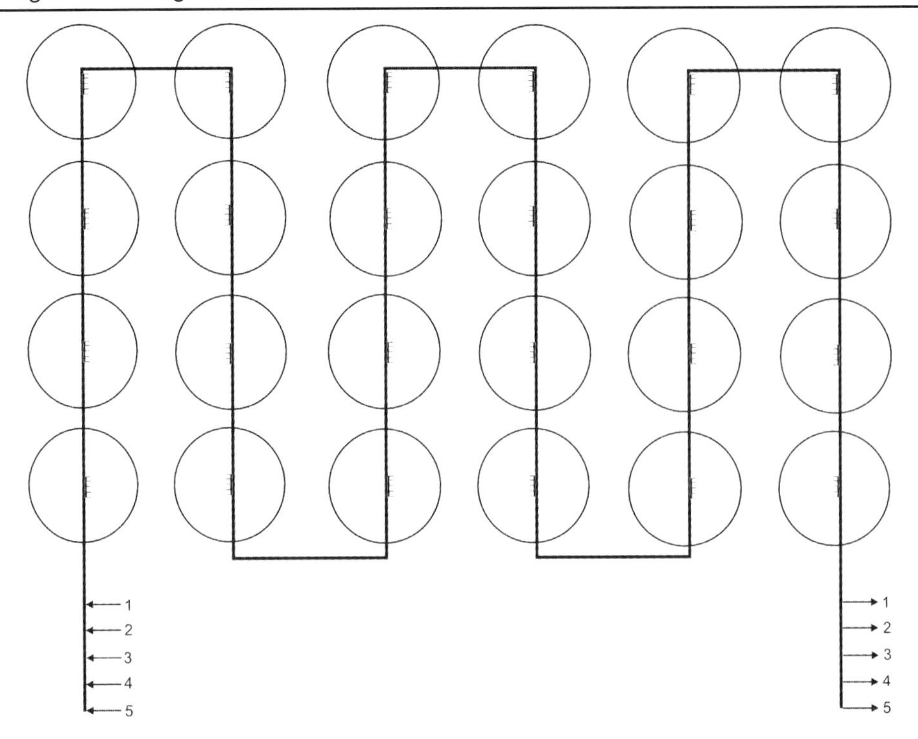

Abbildung 145 Rohrleitungsführung Variante 1: Jede Produktleitung hat einen Abzweig oder Verbindung mit dem ZKT (z. B. wie in Abbildung 132 gezeigt), schematisch
Zum Beispiel: **1** Würze **2** Bier zur Filtration **3** Erntehefe **4** CIP-Vorlauf **5** CIP-Rücklauf; Es werden also an jedem ZKT 5 Rohrleitungen entlanggeführt (ohne die nicht mit gerechneten Gasleitungen)

8.6.5 Ergänzungs- und Zusatzeinrichtungen für die Gärung und Reifung

Jungbierseparation

Im modernen ZKT-Keller werden bei optimierten Gär- und Reifungsverfahren teilweise Jungbierseparatoren zur Abtrennung der Hefe eingesetzt (Hefeernte ohne Temperaturschock). Die Hefe kann in den Prozess zurückgeführt werden.

Die Trennwirkung der Separatoren ist insbesondere von der Temperatur, der Viskosität, der Hefekonzentration und den Maschinenparametern (Drehzahl, Trommeldurchmesser) abhängig.

Zum Einsatz gelangen selbstaustragende Teller-Separatoren, teilweise in hermetischer Ausführung (s.a. Kapitel 17). Auch Düsenseparatoren mit kontinuierlichem Hefeaustrag werden benutzt. Der Volumenstrom liegt bei $\dot{V}$ = 40...900 hL/h. Der Durchsatz kann sich bei hohen Hefekonzentrationen auf etwa 60 % reduzieren.
Der Leistungsbedarf der Jungbierseparatoren liegt bei P = 0,8...1,1 kW/m^3.

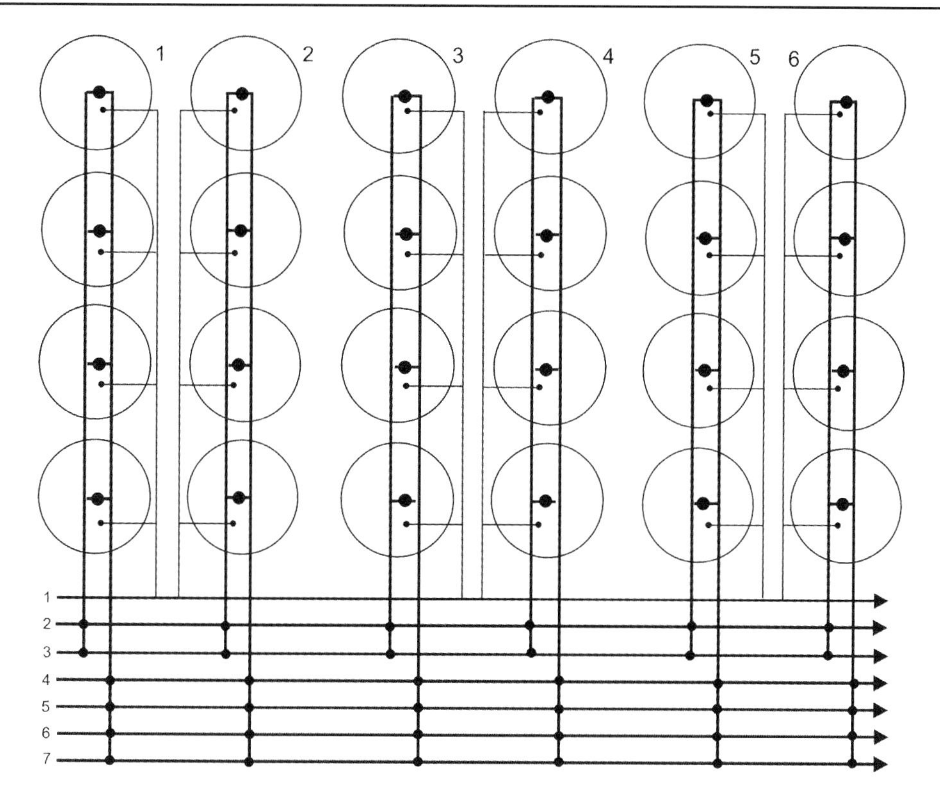

Abbildung 146 Rohrleitungsführung Variante 2; Aufteilung in 6 Tankgruppen, schemat. Zum Beispiel: **1** CIP-Vorlauf **2** Wasser **3** Würze **4** Erntehefe **5** Bier zur Filtration **6** Abwasserkanal **7** CIP-Rücklauf; Es werden also an jedem ZKT 2 Rohrleitungen entlanggeführt, die mit Pos. 2 + 3 bzw. Pos. 4 bis 7 verbunden sind (im Abzweig werden also 5 Leitungen „eingespart").

8.7 Ergänzungen für die ZKT-Optimierung

8.7.1 Das System Poseidon der Firma Krones zur Optimierung der Gärung und Reifung unter Verwendung von ZKT

Von der Firma *Krones* wurde eine Variante zur zweckmäßigen Verrohrung von ZKT und zu ihrem Betrieb vorgestellt [295], die ein wichtiger Beitrag zur Optimierung der Prozessstufe Gärung und Reifung sind.

Die vorgeschlagene Lösung ist nicht nur für Neuinstallationen geeignet. Sie kann auch bei bestehenden ZKT nachgerüstet werden.

Das System „Poseidon" ermöglicht eine sehr zweckmäßige Verfahrensführung der Gärung, Reifung, Hefeernte und Kühlung des Bieres im Sinne von Vorschlägen zur Verkürzung der Gärungs- und Reifungszeit (s.a. [296]).

Die Länge der Lanze und des oberen Anstichs (Abbildung 147) kann sehr flexibel festgelegt werden. Sie kann, vor allem beim nachträglichen Einbau, von den örtlichen Gegebenheiten begrenzt werden.

1 Zentrale Lanze
2 Oberer Anstich
3 Verdrängungskörper
4 Zu- und Ablauf
5 Unterer Abzug am Konusende
6 Armaturen
7 Plattenwärmeübertrager

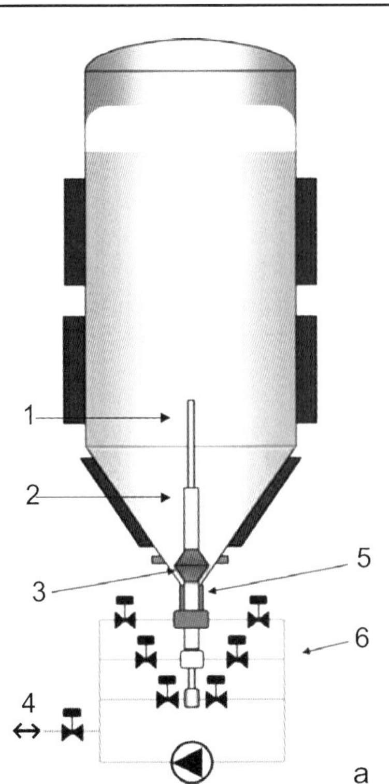

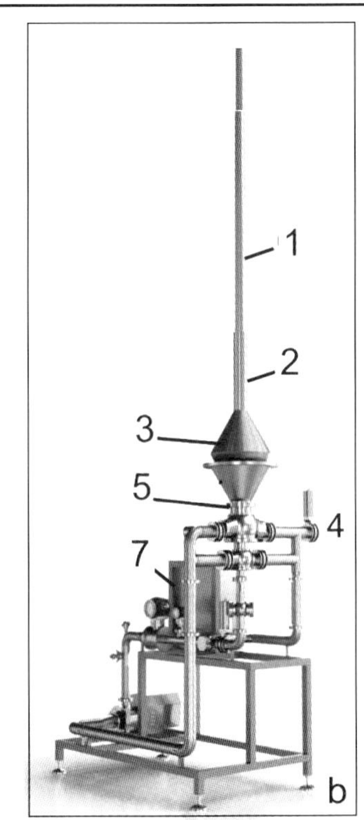

Abbildung 147
Das System Poseidon (nach Krones/Steinecker [295])
a Technologisches Schema **b** Apparative Gestaltung mit PWÜ

Abbildung 147a zeigt das System Poseidon schematisch, in Abbildung 147b ist der ZKT-Konus mit seinen Anschlüssen dargestellt.

Die zentrale Lanze, der obere Anstich und der untere Ablauf sind koaxial angeordnet und bilden mit dem ZKT-Konus eine Baugruppe. In Abbildung 149 werden verschiedene Stadien einer ZKT-Charge gezeigt. Die Bildunterschriften sind selbsterklärend.

Der Verdrängungskörper sichert, dass der Hefeabzug aus dem Konus ohne das Mitreisen von Bier möglich wird. Eine Ausführungsform zeigt Abbildung 148.

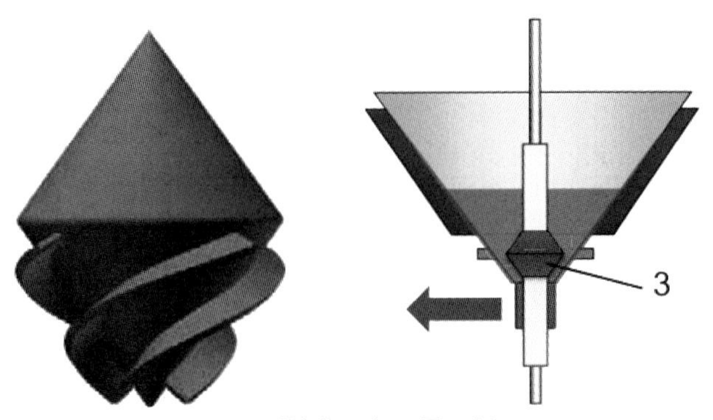

Abbildung 148 Verdrängungskörper (3) für den Tankkonus

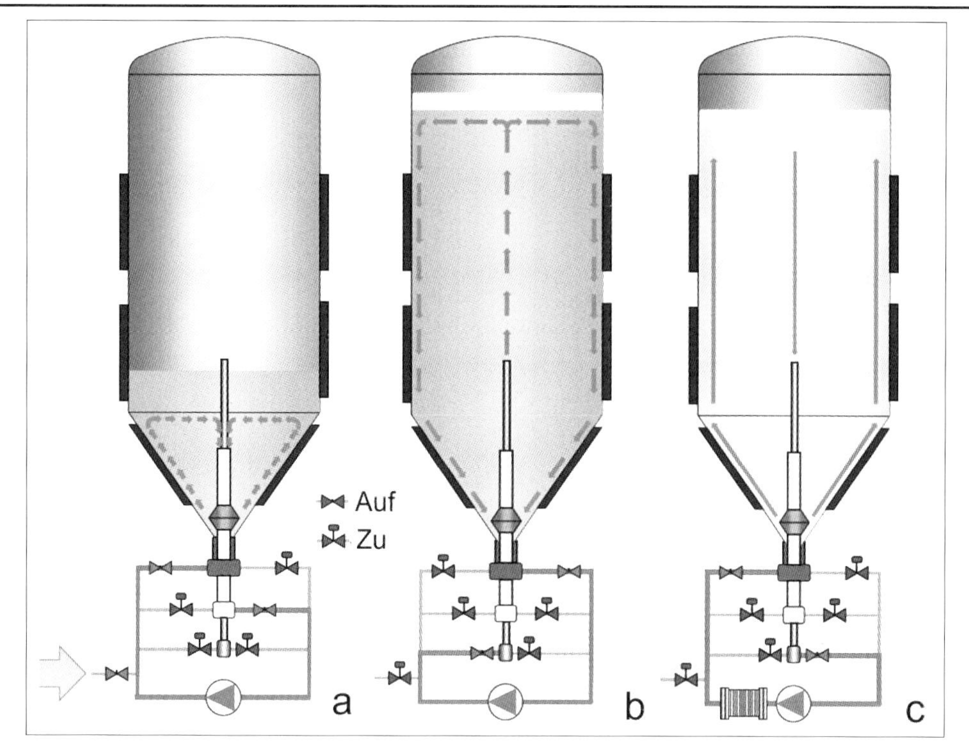

Abbildung 149 a: Füllung des ZKT; über den oberen Anstich kann bereits umgepumpt werden zur Verteilung der Hefe und des Sauerstoffs.

Abbildung 149 b: Hauptgärung: Über die zentrale Lanze wird umgepumpt. Dadurch werden die Wärmeübertragung und der Extraktabbau verbessert.

Abbildung 149 c: Kühlphase: Die Abkühlung wird durch den externen PWÜ beschleunigt. Die Strömungsrichtung der Umwälzung kann durch Umschaltung „gedreht" werden, um eine Temperaturschichtung zu vermeiden.

Die wesentlichen Vorteile des Systems Poseidon bestehen wie folgt:

- Homogenisierung des ZKT-Inhaltes bereits bei der Beginn der Füllung. Die Hefe kann mengenproportional dosiert werden.
- Während der Hauptgärung wird die Wärmeübertragung an den Kühlflächen verbessert.
- Durch verbesserten Kontakt Hefe/Würze wird der Stoffumsatz verbessert, also die Gärung und auch die Reifung werden beschleunigt.
- Während der Abkühlphase des Bieres wird die Wärmeübertragung intensiviert, d.h., die benötigte Abkühlzeit wird verringert.
- Durch die bewusste Nutzung der umschaltbaren Strömungsrichtung kann die Sedimentation der Hefe beschleunigt werden.
- Die Kühlung der sedimentierenden Hefe ist dabei stets möglich.
- Die Hefe kann zügig abgepumpt werden. Der Verdrängungskörper vermindert die Gefahr, dass dabei Bier mit gerissen wird.

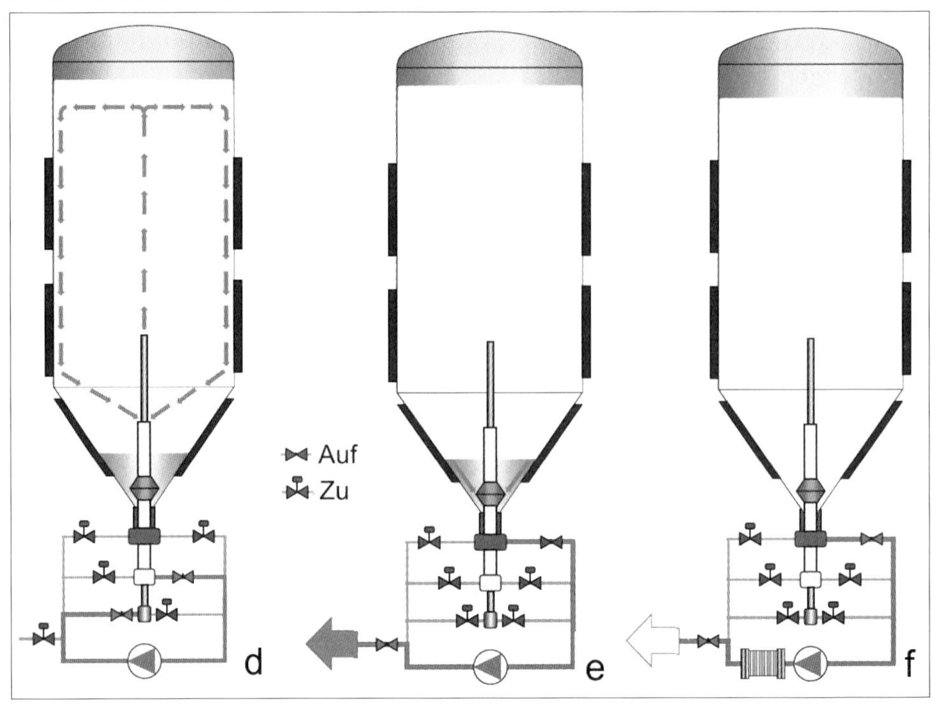

Abbildung 149 d: Sedimentationsphase der Hefe, im oberen ZKT-Bereich wird weiter umgewälzt.

Abbildung 149 e: Feststoffaustrag/Hefeernte. Der Verdrängungskörper sichert den Hefeaustrag und verhindert Bierverluste. Auch über den oberen Anstich kann das Bier abgezogen werden (im Bild nicht dargestellt).

Abbildung 149 f: Entleerung zur Filtration.

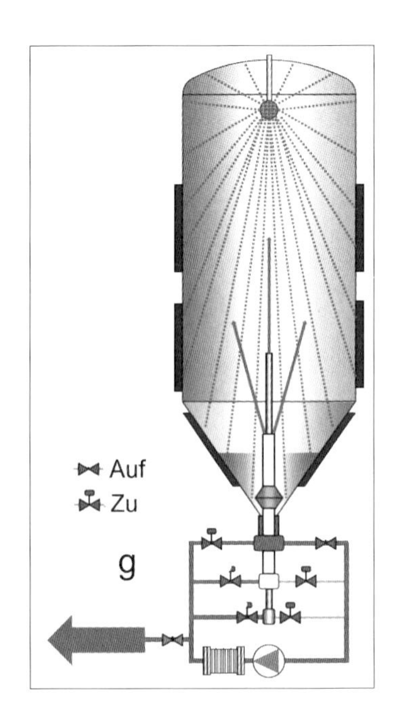

Abbildung 149 g: CIP-Prozess des Systems
Im Konus kann ein temporärer Sumpf geschaltet werden, der für die Reinigung des Rohrsystems genutzt wird.

- Während der Umpumpvorgänge kann die Behälterkühlung durch einen in die Umpumpleitung integrierten Wärmeübertrager (Abbildung 149f) beschleunigt werden. Das ist vor allem von Vorteil wenn die installierte Kühlfläche des ZKT etwas knapp ausgelegt wurde. Auch die alleinige Nutzung eines WÜ ist bei entsprechender Dimensionierung möglich.
  Bei einem Zweitankverfahren ist ein zentraler WÜ mit direkter Verdampfung des Kältemittels für schnelle Abkühlung denkbar.
- Die gesamte Rohrleitungsinstallation wird im CIP-Verfahren lückenlos erfasst. Eine kurzeitige Sumpfbildung kann dabei unterstützend wirken.
- Die Armaturen können mit Stellantrieben ausgerüstet werden. Damit ist der automatische Betrieb durch eine Programmsteuerung möglich.
- Die Installation des Systems bietet sich nicht nur für Neuinstallationen an, sondern kann im Prinzip bei allen ZKT, die über einen abnehmbaren Konus verfügen, nachträglich vorgenommen werden, ohne dass am ZKT Schweißarbeiten erforderlich werden.

Möglichkeiten einer kontinuierlichen Produktion

ZKT's mit einer Poseidon-Ausrüstung können bei Bedarf auch zu einer Behälterkaskade geschaltet werden, die im Prinzip kontinuierlich betrieben werden kann, vorausgesetzt, die Behältergrößen sind an die unterschiedliche Prozessdauer der einzelnen Prozessschritte angepasst.

8.7.2 Vorschlag von GEA Brewery Systems

In einer anderen Variante wurde eine Umpumpvorrichtung vorgeschlagen, um die Homogenität und den Stoffumsatz im ZKT zu verbessern, s.a. Abbildung 150.

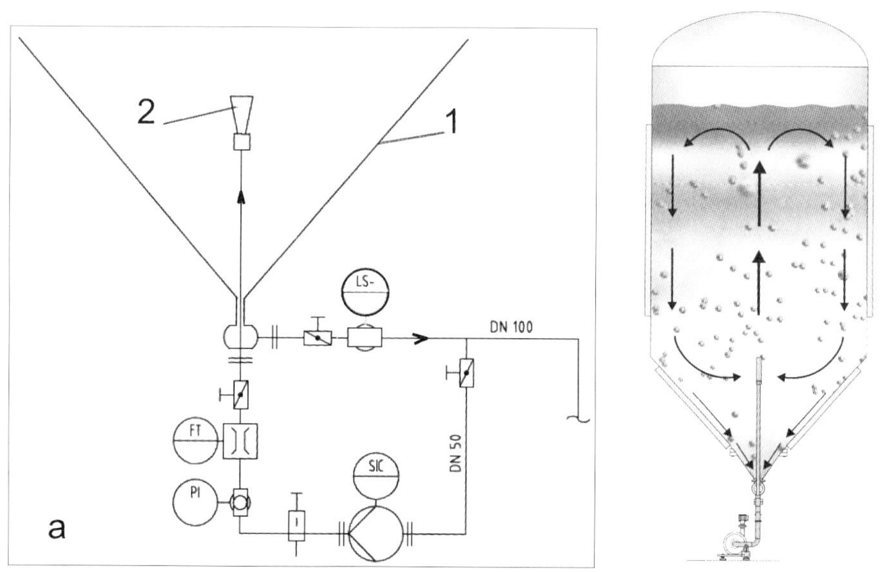

Abbildung 150 Umpumpsystem nach GEA Brewery Systems [297], [292]
***a** schematisch*
1 ZKT-Konus **2** Strahlmischer

Strahlmischung mit der Variante GEA ECO-Ferm™

Zur Beschleunigung der Durchmischung beim Anstellen und zur Verbesserung der Wärmeübertragung beim Abkühlen wird von *Michel* [297] die mögliche Nachrüstungsvariante ECO-Ferm™ der Fa. GEA für den ZKT mit Mantelkühlung beschrieben. Es handelt sich um eine nachrüstbare Strahlpumpe, die die natürliche Bewegung des gärenden Tankinhaltes, die durch die CO_2-Blasensäule zentral nach oben führt, unterstützt (siehe Abbildung 151A). Das direkt im ZKT eingebaute Mischelement zeigt Abbildung 151B.

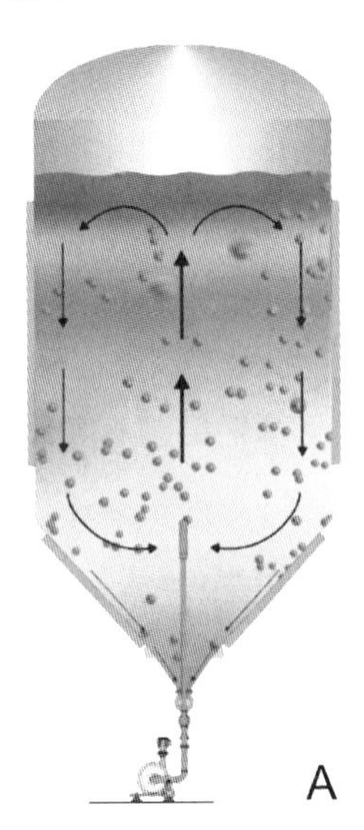

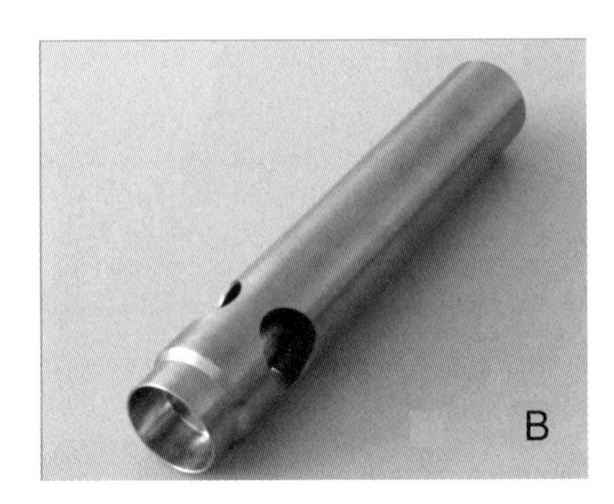

Abbildung 151 A: Strömungsverhältnisse in einem ZKT mit Mantelkühlung mit nachgerüsteter Strahlpumpe, System ECO-Ferm™;
B: ECO-Ferm™ Mischelement

Beim Umpumpen wird ca. ¼ des Volumenstroms über eine externe Pumpe geführt und ca. ¾ des Volumenstroms werden seitlich direkt im Tank angesaugt. Die Geschwindigkeit des Hauptstromes kann durch eine frequenzgesteuerte Umwälzpumpe geregelt werden.

Bei einem ZKT mit 2660 hL Nutzinhalt wurden folgende Parameter eingestellt:

- Treibvolumenstrom V1 = 80 hL/h
- Mischvolumenstrom VM = 325 hL/h
- Umwälzdauer des Tankinhaltes: t = 2660 hL / 325 hL/h = 8,2 h
- Durchschnittliche Laufzeit pro Charge: 193 h
- Stromverbrauch für eine Charge: 328 kWh

Als wesentliche Ergebnisse wurden herausgestellt:

- Eine Beschleunigung des Gär- und Reifungsprozesses und eine Verkürzung der Tankbelegung bis zu 25 %;
- Eine gleichmäßigere Temperaturverteilung im Gärtank während der Warmreifung und Abkühlung;
- Eine verbesserte Hefevitalität bei gleicher Bierqualität.

8.7.3 Das Iso-Mix-System der Fa. Alfa Laval

Das Iso-Mix-System ist ein durch den hydraulischen Antrieb sich drehender Mischer, der oberhalb des Konusbereiches in einem ZKT eingebaut werden kann (s.a. Abbildung 152). Er wird durch eine externe Pumpe angetrieben. Das System kann auch zur Vorhomogenisierung der Anstellhefe in einem 70-hL-Tank eingesetzt werden. Nach [298] ergibt der Einsatz in einem ZKT folgende positiven Effekte:

- Eine Reduzierung der Zirkulationszeit in allen Fällen um ca. 15...40 %;
- Eine konstantere Prozessdauer;
- Einen höheren Vergärungsgrad;
- Eine homogenere Zusammensetzung der Erntehefe;
- Eine deutlich höhere Vitalität der Erntehefe;
- Mit einem Mischer mit einem Durchsatz von ca. 23,5 m³/h konnte in einem ZKT mit 180 m³ Inhalt die Abkühlzeit von 16 °C auf ca. 3 °C von über 30 h auf ca. 18 h verkürzt werden.

Die hier aufgeführten möglichen Nachrüstungsvarianten für den ZKT mit Mantelkühlung sollen die Schwachpunkte dieses ZKT-Typs (s.a. Kapitel 8.7.3.2) beheben und eine bessere Verteilung der Anstellhefe in der Angärphase und eine schnellere Abkühlung erreichen. Probleme also, die der ZKT mit externer Kühlung (s.a. Kapitel 8.7.3.3) im Normalfall nicht aufweist. Ein Vergleich dieser drei Systeme unter Berücksichtigung des Investitionsaufwandes, des Energiebedarfes, der mikrobiologischen und Prozesssicherheit fehlt noch. Beachtet werden muss auch, dass die in das Bier eingetragene Pumpenarbeit von der Kühlanlage zusätzlich abzuführen ist.

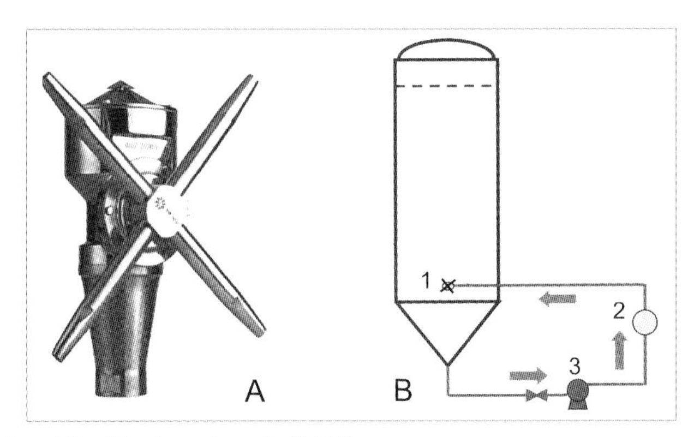

Abbildung 152 Iso-Mix-System (nach [299])
A Rotationsmischer (ISO-MIX A/S der Fa. Balderhøj, DK) **B** Einbauschema des Rotationsmischers im ZKT
1 Rotationsmischer **2** Durchflussmessgerät **3** drehzahlregulierte Pumpe

Zu möglichen Verkürzungen der Gär- und Reifungszeit berichtete *Müller-Auffermann* [300] und [362].

8.8 Kühlung der ZKT

8.8.1 Abzuführende Wärmemengen

Die abzuführenden Wärmemengen in den Prozessstufen Gärung/Reifung und Lagerung setzen sich zusammen aus:

- Der Gärungsenthalpie;
- Der Flüssigkeitswärme;
- Den Verlusten durch Wärmeeinstrahlung und anderen Energieeintrag.

8.8.1.1 Gärungsenthalpie

Die Wärmemenge ist abhängig vom:

- Stammwürzegehalt;
- Vergärungsgrad;
- Von der spezifischen Gärungsenthalpie.

Bei einer Stammwürze von 11,5...12 % (Vollbier) und einem Vergärungsgrad Vsend von 75...85 % ergeben sich die vergorenen Extraktmengen zu Ew = 7...8,3 %.

Daraus und mit der spezifischen Gärungsenthalpie von c = 587 kJ/kg Extrakt folgen für die frei werdende Wärmemenge Q in kJ/hL bzw. für die Temperaturerhöhung $\Delta\vartheta$ in K die in Tabelle 26 in Kapitel 3.10 genannten Werte (diese Tabelle wurde ohne Berücksichtigung der Wärmemengen, die durch Verdunstung bzw. die mit der CO_2-Entfernung abgeführt werden, erstellt, ebenso wurde eine mögliche Differenz zwischen End- und Ausstoßvergärungsgrad vernachlässigt).
Zum Extraktabbau und der CO_2-Entwicklung siehe auch Kapitel 24.4.

8.8.1.2 Flüssigkeitswärme

Darunter ist die Wärmemenge zu verstehen, die nach beendeter Gärung/Reifung abzuführen ist, um das Jungbier auf Lagertemperatur (Temperatur zur Ausscheidung kälteinstabiler Produkte) abzukühlen.

Üblich sind Temperaturen von 0 °C bis -2 °C, entsprechend dem Gefrierpunkt des betreffenden Bieres, der wiederum von seinem Ethanol- und Extraktgehalt abhängig ist.

Die Wärmemenge entspricht der Temperaturdifferenz zwischen Anstell- und Lagertemperatur (z. B. 10 K, von 9 °C auf -1 °C).

Sie beträgt bei Vollbieren, wie o.g., etwa 4200 kJ/hL. Gärungswärme und Flüssigkeitswärme verhalten sich also bei Vollbieren annähernd wie 1 zu 1. Ihre Summe ist im Wesentlichen bei gegebenem Vsend als konstant anzusehen.

Damit ist es für die Energiebilanz der Prozessstufen Gärung und Reifung prinzipiell gleichgültig, ob die Gärung isotherm oder ohne Kühlung während des Extraktabbaues erfolgt.

Ebenso ist die Anstelltemperatur für die gemeinsame Energiebilanz der Prozessstufen Würzekühlung und Gärung/Reifung belanglos.

8.8.1.3 Energieverluste

Hierzu zählen Wärmeverluste durch Strahlung und Konvektion zur Umgebung, die vor allem abhängig sind von der:

- ZKT-Oberfläche;
- Oberflächenbeschaffenheit der Wärmedämmung;
- Oberflächentemperatur infolge direkter Sonneneinstrahlung;
- Farbgebung;

- Umgebungstemperatur;
- Biertemperatur im ZKT;
- Lagerdauer;
- Luftbewegung.

Auch die in Wärme umgesetzte Pumpenenergie von externen Kühlkreisläufen zählt dazu. Die Verluste lassen sich durch die Dimensionierung der Wärmedämmung beeinflussen, auch durch die Aufstellung der ZKT frei gebaut oder mit Umhausung.

Zusammenfassend lässt sich feststellen, dass das Energiesparpotenzial der Prozessstufen Gärung/Reifung und Lagerung bei festgelegten Würze- bzw. Bierparametern auf die vorstehend genannten Energieverlustquellen und auf die Parameter der Kälteerzeugung beschränkt ist.

8.8.2 Grundsätzliche Varianten zur Wärmeabführung

Die Kühlung der Gär- und Reifebehälter kann erfolgen durch:

- ZKT mit Mantelkühlung durch Umluft/Berieselung;
- ZKT mit Mantelkühlung durch integrierte Wärmeübertragerflächen;
- ZKT mit individuellem, externem Kühlkreislauf;
- ZKT ohne Kühlmöglichkeit, Wärmeabfuhr durch separate Wärmeübertrager (WÜ).

Es kann bei den genannten Varianten zusätzlich nach Wärmeabführung unterschieden werden durch:

- Kälteträger (indirekte Kühlung) und
- verdampfendes Kältemittel (direkte Kühlung).

Während sich ZKT in den vorstehenden drei zuerst genannten Kühlvarianten sowohl für die Gärung, Reifung und Lagerung in einem ZKT (Ein-Tank-Verfahren) als auch für das Zwei-Tank-Verfahren (oder auch Mehrtankverfahren) eignen, bei dem die Phasen Gärung/Reifung und Lagerung in räumlich getrennten Behältern stattfinden, sind die im letzten Punkt genannten ZKT im Prinzip nur sinnvoll für das Zwei-Tank-Verfahren einsetzbar. Beim Behälterwechsel wird das Bier mittels eines WÜ gekühlt. Die Hefeernte kann bei dieser Variante zweckmäßigerweise oder bei Bedarf durch einen vor dem WÜ installierten Jungbier-Separator erfolgen. Die Hefe wird dadurch unter Umständen weniger thermisch belastet (s.a. Abbildung 153).

Ein Ein-Tank-Verfahren ist bei einem hefefreien ZKT denkbar, der gemäß Abbildung 156b betrieben wird. Das Bier wird nach der Kühlung unten eingeleitet, es bildet sich, durch den Dichteunterschied bedingt, nur eine minimale Mischphase aus. Wenn die Mischphase den oberen Auslauf erreicht hat, wird auf Variante Abbildung 156a umgestellt, um den darüber befindlichen Teil zu kühlen.

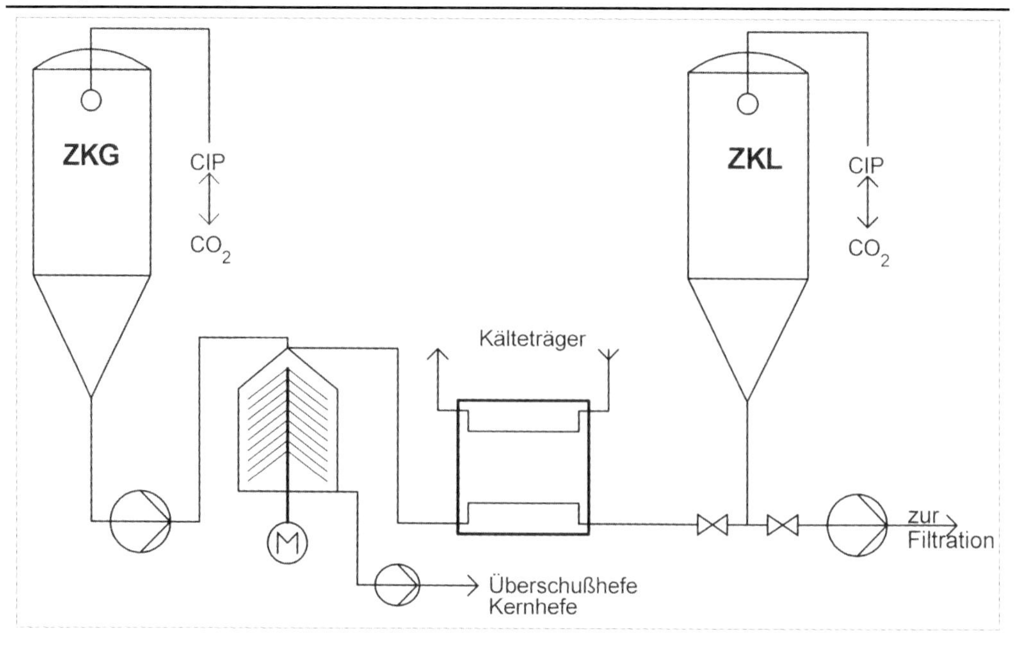

Abbildung 153 2-Tank-Verfahren mit Jungbierseparation und externem Wärmeübertrager für die Tiefkühlung auf Lagertemperatur

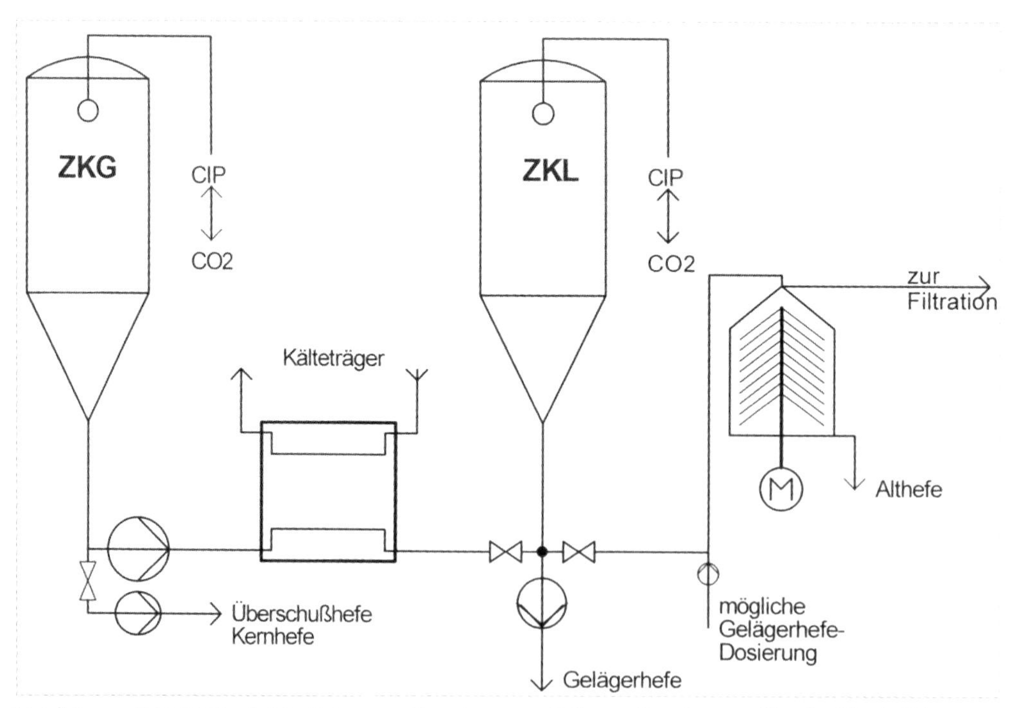

Abbildung 154 2-Tank-Verfahren mit externem Wärmeübertrager für die Tiefkühlung auf Lagertemperatur; klassische Hefeernte; Separation zur Verbesserung der Filtration; es besteht die Möglichkeit der (Geläger-)Hefe-Dosierung in die Unfiltratleitung

8.8.3 Vorteile und Nachteile der ZKT-Kühlvarianten

8.8.3.1. ZKT mit Umluftkühlung/ Berieselungskühlung

In Tabelle 95 sind Vor- und Nachteile dieser Bauart aufgeführt. Dadurch, dass die Wärmeübertragerflächen auf dem ZKT-Mantel fehlen, ist die Stabilität der Zarge geringer. Deshalb können für den liegenden Transport bzw. für die Aufstellung zusätzliche Stabilisierungsringe erforderlich werden, wodurch die Fertigungskosten wieder etwas steigen. Eine Transportstabilisierung ist aber auch durch einen geringen Überdruck im ZKT möglich (s.o.). Stabilisierungsringe können auch abnehmbar gestaltet werden.

Die Berieselung mit einem Kälteträger (bei der Gärung würde auch Eiswasser einsetzbar sein) wird in der Brauerei im Prinzip nicht genutzt, da sich durch die Wasserdampf-Sättigung der Umgebung Nachteile ergeben (Korrosion, Wachstum von Algen und Mikroorganismen etc.). In der Brennerei ist die Berieselungskühlung der Gärbehälter mit Wasser üblich.

Die Umluftkühlung, teilweise auch als „stille" Raumkühlung gestaltet, wird dagegen vereinzelt genutzt, vor allem dann, wenn nur relativ geringe Wärmemengen übertragen werden müssen, also z. B. zur Lagerung bei konstanter Temperatur. Die Abführung der Flüssigkeitswärme würde große Luftvolumenströme und damit zusätzlich Energie erfordern. Diese Kühlungsvariante benötigt zur individuellen Temperaturführung die wärmetechnisch getrennte Aufstellung der ZKT, einzeln oder in Gruppen.

Tabelle 95 Vor- und Nachteile bei ZKT mit Umluftkühlung/Berieselungskühlung

Vorteile	Nachteile
- geringe Behälterkosten, geringe Installationskosten	- Umhausung erforderlich mit Wärmedämmung
- geringe Wärmedämmungskosten, da Umhausung mit Dämmung	- kleine k-Werte mit der Folge längerer Kühlzeiten
- keine Beanspruchung des Behältermantels durch äußere Kräfte in Gebrauchslage	- bei Batterieaufstellung gegenseitige Beeinflussung der ZKT, z. B. bei CIP
	- Schwitzwasserbildung ist möglich
	- hermetische Abschottung erforderlich
	- keine individuelle Temperaturführung oder Installation vieler Einzelzellen

8.8.3.2. ZKT mit Mantelkühlung

Diese ZKT-Variante wird dominierend eingesetzt, sie ist die Ursprungsform des ZKT (Abbildung 155). Die Wärmeübertragung erfolgt sowohl mit Kälteträger als auch mit direkter Verdampfung des Kältemittels. Beispiele für die Gestaltung der WÜ-Flächen zeigt Abbildung 158. Das Volumen der WÜ-Flächen für direkte Verdampfungskühlung soll so gering wie möglich sein, um die Kältemittelmenge in der Anlage zu minimieren.

Da die für die Wärmeübertragung verfügbare Tankoberfläche vor allem bei größeren Tankvolumina begrenzt ist und sich nur relativ kleine k-Werte ergeben, müssen relativ lange Abkühlzeiten für die Abführung der Flüssigkeitswärme akzeptiert werden.

Die Kühlfläche eines ZKT ist bei gegebenem Volumen proportional zum Radius, das Volumen steigt dagegen mit dem Quadrat des Radius. Hinzu kommt, dass bei ZKT mit kleiner werdendem Verhältnis Höhe/Durchmesser aus dem gleichen Grund auch die verfügbare Kühlfläche kleiner wird.

Der Hauptgrund für die Propagierung kleiner H/d-Verhältnisse dürfte in der (nicht bewiesenen) verbesserten konvektiven Beeinflussung des Tankinhaltes in der Reife- und Abkühlphase liegen. In Tabelle 97 sind Vor- und Nachteile dieser Bauform aufgelistet.

Die Kühlfläche muss in mehrere Zonen aufgeteilt werden, die nach Bedarf angesteuert werden. Damit kann die temperaturabhängige Dichte berücksichtigt werden. Während der Gärung und bei der Abkühlung bis zur max. Dichte werden die oberen Kühlzonen betrieben. Bei Temperaturen unterhalb des Dichtemaximums müssen die unteren Kühlzonen einschließlich der Konuskühlzone genutzt werden s.a. Kapitel 8.4.2.2).

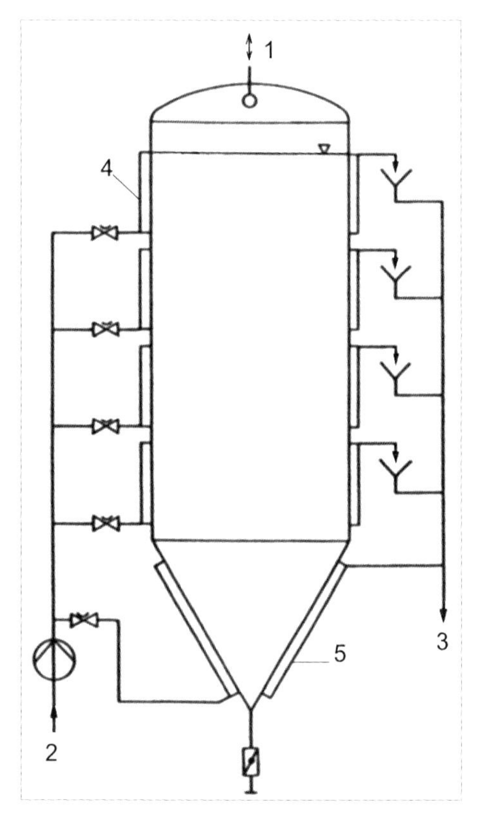

Abbildung 155 ZKT mit Mantelkühlung, schematisch
1 CO_2/CIP-Vorlauf **2** Kälteträger-Vorlauf **3** Kälteträger-Rücklauf **4** Kühlfläche an der Zarge **5** Kühlfläche am Konus

Die Bedingungen für die Wärmeübertragung bei Mantelkühlzonen sind während der Gärung relativ günstig ($\Delta\vartheta$, CO_2). Es kann in dieser Phase mit k-Werten wie in Tabelle 77 (Kapitel 6.3.2.4) ausgewiesen, gerechnet werden. Bei der Abkühlung auf Lagertemperatur verringern sich die k-Werte deutlich, wie Tabelle 96 zeigt.

Tabelle 96 k-Werte bei ZKT in W/($m^2 \cdot K$)

Hauptgärung	110...120
Abkühlung von 15 °C auf 5 °C	ca. 90
Abkühlung von 5 °C auf 0 °C	60...70
Abkühlung auf -1 °C	≤ 40...45

Daraus folgt, dass für die Abführung der Flüssigkeitswärme eines ZKT von z. B. 15 °C auf -2 °C bei einer Verdampfungstemperatur von -4 °C und optimaler Kühlflächengestaltung 72...96 Stunden benötigt werden.

Die Verdampfungs- bzw. Vorlauftemperatur von -4 °C kann nicht weiter abgesenkt werden, weil dann die Gefahr des Eisansatzes an den WÜ-Flächen besteht.

Überschlägig werden bei ZKT mit Verdampfungskühlung 4...6 m^2-Kühlfläche/100 hL-Bier (Netto-Inhalt) installiert, bei Kühlung mittels Kälteträgers 6...10 m^2-Kühlfläche/100 hL-Bier (Netto-Inhalt) [301].

Tabelle 97 Vor- und Nachteile bei ZKT mit Mantelkühlung

Vorteile	Nachteile
- individuelle Temperaturführung ist problemlos möglich	- begrenzte WÜ-Fläche - relativ große Kältemittelmenge in der Anlage
- Temperaturregelung ist als relativ kostengünstige 2-Punkt-Regelung mögl.	- relativ kleine k-Werte, damit relativ lange Abkühlzeiten
- direkte Verdampfungskühlung ist möglich	- kurze Abkühlzeiten nur durch zusätzliche CO_2-Injektion zur Verbesserung des k-Wertes möglich **)
	- keine Beeinflussung der Hefeverteilung im ZKT; dadurch Begrenzung des Verhältnisses Ø/Höhe
	- meist 2 oder mehrere, relativ schwer zugängliche, Temperaturmessstellen am ZKT erforderlich
	- relativ hohe Kosten für die WÜ-Flächen (hoher Betriebsdruck bei Verdampfungskühlung). ***) - im Konusbereich ist eine Wärmeübertragerfläche erforderlich
	- relativ aufwendige Rohrleitungsführung für Kälteträger bzw. Kältemittel
	- Probeentnahme erfordert separaten Umpumpkreislauf incl. CIP-Anschluss *)

*) alternativ bleibt nur das lange „Vorschießenlassen“ aus der Leitung. Damit ist nur eine Punktaussage bei Angaben zur Hefekonzentration, Klärung, Filtrierbarkeit und zum CO_2-Gehalt möglich.

**) nicht unproblematisch; Pulsation muss vermieden werden.

***) der Druck in einer Kühlfläche ist für den ZKT äußerer Überdruck! Bei Kühlung mittels Kälteträger muss deshalb i.d.R. druckloser Betrieb der Kühlflächen bei relativ großem Volumenstrom gesichert werden (auch bei event. heißer CIP-Reinigung).

8.8.3.3. ZKT mit externem Kühlkreislauf

Die Hauptvorteile dieser Kühlvariante liegen bei:

- Der nahezu beliebig, vom ZKT-Volumen unabhängig auslegbaren Wärmeübertragerfläche;
- Den energetischen Vorteilen des Plattenwärmeübertrager-Kreislaufes gegenüber der Mantelkühlung bei indirekter Kühlung mittels Kälteträger;
- Der großen Variabilität bei der Einflussnahme auf den Tankinhalt, unabhängig vom Verhältnis Durchmesser/Höhe;
- Der in den Umpumpkreislauf integrierten Probeentnahmemöglichkeit;

- Der systemimmanenten Kühlung des Tankkonus;
- Den geringeren Investitionskosten eines PWÜ-Kreislaufes gegenüber der Mantelkühlung.

In Tabelle 98 sind Vor- und Nachteile dieser ZKT-Variante aufgeführt.

Tabelle 98 Vor- und Nachteile bei ZKT mit externem Kühlkreislauf

Vorteile	Nachteile
- individuelle Temperaturführung	- Pumpenkreislauf und PWÜ erforderlich
- geringere Anlagenkosten als bei der Variante gemäß Tabelle 97 - geringere Betriebskosten, da geringere Druckverluste im PWÜ gegenüber Mantelkühlung	- größerer technischer Aufwand für eine Temperaturregelung als bei der Variante gemäß Tabelle 97
- beliebig große WÜ-Flächen installierbar; - direkte Verdampfungskühlung ist möglich	- etwas größerer Aufwand für die zum ZKT parallele CIP-Reinigung
- Umpumpleitung jederzeit zugänglich für die aktuelle Messwerterfassung im Gärmedium, incl. Probeentnahme von Beginn des Anstellens an	
- Konuskühlung integriert	
- relativ kurze Abkühlzeiten realisierbar (≤ 12 Std.)	
- Beeinflussbarkeit der Hefeverteilung	
- Variabilität bei der Homogenisierung und Beeinflussung des Tankinhaltes, besonders wichtig in der kritischen Anstellphase und im endvergorenen Bier in der Reifungsphase	
- Nach einer Teilabkühlung des Tankinhaltes kann der Zulauf zur Pumpe von KS auf ZS umgestellt werden (s.a. Abbildung 156), während der Tiefkühlung kann bereits parallel dazu über KS die Hefe geerntet werden (s.a. Abbildung 115)	
- Das Ziehen des Tankinhaltes erfolgt bis auf die Restentleerung des Konus über ZS, die Gefahr von Hefestößen am Filter wird reduziert	
- Gestaltung der Tanks ohne Rohrleitungen innerhalb oder außerhalb der Wärmedämmung möglich	

Abbildung 156b zeigt eine zweite Variante des externen Kühlkreislaufes, die eine schnelle Abkühlung bei konstanter Temperaturdifferenz ermöglicht. Das ist ein Beispiel für die flexible Einsetzbarkeit dieser ZKT-Bauform. Die Ergebnisse der technologischen Versuche werden in den Kapiteln 8.4.2.6 und 8.4.6 dargestellt.

Die Hefesedimentation wird bei Hefezellen normaler Größe durch die Umwälzung positiv beeinflusst, da die Strömung und die Sedimentation gleichgerichtet sind. Die Hefeernte ist nach Beendigung der Gärung wie üblich, aber auch schon während des Umpumpens in der Reifungsphase, problemlos möglich.

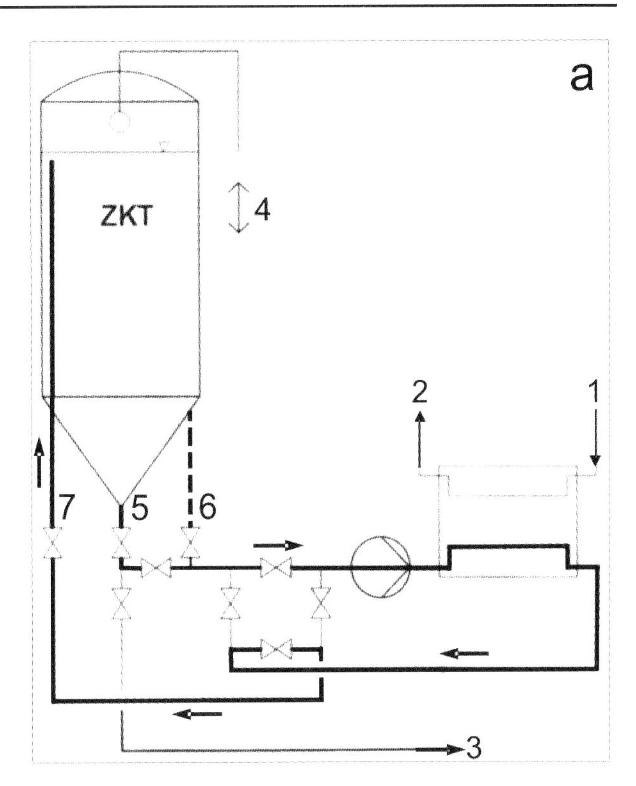

Abbildung 156a Externer Kühlkreislauf mittels Plattenwärmeübertrager
1-Tank-Verfahren mit externem (individuellen) Wärmeübertrager für die Kühlung auf Lagertemperatur; Hefeernte zu einem beliebigen Zeitpunkt.

a Schaltungsvariante für „normale“ Kühlung während der Gärung
1 Kälteträgervorlauf
2 Kälteträgerrücklauf
3 Hefeernte/zur Filtration
4 CO_2, CIP-Vorlauf
5 Konusstutzen KS
6 Ziehstutzen ZS
7 Steigrohr SR

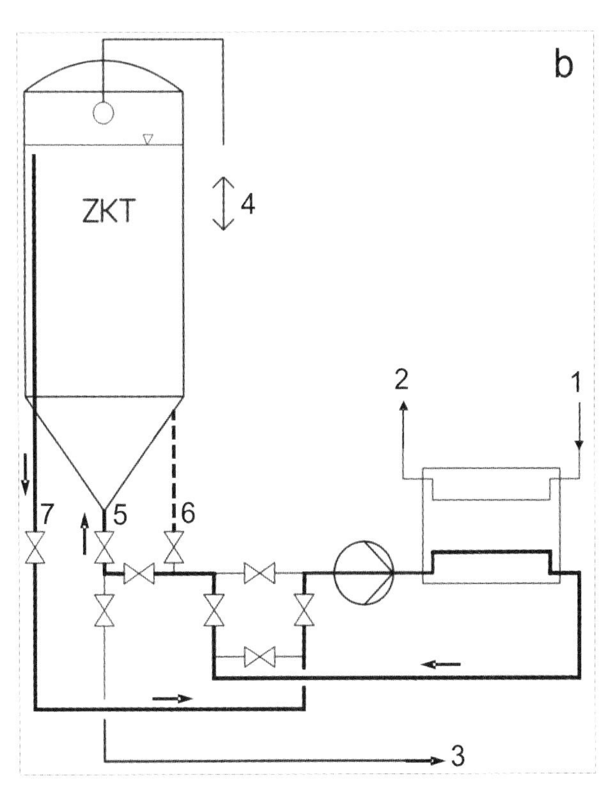

Abbildung 156b Externer Kühlkreislauf mittels Plattenwärmeübertrager
1-Tank-Verfahren mit externem (individuellen) Wärmeübertrager für die Kühlung auf Lagertemperatur; Hefeernte zu einem beliebigen Zeitpunkt.

b Schaltungsvariante für schnelle Abkühlung des ZKT mit konstanter Temperaturdifferenz am Wärmeübertrager
1 Kälteträgervorlauf
2 Kälteträgerrücklauf
3 Hefeernte/zur Filtration
4 CO_2, CIP-Vorlauf
5 Konusstutzen KS
6 Ziehstutzen ZS
7 Steigrohr SR

Erwähnt werden soll, dass sich ZKT mit externem Kühlkreislauf in mehr als 9 Brauereien in den neuen Bundesländern im Einsatz befinden, und dass in jüngster Zeit in 3 Betrieben nach diesem System erweitert wurde (ursprünglich wurden mehr als 350 ZKT dieser Bauform genutzt).

Prinzipiell ist es natürlich möglich, auch ZKT in beliebiger Bauform mit einem Umwälzkreislauf auszurüsten, um einen Teil der Vorteile dieser Bauform auch ohne Kühlmöglichkeit zu nutzen und um z. B. den Behälterinhalt homogenisieren zu können. In größeren Hefepropagationstanks wird dieser Umwälzkreislauf bereits kontinuierlich genutzt (Kühlung, Belüftung).

Zur Auslegung des Kühlkreislaufes

Für den Normalbetrieb eines ZKT mit externem Kühlkreislauf wird der Volumenstrom so festgelegt, dass der ZKT-Inhalt in 24 Stunden etwa einmal umgewälzt wird. Damit wird gesichert, dass die Gärungswärme bei einem $\Delta\vartheta \leq 3$ K abgeführt werden kann (bei einem 250 m^3-ZKT müssen also etwa 125...150 hL/h umgewälzt werden). Der Volumenstrom beträgt also 5...6 % des ZKT-Inhaltes. Die Rückleitungs-Nennweite wird für eine Fließgeschwindigkeit von ca. 1,5...1,8 m/s ausgelegt. Damit lassen sich Verweilzeiten zwischen WÜ und Ende des Steigrohres von 10...12 s erzielen

Wird „normal" von Reife- auf Kaltlagertemperatur abgekühlt (Abbildung 156a), dauert die Abkühlung (z. B. von 15 °C auf -1 °C) länger, weil sich die nutzbare Temperaturdifferenz am WÜ ständig verringert.

Bei einer Abkühlzeit von 24 Stunden von Reife- auf Kaltlagertemperatur (z. B. von 15 °C auf -1 °C) gemäß Abbildung 156b muss der Wärmeübertrager dann für ein mögliches $\Delta\vartheta \approx 16$ K ausgelegt werden. Die minimal erreichbare Abkühlzeit dürfte bei etwa 12 Stunden liegen, dann allerdings bei doppeltem Volumenstrom wie o.g.

Die Kälteträger-Vorlauftemperatur bzw. die Verdampfungstemperatur bei direkter Verdampfungskühlung sollte im Bereich -4 °C liegen, um ein Einfrieren des Bieres im WÜ zu vermeiden. Bei entsprechender messtechnischer Überwachung kann die Vorlauftemperatur auch etwas niedriger liegen. Bei der Festlegung sind natürlich die Effizienz der Kälteanlage bzw. der spezifische Energieaufwand zu beachten.

Zur Gestaltung des sogenannten Steigrohres

Das so genannte Steigrohr dient der Rückleitung des gekühlten Bieres in den ZKT, wenn der Kreislauf gemäß Abbildung 156a betrieben wird. Das kalte Bier mit größerer Dichte mischt sich dabei so gut, dass ein messbarer Temperaturgradient im ZKT nicht nachweisbar ist, wie experimentell nachgewiesen werden konnte [39]. Das Rohr selbst wirkt als Wärmeübertragerfläche.

Wird der Kreislauf gemäß Abbildung 156b betrieben, dient das Steigrohr der Bierentnahme.

Die Rückleitung erfolgt als Rohrinstallation im ZKT (im Text stets als Steigrohr bezeichnet). Das ist die ursprüngliche Ausführungsvariante (s.a. Abbildung 115 und Tabelle 87). Das Rohr wir in einem Abstand von etwa 150 mm von der ZKT-Wandung gehaltert. Die Halterungen werden im Abstand von etwa 2500 mm vorgesehen.

Die Halterung wird biegeelastisch ausgeführt: relativ dünner Rundstahl (Ø ≈ 6 mm) bzw. Flachstahl (2 x 12) mm. Damit kann sich das Rohr relativ zum ZKT dehnen, falls heiß gereinigt wird.

Die Länge des Steigrohres wird so festgelegt, dass es 1...1,5 m unterhalb des Flüssigkeitspiegels (Netto-Inhalt) endet.

Das Steigrohr wird am oberen Ende mit einer Glocke abgeschlossen (s.a. Abbildung 157). Diese besitzt eine Bohrung von ca. 40 mm (250-m^3-ZKT). Dadurch wird eine geringe Strahlwirkung erzielt, die auch das Bier oberhalb des Steigrohrendes mischt.

Bei der CIP-Reinigung wird durch die Glocke ein großer Teil des Volumenstromes umgelenkt und überschwallt das Steigrohr außen (der CIP-Volumenstrom beträgt etwa 20 m^3/h).

Alternativ wurden auch ZKT mit einer außerhalb verlegten Rückleitung gefertigt. Diese Rückleitung kann außerhalb der Wärmedämmung des ZKT verlegt werden oder innerhalb der Wärmedämmung. Die Einbindung in den ZKT erfolgt dann tangential, wobei die Rohrachse dann etwa 15° nach oben geneigt wird (zur Erfassung des Bieres oberhalb der Einleitungsstelle). Die Einleitungsstelle wurde so angeordnet, dass sie etwa ≤ 1 m unterhalb des Bierspiegels endet.

Bedingung für die Platzierung innerhalb der Wärmedämmung ist die Verlegung der Rohrleitung mit minimalem Abstand zur ZKT-Wandung und einer relativ langen horizontalen Rohrlänge, um einen genügend langen Biege-Hebelarm für den Ausgleich von temperaturbedingten Längenänderungen zu haben.

Die Ursprungsausführung mit einem Steigrohr im ZKT sollte bevorzugt werden (s.a. Tabelle 99).

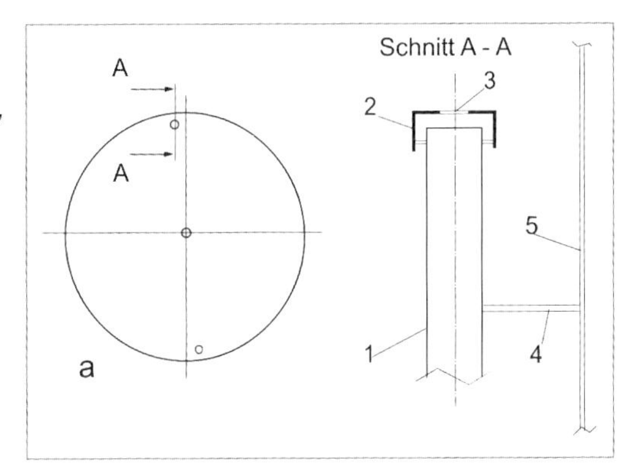

Abbildung 157 Abschluss des Steigrohres, schematisch

1 Steigrohr
2 Glocke
3 Bohrung in der Glocke (Ø ≈ 40 mm)
4 Halterung
5 ZKT-Wandung
a ZKT-Grundriss

Tabelle 99 Vor- und Nachteile verschiedener Varianten für die Rückleitung des Bieres bei externem Kühlkreislauf

	Vorteile	Nachteile
Steigrohr im ZKT	- kein Frostschutz erforderlich - keine Kälteverluste	- CIP-Kreislauf muss parallel zur ZKT-Reinigung erfolgen
Rückleitung außerhalb des ZKT	- Außenreinigung entfällt	- Frostschutz erforderlich; - gestörte ZKT-Optik durch zusätzliches äußeres Rohr
Rückleitung innerhalb der Wärmedämmung	- Außenreinigung entfällt	- Sicherung des thermisch bedingten Längenausgleiches ist problematisch; - Überdeckung des Rohres relativ gering (zusätzliche Wärmeverluste)

8.8.3.4. ZKT ohne Kühlmöglichkeit

ZKT ohne individuelle Kühlmöglichkeit erfordern natürlich besondere Voraussetzungen bezüglich des technologischen Ablaufes oder sind an bestimmte Einschränkungen gebunden.

So ist zum Beispiel die Abführung der Gärungswärme kaum möglich, d. h., die Temperatur steigt vom Anstellen bis zum Ende der Gärung an (s.a. Tabelle 26 in Kapitel 3.10). Die eventuellen technologischen oder qualitativen Nachteile höherer Gärtemperaturen sollen an dieser Stelle nicht diskutiert werden. Aufschlussreich ist jedoch, dass diese Variante von Brauereien genutzt wird.

Wird die Hefe während oder nach der Gärung bzw. abgeschlossener Reifung geerntet, so ist das vor der Kühlung des Bieres auf Lagertemperatur möglich. Vorteilhaft für die Hefe ist dabei, dass sie keinen Temperaturschock erleidet, solange sie sich im Bier befindet, und dass es somit auch nicht zu einer Exkretion von Hefeinhaltsstoffen kommen kann, die im Allgemeinen für die Bierqualität als negativ gesehen wird (z. B. für den Schaum). Vorausgesetzt wird, dass die sedimentierte Hefe auch sofort entfernt wird.

Der Einsatz eines hermetischen Separators für die Hefeabtrennung ist beispielsweise vor der Kühlung möglich, s.a. Abbildung 153. Die abseparierte Hefe kann dann gekühlt werden, um sie aufzubewahren, oder sie wird direkt zum erneuten Anstellen verwendet oder sie wird als Althefe entsorgt.

Nach der Kühlung auf etwa -1,5...-2,3 °C wird das Bier im ZKT gelagert. Es wird also im Prinzip ein 2-Tank-Verfahren praktiziert. Bei entsprechender Dimensionierung der Wärmedämmung kann die Lagerdauer ca. 10...14 Tage betragen. Der Tankinhalt wird sich in dieser Zeit nur um etwa 0,5...1,5 K erwärmen, falls die ZKT nicht in einer Hülle mit konstanter Temperatur aufgestellt werden (s.u.); die Einflussgrößen werden im Kapitel 8.7.1 genannt. Gegebenenfalls kann natürlich ein ZKL auch über den Wärmeübertragerkreislauf nachgekühlt werden.

Für Sortimentsbrauereien mit mehreren Biersorten ist die vorstehend genannte Variante sicherlich weniger geeignet, dafür sind die Vorteile einer solchen Verfahrensweise in Brauereien mit nur 1 oder 2 Sorten sicher diskussionswürdig. In Tabelle 100 sind einige Vor- und Nachteile genannt.

Tabelle 100 Vor- und Nachteile bei ZKT ohne integrierte Kühlmöglichkeit

Vorteile	Nachteile
Zentrale WÜ-Anlage für direkte oder indirekte Kühlung. Diese Variante ist für die Reduzierung der Kältemittelmenge bei direkter Verdampfung günstig	Keine individuelle Einflussnahme auf die Temperaturführung im ZKT möglich [1])
Möglichkeit der Hefeernte ohne Temperaturschock der Hefe mittels Separation	Probleme in Sortimentsbrauereien
Relativ geringe Investitions- und Betriebskosten	Bei längeren, unvorhergesehenen Standzeiten kann eine individuelle Nachkühlung erforderlich werden, die jedoch bei entsprechender Tank-gestaltung problemlos möglich ist

[1]) Die erreichbare maximale Gärtemperatur ist abhängig von der Anstelltemperatur und der in Tabelle 26 in Kapitel 3.10 ausgewiesenen maximal möglichen Temperatur steigerung.

Die vorstehend erwähnte Kaltlagerung lässt sich vorteilhaft bei Aufstellung der ZKT in einer wärmegedämmten Bauhülle durchführen.

Diese Gebäudehülle sollte quasi hermetisch zur Umgebung geschlossen sein, Begehung durch eine Schleuse. Damit wird der Luftaustausch zur Umgebung vermieden. Die Luftfeuchte wird durch die Raumkühlung auf einem geringen Niveau gehalten.

Die Raumkühlung, ausgeführt als Umluftanlage oder auch als „stille Kühlung", muss dann nur die Wärme abführen, die durch Beleuchtung, Pumpen und Arbeitskräfte eingetragen wird, sowie die durch Wärmeleitung durch das Gebäude eingetragene Wärmemenge aus der Umgebung (Sonneneinstrahlung, Erdwärme). Die Eigenschaften der Wärmedämmung der Bauhülle bestimmen also die Verluste.
Die Biertemperatur in den ZKT bleibt damit im Prinzip konstant.

8.8.4 Die direkte Verdampfungskühlung

Der Vorteil der direkten Verdampfung bei der Kühlung von Gär- und Reifungsbehältern liegt vor allem im:

- Besseren energetischen Wirkungsgrad, der durch die größere spezifische Kälteleistung infolge einer um etwa 3...4 K höheren möglichen Verdampfungstemperatur begründet ist.
  Damit ist also real eine Energieeinsparung von ca. 12 bis 16 % bei der Kälteerzeugung verbunden (ca. 4 %/K).

Die Nachteile der direkten Verdampfung werden u.a. begründet durch:

- Höhere Betriebsdrücke in den WÜ und damit höherem konstruktiven Aufwand;
- Bei heißer Behälterreinigung müssen zusätzliche Vorkehrungen gegen hohe Betriebsdrücke in den Kältemittelleitungen und WÜ-Flächen getroffen werden;
- Die Verdampfungstemperaturen sind nicht konstant, die Kälteanlage kann kaum im stationären Zustand betrieben werden;
- Es sind größere Kältemittelmengen erforderlich, bedingt durch das Rohrleitungssystem und die mehr oder weniger zahlreichen Verdampferflächen.
  Der Grenzwert für nicht genehmigungsbedürftige Anlagen gemäß 4. BImSchV von < 3 t NH_3/Anlage wird im Allgemeinen weit überschritten;
- Den relativ großen Armaturenaufwand für die Kältemittelverteilung und die Temperaturregelung. Jede lösbare Rohrleitungs- oder Armaturenverbindung ist eine potenzielle Undichtigkeitsquelle;
- Eine Speicherung von Kälte ist nicht oder nur bedingt möglich bzw. nur durch größere Kältemittelmengen mit ihren Problemen bezüglich des Genehmigungsverfahrens gemäß dem BImSchG realisierbar;
- Eventuelle Probleme bei der Entölung der WÜ;
- Gefahr von Kältemittelverlusten und damit verbundene Auflagen aus der Störfall- und der Gefahrstoff-Verordnung;
- Ständige Veränderung der Betriebsparameter der Kälteanlage durch den diskontinuierlichen Kältebedarf.

Als Wärmeübertrager kommen vor allem die Bauformen Rohrbündel-WÜ, Spiral-WÜ und spezielle Platten-WÜ (mit verschweißten Platten auf der Kältemittelseite) bei zentral genutzten WÜ zum Einsatz, zum Beispiel als Würze- oder Bierkühler. Die o.g. Nachteile gelten für wenige, zentral aufgestellte WÜ nicht oder nur zum Teil.

Für die ZKT-Mantelkühlung werden speziell gestaltete WÜ-Flächen (z. B. Dimple-Plates, Steilprofilverdampfer, Segmentrohre) verwendet, die sich insbesondere durch ihre Fertigungskosten, die erzielbaren k-Werte und ihr Kältemittel-Volumen unterscheiden. Beispiele zeigt Abbildung 158.

Wärmeübertragerflächen für die direkte Verdampfung unterliegen der Druckgeräte-Verordnung [302] und sind deshalb abnahme- und überwachungsbedürftig.

Als Kältemittel wird wieder verstärkt, vor allem bei Neuanlagen, Ammoniak eingesetzt, da für die FCKW-haltigen Kältemittel teilweise bereits Anwendungsverbot besteht bzw. die Nutzungsfristen ablaufen oder die Ersatzstoffe andere Nachteile besitzen.

Zur Gestaltung und zum Betrieb von Kälteanlagen wird auf die Literatur [9] verwiesen.

8.8.5 Die indirekte Kühlung

Die Vorteile einer indirekten Kühlung von Gär- und Reifungsbehältern mittels eines Kälteträgerkreislaufes sind vor allem begründet in:

- Den geringeren Betriebsdrücken in den WÜ-Flächen;
- Der gleichmäßigeren Belastung der Kälteanlage durch die mögliche Nutzung eines Kälteträgerspeichers, ausgeführt z. B. als Verdrängungsspeicher (s.a. Abbildung 159).
  Durch die Vergleichmäßigung des Kältebedarfs werden Energiespitzen vermieden.
  Es ergeben sich dadurch günstige Voraussetzungen für den Betrieb von KWK-Anlagen, Elektroenergiespitzen sind vermeidbar und es sind gute Voraussetzungen für die Installation von Lastabwurf-Regelungen gegeben, da je nach Speicherkapazität des Kältespeichers die Kälteanlage als wesentlicher Elektroenergieverbraucher befristet abgeschaltet werden kann;
- Es sind konstante Verdampfungstemperaturen möglich, die Kälteanlage kann in einem eng tolerierten Temperaturbereich gefahren werden, der nur ca. 3...4 K unter der Kälteträger-Sollwerttemperatur (z. B. -4 °C) liegt;
- Es ergeben sich wesentlich geringere Kältemittelmengen in der Anlage durch die mögliche Blockbauweise des kältetechnischen Teiles (es sind beispielsweise nur ca. 1700 kg Ammoniak für eine Anlage mit einer installierten Kälteleistung von ca. 2500 kW, ausreichend für eine Brauerei mit etwa $1,5 \cdot 10^6$ hL/a, erforderlich).

Die Nachteile der Nutzung von Kälteträgern ergeben sich durch:

- Den größeren Energiebedarf der Kälteanlage infolge niedrigerer Verdampfungstemperaturen,
- Die größeren erforderlichen Rohrleitungsnennweiten für die Energieverteilung,
- Die großen Kälteträgermengen (insbesondere wenn Verdrängungsspeicher betrieben werden) bzw. die Kälteträgervolumenströme und die dafür erforderliche Pumpenenergie.

Abbildung 158 Beispiele für die Gestaltung von Wärmeübertragerflächen für die direkte Verdampfung des Kältemittels; die Varianten sind im Prinzip auch für Kälteträger einsetzbar (nach ZIEMANN)
a flache Segmentrohre **b** Dimple-Plates **c** Steilprofilrohre

Insbesondere die vorstehend genannten, mit der Nutzung von Kälteträgern verbundenen Vorteile sind gewichtige Argumente, die für diese Variante der Kühlung von Gär- und Reifebehältern sprechen.

Bei der Nutzung von Kälteträgerkreisläufen bieten externe ZKT-Kühlkreisläufe mit PWÜ energetische Vorteile gegenüber ZKT-Kühltaschen, da die Druckverluste geringer sind (beispielsweise PWÜ Δp = 0,5...0,6 bar; bei einem Kühlmantel beträgt die erforderliche Förderhöhe ≤ 15...20 m, entsprechend Δp =1,5...2 bar).

Als Kälteträger werden fast ausschließlich Ethylen- bzw. Propylen-Glycollösungen eingesetzt. Sole scheidet aus Korrosionsgründen aus, auch sogenannte Edelkühlsole auf Carbonat-Basis bietet keine wesentlichen Vorteile. Die Frostsicherheit von Glycollösung muss nicht auf -20...-30 °C eingestellt werden, wenn die Frostsicherheit des Kälteträgersystems auf andere Weise garantiert werden kann. In vielen Fällen reichen -10...-15 °C. Dabei ist der Vorteil der geringeren Viskosität der größeren Verdünnung (entsprechend geringere Druckverluste bei der Förderung) zu beachten.

Außer Glycollösungen bietet sich natürlich auch die Verwendung von Ethanollösung an (geringe Viskosität, physiologisch unbedenklich). Beachtet werden muss ggf. nur die Frage der Brennbarkeit. Die Kosten lassen sich bei Verwendung von nur gering rektifiziertem Ethanol oder Spiritus gering halten (die Prüfung dieser Variante mit der Bundesmonopolverwaltung oder dem Zoll könnte aus Kostengründen interessant sein). Auch organische Kälteträgerlösungen (z. B. Kalium-Acetat, Kalium-Formiat) sind möglich [303]. Diese zeichnen sich durch relativ geringe Viskositäten aus.

Verdrängungsspeicher lassen sich vorteilhaft als stehende, zylindrische Behälter installieren, die über eine entsprechende Wärmedämmung verfügen (s.a. Abbildung 159). Für die Funktion des Verdrängungsspeichers ist es wichtig, auch die Rohre der Rückleitung/Ableitung der wärmeren Komponente mit einer Wärmedämmung im Speicher auszurüsten, um eine Wärmeübertragung auf die kältere Phase zu verhindern.

Bei der Förderung des Kälteträgers sind nur die Rohrreibungsverluste zu überwinden (Prinzip der verbundenen Gefäße). Da die Förderpumpen im Vor- als auch im Rücklauf angeordnet werden können, ist es relativ leicht möglich, bei Wärmeübertragern auf der Produktseite einen höheren Druck als auf der Kälteträgerseite zu sichern, um eventuellen Produktvermischungen bei Apparatedefekten vorzubeugen. So ist es zum Beispiel möglich, den saugseitigen Druck der Rücklaufpumpe auf Werte von $p \leq 1$ bar mittels Frequenzumrichter zu regeln, falls die Produktseite nur über geringen Überdruck verfügt.

Die Speicherbehälter müssen unter Umständen doppelwandig ausgeführt werden, um die Auflagen des Wasser-Haushalts-Gesetzes zu erfüllen. Das ist trotz der Einordnung der Kälteträger auf Glycolbasis in die Wasser-Gefährdungsklasse 0 erforderlich. Der Leckageraum lässt sich relativ leicht überwachen (z. B. durch die Messgröße Leitfähigkeit oder durch Schwinggabel-Sonden). Eine Vakuumüberwachung des Leckageraumes ist nicht sinnvoll bzw. nicht möglich.

Eine weitere Möglichkeit der Speicherung von Kälte stellen sogenannte Eisspeicher-Anlagen dar, die beispielsweise für die Gärungskühlung nutzbar sind. Eine besondere Ausführungsform sind die „Flüssig-Eis"-Speicher (Binäreis®) [9].

8.8.6 Konuskühlung

Bei vielen ZKT mit Mantelkühlflächen wird auch der Konus mit einer Kühlfläche bestückt. Die Konuskühlfläche ist bei Abkühlung des Bieres auf Temperaturen ≤ 2 °C wichtig, setzt aber einen Geläger freien Konus voraus.

Zur Gelägerkühlung ist diese Installation umstritten, da bereits bei einer geringen Hefeschicht im Konusbereich der k-Wert der Wärmeübertragung deutlich verringert wird. Die Wärme, die dann noch durch Wärmeleitung durch die Hefeschicht übertragen werden kann, ist zu vernachlässigen, d. h., die Konuskühlfläche ist nur bei hefefreiem Konus nutzbar.

Die Erntehefe kann im Konus mit der Konuskühlfläche nicht gekühlt werden. Die Hefekühlung ist nur nach dem Austrag aus dem Konus durch einen nachgeschalteten Wärmeübertrager möglich (s.a. Kapitel 2.13.1).

ZKT mit externem Kühlkreislauf besitzen eine integrierte Konuskühlung. Beim Rücklauf des gekühlten Bieres durch den Konus (Abbildung 156b) wird auch das Hefesediment mit gekühlt.

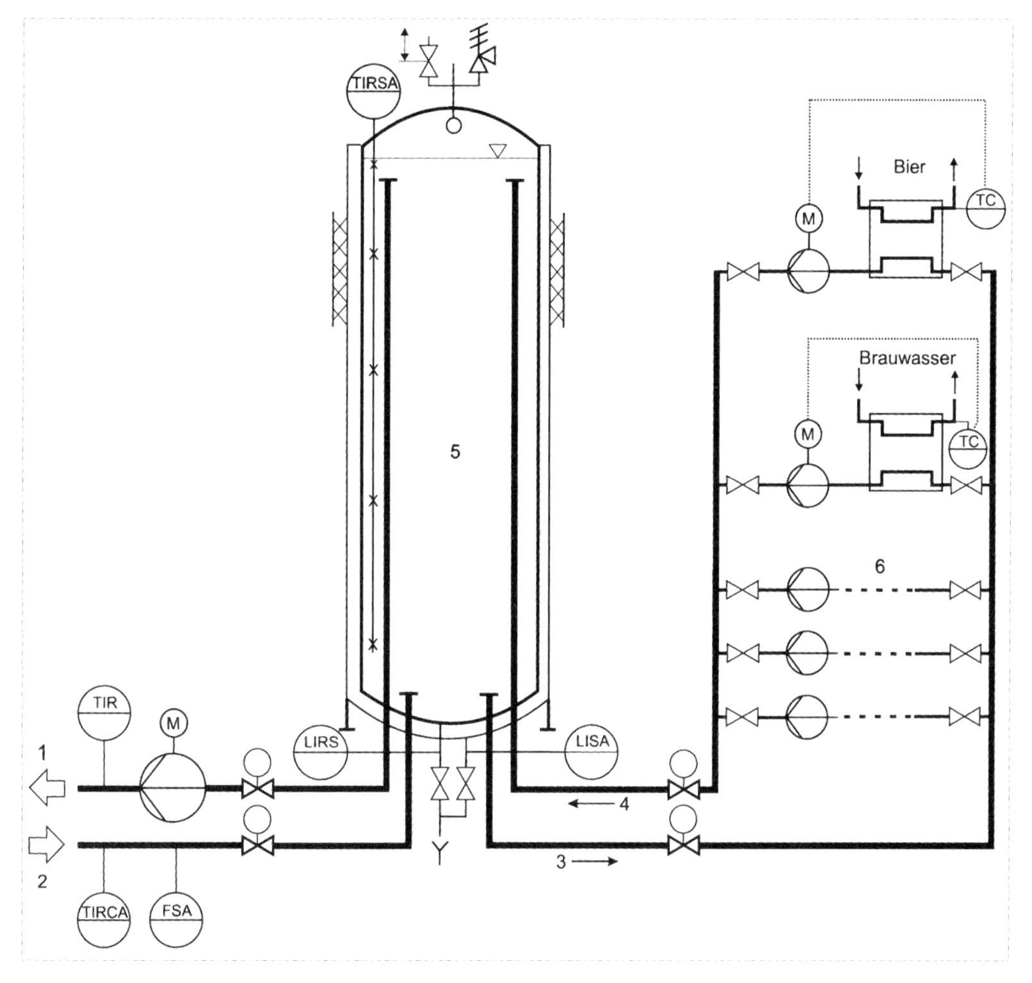

Abbildung 159 Verdrängungsspeicher für Kälteträger, schematisch
1 Kälteträger zum Verdampfer **2** Kälteträger vom Verdampfer **3** Kälteträger-Vorlauf **4** Kälteträger-Rücklauf **5** Verdrängungsspeicher **6** Verbraucher

8.8.7 Maximale Dichte des Bieres und Gefrierpunkt

Temperatur der maximalen Dichte

Die Dichte des Bieres ist von der Temperatur, seinem Extraktgehalt und seinem Ethanolgehalt abhängig.

Die Temperatur der maximalen Dichte lässt sich wie folgt bestimmen (nach *Weissler* [304]):

$$\vartheta_{\rho max} = 4 - (0{,}65 \cdot Ew - 0{,}24 \cdot c_{Ethanol})$$ Gleichung 42

$\vartheta_{\rho max}$ = Temperatur der maximalen Dichte in °C
Ew = wirklicher Extrakt in Masse-%
$c_{Ethanol}$ = Ethanolgehalt in Masse-%

Daraus folgt, dass Bier mit einer Temperatur unterhalb der max. Dichte leichter ist und deshalb aufsteigt. In diesen Fällen müssen die Kühlflächen an der tiefsten Stelle des ZKT installiert sein.

Gefrierpunkt des Bieres

Zur Ausscheidung kälteinstabiler Produkte wird die Lagertemperatur auf Werte unter 0 °C gebracht. Angestrebt werden Werte bis kurz vor dem Gefrierpunkt des Bieres. Dieser ist insbesondere vom Ethanolgehalt abhängig. Der Gefrierpunkt K_{Bier} errechnet sich nach Gleichung 43 (nach [305]):

$$K_{Bier} = -(c_{EtOH} \cdot 0{,}42 + St \cdot 0{,}04 + 0{,}2)$$ Gleichung 43

K_{Bier} = Gefrierpunkt des Bieres in °C
c_{EtOH} = Ethanolgehalt in Masse-%
St = Stammwürze in %
0,2 = Korrekturfaktor für die Gefrierpunkterniedrigung durch den CO_2-Gehalt (Ø = 0,5 %)

Für einige Biere wurden in Tabelle 101 auszugsweise diese beiden für den Tiefkühlprozess des ZKT-Bieres wichtigen Kennwerte berechnet.

Tabelle 101 Gefrierpunkt K_{Bier} und Temperatur der größten Dichte $\vartheta_{\rho max}$ des Bieres in Abhängigkeit von der Stammwürze St und dem scheinbaren Vergärungsgrad Vs

St in %	Vs in %	Es in %	Ew in %	A in %	$\vartheta_{\rho max}$ in °C	K_{Bier} in °C
8,0	80,0	1,60	2,82	2,61	2,79	-1,62
10,0	80,0	2,00	3,52	3,31	2,51	-1,99
11,0	75,0	2,75	4,32	3,43	2,02	-2,08
	80,0	2,20	3,87	3,66	2,36	-2,18
12,0	75,0	3,00	4,71	3,76	1,84	-2,26
	80,0	2,40	4,22	4,01	2,22	-2,36
	85,0	1,80	3,74	4,26	2,59	-2,47
16,0	75,0	4,00	6,28	5,12	1,15	-2,99
	80,0	3,20	5,63	5,47	1,65	-3,14

8.8.8 Die Vor- und Nachteile von Mehrtankverfahren

Prinzipiell lassen sich die Prozessstufen Gärung und Reifung sowie Kaltlagerphase in einem Behälter realisieren. Aus dieser Vorgabe resultiert ja die Entwicklung des ZKT mit seinen gestalterischen Spezifika.

Beim sogenannten 1-Tank-Verfahren lassen sich alle erforderlichen technologischen Parameter garantieren, der Reinigungs- und Desinfektionsaufwand ist am geringsten.

Ein Nachteil dieses Verfahrens liegt in der nicht optimalen Nutzung des Tankvolumens in der Reifungs- und Kaltlagerphase begründet, da während der Hauptgärung ein Steigraum für die sich bildende Kräusendecke vorhanden sein muss. Dieser Steigraum (ca. 15...≥ 20 % des Tankvolumens, abhängig von der Gärtemperatur) wird in der Nachgär- und Lagerphase nicht genutzt. Andere Argumente, wie Gelägerentfernung und Brandhefeeinfluss, sind nur sehr bedingt belegbar.

Der ZKL muss mit CO_2 vorgespannt werden. Die Reinigung/Desinfektion kann mit saueren Reinigungs-/Desinfektionsmitteln unter CO_2-Atmosphäre erfolgen. Nur in größeren Zeitabständen sollte eine alkalische Reinigung des CO_2-freien ZKL vorgenommen werden (s.a. Kapitel 20).

Wenn vor der Lagerung des Bieres die Flüssigkeitswärme mittels zentralen Wärmeübertragers abgeführt werden soll, oder wenn die Hefeernte mittels Separators erfolgen soll, dann kann die Nutzung eines 2-Tank-Verfahrens vorteilhaft sein (s.a. [229]).

Grundsätzlich kann auch bei einem 1-Tank-Verfahren diese Lösung praktiziert werden unter der Voraussetzung, dass die ZKT, wie in Abbildung 115 gezeigt, ausgerüstet sind.

Gleiches gilt für Verfahren mit niedrigen Gärtemperaturen, aber höheren Reifungstemperaturen, die mittels Wärmeübertrager eingestellt werden.

8.8.9 Schlussfolgerungen

Die Investitions- und Betriebskosten der Prozessstufen Gärung, Reifung und Lagerung werden in erheblichem Maße beeinflusst von:

- der Kühlvariante und
- der Aufstellungs- und Wärmedämmungsvariante

der ZKT.

Die Entscheidung für die eine oder andere Variante erfordert die Analyse der technologischen Anforderungen, die Bewertung qualitativer Aspekte und vor allem den umfassenden Investitions- und Betriebskostenvergleich auf der Grundlage einer in allen Punkten vergleichbaren Aufgabenstellung. Vor allem die Betriebskosten werden von der Entwicklung der Energiekosten bestimmt. Deshalb besitzen die Fragen der ZKT-Kühlung eine enorme Bedeutung für die Zukunft eines Betriebes.

Nicht bewertbar, aber für die Entscheidung für die eine oder andere Variante nicht unwesentlich, verbleibt am Ende dann sicher noch ein kleiner Teil der subjektiven Betriebs- oder Braumeister-Philosophie... !

8.9 Wärmedämmung der ZKT

8.9.1 Einleitung

Dieses Kapitel wird als Empfehlung für die Gestaltung und Arbeiten an Wärmedämmungen in Brauereien erstellt (Synonym: Wärme- und Kälteisolierungen). Es beschreibt verschiedene Wärmedämmsysteme mit den zugehörigen Materialien (s.a. Kapitel 8.8.4). Es gibt Hinweise zur Bemessung der Dämmschichtdicke, zur Ausführung von Wärmedämmungen und zur Durchführung von Güteprüfungen sowie Hinweise für die Planung und Ausführung der zu dämmenden Anlage.

Für einen großen Teil der Wärmedämmarbeiten an technischen Anlagen bestehen Normen, Richtlinien oder Arbeitsblätter, soweit als möglich wird auf diese Bezug genommen und verwiesen.

Diese Empfehlung gilt für Wärme- und Kältedämmungen an betriebstechnischen Anlagen in Brauereien im Temperaturbereich von ca. 90 °C bis -40 °C. Im Wesentlichen wird jedoch auf Wärmedämmsyteme für Gär- und Lagerbehälter Bezug genommen.

8.9.2 Grundsätzliche Überlegungen zur Aufstellung von Gär- und Lagerbehältern

Der allgemeine Vergleich von Varianten zur Ermittlung von investitions- und betriebskostengünstigen Wärmedämmungen bei ZKT-Installationen kann nur auf der Grundlage eines Modells, also eines sogenannten Musterkellers (Tabelle 102), erfolgen.

Dieser kann natürlich wesentliche Fragen der konkreten Betriebsinstallation nicht berücksichtigen. Er ermöglicht nur die nachfolgenden Einschätzungen zu:

- den Energieverlusten und
- dem materiellen Aufwand für die Wärmedämmung.

Für diesen Musterkeller werden verglichen (s.a. nachfolgende Modellrechnung):

- Die Aufstellung in Outdoor-Bauweise mit Wärmedämmung des gesamten ZKT incl. des Konus (siehe Abbildung 161).
- Die Aufstellung im wärmegedämmten Gebäude ohne jegliche Wärmedämmung des ZKT (siehe Abbildung 162).

Auf Kostenvergleiche wird bewusst verzichtet, da die Preise nicht aktuell sein können und die betriebswirtschaftlichen Bedingungen der Investitionen und ihre Bewertung immer betriebsspezifisch sind. Sie lassen sich von Fachfirmen relativ leicht beschaffen.

Weitere Gesichtspunkte für eine Auswahl sind u.a.:

- Die Aufteilung der Wärmedämmung sowohl auf den ZKT als auch auf die Umhausung hat (Kosten-)Vorteile in Bezug auf den gesamten erforderlichen Wärmedämmungsaufwand und ermöglicht trotzdem die individuelle Temperaturführung der ZKT.
- Die Ausrüstung des ZKT mit einer Dämmschicht von beispielsweise 30...40 mm ermöglicht seine individuelle Temperaturführung und vermeidet gleichzeitig die gegenseitige Beeinflussung, z. B. bei der heißen Reinigung eines Behälters.
  Die Wärmeverluste zur Umgebung verringert dann die Wärmedämmung der Umhausung (z. B. 70...100 mm) auf die üblichen Werte.

- Diese Form der Aufteilung der Gesamtwärmedämmung des ZKT auf den Behälter und auf die Umhausung eignet sich besonders für den Einsatz von ZKT ohne Kühlmöglichkeit (s.o.).
- Beim Kostenvergleich Outdoor-Aufstellung/Umhausung müssen natürlich nicht nur die Aufwendungen für die Wärmedämmung verglichen werden, sondern auch die Kosten für die Errichtung der Bauhülle (Fundamentierung, Oberflächengestaltung, Statik, Reinigungsmöglichkeiten, Schneelasten, Regenwasserablauf, Lüftung, Beleuchtung etc.).
- Nicht unerwähnt soll bleiben, dass sich bei Errichtung einer Umhausung auch Vorteile bei der Rohrleitungsführung und für den Winterbetrieb ergeben können.

In jedem Fall müssen aber vor einer Entscheidung für die eine oder andere Variante unter anderem nachfolgende Fragestellungen bzw. Probleme erörtert, bewertet und nötigenfalls entschieden werden (Kapitel 8.8.2.1 bis 8.8.2.4).

8.8.2.1 Technologische Anforderungen oder Ansprüche

Nachstehende Fragen müssen zur Entscheidung beantwortet werden:

- Soll ein Ein-Tank-, Zwei-Tank- oder Mehr-Tank-Verfahren praktiziert werden?
- Sollen Tanks mit Mantelkühlung oder mit individuellem externem Kühlkreislauf eingesetzt werden?
- Sollen Tanks ohne individuelle Kühlmöglichkeit eingesetzt werden, z. B. für die Kaltlagerphase, und erfolgt die Kühlung durch zentral angeordnete Wärmeübertrager mit eventuell vorgeschaltetem Jungbierseparator?
- Bestehen Forderungen für eine individuelle Temperaturführung der einzelnen Tanks?
- Sollen die Tanks mit indirekter Kühlung oder mit direkter Verdampfung des Kältemittels gekühlt werden?
  Welche Festlegungen bestehen bezüglich der Gär-, Reife- und Lagertemperaturen?
- Sollen die Tanks kalt, warm oder heiß gereinigt werden? Wird eine daraus abgeleitete gegenseitige thermische Beeinflussung der Tanks toleriert?

8.8.2.2 Aufstellung in Freibauweise oder mit Umhausung

Nachstehende Fragen müssen zur Entscheidung beantwortet werden:

- Bestehen Forderungen für eine Outdoor-Aufstellung (frei gebaute ZKT in Einzelaufstellung mit Tragmantel oder Aufstellung auf Stützen oder Einhängung in eine Zwischendecke mit abgeschlossenem, gemeinsamen Konusraum).
  Diese ZKT müssen mit individueller Wärmedämmung ausgerüstet sein.
- Bestehen Forderungen für eine umhauste Aufstellung (z. B. aus den Auflagen des Genehmigungsverfahrens nach dem BImSchG)?
  Die Bauhülle kann mit oder ohne Wärmedämmung gestaltet werden.
  Die ZKT können mit oder ohne individueller Dämmung zum Einsatz gelangen.
- Bestehen Forderungen, begründet aus der Unternehmensphilosophie, aus Marketinggründen, aus Gründen der Unternehmenspräsentation oder des Firmenimages?
- Bestehen Festlegungen zu den einzuhaltenden Tankabständen?

8.8.2.3 Sonstige Festlegungen

Nachstehende Fragen müssen zur Entscheidung beantwortet werden:

- Wie soll die Begehbarkeit, Zugänglichkeit und Frostsicherheit der Tankdomarmaturen gesichert werden?
- Wie sollen die Rohrleitungen für CIP, CO_2-Ableitung, Leckageableitung etc. geführt werden?
- Wie soll die EMSR-Installation erfolgen (Instandhaltungsmöglichkeiten beachten)?
- Wie sollen die Außenflächen (Gebäudewände, ZKT-Mantelflächen) gereinigt werden?
- Welche Farbgebung soll erfolgen, welche Oberflächenstruktur bzw. welcher Werkstoff soll verwendet werden? Welche Farben werden ausgewählt?
- Welche Werkstoffe werden für die Wärmedämmungsoberfläche bzw. für die Dampfbremse oder Abschlussverkleidung eingesetzt?
- Bestehen besondere Forderungen bezüglich des Brandverhaltens der verwendeten Werkstoffe?
- Wie werden mögliche Leckagen des Kältemittels bei direkter Verdampfungskühlung ermittelt (für eine Umhausung ist diese Frage sicherlich kein Problem)?

Aus einem Teil der Fragestellungen resultieren Antworten, die die weitere Erörterung der Fragestellungen oder Variantenuntersuchungen im o.g. Sinne erübrigen.

8.8.2.4 Überlegung zur Installation von Gär- und Lagerbehältern

Die erste und entscheidende Frage, die bei der Entscheidung über die Form von Ersatzinvestitionen oder Investitionen zur Kapazitätserweiterung im Gär- und Lagerbereich beantwortet werden muss, ist die des Produktionsverfahrens für die Nutzungsdauer der Investition. Alternativ bieten sich Lösungen an, die für alle Eventualitäten der Zukunft angepasst werden können. Diese Lösungen sind sicherlich die wesentlich kostenintensiveren.

Auf der Basis eines Zwei-Tank-Verfahrens (s.a. [229], [296]) oder eines modifizierten Ein-Tank-Verfahrens würde die kostengünstigste Lösung nach den Ergebnissen der Modellrechnung (siehe Kapitel 8.8.3) wie folgt aussehen:

- Gärtanks mit individueller Kühleinrichtung und Temperaturführung am Tank ohne Wärmedämmung oder mit einem Minimum an Schwitzwasserdämmung im separaten, gedämmten Bauwerk.
- Externe Kühlung beim Umlagern („Schlauchen“) nach Erreichen der Reifungskriterien und vorgegebenen Qualitätskriterien.
- Lagerung bei Temperaturen von ca. -1 bis -2 °C in Tanks ohne Kühleinrichtung, aufgestellt im gedämmten Bauwerk mit Kühlmöglichkeit.

Die beschriebene Lösung erspart den Wärmedämmaufwand an Gärtanks und erheblichen Aufwand für Kühleinrichtungen und Kältesteuerungen an Lagertanks. Die Durchführung eines üblichen Eintankverfahrens ist dann allerdings nicht mehr gegeben. Bei der Ausrüstung der ZKT mit externem Kühlkreislauf ist auch das Ein-Tank-Verfahren praktikabel (Nutzung der temperaturbedingten Dichteunterschiede im Tank bei der Abkühlung).

Das Ergebnis einer Beispielrechnung zum Temperaturverlauf von Gär- und Lagerbehältern in wärmegedämmten Bauwerken zeigt Abbildung 160.

Die größte Variabilität bezüglich der technologischen Varianten erfordert die individuelle Temperaturführung und Wärmedämmung der ZKT und reichlich dimensionierte Kühlkapazitäten.

Die Frage, ob Tanks „Outdoor" (in Freibauweise) oder in einem Bauwerk aufgestellt werden sollen, wird häufig schon durch Auflagen der Genehmigungsbehörden beantwortet.

Sie kann jedoch auch stark beeinflusst werden durch die Unternehmensphilosophie der Präsentation nach außen. Besteht hier Entscheidungsfreiheit, so müssen exakte Kostenvergleiche aufgestellt werden, die die Gesamtkosten des Projekts und die Folgekosten berücksichtigen.

Vorteile der Aufstellung der ZKT in einem gedämmtem Bauwerk sind u.a.:

- Bei einer Variante kann auf die Dämmung der ZKT vollständig verzichtet werden;
- Wenn eine (Teil-)Dämmung gefordert wird, dann kann sie wesentlich weniger aufwendig erfolgen, weil sie nicht der Witterung und Umwelt ausgesetzt ist;
- Die Begehbarkeit, Zugänglichkeit und Frostsicherheit sind gegeben;
- Rohrleitungen müssen zum Teil nicht wärmegedämmt werden;
  Z. B. kann die Leitung für CIP-Vorlauf und CO_2-Ableitung oberhalb der ZKT verlegt werden, und nicht in der Wärmedämmung des ZKT.
- Kältemittelarmaturen können geschützt und gut zugänglich installiert werden;
- Leckageerkennung (z. B. bei direkter NH_3-Verdampfung) ist im Gebäude leicht möglich;
- Der äußere optische Eindruck ist bei einer pflegeleichten Fassade leichter zu sichern als bei frei stehenden Tanks, bei denen sich Umwelteinflüsse stärker auswirken.

Beachtet werden muss, dass bei einer ZKT-Anlage mit Umhausung die Ausdehnung der Umgebungsluft bei Temperaturänderungen mit berücksichtigt werden muss, um Unterdruck zu verhindern.

Die Raumluft muss entfeuchtet werden, Schwitzwasserbildung muss ausgeschlossen werden (s.a. S. 380).

In der neuen Braustätte der Münchner Paulaner-Brauerei wurden die Behälter des Gärungs- und Reifungsbereichs ohne individuelle Wärmedämmung in einer PUR-gedämmten Gebäudehülle und mit einer Lufttrocknungsanlage installiert [661].

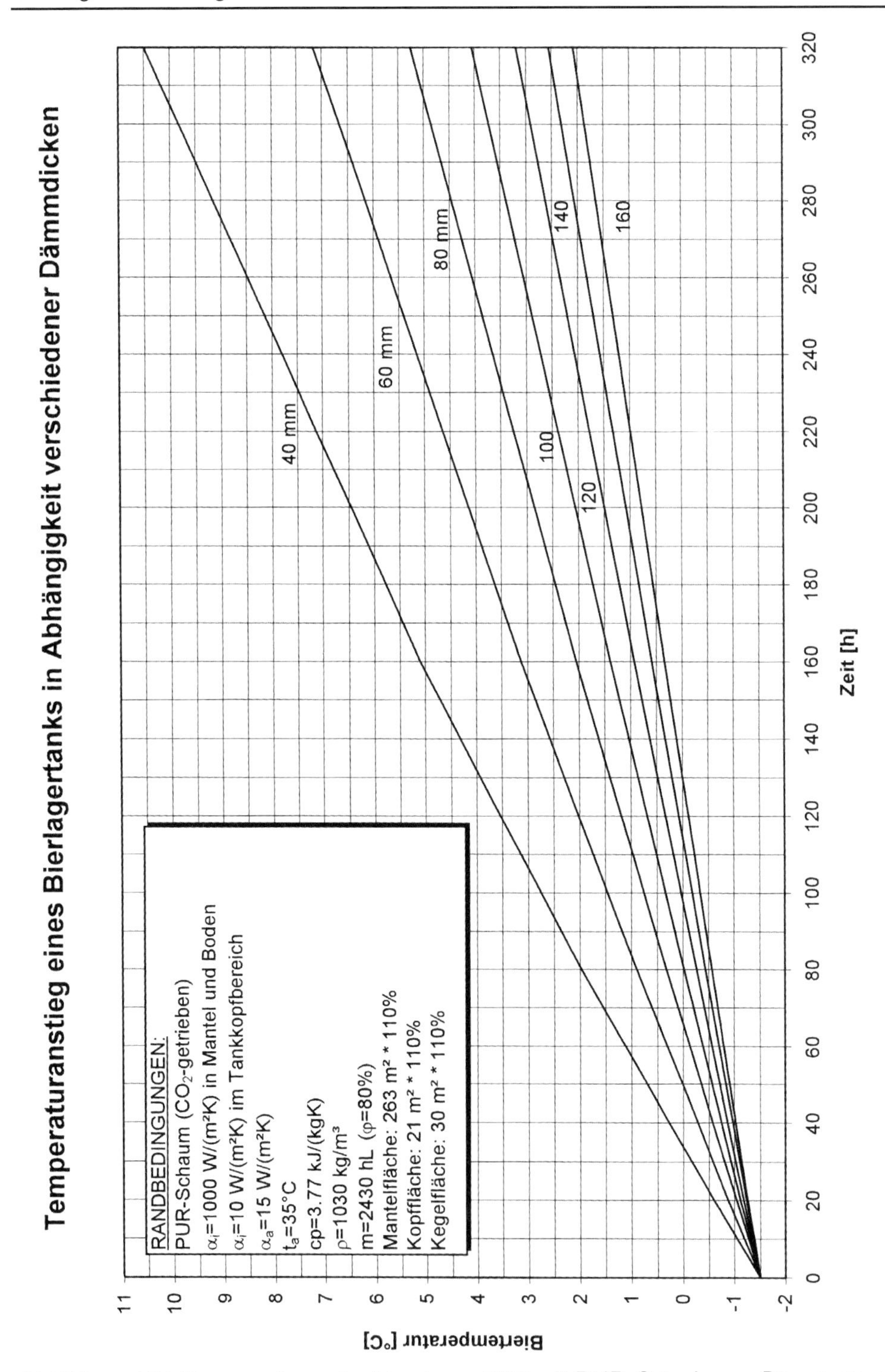

Abbildung 160 Temperaturverlauf in einem ZKT mit PUR-Ortschaum-Dämmung als Funktion der Dämmschichtdicke (Flächenzuschläge für vorhandene Stutzen)
α_i = Wärmeübergangskoeffizienten c_p = spezifische Wärme φ = relat. Feuchte

8.9.3 Modellrechnung

Gegenübergestellt werden der Wärmedämmaufwand von 16 Outdoor-ZKT und 16 ZKT im Tankhaus (8 ZKT für die Gärung bei 15 °C, 8 ZKT zur Lagerung ohne Nachgärung bei -2 °C) (s.a. Abbildung 161 und Abbildung 162), gedämmt mit PUR-Hartschaum und eingehängt in einen Zwischenboden.

Gegenübergestellt werden die Dämmmaterialmenge für ein wärmegedämmtes Tankhaus zur Aufnahme von 16 ZKT mit einem Bruttoinhalt von 3000 hL je ZKT und für 16 gleich große Outdoor-ZKT und die Energieverluste beider Varianten.

Dämmschichtdicke einheitlich 120 mm PUR-Schaum. Es handelt sich um ZKT ohne Dämmung im luftgekühlten Gebäude bzw. um gedämmte ZKT mit Mantelkühlung, aufgestellt im Freien. Biertemperatur im ZKT 15 °C bzw. -2 °C, mittlere Außentemperatur 20 °C (Variante A) bzw. 35 °C (Variante B), siehe auch unten.

Auf die Aufnahme von Schaumglas als Dämmstoff wird verzichtet, da dessen Kosten relativ hoch sind (nach [306] verhalten sich die Kosten für 100 mm PUR-Hartschaum (4,7 W/m^2) zu 130 mm Schaumglas (4,8 W/m^2) wie 1: 1,9 (Preisbasis 1996).

Schaumglas wäre also nur eine Alternative, wenn ein unbrennbarer Dämmwerkstoff unbedingt erforderlich ist (s.a. Kapitel 8.8.4.2). Es ergeben sich die Werte gemäß Tabelle 102 und Tabelle 103:

Vergleichsbasis:

ZKT, Aufstellung mit Standzarge:

$Ø_i$ = 4500 mm, H_{ges} = 21 600 mm, V_{netto} = 2550 hL, V_{brutto} = 3000 hL;
PUR-Oberfläche eines ZKT: 350 m^2
PUR-Oberfläche für 16 ZKT: 5600 m^2

Tankhaus:

16 ZKT wie o.g., eingehängt in Zwischenboden; Gebäudehöhe 23,2 m;
Grundfläche = Dachfläche = 20,5 m · 20,5 m = 420 m^2;
Gesamtoberfläche = 2323 m^2;

Wärmedämmung:

Ø-PUR-Dicke = 120 mm;
Fußboden Tankhaus
Polystyrol Hartschaum = 120 mm PS

Betriebstemperaturen:

Gärung/Reifung: 15 °C
Lagerung: -2 °C

Außentemperaturen: Variante A: 20 °C Umgebungstemperatur
Variante B: 35 °C Umgebungstemperatur

Vereinfachung: die etwas geringere Kühlflächentemperatur (ca. 30 m^2) der ZKT von -4 °C wurde nicht berücksichtigt.

Tabelle 102 Musterkeller (zum Teil nach [306])

	Tankhaus für 16 ZKT	1 ZKT	16 ZKT
ZKT-Volumen, brutto	48 000 hL	3000 hL	
ZKT-Volumen, netto	40 800 hL	2550 hL	40 800 hL
Oberfläche			
Seitenwände	1902 m²		
Dach	420 m²		
Fußboden	420 m², mit Dämmung aus 120 mm PS	350m²	
Gesamt	2322 m²		5600 m²
PUR-Schaumvolumen			
- Dicke 120 mm	279 m³	42 m³	672 m³

Tabelle 103 Wärmeverluste für die Modellrechnung (nach [306])

	Temperaturen ϑ_i/ϑ_a in °C	Wärmeverlust in kW/4080 m³ Bier		
		1 ZKT	8 ZKT	Tankhaus 8 ZKT in Gärung/Reifung 8 ZKT in Lagerung *)
Variante A				
Gärung/Reifung	15/20	0,69	5,52	1,73...1,75
Lagerung	-2/20	2,97	23,76	10,99...11,10
Gesamt 16 ZKT	Variante A		29,28	12,72...12,85 Ø = 12,78
Variante B				
Gärung/Reifung	15/35	2,82	22,56	8,67...8,75
Lagerung	-2/35	5,10	40,80	17,92...18,10
Gesamt 16 ZKT	Variante B		63,36	26,59...26,85 Ø = 26,72

Der Wärmeverlust bezieht sich auf ein Bier-Volumen von 40.800 hL in jeweils 16 ZKT

*) Zwischen den beiden Temperaturbereichen wird eine Wärmedämmung vorgesehen bzw. angenommen.

Im Vergleich Einzelaufstellung/Tankhaus:

	Einzelaufstellung	Tankhaus
Wärmeverlust Variante A in kW	29,3	12,8
Wärmeverlust Variante B in kW	63,4	26,7
PUR-Oberfläche	5600 m²	2323 m²
PUR-Volumen	672 m³	279 m³

- Aus Sicht der Wärmeverluste und der erforderlichen PUR-Oberfläche schneidet die Aufstellung von ZKT in einer Umhausung (Tankhaus) in der Modellrechnung deutlich günstiger ab.

Die in den genannten Varianten für das Tankhaus ausgewiesenen Wärmeverluste durch Wärmezufuhr aus der Umgebung müssen durch eine kleinere installierte Wärmeübertragerfläche kompensiert werden, um einen Temperaturanstieg zu verhindern.

Alternativ müssen die ZKT bei längerer Standzeit intervallmäßig oder stetig gekühlt werden, wenn diese Kühlmöglichkeit fehlt.

Würde die eingetragene Wärme nicht abgeführt, würde die Getränketemperatur ansteigen, siehe nachfolgende Tabelle 104:

Tabelle 104 Temperaturanstieg der ZKT ohne Kühlung in 7 Tagen (168 h) bei den o.g. Bedingungen

Temperatur Luft/ Temperatur im ZKT	Temperaturerhöhung im frei stehenden ZKT auf	Temperaturerhöhung in den ZKT des Tankhauses auf
Variante A		
20 °C/15 °C	15,4 °C	15,1 °C
20 °C/-2 °C	-0,3 °C	-1,2...-1,6 °C
Variante B		
35 °C/15 °C	16,6 °C	15,3...15,6 °C
35 °C/-2 °C	0,9 °C	-1,3...-0,7 °C

- Die Temperaturen in den ZKT des Tankhauses würden gegenüber den frei gebauten ZKT nur geringfügig ansteigen, sodass auch bei Ausfall der Kühlanlage die technologisch angestrebten Temperaturen im akzeptablen Bereich bleiben würden.

Die Investitionskosten sind nicht ausweisbar, weil die konstruktive Ausführung der Wärmedämmung beim Tankhaus die Kosten erheblich beeinflusst.

Unter der Voraussetzung, dass die Tankhaushülle nur die Funktion der Wärmedämmung übernehmen muss, ergeben sich relativ günstige Kosten. Diese Voraussetzung ist gegeben, wenn die ZKT als Teil der Tragkonstruktion für die Hülle genutzt werden können. Ist diese Bedingung nicht nutzbar, müssen die Kosten für die Errichtung der Bauhülle (Fundamentierung, Oberflächengestaltung, Statik, Reinigungsmöglichkeiten, Schneelasten, Regenwasserablauf, Lüftung, Beleuchtung etc.) mit berücksichtigt werden.

Die Kapital- und Energiekosten und die zu erwartende Lebensdauer der Anlage beeinflussen den Vergleich beider Varianten erheblich. Deshalb müssen die zu erwartenden Kosten am konkreten Beispiel ermittelt werden, um zu aussagefähigen Werten zu kommen.

Die Wärmedämmung sollte nicht nach der aktuellen, wirtschaftlichen Dämmschichtdicke ausgelegt werden. Vor allem im Bereich der WÜ-Flächen ergeben sich dann zu geringe Dicken mit wesentlich größeren Energieverlusten. Alternativ ist es aber auch möglich, die wirtschaftlich günstigste Isolierstärke zu wählen, wenn die Kältemittelleitungen aus der Wärmedämmung herausgezogen und separat gedämmt werden (jedoch mit höheren Kosten verbunden).

Bei steigenden Energiekosten ist eine überdimensionierte Dämmschicht im Vorteil (s.a. Kapitel 8.8.4.4).

Für ein Tankhaus mit ZKT ohne Dämmung sprechen u.a. folgende Vorteile:

- Geringere Wärmeverluste;

- Einfachere ZKT ohne Dämmung;
- Einfacherer Transport der ZKT, geringeres Transportrisiko, insbesondere für die Wasserdampf-Diffusionssperre;
- Gute Voraussetzungen für die Wartung der Tankdomarmaturen;
- Keine Frostgefahr;
- Geringere Korrosionsgefahr durch sehr geringe Luftfeuchte im Tankhaus.

Eine Zusatzkühlfläche sichert auch eine Lufttrocknung bzw. Senkung der Luftfeuchte im Tankhaus. Bei Bedarf kann auch eine zusätzliche Lufttrocknungsanlage installiert werden. Trockene Luft vermindert auch die Wärmeverluste an der Tankgebäudewand durch einen günstigeren α-Wert.

Aus Tabelle 105 folgt, dass die Kosten der Dämmschicht nur relativ gering vom Dämmstoffvolumen abhängen. Sie werden vor allem von der Wasserdampf-Diffusionssperre (z. B. Al-Trapezblech) und den Verarbeitungskosten beeinflusst. Dafür wird die Dämmwirkung deutlich verbessert.

Tabelle 105 Vergleich verschiedener PUR-Ortschaum-Dämmstoffdicken (Dicke 100 mm = 100 %; Manteldämmung mit Aluminium-Trapezblech-Abschluss (nach [306])

Dicke in mm	50	60	70	90	100	120	140	150	160
Wärmestrom in W/m²	9,3	7,8	6,7	5,2	4,7	3,9	3,4	3,1	2,9
Wärmestrom in %	198	166	143	110	100	83	72,3	66	61,7
Preisverhältnis in %	85,6	87,0	90,3	96,7	100	104,5	112	116	119

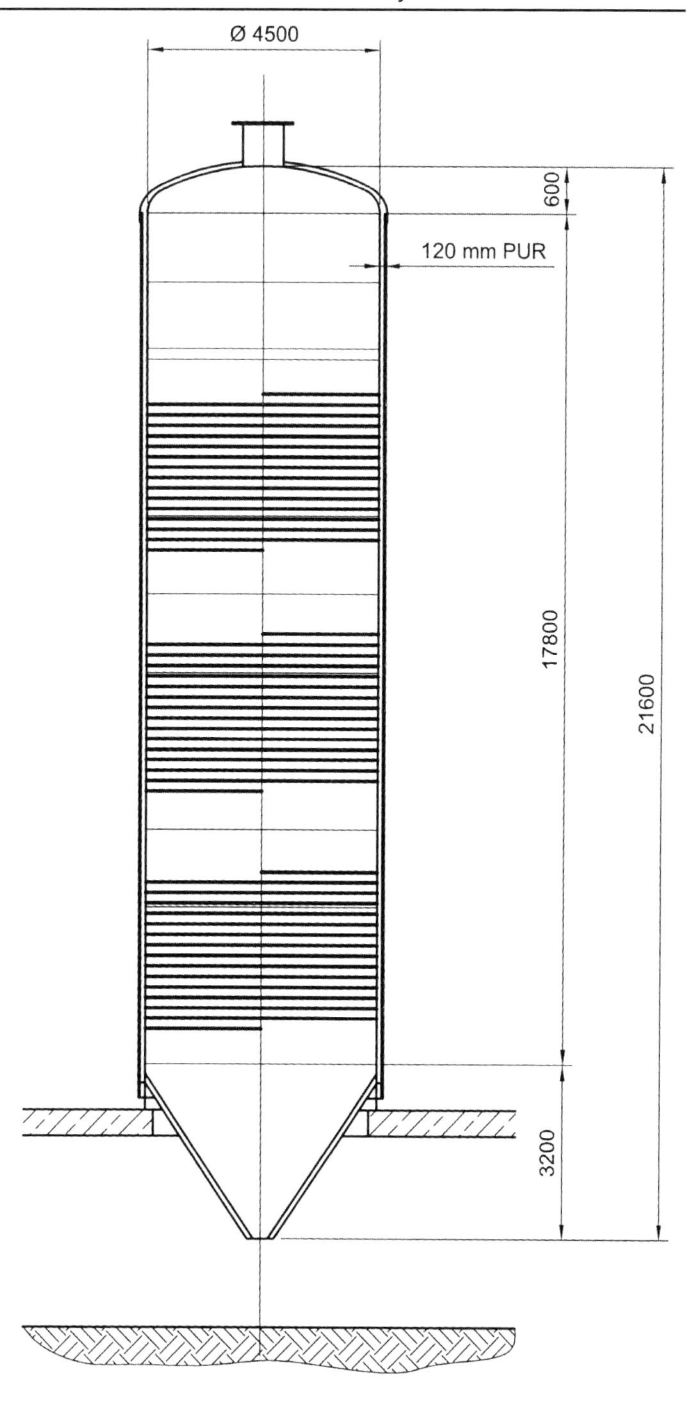

Abbildung 161 Modell-ZKT (nach Kaefer Isoliertechnik)

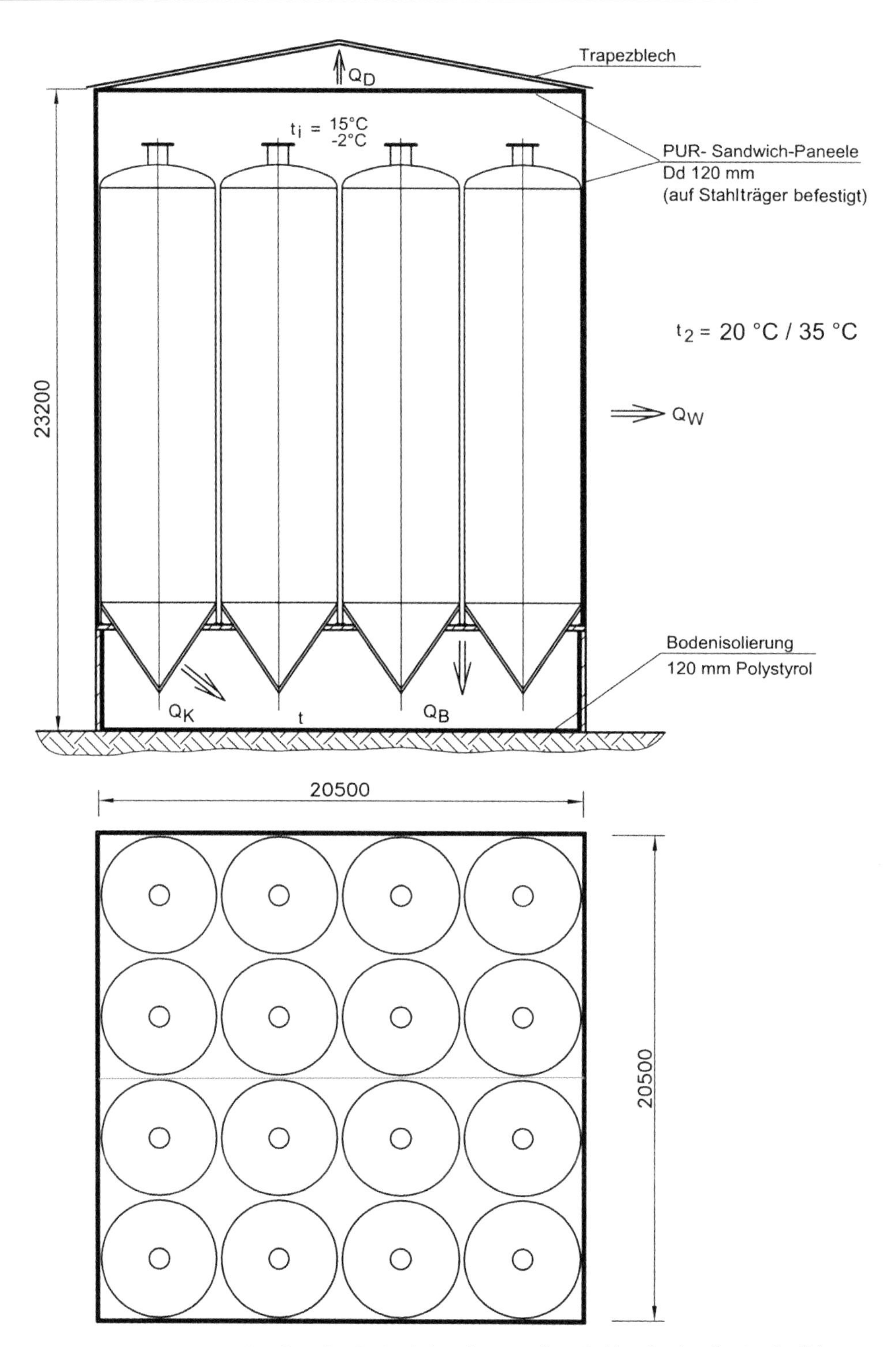

Abbildung 162 Musterkeller für die Beispielrechnung (nach Kaefer Isoliertechnik)
Q Wärmestrom **D** Dach **W** Wand **K** Konus **B** Boden

8.9.4 Dämmwerkstoffe und -systeme für Gär- und Lagerbehälter

8.9.4.1 Untersuchte Dämmstoffe

- Mineralfaser-Produkte;
- Polystyrol-Hartschaum;
- PUR-Hartschaum;
- Schaumglas (z. B. Foamglas®);
- Sonstige Dämmstoffe (Basis Kork, Perlite, PE, Zellulose u.a.).

Eine ausführliche Charakteristik der Dämmstoffe erfolgt in den AGI-Arbeitsblättern:

- AGI-Q 132 Mineralwolle;
- AGI-Q 133 Polystyrol-Schaum;
- AGI-Q 137 Schaumglas;
- AGI-Q 138 PUR-Ortschaum;
- AGI-Q 139 Kork.

8.9.4.2 Einschätzung der Dämmstoffe bezüglich ihrer Eignung

Als geeignet für die Wärmedämmung von ZKT bzw. für ZKT-Hüllkonstruktionen oder Bauwerken werden prinzipiell angesehen:

- PUR-Hartschaum, verarbeitet als Ortschaumsystem oder in Form von Hartschaumplatten (z. B. „Roma-Paneel"“);
- Polystyrol;
- Schaumglas.

Die Tabelle 106 zeigt die für gleiche Wärmeströme ermittelten erforderlichen Dämmschichtdicken und die resultierenden Kosten für PUR-Ortschaum und Schaumglas (s.a. Tabelle 105):

Tabelle 106 Dämmstoffvergleich PUR-Ortschaum und Schaumglas (nach [306])

Wärmestrom	Dämmstoff	Dämmschichtdicke	Kosten der Dämmschicht *)
3,9 W/m²	PUR-Ortschaum	120 mm	13,6 €/m²
	Schaumglas	160 mm	25,2 €/m²
5,2 W/m²	PUR-Ortschaum	90 mm	12,1 €/m²
	Schaumglas	120 mm	22,7 €/m²

*) Preisbasis 1994

Daraus folgen für Schaumglas größere Dämmschichtdicken, die mit höheren Kosten verbunden sind. Die Unbrennbarkeit könnte trotz dieses Nachteiles ein Argument für den Werkstoff Schaumglas sein. Schaumglas ist in Platten und Formteilen erhältlich.

Die übrigen untersuchten Dämmstoffe haben anwendungs- oder handhabungstechnische Nachteile und werden deshalb für den vorgesehenen Anwendungsfall gegenwärtig kaum eingesetzt.

Über neue Dämmstoffe liegen zurzeit nur wenige Informationen vor, zum Beispiel wird über Aerogele auf der Basis SiO_2 berichtet [307].

Für kleinere Behälter und für Rohrleitungen kann auch Weichschaum (z. B. AF/Armaflex® [308] oder Aeroflex® [309]) eine geeignete Dämmung ergeben.

KAEFER Isoliertechnik GmbH & Co.KG **WTB 3.1** **ZTT Bremen**

Kaefer-Projektnr.: Bearbeiter: hm Datum: 11.9.1996
Projekt: Lagertanks
Bereich: Zulässige Luftfeuchtigkeiten

Aufbau des Wärmedurchgangskoeffizienten von innen nach aussen :

INNENSEITE: Wärmeübergangskoeffizient wird nicht berücksichtigt
1.Material: PUR (CO_2) 0.000 W/m K 15.0 %
Dicke der Materialien nach Nr. in der unteren Tabelle
AUSSENSEITE: Wärmeübergangskoeffizient = 6.0 W/m2 K

Hinweis: Bei der Berechnung der zulässigen Luftfeuchtigkeiten werden alle Schichten d i f f u s i o n s o f f e n angenommen! Tauwasser oder Eis tritt an der entsprechenden Stelle ab der ausgedruckten Luftfeuchtigkeit auf, die die Luft auf der Innenseite (I) oder Außenseite (A) hat.

	INNEN- DURCHM. MM	TEMPERATUREN INNEN GRAD C	TEMPERATUREN AUSSEN GRAD C	NR	MAT. DICKE MM	WAERMESTROEME W oder W/LFD M	WAERMESTROEME W/M2	GRENZ-TEMP. INNEN CA. GRAD C	GRENZ-TEMP. AUSSEN CA. GRAD C	FEUCHTIGKEIT INNEN %	FEUCHTIGKEIT AUSSEN %	R
R	4575.0	-1.5	20.0	1	40.0	267.3	18.3	-1.5	17.0	23.1	82.6	A
R	4575.0	-1.5	20.0	1	50.0	220.8	15.0	-1.5	17.5	23.1	85.5	A
R	4575.0	-1.5	20.0	1	60.0	188.1	12.8	-1.5	17.9	23.1	87.6	A
R	4575.0	-1.5	20.0	1	70.0	164.0	11.1	-1.5	18.2	23.1	89.1	A
R	4575.0	-1.5	20.0	1	80.0	145.4	9.8	-1.5	18.4	23.1	90.3	A
R	4575.0	-1.5	20.0	1	90.0	130.7	8.7	-1.5	18.5	23.1	91.3	A
R	4575.0	-1.5	20.0	1	100.0	118.7	7.9	-1.5	18.7	23.1	92.1	A
R	4575.0	-1.5	20.0	1	110.0	108.8	7.2	-1.5	18.8	23.1	92.8	A
R	4575.0	-1.5	20.0	1	120.0	100.4	6.6	-1.5	18.9	23.1	93.3	A
R	4575.0	-1.5	20.0	1	130.0	93.3	6.1	-1.5	19.0	23.1	93.8	A
R	4575.0	-1.5	20.0	1	140.0	87.1	5.7	-1.5	19.0	23.1	94.3	A
R	4575.0	-1.5	20.0	1	150.0	81.7	5.3	-1.5	19.1	23.1	94.6	A
R	4575.0	-1.5	20.0	1	160.0	77.0	5.0	-1.5	19.2	23.1	94.9	A
R	4575.0	-1.5	35.0	1	40.0	460.9	31.5	-1.5	29.7	9.6	74.4	A
R	4575.0	-1.5	35.0	1	50.0	381.0	25.9	-1.5	30.7	9.6	78.4	A
R	4575.0	-1.5	35.0	1	60.0	324.9	22.0	-1.5	31.3	9.6	81.4	A
R	4575.0	-1.5	35.0	1	70.0	283.4	19.1	-1.5	31.8	9.6	83.7	A
R	4575.0	-1.5	35.0	1	80.0	251.4	16.9	-1.5	32.2	9.6	85.4	A
R	4575.0	-1.5	35.0	1	90.0	226.0	15.1	-1.5	32.5	9.6	86.9	A
R	4575.0	-1.5	35.0	1	100.0	205.3	13.7	-1.5	32.7	9.6	88.1	A
R	4575.0	-1.5	35.0	1	110.0	188.2	12.5	-1.5	32.9	9.6	89.0	A
R	4575.0	-1.5	35.0	1	120.0	173.8	11.5	-1.5	33.1	9.6	89.9	A
R	4575.0	-1.5	35.0	1	130.0	161.4	10.6	-1.5	33.2	9.6	90.6	A
R	4575.0	-1.5	35.0	1	140.0	150.8	9.9	-1.5	33.4	9.6	91.2	A
R	4575.0	-1.5	35.0	1	150.0	141.5	9.2	-1.5	33.5	9.6	91.8	A
R	4575.0	-1.5	35.0	1	160.0	133.3	8.7	-1.5	33.6	9.6	92.3	A

Abbildung 163 Modellrechnung Tauwasserbildung (nach [306])
Grenztemperatur innen: Biertemperatur Grenztemperatur außen: Lufttemperatur

8.9.4.3 Anforderungen an Dämmsysteme für Gär- und Lagerbehälter

Die Produkttemperatur in den Gär- und Lagerbehältern liegt ganz oder zeitweise unterhalb der Umgebungstemperatur. Die Ausführung der Wärmedämmung muss deshalb nach kälteschutztechnischen Gesichtspunkten erfolgen.

8.9.4.3.1 Ermittlung der Dämmschichtdicke nach betriebstechnischen Anforderungen

- Verhinderung der Tauwasserbildung an der Dämmstoffoberfläche bei vereinbarten Randbedingungen (übliche Werte sind eine rel. Feuchte φ = 80 % und eine Umgebungstemperatur ϑ = 20 °C). Abbildung 163 zeigt ein Rechenbeispiel.
- Begrenzung des Wärmestromes durch die Dämmung oder Einhaltung eines bestimmten Temperaturanstieges nach Ausfall der Kühlung. Abbildung 160 zeigt den Temperaturanstieg eines Mustertanks unter verschiedenen Bedingungen.

Auf der Basis der genannten Anforderungen wird eine Dämmschichtdicke errechnet, die als Mindestdämmschichtdicke anzusehen ist. Sie ist abhängig von der Wärmeleitfähigkeit des eingesetzten Dämmstoffes.

Konstruktive Gegebenheiten, wie Kühlflächen oder Zuführleitungen, die mit gedämmt werden sollen, können zu einer Vergrößerung der betriebstechnisch erforderlichen Dämmschichtdicke führen. Bei ZKT mit Kühlflächen wird die Dämmschichtdicke über der Kühlfläche angegeben.

8.9.4.3.2 Ermittlung der Dämmschichtdicke nach wirtschaftlichen Gesichtspunkten

Bei der Ermittlung einer wirtschaftlichen Dämmschichtdicke werden die Wärmeverlustkosten und die Investitionskosten für Abschreibung, Verzinsung und Wartung in Abhängigkeit der Dämmschichtdicke ermittelt. Die Dämmschichtdicke, bei der die Gesamtkosten ein Minimum ergeben, wird als wirtschaftliche Dämmdicke bezeichnet.

In der Vergangenheit wurde im Wesentlichen das statische Kostenminimum, basierend auf konstanten Preisen und Zinsen über die Lebensdauer der Dämmung, berücksichtigt.

Mit der VDI 2055 [310] ist die Ermittlung des dynamischen Kostenminimums eingeführt worden. Beim dynamischen Kostenminimum werden Energiepreissteigerungen, die aus erhöhten Kosten für Exploration, Verknappung, Verarbeitung, Transport und Umweltschutz zu erwarten sind, berücksichtigt. Es werden die wahrscheinlichen Kosten während der Nutzungsdauer der Dämmung durch prozentuale Preissteigerungen vorgegeben. Das dynamische Kostenminimum wird mithilfe der Barwertmethode ermittelt.

Der Barwert ist dabei die Summe aller abgezinsten Kosten während der angenommenen Lebensdauer. Werden jährlich steigende Wärmeverlustkosten angenommen, führt dieses zu größeren Dämmschichtdicken als das statische Kostenminimum.

In der Wirtschaftlichkeitsberechnung wird für die Erfassung der Kostenänderungen ein Dynamisierungsfaktor eingeführt, der die Abhängigkeit von der Lebensdauer, der Verzinsung und der Preissteigerung berücksichtigt.

8.9.4.3.3 Energieeinsparung / CO_2-Reduktion

Es ist der erklärte Wille der EU-Mitglieder, über gesetzliche Vorschriften und Lenkungsabgaben die Kohlendioxid-Emissionen zu senken Eine solche Reduktion würde, übertragen auf die Verhältnisse des Wärme- und Kälteschutzes, dazu führen, die Wärmeströme um einen entsprechenden Betrag zu reduzieren. Am Beispiel der gewählten Behälterdämmung hätte das zur Folge, dass die Dämmdicke um ca. 40 % und die Kapitalkosten um ca. 10 % ansteigen.

Aufgrund der eingesparten Energiekosten würden in diesem Fall jedoch die jährlichen Gesamtkosten lediglich um einen Wert von ca. 3 % ansteigen. Das geplante Ziel der Energieeinsparung zwischen 25 % und 30 % ließe sich mit relativ geringem Mehraufwand erfüllen. Im Bereich der Dämmung von Lagertanks wird diese „umweltgerechte" Dämmdicke in der Praxis allerdings schon jetzt in vielen Fällen realisiert.

8.9.4.4 Elemente einer ökologischen Bilanzierung

Die Hauptelemente einer Öko-Bilanz erstrecken sich auf die Bereiche der Rohstoffgewinnung, Produktion, Produktverteilung, Produktanwendung, Entsorgung und Wiederverwertung.

Sie bilanziert den Energieeinsatz, Stoffeinsatz, Flächenverbrauch und die Schadstoffemissionen.

Kenngrößen sind der Energieverbrauch, das kritische Luftvolumen und das kritische Wasservolumen, das Deponievolumen und der GWP-Wert (global warming potential) als Maßstab für den Treibhauseffekt.

Die kritischen Volumina beziehen sich jeweils auf die MAK- und MIK-Werte der einzelnen Dämmstoffe. (MIK = maximale Immisionskonzentration und MAK = maximale Arbeitsplatzkonzentration; künftig AGW).

8.9.4.5 Dampfbremse und mechanischer Abschluss der Wärmedämmung

Hierfür werden überwiegend Al-Profilbleche, naturbelassen oder in möglichst heller Farbgebung/Beschichtung, kombiniert für Dampfbremse (Synonym: Wasserdampf-Diffusionssperre) und mechanischen Schutz/Witterungsschutz, verwendet.

Weitere Werkstoffe für die äußere Blechverkleidung sind: Stahl verzinkt, Stahl verzinkt mit Kunststoffbeschichtung und Edelstahl. Außenverkleidungen aus Kunststoff in Form einer Hartschale oder Mastic werden nur in Ausnahmefällen eingesetzt (die Beständigkeit unter Sonnenlichteinfluss/UV-Strahlung ist nicht gegeben).

Beide Funktionen werden kombiniert, wenn für die Wasserdampf-Diffusionssperre Aluminium-/PE-Verbundfolie benutzt wird.

Die Bleche sind unter Verwendung üblicher Dichtungsmassen/-bänder zu verbinden (Schrauben oder Blindniete).

Bei der Verbindung der Bleche ist zu beachten, dass die Blechverkleidung die unterschiedliche Ausdehnung des ZKT und der integrierten Anschlussrohrleitungen ohne bleibende Verformungen ermöglichen muss.

Die Belastungen mit Längenänderungen können folgende Ursachen haben:

- Sonneneinstrahlung; maximal die Hälfte der Behälteroberfläche wird beeinflusst.
- Betriebstemperaturen des ZKT: Es muss mit einem Temperaturbereich von -3 °C bis ≥ 90 °C bei heißer Reinigung gerechnet werden.
- Betriebstemperaturen der Kältemittel oder des Kälteträgers: ca. -10 °C bis > 10°C.
- Betriebsdruck des Behälters: $p_ü = 0... \leq 3$ bar.

Funktion der Dampfbremse

Unter der Voraussetzung, dass eine Wärmedämmung sachgerecht konzipiert und dimensioniert wurde, kann von minimierten Kälteverlusten ausgegangen werden.

Die Auslegungsbedingungen verschlechtern sich jedoch bei kaltgehenden Rohrleitungen, Apparaten und Wänden, wenn die Wasserdampfsperre in ihrer Funktion beeinträchtigt oder beschädigt wird. Das Problem liegt darin, dass die Fehlfunktion einer Wasserdampfsperre nicht sofort erkennbar ist, sondern nur durch Wärmeverlustmessungen ermittelt werden kann.

Ein Hilfsmittel ist die Bestimmung des Wasserdampfgehaltes des Dämmstoffes und der Vergleich mit dem Neuzustand der Dämmung. Da die Kontrolle des „Dampfbremsen"-Zustandes problematisch ist und in der Regel die Öffnung der Dämmschicht erfordert, gilt: „Vorbeugen ist besser als heilen".

Die Dämmarbeiten sollten nur an ausgewiesene Fachfirmen mit transparentem Qualitätsmanagement vergeben werden, die Qualitätsforderungen und die Gewährleistungen sind eindeutig zu vereinbaren.

Die Bedeutung dieser Problematik wird auch dadurch unterstrichen, dass Wärmedämmungen eine relativ lange Lebens- und Funktionsdauer erreichen müssen. Bei ZKT sind das etwa 50 Jahre und mehr (eine Erneuerung der Dampfbremse bzw. Anbringung einer neuen Dampfbremse ist ohne Abriss der alten Dampfbremse möglich, aber aufwendig).

8.9.4.6 Korrosionsschutz für ZKT

Bei der Verarbeitung von PUR-Hartschaumsystemen muss gesichert werden, dass Korrosion am Edelstahl durch Reaktionsprodukte des Schaumsystems ausgeschlossen wird. Ggf. muss der ZKT vor den Schäumarbeiten mit einem Anstrichsystem geschützt werden (s.a. AGI Q 151).

8.9.5 Empfehlungen und Erfahrungen

Nachfolgende Empfehlungen und Erfahrungen können für die Gestaltung der Wärmedämmungen vermittelt werden:

8.9.5.1 ZKT-Wärmedämmung, optimale Gestaltung

- PUR-Ortschaumsystem nach AGI-Arbeitsblatt Q 138;
- Dämmschichtdicke: ≥ 100 mm ... ≤ 120 mm, Ausführung nach AGI-Arbeitsblatt Q 03.
  Beachtet werden muss, dass die Betriebstemperaturen im Bereich -5 °C bis > 90 °C liegen können (in AGI-Q 138, Abschnitt 5.3 nicht ausgewiesen), und dass die Blechverkleidung die auftretenden, thermisch bedingten Längenänderungen (auch durch Sonneneinstrahlung bedingt) ermöglichen muss.
  Dabei ist vor allem an die heiße Behälterreinigung zu denken, die wesentliche mikrobiologische Vorteile bietet.
  Das gilt nicht nur für das System Tank/Wärmedämmung, sondern auch für eventuell in der Wärmedämmung angeordnete Rohrleitungen, die sich auch relativ zum Tank bewegen.
  Es kann bei einem $\Delta\vartheta \approx 80$ K mit durchschnittlich 2 mm Längenänderung je Meter Tanklänge bzw. -Umfang gerechnet werden.
  Alternativ bietet es sich an, Rohrleitungen außerhalb der Dämmung

zu verlegen, ggf. auch ohne Dämmung (z. B. CIP-Vorlauf/CO_2-Ableitung).

- Verkleidung des Zargenbereiches: Üblich sind Glattblech oder Trapezblech mit möglichst heller Oberfläche.
  Trapezblech hat zahlreiche Vorteile: Aufnahme von Wärmedehnungen im zylindrischen Bereich, relativ unempfindliche Oberfläche gegen mechanische Beschädigungen.
- Obere Dachgestaltung: Blechabschluss als flachkonisches Dach, Ausführung in Edelstahl, ca. 3 mm dick, dicht geschweißt am Tankdom und allen Abstützungsdurchführungen (s.a. Abbildung 167a).
- Konusbereich: Blechabschluss in Edelstahl, dicht geschweißt am Konusende und an der Standzarge/Behälterzarge. Dieser Doppelmantel wird dann ausgeschäumt (s.a. Abbildung 127).
- Ergänzende Empfehlung zur Ausführung nach AGI-Q 138: zwischen ZKT-Wandung/Korrosionsschutzanstrich und PUR-Ortschaum sowie PUR-Ortschaum/Dampfbremse/Blechmantel sollte je eine Trennfolie installiert werden, um ggf. die Entsorgung der Wärmedämmung nach Ablauf der Nutzungsdauer der Behälter zu erleichtern.
  Gleiches gilt für die in der Wärmedämmschicht verlegten Rohrleitungen. Diese müssen sich frei ausdehnen können (s.o.).

Hierzu siehe auch Abbildung 164 und Abbildung 164a bis d.

Für den Dachabschluss sind auch andere Ausführungsformen bekannt, s.a. Abbildung 167. Die Funktion des Abschlusses wird auch durch die Variante mit Kegeldach und Stegfalzen günstig gesichert (Abbildung 167 b).

8.9.5.2 Rohrleitungen

Kaltgehende Leitungen sollten Endstellen mit geschweißter Stirnscheibe erhalten (AGI-Q 138). Abbildung 165 zeigt ein Beispiel. In Abbildung 166 ist die Wärmedämmung mit einem PUR-Ortschaumsystem schematisch gezeigt.

Für Rohrleitungen sind außerdem auch vorgefertigte Formatteile aus PS und Schaumglas verfügbar.

Die Auflagergestaltung sollte sinngemäß, wie in AGI-Q 03 gezeigt, erfolgen.
Rohrleitungen werden zunehmend aus mit PUR-Ortschaum vorgedämmten Rohren (Werkstoffe in großer Auswahl) erstellt. Bei diesen Systemen wird die komplette Wärmedämmung auf dem Rohr installiert, nur die Rohrenden bleiben frei und werden nach der Montage gedämmt.

Für die Baustellenmontage werden kaltgehende Rohrleitungen oft mit Weichschaum gedämmt. Bekannte Weichschaumsysteme sind das AF/Armaflex®-System auf der Basis EPDM oder NBR, geschäumt (λ = 0,03...0,04 W/(m·K) [308] und das System Aeroflex® [309] Basis EPDM, geschäumt.

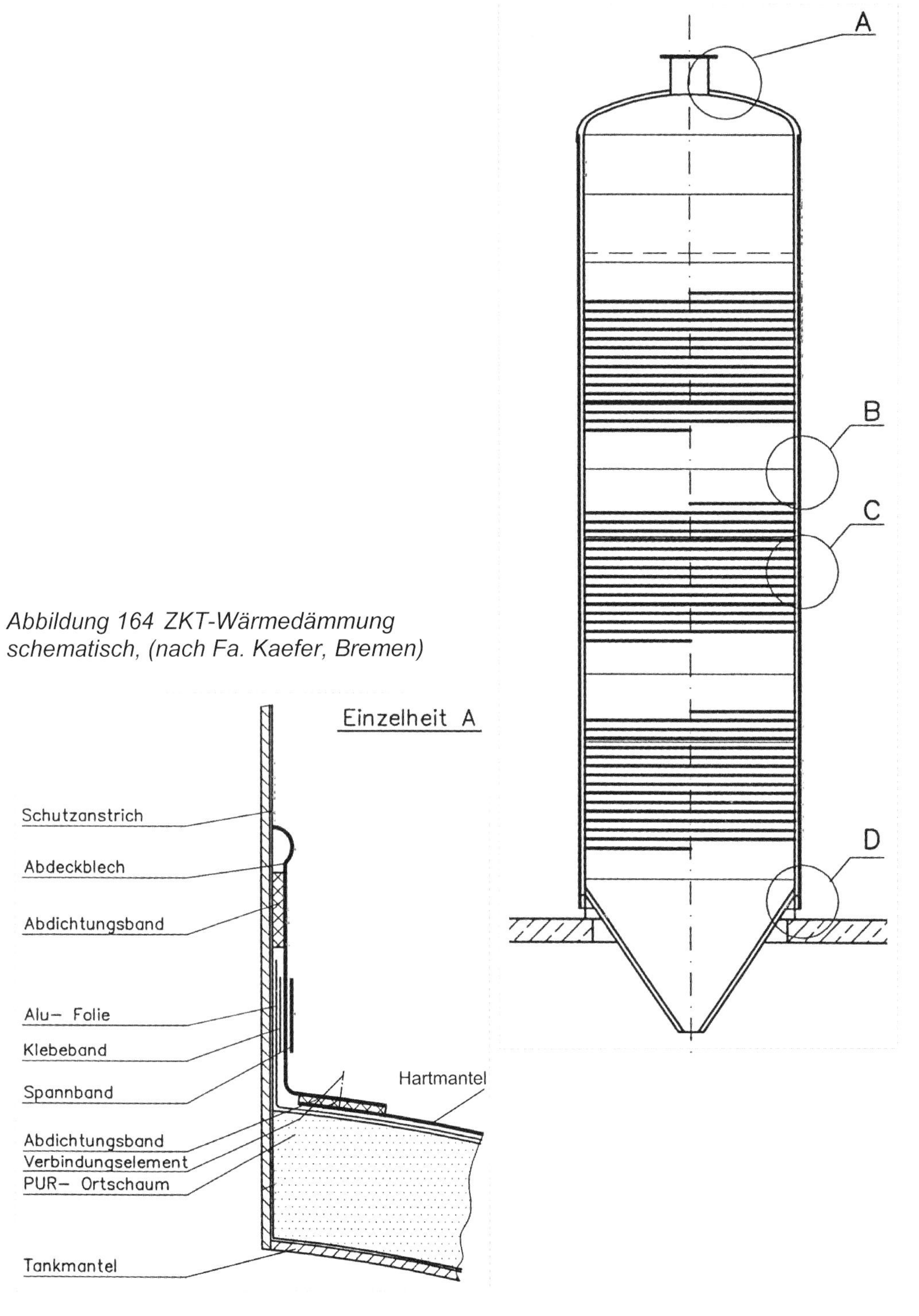

Abbildung 164 ZKT-Wärmedämmung schematisch, (nach Fa. Kaefer, Bremen)

Abbildung 164a ZKT-Wärmedämmung Einzelheit A

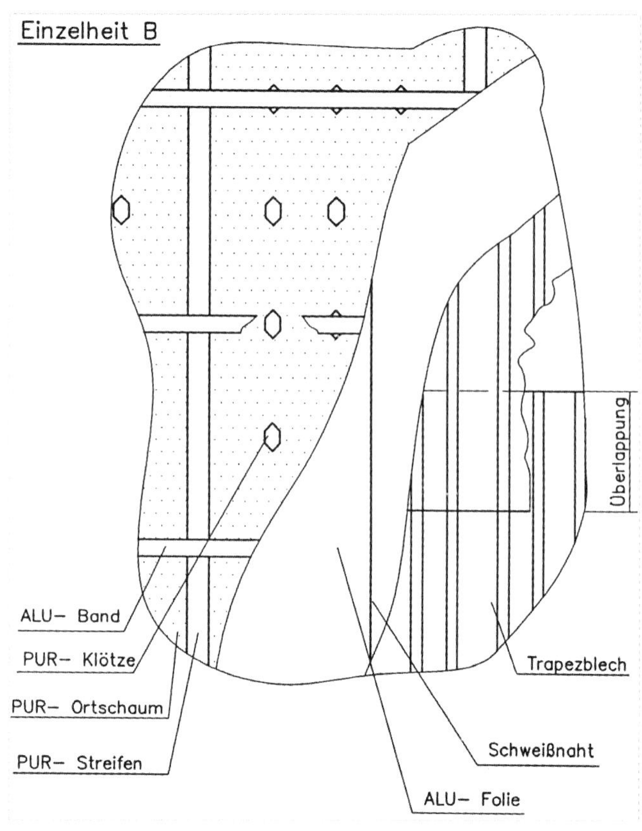

Abbildung 164b ZKT-Wärmedämmung, Einzelheit B

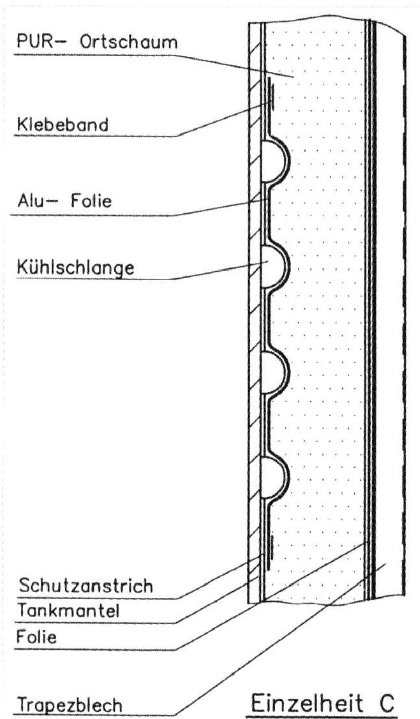

Abbildung 164c ZKT-Wärmedämmung Einzelheit C

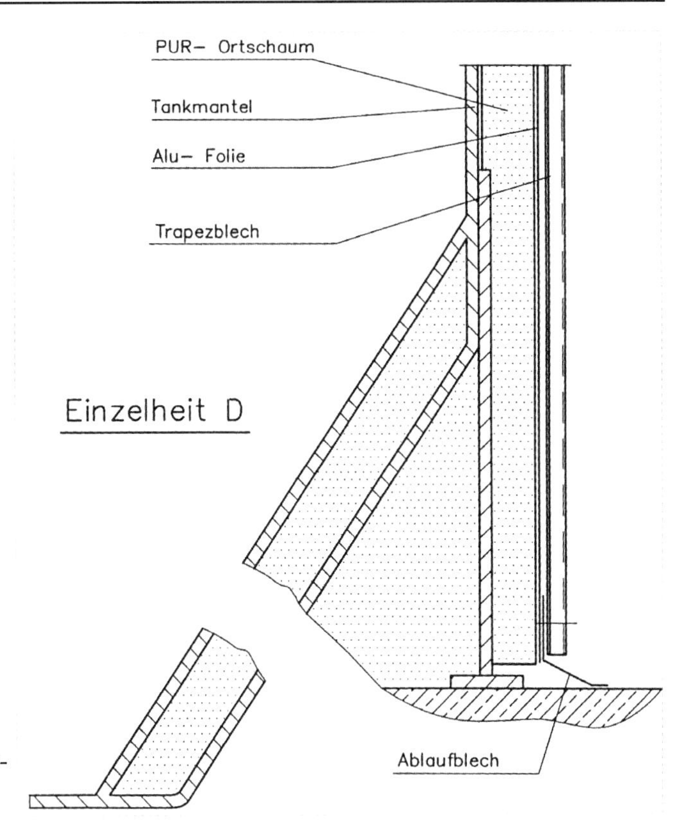

Abbildung 164d ZKT-Wärmedämmung, Einzelheit D

8.9.5.3 Gewährleistungen

Gewährleistungen erfolgen wie in VDI 2055, Abschnitt 4, ausgeführt.

> Wärmedämmungen an Behältern und Rohrleitungen dürfen grundsätzlich nicht als Standflächen für Handwerker genutzt werden, um Schäden am Hartmantel bzw. der Dampfbremse zu vermeiden.

8.9.6 Normen, Richtlinien und AGI-Arbeitsblätter

Hierzu siehe das Flussdiagramm Abbildung 168. Nachfolgend werden die wichtigsten Dokumente genannt.
AGI: Arbeitsgemeinschaft Industriebau e.V. (www.agi-online.de)

8.9.6.1 Angaben zur Baustelle

Siehe auch VOB-DIN 18299 und VOB-DIN 18421.

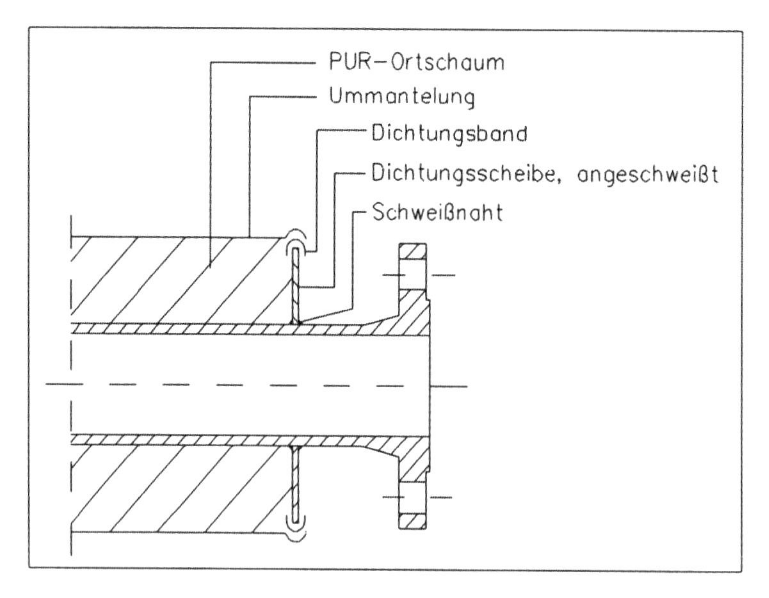

Abbildung 165 Beispiel der Gestaltung für eine geschweißte Endscheibe einer Rohrleitungsdämmung (nach AGI-Q 138)

8.9.6.2 Normen, AGI-Arbeitsblätter, Richtlinien

Die nachfolgenden Unterlagen sind als Beispiele zu verstehen, deren Gültigkeit geprüft werden muss, beispielsweise mit [651].

DIN/ISO Normen:

DIN 1055 Lastannahmen für Bauten
DIN 1910 Schweißen
DIN 4102 Brandverhalten von Baustoffen und Bauteilen
DIN 4140 Dämmen betriebstechnischer Anlagen
DIN 4166 Gasbeton-Bauplatten und Gasbeton-Planbauplatten
DIN EN ISO 14588 Blindniete - Begriffe und Definitionen
DIN EN ISO 15973 bis 15984 Geschlossene Blindniete mit Sollbruchdorn
DIN 18159 Schaumkunststoffe als Ortschäume im Bauwesen
DIN 18299 VOB Verdingungsordnung für Bauleistungen
Teil C: Allgemeine Technische Vertragsbedingungen für Bauleistungen; (ATV); Allgemeine Regelungen für Bauarbeiten jeder Art
DIN 18421 VOB Verdingungsordnung für Bauleistungen
Teil C: Allgemeine Technische Vertragsbedingungen für Bauleistungen; (ATV); Dämmarbeiten an technischen Anlagen
DIN 18516 Außenwandbekleidungen hinterlüftet

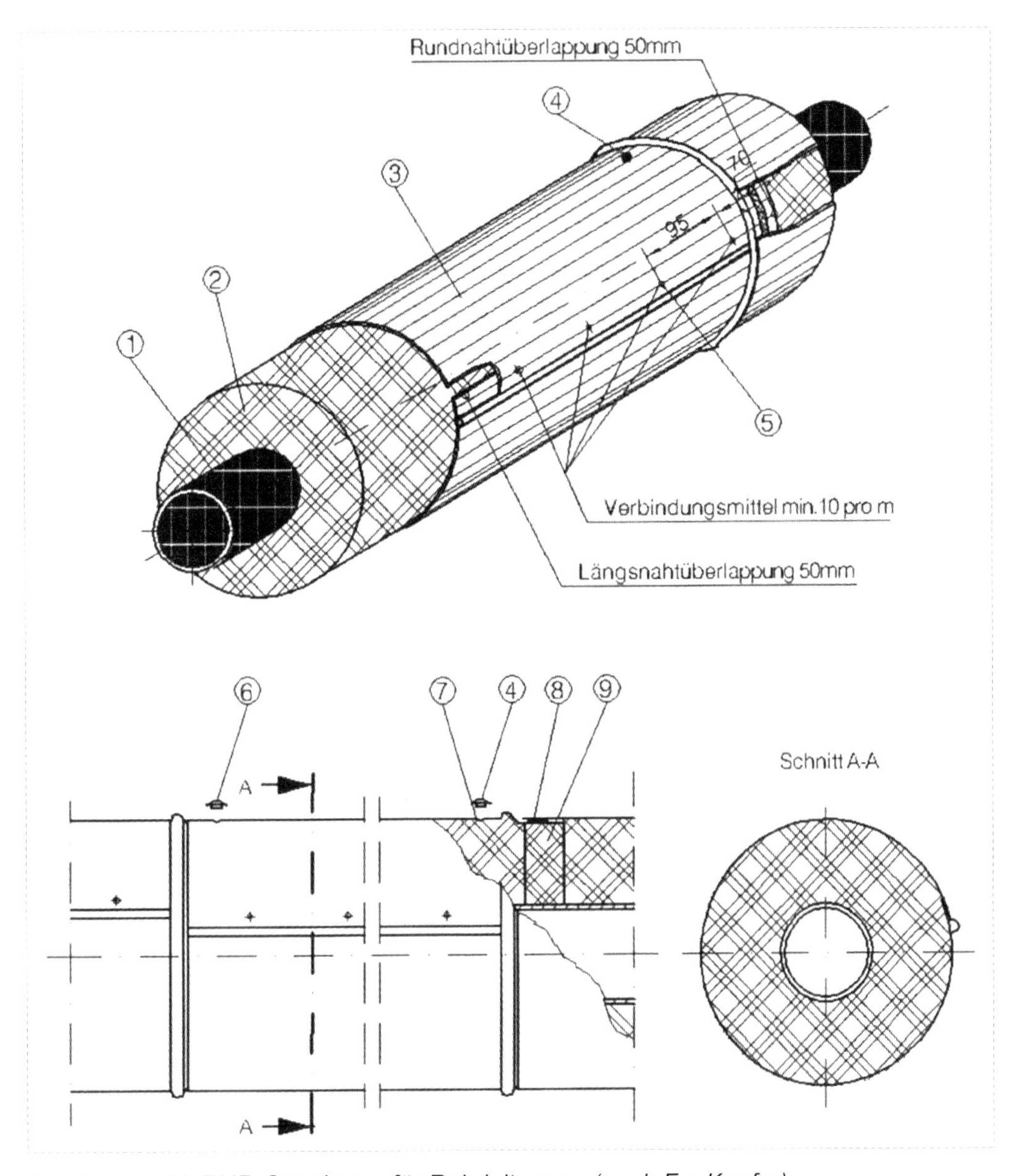

Abbildung 166 PUR-Ortschaum für Rohrleitungen (nach Fa. Kaefer)
1 Mediumrohr **2** PUR-Ortschaum (der PUR-Schaum soll auf dem Mantelblech haften) **3** Blechmantel (z. B. aus Al-Blech) **4**, **6** Verschlussstopfen für die Einfüll- und Entlüftungsbohrung **5** Verbindungsmittel (z. B. Blechtreibschrauben 4,2 x 13 A2 nach DIN 7976 C 6-kt-S mit Poly-Scheibe) **7** Einfüll- und Entlüftungsbohrung **8** Dichtung **9** PUR-Schottring/Stützkonstruktion (bildet mit dem Blechmantel die auszuschäumende Kammer)
Eine Trennfolie zwischen dem Rohr (Pos. 1) und dem PUR-Ortschaum (Pos. 2) erleichtert die spätere Entsorgung!

DIN EN 485-1	Aluminium und Aluminiumlegierungen; Bänder, Bleche, Platten; Techn. Lieferbedingungen
DIN EN 485-2	Aluminium und Aluminiumlegierungen; Bänder, Bleche und Platten; Teil 2: Mechanische Eigenschaften
DIN EN 485-3	Aluminium und Aluminiumlegierungen; Bänder, Bleche und Platten; Teil 3: Grenzabmaße und Formtoleranzen für warmgewalzte Erzeugnisse
DIN EN 485-4	Aluminium und Aluminiumlegierungen; Bänder, Bleche und Platten; Teil 4: Grenzabmaße und Formtoleranzen für kaltgewalzte Erzeugnisse
DIN EN 10088-2	Nichtrostende Stähle - Teil 2: Technische Lieferbedingungen für Blech und Band aus korrosionsbeständigen Stählen für allgemeine Verwendung (09/2005)
DIN EN 10143	Kontinuierlich schmelztauchveredeltes Blech und Band aus Stahl; Grenzabmaße und Formtoleranzen
DIN EN 10204	Metallische Erzeugnisse - Arten von Prüfbescheinigungen
DIN EN 12258-1	Aluminium und Aluminiumlegierungen - Begriffe und Definitionen - Teil 1: Allgemeine Begriffe
DIN EN ISO 1478	Blechschrauben - Gewinde
DIN EN ISO 2702	Wärmebehandelte Blechschrauben aus Stahl - Mechanische Eigenschaften
DIN EN ISO 12944	Beschichtungsstoffe - Korrosionsschutz von Stahlbauten durch Beschichtungssysteme, Teile 1-8
E DIN EN ISO 16276	Korrosionsschutz von Stahlbauten durch Beschichtungssysteme
DIN ISO 1481	Flachkopf-Blechschrauben mit Schlitz
DIN ISO 7049	Linsenkopf-Blechschrauben mit Kreuzschlitz

AGI-Arbeitsblätter:

Q 01	Dämmarbeiten an betriebstechnischen Anlagen; Nebenleistungen, Abrechnung; Ergänzungen zur VOB/C DIN 18421
Q 02	Dämmarbeiten an betriebstechnischen Anlagen - Begriffe
Q 03	Dämmarbeiten an betriebstechnischen Anlagen; Ausführung von Wärme- und Kältedämmungen
Q 05	Konstruktion betriebstechnischer Anlagen - Grundlagen, Planung, Anforderungen an die Schnittstellen zwischen Anlagenteilen und Dämmung
Q 101	Dämmarbeiten an Dampferzeugern
Q 112	Dämmarbeiten an betriebstechnischen Anlagen; Dampfbremsen
Q 118	Kältedämmarbeiten an betriebstechnischen Anlagen; Luftzerlegungsanlagen
Q 131	Dämmstoffdatenblatt
Q 133	Harte Schaumkunststoffe als Dämmstoffe für betriebstechnische Anlagen
Q 134	Halbharte Schaumstoffe als Dämmstoffe für betriebstechnische Anlagen
Q 137	Schaumglas als Dämmstoff für betriebstechnische Anlagen

Q 138	Dämmarbeiten Polyurethan (PUR)-Ortschaum Dämmstoff für betriebstechnische Anlagen; Eigenschaften, Herstellung; Ausführung
Q 139	Kork als Dämmstoff für betriebstechnische Anlagen
Q 141	Blähperlit als Dämmstoff für betriebstechnische Anlagen
Q 143	Weiche Schaumstoffe als Dämmstoffe für betriebstechnische Anlagen
Q 151	Dämmarbeiten; Korrosionsschutz bei Wärme- und Kältedämmungen an betriebstechnischen Anlagen
Q 152	Dämmarbeiten an betriebstechnischen Anlagen; Schutz gegen Durchfeuchten
Q 153	Dämmarbeiten an betriebstechnischen Anlagen; Halterungen für Tragkonstruktionen
Q 154	Dämmarbeiten an betriebstechnischen Anlagen; Trag- und Stützkonstruktionen
Q 156	Wärmeschutz
Q 157	Kälteschutz

AGI: Arbeitsgemeinschaft Industriebau

Richtlinien:

VDI 2055	Wärme- und Kälteschutz für betriebs- und haustechnische Anlagen; Berechnungen, Gewährleistungen, Mess- und Prüfverfahren, Gütesicherung, Lieferbedingungen
VDI 2229	Metallkleben; Hinweise für Konstruktion und Fertigung
VDI 3783 Blatt 1	Ausbreitung von Luftverunreinigungen in der Atmosphäre; Ausbreitung von störfallbedingten Freisetzungen; Sicherheitsanalyse
VDI 3821	Kunststoffkleben

Normen und VDI-Richtlinien sind erhältlich beim:
Beuth Verlag: Burggrafen Str. 6, 10787 Berlin
AGI-Arbeitsblätter: Brienner Str. 46 in 80333 München (info@agi-online.de)

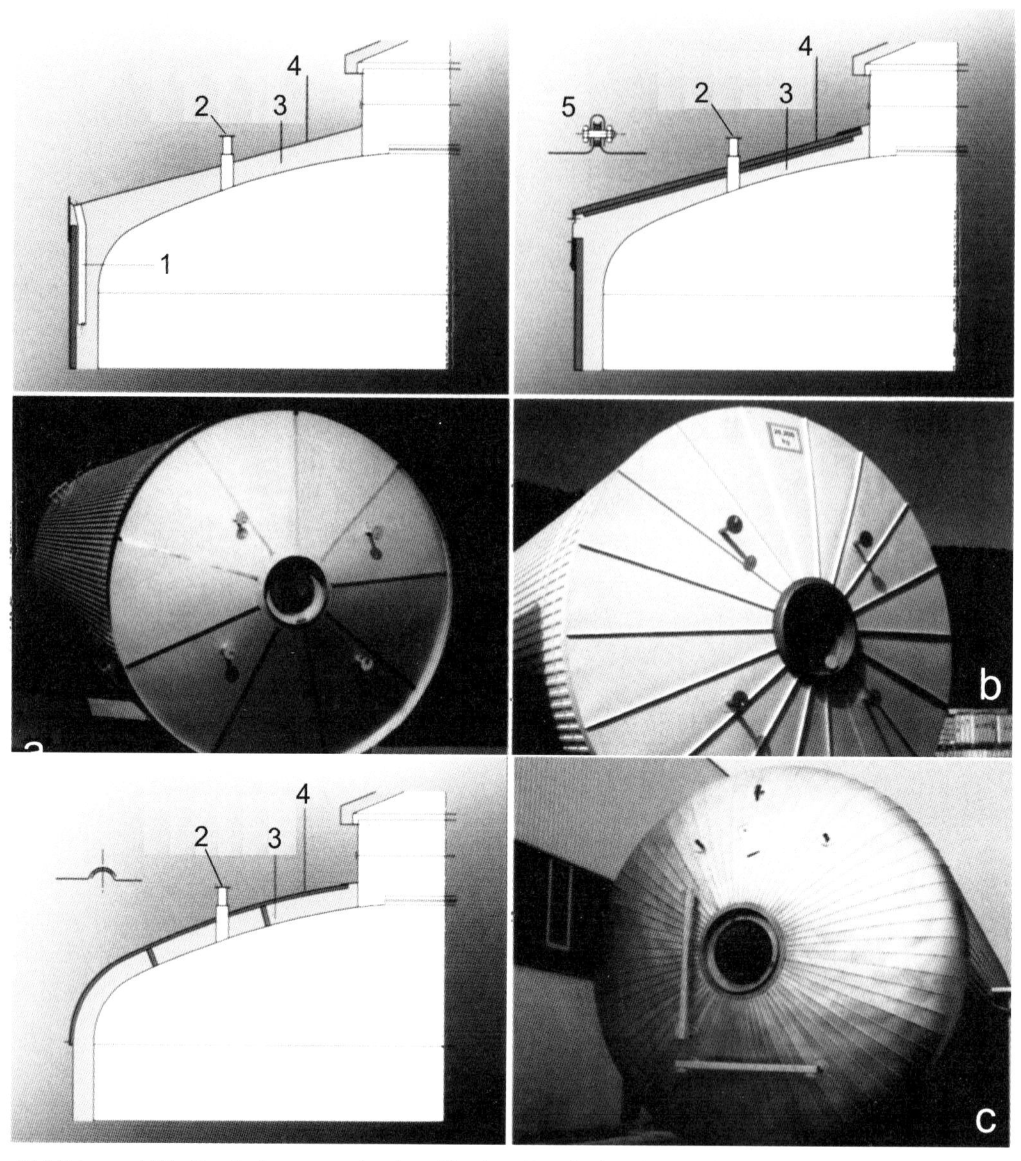

Abbildung 167 Gestaltungsvarianten für den Dachabschluss (nach ZIEMANN)
a Geschweißtes Edelstahldach mit Regenablaufrinne **b** Einlagiges Kegeldach mit Stehfalz **c** Zeppelinkopf mit klassischem Falz
1 Regenablauf-Rohr **2** Stütze für Arbeitsbühne **3** PUR-Schaum **4** Dachverkleidung **5** Stehfalz

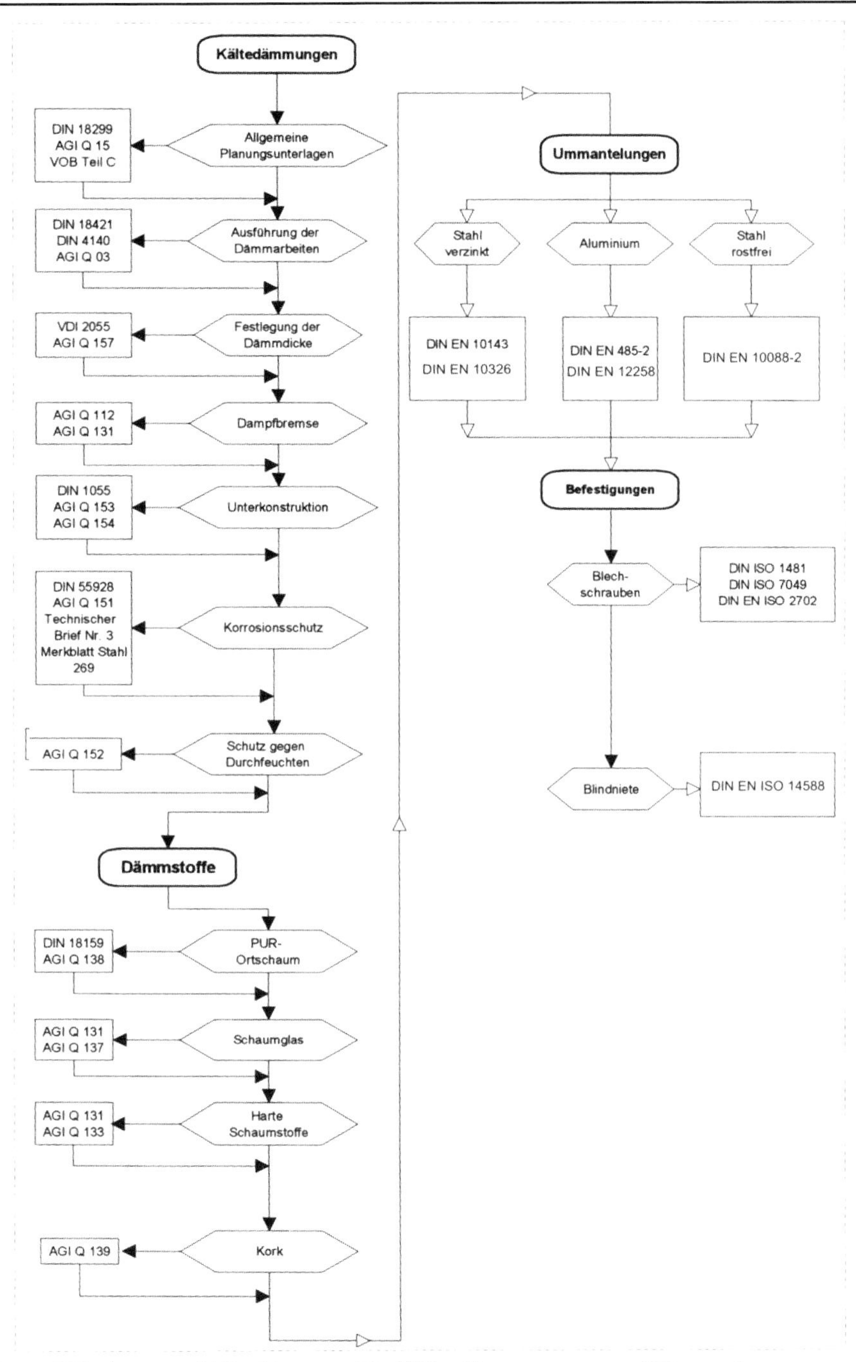

Abbildung 168 Ausgewählte Normen für Kältedämmungen an Gär- und Lagertanks [311]

8.10 Reinigung und Desinfektion

Hierzu siehe Kapitel 20.

9. Halbkontinuierliche Gärungs- und Reifungsverfahren

Bei den unter Kapitel 5 aufgeführten Einflussfaktoren zur Beschleunigung der Gärung und Reifung spielt die Verfahrensführung eine besondere Rolle. Kontinuierliche Gär- und Reifungsverfahren und Verfahren mit kontinuierlichen Teilprozessen (halbkontinuierliche Gär- und Reifungsverfahren) wenden meist konsequent diese beschleunigenden Gär- und Reifungsfaktoren an. Ein besonderer Schwerpunkt wird bei diesen Verfahren auf die erhöhte Konzentration aktiver Hefezellen im Gärmedium bzw. auf einen intensiven Kontakt zwischen Substrat und Hefezelle gelegt. Bereits 1906 ließ sich *Schalk* (ref. durch [312]) ein Gärverfahren patentieren, das kontinuierliche Verfahrenselemente aufwies bzw. Voraussetzungen besaß, für die Durchführung eines kontinuierlichen Gärprozesses.

9.1 Drauflassverfahren nach *Schalk*

In gleichen Zeitabschnitten wird die Hälfte der gärenden Würze im Stadium der Kräusen in ein nebenstehendes Gefäß abgelassen, und dann werden beide Gefäße mit frischer Würze aufgefüllt [312]. Den ersten Tank lässt man zu Ende gären, den 2. Tank verbindet man wiederum im Krausenstadium mit einem 3. Tank und wiederholt das Verfahren bis zum letzten Tank. Man benutzte dazu eine Gefäßgarnitur von 6 bis 8 liegenden, geschlossenen Tanks, die etwa in einem Drittel der Höhe miteinander verbunden waren. Beim Ablassen des vollen Tanks gelangten nur Kräusen aus den oberen zwei Dritteln des vollen Tanks mit schwebenden, aktiven, jungen Hefezellen in den leeren neu anzustellenden Tank. Aus dem letzten Gefäß wurden die Kräusen wieder in das inzwischen leere erste Gärgefäß übergeleitet. Der Hefesatz wurde so lange weitergeführt, bis er aus mikrobiologischen oder physiologischen Gründen ausgewechselt werden musste. Dieses Verfahren arbeitete konsequent nach dem Prinzip des Drauflassens und wurde nur für die Hauptgärphase angewendet. Dadurch werden sehr viel junge, gärkräftige Hefezellen gebildet, die eine intensive Haupt- und Nachgärung gewährleisten.

9.2 Semikontinuierliches Gärverfahren von *Hlaváček*

Hlaváček und Mitarbeiter [313], [314] haben die Idee von *Schalk* aufgegriffen und ein so genanntes semikontinuierliches Gärverfahren entwickelt, das großtechnisch in mehreren neu gebauten bzw. rekonstruierten Betrieben der damaligen ČSSR und der UdSSR mit Erfolg angewendet wurde.

Verwendet werden als Angärtanks sogenannte Fermenter, die mit Rührwerk, Kühl- und Belüftungseinrichtung ausgerüstet sind und in denen die Würze mit 0,8...1,0 kg dickbreiiger Hefe/hL Würze angestellt wird. Das Rührwerk wird nach dem Anstellen 4...6 h in Betrieb gesetzt. Die Würze ist im Angärtank nach 48 h im Hochkräusenstadium. Es werden dann 50 % dieser Hochkräusen aus dem Fermenter in einen gleichgroßen Gärtank gepumpt. Gärtank und Fermenter werden dann wieder mit frischer Würze aufgefüllt. Nach 24 h können dann wieder 50 % des Fermenterinhalts in den nächsten Gärtank übergeführt werden, beide Gefäße werden wieder mit frischer Würze aufgefüllt. Dieser Zyklus wird bis zu einem deutlichen Qualitätsabfall des Hefesatzes wiederholt. Die Gärtanks vergären die Würze unter stationären

Bedingungen. Die Temperatur im Fermenter beträgt etwa 8 °C, die maximale Temperatur in den Gärtanks 11,5 °C, geschlaucht wird mit 5 °C in den klassischen Lagerkeller. Da beim Drauflassen viele junge Hefezellen gebildet werden, ist die Hauptgärung in 72...96 h beendet.

Eine semikontinuierliche Gärkolonne besteht aus 6 gleichgroßen geschlossenen und mit Druck belastbaren Tanks (ein Fermenter und 5 Gärtanks). Dieses Verfahren führt vorwiegend zur Beschleunigung der Hauptgärung und bietet die Voraussetzung auch für eine zügige klassische Nachgärung.

9.3 Sonstige halbkontinuierliche Verfahren

Folgende beschleunigte Gär- oder Reifungsverfahren mit halbkontinuierlichem Charakter sind u.a. noch bekannt:

- Das Zuflussverfahren von *Haboucha* [315], [316];
- Eine Zusammenfassung kleiner Lagertanks zu einem kontinuierlichen System [317];
- Das semikontinuierliche Gärverfahren nach *Pollock* [318].

9.4 Beurteilung der halbkontinuierlichen Verfahren

Die aufgeführten Verfahren sind dem Wesen nach diskontinuierliche beschleunigte Gär- bzw. Reifungsverfahren in vorwiegend klassischen Gefäßsystemen, sie sind mit den unter Kapitel 7 aufgeführten Verfahren sehr verwandt. Die Beschleunigung des Prozessverlaufes wird hier durch eine chargenweise bzw. ständige aktive Bewegung des Gärmediums (chargenweiser bzw. kontinuierlicher Zu- und Abfluss von Würze bzw. Bier) in einer Prozessstufe der Gärung und Reifung und durch eine intensive Hefevermehrung erreicht.

Die vorgeschlagenen Behältersysteme lassen sich bei Beibehaltung der Verfahrensführung auch in einem vollkontinuierlichen Prozess verwenden.

10. Kontinuierliche Verfahren zur Gärung und Reifung von Bier

10.1 Geschichtliche Einordnung und Bewertung

Einen wesentlichen Schritt in der Geschichte der Produktivkräfte stellt in der Produktion der stoffwandelnden Industrie der Übergang von der diskontinuierlichen zur kontinuierlichen Betriebsweise dar. Auch bei großen Volumenströmen biologischer Prozesse, z. B. bei der biologischen Abwasseraufbereitung oder Futterhefeherstellung, war eine weitere Leistungssteigerung nur durch den Übergang zur kontinuierlichen Produktion ökonomisch sinnvoll realisierbar.

Kontinuierliche Gär- und Reifungsverfahren für Bier wurden vor etwa 40 bis 50 Jahren international als eine wesentliche Alternative für die Produktivitätserhöhung der Brauerei angesehen [312], [319], [320], [321], einen geschichtlichen Überblick über großtechnische Entwicklungen in der ehemaligen DDR gibt *Lietz* [322].
Es wurden folgende Vor- und Nachteile den kontinuierlichen Verfahren zugesprochen:

Die Vorteile der kontinuierlichen Verfahren beruhen:

- Auf einer Verkürzung der technologisch bedingten Durchlaufzeiten.
- Damit verbunden ist eine Erhöhung der Raum-Zeit-Ausbeute mit einer besseren Anlagenausnutzung, die zu verringerten Kapitalkosten und zu einer verringerten Kapitalbindung führen.
- Durch die kleinere Auslegung der Anlagen kann ein Platzersparnis erreicht werden.
- Auf einer Senkung der spezifischen Energieverbrauchskennziffern und der Vermeidung von Energiespitzen.
- Auf günstigeren Bedingungen für eine Automatisierung mit der Möglichkeit zum Anschluss eines Prozessrechners.
- Auf einer Steigerung der Arbeitsproduktivität, einer Verringerung des Extraktschwandes, verbunden mit einer besseren Rohstoffausnutzung (incl. Hopfeneinsparung) und verringerten laufende Kosten auch für Reinigung und Abwasseraufbereitung.

Kontinuierlich arbeitende Gär- und Reifungsanlagen wurden im großtechnischen Maßstab u.a. in England [323], [324], Kanada, Neuseeland (l. c. [312]) und auch in der ehemaligen DDR in Gotha [319], [325] bzw. in einer kleintechnischen Anlage in Görlitz [326], [327], [328]) erbaut und betrieben. In den meisten Fällen wurde die kontinuierliche Bierproduktion eingestellt, ein Teil der Anlagen wurde diskontinuierlich betrieben.

Die kontinuierlichen Gär- und Reifungsverfahren haben im Vergleich zu den diskontinuierlichen Verfahren u.a. folgende wesentliche Nachteile:

Nachteile kontinuierlicher Verfahren:

- Es kann nur eine Biersorte je Produktionslinie hergestellt werden (evtl. auch eine Grundbiersorte).
- Sie sind gegenüber Absatzschwankungen nicht flexibel.
- Die Prozessstabilität erfordert eine gleichmäßigere Qualität der Anstellwürze (sehr schwierig bei wechselnden Rohstoffqualitäten realisierbar, erhebliche Qualitätsschwankungen im Endprodukt).

- Bei untergärigen Bieren ist der Biercharakter oft deutlich verändert (verstärkte Bildung höherer Alkohole, organischer Säuren, Schwefel- und Carbonylverbindungen).
- Die Abweichungen im Geschmack und Aroma sind oft so groß vom erwarteten Niveau, dass die Biere aus der kontinuierlichen Gärung nur anteilig mit maximal 20 % im Verschnitt mit dem klassisch hergestellten Bier verkauft werden konnten.
- Sie sind sehr empfindlich gegenüber permanenten Infektionsgefahren, die sich aus der apparatetechnischen Gestaltung und aus der Prozessführung ergeben.
- Es ist ein längerer Anfahrprozess bis zum Erreichen der Prozessstabilität erforderlich (erhöhte Gefahr einer negativen Veränderung der Endproduktqualität).
- Es bestehen große mikrobiologische, technologische und Qualitätsprobleme bei der Anpassung einer kontinuierlichen Gär- und Reifungsanlage an eine diskontinuierliche Würzeherstellungsanlage (Problem der Würzebevorratung).
- Die wirtschaftlichen Vorteile waren wegen der wesentlich höheren Aufwendungen für die Erhaltung der Infektionsfreiheit und bei der Würzepropagation (z. B. erhöhte Kühltrubentfernung, es wurde eine > 60 bis optimal 100%ige Kühltrubentfernung gefordert; dies verschlechtert mit der damit verbundenen Lipidentfernung auch die Hefevermehrung und die Aromastoffbildung) sowie für die Steuerung und Regelung des Gesamtprozesses nicht so groß wie erwartet.
- Es wird ein FAN-Gehalt von > 220 mg/L in der Anstellwürze angestrebt.
- Die Einstellung einer optimalen Belüftung bei der kontinuierlichen Gärung erwies sich als schwierig. Nach *Ricketts* und *Hough* [329] liegt der optimale Wert bei 50 mL Luft/(L · h), zu niedrige Werte erhöhen den Estergehalt und reduzieren den Hefezuwachs.
  Bei einer Begasung mit reinem Sauerstoff sind Werte über 30...40 mg O_2/L für die Hefe toxisch und hemmen die Gärung.
- Es besteht ein erhöhter Aufwand für die Arbeitsorganisation (4-Schicht-System, „rollende" Woche) und für den erforderlichen Kontroll- und Analysenaufwand.
- Es ist eine erhöhte Qualifikation des Bedienpersonals notwendig.
- Es wird vermutet, dass bei der kontinuierlichen Gärung mit ihren teilweise sehr hohen Hefekonzentrationen (z. B. beim APV-Verfahren [323]: 250 g Hefe/L, eine Art Hefepfropfen) eine erhöhte Gefahr einer Hefemutation besteht. Es wurden Anreicherungen von Mutanten festgestellt, die Fehlaromen wie wilde Hefen produzieren.
- Beim Anschluss der kontinuierlichen Gäranlage an ein Chargensudwerk sind aufwendige Würzesammeltanks und Durchlauferhitzer erforderlich, besonders zur Überbrückung der 5-Tage-Woche der Würzeherstellung.
- Es sind erhöhte Kapitalkosten für die Tankkapazitäten für das Fertigbier erforderlich (Überbrückung der Reinigungsintervalle und Ausfälle durch Kontaminationen).

10.2 Allgemeine Charakteristika der kontinuierlichen Gärung und Reifung

10.2.1 Der Unterschied zwischen semikontinuierlicher und vollkontinuierlicher Gärung

Bei der *semikontinuierlichen* Gärung wird nicht für jeden Ansatz eine neue Impflösung hergestellt. Im Gärbehälter bleibt ein angegorener oder ein vergorener Substratrest zurück, der die neu zufließende Würzecharge beimpft. Die Restvergärung erfolgt in einem anderen Gärbehälter. Es findet eine intermittierende Hefeanzucht statt.

Bei der *kontinuierlichen* Gärung wird dem gärenden Substrat kontinuierlich frische Nährlösung (Bierwürze) zugesetzt und im gleichen Maße vergorenes Substrat abgezogen (Ablauf = Zulauf). Die Hefen befinden sich in einem bestimmten Bereich der Wachstumskurve, der zwischen dem Anfang der exponentiellen Phase und dem Ende der stationären Phase liegen soll. Dieses Gärsystem hat dann ein zeitunabhängiges Fließgleichgewicht erreicht. Die echte kontinuierlich arbeitende Kultur stellt ein offenes, volumenkonstantes Fließsystem dar. Theoretisch können die Mikroorganismen unter diesen konstanten Bedingungen unbegrenzt fortgezüchtet werden.

10.2.2 Das Fließgleichgewicht

Die kontinuierliche Betriebsweise im offenen System ist durch ein so genanntes „Fließgleichgewicht“ gekennzeichnet. Dieses Fließgleichgewicht wird aufgebaut durch eine konstante Würze- und Hefedosierung je Zeiteinheit, eine genau eingestellte Hefevermehrung in der Propagation (z. B. durch den Anteil der Heferückführung in die anzustellende Würze und den Sauerstoffgehalt der Würze) und durch den angepassten Abfluss des vergorenen und gereiften Bieres.

Der Gleichgewichtszustand kann nur aufrechterhalten werden, wenn der Hefeverlust im abfließenden Bier (beim offenen kontinuierlichen System) durch die Vermehrung im Fermenter oder in der vorgelagerten Propagationsstufe ausgeglichen wird. Man spricht von einem *stationären* Zustand, wenn die *Verdünnungsrate* (Zufluss von Würze je Zeiteinheit) die maximale Wachstumsrate der Hefe nicht überschreitet. Unterhalb dieser Grenze kann der Durchfluss variabel gestaltet werden. Durch dieses Fließgleichgewicht wird die Hefe in bestimmten Stufen ständig im Zustand ihrer größten Aktivität (maximaler Stoffumsatz) gehalten und dadurch eine wesentliche Verkürzung der Prozessdauer gegenüber dem klassischen Verfahren erreicht, hier bringt die Hefe nur kurzzeitig eine maximale Gärleistung (siehe Abbildung 169).

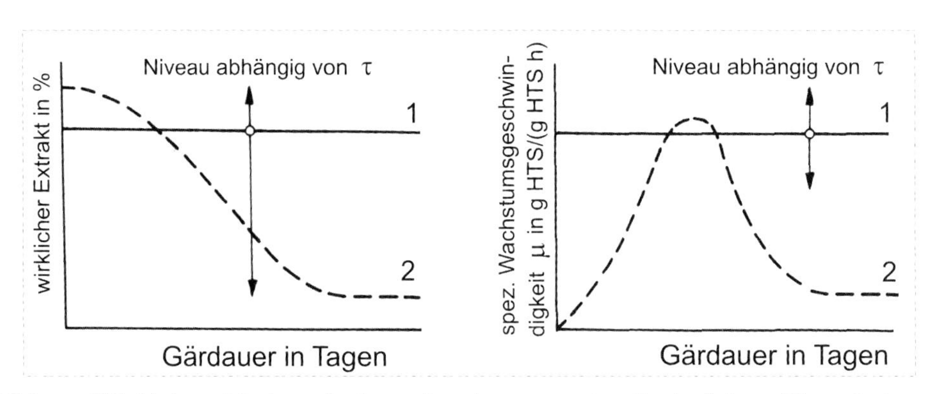

Abbildung 169 Unterschiede zwischen einer homogen-kontinuierlichen (1) und einer diskontinuierlichen (2) einstufigen Gärung

10.2.3 Formeln und Begriffe für den kontinuierlichen Gärprozess

Folgende Begriffe, Gleichungen und Maßeinheiten werden u.a. zur Charakterisierung des kontinuierlichen Gärprozesses verwendet:

- Theoretische Verweilzeit τ (mittlere Verweilzeit der kleinsten Einheiten des Mediums im Gärapparat in Stunden):

$$\tau = \frac{V}{F}$$ Gleichung 44

- Verdünnungsgeschwindigkeit D (Geschwindigkeit, mit der das Arbeitsvolumen des Fermenters durch den stündlichen Zufluss ausgetauscht wird, reziproker Wert von τ):

$$D_{ax} = \frac{F}{V} \text{ in } h^{-1}$$ Gleichung 45

V = Arbeitsvolumen der Gärapparatur in m^3
F = Fließgeschwindigkeit des Gärsubstrates in m^3/h
D_{ax} = axialer Durchmischungskoeffizient in m^2/s
μ = spezifische Geschwindigkeiten (Zunahme von Stoffwechselprodukten oder Biomasse bzw. Zellenzahlen, bezogen auf die vorhandene Einheit an Biomasse bzw. Zellenzahlen und auf die Zeiteinheit) in g/(g HTS · h) bzw. g/(Zelle · h)
c = Konzentration aller Inhaltsstoffe (z. B. Ew) in g/100 g bzw. g/100 mL

Die Zuordnung der einzelnen Kennwerte bei den unterschiedlichen kontinuierlichen Gärsystemen ist schematisch in Abbildung 170 dargestellt.

Die mathematischen Grundlagen, die nachfolgend aufgeführte Systematik und die Kontrollsysteme für kontinuierlich arbeitende Fermentationsanlagen wurden vor rund 30 bis 60 Jahren erarbeitet, als weiterführende Literatur siehe u.a. *Monod* [330], *Gerhardt* u. *Barlett* [331], *Herbert* [332], *Emeis* [333], *Portno* [334], [335], *Wolter* [321], *Rehm* [336] und *Wolf* [337].

10.2.4 Varianten des kontinuierlichen Gärprozesses

Bei der weiteren Charakterisierung der kontinuierlichen Gärverfahren unterscheidet man nach Abbildung 171 und Abbildung 172 folgende Varianten:

Offene Systeme

Die Mikroorganismen werden mit dem ausfließenden, vergorenen Substrat kontinuierlich ausgetragen. Die Mikroorganismenkonzentration entspricht im ausfließenden Substrat der Konzentration im gärenden Substrat.

Geschlossene Systeme

Die Mikroorganismen verbleiben vollkommen im System (Zurückhaltung durch eine semipermeable Membran) oder werden durch eine 100%ige Rückführung (englisch: „feedback“) im System gehalten.

Teilgeschlossene Systeme

Die Mikroorganismen werden in einer geringeren Konzentration mit dem Abfluss ausgetragen als dies der Konzentration des Fermenterinhalts entspricht.

Für diese 3. Hauptklasse der kontinuierlichen Systeme gelten die gleichen Unterteilungen wie für die offenen und geschlossenen Systeme.

Bei diesen drei kontinuierlichen Betriebsweisen unterscheidet man weiterhin zwischen *homogenen* (Zuflussverfahren) und *heterogenen* (Durchflussverfahren) Systemen (siehe Abbildung 170, Abbildung 171 und Abbildung 172):

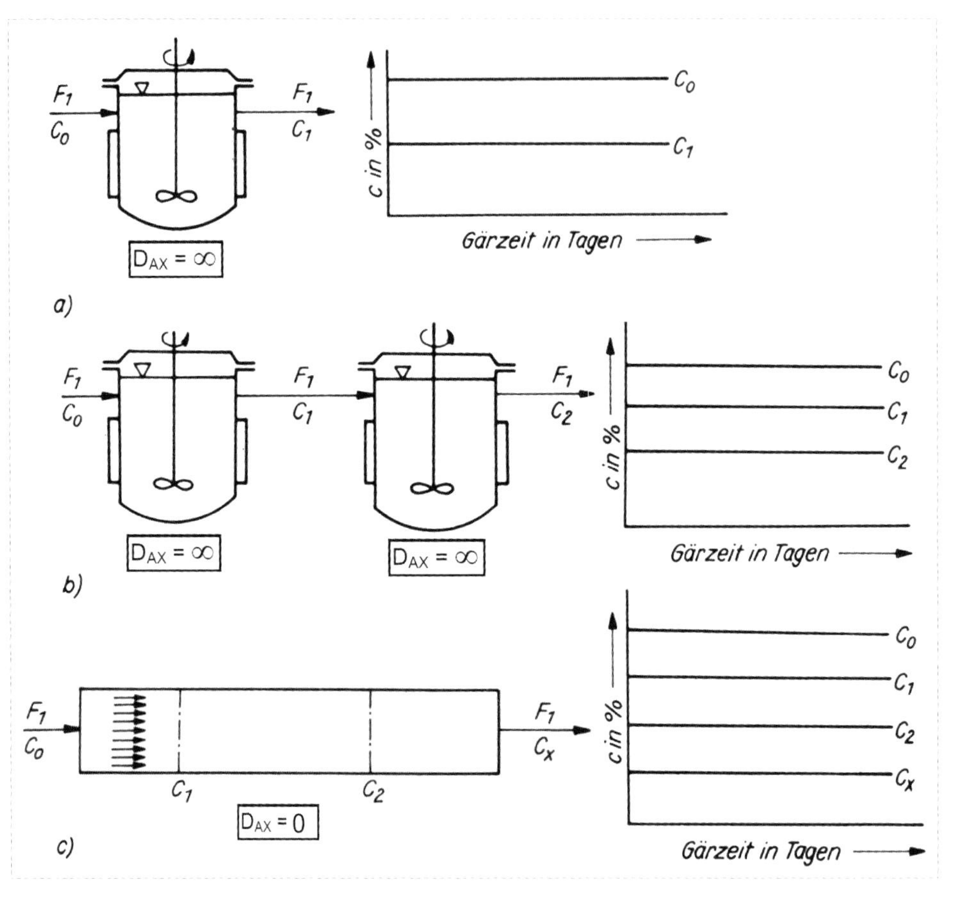

Abbildung 170 Charakteristik offener kontinuierlicher Systeme (c bedeutet im Bild wirklicher Extrakt)

a einstufiger homogen-kontinuierlicher Prozess (kontinuierlich arbeitender Reaktionskessel)

b zweistufiger homogen-kontinuierlicher Prozess (kontinuierlich arbeitende Reaktionskesselkaskade)

c heterogen-kontinuierlicher Prozess (Strömungsrohr, idealer Rohrreaktor ohne Rückvermischung)

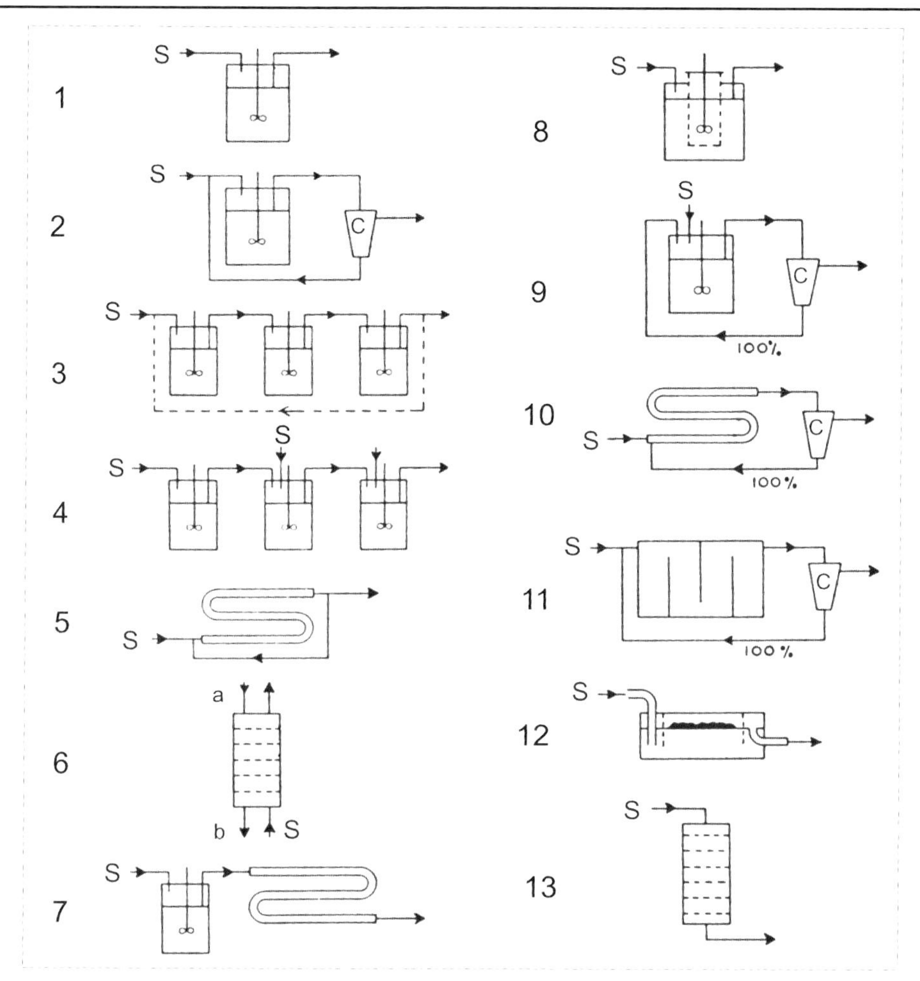

Abbildung 171 Kontinuierliche Fermentationssysteme nach Herbert [332]
S Substratzusatz C kontinuierlich arbeitende Zentrifuge oder Absetztank

Offene kontinuierliche Fermentationssysteme:
1 Homogener Einstufen-Rührfermenter **2** Rührfermenter mit teilweiser Heferückführung **3** Mehrstufiger Rührfermenter mit teilweiser Hefe-Rückführung **4** System Nr. **3** mit mehrstufigem Substratzusatz **5** Heterogener Einphasen-Rohrfermenter mit teilweiser Heferückführung **6** Mehrphasiger gepackter Turmfermenter (flüssig - flüssig oder flüssig - gashaltige Phasen) **7** Rührfermenter mit einem nachgeschalteten heterogenen Rohrfermenter

Geschlossene kontinuierliche Fermentationssysteme:
8 Homogene „Folienbeutelkultur“ **9** Rührfermenter mit 100 % Heferückführung **10** Heterogener Einphasen-Rohrfermenter mit 100 % Heferückführung **11** Partionierter Tank mit 100 % Heferückführung **12** Zwei-Phasen Oberflächen-Kultur **13** Gepackter Turmfermenter

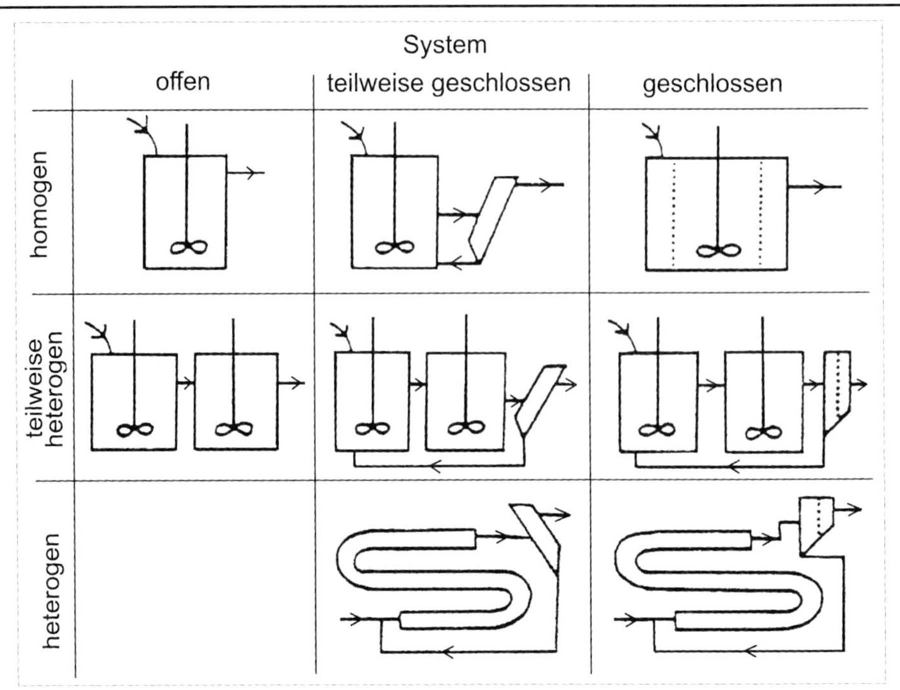

Abbildung 172 Systematik der kontinuierlichen Systeme nach Portno [335] Gestrichelte Linien stellen in geschlossenen Systemen Filter dar; die nur teilweise geschlossene Systeme als Sedimentationszonen enthalten; die Pfeile zeigen die Fließrichtung an

Heterogene Systeme

Im heterogenen System durchfließt das Hefe-Würze-Gemisch einen Fermenter ohne große Vor- und Rückvermischung mit dem vorherigen oder nachkommenden Gärsubstrat (Strömungsrohr, Röhrenfermenter). Es besteht in diesem System ein Konzentrationsgefälle von Mikroorganismen, Substrat und Stoffwechselprodukt.

Das im konstanten Strom einfließende Substrat wird in Fließrichtung durch die Stoffwechselaktivitäten laufend verändert. Die Mikroorganismen sind an den verschiedenen Orten des Systems unterschiedlichen Bedingungen ausgesetzt. Das heterogene System besitzt eine räumliche Varianz und eine zeitliche Konstanz.

Einphasige und heterogene Systeme

Dazu gehören Röhrenfermenter, Turmfermenter und geteilte Tanks, alle ohne Rückverdünnung (D_{ax} = 0). Die Mikroorganismen vermehren sich wie in einer diskontinuierlichen Kultur. Die Hefekonzentration steigt vom Eingang bis zum Ausgang an. Für stabile Systeme ist eine teilweise Rückspeisung erforderlich.

Mehrphasige, offene, heterogene Systeme

Sie arbeiten grundsätzlich nach dem Gegenstromprinzip. Das System funktioniert nur, wenn es zwei mobile, nicht mischbare Phasen enthält (Flüssig - flüssig oder Gas - flüssig).

Verschiedene offene Systeme können durch 100%ige Rückspeisung der Mikroorganismen in den Fermenter in ein geschlossenes System umgewandelt werden.

Geschlossene heterogene Zwei-Phasen-Systeme
Dazu gehören Membrankulturen und „gefüllte Türme", hier wurden die Mikroorganismen auf festen Trägern im Turm angesiedelt. Über die Trägerschichten mit den Mikroorganismen rieselt das Nährsubstrat. Dies sind Oberflächenkulturen mit Mikroorganismen, die ihre exponentielle Entwicklungsphase hinter sich haben.

Homogene Systeme
Im homogenen System werden die Würze und die Hefe intensiv vermischt ($D_{ax} = \infty$), sodass die Konzentration aller Bestandteile des Gärsubstrates im gesamten Fermenter gleich ist (Gradientenfreiheit für Substrat-, Mikroorganismen- und Produktkonzentration).

Das ausfließende Bier enthält immer einen Anteil noch nicht vergorenen Extraktes. Dadurch ist ein Nachschalten weiterer Fermenter oft erforderlich. Das System hat eine räumliche und zeitliche Konstanz und ist immer einphasig.

Zur weiteren Differenzierung unterscheidet man zwischen einem:

- **Offenen homogenen System:**
  Es ist ein einstufiger, komplett gemischter Fermenter mit den o.g. Merkmalen.
- **Komplett gemischtem Fermenter mit Rückführung** („feedback"):
  Es ist die Modifikation eines einstufig, komplett gemischten Fermenter, bei dem ein Teil der mit dem Produkt abfließenden Mikroorganismen in den Fermenter zurückgeführt werden.
- **Mehrstufig homogenen System:**
  Es besteht aus einer Serie von zwei oder mehr gerührten Fermentern. Der Überlauf des 1. Fermenters ist das Nährmedium für den 2. Fermenter.
- **Mehrstufig homogenen System mit einer mehrmaligen Substratdosierung:**
  Hier wird frisches Nährsubstrat nicht nur der 1. Stufe zugesetzt, sondern auch in den nachfolgenden Stufen.
- **Gemischte Systeme:**
  Es sind mehrstufige Systeme, die mehrere homogene und heterogene Stufen enthalten können, z. B. einen Rührfermenter, gekoppelt mit einem Röhrenfermenter.

Kontinuierliche, großtechnische Gärverfahren
Alle kontinuierlichen, großtechnischen Gärverfahren gehören in die Klasse der teilgeschlossenen Systeme.

Für die industrielle Anwendung sind nur offene und teilgeschlossene Systeme geeignet. Geschlossene Systeme haben für den großtechnischen Einsatz keine praktische Bedeutung, da mit ihnen kein stabiles Fließgleichgewicht erreicht werden kann.

Steuerungsprinzipien für homogene, kontinuierliche Systeme:

- **Turbidostat**
  Die Mikroorganismen befinden sich in ihrer substratabhängigen maximalen Vermehrungsphase. Die Zulaufgeschwindigkeit wird

optisch über die Trübung als Maß für die Mikroorganismenkonzentration geregelt (eignet sich gut für hohe Wachstumsraten).

- **Chemostat**
  Die Regelung des Systems erfolgt über die Substratkonzentration oder über die Konzentration eines das Wachstum begrenzenden Faktors (als Zulaufreglung für die Biergärung besonders geeignet).

10.3 Einige klein- und großtechnisch ausgeführte Gär- und Reifungssysteme für Bier

Aus der Literatur sind zahlreiche Vorschläge zur kontinuierlichen Gärung und Reifung von Bier bekannt. Einen Überblick geben u.a. *Beetz* [312] und *Kollnberger* [338]. Die meisten Vorschläge sind nur im Labormaßstab konzipiert und ausgeführt worden.

Nachfolgend werden einige großtechnisch als Versuchsanlagen oder Produktionsanlagen ausgeführte kontinuierliche Gär- und Reifungssysteme beschrieben. Obwohl diese nicht mehr im Betrieb sind, sollen diese Ausführungen den mit diesen Systemen erreichten technischen Stand dokumentieren. Denn es ist zu erwarten, dass die weitere Entwicklung von Wissenschaft und Technik noch interessante Ansatzpunkte und Impulse zur Optimierung kontinuierlicher Verfahren bringen wird.

Dabei erscheint eine „Mischproduktionsweise“, bestehend aus einer Chargenproduktion für die Hauptbiersorten, kombiniert mit kleineren kontinuierlichen Gär- und Reifungsanlagen für einzelne Spezialbiere, ein wirtschaftlich sinnvolles und technologisch relativ leicht realisierbares Ziel zu sein.

10.3.1 Gär- und Reifungsverfahren mit einem Hefe-Pfropfenfermenter

Durch die Anwendung von sogenannten *Hefe-Pfropfen*, durch die die zu vergärende Würze mithilfe einer Pumpe hindurchgedrückt wird, kann eine wesentliche Beschleunigung des Gärprozesses erreicht werden. Zwei Verfahrensvorschläge für eine beschleunigte Gärung und Reifung unter Verwendung eines Hefe-Pfropfenfermenters sind bekannt: das in großtechnischen Versuchen getestete *Bio-Brew*-Verfahren (Abbildung 173) [339], [340], [341] und das nur im Labormaßstab geprüfte Gär- und Reifungsverfahren mit 2 hintereinander geschalteten Hefe-Pfropfenfermentern nach *Baker* und *Kirsop* [342] (siehe Abbildung 174).

Bei diesen interessanten technologischen Vorschlägen sind folgende Probleme erkennbar, die zurzeit eine breite großtechnische Einführung behindern:

- An die Würzequalität werden sehr hohe Anforderungen gestellt. So entscheidet der Trubgehalt der Würzen über die Standzeit eines Hefe-Pfropfenfermenters (Druckanstieg, Zusetzen des Hefepfropfens).
  Deshalb wird eine weitgehende Trubentfernung (z. B. Würzefiltration bei 0 °C) angestrebt, die damit ökonomisch aufwendiger ist als bei vergleichbaren Verfahren. Neuere Vorschläge für das Bio-Brew-Verfahren gehen deshalb auch von normal geklärten Würzen aus [340], indem nur eine Würzeflotation bei normaler Anstelltemperatur gefordert wird. Veränderungen der möglichen Standzeit eines Hefe-Pfropfenfermenters sind nicht bekannt, eine Verschlechterung ist aber zu vermuten.
- Der kontinuierliche Durchfluss der Würze durch den Hefe-Pfropfenfermenter erforderte eine Bevorratung der diskontinuierlich hergestellten Würze. Diese

Bevorratung erfordert zusätzliche Aufwendungen, um die biologische Qualität der Anstellwürze zu erhalten (siehe Kapitel 5.1.6).

- Da ein Hefezuwachs im Hefe-Pfropfenfermenter weitgehend eingeschränkt bzw. deutlich reduziert werden muss (Einfluss auf die Standzeit eines Fermenters, abhängig von dem freien Volumen des Hefe-Kieselgur-Trubraumes im Hefepfropfen), ist zur Absicherung der erforderlichen Hefemenge wahrscheinlich nur ein Parallelbetrieb mit einer „normalen" Gär- und Reifungsanlage sinnvoll möglich.
  Die Steuerung des Hefezuwachses erfolgt über den Sauerstoffgehalt der Würze, der bei einer „aeroben" Verfahrensweise (durchschnittlich nur 20%ige Hefevermehrung, bezogen auf das klassische Verfahren) mit durchschnittlich 3 mg O_2/L Würze angegeben wird [339].
- Durch die unterdrückte Hefevermehrung ist die Aminosäurekonzentration der Ausgangsbiere annähernd gleich hoch wie in den Anstellwürzen. Gleichzeitig ergibt sich daraus ein höherer Ester- und ein verminderter höherer Alkoholgehalt. Eine Veränderung der sensorischen Qualität eines Bieres ist dadurch möglich.
- Um CO_2-Entbindungen im Hefepfropfen und ein Zurückdrücken von CO_2 auf die Würzeeintrittsseite zu vermeiden, sind zusätzliche, sichere Steuereinrichtungen für eine Druckentlastung auf der Bierseite und für die Abführung des überschüssigen CO_2 erforderlich. Eine Nachimprägnierung des Fertigbieres dürfte generell notwendig sein, um einen störungsfreien Durchfluss zu gewährleisten.
- Die Vergärung der Würze erfolgt beim Durchfluss durch den Hefepfropfen in Abhängigkeit von der Temperatur und der Durchflussgeschwindigkeit bis zum Endvergärungsgrad. Das austretende Jungbier hat im Vergleich zum konventionell hergestellten Jungbier jedoch einen wesentlich höheren Gesamtdiacetylgehalt (vorwiegend Vorstufen), Werte bis zu 2 mg/L wurden gefunden.
  Nach dieser Durchflussgärung ist deshalb eine beschleunigte und intensivere Reifungsphase erforderlich, um den Gesamtprozess noch in einer vergleichbar kürzeren Prozessdauer zu gewährleisten. Die beiden Verfahren nutzen dazu die Kenntnisse über den Biochemismus der Bierreifung aus der Sicht der vicinalen Diketone konsequent aus (siehe Kapitel 4.2.), z. B. eine Warmreifung bei 30 °C oder eine thermische Zwischenbehandlung des hefefreien Jungbieres vor der Reifung bei Temperaturen zwischen 45...80 °C [342], [343].

Es fehlen sichere ökonomische Aussagen für den Vergleich dieser Verfahren mit den beschleunigten Großbehältertechnologien.

Trotz der genannten ungelösten Probleme bei der großtechnischen Einführung dieser Verfahren können in bestimmten Anwendungsfällen Teilstufen übernommen und zur Qualitätsverbesserung bzw. zur Verkürzung der Prozessdauer angewendet werden (siehe z. B. Kapitel 10.3.2).

10.3.2 Die separate Vergärung von reinen Saccharose- oder verzuckerten Stärkelösungen

Ein interessanter Verfahrensvorschlag, der den Einsatz eines Hefe-Pfropfenfermenters in vielen Punkten jetzt schon erleichtert, sieht bei einem Zuckereinsatz oder bei einem Zusatz von verzuckerten Stärkesirupen zur Ausschlagwürze die Herstellung einer getrennten Zuckerlösung („Zuckerwürze") vor [344]. Diese im Wesentlichen nur vergärbare Zucker enthaltende „Würze" kann dann separat unter Verwendung eines Hefe-Pfropfenfermenters im Schnellverfahren vergoren und gereift werden (erforderliche Kontaktzeit bei einer 2,5 cm dicken Hefeschicht etwa 15 min). Die vergorene und gereifte Zuckerwürze ist weitgehend blank, enthält keine kälteinstabilen Bestandteile und kann direkt zwischen Vor- und Nachfilter dem Normalbier äquivalent zu dosiert werden. Die normalen Gär- und Reifungskapazitäten werden entsprechend dem Anteil des Zuckers am Gesamtextrakteinsatz entlastet.

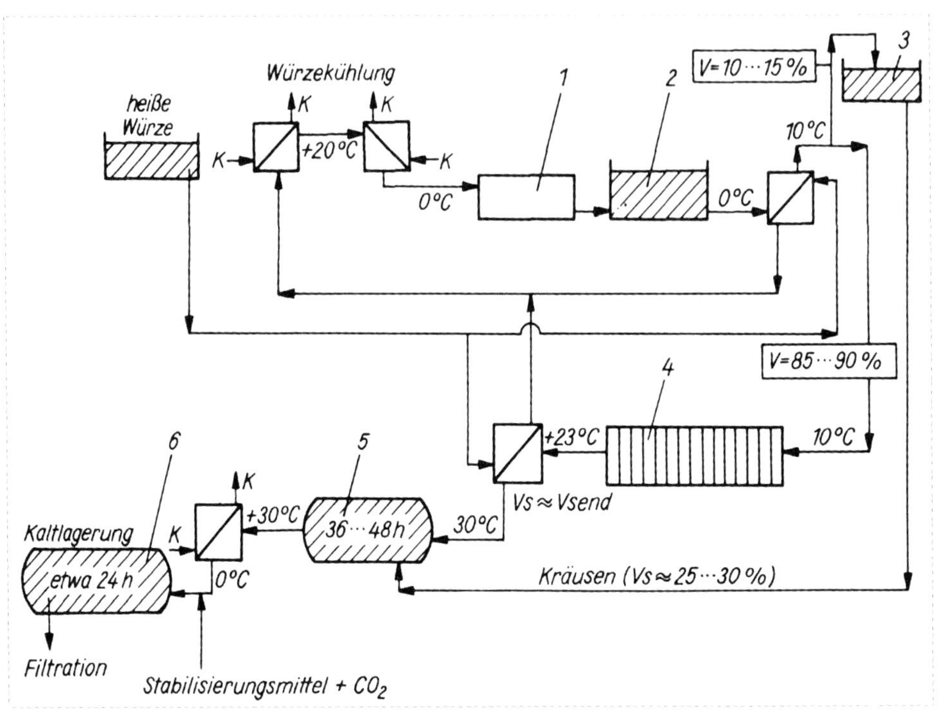

Abbildung 173 Bio-Brew-Verfahren [339], [340]
1 Würzefilter **2** Würzepuffergefäß **3** Kräusenbottich **4** Bioreaktor **5** Reifungstank **6** Lagertank **K** Kälteträger **V** Volumenanteil
Angaben zum Bioreaktor: Dicke der Hefeschicht: 25...30 mm,
Fließgeschwindigkeit: 1...1,5 cm/h, Durchsatz: 15 L Bier/($m^2 \cdot h$) ≈ 1/20 eines Kieselgur-Anschwemmschichtenfilters; Laufzeit des Bioreaktors: 120...140 h,
die Hefeschicht benötigt: 2,4 L Hefe und 72 g Kieselgur/hL Bier

10.3.3 Kontinuierliche Gärung und Reifung mit einer Gärkolonne

Dieses in der ehemaligen DDR in der Landskron-Brauerei Görlitz erprobte kontinuierliche Gär- und Reifungsverfahren wurde im Technikumsmaßstab betrieben [326], [327], [328]. Es hatte folgende wesentlichen Verfahrensschritte (s.a. Abbildung 175):

- Propagation der geklärten Würze im einstufigen homogen-kontinuierlichen Rührkesselfermenter;
- Weitere Vergärung und Reifung in einer vorwiegend heterogen betriebenen 12-stufigen vertikalen Gärkolonne;
- Abkühlung des annähernd endvergorenen und ausgereiften Bieres mithilfe eines externen PWÜ;

- Absetzen der Hefe im Sedimentationsgefäß und anteilige Rückführung der Erntehefe in den Propagationsfermenter (= eine Stellgröße für die Beeinflussung des Bukettgehaltes des Bieres);
- Die Gesamtprozessdauer beträgt ca. 3 Tage;
- Für ein Produktionsvolumen von 130 000 hL/Jahr wurden folgende Behältervolumina (Bruttoinhalte) veranschlagt: Propagationsfermenter V = 40 m^3 und Gärkolonne V = 100 m^3.

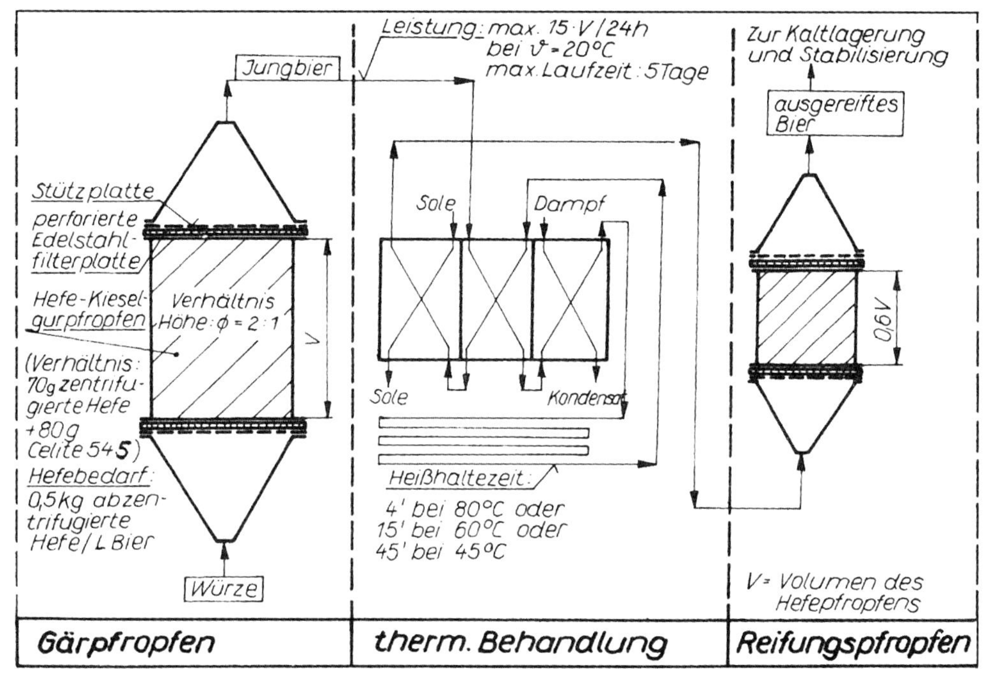

Abbildung 174 Hefepfropfenfermenter (zweistufiger „Plug Fermenter“) nach Baker und Kirsop [342] mit zwischengeschalteter thermischer Schnellreifung V Volumen des Gärpfropfens

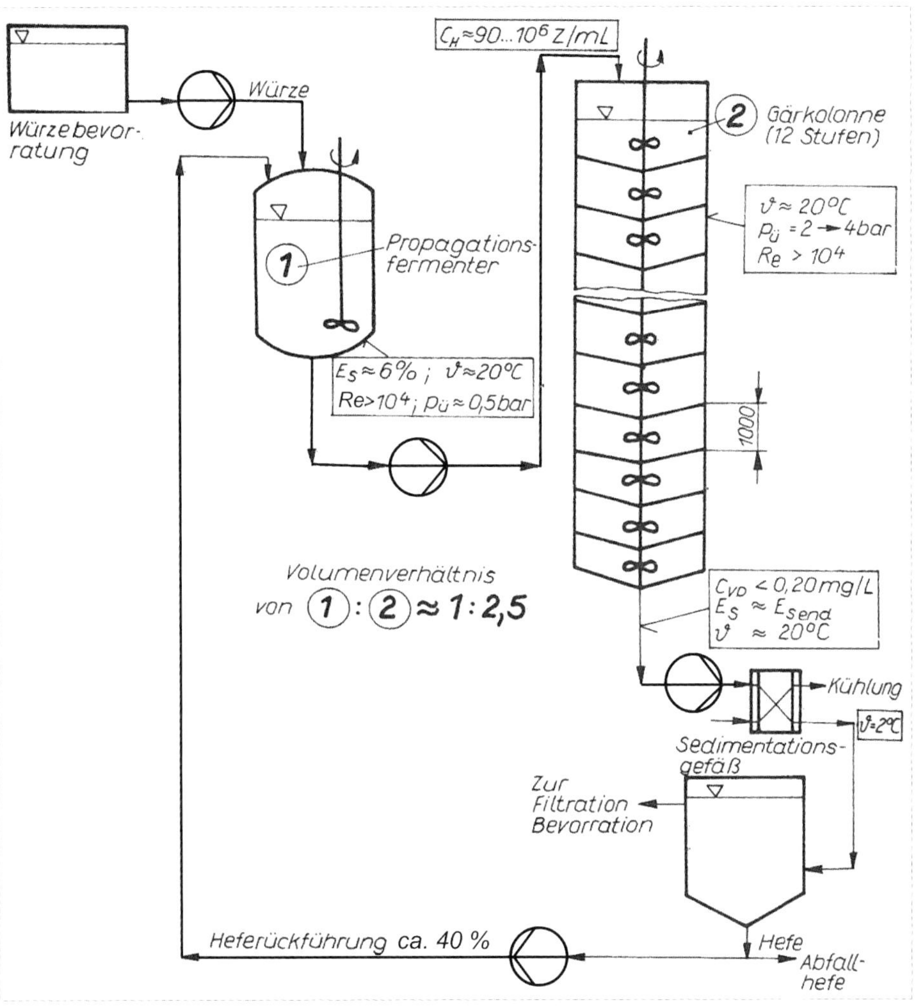

Abbildung 175 Kontinuierliche Gärung und Reifung mit Gärkolonne - Verfahren Görlitz; (nach [326], [327], [328])

10.3.4 Konti-Gärungs- und -Reifungsanlage - Verfahren Gotha-

Dieses Verfahren wurde als ein homogenes mehrstufiges kontinuierliches Gär- und Reifungsverfahren für einen Durchsatz von ca. 500 000 hL/Jahr konzipiert und in der ehemaligen DDR in Brauerei Gotha erbaut [319], [325] (s.a. Abbildung 176 und Abbildung 177).

Folgende technischen und technologische Parameter charakterisieren das Verfahren:

- Die Anlage bestand aus drei Türmen von 22 m Höhe mit je 5 übereinander gesetzten Kammern, die einen Durchmesser von 8 m besaßen.
- Das Verhältnis Durchmesser zu Höhe einer Kammer lag bei ca. 3, daraus folgt das Volumen einer Kammer zu etwa 1300 hL.
- Jeweils 4 Kammern bildeten ein Gärsystem.

- Die 15 Kammern wurden wie folgt eingesetzt: 2 x 4 Kammern als Gärkammern, 2 Kammern für die Ausreifung des Bieres und 5 Kammern als Vorratskammern für das fertige, unfiltrierte Bier.
- Jede Gärkammer war mit einem externen Umpump- und Kühlsystem ausgerüstet.
- In jeder Stunde wurde der Gärkammerinhalt einmal umgewälzt, wobei das Einpumpen des Bieres in die Kammern über Düsen erfolgte mit dem Ziel, einen homogenen Tankinhalt zu erreichen.
- Die Hauptgärung erfolgt unter einem Überdruck von $p_ü$ = 0,5...0,8 bar und in einem Temperaturbereich von 7...12 °C, wobei die Temperatur von der 1. bis zur letzten Stufe schrittweise abgesenkt wurde.
- Das Gärmedium wurde ebenfalls mittels eines Pumpenteilstromes von Kammer zu Kammer gefördert.
- Die optimale Verweilzeit für die Hauptgärung betrug 5,5 Tage.
- Danach wurde das endvergorene Bier abgekühlt und die Hefe mittels Separator abgetrennt und teilweise zur Propagationsstufe zurückgefördert.
- Das gekühlte und geklärte Bier wurde mit CO_2 begast und 24 Stunden in der „Reifungskammer" bei 0...2 °C und $p_ü$ = 0,8 bar gelagert.
- Die Gesamtdurchlaufzeit sollte 6...7 Tage betragen.

Abbildung 176 Ansicht der Konti-Gärtürme in der Brauerei Gotha (Foto: Gerd Häntze)

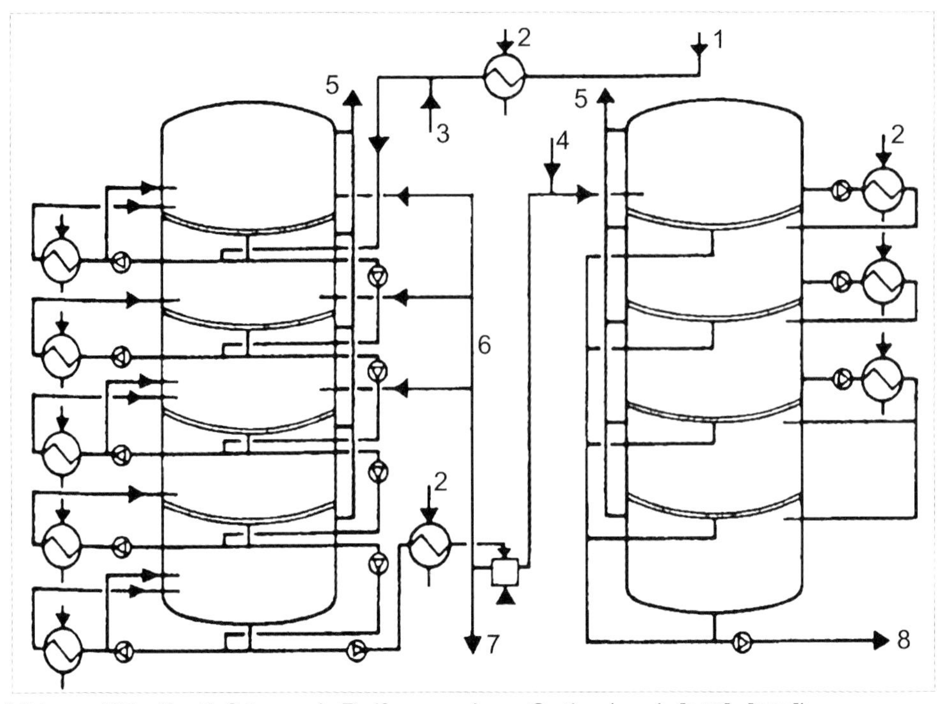

Abbildung 177 Konti-Gär- und -Reifungsanlage Gotha (nach [319], [325])
Es sind nur 10 von insgesamt 15 Kammern dargestellt.

1 Geklärte Würze **2** Kälteträger **3** Sterilluft **4** CO_2 **5** Gärungs-CO_2 **6** Hefesuspension **7** Überschusshefe **8** Lagerbier zur Filtration

10.3.5 Kontinuierliches Gär- und Reifungsverfahren nach *Wellhoener*

Es handelte sich um eine großtechnische Versuchsanlage mit einem Durchsatz von 5 hL/Tag, über die folgende Angaben bekannt wurden [345]:

- Die kontinuierliche Gärung und Reifung wird mit einem nicht genauer definierten ausgewählten Temperatur- Druckregime gefahren, das eine intensive Gärung und eine geringe Hefevermehrung gewährleisten soll.
- Es werden kühltrubfreie Würzen mit einer geringen Belüftung eingesetzt.
- Das verwendete Behältersystem besteht aus 6 Tanks, davon sind je 3 Tanks in Reihe zusammen aufgestellt, ihre räumliche Anordnung ist aus Abbildung 178 ersichtlich.
- Der 1. Tank wird mit kieselgurfiltrierter Würze von oben gefüllt.
- Tank 2 und 3 sind Gärtanks mit Spezialeinbauten zur Gärbeschleunigung und Klärung.
- Der 4. Tank dient als Stautank, aus dem das endvergorene Bier oben abgeleitet wird und gut geklärt sein soll.
- Im 5. Tank erfolgt eine Kohlensäurewäsche, die die Reifung beschließen soll.
- Tank 6 dient als Puffertank.
- Von Tank 1 bis Tank 4 wird mit einem Druckgefälle gearbeitet. Der Druck soll um jeweils 0,2 bar pro Tank abgesenkt werden.
- Die Hefegabe erfolgt nur einmal beim ersten Anstellen.

- Da die Gärtanks 1 bis 3 zusammen 90 hL Gärtankkapazität besitzen, beträgt bei einem Durchsatz von 5 hL/Tag die durchschnittliche Gärzeit 18 Tage.
- Rechnet man bei den Tanks 4 bis 6 nochmals eine Verweilzeit von 6... 9 Tagen dazu, so liegt die Gesamtherstellungszeit bei 24...27 Tagen.
- Da mit einem Gärgefälle gearbeitet wird, muss dieses Verfahren als ein offenes heterogenes Mehrgefäß-System ohne Heferückführung bezeichnet werden.

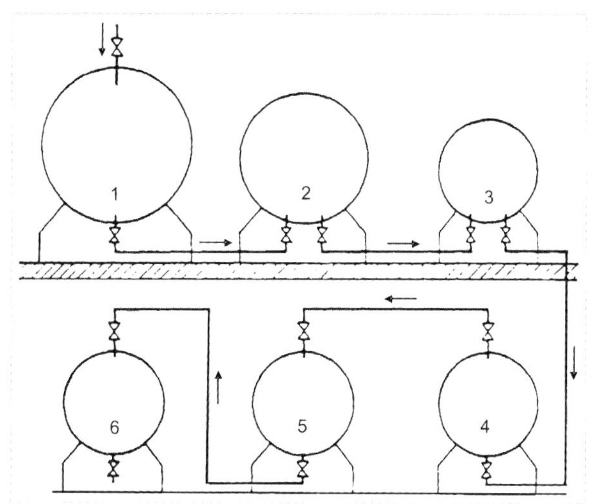

Abbildung 178 Aufbau des kontinuierlichen Gär- und Reifungsverfahren nach Wellhoener [345], Erläuterungen siehe Text

10.3.6 Gär- und Reifungsverfahren nach *Coutts*

Das Verfahren von *Coutts* wurde in der Literatur ausführlich behandelt (Literaturzusammenstellung siehe u.a. [312], [338], [346], [347]). Es wurde im Betriebsmaßstab vor allem in den Brauereien Neuseelands eingesetzt und in mehreren Variationen vorgeschlagen (einstufige und mehrstufige Verfahrensvarianten). Bekannt ist, dass die Dominion-Breweries Neuseeland es als offenes homogenes Mehrgefäßsystem mit Heferückführung betrieben haben. Das Fließschema für diese Brauereien zeigt Abbildung 179.

Kurzbeschreibung des o.g. Verfahrens:

- Um die Klärung der diskontinuierlich hergestellten Würze ohne eine Schädigung zu realisieren, schlägt *Coutts* vor, diese unmittelbar nach dem Würzekochen auf 0 °C abzukühlen und sie bei dieser Temperatur 48 Stunden zu lagern. Diese Art der Würzeklärung soll nicht zu einem Verlust an Hefenährstoffe führen.
- Die Anlage besteht aus einem Hefevermehrungsgefäß, zwei unterschiedlich großen Rührgärbehältern, wobei der Erste dreimal so groß ist wie der Zweite, und einem Separator.
- Die geklärte und auf Anstelltemperatur erwärmte Anstellwürze wird belüftet und im Hefepropagationsgefäß mit zurückgeführter Hefe aus dem Separator bzw. aus dem ersten Gärgefäß angestellt.

- Eine zusätzliche Belüftung im Hefepropagationsgefäß ist möglich. Die Verweilzeit beträgt hier 4 Stunden.
- Die verdünnte und angegorene Würze (High gravity brewing) fließt dann durch die beiden Gärbehälter (Zu- und Abfluss auf halber Tankhöhe) bei einer Gärtemperatur von 15...17 °C und anschließend in den Hefeseparator.
- Die Hefekonzentration in den Gärbehältern wird in Verbindung mit der Heferückführung auf 20...30 g/L (bezogen auf eine Hefe mit 20 % TS) eingestellt.
- Die Gesamtherstellungszeit soll 35 Stunden betragen.
- Die Gärgeschwindigkeit kann in Abhängigkeit von der Gärtemperatur, der Hefekonzentration und der Rührgeschwindigkeit auf einen stündlichen Würzedurchsatz von 1/60 bis 1/10 des Gärbehältervolumens eingestellt werden. Die kürzeste Zeit wurde erreicht bei hoher Rührintensität, einer Gärtemperatur von 27 °C und einer Hefekonzentration von 70 g/L.
- Das vergorene Bier wird auf -1...4,5 °C abgekühlt, 24 Stunden zwischengelagert, dann filtriert, carbonisiert und abgefüllt.
- Die Dominion Breweries haben mit ihrer kontinuierlichen Gäranlage rund 4600 hL pro Woche hergestellt.
- Die Gäranlage lief jeweils 3 Monate ohne Unterbrechung und wurde dann für drei Tage zur Wartung und Reinigung stillgelegt.

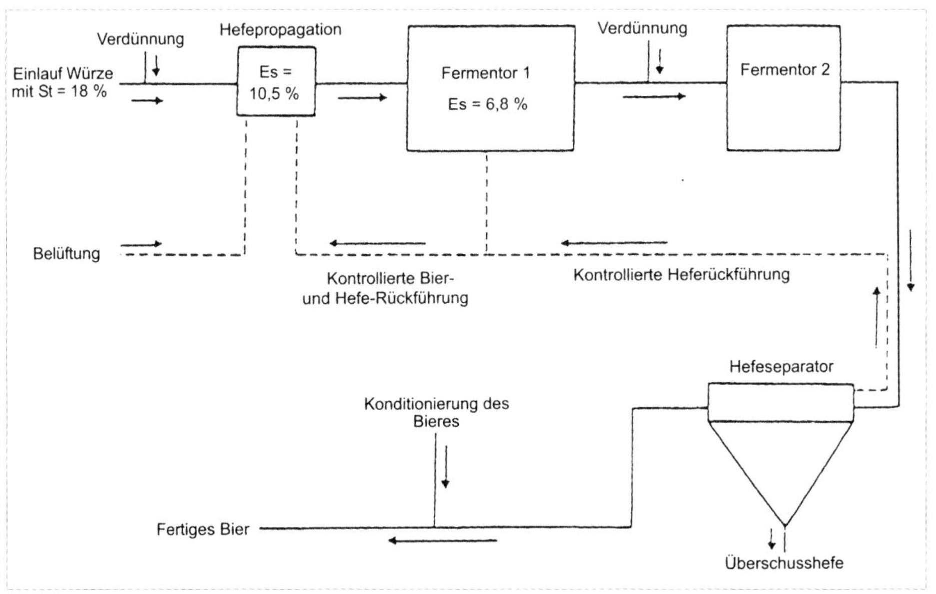

Abbildung 179 Fließschema des Coutts-Verfahrens der Dominion Breweries [346]

10.3.7 Der APV-Gärturm

Der APV-Gärturm wurde als großtechnische Anlage vorwiegend in England zur Herstellung von ober- und untergärigem Bier eingesetzt [348], [349]. Die angegebenen Produktionsmengen der einzelnen APV-Gärturmanlagen lagen zwischen 130... 600 hL/Tag.

In Abbildung 180 und Abbildung 180a sind die wesentlichen Teile der großtechnischen Anlage schematisch dargestellt.

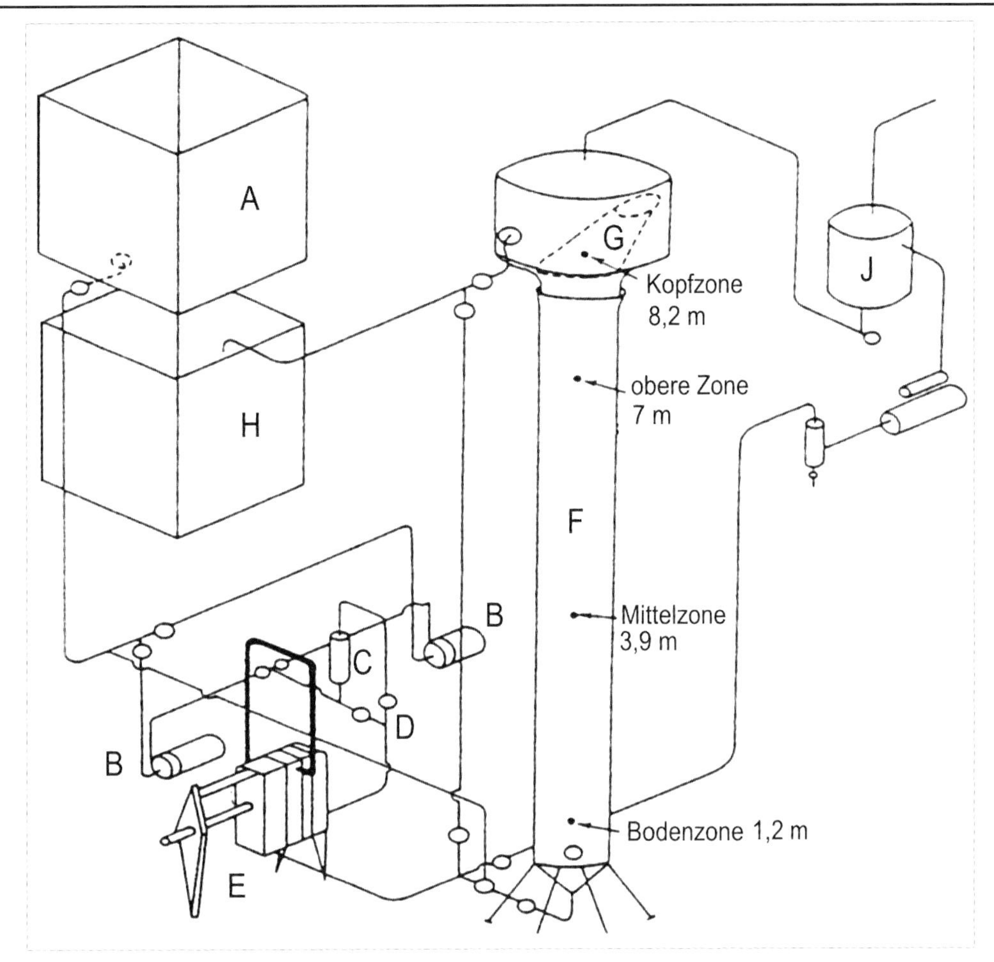

Abbildung 180 APV-Produktionsgärturm mit den erforderlichen Zusatzgeräten (nach [350])

A Würzesammelgefäß **B** Pumpe **C** Durchflussmesser **D** Probenahmeventil **E** Plattenpasteurisierapparat **F** Gärturm **G** Hefeabscheider **H** Biersammeltank **J** CO_2-Sammeltank

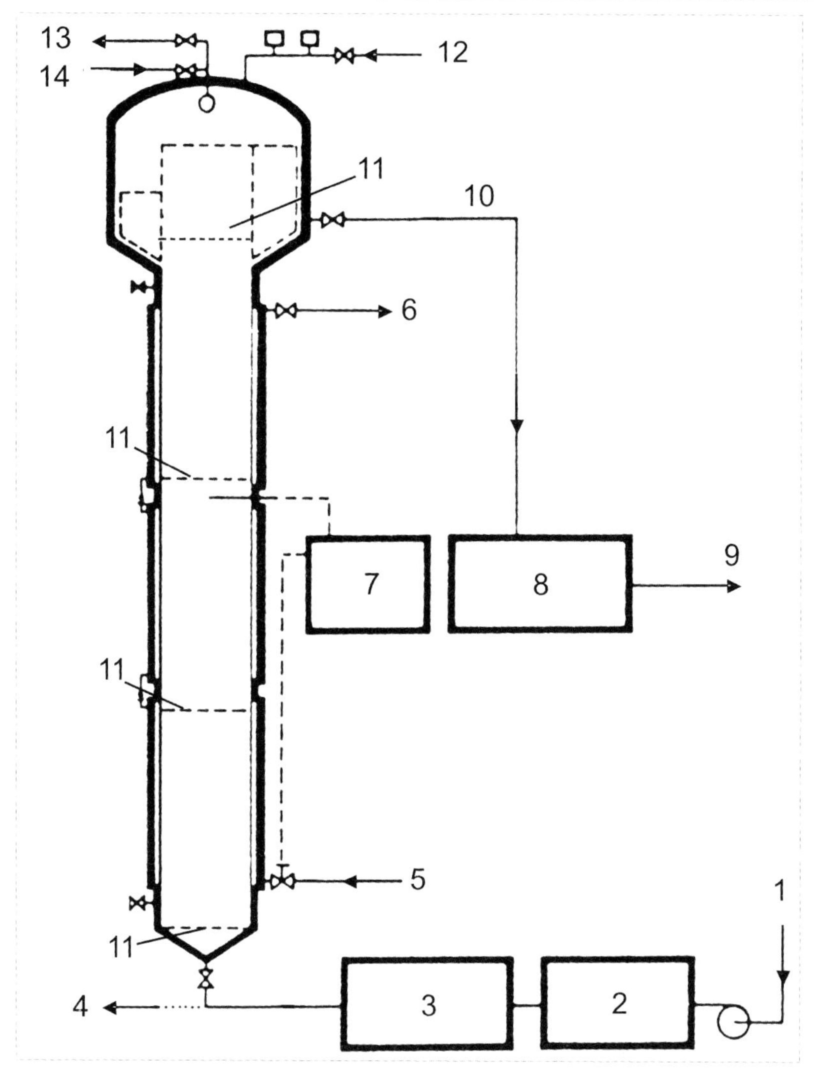

Abbildung 180a APV-Produktionsgärturm (zit. nach Kollnberger [338])
1 geklärte Würze **2** Sterilisator **3** Würzespeichertank **4** CIP-Rücklauf **5** Kälteträger-Vorlauf **6** Kälteträger-Rücklauf **7** Temperaturregelung **8** Hefeseparator **9**, **10** Jungbier **11** perforierte Platten **12** Dampf **13** CO_2 **14** CIP-Vorlauf

Die Grundidee des Verfahrens besteht darin, dass die Würze einen zylindrischen Gärturm, der eine hohe Hefekonzentration enthält, von unten nach oben kontinuierlich durchfließt und dabei vergoren wird. Es handelt sich um ein offenes heterogenes Ein-Gefäß-System. Folgende technischen und technologischen Angaben charakterisieren das Verfahren:

- Die Fließgeschwindigkeit wird so eingestellt, dass ohne Rühren ein heterogener Durchfluss ohne Vor- oder Rückvermischung gewährleistet wird.
- Es wird mit gut flockenden ober- oder untergärigen Hefestämmen und mit Gärtemperaturen bis zu 29 °C bei einer eingesetzten Hefekonzentration von über

250 g/L (bezogen auf abzentrifugierte Hefe, vermutlich mit ca. 20 % Hefetrockensubstanz) gearbeitet.

- Es sind Gärzeiten zwischen 2...8 Stunden möglich. Bei einer durchschnittlichen Verweilzeit des Gärmediums von 4...8 Stunden beträgt die durchschnittliche Verweilzeit der Hefe im Gärturm 200...400 Stunden.
- Das Volumen der Hefe nimmt im Gärturm zwischen 20...40 % des Behältervolumens ein. Sie füllt vor allem das untere Drittel des Gärturms, wo sie als loser, durchlässiger Pfropfen durchströmt wird.
- Die höchste Extrakt- und Sauerstoffkonzentration der einlaufenden, sterilen Würze an der Turmbasis trifft dort auf die höchste Hefekonzentration (250... 300 g/L). Nach dem Durchströmen des im unteren Drittel befindlichen Hefepfropfens ist das Bier endvergoren.
  Die oberen Drittel des Gärturms dienen der Ausreifung des Bieres.
- Bis zur Turmspitze nimmt die Hefekonzentration bis auf 30...60 g/L ab. Im abfließenden Bier beträgt sie noch ca. 10 g/L.
- Die Hefevermehrung wird so eingestellt, dass die neu gebildete Hefemenge der mit dem Bier abfließenden Hefemenge entspricht.
- Eine geringe direkte Belüftung an der Turmbasis hat sich positiv auf die Hefevermehrung und die Bierqualität ausgewirkt.
- Der Extraktgehalt nimmt in Fließrichtung ab. Die Gärtemperatur beträgt am Einlauf ca. 15 °C, sie nimmt bis zum Auslauf bis auf 20...24 °C zu.
- Der erzielte Vergärungsgrad wird durch die jeweilige Stammwürze der einlaufenden Würze, die Hefekonzentration, die Gärtemperatur und die Fließgeschwindigkeit beeinflusst.
- Für einen optimalen Betrieb hat sich ein Verhältnis von Durchmesser zur Höhe des Gärturms von 1 : 7 erwiesen, z. B. ein Gärturm mit einem Ø = 0,9 m und einer Höhe von 6,4 m.
- Über dem konisch ausgebildeten Boden befindet sich eine perforierte Lochplatte, die die von unten einströmende sterile und belüftete Würze gleichmäßig über den gesamten Säulenquerschnitt verteilt.
- Vier weitere in Abständen eingebaute Lochplatten (Durchmesser der Löcher ca. 10 mm) fixieren den Hefepfropfen und verhindern dessen durch das CO_2 und die Fließgeschwindigkeit verursachten Auftrieb.
- Am oberen Ende des Gärturms erweitert sich der Behälter in eine Hefeabsetzzone mit einem Durchmesser von ca. 3 m. In diesem Kopfraum ist als Hefeabscheider ein rechteckiges Rohr schräg eingebaut.
  Durch die Verringerung der Strömungsgeschwindigkeit sedimentiert die Hefe in den zylindrischen Teil des Gärturms zurück.
- Das CO_2 wird über ein Ventil im Kopfraum abgeführt.
- Der Gärturm hat zwei getrennte Kühltaschen, um die Gärtemperatur in den verschiedenen Zonen des Gärturms auf unterschiedlichem Niveau konstant halten zu können.
- Bei einem Gärturm mit einem Gesamtvolumen von 47 hL, hat der zylindrische Teil 32 hL und der Kopfraum 15 hL. Bei dieser Behältergröße herrschen bis zu einem maximalen Durchsatz von 10...12 hL/h stabile Bedingungen.
- Der Gärturm steht in einem auf konstant 21 °C temperierten Raum.
- Das vorgeklärte Bier fließt vom Rücklauf des Gärturms über einen Biertiefkühler in den Biersammeltank.

- Für den erfolgreichen Betrieb ist eine absolut sterile Arbeitsweise in allen Bereichen erforderlich. Der große Kontrollaufwand erfordert sehr gut geschultes Bedienungspersonal.

10.3.8 Gärreaktoren mit immobilisierter Hefe

Einen Überblick über die bei der Biergärung und -reifung angewendeten Reaktortypen (siehe Abbildung 181), die mit fixierter bzw. immobilisierter Hefe arbeiten, sowie über die dazu verwendbaren Trägermaterialien gibt u.a. *Ludwig* [351]. Als Trägermaterialien wurden von ihm getestet: DEAE-Cellulose, Sinterglas (Siran® der Fa. Schott), Silikonkugeln und Calcium-Alginat-Gel.

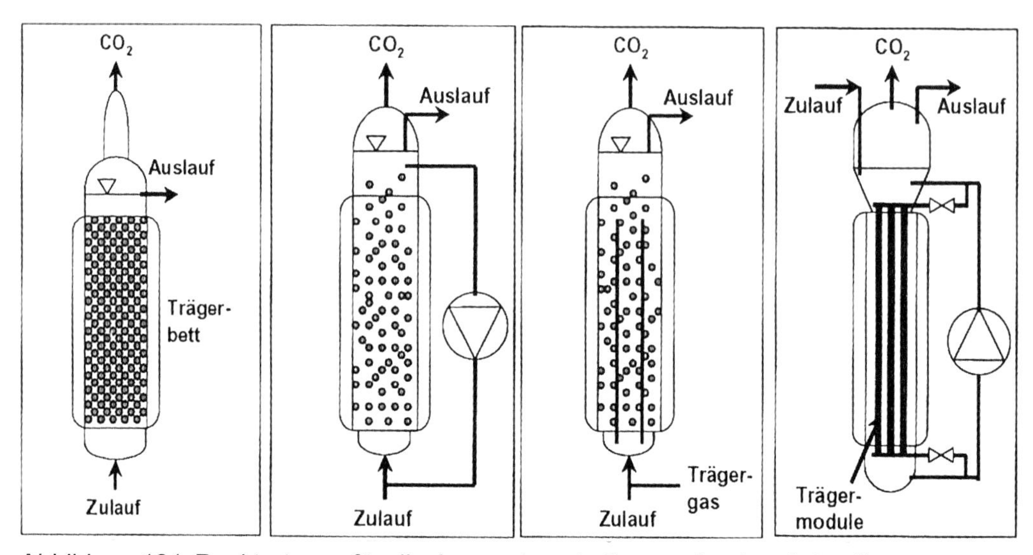

Abbildung 181 Reaktortypen für die Anwendung in Brauereien (nach [351])
1 Festbettreaktor **2** Wirbelschichtreaktor **3** Gas-Lift-Reaktor **4** Modul/Schleifenreaktor

Die umfangreichen Versuche von *Ludwig* zur kontinuierlichen Gärung mit den aufgeführten Reaktortypen und Trägermaterialien zeigen die Probleme bei dieser Technologie. Sie bestanden u.a. darin, dass die Hefezellen im Langzeitversuch durch Verblockungen, Verdichtungen und Inhomogenitäten ungleichmäßig mit Sauerstoff und Nährsubstrat versorgt wurden, die Aminosäureverwertung und damit auch die Bukettstoffbildung ungleichmäßig war. Eine Langzeitstabilität in der Produktqualität konnte noch am besten mit einem Modul/Schleifenreaktor mit Siliciumcarbid-Modulen als Trägermaterial und mit einem Wirbelschichtreaktor mit Silikonkugeln als Trägermaterial erreicht werden. Voraussetzung dafür war die definierte und sichere Sauerstoffversorgung der immobilisierten Hefezellen sowie ein möglichst homogener und gradientenfreier Reaktorinhalt (gleichbedeutend für die Notwendigkeit eines hohen mechanischen Homogenisierungsaufwandes mit seinen qualitätsschädigenden Auswirkungen). Die Trägermaterialien sollten möglichst für die an- und eingelagerten Hefezellen keine Limitierung für den Stoffaustausch verursachen (das konnte bisher noch nicht dauerhaft realisiert werden). Als aussagekräftigste Methode für die Überwachung der Hefevitalität in diesen Versuchen erwies sich die Bestimmung des intrazellulären pH-Wertes.

Nachgeschaltete kontinuierliche Reifung mit immobilisierter Hefe

Großtechnisch wurden Fermenter mit immobilisierter Hefe erfolgreich nur zur kontinuierlichen Bierreifung eingesetzt, wesentliche Beiträge dazu leisteten finnische Forschungsgruppen [352], [353], [354] und [355].

Nach einer thermischen Umwandlung der Vorstufen der vicinalen Diketone wurde das so behandelte Bier durch einen Fermenter mit immobilisierter Hefe (meist mit DEAE-Cellulose oder Siran® als Trägermaterial) gepumpt und gereift. Auch die Herstellung von alkoholfreiem Bier im Kälte-Kontakt-Verfahren wurde mit immobilisierter Hefe erfolgreich erprobt.

Fermenter mit immobilisierter Hefe sind in Deutschland bis jetzt noch nicht industriell bei der Bierherstellung im Dauereinsatz. Über erfolgreiche Technikumsversuche berichtete auch die Fa. Alfa Laval [358]. Es wurde Siran® als Träger verwendet (s.a. Abbildung 182) und der in Abbildung 183 dargestellte Fermenter.

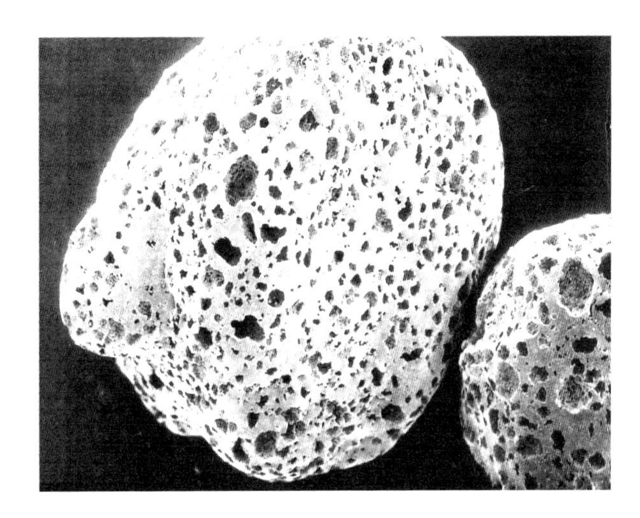

Abbildung 182 Siran®-Carrier der Fa. Schott Engineering zur Immobilisierung von Mikroorganismen (nach [356])

Der Verfahrensablauf verlief in folgenden Schritten [357]:

- Würzeherstellung und Hauptgärung wurden nach der diskontinuierlichen Betriebstechnologie durchgeführt.
- Die Technikumsanlage hatte einen Durchsatz von 2,5...3 hL/h ($\hat{=}$ 500 hL pro Woche).
- Die Hefeimmobilisierung erfolgte mit dem von der Fa. Schott entwickelten Trägermaterial Siran®, ein für die Bierherstellung völlig inertes Material mit einer großen Oberfläche (es wird von der Fa. Schott mit verschiedenen Kugel- und Porendurchmessern, verschiedenen Oberflächengüten und spezifischen Oberflächen angeboten).
- Die Immobilisierung des Fermenters soll nach dessen Reinigung und Desinfektion möglichst mit einer Reinzucht erfolgen, in den ersten Tagen ist mit einem geringeren Durchsatz zu fahren, bis die Restextraktvergärung und der Abbau des Gesamtdiacetyls die gewünschten Werte erreicht.
- Die Hefe befindet sich in einem anaeroben Milieu, ihre Vitalität erhält sie durch die Restvergärung. Ein Hefeaustausch fand in

dem dreimonatigen Versuchsbetrieb nicht statt. Eine Veränderung der Hefevitalität wurde in dieser Zeit nicht festgestellt

$\dot{V}$ in hL/h	Siranvolumen in L	d in mm	H in mm
15	3000	1500	3900
30	6000	1800	4800
50	10 000	2200	5700

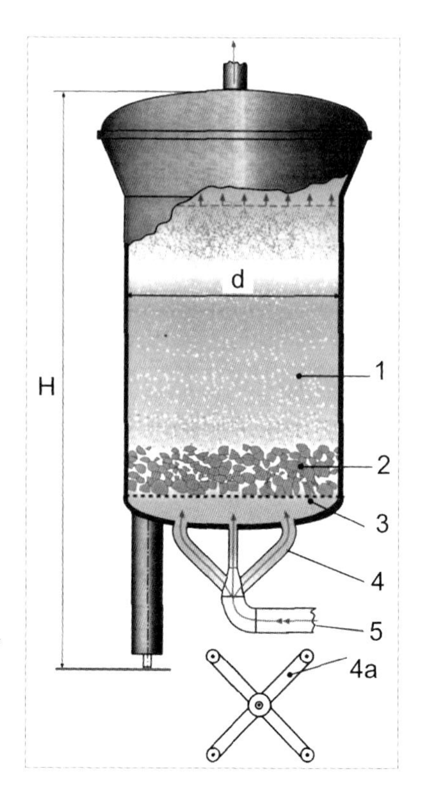

Abbildung 183 Fermenter für die kontinuierliche Bierreifung nach dem Verfahren „Alfa Konti-Reifung" der Alfa Laval GmbH [358]
1 Siranfüllung **2** Glaskugeln **3** Siebboden
4, **4a** Einlaufverteiler **5** Einlauf

- Das zu reifende Jungbier wurde separiert und dadurch die Hefekonzentration von ca. $3 \cdot 10^6$ Zellen/mL auf $40 \cdot 10^3$ Zellen/mL reduziert. Das separierte Jungbier wurde im Puffertank zwischengelagert und von dort kontinuierlich über einen Hochkurzzeiterhitzer zum Reifungsfermenter abgezogen.
- Die Hochkurzzeiterhitzung (80 °C und 10 Minuten Heißhaltezeit) hatte zwei Aufgaben:
  - Die Vermeidung einer Kontamination der immobilisierten Hefe und
  - die beschleunigte Umwandlung der Vorstufen der vicinalen Diketone in ihre Diketone.
- Das thermisch behandelte Jungbier lief mit 15 °C in den Fermenter, besaß noch 0,2...0,3 % vergärbaren Restextrakt und 0,5...0,8 mg/L Gesamtdiacetyl, es durchlief die Hefepackung im Fermenter unter pü = 2 bar in ca. 2 h.
  Der Gesamtdiacetylgehalt betrug am Fermenterauslauf < 0,05 ppm.
- Das Bier wurde auf 1 °C gekühlt und sofort wie das normale Betriebsbier filtriert, stabilisiert und abgefüllt.
- Ergebnisse: Es gab keine signifikanten Unterschiede in der Filtrierbarkeit, kolloidalen Stabilität, Schaumhaltbarkeit, Sensorik und im Gehalt an Gärungsnebenprodukten zwischen dem Normal- und dem Kontibier. Das Kontibier hatte lediglich einen 8 ppm höheren Essigsäure-Ethyl-Estergehalt und einen etwas geringeren Gehalt an Fettsäuren.

- Als vorteilhaft werden für die Kontivariante die geringeren Investitionskosten, niedrigere Betriebskosten, eine Reduzierung der Abwässer und eine gleich bleibende Qualität herausgestellt.

10.4 Allgemeine Voraussetzungen für eine kontinuierliche Gärung und Reifung des Bieres

Die Auswertung der bekannten kontinuierlichen Gär- und Reifungsverfahren ergibt u.a. folgende Voraussetzungen bzw. Anforderungen, die zu beachten sind:

- Es sind trubfreie Würzen mit einer für die erforderliche Hefevermehrung eingestellten Belüftung bei einer weiteren Vermeidung von späteren Sauerstoffeinträgen erforderlich.
- Es sind vitale Hefesätze mit einer Langzeitstabilität in ihrem Stoffwechsel und ihrer Vitalität erforderlich, die durch eine kontrollierte Hefevermehrung zu erhalten ist.
- Die Verfahrensführung muss auch bei verschiedenen Fließgeschwindigkeiten ein gleichmäßiges Produkt gewährleisten.
- Es muss ein Verfahren mit einem heterogenen Eingärgefäß-System oder ein Mehrgefäßsystem sein, die beide einen Gärungsgradienten ausbilden. In der Würzezulaufstufe muss die Hefe die Angärzucker verwerten, damit sich die Hefe in der 2. Gärstufe auf die volle Verwertung der Maltose umstellen kann. Einstufige homogene Gärsysteme sind dazu nicht geeignet.
- Die Hefe in der kontinuierlichen Gärung und Reifung sollte das gleiche Aromaprofil produzieren, wie die Hefe der konventionellen Gärung. Weiterhin sollte sie gut flockend sein.

Da sich hohe Hefekonzentrationen und eine für die Aromabildung ausreichende Hefevermehrung sich meist gegenseitig ausschließen, wurden bei der kontinuierlichen Gärung die qualitativen Zielstellungen meist nicht befriedigend erfüllt.

10.5 Der Versuch eines Ausblickes zum Einsatz kontinuierlicher Gärverfahren

Die Einführung der zylindrokonischen Gärtanks ab ca. 1970 führte zu effektiven Gär- und Reifungsverfahren, die auch eine weitgehende Automatisierung der Gär- und Lagerkellerarbeit einschließlich der Reinigungs- und Desinfektionsarbeiten ermöglichte.

Das führte dazu, dass nach 1975 die Forschungen und die Investitionen auf dem Gebiet der kontinuierlichen Gärung und Reifung von Bier reduziert und dann weitgehend eingestellt wurden.

Viele namhafte auf diesem Gebiet tätige Forscher gaben dann den kontinuierlichen Gär- und Reifungsverfahren auch in der Zukunft keine Chancen mehr: „Die kontinuierlichen Verfahren würden mehr Probleme produzieren, als das sie Problemlösungen bieten“ (s.a. auch u.a. *Thorne* [359], *Portno* [360], *Stewart* und *Russel* [361]).

Die nachfolgend aufgeführten Punkte sollen zum Überdenken dieser Aussage anregen: Kontinuierliche Gär- und Reifungsverfahren könnten für die Bierherstellung wieder an Bedeutung gewinnen,

- Wenn der kontinuierliche Prozess gegenüber dem Chargenprozess deutlichere wirtschaftliche Vorteile aufweist. Dies könnte u.a. durch die steigenden Energiepreise gefördert werden. Geringerer spezifischer Energieaufwand und die Vermeidung von Energiespitzen sollen durch den kontinuierlichen Prozess erreicht werden. Weiterhin bietet die in den letzten Jahrzehnten entwickelte Mess-, Steuer- und Automatisierungstechnik die Voraussetzung, auch kontinuierliche Prozesse ohne großen personellen Aufwand zu automatisieren.

- Wenn der kontinuierliche Prozess in Bezug auf die erforderliche Produktvielfalt, auf die durch jahrgangsbedingte Rohstoffqualitätsschwankungen verursachten Würzequalitätsschwankungen und auf die variabel erforderlichen Produktmengen ein höheres Maß an Flexibilität besitzt. Positiv können hier die langjährigen Produktionserfahrungen mit dem High-gravity-brewing und die vorhandenen biochemischen Erkenntnisse über die Steuerung des Hefestoffwechsels zur Lösung beitragen.
- Wenn das kontinuierliche Gärverfahren auch in Verbindung mit einer chargenweisen Würzeherstellung einen hohen Hygienestandard und ein konsequent kontaminationsfreies Arbeiten ermöglicht. Diese Forderungen können beim jetzigen Stand der Ausrüstungstechnik (Schweißtechnik, effektive Reinigungs- und Desinfektionstechnologien, aseptische Armaturen und Pumpen) wesentlich leichter realisiert werden.
  Förderlich sind auch die aktuell verwendeten externen Kochsysteme, die die Würze im Temperaturbereich von ≥ 103 °C erhitzen und damit die potenziell vorhandenen Sporen bildenden Mikroorganismen deutlicher reduzieren und damit die aseptisch zwischengelagerte Würze weniger mikrobiell anfällig machen.
- Wenn es gelingt, dass die mit der kontinuierlich Gärung und Reifung hergestellten Biere sowohl in ihrer sensorischen Qualität, als auch in ihrer biologischen, kolloidalen, Geschmacks- und Schaumstabilität dem hohen Standard der diskontinuierlich hergestellten heutigen Biere entsprechen. Auch hier hat die Forschung schon viel geleistet.
  Um die mit der Hefevermehrung verbundene Aromabildung in dem gewünschten Bereich zu gewährleisten, ist bei zukünftigen kontinuierlichen Gärverfahren immer eine vorgeschaltete Vermehrungsstufe (Propagationsstufe) mit einem genau bemessenen Sauerstoffeintrag, kombiniert mit einer kontrollierten partiellen Heferückführung, anzuwenden. Ein übertriebener Homogenisierungsaufwand durch Rühren oder Umpumpen ist bei einem kontinuierlichen Gärverfahren nicht erforderlich, er führt zur erhöhten Gefahr eines unerwünschten Sauerstoffeintrages und vor allem zum Verlust an positiven Schauminhaltsstoffen. Es ist wichtig, die Hefezellen im Gärsubstrat nur in Schwebe zu halten, ein positives Modell dazu ist der durchströmte schwebende Hefepfropfen (siehe z. B. APV-Verfahren in Kapitel 10.3.7 und ZKT mit externem Umpumpsystem in Kapitel 8.4.2.6 und 8.4.6).
- Wenn die Vitalität der verwendeten Hefestämme auch bei erhöhten Hefekonzentrationen im Langzeitprozess des kontinuierlichen Verfahrens erhalten bleibt und keine Hefeinhaltsstoffe ausgeschieden werden, die den Geschmack, die Schaum- und Geschmacksstabilität negativ beeinflussen.
  Es gibt jetzt sehr gut differenzierende Analysenmethoden zur Charakterisierung der Vitalität des jeweiligen Hefesatzes, die eine Verfahrensoptimierung der kontinuierlichen Verfahren ermöglichen (s.a. den Überblick in [7]: Kapitel 3.6 und Kapitel 4.4.5.7.3).

Weiterhin können durch die Verfahrensführung Temperaturschocks für die Hefe vermieden werden. In der wärmeren Ausreifungsphase des Bieres kann weiterhin die dafür erforderliche Hefekonzentration sehr deutlich reduziert werden, sodass auch in dieser Warmphase die Gefahr einer Qualitätsschädigung des Bieres durch geschädigte Hefezellen deutlich vermindert werden kann.

Die hier aufgeführten Punkte sollen nur eine erste Anregung geben für eine mögliche Optimierungen von kontinuierlichen Gär- und Reifungsverfahren für die Bierherstellung.

Ein kürzlich vorgestelltes Forschungskonzept (nach [362]) für eine kleintechnische kontinuierliche Gärung und Reifung zeigt, dass die Vorteile eines kontinuierlichen Prozesses noch nicht vergessen wurden. Der Verfahrensvorschlag lehnt sich an die mehrstufigen Verfahren von Gotha (Kapitel 10.3.4), *Wellhoener* (Kapitel 10.3.5) und *Coutts* (Kapitel 10.3.6) an und verwendet dafür aber zylindrokonische Tanks mit einem speziellen Einbau (siehe Abbildung 184).

Folgende Vorteile werden im Vergleich zu einem System mit immobilisierter Hefe gesehen (nach [362]):

- Da sich die Stellhefe frei im Fermentationsmedium bewegt, kann auch ein klassischer Batchprozess simuliert werden, die 1. Stufe ist die klassische Propagationsstufe, die für die Aromabildung wichtig ist.
- Trub- und Hefepartikel können zu unterschiedlichen Zeiten bzw. in unterschiedlichen Stufen abgeschieden und damit getrennt werden.
- Der Betriebsdruck und die Fermentationstemperatur können präzise eingestellt werden.
- Vorhandene zylindrokonische Tankanlagen könnten partiell genutzt und modifiziert umgebaut werden (Einbau einer zentralen Röhre sowie Zu- und Abläufe im Kopfraum).
- Die Funktion, die Unterteilung der einzelnen Stufen, die Reinigung und Erhaltung des Systems sind relativ einfach.
- Entscheidend ist bei einem Zusammenspiel von chargenweiser Würzeherstellung und einem kontinuierlichen Gär- und Reifungssystem die Qualitätssicherung beim Würzemanagement.

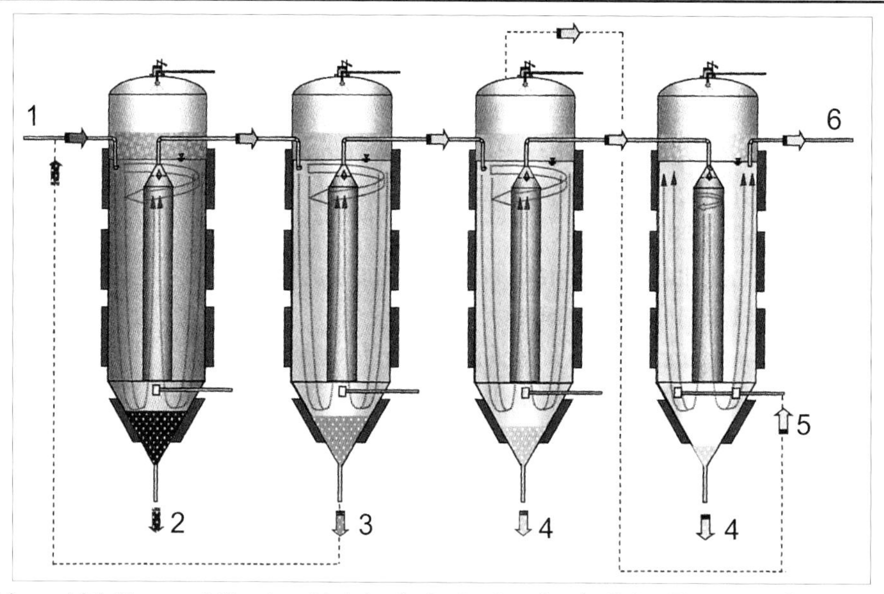

Abbildung 184 Konzept für eine kleintechnische kontinuierliche Fermentation unter Verwendung von zylindrokonischen Tanks nach [362]
1 Würze **2** Trubabscheidung **3** Rückführung der Anstellhefe **4** Abführung der Überschusshefe **5** CO_2-Wäsche oder Nachcarbonisierung **6** Bier

10.6 Dimensionierungsentwurf einer kontinuierlichen Göranlage für die Bierproduktion, Modellbeispiel

10.6.1. Modellvorstellung

Der kontinuierliche Gär- und Reifungsprozess des Bieres mit einem kalkulierten Durchsatz von $\dot{V}$ = 10 hL Bier/h gliedert sich grob mindestens in folgende vier Teilstufen, deshalb wird eine Verfahrenstechnik mit vier Reaktionsbehältern gewählt (Abbildung 185):

- **1.Stufe:** Propagation der Würze, Anstellen der Würze, Hefevermehrung mit Angärung und Gärungsnebenproduktbildung in Verbindung mit der gesteuerten Hefevermehrung mit folgenden technologischen Richtwerten: St_{AW} = 12 %, Vs_{end} = 80 %, Es_{end} = 2,4 %, Sauerstoffgehalt der Würze c_{O2} = 8 mg O_2/L, Fermenterüberdruck zur Dämpfung der Gärungsnebenproduktbildung $p_ü$ = 0,3 bar, $\vartheta_{Würze}$ = 12 °C, Anstellhefekonzentration $c_{H0} = 15 \cdot 10^6$ Zellen/mL;
- **2. Stufe:** Vergärung des Extraktes bis zu einem scheinbaren vergärbaren Restextrakt von $\Delta Es \approx 1$ % unter einem Überdruck von $p_ü$ = 0,3 bar, Esterbildung, Beginn der Hefeklärung, Temperaturanstieg auf ϑ_{Bier} = 15 °C;
- **3. Stufe:** Vergärung des vergärbaren Restextraktes bis $Vs \approx Vs_{end}$, CO_2-Sättigung mit 5...6 g CO_2/L Bier unter einem Überdruck von $p_ü$ = 0,9...1 bar, Reduktion der Jungbierbukettstoffe (Gesamtdiacetylgehalt c_{VD} < 0,1 mg/L, Acetaldehydgehalt c_{Ald} < 10 mg/L), Hefeklärung bis $c_H \approx 5 \cdot 10^6$ Zellen/mL;

- **4. Stufe:** Abkühlung des Biers im Durchlaufverfahren auf $\vartheta \approx 0$ °C, Restklärung der Hefe, Ausbildung der Kältetrübung

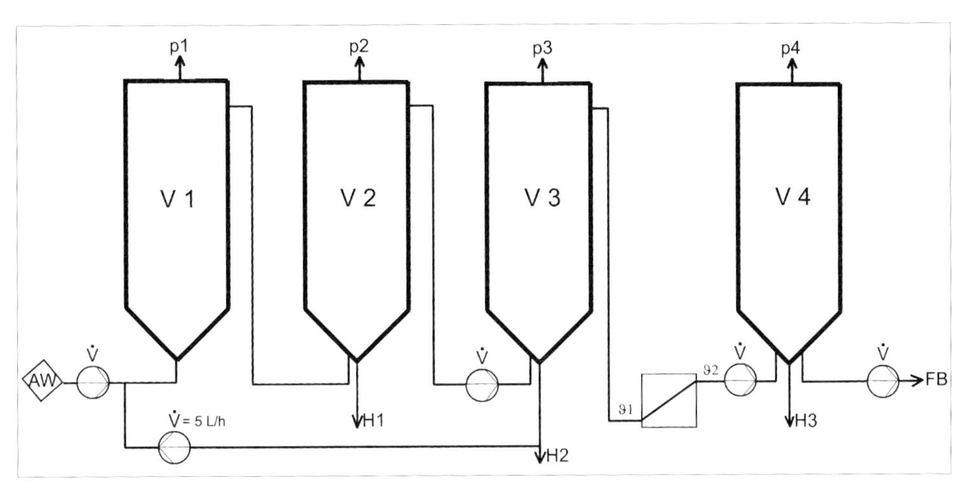

Abbildung 185 Schema einer vierstufigen Konti-Gär- und Reifungsanlage
AW Anstellwürze FB Fertigbier zum Puffertank/Filteranlage V1 bis V4 Behälter
$\dot{V}$ = 10 hL/h H1 bis H3 Abschlämmhefe ϑ1 etwa 15 °C ϑ2 etwa 0 °C p1 und p2: $p_ü$ = 0,3 bar p3 und p4 = $p_ü$ = 0,9...1 bar

10.6.2 Propagationsfermenter V1

Ziel ist eine Hefevermehrung von $c_{H0} = 15 \cdot 10^6$ Zellen/mL (= N_0) auf $c_H \approx 75 \cdot 10^6$ Zellen/mL (= N_t). Bei 12 °C beträgt die Generationszeit der Bierhefe t_G = 12 h [7], daraus ergibt sich die erforderliche Prozessdauer t für diese Hefevermehrung nach folgender Gleichung:

$$t = \frac{t_G(\ln N_t - \ln N_0)}{\ln 2} = \frac{12\,\text{h}(\ln 75 \cdot 10^6\,\text{Zellen/mL} - \ln 15 \cdot 10^6\,\text{Zellen/mL})}{\ln 2} =$$

$$= 27{,}87\,\text{h} \approx \underline{28\,\text{h}}$$

Setzt man die erforderliche Prozessdauer t mit der theoretischen Verweilzeit τ im Fermenter 1 gleich, so ergibt sich das dafür erforderliche Arbeitsvolumen V1 für Fermenter 1 bei einem Durchsatz von $\dot{V}$ = 10 hL/h nach folgender Gleichung:

$$V1 = \dot{V} \cdot \tau = 10\,\text{hL/h} \cdot 28\,\text{h} = 280\,\text{hL}$$

Kalkuliert man einen zusätzlichen Steigraum für Kräusen von ca. 25 % ein, bezogen auf das erforderliche Arbeitsvolumen, so ergibt dies das folgende erforderliche Bruttovolumen V1 für Fermenter 1:

$$V1 = 280\,\text{hL} + (0{,}25 \cdot 280\,\text{hL}) = \underline{350\,\text{hL}}$$

Das Propagationsfermenter-Volumen V1 muss etwa 350 hL betragen

10.6.3 Berechnung der erforderlichen kontinuierlichen Hefedosage in die Anstellwürze

Geht man von einer normalen dickbreiigen Satzhefe mit einer Hefekonzentration von $c_H = 3 \cdot 10^9$ Zellen/mL aus, so ergibt sich die erforderliche stündliche Hefedosage D_H für $\dot{V} = 10$ hL/h ($\hat{=}\ 10^6$ mL/h) und für eine Anstellhefekonzentration von $c_{H0} = 15 \cdot 10^6$ Zellen/mL wie folgt:

$$D_H = \frac{15 \cdot 10^6 \text{Zellen/mL} \cdot 10^6 \text{mL}}{3 \cdot 10^9 \text{Zellen/mL} \cdot \text{h}} = 5 \cdot 10^3 \text{ mL/h} = \underline{5 \text{ L Satzhefe/h}}$$

10.6.4 Kalkulation des erforderlichen Sauerstoff- bzw. Luftbedarfes für den erwünschten Hefezuwachs

Nach [7] werden pro 1 g Zuwachs an Hefetrockensubstanz (HTS_Z) 120 mg Sauerstoff benötigt und es können durchschnittlich $2{,}5 \cdot 10^{-14}$ kg Zelltrockenmasse pro Hefezelle angesetzt werden.

Für den kontinuierlichen Durchsatz von $\dot{V} = 10$ hL/h wurde folgender Zuwachs an Hefezellen kalkuliert:

$$N_t - N_0 = 75 \cdot 10^6 \text{ Zellen/mL} - 15 \cdot 10^6 \text{ Zellen/mL} = 60 \cdot 10^6 \text{ Zellen/mL}$$

Bezogen auf den Durchsatz von 10 hL/h ergibt dies einen Hefezellzuwachs von:

$60 \cdot 10^{12}$ Zellen/(10 hL·h).

Der zu kalkulierende Hefetrockensubstanzzuwachs HTS_Z beträgt damit:

$$\frac{60 \cdot 10^{12} \text{Zellen}}{10 \text{ hL} \cdot \text{h}} \cdot \frac{2{,}5 \cdot 10^{-14} \text{kg HTS}}{\text{Zelle}} = 150 \cdot 10^{-2} \text{ kg } HTS_Z/(10 \text{ hL} \cdot \text{h})$$

$$= 1{,}5 \text{ kg } HTS_Z/(10 \text{ hL} \cdot \text{h})$$

Da 1 g HTS_Z = 120 mg O_2 benötigen, beträgt der stündliche Sauerstoffbedarf im Fermenter 1:

$$= \frac{1500 \text{ g } HTS_Z}{10 \text{hL} \cdot \text{h}} \cdot \frac{120 \text{mg } O_2}{\text{g} \cdot HTS_Z} = 180.000 \text{ mg } O_2/(10 \text{ hL} \cdot \text{h}) = 180 \text{ g } O_2/(10 \text{ hL} \cdot \text{h})$$

Die normal belüftete Anstellwürze enthält ca. 8 mg O_2/L, dies ergibt bei 10 hL/h:

= 8000 mg O_2/(10 hL·h) = 8 g O_2/(10 hL·h)

Damit besteht ein Fehlbetrag von 172 g O_2/(10 hL·h), der durch zusätzliche Belüftung des Fermenters 1 gedeckt werden muss.

10.6.5 Berechnung der für die zusätzliche Belüftung erforderlichen Luftmenge

1 mL O_2 entsprechen unter Normbedingungen (0 °C, 1,01325 bar) = 1,429 mg O_2
Bezogen auf 10 hL und h sind

$$= \frac{172.000 \text{ mg } O_2}{1{,}429 \text{ mg } O_2 / \text{mL}} = 120.363{,}9 \text{ mL } O_2 \approx 120{,}4 \text{ L } O_2/(10 \text{ hL} \cdot \text{h}) \text{ erforderlich.}$$

Bei einem Sauerstoffvolumenanteil von 0,2093 L O_2/1 L Luft beträgt die zur Zusatzbelüftung erforderliche Luftmenge

$$= \frac{120{,}4\,L\,O_2}{10\,hL\cdot h}\cdot\frac{1\,L\,Luft}{0{,}2093\,L\,O_2} = \underline{575{,}3\ L\ Luft/(10\ hL\cdot h)}$$

10.6.6 Gärfermenter V2

Unter Verwendung von Ergebnissen aus diskontinuierlichen, großtechnischen Gärversuchen in ZKT [22] wird folgende ermittelte Regressionsgleichung zur Abschätzung der erforderlichen Gärdauer bei dem vorliegenden kontinuierlichen Gärmodell verwendet (s.a. Kapitel 4.2):

t_{HG} = 10,86·St + 1,44·Vsend - 130,67 B_{mult} = 99,7 % **

t_{HG} = Dauer der Hauptgärung bis zu einem scheinbaren vergärbaren Restextrakt von $\Delta Es \approx 1$ % in h
St = Stammwürze in %
Vs_{end} = Scheinbarer Endvergärungsgrad in %.
Es wurde eine durchschnittliche Vergärung von G_d = 155 kg Ew/(100 hL·24 h) im Ansatz verwendet.

Unter Verwendung der festgelegten Daten für die Anstellwürze ergibt sich folgende erforderliche Prozessdauer für die Vergärung bis zu einem vergärbaren Restextrakt von $\Delta Es \approx 1$ %:

$$t_{HG} = 10{,}86 \cdot 12\,\% + 1{,}44 \cdot 80\,\% - 130{,}67 = 114{,}85\ h \approx 115\ h$$

Da man davon ausgehen kann, dass bereits eine Teilvergärung im Propagationsfermenter V1 stattgefunden hat, reduziert sich die erforderliche Gärdauer im Fermenter V2 auf

$$\tau = 115\ h - 28\ h = \underline{87\ h}.$$

Das erforderliche Arbeitsvolumen V2 für die Durchführung der Hauptgärung beträgt damit:

$$V2 = \tau \cdot \dot{V} = 87\ h \cdot 10\ hL/h = 870\ hL.$$

Geht man von einem Kräusensteigraum von 25 %, bezogen auf das Arbeitsvolumen, als Sicherheit aus, so ergibt sich das Bruttobehätervolumen für den Fermenter V2 zu:

$$V2 = 870\ hL + (0{,}25 \cdot 870)\ hL = 1087{,}5\ hL \approx \underline{1100\ hL}.$$

Das Volumen des Gärfermenters V2 muss etwa 1100 hL betragen.

10.6.7 Reifungsfermenter V3

Als Leitsubstanz für die Reifung eines Bieres wird vorwiegend der Gehalt an Gesamtdiacetyl (Einflussfaktoren und Biochemismus siehe [22]) verwendet. Ein ausgereiftes Bier sollte weniger als 0,10 mg/L Gesamtdiacetyl enthalten. In großtechnischen Versuchen [22**Fehler! Textmarke nicht definiert.**] wurden u.a. folgende Abhängigkeiten der spezifischen Abbaugeschwindigkeit für das Gesamtdiacetyl Δc_{VD} ermittelt:

Bei einem Hefezuwachs von $c_H = 60\cdot10^6$ Zellen/mL: $\Delta c_{VD} = 0{,}6899\cdot10^{-2}$ mg/(h·L)
Bei einem Vsend der Anstellwürze von 80 %: $\Delta c_{VD} = 0{,}8424\cdot10^{-2}$ mg/(h·L)

Eine erste grobe Abschätzung ergibt einen Mittelwert von:

$$\varnothing\ \Delta c_{VD} = 0{,}7662\cdot10^{-2}\ mg/(h \cdot L)$$

Geht man davon aus, dass am Ende der Gärung der Gesamtdiacetylgehalt bei $c_{VD} \approx$ 0,9 mg/L liegt, so erfordert diese mittlere Abbaugeschwindigkeit zum Abbau von 0,8 mg c_{VD} folgende Prozessdauer:

$$\frac{0{,}8\ \text{mg/L}}{0{,}7662 \cdot 10^{-2}\text{mg/(h} \cdot \text{L)}} = 104{,}4\ \text{h}$$

Das erforderliche Arbeitsvolumen V3 für den Reifungsfermenter beträgt damit:

V3 = 104,4 h · 10 hL/h = 1044 hL

Geht man von einem Kräusensteigraum bei der Nachgärung von 15 % bezogen auf das Arbeitsvolumen als Sicherheit aus, so ergibt sich das Bruttobehältervolumen für den Fermenter V3 zu:

V3 = 1044 hL + (0,15 · 1044) hL = 1200,6 ≈ 1200 hL

Das Volumen des Reifungsbehälters V3 muss etwa 1200 hL betragen.

10.6.8 Abkühl- und Klärbehälter V4

Auf dem Transport vom Reifungsfermenter V3 zum Klärbehälter V4 wird das Bier in einem Durchflusskühler von ca. 15...16 °C auf 0 °C abgekühlt. Bei dieser Kaltlagertemperatur bildet sich die Kältetrübung erfahrungsgemäß innerhalb von 24 h aus, um anschließend bei oder vor der Filtration unter Verwendung von Stabilisierungsmitteln entfernt zu werden. Aus Sicherheitsgründen wird eine durchschnittliche Verweilzeit von τ = 48 h kalkuliert. Damit ergibt sich folgendes erforderliches Arbeitsvolumen:

$V4 = \tau \cdot \dot{V}$ = 48 h · 10 hL/h = 480 hL

Aus Sicherheitsgründen wird ein freier Spundraum von 10 % kalkuliert, bezogen auf das Arbeitsvolumen. Damit beträgt das Bruttovolumen des Klärbehälters V4:

V4 = 480 hL + (0,10 · 480) hL = 528 hL ≈ 550 hL

Das Behältervolumen V4 muss etwa 550 hL betragen.

10.6.9 Gesamtbehältervolumen

Das Behältervolumen V einer kontinuierlichen Gäranlage bei den o.g. Bedingungen und $\dot{V}$ = 10 hL/h beträgt damit:

V = V1 + V2 + V3 + V4 = 350 hL + 1100 hL + 1200 hL + 550 hL = **3200 hL**

Fazit: Eine kontinuierliche Betriebsgestaltung bringt keine Beschleunigung gegenüber einem optimierten ZKT-Verfahren. Auch unter den Gesichtspunkten Behältervolumen, Sortimentsvielfalt und Behälterausnutzung sind keine Vorteile zu erwarten.

10.6.10 Erforderliche Hefeabsetzzeit

Um die erforderliche Hefeabsetzzeit abzuschätzen, ist die Höhe der Flüssigkeitssäule im Klärbehälter V4 zu berechnen. Bei einem Behälterdurchmesser d = 3,80 m und einer Konushöhe von h_1 = 2 m ergibt dies ein Konusvolumen von $V_{41} \approx$ 76 hL (Berechnungsbeispiele siehe u.a. in [363]).

Das im zylindrischen Teil befindliche Biervolumen beträgt 480 hL - 76 hL = 404 hL. Daraus ergibt sich eine Flüssigkeitshöhe im zylindrischen Behälterteil von h_2 = 3,56 m. Die gesamte Flüssigkeitshöhe beträgt damit h_F = 3,56 m + 2 m = 5,56 m ≈ 5,6 m.

Bei einem durchschnittlichen Hefezellvolumen von $V_H = 2{,}89 \cdot 10^{-16}$ m³/Zelle und bei einem Hefeagglomerat von 1000 Zellen/Agglomerat beträgt im Bier die berechnete Absetzgeschwindigkeit eines solchen Agglomerates $w = 1{,}23 \cdot 10^{-4}$ m/s (Rechenbeispiele dazu s.a. Kapitel 2.8.2 und [7].

Geht man von der maximalen Flüssigkeitshöhe von h_F = 5,6 m aus, so beträgt die durchschnittliche Hefeabsetzdauer t_a:

$$t_a = \frac{5{,}6\,\text{m} \cdot \text{s}}{1{,}23 \cdot 10^{-4}\,\text{m}} \cdot \frac{\text{h}}{3600\,\text{s}} = 12{,}65\ \text{h} \approx \underline{13\ \text{h}}$$

Die Absetzzeit beträgt etwa 13 h.

10.6.11 Abschätzung des Hefeabschlämmvolumens

Geht man von einer dickbreiigen Satz- und Erntehefe mit einer durchschnittlichen Hefekonzentration von $c_H = 3 \cdot 10^9$ Zellen/mL und der oben kalkulierten 5fachen Hefevermehrung aus, so sind, bezogen auf den Durchfluss von $\dot{V}$ = 10 hL/h etwa 25 L dickbreiige Hefe/h aus dem System zu entfernen.

Die Hefeabschlämmung könnte sich auf folgende Fermenter verteilen:

V2 = 40 % → 10,0 L dickbreiige Hefe/h
V3 = 50 % → 12,5 L dickbreiige Hefe/h,
davon 5 L/h als Satzhefe wieder verwenden!
V4 = 10 % → 2,5 L dickbreiige Hefe/h.

Hinweis: Die in den Berechnungen verwendeten Prozesszeiten wurden in einem diskontinuierlichen Gär- und Reifungsverfahren mit einem 250-m³-ZKT ermittelt. Sie können für den kontinuierlichen Prozess nur als eine erste Orientierung verwendet werden. Hier ist weiterer Forschungsbedarf erforderlich.

11. Obergärige Biere und Besonderheiten der Obergärung

11.1 Bedeutung der obergärigen Biere in Deutschland

In Deutschland liegt der Anteil der gesamten obergärigen Biere am Gesamtbierausstoß zwischen 10...15 %. Die drei wichtigsten obergärigen Biertypen sind

- das süddeutsche Weizenbier (auch bayerisches Weißbier) mit einem Anteil von etwa 8...10 % am deutschen Gesamtbierausstoß;
- das niederrheinische Altbier aus dem Düsseldorfer Raum mit einem Anteil von ca. 1...2 % und
- das Kölsch aus dem Kölner Raum ebenfalls mit einem Anteil von etwa 1...2 %.

Regional ist ihr Anteil am Bierkonsum deutlich höher. Der Anteil des obergärigen Weizenbieres am Bierkonsum liegt in Bayern über 20 % und in Baden-Württemberg über 15 %, er nimmt in Deutschland auch in Richtung Norden stetig zu. Die beiden obergärigen Spezialitäten des Rheinlandes liegen, bezogen Nordrhein-Westfalen, jeweils bei 8...12 %, wobei ihre Hauptabsatzgebiete Düsseldorf und Köln sind.

Eine Berliner Bierspezialität ist das obergärige Berliner Weißbier, ein Schankbier, das aufgrund seines höheren Milchsäuregehaltes hauptsächlich nur in der warmen Jahreszeit getrunken wird.

Im Handel und in Spezialgaststätten werden auch ausländische obergärige Biere in Deutschland angeboten, wie z. B. das irische dunkle Stout von *Guinness* oder die belgischen Klosterbiere (auf diese Biere wird in dieser Publikation bewusst nicht eingegangen).

Die wichtigsten Charakteristika der drei deutschen obergärigen Vollbiere sind in Tabelle 107 zusammengestellt (u.a. nach [364]).

Das Weizenbier zeichnet sich besonders durch seinen hohen CO_2-Gehalt aus, der im Prozess der Gärung und Reifung durch mehrere spezielle Verfahrensvarianten realisiert werden kann.

11.2 Besonderheiten der Obergärung

Prinzipiell wird die Obergärung nach den gleichen Grundregeln geführt wie die Untergärung, wenn sich auch die Prozessführung bei der Obergärung in den folgenden Parametern zur Untergärung unterscheidet:

11.2.1 Verwendete Bierhefe

Bei der Obergärung wird Brauereihefe der Art *Saccharomyces cerevisiae* eingesetzt, die sich in ihrem physiologischen und morphologischen Verhalten sehr deutlich von der untergärigen Brauereihefe unterscheidet (siehe Tabelle 2 in Kapitel 2.2) und damit die Obergärung und den besonderen Charakter der obergärigen Biere bestimmt.

Für die unterschiedlichen obergärigen Biertypen werden deshalb auch unterschiedliche obergärige Hefestämme oder Mischpopulationen verwendet. Sie erzeugen den für obergärige Biere typischen mehr oder weniger starken fruchtigen, aromatischen und z.T. säuerlichen Geschmack.

Tabelle 107 Die drei wichtigsten deutschen obergärigen Vollbiere und ihre Charakteristika

	Maßeinheit	Weizenbier hell	Weizenbier dunkel	Altbier	Kölsch
Weizenmalzanteil	%	≥ 50		ca. 15...20	ca. 20
Sensorische Charakteristik	-	Obergäriges, helles oder dunkles mit hohem Weizenmalzanteil gebrautes Bier, schwach gebittert, stark CO_2-haltig mit typischem Aroma		Obergäriges dunkles Vollbier mit deutlicher Bittere und typischem Aroma	Obergäriges helles Bier mit deutlicher Bittere und typischem Aroma
Stammwürze	%	11,3...12,9		11...12	11,1...11,6
Farbe	EBC-Einh.	7,5...16	25...60	30...45	7...12
Bittereinheiten	BE	10...20		24...30	21...29
CO_2-Gehalt	g/L	6...10		4,5...5,0	4,5...5,0
Vsend	%	80...85		78...85	77...86
Alkohol	Vol.-%	4,5...5,5		4,8...5,5	5,0...5,4
pH-Wert	-	4,1...4,5		4,2...4,5	4,2...4,6
Gärtemperatur	°C	13...21		12...16	12...< 20

Die obergärige Hefe bildet am Ende der Gärung größere Sprossverbände von 8...10 Zellen, die durch den CO_2-Auftrieb bei offenen Gärgefäßen nach oben getragen werden und sich in der Decke auf dem Bier als schaumige Hefedecke abscheiden. Dieses Verhalten unterscheidet die obergärigen Hefen von den untergärigen Hefen, die im Normalfall nach Beendigung der Hauptgärung sich mehr oder weniger stark zusammenballen, durch ihr Flockungs- oder Agglutinationsvermögen den sogenannten Hefebruch bilden, und auf den Bottichboden sedimentieren.

Dieses unterschiedliche Verhalten führte zu der Bezeichnung ober- und untergärige Hefen bzw. Ober- und Untergärung des Bieres. Allerdings führte die Umstellung der Gärsysteme auf geschlossene zylindrokonische Tanks auch bei den obergärigen Hefen dazu, dass durch die große Turbulenz in diesen hohen Behältern die obergärigen Sprossverbände sich nicht ausbilden konnten bzw. wieder zerstört wurden und die obergärige Hefe sedimentierte ebenfalls nach Beendigung der Gärung auf dem Behälterboden.

Bis zum Ende des 19. Jahrhunderts bildeten sich diese unterschiedlichen Kulturhefestämme und Heferassen nur durch natürliche Selektion heraus (s.a. in [7], Kapitel 1 und 2). Es dominierten bis dahin die obergärigen Biere und die obergärige Bierhefe, die sowohl zum Bierbrauen als auch zum Backen verwendet wurde.

11.2.2 Gärführung

Die Obergärung verläuft grundsätzlich bei deutlich höheren Temperaturen als die Untergärung. Da die obergärige Hefe gewöhnlich bei Temperaturen unter 10 °C deutlich langsamer als untergärige Hefe vergärt, wird die Hauptgärung bei 15...25 °C durchgeführt. Die Dauer der Hauptgärung liegt je nach Verfahren zwischen 3 bis 6 Tagen. Da durch die höheren Anstelltemperaturen (15...18 °C) die Gärung wesentlich schneller einsetzt, erfolgt nur eine Hefegabe von 0,2...0,4 L/hL Würze. Die maximal erreichte Hefekonzentration in der Gärung liegt bei $60...80 \cdot 10^6$ Zellen/mL.

Die Würzebelüftung der wärmeren Würzen führte im Gegensatz zur Untergärung auch zu niedrigeren Sauerstoffgehalten in der Anstellwürze. Normal dürften hier Sauerstoffgehalte von 3...4 mg O_2/L Würze gewöhnlich auch ausreichen. Nach dem Anstellen sollte am 1. bis 2. Gärtag bei offenen Gärbottichen zur Sauberhaltung der Oberhefe die ausgeschiedene Schmutzdecke abgehoben werden. In der Phase der intensiven Gärung (am 2. bis 4. Gärtag) beginnt bei den obergärigen Hefen gewöhnlich der Hefeauftrieb (Hefetrieb) und die Ausbildung der Hefedecke. Sie ist am Anfang stark schaumig und je nach Gärtemperatur zwischen 40...60 cm stark, fällt dann beim Nachlassen der Gärung zusammen und bildet eine feste, faltige Hefeschicht.

In dieser Hauptgärphase darf die Kühlung des Bottichs nur sehr vorsichtig erfolgen, da die obergärige Hefe noch temperaturempfindlicher ist als die untergärige Hefe. Bei kalten Gärräumen (Raumtemperatur unter 8 °C) und nicht voll isolierten offenen Gärgefäßen reicht gewöhnlich die Raumkühlung zur Gewährleistung der Temperaturführung aus. Bei kalten Gärgefäßen muss die Anstellwürze sogar noch wärmer zulaufen, um eine gewünschte Anstelltemperatur von z. B. über 18 °C zu erhalten.

Die Gärung erfolgt je nach Biertyp und Verfahren in der Hauptgärphase bis zu einem vergärbaren Restextrakt von ΔEs = 1...2 % oder bis zum Erreichen der Endvergärung.

Folgende Besonderheiten charakterisieren auch die Obergärung im Vergleich zur Untergärung:

- Es findet eine stärkere Bitterstoffausscheidung statt.
- Die pH-Wert-Absenkung in der Gärphase ist stärker, von 5,4...5,7 bis auf 4,0...4,2.
- Eine größere Hefevermehrung findet statt.
- Es werden mehr höhere Alkohole und Ester gebildet (siehe auch Tabelle 2 und Tabelle 108).
- Obergärige Hefen können aus Ferulasäure 4-Vinylguajacol bilden. Im ZKG verringert sich diese Eigenschaft von Führung zu Führung. Eine längere Kontaktzeit mit obergäriger Hefe erhöht den Gehalt an 4-Vinylguajacol.

Tabelle 108 Gärungsnebenprodukte der obergärigen Vollbiere in ppm (u.a. nach [364])

Biertyp	Altbier	Kölsch	Weizen hell	Weizen dunkel
Acetaldehyd	3,0	1,9	5,5	
n-Propanol	17,7	14,7...21,4	0,0...18,8	22,3...26,2
Isobutanol	10,6	5,2...12,5	26,1...42,7	36,9...42,0
Amylalkohole	70,0	37,8...66,5	58,3...93,7	61,1...101,9
∑ Höhere aliphatische Alkohole	56...139	71...120	90...180	
Ethylacetat	22,8	16,8...33,4	14,2...35,4	25,8...32,9
Isoamylacetat	2,5	2,1	4,0	
∑ Ester	25...30	20...35	30...40	
4-Vinylphenol	< 0,1		0,02...2,7	
4-Vinylguajacol	< 0,25		0,2...4,4	

11.2.3 Hefeernte

Die Hefeernte erfolgt am Ende der Gärung, indem man die Oberhefe durch geeignete Geräte abschöpft oder durch eine geeignete Vorrichtung an den Gärgefäßen (Überlaufrinnen, Überlaufrohre, siehe Abbildung 186) überlaufen lässt bzw. sie von dem mitgeführten Bier durch Separation trennt und zur Wiederverwendung aufbewahrt. Je nach Hefestamm und Behältersystem setzt sich ein Teil oder die Hauptmenge der obergärigen Hefe auch am Boden des Gefäßes ab. Dieser Teil wird wie bei der Untergärung geerntet und ebenfalls wieder verwendet. Je nach Zeitpunkt und Ort der Hefeernte kann auch eine bewusste Auslese und gezielte langfristige Veränderung im Verhalten des betrieblichen Hefestammes erreicht werden. So führt z. B. eine ständige frühzeitige Ernte eines Teils der Oberhefe und deren alleinige Weiterführung zu einem immer flockiger werdenden und weniger hoch vergärenden Hefestamm. Bei geschlossenen Großgärsystemen moderner Bauart kann keine Differenzierung zwischen Ober- und Unterhefe bei einer Obergärung mehr erfolgen, und im Interesse einer problemloseren Hefeernte sollte hier der Unterhefeanteil groß sein, d. h., dass das Absetzen der obergärigen Hefe am Ende der Gärung möglichst vollständig angestrebt wird. Ein Temperaturschock (Abkühlung unter 10 °C) fördert dieses Absetzen der obergärigen Hefe.

Eine weitere Variante stellt in Verbindung mit einer Gärung im ZKT der Einsatz von Separatoren dar (s.a. Kapitel 17). Hierbei lässt sich die Hefe ohne vorherige Kühlung des Bieres (also ohne einen möglichen Temperaturschock) ernten. Eine definierte Resthefekonzentration ist einstellbar.

Abbildung 186 Obergäriger offener Gärtank mit Überlauf und Ablaufrinne für die obergärige Erntehefe (Foto: B. H. Meyer; 3. Moskauer Getränkeseminar 2007)

11.2.4 Nachgärung und Konditionierung beim bayerischen Weizenbier und den obergärigen Bieren des Rheinlandes

Da die obergärige Hefe bei Temperaturen unter 10 °C schlecht gärt und die wärmere Gärung natürlich geringere CO_2-Gehalte im Bier realisiert, gibt es folgende Möglichkeiten zur Nachgärung und Konditionierung des obergärigen Bieres, um die gewünschten hohen CO_2-Gehalte zu erreichen:

- Nachgärung durch Vergären des vergärbaren Restextraktes bei Temperaturen um 10 °C und Nachcarbonisierung je nach gewünschtem CO_2-Gehalt und vorherigen Temperatur-Druckverhältnissen.

- Nachgärung des endvergorenen Bieres im klassischen kalten Lagerkeller nach Zusatz der betreffenden Würze (etwa 10 % des Tankinhaltes) und von untergäriger Hefe oder von untergärigen Kräusen des gleichen Biertyps (unbedingt Stammwürze und Bitterstoffgehalt beachten).
- Nachgärung, Konditionierung und Ausreifung in einer der Hauptgärung nachgeschalteten Warmreifungsphase in bis zu mit $p_ü$ = 3...5 bar belastbaren Drucktanks; bei endvergorenen Bieren muss ein *Speisezusatz* in Form von Würze oder obergärigen Kräusen erfolgen.
- Nach dieser Warmreifung schließt sich zur Verbesserung der Kältestabilität und Klärung des Bieres eine normale Kaltlagerung an, wobei die Abkühlung beim Umdrücken schnell über einen Plattenwärmeübertrager erfolgen kann.
- Eine für obergärige Weizenbiere typische Variante der Reifung und Konditionierung war in den früheren Jahrzehnten die Nachgärung und Konditionierung in den Abfüllgebinden (Fässer, Flaschen).
  Bei der Abfüllung des weitgehend endvergorenen Bieres (teilweise bereits filtriert) wird eine genau bemessene Menge Würze und Hefe oder Kräusen zugesetzt und der gewünschte Endgehalt an CO_2 damit eingestellt.
  Für diese Form der Nachgärung eignet sich am besten die untergärige Hefe, da sie sich nach der Vergärung des Extraktes wesentlich fester absetzt und beim Entleeren des Gefäßes das darüber stehende Bier besser blank ist.
- Nachdem die ZKT auch für die obergärigen Biere mit Erfolg verwendet werden, wurden die obergärigen rheinischen Biere ähnlich wie die untergärigen Biere in einer Warmreifung bei Temperaturen von 16...20 °C ausgereift und bei Drücken von $p_ü$ = 2...3 bar Überdruck in der Nachgärphase mit und ohne Kräusen- oder Speisezusatz mit dem gewünschten CO_2-Gehalt angereichert, anschließend kalt gelagert und filtriert.

Ein Beispiel, wie in einer klassisch untergärig arbeitenden Kleinbrauerei das Verfahren zur Herstellung eines obergärigen Weizenbieres mit den dort vorhandenen technischen Einrichtungen realisiert werden kann, zeigen:

- Abbildung 187 mit dem technologischen Schema und den Richtwerten für die Hauptgärung, Warmreifung und für die Kaltlagerphase und
- Abbildung 188 mit dem typischen Verlauf einer Charge.

11.2.5 Probleme bei der Durchführung der Obergärung

Die Gärung und Reifung obergäriger Biere ist prinzipiell in allen Gär- und Reifungseinrichtungen möglich. Bei der Obergärung ist durch die höheren Gärtemperaturen die Infektionsanfälligkeit dieser Biere gegenüber den untergärigen deutlich größer, deshalb muss besonders bei Gärschwierigkeiten schnell gehandelt werden. An die verwendeten Würzen und Hefen sowie an die R/D-Arbeit müssen schärfere mikrobiologische Anforderungen gestellt werden. Bei Gemischtbetrieben (Herstellung von ober- und untergärigem Bier in einem Betrieb) ist eine sichere und vollkommene Trennung der beiden Produktionsbereiche unbedingt erforderlich, da eine Vermischung beider Hefestämme zur Veränderung des Charakters beider Biertypen führen kann und einer Fremdhefeinfektion gleichzusetzen ist.

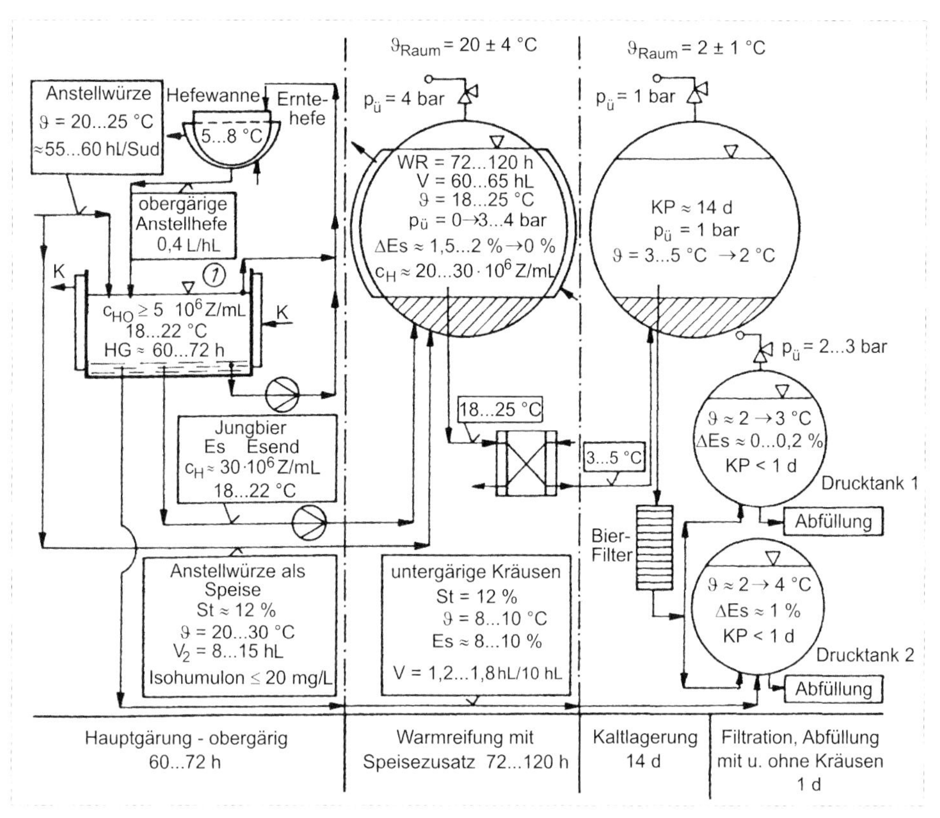

Abbildung 187 Technologisches Schema zur Herstellung eines obergärigen Weizenbieres

V Volumenanteil, **K** Kühlung, **HG** Hauptgärung, **WR** Warmreifung, **KP** Kaltphase, (1) erforderliche Steigraumhöhe etwa 0,5...0,8 m

Da sich die obergärigen Weizenbiere durch einen hohen CO_2-Gehalt auszeichnen (bis über 8 g CO_2/L Bier), erfordert die Abfüllung dieser Fertigbiere entsprechend geeignete Abfüllapparate. Bei der Abfüllung von obergärigem Bier für die Flaschengärung ist ein erhöhter R/D-Aufwand in diesem Prozessabschnitt zu betreiben (weitere Hinweise zur Herstellung obergäriger Biere siehe auch [365], [366], [367], [368], [369], [370], [371]).

11.3 Zu einigen Besonderheiten der obergärigen bayerischen Weizenbiere und ihren Herstellungsvarianten

Die bayrischen Weizenbiere zeichnen sich durch eine deutlich größere Aroma- und Variantenvielfalt aus als die untergärigen Pilsner Biere. So gibt es bei diesen Weizenbieren neben den blank filtrierten Vollbieren, sogenanntem „Kristallweizen", auch Bock- und Starkbiere sowie Vollbiere mit einer deutlichen Hefe- und bzw. oder Eiweißtrübung, die als „Hefeweizen" ausgewiesen werden.

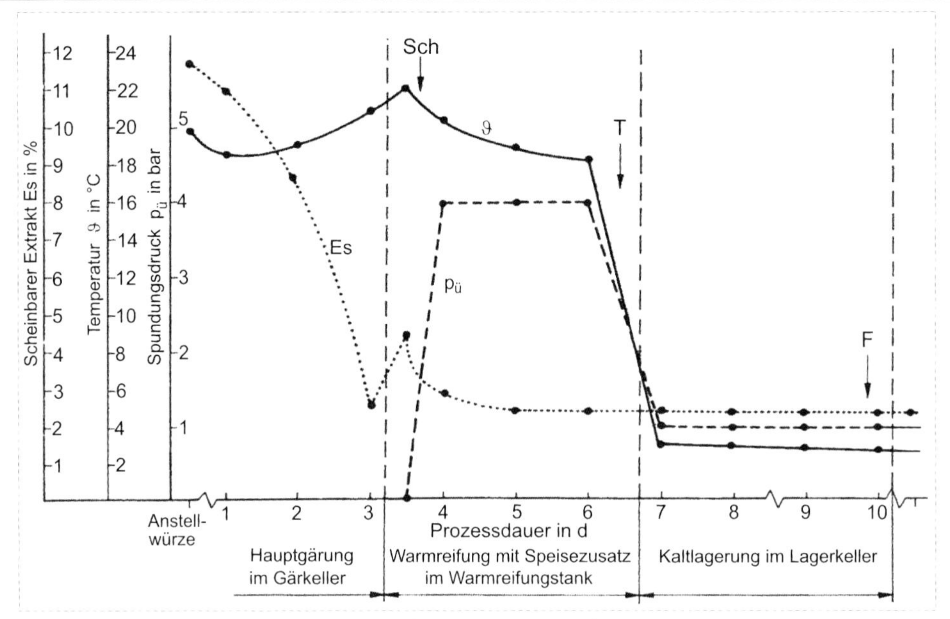

Abbildung 188 Typischer Verlauf der Gärung und Reifung eines obergärigen Weizenbieres

Anstellwürze: St = 11,8 %; Esend = 2,35 %; Vsend = 80,1 %

Sch Schlauchen in den Warmreifungstank mit Speisezusatz **T** Tiefkühlung mittels PWÜ und Umdrücken in einen Lagertank **F** Filtration und Abfüllung mit und ohne Kräusenzusatz

Die Sortenvielfalt bei den obergärigen Weizenbieren spiegelt sich auch beim wichtigsten Bierwettbewerb, dem European Beer Star, wider. Hier konnten 2019 neben belgischem Witbier (mit Koriander und Orangenschalen aromatisiertes Weizenbier) und alkoholfreiem Weizenbier Weizenbiere in 8 verschiedenen Kategorien zur Bewertung eingereicht werden (weitere Hinweise siehe [372]).

11.3.1 Aromatypen der bayrischen Weizenbiere

Zur Sortenvielfalt kommen bei den Weizenbieren die unterschiedlichsten Aromatypen, insbesondere bei den Hefeweizen, die z. B. ausgestattet sind mit einem:

- Neutralen Aroma;
- Bananenartigen Aroma;
- Fruchtigen Aroma;
- Gewürznelkenartigen, phenolischen Aroma;
- Hefigen Aroma.

Diese Aromakomponenten werden vor allem durch die in Tabelle 109 ausgewiesenen Leitsubstanzen charakterisiert.

Tabelle 109 Aromakomponenten und ihr Aromaeindruck in Weizenbieren (Englmann [373])

Leitsubstanz	Aromaeindruck	Geschmacksschwelle in mg/L	Messwerte in mg/L
Isoamylacetat	Fruchtig, nach Eisbonbon, Indikator für Banane	1,0...1,6	0,5...8
Ethylacetat	Fruchtig, lösungsmittelartig	25...30	10...50
4-Vinylguajacol	Gewürznelke	1,5	0,5...4
2-Phenylethanol	Rose	25...30	15...45

Tabelle 110 Weizenbierhefestämme der Hefebank Weihenstephan (nach Englmann [373])

Hefestamm	Charakteristische Merkmale
W 68	In 90 % aller Betriebe vorhanden.
W 175	Abkömmling von W 68, bildet mehr Ester und 4-Vinylguajacol
W 127	Bildet etwas mehr Ester und 4-Vinylguajacol als W 68, pH-Wert des fertigen Bieres etwas höher
W 214	Keine Besonderheiten

Die Aromavielfalt wird vor allem durch den Stoffwechsel der unterschiedlichen betrieblichen obergärigen Weizenbierhefestämme erzeugt. Dazu bietet die Weihenstephaner Hefebank die in Tabelle 110 ausgewiesenen Hefestämme für die Weizenbierherstellung an.

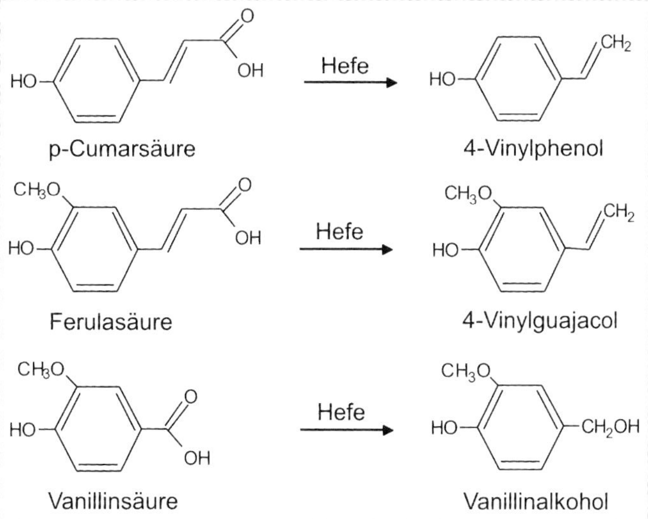

p-Cumarsäure → Hefe → 4-Vinylphenol

Ferulasäure → Hefe → 4-Vinylguajacol

Vanillinsäure → Hefe → Vanillinalkohol

Abbildung 189 Typische phenolische Aromabildung der Weizenbierhefen (Decarboxylierung der Phenolcarbonsäuren zu Phenolen bzw. deren weitere Reduktion zu Phenolethanol, siehe z. B. Vanillinalkohol)

Während die aromaintensiven Ester und höheren Alkohole bei der Obergärung durch die gleichen technologischen Einflussfaktoren wie bei der Verwendung von untergärigen Hefen beeinflusst werden (siehe Zusammenstellungen in Kapitel 4.5.2 und 4.6.2), werden die aromaintensiven phenolischen Verbindungen nur von ausgewählten obergärigen Hefestämmen in geschmacksbeeinflussender Konzentration gebildet. Diese Hefestämme decarboxylieren die aus dem Malz stammenden sensorisch neutralen Phenolcarbonsäuren zu aromaintensiven Phenolen, die auch zu Phenolethanolen weiter reduziert werden können (siehe Abbildung 189). Die Leitsubstanzen sind das aus der Ferulasäure entstehende 4-Vinylguajacol (Geschmackseindruck: gewürznelkenartig) und das aus der p-Cumarsäure entstehende 4-Vinylphenol (Geschmacksschwellenwert für 4-Vinylphenol in Wasser: 200 ppb; Geschmackseindruck: phenolisch, medizinisch, adstringierend bitter).

11.3.2 Möglichkeiten zur Beeinflussung des Aromas

11.3.2.1 Zur Verstärkung des Weizenbieraromas, besonders des Phenolgeschmackes

- Entscheidend ist für den betonten Phenolgeschmack die Auswahl des verwendeten Kulturhefestammes, denn ausschließlich ausgewählte obergärige Kulturhefestämme sind nur in der Lage, sensorisch erwünschte Phenole in der erforderlichen Konzentration durch die Decarboxylierung von Phenolcarbonsäuren zu bilden (zu den biochemischen Reaktionen s.a. [374], [375].
- Kontaminationen mit Termobakterien sowie Wildhefen führen auch zur verstärkten Umwandlungen der Phenolcarbonsäuren zu Phenolen und verursachen auch in untergärigen Bieren einen gefürchteten Infektionsgeschmack.
- Die wichtigsten Phenolcarbonsäuren der Malze sind Ferula- und p-Cumarsäure als Vorläufer des 4-Vinylguajacols und des 4-Vinylphenols.
- Eine deutlichere Ausbildung dieses Gewürznelkenaromas kann auch durch eine verstärkte Freisetzung der Ferulasäure mithilfe einer Maischerast im Temperaturbereich um 45 °C erreicht werden [376].
- Maische-pH-Werte von 5,7...5,8 fördern die Freisetzung der Ferulasäure.
- Eine Erhöhung der Phenolcarbonsäuren in der Würze erfolgt durch die Auslaugung der Treber mit den Nachgüssen beim Läutern, das Würzekochung führt zur Verminderung der Phenolcarbonsäuren.
- Die Phenolcarbonsäuren selbst sind im Bier sensorisch nicht feststellbar.
- Für die Bildung der Phenole ist der Weizenmalzanteil unbedeutend, denn für eine sensorisch ausgeprägte Bildung von Phenolen sind auch die geringen Mengen an Phenolcarbonsäuren im Gerstenmalz voll ausreichend, deshalb sollten mindestens 40 % Gerstenmalzanteil in der Schüttung eingesetzt werden.
- Bei den Gärverfahren werden bei der offenen Gärung höhere Mengen an Phenolen gebildet, besonders bei höheren Gärtemperaturen von 20...24 °C.

- Durch den Druckeinfluss wird in der geschlossenen Gärung die Phenolbildung von Führung zu Führung reduziert. Deshalb sollte der Hefesatz hier nur eine 1...2mal geführt werden.
- Eine frühzeitige Hefeernte fördert die Reinheit des Geschmackes.
- Als Richtwerte für das Gewürznelkenaroma werden u.a. folgende Werte im Weizenbier angenommen:
  - < 700 ppb 4-Vinylguajacol → zu neutral
  - 1200...2500 ppb 4-Vinylguajacol → optimal
  - > 3000 ppb 4-Vinylguajacol → zu phenolisch

  Anzustreben sind 4-Vinylguajacol-Gehalte von 1,5...2 ppm.

Nach neueren Untersuchungen von *Vanbeneden* [377] kann die 4-Vinylguajacol-Konzentration bei obergärigen Bieren u.a. durch folgende Faktoren beeinflusst werden, wobei der Haupteinfluss durch die Eigenschaften des gewählten Hefestammes bestimmt wird:

- Höhere Gärtemperaturen (von 14 °C → 24 °C) erhöhen die Konzentration;
- Drucklose Gärung fördert die Bildung von 4-Vinylguajacol, Druckanwendung reduziert die Bildung;
- Auf dem Boden abgesetzte obergärige Hefe produziert beim Wiedereinsatz mehr 4-Vinylguajacol als reine Oberhefe;
- Die 4-Vinylguajacol-Konzentration steigt erst deutlich an, nachdem der Extrakt weitgehend vergoren ist;
- Steigende Ferulasäurekonzentrationen in der Würze fördern die Bildung von 4-Vinylguajacol;
- Die Hefeanstellkonzentration ($5...15 \cdot 10^6$ Zellen/mL) und der pH-Wert-Bereich (4,2...5,7) haben keinen deutlichen Einfluss auf die 4-Vinylguajacol-Konzentration;
- Bei der Lagerung von obergärigem Bier bei 20 °C unter Alterungsbedingungen nimmt die 4-Vinylguajacol-Konzentration ab, es entsteht daraus durch Oxidation Vanillin (ein zunehmender Vanillingeschmack ist feststellbar).

11.3.2.2 Der Einfluss der Gärgefäßform auf die Aromabildung

- Einen großen Einfluss auf die Bildung von Isoamylacetat und 4-Vinylguajacol haben auch die durch die Gärgefäßform und -abmessungen verursachten Turbulenzen im Gärgefäß.
- Die zunehmende Turbulenz und damit der intensivere CO_2-Abgasstrom (Gärbottich < liegender Tank < stehender Tank < ZKG) vom Gärbottich bis zum ZKG führte unter sonst vergleichbaren Bedingungen zu einer deutlichen Abnahme der Isoamylacetat- und 4-Vinylguajacol-Konzentration.
- Besonders auffällig ist auch die Abnahme der Aromabildung im ZKG von Führung zu Führung eines obergärigen Weizenbierhefestammes, sodass eine Reinzuchthefe nicht öfter als 2...3mal im ZKG geführt werden sollte.
- Aus diesem Grunde wurde für Vergärung von Hefeweizenbieren in ZKG auch eine Reduzierung der Konvektion empfohlen, die durch die Einhaltung eines Verhältnisses von Behälterdurchmesser : Flüssigkeitshöhe ≤ 1,5 und durch den Einsatz eines flachkonischen Tanks erreichbar ist.

11.3.2.3 Zur Verstärkung des Bananenaromas

Durch eine Erhöhung der Glucosekonzentration in der Würze (Spezialmaischverfahren zur Förderung der Maltase, Zusatz von Glucosesirup in Ländern ohne Deutsches Reinheitsgebot) kann das Bananenaroma, d. h. die Isoamylacetatkonzentration verstärkt werden. Dieses Gärungsnebenprodukt wird für den blumigen Geschmack des Weizenbieres verantwortlich gemacht.

11.3.3 Verfahrensvarianten bei der Gärung und Reifung von obergärigem Weizenbier

Allgemeine Hinweise

- Der hohe Anteil an eiweißreicheren Weizenmalzen in der Schüttung erfordert zur Unterstützung der Bierklärung einen intensiveren Maischprozess im Temperaturbereich der proteolytischen Enzyme und ein intensives Dekoktionsmaischverfahren und Würzekochen.
  Die Farbeinstellung bei den dunklen Weizenbieren erfolgt durch Zusätze von hellem und dunklem Cara-Malz in der Schüttung.
- Normal verläuft die Hauptgärung bei 13...21 °C in 3...4 Tagen bis zum Vsend.
- Grundsätzliche Varianten für die Hefeweizenherstellung sind:
  - Biere mit und ohne Zwischenlagerung im Tank nach der Hauptgärung,
  - Filtrierte („Kristallweizen") und unfiltrierte Biere („Hefeweizen"),
  - Flaschennachgärung mit ober- oder untergäriger Hefe,
  - unterschiedliche Nachgärextrakte (Ziel: Vsend – Vs = 12 %) durch:
    - Abstoppen der Gärung durch Kühlung;
    - Zusatz von 6...7 % sterilisierter Vorderwürze + 0,1 % Hefe;
    - Zusatz von Ausschlagwürze (dominiert in Deutschland) + Hefe;
    - Zusatz von untergärigen Kräusen (Es = 9...10 %);
    - Hefefreies Weizenbier mit Hefezusatz vor der Abfüllung.

Es werden dabei folgende Varianten angewendet:

Hefeweizen-Variante 1: (Klassisches Verfahren der Hefeweizenherstellung mit Flaschengärung):

- Normale Hauptgärung, Hefeernte durch Abheben oder nach dem Schlauchen aus dem Bottich, aus dem ZKG vor dem Schlauchen;
- Jungbier im Mischbottich mit langsam laufendem Rührwerk (8...12 U/min) mit Speise und evtl. 0,1 % untergäriger Hefe mischen;
- Differenz zwischen Mischungsextrakt und Esend auf ΔEs = 1,2...1,3 % einstellen und Abfüllung in Flaschen;
- Da die Gärung intensiv abläuft, darf der Inhalt des Mischtanks nur so groß sein, dass er für 2 Abfüllstunden reicht, evtl. Speise nachgeben.

Hefeweizen-Variante 2: (etwas abgewandelte Variante 1):

- Jungbier teilweise oder vollständig filtrieren;
- Speise vor dem Filter in die Bierleitung drücken;
- Danach obergärige, untergärige oder ein Gemisch beider Hefen im Mischtank zugeben und Abfüllung in Flaschen.

Hefeweizen-Variante 3:

- Jungbier wird im Lagerkeller bei 5...6 °C ungespundet gelagert (geringfügige Nachgärung);
- Bewirkt Klärung im Lagertank, die dort mit Hausenblase unterstützt werden darf (Anwendung in der Flasche verboten);
- Eine Filtration kann dadurch entbehrlich sein;
- Dann Zusatz von Speise und Hefe im Mischtank und Abfüllung in Flaschen.

Hefeweizen-Variante 4:

- Statt untergäriger Hefe können auch untergärige Kräusen mit einem Vs = 30 % (Es = 9...10 %) bis zu 15 % der Menge eingesetzt werden;
- Bei richtiger Einstellung von Menge und Extraktgehalt (= CO_2-Gehalt in der Nachgärung der Flasche) kann auf eine Extraspeise verzichtet werden;
- Vergärung beim Abfüllen beachten!

11.3.4 Nachbehandlung des auf Flaschen abgefüllten Weißbieres

Variante 1: Klassische Flaschenlagerung (Flaschengärung ohne Tankzwischenlagerung)

- Gärkellerjungbier mit oder ohne vorherige Filtration im Mischbottich mit Speise und untergäriger Hefe versetzt abfüllen, bei der Flaschennachgärung soll ein CO_2-Gehalt von ca. 0,75 % erreicht werden.
- Flaschenlagerung in 2 Stufen:
  1.Stufe: Warmgärung in (2)...5...7 Tage bei 12...15...20 °C halten, pro Mischtankcharge 2 Flaschen mit aufgestecktem Kontrollmanometer, bis ein Spundungsdruck von 1,5...2...(2,5) bar erreicht wurde und eine Klärung im Bier erkennbar wird; c_{VD} < 0,1 mg/L, ΔEs ≈ 0,1...0,2 %. Zu lange Warmgärung fördert hefigen, unangenehmen, fauligen Geschmack und trübe Biere.
  2. Stufe: Dann Flaschen in den kalten Keller (2...5 °C) umlagern oder thermostatierten Raum von Heizung auf Kühlung umstellen. Kaltlagerung 2...4 Wochen, Druck bleibt bei 2...(3) bar;
- Bei Dosierung von untergärigen Kräusen ist eine Lagerung bei einheitlich 5...7 °C möglich, aber maximal 4 Wochen.

Variante 2: Flaschengärung mit Tankzwischenlagerung

- Nach der Hauptgärung abkühlen des Jungbieres auf ca. 8 °C und in eine kalte Tankkellerabteilung (5 °C) ohne Spundung schlauchen. Bier soll hier den Vsend erreichen, Klärung und Reifung, c_{VD} < 0,1 mg/L.
- Je nach Bedarf Bier unter Zusatz von Speise grob filtriert in dem Mischbottich mit untergäriger Hefe versetzen und Abfüllen in Flaschen.
- Nachgärung in 2 Stufen , wie bei Variante 1.
- Vorteile dieser Variante:
  - Unabhängig vom Sudhaus,
  - Verbesserung der Bierqualität,

- Zusatz von Adsorptionsmittel erlaubt,
- Gesamtdiacetyl vor der Mischung unter 0,1 mg/L.

Variante 3: in Brauereien mit hefefreiem Weizenbier

- Wie hefefreies Weizenbier bis zur Ausstoßreife behandeln, Spundungsdruck ist nur auf einen CO_2-Gehalt von 0,6 % eingestellt.
- Bei der Filtration wird soviel Speise zugesetzt, dass ΔEs = 0,4 % beträgt.
- Auf dem Weg zum Füller wird dem Bier mit einer genau arbeitenden Dosierpumpe unter-, obergärige oder ein Gemisch von beiden Hefen zu dosiert.
- Dosierpumpe muss mit dem Füller synchron laufen.
- Dieses Bier hat seine Ausreifung im Lagerkeller bereits erfahren und kommt mit der üblichen Lagerung im Stapelraum und seinen Temperaturen aus, damit sich die Hefe absetzt.
- Vorteile der untergärigen Hefe für die Flaschennachgärung:
  - Obergärige Hefe setzt sich schlechter ab;
  - Obergärige Hefe autolysiert schneller als untergärige Hefe;
  - Deshalb für längere Vertriebswege untergärige Hefe einsetzen.

11.3.5 Zur Herstellung einer relativ konstanten Trübung im abgefüllten Hefeweizen

Um die großen Schwierigkeiten bei der Einstellung einer konstanten Hefetrübung mit geringem, festsitzenden Bodensatz in der abgefüllten Flasche zu umgehen, insbesondere bei den lang haltbaren Hefeweizenbieren, hat sich u.a. folgende Technologie bewährt:

- Klärung des endvergorenen, ausgereiften, CO_2-haltigen Hefeweizenbieres mittels einer Zentrifuge oder einer mittelscharfen Kieselgurfiltration so, dass die Hefe weitgehend entfernt ist;
- Vor der Abfüllung erfolgt eine Kurzzeit-Erhitzung mit Temperaturen von mindestens 76 °C, um die groben Partikel der ausgebildeten Kältetrübung und den Klärtrub aufzulösen, damit sich diese bei der anschließenden Abkühlung wieder als relativ stabiler Feinsttrub ausscheiden. Empfohlen wird eine thermischen Belastung von > 100... 200 Pasteurisiereinheiten [373].
- Nach neueren Untersuchungen von *Schwarz* [378], [379] und *Jacob* und *Tiesch* [380] wurde in Verbindung mit der Bestimmung der Partikelverteilung der Trübungspartikel vor und nach einer Hoch-Kurzzeit-Erhitzung des Weißbieres bei 60...80 °C festgestellt, dass es durch die Erhitzung nicht zu einer Verfeinerung der Trübungspartikel kommt, sondern zu einer Vergröberung. Die feinen Nanopartikel werden zu gröberen Trübungspartikeln bis zu 1 µm umgewandelt bei gleichzeitiger Abnahme des noch koagulierbaren Stickstoffs.
  Die Partikelverteilungskurven wurden mit steigender thermischer Belastung steiler (d. h., das Partikelgrößenspektrum wurde kleiner), wobei x_{50}-Werte (= 50 % der Partikelsumme) im Bereich von 350...600 nm positiv für die Trübungsstabilität waren.
- Nach *Englmann* [373] sowie *Jacob* und *Tiesch* [380] wird die Trübungsstabilität weiterhin gefördert durch:
  - den Gehalt an Feinsteiweiß mit einer Partikelgröße von 0,2...0,3 µm;

- α-Aminostickstoffgehalte der Würze von FAN > 160 mg/L;
- Weizenmalze mit einem Rohproteingehalt von > 12 % und einem Gehalt an Gesamtlöslichem Stickstoff von > 750 mg/100 g Malztrockensubstanz;
- einen Gehalt an noch koagulierbarem Stickstoff in der Anstellwürze von > 40 mg/L und > 30 mg/L nach der Hauptgärung;
- einen Bier-pH-Wert von > 4,25 (tiefere pH-Werte fördern das Ausklaren);
- der Einsatz einer Zentrifuge, die die gröberen Bestandteile entfernt;
- die thermische Behandlung des noch warmen Bieres (z. B. bei einer nachgeschalteten Flaschengärung) bzw. wenn das abzufüllende Bier einen Tag vor der Abfüllung einer kurzen Druckentlastung unterzogen wird (führt zum Aufsteigen der sedimentierten Trubstoffe)
- kalte Lagertemperaturen im Tank vor der Abfüllung (< 5 °C).

❒ Eine Vorhersage der Trübungsstabilität ist nach [379], [380] ca. 2 Wochen nach der Abfüllung mit einer Trübungsmessung durch die parallele Erfassung der Streulichtintensität bei einem Winkel von 90° (erfasst hauptsächlich die Partikelgröße < 0,5 µm) und bei einem Winkel von 25° (erfasst vorwiegend die Partikelgröße > 0,5 µm) möglich. Dazu werden im hefefreien Überstand die beiden Trübungswerte gemessen und die Verhältniszahl Vz 90°/25° berechnet. Es wurde der in Abbildung 190 dargestellte Zusammenhang ermittelt.
Weiterhin werden die in Tabelle 111 ermittelten Werte zur Bewertung der Trübungsstabilität vorgeschlagen. Trübungsstabile Biere sollen auch eine 90°-Anfangstrübung (gemessen bei 20 °C) von >20 EBC-Einheiten besitzen.

❒ Die Trübungsstabilität des bayrischen Weißbieres wird definiert als der Zeitraum Δt vom Zeitpunkt der Abfüllung bis zur Unterschreitung eines Trübungswertes von 30 EBC-Einheiten, gemessen als 90°-Trübungswert bei 12 °C (Trinktemperatur) im hefefreien Überstand.

❒ Die thermische Behandlung des Bieres wird nach [373] auch bei einer nachgeschalteten Flaschengärung des Hefeweizens mit folgender Reihenfolge empfohlen:
- Druckloses Bottichbier am Ende der Hauptgärung mit 15...20 °C zentrifugieren und thermisch behandeln,
- dann im Mischtank mit untergärigen Kräusen bzw. je nach vergärbarem Restextrakt mit untergäriger Hefe versetzen, Abfüllen mit anschließender Flaschengärung und kälterer Flaschenreifung.

Tabelle 111 Richtwerte für die Trübungsstabilität von abgefüllten Hefeweizenbieren (nach [379], [380])

Verhältniszahl der EBC-Trübungseinheiten bei 90°/25° [1])	Bewertung der Trübungsstabilität
< 0,7	Keine Trübungsstabilität
> 0,9	Gute Trübungsstabilität

[1]) gemessen im hefefreien Bierüberstand

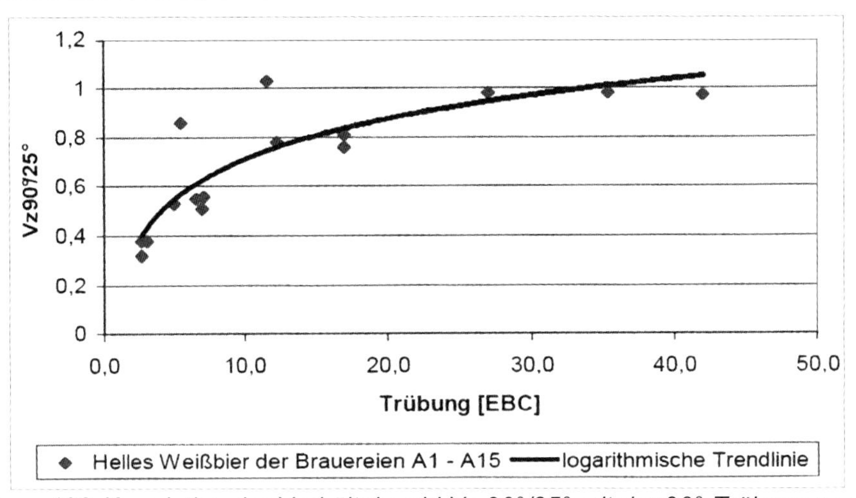

Abbildung 190 Korrelation der Verhältniszahl Vz 90°/25° mit der 90°-Trübung nach 10 Wochen (nach [380])

11.3.6 Weizenbierherstellung im ZKG

- Warmgärung und -reifung bei 18...24 °C unter steigendem Druck (bei 3 bar Überdruck und 24 °C liegt der CO_2-Gehalt bei > 6 g/L);
- In der Reifung Diacetylabbau abwarten;
- Danach im ZKG von 20...24 °C auf 7 °C abkühlen;
- Dann Hefe abschlämmen;
- Abkühlen auf -1 °C im Tank (Eintankverfahren) oder über Biertiefkühler im Umpumpverfahren.
- Die Verwendung eines Separators vereinfacht die Klärung und nachfolgende Filtration.

11.3.7 Hefelagerung und Hefemanagement bei obergäriger Hefe

- Bei 3...4 °C ist die Erntehefe bis zu 4 Tage unter Bier normalerweise lagerfähig.
- Üblich sind 5...15 Führungen des Hefesatzes, bei guter Qualität (zuverlässiger Kontrolle) auch länger.
- Hefe kann aber nach 2...3 Führungen die Fähigkeit zur Bildung von 4-Vinylguajacol verlieren.
- Deshalb ist eine regelmäßige Nachzucht, wie bei der Untergärung erforderlich.
- Eine längere Hefeführung liefert neutralere Biere mit einem etwas estrigen Aroma.
- Eine Differenzierung zwischen der am Boden und oben in der Decke ausgeschiedenen Hefe ergibt bei einer offenen Bottichgärung oben immer flockigere, zu früh ausgeschiedene, niedrig vergärende Hefe.

11.3.8 Zur Herstellung von Kristallweizen

- Gebraut wird mit 50...70 % Weizenmalz + färbenden Spezialmalzen, meist mit St = 12,5...13 % und einer Farbe von 8...12 EBC-Einheiten.
- Die Hauptgärung erfolgt bis ΔVs = 12 % unter dem Vsend-Wert, danach ohne Abkühlung in den Warmtank schlauchen und im Warmtank Spunden auf 4...5 bar Überdruck.
- Nach 3...7 d auf 8 °C abkühlen und in einen Kalttank unter Zusatz von Hefe oder Kräusen schlauchen.
- Innerhalb von 10 d auf 0 °C und unter 5 bar Überdruck abkühlen.
- Eine Woche vor der Filtration kühlt man auf -2 °C ab und hält diese Temperatur bis zur Filtration und Abfüllung.

11.3.9 Einige Forderungen und gesetzliche Bestimmungen in Deutschland bei der Herstellung von obergärigen Weizenbieren

- Es ist eine strikte Trennung der Produktionsbereiche in der Fermentation zwischen Unter- und Obergärung, besonders bei der Hefereinzucht, der Hefeherführung, den Gär- und Reifungstanks, den Umpumpleitungen und der Hefeaufbewahrung zu gewährleisten.
- Ein strenges CIP-Regime und ein erhöhter CIP-Aufwand sind erforderlich.
- Mindestens 50 % Weizenmalz sind einzusetzen.
- Max. dürfen nur 15 % untergärige Kräusen oder 0,1 % untergärige Hefe zugesetzt werden.
- Die Klärung mit Hausenblase ist nur vor der Abfüllung und Filtration zulässig, sie darf nicht in die Flasche kommen.

11.3.10 Einige technische Voraussetzungen zur Herstellung von Weizenbieren

- Bei Gemischtbetrieben völlig getrennte Abteilungen und Systeme für die Gärung, die Reifung, das Hefemanagement und für die Reinigung und Desinfektion.
- Bei offener Hauptgärung Gärtanks mit Hefeüberlaufrinnen und speziellen Hefeauffangbehältern zur Gewinnung der Oberhefe, für die Volumenplanung ist ein Steigraum von 0,5...0,7 m zu berücksichtigen.
- Bei einer geschlossenen Gärung beträgt der mögliche Nenninhalt im ZKG nur ca. 50...60 % des Bruttovolumens.
- Drucktanks für die Nachgärung und Reifung, die je nach Verfahren für $p_{ü}$ = 3...5 bar und die individuelle Kühlung ausgelegt sind.
- Mischsysteme für CO_2-haltige Flüssigkeiten ohne Sauerstoffeintrag.
- Eine Feindosierung für dickbreiige Hefe.
- Kalibrierte Messsysteme zur Volumenmessung CO_2-haltiger Getränke.
- Für die thermische Behandlung der fertigen Hefeweizenbiere sind die zulässigen Betriebsdrücke der KZE-Anlage entsprechend den hohen CO_2-Gehalten für die CO_2-Sättigungsdrücke dieser Biere auszulegen (z. B. Sättigungsdruck bei 76 °C und 8 g CO_2/L: $p_{ü}$ = 14 bar).

11.4 Zur Herstellung von niederrheinischem Altbier

Das niederrheinische Altbier aus dem Raum Düsseldorf weist folgende Besonderheiten auf:

- Die Schüttung besteht aus 10...20 % Weizenmalz, Wiener Malz (ca.70%) oder Münchener Malz (teilweise bis ca. 90 %, 20 % bei Einsatz von Wiener Malz), Karamelmalz und Pilsener Malz.
- Die Einstellung der Farbe erfolgt durch Einsatz von Röstmalz (ca. 1 %), Röstmalzbier oder Zuckerkulör, alle diese Komponenten haben auch einen Einfluss auf den Biercharakter.
- Alle Maischverfahren sind im Einsatz.
- Die Hopfengabe erfolgt in 3...5 Teilgaben.
- Die Anstelltemperatur liegt zwischen 14...16 °C.
- Es werden für das Altbier selektierte obergärige *Saccharomyces*-Hefen verwendet.
- Es wird mit ca. $15 \cdot 10^6$ Zellen/mL angestellt.
- Die Maximaltemperatur während der Gärung liegt bei 20 °C.
- Nach 3...4 Tagen wird geschlaucht und bei 0 °C gelagert.
- Das Bier zeichnet sich mit ca. 30 BE im Mittel durch eine Betonung der Bittere und eine sehr gute Schaumhaltbarkeiten aus.

11.5 Zur Herstellung von Kölsch

Die Herstellung des obergärigen Kölsch ist regional auf Köln und Umgebung beschränkt und darf nach der Kölsch-Konvention auch nur in diesem Raum produziert werden. Folgende Merkmale weist dieses Bier auf:

- Die Schüttung kann bis zu 20 % aus Weizenmalz bestehen, weiterhin wird auch Wiener Malz und bis zu 40 % der Gesamtschüttung Münchner Malz eingesetzt, die meisten Biere werden jedoch aus 100 % Gerstenmalz gebraut.
- Es werden alle Varianten der Maischverfahren angewendet.
- Es werden für das Kölsch selektierte obergärige *Saccharomyces*-Hefen verwendet.
- Bei der Bottichgärung erfolgt die Hauptgärung bei 14...18 °C in 3...4 Tagen, dann wird auf 8...10 °C abgekühlt und geschlaucht.
- Bei der Tankgärung im ZKG wird bei 14...16 °C mit $15 \cdot 10^6$ Zellen/mL angestellt und die Gärung maximal bis 20 °C geführt.
- Nach 3...4 Tagen wird geschlaucht.
- Die Lagerung erfolgt teilweise noch 4...8 Wochen bei 4...5 °C. Bei einer an die Gärung nachgeschalteten Warmreifung, ähnlich den untergärigen Bieren, erfolgt danach bei 0...-1 °C eine ca. 14tägige Kaltlagerung.
- Das Bier hat einen hopfenbetonten Charakter, wobei die Bitterstoffkonzentration in den letzten Jahren tendenziell abgenommen hat.

11.6 Das Berliner Weißbier

Das Berliner Weißbier ist ein lichthelles, hoch vergorenes, säuerlich und mild schmeckendes, wenig gebittertes, unfitriertes obergäriges Schankbier mit einem hohen CO_2-Gehalt, dessen Schüttung zu ≥ 50 % aus Weizenmalz besteht (zum Teil wurde das Berliner Weißbier auch filtriert). Der betonte säuerliche Geschmack dieses Bieres mit einem pH-Wert zwischen 3,3...3,6 wird durch die biologisch erzeugte Milchsäure gewährleistet. Bei der klassischen „Altberliner" Weißbierherstellung mit einer intensiven Flaschennachgärung wurden dazu Mischpopulationen mit einem Mikroorganismen-gemisch aus der obergärigen Hefe *Saccharomyces cerevisiae*, der Nachgärhefe *Brettanomyces bruxellensis* und heterofermentativen Milchsäurebakterien, meist *Lactobacillus brevis*, verwendet.

Die moderne Großtanktechnologie erforderte eine Anpassung dieser Verfahrensweise und wird zum Teil mit getrennten Reinkulturen vorgenommen.

Ein umfangreicher Überblick über die bekannt gewordenen technologischen Varianten zur Herstellung von Berliner Weißbier, seine Mikrobiologie und zu seiner Geschichte wird in [381] vermittelt.

Einen Auszug aus den Kennzahlen zur Betriebskontrolle und Qualitätsbeschreibung des Berliner Weißbieres gibt Tabelle 112.

Aus dieser Tabelle sind die charakteristischen Qualitätsmerkmale des Berliner Weißbieres deutlich erkennbar, wie der Extraktgehalt (Stammwürze) eines Schankbieres, die helle Farbe, der hohe CO_2-Gehalt, die geringe Bittere (Bittereinheiten BE), der säuerliche Geschmack (= niedriger pH-Wert) und das fruchtig, aromatische Bukett (s.a. Tabelle 113: Summe der sensorisch wirksamen höheren Alkohole, der organischen Säuren und Ethylester).

Tabelle 112 Durchschnittswerte für Berliner Weißbier (nach [381])

Qualitätskennziffer	Maßeinheit	Normalbereich
Stammwürze (St)	%	7,1...7,5
Scheinbarer Extrakt (Es)	%	0,6...1,8
Wirklicher Extrakt (Ew)	%	2,0...2,8
Ethanolgehalt (A)	Vol.-%	2,9...3,6
Scheinbarer Ausstoß-vergärungsgrad (Vs,aus)	%	80...90
pH-Wert	-	3,3...3,6
Farbe	EBC-Einh.	4,5...6
Bitterstoffgehalt	BE	3,0...4,4
Schaumhaltbarkeit nach Ross & Clark	s	90...120
CO_2-Gehalt	%	0,6...0,8

Die Besonderheit des Berliner Weißbieres wird auch deutlich in den in Tabelle 113 ausgewiesenen Schwankungsbereichen der Gärungsnebenprodukte. Hier sind die im Wesentlichen auch angewendeten zwei unterschiedlichen Verfahren erkennbar:

1. Die klassische Weißbiertechnologie mit einer Fermentation mittels einer Mischkultur aus der obergärigen Hefe *Saccharomyces cerevisiae*, den Milchsäurebakterien, vorwiegend vom Stamm *Lactobacillus brevis*, und der Nachgärhefe *Brettanomyces bruxellensis*.
2. Die Fermentation mit einer getrennten Laktofermentation und nach ausreichender Säuerung mit einer anschließenden Vergärung mittels einer obergärigen Hefe vom Stamm *Saccharomyces cerevisiae*.

Beide Varianten lassen sich auch im ZKT durchführen.

Die Summe der höheren aliphatischen Alkohole wird hauptsächlich durch die obergärigen *Saccharomyces*-Hefen gebildet. Hier unterscheiden sich die beiden Verfahrensvarianten in ihrem Gehalt an höheren aliphatischen Alkoholen kaum. Der Schwankungsbereich dieser auch Aroma gebenden Gärungsnebenprodukte der Hefen ist abhängig von der Gärtemperatur, der Druckführung und dem Hefestamm. Je höher die Gärtemperatur und je niedriger der Druck im Gärbehälter (Spundungsdruck), um so höher ist der Gehalt an höheren Alkoholen im fertig ausgereiften Bier.

Das Gärungsnebenproduktniveau der Weißbiere der 1. Variante ist besonders gekennzeichnet durch einen deutlichen Gehalt an Essigsäure sowie einen sehr hohen Gehalt der aromaintensiven Ester Milchsäureethylester, Essigsäureethylester und Bernsteinsäurediethylester. Sie werden nach Ergebnissen von *Methner* [382] vorwiegend durch die Nachgärhefe *Brettanomyces bruxellensis* gebildet. Diese genannten Ester sind für das typische angenehm fruchtige Berliner Weißbieraroma verantwortlich.

Der Milchsäuregehalt dieser Weißbiervariante kann in Abhängigkeit von der Lagerdauer des Weißbieres und der Aufbewahrungszeit der mit einem Anteil an aktiven Mikroorganismen abgefüllten Flaschen (z. B. bei einer der Hauptgärung mit anschließender Flaschengärung) in weiten Grenzen schwanken und Milchsäurekonzentrationen von deutlich über 2 g/L erreichen. Diese teilweise zu intensive Säurebildung wird bei der 2. Herstellungsvariante vermieden.

Die Biere der 2. Herstellungsvariante zeichnen sich durch eine konstante, definiert eingestellte Milchsäurekonzentration im Bereich von 1...1,5 g/L aus. Diese Biere mit einem reinen, sauberen und relativ milden milchsauren Geschmack haben allerdings nur ein schwaches Gärungsbukett mit Ethylestergehalten bis ca. 10 mg/L und einen sehr geringen Gehalt an Milchsäureethylester.

Durch das Fehlen von noch vitalen Milchsäurebakterien und Hefen in der abgefüllten Flasche findet bei dieser Variante keine deutliche Nachfermentation mehr statt. Dieses Weißbier ist in seinem Säuregehalt konstant eingestellt. Schade ist nur, dass das typische Weißbierbukett fehlt.

Tabelle 113 Die wichtigsten Gärungsnebenprodukte des Berliner Weißbieres (nach [381])

Qualitätskennziffer	Maßeinheit	Schwankungsbereich
Höhere aliphatische Alkohole	ppm	74...189
Essigsäure	ppm	66...731
D/L-Milchsäure	ppm	1110...4620
Zitronensäure	ppm	0...87
Bernsteinsäure	ppm	54...185
Bernsteinsäurediethylester	ppm	0...4,1
Essigsäureethylester	ppm	6,0...87
Milchsäureethylester	ppm	8,1...346

12. Spezialbiere - ihre Besonderheiten bei der Gärung und Reifung

In Ergänzung zu den dominierenden ober- und untergärigen Schank-, Voll- und Starkbieren werden auch eine Reihe von Sonderbieren und Spezialgetränke hergestellt, die nachfolgende besondere Anforderungen und damit zusammenhängende Besonderheiten in ihrer Gär- und Reifungstechnologie ausweisen.

12.1 Kohlenhydratreduzierte Biere (früher sog. „Diätbiere“)

Mit der Neufassung der Diätverordnung [383], die ab 01.01.2012 in Kraft getreten ist, ist es nicht mehr erlaubt, Produkten eine besondere „Diät“-Kennzeichnung im Namen zu geben. Weiterhin dürfen nach § 2, Absatz 4 „Spirituosen und entsprechend hergestellte Getränke mit einem Alkoholgehalt von weniger als 15 Prozent weder als diätetische Lebensmittel noch mit einem Hinweis auf einen besonderen Ernährungszweck gewerbsmäßig in den Verkehr gebracht werden“. Im Sinne dieser Verordnung sind alle Biere, auch kohlenhydratreduzierte Biere, keine Diätprodukte mehr.

Die in den Brauereien eingeführte Technologie für die Herstellung der ehemaligen „Diätbiere“ beruht auf einer sehr großen Reduzierung der im Normalbier noch vorhandenen vergärbaren und vor allem unvergärbaren Kohlenhydrate. Diese kohlenhydratreduzierten Biere sind unter Berücksichtigung eines normalen, dem Biertyp entsprechenden Ethanolgehaltes für Diabetiker und für Verbraucher, die auf ihren Kalorienverbrauch achten müssen, besser geeignet als normale Vollbiere. Sie werden im englischen Sprachraum auch als „low carb“ Produkte angeboten.

Der Deutsche Brauer-Bund [384] beschreibt die kohlenhydratreduzierten Biere wie folgt:

- Biergattung: Meistens Vollbiere mit St = 11...12 %, aber auch als Schankbiere mit St < 11 % erhältlich;
- Alkoholgehalt: Zwischen 4...5 Vol.-%;
- Bierart: Untergärig;
- Charakteristik: Stark gehopfte Biere, deshalb besonders trockner Geschmack;
- Hinweise zum Brauprozess: Die vom Menschen verwertbaren Kohlenhydrate können mit verschiedenen Verfahren zu 100 % vergoren werden. Diese Biere haben einen extrem niedrigen Gehalt an Kohlenhydraten und einen geringen Brennwert von 153 kJ (32 Kalorien) pro 100 mL.

Aus dieser Produktbeschreibung ergibt sich, dass auch für die kohlenhydratreduzierten Vollbiere eine Teilethanolentfernung empfohlen wird.

Um die kohlenhydratreduzierten Biere zu produzieren, sind die nachfolgenden Hinweise und Empfehlungen zur Herstellung der ehemaligen „Diätbiere“ voll anwendbar.

12.1.1 Anforderungen und Charakteristik der ehemaligen „Diätbiere“

Folgende Anforderungen und Charakteristika waren in Deutschland für die Diätbierherstellung bindend:

- Das Diätbier war ein ethanolhaltiges Schank- oder Vollbier, das aufgrund seines niedrigen Restkohlenhydratgehaltes auch von Diabetiskranken verzehrt werden konnte.
- Der Restkohlenhydratgehalt (= belastende Kohlenhydrate) durfte, ausgedrückt als Glucosegehalt, eine Konzentration von 0,75 g/100 g nicht übersteigen.
- Die Verkehrsfähigkeit in der BRD war gegeben, wenn der Ethanolgehalt gegenüber den vergleichbaren Bieren (gleicher Stammwürze) nicht erhöht war. Entsprechend der nun überholten Diätbierverordnung [385] sollten die Diätbiere im Ethanolgehalt im Bereich von 3,5...4,0 Masse-% ($\hat{=}$ 4,4...5,1 Vol.-%) liegen.
- Auf dem Etikett musste der Ethanolgehalt, der physiologische Brennwert und die Art der Ethanolreduzierung ausgewiesen werden.
- Bei allen Diätbierherstellungsvarianten enthielten alle fertigen Diätbiere auch nach der Filtration und Stabilisierung aktive Malzenzyme.
  Um die Bierqualität zu diesem Zeitpunkt zu fixieren, musste zur Inaktivierung dieser Enzyme Diätbier möglichst vor der Abfüllung durch eine Kurzzeit-Erhitzung thermisch mit Heißhaltetemperaturen von 78...80 °C behandelt werden.

Um den für Diabetiker erforderlichen niedrigen Gehalt an belastenden Kohlenhydraten (D-Glucose, Invertzucker, Disaccharide, Stärke und Stärkeabbauprodukte) zu erreichen, müssen vor allem die unvergärbaren α-Glucane (Dextrine) der fertigen Ausschlagwürze noch enzymatisch in vergärbare Zucker (Maltotriose, Maltose, Glucose) gespalten und anschließend durch die Hefe im Gärprozess zu Ethanol vergoren werden. Diese weitergehende Vergärung führte bei Diätvollbieren zu einem ca. 1,5...2 % höheren Ethanolgehalt im Vergleich zu den normalen Vollbieren. Aus diesem Grund verlangte der Gesetzgeber eine Teilentalkoholisierung des Diätbieres, um den normalen Ethanolgehalt der jeweiligen Biersorte zu erreichen und damit den Anforderungen eines diätetischen Lebensmittels zu entsprechen.

Dazu ist bei der Würzeherstellung schon ein gut gelöstes Malz, z. B. ein enzymreiches Diastasemalz, auszuwählen und ein intensives Maischverfahren mit dem Ziel anzuwenden, in der Ausschlagwürze einen scheinbaren Endvergärungsgrad von möglichst 88...92 % zu erreichen, z. B. mit dem Spezialmaischverfahren von *Schöber* [386], [387]. Dadurch kann die erforderliche weitergehende Hydrolyse der Stärke und Stärkeabbauprodukte, die nun parallel zum Gärprozess erfolgen muss, minimiert werden. Da aufgrund der niedrigeren Gärtemperaturen die enzymatische Stärkehydrolyse im Gärtank normalerweise langsamer verläuft als die Vergärung der gebildeten Zucker, führte jede Erhöhung des scheinbaren Endvergärungsgrades in der Ausschlagwürze zur Verkürzung des Gär- und Reifungsprozesses des Diätbieres.

Um den geforderten Gehalt an belastenden Kohlenhydraten im Fertigprodukt zu erreichen, musste das fertige, noch nicht ethanolreduzierte Diätvollbier einen scheinbaren Ausstoßvergärungsgrad von 100...104 % ausweisen.

Um den weiteren α-Glucanabbau zu vergärbaren Zuckern zu realisieren, wurden in Deutschland nur die Amylasen des Malzes (α-Amylase, β-Amylase und die Grenzdextrinasen) verwendet, im Ausland kommen meist die einfacher zu handhabenden mikrobiellen Glucoamylasen zum Einsatz (Angriffspunkte der vier Amylasetypen siehe Abbildung 191).

Die summarische Wirkung der Malzamylasen im Malzmehl, Malzauszug und konzentriertem Malzenzymkonzentrat kann sehr gut durch die Bestimmung der gesamtamylolytischen Aktivität (GAA) erfasst werden. Dabei gehen durch die Bestimmung der Zunahme der Konzentration an reduzierendem Zucker die Wirkungen der α- und β-Amylasen und der freien Grenzdextrinase mit ein.

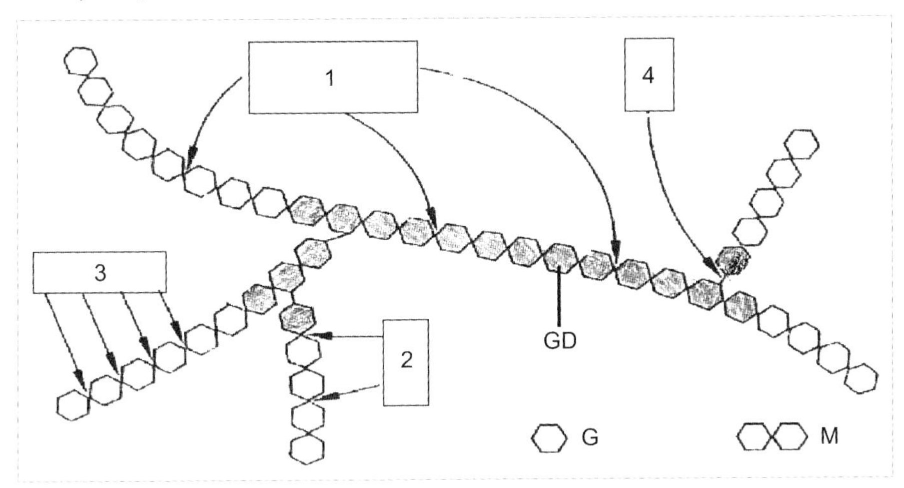

Abbildung 191 Wirkungen der verschiedenen Malz- und mikrobiellen Amylasetypen
Abbauprodukte **G** (Glucose) und **M** (Maltose), **GD** Grenzdextrin (nicht mehr von der β-Amylase allein abbaubar)
1 α-Amylase **2** β-Amylase **3** Amyloglucosidase (Glucoamylase) **4** Grenzdextrinasen (R-Enzym und α-1,6-Glucosidasen des Malzes; mikrobielle Pullulanase)

12.1.2 Verfahrensvarianten zur Herstellung von kohlenhydratreduziertem Bier (früher „Diätbier“) im Prozess der Gärung und Reifung

Die im Malz enthaltenen Amylasen (α- und β-Amylasen sowie die Grenzdextrinasen) bauen die nicht vergärbaren Stärkeabbauprodukte zu den vergärbaren Zuckern Maltotriose, Maltose und Glucose ab. Eine besondere Bedeutung haben hier die im Malz enthaltenen Grenzdextrinasen, die die von den α- und β-Amylasen nicht weiter abbaubaren Grenzdextrine durch die Aufspaltung der α-1,6-glycosidischen Bindung für den weiteren enzymatischen Abbau für diese zugänglich machen.
Die Grenzdextrinasen entfalten im normalen Maischprozess kaum ihre Wirkung, da sie:

- eine Optimaltemperatur von 55...60 °C in der Maische haben,
- bei 65 °C weitgehend inaktiviert werden,
- in der Maische hauptsächlich nur in an Protein gebundener und damit inaktiver Form vorliegen,
- vorwiegend nur weitgehend schon abgebaute α-Glucane als Substrat benötigen, die im Temperaturbereich bis 65 °C noch nicht in ausreichender Menge zu Verfügung stehen und
- erst bei tieferen pH-Werten < 5,0 durch das Enzym Cysteinproteinase aus der gebundenen in die freie wirksame Form überführt werden (Literaturzusammenstellung und weitere Ergebnisse siehe *Schöber* [386]).

Um die weitergehende enzymatische Stärkehydrolyse in der fertigen Ausschlagwürze im Gärprozess zu realisieren, sind folgende Verfahrenvarianten bekannt:

12.1.2.1 Zugabe von Malzmehl

Ca. 300 g Malzmehl, möglichst von diastasereichem Malz oder selbst produziertes Malzschrot, werden je Hektoliter Diätbierwürze [386] [388], [389] beim Anstellen gut gemischt zugesetzt.

Nachteilig für dieses Verfahren ist, dass das Malzmehl:

- Mikrobiologisch stark belastet ist und eine bierschädliche Infektion nicht auszuschließen ist.
- Natürlich nicht verkleisterte Stärke und auch lösliche, nicht jodnormale hochmolekulare Dextrine (α-Glucane) enthält, die den Kohlenhydratgehalt und die Stammwürze des Diätbieres weiter erhöhen können (s.a. Abbildung 192), den enzymatischen Stärkeabbau im Gärprozess zusätzlich belasten, den Ethanolgehalt dieses Bieres weiter erhöhen und vor allem bei dem steigenden Ethanolgehalt als die Filtration erschwerende Kolloid- und Trubstoffe wirken.
- Auch die gesamten proteolytischen Enzyme des Malzes in das Bier bringt, die bei den Bier-pH-Werten sehr gut wirken und vor allem die höhermolekularen schaumpositven Eiweißabbauprodukte weiter abbauen und damit den Bierschaum deutlich schädigen.

Ein Teil dieser Nachteile für die Bierqualität wird durch den Einsatz eines Malzauszuges vermieden.

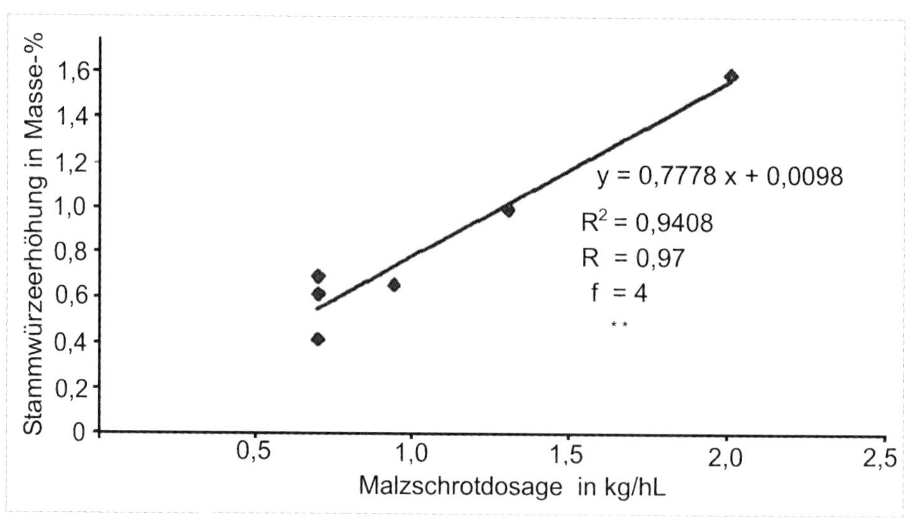

Abbildung 192 Veränderung des Stammwürzegehaltes in Abhängigkeit von der Malzschrotdosage [386]

12.1.2.2 Zugabe eines Malzauszuges

Nach [388] empfiehlt sich eine geteilte Malzauszugsdosage mit einem Volumen von 3 %, bezogen auf das Anstellvolumen. Er wird beim Anstellen zugegeben und die Würze bis auf einen scheinbaren Extrakt von 0...1 % vergoren. Anschließend erfolgt eine zweite Malzauszugsdosage von 3 %, wieder bezogen auf das Anstellvolumen. Der neu eingebrachte Extrakt wird in der Hauptgärphase innerhalb von 24 Stunden vergoren. Danach wird eine Nachgärung von 2...4 Wochen, bei 9 °C beginnend und langsam auf 7 °C fallend, durchgeführt. Die anschließende Kaltreifungszeit beträgt 1... 4 Wochen.

Nach [386] wurden Malzauszüge für die ehemalige Diätbierherstellung in den Brauereien sehr unterschiedlich bei Maischtemperaturen von ca. 35 °C (Kaltmaischeauszug), 50...52 °C, 60...62 °C (günstig für eine Teilinaktivierung der Malzproteasen, um die Schaumhaltbarkeit zu verbessern und um eine Restaktivität der Grenzdextrinasen zu erhalten) oder 70 °C (Heißmaischeauszug) gewonnen.

Die Malzauszuggewinnung unter Verwendung von reinem Diastasemalz wird ebenfalls durchgeführt.

Nicht jeder Malzauszug wird über den Läuterbottich geklärt, sodass vielfach auch reichlich Spelzen mit in die Gäranlage kommen.

Für beide o. g. Verfahrensvarianten gilt:
Da durch den Malzauszug oder durch das Malzschrot bzw. Malzmehl auch größere Mengen instabiles Eiweiß mit in das Bier kommen, sind diese Biere bei den nachfolgenden Prozessstufen der Stabilisierung und Filtration besonders aufmerksam zu behandeln.
Die Dosage des Malzmehles bzw. Malzschrotes oder des Malzauszuges nur nach der Masse bzw. nach dem Volumen berücksichtigt nicht die möglichen Schwankungen im Enzymgehalt dieser Nachverzuckerungsmittel, sodass dadurch große zeitliche Schwankungen in der Zuckerbildung und Vergärung in der Praxis auftreten.

12.1.2.3 Zugabe von konzentriertem Malzauszug

Nach Verfahrensvorschlägen von [390], [391], [392] werden durch eine zweistufige Crossflow-Filtration Malzenzyme parallel zum Maischprozess in der Brauerei ohne zusätzliches Malz gewonnen. Sie werden durch technologische Maßnahmen (Wahl der Maischetemperatur und des Maische-pH-Wertes) und verfahrenstechnische Varianten (1. Stufe: Mikrofiltration zur Gewinnung eines keimfreien Filtrats, gekoppelt in der 2. Stufe mit einer nachgeschalteten Ultrafiltration mit definierter Porenweite zur Konzentrierung der gewünschten Enzymkomplexe) so als konzentrierter Malzauszug gewonnen, dass dieses Nachverzuckerungsmittel den Anforderungen des Deutschen Reinheitsgebotes für die Bierherstellung in Deutschland entspricht.

Folgende Anforderungen an dieses Nachverzuckerungsenzym wurden von *Schöber* et al. [386], [393] in Technikums- und Betriebsversuchen erarbeitet. Es soll sich auszeichnen durch:

- Eine hohe gesamtamylolytische Aktivität (GAA), sie charakterisiert die summarische Intensität der Zuckerbildung der α- und β-Amylasen sowie der freien Grenzdextrinase;
- Eine hohe Gesamtgrenzdextrinase-Aktivität (GGD), bestehend aus freier und gebundener Grenzdextrinase;
- Keine β-Glucanaseaktivität, um die schaumpositiven β-Dextrine zu schonen;
- Eine reduzierte Protease-Aktivität, eine Restaktivität ist erforderlich für die Freisetzung der gebundenen Grenzdextrinase im Gärprozess.

Für die Bierherstellung bringt der gereinigte und aufkonzentrierte Malzauszug als sog. Nachverzuckerungsenzym im Vergleich zur klassischen Technologie der Nachverzuckerung mit einem feststoffhaltigen Malzauszug oder mit Malzmehl folgende Vorteile:

- Keinen Eintrag von unerwünschten Malzinhaltsstoffen (Stärke, hochmolekulare Proteine, Spelzen u.a.);
- Eine mikrobielle Unbedenklichkeit durch die vorgeschaltete Verfahrensstufe der Mikrofiltration;
- Erfordert keine Sondermaßnahmen im Sudhaus;
- Ermöglicht eine einfache Dosage zum Kaltwürzestrom;
- Im Vergleich zum klassischen Malzauszug reduziert sich die Volumendosage um bis zu 80 %;
- Keine Erhöhung des Stammwürzegehaltes;
- Eine verbesserte Bierqualität (Schaum, Geruch);
- Eine vereinfachte Verfahrensführung in der Gärung und Reifung;
- Eine mögliche Wiederverwendbarkeit der Erntehefe für die Diätbierherstellung;
- Kein Verstopfen externer PWÜ.

Aus 10 hL Vorfiltrat (entspricht dem klassischen Malzauszug) mit einer gesamtamylolytischen Aktivität von GAA = 425 000...800 000 GAA-Einheiten/L wurde ein Malzenzymkonzentrat in einer Menge von 30...50 L mit einer Aktivität von $4{,}8 \cdot 10^6$ GAA-Einheiten/L gewonnen, dies entspricht einer durchschnittlich 6,7fachen Enzymkonzentrierung. In Technikumsversuchen wurden die in Tabelle 114 ausgewiesenen ersten Richtwerte der Malzenzymdosage für die Diätbierherstellung erarbeitet.

Tabelle 114 Malzenzymdosageempfehlung (Einheiten pro Liter Anstellwürze) für die ehemalige Diätbierherstellung in Abhängigkeit von der Stammwürze und dem Endvergärungsgrad der Anstellwürzen nach Schöber [386] (bestimmt in kleintechnischen Versuchen)

St (%)	Vsend (%)	GAA (E/L AW)	GGD (E/L AW)
11,0...11,9	< 88	>21.000	0,8
11,0...11,9	88...92	13.000....25.000	0,8
7,0...8,0	88...93	3500...12.000	0,1

In Betriebsversuchen muss die erforderliche Enzymdosage unter den jeweiligen Betriebsbedingungen neu ermittelt werden. Sie ist abhängig von:

- Der Stammwürze: je höher die Stammwürze, um so höher war die erforderliche Dosage;
- Dem Endvergärungsgrad der Anstellwürze: je höher der Vsend, um so niedriger war die erforderliche Dosage;
- Der Geschwindigkeit der Vergärung (abhängig von der Höhe der Hefegabe und der Gärtemperatur): je kürzer die Hauptgärung, um so höher war die erforderliche Dosage;
- Dem Zeitpunkt der Erreichung eines Bier-pH-Wertes < 4,6 (abhängig vom Ausgangswürze-pH-Wert und der Intensität der Hefevermehrung): je schneller dieser pH-Wert erreicht wird, umso höher ist die erforderliche Enzymdosage (stark reduzierte Wirkung der Amylasen bei tieferen pH-Werten).

Die erforderliche durchschnittliche Dosage liegt bei Vollbier etwa bei 25.000 ± 5000 GAA-Einheiten/L Würze.

Versuchsergebnisse

Versuchsergebnisse 1: Zu knapp bemessene GAA-Dosage bei einem ehemaligen Diätvollbier: klassischer Malzauszug und Malzenzymkonzentrat im Vergleich:

Die Analysendaten in Tabelle 115 und Abbildung 193 belegen den kleinen aber doch entscheidenden Unterschied bei dem erreichten Gehalt an belastenden Kohlehydraten. Am Ende hat das Bier mit dem Malzenzymkonzentrat am 7. Gärtag die erforderliche Grenzkonzentration an belastenden Kohlenhydraten noch nicht erreicht. Es zeichnet sich aber im Fertigbier durch eine signifikant bessere Schaumhaltbarkeit aus. Der Vergleich zum klassischen Malzauszug zeigt auch, dass eine um etwa 3000...5000 GAA-Einheiten höhere Dosage pro Liter Anstellwürze eine schnellere und tiefere Vergärung bis zum 8. Prozesstag gebracht hätte.

Versuchsergebnisse 2: Einfluss der erreichten Vergärung in der Hauptgärphase auf die erforderliche Dauer der Warmreifung:

Beim klassischen Gärverfahren mit einer einmaligen Dosage von Malzenzymkonzentrat beim Anstellen bestand eine enge hoch signifikante Korrelation (Bestimmtheitsmaß R^2 = 62 %) zwischen dem erreichten scheinbaren Restextrakt im Schlauchbier und der noch erforderlichen Warmreifungsdauer bis zur Erreichung eines Vsaus > 100 % (siehe Abbildung 194). Um eine möglichst kurze Warmreifungsphase zu realisieren, sollte beim Schlauchen ein scheinbarer Restextrakt von Es < 0,5 % erreicht sein.

Tabelle 115 Vergleich des Einsatzes eines klassischen Malzauszuges und der Dosage eines noch nicht ganz auf die Betriebsbedingungen optimal eingestellten Malzenzymkonzentrates (nach [386])

	ME	Malzauszug	Enzymkonzentrat
Stammwürze St	%	11,92	12,27
Enzymdosage	GAA/L	> 28 000	25 000
Volumendosage bezogen auf die Anstellwürzemenge	L/100 L	6,4	0,5
Es am 7. Gärtag (15 °C)	%	-0.09	0,17
Vs am 7. Gärtag	%	101	98
Belastende Kohlenhydrate am 7. Gärtag	g/100 mL	0,73	0,78
Schaumhaltbarkeit nach NIBEM im Fertigbier	s	166	220

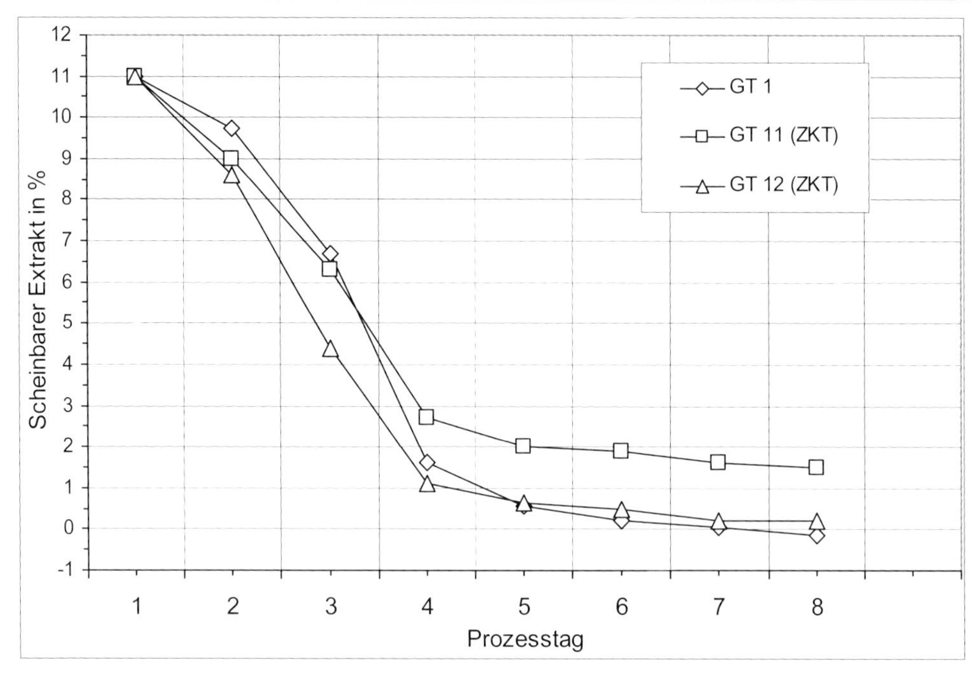

Abbildung 193 Verlauf der Hauptgärung bei unterschiedlichen Enzymdosagen (Gärtemperatur ϑ = 15 °C)

GT1 = klassische Betriebstechnologie mit 6,4 L Malzauszug/hL;
GT11 = Normalsud ohne Zusatz;
GT12 = 25 000 GAA/L (= 0,5 L Malzenzymkonzentrat/hL)

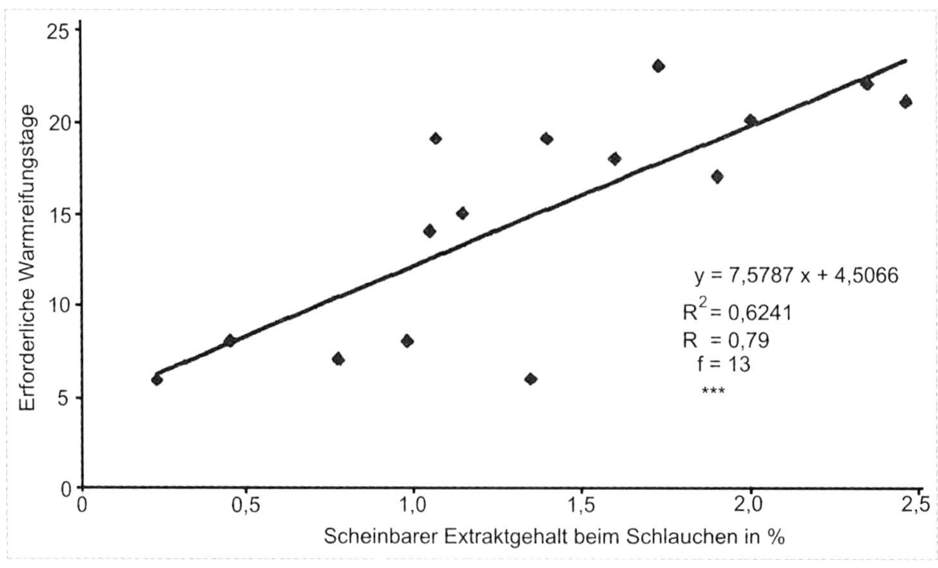

Abbildung 194 Zusammenhang zwischen dem scheinbaren Restextraktgehalt des ehem. Diätbieres beim Schlauchen und der erforderlichen Warmreifungsdauer für die Restvergärung bis zum Vsaus > 100 % im klassischen Gär- und Reifungsverfahren (nach Ergebnissen von [386])

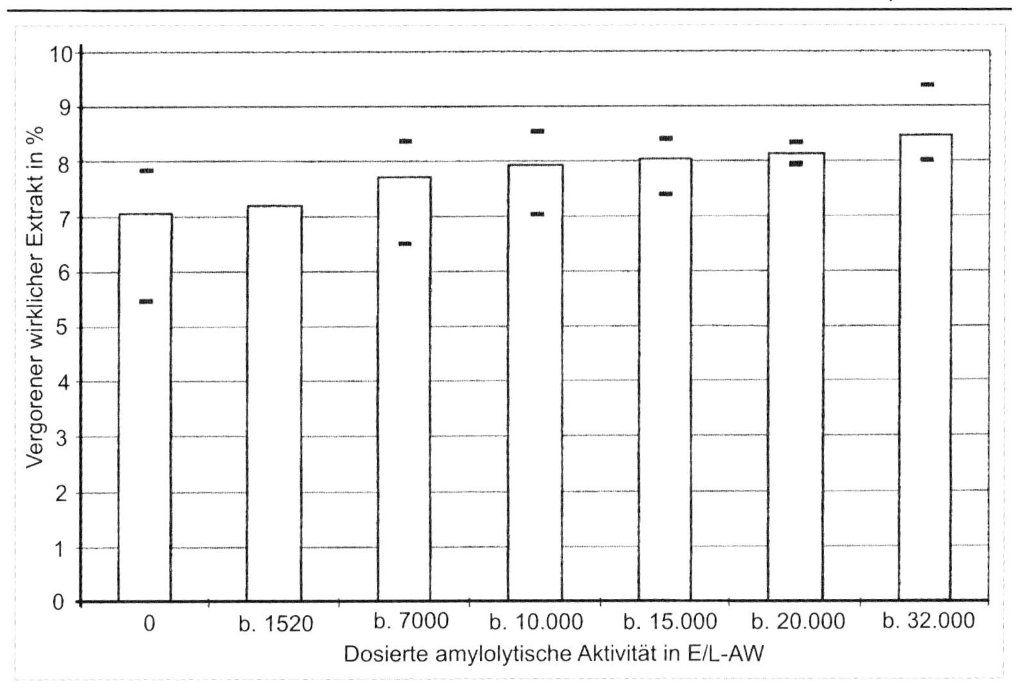

Abbildung 195 Zusammenhang zwischen der dosierten gesamtamylolytischen Aktivität (GGA) und dem vergorenen wirklichen Extrakt im Fertigbier (nach Ergebnissen von [386])

Versuchsergebnisse 3: Erforderliche GAA-Dosage bei großen Schwankungen im scheinbaren Endvergärungsgrad der Anstellwürzen:

Bei Versuchsbieren mit einer großen Schwankungsbreite in der Stammwürze (St = 9,4...11,2 %) und im Gehalt des bereits vorhandenen vergärbaren Extraktes in der Anstellwürze ergab eine steigende Dosage an gesamtamylolytischer Aktivität eine steigende Vergärung des wirklichen Extraktes im Fertigbier. Unter Berücksichtigung der Schwankungsbreite der Versuchsergebnisse wird ein signifikanter Unterschied zum Nullbier aber erst bei einer Dosage von 27.000...32.000 GAA/L-Anstellwürze sicher erreicht (siehe Abbildung 195).

Versuchsergebnisse 4: Bedarf an GAA bei Schankbieren mit konstant hoch eingestelltem Vsend der Anstellwürze:

Bei dem in Abbildung 196 dargestellten Versuchen mit einem im Sudhaus optimal eingestellten Schankbier mit einem Vsend ≈ 92 % liefert bereits eine dosierte gesamtamylolytische Aktivität von rund 3500 Einheiten pro Liter Anstellwürze einen Vsend > 100 %. Gegenüber einem Schankbier mit einem niedrigen Vsend < 82 % ermöglichte dies eine Reduzierung der Enzymdosage um 8000...9000 GAA-Einheiten pro Liter Anstellwürze.

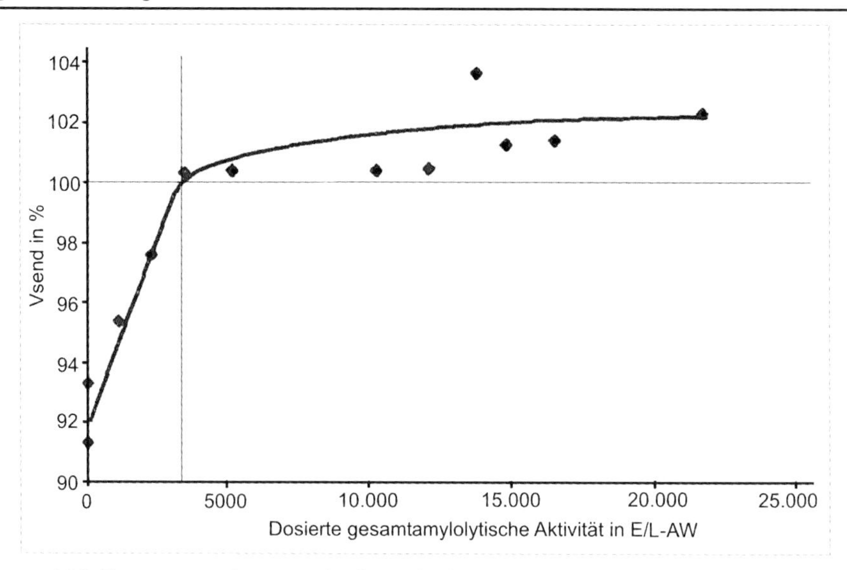

Abbildung 196 Zusammenhang zwischen dosierter gesamtamylolytischer Aktivität und erreichten scheinbaren Endvergärungsgrad bei Schankbieren mit St = 7,4...8,2 % und einem durchschnittlich im Sudhaus schon eingestellten scheinbaren Endvergärungsgrad in der Anstellwürze von Vsend = 92 % (nach Ergebnissen von [386]).

Versuchsergebnisse 5: Einfluss der Grenzdextrinase-Aktivität auf den erreichbaren Vsend im Prozess der Gärung:

In gleicher Weise verlief die Abhängigkeit des Vsend-Wertes von der mitdosierten Gesamtgrenzdextrinase-Aktivität. Der Wert von Vsend > 100 % wurde bei einer mitdosierten Gesamtgrenzdextrinase-Aktivität von 0,1 GGD Einheiten/L-Anstellwürze erreicht. Der geringe Gehalt an freier Grenzdextrinase im konzentrierten Malzauszug hatte keinen deutlichen Einfluss auf den erreichbaren Vsend. Dies lässt den Schluss zu, dass die Hauptmenge der freien Grenzdextrinase erst im Verlauf der Gärung bei sinkendem pH-Wert des Gärmediums durch die auch im Malzenzymkonzentrat noch vorhandenen Proteasen freigesetzt wird.

Deshalb sollte neben der gesamtamylolytischen Aktivität zur sicheren Erreichung eines Vsend > 100 % bei den Schankbierwürzen mindestens eine Gesamtgrenzdextrinase-Aktivität von > 0,1 GGD-Einheiten/L Anstellwürze, besser > 0,2 GGD-Einheiten/L dosiert werden.

Bei der Gewinnung von konzentrierten Malzauszügen ist deshalb neben der GAA-Aktivität auch eine Mindestaktivität von Gesamtgrenzdextrinase erforderlich.

Versuchsergebnisse 6: Zusammenhang zwischen dem scheinbaren Restextrakt und dem Gehalt an belastbaren Kohlenhydraten bei Schankbieren:

Bei ehem. Diätschankbieren mit St = 7,8 % (siehe Abbildung 197) entsprach bereits ein scheinbarer Restextrakt von Es ≈ 0,3 % einem Gehalt an belastenden Kohlenhydraten von 0,75 g/100 mL. Unter Berücksichtigung des Vertrauensbereiches der analytischen Bestimmung der belastenden Kohlenhydrate ist hier aus Sicherheitsgründen bei der Gärung ein scheinbarer Restextrakt von Es ≤ 0,12 % anzustreben.

Um die kohlenhydratreduzierten Biere von den ehemaligen „Diätbieren" zu unterscheiden, sollte der Restkohlenhydratgehalt des Fertigproduktes nicht mehr als belastende Kohlenhydrate, sondern als verwertbare Kohlenhydrate definiert werden.

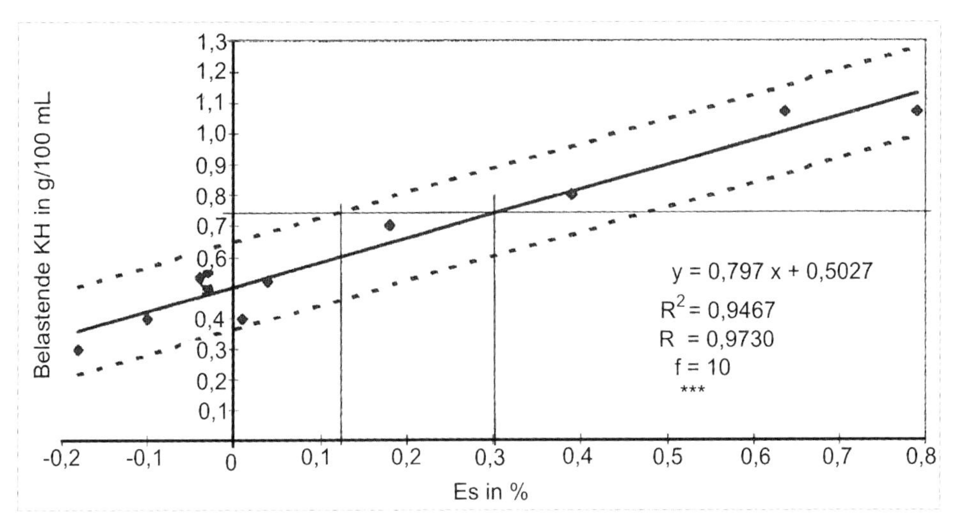

Abbildung 197 Zusammenhang zwischen dem scheinbaren Restextrakt und dem Gehalt an belastenden Kohlenhydraten im fertigen ehem. Diätschankbier (nach Ergebnissen von [386])

Versuchsergebnisse 7: Der positive Einfluss der Dosage an Malzenzymkonzentrat auf die Schaumhaltbarkeit der Fertigprodukte:

Die Schaumhaltbarkeit der ehem. Diätbiere wird durch die erforderliche Malzenzymdosage im Gär- und Reifungsprozess eindeutig geschädigt. Es kommt zum weiteren enzymatischen Abbau schaumpositiver Eiweißabbauprodukte (Abnahme des mit $MgSO_4$-fällbaren Stickstoffs). Durch den Einsatz von gereinigten und aufkonzentrierten Malzenzymkonzentraten kommt es zu einer Reduzierung der dosierten Proteaseaktivitäten und insgesamt zu einem geringeren Eintrag an belastenden Stoffen in das ehem. Diätbier. Sowohl die so hergestellten ehem. Diätvollbiere als auch die ehem. Diätschankbiere zeigten eine deutlich verbesserte Schaumhaltbarkeit gegenüber den klassisch hergestellten Handelsdiätbieren und den Versuchsbieren mit Malzschrotzusatz.

Versuchsergebnisse 8: Einfluss der Menge des vergorenen Extraktes auf das Gärungsnebenproduktprofil der ehem. Diätbiere ohne Teilentalkoholisierung:

Die Veränderung des Ethylacetatgehaltes wird zu rund 82 % durch die Menge des vergorenen wirklichen Extraktes der ehem. Diätbiere bestimmt (Irrtumswahrscheinlichkeit 0,1 %), ein Zusammenhang, der im Kapitel 4.6 dargestellt wurde, und auch beim High-gravity-brewing (siehe Kapitel 13) seine Auswirkungen hatte. Eine angenehme Ethylacetatkonzentration zwischen 14...≤ 20 ppm in hellen, hoch vergorenen Bieren ist bei ehem. Diätbieren ohne Teilentalkoholisierung (damit ist auch eine Teilentfernung der Ester verbunden) nur mit Schankbierstammwürzen zu gewährleisten (siehe Abbildung 199).

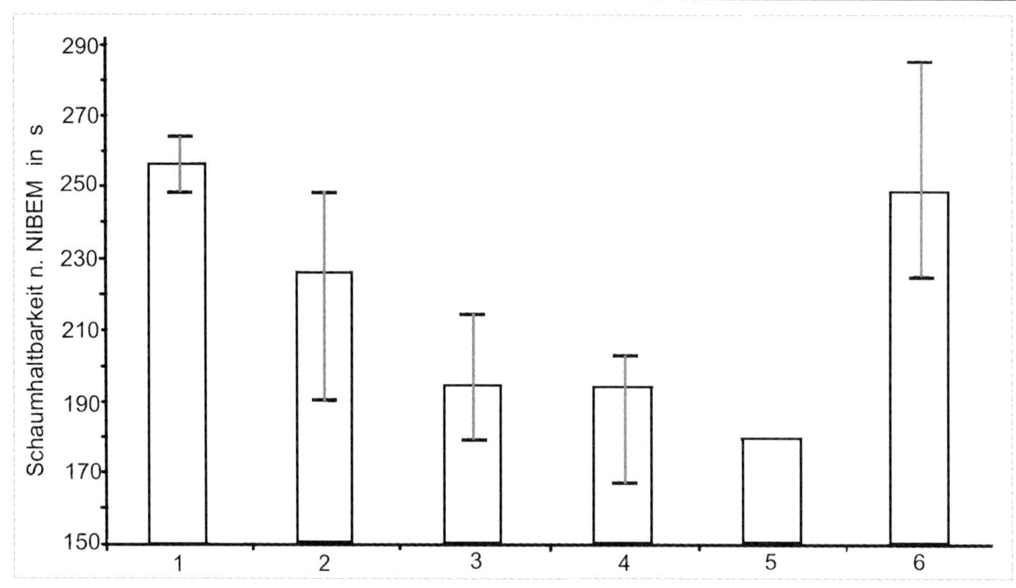

Abbildung 198 Schaumhaltbarkeiten nach NIBEM der Versuchsbiere mit Malzenzymkonzentrat (Diätschankbier und Diätvollbier) im Vergleich zu normalen Vollbieren (Vergleichsbier), Versuchsmalzschrotbieren und Diäthandelsbieren (nach Untersuchungen von [386]; Anzahl der Versuche in Klammern mit Angabe der Schwankungsbreite)
1 Vergleichsbiere (2) **2** Diätschankbiere (9) **3** Malzschrotbiere (5) **4** Handelsdiätvollbiere (4) **5** Handelsdiätschankbier (1) **6** Diätvollbiere (7)

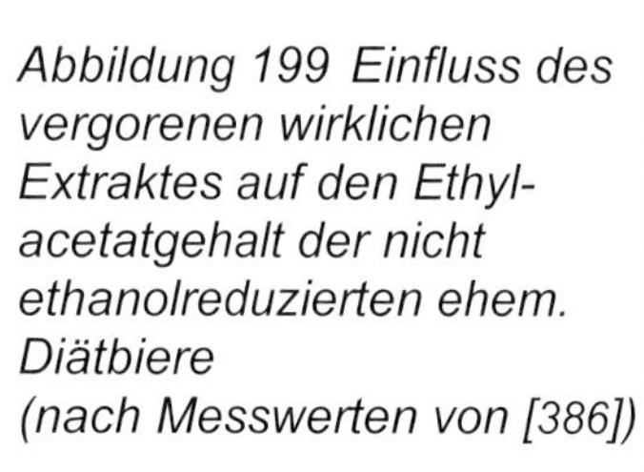
Abbildung 199 Einfluss des vergorenen wirklichen Extraktes auf den Ethylacetatgehalt der nicht ethanolreduzierten ehem. Diätbiere (nach Messwerten von [386])

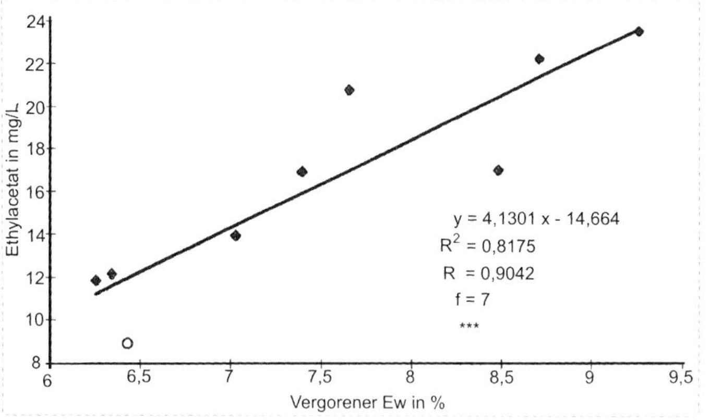

Ein Zusammenhang zwischen dem Isoamylacetatgehalt und dem Gehalt an vergorenem wirklichem Extrakt wurde nicht festgestellt.

Auch der Gehalt an aliphatischen höheren Alkoholen stieg im selben Bereich mit dem wirklich vergorenen Extrakt an, dabei wurde folgende Regressionsgleichung ermittelt:

$$HA = 12{,}689 \cdot vEw - 20{,}673 \qquad (R^2 = 77{,}3\ \%\ ^{**}) \qquad \text{Gleichung 46}$$

HA = Summe der höheren aliphatischen Alkohole in mg/L
vEw = vergorener wirklicher Extrakt in Masse-%

Die kohlenhydratreduzierten Biere, die ohne eine Teilentalkoholisierung hergestellt werden, sollten im Interesse eines normalen Gehaltes dieser Bukettstoffgruppen nur mit einer Stammwürze zwischen St = 8,4...9,8 % eingebraut werden.

12.1.2.4 Zugabe mikrobieller Glucoamylasepräparate außerhalb des Deutschen Reinheitsgebotes

In Ländern, die nicht nach dem Deutschen Reinheitsgebot brauen, werden für die Diätbierherstellung bzw. für die Herstellung kohlenhydratreduzierter Biere zur Nachverzuckerung im Gärprozess im großtechnischen Maßstab gewonnene mikrobielle Enzympräparate eingesetzt. Bewährt haben sich Enzympräparate mit sogenannten Glucoamylasen (Synonym: Amyloglucosidasen), z. B. gewonnen aus *Endomycopsis*- oder *Aspergillus niger*-Kulturen, die α-1,4- und α-1,6-glycosidische Bindungen der verflüssigten Stärke, Amylose und Amylopektin sowie von α-D-glycosidischen Oligosacchariden spalten und ausschließlich D-Glucose bilden. Die Spaltung erfolgt vom nichtreduzierenden Ende der Stärkeketten her.

In der ehemaligen DDR wurden bei der Diätbierherstellung unter Mitverwendung von Gerstenrohfrucht und Zucker die Glucoamylaseeinheiten nach Tabelle 116 beim Anstellen zugesetzt:

Tabelle 116 Maximal erforderliche Glucoamylaseeinheiten je Hektoliter Verkaufsbier bei der Herstellung von ehem. Diabetikerbier (nach [394])

Gär- und Reifungsverfahren	Zusammensetzung der Schüttung in Prozent, bezogen auf MGW [1]			max. IE [2] pro hL Bier
	Malz	Gerste	Zucker	
Klassische Gärung u. Reifung	60...70	20...30	10...15	156.000
Gärung u. Reifung im ZKT	40...45	40...45	10...15	91.000

[1]) MGW Malzgleichwert des Extraktgehaltes;

[2]) IE Internationale Einheit für die Enzymaktivität, hier: 1 IE = die Enzymaktivität, die aus einer Stärkelösung (*Zulkowsky*-Stärke) unter definierten Bedingungen nach [395] 1 µmol Glucose pro Minute freisetzt.

Die Enzymdosage erfolgt im ZKT zu 100 % beim Beginn des Anstellens oder beim klassischen Gär- und Reifungsverfahren gestaffelt zu ⅔ beim Anstellen und zu ⅓ beim Schlauchen.

Die erforderliche Enzymmenge ist etwa 30 Minuten vor der Zugabe zur Anstellwürze in etwa der 40fachen Menge Trinkwasser von 15...25 °C zu verdünnen (bei viskosen Flüssigprodukten) bzw. zu lösen (bei Festprodukten). Es sind dazu ausschließlich Geräte aus Kunststoff, Holz, Emaille, Glas, Aluminium oder Edelstahl, Rostfrei® zu verwenden.

Empfohlen wird die Anwendung einer mäßig beschleunigten Gärung mit einer Hefegabe von $30 \cdot 10^6$ Zellen/mL Anstellwürze bei einer Gärtemperatur von 7...10 °C.

Die erforderliche Gär- und Reifungsdauer im ZKT bis zur Unterschreitung des Richtwertes für die belastenden Kohlenhydrate und des Abbaues des Gesamtdiacetyls lag bei diesem Temperaturregime zwischen 12...16 Tagen, obwohl die Optimaltemperatur dieses Enzyms bei 65 °C (pH-Wert 5,5) liegt. Mit fallender Prozesstemperatur steigt die Temperaturstabilität dieser Glucoamylase an und erreicht schon bei 55 °C eine Langzeitstabilität, die auch bis zu einem pH-Wert von 4,8 nicht reduziert wird.

Außer der Glucoamylase sind in geringem Umfang auch weitere mikrobielle Enzyme zur Erhöhung des Vergärungsgrades im Einsatz, z. B. die Pullulanase, gewonnen aus der Mikroorganismenkultur von *Aerobacter aerogenes*, eine Pullulan-6-glucan-hydrolase, die ebenfalls α-1,6-glycosidische Bindung der verzweigten Stärkeabkömmlinge spaltet und damit weitere Abbaumöglichkeiten für die α- und β-Amylasen des Malzes schafft. Eigene Laborversuche ergaben bei einem Einsatz von 888 Pullulanaseeinheiten je 1 kg Schüttung (50 % Malz + 50 % Gerste) im Infusionsmaischverfahren eine Erhöhung des scheinbaren Endvergärungsgrades um über 6 % zum Vergleichssud ohne Pullulanase. Ein Einsatz der Pullulanase bei der Gärung in Kombination mit den Malzenzymen wird deren Wirksamkeit steigern.

12.1.2.5 Einsatz genmanipulierter, Dextrinase bildender Hefen

Mithilfe der Genmanipulation wurden Brauereihefen genetisch so verändert, dass sie α-Glucane durch die Bildung externer Glucoamylasen zu vergärbaren Zuckern abbauen und dann vergären können, ähnlich der gefährlichen Brauereiinfektionshefe *Saccharomyces diastaticus* [396]. Eine Variante, die für deutsche Brauereien sicher nicht anwendbar ist.

In der englischen Fachpresse wurde über ein mit genmanipulierter, Amylase bildender Hefe erzeugtes Bier mit dem Namen „Nutfield Lyte" berichtet [397]. Eine eigene Untersuchung einer Probe dieser Biermarke ergab, dass die Probe noch nicht den ehem. deutschen Diätbieranforderungen entsprach, da die belastenden Kohlenhydrate über einem Wert von 0,75 g/100 mL lagen.

12.1.3 Messwerte von klassisch hergestellten ehem. deutschen Diätvollbieren

Die in Tabelle 117 ermittelten Schwankungsbereiche für nicht ethanolreduzierte und ethanolreduzierte Diätvollbiere weisen gegenüber den normalen Vollbieren einen deutlich höheren Vergärungsgrad und den sehr niedrigen scheinbaren Restextraktgehalt aus. Dies korreliert auch mit den niedrigen, differenziert ermittelten Restgehalten an Kohlenhydraten. Qualitativ negativ fällt besonders die mäßige bis schlechte Schaumhaltbarkeit auf (hier gemessen nach *Ross* und *Clark*).

12.1.4 Zum Problem Ethanolkonzentration und Teilentalkoholisierung

Abbildung 200 zeigt den Zusammenhang zwischen den Stammwürzegehalt der ehem. Diätbiere und den bei der Gärung entstehenden Ethanolgehalt vor einer evtl. Entalkoholisierung. Der Ethanolgehalt von (4,8 ± 0,5) Vol.-%, der einem Ethanolgehalt eines normalen Vollbieres der Stammwürzeklasse P11 entspricht, wird bei einem ehem. Diätbier, das mit Malzenzymkonzentrat hergestellt wurde, bereits mit einer Stammwürze von St = 9,25 % erreicht.

Tabelle 117 Messwerte nach [364] von ehem. Diätvollbieren in Deutschland, hergestellt mit Malzmehl bzw. mit klassisch hergestelltem Malzauszug

<table>
<tr><th>Schwankungsbereich der Normalwerte</th><th>ME</th><th>Nicht ethanolreduziert</th><th>Ethanolreduziert</th></tr>
<tr><td>Stammwürzegehalt</td><td>%</td><td>11,0...11,8</td><td>7,5...10,3</td></tr>
<tr><td>Scheinbarer Restextrakt</td><td>%</td><td>(- 0,4)...0</td><td>0,1...0,6</td></tr>
<tr><td>Wirklicher Restextrakt</td><td>%</td><td colspan="2">1,5...2,5</td></tr>
<tr><td>Ethanolgehalt</td><td>Vol.-%</td><td>5,4...6,7</td><td>3,4...4,6</td></tr>
<tr><td>Scheinbarer Ausstoßvergärungsgrad</td><td>%</td><td>100...104</td><td>95...100</td></tr>
<tr><td>pH-Wert</td><td>-</td><td colspan="2">4,5...4,8</td></tr>
<tr><td>Bierfarbe</td><td>EBC</td><td>4,5...8,5</td><td>5,5...10</td></tr>
<tr><td>Bitterstoffgehalt</td><td>BE</td><td colspan="2">18...28</td></tr>
<tr><td>Schaumhaltbarkeit nach Ross u. Clark</td><td></td><td colspan="2">90...110</td></tr>
<tr><td>CO_2-Gehalt</td><td>%</td><td colspan="2">0,50...0,60</td></tr>
<tr><td>Gesamtstickstoffgehalt</td><td>ppm</td><td colspan="2">700...800</td></tr>
<tr><td>Koagulierbarer Stickstoffgehalt</td><td>ppm</td><td colspan="2">2...16</td></tr>
<tr><td>Gesamtpolyphenole</td><td>ppm</td><td colspan="2">140...200</td></tr>
<tr><td>Anthocyanogene</td><td>ppm</td><td colspan="2">24...46</td></tr>
<tr><td>Vergärbare Kohlenhydrate</td><td>g/L</td><td colspan="2">0...0,1</td></tr>
<tr><td>Dextrine</td><td>g/L</td><td colspan="2">5...7</td></tr>
<tr><td>Verwertbare Kohlenhydrate [1])</td><td>g/L</td><td colspan="2">< 8</td></tr>
<tr><td>Höhere aliphatische Ethanole</td><td>ppm</td><td></td><td>71,0...92,8</td></tr>
<tr><td>Physiologischer Brennwert pro 100 mL</td><td>kJ</td><td>160...180</td><td>130...140</td></tr>
</table>

[1]) Außer den Glucose enthaltenden Kohlenhydraten (Stärke und Stärkeabbauprodukte, Disaccharide, D-Glucose, Invertzucker) befinden sich im Bier noch eine geringe Menge anderer Glycoside, die zusammen mit etwa 0,5 g/L geschätzt werden können, sodass für ein ehemals verkehrsfähiges Diätbier eine Höchstmenge von insgesamt 8,0 g Kohlenhydrate pro Liter zulässig ist.

Der gleiche Zusammenhang ergibt sich auch, wenn man den wirklichen vergorenen Extrakt der ehem. Diätbiere mit der gebildeten Ethanolmenge vergleicht (siehe Abbildung 201). Bei einem vergorenen wirklichen Extrakt von Ew = 7,55 % ergibt sich ein Ethanolgehalt von ca. 4,85 Vol.-%, dies entspricht bei einer Stammwürze von St = 9,25 % einem erforderlichen scheinbaren Endvergärungsgrad von Vsend = 100,8 %.

Die vom Gesetzgeber vorgeschriebene Teilentalkoholisierung der ehem. Diätbiere ist bei einem ehem. Diätbier, das als Vollbier eingebraut wurde, im Interesse der Verbrauchergesundheit und zur Gewährleistung der ehem. Diätvorschriften nachvollziehbar. Abbildung 200 zeigt, dass der Ethanolgehalt eines ehem. Diätvollbieres von St = 11,5 % ca. 1,5...2 Vol.-% über dem Ethanolgehalt eines vergleichbaren normalen Vollbieres liegt.

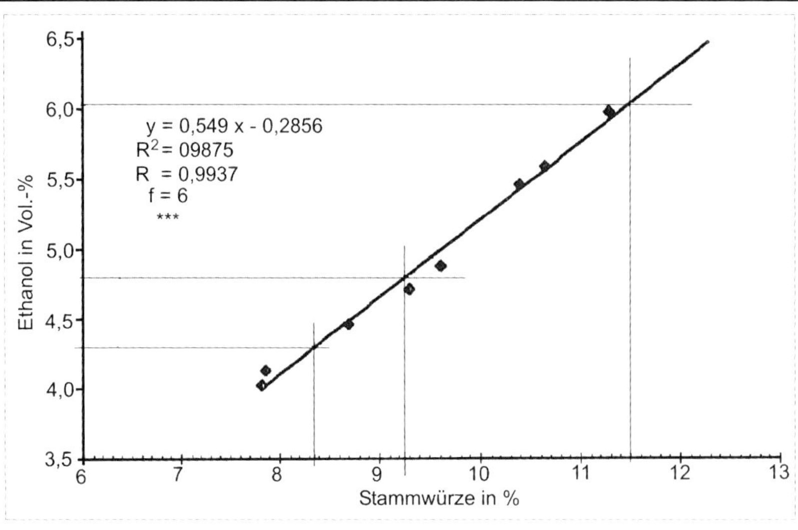

Abbildung 200 Zusammenhang zwischen dem Ethanolgehalt und dem Stammwürzegehalt bei ehem. Diätbieren (nach Werten von [386])

Die Teilentalkoholisierung:

- ist im eigentlichen Sinne eine Vernichtung von teurem Malzextrakt,
- ist ein energetisch und technisch aufwendiger und teurer Prozess,
- belastet durch das anfallende ethanolhaltige Abprodukt das Abwasser oder die Umwelt und vor allem
- verschlechtert sich die sensorische Qualität des Fertigproduktes durch
  - den Verlust an Kolloiden durch die thermische oder Scherkraftbelastung,
  - den Verlust an Aromastoffen mit dem entfernten Ethanol,
  - die Gefahr eines unkontrollierbaren Sauerstoffeintrages und
  - die Gefahr einer beschleunigten Alterung.

Aus diesem Grunde sollte ein kohlenhydratreduziertes Bier von vornherein als Schankbier eingebraut werden, das dann als fertiges Bier im Ethanolgehalt und im Bukettstoffgehalt einem normalen Vollbier entspricht, wie die aufgeführten Beispiele zeigen.

Als Teilentalkoholisierungsverfahren waren in Anwendung:

- Die Erhitzung einer Teilmenge des fertigen Diätbieres in der Würzepfanne und der nachfolgende Verschnitt mit dem nicht teilentethanolisierten Bier;
- Verschiedene Membrantrennverfahren, wie Dialyse oder Umkehrosmose (s.a. *Kunze* [389]).

Weitere Verfahren und Anlagen zur Ethanolreduktion bei fertig vergorenen Bieren werden in den Kapiteln 12.3.4 bis 12.3.6 beschrieben.

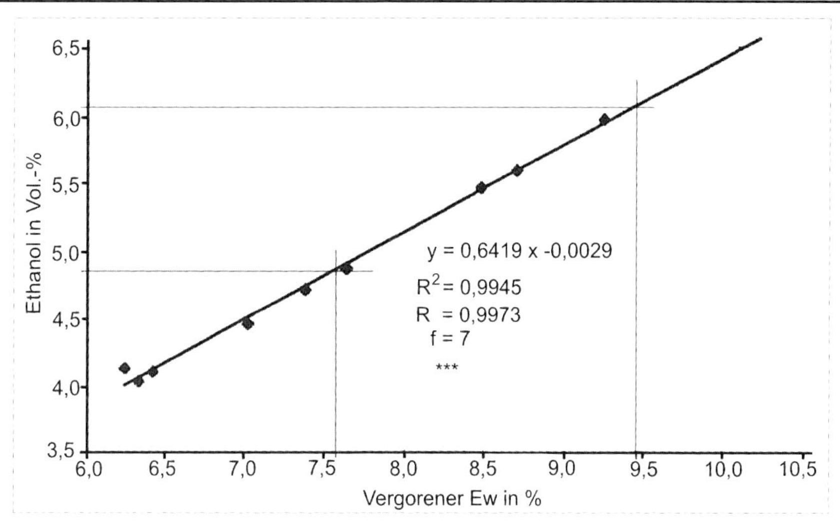

Abbildung 201 Zusammenhang zwischen dem Ethanolgehalt und dem wirklich vergorenen Extrakt bei ehem. Diätbieren (nach [386])

12.2 Dry-Biere

12.2.1 Charakteristik der Dry-Biere

- Dry-Biere sind hoch vergorene, helle Vollbiere mit einem Ausstoßvergärungsgrad von Vsaus = 87...90 %.
- Sie besitzen wie die ehemaligen Diätbiere nur noch einen geringen Kohlenhydratgehalt, der aber nicht festgelegt ist, sodass ein Amylasenzusatz zur Anstellwürze und in der Gärung nicht zwingend vorgeschrieben ist.
  Das Ziel kann auch durch einen hohen Endvergärungsgrad schon mit der Sudhausarbeit erreicht werden.
- Sensorisch werden diese Biere aufgrund der fehlenden Kohlenhydratkolloide meist als „leer“ bzw. „trocken“ beschrieben. Die Bittere tritt sofort und nicht durch die fehlenden Kohlenhydrate gemildert in Erscheinung.
  Dies verursacht ein „trockenes“ Mundgefühl und fördert den Durst.
- Um die fehlenden Kohlenhydrate als wichtige Geschmackskolloide etwas zu ersetzen, kann durch den Einsatz von etwas eiweißreicheren und aromaintensiveren dunklen Malzen ein etwas vollmundigerer und weicherer Geschmack erreicht werden [398].
- Die Bitterung mit Aromahopfen sollte so erfolgen, dass die Biere 20...22 BE erreichen.
- Eine Begrenzung des Ethanolgehaltes wird nicht gefordert.

12.2.2 Herstellung im Prozess der Gärung und Reifung

Dry-Biere können im Prozess der Gärung und Reifung ohne zugesetzte Malzenzyme hergestellt werden. Die Hefegabe und Prozessführung muss so erfolgen, dass der im Sudhaus gebildete vergärbare Extrakt auch vollkommen vergoren wird. Um den fehlenden Kohlenhydratgehalt in der Vollmundigkeit etwas auszugleichen, ist der Einsatz eines Hefestammes sinnvoll, der durch den höheren Gehalt an vergärbarem Extrakt auch angeregt wird, mehr Ester zu bilden.

12.2.3 Messwerte von Dry-Bieren

Tabelle 118 weist die Messergebnisse eines als Dry-Bier hergestellten Vollbieres aus. Sie zeigen den erreichten hohen Ausstoßvergärungsgrad, der auch durch den für ein untergäriges Bier sehr hohen Gehalt an Bukettstoffen begleitet wird.

Tabelle 118 Messwerte von einem untergärigen Dry-Bier, hergestellt mit der Weihenstephaner Hefe W 34 (nach Narziß [398]), ergänzt durch weitere Werte

Qualitätskriterium	Maßeinheit	Dry-Bier
Stammwürze	%	11,3...11,8
Farbe	EBC-Einheiten	5,5
Ausstoßvergärungsgrad Vsaus	%	88...90
pH-Wert	-	4,35
Ethanolgehalt	Masse-%	4,0...4,4
Bitterstoffgehalt	BE	22
Höhere aliphatische Alkohole	ppm	90
2-Phenylethanol	ppm	14
Ester	ppm	30

12.3 Ethanolfreie Biere

12.3.1 Anforderungen und Charakteristik

Ethanolfreie Biere (Synonym alkoholfreie B.) sind in Deutschland:

- Helle oder dunkle, ober- oder untergärige Einfach-, Schank- oder Vollbiere, deren Ethanolgehalt in Deutschland 0,5 Vol.-% nicht übersteigen darf.
- Der niedrige Ethanolgehalt darf auf verschiedenem Wege eingestellt werden.

Einige Bemerkungen zur Definition alkoholarmes Bier und alkoholfreies Bier

Als alkoholfrei werden Getränke und Speisen bezeichnet, die gar keinen Ethanol enthalten sowie Getränke, deren Ethanolgehalt als gering angesehen wird. Als alkoholfrei dürfen nach deutschem und Schweizer Lebensmittelrecht Getränke bezeichnet werden, die maximal 0,5 Vol.-% Alkohol enthalten (diese Biere unterliegen in Deutschland auch nicht der Steuerpflicht). Über diese Grenze hinaus besteht in beiden Ländern eine Kennzeichnungspflicht in Volumenprozent, in Deutschland seit dem 1. Mai 1989. Diese Kennzeichnungspflicht von Lebensmitteln ist in Deutschland in der Lebensmittel-Kennzeichnungsverordnung geregelt.

Bis zu einer Grenze von ≤ 1,5 Vol.-% kann von alkoholarmen Bier gesprochen werden. Bei Ethanolgehalten von > 1,5 Vol.-% kann ggf. von Ethanol reduziertem Bier gesprochen werden, wenn das zur Herstellung benutzte Bier einen höheren Ethanolgehalt hatte.

Bier ist per Definition ein alkoholhaltiges Getränk. Deshalb ist der Begriff „alkoholfreies Bier“ ein Widerspruch an sich (konsequenterweise muss in Österreich ein Bier ≥ 0,5 Vol.-% Ethanol enthalten, um die Bezeichnung Bier führen zu dürfen. In Österreich gibt es deshalb auch kein alkoholfreies Bier). Ethanol ist außerdem ein wichtiger Geschmacksträger. Deshalb müsste man von Bieren sprechen, deren Ethanolgehalt mehr oder weniger verringert wurde oder deren Gärung so gesteuert wurde, dass kein oder fast kein Ethanol gebildet werden kann.

Bundesland	**2013**	**2012**	**2008**	**2003**
Bayern	1 700 000	1 650 000	944 646	426 683
Nordrhein-Westfalen	1 128 000	948 000	123 399	289 293
Hessen	*450 000*	*440 000*	*437 859*	*649 903*
Niedersachsen/Bremen	569 727	455 000	364 729	414 890
Rheinland-Pfalz/Saarland	260 000	200 000	188 985	179 691
Schleswig-Holstein/Hamburg	176 000	142 000	290 419	176 432
Baden-Württemberg	140 000	130 000	74 770	130 736
Thüringen	*94 000*	*80 000*	*0*	*0*
Sachsen	100 000	65 000	11 687	0
Mecklenburg-Vorpommern	18 500	15 000	13 437	0
Berlin/Brandenburg	200 338	200 123	0	0
Gesamt	**4 836 565**	**4 325 123**	**2 449 931**	**2 267 628**

Abbildung 202 Ausstoß an Alkoholfreiem Bier in hL nach Bundesländern (nach [399]). Hinzu kommen 2013 noch etwa 1.226.000 hL Malztrunk

Die Konsumentenwünsche haben jedoch dazu geführt, dass Biere mit geringem Ethanolgehalt oder einem sehr geringen Ethanolgehalt von der Brauindustrie bereitgestellt werden (Abbildung 202). Die abgesetzten Mengen an alkoholfreiem Bier werden in Deutschland von den Zollämtern nicht mehr amtlich erfasst, sie können deshalb nur noch geschätzt werden. Die Produktionsmengen an alkoholfreiem Bier und Malztrunk lagen 2017 in Deutschland bei etwa 6,2 Mio. hL (entspricht etwa 6 % des Bierausstoßes). Die Akzeptanz dieser Biere bei der Bevölkerung ist in den letzten Jahren gestiegen und stellt eine feste Größe im Getränkesortiment dar. Gefördert wurde diese Entwicklung durch die restriktive Verkehrsgesetzgebung, die Forderungen des Arbeits- und Gesundheitsschutzes, dem Schutz der Jugend vor Suchtgefahren und das steigende „Kalorienbewusstsein“ der Bevölkerung bzw. die Nutzung als „funktionelles“ und gesundheitsförderndes Getränk.

In einigen Ländern des arabischen Raumes (z. B. Saudi-Arabien) muss alkoholfreies Bier tatsächlich frei von Ethanol sein (0,00 %). Andere arabische Länder gestatten 0,0 Vol.-%, d. h., dass ein Wert von ≤ 0,05 Vol.-% noch toleriert wird.

Biere, denen der Ethanol nachträglich entzogen wurde, haben verfahrensbedingt immer Spuren von Ethanol.

Die ethanolfreien Biere, oft als „Autofahrerbiere“ bezeichnet, sind bei den Verfahrensvarianten, nach denen die Ethanolbildung im Prozess der Gärung und Reifung unterdrückt wird, Einfach- oder Schankbiere.

Bei der sensorischen Bewertung dieser Biere ist ein direkter Vergleich mit den normalen Vollbieren nicht möglich, denn die Unterdrückung der Ethanolbildung bzw. die Ethanolentfernung ist immer mit einem Mangel bzw. Verlust an normalem Gärungsbukett verbunden.

12.3.2 Angewandte Methoden zur Ethanolreduktion

Es gibt folgende zwei grundsätzlich unterschiedliche Verfahrensvarianten zur Herstellung eines Bieres mit niedrigem Ethanolgehalt:

- modifizierte Gärverfahren, bei denen kein oder nur sehr wenig Ethanol gebildet wird (s. Kapitel 12.3.3) oder
- die nachträgliche Entfernung des während der Gärung gebildeten Ethanols aus dem Bier durch physikalische Verfahren.

Zur nachträglichen Entfernung des Ethanols aus dem fertigen Bier eignen sich beispielsweise:

- Thermische Trennverfahren (s.a. Kapitel 12.3.4);
- Membran-Trennverfahren (s.a. Kapitel 12.3.5);
- Hochdruck-Extraktionsanlagen (s.a. Kapitel 12.3.6).

Erste Versuche zur Verringerung des Ethanolgehaltes bei Bieren gehen auf die Zeit des Ersten Weltkrieges zurück [385]. Eine relativ umfangreiche Literaturübersicht zum Thema Optimierung verschiedener biologischer Verfahren zur Herstellung alkoholfreier Biere gibt *Leibhard* [400] und *Pahl* [401]. Zum Thema Entalkoholisierung informieren *Wucherpfennig* und *Neubert* [402] sowie [403].

Die aufgeführten Verfahren werden in größeren Brauereien meist kombiniert eingesetzt. Dadurch wird eine höhere geschmackliche Qualität bei dieser Biersorte erreicht. In Tabelle 119 sind Beispiele für Verfahren zum Ethanolentzug aufgeführt. Im Kapitel 12.3.7 sind Analysenwerte von entalkoholisierten Bieren zusammengestellt.

Die Betriebskosten von Anlagen zur Ethanolentfernung sind bei den thermischen Trennverfahren am geringsten und bei der Reversosmose am höchsten. Der Aufwand, die Aromakomponenten des Originalbieres zurückzugewinnen und zum entalkoholisierten Bier zu dosieren, sind nicht unerheblich. Sie beeinflussen damit auch die Kosten.

Tabelle 119 Verfahren zur Ethanolentfernung aus Bier - Beispiele (ohne Anspruch auf Vollständigkeit)

Thermische Trennverfahren	
Vakuumverdampfung mit	Literatur
- Fallstromverdampfern - Zentrifugalverdampfer	[404], [405], [406], [407], [408] [409], [410]
Membran-Trennverfahren	
- Dialyse-Verfahren - Umkehrosmose-Verfahren	[411], [412], [413], [414], [415], [416], [417], [418], [419]
Sonstige Verfahren	
- Hochdruckextraktion	[420]

Da die apparativen Voraussetzung zur Ethanolentfernung aus Bier relativ aufwendig sind, setzt der Anlagenaufbau eine bestimmte Mindestgröße der Absatzmenge voraus. Diese Aussage gilt insbesondere für die thermischen Trennverfahren, die eine möglichst gute Ausnutzung der Anlage voraussetzen. Deshalb ist die Anzahl der ausgeführten Anlagen nicht allzu groß. Eine mögliche Variante für kleinere Betriebe ist die Kooperation mit größeren Brauereien auf der Basis eines Lohnbrau-Vertrages.

12.3.3 Verfahren zur Unterdrückung der Ethanolbildung im Prozess der Gärung und Reifung

Um die Ethanolbildung bei der Herstellung von alkoholfreiem Bier im Prozess der Gärung und Reifung zu unterdrücken, können mehrere Verfahrensvarianten eingesetzt werden.

12.3.3.1 Einsatz einer Maltose nicht vergärenden Hefe

Eine Methode aus der ersten Hälfte des 20. Jahrhunderts ist der Einsatz von Hefestämmen, die keine Maltose verwerten können. Am bekanntesten ist der Einsatz des Hefestammes *Saccharomycodes ludwigii*, der nur die Angärzucker Saccharose, Glucose und Fructose, aber keine Maltose verwerten kann.

Bereits 1927 wurde *Haehn* und *Glaubitz* ein Patent für die Herstellung eines Malzbieres mit dieser Hefe erteilt, bei dem der Ethanolgehalt definiert eingestellt wurde durch eine genau bemessene Saccharosezugabe in die Würze. Dieses so hergestellte maltosereiche Malzbier soll biologisch sehr stabil sein. Als Ursache vermutete *Koch*, dass diese Hefe antibiotische Stoffe bildet [421].

Der Geschmack dieser Biere war nicht nur durch den hohen Restzuckergehalt dieser Biere, sondern auch durch das abweichende Gärungsbukett dieses Hefestammes sehr gewöhnungsbedürftig und damit bisher keine sich durchsetzende technologische Lösung. Neuere Produktentwicklungen von *Kunz* und *Methner* [422] ergaben mit dieser Maltose nichtvergärenden Hefe unter Verwendungen verschiedener Malz- und Rohfruchtschüttungen sowie einer separaten Milchsäurefermentation einer Teilwürzemenge mit nachfolgender Ausmischung sensorisch anspruchsvolle alkoholfreie Biere.

Durch die positive Entwicklung in der Craftbier-Scene gewinnt die Verwendung weiterer Hefestämme bei der Herstellung alkoholarmer Biere zunehmend an Bedeutung. Insbesondere Maltose nichtvergärende Hefen stellen für kleinere Brauereien eine gute Möglichkeit dar, kostengünstig und mit geringem technischem Aufwand alkoholfreie bzw. alkoholarme Biere herzustellen. Von der Versuchs- und Lehranstalt für Brauerei in Berlin sind nach Hageboeck [16] außer *Saccharomycodes ludwigii* auch folgende Hefestämme dafür geeignet: *Saccharomyces dairensis* und *Saccharomyces rosei*.

12.3.3.2 Kälte-Kontaktverfahren

Schankbiere werden durch biologische Säuerung vor dem Ausschlagen auf einen pH-Wert zwischen 4,6...4,8 eingestellt, da sie durch die mittels Kälte unterdrückte Hefevermehrung und Gärung nicht einen normalen Bier-pH-Wert erreichen. Die Würze wird bei 0...- 2 °C mit 1 L dickbreiiger, gesunder Hefe je Hektoliter angestellt, sehr gut vermischt und durch verfahrenstechnische Varianten, meist durch ständiges Umpumpen, für ca. 7 Tage beide miteinander in engem Kontakt gehalten (l. c. [423]).
Bei dieser Temperatur gärt und vermehrt sich die Hefe nicht, aber sie lebt und ein Teil ihrer Enzymsysteme ist aktiv, insbesondere die Reduktasen reduzieren die den Würzegeschmack verursachenden Carbonylverbindungen und Streckeraldehyde zu Alkoholen und wandeln diese weiter zu Estern um (siehe Kapitel 4.9).

Durch ein mehrtägiges Einleiten von CO_2 wird weiter der Kontakt zwischen Hefezellen und Würzeinhaltsstoffe gefördert und gleichzeitig ein CO_2-Wascheffekt erreicht, der einen Teil der flüchtigen Würzearomastoffe entfernt.

12.3.3.3 Gestoppte Gärung

Schankbierwürzen mit einem niedrigen Vsend werden bei tiefen Temperaturen zwischen 0...4 °C mit Hefe angestellt und die Gärung bis zu einem Ethanolgehalt von ≤ 0,5 Vol.-% geführt und dann durch Tiefkühlung auf < 0 °C oder durch Herausfiltrieren oder Abzentrifugieren der Hefe die Gärung abgebrochen.

Um den Würzegeschmack weiter zu reduzieren, wird bei einer Verfahrensvariante im Prozess der Würzeherstellung eine Teilmaische aus Treber gekocht und diese Kochmaische mit einer Malzmaische von 40 °C zusammen so aufgemaischt, dass die Gesamtmaische die Maltosebildungsrast überspringt und die Verzuckerungsrast bei 72 °C erreicht. Der erreichbare Vsend-Wert liegt bei 60 % [424].

Es werden für das Hefekontaktverfahren und für die gebremste Gärung durch Selektion Hefestämme gesucht, die eine hohe Reduktionskapazität gegenüber Aldehyden haben (siehe Abbildung 203), die das Würzearoma bestimmen.

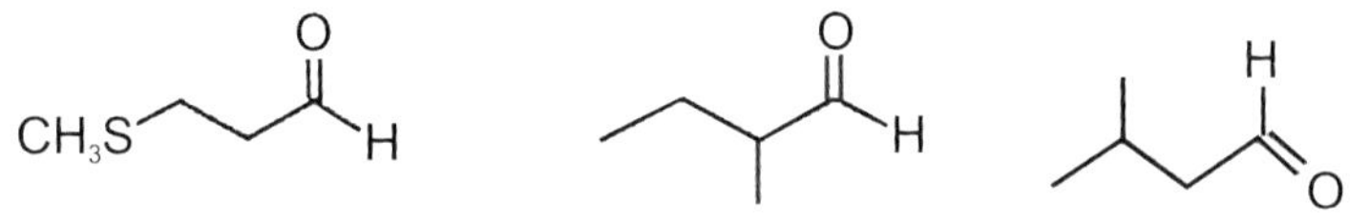

CH_3S 3-Methylthiopropionaldehyd — 2-Methyl-Butanal — 3-Methyl-Butanal

Abbildung 203 Aldehyde, die als Würzearomastoffe durch Hefen reduziert werden (cit. nach [410])

12.3.3.4 Gärung mit immobilisierten Hefen

Eine neue Variante des Kälte-Kontaktverfahrens ist die Verwendung von auf keramischem oder gläsernem Trägermaterial aufgebrachter Hefe, die in einem Fermenter in hoher Schicht bei 0...1 °C von Würze durchströmt wird [425], [426]. Mit der regulierbaren Fließgeschwindigkeit, die eine Kontaktzeit zwischen 5...20 Stunden ermöglicht, wird die Wirkung der Hefe reguliert. Hier wirken wie beim Kälte-Kontaktverfahren vor allem die Enzyme der Hefe, die die Carbonylverbindungen der Würze reduzieren. Das Verfahren soll mit einer vorher noch einmal sterilisierten Würze über mehrere Wochen kontinuierlich laufen, da die abgetragene Hefe sich in geringem Umfang nachbildet.

Anstelle des gläsernen oder keramischen Materials mit Oberflächenkulturen sind auch Fermenter mit direkt in Calciumalginat-Kugeln (Durchmesser 4...5 mm) immobilisierter Hefe erprobt worden (s.a. Kapitel 10.3.8).

Die Biere aus all diesen Verfahrensvarianten müssen nach dem Hefekontakt eine etwa 10tägige Kaltlagerung bei ca. 0 °C zur Abrundung des Geschmackes durchlaufen. Danach sind sie alle zu filtrieren, gut zu stabilisieren, zu carbonisieren und auch thermisch haltbar zu machen.

12.3.4 Thermische Trennverfahren

12.3.4.1 Allgemeine Hinweise

Die Entfernung des Ethanols aus dem fertigen Bier wurde bereits um 1895 realisiert. Das Bier wurde in der Sudpfanne aufgekocht, anschließend auf das Ursprungsvolumen mit Wasser aufgefüllt, gekühlt und imprägniert (l. c. [407]). Zum Teil wurde das Bier in eine kochende Wasservorlage eingepumpt und anschließend wurde soweit eingedampft, dass die Wasservorlage wieder entfernt wurde.

Wesentlicher Nachteil dieser Verfahrensweise war die relativ hohe Verdampfungstemperatur. Dieser Nachteil konnte durch eine Vakuumverdampfung verringert werden, da die Siedetemperatur eine Funktion des Druckes ist. Zum Beispiel beträgt die Siedetemperatur bei einem Druck von 200 mbar nur etwa 60 °C. Die genauen Werte können den Dampfdruckkurven entnommen werden (s.a. z. B. [427]).

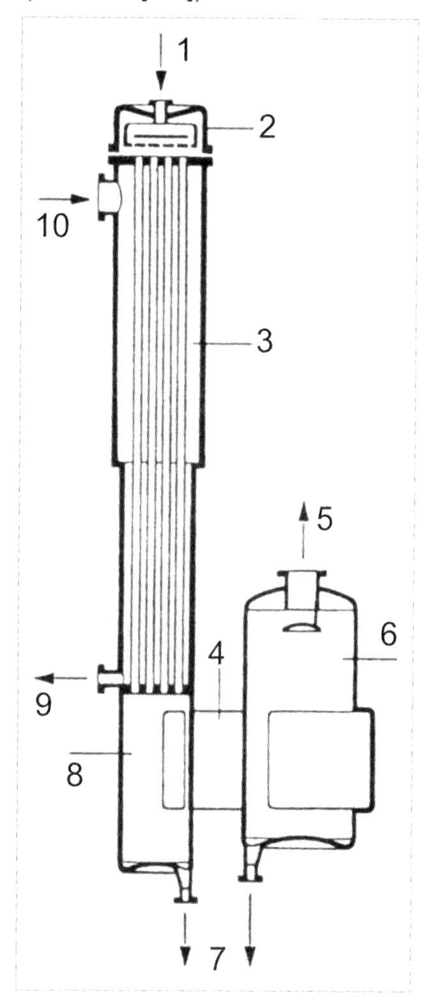

Abbildung 204 Fallstromverdampfer, schematisch (nach [405])
1 Produkteintritt **2** Verteiler **3** Heizkörper (Rohrbündel) **4** Kanal **5** Brüden
6 Abscheider **7** Konzentrat **8** Unterteil
9 (Heizdampf-)Kondensat **10** Heizdampf

12.3.4.2 Entfernung durch Dünnschichtverdampfung

Als Wärmeübertrager (WÜ) werden bei der Dünnschichtverdampfung senkrechte Flächen genutzt, an denen die Flüssigkeit unter dem Schwerkrafteinfluss als Rieselfilm abläuft. Deshalb werden diese WÜ auch als Fallstromverdampfer bezeichnet. Beispielsweise werden senkrechte Rohrbündel-Wärmeübertrager (WÜ) oder Plattenverdampfer eingesetzt (Abbildung 204). Die Rohrlänge kann ≥ 10 m erreichen.

Das zu verdampfende Gut wird oben im WÜ am Verteiler so aufgegeben, dass es die senkrechten Flächen bzw. Rohre gleichmäßig benetzt und einen Rieselfilm ergibt.

Die Wärme wird durch das Heizmittel (z. B. Niederdruckdampf oder Brüden) auf der Rohraußenseite übertragen. Das Kondensat läuft dann turbulent ab und sichert gute Wärmeübergangskoeffizienten.

Die eingesetzten Wärmeübertrager-Bauformen ermöglichen gute Wärmedurchgangskoeffizienten und die verfügbaren Wärmeübertragerflächen geringe Temperaturdifferenzen zwischen Wärmeträger und Bier, die auch die Standzeit der WÜ-Flächen günstig beeinflussen. Deren Vorteile liegen auch in den relativ kurzen Verweilzeiten zur Wärmeübertragung begründet.

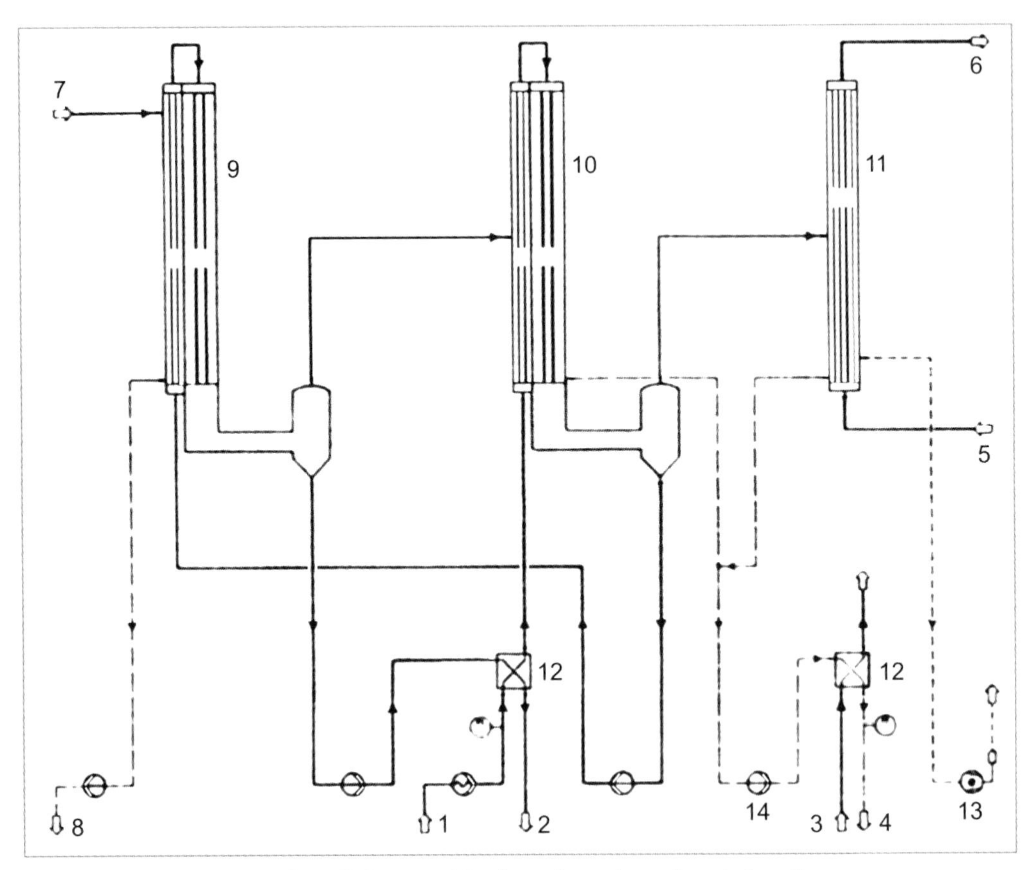

Abbildung 205 Zweistufige Fallstrom-Verdampferanlage (nach [405])

1 Bierzulauf (4....4,5 % Ethanol) **2** alkoholreduziertes Bier (< 0,4 % Ethanol) **3** Kühlwasser **4** Brüdenkondensat (ca. 15 % Ethanol) **5** Kühlwasser-Eintritt **6** Warmwasser-Austritt **7** Heizdampf **8** Heizdampf-Kondensat **9** Fallstromverdampfer 1. Stufe **10** Fallstromverdampfer 2. Stufe **11** Kondensator **12** Platten-WÜ **13** Vakuumpumpe **14** Pumpe

Bei einstufiger Destillation sind Abdampfraten von etwa 40 % erforderlich, um den Ethanolgehalt von 5 Vol.-% auf ca. 0,5 Vol.-% zu reduzieren [407] und etwa 50 %, um auf ca. 0,3 Vol.-% zu kommen [406]). Eine Reduzierung des Energieaufwandes ist durch mehrstufige Verdampferanlagen möglich (Abbildung 205). Dabei dient der Brüden der vorangegangenen Verdampferstufe als Heizmittel der nächsten usw. Die Verdampfungstemperatur der folgenden Stufe ist natürlich einige Grade geringer. Eine weitere Energieeinsparung kann sich durch den Einsatz einer thermischen

Brüdenverdichtung ergeben, die bei mehrstufigen Anlagen auch genutzt wird (Abbildung 205a). Der Dampfverbrauch lässt sich bei dieser Variante auf etwa 25 % gegenüber der einstufigen Variante reduzieren [405]. Außerdem wird natürlich die rekuperative Wärmeübertragung zwischen Bier-Zu- und -Rücklauf genutzt.

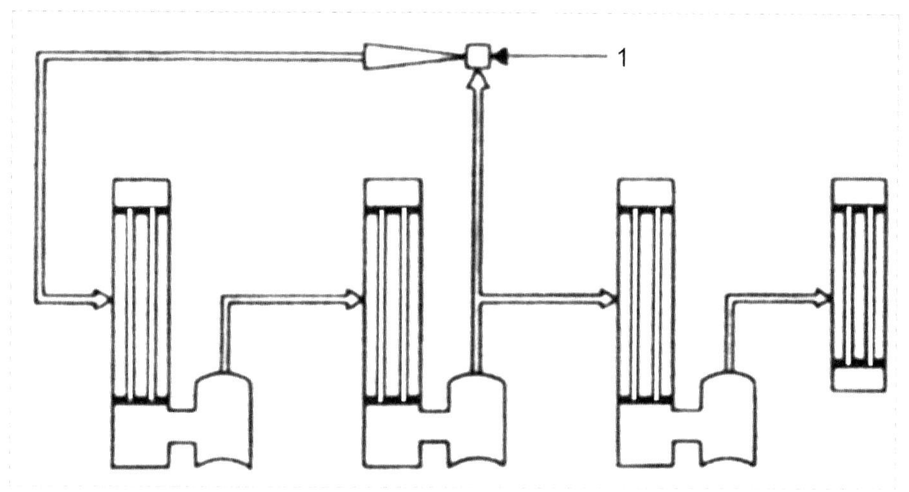

Abbildung 205a Dreistufige Fallstromverdampferanlage mit thermischer Brüdenverdichtung, schematisch (nach [405]); ***1*** *Treib-/Heizdampf*

In einem Abscheider werden Brüden und Konzentrat getrennt. Der Brüden kann als Heizmittel der nächsten Stufe dienen. Das Konzentrat kann bei Bedarf in einer weiteren Stufe einer Verdampfung unterzogen werden.

Die wasserdampfflüchtigen Fraktionen des Bieres lassen sich kondensieren und ggf. durch Rektifikation weiter differenzieren. Diese Kondensate lassen sich dem entalkoholisierten Bier wieder zu dosieren, um die Organoleptik zu verbessern. Das Ethanol wird natürlich vorher abgetrennt.

Die Biere müssen zur Vermeidung thermischer bedingter Reaktionen vor allem sauerstoffarm der Anlage zugeführt werden. Versuche haben gezeigt, dass die Höhe der Verdampfungstemperatur nicht entscheidend ist [407].

Bei der Aromarückgewinnung bei einer Entalkoholisierung können nach [410] ca. 8 % der ursprünglichen höheren aliphatischen Alkohole und ca. 10 % der Ester dem entalkoholisierten Bier wieder zugesetzt werden. Dies ergibt für das Bier einen besseren „Körper“ und einen ausgeglicheneren Geschmack, selbst bei einem Alkoholhalt von < 0,1 %. Für Alkoholgehalte < 0,5 % ist ein Kräusenzusatz sinnvoll.

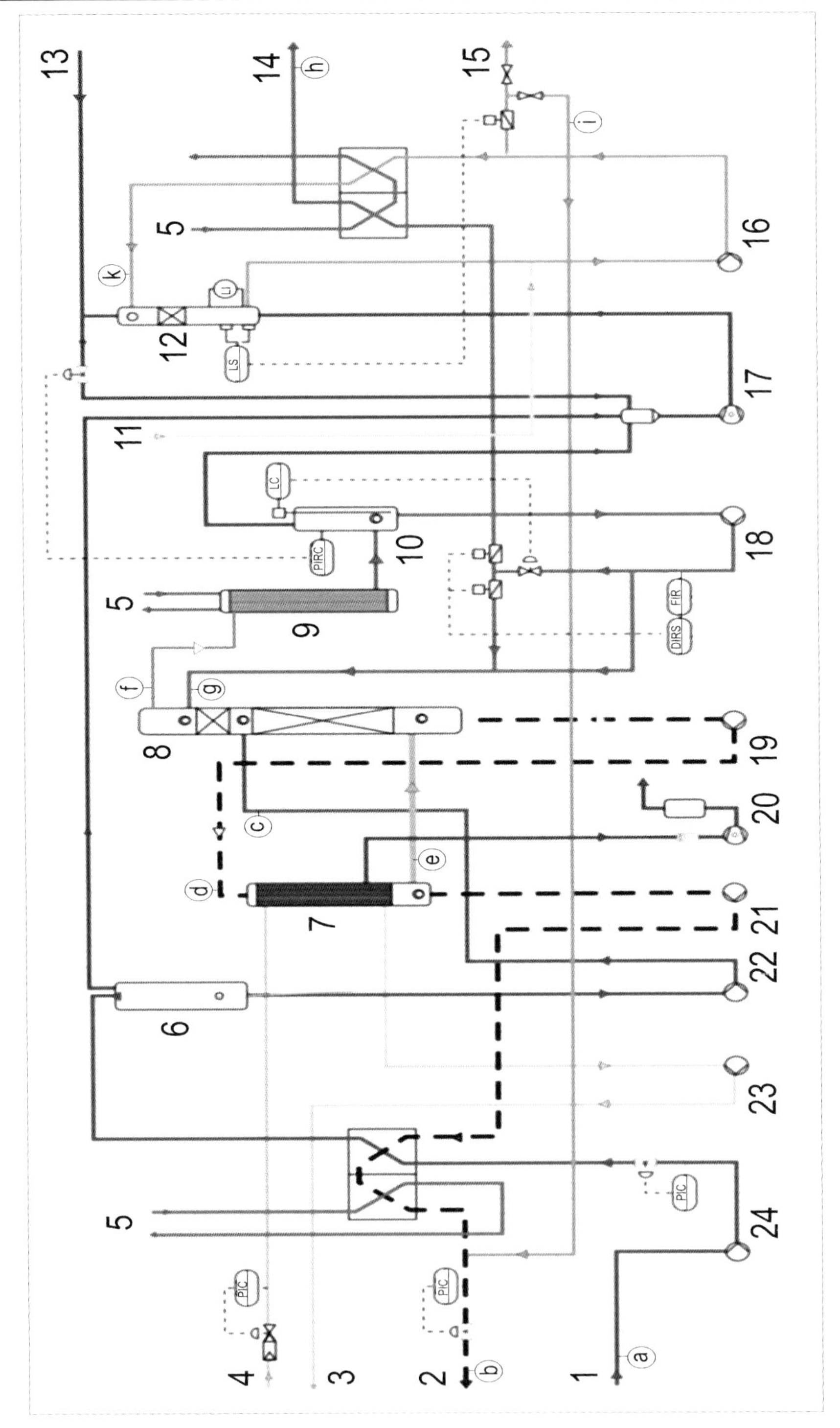

Abbildung 206 Dünnschichtverdampferanlage mit integrierter Rektifikation zur Entalkoholisierung von Bier, schematisch (Typ SIGMATEC, API Schmidt-Bretten (nach [428]); Erläuterungen im Text

12.3.4.3 Ergebnisse und Einsatzkriterien

Die Dünnschichtverdampfung ermöglicht eine weitestgehende Entfernung des Ethanols aus normalen Vollbieren bis ≤ 0,5 Vol.-%, bei Bedarf auch darunter. Nach [404] ist mit einer dreistufigen Verdampferanlage ein Wert von 0,05 Vol.-% erreichbar.

Eine wesentliche Verbesserung der Anlageneffiziens wird durch die Integration einer Rektifikationsstufe mit dem Fallstromverdampfer erreicht. Der Ethanolgehalt lässt sich damit auf etwa ≤ 0,05 Vol.-% bei einer verringerten Abdampfrate (≤ 10 %) absenken. Die Abbildung 206 zeigt eine Dünnschichtverdampferanlage mit integrierter Rektifikationsstufe zur Entalkoholisierung von Bier. Diese Anlagenkonfiguration wird aktuell zur Entalkoholisierung bevorzugt.

Zur Funktion der Anlage:

Gemäß Abbildung 206 wird das Bier (1) mittels eines WÜ vorgewärmt und gelangt zur Entkohlensäuerung (6). Danach wird es mit der Pumpe (22) in die Rektifikationskolonne (8) gefördert. In dieser wird es mit dem Brüden (e) im Gegenstrom erwärmt und teilentalkoholisiert. Pumpe (19) fördert das Bier aus dem Kolonnensumpf zum Fallstromverdampfer (7). In diesem wird bis zur gewünschten Konzentration entalkoholisiert und das Bier dann mittels eines WÜ (20) gekühlt und zur weiteren Bearbeitung abgegeben. Zu diesem Bier kann ein Teil des Aromakonzentrates (i) dosiert werden.

Der Brüden (e) aus dem Fallstromverdampfer (7) wird der Rektifikationskolonne (8) zugeleitet. Die Kolonne (8) verlässt ein etwa 75%iger ethanolhaltiger Brüden und wird im Kondensator (9) kondensiert. Aus dem Füllstand geregelten Abscheider (10) wird von Pumpe (18) das etwa 75%ige Kondensat zum Teil der Rektifikationskolonne wieder zugeführt und zum Teil nach Kühlung ausgeschleust (14). Dieses etwa 75%ige Ethanol kann extern in Rektifizieranstalten aufgearbeitet werden.

Die Vakuumpumpe (17) fördert die gasförmigen, wasserdampfflüchtigen Produkte (CO_2, Aromakomponenten, Säuren etc.) in eine Waschsäule (12). In dieser wird im Gegenstrom gekühltes Wasser von Pumpe (16) gefördert, das die flüchtigen Komponenten aufnimmt. Ein Teil (i) wird zur Aromatisierung zurückgeführt, der Rest ausgeschleust.

Auf die Angabe der umfangreichen analytischen Ergebnisse der Versuchsarbeiten von *Narziß* et al. [406] mit einer mobilen Versuchsanlage mit einem $\dot{V}$ = 4 hL/h wird verzichtet und auf die Originalliteratur verwiesen. Die in Abbildung 206 dargestellte Anlage zur Entalkoholisierung entspricht im Wesentlichen dieser Versuchsanlage.

Der technische Aufwand einer mehrstufigen Destillationsanlage ist relativ groß. Deshalb sind derartige Anlagen erst ab einem bestimmten Durchsatz wirtschaftlich zu betreiben. Der degressive Einfluss der Anlagengröße auf die Investitionskosten ist relativ groß. Die Grenze dürfte bei $\dot{V}$ ≥ 5 hL/h liegen, s.a. die Angaben in [429]. Anlagen nach dem *SIGMATEC*-Prinzip werden für Durchsätze bis zu 100 hL/h gefertigt [428]. Nur eine konkrete Einzelfallprüfung von vergleichbaren Angeboten ergibt verlässliche Werte für die Kostenplanung.

Eine Verbesserung des sensorischen Eindruckes ist neben der Dosierung der Kondensatfraktionen (s.o.) auch durch den Verschnitt des nahezu vollständig entalkoholisierten Bieres mit dem Originalbier oder einem „Aromabier“ auf Ethanolkonzentrationen von ≤ 0,5 Vol.-% möglich. Ebenso kann nach [406] und [430] das Aufkräusen des entalkoholisierten Bieres oder eine CO_2-Wäsche vorteilhaft sein.

12.3.4.4 Entfernung mittels Zentrifugal-Verdampfer

Centritherm-Anlage

Eine spezielle Bauform des Dünnschichtverdampfers ist der Zentrifugalverdampfer. Das Produkt wird auf eine rotierende beheizte Kegelfläche aufgesprüht und verlässt diese Fläche unter dem Einfluss der Zentrifugalkraft in sehr kurzer Zeit (≈ 1 s). Dieses Prinzip wurde von der Firma Alfa Laval entwickelt und unter dem Namen *Centritherm*® angeboten. Ein Schema zeigt Abbildung 207. In Abbildung 208 ist eine *Centritherm*®-Entalkoholisierungsanlage dargestellt.

Mit dieser Variante ist auch eine Vakuum-Verdampfung realisierbar. Eine mehrstufige Anlage ist aber aufwendig, sodass sich diese Bauform für die Entalkoholisierung nicht einführen konnte.

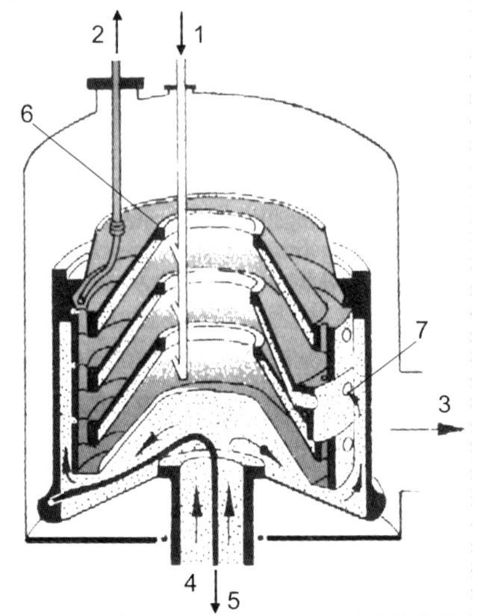

Abbildung 207 Prinzip des Zentrifugal-Verdampfers „Centritherm®“ (nach Alfa Laval)

1 Biereintritt **2** entalkoholisiertes Bier
3 Brüdenaustritt zum Kondensator
4 Heizdampf-Eintritt (Vakuumdampf)
5 Heizdampfkondensat-Austritt
6 rotierende Wärmeübertragerflächen in Kegelform
7 Heizdampf-Eintritt in die kegelförmigen Heizflächen

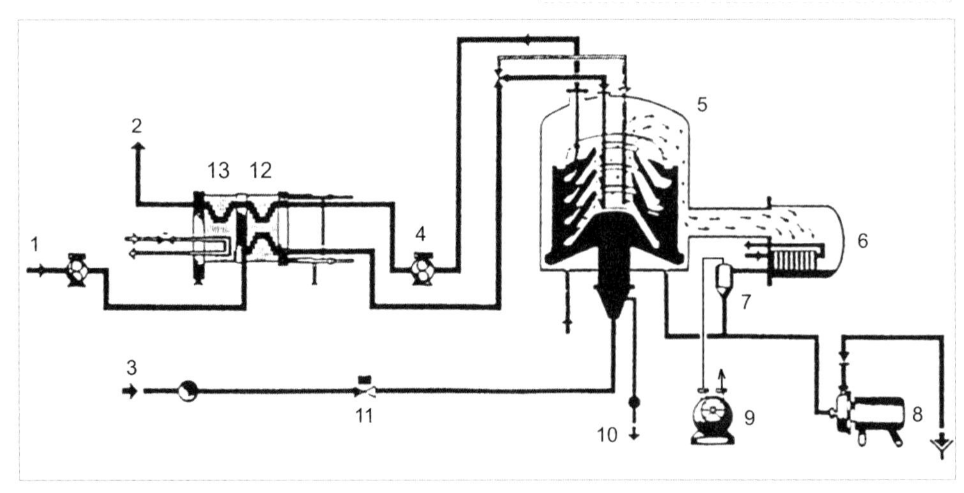

Abbildung 208 Schema des Centritherm®-Verfahrens zur Entalkoholisierung (nach [409])

1 Bierzulauf **2** entalkoholisiertes Bier **3** Dampf **4** Pumpe **5** CENTRITHERM-Verdampfer **6** Kondensator **7** Zyklonabscheider **8** Kondensatpumpe **9** Vakuumpumpe **10** Kondensatabscheider/Kondensat **11** Druckregelventil **12** Vorwärmung **13** Kühlung

Centritherm®-Anlagen zur Eindampfung von flüssigen Produkten aller Art wurden für Wasserverdampfungsmengen von bis zu 4800 kg/h gefertigt. Für die Entalkoholisierung werden Anlagen von 1...2,5 hL/h bis 45...75 hL/h angeboten.

Für eine Anlage mit einem Durchsatz von 20 hL/h werden 360 kg Dampf/h und 28 kW Anschlusswert angegeben, um das Bier von 5,5 auf 0,05 Vol.-% Ethanol zu reduzieren.

SCC-Verfahren

Von Alfa Laval wird das sog. System *Spinning Cone Column* (SCC) angeboten. Damit kann Bier entalkoholisiert werden. Rotierende konische Teller werden mit dem Bier beaufschlagt und mit Reindampf im Gegenstrom im Vakuum beheizt. Es basiert also auf einem Stripping-Verfahren. Durch die Rotation der Konen wird das Bier in einem dünnen Film auf der Konusfläche geführt. Der Dampf wird im Gegenstom dazu geleitet. Die Trenntemperaturen bewegen sich mit zwei Trennstufen im Bereich 34... 38°C (Aromagewinnung) bzw. 39...49 °C (Alkoholentfernung). Die Säule mit den Tellern dreht sich mit etwa 400 U/min (Abbildung 209), die Dampfphase wird kondensiert. Die Aromakomponente kann wieder zudosiert werden. Es kann bis auf 0,05 Vol.-% entalkoholisiert werden (Ausgangsbier 5,5 Vol-%). Die Anlagen werden für Durchsätze von 1 hL/h bis 75 hL/h in verschiedenen Baugrößen gefertigt [431]. Die Fa. flavourtech fertigt die Anlagen in Lizenz [432].

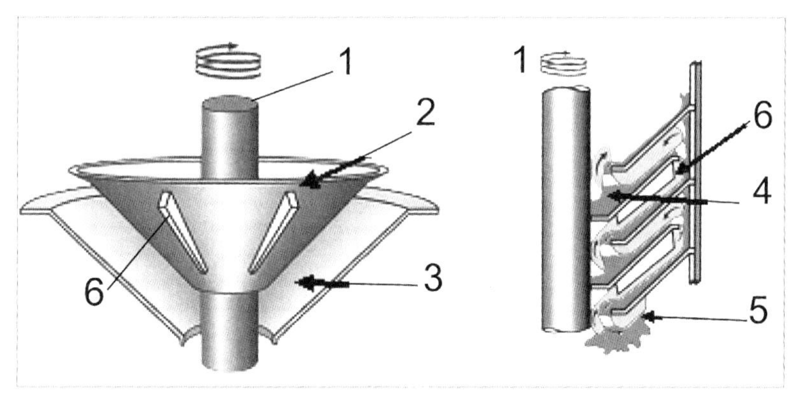

Abbildung 209 Elemente des SCC -Systems
1 Welle **2** Rotierender Konus **2** stationärer Konus **4** Bier **5** Reindampf **6** Leitschiene

12.3.4.5 Stripping-Verfahren

Eine weitere Variante zur Entalkoholisierung ist das Stripping-Verfahren. Das entgaste Bier wird in einer Packungskolonne oben aufgegeben und der von unten zugeleitete Reindampf nimmt das Ethanol und die Aromastoffe auf, die dann fraktioniert kondensiert werden.

Die Packungskolonne ist mit Packungen (Grids) bestückt und besitzen eine geordnete Struktur. Sie werden aus gezahnten, geriffelten, perforierten Profilen gefertigt und haben eine sehr große Oberfläche. Der Druckverlust der Packungen ist relativ gering. Die sog. *Sulzer*-Packung hat beispielsweise eine Oberfläche von 500 m^2/m^3. Abbildung 210 zeigt eine Anlage von *Alfa Laval.*

Die Anlage kann Bier mit 4,5...8 Vol.-% Ethanol reduzieren auf < 0,05 Vol.-%, der Durchsatz der Anlagen kann zwischen 5 und 100 hL/h liegen.

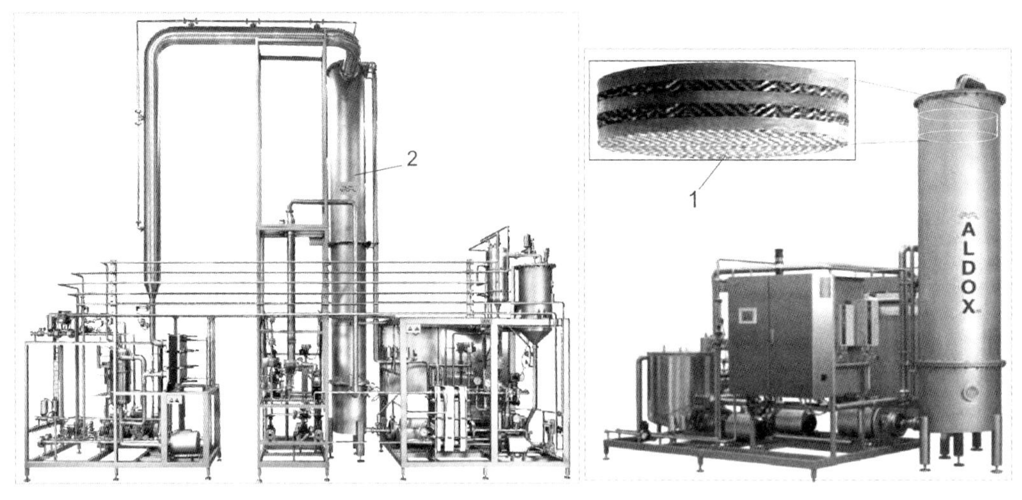

Abbildung 210 Entalkoholisierungsanlage von Alfa Laval [433]
1 Packungselement **2** Stripping-Säule

12.3.5 Membrantrennverfahren

12.3.5.1 Allgemeine Hinweise

Membrantrennverfahren eignen sich zur Entfernung des Ethanols aus Bier. Die Arbeitstemperaturen liegen in der Regel bei der Lagertemperatur des Bieres, zum Teil auch bei ≤ 15 °C. Es ist also nicht mit einer thermischen Belastung des Bieres zu rechnen. Wesentlich ist es, den Sauerstoffzutritt nach Möglichkeit quantitativ auszuschließen.

Als mögliches Membrantrennverfahren hat sich das Dialyse-Verfahren eingeführt, zum Teil auch das Umkehrosmose-Verfahren (Synonym Revers-Osmose; RO-Verfahren). Letzteres wird seit etwa 1975 praktiziert [434].

Da das Ethanol nicht selektiv entfernt werden kann, besteht ein Interesse daran, die Aromakomponenten vom Ethanol zu trennen und zurückzuführen.

12.3.5.2 Dialyse-Verfahren

Das Grundprinzip der Dialyse beruht darauf, dass das zu entalkoholisierende Bier durch eine semipermeable Membran von einer zweiten Lösung getrennt ist, deren Ethanolgehalt sehr gering ist. Sinnvollerweise wird dieses Fluid im Gegenstrom geführt. Allein der Konzentrationsunterschied des Ethanolgehaltes führt zur Diffusion des Ethanols durch die Membrane, ist also die „treibende Kraft" des Prozesses (s.a. Abbildung 211).

Die semipermeable Membran lässt nur bestimmte Molekülgrößen passieren, ihre Porenweite bestimmt also die Komponenten, die passieren können. Die Porenstruktur bestimmt die Permeabilität.

Mit der Fließgeschwindigkeit der beteiligten Komponenten kann die erreichbare Ethanolkonzentration beeinflusst werden. Das Verhältnis Volumenstrom Bier zu Dialysat beeinflusst auch die Entfernung der höheren Alkohole, Ester und Fettsäuren [416].

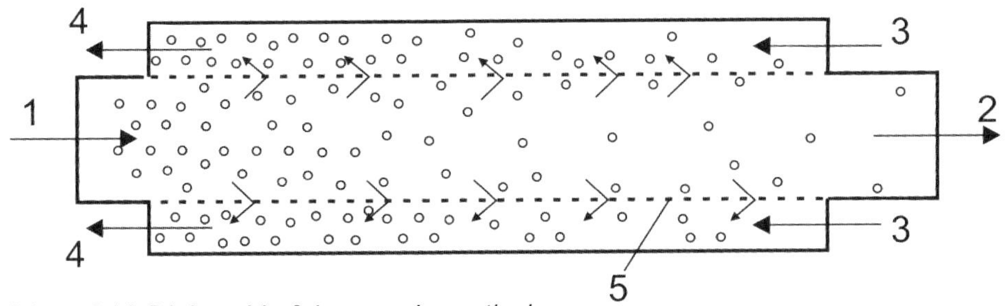

Abbildung 211 Dialyse-Verfahren, schematisch
1 Original-Bier **2** ethanolreduziertes Bier **3** Dialysat **4** Dialysat mit Ethanol angereichert **5** Hohlfaser-Membran

Das Dialyse-Verfahren besitzt Vorteile bezüglich des Energiebedarfs gegenüber dem RO-Verfahren. Die Arbeitsdrücke sind relativ gering, sie müssen über dem Partialdruck des CO_2 liegen, um das Schäumen zu vermeiden. Nachteilig ist, dass geringere Ethanolgehalte als 0,5 Vol.-% nur schwer erzielbar sind, weil die Dialysatmenge zu sehr ansteigt und damit auch die Kosten für die Dialysat-Abdampfung. Die Dialyse ist deshalb vor allem für die Verringerung des Ethanolgehaltes (Diätbiere) einsetzbar.

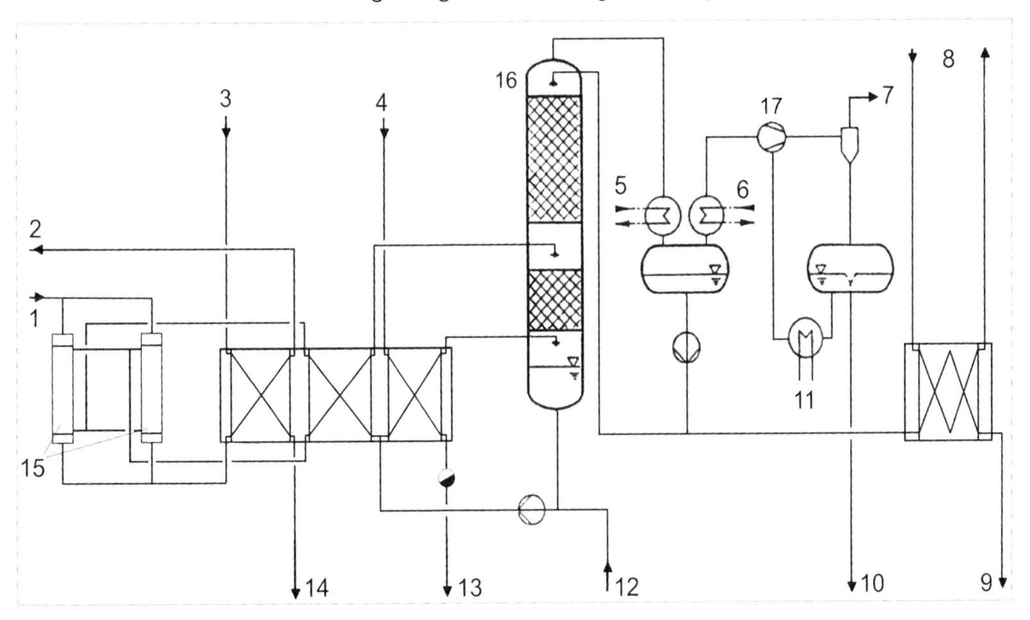

Abbildung 212 Dialyse-Anlage mit Vakuumrektifikation des Dialysats
1 Bier-Zulauf **2** entalkoholisiertes Bier **3** Eiswasser-Vorlauf **4** Dampf **5** Kühlwasser **6** Eiswasser **7** CO_2 **8** Kühlwasser **9** Ethanol **10** Aromakomponente **11** Eiswasser **12** Brauwasser **13** Kondensat **14** Eiswasser-Rücklauf **15** Dialyse-Modul **16** Rektifikationssäule **17** Vakuumpumpe

Um die Entfernung von Aromakomponenten und anderen erwünschten Verbindung zu vermeiden oder zu minimieren, wird das Dialysat im Kreislauf gefahren. Dazu wird aus diesem Ethanol kontinuierlich durch eine Vakuum-Destillation entfernt (s.a. Abbildung

212). Die Entalkoholisierung des Dialysates wird nicht bis null geführt, es verbleiben je nach Bedarf 0,1...0,15 Vol.-%, weil damit auch andere leichter flüchtige Komponenten im Dialysat verbleiben, die deren Entfernung aus dem Bier verhindern. Die entfernte Menge wird durch einen Brauwasserzusatz ausgeglichen. Das Dialysat kann zur Vermeidung von CO_2-Verlusten mit CO_2 imprägniert werden. Selbstverständlich ist es, den Zutritt von Sauerstoff zu verhindern.

Die Membranen werden vorzugsweise als Hohlfaser-Membranen gestaltet, die gebündelt und als Module gehandelt werden. Das Bier wird in den Hohlfasern (Innendurchmesser etwa 0,2 mm) geführt, außen wird im Gegenstrom das Dialysat geleitet. Die Module können in Reihe geschaltet werden oder auch parallel zur Erhöhung des Anlagendurchsatzes betrieben werden.
Membranwerkstoffe sind Cellulose-Derivate und Kunststoffe (z. B. Polysulfone).

12.3.5.3 Umkehrosmose-Verfahren

Bei der Umkehrosmose wird das Bier vorzugsweise chargenweise oder auch kontinuierlich durch Trennmodule gefördert. Auf der Bierseite werden durch einen relativ hohen Druck (35...45 bar) Wasser und Ethanol entgegen dem osmotischen Druck (deshalb der Name Umkehrosmose) durch eine semipermeable Membrane gedrückt. Der Durchgang durch die Membran wird als Permeat bezeichnet und enthält neben Wasser Ethanol (s.a. Abbildung 213). Die Konzentration liegt nur bei etwa 1,5... 1,8 Vol.-%. Diese Konzentration rechtfertigt keine Ethanolgewinnung (die Konzentration bis 1,2 Vol.-% liegt unterhalb der Grenze für die Branntweinsteuer, darüber gibt es bis 22 Vol.-% Sonderreglungen). Es wird deshalb, um das Abwassersystem zu entlasten, beispielsweise im Sudhaus im Heißbereich eingesetzt (z. B. als Überschwänzwasser).

Da ständig Wasser aus dem Kreislauf entzogen wird, muss dieses durch sauerstofffreies und mineralstoffarmes Wasser (Diafiltrationswasser) ergänzt werden. Der Leitwert dieses Wassers soll < 50 µS sein. Es kann mittels Ionenaustauschern oder durch Umkehrosmose bereitet werden. Der Sauerstoffgehalt sollte ≤ 0,05 ppm betragen.

Als Membranen werden Flachmembranen oder gewickelte Membranen eingesetzt, die zu Modulen zusammengesetzt werden. Werkstoffe für die Membranen können beispielsweise Cellulose-Acetat, Polysulfon, Polymethylsiloxan sein.

Die Membranen werden in Crossflow-Technik (Querstrom-Technik) betrieben. Die Filtrationstemperatur liegt im Bereich 7...≤ 13 °C. Die tangentiale Anströmung soll das Verlegen der Membranoberfläche verringern. Trotzdem verlegen sich die Poren im Laufe der Zeit. Zur Abhilfe kann intervallmäßig rückgespült werden. Dazu lassen sich die einzelnen Module separat ansteuern. In regelmäßigen Abständen müssen die Membranen einem CIP-Prozess unterzogen werden.

Der spezifische Durchsatz wird mit 50...80 L/(m^2·h) bei Celluloseacetat-Membranen angegeben. Je Hektoliter Bier plus zugesetztem Diafiltrationswasser kann mit einem Permeat von etwa 2,2 hL gerechnet werden. Abbildung 214 zeigt eine Umkehrosmose-Anlage schematisch.

Der relativ hohe Membrandruck wird nach dem Passieren der Membran auf geringe Werte entspannt. Diese Drosselentspannung ist ein Energieverlust. Die laufende Druckerhöhung durch Pumpen führt zu einem nicht unerheblichen Energieeintrag in das Bier mit der Folge einer Temperaturerhöhung (der Wirkungsgrad der Pumpen ist prinzipiell nicht groß, zum Teil werden Verdrängerpumpen eingesetzt). Deshalb muss laufend gekühlt werden.

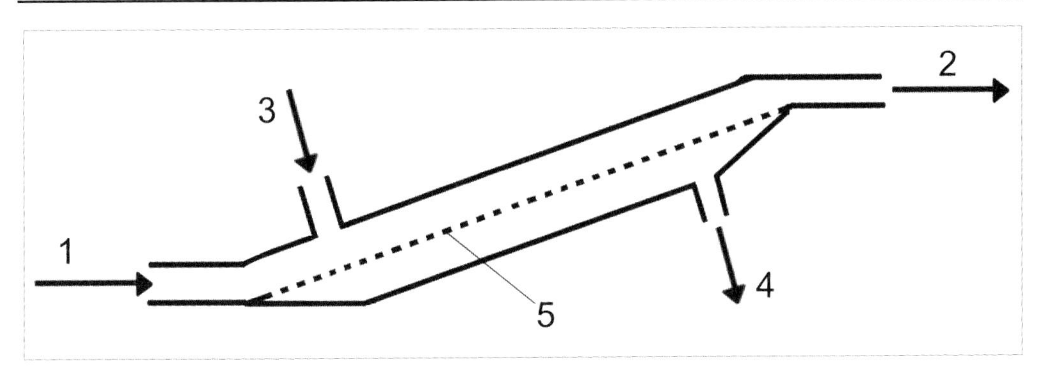

Abbildung 213 Umkehrosmose, schematisch
1 Bierzulauf **2** entalkoholisiertes Bier (Retentat) **3** Diafiltrationswasser **4** Permeat **5** Membran

Die Entalkoholisierung wird in drei Stufen vorgenommen:
- Konzentrierphase;
- Diafiltrationsphase;
- Auffüllphase.

In der ersten Phase wird kein Diafiltrationswasser zugesetzt. Die Folge ist, dass sich die Ethanol-Konzentration und die Bierkonzentration gegenüber dem Ausgangsbier durch den Permeatentzug erhöhen. Diese Phase wird nach einer vorbestimmten Permeatmenge beendet. Während dieser Phase können Bierinhaltsstoffe (z. B. β-Glucangel) die Durchlässigkeit der Membranoberfläche verschlechtern.

Während der Diafiltrationsphase wird die dem Bier entzogene Permeatmenge durch Diafiltrationswasser mengenproportional ersetzt. Dieser Prozess wird solange betrieben, bis der im Konzentrat gewünschte Ethanolgehalt erreicht wird.

In der sich anschließenden Auffüllphase wird das Konzentrat mit Diafiltrationswasser auf das ursprüngliche Volumen des Ausgangsbieres aufgefüllt. Danach muss noch der CO_2-Gehalt eingestellt werden.

Membranreinigung

Cellulose-Acetat-Membranen sind nur im pH-Wert-Bereich 2 bis 8 und bei Temperaturen ≤ 30 °C einsetzbar. Als Reinigungsmittel haben sich β-Glucanase- und Proteinasehaltige Produkte bewährt.

12.3.6 Sonstige Verfahren

Hierzu zählt die Hochdruckextraktion des Bieres vor der Entalkoholisierung bzw. die Hochdruckextraktion der durch Destillation abgetrennten Aromakomponente. Als Extraktionsmittel wurde CO_2 (z. B. mit 90 bar und 35 °C) von *Eckert* untersucht [435].

Beide Varianten wurden als prinzipiell brauchbar für die Verbesserung der Sensorik entalkoholisierter Biere eingeschätzt. Die gewonnenen Extrakte aus der Aromakomponente enthielten bis zu 70 % der höheren Alkohole und 25 % des Ethylacetates. Die Extraktion des Originalbieres (4,8 Vol.-% Ethanol) ergab Aromaextrakte mit etwa

75 % der höheren Alkohole und 60 % des Ethylacetates. Danach musste der Alkohol aus dem extrahierten Bier noch destillativ entfernt werden.

Es wurde eingeschätzt, dass die Umsetzung des Verfahrens für die Aromarückgewinnung aus Kostengründen nicht anwendbar ist.

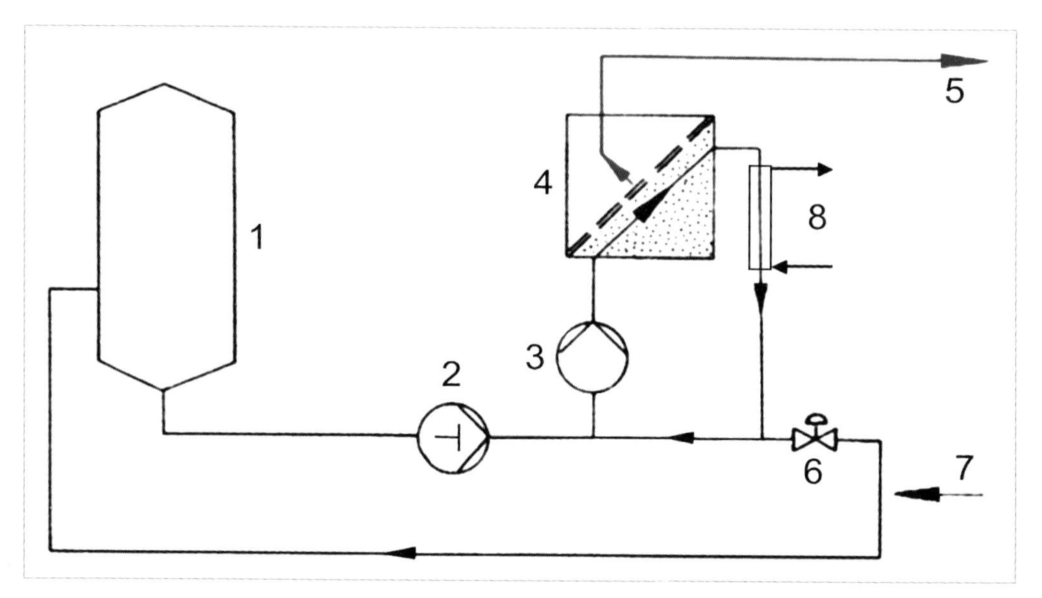

Abbildung 214 Umkehrosmose-Anlage zur diskontinuierlichen Entalkoholisierung von Bier, schematisch (nach [436])

1 Drucktank **2** Hochdruckpumpe **3** Kreislaufpumpe **4** Filtermodul **5** Permeat **6** Druckhalteventil **7** Zusatz Diafiltrationswasser **8** Bierkühler/Kälteträger

Tabelle 120 Analysenwerte von zwei Varianten der ethanolfreien Biere (nach [364])

Schwankungsbereich der Normalwerte	MF	Schankbier mit gestoppter Gärung	Schank- oder Vollbier nach Entalkoholisierung
Stammwürze, berechnet	%	7,0...7,6	4,2...7,4
Scheinbarer Restextrakt	%	5,3...7,1	3,5...6,3
Wirklicher Restextrakt	%	6,2...7,4	3,9...6,6
Ethanolgehalt	Vol.-%	0,1...0,4	
Scheinbarer Ausstoßvergärungsgrad	%	5...20	1...18
Vorhandener wirklicher vergärbarer Extrakt	%	3,8...5,7	0,6...3,7
Glucosegehalt	g/L		Spuren bis 1,5
Fructosegehalt	g/L		Spuren bis 1,2
Saccharosegehalt	g/L		< 0,1
Maltose- und Maltotriosegehalt	g/L		2...3
pH-Wert	-	4,3...4,9	
Bitterstoffgehalt Ethanolfreie Weizenbiere	BE	20...35 12...20	
CO_2-Gehalt	%	0,50...0,60	

Schaumhaltbarkeit nach NIBEM	s	259...401
Gesamtstickstoffgehalt	ppm	550...750
Koagulierbarer Stickstoffgehalt	ppm	2...37
Gesamtpolyphenole	ppm	5...290
Anthocyanogene	ppm	3,6...63,9
Höhere aliphatische Alkohole	ppm	0,0...43,5
Essigsäureester	ppm	0,4...11,3
Aldehyde	ppm	0,1...4,0
Physiologischer Brennwert je 100 mL	kJ	63...105

Tabelle 121 Analysenwerte einiger Ausgangsbiere und ihre Zusammensetzung nach der Entalkoholisierung (nach [407] und [416])

Ausgangsbier		1	2
Stammwürze	%	11,2	11,6
Es	%	1,92	1,96
Ew	%	3,86	3,75
Vs	%	82,8	83,1
Ethanol	Vol.-%	4,80	5,04
Farbe	EBC	7,25	7,00
pH-Wert		4,55	4,52
Bittereinheiten	EBC	30,7	31,2
Gesamtstickstoff	mg/L	823	830
koagul. Stickst.	mg/L	22	24
Polyphenole	mg/L	97	107
Acetaldehyd	mg/L	5,4	1,5
Σ Höhere Alkohole	mg/L	69,9	74,9
Σ Ester	mg/L	14,3	14,3
Σ kurzkettige FS	mg/L	8,82	10,70
Nach der Entalkoholisierung		Dialyse-Bier	Fallstromverdampfer-Bier
Stammwürze St_2	%	4,63	4,54
Es	%	3,21	3,64
Ew	%	3,78	3,76
Ethanol	Vol.-%	0,54	0,51
Farbe	EBC	7,50	7,75
pH-Wert		4,64	4,70
Bittereinheiten	EBC	29,5	28,78
Gesamtstickstoff	mg/L	818	830
koagul. Stickst.	mg/L	21	24
Polyphenole	mg/L	102	119
Acetaldehyd	mg/L	3,8	1,6
Σ Höhere Alkohole	mg/L	3,6	3,8
Σ Ester	mg/L	<0,1	<0,1
Σ kurzkettige FS	mg/L	4,52	5,58

12.3.7 Ermittelte Analysenwerte ethanolfreier bzw. -armer Biere

Die ethanolfreien bzw. -armen Biere der verschiedenen Herstellungsvarianten unterscheiden sich deutlich in ihrem Restgehalt an noch wirklich vergärbarem Extrakt (Tabelle 120 und Tabelle 121). Die normalen Gärungsbukettstoffe (Essigsäureester, höhere aliphatische Alkohole) sind bei diesen Bieren kaum oder überhaupt nicht nachweisbar. Die ermittelten Stammwürzen der entalkoholisierten Varianten lassen nicht mehr erkennen, wie viel Ethanol entfernt wurde und wie hoch die eingebrauten Stammwürzen wirklich waren. Bei der gestoppten Gärung sind es sehr niedrig eingebraute Schankbiere, die dadurch schon sehr wenig typische Würzearomastoffe mitbringen.

Die in Tabelle 121 zitierten Versuchsergebnisse zeigen, dass die Verfahrensvarianten zur Ethanolentfernung einen Restethanolgehalt von 0,5 Vol.-% im Fertigbier einstellen können und die damit reduzierte Stammwürze St_2 zu ca. 80...90 % von dem noch vorhandenen, nicht vergorenem wirklichen Restextrakt Ew bestimmt wird. Weiterhin ist u.a. festzustellen, dass bei diesen Ethanolentfernungen:

- ca. 4...10 % der Bitterstoffe verloren gehen,
- die Stickstoffverbindungen nur sehr geringfügig abnehmen,
- ca. > 95 % der höheren aliphatischen Alkohole und
- über 98 % der Ester entfernt werden sowie
- die kurzkettigen Fettsäuren um ca. 50 % abnehmen.

Die Zunahme der Gesamtpolyphenole im entalkoholisierten Bier kann allerdings nicht ohne genaue Kenntnisse der Versuchsanstellung interpretiert werden.

Die Analysenergebnisse zeigen allerdings den sehr deutlichen Verlust an Aromakomponenten. Die Verfahren zur Aromarückgewinnung und der Zusatz dieser Aromakonzentrate zum entalkoholisierten Bier sind aus qualitativen Gründen zu empfehlen.

12.4 Leicht- bzw. Light-Biere - kalorienreduzierte Biere

12.4.1 Anforderungen und Charakteristik

- Leicht- oder Light-Biere sind kalorienreduzierte ober- oder untergärige Biere, die im Vergleich zu den normalen Vollbieren 40 % weniger Ethanol und etwa auch 40 % weniger Brennwert besitzen sollen.
- Ihr Ethanolgehalt liegt bei Einhaltung dieser Forderung zwischen 2...3,2 Vol.-%.
- Es sind in den meisten Fällen Schankbiere mit Stammwürzen zwischen St = 7...< 11,0 %.
- In Einzelfällen werden Leichtbiere auch durch eine Teilentalkoholisierung von Vollbieren der Sorten Pils, Weizen oder Kölsch hergestellt.
- Die einfachste, aber qualitativ nicht die beste Methode für die Leichtbierherstellung ist die Verdünnung eines Vollbieres vor der Filtration mit aufbereitetem Verschnittwasser oder mit definierten Filter-Vor- und -Nachläufen.

12.4.2 Herstellung im Prozess der Gärung und Reifung

Bei der Vergärung von als Schankbier eingebrauten Light-Bier ist zu beachten, dass:

- sie einen geringeren Gehalt an assimilierbarem Stickstoff und essentiellen Spurenelementen besitzen und damit trotz guter Sauerstofflöslichkeit dieser Würzen nur eine geringere Hefevermehrung ermöglichen,
- die Hefen durch den niedrigeren Gehalt an vergärbarem Extrakt und durch die geringere Vermehrung auch weniger Bukettstoffe produzieren,
- diese Biere bukettstoffärmer und leerer im Geschmack werden,
- mit der Stammwürzereduzierung auch der Gehalt an schaumpositiven Eiweißabbauprodukten abnimmt und ihre Schaumhaltbarkeit gefährdet wird.

Um den negativen Einfluss dieser stammwürzebedingten Veränderungen zu reduzieren, sind u.a. folgende technologischen Maßnahmen bei der Durchführung der Gärung und Reifung möglich:

- Wie beim Dry-Bier sind zur Herstellung von Light-Würzen eiweißreichere und aromaintensivere Malze einzusetzen, die im Temperaturbereich zwischen 55...64 °C intensiver zu maischen sind (Eiweißabbau und Maltosebildung ohne Schädigung der schaumpositiven β-Glucane).
- Eine kalte klassische Gärung im Temperaturbereich zwischen 7...9 °C fördert die Esterbildung und damit den Geschmack des Bieres, der durch den 100%igen Einsatz von Aromahopfen unterstützt wird.
- Für die Herstellung dieser Biere ist der Einsatz klassischer Gärbottiche und liegender Lagergefäße günstiger als der Einsatz von ZKT.
- Bei einer klassischen kalten Gärung mit einer Anstellhefegabe von ca. $15 \cdot 10^6$ Zellen/mL und bei einem Schankbier von St = 9 % und einem Vsend = 70 % wird die Hauptgärung bis zu einem ΔEs = 1... 1,5 % ca. 4 Tage dauern.
- Eine mindestens 14-tägige kalte Nachgärung bis zum Vsend fördert das Bukett und die Schaumhaltbarkeit.

12.4.3 Zum Problem des ethanol- und gleichermaßen kalorienreduzierten Bieres

In Tabelle 123 wird in einem Berechnungsbeispiel gezeigt, welchen Ethanol- und Energiegehalt ein Light-Bier erreichen sollte, wenn man von einem normalen Vollbier mit den ausgewiesenen Werten ausgeht und eine 40%ige Reduktion des Ethanolgehaltes als auch des Energiegehaltes eingehalten werden soll.
Bei der Berechnung des Energiegehaltes werden die in Tabelle 122 ausgewiesenen Energieäquivalente für die wichtigsten Inhaltsstoffe des Bieres verwendet. Zur Vereinfachung wurde der wirkliche Restextrakt Ew mit dem Faktor für die Kohlenhydrate multipliziert, da die stickstoffhaltigen Bestandteile hier summarisch mit erfasst werden und sie selbst maximal nur ca. 10 % Masseanteile am wirklichen Restextrakt haben.
Aus Tabelle 123 ist erkennbar, dass ein Light-Bier folgende Werte erreichen sollte:

- einen Ethanolgehalt von A ≤ 3,0 Vol.-% und
- einen Energiegehalt von $Q_{Light} \leq 1135$ kJ/kg.

Tabelle 122 Richtwerte für die Energieäquivalente der wichtigsten Bierinhaltsstoffe

Energiehaltige Inhaltsstoffe des Bieres	Energieäquivalente
Ethanol	30 kJ/g
Kohlenhydrate	18 kJ/g
Rohproteingehalt (N · 6,25)	17 kJ/g
Fett	38,1 kJ/g

Tabelle 123 Konzentration der Inhaltsstoffe und des Energiegehaltes eines Vollbieres mit St = 12,0 % und einem Vs = 80 %

Kriterium	Umrechnung	Maßeinheit	Wert
Scheinbarer Restextrakt Es	Es = St - 0,8 · St	%	2,4
Vergorener scheinbarer Extrakt vEs	vEs = St - Es	%	9,6
Vergorener wirklicher Extrakt vEw	vEw = vEs · 0,81 [1])	%	7,78
Wirklicher Restextrakt Ew	Ew = St - vEw	%	4,22
Dichte (20/20) bei Es	-	-	1,00938
Ethanolgehalt A	A = vEw · 0,484 [2])	Ma.-%	3,77
Ethanolgehalt A	n. Gleichung 15 in Kapitel 3.2	Vol.-%	4,81
Energiegehalt des Vollbieres gemäß der Energieäquivalente nach Tabelle 122			
Energiegehalt des Ethanols Q_A	$Q_A = A_{Ma.-\%} \cdot 300$	kJ/kg	1131
Energiegehalt wirklichen Restextraktes	$Q_{Ew} = Ew \cdot 180$	kJ/kg	760
Summe $Q_{ges.}$		kJ/kg	1891
Abgeleitete Anforderungen an ein Light-Bier			
60 % des Ethanolgehaltes A_{Light}	$A_{Light} = A_{Vol.\%} \cdot 0,6$	Vol.-%	2,99
60 % des Energiegehaltes	$Q_{Light} = Q_{grs.} \cdot 0,6$	kJ/kg	1135

[1]) Faktor nach *Balling* (siehe Kapitel 3.2);
[2]) Abgeschätzte Ethanolbildung nach Gleichung 13 in Kapitel 3.2

Um dieses Ziel zu erreichen, muss die Stammwürze der Light-Biere in den Schankbierbereich abgesenkt und ihr Endvergärungsgrad erniedrigt werden.

Es ist dabei zu beachten, dass bei den traditionellen Stammwürzen eines Schankbieres der um 40 % niedrigere Ethanolgehalt durch eine Absenkung des End- und Ausstoßvergärungsgrades mithilfe des Maischprozesses bei St = 8...9 % erreicht werden kann. Jedoch erhöhen sich dadurch natürlich der wirkliche Restextrakt und der damit verbundene Kaloriengehalt des Bieres stärker, als die Ethanolerniedrigung an Energiegehaltseinsparung einbringt. Erst Schankbiere mit einer Stammwürze unter St = 8 % ermöglichen die Erfüllung beider Forderungen. Abbildung 215 und Abbildung 216 zeigen die Zusammenhänge.

Um das Gärungsbukett zu erhöhen und damit den Mangel an Geschmacksträgern bei einem Schankbier mit St < 8 % etwas auszugleichen, sind neben den oben genannten Vorschlägen für die Schüttung auch Vergärungsgrade von Vs ≥ 80 % im Sudhaus einzustellen und durch die Gärführung zu erreichen.

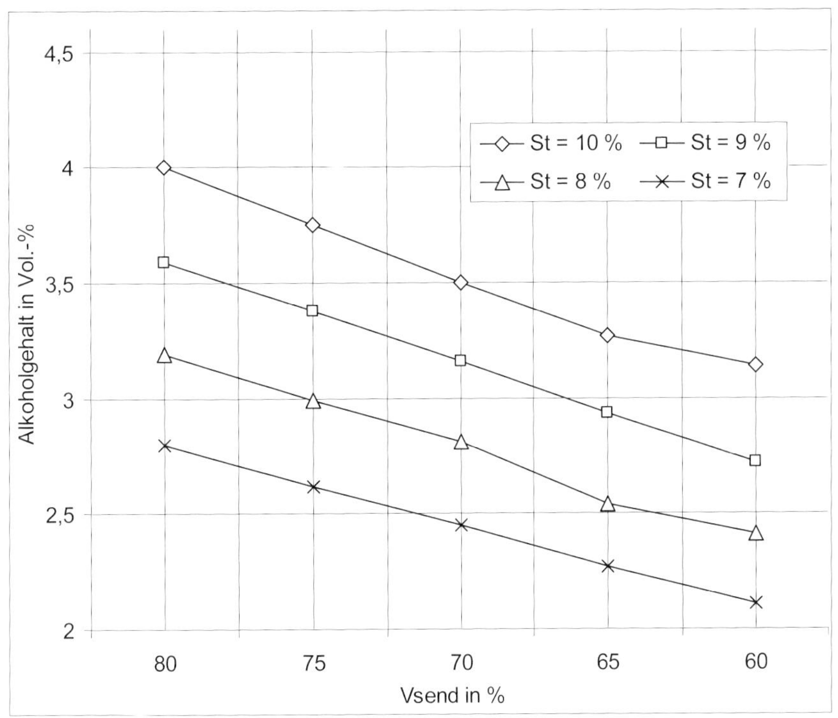

Abbildung 215 Ethanolgehalt der Leichtbiere in Abhängigkeit von der Stammwürze St und von dem scheinbaren Endvergärungsgrad Vsend

12.4.4 Ermittelte Analysenwerte von Leicht- und Schankbieren

Die in Tabelle 124 ausgewiesenen Grenzwerte zeigen den Streubereich für diese Biergruppe an. Nicht jedes dieser Biere entspricht im strengen Sinne den Anforderungen eines Light-Bieres, es sind nur einfache helle Schankbiere.

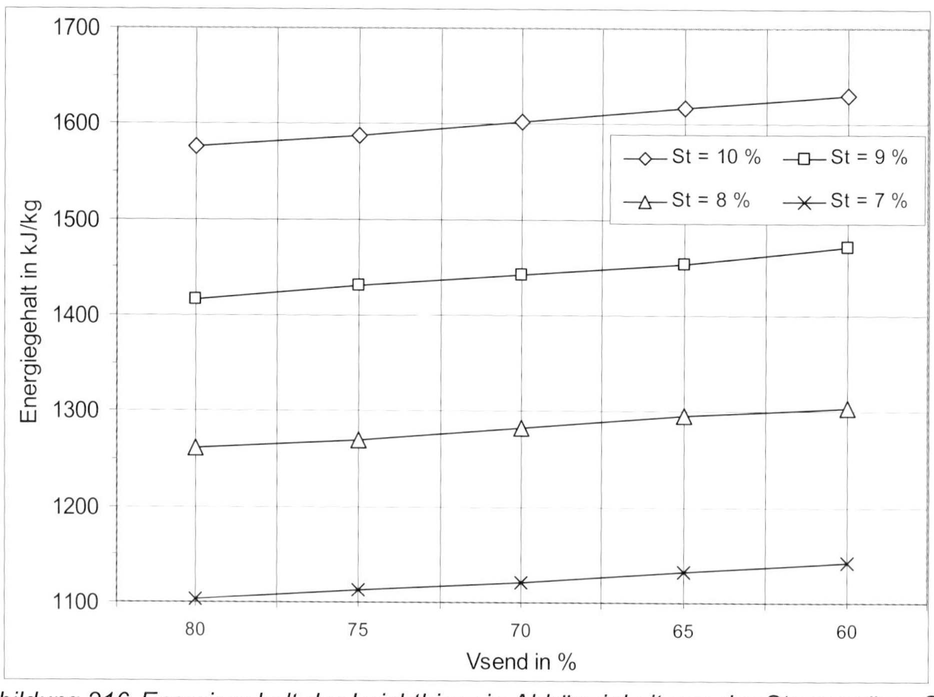

Abbildung 216 Energiegehalt der Leichtbiere in Abhängigkeit von der Stammwürze St und dem scheinbaren Endvergärungsgrad Vsend

Tabelle 124 Ermittelte Analysenwerte von Leicht- und Schankbieren des Zentrallabors der VLB (Beispiele nach [437])

Kriterium	Maßeinheit	Grenzwerte	Mittelwerte		
		2001	2001	2000	1996
Stammwürzegehalt	%	7,14...10,43	8,24	8,05	7,52
Scheinbarer Restextrakt	%	0,83...3,01	1,89	1,85	1,85
Wirklicher Restextrakt	%	2,36...3,92	3,11	3,04	2,92
Ethanolgehalt	Ma.-%	1,86...3,71	2,60	2,53	2,31
Ethanolgehalt	Vol.-%	2,38...4,71	3,31	3,22	2,94
Scheinbarer Vergärungsgrad	%	61,3...91,8	76,8	77,0	75,9
pH-Wert	-	4,18...4,65	4,34	4,30	4,43
Farbe (helle Biere)	EBC-E.	4,5...10,4	6,5	6,2	6,0
Schaumhaltbarkeit (*Ross* + *Clark*)	s	85...124	108	115	-
Bittereinheiten	BE	18,1...19,8	19,2	20,4	20,7

12.5 Malzbier - Nährbier - Karameltrunk - Malztrunk

12.5.1 Anforderung und Charakteristik

- Die Biere dieser Gruppe sind meist obergärige, ethanolarme oder ethanolfreie, dunkle und nährstoff- bzw. zuckerreiche Biere.
- Ihr Extrakt stammt nur ca. zur Hälfte aus Gerstenmalz.

- Die andere Hälfte des Extraktes eines Vollbieres wird dem Bier als Flüssigzuckersirup (Saccharose; Invertzucker) unmittelbar vor der Abfüllung zugesetzt.
- Um eine unkontrollierte Flaschengärung zu vermeiden, müssen alle diese Biere oder Malzgetränke pasteurisiert werden.
- Die Biere sind schwach gebittert und schmecken deutlich süß.

Die meisten dieser Biere (oder besser im Sinne des Deutschen Reinheitsgebotes: Malzgetränke [438]) werden nur kurz angegoren bzw. kommen mit Bierhefe wie beim Kältekontaktverfahren der ethanolfreien Biere nur bei Gärtemperaturen um 0 °C oder überhaupt nicht in Kontakt.

Diese Getränke sind aufgrund des hohen Kohlenhydratgehaltes schnelle Energiespender für Sportler, Rekonvaleszente und werdende Mütter.

In der ehemaligen DDR wurde ein dem Malztrunk ähnliches Getränk (St = 11,7...12,2 %), anteilig hergestellt mit Gerstenrohfrucht und ca. 6 kg Saccharose/hL, als „Doppel-Karamelbier“ mit ähnlicher Qualität in den Handel gebracht [439].

Besonders in den Krisenzeiten der ersten Hälfte des 20. Jahrhunderts wurde dieses Getränk als Nährbier mit dem Spruch beworben: „Bier ist mehr wert - denn es hat Nährwert!“.

12.5.2 Herstellung im Prozess der Gärung und Reifung

Besondere technologische Anforderungen an die Gärführung gibt es nicht, da die verwendeten Würzen vor dem Zuckerzusatz in der Gärabteilung nur in 1...2 Tagen bei 5...7 °C bis ca. einem Vs = 10...20 % angegoren und dann gekühlt zur ca. zweiwöchigen Lagerung und Klärung geschlaucht werden (Kategorie: ethanolarm mit einem Ethanolgehalt A ≤ 1,5 Vol.-%) oder bei 0 °C im Kontakt mit der Hefe ohne Gärung bzw. direkt ohne Hefekontakt diese Abteilung durchlaufen (Kategorie: ethanolfrei mit einem Ethanolgehalt A ≤ 0,5 Vol.-%).

Nach neueren Untersuchungen [437] lagen die Ethanolgehalte der untersuchten Getränke dieser Art im ethanolfreien Bereich zwischen A = 0,00...0,21 Vol.-%. Der erforderliche CO_2-Gehalt kann nur durch Carbonisierung eingestellt werden. Nach einer natürlichen Klärung dieser Grundbiere kann unmittelbar vor der Filtration ein Verschnitt mit gleicher Würze den Ethanolgehalt senken und das Getränk geschmacklich abrunden. Vielfach wird bei guter natürlicher Klärung auch auf eine Filtration verzichtet, da die Haltbarmachung sowieso thermisch erfolgen muss.

Ein Hefezusatz unmittelbar vor dem Zuckerzusatz, der Pasteurisation und der Abfüllung bei unvergorenen Würzen bzw. ein Resthefegehalt einer angegorenen Würze soll der zusätzlichen Vitaminisierung dieser Getränke dienen, die dabei erreichbaren Vitaminzuwächse bei einer Dosage von 1 L dickbreiiger Hefe je Hektoliter Malzgetränk werden an einem Beispiel in Tabelle 125 gezeigt. Der durch einen Hefezusatz erreichbare Vitaminzuwachs ist im Vergleich zu dem in der Malzwürze bereits vorhandenem Vitamingehalt geringfügig.

Tabelle 125 Vitamingehalte der Würzen und Bierhefe (Zusammenstellung siehe [7]) und die möglichen Vitaminzuwächse (berechnet an einem Beispiel)

Vitamingehalt	Malzwürze (St = 12 %) in mg/L	Bierhefe in mg/kg HTS	Dickbreiige Hefe mit 150 g HTS/L 1) in mg/L	Vitaminzuwachs bei 1 L Hefezusatz/hL in mg/L
Thiamin, B1	0,6	70...250	10,5	0,11
Riboflavin, B2	0,33...0,46	17...56	2,55	0,03
Pantothensäure	0,45...0,65	10...202	1,5	0,02
Nicotinsäure	10...12	300...630	45	0,45
Pyrodoxin, B6	0,85	23...100	3,45	0,03
Biotin	0,0065	0,8...1,1	0,12	0,001
m-Inosit	55	2700...5000	405	4,1

1) Berechnung erfolgte nur mit dem ermittelten unteren Vitamin-Grenzwert der Hefetrockensubstanz (HTS).

Tabelle 126 Messwerte von Malzgetränken (nach [364])

Schwankungsbereich der Vollbier - Normalwerte	ME	Malzbier	Malztrunk
Stammwürzegehalt	%	11,4...14,0	
Scheinbarer Restextrakt	%	5,0...13,9	
Wirklicher Restextrakt	%	5,5...14,0	
Ethanolgehalt			
Ethanolarmes Bier	Vol.-%	≤ 1,5	
Ethanolfreies Bier	Vol.-%	≤ 0,5	
Scheinbarer Ausstoßvergärungsgrad	%	< 20	
Scheinbarer Endvergärungsgrad	%	85...96	
pH-Wert	-	4,4...4,8	
Farbe	EBC	60...100	
Bitterstoffgehalt	BE	6...17,6	
CO_2-Gehalt	%	0,40...0,50	
Schaumhaltbarkeit nach NIBEM	sec	280...330	
Fructosegehalt	g/L	1...3	10...20
Glucosegehalt	g/L	1...5	20...40
Saccharosegehalt	g/L	< 1	< 10
Maltose- und Maltotriosegehalt	g/L	40...55	5...20
Dextringehalt	g/L	ca. 50	10...30
Zugesetzte Zucker 1)	g/L	50...80	
Höhere aliphatische Alkohole	ppm	0...41	
Physiologischer Brennwert je Liter	kJ	1800...2100	

1) Beim Malztrunk müssen mindestens 50 % des wirklichen Extraktes aus dem Malz stammen.

12.5.3 Messwerte von Malzgetränken

Der wirklich vergärbare Restextrakt entspricht bei den ethanolfreien Malzgetränken fast annähernd der berechneten Stammwürze. Der Zuckerzusatz äußert sich auch in dem hohen Gehalt des im Fertigbier ermittelten scheinbaren Endvergärungsgrades. Die unterdrückte Gärung ist auch an dem teilweise völlig fehlenden Gehalt an Gärungsbukettstoffen zu erkennen. Die dunkle Bierfarbe weist auf die Verwendung der Aroma bestimmenden dunklen Malzkomponenten der Schüttung hin, die auch durch Röstmalzbier ergänzt werden können.

12.6 Biermischgetränke

12.6.1 Anforderungen und Charakteristik

Biermischgetränke, das sind Gemische aus Bier und ethanolfreien Getränken bzw. auch mit Fruchtsaft- und Aromazusätzen, können seit Änderung des Biersteuergesetzes 1993 auch als Fertiggetränke von der Brauerei auf den Markt gebracht und brauchen nicht mehr vor den Augen des Konsumenten vom Gastwirt gemischt werden. Allgemein gilt:

- Biermischgetränke können unter Verwendung aller Biersorten hergestellt werden.
- Üblicherweise dominiert das Mischungsverhältnis 1 : 1 von Bier zum ethanolfreien Getränk, d. h., der Ethanolgehalt dieser Mischgetränke beträgt bei der Verwendung von Vollbieren etwa 2,5 Vol.-%.
- In den letzten Jahren werden neben den klassischen ethanolfreien Getränken auch Aromakonzentrate und Essenzen in speziellen Grundstoffen verarbeitet diesen Mischgetränken zugesetzt,
- Besondere Anforderungen an das gut vergorene, ausgereifte, geklärte und filtrierte, evtl. auch stabilisierte Bier werden nicht gestellt.

Allerdings muss der Biertyp (Bittere, Gärungsnebenproduktprofil, Restextraktgehalt, Farbe und Rohstoffauswahl) zu dem gewählten Verschnittgetränk auch sensorisch passen. Die in Tabelle 127 aufgeführten klassischen Biermischgetränke sind teilweise schon lange im Angebot.

Tabelle 127 Klassische Biermischgetränke und aromatisierte Biere

Volkstümlicher Getränkename	Mischung aus:
Radler (Süd-/Ostdeutschland)	Helles untergäriges Bier + Zitronenlimonade
Alsterwasser (Norddeutschland)	Helles Bier + Zitronenlimonade
Russn (Bayern)	Kristallweizen + Zitronenlimonade
Diesel (Süddeutschland)	Weizenbier + Cola
Mixery	Helles Bier + Cola
Turbodiesel (Süddeutschland)	Weizenbier + Cola + Zusätze
„Trendy Beer“	Bier + Zusatz von Geschmackskomponenten
„Crazy Beer“	Bier + Fruchtsaft (Cassis, Apfel/Kiwi)
„Low alcohol-Getränk“	Radler aus Light-Bier
Belgische Biermixgetränke	Milchsaure Biere aus Spontangärung + Getränkesirupe
Trinkfertige Berliner Weiße mit Schuss	Berliner Weißbier + 5 % Getränkesirup

12.6.2 Herstellung im Prozess der Gärung und Reifung

Die Mischung der Biermischgetränke erfolgt erst nach der Filtration der fertig ausgereiften Lagerbiere, sodass für die Durchführung der Gärung und Reifung keine besonderen technologischen Schritte gegenüber der jeweiligen Biersorte erforderlich sind.

Tabelle 128 Messwerte von Biermischgetränken nach [437]

Kriterium	Maßeinheit	Grenzwerte
Stammwürzegehalt	%	5,52...15,82
Scheinbarer Restextrakt	%	0,96...8,50
Wirklicher Restextrakt	%	1,91...9,79
Ethanolgehalt	Ma.-%	1,58...4,77
Ethanolgehalt	Vol.-%	2,05...6,14
Scheinbarer Vergärungsgrad	%	35,9...83,9
pH-Wert	-	2,96...3,79
CO_2-Gehalt	%	0,44...0,65
Organische Säuren (berechnet als Zitronensäure)	g/L	1,7...2,5

12.6.3 Messwerte von Biermixgetränken

Die in Tabelle 128 ausgewiesenen Grenzwerte zeigen die große Vielfalt der für die Mischung verwendeten Biere. Bei den gemessenen höheren Ethanolgehalten ist allerdings zu vermuten, dass auch höherprozentige ethanolische Aromakomponenten zugesetzt wurden.

12.7 Einige Bierspezialitäten

12.7.1 Eisbier bzw. Ice-Bier

In Kanada wurde Ende des 20. Jahrhunderts diese Bierbehandlung entwickelt:

- Ausgereiftes untergäriges Bier wird mit einem Wärmeübertrager auf -4 °C, also unter den Gefrierpunkt (Berechnung nach Gleichung 43 in Kapitel 8.7.7) eines normalen Vollbieres, abgekühlt.
- Daran schließt sich bei ansteigender Temperatur (ca. -2 °C) eine Lagerzeit von 1...2 Wochen an.
- Durch eine partielle Eisbildung wird eine bessere Ausscheidung von unedlen Geschmacksstoffen (Eiweiß-Gerbstoff-Bitterstoff-Komplexe) erreicht und die Biere schmecken insgesamt milder, runder und haben einen kompakteren Schaum.
- Zur Herstellung von Eisbier werden spezielle Kühlanlagen in kompakter Modulbauweise angeboten (ein Beispiel zeigt Abbildung 217).
  Geeignet sind z. B. Doppelrohr-WÜ mit integrierten statischen Mischern oder WÜ mit mechanisch angetriebenen Kratzern, die den gebildeten Eisansatz abschaben.
  Der Durchsatz kann beispielsweise 50...75 hL/h betragen, um das Bier von z. B. 4...6 °C auf -3...-4 °C abkühlen und den Ethanolgehalt des

Ausgangsbieres von ca. 4,5 Vol.-% auf z. B. 6,5 Vol.-% (wahlweise einstellbar) erhöhen (Ethanolmessung mittels Ultraschall-Technik) [440].

Bei Temperaturen unter dem Gefrierpunkt des Bieres (≤ -2,2 °C) gefriert das Wasser eines normalen Vollbieres aus und es bilden sich Eiskristalle bzw. erfolgt an den Kühlflächen Eisansatz (s.a. Tabelle 101 im Kapitel 8.7.7). Es kommt im Bier zu einer Trennung in die feste Wassereisphase und in die Flüssigphase mit allen Inhaltsstoffen des Bieres. Dadurch erhöhen sich in der Flüssigphase alle Konzentrationen der im Bier vorhandenen gelösten Inhaltsstoffe. Die Stammwürze und der Ethanolgehalt dürften sich allerdings bei o.g. Minustemperaturen nur sehr geringfügig erhöhen.

Allerdings kann es bei längeren Lagerzeiten bei < -2 °C bei einem mechanisch nicht bewegten Bier zum Ausfrieren des Wassers und zu deutlichen Konzentrationserhöhungen der Bierinhaltsstoffe kommen (auch ein Problem bei der Tiefkühlung eines ZKT-Inhaltes, besonders bei einer Mantelkühlung mit Direktverdampfung ohne Beachtung der sich veränderten Bierdichte bzw. ohne Zwangsbewegung, s.a. Kapitel 8.4.2.2.).

Eine alte Tradition in den Brauereien war die für den „individuellen Bedarf“ praktizierte Eisbockherstellung: ein Edelstahl- oder Aluminium-Fass, mit Bockbier gefüllt, wurde mit Stricken im Verdampfer (≤ -10 °C) der Kälteanlage so eingehängt, das die Spundöffnung aus der Flüssigkeit herausragte und die Spundschraube herausgeschraubt werden konnte. Nach ca. 2 Tagen konnte das Fass herausgenommen werden. Das Eis, das aus der Spundschraube heraus gequollen war (Volumenausdehnung des Eises gegenüber Wasser), wurde abgeschlagen und der Eismantel im Fass konnte durchschlagen oder durchbohrt werden, um an den wertvollen Inhalt im Inneren des Fasses zu kommen. Mittels Schlauch wurde dieses „Konzentrat“ dann in Flaschen gefüllt. Die Ausbeute aus 50 L Bockbier betrug meistens ca. 8...10 L Eisbock (Ethanolgehalt ca. 25...30 Vol.-%). Das Produkt durfte man nur in Likörgläsern verkosten, ein herrlich dickflüssiger Bierlikör, der bei reichlichem Genuss seine Wirkung nicht verfehlt.

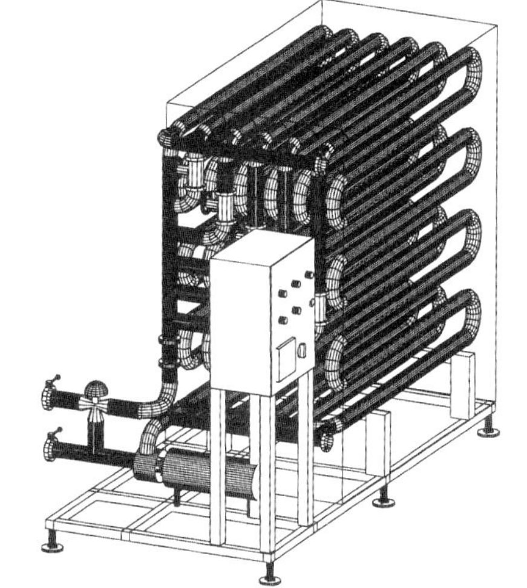

Abbildung 217 Eisbier System BECA® - Typ Ice 50 (nach [440])

12.7.2 Kräusenbier, Kellerbier und Zwickelbier

Vielfach werden diese Biere vorwiegend in Klein- und Gasthausbrauereien als Besonderheiten angeboten. Sie sind unfiltriert und je nach Lagerdauer und Intensität der Klärung mehr oder weniger „blank“, also frei von grobpartikulären Trübstoffen. Sie sind bis auf das Kräusenbier keine neue Biersorte, es sind fertige Biere in unterschiedlichen Klärstadien.

Kräusenbiere

Unter einem Kräusenbier versteht man ein untergäriges helles Pilsner oder Lagerbier, dem nach einer guten Klärung, z. B. durch Filtration, eine Kräusenmenge von 1...2 L/hL unmittelbar vor der Abfüllung oder Ausschank zugesetzt wurde. Als Kräusen nimmt man Jungbier der gleichen Sorte aus der Hauptgärung mit einem scheinbaren Vergärungsgrad von ca. Vs = 25...30 %. Dadurch erreicht man eine Auffrischung des fertigen Bieres. Es kommt zu einer geringen Nachgärung in den abgefüllten Behältern mit einer weiteren CO_2-Anreicherung und auch Sauerstoffentfernung durch die in den Kräusen enthaltene Hefe (ca. $30...50 \cdot 10^6$ Zellen/mL). Die Biere schmecken auch durch den geringfügigen Hefegehalt runder, milder und vollmundiger. Sie haben meist einen sehr kompakten, reichlichen Schaum.

Keller- und Zwickelbiere

Zwickelbiere sind im eigentlichen Wortsinn Probebiere, die zur Qualitätskontrolle aus dem Bierlagergefäß vor der Abfüllung über die Probenahmearmatur des Lagergefäßes, dem sogenannten Zwickel, entnommen werden. Wenn festgestellt wurde, dass das Bier ausgereift und gut geklärt ist und keine sensorischen Fehler aufweist, kann es zum Verkauf freigegeben werden.

Wenn dieses Bier ohne Filtration, wie in den meisten Gasthausbrauereien, aber auch in Großbrauereien abgefüllt und verkauft wird, ist es ein unfiltriertes „Kellerbier".

Wie Tabelle 129 zeigt, sind die meisten Kellerbiere helle und dunkle Vollbiere, die hoch vergoren (Vs > 80 %) und gut ausgereift sind (Gesamtdiacetylgehalt < 0,10 mg/L).

Tabelle 129 Messwerte von unfiltrierten Kellerbieren der VLB (nach [441])

Kellerbiere, unfiltriert	Maß-einheit	Grenzwerte	Mittelwerte		
		2005	2005	2004	1996
Stammwürze	%	11,52...13,46	12,26	12,29	11,66
Scheinbarer Extrakt	5	1,67...3,32	2,20	2,19	2,67
Wirklicher Extrakt	%	3,56...5,25	4,11	4,23	4,46
Ethanol	Ma.-%	3,70...4,62	4,21	4,16	3,71
Ethanol	Vol.-%	4,73...5,89	5,37	5,31	4,74
Scheinbarer Vergärungsgrad	%	76,3...86,2	82,4	82,8	77,1
pH-Wert	-	4,21...4,64	4,46	4,51	4,53
Farbe (helle Biere)	EBC	7,3...19,2	11,4	10,1	10,0
Farbe (dunkle Biere)	EBC	20...74	43	33	59
Bittereinheiten	BE	23,6			23,6
Schaum (LG-Tester)	s	108...128	119	121	
Vicinale Diketone	mg/L	< 0,01...0,05	0,03		

12.7.3 Belgische Spezialbiere

Durch seine Vielzahl an kleineren Brauereien zeichnet sich Belgien auch durch eine Vielfalt von Spezialbieren aus, die meistens obergärig oder mit einer Spontangärung hergestellt werden.

Der Charakter der belgischen Biere wurde sehr stark durch die Brautraditionen der Klöster beeinflusst. Berühmt ist z. B. das Trappistenbier von Westmalle mit seinem *Dubbel* und *Trippel* [442]. Es sind vielfach dunkle, malzaromatische Biere mit einem Alkoholgehalt zwischen 5...12 Vol.-%.

Um die hohen Alkoholgehalte zu erreichen, werden die Biere einer zweiten Gärung unterworfen, meistens in der Flasche mit einer Fermentationszeit von über einem Jahr. Bekannt ist auch das Champagner-Verfahren für sehr alkoholreiche Biere. Nach einer ersten Gärung werden hier die Biere zur Klärung kalt und warm mehrere Wochen gelagert, filtriert und in Flaschen gefüllt. Dem abgefüllten Bier wird Zucker und eine neue Hefe zugesetzt. Die verschlossenen Flaschen werden dann bei ca. 10 °C zwei bis drei Monate vertikal gelagert. Der CO_2-Gehalt steigt auf einen Wert bis zu 13 g/L an. Der Flaschenhals wird nach dieser Nachgärung im Eisbad auf -30 °C abgekühlt, die Hefe nach dem Öffnen des Kronenkorkens wie bei der Flaschengärung des Sektes „abgeschossen“ und die Flasche danach ohne weitere Zusätze mit einem Kork verschlossen. Der CO_2-Gehalt beträgt ca. 10 g/L. Ein Teil der Hefe bleibt im Bier in Schwebe. Das Bier soll nach 12 Monaten trinkfähig sein und wie Champagner moussieren, fruchtig mild und trocken schmecken und einen Alkoholgehalt von ca. 11 Vol.-% besitzen [443].

Das bekannte belgische *Lambic* ist ein durch Spontangärung hergestelltes Bier, das ohne Reinzuchthefezusatz allein durch die Mikroorganismenflora der verwendeten Gefäße, Räume und Umwelt „spontan“ beimpft und fermentiert wird. Bei dieser Mikroorganismenflora dominieren neben Milchsäurebakterien wilde Hefen der im Großraum Brüssel endemischen Stämme *Brettanomyces bruxellensis* oder *Brettanomyces lambicus* [444]. Diese Biere sind milchsauerbetonte Biere, deren Säuregehalt oft kurz vor dem Abfüllen durch Verschnitt auf eine angenehme Säuremenge eingestellt wird. Weiterhin werden diese Biere oft mit Kräutern aromatisiert (Koriander, aromaintensive Hopfensorten, Orangenschalen u.a.).

Sehr beliebt ist auch das belgische *Fruit Lambic*. Das fertig vergorene Bier wird hier mit einem Fruchtanteil von bis zu 25 % versetzt. Der Alkohol des Bieres extrahiert die Zucker, die Säuren, die Aroma- und Farbstoffe der Früchte. Auch die Mikroorganismen der Früchte verändern den Geschmack dieses Bieres. Am bekanntesten sind u. a. das *Kriek*-Bier (hergestellt unter Verwendung von Sauerkirschen) und das *Framboise* (hergestellt mit Himbeeren). Der Alkoholgehalt kann zwischen 3,5...7,5 Vol.-% und der Bitterstoffgehalt zwischen 10...20 IBU schwanken.

12.7.4 Hopfenaromatische und kalt gebitterte Biere

Die beim Würzekochen zugesetzten Hopfenprodukte liefern eine definierte Bittere, das damit eingebrachte spezifische Hopfenaroma geht allerdings im weiteren Prozess der Bierherstellung meistens weitgehend verloren. Um besonders hopfenaromatische Bierspezialitäten herzustellen, werden von der Hopfen verarbeitenden Industrie u. a. folgende Produkte angeboten, die kalt dem Lagerbier am Ende der Gärphase, in der Kaltlagerphase, unmittelbar vor oder nach der Filtration zugesetzt werden können:

Trockenhopfung

Hopfenpellets von aromastarken Hopfensorten (z. B. Fuggles und Magnum) werden im Netzbeutel in filtriertes oder unfiltriertes Bier in kleineren Behältersystemen wie in Abbildung 218 eingehängt (eine Variante des „Hopfenstopfens“). Versuche von [445] ergaben bei einer Dosage von 2 g/L bzw. 4 g/L Hopfenpellets P90 der genannten Sorten und bei einer Lagerung von 10 Tagen bei 15 °C die in Tabelle 130 ermittelten Zunahmen an einzelnen Hopfenölfraktionen. Die Biere mit gestopftem Hopfen waren fruchtiger und besaßen u. a. ein blumigeres, citrus betonteres Aroma. Für die Trockenhopfung (auch dryhopping genannt) ist ein gehopftes Grundbier erforderlich. Mit der Trockenhopfung lassen sich sehr verschiedene Bieraromatypen herstellen, es ist aber schwierig, ein konstantes und aromastabiles Bier zu produzieren.

Abbildung 218 Hopfenstopfen in der Brauerei Orval, Belgien (cit. durch [446])

Tabelle 130 Zunahme der Hopfenölfraktionen beim Hopfenstopfen [445]. Alle Angaben (Mittelwerte) in µg/L

Hopfenölfraktion	Blindprobe	2 g Fuggles/L	4 g Fuggles/L	2 g Magnum/L
Myrcen	0	13	18	154
Linalool	2	35	75	24
Geraniol	5	5	6	11
β-Caryophyllen	3	6	9	24
α-Humulen	7	16	18	100

Zusatz vorisomerisierter α-Säuren

Der Zusatz von vorisomerisierten α-Säuren nach der Kaltlagerung soll eine Reduzierung der Bitterstoffverluste um mindestens 50 % erzielen. Diese Isohumulonprodukte entsprechen noch nicht dem Deutschen Reinheitsgebot. Ihre Anwendung erfordert aber eine klassische Vorbitterung der Anstellwürzen von mindestens 10 BE, um unnormale Gärungsbuketts zu vermeiden (s. a. Kapitel 5.1.10.1).

Zusatz reduzierter Iso-α-Säuren

Reduzierte Iso-α-Säuren (Rho-iso-α-Säure, Hexahydro-iso-α-Säure, Tetrahydro-iso-α-Säure) sollen nach der Kaltlagerphase ein lichtstabiles Bier mit einer deutlich verbesserten Schaumhaltbarkeit produzieren (ausführliche Beschreibung siehe [447]). Bei Sonneneinwirkung im abgefüllten Bier wird bei dem normalen Isohumulon durch den Energieeintrag des Lichtes die Seitenkette 3-Methyl-2-buten-1-thiol, das so genannte „Lichtmercaptan", abgespalten. Es ist für den Lichtgeschmack verantwortlich (Geschmacksschwellenwert 10 ng/L). In sonnenreichen Ländern, die nicht dem Deutschen Reinheitsgebot unterliegen und bei der Verwendung von weißen Flaschen ist die Verwendung dieser Produkte eine mögliche Bitterungsvariante.

Zusatz von Hopfenölfraktionen

Hopfenölfraktionen (PHA Aromaprodukte, siehe [447]), die terpenfrei, gut löslich, stabil und hoch konzentriert in Propylenglykol geliefert werden, können in das filtrierte Bier dosiert werden, da sie keine Trübung und Schaumschädigung verursachen. Für eine konstante Aromaintensität liegt die typische Dosage bei 10 g/hL (Schwankungsbereich 5...40 g/hL). Sie sind sehr gut geeignet für alkoholfreie und schwach alkoholische Biere, für High-gravity-Biere und zur Maskierung eines Fehlaromas. Es werden verschiedene Hopfenölfraktionen mit unterschiedlichen Aromaintensitäten angeboten (s.a. [447]).

Grundsätzlich wird darauf hingewiesen, dass das Aroma aller Biere instabil ist. Weitere Aussagen zu dieser Technologie s.a. [446].

12.7.5 Weitere Sonderbiere und fermentierte Malzgetränke

Im Kapitel Bierspezialitäten kann nur auf einige bekannte historische und neue Produktentwicklungen hingewiesen werden, die sich durch eine besondere Rohstoffauswahl auszeichnen und weniger durch ein besonderes Gärverfahren.

12.7.5.1 Spezialbiere aus Spezialmalzen

Rauchbier

Historisch schon lange bekannt sind sogenannte Rauchbiere, zum Beispiel auch aus Bamberg. Auch das *Grätzer* Bier war ein altbekanntes Rauchbier [366].

Verwendet wurde hierfür Rauchmalz, das mittels direkt befeuerter Darre bereitet wurde. Dazu wurden Holzspäne verbrannt (z. B. Buchenholzspäne, Eichenholzspäne) und die Rauchgase durch das Malz geleitet, das dabei einen deutlichen Rauchgeschmack annimmt, der an das Bier weitergegeben wird.
Ein besonderes obergäriges Gärverfahren liegt hier nicht vor.

Roggenbier

Bis zum 15. Jahrhundert wurde Bier normal aus Roggenmalz gebraut. Missernten zwangen die Brauer auf Gerste und Gerstenmalz auszuweichen. Erst 1988 wurde in Bayern die alte Tradition mit einem obergärigen Roggenbier wiederbelebt. Es hat eine

dunkle Farbe. Mit einer Stammwürze von St = 12 % und einem Ethanolgehalt von A = 5 Vol.-% ist es ein Vollbier mit vollmundigem Geschmack.
Roggenmalzbiere mit ihrem hohen Gehalt an hochmolekularen Pentosanen erfordern einen großen Aufwand bei der Läuterung und bei ihrer Klärung.

Hirsebier

In afrikanischen Ländern wird aus den unterschiedlichen Hirsearten, oft in Verbindung mit Früchten, von den Dorfgemeinschaften ein Fermentationsgetränk unter den dort herrschenden hygienischen Bedingungen gebraut. Nach Untersuchungen von *Jani* [448] vor Ort in Tansania und im ehemaligen Fachgebiet Grundlagen der Gärungs- und Getränketechnologie der TU Berlin waren die von ihm untersuchten dörflichen Getränke für den menschlichen Genuss aus hygienischen Gründen für Europäer nicht geeignet. Er entwickelte eine Technologie des Mälzens und Brauens unter Verwendung der dortigen Sorghumhirse und mit einer Aromatisierung des Gärungsgetränkes durch Bananen. Dabei lehnte er sich an die Berliner Weißbierherstellung an, um ein sich selbst konservierendes, milchsaures, schwach ethanolhaltiges, aromatisches Getränk herzustellen. Es zeigte sich, dass die Verarbeitung von Hirsemalz nur für naturtrübe Getränke gut geeignet war, da die natürliche Klärung sehr langsam und schwierig verläuft. Das Getränk war sehr aromatisch, rein, angenehm sauer und ähnelt den Fertiggetränken des Berliner Weißbieres mit den Aromazusätzen (Berliner Weiße „mit Schuss").

12.7.5.2 Fermentationsgetränke auf Basis von Malzwürzen

Malzwürzen sind von ihrem Nährstoffangebot her sehr gut auch für andere Fermentationsorganismen als Hefen für die Getränkeherstellung, insbesondere auch für eine milchsaure Gärung, geeignet. Die mit ausgesuchten Milchsäurestämmen fermentierten Würzen können durch Aromazusätze zu angenehmen ethanolfreien Getränken fermentiert werden.

Selbst eine zweistufige Fermentation, um ein schwach ethanolisches Getränk mit einem definierten Ethanolgehalt zu erzeugen, ist mit der klassischen Brauereitechnik möglich (z. B.: 1. Stufe: warme Milchsäurefermentation bei 45...50 °C in ungehopfter Würze, 2. Stufe: klassische kalte Gärung mit definiertem Gärungsabbruch durch Tiefkühlung oder Fermentation mit einer Maltose nicht vergärenden Hefe - siehe Kapitel 12.3.3.1).

Interessant für den Verbraucher sind wohlschmeckende Fermentationsgetränke mit einem gesundheitlichen Zusatznutzen, z. B. unter Verwendung von homofermentativen Milchsäurebakterien hergestellt, die nur die physiologisch wertvolle L(+)-Milchsäure (Fleischmilchsäure) produzieren und die selbst eine hohe Überlebensrate beim Passieren der Magen-Dünndarm-Barriere aufweisen. Sie können dann vorwiegend im Kolon (Grimmdarm) zur gesunden Balance der dort befindlichen Bakterienflora beitragen und eine Reihe gesundheitsfördernde Eigenschaften für den Verbraucher entfalten, d. h. probiotisch wirken (s.a. Forschungsarbeiten der TU Berlin [449], [450], [451]).

12.7.5.3 Kwas

Kwas (Synonyme: Kwass, Quas, Kvas) ist ein traditionelles osteuropäisches Getränk, das früher im Sommer im Hausbrauverfahren durch Einweichen von Roggenbrot in

Wasser und nach einer spontanen Fermentation von 1...2 Tagen zum Durstlöschen getrunken wurde. Es war ein milchsaures, schwach alkoholisches Getränk (Alkoholkonzentration abhängig von der Fermentationstemperatur und -dauer, normal lag sie bei 1,5 Vol.-%).

Kwas wird seit etwa 1960 industriell in Russland und der Ukraine hergestellt. Zur Würzeherstellung werden hauptsächlich Roggenmalz, Roggen, Gerstenmalz und Gerste verwendet. Die Würze wird entweder zum Konzentrat eingedampft oder direkt bei Temperaturen von 12...30 °C in 12...24 h vergoren. Oft wird obergärige Backhefe verwendet. Das Produkt kann ähnlich wie die belgischen Sonderbiere aromatisiert und durch einen Zuckersirupzusatz (7...8 %) gesüßt werden. Vor der Abfüllung in PET-Flaschen (Volumen meistens 3 L Inhalt) muss es filtriert und thermisch haltbar gemacht werden (weitere Hinweise dazu siehe [452]).

13. High-gravity-brewing - Vergärung höher konzentrierter Würzen

13.1 Wirtschaftliche Bedeutung des High-gravity-brewing und Herstellung konzentrierter Würzen

Die Vergärung von höher konzentrierten Würzen und die spätere Einstellung der gewünschten Stammwürze mit aufbereitetem Wasser sind eine Möglichkeit zur Steigerung der Produktion in einer vorhandenen Gär- und Reifungsanlage. Das Maximum der zu wählenden Würzekonzentration liegt bei den deutschen Ansprüchen an die Bierqualität bei ca. St = 16 %. Im Normalfall haben die nach dem Deutschen Reinheitsgebot gebrauten höher konzentrierten Anstellwürzen eine Anstellwürzekonzentration von maximal 13,5...14,5 %. In den USA und einigen osteuropäischen Ländern werden dagegen durch Zugabe von Zucker oder jodnormalen Stärkesirupen teilweise Konzentrationen bis zu St_{AW} = 20...24 % angewendet.

Die Herstellung von Vollbieren aus diesem konzentrierteren Bier mit z. B. St = 16 % ergibt bei gleichzeitiger Anwendung schonender gärbeschleunigender Maßnahmen (hier besonders höhere Hefegabe) eine höhere Auslastung der vorhandenen Produktionsanlagen um etwa 25 %. Bei großen Entfernungen zwischen Brauerei und Großabnehmer (Abfüllbetrieb) kann ein Transport dieses konzentrierten Bieres weiterhin erhebliche Transportkosten sparen.

Allgemein werden folgende Vorteile für das High-gravity-brewing genannt:

- Höhere Durchsätze in einer existierenden Anlage;
- Niedrigere Arbeitskosten je Hektoliter Bier;
- Niedrigere Energiekosten je Hektoliter Bier;
- Sauerstofffreie Filtervor- und Nachläufe lassen sich sehr gut durch einen kontrollierten Verschnitt verwerten;
- Es können größere Mengen Rohfrucht verwendet werden, da durch die Aufkonzentrierung die durch die Rohfrucht verursachte Reduzierung der Hefenährstoffe in der Anstellwürze zum Teil wieder ausgeglichen wird.

Zwiespältig sind die Vorteile bei der Herstellung konzentrierter Würzen durch ein konzentrierteres Maischen mit Vorderwürzekonzentrationen über 20 %:

- Konzentriertes Maischen verursacht eine Schonung und Förderung der Proteasen und damit eine Erhöhung des assimilierbaren Stickstoffs in der Würze aber auch eine Hemmung der β-Amylasen und damit eine Reduzierung des Gehaltes an vergärbaren Zuckern und der Vsend sinkt besonders bei mäßigen Malzqualitäten.

Dagegen dürften die Behauptungen *nicht* zutreffen, dass die konzentrierter vergorenen Biere nach ihrer Rückverdünnung

- eine verbesserte nichtbiologische und Geschmacksstabilität und
- einen angenehmeren Geschmack besitzen als vergleichbare, normal vergorene Vollbiere.

Folgende Nachteile des High-gravity-brewing sind belegt:

- Es sind zusätzliche Anlagen notwendig (siehe Kapitel 13.5 und 13.6).
- Die Sudhauseffektivität kann bei 100-%-Malzsuden geringer sein, wenn der Läuterabbruchpunkt zu hoch gewählt werden muss und die Sudhausausbeute deshalb sinkt.
- Es kommt zu einer niedrigeren Ausbeute der Bitterstoffe bezogen auf das fertige Bier, d. h., bei High-gravity-Würzen ist eine höhere Bitterstoffgabe im Vergleich zu den normalen Vollbierwürzen erforderlich (siehe Abbildung 219).
- Bei der Umstellung auf das High-gravity-brewing gibt es Schwierigkeiten, den gleichen Geschmack wie bei normalen Bieren zu erhalten.
- Es können Veränderungen bei den Rohstoffen oder in der Sudhaustechnologie notwendig werden. So wird z. B. durch die geringere Hefevermehrung ein höherer Gesamtstickstoff- und vor allem FAN-Gehalt im Fertigbier verursacht.
- Hervorstechend ist der höhere Estergehalt der rückverdünnten Biere, die durch die Vergärung von High-gravity-Würzen verursacht wurden.

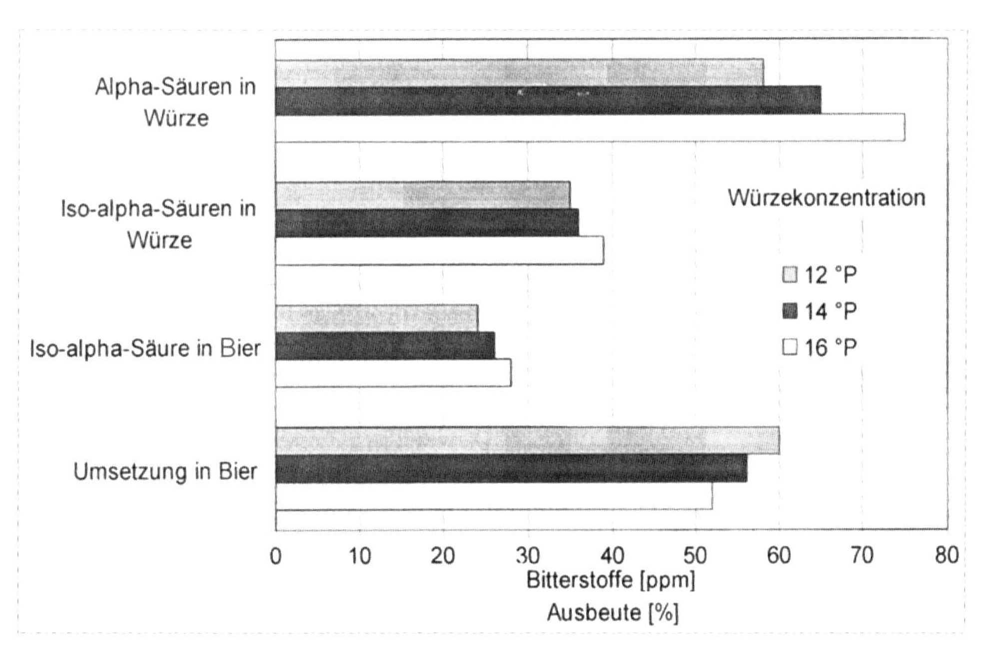

Abbildung 219 Die Bitterstoffkonzentrationen in Würzen und Biere und die Bitterstoffausbeute im unverdünnten Fertigbier in Abhängigkeit vom Extraktgehalt der Anstellwürzen (l. c. nach [138])

13.2 Zur Problematik der Herstellung von High-gravity-Würzen aus der Sicht der Gärung

Die Herstellung konzentrierter Würzen kann ökonomisch und technologisch sinnvoll bei üblich hergestellten Würzen (St = 10...14 %) nur durch den Zusatz von verzuckertem Stärkesirup (in den USA als „heavy brewing" und jetzt meist als „high-gravity-brewing" bezeichnet) oder Saccharose bzw. Zwischenprodukten der Saccharose-Herstellung während des Würzekochprozesses erfolgen.

Der Saccharosezusatz sollte, bezogen auf die Gesamtschüttung (in Malzgleichwert), maximal 20 % betragen, um den summarischen Gehalt der Angärzucker am vergärbaren Gesamtextrakt nicht über ca. 40 % steigen zu lassen (Begründung siehe Kapitel 5.1.3.).

Da die jodnormalen Stärkesirupe aus Mais und Gerste mit einem hohen Hydrolysegrad eine ähnliche Kohlenhydratzusammensetzung (vergärbare Zucker und niedere Dextrine) wie Malzwürze haben und auch Spurenelemente und nennenswerte Mengen an assimilierbaren Aminosäuren besitzen (siehe auch [364]), ist ihr Zusatz als Malzsurrogat und zur Aufkonzentrierung der Würzen weniger beschränkt. Hier können bis ca. 40 % des Malzextraktanteils durch diese Stärkesirupe ersetzt werden, ohne dass die Vergärung der vergärbaren Zucker behindert wird. Dies ermöglicht auch die hohen Anstellwürzekonzentrationen von über 20 % z. B. in den USA.

Eine Aufkonzentrierung einer reinen Malzwürze (z. B. durch konzentrierteres Maischen in Verbindung mit einem modernen Maischefilter) führt naturgemäß auch zu einer Aufkonzentrierung aller Würzeinhaltsstoffe (siehe z. B. Tabelle 131), die aber nicht im gleichen Umfang bei der Gärung durch die Hefe verwertet werden.

Besonders der Gehalt an löslichem Gesamtstickstoff und von der Hefe assimilierbaren Stickstoffverbindungen liegt im Vergleich zum Normalbier bei den rückverdünnten High-gravity-Bieren aufgrund der eingeschränkten Hefevermehrung, der geringeren Eiweißausscheidung in konzentrierteren Maischen und der intensiveren Proteolyse in dickeren Maischen deutlich höher. Hier kann der Zusatz von Malzsurrogaten zur Reduzierung beitragen.

Die für die höhere Konzentration notwendige Bitterstoffmenge erfordert eine noch höhere Bitterstoffgabe als für die entsprechende Biermenge bei normaler Konzentration (schlechtere Bitterstoffausbeute im Würzekochprozess bei höheren Bitterstoffgaben, größere Bitterstoffverluste bei längerer Gärung) notwendig wäre bzw. erfordert eine Nachbitterung des rückverdünnten Bieres mit isomerisiertem Hopfenextrakt.

Tabelle 131 Die Veränderungen der Zusammensetzung einer Würze aus 100 % Malz in Abhängigkeit von der Stammwürze (l. c. nach [138])

Bier mit hoher Stammwürze		12 °P	14 °P	16 °P
α-Aminostickstoff	ppm	204	239	275
Gesamtstickstoff	ppm	1063	1262	1486
Farbe	EBC	9,6	11,6	16,4
DMS-Precursor	ppb	60	71	97
Endvergärungsgrad, scheinbar	%	82,9	83,3	82,1

13.3 Zum Hefemanagement beim High-gravity-brewing (HGB)

Auch das High-gravity-brewing führt zur Beeinflussung der Hefevitalität. Die Vergärung höher konzentrierter Würzen (St >12...13 %) führt natürlich zu ethanolreicheren Bieren. Da die löslichen Bestandteile des Cytoplasmas den osmotischen Druck in der Hefezelle bestimmen, beeinflusst auch der höhere Alkoholgehalt den osmotischen Druck in der Hefezelle. Ethanol hat den doppelten osmotischen Effekt gegenüber Extrakt in der Zelle, wie Tabelle 132 zeigt.

Tabelle 132 Der osmotische Druck in der Hefezelle in Abhängigkeit vom Ethanolgehalt

Medium	Osmotischer Druck in bar
Durchschnittswert des Cytoplasmas der Hefe	12
Hefe in einer 12%igen Würze	8
Hefe in einem Bier mit St = 12 % u. A = 4 %	23
Hefe in einem Bier mit St = 16 % u. A = 5 %	31

St Stammwürze **A** Alkoholgehalt in Masse-%

Der höhere osmotische Druck in den Erntehefen der High-gravity-Biere kann:

- Bei einer Druckentlastung durch das Wiederanstellen dieser Hefe in Würze zur Vergrößerung der Zellvakuolen und zum Platzen ihrer inneren Zellmembran führen.
- Dies führt zur Ausschüttung der in der Vakuole gespeicherten hydrolytischen Enzyme (Proteasen, Lipasen, Ribonucleasen) ins Cytoplasma, sie bewirken die Autolyse und damit den Zelltod der Hefezelle.
- Durch die Gefahr der Schockexkretion beim Wiederanstellen kann es auch zur Ausschüttung von Proteinase A in das Bier und damit zur Schaumschädigung kommen.

In der klassischen Bierbrauerei wurden deshalb Erntehefen aus Starkbieren (Bockbier, Porter) grundsätzlich verworfen. Um bei einem hohen Anteil von High-gravity-Bieren nicht alle Erntehefen aus Starkbieren verwerfen zu müssen, sind nachfolgende Lösungsansätze für das Hefemanagement zu prüfen.

Beim Hefemanagement für das High-gravity-brewing (HGB) sollte unter anderem Folgendes beachtet werden:

- Erntehefen mit einem Totzellengehalt >10 % sollten grundsätzlich verworfen werden, die optimalen Werte für den Totzellengehalt liegen bei <2...3 %!
- Die Hefereinzucht und die separate Hefepropagation darf grundsätzlich nur mit Vollbierwürzen durchgeführt werden!
- Erntehefen mit einem Totzellengehalt von 5...10 % sind maximal nur zwei- bis dreimal zum Anstellen zu verwenden!
- Um den technologischen Aufwand für die Hefevermehrung (Reinzucht + Propagation) bei HGB in Grenzen zu halten, sind auch folgende Verfahrensweisen möglich:
  - Anstellen mit Kräusen (Vs = 20...25 %, Hefekonzentration c_H >40...50·10^6 Zellen/mL),

- Teilhefeernte zum Wiederanstellen schon am Ende der Hauptgärphase bei noch geringen Ethanolgehalten.

- Bei hohem Anteil an HGB-Bieren sollte die Anstellwürze St ≤16 % sein!
- Für die Wissenschaft besteht die Aufgabe, nach osmophilen Brauereihefestämmen zu suchen!
- Bei Erntehefen mit einem Totzellengehalt von >5 % sollten HGB-Biere nach der Filtration grundsätzlich thermisch behandelt werden, um Schaumschädigungen zu vermeiden!
- Erntehefen sind nie unter Wasser aufzubewahren!

13.4 Die Vergärung konzentrierter Würzen

In dem Konzentrationsbereich bis St = 16 % ergeben sich keine besonderen Anforderungen an den zu verwendenden Hefestamm. Bei höheren Würzekonzentrationen bis zu 22 % müssen an die Ethanoltoleranz des zu verwendenden Hefestammes größere Anforderungen gestellt werden. Ethanolgehalte bis 8 Masse-% sollten diese Hefen in ihrer Vitalität und Gäraktivität nicht beinträchtigen.

Eine Erhöhung der Konzentration der Anstellwürze bewirkt im Verlauf der Gärung und Reifung:

- Eine Verringerung der Hefevermehrung, auch bedingt dadurch, dass die Sauerstofflösung in der Anstellwürze mit der Zunahme der Würzekonzentration abnimmt;
- Eine Verringerung der Gärintensität;
- Eine Verlängerung der Gärphase bis zur Erreichung des Vsend bei gleichem Endvergärungsgrad (siehe Abbildung 220);
- Einen geringeren pH-Wert-Abfall;
- Eine geringere Eiweißausscheidung;
- Eine geringere α-Aminostickstoffabnahme;
- Eine geringere Aufhellung;
- Eine höhere Konzentration an Estern und im Normalbereich auch von höheren Alkoholen und Aldehyden;
- Einen geringeren Gesamtdiacetylgehalt;
- Eine schlechtere Schaumhaltbarkeit und
- Eine Erhöhung der Bitterstoffverluste.

Besonders nachteilig sind bei einer steigenden Würzekonzentration eine Abnahme der Vergärung, eine deutliche Reduzierung der Hefevermehrung und Hefelebensfähigkeit sowie eine überproportionale Esterbildung (besonders bei St > 16 %).

Bei Stammwürzen bis 16 % sind bei guter bis sehr guter Würzebelüftung und erhöhter Hefegabe (≥1 L Hefe/hL) keine negativen Auswirkungen zu erwarten.

Sicherheitshalber ist bei der Kapazitätsplanung unter diesen Konditionen eine längere Belegungszeit der Gärgefäße mit zu kalkulieren (bei St = 16 % ca. zusätzlich 1 Tag).

Die Veränderungen der Bierinhaltsstoffe bei der Vergärung mäßig konzentrierter Würzen und der Rückverdünnung der Biere auf eine einheitliche Stammwürze zeigen die Versuchsergebnisse in den Tabelle 133, Tabelle 134 und Tabelle 135.

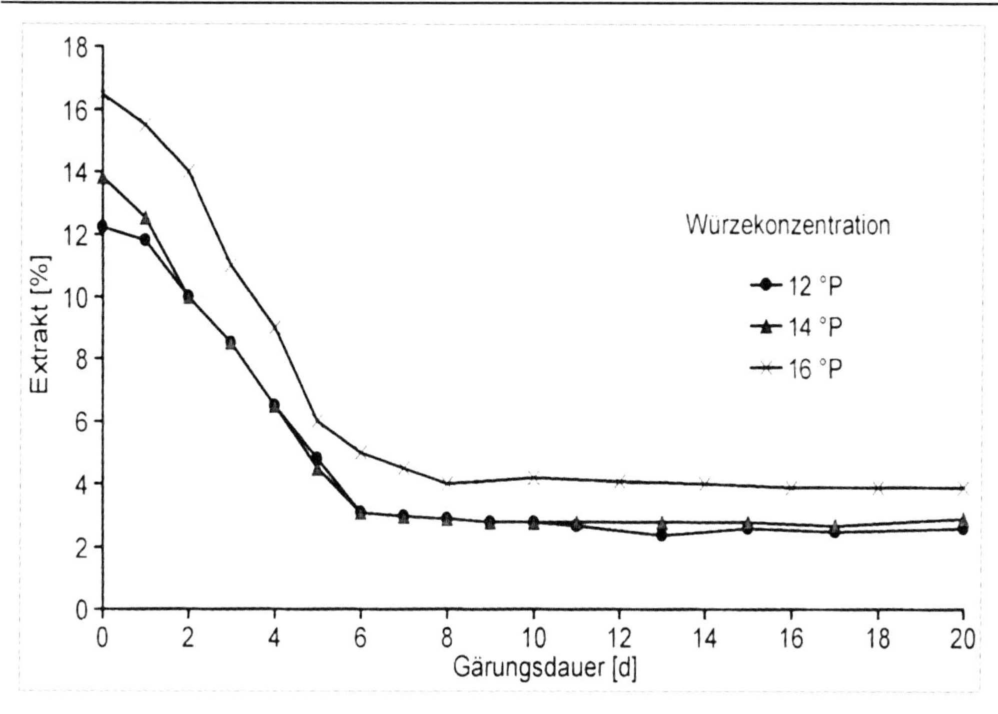

Abbildung 220 Die klassische Gärdauer bei unterschiedlich konzentrierten Malzwürzen bis zur Erreichung des Endvergärungsgrades (l. c. nach [138])
Hier: bei St = 12...14 % in ca. 6 Tagen, bei St = 16 % in ca. 8 Tagen

Tabelle 133 Vergleichende Analysenwerte von Bieren aus unterschiedlichen Anstellwürzekonzentrationen nach ihrer Rückverdünnung (l. c. nach [138]):
1. Standardwerte

Ausgangsextrakt	°P	12	14	16
Korrigierter Extrakt	°P	11,30	11,26	11,35
Wirklicher Extrakt	%	3,90	3,75	3,89
Alkohol	%	3,86	3,81	3,83
Vergärbarer Restextrakt	%	0,0	0,01	0,01
Gesamtstickstoff	ppm	540	674	754
Farbe	EBC	7,6	8,0	8,4
pH-Wert	-	4,32	4,34	4,43
Bittereinheiten	BU	22,0	22,5	21,5

Diese Versuchsergebnisse bestätigen die folgenden Besonderheiten der aus höher konzentrierten Würzen hergestellten, rückverdünnten Biere:

- Bei den Standardwerten nehmen mit steigender Anstellwürzekonzentration der Gehalt an löslichen Stickstoffverbindungen (natürlich auch an FAN) und der pH-Wert zu. Beide Werte sind abhängig von der reduzierten Hefevermehrung. Sie lassen sich korrigieren durch den Einsatz von stickstoffärmeren

Malzsurrogaten, durch eine intensivere biologische Säuerung der Pfannevollwürze oder durch Maßnahmen zur Erhöhung der Hefevermehrung (Zweitbelüftung der angestellten Würze).

- Bei den Gärungsnebenprodukten nimmt sensorisch auch deutlich feststellbar mit steigender Anstellwürzekonzentration vor allem der Estergehalt an Ethylacetat und in geringerem Umfang summarisch auch die höheren Alkohole zu (siehe Tabelle 134).
- Bei den anderen höheren Fettsäureestern und den höheren Fettsäuren ergaben sich keine erkennbaren Abhängigkeiten zur Anstellwürzekonzentration (siehe Tabelle 135).
- Zusammenfassend kann festgestellt werden, dass vor allem das aromaintensive Ethylacetat bei den rückverdünnten High-gravity-Bieren hervorstechen kann und dann technologische Gegenmaßnahmen erfordert.

Tabelle 134 Vergleichende Analysenwerte von Bieren aus unterschiedlichen Anstellwürzekonzentrationen nach ihrer Rückverdünnung (l. c. nach [138]): 2. Gärungsnebenprodukte

Ausgangsextrakt	°P	12	14	16
Korrigierter Extrakt	°P	11,30	11,26	11,35
Acetaldehyd	ppm	1,8	2,4	4,2
Ethylacetat	ppm	13,4	17,1	23,7
Isoamylacetat	ppm	0,7	0,7	1,0
β-Phenylethylacetat	ppm	0,12	0,11	0,18
n-Propanol	ppm	10,1	12,4	13,3
Isobutanol	ppm	6,3	8,2	8,6
Isoamylalkohol	ppm	44,4	59,5	63,8
∑ aliphatische Alkohole	ppm	60,8	80,1	85,7
β-Phenylethanol	ppm	12,0	11,2	11,2
DMS	ppb	40	39	32

13.5 Zur erhöhten Ethylacetatkonzentration

Die erhöhte und in Abhängigkeit von der Anstellwürzekonzentration abnorme Esterkonzentration ist auch nach der Rückverdünnung deutlich sensorisch feststellbar, sie betrug z. B. in einem rückverdünnten Bier etwa den 2,2fachen Wert des Vergleichsbieres [453] (siehe auch Tendenz in Tabelle 134).

Die Ursache dafür ist in der verringerten Sauerstofflöslichkeit bei höheren Würzekonzentrationen zu sehen. Die während der Gärung gebildete biochemische Energie kann durch Sauerstoffmangel nicht für die Hefevermehrung genutzt werden, sodass diese energiereichen Stoffwechselzwischenprodukte für eine verstärkte Esterbildung zur Verfügung stehen. Je mehr Extrakt vergoren werden muss, um so höher ist dann die Esterkonzentration, wenn nicht gleichzeitig auch die Hefevermehrung angeregt wird (weitere Aussagen zur Esterbildung siehe Kapitel 4.6).

Tabelle 135 Vergleichende Analysenwerte von Bieren aus unterschiedlichen Anstellwürzekonzentrationen nach ihrer Rückverdünnung (l. c. nach [138]): 3. Höhere Ester und organische Säuren

Ausgangsextrakt	°P	12	14	16
Korrigierter Extrakt	°P	11,30	11,26	11,35
Hexansäureethylester	ppm	0,20	0,17	0,18
Octansäureethylester	ppm	0,07	0,07	0,07
Decansäureethylester	ppm	0,03	0,03	0,04
Buttersäure	ppm	3,7	4,6	4,1
2-Methylpropansäure	ppm	2,4	2,4	2,0
Capronsäure	ppm	2,6	1,8	2,3
Caprylsäure	ppm	4,0	3,4	3,7
Caprinsäure	ppm	0,5	0,6	0,5
Dodecansäure	ppm	0,03	0,02	0,03

Durch einen zusätzlichen, kurzen Sauerstoffeintrag in den ersten 24 Stunden der Gärung konnte die Hefevermehrung und Hefevitalität verbessert und der Estergehalt auf normale Werte gesenkt werden. Auch der Zusatz von ungesättigten Fettsäuren während der Gärung führte zu dem gleichen Effekt [454], [455]. Nachfolgende Tabelle 136 weist die möglichen technologischen Einflussfaktoren aus, die auch bei der Vergärung höher konzentrierter Würzen zur Beeinflussung des Estergehaltes ausgenutzt werden können.

Die in Bieren vorkommenden Ester und ihre Aromacharakteristika sind in Tabelle 28, Tabelle 47 und Tabelle 48 (Kapiteln 4.1 und 4.6.3) dargestellt.

Tabelle 136 Mögliche technologische Einflussfaktoren auf die Esterbildung

Einflussfaktoren	Bemerkung [1])	Esterbildung [1])
Würzezusammensetzung	+ Vsend und + Vsaus	++
Würzebelüftung	+ (2. Belüftung)	--
Gärungstemperatur	+	+
Druck	+	-
Hefegabe	+	-
Hefewachstum	+	+/-
Stammwürze	+	++
Rühren	+ (auch Bewegung)	+

[1]) Esterbildung: + = Zunahme ++ =deutliche Zunahme - = Abnahme,
-- = deutliche Abnahme +/- = keine eindeutige Reaktion

13.6 Rückverdünnung und Konditionierung

13.6.1 Zeitpunkt der Rückverdünnung

Das fertige Lagerbier sollte möglichst vor der letzten Filtrationsstufe mit tiefgekühltem, carbonisierten Verschnittwasser auf den gewünschten Stammwürzegehalt verdünnt werden, da Wasserzusätze das Kolloidgefüge des Biers verändern und auch zu Trübungen im Bier führen können. Die oft praktizierte Variante, die Rückverdünnung erst nach der Filtration des Bieres vorzunehmen, erfordert ein qualitativ hochwertiges Verschnittwasser und eine gewissenhafte Qualitätskontrolle. Außerdem wird die Filtration durch die etwas höhere Viskosität des unverdünnten Bieres erschwert.

Durch das Verdünnen der hohen Stammwürze schon vor der Gärung kommt es zu folgenden qualitativen Veränderungen:

- Der Gesamtstickstoffgehalt und auch der FAN-Gehalt werden überproportional reduziert;
- Es erfolgt keine überproportionale Zunahme der höheren Alkohole;
- Es erfolgt keine überproportionale Zunahme der Ester;
- Es kommt zu einer Abnahme an Fettsäuren;
- Die Bierfarbe und der pH-Wert verändern sich nicht signifikant zum normal vergorenem Vollbier.

13.6.2 Allgemeine Anforderungen an das Verschnittwasser

An das Verschnittwasser müssen gegenüber einem normalen Trinkwasser folgende erhöhte Güteanforderungen gestellt werden: Es muss:

- Unbedingt Trinkwasserqualität besitzen, geruchs- und geschmacksneutral sein;
- Mikrobiologisch unbedenklich sein, allgemein wird Keimfreiheit gefordert;
- Einen Sauerstoffgehalt von ≤ 0,05 ppm O_2 besitzen;
- Frei von analytisch nachweisbarem freiem Chlor und Chlorphenolen sein;
- Eine niedrige Alkalität besitzen;
- Carbonisiert einen pH-Wert von höchstens pH = 4,5 ausweisen;
- Einen Mangangehalt von ≤ 0,05 mg Mn/L haben;
- Einen Eisengehalt von ≤ 0,1 mg Fe/L haben;
- Frei sein von Blei-, Kupfer-, Zink- und Zinn-Ionen;
- Einen niedrigen Calciumgehalt mit einer Gesamthärte von ≤ 5 °dH ausweisen, um die Gushinggefahr zu reduzieren;
- Auf eine Temperatur von annähernd 0 °C gekühlt sein.

Besonders aufwendig (Energie, Anlagen) ist die unbedingt notwendige Reduzierung des Gehaltes an Sauerstoff und freiem Chlor im Wasser, die u.a. auch durch Erhitzen des Wassers auf ≥77 °C, Entgasen durch Anlegen eines Vakuums und durch rekuperative Abkühlung unter gleichzeitiger CO_2-Injektion erfolgen kann [456].

Die Anwendung des Verfahrens des High-gravity-brewing setzt die wirtschaftliche und sichere Herstellung eines tiefgekühlten und carbonisierten Verschnittwassers mit deutlich über dem Trinkwasser liegenden Güteanforderungen voraus (s.a. Kapitel 16).

13.6.3 Zur Abschätzung der Gushing-Gefahr durch Calciumoxalat

Calciumionen aus dem Wasser, zum Beispiel Calciumhydrogencarbonat (**1**), und aus dem Malz stammende Oxalsäure (**2**) können in Abhängigkeit von ihren Konzentrationsverhältnissen zu Oxalatausfällungen (**3**) im Bier führen (siehe nachfolgende Gleichung 47), die auch zeitverzögert im filtrierten Bier stattfinden können (besonders beim Wasserzusatz unmittelbar vor und nach dem Filter) und beim Öffnen der Flasche das plötzliche Überschäumen bzw. das sogenannte Gushing verursachen:

$$\underset{(\mathbf{1})}{Ca(HCO_3)_2} + \underset{(\mathbf{2})}{(COOH)_2} \rightarrow \underset{(\mathbf{3})}{Ca(COO)_2} \downarrow + 2\ CO_2 + 2\ H_2O \qquad \text{Gleichung 47}$$

In Tabelle 137 werden die Richtwerte für die Löslichkeit von Calciumoxalat und in

Tabelle 138 die durch die Calciumoxalatkonzentration mögliche Gushing-Gefahr im Bier ausgewiesen (weitere Informationen zum Calciumoxalat im Bier siehe Kapitel 4.8.3).

Tabelle 137 Löslichkeiten von Calciumoxalat

Wasser (20 °C)	7 mg/L	= 2,2 mg Ca^{2+}/L + 4,8 mg Oxalat/L
Würze	60 mg/L	Bindung der Oxalsäure auch an andere Inhaltsstoffe
Bier	20...30 mg/L	

Tabelle 138 Richtwerte für die Bewertung der Gushing-Gefahr im Bier durch Calciumoxalat (nach [457])

$CaSO_4 : Ca(COO)_2$	$Ca(COO)_2$-Gehalt in mg/L	Bewertung der Verhältnisse und der Gushing-Gefahr
< 0,25	< 50	ziemlich stabil, wenn keine weiteren Ca^{+2}-Ionen ins Bier kommen!
0,25...5	> 20	labil
5...13	15...20	stabil
> 13	< 15	sehr stabil

Um den labilen Bereich zu vermeiden, sind folgende zwei Maßnahmen anwendbar:

- Entfernung der Kalkhärte im Verschnitt- und Produktwasser, das nach der Gärung und Reifung ins Bier kommen kann (z. B. bei der Bierfiltration als Anschwemmwasser, Vor- und Nachlauf) und
- Zusatz von $CaCl_2$ oder $CaSO_4$ ins Einmaischwasser, um das Calciumoxalat bei der Würzeherstellung und bei der Gärung und Reifung schon weitgehend auszufällen.

13.6.4 Varianten der Verschnittwasserentkeimung

Folgende Verfahren für die Desinfektion von Trinkwasser sind anwendbar:

- Ozonbehandlung;
- Bestrahlung mit UV-Licht (z. B. mit λ = 254 nm);
- Chlorung mit Chlorgas oder Natrium- bzw. Calciumhypochlorit;
- Chlordioxid;
- Kochen bzw. Erhitzen;
- Ultrafiltration.

Die dominierenden ersten vier Verfahren sind unterschiedlich zu bewerten (siehe *Dyer-Smith* [458] und Tabelle 139). Ihre Anwendung erfordert die Beachtung der rechtlichen Anforderungen (siehe *Ahrens* [459]) und der technologischen Aspekte (siehe *Kunzmann* [460]). Zu beachten ist:

- Mit Chlorprodukten desinfiziertes Verschnittwasser erfordert vor seiner Verwendung unbedingt eine nachfolgende Aktivkohlefiltration zur Entfernung der restlichen Chlorprodukte.
- Bei einer hohen Trinkwasserqualität reicht vielfach die bei der nachfolgenden thermischen Entgasung angewendete Erhitzung für die Erhaltung der Keimfreiheit aus.

Tabelle 139 Bewertung der möglichen Desinfektionsprozesse beim Trinkwasser (nach [458])

	Chlor	ClO_2	Ozon	UV
Desinfektionskapazität	mittel	stark	am stärksten	mittel
Nachwirkungen	Stunden	Tage	Minuten	keine
pH-Wert-Abhängigkeit	extrem	keine	mittel	keine
Nebenprodukte	Trihalomethan (THM) absorbierbare organische Halogenverbindungen (AOX)	Chlorit	möglicherweise Bromat	möglicherweise Nitrit
Investitionen	niedrig - hoch	mittel	mittel - hoch	mittel
Wartung	mittel	mittel	niedrig	niedrig

13.6.5 Die Entgasung des Verschnittwassers

Aufwendig ist die notwendige Sauerstoffentfernung aus dem Verschnittwasser um die Forderung von < 0,05 mg O_2/L zu erreichen. Die Anforderungen sind in den letzten Jahren mit der Verlängerung der Haltbarkeitsgarantie auf über 6 Monate von ursprünglich 0,1...0,2 auf unter 0,05 mg O_2/L gestiegen, um die Geschmacksstabilität einigermaßen in diesen Garantiezeiträumen zu gewährleisten und die oxidative Alterung zu unterdrücken.

Einen zusammenfassenden Überblick zur Thematik Wasserentgasung gibt Kapitel 16. Für hohe Anforderungen an die Entgasung hat sich die thermische Variante gekoppelt mit einem CO_2-Strippgas und einer Vakuumanwendung bewährt.

Die elegante katalytische Sauerstoffreduktion im Wasser hat vielfach versagt, da die verwendeten Wässer Huminsäuren enthielten, die den Palladium-Katalysator relativ schnell „vergifteten“.

13.7 Schema der kompletten Blendinganlage

In der Abbildung 221 wird der Aufbau von Bierverschnittsystemen mit ihren Messeinrichtungen und ihrer technologischen Anbindung schematisch dargestellt.

Die angewendeten Verschnittsysteme können sich in ihrer Größe, in der Anwendung des verwendeten Wasserentgasungssystems und im Automatisierungsgrad ihrer Kontrollsysteme unterscheiden.

Die einzustellende Endproduktqualität kann durch folgende Messverfahren und Operationen gewährleistet werden:

- Bei einem halbautomatischen Kontrollsystem:
  - Messung der Stammwürze im Labor,
  - Berechnung des Verdünnungsfaktors,
  - Einstellen des Faktors am Kontrollpult, um den Wasserfluss entsprechend dem Bierfluss zu regulieren,
  - Messung der Stammwürze des verdünnten Bieres,
  - Eine Nachjustierung des Verdünnungsfaktors ist meist notwendig.
- Bei einem automatischen Kontrollsystem:
  - Online-Messung des Alkohols,
  - Online-Messung der Stammwürze,
  - Online-Messung des Refraktometerwertes des Bieres,
  - Rechnergestützte Berechnung der Stammwürze des Bieres,
  - Automatische Einstellung und Messung des Wasserflusses,
  - Messung des unverdünnten und verdünnten Bierflusses gekoppelt automatisch mit dem Wasserfluss.

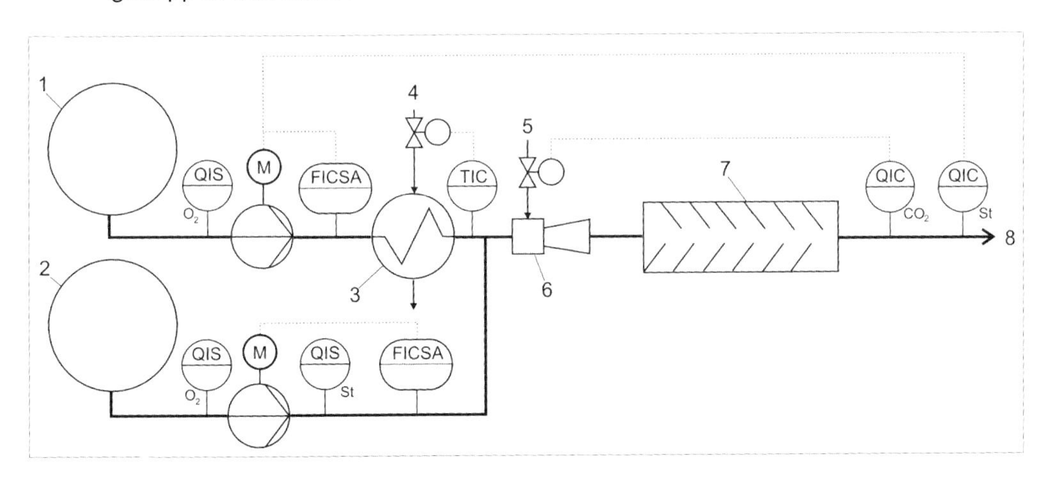

Abbildung 221 Allgemeiner Aufbau eines Bierverschnittsystems (Bier-Blendingsystem)
1 O_2-freies Wasser **2** Stabilisiertes, filtriertes Bier mit höherer Stammwürze (High-gravity-Bier) **3** Wärmeübertrager **4** Kälte **5** CO_2 **6** Mischvorrichtung (Mischdüse) **7** Statischer Mischer **8** Abfüllfertiges Bier

13.8 Einige Hinweise zur überschlägigen Verdünnungsrechnung ohne Berücksichtigung der Bierdichte

1. Beispiel:

Verdünnung des High-gravity-Bieres von St = 14,0 % auf St = 11,4 %
Frage: Wie viele Liter Wasser (x) sind je Hektoliter Bier erforderlich?
Ansatz:

$$100\ L \cdot 14{,}0\ \% + x\ L \cdot 0\ \% = (100 + x)\ L \cdot 11{,}4\ \% \qquad \text{Gleichung 48}$$

$$x = \frac{100 \cdot 14 - 100 \cdot 11{,}4}{11{,}4} = \underline{22{,}8\ L\ Wasser/hL\text{-}Bier}$$

2. Beispiel:

Veränderung der Bierinhaltsstoffe durch die Verdünnung nach Beispiel 1 und unter Berücksichtigung der Analysen- und Messtoleranzen

Tabelle 140 Messwerte für die 2. Beispielrechnung einer Bierrückverdünnung

	Maßeinheit	Vorher	Nachher	Spannbreite
Stammwürze	°Plato	14,0 ± 0,3	11,4 ± 0,2	11,2...11,6
pH-Wert	-	4,1	4,1	Bei guter Wasserqualität ± 0
Farbe	EBC-Einh.	7,0	5,7 ± 0,2	5,5...5,9
Bittereinheiten	BE (EBC)	25 ± 3	20 ± 3	17...23/24

Zu den technisch bedingten Schwankungen bei der Rückverdünnung kommen unabhängig dazu die Mess- und Probenahmeungenauigkeiten bei den einzelnen Inhaltsstoffanalysen, sodass sich diese Fehler addieren. Um den Schwankungsbereich der Inhaltsstoffe nach der Rückverdünnung abzuschätzen, kann man anhand der Schwankungsbereiche der Stammwürzen vor und nach der Rückverdünnung (siehe Tabelle 140) mit den oben genannten Formeln die voraussichtlichen Schwankungen der Wasserzusätze berechnen und mit nachfolgender Gleichung die Konzentration der Inhaltsstoffe nach der Verdünnung abschätzen:

$$Q_2 = \frac{100 \cdot Q_1}{100 + x} \qquad \text{Gleichung 49}$$

Q_1 = Konzentration eines Inhaltsstoffes des Bieres vor der Verdünnung (hier: EBC-Farbeinheiten, EBC-BE)
Q_2 = Konzentration eines Inhaltsstoffes des Bieres nach der Verdünnung (hier: EBC-Farbeinheiten, EBC-BE)
x = Berechneter Wasserzusatz für die jeweilige Verdünnung in L/100 L- Ausgangsbier

Die Tabelle 141 weist die so berechneten möglichen Schwankungen aus. Hier wurde davon ausgegangen, dass die Bierfarbe im konzentrierten Bier konstant bleibt und die Bitterstoffbestimmung in diesem Bier doch die bekannten Probenahme- und Analysenschwankungen ausweist, sodass sich die Tabelle 140 ausgewiesenen Spannbreiten ergeben.

Diese messtechnisch und analytisch bedingte Streuung der ermittelten Ergebnisse um den realen Wert ist bei der Festlegung des spezifischen Wasserzusatzes unbedingt zu beachten, um ein gleichmäßiges Qualitätsniveau zu gewährleisten.

Tabelle 141 Schwankungen der Bierfarbe und des Bitterstoffgehaltes nach der Verdünnung (Q_2) in Abhängigkeit vom spezifischen Wasserzusatz (x) und den möglichen Schwankungen der Bierinhaltsstoffe im noch unverdünnten Bier (Q_1)

Stammwürze des Bieres °P		Wasserzusatz x	Bierfarbe Q_1 = 7 EBC	Bitterstoffgehalt EBC-BE		
Vorher	Nachher	L W/100 L Bier	EBC-Einh.	Q_1 = 22	Q_1 = 25	Q_1 =28
13,7	11,2	22,3	5,7	18,0	20,4	22,9
	11,4	20,2	5,8	18,3	20,8	23,3
	11,6	18,1	5,9	18,6	21,2	23,7
14,0	11,2	25,0	5,6	17,6	20,0	22,4
	11,4	22,8	5,7	17,9	20,4	22,8
	11,6	20,7	5,8	18,2	20,7	23,2
14,3	11,2	27,7	5,5	17,2	19,6	21,9
	11,4	25,4	5,6	17,5	19,9	22,3
	11,6	23,3	5,7	17,8	20,3	22,7

13.9 Einige Hinweise zur Wirtschaftlichkeit des High-gravity-brewing

Da die konkreten Investitions- und laufenden Kosten sehr stark abhängig sind von der Entwicklung des allgemeinen Preisindexes und vom konkreten Angebot und den jeweiligen Betriebsverhältnissen, sollen hier an einem theoretischen Beispiel nur relative Zahlen die Wirtschaftlichkeit widerspiegeln (Tabelle 142).

Tabelle 142 Vergleich der Investitionsaufwendungen bei einer traditionellen Brauerei und beim High-gravity-brewing (HGB) am Beispiel einer Brauerei-erweiterung von 1.000.000 hL/a auf 1.250.000 hL/a

Erforderliche Investitionen	Traditionelle Brauerei	HGB Methode
Sudhaus	Evtl. 2. Läuterbottich	keine
Gärung	2 ZKG	keine
Lagerung/Reifung	7 ZKT	keine
Zusätzliche Anlage	keine	Entgasungs- und Verschnittanlage
Relativer Gesamt-Investitionsaufwand	100 %	15...18 %
Verhältnis der laufenden Kosten für die Mehrproduktion in der Gärung und Reifung	100 %	10...12 %

Die evtl. Energieeinsparungen beim HG-Brauen in der Prozessstufe Würze herstellung wurden hier nicht berücksichtigt, Gleiches gilt für den Kälteaufwand.

Nach neueren Untersuchungen von *Barlet* [461] werden bei einer Verdünnung von St = 14,5 % auf St = 11,8 % bei den laufenden Kosten je zusätzlich durch die Verdünnung hergestelltem Hektoliter Vollbier 0,83 € eingespart.

13.10 Zusammenfassende Aussagen zum High-gravity-brewing

Zur Verfahrensführung und Technologie

- Verdünnungsraten von 20 bis 25 % sollten nicht überschritten werden;
- Der ideale Verdünnungspunkt befindet sich zwischen Filter I und II oder direkt vor dem einzigen Filter;
- Biere mit einem deutlichen Hopfenaroma können mit dem High-gravity-Verfahren nicht mit einer angemessenen Qualität hergestellt werden;
- Bei Fertigbieren mit niedrigen Stammwürzen sollte am besten während der Hauptgärung verdünnt werden;
- Aus qualitativen Gründen sollten bei hellen untergärigen Lager- und Pilsner Bieren die konzentrierte Würze mit einem Extraktgehalt nicht über St = 15...16 % vergoren werden;
- Aromaintensive Hefen z. B. der Hefestamm Rh der VLB und der Hefestamm W 34 der Versuchsanstalt in Weihenstephan sind für die Vergärung konzentrierter Würzen nicht geeignet, hier sollten „neutrale" Hefen eingesetzt werden.

Zu analytisch und sensorisch messbaren Qualitätsveränderungen

- Die Schaumhaltbarkeit verringert sich mit zunehmender Verdünnungsrate;
- Der pH-Wert nimmt mit zunehmender Verdünnungsrate zu;
- Die Bierfarbe wird bei 100 % Malzbieren mit steigender hoher Stammwürze dunkler;
- Der Estergehalt steigt im rückverdünnten Bier mit steigender Würzekonzentration in der Gärung an;

Zum Aromaprofil

- Mit zunehmender Verdünnung nimmt die Geschmacksqualität ab, die Biere werden „trockener";
- Bei Premiumbieren ist ein Qualitätsverlust unvermeidbar, wenn man vom Standardverfahren auf das High-gravity-Verfahren umsteigt.

14. Technologische Maßnahmen im Prozess der Gärung und Reifung zur Gewährleistung der Endproduktqualität

14.1 Allgemeine Anforderungen

Das fertig vergorene, ausgereifte und geklärte Unfiltrat muss in mehreren Richtungen die Voraussetzungen erfüllen, ein in den nachfolgenden Prozessstufen (Filtration, Stabilisierung, Haltbarmachung, Abfüllung) qualitativ hochwertiges Bier zu bleiben bzw. zu werden.

Folgende Qualitätsparameter des Endproduktes werden entscheidend mit in den Prozessstufen Gärung und Reifung des Bieres beeinflusst:

- Die Klärung des Unfiltrates und seine Filtrierbarkeit;
- Die nicht biologische Stabilität des Endproduktes durch die erreichte Vorstabilisierung;
- Die biologische Haltbarkeit des Endproduktes durch die Vermeidung von Primärinfektionen, den Einsatz einer infektionsfreien Satzhefe und durch die Einhaltung der erforderlichen Reinigungs- und Hygienemaßnahmen;
- Die Erhaltung der geschmacklichen und kolloidalen Stabilität durch die Minimierung des Sauerstoffeintrages bei der Gärung und Reifung;
- Die Erhaltung der Schaumhaltbarkeit durch die Vermeidung von Verlusten der schaumpositiven Inhaltsstoffe des Bieres und durch die Gewährleistung der Schaummenge durch die Einstellung des biertypischen CO_2-Gehaltes;
- Die sensorische Reife und den harmonischen, den Biertyp entsprechenden Geschmack des Fertigproduktes durch die Einstellung des gewünschten Vergärungsgrades und der Erreichung der Reifungskriterien.

Einen Teil dieser Zielstellungen kann teilweise nur mit anderen Qualitätskriterien entgegen wirkenden Maßnahmen erreicht werden, sodass die Prozessführung einen ausgewogenen Mittelweg anstreben muss (s.a. Tabelle 143).

14.2 Die Klärung des Bieres

14.2.1 Die Trübung als Maß für die erreichte Klärung und kolloidale Stabilität

Die Trübung ist mit physikalischen Methoden eine gut messbare Größe. Sie ermöglicht über die Bestimmung des bei einer definierten Temperatur messbaren Trübungswertes und besonders der mit einer Tiefkühlung entstehenden stärkeren Biertrübung eine Vorschau auf die potenzielle Trübungsneigung einer filtrierten Bierprobe.

Im unfiltrierten Bier ermöglicht die Trübungsmessung auch in Verbindung mit einer Tiefkühlung eine Aussage über die Belastung des Unfiltrates mit potenziellen Trübungsbildnern und den erreichten Stand der Vorklärung und Vorstabilisierung im Prozess der Gärung, Reifung und besonders in der Kaltlagerphase.

14.2.1.1 Nicht biologische Trübungskomponenten im Bier

In jedem Bier - auch in einem sterilisierten - bildet sich nach einer gewissen Zeit eine Trübung, bestehend aus höhermolekularem Eiweiß und Gerbstoffen, gelegentlich in Verbindung mit Kohlenhydraten und Metallionen.

Die chemische Zusammensetzung der nichtbiologischen Biertrübungen kann nach Literaturwerten in folgenden weiten Grenzen schwanken:

- Proteingehalt 15...77 %
- Polyphenolgehalt 1...55 %
- Kohlenhydratgehalt 2...80 %
- Aschegehalt 1...14 %.

Diese reaktiven kolloidalen Bestandteile des Bieres stoßen, bedingt durch die *Brown*'sche Molekularbewegung, zusammen, verbinden sich miteinander und bewirken dadurch eine Vergröberung des Dispersitätsgrades der Kolloide.

Je höher die Konzentration an hochmolekularen Proteinen und Polyphenolen ist, umso größer ist die Trübungsneigung im Bier.

Tabelle 143 Einflüsse einiger technologischer Maßnahmen auf einzelne Qualitätskriterien

Technologische Maßnahmen	Filtrierbarkeit	Kolloidale Stabilität	Schaumhaltbarkeit	Vollmundigkeit
Weitergehender enzymatischer Eiweißabbau [1])	+	+	-	-
Weitgehender enzymatischer α-Glucanabbau [1])	+	+	-	-
Weitgehender enzymatischer β-Glucanabbau [1])	+	+	-	-
Weitgehende mechanische Klärung	+	+	0	0
Verlängerung der Prozessdauer der kalten Klärung	+	+	+/-	+
Hefeexkretion, beginnende Hefeautolyse	-	-	-	+/-

\+ positive Qualitätsförderung, - negative Qualitätsauswirkung, +/- in der Anfangsphase positive Wirkung, kann später einen negativen Einfluss haben,

0 keinen sicheren Einfluss

[1]) Enzymatischer Abbau beim Mälzen, Maischen und durch Enzymzusätze im Prozess der Gärung, Reifung und Stabilisierung

Die Vergröberung dieser Kolloide wird auch durch Alterungsprozesse gefördert, die durch höhere Lagertemperaturen, lange Lagerzeiten, Bewegung, Sauerstoffeintrag und Oxidationsprozesse beschleunigt bzw. verursacht werden.

Die Kältetrübungsbildung durch oxidierte Polyphenol-Protein-Komplexe wird nach [462] besonders durch Fe^{3+}- und Cu^{+}-Ionen gefördert

Je größer das Molekulargewicht der Proteine ist, umso leichter können diese durch Polyphenole gefällt werden, es steigt damit ihre Trübungsneigung (siehe Tabelle 144). Je höher der Kondensationsgrad der Polyphenole ist, umso stärker ist die Dehydratisierung des Proteins (Eiweiß fällende Wirkung bzw. gerbende Wirkung der

Polyphenole). Die Polyphenole haben einen mehrseitigen Einfluss auf die Bierqualität (siehe Tabelle 145).

Zu den trübungsverursachenden Polyphenolen gehören hauptsächlich dimere Catechine (Procyanidin B3, Prodelphinidin B3) und das trimere Catechin Procyanidin C2 (macht ca. 80 % des Polyphenolgehaltes der Gerste aus) (l. c. [463]).

Auch hochmolekulare Kohlenhydrate, insbesondere ungenügend abgebaute Stärkepartikel, können von Eiweiß-Gerbstoff-Trübungskomplexen eingeschlossen (maskiert) werden und den Filter passieren und dann im Transportgefäß zu Trübungen und Bodensätzen führen.

Gelöster Sauerstoff kann sowohl die Eiweißkomponente (Oxidation der Sulfhydrylgruppen von Polypeptiden zu Dithiobrücken = Vergröberung der Moleküle) als auch die Polyphenolkomponente (Oxidation führt zur Erhöhung des Gerbvermögens) oxidieren. Sauerstoff fördert also direkt die Trübungsbildung!

Anwesende Schwermetallionen (Fe, Cu, Sn) haben oxidationskatalytische und auch direkt eine Eiweiß fällende Wirkung.
Einen Überblick über die Nomenklatur der polyphenolischen Verbindungen gibt Abbildung 222.

Tabelle 144 Proteinfraktionen im Bier und ihre Trübungsneigung (nach [464])

Molmasse der Bierproteine in *Dalton*	Durchschnittlicher Anteil der Proteinfraktion im Bier in Prozent	Trübungs-korrelationsfaktor
> 75.000	2	0,95
35.000...75.000	8	0,93
13.000...35.000	7,5	0,74
10.000...13.000	22,5	0,45
< 10.000	60	-

Tabelle 145 Die Doppelseitigkeit der Polyphenolwirkungen im Bier in Abhängigkeit vom Molekulargewicht

Qualitätsmerkmal	Niedermolekulare Polyphenole	Hochmolekulare Polyphenole
Eiweißfällung	Kein oder nur geringes Gerbvermögen	Wirkung beim Maische- und Würzekochen, verantwortlich für die Kälte- u. Dauertrübung
Aroma	Biertypisch, veredelnd, stabilisierend	Abwertende Qualität
Bittere	Veredelnd	Raue, nachhängende Gerbstoffbittere
Farbe	Aufhellend	Zu- und missfärbend (Rotstich)
Stabilität	Sauerstoff abpuffernd, deshalb stabilitätsfördernd	Trübungsbildend

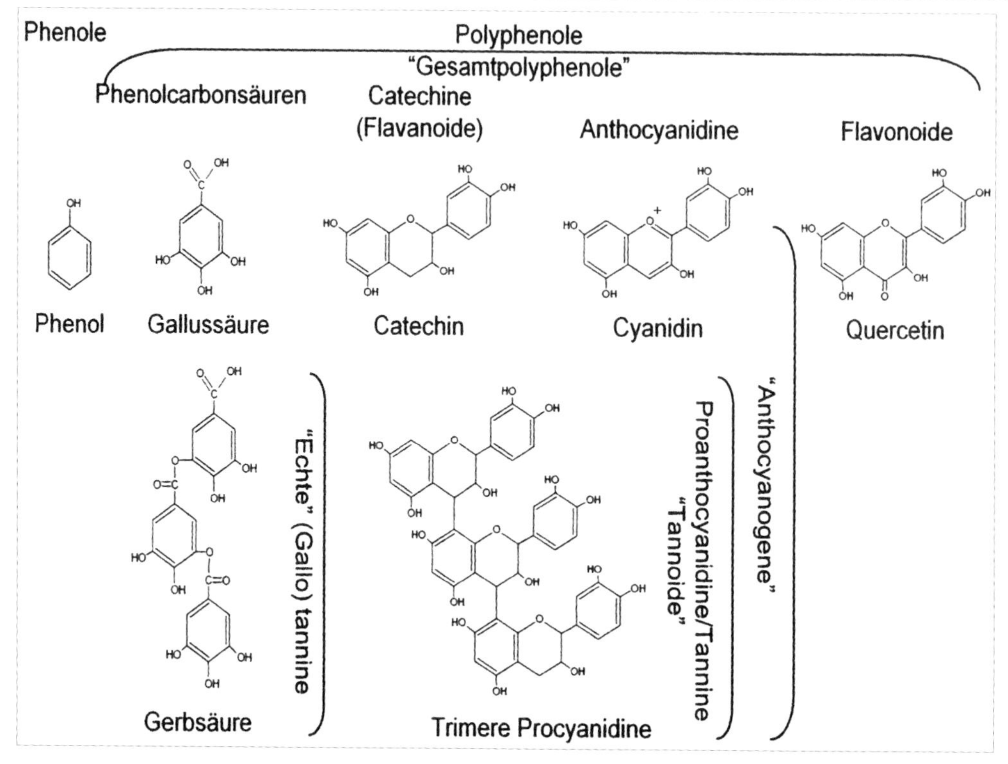

Abbildung 222 Überblick über die Nomenklatur der polyphenolischen Verbindungen

In Tabelle 146 sind die wichtigsten chemischen Bindungsarten, die von Bierinhaltsstoffen unter den pH-Wert-Bedingungen des Bieres ausgeführt werden können, aufgeführt. Diese chemischen Reaktionen, die zum Zusammenlagern der unterschiedlichsten Moleküle führen, sind immer mit einer Vergrößerung der Moleküle bis zur Ausbildung partikulärer Substanzen verbunden, die sich dann als Trübungen messen lassen.

Ionenbindungen zwischen den positiv geladenen Gruppen der Proteine und den negativ geladenen Hydroxylgruppen der Polyphenole sind dagegen auszuschließen, da im pH-Wert-Bereich des Bieres die Hydroxylgruppen der Polyphenole nicht geladen sind.

Asano et al. [465] sehen als Hauptursache für die Bildung von Protein-Polyphenolkomplexen die Wasserstoffbrückenbindungen zwischen dem Sauerstoffatom der Peptidbindung und den Hydroxylgruppen der Polyphenole sowie die hydrophobe Bindung zwischen hydrophoben Aminosäuren, wie z. B. Prolin, und der hydrophoben Ringstruktur der Polyphenole.

Die Aminosäure Prolin scheint in den reaktiven Proteinen eine besondere Rolle zu spielen. Sie verursacht durch ihren Pyrrolidinring eine ungefaltete molekulare Struktur in der Proteinkette und ermöglicht erst dadurch das Eindringen von Polyphenolen in diese. Da der Pyrrolidinring des Prolins keine inter- und intramolekularen Wasserstoffbrückenbindungen mit den Sauerstoffatomen der Peptidbindung bilden kann, sind diese freien Sauerstoffatome leicht in der Lage, Bindungen (Wasserstoffbrücken) mit den Hydroxylgruppen der Polyphenole einzugehen. Prolin ist sehr wesentlich an den hydrophoben Bindungen zwischen den trübungsaktiven Proteinen und Polyphenolen beteiligt.

Tabelle 146 Mögliche chemische Bindungen zwischen Trübungskomponenten zur Bildung und Vergröberung von Trübungspartikel

Mögliche chemische Bindungen (allgemein)	Wasserstoff-brücken-bindungen	—CO ······· HN— —CO ······· HO—
	Peptidbindung	—OC ······· NH—
	Disulfidbindung	—S ········ S—
Ionenbindung	zwischen zwei Proteinketten	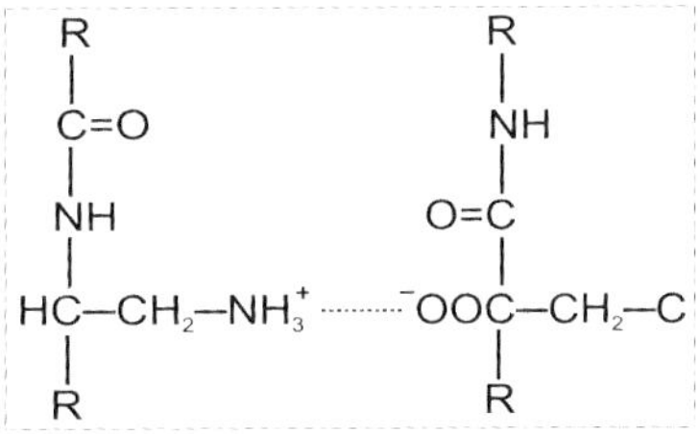 R R C=O NH NH O=C HC—CH$_2$—NH$_3^+$ ········ $^-$OOC—CH$_2$—C R R
Wasserstoff-brückenbindung	zwischen zwei Proteinketten	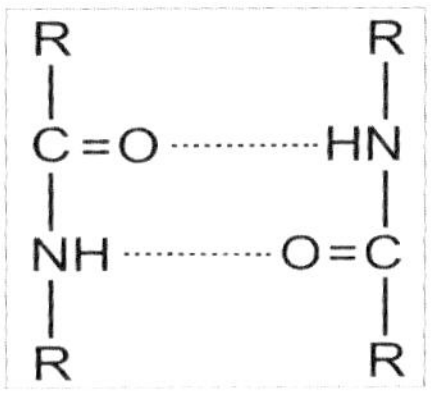 R R C=O ··········· HN NH ··········· O=C R R
Hydrophobe Bindung	zwischen dem Pyrrolidinring der Aminosäure Prolin und der hydrophoben Ringstruktur des Polyphenols	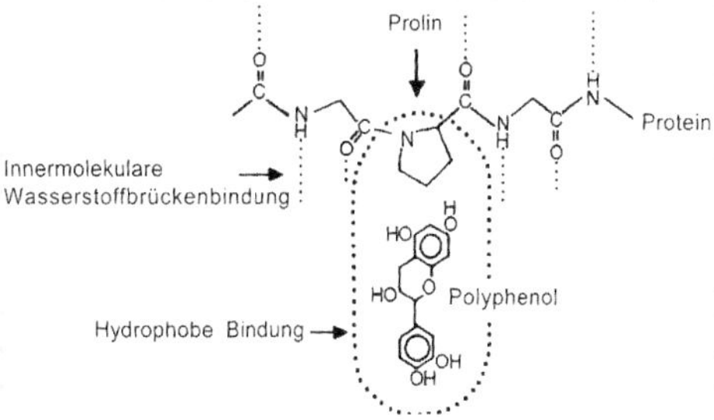 Prolin Protein Innermolekulare Wasserstoffbrückenbindung Polyphenol Hydrophobe Bindung
Wasserstoff-brückenbindung bei	reduzierten Phenolen	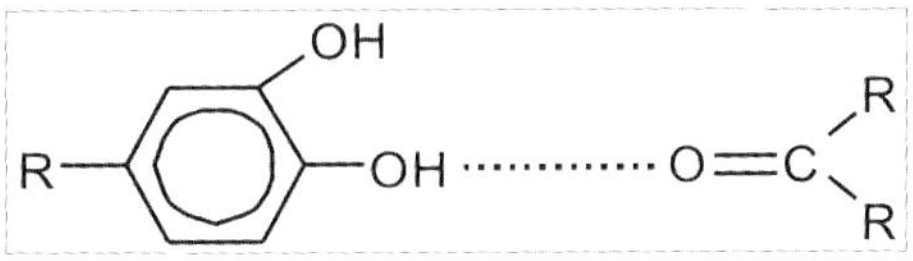 R—(Ring)(OH)—OH ··········· O=C(R)(R)
	oxidierten Phenolen	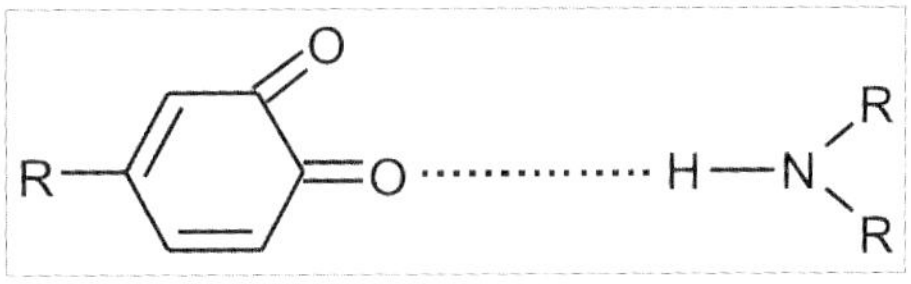 R—(Ring)(=O)=O ··········· H—N(R)(R)

Die trübungsverursachenden Proteine stammen in erster Linie aus der Hordein-Fraktion des Malzes, die sich durch einen hohen Prolingehalt auszeichnet.

14.2.1.2 Nicht biologische Trübungsarten im Bier

Man unterscheidet zwei Arten der kolloidalen Biertrübung:

- die Kältetrübung und
- die Dauertrübung.

Eine Kurzcharakteristik siehe in Tabelle 148 und Abbildung 223.

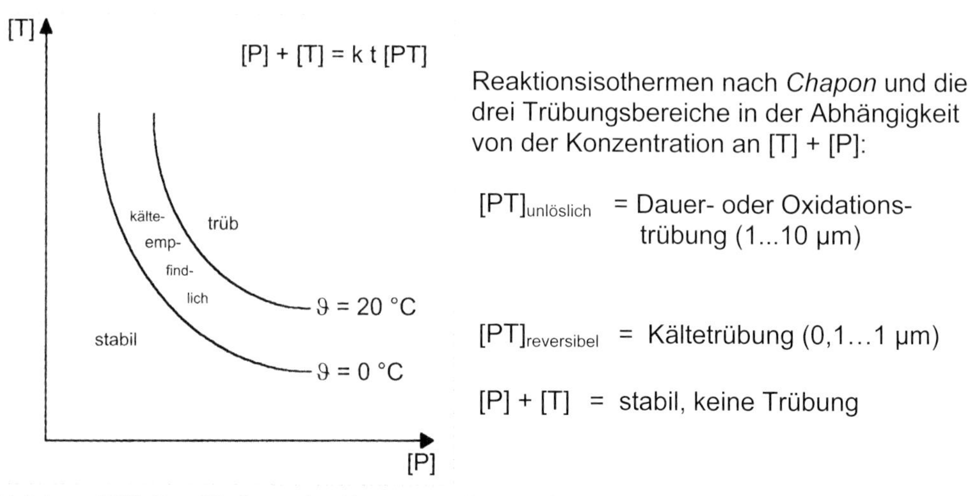

Abbildung 223 Der Einfluss der Konzentration an fällbaren Tanninen [T] und Proteinen [P] auf die Kälteempfindlichkeit (nach Chapon et al. [466])

Die Neigung zur Trübungsbildung im filtrierten Bier wird nach *Chapon* vor allem durch die Konzentration von fällbaren Tanninen und hochmolekularen Proteinen bestimmt und deren Reaktionen miteinander. Um diese Biertrübungen in der zu garantierenden Mindesthaltbarkeit zu vermeiden, sind die in Tabelle 147 dargestellten technologischen Maßnahmen möglich, die auch schon teilweise im Prozess der Gärung und Reifung und hier besonders in der Kaltlager- und Klärphase anwendbar sind.

Die Adsorptionsverbindungen von Proteinen und Polyphenolen sind am Anfang noch stark hydratisiert. Sie verursachen bei der Abkühlung des filtrierten Biers unter die Lager- und Filtrationstemperatur (ϑ < 0…2 °C) die sogenannte reversible Kältetrübung, die sich beim Erwärmen wieder auflöst.

Ein mehrfaches Abkühlen und Wiedererwärmen sowie Alterungsprozesse führen beschleunigt durch Bewegung, Metallionen, warme Lagertemperaturen, Sauerstoffeintrag und Oxidationsprozesse zum Entquellen und damit zur dauerhaften Denaturierung der Kolloide, der sogenannten irreversiblen Dauertrübung.

Tabelle 147 Technologische Varianten zur Reduzierung der Trübungsneigung im Bier

Technologische Varianten	Erreichbar durch	Einsetzbare Mittel und Maßnahmen
Ausfällung von Proteinen [P]	Erhöhung der Gerbstoffkonzentration + c[T]	Tanninzusatz ins Unfiltrat Nicht in D erlaubt!
Ausfällung von Gerbstoffen [T]	Schönung durch Zusatz von nativen Eiweiß + c[P]	Bei der Bierklärung in D nicht mehr üblich (Zusatz von Eiereiweiß, Gelatine u.a.)
Adsorption von Trübungsproteinen	Reduzierung der Proteinkonzentration – c[P]	Adsorption an Kieselgel
Adsorption von Gerbstoffen [T]	Reduzierung der Gerbstoffkonzentration – c[T]	Adsorption an PVPP
Reduzierung der Molmasse der Proteine [P] → [p]	Enzymatische Spaltung der Trübungsproteine u. damit Reduzierung ihrer Trübungsneigung	Zusatz von Proteasen ins Bierfiltrat Nicht in D erlaubt!
Forcierung einer rechtzeitigen Trübungsbildung im Unfiltrat und Ausscheidung [P] + [T] → k_t [PT] ↓	Tiefkühlung in der Kaltlager phase + evtl. Zusatz von Klärhilfen	Kaltlagerphase bei ϑ = 0...-2 °C mindestens 5...7 Tage + evtl. Zusatz von Kieselsol
Vermeidung der Erhöhung der Gerbkraft der Tannine durch Oxidation [t] (→) [T]	Vermeidung des Sauerstoffeintrages im Gär- und Reifungsprozess und Erhaltung der Reduktionskraft des Bieres	Arbeiten mit Inertgas, Luftfreiheit der Rohrleitungen und Gefäße, Erhaltung eines hohen SO_2-Gehaltes; Zusatz von Reduktionsmittel - Nicht in D erlaubt!

k_t = Faktor Reaktionsgeschwindigkeit, Abkürzungen s.a. Abbildung 223

Tabelle 148 Kurzcharakteristika für die nichtbiologischen Biertrübungsarten

Kältetrübung	Dauertrübung
Die Trübung ist reversibel.	Die Trübung ist irreversible.
Die Trübung verschwindet bei höheren Temperaturen, nachdem sie sich bei etwa 0 °C gebildet hatte.	Die Trübung bildet sich im stabilisierten, abgefüllten Bier erst nach einer längeren Zeitdauer aus (= Maß der kolloidalen Stabilität).
Bei Temperaturen unter 0 °C ausgereifte und filtrierte Biere bilden zunächst keine Trübung aus.	
Nach längerer Aufbewahrungszeit bei höheren Temperaturen wird das Bier kälteempfindlicher.	Die Trübungsbildung wird durch häufige Bewegung des Bieres beschleunigt („Schütteltrübung").
Die Trübungsbildung wird durch Sauerstoff, Metallionen und durch Schütteln beschleunigt.	
Nach längerer Zeit ändert sich die Kältetrübung in eine Dauertrübung.	

14.2.1.3 Definitionen zur nicht biologischen Haltbarkeit und kolloidalen Stabilität

Die Zeitdauer vom Abfüllen bis zum Auftreten einer mess- und sichtbaren kolloidalen Trübung im filtrierten und abgefüllten Bier wird unter Berücksichtigung der Intensität der Trübung als „Nichtbiologische Haltbarkeit“ oder „Kolloidale Stabilität” bezeichnet.

Die „Stabilisierung” ist eine technologische Prozessstufe, die die nichtbiologische Haltbarkeit des Bieres erhöhen soll. Die kolloidale Stabilität ist unabhängig von der biologischen Haltbarkeit zu bewerten, allerdings kann eine pH-Wert-Absenkung durch bakterielle Infektionen auch die Ausbildung einer kolloidalen Trübung forcieren.

14.2.1.4 Über die Größenordnung der Kältetrübung

Die Größe der Trübungspartikel ist abhängig vom Verhältnis der trübungsaktiven Proteine zu den trübungsaktiven Polyphenolen. *Siebert* und *Lynn* [467] haben in einer Modelllösung bei pH-Wert 4,0 mit Gliadin und Tanninsäure (Verhältnis 3,3 zu 1) eine maximale Partikelgröße von 2 µm ermittelt. Wurde die Konzentration einer der Bindungspartner erhöht oder erniedrigt, wurden deutlich geringere Partikelgrößen (< 0,2 µm) gemessen.

Auch eigene Messungen von Membranfiltraten eines Unfiltrates mit dem Alkohol-Kältetest nach Chapon zeigten, dass der größte Anteil der Kältetrübungsbestandteile dieses Bieres im Bereich < 0,1 µm, aber > 0,05 µm lag (siehe Tabelle 149).

Tabelle 149 Ergebnisse der fraktionierten Membranfiltration eines unfiltrierten Betriebsbieres (nach [468])

Membran-Porendurchmesser in µm	Unfiltrat	2,5	0,88	0,3	0,1	0,05
Kältetrübung des Filtrates (-8 °C) [EBC]	100	98	101	96	66	16

Tabelle 150 Statistischer Zusammenhang zwischen der Partikelmessung und der betrieblichen Trübungsmessung mit Zweiwinkel-Messgeräten (nach [469])

Messgerätetyp	Partikelgröße	Korrelationskoeffizient mit einer	
		25° - Messung	90° - Messung
Sigrist	≥ 1 µm	0,9363***	0,8764***
	≥ 2 µm	0,8665***	0,7830***
	≥ 4 µm	0,7436***	0,6400***
		11° - Messung	90° - Messung
Monitek	≥ 1 µm	0,8486***	0,14^{-}
	≥ 2 µm	0,8961***	- 0,08^{-}
	≥ 4 µm	0,8192***	- 0,13^{-}

(Die ausgewiesenen Signifikanzen mit einer Sicherheit von 99,9 % beziehen sich auf die kritischen Korrelationskoeffizienten von 0,424 für das Sigrist-Gerät und 0,519 für das Monitek-Gerät.)

14.2.1.5 Zur Trübungsmessung

Die Trübungsmessung erfolgt meist mit Zweiwinkel-Messgeräten:

- Die 90°-Trübungsmessung erfasst das Streulicht, das hauptsächlich von den feindispersen Trübungskolloiden verursacht wird.

- Die Vorwärtstrübungen, gemessen bei 11°, 25° oder auch bei anderen abweichenden Messwinkeln von der geraden Lichtachse, erfassen vor allem die durch partikuläre Substanzen verursachte Lichtabsorption als Trübungswert.

In Tabelle 150 werden die Korrelationen der Trübungsmessungen von zwei bekannten Trübungsmessgeräten zu den ermittelten Partikelzahlen der Unfiltrate ausgewiesen. Die 90°-Trübung hat keine (Monitek) oder eine schlechtere (Sigrist) Korrelation zur gemessenen Partikelanzahl. Die Vorwärtstrübung korreliert recht gut mit der erfassten Anzahl der Trübungspartikel der Größe ≥ 1 µm.

Trübungsmesswerte müssen immer unter Beachtung des verwendeten Messgerätes und des Messwinkels beurteilt und verglichen werden.

14.2.1.6 Richtwerte des Alkohol-Kälte-Tests nach Chapon zur Einschätzung der Klärung von ausgereiften Unfiltraten und zur Abschätzung der kolloidalen Haltbarkeit von Filtraten

In umfangreichen Einzeluntersuchungen an unterschiedlichen Bieren wurden mit dem Tannometer der Fa. Pfeuffer Alkohol-Kälte-Tests (AKT) nach *Chapon* [470] durchgeführt und die dabei ermittelten potenziellen Trübungsneigungen zur Klärung der fertigen Unfiltrate bzw. zu ihren Stabilitätstestwerten (60 °C / 0 °C im 1/1-Test) in Beziehung gesetzt.

In Tabelle 151 wird ein Bewertungsschema für die Kältetrübungswerte von Filtraten und Unfiltraten in Verbindung zu den Haltbarkeitserwartungen als Vorschlag vorgestellt, der sich in Betriebsversuchen bisher sehr gut bewährt hat. Problematisch ist allerdings die Vergleichbarkeit der einzelnen Messgeräte.

Tabelle 151 Vorläufiges Bewertungsschema für das Trübungspotenzial aus Eiweiß-Gerbstoffverbindungen (nach einem Vorschlag von [284])

Prozessstufe	Charakteristik des Bieres	Ausgangstrübung 25 °C [1])	Trübung bei -8°C + 8% Ethanol	Trübungszunahme ΔTr	Haltbarkeitserwartung
fertiges Filtrat, Drucktank, Flasche	hoch stabilisiertes, lang haltbares, exportfähiges Bier	< 1	< 20	< + 20	> 9 Monate
	sehr gut stabilisiertes Bier	< 1	< 30	< + 30	> 6 Monate
	normal stabilisiertes Bier	< 1	< 40	< + 40	> 3 Monate
Unfiltrat im ZKT oder Lagertank, Filtereinlauf	gut vorgeklärtes Lagerbier	< 10	< 80	<+ 70	-
	sehr trubstoffhaltiges Lagerbier	> 10	> 100	> + 90	-

[1]) gemessen mit dem Tannometer als EBC-Trübungseinheiten

14.2.1.7 Messung der Trübungsstabilität im filtrierten Bier durch den Forciertest

Das Auftreten einer deutlichen Kältetrübung bei dem Warm-Kalt-Forciertest wird als Maß für die voraussichtliche kolloidale Stabilität eines Bieres angesehen. Die genaue Korrelation zwischen dem Testergebnis und der tatsächlichen Haltbarkeit ist für einzelne Biersorten und für jeden Produktionsbetrieb separat zu ermitteln.

Berechnung der Warmtage:

$$WT = \frac{(a-b)\cdot(2{,}0-T_1)}{T_2-T_1} + a \qquad \text{Gleichung 50}$$

WT = Warmtage bis zum Auftreten einer Trübung > 2,0 EBC-Einheiten (gemessen bei 0 °C)
a = WT bis zur vorletzten Messung
b = WT bis zur letzten Messung
T1 = Trübung bis zur vorletzten Messung in EBC-Einheiten (Trübung noch < 2,0 EBC)
T2 = Trübung bis zur letzten Messung (Trübung > 2,0 EBC)
Es gibt die 1/1-, 1/5- und 1/6-Tests und die Tests mit einer Warmphase bei 40 °C bzw. 60 °C.

14.2.1.8 Analytische Richtwerte für die kolloidale Stabilität (Haltbarkeit) des filtrierten und stabilisierten Bieres

Zur Abschätzung der erreichten Vorstabilisierung in der Kaltlagerphase können die Richtwerte nach Tabelle 152 und Tabelle 153 angegeben werden.

Tabelle 152 Richtwerte für die kolloidale Stabilität nach einem Vorschlag von Meier [485]

1 Warmtag des 0 °C/40 °C/0 °C 1/1-Tests	≈ 20…30 Haltbarkeitstage
1 Warmtag des 0 °C/60 °C/0 °C 1/1-Tests	≈ 30…60 Haltbarkeitstage

Tabelle 153 Richtwerte für die kolloidale Stabilität nach einem Vorschlag von Narziß [471]

Biersorte	Erforderliche Haltbarkeit	Anzahl der Warmtage beim 0 °C/40 °C/0 °C 1/1-Test	Anzahl der Warmtage beim 0 °C/60 °C/0 °C 1/1-Test
Lokalbiere	1,5 Monate	2,0	
Regionalbiere	3,0 Monate	4,0	
Überregionalbiere	4,5 Monate	5…7	
Dosen-Einwegbiere	6,0 Monate	8…9	4…5
Exportbiere	12 Monate	16…20	8…10

14.2.2 Die natürliche Klärung des Unfiltrates

Die natürliche Klärung des Unfiltrates beginnt am Ende des Gärprozesses bei ΔVs = Vsend - Vs ≈ 0...5 %. Die CO_2-Entwicklung lässt nach bzw. hört auf, die Turbulenzen im Lagergefäß lassen deutlich nach und die Hefezellen lagern sich zusammen und sedimentieren. Durch die intensive Hefevermehrung und Gärung und dem damit verbundenen pH-Wert-Abfall ist es zur Ausscheidung und Vergröberung der Trübungspartikel gekommen. Instabile Eiweiß-Gerbstoffkomplexe werden zum Teil an der negativ geladenen Hefeoberfläche adsorbiert und sedimentieren mit diesen.

Die *Brown*'sche Molekularbewegung hört bei Partikelgrößendurchmesser von > 0,5 µm auf und im laminaren Strömungsbereich mit *Re* < 0,2 beginnt die Sedimentation, die nach dem Sedimentationsgesetz von *Stokes* zumindest für die Hefepartikel theoretisch berechenbar ist (siehe [7] sowie Kapitel 2.8.2 und 3.9). Die Ausscheidung der instabilen Eiweiß-Gerbstoff-Verbindungen nimmt mit fallender Biertemperatur und sinkendem pH-Wert zu, wobei die pH-Wert-Absenkung vom pH-Wert der Würze auf den pH-Wert des Bieres möglichst schon in der Angärphase erfolgen sollte. Dadurch wird die Anlagerung dieser Stoffgruppen durch die intensiven Bewegungen des Gärmediums in der Hauptgärphase an die Hefeoberfläche und aneinander, z. B. über Wasserstoffbrücken, gefördert und ihr Dispersitätsgrad vergröbert.

Ihre Dispersitätsgradvergröberung und damit ihre schnellere Sedimentation kann verzögert oder ganz unterbunden werden, wenn sich die Eiweiß-Gerbstoffkomplexe mit anderen Polymeren (α- und β-Glucanen) verbinden, die sie wie ein Schutzkolloid länger in Schwebe halten (siehe Trübungsmodell in Kapitel 14.7.2 und Abbildung 239).

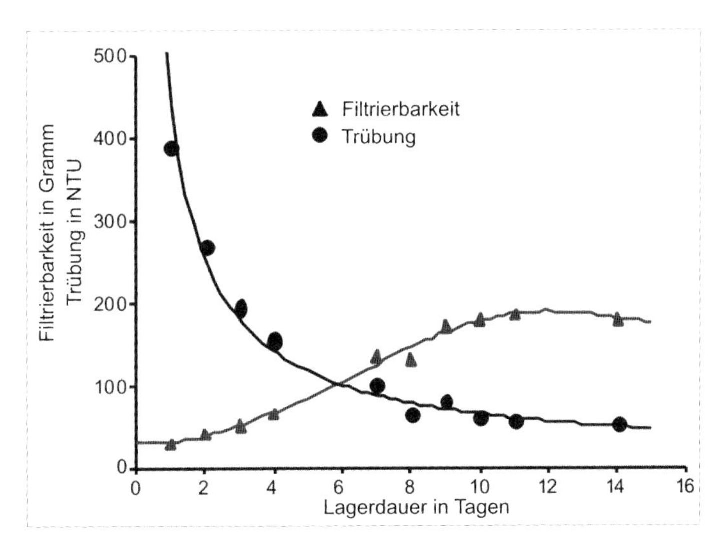

Abbildung 224 Änderung der Filtrierbarkeit und Trübung bei der Lagerung [138]
NTU = Nephelometric Turbidity Unit; 1 NTU = 0,25 EBC-Einheiten;
1 EBC-Einheit = 4 NTU

Dauer der Kaltlagerphase

Abbildung 224 zeigt den normalen Trübungsverlauf und die davon abhängige Entwicklung der Bierfiltrierbarkeit. Man erkennt, dass eine gute Filtrierbarkeit bei diesem Bier mit M_{max} > 100 g (Membranfiltertest nach *Esser* [472]) ab 6...8 Tagen

Kaltlagerung mit Trübungswerten < 80 NTU (= < 20 EBC-Einheiten) erreicht ist. Diese Dauer der Kaltlagerphase wird für untergärige Vollbiere mit der jetzigen Filtrations- und Stabilisierungstechnologie auch als allgemeiner Orientierungswert angenommen.

Temperatur des Unfiltrates in der Kaltlagerphase

Die Kaltlagerphase für Biere mit langen Mindesthaltbarkeiten von etwa > 90...180 d soll aus den praktischen Erfahrungen heraus im Bereich zwischen 0...-2 °C liegen.

Den Einfluss der Lager- und Filtrationstemperatur auf die nichtbiologische Stabilität (hier ausgedrückt als Anzahl der Warmtage beim 1/1-Test bei 60 °C bis zur Erreichung einer Trübungszunahme bei 0 °C auf 2 EBC-Einheiten) ohne zusätzliche Stabilisierungsmaßnahmen zeigt Tabelle 154.

Für eine gute Vorstabilisierung der Biere allein durch die Temperatur und Dauer der Kaltlagerung sind bei normalen untergärigen Vollbieren 7...8 Tage bei 0...-2 °C erforderlich, wie es z. B. Abbildung 225 zeigt.

Welchen Einfluss die Kaltlagertemperatur auf das Unfiltrat des gleichen ZKT hat, zeigen auch die Versuchsergebnisse bei der Überprüfung der Inhomogenitäten eines ZKT mit Mantelkühlung bei Überfüllung (s.a. Tabelle 81 in Kapitel 8.4.2.3).

Tabelle 154 Einfluss der Lager- und Filtrationstemperatur auf die kolloidale Haltbarkeit nach 7 Tagen Lagerung

Lager- und Filtrationstemperatur	4 °C	2 °C	0 °C	-2 °C
Anzahl der Warmtage bei 0 °C/60 °C/0 °C 1/1-Test	1,0 Tage	1,6 Tage	1,8 Tage	4,0 Tage

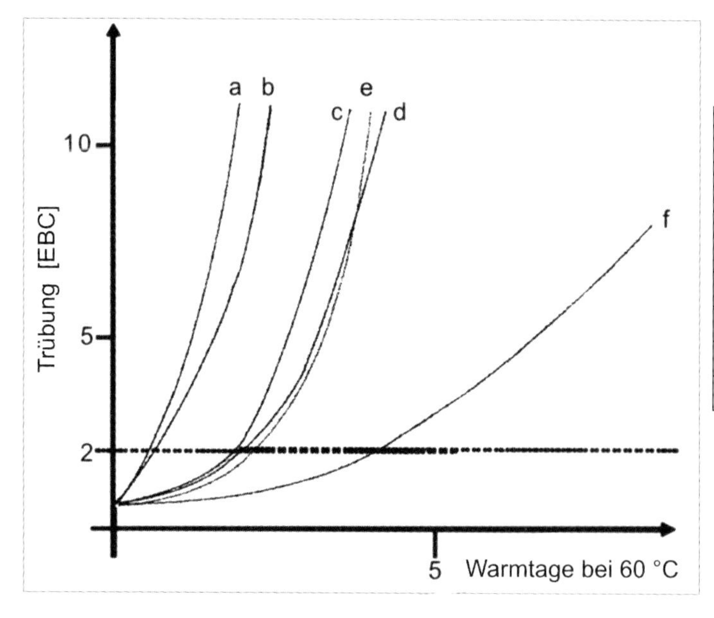

	Lagerzeit in Tagen	Temperatur in °C
a	0	10
b	0	5
c	0	0
d	2	0
e	4	0
f	8	0

Abbildung 225 Einfluss von Lagerdauer und Temperatur auf die nichtbiologische Stabilität von unstabilisiertem Bier (nach [138])

Zusammenfassung der Einflussfaktoren auf die natürliche Klärung der untergärigen Biere

Tabelle 155 gibt einen Überblick über einige technologische Einflussfaktoren, die die rechtzeitige Ausscheidung der Trübstoffe und damit die natürliche Klärung der Biere positiv (+) oder negativ (-) beeinflussen.

Tabelle 155 Positive und negative Einflussfaktoren auf die natürliche Klärung und Ausscheidung der Trübstoffe

Einflussfaktoren	Einfluss
Schnelle Angärung mit einer pH-Wert-Absenkung um ΔpH = 0,3...0,4 in den ersten 24 h der Hauptgärung	+
Zügige Vergärung bis Vs ≈ Vsend	+
pH-Werte im ausgereiften Unfiltrat von pH = 4,1...≤ 4,45	+
Eine Hefekonzentration am Beginn der Abkühlung in der Klärphase bei ϑ < 10 °C von $c_H > 10 \cdot 10^6$ Zellen/mL	+
Eine Hefekonzentration am Ende der Klär- und Kaltlagerphase von $c_H = 0{,}5...2 \cdot 10^6$ Zellen/mL	+
Biertemperaturen in der Kaltlagerphase bis zum Bierfiltereinlauf von ϑ = 0...-2 °C	+
Eine Tiefkühlung erst unmittelbar vor dem Bierfilter	0
Flüssigkeitsschichthöhen im ZKT von > 10 m	-
Plötzliche Druckentlastungen am Ende der Kaltlagerphase	-
Staubhefen und intensiv propagierte Reinzuchthefen mit einem Zellvolumen von $V_H < 150 \cdot 10^{-18}$ m³/Zelle	-

+ positiver Einfluss, 0 kein Einfluss, - negativer Einfluss

14.3 Die Konzentration der Kulturhefen in der Klärphase und ihre Bedeutung für die Filtrierbarkeit

Die Konzentration der Betriebshefe im fertigen, für die Filtration frei gegebenen Unfiltrat ist differenziert zu bewerten:

- Am Kieselgurfiltereinlauf sind Hefekonzentrationen in dem Bereich von $c_H = 0{,}5...2 \cdot 10^6$ Zellen/mL anzustreben. Diese Hefekonzentration wirkt mit der Kieselgur als ein notwendiges und natürliches Filterhilfsmittel. Völlig hefefreie, aber trübe Biere lassen sich wesentlich schlechter filtrieren und werden auch nicht ausreichend blank.
  Die Hefezellen haben bei dem pH-Wert-Niveau des Bieres eine negativ geladene Zelloberfläche, die partiell auch feindisperse Eiweiß-Gerbstoff-α-Glucankomplexe adsorbiert und durch diese Vergröberung der Trübungspartikel damit die Klärfiltration unterstützt.
- Eine intensive Hefepropagation führt zu kleineren Hefezellvolumina und damit zur Verzögerung der Hefesedimentation in der Klärphase. Hefekonzentrationen im Unfiltrat von $c_H > 5 \cdot 10^6$ Zellen/mL sind dann vielfach möglich. Bei einer solch hohen Hefekonzentration ist eine Filtration durchführbar, vorausgesetzt, die Hefekonzentration ist weitgehend konstant. Sie erfordert aber ein Mehrfaches an Filterhilfsmittel,

um die Porosität des Filterkuchens zu erhalten. Wenn auf die steigende Hefekonzentration am Filtereinlauf nicht mit einer Erhöhung der Kieselgurdosierung reagiert wird, verursacht die höhere Hefekonzentration einen schnellen Anstieg des Differenzdruckes am Filter wie Tabelle 156 zeigt.
Aus diesem Grunde werden in großen Brauereien zunehmend Hefeseparatoren als Jungbierseparatoren oder als Klärseparatoren vor dem Bierfilter eingesetzt.
Auch hier sollte bei der Separation für die Bierfiltration der o.g. Resthefegehalt eingestellt werden.

- Sehr problematisch ist ein plötzlicher Anstieg der Hefekonzentration am Filtereinlauf (sogenannter Hefestoß).
  Dies wird beim liegenden Lagertank durch das Aufsteigen der Gelägerhefe verursacht, das wiederum hervorgerufen wird durch die Reduzierung des Flüssigkeitsdruckes bei der Entleerung. Das im Geläger gelöste CO_2 wird durch den Druckabfall frei und reist einen Teil des Gelägers mit hoch.
  Beim ZKT kann es trotz ausreichender Hefeentfernung zum Nachrutschen der auf den Konusflächen klebenden Resthefe kommen.
  Diese Hefestöße können bei Anlagen ohne Klärseparatoren oder ohne Unfiltrat-Puffertanks mit Trübungssensoren als Warneinrichtungen für die Erhöhung der Kieselgurdosage zu Sperrschichten im Filterkuchen führen, die den Filterdifferenzdruck schlagartig ansteigen lassen.
- Problematisch ist auch eine geschädigte Resthefe im Lagertank oder ZKT, z. B. mit einem Totzellenanteil > 5 %. Dieser Totzellenanteil weist auf eine partielle Hefeautolyse hin, die verbunden ist mit einer Exkretion filtrationshemmender Trübungspartikel sowie von hefeeigenen Proteasen. Diese Proteasen können die größeren Eiweißpartikel des Unfiltrates zu kleineren, schlechter zu entfernenden Feinpartikeln abbauen. Dies führt auch zu einer Verschlechterung der Schaumhaltbarkeit durch die hefeeigene Proteinase A (s.a. in [7] Kapitel 4.3.5).

Tabelle 156 Einfluss der Hefekonzentration im Unfiltrat auf den Differenzdruckanstieg im Filter bei konstanter Kieselgurdosierung und konstantem Volumenstrom mit einer Laboranlage

Hefekonzentration im Unfiltrat in 10^6 Zellen/mL	Durchschnittliche Differenzdruckzunahme in bar/10 min
0...3	3...5
5	12
10	31

14.4 Klärhilfen in der Kaltlagerphase

14.4.1 Historische Verfahrensweisen zur Förderung der Bierklärung

Die Bierklärung war in den vergangenen Jahrhunderten bis etwa zum Jahr 1880 ausschließlich auf die natürliche Klärung beschränkt.

Die erste patentierte Bierfilteranlage wurde 1880 von *Enzinger* [473] gebaut und ab diesem Zeitpunkt zunehmend zur künstlichen Bierklärung eingesetzt. Bis zu diesem Zeitpunkt konnte das Bier nur durch die Dauer der Kaltlagerphase im Natureislager (vermutlich bei Temperaturen von 0...3 °C) über mehrere Monate (meist 3...5 Monate) natürlich durch die Ausscheidung, Alterung und Sedimentation der Trübungskomplexe geklärt werden.

Tabelle 157 Zusammenstellung von vorgeschlagenen Klärzusätzen zum lagernden Bier aus alter Fachliteratur (zusammengestellt von [474])

Jahr	Autor	Titel	Klärzusätze
1759	anonym	Der wohlerfahrene Braumeister	Kochsalz, geröstet Buchenasche Hirschzungen Cardobenedicten-Kraut
1771	*J. Chr. Simon*	Die Kunst des Bierbrauens	Hausenblase Kochsalz, geröstet Kreide
1784	anonym	Der vollkommene Bierbrauer	Gemahlenes Malz im Beutel Birkenasche Gequirltes Ei Stück frischer Rettich
1804	*J. G. Hahn*	Die Hausbrauerei	Hausenblase Tierischer Leim Gekochte Kälber- u. Schöpsfüße
1838	*F. J. Otto*	Lehrbuch der rationellen Praxis der landwirtschaftlichen Gewerbe	Hausenblase in Weinsäure
1838	*C. H. Schmidt*	Grundsätze der Bierbrauerei nach den neuesten technisch-chemischen Entdeckungen	Kochsalz, geröstet Hirschhorn, geraspelt Hausenblase Gallerte aus Kälberfüßen Eiweiß von 6 Eiern
1850	*H. Merz*	Enthülltes Geheimniß der Bierbrauerei - Ein Noth- u. Hilfs-Buch für Brauereibesitzer, Gast- u. Schenkwirthe etc. -	Hausenblase Kochsalz Weinstein Aufguss von Eichenrinde Gallus + Pottasche
1877	*J. E. Thausing*	Die Theorie und Praxis der Malzbereitung u. Bierfabrikation	Späne von Weißbuchen- u. Haselnussholz Hausenblase

Um bei unbefriedigender Klarheit des gelagerten Bieres die Klärung zu beschleunigen, wurden dem lagernden Bier in den vorhergehenden Jahrhunderten zum Teil abenteuerlich anmutende Klärhilfen zugesetzt, wie eine auszugsweise Zusammenstellung in Tabelle 157 zeigt.

Als Klärhilfen dominierten der Zusatz von Hausenblase und vor allem das sogenannte Spänen. Letzteres wurde noch 1930 durch „Erfindungen" verbessert (siehe unten) und zur Verbesserung der Hefeklärung auch noch in klassischer Form bis ca. 1960 in einigen Brauereien angewendet.

Dass sich die künstliche Klärung durch Filtration nicht schlagartig durchsetzte, zeigen viele negative Äußerungen in der damaligen Fachliteratur über die Bierfiltration (Qualitätsschädigung, „öffnet der Schlamperei in der Brauerei Tür und Tor" u.a.). Auch für Brauereineubauten um 1885 wurde eine Bierfiltration noch nicht von vornherein eingeplant, wie nachfolgender Kurzbericht zeigt:

Keine Filteranlagen in der 1885 neu gebauten Brauerei von Julius Bötzow in Berlin

In einem detaillierten Bericht von *Goslich* [475] über den 1885 in den Betrieb gegangenen Brauereineubau in Berlin wird aus der Sicht der Bierklärung nur der neue klassische Lagerkeller (12 Abteilungen mit Lagerfässern der Größe 39...40 hL, Gesamtfassungsvermögen 30.000 hL), für eine Jahresproduktion von 120.000 hL, beschrieben.

Das Bier sollte im Lagerkeller durchschnittlich 3 Monate bei 0,5...1 °R (= 0,625... 1,25 °C) lagern. Ein Hinweis auf eine geplante Bierfilteranlage fehlt. Es ist anzunehmen, dass man zu diesem Zeitpunkt bei dieser Kapazitätsplanung nur mit einer natürlichen Klärung noch auskommen wollte.

Hausenblase

In der Zeitschrift „Der Bierbrauer" [476] wird ein Artikel der „Moniteur de la Brasserie" über Klärmittel zitiert, der 1872 als das beste Klärmittel die russische Hausenblase hervorhebt. Deutlich schlechter sollen die englischen Finings sein, sie sind „bloßer Fischleim in Paste". Offensichtlich gibt es auch Unterschiede zwischen den Hausenblasen verschiedener Störarten. Der Bericht schließt mit der Feststellung: „Das Wesentliche ist, dass die Ware von der Schwimmblase des großen Störs der Wolga kommt und nicht von einem Haufen gallertartiger Rückstände, Kalbsfüßen und Fischabfällen, die man in Blätterform gebracht und mit Kalk gebleicht hat".

Dem heutigen Brauer läuft bei den zuletzt genannten Ingredienzien zum Bier doch ein leichter Schauer über den Rücken, die offensichtlich mit entsprechenden Rezepten auch offen angeboten wurden, wie die Werbung in den damaligen Fachzeitschriften zeigt.

Nach *Pfauth* [477] löst man 16...32 g Hausenblase in einem „Eimer" (1 Brauereieimer = ca. 57 L) in kaltem Wasser, erwärmt den Inhalt und lässt ihn zur Gallerte erstarren. Die Aufbewahrung erfolgt mit einem „geringen Alkoholzusatz".

Die Zeitmeinung zum Einsatz von Klärspänen bei der Bierklärung 1885

Auch *Fasbender* hat in seinem Standardwerk ausführlich die Technologie der Herstellung und Anwendung von Spänen bei der Bierklärung beschrieben (s.a. [478]). Nach *Fasbender* sind unter Fachleuten alle künstlichen Mittel zur Klärung der Biere „von Übel“! Sie sollten soweit wie möglich vermieden werden (siehe auch seine Meinung zur mechanischen Klärung des Bieres mittels Bierfilter). Dabei wird von Fasbender der negative Einfluss der Klärspäne auf die Bierqualität (Vollmundigkeit, „Schneide“ u.a.) nicht so groß eingeschätzt wie bei einer Filtration, wo alle Stoffe, die nicht vollkommen „dünnflüssig“ sind, entfernt werden. Späne fördern nur die Ausscheidung „suspendierter Hefeteilchen“, die im Normalfall auch selbst bei entsprechender Lagerdauer zu Boden gehen.

Die Klärwirkung der Späne ist nur in einem gesunden, noch in der Nachgärung befindlichen Bier durch die Bewegung des Bieres im Fass wirksam. Findet keine Gärung im Lagerfass mehr statt, so ist es vor dem Spänen aufzukräusen.

Zum Einsatz kommen Klärspäne oder „Klärwolle“ aus Holz, deren Herstellung selten von Brauereien selbst erfolgt. Größeren „Etablissements“ wird aus wirtschaftlichen Gründen die Selbstherstellung empfohlen.

Die Herstellung von Klärspänen

Die Herstellung der Klärspäne kann u.a. mit der in Abbildung 226 dargestellten Späne-Hobelmaschine erfolgen. Am besten zum Einstopfen in die Lagerfass-Spundöffnung sind Späne mit den Abmessungen 3...6 cm breit, 1...3 mm dick und 20...30 cm lang geeignet.

Abbildung 226 Späneschneide-Maschine (nach [478])

Über das zur Späneherstellung zu verwendende Holz gab es offensichtlich sehr unterschiedliche Fachmeinungen. Es wurde vor allem genommen:

- Weißes Haselnussholz, das nur einen „sehr geringen Tanningeschmack verursachen soll“ und
- Weiß- und Rotbuchenholz, das rauere Fasern und damit eine größere Oberfläche für eine raschere Hefeabscheidung besitzt, aber sich auch durch einen höheren „Tanningehalt“ auszeichnet.

Nach *Fasbender* dürfte es gerade der Tanningehalt des Holzes sein, der die klärende Wirkung „nicht total veranlasst, aber doch begünstigt“! Der Tanningeschmack des Holzes wird aber nicht als angenehm angesehen. Die Gerbstoffe des Hopfens haben dagegen „auf das Bier die bekannt günstigste Wirkung!“

Klärwolle aus Holz

Holzwolle waren fein geschnittene Holzspäne (3 mm breite, ca. 30...40 cm lange Fäden).

Sie bieten durch die größere Oberfläche eine größere Fläche zum Absetzen der Hefe und ermöglichen einen reduzierten Zusatz. Im Verhältnis zu den Klärspänen soll sich der Kläreffekt 4 zu 1 zugunsten der Klärwolle verbessern.

Auf ein Lagerfass von 17 hL wurden 4 kg Klärwolle gegeben, innerhalb von 4 Tagen war das Bier „spiegelblank“. Bei dem vergleichsweisen Zusatz von 4 kg Spänen war das Bier erst nach 5 Tagen „blank“.

Die Holzfasern sind wie Späne vor dem ersten Gebrauch mehrfach abzukochen (Fasern 3...4mal, Späne über 6mal) bis das ablaufende Wasser farblos wird.

Um die Holzfasern beim Lagerfassanstich zurückzuhalten, muss am Anstichkörper vorn ein Sieb angebracht werden.

Zur Reinigung der Klärspäne und Klärwolle

Die Gefahren von schlecht gereinigten Klärspänen oder Klärwolle bei einem Wiedereinsatz waren bekannt. Deshalb sollten sie sofort nach der Entnahme aus dem Lagerfass gereinigt werden. Zur Reinigung kam u.a. die in Abbildung 227 gezeigte Späne-Waschmaschine zum Einsatz.

Da wo keine Waschmaschine vorhanden war, musste jeder einzelne Span mit einer scharfen Bürste von Hand auf beiden Seiten vorsichtig unter mehrfachem Abspülen mit frischem Wasser bearbeitet werden.

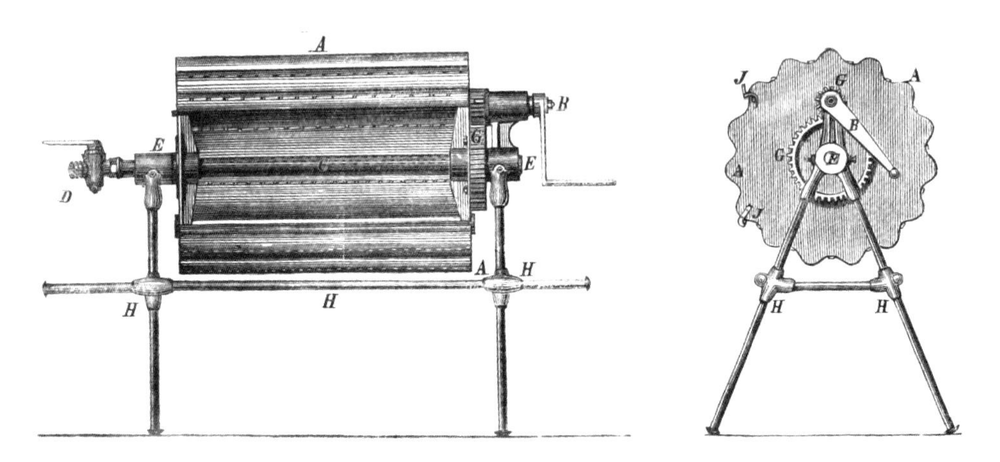

Abbildung 227 Späne-Waschmaschine System W. Stavenhagen (Halle/Saale) (nach [478])

Bei der Waschmaschine kann über Absperrhahn D Kalt- oder Warmwasser oder auch Dampf über die Hohlwelle mit Bohrungen dem Trommelinneren zugeführt werden. Das

Schmutzwasser floss durch die Bohrungen an den erhöhten Stellen in der Trommelwand ab.

Das Waschen der Späne sollte nach Fasbender [478] nicht „der Bequemlichkeit wegen" in den Kellern sondern in separaten Waschstuben erfolgen, um eine „Degeneration" der Satzhefe durch Infektionen zu vermeiden, wie der „rühmlichst bekannte Hansen von Carlsberg uns das gezeigt hat". Am sichersten ist das Auskochen oder Dämpfen mit einer nachfolgenden Spülung der Späne. Vor der Verwendung sind gereinigte Späne zu wässern und nochmals abzuspülen.

Dass das Spänen auch im 20. Jahrhundert noch für die Hefeklärung im Gebrauch war, zeigt die „Erfindung" des sogenannten *Simon*-Späners, dadurch konnte der Reinigungsaufwand reduziert werden.

Der *Simon*-Späner 1928

B. Simon von der Bitburger Brauerei Th. Simon GmbH erfindet und lässt sich im Patent DRP Nr. 539550 (1928) den sogenannten „*Simon*-Späner" schützen [479]. Er ist ein Ersatz für die schlecht und aufwendig zu reinigenden Holzspäne. Der *Simon*-Späner ist ein Gerüst aus Reinaluminium, das aus mehreren waagerecht übereinander angeordneten und gelochten Blechen besteht. Es wurde in liegenden großen Lagertanks zur Vergrößerung der Klärfläche eingebaut und war wesentlich leichter und biologisch sicherer zu reinigen.

14.4.2 Der Einsatz von Kieselsol zur Unterstützung der natürlichen Klärung in der Neuzeit

Sehr feindisperse, das Bier trübende Eiweiß-Gerbstoffkomplexe können oft durch die nachfolgende Bierfiltration und -stabilisierung nicht ausreichend entfernt werden. Die Ursachen für die Ausbildung einer derartigen feindispersen Trübung, die sich in der Kaltlagerphase schlecht absetzt, sind u.a.:

- pH-Werte im Unfiltrat von pH > 4,5;
- Eine zu langsame Angärung;
- Eine Tiefkühlung des Bieres bei einem weitgehend hefefreien Unfiltrat ($c_H < 0{,}5 \cdot 10^6$ Zellen/mL);
- Die Verwendung sehr eiweißreicher Malze.

Für derartige Problemfälle empfiehlt sich der Einsatz von Kieselsol in der Kaltlagerphase (am wirkungsvollsten und unproblematischsten), prinzipiell ist auch ein Zusatz zur Ausschlagwürze oder für besondere Problemfälle bei der Kieselgurfiltration möglich.

14.4.2.1 Die Unterschiede von Kieselsol und Kieselgel und ihre Wirkungsweisen

Kieselsol (= Kieselsäurehydrosol) und Kieselgel (Kieselsäurehydrogel) unterscheiden sich in ihren physikalischen Eigenschaften, obwohl beide aus Kieselsäure (SiO_2, Siliciumdioxid) bestehen.

Kieselgele bestehen aus vernetzten SiO_2-Molekülen, sie werden im Bier als unlösliche Pulver zur Eiweißstabilisierung eingesetzt.

Kieselsole sind kolloidale Lösungen, die nur unvernetzte, kugelförmige Partikel (Ø 5...150 nm) aus hochreiner, amorpher Kieselsäure mit meist ca. 30 % Feststoffanteil enthalten (siehe Abbildung 228).

Die Herstellung von Kieselsolen und Kieselgelen unterscheiden sich durch die Einstellung unterschiedlicher pH-Wert-Bereiche und durch den Zusatz oder die Abwesenheit von Salzen (siehe Abbildung 229).

Während Kieselgele eine innere Oberfläche von 100...800 m²/g und einen durchschnittlichen Porendurchmesser von etwa 6 nm von vornherein besitzen, vernetzen sich die SiO_2-Partikel der Kieselsole erst unter den pH-Wert-Bedingungen der Würzen und Biere zu einem unlöslichen Kieselsäurehydrogel, dabei adsorbieren sie Trübungsbestandteile und sedimentieren dann relativ schnell.

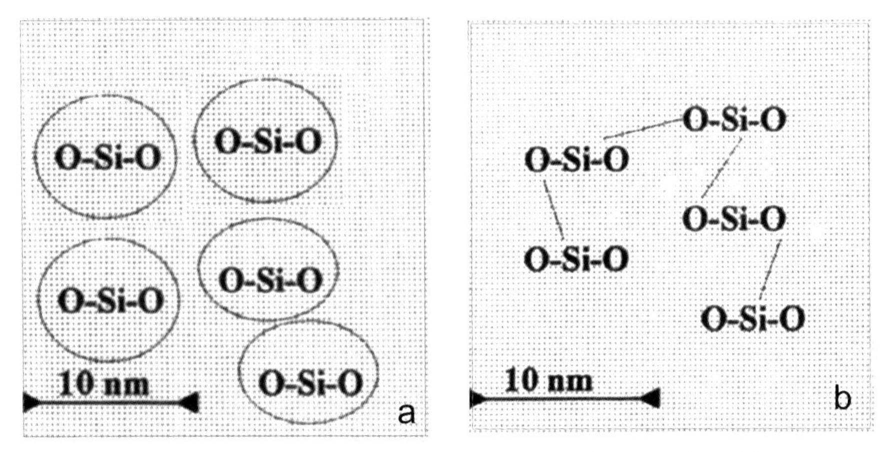

Abbildung 228 Die unterschiedlichen Strukturen und Bindungen der SiO_2-Einheiten
a Kieselsol **b** Kieselsäurehydrogel: Die kugelförmigen Siliciumdioxid-Einheiten vernetzen sich durch die Si – O – Si-Bindungen zu größeren Verbänden.

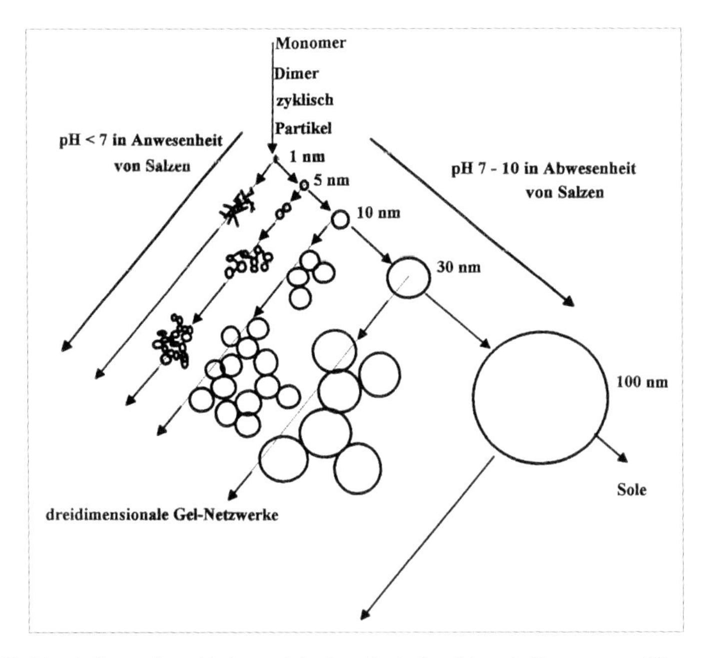

Abbildung 229 Modell zu den Unterschieden bei der Herstellung von Kieselgel und Kieselsol (nach Iler [480])

14.4.2.2 Kurzcharakteristik der Kieselsäuresole (Silica Sole)

- Es sind Lösungen von kolloidaler Kieselsäure (zumeist) in Wasser;
- Stabile Kieselsole bestehen aus sphärischen, diskreten Partikeln von amorpher Kieselsäure;
- Handelsübliche Kieselsole sind im pH-Wert-Bereich > 2,0
  - in ihrer Oberflächenladung elektronegativ (anionisch) und an der Oberfläche hydrolysiert,
  - sie haben praktisch keine innere Porosität,
  - besitzen eine mittlere Partikelgröße von ca. 5...50 nm und eine spezifische Oberfläche von ca. 50...500 m^2/g.
- Konzentrierte Lösungen sind weitgehend lagerstabil (meist 30%iger Feststoffgehalt);
- Die Zugabe von Kieselsol zu einer stark elektrolythaltigen Flüssigkeit wie Bier führt nach *Raible* et al. [481], [482], [483] sehr schnell zu einer irreversiblen Gerinnung zu Kieselgel.
- Die Kieselsäurepartikel vernetzen sich unter Ausbildung von Si-O-Si-Verbindungen und lagern sich so zu Kieselsäurehydrogel zusammen.
- Kälteempfindliche Proteine werden in den Zwischenräumen des Hydrogels adsorbiert und festgehalten.
- Die so gebildeten Kieselsäurehydrogele sedimentieren etwa 5...7 m/Tag und beschleunigen damit die Klärung, da die normalen Trübstoffe nur ca. 0,5 m/Tag sedimentieren.
- Die bekanntesten Handelsprodukte in Deutschland sind Stabisol, Becosol und Köstrosol (= Kieselsol 1430).

14.4.2.3 Anwendungsempfehlungen für den Kieselsoleinsatz

Mengenmäßig kommen in der Würze oder im Unfiltrat 10...20 g SiO_2/hL in Form von 30...60 mL 30%iger anionisches Sol/hL zum Einsatz.

Nach [481] sowie *Raible* et. al. [482], [483] kann der Einsatz von Kieselsolen in der Brauerei bei folgenden Produktionsstufen erfolgen:

- Zur heißen Ausschlagwürze (Whirlpool 30...60 mL/hL Würze);
- Zur Kaltwürzebehandlung;
- Zur Anstellwürze;
- In das vergorene Bier beim Schlauchen oder
- während der Lagerung im Umdrückprozess;
- In das gelagerte Bier vor der Filtration (Dosage ca. 50 mL/hL).

Ein Zusatz von 5...10 mL/hL Bier in das Dosiergefäß des Kieselgurfilters für die laufende Dosierung erhöht die Filtrationsschärfe. Es ist eine Reaktionszeit von etwa 10 Minuten vor der Filterschicht erforderlich.

14.4.2.4 Anwendungsergebnisse

Die Ergebnisse bei einem trübungsbelasteten Unfiltrat zeigen schon nach kurzer Zeit der Kieselsoleinwirkung in der Probeflasche eine deutliche Klärwirkung (s.a. Tabelle 158), während sich das Vergleichsbier nicht veränderte. Im ZKT ist nach dem Kieselsolzusatz jedoch eine mehrtägige Klärphase notwendig, bis sich das Kieselsol-Trübungsgemisch gut im Konus abgesetzt hat.

Der Zeitpunkt des Kieselsolzusatzes entscheidet über die Wirksamkeit und die Geschwindigkeit der Klärung und der Filtrierbarkeitsverbesserung, wie Tabelle 159 zeigt. Je besser die Würze und das Bier vorgeklärt sind, um so wirkungsvoller ist der Zusatz des Kieselsols. Aus den Ergebnissen erkennt man, dass aus organisatorischen und technologischen Gründen der Zusatz von Kieselsol zum ausgereiften, weitgehend hefefreien Unfiltrat zum Zeitpunkt der Tiefkühlung am wirkungsvollsten sein wird.

Tabelle 158 Verbesserung der Klärung und der Kältestabilität auch bei einer kurzzeitigen Kieselsoleinwirkung im kalten Unfiltrat eines betrieblichen Problembieres

Ausgangsbier (Unfiltrat)			Richtwerte für gut geklärte Unfiltrate
Trübung bei 25 °C	EBC-Trübungseinheiten	33	< 10
AKT nach *Chapon* 1)		139	< 80
Trübungszunahme		+ 106	< +70
Klärversuch mit 40 mL anionischem Kieselsol (30 % Feststoffgehalt) pro 1 hL Unfiltrat; Standzeit der Probe 5 h bei 0 °C			
Trübung bei 25 °C	EBC-Trübungseinheiten	24	< 10
AKT nach *Chapon* 1)		106	< 80
Trübungszunahme		+ 82	< +70

1) Alkohol-Kältetest nach Chapon [470]: Trübungszunahme bei Tiefkühlung auf -8 °C nach einer Ethanolzugabe von 8 mL pro Küvette, gemessen mit dem Tannometer

Tabelle 159 Einfluss der Kieselsoldosage auf den Feststoffgehalt und die Filtrierbarkeitsverbesserung des Unfiltrates in Abhängigkeit vom Zeitpunkt des Zusatzes

Zeitpunkt der Kieselsoldosage KS 1430	Pfanne-Vollwürze	15 min vor dem Ausschlagen	Heiße, Grobtrub freie Ausschlagwürze	Beim Anstellen
g SiO_2/hL	20	20	20	25
Veränderungen in Prozent zum unbehandelten Vergleichssud - gemessen im Jungbier 24 h nach dem Schlauchen bei einer Lagerung bei 0 °C:				
Feststoffgehalt bei PW > 0,3 µm	-	+ 15	- 22	+ 15...- 23
Filtrierbarkeit M_{max}-Wert	+ 3	+ 2	+ 19	- 1...+ 70

PW Porenweite

Versuche [484], [468] mit unterschiedlich modifizierten Kieselsolen (groß- und kleinteilige, anionische, aluminatmodifizierte und kationische Kieselsole) ergaben folgende deutliche Abhängigkeit der Klärwirkung und Erhöhung der Kältestabilität (gemessen mit dem Alkohol-Kältetest) vom pH-Wertes des Unfiltrates:

- Kationische Kieselsole erzielten bei Bier-pH-Werten ≤ 4,2 die besten Klärergebnisse.

- Normale anionische Kieselsole hatten ihr optimales Wirkspektrum bei pH-Werten des Unfiltrates von pH > 4,2, vorzugsweise bei pH = 4,4...4,6.
- Bei starken Schwankungen der Bier-pH-Werte wird den Anwendern eine kurz hintereinander durchgeführte Dosage von anionischen und kationischen Kieselsolen empfohlen.
- Kleinteilige Kieselsole sind den großteiligen Kieselsolen vorzuziehen.

Auf welche Inhaltsstoffe des trüben Bieres das zugesetzte Kieselsol wirkt, zeigen die Versuchsergebnisse in Tabelle 160 [484]. Dazu wurde dem Unfiltrat handelsübliches Kieselsol in einer Menge von 40 mL/hL zugesetzt. In 1-Liter-Flaschen wurden die Inhaltsstoffe in drei Schichten sowie das Sediment und der nach dem Zentrifugieren erhaltene Überstand des Sedimentes untersucht.

Tabelle 160 Die durch Kieselsol entfernten Trübungsbestandteile des Unfiltrates [484] (Dosage 40 mL/hL handelsübliches Kieselsol, Standzeit der Proben bei 0 °C: 72 h)

Schicht	Trübung [EBC]	AKT-Wert [EBC]	Tannoide in mg/L	Ges.-N in mg/L	β-Gluc. in mg/L	α-Gluc. D452	α-Gluc. D565
Oben	0,6	50	14	896	182	64	8
Mitte	0,5	35	15	886	184	61	8
Unten	0,6	55	14	872	188	74	7
Sediment				920			
Klarphase des zentrifugierten Sediments		143	53		128	105	8

Die deutlich höheren Alkohol-Kälte-Test-Werte und Tannoidgehalte im Sediment sind ein Maß für die Reaktivität des Kieselsols und zeigen, mit welchen Stoffen und Stoffgruppen Kieselsole reagieren. Interessant sind auch die höheren Gehalte an α-Glucanen im Sediment. Sie sind ein Hinweis auf den komplexen Charakter der Trübungen im Bier. Die β-Glucane treten in der Klarphase nach dem Zentrifugieren prozentual geringer auf als in den drei oberen Schichten, da sie durch das Zentrifugieren mit dem Kieselsol-Trübungsgemisch in die feste Phase ausgeschieden werden. Dass sich die übrigen Trübungsbildner vom Sediment abzentrifugieren lassen, macht deutlich, wie schwach die Bindung dieser Stoffgruppen an der Oberfläche der Kieselsole bzw. Kieselsolagglomerate ist. Es scheint sich neben dem einfachen Einschluss der Trubstoffe in die dreidimensionalen Netzwerke der sich bildenden Kieselsolagglomerate größtenteils um Wasserstoffbrückenbindungen zu handeln, mit denen hauptsächlich Eiweiß-Gerbstoff-Komponenten und assoziierte α-Glucane erfasst werden. Eine Separation des Kieselsolsedimentes zur Wiedergewinnung des eingeschlossenen Bieres ist nach diesen Resultaten keine technologisch sinnvolle Maßnahme. Die durch das Kieselsol entfernten Trübstoffe würden so wieder in das Bier gelangen. Eine mögliche Lösung wäre das Vorschießenlassen des Sedimentes und dessen anschließende Zugabe vor dem Whirlpool in die heiße Ausschlagwürze.

14.5 Verfahren zur Vorstabilisierung von Unfiltraten im Prozess der Gärung und Reifung

14.5.1 Einführung

Die Trübungsfreiheit des Bieres ist ein wichtiges Qualitätsmerkmal. Nichtbiologische Trübungen bestehen meist aus Eiweiß- und Gerbstoffverbindungen. Es gibt eine Reihe wichtige technologische Maßnahmen zur Erhöhung der kolloidalen Stabilität des Bieres. Durch gezielte Stabilisierungsmaßnahmen kann die kolloidale Haltbarkeit sicher zwischen 3...12 Monate eingestellt werden.
Mit der Stabilisierung kann durch Einzelmaßnahmen oder durch Kombination von Stabilisierungsmaßnahmen die Dauer der kolloidalen Haltbarkeit differenziert festgelegt werden:

- Gerbstoffseitig,
- Eiweißseitig und durch
- Sauerstoffreduktion.

Obwohl die endgültige Festlegung der kolloidalen Stabilität eines Verkaufsbieres im Normalfall in den kombinierten Prozessstufen Filtration und Stabilisierung erfolgt, haben auch die vorhergehenden Prozessstufen der Bierherstellung einen entscheidenden Einfluss an der kolloidalen Stabilität des Endproduktes, wie z. B.:

- die Zusammensetzung und die Qualität der Schüttung,
- die gesamte Technologie der Würzeherstellung und
  im Prozess der Gärung und Reifung:
  - die Dauer und die Temperatur der Kaltlagerphase (siehe Kapitel 14.2),
  - der Einsatz von Klärhilfen (siehe Kapitel 14.4) und
  - der Einsatz von Stabilisierungsmitteln, wie
    - PVPP-Modifikationen zur Reduzierung der trübungsbildenden Gerbstoffkomponenten,
    - Bentonite zur Reduzierung von Eiweiß-Gerbstoff-Komplexen,
    - Kieselgele zur spezifischen Reduzierung von potenziellen Eiweißtrubstoffen,
    - Tanninprodukte zur Ausfällung von instabilen Eiweißkomplexen (entspricht nicht dem Deutschen Reinheitsgebot).

Neben der kolloidalen Stabilität (= kolloidale Haltbarkeit) beeinflussen die biologische Haltbarkeit, die Geschmacksstabilität und die Schaumhaltbarkeit die Qualität des Endproduktes und damit die zu garantierende Produkthaltbarkeit.

14.5.2 Der Einsatz proteolytischer Enzyme

Der Einsatz von proteolytischen Enzymen (entspricht nicht dem Deutschen Reinheitsgebot; hauptsächlich verwendete Produkte sind *Papain* und *Pepsin*) zur eiweißseitigen Stabilisierung ist im Unfiltrat der Kaltlagerphase nicht sinnvoll. Die unspezifische Wirkung der beim Bier-pH-Wert wirkenden Proteasen führt auch zur Hydrolyse bereits gebildeter, grobdisperser Eiweiß-Trübungskomplexe, die normal bei der Bierfiltration problemlos herausgenommen werden können. Die enzymatische Spaltung der grobdispersen Trübungskomplexe führt damit zur Bildung feindisperser Trübungen, die wesentlich schwieriger bei der Bierfiltration herausgenommen werden können und die nachfolgende Stabilisierung sogar erschweren. Deshalb erfolgt ihr Zusatz im Ausland hauptsächlich in das filtrierte Bier unmittelbar vor der Abfüllung.

14.5.3 Der Einsatz von Kieselgelen

Kieselgele werden hauptsächlich unmittelbar bei der Kieselgurfiltration gemeinsam mit der Kieselgur in der 2. Grundanschwemmung und bei der laufenden Dosierung eingesetzt. Die Einsatzmenge beträgt je nach gewünschter kolloidaler Stabilität zwischen 30...100 g/hL Bier, in seltenen Fällen bis 150 g/hL (auch abhängig von der Vorstabilisierung und weiteren Stabilisierungsmaßnahmen).

14.5.3.1 Zur Charakterisierung von Kieselgelen

Kieselgele sind vernetzte Kieselsäurepolymere (siehe Abbildung 228), die ähnlich wie Kieselsole hergestellt werden (siehe Abbildung 229 und Kapitel 14.4.2). Es gibt folgende zwei Modifikationen:

Kieselsäure-Xerogele

- Kieselsäure-Xerogele (z. B. STABIFIX) sind fein vermahlen,
- haben einen Wassergehalt von Ø 5 % (1...11 %),
- eine innere Oberfläche von Ø ca. 400 m^2/g (320...700 m^2/g) und
- ein Porenvolumen von 0,7...1,2 mL/g;
- Der Durchmesser der meisten Poren ist > 5 nm;
- Das Schüttgewicht beträgt 210...500 g/L;
- Kieselsäurexerogele verhalten sich bei der Kieselgur-Anschwemmfiltration wie Feinguren.

In den letzten Jahren wurde die Vermahlung zugunsten folgender Parameter verändert:

- eine viel kleinere Partikelgröße,
- mit einer sehr engen Partikelgrößen-Verteilung und
- einer verbesserten Filtrierbarkeit trotz kleinerer Partikel.

Kieselsäure-Hydrogele

- Die Herstellung der Kieselsäure-Hydrogele ist ähnlich der der Xerogele.
- Die einzige Abweichung ist nur eine partielle Trocknung am Ende des Prozesses.
- Der Wassergehalt ist < 65 % (46...67 %).
- Die innere Oberfläche beträgt 500...700 m^2/g.
- Das Schüttgewicht liegt zwischen 330...500 g/L.
- Das Porenvolumen beträgt 0,8...1,1 mL/g.
- Der einzige Vorteil der Hydrogele ist die Vermeidung der Staubentwicklung bei der Arbeit.
- Damit verbunden ist aber eine geringere Wirksamkeit je Gramm, da sie nur ca. 30...50 % SiO_2 enthalten.
- Bei der Kieselgur-Anschwemmfiltration verhalten sie sich wie grobe Mittelguren.
- Gegenwärtig werden trotz des Staubproblems Kieselsäure-Xerogele genauso verwendet wie Hydrogele, da ihre Handhabung optimiert wurde.
- Geeignete Vakuumsysteme ermöglichen eine staubfreie Arbeitsweise.

Vorteile von Xerogelen gegenüber Hydrogelen:

- Xerogele haben gegenüber Hydrogelen folgende Vorteile:
  - Sie haben eine bessere Stabilisierungswirkung.

- Es werden geringere Mengen an Xerogelen benötigt.
- Sie ermöglichen verlängerte Filterstandzeiten und ein geringeres Filterkuchenvolumen.
- Das Transportvolumen und der Lagerplatzbedarf sind geringer.

- Die fein vermahlenen Xerogele dienen auch als Filterhilfsmittel (Feingur) und erhöhen die Filtrationsschärfe.
- Dadurch ermöglichen sie im Vergleich zu Hydrogelen eine höhere biologische Stabilität der Biere.
- Ihr Einsatz ist wirtschaftlicher.

14.5.3.2 Wirkungsweise der Kieselgele

Hierzu siehe auch Tabelle 161:

- Kieselsäurepräparate quellen nicht und verursachen dadurch keinen Schwand.
- Sie adsorbieren selektiv potenzielle proteinische Trübungsbildner, vor allem Proteinsubstanzen mit einer Molmasse > 4600, insbesondere reichlich die mit einer Molmasse > 12 000, > 30 000 und > 60 000.
- Sie schädigen nicht die Schaumhaltbarkeit des Bieres.
- Der Einsatz erfolgt im Normalfall im vorgeklärten Bier im Absetzverfahren (kein zusätzlicher Schwand) oder im Kontaktverfahren in Verbindung mit der Kieselgurfiltration (normalerweise reicht die Kontaktzeit vom Kieselgurdosiergefäß bis zur Passage durch den Filterkuchen).
- Durch Gemische von Xerogelen und Hydrogelen mit und ohne Kieselguren lässt sich die Porosität des Filterkuchens an die Bierfiltrierbarkeit anpassen, aber Kieselgele sind aus wirtschaftlichen Gründen kein Kieselgurersatz, da sie ca. 3...5 mal teuerer sind als Kieselgur.
- Bekannte Xerogele sind: *Stabifix* Super, *Stabiquick*, *Intergarant*, *Britesorb* D300, *Lucilite* PC8, *Hoesch* BK200.
- Bekannte Hydrogele sind *Stabifix* W, *Hoesch* BK75, *Lucilite* PC1 und QD7, *Köstrosorb*.

14.5.3.3 Der Einsatz von Kieselgel in der Kaltlagerphase

Der Zusatz von Kieselgelen in der Kaltlagerphase ist nicht so wirkungsvoll wie deren kombinierter Einsatz bei der Kieselgurfiltration. Hefezellen und sowieso sedimentierende grobdisperse Eiweiß-Trübungskomplexe blockieren bei einem Zusatz in der Kaltlagerphase einen Teil der zugesetzten Kieselgele und die feindisperse Trübung ist noch nicht komplett ausgebildet und wird damit nicht erfasst.

Der Zusatz von Kieselgelen in der Kaltlagerphase ist nur eine Notmaßnahme für folgende zwei Anwendungsfälle:

- Es fehlt eine funktionierende Kieselgurfiltrationsanlage oder
- die Kieselgurfilteranlage ist durch eine Crossflow-Membranfilteranlage ersetzt worden.

Da die bisherigen Kieselgel-Modifikationen die Membranfilterfläche der Crossflow-Filter verblocken, müssen sie vor dem Membranfilter durch folgende Varianten aus dem Unfiltrat weitgehend entfernt werden. Bisher sind dazu folgende Varianten bekannt:

- der Einsatz eines Klärseparators unmittelbar vor dem Crossflow-Filter zur Abtrennung der grobdispersen Trubstoffe (Hefe, Kieselgele) und

- eine Zwischenlagerung für eine definierte Reaktionszeit in einem speziellen Sedimentationstank vor dem Crossflow-Filter.

Für diese Anwendungsfälle wurde das gut sedimentierende Kieselgel *Stabiquick SEDI* entwickelt, das im Umdrückverfahren dem Unfiltrat zur Vorstabilisierung oder Bieren mit niedrigen Haltbarkeitsanforderungen beigedrückt wird (siehe Abbildung 230). Die Dosage bewegt sich auch hier im Bereich von 30...100 g/hL. *Stabiquick SEDI* besteht aus einem Kieselsäure-Xerogel und einem stark quellfähigen Natriumbentonit. Es ist eine Nachstabilisierung erforderlich, da die in der Kaltlagerphase sich erst ausbildenden Trübungsteile nicht voll erfasst werden.
Bei einem mehrstufigen Einsatz des Kieselgels wird ca. ⅓ des erforderlichen Kieselgels beim Schlauchen oder bei einem ZKT-Zweitankverfahren beim Umdrücken dosiert und ⅔ der erforderlichen Menge bei der abschließenden Kieselgurfiltration.

Die Ergebnisse zeigen, dass das Xerogel nur auf die hochmolekularen Eiweißverbindungen reduzierend wirkt. Die Schaumschädigung ist zu vernachlässigen.

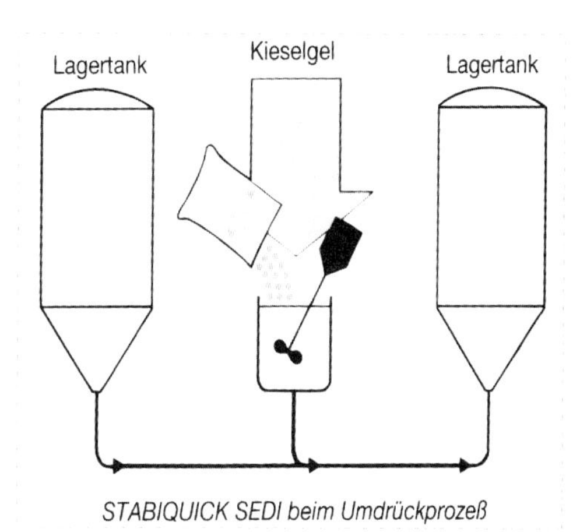

Abbildung 230 Einsatzempfehlungen der Fa. Stabifix Brauerei-Technik GmbH für die Bierstabilisierung mit Kieselgelen

Tabelle 161 Wirkungsweise eines Kieselgels (Xerogel) auf die Bierinhaltsstoffe

Bier		1	2	3
Dosage Stabifix	g/hL	0	50	100
Extrakt (scheinbar)	%	2,20	2,18	2,19
pH-Wert	-	4,43	4,44	4,46
Farbe	EBC	11,8	11,5	11,0
Gesamtstickstoff	ppm	788	768	744
Koagulierbarer Stickstoff	ppm	14	13	12
$MgSO_4$-fällbarer Stickstoff	ppm	143	127	120
Bitterstoffe (nach *Klopper*)	ppm	32	32	31
Schaumhaltbarkeit (R & C)	sec	125	123	122
Asche	ppm	0,017	0,017	0,018
Siliziumdioxid	ppm	1,4	1,4	1,4

14.5.4 Der Einsatz von Bentoniten

14.5.4.1 Kurzcharakteristik von Bentoniten

- Bentonite sind stark quellende Tone, deren Hauptbestandteil Montmorillonit, ein Dreischichtmineral ist. Es ist ein Aluminiumsilikat mit der Summenformel $Al_2O_3 \cdot 4SiO_2 \cdot H_2O$ (Bentonitstruktur siehe Abbildung 231).
- Bentonite sollten frei von Eisen sein.
- Seine Quellfähigkeit beruht auf das Einlagern von Wasser zwischen den Gitterschichten bei gleichzeitiger Aufweitung der Schichtabstände.
- Es gibt Alkalibentonite (hohes Quellvermögen, höhere Adsorptionsfähigkeit, mehr Schwand, größerer Schlammanfall) und Calciumbentonite (weniger quellend, schwächere Stabilisierungswirkung, geringerer Schwand und geringerer Schlammanfall).
- Handelsname in Deutschland sind u.a. *Deglutan* und *Stabiton*.

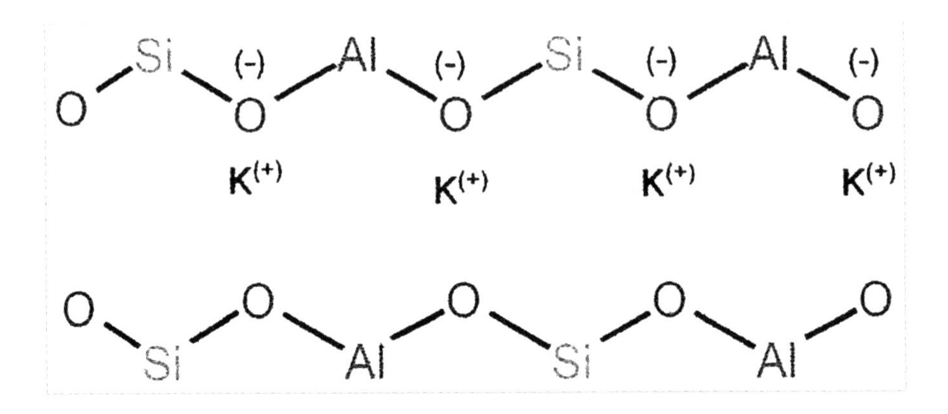

Abbildung 231 Bentonitstruktur vor der Adsorption

14.5.4.2 Zur Wirksamkeit von Bentoniten als Adsorptionsmittel zur Bierstabilisierung

- Die Aufweitung der Schichtabstände ermöglicht die Adsorption von proteinischen Substanzen in diesen Schichten an den Bindungsstellen der Alkali- oder Erdalkali-Ionen (siehe Abbildung 232).
- Die Eiweißadsorption ist unspezifisch, es werden auch kleinere Eiweißabbauprodukte bis zu einer Molmasse < 2500 adsorbiert, dies führt zur feststellbaren Schaumschädigung.
- Ein Quellen der Bentonite in Bier verursacht 3 bis maximal 10 % Volumenschwand.
- Ein Vorquellen der Bentonite in Wasser und eine Bierklärdauer bis zu 7 Tagen bei 0...-2 °C verringert die Bierverluste auf durchschnittlich 3 %.
- Eine längere Lagerdauer auf Bentonitschlamm kann einen erdigen Geschmack verursachen, deshalb muss der Schlamm rechtzeitig entfernt werden oder der Tank ist umzudrücken.
- Ein Zusatz zum Schlauchen (50...100 g/hL) ist nicht so effektiv, wie ein Zusatz zum Ende der Kaltlagerphase mit 30...40 g/hL.

- Mit einer Dosage von 70...80 g/hL sind Haltbarkeiten von 3... 4 Monaten (7 Warmtage beim 0/40/0-Test) erreichbar.
- Für Überseeexporte sind 120...200 g/hL erforderlich (= 40 Warmtage beim 0/40/0-Test).
- Eine Bierstabilisierung mit Bentonit führt zu folgenden Abnahmen der Bierinhaltsstoffe und der Qualitätsparameter:
  - Bitterstoffe 1...5 mg/L,
  - Anthocyanogene 3...20 mg/L,
  - Gesamtpolyphenole 10...60 mg/L,
  - Farbe 0,5...2 EBC-Einheiten,
  - Schaumhaltbarkeit nach *Ross* & *Clark* 4...20 s,
  - koagulierbarer N 5...15 mg/L.

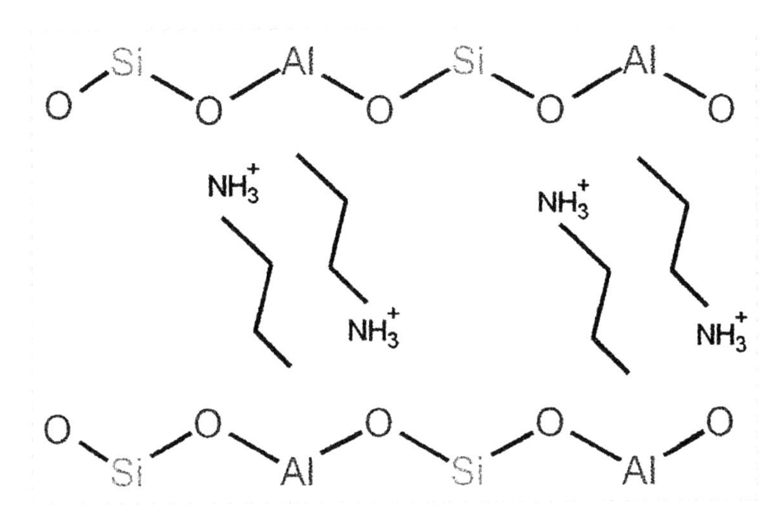

Abbildung 232 Bentonitstruktur nach der Eiweißadsorption (die Kationen wurden ausgetauscht)

14.5.4.3 Anwendungsergebnisse

Die Ergebnisse (Tabelle 162) zeigen, dass Bentonite nicht nur reine Eiweißpartikel adsorbieren, sondern auch Eiweiß-Gerbstoff-Trübungskomplexe. Problematisch sind bei der Stabilisierung mit Bentonit die Schädigung der Schaumhaltbarkeit der stabilisierten Biere und der erhöhte Bierschwand.

Tabelle 162 Einfluss der Bentonitdosage auf die Trubstofffraktionen und die Schaumhaltbarkeit des Bieres (nach [138])

Dosage Bentonit	g/hL	0	50	150
Stammwürze	%	12,9	12,8	12,5
Farbe	EBC	9,7	8,8	6,8
Schaumhaltbarkeit (R & C)	s	120	116	104
Warmtage bei 60 °C	Tage	0,4	1,7	5,3
Gesamt-Stickstoff	ppm	922	855	810
Koagulierbarer Stickstoff	ppm	11	6	4
$MgSO_4$-fällbarer Stickstoff	ppm	169	136	95
Dimere Proanthocyanidine	ppm	28	25	24
Catechine	ppm	44	42	41
Phenolcarbonsäuren	ppm	-	24	12
Anthocyanogene	ppm	48	42	38
Gesamtpolyphenole	ppm	173	159	139

14.5.5 Der Einsatz von Tannin

14.5.5.1 Kurzcharakteristik von Tannin als Eiweißfällungsmittel und Dosageempfehlungen

- Tannin besteht aus Glucose, die mit Gallussäure oder Polygallussäure verestert ist. Hydrolysierbare Tannine bestehen aus 1 Mol Glucose und Gallussäure oder Polygallussäure (siehe Abbildung 233).
- Tannin wird aus Galläpfeln gewonnen, die von Bäumen als Abwehrreaktion gegen Insekten gebildet werden.
- Tannin wirkt wie andere höhermolekulare Gerbstoffe Eiweiß fällend.
- Tannine sind bei wärmeren Temperaturen hydrolysierbar und bleiben in Lösung.
- Auch bei einem ungenügenden Eiweiß-Gerbstoffverhältnis werden sie nicht ausgefällt.
- Deshalb entspricht der Tanninzusatz zur Bierstabilisierung nicht dem Deutschen Reinheitsgebot.
- Ein Zusatz von maximal 3,5...6 g Tannin/hL Würze zum Würzekochen unterstützt die Eiweißkoagulation, es ist hier mit einer Teilhydrolyse zu rechnen.
- Ein Zusatz zum Schlauchen ist weniger wirksam als ein Zusatz am Ende der Kaltlagerphase.
- Beim Schlauchen sind deshalb 30 % mehr Tannin zu dosieren als bei einem Zusatz in der Kaltlagerphase (ca. 8...10 g/hL).

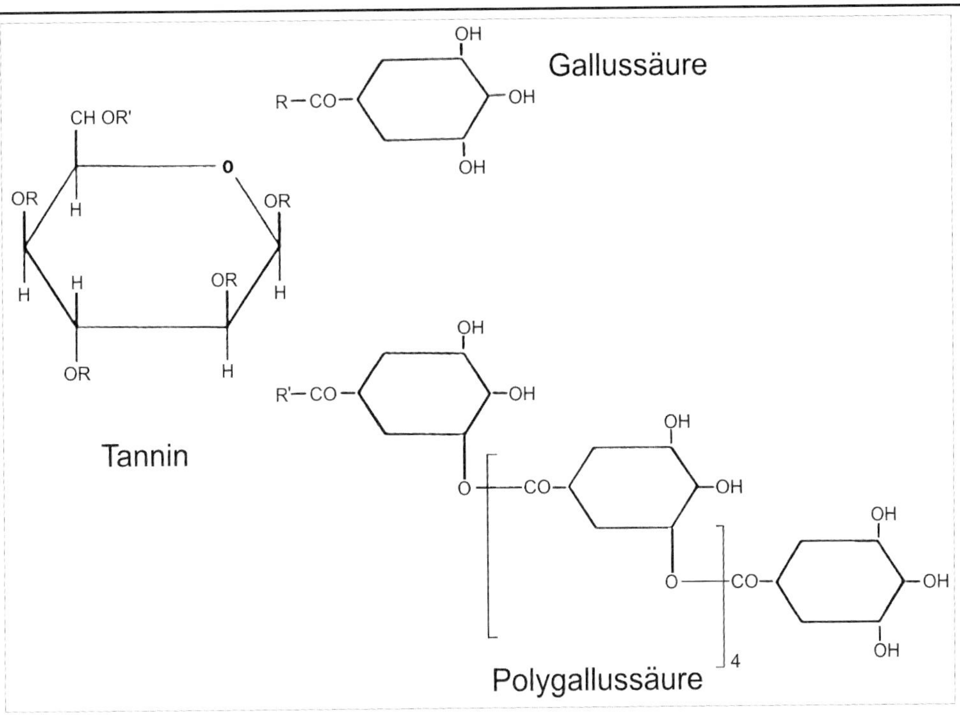

Abbildung 233 Die Bestandteile der hydrolysierbaren Tannine: 1 Mol Glucose + Gallussäure oder Polygallussäure

14.5.5.2 Anwendungsergebnisse

Siehe auch Tabelle 163:

- Am wirkungsvollsten ist der Zusatz am Ende der Kaltlagerphase, da hier am wenigsten Tannin hydrolysiert und die Hefeklärung normalerweise schon stattgefunden hat.
- Es werden in der Kaltlagerphase durchschnittlich 7 g Tannin/hL Bier mit einem Schwankungsbereich von 3...10 g/hL zugesetzt.
- Das Bier sollte nach dem Tanninzusatz einige Tage später umgelagert werden, bzw. das Sediment sollte durch Abschlämmen aus dem ZKT entfernt werden.
- Bei zu geringen Gaben kommt es zu einer ungenügenden Fällung und damit zur Verschlechterung der Klärung und Filtrierbarkeit der behandelten Biere.
- Eine zu große Tanningabe verursacht eine deutliche Verschlechterung der Bierschaumhaltbarkeit.
- Geschmackliche Störungen sind nur bei reinen Präparaten nicht zu befürchten.
- Die Schnellkontrolle der Wirksamkeit kann u.a. mit der *Esbach*-Reaktion erfolgen.

Tabelle 163 Der Einfluss der Tannindosage auf die Fällung der Trübungsfraktionen (nach [138])

Dosage Tannin	g/hL	0	6	10
Stammwürze	%	10,7	11,9	11,1
Farbe	EBC	7,8	9,6	9,3
Schaumhaltbarkeit (R & C)	s	127	124	122
Warmtage bei 60 °C	Tage	0,7	2,6	2,2
Gesamt-Stickstoff	ppm	715	747	645
Koagulierbarer Stickstoff	ppm	22	14	15
$MgSO_4$-fällbarer Stickstoff	ppm	171	130	120
Dimere Proanthocyanidine	ppm	64	47	46
Catechine	ppm	49	37	50
Phenolcarbonsäuren	ppm	19	18	25
Anthocyanogene	ppm	53	76	56
Gesamtpolyphenole	ppm	172	-	147

14.5.6 Der Einsatz von Polyvinylpolypyrrolidon (PVPP)

14.5.6.1 Zur Geschichte des PVPP

- 1939 entwickelte *Reppe* (BASF) das PVP (Polyvinylpyrrolidon),
- 1957 entwickelte *Breitenbach* durch Polymerisation von PVP das PVPP,
- 1974 gab es ein 2. Patent zur gleichmäßigeren Vernetzung des PVPP, damit es stabiler gegenüber mechanischer Belastung wurde,
- Das PVPP der Fa. BASF ist *Divergan* (auch unter *Cruspovidon* bekannt);
- PVPP ist als Lebensmittelzusatzstoff E1202 für die Bierproduktion zugelassen.
- Divergan F (durchschnittliche Größe 35 µm), wird als Einweg-PVPP eingesetzt.
- Divergan RS (durchschnittliche Größe 80...100 µm) wird als regenerierbares PVPP verwendet.
- Der durchschnittliche Aschegehalt (Soll < 0,4 %) sagt etwas über die Kieselgurverfälschung von PVPP aus.
- Ab ca. 5000 hL/a zu stabilisierendes Bier lohnt sich eine Recyclinganlage.
- PVPP quillt in Wasser, der Raumbedarf für den Dosierbehälter bzw. den Trubraum im Filter beträgt jetzt 5,2...5,5 L/kg (früher 6 L/kg).

14.5.6.2 Herstellungs- und Einsatzvorschrift von Polyvinylpolypyrrolidon für die Bierstabilisierung

Für die Bierstabilisierung in der BRD wurde vom Bundesminister für Wirtschaft und Finanzen seit 04.12.1972 die Verwendung von PVPP unter folgenden Bedingungen erlaubt:

- PVPP ist unter Ausschluss jeglicher organischer Hilfsstoffe durch Polymerisation von Vinylpyrrolidon herzustellen.
- 1,0 g PVPP darf im Verlauf von 15 Stunden bei Raumtemperatur an 500 mL Lösungsmittelgemisch (3%ige Essigsäure + Ethanol + Picolin im Verhältnis 95 : 5 : 0,24) nicht mehr als 15 mg lösliche Bestandteile abgeben.
- Der Veraschungsrückstand des löslichen Anteils darf 5 % nicht übersteigen.
- Für die Behandlung von 100 L Bier dürfen nicht mehr als 50 g PVPP verwendet werden.

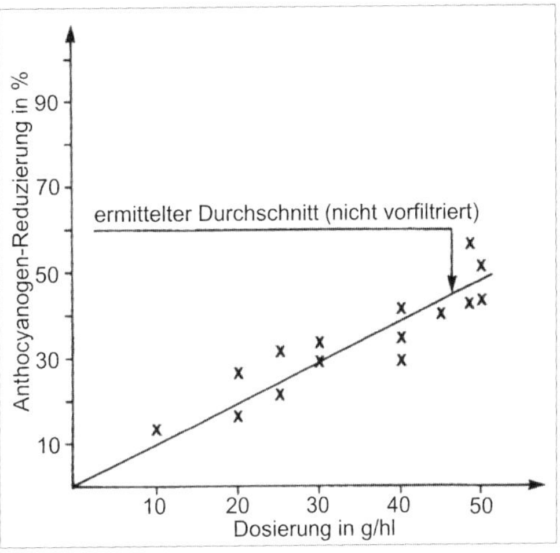

Abbildung 234 Adsorptionsvermögen von verlorenem PVPP bei einer Einwirkungszeit von etwa 6 Minuten (nach [485])

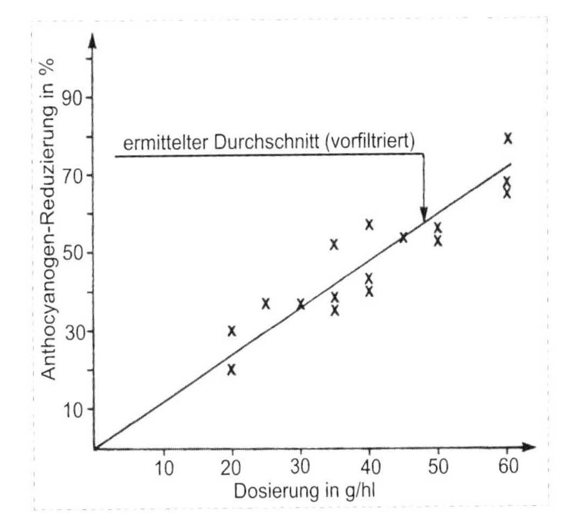

Abbildung 235 Adsorptionsvermögen von PVPP im Recycling-Verfahren bei einer Einwirkungszeit von etwa 6 Minuten (nach [485])

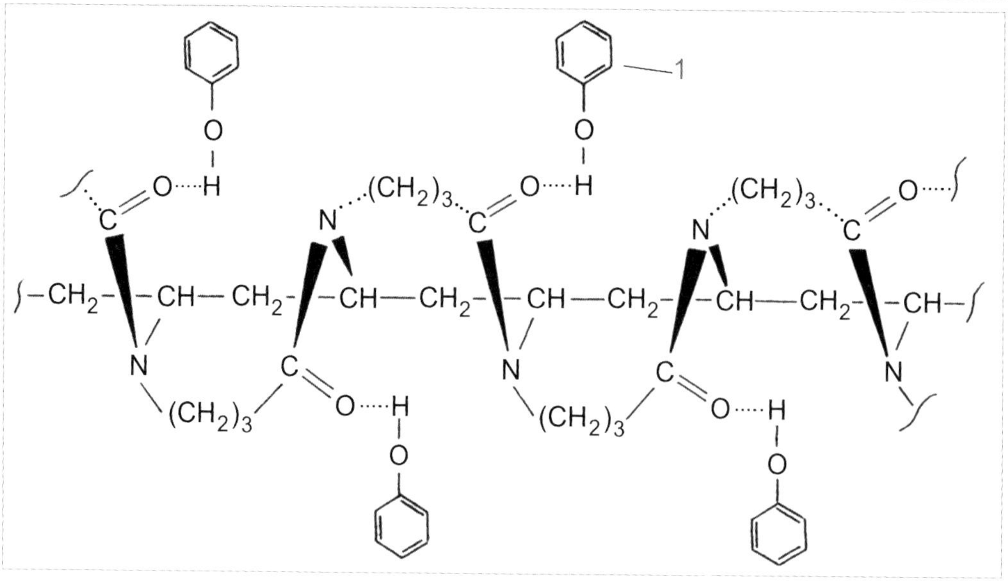

Abbildung 236 Aufbau des Polyvinylpolypyrrolidon (PVPP) und seine Wirkung auf phenolische Verbindungen; (1) adsorbierte phenolische Verbindung

Tabelle 164 Von der Partikelgröße abhängige Parameter der zwei für die Bierstabilisierung von der Fa. BASF hergestellten PVPP-Sorten

Produkt	Divergan RS	Divergan F
Permeabilität	groß	klein
Wirksamkeit	niedrig	hoch
Spezifische Oberfläche	klein	groß
Verwendungsmöglichkeit	Regenerierungstechnologie mit separatem PVPP-Filter u. Regenerierungsanlage	Einmalige Verwendung im ZKT, Stabilisierungstank oder Kieselgurfilter
Äquivalentes Produkt der Fa. ISP (USA)	Polyclar Super R	Polyclar 10

Je nach Anwendungsfall werden von der Fa. BASF zwei verschiedene Modifikationen ihrer Produkte angeboten (siehe Tabelle 164). Für die Behandlung des Bieres mit PVPP in der Kaltlagerphase eignet sich *Divergan F*, als sogenannte „verlorene“ Dosage.

14.5.6.3 Zur Wirkungsweise des PVPP

- PVPP hat eine proteinähnliche Struktur, es ist eine „Proteinatrappe“, an der sich polyphenolische Substanzen über Wasserstoff-Brückenbindungen anlagern können (siehe Abbildung 236).
- Die Stabilität der Wasserstoff-Brückenbindung hängt im hohen Maße vom pH-Wert sowie von der Temperatur und der Struktur des Substrates ab.

- In leicht alkalischem Medium werden die adsorbierten Polyphenole in Phenolatanionen überführt und werden so vom PVPP wieder abgetrennt (Regenerierung des PVPP).
- Die Adsorptionswirkung ist um so größer, je besser das Bier vorgeklärt ist, wie der Vergleich der Versuchsergebnisse in Abbildung 234 und Abbildung 235 zeigt.

14.5.6.4 Dosageempfehlungen

Zulässig ist bei der PVPP-Stabilisierung eine maximale Dosage von 50 g PVPP/hL Bier. In Tabelle 165 und Tabelle 166 sind einige Empfehlungen zur Dosage aufgeführt.

Tabelle 165 Dosageempfehlung der Fa. ISP für das Produkt Polyclar

Polyclar Dosierung in g/hL	Haltbarkeit in Monaten	Abnahme der Anthocyanogene in %
5...15	3...6	40...50
10...20	6...9	50...60
20...40	12...18	60...80

Tabelle 166 Dosageempfehlung der Fa. BASF AG für Divergan F

Dosage in g/hL	Bier aus 100 % Malz	Bier mit 20...35 % Rohfrucht
Nur Divergan F in g/hL	20...40	15...30
In Kombination mit Kieselgel Divergan F in g/hL	15...30	8...20

Erforderliche Kontaktzeit: generell > 3 Minuten!

14.5.6.5 Einfluss der PVPP-Stabilisierung auf die Bierqualität

Bei der PVPP-Stabilisierung kommt es zufolgenden Qualitätsveränderungen im Bier:

- Die Farbe des Bieres wird je nach Stärke der Stabilisierung heller, bei 50 g PVPP/hL Bier um ca. 0,8 EBC-Einheiten (durchschnittlich um 0,5 EBC-Einheiten).
- Der pH-Wert ändert sich nicht, eine frisch angesetzte 10%ige PVPP-Suspension verschiebt den pH-Wert des Wassers von 5,5 auf 9,1; sinnvoll ist es deshalb, den ersten PVPP-Ansatz vor dem Gebrauch im Filter zu neutralisieren.
- Die Schaumhaltbarkeit verändert sich nicht!
- Die Bitterstoffgehalte verändern sich nicht!
- Der Gehalt an löslichem Gesamtstickstoff verändert sich nicht!
- Der Gehalt an koagulierbarem Stickstoff wird nur unwesentlich verringert!
- Der Indikator-Time-Test (ITT) nimmt mit steigender Stabilisierung zu.
- Die Gesamtpolyphenolkonzentration nimmt bei der PVPP-Stabilisierung um durchschnittlich 50 % ab!

- Für ein lang haltbares Bier wird eine Reduzierung der Anthocyanogene von etwa 60 % angestrebt, wie Tabelle 165 zeigt.
- Der Gehalt an Anthocyanogenen nimmt mit zunehmender Stabilisierung ab, auch die anderen hochmolekularen Gerbstofffraktionen werden in Abhängigkeit von der Dosage reduziert (siehe Tabelle 167).

Tabelle 167 Die Selektivität des PVPP vom Typ „Divergan" der Fa. BASF

PVPP-Dosage	(+)-Catechine 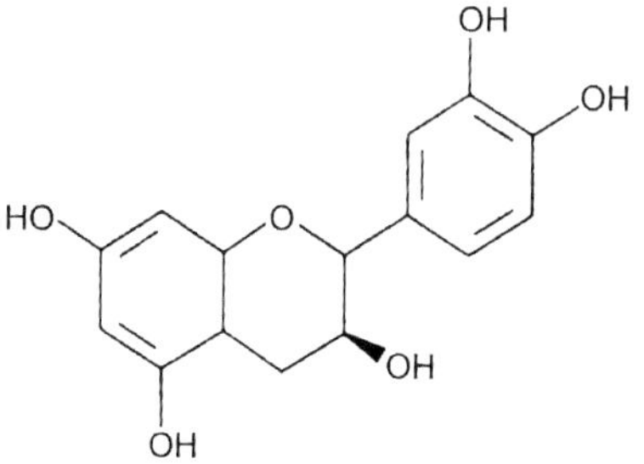		Proanthocyanidine 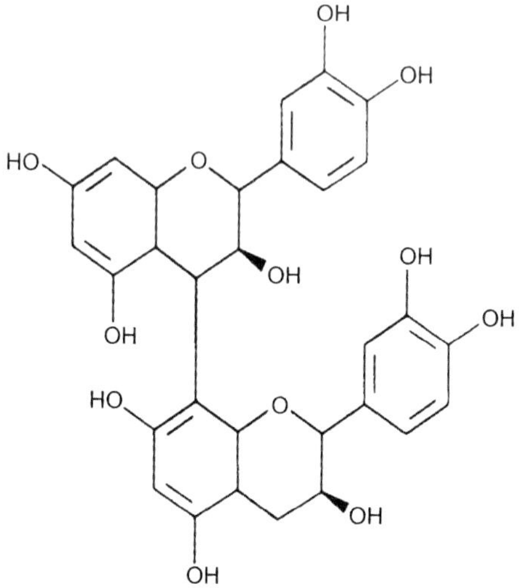	
g/hL	ppm	Adsorption in %	ppm	Adsorption in %
0	8,9	0	5,4	0
30	3,4	61,8	1,3	75,9
50	3,0	66,3	1,0	81,5
80	2,3	74,2	0,5	90,7

14.5.6.6 Erforderliche Kontaktzeit

Die Versuchsergebnisse in Abbildung 237 zeigen, dass das Divergan F nach einer Kontaktzeit von ca. 4 Minuten ca. 60 % der Catechine reduziert hat. Nach 10 Minuten Kontaktzeit ist das Maximum der Reduktion erreicht. Bei einer laufenden Dosage während des Umpumpens eines ZKT wird die erforderliche Kontaktzeit unter Berücksichtigung der Sedimentationszeit sicher gewährleistet.

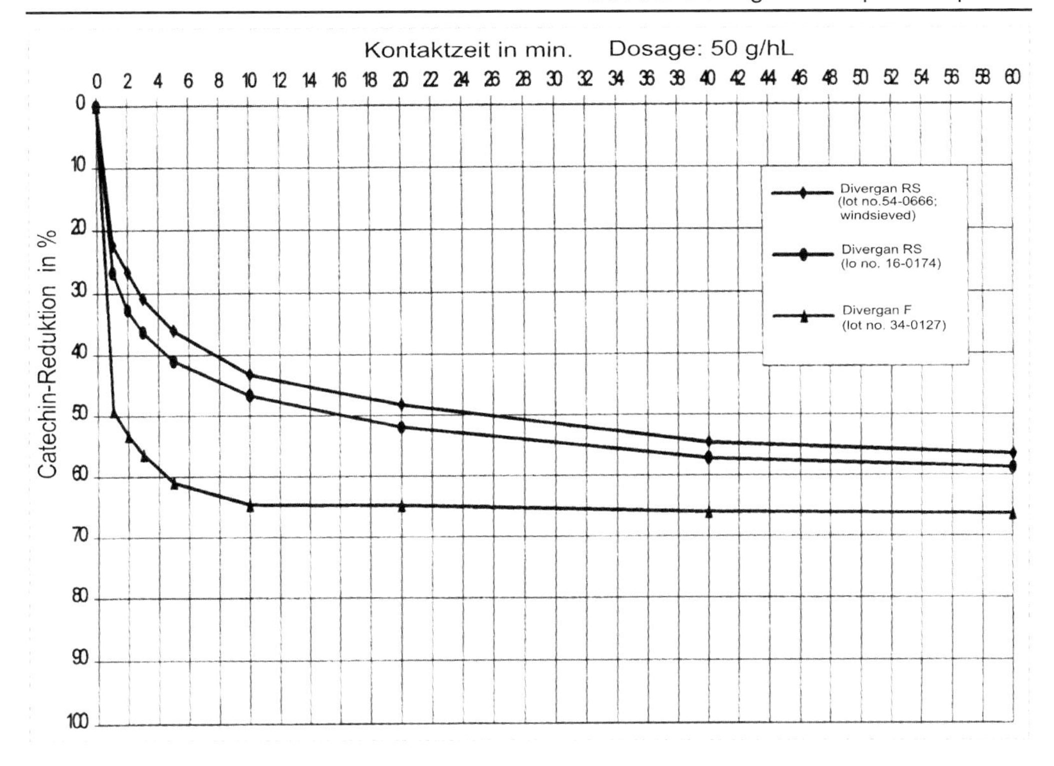

Abbildung 237 Adsorptionskapazität der BASF-Produkte (nach Informationsmaterial der Fa. BASF AG) Stabilisierungsergebnisse mit Divergan F [486]

Tabelle 168 Einfluss der PVPP-Dosage auf die Gerbstoff- und Eiweißverbindungen

Dosage (Einmalige Verwendung)	g/L	0	10	20	30	50	(80)
Polyphenole	mg/L	190,9	168,2	149,3	140,5	113,5	93,9
Anthocyanogene	mg/L	51,4	46,8	39,8	35,8	24,8	17,5
Gesamt-N	mg/L	818	812	818	815	804	808
Amino-N	mg/L	130	128	132	128	128	127
Schaumstabilität nach *Ross & Clark*	s	125	125	128	130	129	124
Schaumstabilität nach NIBEM (30 mm)	s	273	278	265	311	281	265

Tabelle 169 Wirkung der PVPP-Stabilisierung auf die Stickstoff- und Polyphenolfraktionen im Bier

Dosage PVPP	g/hL	0	30	50	(80)
Stammwürze	%	12,9	12,9	12,8	12,8
Farbe	EBC	10,1	9,6	9,5	9,3
Schaumhaltbarkeit (R & C)	sec	125	124	124	122
Warmtage bei 60 °C	Tage	0,5	2,7	3,1	5,0
Gesamt-Stickstoff	ppm	941	939	919	937
Koagulierbarer Stickstoff	ppm	11	12	9	11
$MgSO_4$-fällbarer Stickstoff	ppm	177	175	177	172
Dimere Proanthocyanidine	ppm	34	8	6	3
Catechine	ppm	55	21	19	14
Phenolcarbonsäuren	ppm	22	21	19	20
Anthocyanogene	ppm	46	28	27	21
Gesamtpolyphenole	ppm	169	144	136	118

14.5.6.7 Anwendungsergebnisse und Wirksamkeit in Abhängigkeit von der Dosage

Die Ergebnisse in Tabelle 168 und Tabelle 169 zeigen, dass PVPP nur spezifisch auf die hochmolekularen Gerbstoffe adsorbierend wirkt. Die niedermolekularen Phenolcarbonsäuren werden nicht entfernt, auch nicht die hochmolekularen Eiweißverbindungen im Bier. Die kolloidale Stabilität steigt mit der Dosagemenge, die Schaumhaltbarkeit bleibt weitgehend konstant.

14.5.7 Zusammenfassung zu den Varianten der Vorstabilisierung

In Tabelle 170 wird ein zusammenfassender Überblick über die wichtigsten Stabilisierungsvarianten gegeben. Für deutsche Brauereien kommt nur die Anwendung von PVPP und Kieselgel in Frage. Mit beiden Mitteln und ihren Modifikationen können sehr gut alle erforderlichen kolloidalen Stabilitäten eingestellt werden, ohne andere Qualitätskriterien des Bieres (vor allem die Schaumhaltbarkeit) negativ zu beeinflussen. Beschriebene Modifikationen von PVPP und Kieselgel können zur Vorstabilisierung am besten in der Kaltlagerphase eingesetzt werden. Diese Stabilisierung reicht im Normalfall jedoch nur für eine Stabilität von 3...4 Monaten. Diese Vorstabilisierung ist insgesamt jedoch nicht so wirkungsvoll wie die Stabilisierungsmaßnahmen bei der Filtration und im vorfiltrierten Bier.

Tabelle 170 Überblick über die wichtigsten Stabilisierungsmittel für Bier und ihr Einfluss auf das Bier

Produkt	Art der Reaktion	Kolloidale Stabilität	Bierfarbe	Bierschaum	Reste im Bier	Verwendung
PVPP	Bindet trübungsrelevante Polyphenole	Ist entscheidend für das Anwachsen der Haltbarkeit auf 9...12 Monate	Kaum Einfluss	Keinen Einfluss	Komplette Entfernung durch Filtration	Weltweit
Kieselgel	Bindet Proteine mit mittlerem Molekulargewicht	Erhöht die Haltbarkeit auf > 6 Monate	Kaum Einfluss	Geringe Reduktion der Schaumstabilität	Komplette Entfernung durch Filtration	Weltweit
Proteolytische Enzyme	Baut Proteine durch Hydrolyse ab	Erhöht die Haltbarkeit	Kaum Einfluss	Ergeben instabilen Schaum	Verbleiben im Bier, Pasteurisation erforderlich!	Regionale Einschränkungen
Tannin	Bildet unlösliche Komplexe mit Proteinen	Erhöht die Haltbarkeit	Kaum Einfluss	Reduzierte Schaumstabilität	Keine 100%ige Entfernung aus dem Bier	Regionale Einschränkungen

14.5.8 Überblick über die wichtigsten technologischen Maßnahmen zur Vermeidung von kolloidalen Trübungen im Bier

Um den Umfang und Aufwand für die Stabilisierung festzulegen, muss von der erforderlichen kolloidalen Stabilität ausgegangen werden, einen Überblick dazu gibt Tabelle 171. Um weiterhin den Umfang und Aufwand für die Vorstabilisierung im Prozess der Gärung und Reifung richtig einschätzen zu können, sind alle Einflussfaktoren, die auf die kolloidale Stabilität eines Bieres im gesamten Herstellungsprozess wirken, zu berücksichtigen.

Folgende Faktoren erhöhen u.a. die Bierstabilität:

- Die Verarbeitung von Gerste bei der Malzherstellung mit einem niedrigen Eiweißgehalt (ca. 10 %) und einer feinen Spelze (8...9 % Spelzengehalt);
- Die Verarbeitung von gut gelöstem Malz (*Kolbach*-Zahl > 38 %) mit einem geringem Rohproteingehalt (< 10,5 %);
- Einsatz eiweiß- und gerbstoffarmer Rohstoffe wie Zucker, Mais, Reis und andere anstelle von Malz (keine Maßnahme in Deutschland);
- Die Betonung der 50-°C-Rast beim Maischen und ein weitgehender Stärke- und β-Glucanabbau fördern die Klärung;
- Eine Absenkung des Maische-pH-Wertes von 5,8 auf 5,5 begünstigt den Eiweißabbau und bringt bessere Stabilitätswerte als bei intensiven Maischverfahren;

- Ein intensives Würzekochen mit Würze-pH-Werten von 5,2...5,0 und gerbstoffreichen Hopfenprodukten führen zu einer kräftigen Ausscheidung von instabilem Eiweiß und damit zur Verringerung des Gehaltes an koagulierbarem Stickstoff und begünstigt die Bildung reduzierender Substanzen.
- Eine 100%ige Ausscheidung des Heißtrubes ist erforderlich!
- Eine Kaltwürzefiltration wäre positiv für die kolloidale Stabilität.
- Eine intensive Hauptgärung fördert die Ausscheidung trübungsaktiver Substanzen (Eiweiß-Gerbstoffverbindungen, Polypeptide, Polyphenole, α- und β-Glucane), z. B. können Gärungen bei höheren Temperaturen (vergleiche 10°C und 18°C) zu stabileren Bieren führen (mögliche Ursache: schnelle und größere pH-Wert-Abnahme und damit intensive Ausfällung dieser Substanzen).
- Bier-pH-Werte von < 4,5 fördern die Bildung und die Ausscheidung von instabilen Eiweiß-Gerbstoffverbindungen.
- Eine zügige Nachgärung und kalte Lagerung von 1...2 Wochen bei -2 °C, bzw. nach einer Warmreifung bei 12...18°C eine schnelle Abkühlung innerhalb von 24...48 h auf -1...-2°C und eine Kaltlagerphase von ca. 5...7 Tage führt zur Ausscheidung kältetrüber und dauertrüber Substanzen.
- Eine Abkühlung vor der Filtration erfordert mindestens eine Einwirkungszeit der tieferen Biertemperatur vor der Filtration von 24 Stunden.
- Eine Sauerstoffaufnahme während der Filtration und Abfüllung und der Eintrag von Schwermetallen durch Filterhilfsmittel (z. B. Eisen durch Kieselguren) und durch die Gefäße ist zu vermeiden!
- Eine scharfe Feinfiltration bei 0...-2 °C erhöht die kolloidale Stabilität.

14.6 Vermeidung von Oxidationsprozessen im Prozess der Gärung und Reifung

Nach dem Anstellen der Würze ist ein Sauerstoffeintrag in das gärende, reifende und geklärte Bier bis einschließlich der Abfüllung grundsätzlich zu vermeiden. Im Interesse der Erhaltung der kolloidalen und vor allem der Geschmacksstabilität (s.a. Kapitel 3.5 und 4.4.6) sind im Fertigprodukt Gesamtsauerstoffgehalte von < 0,10 ppm anzustreben, wie auch die Untersuchungsergebnisse in Abbildung 238 zeigen (hier: Einfluss auf die kolloidale Stabilität). Um den Sauerstoffeintrag durch eine technologische Maßnahme zu überprüfen, muss die Bestimmung des Sauerstoffgehaltes im betreffenden Bier unbedingt unmittelbar nach der technologischen Maßnahme erfolgen. Der Sauerstoff wird auch im hefefreien Produkt durch die im Bier enthaltenen reduzierenden Stoffgruppen schnell verbraucht und der Oxidationsumfang kann dann bei einer verzögerten Messung nicht mehr abgeschätzt werden.

Tabelle 171 Stabilisierungsanforderungen in Abhängigkeit von der erforderlichen kolloidalen Stabilität

Erforderliche kolloidale Stabilität	Erforderliche Warmtage 0 °C/40 °C/0 °C	Erreichbar durch
Bis zu 6 Wochen	ca. 2 Tage	die aufgeführten normalen technologischen Maßnahmen, evtl. kombiniert mit einer eiweiß- oder einer gerbstoffseitigen Vorstabilisierung
3...4 Monate	ca. 5 Tage	Korrektur der jahrgangsbedingten Unterschiede in der Beschaffenheit der Rohstoffe und durch eine mäßige Stabilisierungsmaßnahme, z. B. eine eiweiß- oder eine gerbstoffseitige Stabilisierung, oder eine intensivere Vorstabilisierung
6...12 Monate (bei Exportbieren, Dosen und Einwegflaschen, pasteurisierten Bieren)	10...>15 Tage	eine stärkere Stabilisierung, z. B. durch eine zweistufige Stabilisierung, meist eine eiweißseitige Stabilisierung in Verbindung mit der Kieselgurfiltration und mit einer nachgeschalteten gerbstoffseitigen Stabilisierung mit PVPP-Filter oder eine gerbstoffseitige Vorstabilisierung kombiniert mit einer eiweißseitigen Stabilisierung bei der Kieselgurfiltration

Folgende technologische Maßnahmen leisten einen Beitrag zur Reduzierung oder Vermeidung des Sauerstoffeintrages und der Oxidation im Prozess der Gärung und Reifung:

- Die Umstellung des Gärverfahrens von einer offenen Gärung auf eine geschlossene Gärung unter einem geringen oder auch höheren CO_2-Überdruck;
- Die Umstellung des ZKT-Gärverfahrens vom Zweitank- zum Eintankverfahren,
- Die Verwendung des Inhalts von Propagationstanks zum Anstellen einer größeren Würzecharge, die in ihrer Herführphase nicht maximal, sondern nur optimal belüftet wurden (siehe [471]) und noch einen SO_2-Gehalt von mindestens 4...5 mg/L besitzen (s.a. Kapitel 3.5 und 4.4.6);
- Die Verwendung eines Hefestammes, der bei einem normalen Anstellverfahren in der Lage ist, im fertigen Unfiltrat einen SO_2-Gehalt von 6...10 mg/L zu gewährleisten;
- Die Verwendung von Sauerstoff freiem Wasser zum Entlüften von Rohrleitungen und Schläuchen (oder Spülung mit CO_2) sowie beim Verdünnen des Bieres sowie bei der Bierfiltration.
- Die Verwendung von Inertgas (CO_2, N_2) beim Umdrücken und Ziehen eines Tankinhaltes;
- Die Herstellung einer sauerstofffreien Atmosphäre in einem mit Bier zu befüllendem Gefäß (Reifungstank, Lagertank, Puffertank vor der Filtration, Drucktank u.a.) durch das Befüllen dieses

Gefäßes mit Wasser und anschließendem Leerdrücken mit Inertgas;

- Die Verwendung von völlig Sauerstoff freiem CO_2 zur Nachcarbonisierung;
- Die ständige Überprüfung der Dichtheit der Wellendichtung der Bierpumpen und der Rohrleitungsverschraubungen;
- Die Anwendung einer sauren Reinigung unter Erhaltung der CO_2-Atmosphäre in den dafür geeigneten ZKT und Biertanks;

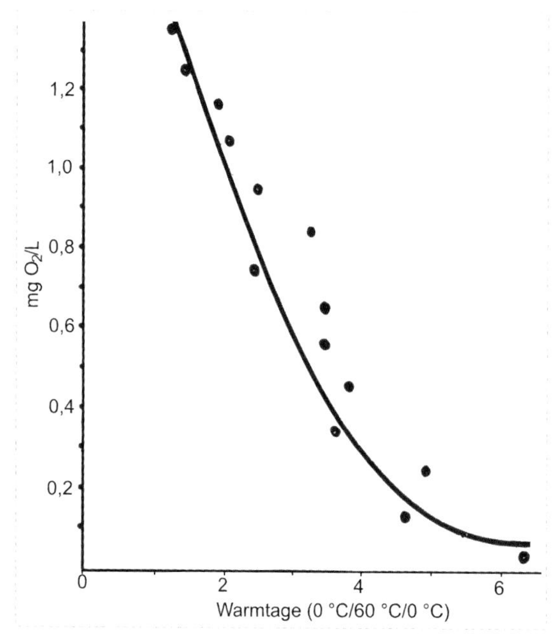

Es wurden 600 Biere untersucht, die Sauerstoffkonzentrationen in Klassen eingeteilt und den Forciertest- Mittelwerten zugeordnet.
Die Beziehung war mit B = 44,9 %*** hoch signifikant.

Abbildung 238 Der Einfluss des gelösten Sauerstoffs auf die kolloidale Stabilität im abgefüllten Bier (nach Ergebnissen von Hoeren [487])

14.7 Die Filtrierbarkeit des Unfiltrates

14.7.1 Die Filtrierbarkeit des Unfiltrates - ein wirtschaftlicher Faktor

Die Gewährleistung eines gut filtrierbaren Bieres durch die Brauindustrie ist die wichtigste Voraussetzung für eine wirtschaftliche Filtration. In Betriebsvergleichen von gut und schlecht filtrierbaren Bieren wurde von *Kiefer* [488] der in Tabelle 172 ausgewiesene Mehraufwand für eine 200.000-hL-Brauerei ermittelt.

Diese Ergebnisse sind sicher nicht auf jeden Betrieb übertragbar, aber sie zeigen den großen Mehraufwand, den schlecht filtrierbare Biere verursachen können. Dieser Mehraufwand wird sich mit Sicherheit in einen fünfstelligen Euro-Betrag als zusätzliche Kosten bei der Jahresabrechnung darstellen. Die schlaflosen Nächte des Braumeisters, nicht ausreichend genug gut filtriertes Bier zur Abfüllung bereitstellen zu können, sollte man nicht außer Acht lassen.

Tabelle 172 Vergleich des Mehraufwandes von gut und schlecht filtrierbaren Bieren bei der Filtration in einer 200.000-hL-Brauerei (nach J. Kiefer [488])

Kostenpunkt	Gut filtrierbares Bier	Schlecht filtrierbares Bier	Mehrbedarf
Kieselgurverbrauch	120 g/hL	300 g/hL	180 g/hL
Kieselgur Jahresbedarf	24 t/a	60 t/a	36 t/a
Entsorgung des Kieselgurschlammes	100 t/a	240 t/a	140 t/a
Überstunden	130 h/a	480 h/a	350 h/a
Zusätzlicher Wasserbedarf			550 m^3/a
Zusätzlicher Bierverlust			825 hL/a

14.7.2 Die Verursacher von Filtrationsproblemen

Verursacher von Filtrationsproblemen sind die Konzentrationen an hochmolekularen Stoffgruppen im Bier, deren Löslichkeit durch den bei der Gärung ansteigenden Ethanolgehalt oder durch den fallenden pH-Wert und die tiefere Kaltlagertemperatur deutlich abnimmt und sie als kolloidale Trubstoffe ausfallen lässt.
Filtrationsprobleme werden nach langjährigen Untersuchungen von Betriebsbieren verursacht bei Bieren aus Malz und Gerstenrohfrucht durch die Zusammenhänge gemäß Tabelle 173.

Tabelle 173 Ursachen für Filtrationsprobleme

Biere aus		
100 % Malz	Malz und Gerstenrohfrucht	Ursachen
zu ca. 35 %	zu ca. 60 %	durch hochmolekulare β-Glucane
zu ca. 30 %	zu ca. 20 %	durch Eiweiß-Gerbstoff-Verbindungen (ohne Berücksichtigung der Gerbstoffkonzentrationen als verbindendes Element bei der Trübstoffbildung)
zu ca. 30 %	zu ca. 15 %	durch hochmolekulare α-Glucane
zu ca. 5 %	zu ca. 5 %	durch zu hohe Hefekonzentrationen und mikrobielle Infektionen

14.7.2.1 Hochmolekulare β-Glucane

14.7.2.1.1 Herkunft und einige Eigenschaften der Gerstenmalz-β-Glucane:

- Es sind lineare, lang gestreckte Moleküle;
- Sie ergeben mit Jod keine Färbung;
- Sie bestehen aus Glucosebausteinen, die zu 70...72 % mit einer β-1-4- und zu 28...30 % mit einer β-1-3-glykosidischen Bindung verknüpft sind;

- Sie gehören zu den wasserlöslichen Hemicellulosen des Malzes, auch noch mit einer Molmasse M > 300 000;
- Die Hemicellulosen des Gerstenmalzes bestehen zu ca. 80...90 % aus β-Glucanen und zu ca. 10...20 % aus Pentosanen;
- Die β-Glucane des Malzes sind wesentliche Bestandteile der Endospermzellwände, die durch die cytolytische Lösung im Mälzungsprozess in der ersten Stufe durch die β-Glucansolubilase als hochmolekulare Substanzen aus den Zellwänden freigesetzt und in eine wasserlösliche Form überführt werden.
  In der 2. Stufe werden diese hochmolekularen Substanzen durch Endo-β-Glucanasen im Mälzungs- und Maischprozess in niedermolekulare β-Dextrine abgebaut;
- Je höher die Konzentration an hochmolekularen β-Glucanen ist, um so größer ist die Gefahr der Ausfällung und „Gelbildung";
- Ihre Wasserlöslichkeit nimmt mit steigendem Vergärungsgrad und Ethanolgehalt sowie mit fallender Temperatur des Bieres ab, besonders in der Bierkaltlagerphase können sich dann die sehr filtrationsbelastenden, gelartigen β-Glucansedimente bilden.
- Je größer ihre Molmassen und je größer die Konzentrationen an β-Glucanen in Würzen und Bieren sind:
  - um so höher ist die Viskosität der Lösungen,
  - um so schlechter ist die Läutergeschwindigkeit der Würze und die Filtrierbarkeit der Biere,
  - um so größer sind die Klärschwierigkeiten der Biere, da sie auch mit anderen Trübungskomplexen Verbindungen eingehen und auch als Schutzkolloide für Eiweiß-Gerbstoff-Verbindungen wirken können (siehe Abbildung 239), die dadurch viel schlechter agglomerieren und sedimentieren (besonders problematisch bei hohen zylindrokonischen Tanks),
  - um so besser ist die Schaumhaltbarkeit und Vollmundigkeit der Biere,
  - um so größer ist der Bierschwand!
- Bei Betriebswürzen im Viskositätsbereich von 1,60...1,82 mPa·s (bezogen auf St = 10 %) war die Filtrierbarkeit der Unfiltrate zu über 50 % durch die Höhe der Viskosität mit folgender Regressionsfunktion erklärbar:

  $Fbk = 764{,}8 - 392{,}2 \cdot Vis_{AW}$ B = 56,2 %**   Gleichung 51

  Fbk = Filtrierbarkeit; M_{max}-Wert in g
  Vis_{AW} = Viskosität der Anstellwürze in mPa·s, bezogen auf St = 10 %
- Ein steigender, noch gelöster β-Glucangehalt (bis etwa 600 mg/L) führt signifikant linear zur Verschlechterung der Filtrierbarkeit.
  In Betriebsbieren (n = 37 Proben) wurde folgende signifikante Beziehung ermittelt:

  $Fbk = 96{,}4 - 0{,}1196 \cdot c_{ß\text{-}G}$ B = 84,0 % ***   Gleichung 52

  Fbk = Filtrierbarkeit; M_{max}-Wert in g
  $c_{ß\text{-}G}$ = β-Glucangehalt des Unfiltrates in mg/L
- Auch bei der Hefezelle sind β-Glucane wesentliche Bestandteile der äußeren Zellwand. Sie besitzen im Unterschied zu den β-Glucanen aus Gerstenmalz β-1,3- und β-1,6-glycosidische Bindungen.
  Die High-gravity-Technologie führt zu einem zunehmenden Hefestress,

der sich auch durch eine zunehmende Zellwandlyse und Freisetzung von hochmolekularen Hefeglucanen äußert.

Eine Differenzierung der β-Glucane im Bier nach ihrer Herkunft ist nach [489] schwer möglich, obwohl sie sich in ihrem Lösungsverhalten in 1 molarer NaOH unterscheiden: Die Gerstenmalz-β-Glucane sind unlöslich und die Hefe-β-Glucane sind löslich.

14.7.2.1.2 β-Glucan-Trübungskomplexe

Dass es dieses in Abbildung 239 dargestellte Trübungsmodell nicht nur theoretisch gibt, ergaben die Untersuchungen eines mehrere Hektoliter umfassenden ZKT-Sedimentes oberhalb der abgesetzten Hefe, das visuell eine kleister- oder gelartige Struktur hatte. Mit modernen rheologischen Methoden konnte nachgewiesen werden, dass es sich bei diesem β-Glucansediment um eine Dispersion handelt mit deutlich partikulären Eigenschaften und nicht um ein reines β-Glucangel [490]. Diese Aussage ändert nichts daran, dass dieses Sediment jede Filterschicht vollkommen verblocken würde. Die Untersuchungen der chemischen Zusammensetzung dieses Sedimentes bestätigen das theoretische Trübungsmodell, das es sich um ein partikulär und komplex zusammengesetztes Sediment mit einem β-Glucangehalt von 1200...1955 mg/L, verbunden mit einem höheren Gehalt an mit Ethanol fällbaren α-Glucanen, und instabilen Eiweiß-Gerbstoffverbindungen handelt [491] (siehe Tabelle 174).

Mit einer „bunten Reihe" von Enzympräparaten wurde nur eine begrenzte enzymatische Angreifbarkeit dieses Trübungskomplexes, insbesondere mit reinen Malz-Endo-β-Glucanasen nachgewiesen und damit auch die komplexe Zusammensetzung bestätigt.

Ein 100%iger Abbau der in der Anstellwürze vorhandenen β-Glucane war mit reinen Malz-Endo-β-Glucanasen nur sicher möglich, wenn diese beim Anstellen schon zugesetzt wurden, ehe sich komplex zusammengesetzte Ausfällungen bilden konnten. Spätere gelartige β-Glucanausfällungen waren dann nur durch Wärmezufuhr sicher wieder auflösbar (erforderliche Heißhaltezeit in einer KZE-Anlage nach [492]: 20 s bei > 75...80 °C), sodass sie die Filterschicht nicht mehr verblocken und eine Filtration des betreffenden Bieres nicht mehr unmöglich machen. Dazu nimmt man die Abbildung 51 in Kapitel 5.1.9 dargestellten Strukturveränderungen an.

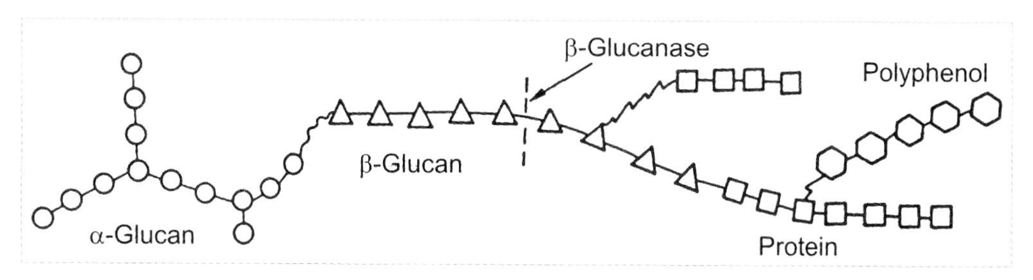

Abbildung 239 Theoretisches Modell eines α-Glucan - β-Glucan - Protein - Polyphenol -Trübungskomplexes nach Anderegg [493]

Tabelle 174 Zusammensetzung eines β-Glucansediments [491]

Stoffklasse	Maßeinheit	β-Glucan-sediment	Bier-überstand	Differenz: Spalte 3 - 4
Gesamtstickstoff	mg/L	979	793	186
$MgSO_4$-fällbarer N	mg/L	319	162	157
FAN	mg/L	113	98	15
Gesamtpolyphenole	mg/L	199	62	137
Anthocyanogene	mg/L	101	43	58
α-Glucane D565	E·1000	314	0	314
α-Glucane D452	E·1000	400	58	342
β-Glucangehalt	mg/L	1200…1950	43	1157…1907
Scheinbarer Extrakt	%	3,00	2,44	0,56

14.7.2.1.3 Mögliche Korrektur eines zu hohen β-Glucangehaltes der Anstellwürze durch Malz-Endo-β-Glucanasen

Zur Korrektur des β-Glucan-Gehaltes der Anstellwürzen unter Einhaltung des Deutschen Reinheitsgebotes wurde ein Verfahren entwickelt, das im Technikums- und im großtechnischen Maßstab einen Teil der Malz-Endo-β-Glucanasen aus der Malzmaische durch Crossflow-Filtration gewinnt und konzentriert, bevor diese Enzyme im klassischen Maischprozess inaktiviert werden [494], [495], [496].

In Applikationsversuchen bei Anstellwürzen mit β-Glucangehalten von 300…500 mg/L ergab ein Zusatz von 10…15 Endo-β-Glucanase-Einheiten/hL Anstellwürze

- einen 100%igen β-Glucanabbau,
- eine Filtrierbarkeitsverbesserung um > 30 %,
- keine Veränderung der Schaumhaltbarkeit und
- eine geringfügige Erhöhung des scheinbaren Endvergärungsgrades um < 1 %.

In Technikumsversuchen wurde für die erforderliche Endo-β-Glucanase-Dosage folgende Korrelation ermittelt [496]:

$$D_{erf} = -0{,}513 \cdot \left[\frac{\ln c_i / c_0}{t} \right] - 0{,}0273\,, \qquad B = 89{,}0\,\%^{***} \qquad \text{Gleichung 53}$$

D_{erf} = Erforderliche Malz-Endo-β-Glucanasedosage in E/L
c_i = Gewünschte β-Glucankonzentration zum Zeitpunkt i in mg/L normal: < 50 mg/L
c_0 = β-Glucankonzentration der Anstellwürze in mg/L
t = Enzymeinwirkungszeit bis zum Zeitpunkt i in Tagen

Die Regressionsgleichung wurde mit einer Hauptgärung bei 7…10 °C in 6 Tagen und einer Warmreifung von 3…4 Tagen bei 16…18 °C ermittelt.

Berechnungsbeispiel:

- β-Glucangehalt in Anstellwürze c_0 = 400 mg/L
- Gewünschter β-Glucangehalt c_i = < 50 mg/L
- ZKT-Inhalt V = 3000 hL

- Aktivität des vorhandenen Malzenzyms
  A = 250 Endo-β-Glucanaseeinheiten/L
- Zur Verfügung stehende Prozessdauer t = 14 d
  (z. B. 6 d Hauptgärung, 4 d Warmreifung, 4 d Kaltlagerung)

$$D_{erf} = -0{,}513 \cdot \left[\frac{\ln 50/400}{14}\right] - 0{,}0273 = 0{,}049\ E/L$$

Für V = 3000 hL: 3000 hL · 4,9 E/hL = 14.700 E/ZKT
Erforderliche Enzymkonzentratmenge: 14.700 E/ZKT : 250 E/L = 58,8 L/ZKT

14.7.2.1.4 Anzustrebende Richtwerte für gut filtrierbare Biere:

- β-Glucangehalte in Würzen und Bieren < 200 mg/L;
- Würzeviskositäten beim Einsatz von ZKT (St = 12 %) < 1,65 mPa·s bzw. (St = 10 %) < 1,60 mPa·s;
- Schonendes Rühren im Prozess der Würzeherstellung und Gärung zur Vermeidung von starken Scherkräften;
- Gelfraktion [1]) < 10 mg/L bzw. nicht nachweisbar.

  [1]) β-Glucangehalt 1 (80 °C/20 min, 20 min zentrifugiert) – β-Glucangehalt 2 (20 min zentrifugiert) = Gelfraktion

14.7.2.2 Höher molekulare und nicht jodnormale α-Glucane

Herkunft und einige Eigenschaften der Gerstenmalz-α-Glucane:

- Es sind höhermolekulare Stärkeabbauprodukte der Amylose (Glucosebausteine linear mit α-1,4-glycosidischen Bindungen) und des Amylopektins mit zusätzlich α-1,6-glycosidischen Verzweigungen;
- Lineare Maltodextrine zeigen ab Kettenlängen von 12...18 Glucoseeinheiten eine deutliche Rotfärbung mit Jod (= achroische Grenze), ab Kettenlängen mit über 40 Glucoseeinheiten wird die Färbung des Dextrin-Jodkomplexes tief blau.
  Bei den verzweigten Stärkeabbauprodukten liegt die achroische Grenze aufgrund der kürzeren Seitenketten vielfach bei höheren Dextrinpolymerisationsgraden. *Schur* [497] konnte in jodnormalen Würzen verzweigte α-Glucane mit einer Molekülgröße von bis 70 Glucoseeinheiten (M > 12 000) nachweisen.
- Ihre Wasserlöslichkeit nimmt mit steigender Molmasse und steigendem Vergärungsgrad und Ethanolgehalt sowie mit fallender Temperatur des Bieres ab, besonders in der Bierkaltlagerphase können dann die filtrationsbelastenden, höher molekularen α-Glucane feindisperse Trübungen bilden, die sich sehr schwer durch eine reine Kieselgurfiltration abfiltrieren lassen.
- Diese hochmolekularen α-Glucane reagieren sehr leicht über Wasserstoffbrückenbindungen mit Eiweiß-Gerbstoffkomplexen und verstärken die Kälteempfindlichkeit der Biere. Diese Trübungskomplexe sind teilweise sehr stabil, verzögern die Klärung und versetzen sehr schnell die Poren des Filterkuchens [203], [498].
- Da die qualitative Jodprobe nicht spezifisch genug die höher molekularen Stärkeabbauprodukte in Würzen und Bieren erfasst, ganz besonders in dunkler gefärbten Würzen und Bieren, hat bereits 1902

Windisch [503] eine Anreicherung der höher molekularen α-Glucane durch Ethanolfällung mit nachfolgender Jodfärbung als verschärfte Jodprobe empfohlen.
Durch maßanalytisches Arbeiten wurden Methoden zur genaueren quantitativen Messung der mit Ethanol gefällten und mit Jod noch färbenden α-Glucane von *Schur* [499] und *Heidrich* [500] erarbeitet (siehe auch Kapitel 14.7.3).
Die Messung erfolgte bei dem von der MEBAK empfohlenen Jodwert bei Wellenlänge λ = 578 nm und bei der 2. Variante (Methode siehe auch [502]) differenziert bei λ = 452 nm (erfasst mehr die rot gefärbten Abkömmlinge des Amylopektins als D452) und bei λ = 565 nm (erfasst mehr die blau gefärbten linearen höheren α-Glucane als D565).

- Bei Membranfiltrationen mit unterschiedlichen Porenweiten stellte *Wange* [203] fest, dass 67 % der α-Glucanfraktion D 452 kleiner als 0,17 µm und 26 % größer als 0,17 µm, aber kleiner als 0,30 µm waren. Dies bestätigt die Feindispersität dieser Trubstoffe. Trotzdem hatte in reproduzierbaren kleintechnischen Versuchen die Höhe dieser α-Glucanfraktion der Würzen einen sehr hohen, signifikant negativen Einfluss auf die Filtrierbarkeit der daraus hergestellten Biere. In den Versuchsreihen ohne Zusätze von Filtrationsenzymen wurde folgende Beziehung ermittelt:

Fbk_{JB} = 243,4 – 1,59·$D452_{AW}$; B = 92,3 %** Gleichung 54

Fbk_{JB} = Filtrierbarkeit des Jungbieres, M_{max}-Wert in g
$D452_{AW}$ = α-Glucanfraktion D452 in der Anstellwürze (St = 12,0 %), [E452 · 1000].

Daraus ist ersichtlich, dass gute Filtrierbarkeiten mit Fbk > 80 g nur bei einer Konzentration der α-Glucanfraktion D452 < 100 [E452 · 1000] in der Anstellwürze erreichbar sind.

Anzustrebende Richtwerte für gut filtrierbare Biere:

- α-Glucangehalt D452 < 100 Einheiten
- α-Glucangehalt D565 < 40 Einheiten
- Jodwert ΔE < 0,2.

14.7.2.3 Hochmolekulare Eiweiß-Gerbstoffverbindungen, der Resttrub- und Feststoffgehalt

14.7.2.3.1 Herkunft, Bedeutung und Charakterisierung

- Alle Aussagen aus der Literatur über die Rolle der Eiweiß-Gerbstoffverbindungen lassen darauf schließen, dass nicht der ursprüngliche Rohproteingehalt der verwendeten Gersten und Malze über die spätere Filtrierbarkeit der Biere entscheidet, sondern nur der Anteil, der nach der Gärung und Reifung als Trübung bzw. potenzielle Trübungsbildner noch im Bier vorhanden ist.
- Nach *Körber* [501] sind im unfiltrierten Bier ca. 30 % des gesamt löslichen Stickstoffs in Eiweiß-Gerbstoffkomplexen gebunden.
- Bei eigenen Untersuchungen mit unterschiedlichen Schüttungen, unterschiedlichen Malzqualitäten und unterschiedlichen Malzsubstituten ließ das absolute Niveau an höhermolekularen Eiweißabbauprodukten und

Gerbstoffverbindungen in der Anstellwürze keine Beziehungen zur Filtrierbarkeit erkennen, da sich immer ein Gleichgewicht zwischen beiden potenziellen Reaktionspartnern einstellt.

- Ein normaler Gehalt an reaktionsfähigen Anthocyanogenen in der Anstellwürze von 40...80 mg/L fördert offensichtlich die schnelle Ausbildung instabiler Eiweiß-Gerbstoffverbindungen während Gärung und Reifung und damit eine schnellere Klärung in Verbindung mit der Hefesedimentation.
- Eine Reduzierung der Gerbstoffkonzentrationen in der Anstellwürze, z. B. durch eine verstärkten negativen Sauerstoffeintrag bei der veralteten Nassschrotung oder beim Maischen in prismatischen Maischgefäßen (durch Trombenbildung, es wurden Anthocyanogengehalte von unter 30 mg/L gefunden) sowie durch einen steigenden Gerstenrohfruchteinsatz, führt damit in der Tendenz zur Verschlechterung der Filtrierbarkeit, da sich die Klärung durch höhere Gehalte an instabilen Eiweißverbindungen und deren verzögertes Ausscheiden vor der Filtration verschlechtert.
- Entscheidend für die Filtrierbarkeit eines Bieres ist es, diese beiden potenziellen Trübungsbildner möglichst gleichzeitig zu reduzieren, z. B. durch den Einsatz von eiweiß- und gerbstoffarmen Rohstoffen (Mais, Reis, Zuckerprodukte), durch eine effektive Trubentfernung, durch den Einsatz wirkungsvoller Adsorbentien und vor allem durch eine intensive Angärung mit einer deutlichen Erniedrigung des pH-Wertes sowie durch eine weitgehende Vergärung.
- In Technikumsversuchen [502] konnte der signifikante Zusammenhang zwischen der Abnahme dieser hochmolekularen Trübungskomponenten von der Anstellwürze bis zum fertigen Unfiltrat und der Filtrierbarkeit nachgewiesen werden, die Ergebnisse zeigen nachfolgende Regressions- und Korrelationsanalysen:

$$Fbk = 1{,}13 \cdot MgSO_4\text{-}N + 95{,}3 \qquad B = 97\ \%^{***} \qquad \text{Gleichung 55}$$

Fbk = Filtrierbarkeit M_{max} in g

$MgSO_4$-N = Abnahme des $MgSO_4$-fällbaren N von der Anstellwürze bis zum unfiltrierten Bier in mg/L; Wirkung nur deutlich erkennbar bei: $MgSO_4\text{-}N \geq 50$ mg/L

$$Fbk = 1{,}44 \cdot PP_G + 65{,}1 \qquad B = 55\ \%^{*} \qquad \text{Gleichung 56}$$

PP_G = Abnahme der Gesamtpolyphenolkonzentration von der Anstellwürze bis zum unfiltrierten Bier in Prozent; Wirkung nur deutlich erkennbar bei: $PP_G \geq 30$ %

$$Fbk = 1{,}40 \cdot AC + 63{,}2 \qquad B = 84\ \%^{***} \qquad \text{Gleichung 57}$$

AC = Abnahme der Anthocyanogenkonzentration von der Anstellwürze bis zum unfiltrierten Bier in Prozent; Wirkung nur deutlich erkennbar bei: AC ≥ 30 %

Ersichtlich ist der deutlich höhere Einfluss der Anthocyanogenreduktion als bei der Stoffgruppe der Gesamtpolyphenole. Der Einsatz von Adsorbenzien hatte nur dann einen feststellbaren Einfluss auf die Filtrierbarkeit, wenn die ausgewiesenen Mindestveränderungen erzielt wurden.

14.7.2.3.2 Einfluss des Resttrubgehaltes der Anstellwürze

- Die Abnahme der hochmolekularen Eiweiß- und Gerbstoffverbindungen wird vor allem durch die Trubentfernung bei der Würzeklärung beeinflusst, da der Grob- und auch der Feintrub zu 50...60 % aus Rohprotein und zu ca. 20...30 % aus Gerbstoffverbindungen besteht.
  Bei Betriebsversuchen mit einer 14-Tage-Technologie im ZKT ergab eine Kühltrubentfernung von 100 mg/L Anstellwürze eine Erhöhung der Filtrierbarkeit um M_{max} = 40 g.
- Auch bei einer klassischen Gär- und Lagertechnologie war bei parallelen kleintechnischen Versuchen auch noch bei einer langen kalten Lagerung der positive Einfluss der Würzeklärung auf die Filtrierbarkeit nachweisbar, wie Tabelle 175 zeigt.

Tabelle 175 Einfluss des Resttrubgehaltes der Anstellwürze auf die Filtrierbarkeit M_{max}
Versuchsbedingungen: Kleintechnische Gär- und Reifungsversuche im klassischen Gefäßsystem mit Vollbier Deutsches Pilsener: Variante A: Unfiltrierte Würze
Variante B: Über Perlit filtrierte Würze

Variante		A	B	Δ(B-A)
Trubgehalt der Anstellwürze	mg/L	320	70	- 250
M_{max} nach 8 d Lagerung bei 2 °C				
Sofort nach Probennahme bei 0 °C gemessen	g	81,3	96,5	15,3
Gemessen nach 24 h bei 0°C gelagert	g	67,8	76,5	10,7
Abnahme durch Kältetrübung	g	13,4	18,0	
M_{max} nach 21 d Lagerung bei 2 °C				
Sofort nach Probennahme bei 0 °C gemessen	g	109,9	142,8	32,9
Gemessen nach 24 h bei 0 °C gelagert	g	96,9	124,4	27,5
Abnahme durch Kältetrübung	g	13,0	18,4	

14.7.2.3.3 Einfluss des Feststoffgehaltes und der Feststoffverteilung im Bier

- Der Trubgehalt der Anstellwürze beeinflusste immer auch den Feststoffgehalt der hefefreien Biere in der Lagerphase signifikant. Die gravimetrische Bestimmung der Feststoffverteilung in der Lagerphase durch Membranfiltration mit 10 verschiedenen Porenweiten PW zwischen 0,12...4,0 µm ergab bei einer Darstellung des Feststoffgehaltes F (= y in mg/L) zum jeweiligen Quotienten 1/Porenweite (= x in 1/µm) immer eine hochsignifikante Gerade mit positivem Anstieg a_1 und dem Schnittpunkt mit der Ordinate a_0 (siehe Beispiel in Abbildung 240).
  Diese Feststoffverteilungsgerade $y = a_0 + a_1x$ gibt mit a_0 den theoretischen Ausgangsfeststoffgehalt einer Bierprobe in mg/L an, der bei unendlich großer Porenweite (praktisch PW > 4,0 µm) noch erfassbar wäre.
  Der Anstieg a_1 gibt für die Probe die Zunahme des Feststoffgehaltes in mg/L an, wenn der Quotient 1/PW [1/µm] um 1 zunimmt.
- Je größer a_1 ist, umso größer ist die Zunahme oder der Anteil der immer feindisperseren Trübungsbestandteile in einer Bierprobe. Das Bestimmtheitsmaß dieser Feststoffverteilungsgeraden lag je nach Genauigkeit der Analysendurchführung und der Membranqualität zwischen 80...99 % und ermöglichte dadurch recht einfach bei Mehrfachbestimmungen abweichende

Messwerte als Ausreißer zu eliminieren. Weiterhin erlaubte die hohe Linearität der Feststoffverteilung bei weiteren Versuchen die Anzahl der zu verwendenden Porenweiten auf die Membranen mit den wichtigsten 4 Porenweiten zu beschränken (0,17 µm; 0,3 µm; 0,85 µm und 2,5 µm), um die gesamte Feststoffverteilung zu erfassen.

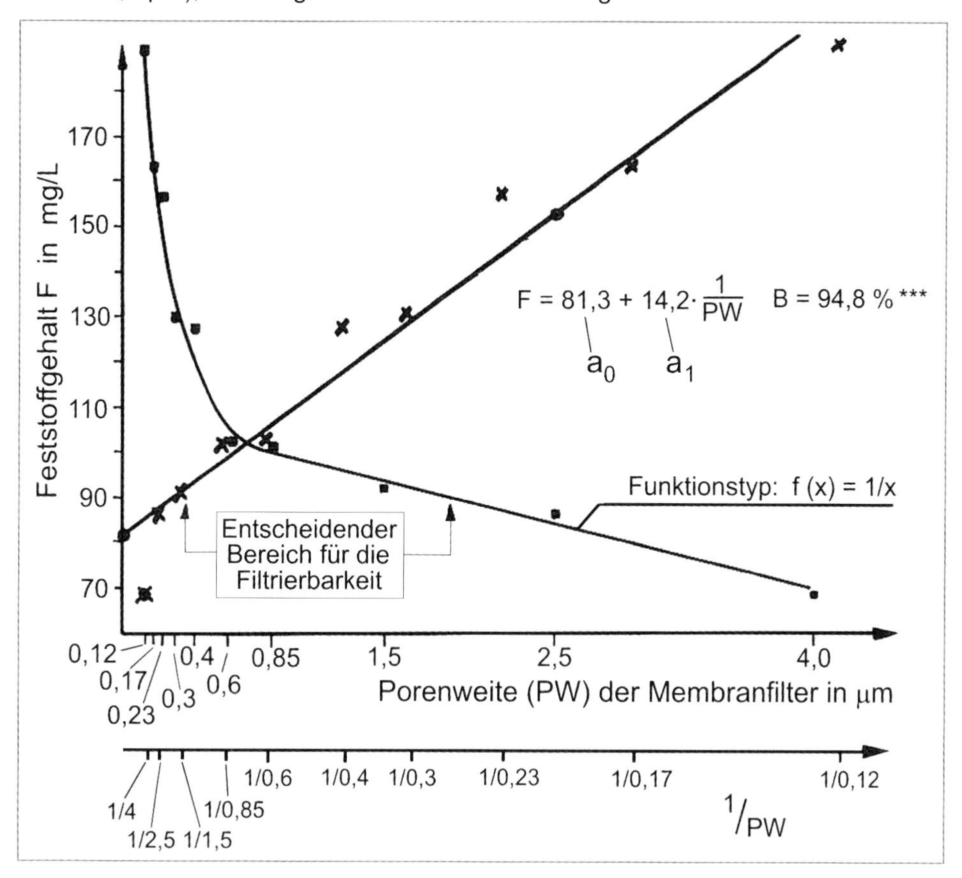

Abbildung 240 Feststoffgehalte F (in mg/L) eines unfiltrierten Bieres in Abhängigkeit von der Porenweite PW (in µm) der Membranfilter

Jeder bestimmte F-Wert ist der Durchschnittswert aus 4 Einzelbestimmungen bei 0°C.

- Bei sich gut klärenden Bieren schwankte der a_1-Wert am Ende der Warmreifung zwischen 10...90 und am Ende der Kaltlagerphase zwischen 10...20. Während in der Warmreifungsphase der a_1-Wert den dominierenden Einfluss auf die Filtrierbarkeit hatte, war es in der Kaltlagerphase bei dem o.g. a_1-Niveau hauptsächlich der a_0-Wert. Der a_0-Wert repräsentierte zu diesem Probennahmezeitpunkt die noch in Schwebe befindlichen grobdispersen Trübstoffmengen.
- Der Trubgehalt der Anstellwürze beeinflusste hauptsächlich den a_0-Wert.
- Als besonders filtrationshemmend wurden die Trubstoffe ermittelt, die im Größenbereich zwischen 0,30...1,5 µm lagen.
- Gut filtrierbare Biere hatten einen Feststoffgehalt bei einer PW > 0,30 µm von F < 200 mg/L.

14.7.2.3.4 Einfluss des pH-Wertes auf das Klärverhalten der Biere

- Die Veränderungen der Filtrierbarkeit eines Bieres in der Kaltlagerphase waren auch deutlich abhängig von den pH-Werten in den Würzen und Bieren, wie
  Abbildung 241 zeigt. Während die Biere der
  Brauerei K in ihrem Filtrierbarkeitsverhalten bei einem guten Ausgangsniveau weitgehend konstant blieben, verbessern sich die Filtrierbarkeiten der Biere der Brauerei N mit zunehmender Kaltlagerdauer von einem mäßigen Niveau fast linear (siehe Regressionsgleichung) in dem Untersuchungszeitraum auf sehr gute Werte. Als einzige Ursache konnten hier die unterschiedlichen Bier-pH-Werte ermittelt werden. Tiefere Bier-pH-Werte fördern bekanntlich die Ausscheidung von instabilen Eiweiß-Gerbstoffkomplexen.

Anzustrebende Richtwerte für gut filtrierbare Biere:

- Trubgehalt der Anstellwürze < 200 mg/L, optimal < 100 mg/L;
- Feststoffgehalt des Unfiltrates vor der Filtration bei PW > 0,30 µm
  F < 200 mg/L.

14.7.3 Die Bewertung der Filtrierbarkeit eines Unfiltrates

Die rechtzeitige Ermittlung der Filtrierbarkeit eines Unfiltrates vor der Bierfiltration vermeidet unangenehme Überraschungen und ermöglicht dem Technologen bei schwer filtrierbaren Bieren einige Gegenmaßnahmen bzw. Veränderungen in der Gesamttechnologie, um weitere Filtrierbarkeitsprobleme zu vermeiden. Letzteres setzt allerdings voraus, dass nicht nur die Filtrierbarkeit eingeschätzt wird, sondern auch die unterschiedlichen Ursachen für Filtrationsprobleme ermittelt werden.
Weiterhin ist es bei der Ermittlung der Filtrierbarkeit und ihrer Ursachen wichtig, die ermittelten Ergebnisse kritisch unter Berücksichtigung der Art und Weise der Probenahme, des Probenahmeortes (Flüssigkeitshöhe und Schichtung der Trübstoffe) sowie der Probenvorbereitung zu bewerten.

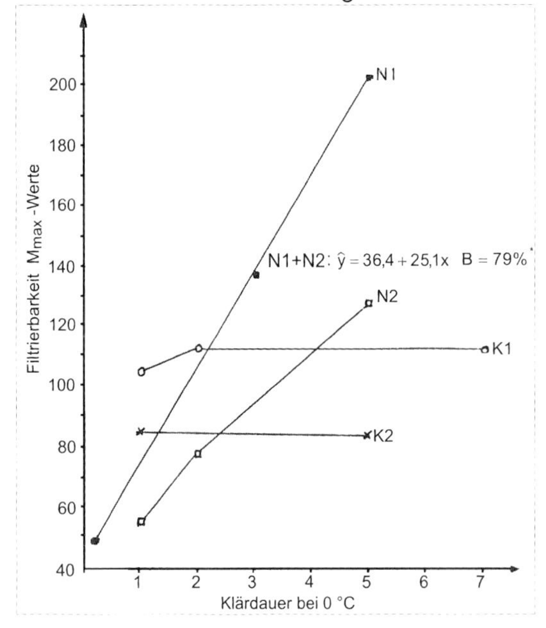

pH-Werte:

	Würze	Bier
N1	5,24	4,45
N2	5,50	4,37
K1	5,36	4,55
K2	5,24	4,55

Abbildung 241 Klärverhalten verschiedener Betriebsbiere im ZKT

14.7.3.1 Die Bestimmung der Filtrierbarkeit

Zur summarischen Bestimmung der Filtrierbarkeit hat sich der Membranfiltertest nach *Esser* [472] in zahlreichen Betriebsversuchen bewährt. Die Vorhersage zum Verlauf der großtechnischen Kieselgurfiltration ergab je nach Betrieb und Biersorte eine Vorhersagegenauigkeit mit einem signifikanten Bestimmtheitsmaß zwischen 40...90 % [502].

In Abbildung 242 wird der Versuchsaufbau zur Filtrierbarkeitsbestimmung dargestellt (CO_2-Druckflasche, Probenflasche mit doppelt durchbohrtem Bügelverschlussknopf im 0-°C-Wasserbad, Membrandruckfilter, Oberschalenwaage zur Erfassung der Filtratmenge). Nachfolgend werden die angewendeten Versuchsbedingungen, die Versuchsauswertung, die Berechnung des Filtrierbarkeitswertes und die Bewertung aufgeführt.

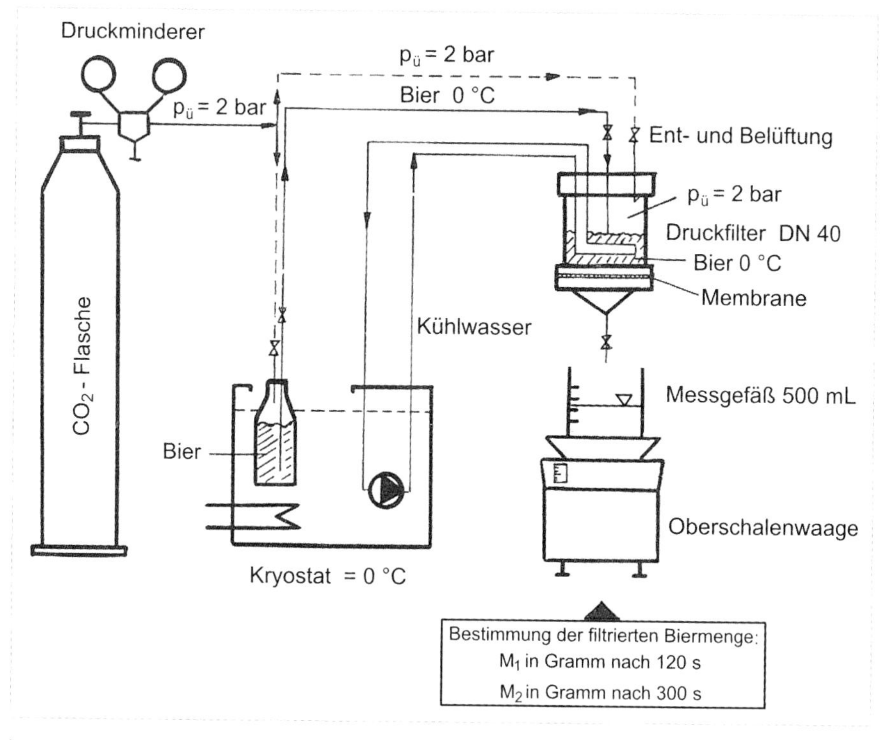

Abbildung 242 Versuchsaufbau zur Bestimmung der Filtrierbarkeit nach Esser [472]

1. Versuchsbedingungen:

- Membranfiltration mit Sartorius-Filtermembran Porenweite 0,2 µm, Ø 50 mm
- Druckfilter NW 40
- Angewandter Differenzdruck: $\Delta p = 2{,}0$ bar
- Wirksame Filterfläche: $F = 9{,}6\ cm^2$ (Ø 35 mm)
- Filtrationstemperatur: $\vartheta_{Bier} = 0$ °C; $\vartheta_{Filter} = 0...2$ °C
- Standzeit des Bieres vor der Testfiltration bei 0 °C: ≥ 20 h
- Probe wird vor dem Test homogenisiert.

2. Auswertung:

- 1. Messung der Filtratmenge M1 nach 120 Sekunden in Gramm, bei Volumenmessung in Millilitern.
- 2. Messung der gesamten Filtratmenge M2 nach 300 Sekunden in Gramm, bei Volumenmessung in Millilitern.

3. Berechnung der Filtrierbarkeit M_{max}:

Berechnung der maximal filtrierbaren Biermenge M_{max} (bei einer theoretischen Filtrationszeit von $t = \infty$):

$$M_{max} = \frac{180 \cdot M_1}{300 \cdot \frac{M_1}{M_2} - 120} \quad \text{in Gramm bzw. in Milliliter} \qquad \text{Gleichung 58}$$

4. Bewertung von M_{max}

Hierzu siehe Tabelle 176. Bei schlechten Filtrierbarkeitswerten muss die summarische Filtrierbarkeitsbestimmung mit einer Ursachenforschung kombiniert werden, um wirkungsvolle Gegenmaßnahmen einleiten zu können.

14.7.3.2 Ursachenforschung bei Filtrationsproblemen

Die Ursachenforschung fängt mit den Untersuchungen der Rohstoffqualitäten und den Qualitäten der Anstellwürze an. Hier ist die Einhaltung der unter Kapitel 14.7.4 aufgeführten Richtwerte für ein gut filtrierbares Bier anzustreben.

Als Filtrations-Check bei einem unfiltrierten Bier hat sich z. B. der in [284] beschriebene Vorschlag vielfach im Praxiseinsatz bei Filterabnahmen, Forschungsarbeiten zur Optimierung der Filtrationstechnologie, bei der nachträglichen Beurteilung der Rohstoffqualitäten (z. B. Wintergerstenmalze) und bei allgemeinen Filtrationsproblemen in Betrieben bewährt.

Tabelle 176 Bewertungsmaßstab für die Filtrierbarkeit M_{max} [95]

M_{max} in g oder V_{max} in mL	Bewertungsmaßstab
< 15	sehr schlecht
20 - 30	schlecht
40 - 80	befriedigend, akzeptabel
90 - 120	gut
> 130	sehr gut

14.7.3.3 Die drei Säulen des Filtrations-Checks

1. Bestimmung der Filtrierbarkeit (Fbk) und des pH-Wertes

- Bei einer Fbk < 80 g sind weitere Ursachenforschungen erforderlich.
- Bei einem pH-Wert des Bieres von pH > 4,45 ist im Interesse der Bierklärung eine Optimierung der pH -Verhältnisse erforderlich.

2. Bestimmung der Ausgangstrübung bei 25 °C und der Intensität der Kältetrübung mit dem Alkohol-Kälte-Test nach *Chapon* bei -8 °C

Richtwerte siehe Tabelle 151 in Kapitel 14.2. Bei einer Trübung des Unfiltrates von > 10 EBC-Einheiten bei 25 °C ist durch eine mikroskopische Kontrolle die Hefekonzentration zu ermitteln. Bei Werten von deutlich $c_H > 2 \cdot 10^6$ Z/mL ist eine Optimierung der Hefeklärung erforderlich.

Entspricht die Hefeklärung dem optimalen Bereich $c_H < 2 \cdot 10^6$ Zellen/mL, so sind die Ursachen für die Trübung Trübungskomplexe, die unterschiedlich zusammengesetzt sein können.

Mit einem Alkohol-Kälte-Test (AKT) bei -8 °C wird die Intensität der Kältetrübung bestimmt. Bei einer Trübungszunahme > 70 EBC-Einheiten sind in jedem Fall instabile Eiweiß-Gerbstoffverbindungen allein oder in Verbindung mit polymeren Kohlenhydraten an den Trübungskomplexen beteiligt.

3. Schnellbestimmung von β-Glucanausscheidungen

Schnellbestimmung von β-Glucanausscheidungen mit einem Filtrierbarkeitstest mit der Standardmembran von 0,2 µm Porenweite und einer Membran von 0,3 µm Porenweite sowie differenzierende α- und β-Glucanuntersuchungen im Unfiltrat und in den Membranfiltraten des Filtrierbarkeitstestes, evtl. ergänzt durch die Bestimmung der „Gelfraktion" der β-Glucane im Unfiltrat sind die vorhandenen Konzentrationen dieser Stoffgruppen sehr gut abzuschätzen.

Ergibt die 0,3 µm-Membran einen Filtrierbarkeitskennwert, der um über 20 % größer ist als der Kennwert der 0,2 µm-Membran, so liegt keine β-Glucanausscheidung vor. Jede Ausscheidung von hochmolekularem β-Glucan führt zur Verblockung der 0,2 und der 0,3 µm-Membran und damit bei beiden Membranen zu gleich schlechten Filtrierbarkeitskennwerten.

Eine Abnahme der α- und β-Glucankonzentration vom Unfiltrat zum Membranfiltrat des normalen Filtrierbarkeitstestes (0,2-µm-Membran) von über 5 % weist auf instabile Trübungskomplexe hin, die die Filtrierbarkeit des Unfiltrates belasten.

Die auf der Grundlage der von *Windisch* [503] vorgeschlagenen verschärften Jodprobe modifizierte α-Glucanbestimmung (siehe Beschreibung in [502]) erfasst mit der Messung der mit Ethanol gefällten und Jod gefärbten Fraktion D452 bei der Wellenlänge λ = 452 nm die mit Jod eher rot gefärbten hochmolekularen verzweigten Abbauprodukte des Amylopektins und bei der Wellenlänge λ = 565 nm die mit Jod blau färbenden hochmolekularen linearen Stärkeabbauprodukte der Amylose als Fraktion D565. Diese Bestimmung erlaubt eine differenziertere und schärfere Bewertung der filtrationsbelastenden Stärkeabbauprodukte als der von der MEBAK beschriebene Jodwert [194].

Die β-Glucanbestimmung nach MEBAK [192] kann noch ergänzt werden durch die Bestimmung der gelbildenden Fraktion im Unfiltrat.

14.7.4 Technologische Einflussfaktoren und Zusammenhänge bei der Überprüfung und Beeinflussung der Filtrierbarkeit

Nachfolgende Aufstellung gibt einen Überblick über die Faktoren, die die Filtrierbarkeit beeinflussen. Man erkennt daraus, dass die Qualität der Rohstoffe und technologische Maßnahmen und Fakten aus allen Prozessstufen der Bierherstellung einen Einfluss auf die Bierfiltrierbarkeit haben.

In Tabelle 177 wurden die möglichen Einwirkungen auf die drei wichtigsten Trübungskomponenten und ihre Auswirkungen auf die Filtrierbarkeit als grobe Übersicht zusammengestellt.

14.7.4.1 Positive Einflussfaktoren auf die Filtrierbarkeit und kolloidale Stabilität

1. Malzqualität (Malz aus sortenreiner Gerste, sortenreines Malz, kein Malzverschnitt)

- EBC-Mehl-Schrotdifferenz < 2 %
- Mürbigkeit (Friabilimeter) > 80 %
- Ganzglasigkeit < 2 %
- VZ 45 > 36 %
- Viskosität (8,6 %) < 1,60 mPa·s
- Kolbachzahl 38...44 %
- Lagerdauer des Malzes > 3 Wochen.

2. Sudhaustechnologie

- Optimale Zerkleinerung des Malzes, bei Läuterbottichschrot mit einem Grobgrießanteil von < 10 %;
- Optimaler Abbau von α- und β-Glucanen;
- Gewährleistung der Nachverzuckerung im Läuterprozess bei $\vartheta \leq 78$ °C;
- Feststoffarmes Abläutern (< 10 EBC-Tübungseinheiten).

3. Qualität der Anstellwürze

- Viskosität (St = 12 %) < 1,65 mPa·s
- Trub-/Feststoffgehalt < 200 mg/L
- α-Glucangehalt D452 < 100 Einh.
- β-Glucangehalt (gesamt) < 200 mg/L
- Koagulierbarer N-Gehalt < 25 mg/L
- pH-Wert 5,2...5,45.

4. Gär-, Reifungs- und Klärverfahren

- Gär- und Kläreigenschaften des Hefesatzes (Reinzucht, Staub- oder Bruchhefe)
- Intensität der Angärung und pH-Wert-Abnahme in den ersten 24 h > 0,4 pH-Wert-Einheiten
- Kaltlagertemperatur 0...-2 °C
- Dauer der Kaltlagerphase > 7 Tage
- Hefekonzentration am Filtereinlauf $< 2\cdot10^6 \ldots > 0{,}5\cdot10^6$ Z/mL
- Temperaturführung (keine Temperaturschocks in der Gärphase)
- Zusätze (Klär- u. Stabilisierungsmittel)
- Kein Sauerstoffeintrag

5. Verfahrens- und Apparatetechnik

- Schichthöhe in der Gärung, Lagerung und Reifung < 20 m
- Gefäßform der Gär- und Lagergefäße
- Intensität der Bewegung in der Gär- und Lagerphase
- Jungbier-Zentrifugation

- Mechanische Effekte (Umpumpregime bei externer Kühlung, keine Scherkraftbelastung)
- Temperaturgradienten im ZKT < 1 K.

14.7.4.2 Lösungsansätze zur Verbesserung der Filtrierbarkeit bei Filtrationsproblemen

- Schonendes Abdarren der Malze mit dem Ziel, einen Endo-β-Glucanasegehalt von > 80 Einheiten/kg Malz-Trs. zu erhalten [504];
- Intensiveres Maischen bei ϑ = 45...48 °C in Abhängigkeit von der Malzqualität mit dem Ziel, β-Glucangehalte in der Anstellwürze von < 200 mg/L zu erreichen;
- Bei β-Glucanausfällungen ausreichendes Abschlämmen des Trubsedimentes oberhalb des Hefesedimentes mit dem Ziel, eine Filtrierbarkeit des Unfiltrates von Fbk (0,2 µm) > 80 g und Fbk (0,3 µm) > 90 g zu erreichen;
- Kein Umdrücken dieses Tanksedimentes von ZKT zu ZKT, bzw. vom ZKT in die Satzhefe, sondern separate Behandlung des Glucansedimentes (z. B. durch Zusatz von Malzauszug, Pasteurisation und Verschnitt);
- Thermisches Kracken über eine KZE-Anlage als Notmaßnahme zur Auflösung der gelartigen β-Glucanstrukturen (> 75...80 °C für etwa 20 s);
- Erreichung eines sicheren Stärkeabbaues und Vermeidung der Anreicherung von nachgelösten höhermolekularen Stärkeabbauprodukten durch zu heißes Überschwänzen und zu trübes Läutern mit dem Ziel, folgende α-Glucangehalte in der Anstellwürze zu erreichen:
  D452 < 100 Einheiten und
  D565 < 30 Einheiten (Jodwert < 0,2);
- Tiefkühlung des ZKT noch bei Hefekonzentrationen von über $c_H = 5...8 \cdot 10^6$ Zellen/mL;
- Heißtrubfreie Anstellwürzen mit einem pH-Wert von 5,0...5,25 und Unterstützung der Eiweiß-Gerbstoffausscheidungen (= Kühl-, Kälte- bzw. Gärtrub) durch eine differenzierte Kieselsoldosage nach dem Würzekochen!

Eine weiteren großen Einfluss auf die Filtrierbarkeit haben das pH-Wert-Regime im gesamten Brauprozess (siehe Kapitel 14.7.2.3.4 und14.7.4.3) und das Hefemanagement, die Eigenschaften des betrieblichen Hefestammes und dessen Vitalität (siehe Kapitel 2 und 14.3).

14.7.4.3 Der pH-Wert des unfiltrierten Bieres und sein Einfluss auf die Filtrierbarkeit

Der pH-Wert hat von der Maische bis zum fertigen Bier einen großen Einfluss auf die Klärung und Filtrierbarkeit des Bieres. Er beeinflusst entscheidend den Dissoziations- und Quellzustand der polymeren Proteine bzw. Proteinabbauprodukte und damit ihre

Fähigkeit zur Agglomeration, auch in Verbindungen mit Gerbstoffkomplexen, und damit ihre Ausscheidung und Sedimentation.

In kleintechnischen Versuchen wurde folgende signifikante Regressionsgleichung zwischen dem pH-Wert des Unfiltrates und der Membran-Filtrierbarkeit nach *Esser* ermittelt (siehe auch grafische Darstellung in Abbildung 243 und den Zusammenhang zum theoretisch berechneten Filterhilfsmittelverbrauch bei der Kieselgurfiltration):

$$Fbk = 678{,}3 - 135{,}1 \cdot \text{pH-Wert-Bier} \qquad B = 60{,}1^{***} \qquad \text{Gleichung 59}$$

Aus der Sicht der Bierfiltration sind folgende Zusammenhänge beim pH-Wert-Regime in der Bierherstellung zu beachten:

- Eine Erniedrigung des pH-Wertes der Maische auf Werte von 5,4…5,5 durch einen Zusatz von Säure oder durch eine Einstellung der Restalkalität des Brauwassers auf < 3 °dH führt zur Reduzierung der Wirkung der β-Glucansolubilase in der Maische und damit zur Verringerung der Freisetzung von hochmolekularen, die Klärung und Filtration belastenden β-Glucanen.
- Jede Maischesäuerung fördert im Temperaturbereich bis ca. 55 °C die Wirkung der Phosphatasen und erhöht damit die Pufferung der Würze, die wiederum die Erniedrigung des pH-Wertes im Prozess der Gärung und Reifung reduziert.
  Auch aus diesem Grunde sollte der Maische-pH-Wert nicht unter pH = 5,5 abgesenkt werden. Bei kleintechnischen Versuchen ergab eine Erhöhung der Gesamtpufferung der Würze um 1 mL (mL n/10 HCl + mL n/10 NaOH) eine signifikante Reduzierung des pH-Wert-Abfalls von der Anstellwürze bis zum Jungbier um ca. 0,28 pH-Wert-Einheiten.
- Eine Säuerung der Pfannevollwürze oder der kochenden Würze auf einen pH-Wert von 5,1…5,2 fördert die Ausscheidung instabiler Eiweiß-Gerbstoffverbindungen und damit die Klärung und erniedrigt den Anfangs-pH-Wert für den Gärprozess ohne die Pufferung zu erhöhen.
- Ein Zusatz von Ca^{++}-Ionen ($CaCl_2$ oder $CaSO_4$) zum Hauptguss reduziert die Würzepufferung und verbessert die pH-Wert-Absenkung in der Gärphase.
- Ein intensiver Hefestoffwechsel in der Angärphase der Würze beschleunigt eine schnelle Ausscheidung von instabilen Eiweiß-Gerbstoffverbindungen bereits in dieser Gärphase, wenn bei einem Vs ≈ 10 % schon ein pH-Wert-Abnahme von ΔpH ≈ 0,4 pH-Wert-Einheiten erreicht wird. Dadurch werden instabile Eiweiß-Gerbstoffverbindungen ausgefällt, ohne dass ihre Agglomeration durch ethanolgefällte hochmolekulare Glucane behindert wird.
- Eine gute Bierklärung wird durch pH-Werte im Unfiltrat von unter 4,45, optimal zwischen 4,2…4,4, gefördert.
- Anzustrebende α-Glucangehalte in Würze und Bier (z. B. nach [204]):
  Fraktion D 425 < 100 Einheiten
  Fraktion D 565 < 40 Einheiten;
- Absolute Jodnormalität des Bieres, auch bei verschärfter Jodprobe (z. B. nach [66]), keine visuell feststellbare Reaktion (Rot- und Blaufärbung).
- Hefekonzentration (am Filtereinlaut) $\leq 2 \cdot 10^6 \ldots > 0{,}5 \cdot 10^6$ Zellen/mL.

- Bei unstabilisierten Bieren aus Schüttungen mit hohen Gerstenrohfruchtanteilen sollten Biertemperaturen am Filtereinlauf von $\vartheta \geq 2$ °C angestrebt werden, tiefere Temperaturen führen zur deutlichen Verschlechterung der Filtrierbarkeit.
- Visuelle und messtechnische Trübungskontrollen am Filtereinlauf: Ziel keine Schwankungen im Trübungsgrad beim Filtereinlauf, keine „Hefewolken".
- Membranfiltrierbarkeit und Bierinhaltsstoffe:
  Filtrierbarkeit (0,2-µm-Membran):
  M_{max} > 80 g → keine α- und β-Probleme
  M_{max} < 80 g → weitere Ursachenforschungen sind erforderlich!
- Anzustreben ist eine Filtrierbarkeitsdifferenz:
  Δ [M_{max} (0,3 µm) - M_{max} (0,2 µm)] > 20 %
  [bezogen auf M_{max} (0,2 µm)];
- Keine sichtbaren β-Glucanausscheidungen bei einer Probenahme am Filtereinlauf (Prüfung des Sediments durch Zentrifugation einer Probe).
- Gute Filtrierbarkeit bzw. keine Filtrationsprobleme durch β-Glucane bei:
  β-Glucangehalte im Unfiltrat < 200 mg/L,
  Der Viskositätswert des Unfiltrates, dessen Aussagen für die zu erwartende Filtrierbarkeit eines Bieres jedoch nicht allein signifikant ist (Kontrolle der Würzeviskosität ist wichtiger): Viskosität (bei vorhandener St) ≤ 1,65 mPa·s.

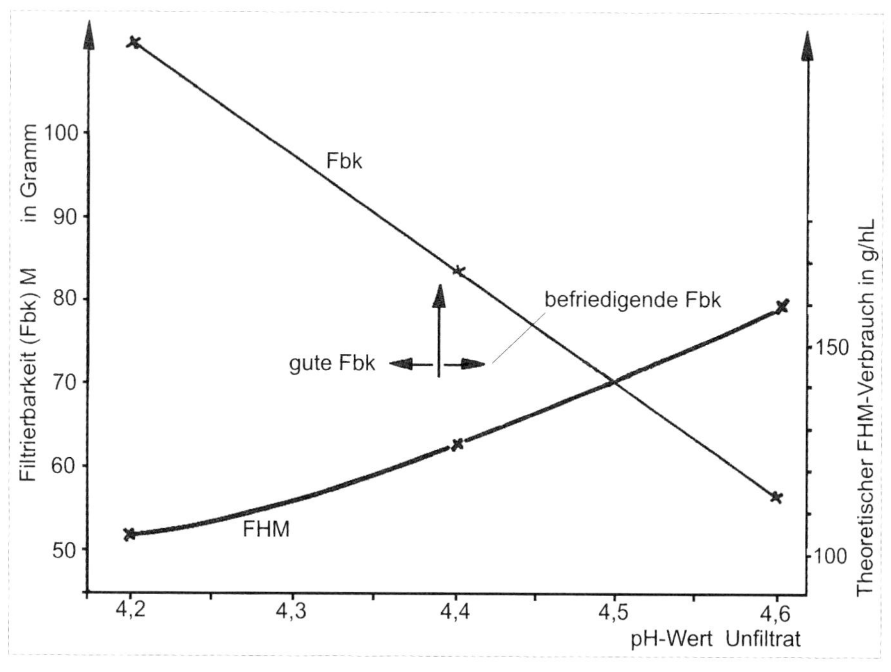

Abbildung 243 Einfluss des pH-Wertes im Unfiltrat auf die Filtrierbarkeit, ermittelt in Technikumsversuchen (nach [502])

Fbk Filtrierbarkeit nach *Esser* in Gramm (siehe oben); **FHM** Theoretischer Filterhilfsmittelverbrauch in g/hL, berechnet unter Verwendung von in Betriebsversuchen ermittelten Korrelationen zu großtechnischen Filtrationsergebnissen (s.a. [502])

Tabelle 177 Komplexität der filtrationsbelastenden Trübungen und die unterschiedlichen, möglichen technologischen Einwirkungen zur Reduzierung der Trübungskomponenten

Stoffgruppe	Einwirkungen	Anwendung im Prozess	Wirkung auf die Filtrierbarkeit
α-Glucane	Enzymatischer Abbau	(Mälzen) - Maischen - Läutern	+++
	Physikalische	Nachlösung beim Läutern ohne Verzuckerung (ϑ > 78 °C)	-
	Physikochemische	Ausfällungen bei steigendem Ethanolgehalt	---
	Chemische	Adsorption über H-Brücken an Hefezellen u. Kieselsol	+
		Reaktion mit PP zur Komplexbildung mit anderen Trubstoffen	--
	Mechanische	Normale Sedimentation	?
		Sedimentation nach Adsorption	+
		Zentrifugation nach Adsorption	++
β-Glucane	Enzymatischer Abbau	Mälzen	+++
		Maischen bei ϑ < 52 °C	+
		Nachlösung bei ϑ > 50 °C durch β-Glucansolubilase	---
		Filtrationsenzym in der Gärphase	+++
	Physikalische	Kracken bei ϑ > 75...80 °C / 30 s	++
	Physikochemische	Ausfällung bei steigendem Ethanolgehalt („Gele“)	---
	Chemische	Reaktion mit PP zur Komplexbildung mit anderen Trubstoffen	---
	Mechanische	Sedimentation der ausgefallenen β-Glucane als f(t)	+
		Zentrifugation der ausgefallenen β-Glucane + Hefezellen	++
Proteinische Substanzen	Enzymatischer Abbau	Mälzen als f(Rohprotein der Gerste)	++
		Proteasen in der Gärphase erhöhen Dispersitätsgrad	--
	Physikalische	Hitzekoagulation beim Kochen	++
		Kältetrübung bei ϑ < 2 °C in f(t)	-- / +
	Physikochemische	Ausfällung bei d. pH-Wert-Absenkung im Würzekochprozess	++
		Ausfällung bei d. pH-Wert-Abnahme in Hauptgärung in f(t)	+...++
		Adsorption an Hefezellen u. Kieselsol	+...++
	Chemische	Reaktion mit PP zur Komplexbildung mit anderen Trubstoffen	---
	Mechanische	Sedimentation in Komplexen	---
		Sedimentation + Separation adsorbiert an Hefe + Kieselsol	++

\+ positive, ++ gute bis +++ sehr gute Wirkung auf die Filtrierbarkeit
\- negative, -- schlechte bis --- sehr schlechte Wirkung auf die Filtrierbarkeit

15. Anforderungen an das fertig vergorene, ausgereifte, geklärte und vorstabilisierte Unfiltrat

15.1 Allgemeine Anforderungen

Die Prozessstufen der Gärung und Reifung haben bei der Bierherstellung - allgemein formuliert – die Aufgabe, ein wohlschmeckendes, ausgereiftes, moussierendes, rezentes, den Anforderungen des Typs entsprechendes Bier aus einer definierten Würze mithilfe eines bekannten Hefestammes zu bereiten. Dieses Bier soll auch gute Filtrationseigenschaften und eine den Marktanforderungen entsprechende ausreichende kolloidale und geschmackliche Stabilität haben.
In den spezifischen Anforderungen unterscheidet man nach den

- Bierarten (unter- oder obergärige Biere);
- Biergattungen (siehe Tabelle 178);
- Biersorten (Lagerbier, Exportbier, Spezialbier, Diätbier, Märzenbier, Bockbier, Porter u.a.) und nach dem
- Biertyp (er wurde ursprünglich geprägt durch die Brauwasserqualität, die die sensorische Eigenschaften und die Bierfarbe bestimmte, wie helle Biere nach dem Pilsener oder Münchener Biertyp bzw. dem Dortmunder Biertyp oder dunkle Biere nach dem Münchener Biertyp und mittelfarbige Biere nach dem Wiener Biertyp).

Nicht alle allgemein formulierten Qualitätskriterien lassen sich durch Analysenwerte quantitativ bestimmen, aber die nachfolgenden konkreten Forderungen haben sich bewährt.

15.2 Anforderungen an die Stammwürze

Die fertigen Unfiltrate müssen in ihrer Stammwürze der gewünschten Biergattung (siehe Tabelle 178) und der für die Biersteuerberechnung vorgesehenen Biersteuerklasse mit ihrem zulässigen Stammwürzebereich entsprechen, wie z. B. bei einem Vollbier der Steuerklasse P11 mit dem zulässigen Stammwürzebereich St = 11,0... 11,9 %.

Tabelle 178 Einteilung der Biergattungen in Deutschland

Gattung	Stammwürze in %
Einfachbiere	4,5...5,5
Schankbiere	7...9 → 10,9
Vollbiere	11,0...14,0
Starkbiere	> 16,0

Bei der Freigabe eines Unfiltrates für den Verkauf ist dabei zu beachten, dass es bei der nachfolgenden Bierfiltration und Abfüllung zu einer weiteren, allerdings im Normalfall nur geringfügigen Verdünnung des Bieres kommt. Die normale Stammwürzeabnahme beträgt dabei maximal 0,2...0,3 %. Der untere Grenzwert der Steuerklasse darf auch durch diese Verdünnung nicht unterschritten werden. Bei einer

Gefahr der Unterschreitung ist der Tankinhalt mit einem höherprozentigen Tankinhalt zu verschneiden.

Bei einem ständigen High-gravity-brewing sind der Verschnitt und die Stammwürze durch automatische Mess- und Regelsysteme zu überwachen, um die Garantiegrenzen zu gewährleisten (siehe Kapitel 13).

15.3 Anforderungen und Charakteristika eines ausgereiften Bieres

Die wichtigsten Anforderungen an die biochemische Ausreifung des fertigen Unfiltrates sind in Tabelle 179 zusammengefasst.

Werden diese Richtwerte sehr deutlich überschritten, so muss durch gärungstechnologische Maßnahmen, d. h. mithilfe frischer, gesunder, aktiver Hefe eine Nachreifung angestrebt werden.

Die klassische Methode dazu ist der Zusatz von Hochkräusen (Bier mit einem Vs > 25 %). Um das Unfiltrat von der sedimentierten und das reifende Bier gefährdenden Althefe zu trennen; wird bei einem ZKT über den Konus abgeschlämmt bzw. bei einem Lagertank der Inhalt mit oder ohne Jungbierseparator umgedrückt. Der Tankinhalt wird nach der Althefeentfernung mit 5...10 % seines Volumens aufgekräust.

Tabelle 179 Reifungsgradkriterien eines ausgereiften Bieres

Erreichter Ausstoßvergärungsgrad Vsaus	Vsaus ≈ Vsend
Vergärbarer Restextrakt	ΔEs ≤ 0,2 %
Gehalt an Jungbierbukettstoffen	
Gesamtdiacetylgehalt: davon Butan-2,3-dion + 2-Acetolactat Pentan-2,3-dion + 2-Acetohydroxybutyrat	≤ 0,10 mg/L ≤ 0,08 mg/L ≤ 0,02 mg/L
Acetaldehyd	≤ 8,0 mg/L
Schwefelwasserstoff	≤ 5 µg/L

15.4 Der Kohlendioxidgehalt

Der CO_2-Gehalt des Bieres entscheidet beim Ausschank über die sich bildende Schaummenge. Weiterhin verleiht er dem Bier eine gewisse Frische und Rezenz und fördert die Bekömmlichkeit des Bieres. Folgende, die Bierqualität bestimmenden Eigenschaften werden dem CO_2-Gehalt zugeschrieben:

- Er hat einen Erfrischungseffekt, der der CO_2-Entbindung (dem „Prickeln") beim Trinken zugeschrieben wird;
- Er beeinflusst Rezenz und Frische des Getränkes (im Gegensatz bei CO_2-Mangel: schaler Geschmackseindruck);
- Er erhöht die biologische Haltbarkeit und unterdrückt besonders das Wachstum von Schimmelpilzen;
- Er fördert die Verträglichkeit kalter Getränke, durch die CO_2-Entbindung im Magen innerhalb von 2 Minuten, verursacht durch die starke Magensäure, wird durch die CO_2-Blasenbildung eine Unterkühlung der Magenschleimhaut vermieden;
- Er ist beim Bierausschank verantwortlich für die Bildung der Schaummenge und unterstützt auch die Schaumhaltbarkeit;

- Er hat folgende weitere physiologische Wirkungen beim Biergenuss:
  - Fördert die Wasserausscheidung über den Harn und die Entleerung des Magens (= erhöht die Bekömmlichkeit);
  - Beschleunigt bei alkoholischen Getränken den Ethanolübergang in das Blut (schnellerer Anstieg des Ethanolgehaltes im Blut);
  - Bei Gastritis bzw. Magenschleimhautentzündungen ist der Genuss CO_2-haltiger Getränke zu vermeiden.

Der CO_2-Gehalt des Unfiltrates muss bei Verfahren ohne Nachcarbonisierung so hoch sein, dass er auch im filtrierten und abgefüllten Bier eine gute Schaummenge gewährleistet, dabei sind die normalen CO_2-Verluste vom Lagergefäß bis zum Flaschenbier von etwa 0,3 g CO_2/L Bier zu berücksichtigen.

Für untergärige helle und dunkle Biere werden CO_2-Gehalte im Flaschenbier von 4,8...5,5 g CO_2/L Bier und im Kegbier von 4,8...5,0 g CO_2/L Bier angestrebt. Die moderne Ausschanktechnik (Kompensatorhahn, Bierkühler) ermöglicht es, auch Biere mit höheren CO_2-Gehalten problemlos auszuschenken. Um aus einem ZKT Keg- und Flaschenbier abfüllen zu können, werden durch das Spunden die natürlichen CO_2-Gehalte des Bieres auf den gewünschten CO_2-Gehalt des Kegbieres eingestellt und das Flaschenbier vor dem Abfüllen nachcarbonisiert.

Der CO_2-Gehalt bei Bier für die Dosenfüllung muss auf ≤ 5,1 g CO_2/L begrenzt werden, wenn die Dosen im Tunnelpasteur pasteurisiert werden sollen. Die Druckbeständigkeit der Dosen setzt diese Grenze, die zurzeit bei etwa $p_ü$ = 6,2 bar liegt.

Ein hin und wieder praktiziertes Abspunden eines CO_2-reicheren Bieres auf einen niedrigeren CO_2-Gehalt im Drucktank ist aus qualitativen Gründen (Gefahr der Schaumbildung, Verlust an schaumpositiven Stoffen, Gefahr einer Trübungsbildung im schon filtrierten Bier) zu vermeiden.

Der CO_2-Gehalt der für die Flaschenabfüllung vorgesehenen untergärigen Unfiltrate sollte am Filtereinlauf zwischen 4,9...5,8 g CO_2/L liegen.

Die obergärigen Weizenbiere haben vielfach einen höheren CO_2-Gehalt, er kann bei diesen zwischen 5,5...9 g CO_2/L Bier liegen. In den letzten Jahren hat der CO_2-Gehalt bei den obergärigen Weizenbieren eine sinkende Tendenz und liegt meist im Bereich um 6 g CO_2/L.

15.5 Die mikrobiologischen Anforderungen und die Anforderungen an die Hefeklärung

Das fertige Unfiltrat soll aus mikrobiologischer Sicht

- Absolut frei sein von bierschädlichen Bakterien (mikroskopisch identifizierbar als Stäbchen, besonders Langstäbchen, Diplokokken, Tetraden);
- Absolut frei sein von Fremdhefen;
- Praktisch frei sein von gramnegativen Bakterien.

Nach Untersuchungen von *Back* [505] waren die Ursachen für Bierreklamationen in den Jahren 2002...2007 ca. 40...50 % Primärkontaminationen, d. h. sie sind im Bierherstellungsprozess eingetragen worden und wären vermutlich im fertigen Lagertankbier schon nachweisbar gewesen. Die Hauptverursacher waren bei 75...85 % der o.g. Reklamationen Bakterien. Hier dominierten besonders die Bakterienstämme *Lactobacillus brevis* Typ 1 und Typ 2, *Lactobacillus lindneri* und *Pediococcus damnosus*.

15.5.1 Fremdhefen

Der Nachweis von einigen Fremdhefen in Brauereikulturhefen ist besonders bei der untergärigen Brauereihefe erschwert, da sie als eine Hybridhefe sowohl mit der obergärigen *Saccharomyces cerevisiae* und den Wildhefen *Sacch. bayanus*, *Sacch. uvarum* und *Sacch. eubayanus* verwandt ist, die auch die Erbanlagen der *Saccharomyces pastorianus* bestimmen. Letztere ist eine der gefährlichsten Infektionshefe bei der Bierherstellung. Ihr Nachweis in Brauereihefekulturen gelingt sicher nur mit der PCR-Analyse (weitere Hinweise siehe Kapitel 15.5.2).

Zur Definition der Fremdhefen:

- Fremdhefen sind nicht identisch mit der verwendeten Betriebshefe und können einen negativen Einfluss auf den Gär- und Reifungsprozess sowie auf die Produktqualität haben. Es können Kulturhefen für einen anderen gärungstechnologischen Prozess (Obergärung, Weingärung) sein oder Wildhefen.
- Sie haben hauptsächlich als Schadhefen andere technologische und biochemische Eigenschaften als die verwendete Kulturhefe. Dies äußert sich vor allem in ihrem Nebenproduktprofil und in der Erzeugung eines Fehl- oder Fremdgeschmackes.
- Die Fremdhefen sind alle als Infektionsorganismen, die unfreiwillig im Brauprozess verwendet werden, zu behandeln.

Für die Bewertung der Kontaminationsrate bei Fremdhefen sind folgende Orientierungswerte bekannt (*Röcken* [506], *Hutzler* et al. [507]):

- Bei einem Verhältnis der Zellenzahlen von Fremdhefe zur Kulturhefe von 1 zu 10^4 besteht eine Beeinträchtigung der Bierqualität (nach *Richards*; l. c. [507]);
- 1 zu 10^6 besteht keine Beeinträchtigung der Bierqualität (nach *Ault*; l. c. [507]);
- Ein praxisgerechtes Analysenverfahren sollte nach *Röcken* [506] eine Fremdhefezelle in $10^5 \ldots 10^6$ Kulturhefezellen nachweisen können!

15.5.2 Einige Hinweise zu den mikrobiologischen Analysenverfahren

Es gibt einfache summarische Schnellbestimmungsmethoden unter Verwendung spezieller Nährböden, die zum Beispiel durch Farbveränderungen der Nährböden einen qualitativen Nachweis einer Organismengruppe erbringen. So können z. B. bierschädliche Bakterien, auch sensible Bakterien wie z. B. *Lactobacillus lindneri*-Stämme, nach *Back* [505] mit NBB-Nährbouillon (NBB-B) in ca. 3...5 Tagen nachgewiesen werden. Dies ist eine einfache Methode, um bereits in der Kaltlagerphase den mikrobiellen Status des betreffenden Unfiltrates vor der Filtration zu überprüfen.
Ein für jeden Mikroorganismus spezifischer und quantifizierbarer Nachweis ermöglicht die Polymerase-Kettenreaktion (Polymerase-Chain-Reaction, PCR). Sie ist eine Methode, mit der spezifische DNA-Abschnitte eines Organismus in 1...2 h bis zu 10^{12}fach kopiert und damit vervielfältigt werden können. Diese DNA-Abschnitte reagieren mit Fluoreszenssonden und mit ihrer Vervielfältigung senden sie ein ebenfalls exponentiell ansteigendes Signal, das in Echtzeit gemessen werden kann. Für die Real-Time-PCR sind Geräte und Nachweissysteme zum Nachweis der wichtigsten bierschädlichen Mikroorganismen auf dem Markt vorhanden und werden von der Praxis auch zunehmend eingesetzt (siehe z. B. [508], [509]).

Geiger und Mitarbeiter [507] konnten mit dieser Methode auch mit der jeweiligen Kulturhefe verwandte Fremdhefestämme (z. B. obergärige Hefen in untergärigen Hefesätzen) signifikant nachweisen. Die Nachweisgrenze liegt je nach Effizienz des PCR-Systems und der Anzahl der Zielsequenzen im Genom zwischen $10^2 \ldots 10^4$ Keimen.

Nach einem Vorschlag *Powell* et al. [510] kann unter Verwendung einer angepassten Mikrofiltration mithilfe einer Hohlfasermembran (0,45 µm Porenweite) und in Verbindung mit der Real-Time-PCR-Analyse in ca. 4...5 h ca. 1 Hefezelle pro 2 mL Flüssigkeit nachgewiesen werden.

Eine vergleichende Bewertung der einzelnen mikrobiologischen Analysenmethoden wurde von *Hutzler* et al. [511], [512] vorgestellt.

15.5.3 Die Konzentration der betrieblichen Kulturhefe im fertigen Unfiltrat

Die Hefekonzentration im fertigen Unfiltrat sollte sich aus der Sicht der Filtrierbarkeit im Konzentrationsbereich zwischen $0{,}5 \ldots 2 \cdot 10^6$ Zellen/mL bewegen (weitere Ausführungen siehe Kapitel 14.3).

15.6 Die sensorischen Anforderungen an ein Unfiltrat

Die sensorische Prüfung des fertigen Unfiltrates darf keine abnormen und deutlich wahrnehmbaren Abweichungen von den gewünschten Qualitätsmerkmalen der betreffenden Biersorte ergeben und muss dem Biertyp entsprechen. Ein leicht hefiger Geruch und Geschmack ist jedoch noch möglich. Die analytischen Werte gemäß Tabelle 180, die die sensorische Qualität des Bieres beeinflussen, sollten bei untergärigen hellen Vollbieren in etwa angestrebt werden.

Tabelle 180 Einige sensorische Richtwerte für untergärige helle Vollbiere

Kriterium	Maßeinheit	Richtwerte
Estergehalt (Acetatester)	mg/L	15...25
Gehalt an höheren aliphatischen Alkoholen	mg/L	70...90
Bukettstoffverhältnis höhere Alkohole zu Estern	-	3...4 : 1
pH-Wert	-	4,20...4,45
Bitterstoffgehalt [1]) Helles Lagerbier	BE	≥ 20
Deutsches Pilsner	BE	≥ 25

[1]) unter Beachtung eines Verlustes von Ø 1...2 BE bei der Filtration

Der pH-Wert des fertig gelagerten Bieres sollte besonders bei hellen bitterstoffbetonten Bieren in dem o.g. Bereich liegen (Bedeutung für den Bittergeschmack siehe Kapitel 3.4.3 und für die Klärung und Filtrierbarkeit siehe Kapitel 14.7.4).

Vor der Freigabe des fertigen Unfiltrates sollte es in geruchsneutraler Umgebung bei Trinktemperatur (8...12 °C) sensorisch geprüft werden.

In einem trüben und noch hefehaltigen Unfiltrat sind nur sehr grobe sensorische Fehler feststellbar, wie z. B.:

- Fehlfarbe des Bieres (zu dunkel oder zu hell);
- Mängel in der Schaumhaltbarkeit;
- Mängel im CO_2-Gehalt und in der Rezenz;

- Ein zu saurer Geschmack durch eine bakterielle Infektion;
- Ein Autolysegeschmack bei einem zu warm gelagerten Bier;
- Fehlaromen durch Fremdhefen, z. B. Gewürznelkenaroma durch obergärige und wilde Hefen in untergärigen Bieren oder adstringierender, phenolischer Apothekengeschmack durch Wildhefeninfektionen, insbesondere durch Stämme von *Saccharomyces pastorianus*.

Tabelle 181 Mögliche Fehlaromen des Bieres und ihre Ursachen

Fehlaroma	Mögliche Verursacher	Ursachen	Schwellenwert für beginnende sensorische Wahrnehmung
Butteraroma	Butan-2,3-dion Pentan-2,3-dion	Bierreifung nicht ausreichend	> 0,10 mg/L
Gekochter Mais	Dimethylsulfid Dimethyldisulfid	Ausstinken der gekochten Würze nicht ausreichend	> 0,10 mg/L
Medizin- bzw. Apotheken-geschmack	Chlorphenole, z. B. 2,6-Dichlorphenol	Gechlortes, phenolhaltiges Brauwasser, Desinfektionsmittelrückstände Infektion von wilden Hefen	> 0,005 µg/L
Metall-geschmack (nach Tinte)	Fe^{++}-Ionen 1-Okten-3-on	Bierkontakt mit Eisen, eisenhaltige Kieselgur, von Eisen katalysierte Lipidoxidation	> 1 mg/L > 0,5 µg/L
Gewürznelken-aroma (phenolisch, bitter, nach Zahnarzt)	4-Vinylguajacol	Kontamination von Fremd- u. Wildhefen	> 0,7 mg/L
Ranziges Aroma (schweißig, käsig, alter Hopfen, muffig)	Buttersäure Isovaleriansäure Caprylsäure	Hefeexkretion, Hefeautolyse, Kontaminationen von Würzeresten mit Buttersäurebakterien, alter Hopfen, Mängel in der Betriebshygiene u. Infektionen von *Megasphaera cerevisiae* u. *Pectinatus sp.*	> 2…3 mg/L > 1,5 mg/L > 4…6 mg/L
Sulfidartiger Geschmack (faule Eier)	H_2S Methanthiol	Ungenügende Bierreifung, Carbonisierung mit schlecht gereinigtem CO_2	> 4 µg/L > 2 µg/L
Stechender Geschmack, grüner Apfel	Acetaldehyd	Ungenügende Bierreifung Kontamination mit bierschädlichen Organismen	> 15 mg/L
Papier-geschmack	2- Nonenal 5-Methylfurfural	Starker Sauerstoffeintrag bei der Würzeherstellung, Oxidation ungesättigter Fettsäuren, *Maillard*-Reaktionen	> 0,1 µg/L > 25 mg/L

Im filtrierten hefefreien Bier sind evtl. Fehlaromen wesentlich deutlicher sensorisch nachweisbar. Bei einem Verdacht auf die in Tabelle 181 ausgewiesenen möglichen Fehlaromen sollte das fertige Unfiltrat mithilfe der von der MEBAK ausgewiesenen gaschromatografischen Spezialanalysen [513] untersucht werden, um rechtzeitig den Verkauf eines fehlerhaften Bieres zu vermeiden bzw. durch Gegenmaßnahmen diese Fehler zu beheben.
Weitere Hinweise zu dieser Thematik sind in Kapitel 4 und Kapitel 6.2.5 zu finden.

15.7 Die Anforderungen an ein Unfiltrat, die die Haltbarkeit und Stabilität des Fertigbieres beeinflussen

Bei der Haltbarkeit und Stabilität eines Bieres unterscheidet man zwischen der biologischen, kolloidalen, geschmacklichen und Schaumhaltbarkeit.

Die chemisch-physikalische bzw. die kolloidale Stabilität der Biere muss den Marktverhältnissen und -erfordernissen entsprechen und muss die auf dem Etikett dem Verbraucher angegebene Mindesthaltbarkeitsdauer garantieren. Dieser Kennwert ist im unfiltrierten Bier schwer oder überhaupt nicht abschätzbar. Er ist erst im filtrierten Bier messbar, da er wesentlich durch die Filtrationsanlage und das angewandte Filtrations- und Bierstabilisierungsverfahren beeinflusst und verändert wird.

Folgende Richtwerte sind bei einer Probenahme aus dem ZKT oder Lagertank für ein im Gär- und Reifungsprozess ausreichend vorstabilisiertes Unfiltrat anzustreben:

- Der Sauerstoffgehalt des Unfiltrates soll einen Wert von 0,02 mg O_2/L Bier nicht überschreiten, dies ist eine Voraussetzung für ein weitgehend geschmacksstabiles Bier.
  Ein geringfügiger Sauerstoffeintrag bei der Filtration und Abfüllung (anzustrebender Höchstwert in der abgefüllten Flasche $\leq$ 0,02 mg O_2/L Bier, tolerierbar sind $\leq$ 0,1 mg O_2/L) darf den Geschmack des Bieres (Alterungs- und Butan-2,3-diongeschmack) nicht verändern.
- Die mittlere kolloidale Stabilität von kolloidal stabilisierten Bieren soll eine Trübung des in der Flasche gezwickelten filtrierten Bieres nach 48 h Warmphase bei 40°C und 24 h Kaltphase bei 0 °C von < 2 EBC Formazin-Einheiten aufweisen, oder das filtrierte Bier soll mit dem modifizierten Schnelltest nach *Chapon* [514] einen Trübungswert von unter 30 EBC-Einheiten aufweisen.
- Die fertigen Lagerbiere müssen gut filtrierbar sein, z. B. mit dem Membranfiltrationstest nach *Esser* (siehe auch [95], [472]) eine Filtrierbarkeitskennziffer von M_{max} > 90 g aufweisen (siehe auch Kapitel 14.7).
- Die in Kapitel 14.7.4 aufgeführten Eigenschaften des unfiltrierten Bieres sollten zur Gewährleistung der Filtrierbarkeit angestrebt werden.

Weiterhin muss das Lagerbier unter Berücksichtigung der zu erwartenden betriebsspezifischen Verdünnung bei der Filtration und Abfüllung dem geforderten Stammwürzegehalt und der gewünschten Bierfarbe entsprechen.

15.8 Anforderungen an die Schaumhaltbarkeit eines Unfiltrates

15.8.1 Visuelle und analytische Qualitätsrichtwerte

Ziel der Qualitätsarbeit eines Brauers ist es auch, ein Bier mit einem standfesten und reichlichen Schaum zu produzieren. Der Bierschaum soll:

- Reichhaltig sein und je nach Glasform und Glasgröße eine ca. 3...5 cm hohe Schaumkrone besitzen;
- Feinporig und standfest sein, d. h. nach dem Einschenken ca. 4...5 Minuten mindestens noch in voller Höhe und Feinporigkeit im Glas vorhanden sein;
- Beim Trinken noch als Haftringe (Trinkringe) in einem gut gespülten, fettfreien Bierglas erkennbar sein;
- Soll in seiner Farbe weiß sein und keine braunen Einfärbungen (Ursache oft Eintrag von Eisenionen) besitzen.

Eine visuelle Kontrolle der Unfiltrate vom Probenahmehahn (Zwickel) aus dem Lagertank, ZKT oder am Filtereinlauf ermöglicht schon unter Verwendung des standardisierten Verkosterglases eine erste Einschätzung der zu erwartenden Schaumqualität.

Analytisch kann die Schaumhaltbarkeit mit mehreren Methoden (siehe MEBAK [515]) beurteilt werden, die auch für Unfiltrate anwendbar sind. Folgende Richtwerte für filtrierte Biere sind bekannt:

- Schaumzerfallszeit für 3 cm nach NIBEM:

< 220 s	schlecht
220...250 s	gut
> 250 s	sehr gut

- Schaumzahl nach *Ross* & *Clark*:

< 115	mangelhaft
115...125	befriedigend
125...130	gut
> 130	sehr gut

- Schaummessung mit dem Lg-*Foamtester:*
  Nach Optimierungsarbeiten an der VLB [516] hat sich auch dieses Messsystem in der Brauereipraxis bewährt.
  Die Bewertungen liegen im Allgemeinen 10...12 Punkte niedriger als beim System *Ross* & *Clark* (z. B. Schaumzahl ≥ 120: sehr gut).

15.8.2 Ursachen für Qualitätsmängel

- **Eine zu geringe Schaummenge:**
  Hauptursache ist ein zu geringer CO_2-Gehalt im Bier (Richtwerte siehe u.a. Kapitel 15.4). Es ist die Temperatur-Druckführung von der Hauptgärung bis zum Ausschank zu überprüfen. Mängel im Ausschank erfordern eine Qualifizierung des Ausschankpersonals.
- **Mängel in der Feinporigkeit und Standfestigkeit des Bierschaums:**
  Sie können eine Vielzahl von Ursachen haben, wie z. B.
  - Verarbeitung von unterlösten oder überlösten Malzen;
  - Ein nicht auf die Malzqualität abgestimmtes Maischverfahren;
  - Ein zu intensiver Würzekochprozess mit Restgehalten an noch koagulierbarem Stickstoff < 15 mg/L;

- **Einfluss der Prozessführung bei der Gärung und Reifung:**
  - Die positiven Schaumträger, wie das Lipid Transfer Protein 1 (LTP1) mit einem Molekulargewicht von 8 kDa, Proteinfraktionen mit einem Molekulargewicht von 40…43 kDa und die schaumpositiven Bitterstoffe sind nicht in ausreichender Menge vorhanden oder sind durch Schaumentwicklungen im Bierherstellungsprozess verloren gegangen, vor allem bei einer zu warmen, drucklosen Hauptgärung und bei unsachgemäßem Umpumpen unter zu geringem Gegendruck;
  - Die Verwendung einer geschädigten Satzhefe mit Totzellenanteilen > 5 % und einer schwachen Gärleistung sowie Temperaturschocks für die Hefe vor allem in der Angärphase, können zur Ausscheidung von Hefeinhaltsstoffen führen, insbesondere der Proteinase A, die den Bierschaum schädigen können.
  - Eine zu lange Warmreifung (> 3 d) bei hohen Temperaturen (> 8 °C) und bei noch hohen Hefekonzentrationen (> $10 \cdot 10^6$ Zellen/mL) kann zur Ausscheidung von den Schaum schädigenden Hefeinhaltsstoffen führen.
  - Keine rechtzeitige und mehrmalige Abtrennung der sedimentierten Hefe im ZKT (Hefeernte sollte möglichst schon zu Beginn der Warmreifungsphase erfolgen) kann zur beschleunigten Erwärmung des im Konus befindlichen Hefesediments und damit zur Autolyse und Schaumschädigung führen.
  - Bei klassischen Gär- und Reifungssystemen führt eine warme Gärführung und eine Lagerung bei Temperaturen > 2 °C zur Schaumschädigung.

Aus der Sicht der Gärung und Reifung sind die Vermeidung von Schaumbildung im Prozess, eine gesunde Anstellhefe und ein auf die Größe und das Produktionsregime abgestimmtes Hefemanagement die entscheidenden Beiträge für eine gute Schaumhaltbarkeit des Endproduktes.

Tabelle 182 Farbbereiche der dunklen Biersorten und ihr geschmacklicher Charakter (nach [517])

Biersorte	Geschmacklicher Charakter	Bierfarbe EBC	St in %	A in Vol.-%
Schwarzbier	Schlank, mittlere Bittere	90…150	11…12	4,5…5,3
Export dunkel	Vollmundig, malzaromatisch, geringe Bittere	40…80	12,5…13,5	5,1…5,9
Starkbier dunkel	Aromatisch, süßlich, geringe Bittere	40…80	16…21	6,4…9,0
Märzen dunkel	Vollmundig, geringere Bittere	20…60	13,2…13,8	5,4…6,3
Vollbier dunkel	Malzaromatisch	30…50	11,0…12,8	4,5…5,4
Weizen dunkel	Typisches Aroma, geringe Bittere, starke Rezenz	25…65	11,3…12,9	4,5…5,5
Stout/Porter	Typisches Röstaroma, hohe Bittere	120…300	16…20	5,2…8,5
Ale	Sehr unterschiedlich	Bis 120	7,5…26	4,5…10

St Stammwürze A Ethanolgehalt

Tabelle 183 Checkliste für die Prozesskontrolle während der Biergärung und -reifung

Prozessstufe	Analyse	Klassische	ZKT u. andere
1. Anstellwürze	Stammwürze	+++	+++
	Endvergärungsgrad, Esend	+++	+++
	pH-Wert	++	+++
	Bitterstoffgehalt	++	+++
	Farbe	++	++
	FAN-Gehalt	++	+++
	Resttrubgehalt	+	++
	Sauerstoffgehalt	++	+++
	Temperatur	+++	+++
2. Anstellen zur Hauptgärung	Hefemenge pro Gärtank	+++	+++
	Hefekonzentration im Gärtank	+	+++
	Vsend u. Esend vom Gärtank	+	+++
	Temperatur des Gärtanks	+	+++
3. Hauptgärung	Scheinbarer Extrakt	+++	+++
	Temperatur	+++	+++
	pH-Wert	+	++
	Hefekonzentration am 2./3. Tag	+	++
4. Schlauchbier Jungbier	Vergärbarer Restextrakt, ΔEs	+++	+++
	Hefekonzentration	+++	+++
	Temperatur	+++	+++
	Bitterstoffgehalt	+	++
5. Nachgärung + Reifung	Gesamtdiacetylgehalt	+	+++
	Vs + ΔEs	++	+++
	pH-Wert	+	+++
	Hefekonzentration	+	++
	Temperatur	+++	+++
	Spundungsdruck	+++	+++
	CO_2-Gehalt	+	++
6. Abkühlung nach Warmreifung	Gesamtdiacetylgehalt	-	+++
	pH-Wert	-	+++
	Temperatur	-	+++
	Bitterstoffgehalt	-	++
	Farbe	-	++
	Andere Gärungsnebenprodukte	-	++
7. Kaltlagerung + fertiges Unfiltrat	Temperatur	++	+++
	Spundungsdruck/CO_2-Gehalt	+++	+++
	Hefekonzentration	+	++
	Trübung/Kältetrübung	+	++
	Bieranalyse incl. pH-Wert,	+++	+++

+++ unbedingt erforderliche Analyse,
++ empfehlenswerte Analyse,
+ wahlweise, bei Veränderungen in der Prozessführung zusätzlich durchzuführende Analyse
– nicht zutreffend

15.9 Die Bierfarbe

Die Bierfarbe muss dem gewünschten Biertyp entsprechen und unter Beachtung der verwendeten farbgebenden Variante (siehe auch Kapitel 3.6.2) bei dunklen Bieren auch geschmacklich den Biercharakter mit prägen. Während die hellen Biere wie Pilsner und Export normal im Farbbereich zwischen 7...12 EBC-Einheiten liegen, kommt es bei dunklen Bieren zu einer größeren Vielfalt, die auch den Charakter dieser Biere mit bestimmen (siehe Tabelle 182). Ein Teil dieser Biere erhält erst bei der Gärung und Reifung bzw. bei der Filtration mittels Röstmalzbier seine Farbtiefe.

15.10 Checkliste für die Prozesskontrolle bei der Gärung und Reifung des Bieres

Um die o.g. Qualitätsparameter für das fertige Unfiltrat zu gewährleisten, ist das in Tabelle 183 aufgeführte Regime für die Prozesskontrolle während der Gärung und Reifung des Bieres als Mindestprogamm zu empfehlen.

15.11 Unfiltratbereitstellung für die Filtration

Das ausgereifte Bier muss der Filteranlage zugeführt werden. Dazu wird der Lagerbehälter mit der Ziehleitung verbunden. Dabei sind aber folgende Punkte zu beachten:

- Der Lagerbehälter sollte vor dem Anschluss an die Unfiltratleitung noch einmal abgeschlämmt werden, um Hefesediment zu entfernen.
- Günstig sind Behälterausläufe oberhalb des Gelägers, die das Nachrutschen von Sediment zuverlässig verhindern.
  Alternativ wird vor der Filteranlage ein Puffertank installiert, der Hefestöße nicht verhindert, aber über einen gewissen Zeitraum auf ein größeres Biervolumen verteilt und damit die Sperrschicht bildende Wirkung eines Hefestoßes reduziert.
- Die Unfiltratleitung muss vollständig entlüftet werden, vorzugsweise durch eine CO_2-Spülung (die ebenfalls mögliche Spülung mit O_2-freiem Wasser setzt eine entsprechende, stetig steigende Leitungsführung voraus und ist aber kostenaufwendiger gegenüber der CO_2-Nutzung; s.a. [608]).
- Die Unfiltratleitung muss mit O_2-freiem Wasser gefüllt werden oder - vorzugsweise - mit CO_2 vorgespannt werden.
- Der Lagerbehälter muss an das Spanngassystem angeschlossen sein. Spanngasausfall muss als Störung signalisiert werden.

Bei stehenden Lagerbehältern, wie z. B. ZKT, wird der hydrostatische Druck während der Entleerung immer geringer. Deshalb muss die Entleerung mit einer Pumpe erfolgen, um CO_2-Partialdruckunterschreitungen/Schaumbildung zu vermeiden (hierzu s.a. Kapitel 22 sowie [612] bzw. [625]).

Die Unfiltratpumpe wird zweckmäßigerweise frequenzgeregelt betrieben.

Leermeldung

Das genaue Füllvolumen eines Lagerbehälters ist nicht bekannt. Das Ende der Entleerung kann durch eine Leermeldesonde signalisiert werden. Auch eine

Differenzdruckmessung Tankauslauf/Gasphase kann das nahe Ende bzw. das Ende signalisieren.

Bei automatisierten Anlagen muss in der Unfiltratleitung am Tankauslauf bzw. in Nähe des Tankauslaufes eine Leermeldesonde installiert sein, um einen Behälterwechsel oder das Ende der Filtration durch Wasserausschub vornehmen zu können.

Standschläuche am Behälterauslauf, verbunden mit der Gasphase, ergeben auch bei modernen Lagersystemen eine sehr aussagefähige Anzeige, allerdings nur vor Ort, zum Restfüllungsgrad.

Eine weitere Variante ist die Umstellung auf den nächsten Behälter, bevor der Lagerbehälter vollständig entleert wurde. Der Tankrest wird dann auf einen anderen Behälter umgedrückt. Bedingung ist natürlich eine O_2-freie Arbeitsweise.

Spanngas

Liegende und kleinere stehende Lagertanks müssen zur Vermeidung von O_2-Aufnahme mit CO_2 als Spanngas entleert werden, ggf. auch mit Stickstoff oder einem Mischgas aus CO_2 und N_2. Zu Fragen der CO_2-Qualität siehe Kapitel 24.8.

Bei ZKT mit dem normalen Leerraum/Steigraum (wie beim Eintankverfahren immer üblich; ebenso beim Zweitankverfahren mit gleicher Behältergröße bei Gärung und Lagerung) kann unter folgenden Bedingungen auch mit Sterilluft als Spanngas entleert werden:

- Der ZKT wird ohne Unterbrechung entleert;
- Die Entleerungszeit beträgt weniger als 18 Stunden.

Dabei wird ausgenutzt, dass sich das vorhandene CO_2-Polster langsam nach unten bewegt. Aufgrund des Dichteunterschiedes CO_2 und Luft und der niedrigen Temperatur bleibt das CO_2-Polster relativ lange erhalten. Die Vermischung der Gase entsprechend den Gasgesetzen verläuft relativ langsam.

Wird der ZKT nicht in einem Zug entleert, muss die erste Entleerungsstufe mit CO_2 erfolgen. Die Restentleerung kann dann mit Sterilluft erfolgen.

Vorteilhaft ist bei der Entleerung mit Sterilluft auch, dass der ZKT am Ende der Entleerung über den Tankauslauf entspannt werden kann. Dabei wird erst das CO_2 ausgeschoben und dann die Sterilluft. Der ZKT ist also nach der Druckentlastung über den Tankauslauf weitestgehend CO_2-frei und kann alkalisch gereinigt werden (s.a. [576]).

16. Anlagen für die Wasserentgasung

16.1 Allgemeine Hinweise

Für viele Getränke, insbesondere auch für Bier, ist die Entfernung des Sauerstoffs eine Voraussetzung für die Vermeidung von Oxidationen und damit die Alterung bzw. negative sensorische Beeinflussung. Eine wesentliche Voraussetzung für das High-gravity-brewing ist die Verfügbarkeit von sauerstofffreiem Wasser ($c_{O2} \leq$ 0,02 mg/L), s.a. Kapitel 13.

Die Imprägnierung mit CO_2 und die problemlose, ungekühlte Füllung der Getränke erfordern die vollständige Entgasung des Wassers und der Getränkekomponenten, also die quantitative Entfernung der Luft, da selbst mikroskopisch kleine Luftbläschen als Entbindungskeime für das CO_2 wirken. Das CO_2 diffundiert infolge des Partialdruckgefälles in die Luftbläschen, die Blase wächst und steigt auf mit der Folge von Schaumbildung.

Die aktuelle Löslichkeit eines Gases ergibt sich aus dem Druck und dem temperaturabhängigen Löslichkeitskoeffizienten (auch als Absorptionskoeffizient bezeichnet), s.a. Tabelle 184. Bei Sättigung der Flüssigkeit mit einem Gas befindet sich dessen Partialdruck im Gleichgewicht mit dem Partialdruck des Gases in der umgebenden Gasphase. Daraus folgt, dass die Reduzierung des Druckes, genauer des Partialdrucks des betreffenden Gases, die mögliche Lösungsmenge verringert. Dabei muss außerdem der Stoffaustauschgrad mit berücksichtigt werden (s.a. [91]).

Der Gesamtdruck der Gase entspricht der Summe der einzelnen Partialdrücke (Gesetz von *Dalton*). Als Beispiel wird die atmosphärische Luft genannt: Der Anteil des Sauerstoffs beträgt 20,9 Vol.-%. Deshalb beträgt der Partialdruck des O_2 in der Luft bei einem Druck von 1 bar nur 0,209 bar. Dabei ist zu beachten, dass nicht nur die Drücke der beteiligten gelösten Gase den Gesamtdruck bestimmen, sondern auch die Dampfdrücke der beteiligten Flüssigkeiten. Im Falle der Getränke sind das vor allem die Partialdrücke des Wasserdampfes und des Ethanols (die genauen temperaturabhängigen Werte können aus den entsprechenden Dampftafeln entnommen werden).

Tabelle 184 Technischer Löslichkeitskoeffizient λ (nach [518])

Gas	Dichte in mg/mL	Molmasse in g	Technischer Löslichkeitskoeffizient λ in mL Gas/(1000 g Wasser ·1 bar) bei einer Temperatur in °C						
			0	5	10	15	20	25	30
Sauerstoff	1,429	32	48,4	42,3	37,5	33,6	30,6	28,0	26,0
Stickstoff	1,250	28	22,9	20,4	18,5	16,8	15,5	14,4	13,4
CO_2	1,964	44	1691	1405	1182	1006	868	753	659
Luft	1,293	28,96	28,6	25,5	22,4	20,4	18,3	16,3	15,3

Das Gasvolumen ist auf den Normzustand (0 °C und 1,013 bar) bezogen.

Zwischenwerte lassen sich z. B. grafisch interpolieren.

Beispiel: Löslichkeit von O_2 in Wasser bei 20 °C:

$$\lambda_{O_2} \cdot \rho_{O_2} \cdot p_{O_2} = \frac{30{,}6\ \text{mL}}{1000\ \text{g Wasser} \cdot 1\ \text{bar}} \cdot \frac{1{,}429\ \text{mg}}{\text{mL}} \cdot 0{,}209\ \text{bar} = \underline{9{,}14\ \text{mg}\ O_2/\text{kg}}$$

Die Entgasung (Synonyme: Entlösung, Desorption), d. h. vor allem die Entfernung des Sauerstoffs, beruht also auf der Reduzierung des Sauerstoff-Partialdruckes. Damit wird der mögliche O_2-Gehalt einer Lösung verringert und das Gas freigesetzt.

Die Desorption der Gase wird durch eine große Oberfläche der zu entgasenden Flüssigkeit gefördert, d. h., die Flüssigkeit wird beispielsweise versprüht.

Auf den entgegengesetzten Prozess, die Anreicherung einer Flüssigkeit mit einem Gas (Absorption), wird im Kapitel 3.8 eingegangen.

16.2 Varianten der Entgasung

Möglichkeiten zur Entgasung des Wassers bestehen in folgenden Varianten:

- Druckreduzierung (Vakuum-Entgasung);
- Druck-Entgasung mit CO_2;
- Thermische Entgasung;
- Entgasung mittels Membranen;
- Katalytische Entfernung des Sauerstoffs;
- Chemische Sauerstoffentfernung.

Stumpf et al. [519] geben eine Bewertung der Vor- und Nachteilen verschiedener Systeme zur Entgasung, siehe auch die auszugsweise Zusammenstellung in Tabelle 185.

16.2.1 Vakuum-Entgasung

Durch Senkung des Systemdruckes wird die lösbare Gasmenge gesenkt, weil auch der Partialdruck der beteiligten Gase im gleichen Verhältnis gesenkt wird.

Das Wasser wird in der Regel in einen unter Vakuum stehenden Behälter gesprüht. Ziel ist eine große Oberfläche. Das Vakuum ($p \approx \leq 0{,}1$ bar) wird mittels Wasserringpumpe erzeugt. Zur Verbesserung des Effektes kann die Entgasung zwei- oder mehrstufig erfolgen. Außerdem kann zum Wasser eine kleine Menge CO_2 dosiert werden. Das CO_2 wirkt als „Schleppgas“ durch örtliche Partialdruckerniedrigung und verbessert den Entgasungseffekt.

Mit einer einstufigen Vakuumentgasung (Vakuum etwa 90 %) lassen sich bei Wassertemperaturen von 12...15 °C etwa ≥ 1 mg O_2/L erreichen, bei CO_2-Dosierung ca. 0,8 mg O_2/L.

Bei zweistufigen Anlagen (Abbildung 244 und Abbildung 245) sollen sich bei 15 °C, einem Druck von p = 0,05 bar und einer CO_2-Dosierung von 0,5 g/L etwa 0,04 mg O_2/L erzielen lassen ([521]; bei einem Druck von p = 0,05 bar lösen sich noch ca. 0,1 g CO_2/L, sodass etwa 0,4 g CO_2/L für die Partialdruckerniedrigung verfügbar bleiben).

Die Anlage muss kontinuierlich betrieben werden, bei Bedarf (geringe Abnahme) lassen sich der Durchsatz reduzieren und die Parameter anpassen.

16.2.2 Druck-Entgasung

Wenn reines CO_2 im Gegenstrom zum fein verdüsten Wasser geführt wird, kann der O_2-Partialdruck in einem Behälter bei einem Gesamtdruck von > 1 bar sehr stark erniedrigt werden, sodass der Sauerstoff „ausgewaschen" wird (Abbildung 246). Dabei reichert sich das Wasser mit ca. > 2 g CO_2/L an. Bei höheren CO_2-Drücken wird die Imprägnierung verbessert.

Die Stoffaustauschsäule sollte möglichst hoch sein, um die Rückvermischung zu verringern und um das Gegenstromprinzip gut zu nutzen (praktisch ausgeführt ≤ 8 m). Eine weitere Verbesserung ermöglicht die mehrstufige Anlagengestaltung.

Nachteilig ist bei diesem Verfahren, dass das am Ende des Prozesses aus dem Behälter entweichende CO_2-/Luft-Gemisch nicht weiter verwendet werden kann. Der relative Verlust, bezogen auf die Carbonisierung, beträgt etwa 3...5 % [520].

Tabelle 185 Vergleich verschiedener Wasserentgasungsverfahren, nach Stumpf et al. [519]

Verfahren	Entgasung durch	Rest-O_2-Gehalt	CO_2-Gehalt	Vor- u. Nachteile
Membran-ent-gasung	Strippgas CO_2 im Gegenstromprozess an Membranfläche	< 0,02 ppm	bis ca. 0,2 g/L	+ niedrige Verbräuche + einfache Reglung - CIP aufwendig - hohe Investitionskosten - teurer Membranersatz
Einstufige Sprühent-gasung	Verdüsung mit Strippgas CO_2 im Gegenstrom und Vakuum	0,3... 0,5 ppm	-	+ geringer Platzbedarf - hoher Elektroenergie-bedarf - hohe Wartungskosten - hoher CO_2-Verbrauch
Zwei- u. mehr-stufige Sprühent-gasung	Verdüsung mit Strippgas CO_2 im Gegenstrom und Vakuum	0,05 ppm	-	+ geringer Platzbedarf - hoher Elektroenergie-bedarf - hohe Wartungskosten - hoher CO_2-Verbrauch
Kalte Kolonnen-ent-gasung	Strippgas CO_2 im Gegenstromprozess in Säulen mit Hoch-leistungspackung	< 0,05 ppm	bis ca. 2,0 g/L	+ geringer Flächenbedarf + niedrige CO_2-Abluftmenge + Wassercarbonisierung + geringer Wartungsaufwand - große Bauhöhe
Heiße Kolonnen-ent-gasung	Strippgas CO_2 im Gegenstromprozess in Säulen mit Hoch-leistungspackung und Temperaturerhöhung	≤ 0,02 ppm	bis 0,5 g/L	+ geringer Flächenbedarf + niedriger Verbrauch + geringer Wartungsaufwand + kombinierte Entkeimung - große Bauhöhe
Kolonnen-entga-sung mit Vakuum	Strippgas CO_2 im Gegenstromprozess in Säulen mit Hoch-leistungspackung u. unter Vakuum	< 0,02 ppm	ca. 0,2 g/L	+ geringer Flächenbedarf + niedrigster Verbrauch + niedrigste Restsauerstoff-werte + geringer Wartungsaufwand - große Bauhöhe

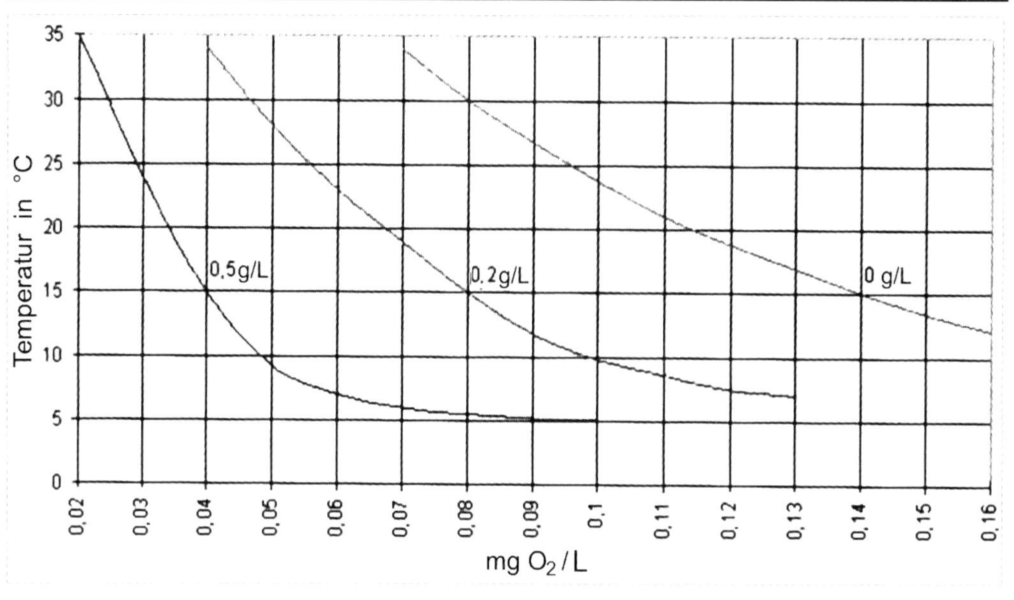

Abbildung 244 Restsauerstoff-Konzentration als Funktion der CO_2-Zugabe bei der zweistufigen Vakuumentlüftung (Druck p = 0,05 bar), nach [521]

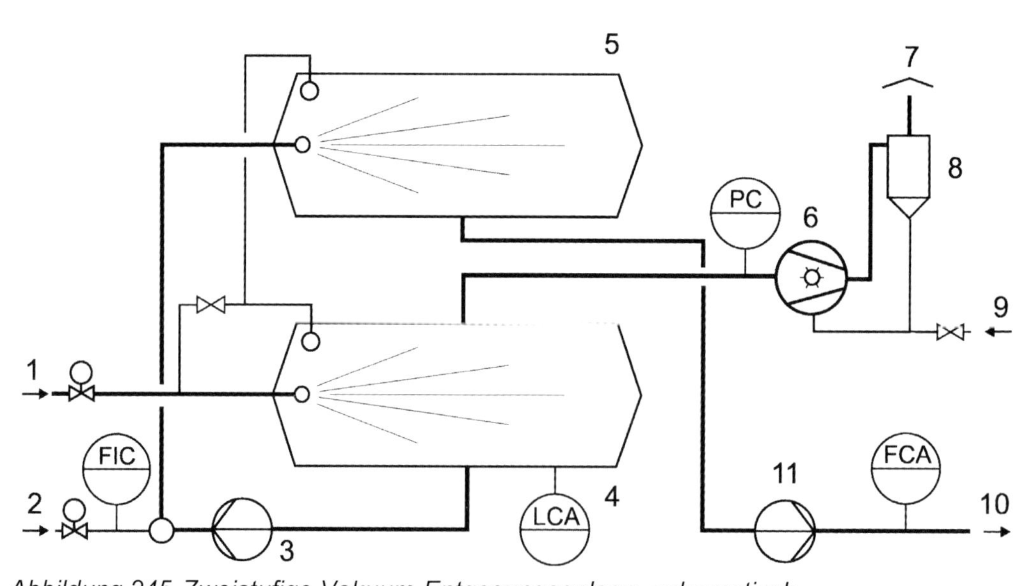

Abbildung 245 Zweistufige Vakuum-Entgasungsanlage, schematisch
1 Wasser-Zulauf/CIP-VL **2** CO_2 **3** Pumpe nach erster Stufe **4** erster Entgasungsbehälter **5** zweiter Entgasungsbehälter **6** Vakuumpumpe **7** Gasableitung **8** Gas-Abscheider **9** Sperrwasser **10** entgastes Wasser zur Imprägnierung **11** Pumpe für entgastes Wasser

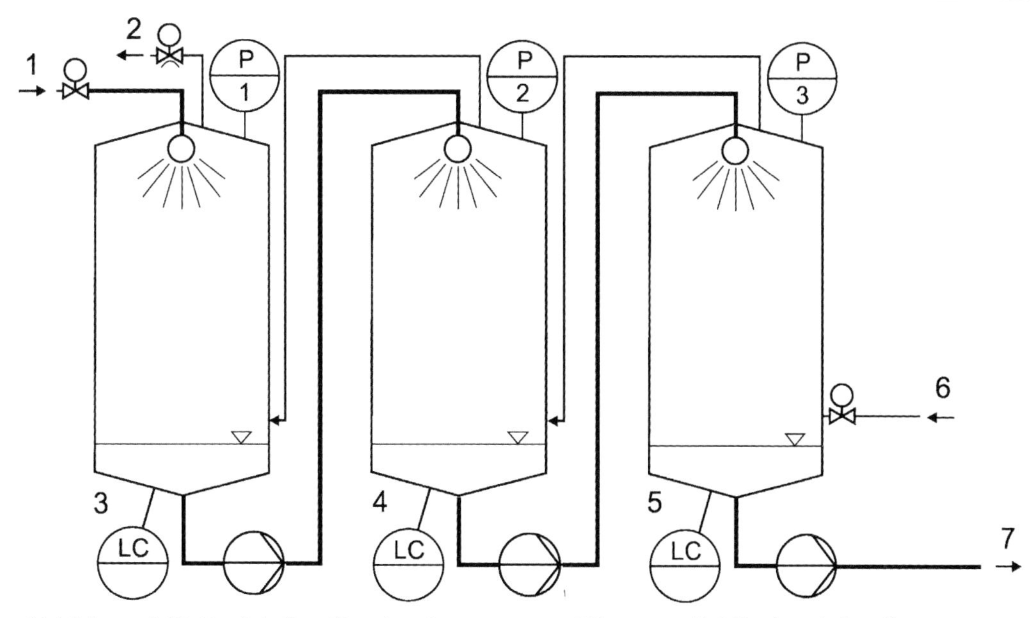

Abbildung 246 Dreistufige Druckentgasung von Wasser mit CO_2 (nach [520])
1 Wasser zur Entgasung **2** Gasableitung **3**, **4**, **5** Entgasungsbehälter (Reaktoren)
6 CO_2 **7** entgastes Wasser zur Imprägnierung
Es gilt für die Drücke in den Reaktoren: P 1 = P 2 > 1,1 bar; P 3 > P 2

Nach *Mette* [520] lassen sich mit einer dreistufigen Gegenstrom-Druckentgasung bei 15 °C und einem Druck von p > 1,1 bar sowie bei 3 % relativem CO_2-Verlust etwa 0,04 mg O_2/L und bei 5,5 % relativem CO_2-Verlust 0,02 mg O_2/L erreichen.

Die Druck-Entgasung lässt sich nicht nur für zu carbonisierende Getränke bzw. Wasser benutzen. Damit kann also auch Sirup entgast werden.
Vorteilhaft ist bei der Druckentgasung, dass keine Vakuumpumpen benötigt werden.

16.2.3 Thermische Entgasung

Bei der thermischen Entgasung wird das mit steigender Temperatur verringerte Lösungsvermögen der Gase genutzt. Eine vollständige Entgasung bei atmosphärischem Druck ist jedoch erst bei ≥ 100 °C möglich (Tabelle 186; Anwendung beispielsweise beim Kesselspeisewasser). Es muss also eine geringe Wassermenge verdampft werden. Dazu kann auf wenige Grad über Siedetemperatur erhitzt werden (Abbildung 247).

Die Entgasung kann natürlich außer bei atmosphärischem Druck auch durch Anwendung von Vakuum auch bei niedrigeren Temperaturen erfolgen: z. B. bei p = 0,5 bar, ϑ = 81,35 °C oder p = 0,7 bar, ϑ = 90 °C. Bei Normaldruck wird die Vakuumpumpe eingespart.

Das Wasser wird rekuperativ erwärmt, beispielsweise mit einem PWÜ. Der Wärmerückgewinnungsgrad kann sinnvoll bei ≥ 92 % liegen (siehe auch Kapitel 24.5), sodass der Wärmeaufwand relativ gering bleibt. Eine Zusatzkühlung des entgasten Wassers ist in der Regel nicht erforderlich, ist aber möglich. Eine geringe CO_2-Zusatzmenge verbessert die Entgasung durch den Stripping-Effekt.

Die thermische Entgasung kann auch für die Pasteurisation des Getränks benutzt werden, wenn die Komponenten vorher gemischt werden, zumindest Wasser und Zuckerlösung.

Die Heißentgasung unter Vakuum kann auch für Fruchtsäfte bzw. safthaltige Getränke angewandt werden. In die Abgasleitung wird dann ein zusätzlicher Kühler eingefügt, um die Aromastoffe wieder zu kondensieren und zurückzuführen.

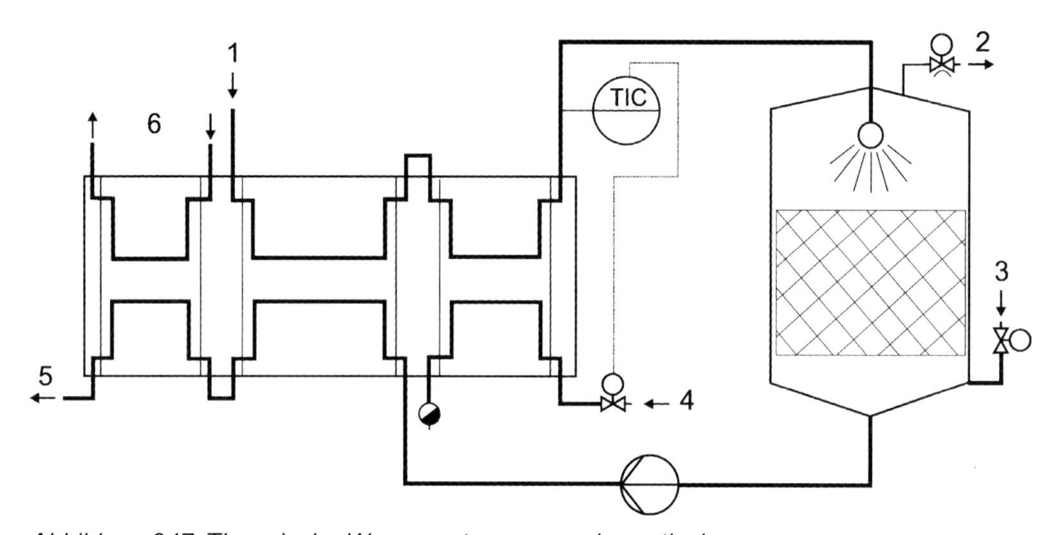

Abbildung 247 Thermische Wasserentgasung, schematisch
1 Wasserzulauf **2** Gasableitung, ggf. Anschluss für eine Vakuumpumpe **3** Strippgas CO_2 **4** Dampf **5** entgastes Wasser **6** Kälteträger

16.2.4 Entgasung mittels Membranen

Das Wasser kann durch hydrophobe Membranen entgast werden. Eingesetzt werden Hohlfaser-Membranen (z. B. aus PP; Ø ca. 0,3 mm). Das Wasser wird außerhalb der Hohlfasern geführt. Innerhalb der Hohlfasern wird durch Vakuum der Gesamtdruck erniedrigt und zusätzlich wird reines CO_2 im Gegenstrom eingeleitet, sodass der O_2-Partialdruck gegen null geht (Abbildung 248). Der Sauerstoff diffundiert (permeiert) durch die Membrane und wird durch das CO_2 oder den Stickstoff als Schleppgas entfernt. Wenn nicht carbonisiert werden soll, kann auch Stickstoff als Schleppgas eingesetzt werden. Die hydrophobe Membran lässt kein Wasser passieren.

Der erreichbare Wert wird außer von den Membraneigenschaften von der Höhe des Vakuums, vom realen CO_2-Volumenstrom (proportional zum Durchsatz), von der Diffusionsfläche, von dem Durchsatz (verfügbare Kontaktzeit) und der Wassertemperatur bestimmt.

Mit einer Anlage von vier in Reihe geschalteten Membranmodulen (Typ CENTEC DGS 10") lassen sich die in Tabelle 187 bis Tabelle 189 ausgewiesenen Werte erzielen (nach [522]). Nach Herstellerangaben lassen sich mit 6 Modulen bis zu 60 m^3/h entgasen.

Vor den Membranmodulen sollte ein Partikelfilter mit einem Rückhaltevermögen ≥ 3 µm installiert werden.

Tabelle 186 Sauerstoffgehalt in luftgesättigtem Wasser bei atmosphärischem Druck als Funktion der Temperatur

Gerechnet wurde mit dem *Bunsen*'schen Löslichkeitskoeffizienten α (nach [523]); der Wasserdampfpartialdruck wurde [524] entnommen;
Partialdruck des Sauerstoffs p = 0,2096 bar bei 1 bar; 0,2128 bei 1,013 bar
Spalte 6 ergibt sich aus: α · 1000 mL/L · 1,429 mg O_2/mL · 0,2096 bar · Spalte 5

Temperatur in °C	*Bunsen*'scher Löslichkeits-Koeffizient für Sauerstoff α in mL/(mL H_2O · 1,013 bar)	Partialdruck des Wasserdampfes in kPa	Δ(Luftdruck – Wasserdampfpartialdruck): 101,3 kPa – p_{H2O} in kPa	res. Gesamtdruck in bar	max. Sauerstoffgehalt in mg/L
1	2	3	4	5	6
10	0,03802	1,25	100,05	1,0005	11,39
20	0,03103	2,35	98,95	0,9895	9,20
30	0,02608	4,25	97,05	0,9705	7,58
40	0,02306	7,39	93,91	0,9391	6,49
50	0,02090	12,36	88,94	0,8894	5,57
60	0,01946	19,93	81,37	0,8137	4,74
70	0,01833	31,30	70,00	0,7000	3,84
80	0,01761	47,50	53,80	0,5380	2,84
90	0,01723	70,10	31,20	0,3120	1,61
95	0,01710	84,63	16,67	0,1667	0,85
97	0,01706	91,00	10,30	0,1030	0,53
98	0,01704	94,40	6,90	0,0690	0,35
99	0,01702	97,84	3,46	0,0346	0,18
100	0,01700	101,30	0,00	0,0000	0,00

Tabelle 187 Erzielbare Restsauerstoffwerte bei einem Durchsatz von 40 m^3/h und 4 in Reihe geschalteten Modulen (nach [522])

Rest-O_2-Gehalt in mg/L	Wassertemperatur in °C	ca. CO_2-Verbrauch in m^3 i.N./h
0,025	12	10
0,020	14	9,3
0,016	16	8,7
0,012	18	8,1
0,009	20	7,5

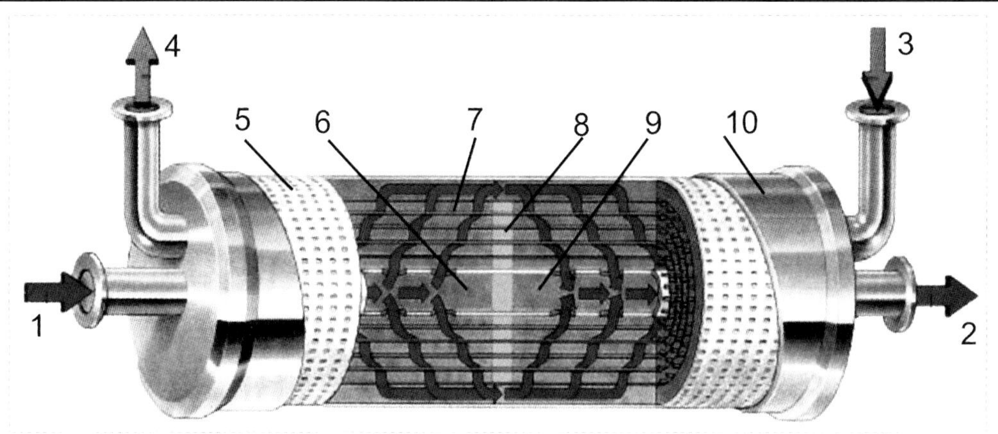

Abbildung 248 Membranmodul 10 Zoll, die Membranfläche beträgt ca. 120 m^2 (nach Centec GmbH)

1 Wassereinlauf **2** Wasserauslauf, entgast **3** Strippgas-Zufuhr **4** zur Vakuumpumpe **5** Membranhülle **6** Verteilerrohr **7** Hohlfaser **8** Trennwand **9** Sammelrohr **10** Gehäuse

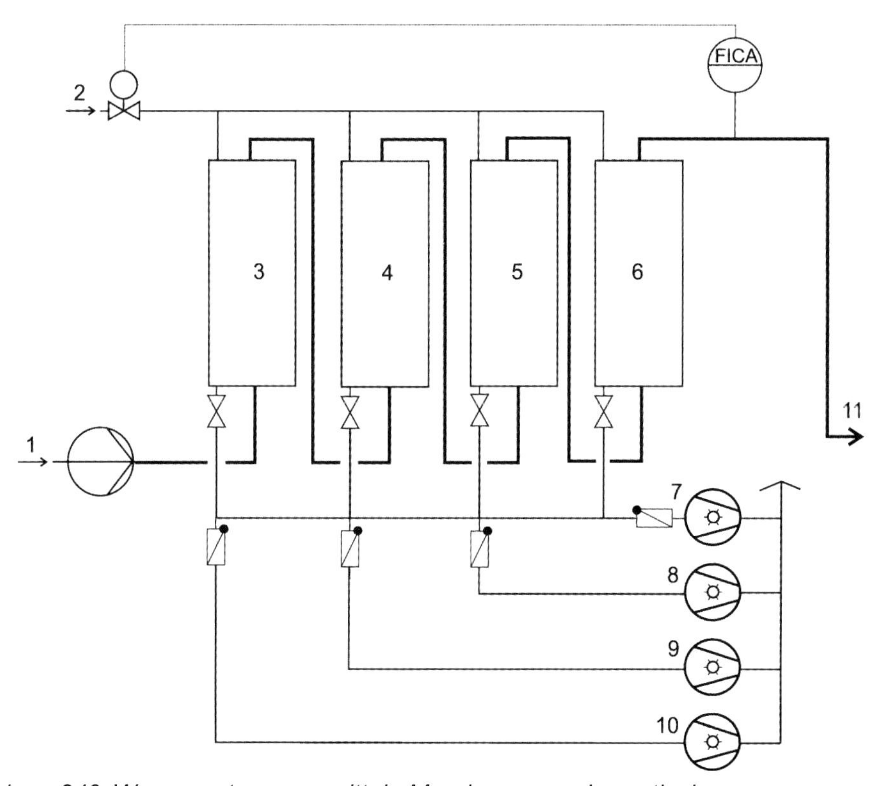

Abbildung 249 Wasserentgasung mittels Membranen, schematisch

1 Wasserzulauf **2** CO_2 **3**, **4**, **5**, **6** Hohlfaser-Module **7**, **8**, **9**, **10** Vakuumpumpen, schaltbar in Abhängigkeit vom Durchsatz **11** entgastes Wasser

Der Druckverlust bei einem Durchsatz von 40 m^3/h beträgt etwa 1,5 bar/Modul. Die Reinigung der Module erfolgt nach dem CIP-Verfahren bei ≤ 85 °C (Reinigungsmedien NaOH, H_3PO_4, jeweils 1...3%ig). Die Reinigungsmedien sollten keine Additive/Tenside enthalten. Die Lebensdauer der Module wird mit 5...10 Jahren angegeben (abhängig von der Zahl der CIP-Zyklen) [522].

Tabelle 188 Erzielbare Restsauerstoffgehalte bei einem Durchsatz von 40 m^3/h und einer Wassertemperatur von 14 °C (nach [522])

Rest-O_2-Gehalt in mg/L	Druck in den Hohlfasern in mbar
0,020	80
0,023	90
0,026	100
0,033	120
0,048	150

Tabelle 189 Restsauerstoffgehalt als Funktion des Durchsatzes bei einer Anlage mit vier in Reihe geschalteten Modulen (nach [522]) (14 °C, Druck p = 0,1 bar, CO_2-Verbrauch 9,3 m^3 i.N./h)

Durchsatz in m^3/h	Rest-O_2-Gehalt in mg/L	ca. CO_2-Verbrauch in m^3 i.N./h	Zahl der betriebenen Vakuumpumpen
10	0,002	2,3	2
20	0,003	4,6	2
30	0,007	7,0	3
40	0,020	9,3	4

16.2.5 Katalytische Entgasung

Diese Variante wurde zur Entfernung des Sauerstoffes aus Wasser entwickelt, das besonders niedrige O_2-Restgehalte aufweisen sollte, beispielsweise als Verdünnungswasser für das High-gravity-brewing.

Zu dem vorentlüfteten Wasser, z. B. durch Vakuumentgasung, wird Wasserstoff dosiert. Der Wasserstoff reagiert bei Anwesenheit eines Palladium-Katalysators mit dem Sauerstoff quantitativ zu Wasser (s.a. Abbildung 250).

Die zugehörige Anlage ist relativ kostenintensiv, insbesondere der Katalysator ist teuer. Das Problem liegt in der relativ schnellen Inaktivierung des Katalysators bei Anwesenheit von Huminsäuren im Wasser. Der Katalysator kann zwar mit Salzsäure regeneriert werden, muss dazu aber aus der Anlage entfernt werden (Korrosionsgefahr). Der Katalysatorwechsel ist zeitaufwendig und erfordert einen zweiten Katalysator-Satz zur Verringerung der Stillstandszeiten.

Diese Variante konnte sich nicht durchsetzen.

16.2.6 Chemische Sauerstoffentfernung

Diese Variante ist für Trinkwasser nicht geeignet, wird aber beispielsweise bei Kesselspeisewasser genutzt. Geeignete Chemikalien sind z. B. Hydrazin oder Natriumsulfit, die den Sauerstoff chemisch binden.

16.2.7 Stapelung des entgasten Wassers

Das entgaste Wasser muss unter Luftabschluss aufbewahrt werden. Deshalb werden die Stapelbehälter mit einem O_2-freien Gas (N_2, CO_2) beaufschlagt. Der Gasdruck sollte geringfügig höher als der atmosphärische Druck sein.

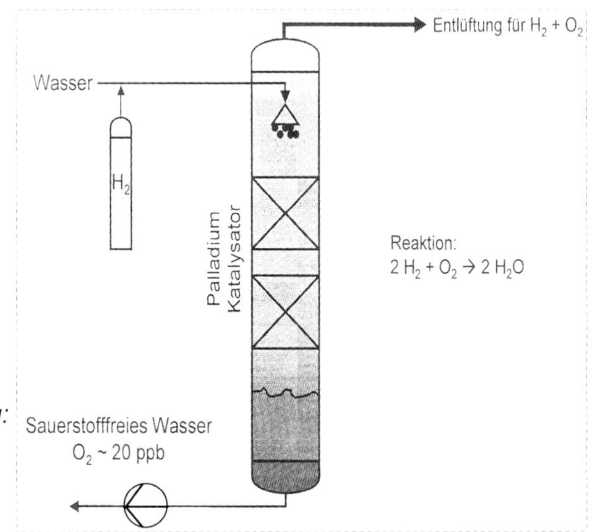

Abbildung 250 Sauerstoffentfernung: Katalytische Reduktion des Sauerstoffs zu Wasser (System Kat-O-ex)

17. Separation und Separatoren

17.1 Allgemeiner Überblick

Separatoren können bei der Gärung und Reifung des Bieres in folgenden zwei Prozessstufen eingesetzt werden:

1. Jungbierseparation

Die Separation des Jungbieres wird insbesondere bei optimierten Gär- und Reifungsverfahren vorgenommen, um:

- die Hefe zu beliebigen Zeitpunkten zu ernten,
- die Hefe ohne vorangegangene Kühlung (Kälteschock) zu ernten und
- definierte Hefegehalte für die Nachgärung einzustellen.

Die hierfür eingesetzten Separatoren werden deshalb auch als Jungbier-Separatoren bezeichnet.

Bei der Jungbierseparation kann bei Bedarf Resthefe bzw. Geläger dosiert werden. Dadurch ist es möglich, das Restbier ohne eine spezielle Prozessstufe mit zu gewinnen.

2. Klärseparation

Eine weiteres Einsatzgebiet moderner Separatoren ist die Klärseparation vor der Bierfiltration, um:

- nicht nur Hefezellen zu entfernen und
- sogenannte Hefestöße zu vermeiden,
- sondern auch ausgeschiedene Trübstoffe mit dem Ziel der Entlastung der Filteranlagen.
- Wichtig ist dabei, dass auch ausgeschiedene „β-Glucangele" bzw. β-glucanhaltige Trübungskomplexe vor der Filtration mit entfernt werden.

Die Fortschritte des Separatorenbaues, insbesondere bei den verfügbaren Werkstoffen und der konstruktiven Gestaltung, ermöglichen heute relativ hohe Zentrifugalbeschleunigungen, sodass die Trennwirkung der Separatoren wesentlich verbessert werden konnte.

Die Trennwirkung der Separatoren wird beeinflusst von den Produkteigenschaften, beispielsweise:

- der Temperatur des Produktes bzw. der davon abhängigen Viskosität,
- der Trübstoffkonzentration,
- der Dichte der Trübstoffe bzw. der Dichtedifferenz zum Fluid,
- der Teilchengröße und
- den Maschinenparametern, insbesondere der erreichbaren Zentrifugalbeschleunigung und der installierten Klärfläche.

Die Zentrifugalbeschleunigung wird bestimmt vom:
- wirksamen Radius und
- der Drehzahl der Trenntrommel.

Die installierte Klärfläche wird von der Anzahl der vorhandenen Teller und deren Durchmesser bestimmt.

Die Trennwirkung wird außerdem von der Verweilzeit der Trübstoffe in der Trommel und dem Absetzweg bestimmt.

Als Separatoren werden Zentrifugalseparatoren eingesetzt. Diese müssen für hermetischen Betrieb geeignet sein, d. h., dass Zu- und Ablauf des Bieres unter Überdruck erfolgen müssen, um die CO_2-Entgasung und damit Schaumbildung zu verhindern und um eine Sauerstoffaufnahme auszuschließen.

Die Separatoren werden mit Tellereinsätzen bestückt, um die wirksame Klärfläche zu vergrößern.

Die abgetrennte Hefe bzw. die Trübstoffe werden in der Trommel angereichert und dann ausgetragen. Der Austrag kann prinzipiell erfolgen:
- kontinuierlich mit sogenannten Düsenseparatoren (eingesetzt z. B. in der Hefeindustrie und bei der Restbiergewinnung aus Überschusshefe) oder
- diskontinuierlich durch Austragsöffnungen, die bei Bedarf geöffnet werden. Diese Bauformen mit steuerbarem Feststoffaustrag erfüllen auch alle Ansprüche der Biervorklärung.
- Diskontinuierlich manuell bei Stillstand und nach Öffnung der Trommel (nicht für die Brauindustrie).

Moderne Separatoren sind für die CIP-Prozesse geeignet und können bei Bedarf auch sterilisiert werden.

Die Durchsätze moderner (Jungbier-)Separatoren können im Bereich $\dot{V}$ = 5 bis 1200 hL/h liegen.

Nachfolgend werden einige Grundlagen der Zentrifugation genannt sowie Hinweise zu Zentrifugalseparatoren gegeben. Weitergehende Ausführungen müssen der angegebenen Fachliteratur vorbehalten bleiben [525], [526], [527] sowie den Publikationen der Hersteller, die im Internet verfügbar sind (s.a. [528]).

17.2 Grundlagen der Zentrifugation/Separation

17.2.1 Grundfälle der Zentrifugation/Separation

Während die Sedimentation unter dem Einfluss der Fallbeschleunigung im Schwerefeld der Erde abläuft, läuft die Zentrifugation unter dem Einfluss der Zentrifugalkraft ab. Unterscheiden lassen sich:
- *Klarifikation (*Synonym *Klärer)*: Trennung einer Suspension in Klarphase und Feststoffe z. B. Trennung von Hefe und Bier;
- *Purifikation (*Synonym *Trenner)*: Trennung eines heterogenen Flüssigkeitsgemisches in die beiden Phasen (Beispiel Milch: Trennung in Fett und fettfreie Milch);
- *Konzentration*: Anreicherung und Austrag einer festen Phase mittels Trägerflüssigkeit (z. B. Abtrennung der Backhefe aus einer Nährlösung).

Die Klarifikation bzw. Klärseparation ist für die Brauindustrie von großer Bedeutung.

Weitere Begriffe:

Zentrifuge: Der Begriff wird in der Regel für alle Einrichtungen verendet, die das Zentrifugalfeld einer rotierenden Trommel für die Trennung nutzen.

Zentrifugalseparator (Synonyme: Separator, Zentrifuge): Die Trennung erfolgt unter dem Einfluss der Zentrifugalkraft in einer Trommel, die über Kläreinsätze verfügt.

Selbstreinigender Tellerseparator: Diese Bauform des Separators ermöglicht bei Bedarf den definierten Austrag der abgetrennten Feststoffe, z. B. kontinuierlich mittels Düsen oder diskontinuierlich durch gesteuerte Öffnungen an der Trommelperipherie.

17.2.2 Gesetzmäßigkeiten der Separation

Die Trennung im Schwerefeld der Erde wird von den am Teilchen wirkenden Kräften verursacht (Abbildung 251). Für die resultierende Beschleunigungskraft F_a gilt:

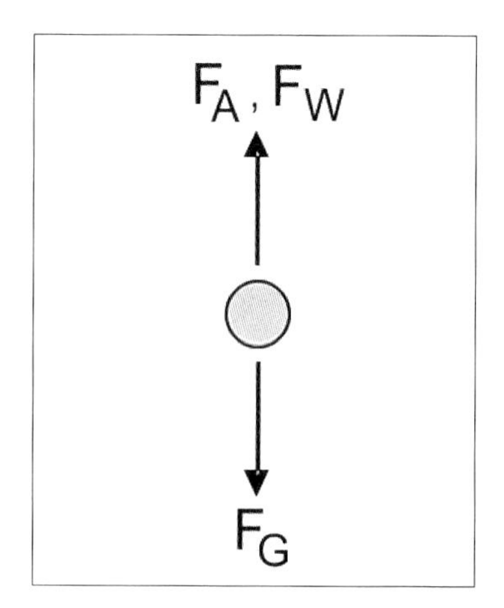

$F_a = F_G - F_A$ Gleichung 60

F_G = Massenkraft des Teilchens

$$F_G = \frac{\pi \cdot d_{gl}^3}{6} \cdot \rho_T \cdot a$$

F_A = Auftriebskraft des Teilchens

$$F_A = \frac{\pi \cdot d_{gl}^3}{6} \cdot \rho \cdot a$$

d_{gl} = gleichwertiger Durchmesser des Teilchens

ρ_T = Dichte des Teilchens

ρ = Dichte der flüssigen Phase

$a = g$ = Fallbeschleunigung

Abbildung 251 Kräfte im Schwerefeld der Erde

Die Widerstandskraft F_W, die der Bewegung der Teilchen entgegenwirkt, errechnet sich zu:

$$F_W = c_w \cdot A_T \cdot \frac{w^2}{2} \cdot \rho \qquad \text{Gleichung 61}$$

F_W = Widerstandskraft

c_w = Widerstandsbeiwert der Teilchen

A_T = projizierte Fläche des Teilchens

$$A_T = \frac{\pi \cdot d_{gl}^2}{4}$$

ρ = Dichte der flüssigen Phase

w = Geschwindigkeit des Teilchens.

Aus Gleichung 60 und Gleichung 61 folgt:

$$w^2 = \frac{4 \cdot d_{gl} \cdot (\rho_T - \rho) \cdot a}{3 \cdot c_w \cdot \rho} \qquad \text{Gleichung 62}$$

Mit der Beziehung für den Widerstandsbeiwert

$$c_w = \frac{24}{Re} \quad \text{(gültig für } Re < 0{,}5\text{)}$$ Gleichung 63

und der *Reynolds*-Zahl

$$Re = \frac{w \cdot d_{gl}}{\nu}$$ Gleichung 64

ergibt sich aus der Gleichung 62 für die Absetzgeschwindigkeit w:

$$w = \frac{d_{gl}^2 \cdot (\rho_T - \rho) \cdot a}{18 \cdot \nu \cdot \rho}$$ Gleichung 65

Die kinematische Viskosität ν lässt sich in die dynamische Viskosität η umrechnen:

$$\eta = \nu \cdot \rho$$

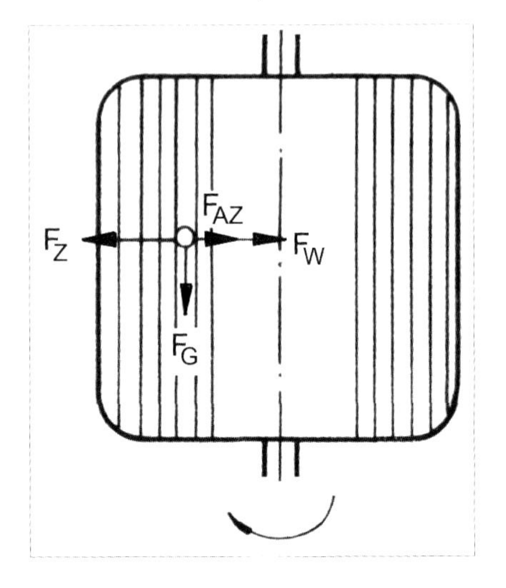

Abbildung 252 Kräfte im Zentrifugalfeld

F_G Massenkraft des Teilchens
F_{AZ} „Auftriebskraft" im Zentrifugalfeld
F_W Widerstandskraft
F_Z Zentrifugalkraft = $m \cdot a_r$ (s.a. Gleichung 66)

Bei reiner Sedimentation im Schwerefeld der Erde wird $a = g = 9{,}81\ m/s^2$.
Im Zentrifugalfeld wird mit der Zentrifugal- oder Radialbeschleunigung a_r gerechnet:

$$a_r = \omega^2 \cdot r = \frac{w_u^2}{r}$$ Gleichung 66

a_r = Radialbeschleunigung
ω = Winkelgeschwindigkeit in 1/s

$$\omega = \frac{2\pi \cdot n}{60}$$

r = Radius
w_u = Umfangsgeschwindigkeit
n = Drehzahl (in U/min)

Dabei kann der Einfluss der Fallbeschleunigung und der Auftriebskraft F_a auf das rotierende Teilchen vernachlässigt werden. Aus Gleichung 65 und Gleichung 66 sind auch die Möglichkeiten zur Beeinflussung der Absetzgeschwindigkeit w_z im Zentrifugalfeld ersichtlich.

$$w_z = \frac{d_{gl}^2 \cdot (\rho_T - \rho) \cdot \omega^2 \cdot r}{18 \cdot \nu \cdot \rho}$$ Gleichung 67

Das Verhältnis z aus Zentrifugalbeschleunigung a_r und Fallbeschleunigung g wird als Beschleunigungsvielfaches *z* bezeichnet (Synonyme: Beschleunigungsfaktor, Schleuderziffer, Trennfaktor).

$$z = \frac{a_r}{g} = \frac{w_u^2}{r \cdot g} = \frac{\pi^2 \cdot \overline{d} \cdot n^2}{g \cdot 1800} \approx \frac{\overline{d} \cdot n^2}{1800} \qquad \text{Gleichung 68}$$

Der Wert z gibt an, um wie viel mal die Absetzgeschwindigkeit im Zentrifugalfeld größer ist als bei Sedimentation im Schwerefeld der Erde. Bei aktuellen Separatoren für die Brauindustrie werden Werte von z = 12 000 erreicht [529].

Zum Absetzen eines Teilchens kann es jedoch in einem rotierenden Körper (der angenommenen zylindrischen Trommel) nur kommen, wenn die Absetzgeschwindigkeit w_z nach Gleichung 67 größer als die Durchströmgeschwindigkeit w_v ist:

$$w_z \geq w_v = \frac{\dot{V}}{A} \qquad \text{Gleichung 69}$$

$$A = \pi \cdot \overline{d} \cdot L \qquad \text{Gleichung 70}$$

$\dot{V}$ = Volumenstrom durch die Trommel
A = Trommelklärfläche
$\overline{d}$ = mittlerer Trommeldurchmesser
L = Höhe der Zentrifugentrommel

Das Gleiche gilt für die Verweilzeit t_{Tr}, die größer als die Absetzzeit t sein muss.

$$t_{Tr} = \frac{V_{Tr}}{\dot{V}} \geq t = \frac{s}{w_z} \qquad \text{Gleichung 71}$$

V_{Tr} = Trommelvolumen
$\dot{V}$ = Volumenstrom durch die Trommel
s = Absetzweg der Teilchen
w_z = Absetzgeschwindigkeit der Teilchen nach Gleichung 67

Aus Gleichung 71 folgt, dass die Absetzzeit t durch Verkleinerung des Absetzweges verringert werden kann, wenn sich die Absetzgeschwindigkeit w nicht mehr erhöhen lässt.

Aus den Gleichung 67 und Gleichung 69 ergibt sich der so genannte Trennkorndurchmesser d_{glT}, der gerade noch abgeschieden wird, zu:

$$d_{glT} \geq \sqrt{\frac{18 \cdot \dot{V} \cdot \rho \cdot \nu}{\pi \cdot \overline{d} \cdot a_r (\rho_T - \rho) \cdot L}} = \sqrt{\frac{18 \cdot \dot{V} \cdot \rho \cdot \nu}{\pi \cdot \overline{d} \cdot (\rho_T - \rho) \cdot g \cdot z \cdot L}} \qquad \text{Gleichung 72}$$

Bei aktuellen Tellerseparatoren werden Trennkorndurchmesser von etwa 0,5 μm erreicht [530].

Gestaltung der Tellereinsätze

Aus Abbildung 253 sind die an einem Teilchen, das an der Tellerunterseite nach außen gleiten soll, wirkenden Kräfte ersichtlich. Es sind das die:

Normalkraft F_N $= m \cdot \omega^2 \cdot r \cdot \sin\alpha$
Gleitkraft F_H $= m \cdot \omega^2 \cdot r \cdot \cos\alpha$
Zentrifugalkraft F_Z $= m \cdot \omega^2 \cdot r$

Ein Teilchen gleitet bei $F_H > F_N \cdot \mu$

$$m \cdot \omega^2 \cdot r \cdot \cos\alpha > \mu \cdot m \cdot \omega^2 \cdot r \cdot \sin\alpha$$

$$\cot\alpha > \mu = \tan\rho$$

Der Winkel ρ ist der „Reibungswinkel“, innerhalb dessen eines gedachten Kegels eine Kraft angreifen muss, damit eine Gleitbewegung möglich ist.

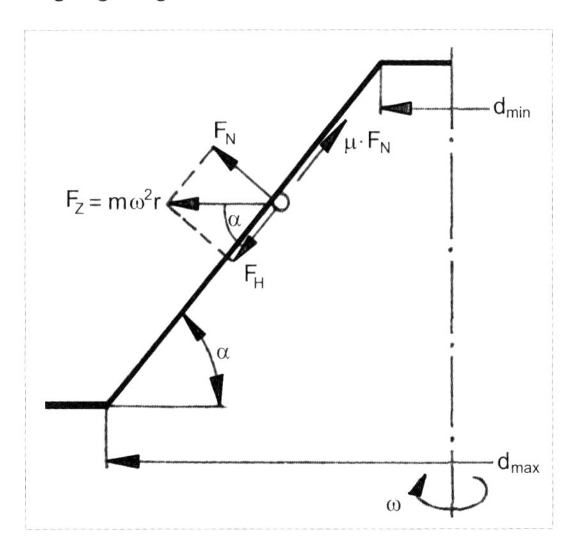

Abbildung 253 Kräfte am Feststoffteilchen, das an einem Teller gleitet (nach [531])

Der Cotangens des Tellerneigungswinkels α muss also größer sein als der Gleitreibungskoeffizient μ, um das Gleiten der abgeschiedenen Teilchen zu ermöglichen. Der Reibungskoeffizient wird u.a. vom Oberflächenzustand des Teller-Werkstoffs bestimmt.

Eine polierte und saubere Oberfläche bietet dafür gute Voraussetzungen!

Der Tellerneigungswinkel wird beispielsweise zu α = 50°...60° ausgeführt [531].

17.2.3 Volumenstrom der Separatorentrommel

Der Nennvolumenstrom gibt den maximalen Volumenstrom, bezogen auf Wasser, an. Er wird vor allem von den Abmessungen der Zu- und Ableitorgane bestimmt. Dafür wird auch der Begriff „Schluckvermögen“ gebraucht.

Der Effektivvolumenstrom gibt den maximalen Volumenstrom an, bei dem gerade noch die Trennaufgabe realisiert wird. Er ist stets kleiner - teilweise beträchtlich - als der Nennvolumenstrom.

Der Volumenstrom wird berechnet zu:

$$\dot{V} \leq w_v \cdot A \qquad \text{Gleichung 73}$$

w_v = Durchströmgeschwindigkeit

A = „Klärfläche“

In der Regel wird mit dem Produkt A · z, der „äquivalenten Klärfläche“ $A_{äq}$ eines Separators, gerechnet. In der Fachliteratur wird diese auch mit dem Buchstaben Σ bezeichnet [531].

$$\Sigma = A_{äq} = A \cdot z \qquad \text{Gleichung 74}$$

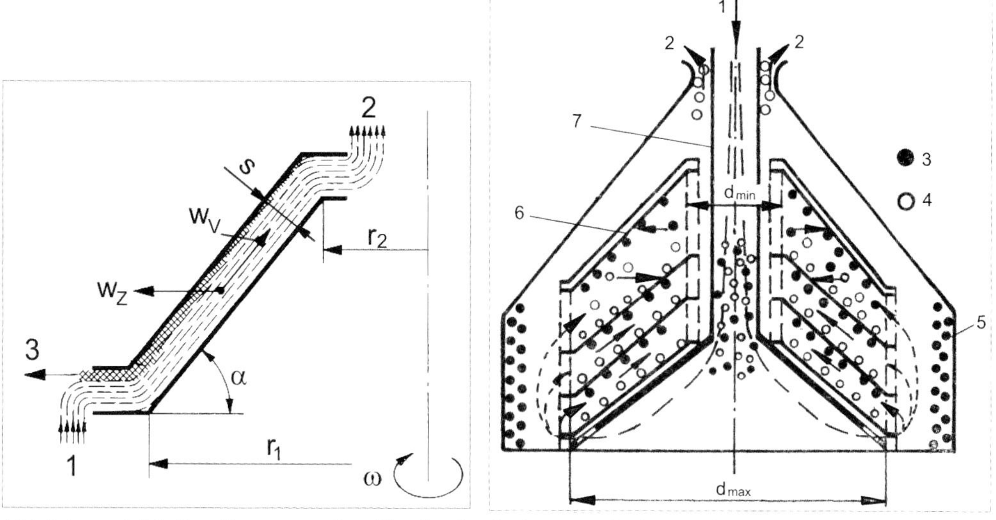

Abbildung 254 Bestimmung der Klärfläche bei verschiedenen Trommelformen (nach [531])

1 Zulauf **2** Ablauf **3** schwere Teilchen **4** leichte Teilchen **5** Sediment aus schweren Teilchen **6** Tellereinsatz **7** Zulaufverteiler

$\mathbf{d}_{max} = 2 \cdot r_1$ $\mathbf{d}_{min} = 2 \cdot r_2$ α Neigungswinkel der Tellereinsätze $\mathbf{w}_z$ Zentrifugalgeschwindigkeit $\mathbf{w}_v$ Durchströmgeschwindigkeit **s** Tellerabstand

Die äquivalente Klärfläche ist von der Trommelbauform und -geometrie abhängig. In Abbildung 254 werden die Zusammenhänge für die Berechnung der äquivalenten Klärfläche für eine Tellertrommel gezeigt. Diese wird bestimmt zu:

$$A_{äq} = \Sigma_T = \frac{2 \cdot \pi}{3 \cdot g} \cdot \omega^2 \cdot \tan\alpha \cdot i \cdot \left(r_1^3 - r_2^3\right) \qquad \text{Gleichung 75}$$

i = Anzahl der Tellereinsätze

Die äquivalente Klärfläche befindet sich stets orthogonal zum Kraftfeld, das die Trennung verursacht. Weitere Hinweise für die Berechnung der äquivalenten Klärfläche siehe z. B. [532]. Der Volumenstrom kann auch mittels Nomogramms ermittelt werden, z. B. nach [531], [533].

Der Volumenstrom wird durch die mögliche Drehzahl n und den Trommeldurchmesser $\bar{d}$ limitiert, da die zulässige Spannung des Trommelwerkstoffes begrenzend wirkt. Die Trommel wird durch die zu trennende Suspension und den Werkstoff selbst im Zentrifugalfeld beansprucht. Der mögliche Trennfaktor wird also vor allem von den verfügbaren Werkstoffen limitiert.

Der Durchmesser der Trommel kann bis zu 1 m betragen, der Tellerdurchmesser bis zu etwa 800 mm, die Drehzahlen erreichen bis zu 6800 U/min. Der Trennfaktor kann Werte von $z \leq 12\,000$ erreichen. Mit Gleichung 68 können die Parameter Trommel-Durchmesser und -Drehzahl bei bekanntem Trennfaktor abgeschätzt werden.

Mit modernen Tellerseparatoren werden die in Tabelle 190 genannten Durchsätze erreicht. Dabei ist natürlich zu beachten, dass die Zahlenangaben nur Richtwerte sein können, die von den betriebsspezifischen Gegebenheiten abhängig sind.

Tabelle 190 Durchsatz von modernen Klär-Separatoren mit selbstentleerender Trommel

Trennaufgabe	Zulauf-konzentration	Ablauf-konzentration	Effektiver Durchsatz in hL/h	Elektr. Anschlusswert *) in kW
Jungbier	$< 20 \cdot 10^6$ Z/mL	$< 1 \cdot 10^6$ Z/mL	≤ 1200	90...105
Vorklärung vor dem Filter	$< 10 \cdot 10^6$ Z/mL	$< 0{,}5 \cdot 10^6$ Z/mL	≤ 500	ca. 55
Restbier-gewinnung	< 30 Vol.-%	< 1 Vol.-%	≤ 45	ca. 55

*) nach Angaben von *GEA Westfalia Separator Group*

17.3 Wichtige Baugruppen des Separators

17.3.1 Maschinengestell

Das Maschinengestell wird vorzugsweise als Gusskonstruktion gefertigt. Das Gestell nimmt den Antrieb, die Spindel mit der Trommel, die Trommelverkleidung, die Zu- und Ablaufarmatur und das Steuergerät für die Trommelentleerung auf.

Das Gestell ruht mit Elastomer-Schwingungsdämpfern auf dem Fundament der Anlage, um Maschinenschwingungen von diesem fernzuhalten. Abbildung 255 zeigt schematisch einen modernen Klärseparator.

17.3.2 Antriebsmotor

Die Trenntrommel des Separators besitzt eine relativ sehr große Masse (Trommelwerkstoff + Flüssigkeitsinhalt) und demzufolge ein sehr großes Massenträgheitsmoment. Bei der Inbetriebnahme muss diese Masse auf die Nenndrehzahl beschleunigt werden. Die erforderliche Antriebsleistung wird von der Trommelmasse bzw. deren Massenträgheitsmoment, der Solldrehzahl (Winkelgeschwindigkeit) und der verfügbaren Anfahrzeit bestimmt. Bei der Anfahrzeit wird im Allgemeinen ein Kompromiss geschlossen: je nach Größe: 5...15 min. Beim Abschalten muss die kinetische Energie W_{kin} des Antriebs wieder abgeführt werden (Mechanische Bremse oder Nutzbremsung durch Generatorbetrieb, die Bremszeit bis zum Stillstand beträgt etwa 15...45 min) .

$$W_{kin} = \frac{\omega^2}{2}\Theta$$ Gleichung 76

Θ = Massenträgheitsmoment
ω = Winkelgeschwindigkeit

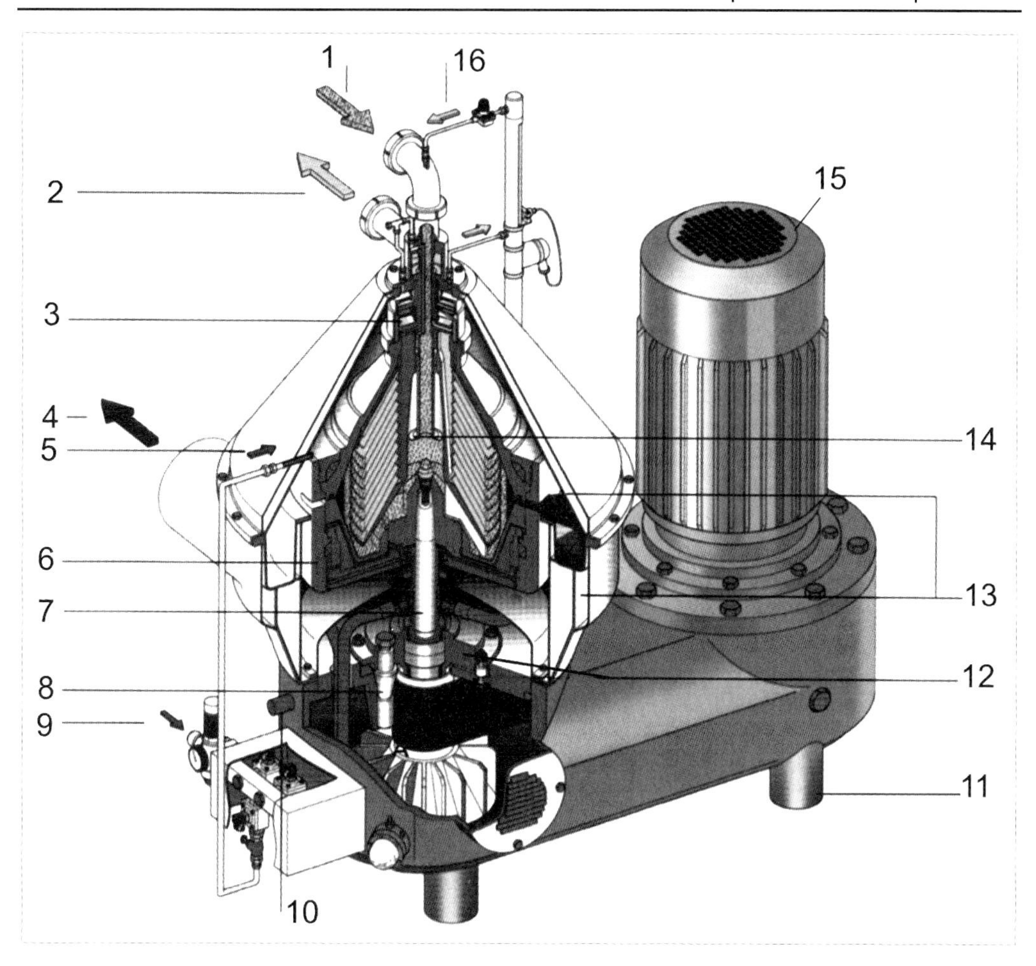

Abbildung 255 Klärseparator, schematisch, z.T. im Schnitt (Typ GSC, GEA Westfalia)
1 Produkt-Zulauf **2** Produktablauf, geklärt **3** Hydrohermetik **4** Feststoff-Austrag **5** Haubenspülung zur Reinigung des Raumes zwischen Trommel und Haube **6** Separatoren-Trommel **7** Trommelwelle (Spindel) **8** Dämpfung des Kurzspindelantriebes **9** Steuerwasserzulauf **10** Schwingungssensor **11** Maschinenfuß als Schwingungsdämpfer **12** Baugruppe-Kurzspindelantrieb **13** Doppelwandige Haube und Feststofffänger (kühlbar, geräuschdämmend) **14** Hydrohermetischer Zulauf **15** Antriebsmotor **16** Zu- und Ablauf der Eigensteuerung

Da der Leistungsbedarf für die Beschleunigung der Trommel wesentlich größer ist als der Bedarf für den Betrieb bei Nenndrehzahl, werden verschiedene Varianten genutzt. In der Vergangenheit wurden die Motoren überdimensioniert (sogenannte Schweranlaufmotoren) oder es wurden Anfahrkupplungen genutzt.

Moderne Antriebskonzepte nutzen vor allem Frequenzumrichter für die Anlaufsteuerung und die Beeinflussung der Drehzahl der Trommel. Als Motoren werden Drehstrom-Asynchronmotoren eingesetzt, Schutzgrad IP 55 oder höher.

Ein modernes Antriebskonzept ist der Direktantrieb der Trommel, das verstärkt zur Anwendung kommt. Beim integrierten Direktantrieb sind Motor- und Trommelwelle ein Bauteil (Abbildung 257a). Diese Bauform wird beispielsweise beim Profi®-CMF-Verfahren genutzt (Membranfiltrationsverfahren für Bier).

Die Motordrehzahl wird im Allgemeinen mit n = 1500 U/min bei 50 Hz festgelegt, zum Teil auch mit 3000 U/min. Die Trommeldrehzahl wird dann durch das Übersetzungsverhältnis des mechanischen Getriebes bzw. des Riemengetriebes bestimmt.

Die Drehzahl der Trommelwelle kann messtechnisch erfasst und von der Separatorensteuerung überwacht werden.

Der Motor muss ausreichend gekühlt werden. Dazu muss die ungehinderte Kühlluftzufuhr gesichert werden. Für den Betrieb mit einem Frequenzumrichter kann es erforderlich werden, den Motor mit einem Zusatzlüfter zu kühlen.
Die Motoren des GEA Westfalia Systems „directdrive“ werden mit Flüssigkeit gekühlt.

17.3.3 Kupplung

Der Antriebsmotor wurde in der Vergangenheit über eine Anfahrkupplung mit dem Trommelantrieb verbunden. Verwendet wurden dafür: Fliehkraft-Reibungskupplungen bei kleineren Antrieben, hydrodynamische Drehmomentwandler (Synonyme: Strömungskupplung, Flüssigkeitskupplung) oder Magnetkupplungen.

Die Zahl der Anfahrvorgänge wurde von der möglichen Wärmeabfuhr der Kupplungen begrenzt. Die Drehzahldifferenzen Motor/Trommelwelle führen zur Erwärmung!

Zusätzlich können nicht schaltbare Kupplungen zum radialen und axialen Ausgleich der Antriebswellen installiert werden.

Bei modernen Separatoren mit Ansteuerung des Motors über Frequenzumrichter kann auf Kupplungen als Anfahrhilfe verzichtet werden.

17.3.4 Getriebe

In der Vergangenheit wurden zur Anpassung der Motordrehzahl an die Trommelwellendrehzahl Getriebe eingesetzt. Bei kleineren und mittleren Antriebsleistungen wurden in der Regel Schraubenradgetriebe genutzt. Die Motorwelle dreht horizontal, die Trommelwelle vertikal (Abbildung 256).

Bei modernen Separatoren werden Motorwelle und Trommelwelle vertikal montiert und mittels eines Riemengetriebes verbunden. Auf der Motorwelle kann sich zusätzlich als Anfahrhilfe eine Strömungskupplung befinden.

Abbildung 256 Antrieb eines Separators mittels Schraubenrad-Getriebe (Typ SB 80-06-076, nach Westfalia)

Abbildung 257 Klärseparator GSE 550 (nach GEA Westfalia) Antrieb mittels Flachriemen

Abbildung 257a Klärseparator Westfalia Separator® directdrive GSI 400 mit integriertem Direktantrieb (Foto GEA Westfalia)

Das Riemengetriebe sichert eine Übersetzungsstufe, dämpft Schwingungen und gleicht Achsabstände aus. Der Riemen ist spannbar, indem der Motor relativ zum Gehäuse verschoben werden kann (der Abstand Trommelwelle zur Motorwelle kann eingestellt werden). Als Antriebsriemen werden vorzugsweise Flach- oder Keilriemen benutzt. Die Riemen müssen in der Regel jährlich gewechselt werden, in Abhängigkeit vom Betriebsregime. In der Vergangenheit wurden auch Mehrfach-Keilriemen eingesetzt.

Bei verschiedenen Separator-Bauarten wird seit etwa 2009 auch bereits der Direktantrieb genutzt: Die Motorwelle wird direkt mit der senkrechten Trommelwelle verbunden bzw. ist ein Bauteil (s.a. Abbildung 257a). Vorteile sind: hoher Wirkungsgrad, weniger Verschleißteile, verbesserte Servicefreundlichkeit, geringerer Platzbedarf.

17.3.5 Trommelwelle/Spindellagerung

Die Trommelwelle (Synonym „Spindel") überträgt das Drehmoment des Antriebs auf die Trommel.

Trotz der statischen und dynamischen Auswuchtung der Trommel können Unwuchten auftreten, die ihre Ursachen zum Beispiel in Fertigungstoleranzen, Unwuchten des Schleudergutes und Antriebseinflüssen haben. Sie führen zu Schwingungen und damit zur Belastung der Trommelwelle. Die sogenannten Resonanzfrequenzen der Welle dürfen im Betriebszustand nicht in der Nähe der Betriebsfrequenz liegen und müssen beim An- und Abfahren der Maschine möglichst schnell durchfahren werden.

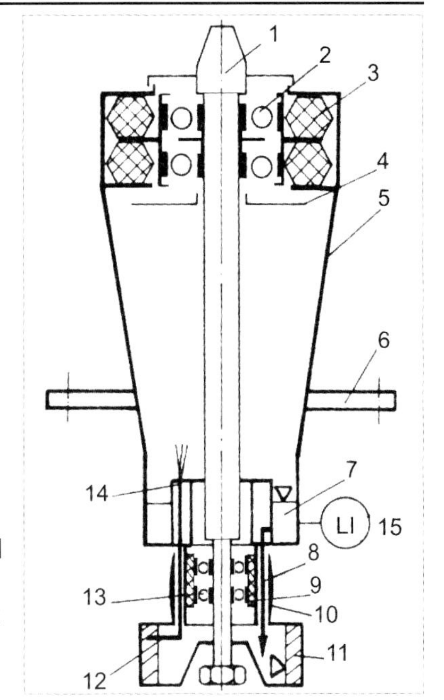

Abbildung 258 Einspindellagerung (nach Alfa Laval)
1 Spindelwelle **2** Halslager (axial und radial)
3 Elastomer-Feder **4** Ölnebelscheibe **5** Spindellagergehäuse **6** Lagergehäuseflansch **7** Schmieröl
8 Ölrücklauf **9** Fußlager Elastomer **10** Riemenscheibe, kombiniert mit Schmierölvorrat **11** Ölvorrat
12 Ölschälrohr **13** Fußlager **14** Öldüse
15 Ölstandanzeige

Die praktisch unvermeidbare Unwucht der Separatorentrommel führt dazu, dass die Trommelachse (die Trommel wirkt - durch ihre große Masse bedingt - wie ein Kreisel) einen kleinen Kegel um die konstruktiv festgelegte Achse beschreibt. Diese Erscheinung wird als Präzession bezeichnet. Diese wird mit steigender Drehzahl kleiner.

Bei starrer Lagerung der Trommelwelle würden die o.g. Schwingungen auf das Fundament übertragen. Deshalb werden die Trommelwellen in einem sphärischen Fußlager und einem allseitig horizontal verschiebbaren Halslager (oberes Lager) gelagert. Damit kann sich die Trommelwelle auf einer Kegelflächenbahn bewegen und wird im Wesentlichen von Querkräften entlastet.

Die Spindellagerung wird bei modernen Separatoren als Baugruppe ausgeführt, die auch den Schmierstoffkreislauf umfasst (Abbildung 258). Damit ist die einfache Austauschbarkeit gesichert.

Insbesondere der sogenannte Kurzspindelantrieb (s.a. Abbildung 259) als räumlich sehr kompakte Baugruppe steht für vibrationsarmen Lauf und Servicefreundlichkeit.

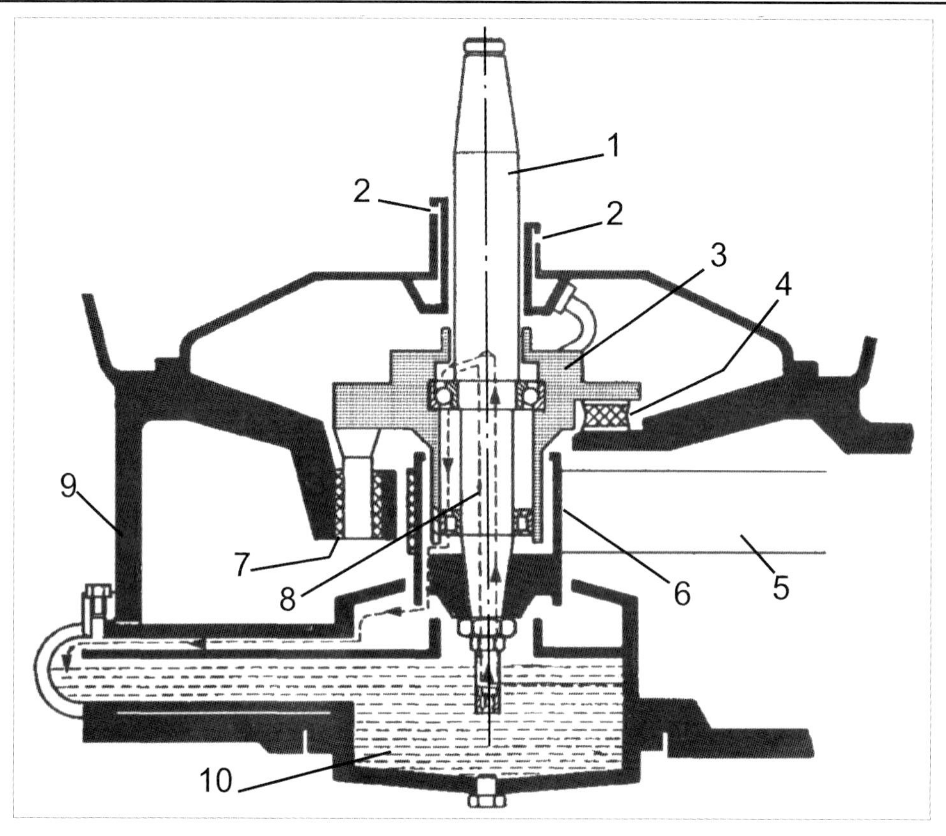

Abbildung 259 Kurzspindelantrieb, schematisch (nach GEA Westfalia; zit. durch [526])
1 Spindel **2** Steuerwasser **3** Spindellager-Gehäuse **4** Elastische Lagerung **5** Flachriemen **6** Riemenscheibe **7** Elastische Lagerung **8** Schmieröl-Kreislauf **9** Separator-Gehäuse **10** Schmierstoff-Vorrat

17.3.6 Trommel

Die Trommel kann je nach Aufgabe unterschiedlich ausgelegt werden. Prinzipiell werden unterschieden: Röhrentrommel, Kammertrommel und Tellertrommel.

Für die Belange der Jungbierseparation bzw. Trübstoffentfernung vor der Filtration werden Tellertrommeln mit diskontinuierlichem Feststoffaustrag eingesetzt. In der Backhefeindustrie werden dagegen Tellertrommeln mit kontinuierlichem Austrag benutzt (Austrag mittels Düsen).

Die Trommel (s.a. Abbildung 255) wird aus zwei Teilen zusammengesetzt und mit einer Mutter mit Außengewinde verschraubt. Das Unterteil wird auf den Konus der Spindel aufgesetzt und verschraubt. Der eigentliche Klärraum bildet einen Doppelkonus. In diesem werden die abgetrennten Feststoffe gesammelt. Zur Verbesserung des Feststoffaustrages und der CIP-Reinigung kann der Feststoffraum mit Kammern in Pyramidenform gestaltet werden (Abbildung 260).
Der Feststoffraum kann, in Abhängigkeit von der Trommelbauform, ein Volumen von 20...40 L aufweisen (Austrag mit Kolbenschieber) bzw. 16 L (Austrag mit Ringkolben). GEA Westfalia gibt je nach Typ für den Feststoffraum ein Volumen von 0,9...44 L an.

Im unteren Trommelteil werden die Elemente für den Feststoffaustrag (s. Kapitel 17.4) angeordnet. Die Kraft für das Öffnen und Schließen der Austragsöffnungen wird durch die auf das zugeführte Schließ- bzw. Öffnungswasser wirkende Zentrifugalkraft erzeugt.

Die Zu- und Ableitung der zu klärenden Suspension erfolgt in der Regel von oben (Kapitel 17.3.7).

Die Trommel mit ihren Einbauten muss statisch und dynamisch präzise ausgewuchtet werden. Um die exakte Auswuchtung der Trommel auch nach Demontage/Montage zu erhalten, werden alle Komponenten so gestaltet, dass sie nur formschlüssig unverwechselbar zusammengesetzt werden können.

Der Trommelwerkstoff wird durch die wirkende Zentrifugalkraft (verursacht vom Füllgut und der Trommelmasse selbst) erheblich beansprucht. Die zulässige Spannung des Trommelwerkstoffs wirkt limitierend und setzt der Durchmesservergrößerung bzw. Drehzahlerhöhung Grenzen. Die zulässigen Spannungen $R_{p0,2zul}$ (0,2 % Dehngrenze) liegen zurzeit in der Größenordnung von $R_{p0,2\ zul}$ bis zu 660 N/mm^2, die Zugfestigkeit R_m erreicht Werte von R_m = 640...≥ 840 N/mm^2. Verwendet werden korrosionsbeständige CrNiMo-Werkstoffe, z. B. die Werkstoff-Nummern 1.4401, 1.4418, 1.4462, und 1.4501. Diese Stähle haben ein austenitisches, austenitisch-ferritisches bzw. schwach martensitisches Gefüge.

Abbildung 260 Gestaltung der Trommelperipherie mit Austragskammern (nach Alfa Laval)

Tellereinsätze

Die Teller-Einsätze (s.a. Abbildung 254) werden mit einem Neigungswinkel $\alpha \approx$ 50... 60° ausgeführt. Die Dicke der Teller beträgt 0,3...0,5 mm, der Abstand 0,3...1 mm. Die Telleroberfläche wird zur Verbesserung der Feststoffableitung fein geschliffen bzw. poliert. Die Teller (100 bis 350 Stück) werden zu einem Paket zusammen gespannt.

Die Teller können mit mehreren Steiglöchern versehen sein. Diese befinden sich auf einer Kreisbahn, deren Radius so gewählt wird, dass sie sich im Bereich der Trennzone befindet, also der Zone, in der sich die abgeschiedenen Teilchen nach dem Eintritt in die Trommel nach außen bewegen. Diese Steiglöcher bilden im Tellerpaket dann die sogenannten Steigekanäle.

17.3.7 Flüssigkeits-Zu- und Ablauf

Die Zu- und Ablauf-Armatur (Synonym: Ableiter) stellt die Verbindung der Rohrleitungen mit der rotierenden Trommel her. Im modernen Separatorenbau wird hierfür die sogenannte Hydrohermetik eingesetzt. Damit können die Medien unter Überdruck zur Vermeidung von CO_2-Verlusten zu- und abgeleitet werden, ohne Sauerstoff aufnehmen zu können.

Die Ableitung erfolgt in der Regel schaumfrei mit einem sogenannten Greifer. Dieser wird benutzt, um die kinetische Energie der rotierenden Flüssigkeit in potenzielle zur Förderung des Mediums umzuwandeln (Druckerhöhung). Den Greifer kann man sich als „umgekehrte“ Kreiselpumpe vorstellen: der „Rotor“ (der Greifer) steht und das Gehäuse dreht sich (Abbildung 261).

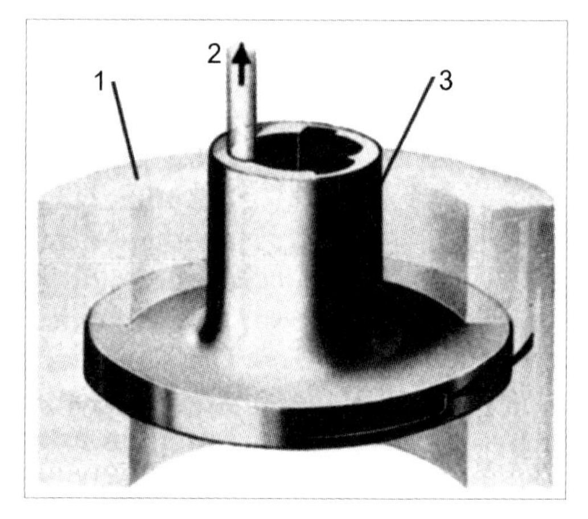

Abbildung 261 Greifer, schematisch (nach GEA Westfalia)
1 Rotierende Flüssigkeit **2** abgeleitete Flüssigkeit nach Druckerhöhung **3** Greifer, stillstehend

Hydrohermetische Abdichtung

Um eine Beeinflussung des Produktes mit der Umgebungsluft zu vermeiden, sind die hydrohermetischen Separatoren oberhalb der Produktgreiferkammer (10) (s.a. Abbildung 262) mit einer zusätzlichen Sperrkammer (11) versehen. Eine oberhalb des Greifers (5) angeordnete, stillstehende Scheibe (4) taucht in die mit Sperrflüssigkeit (O_2-freies Wasser) gefüllte Kammer ein. Hierdurch wird der innere Trommelteil ohne Verwendung verschleißender Abdichtung gegen die Außenluft abgedichtet. Die auftretende Flüssigkeitsreibung (Wärme) an der stillstehenden Scheibe erfordert eine taktweise Zugabe von Sperrflüssigkeit (3). Die überschüssige Flüssigkeit läuft über das Wehr (12) ab.

Der Separator kann auch mit einem hydrohermetischen Produktzulauf (7) ausgerüstet werden. Durch dieses Einlaufsystem werden Scherkräfte beim Produkteintritt verringert. Der Produktstrom wird, ähnlich wie bei einer vollhermetischen

Ausführung, durch das Produkt selbst in der vollständig gefüllten Trommel beschleunigt. Somit ergeben sich eine schonende Behandlung und ein optimaler Kläreffekt, insbesondere bei scherempfindlichen Schleudergütern, sowie ein geringerer Energiebedarf.

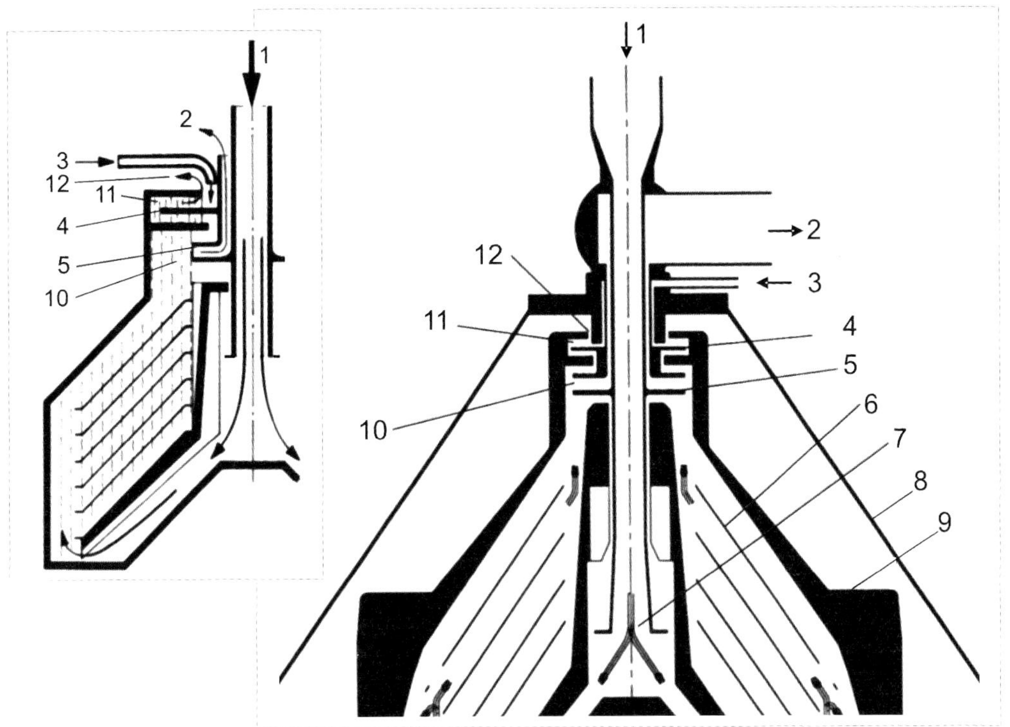

Abbildung 262 Hydrohermetische Abdichtung, schematisch (nach GEA Westfalia)
1 Zulauf **2** Ablauf, geklärt **3** Sperrflüssigkeit **4** Hydrohermetikscheibe **5** Greifer **6** Teller **7** Hydrohermetisches Zulaufsystem **8** Haube **9** Trommel **10** Greiferkammer **11** Hydrohermetikkammer **12** Überlaufwehr
(die Pos. **1** bis **5, 8** sind feststehend)

17.3.8 Separatorenhaube

Die Separatorenhaube kann doppelwandig ausgeführt werden. Damit wird zum einen die Lärmentwicklung gedämpft und zum anderen kann durch den Hohlraum ein Kälteträger (oder Kühlwasser) geleitet werden, der die Reibungswärme abführt. Die rotierende Trommel erwärmt die Umgebungsluft der Trommel.
In gleicher Weise kann der Feststofffänger doppelwandig gestaltet werden, um durch Kühlung das Anbacken der Feststoffe zu vermeiden. Durch die Kühlflüssigkeit bildet sich ein Kondensatfilm auf der inneren Haubenfläche bzw. im Schlammfänger.

Prinzipiell kann die Trommelwelle mittels einer Gleitringdichtung gegenüber dem Haubenraum gedichtet werden. Damit lassen sich die Voraussetzungen für das Dämpfen des Separators und den Sterilbetrieb schaffen.

Um die Ableitung der ausgetragenen Feststoffe zu erleichtern, wird vor dem Öffnen der Trommel in der Haube und dem Feststofffänger Wasser versprüht.

17.3.9 Aufstellungsbedingungen und Zubehör

Hebezeuge

Für die Montage bzw. Demontage der Trommel muss ein Hebezeug (Flaschenzug) installiert werden, vorzugsweise an einer Laufschiene. Die Raumhöhe muss entsprechend bemessen werden.

Bei direktem Antrieb befindet sich der Motor unterhalb des Aufstellungsniveaus des Separators. Für dessen Montage müssen entsprechende Voraussetzungen geschaffen werden. Beim integrierten Direktantrieb von GEA Westfalia entfallen diese.

Aufstellungsort

Bedingt durch die relativ große Masse eines Separators muss der Aufstellungsort eine entsprechende Tragfähigkeit besitzen. Insbesondere die möglichen Schwingungen des Separators müssen vom Fundament entkoppelt werden.

Günstig ist die Aufstellung von Separatoren in einem separaten Raum, der mit einer Schalldämmung ausgerüstet wird.

Die Aufstellung muss natürlich die Kühlluftzufuhr zum Antriebsmotor sichern, soweit keine Flüssigkeitskühlung eingesetzt wird.

Schwingungsüberwachung

Bei modernen Separatoren werden Schwingungsüberwachungssysteme integriert. Bei Überschreitung der einstellbaren Grenzwerte lässt sich die Maschine selbsttätig nach einem vorgegebenen Programm stillsetzen. Zusätzlich gibt es die Möglichkeit der Installation einer stetigen Zustandsanzeige zum Zwecke der vorbeugenden Instandhaltung (bei GEA Westfalia: Westfalia Separator® wewatch®-System), um ungewollte Stillstandszeiten zu vermeiden. Das System *WatchMaster* ist eine Offline Version, das System *WatchMaster plus* ist die Online Version

Fördersysteme für die abgetrennten Feststoffe

Die abgetrennten Feststoffe (Hefezellen, Eiweiß und andere Trübstoffe) werden entweder direkt oder nach Rückverdünnung mittels Verdrängerpumpen gefördert. Diese Förderstrecken müssen in die CIP-Systeme eingebunden sein.

17.4 Feststoffaustrag

Separatoren mit selbstentleerender Trommel können intervallmäßig teilentleert oder vollständig entleert werden. Diese Entleerungen können erfolgen:

- Nach einem programmierbaren Zeitplan;
  Diese Variante ist bei gleichbleibendem Feststoffgehalt des Klärgutes gut anwendbar.
- Nach Messung der Trübung des ablaufenden Mediums; Nach Überschreitung eines einstellbaren Grenzwertes für die Trübung kann die Entleerung angesteuert werden.
  Einzelheiten zur Trübungsmessung siehe z. B. in [4].
- Durch Messung des Füllungsgrades des Feststoffraumes mittels einer Fühlerflüssigkeit (siehe Kapitel 17.4.4).

Bei einer Teilentleerung wird nur der Feststoff ausgetragen, das Fluid verbleibt in der Trommel, es tritt kein Produktverlust auf.

Bei der Totalentleerung kann ggf. das Produkt vor der Trommelöffnung mittels einer Flüssigkeit (z. B. mit entgastem Wasser) verdrängt werden.

Für den Feststoffaustrag können verschiedene Systeme genutzt werden. In der Getränkeindustrie kommen spezifisch je nach Hersteller zum Einsatz:

- Trommeln, deren Schleuderraumboden beweglich ist (Abbildung 263 und Abbildung 264);
- Trommeln, die mit einem Ringkolben ausgerüstet sind (Abbildung 265);
- Trommeln, die über einen Kolbenschieber verfügen (Abbildung 266).

Auf Separatoren mit kontinuierlichem Feststoffaustrag, wie z. B. die in der Back- und Futterhefeindustrie eingesetzten Düsen-Tellerseparatoren, wird in dieser Schrift nicht eingegangen.

17.4.1 Trommeln mit beweglichem Schleuderraumboden

In Abbildung 263 ist eine Trommel mit beweglichem Schleuderraumboden schematisch dargestellt. Anhand des Beispiels eines Separators vom Typ HyDRY® GSC von GEA Westfalia soll der Feststoffaustrag erläutert werden:

Während der Produktfahrt werden ausschließlich Teilentleerungen vorgenommen. Die Trommelentleerung wird über das Steuergerät eingeleitet. Der Kolbenschieber (Schleuderraumboden) (12) wird für den Feststoffausstoß hydraulisch bewegt. Bei der Teilentleerungen muss dieser Vorgang möglichst schnell erfolgen, damit in kurzer Zeit ein großer Austragsspalt für den ungehinderten Feststoffaustritt frei wird.

Der Kolbenschieber ist in Schließstellung, wenn die Schließkammer (13) gefüllt ist. Durch hydraulisches Öffnen des Ringventils (8) läuft das Schließwasser aus der Schließkammer in die Speicherkammer (10). Ist die Speicherkammer gefüllt, stoppt der Ausfluss aus der Schließkammer, ohne dass das Ringventil in Schließstellung gehen muss (Westfalia Separator *HydroStop*-System). Die Trommel wird kurzzeitig geöffnet und der Feststoff schlagartig durch den Spalt (7) ausgetragen. Die ausgetragene Feststoffmenge hängt vom Flüssigkeits-Volumen in der Speicherkammer ab (kontrollierte Teilentleerung). Über eine Bohrung (11) lässt sich die Speicherkammer vor dem Einleiten der Entleerung teilfüllen, wodurch die Entleerungsmenge vorgewählt werden kann.

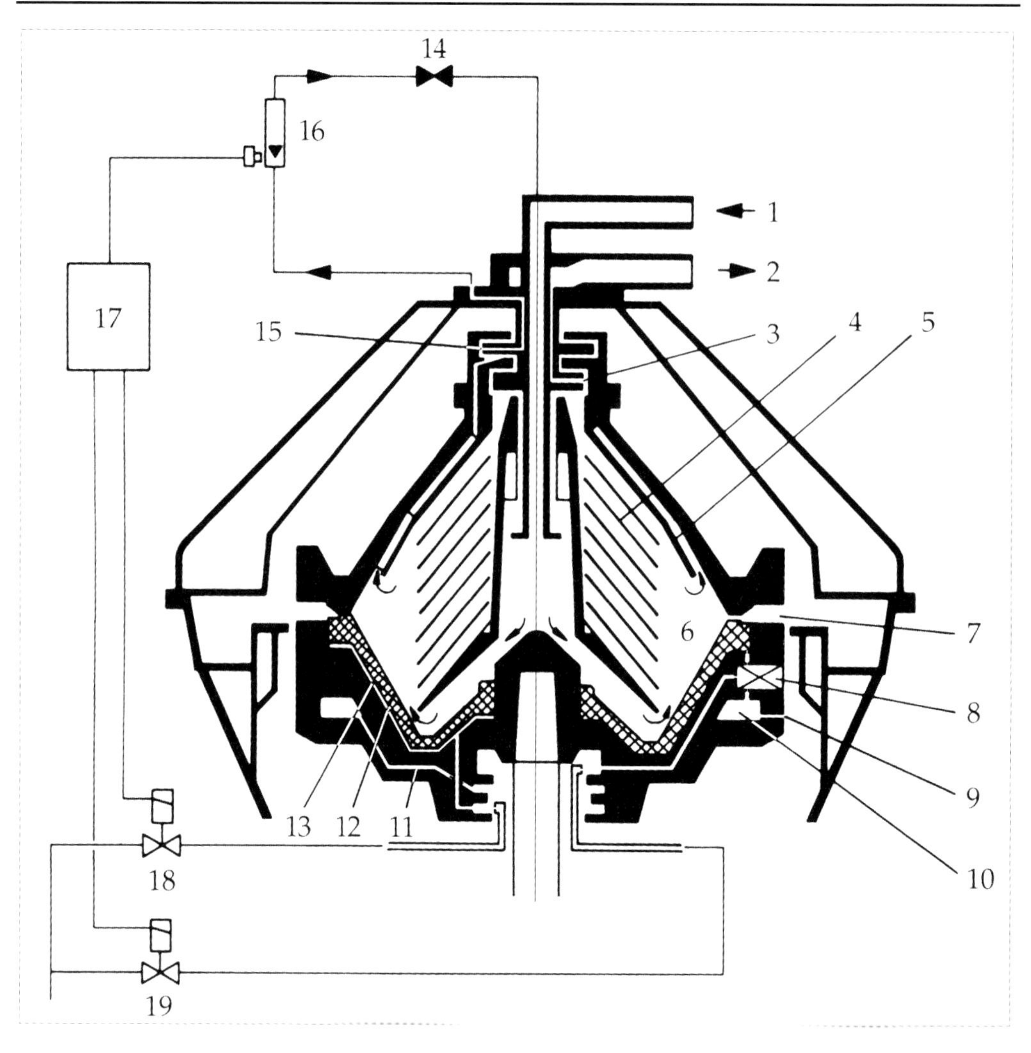

Abbildung 263 Feststoffaustrag bei einer Trommel mit beweglichem Schleuderraumboden, schematisch (Separator HyDRY® GSC nach GEA Westfalia)
Links: Austrittsspalt geschlossen, Rechts: Austrittsspalt geöffnet
1 Zulauf **2** Ablauf Klarphase **3** Greifer **4** Teller **5** Klärteller für Fühlerflüssigkeit **6** Feststoffraum **7** Feststoff-Austrittsspalt im Trommelmantel **8** Ringventil **9** Ablassdüse **10** Speicherkammer **11** Kanal für Vorfüllwasser **12** Schleuderraumboden (= Kolbenschieber) **13** Schließkammer **14** Ventil für Drosselung der Sensorflüssigkeit **15** Steuergreifer **16** Sensor für Durchfluss **17** Steuergerät **18** Ventil für Steuerwasser für das definierte Füllen der Speicherkammer und das Schließen des Kolbenschiebers **19** Ventil für Steuerwasser zur Betätigung des Ringventils bzw. zur Öffnung des Austrages

Während des Entleerungsvorganges läuft Schließwasser zur Schließkammer, wodurch diese wieder aufgefüllt wird. Danach geht das Ringventil wieder in Schließstellung. Die Speicherkammer entleert sich über eine Ablassdüse (9). Durch dieses neue Westfalia

Separator HydroStop-System konnte die eigentliche Entleerungszeit bis auf weniger als 1/10 Sekunde reduziert werden.

Nach mehreren Teilentleerungen kann eine „Reinigungsentleerung" vorgesehen werden, bei der eine größere Teilentleerung eingeschoben.

Totalentleerungen werden während der CIP-Prozedur nach jedem Medienwechsel praktiziert.

Die Variante des Austragsystems HyVOL® GSE für die Steuerung des Feststoffaustrages zeigt Abbildung 264.

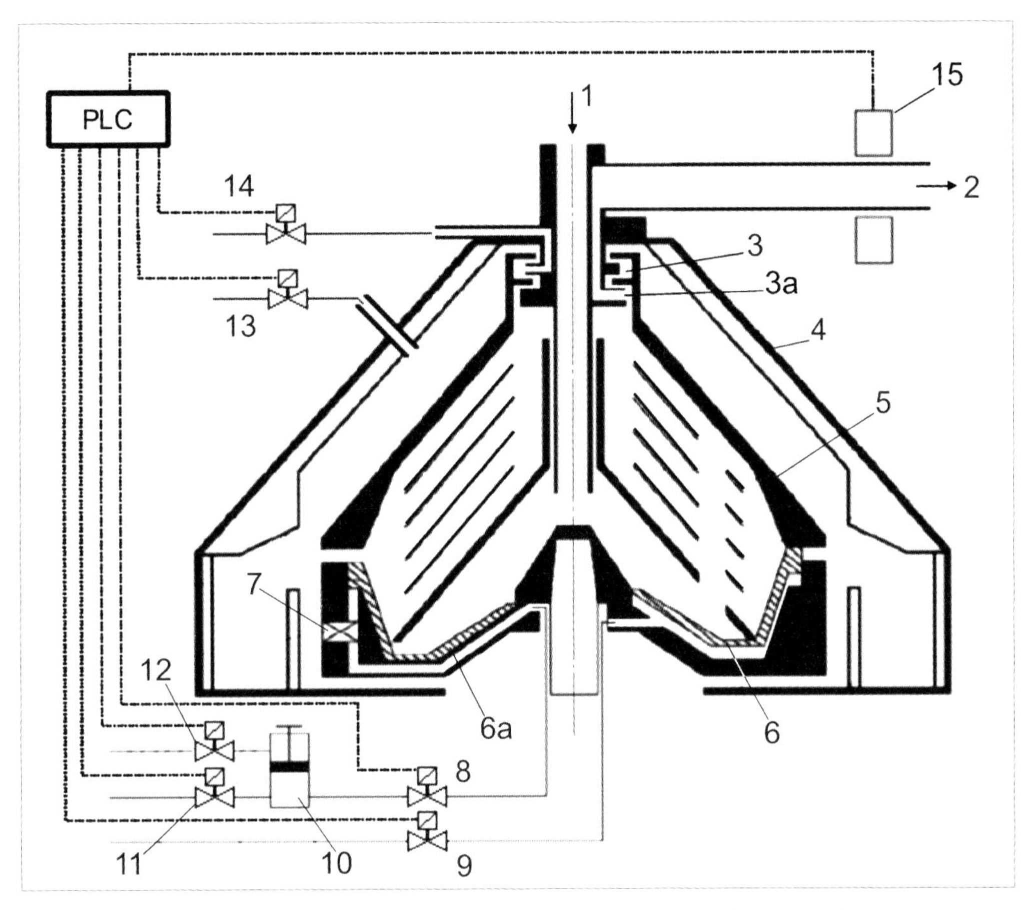

Abbildung 264 Feststoffaustrag bei einer Trommel mit beweglichem Schleuderraumboden, schematisch (Separator HyVOL® GSE nach GEA Westfalia) Links: Austrittsspalt geöffnet; Rechts: Austrittsspalt geschlossen

1 Zulauf **2** Ablauf **3** Hydrohermetische Abdichtung **3a** Greifer **4** Haube **5** Trommel **6** Schleuderraumboden (= Kolbenschieber) geschlossen **6a** Schleuderraumboden (= Kolbenschieber) geöffnet **7** Kolbenventil **8** Ventil für Öffnungswasser **9** Ventil für Schließwasser **10** Dosierkolbenbehälter **11** Wasserventil **12** Ventil für Druckluft (10 bar) **13** Ventil für Haubenspülwasser **14** Ventil für Hydrohermetic-Wasser **15** Trübungssensor

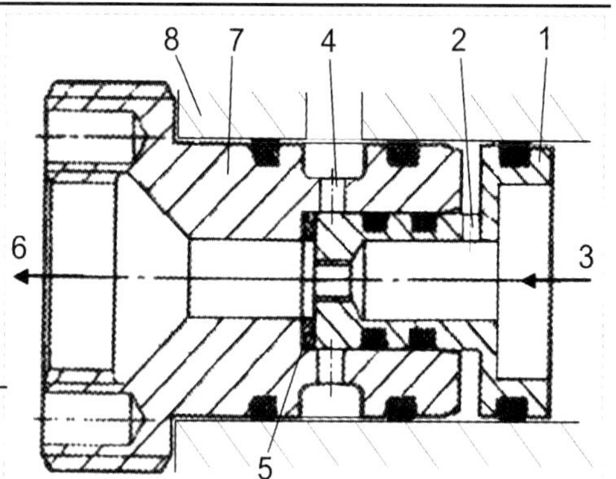

Abbildung 264a Kolbenventil zur Öffnungssteuerung des Kolbenschiebers (Pos. 6 in Abbildung 264)
1 Ventilkolben **2** Bohrung für Steuerwasser **3** Steuerwasser **4** Bohrung für Ablauf des Schließwassers **5** Dichtung **6** Ablauf Steuer- und Schließwasser **7** Kolbenventilgehäuse **8** Trommel

Für eine Totalentleerung (z. B. bei CIP) werden die Öffnungswasserventile 8 und 11 kurzzeitig geöffnet. Dadurch wird das Kolbenventil Pos. 7 (Abbildung 264a) angesteuert und geöffnet, das Schließwasser unter dem Kolbenschieber Pos 6 verlässt die Trommel und der Trommelinhalt öffnet den Kolbenschieber, die Trommel wird entleert. Danach wird das Schließwasserventil Pos. 9 geöffnet, der Kolbenschieber verschließt die Trommel.

Für die Teilentleerung wird der Dosierkolbenbehälter einstellbar definiert mit Wasser über Ventil Pos. 11 gefüllt. Zum vorbestimmten Zeitpunkt wird das Ventil Pos. 8 geöffnet und das Wasser des Dosierbehälters mit Druckluft (Ventil Pos. 12) ausgeschoben und öffnet für eine definierte Zeit das Kolbenventil Pos. 7: das Schließwasser kann ablaufen und die Trommel wird geöffnet. Das exakt bestimmbare Wasservolumen des Dosierkolbenbehälters bestimmt die Öffnungszeit. Mit dem Schließwasserventil Pos. 9 wird der Kolbenschieber wieder in die Schließstellung gebracht.

Vor und nach jeder Trommelvoll- oder -teilentleerung wird der Haubenraum und die Trommeloberfläche über Ventil Pos. 13 kurz gespült.

Das Schließwasser und das Wasser der hydrohermetischen Abdichtung können intervallmäßig ergänzt werden, die Zeit ist programmierbar.

Die Ansteuerungen des Öffnungs- und Schließwassers erfolgen nur für wenige Sekunden.

17.4.2 Trommeln mit Ringkolben

In Abbildung 265 ist eine Tellertrommel schematisch dargestellt, deren Feststoffraum (8) über die Austragskanäle (8a) entleert wird, wenn der Ringkolben (11) angesteuert ist. Der Ringkolben ist in Abbildung 265a als Einzelheit dargestellt.

Diese Austragsvariante kann eingesetzt werden, wenn der Feststoffgehalt der Suspension nicht zu groß ist, beispielsweise bei der Vorklärung zur Filtration.

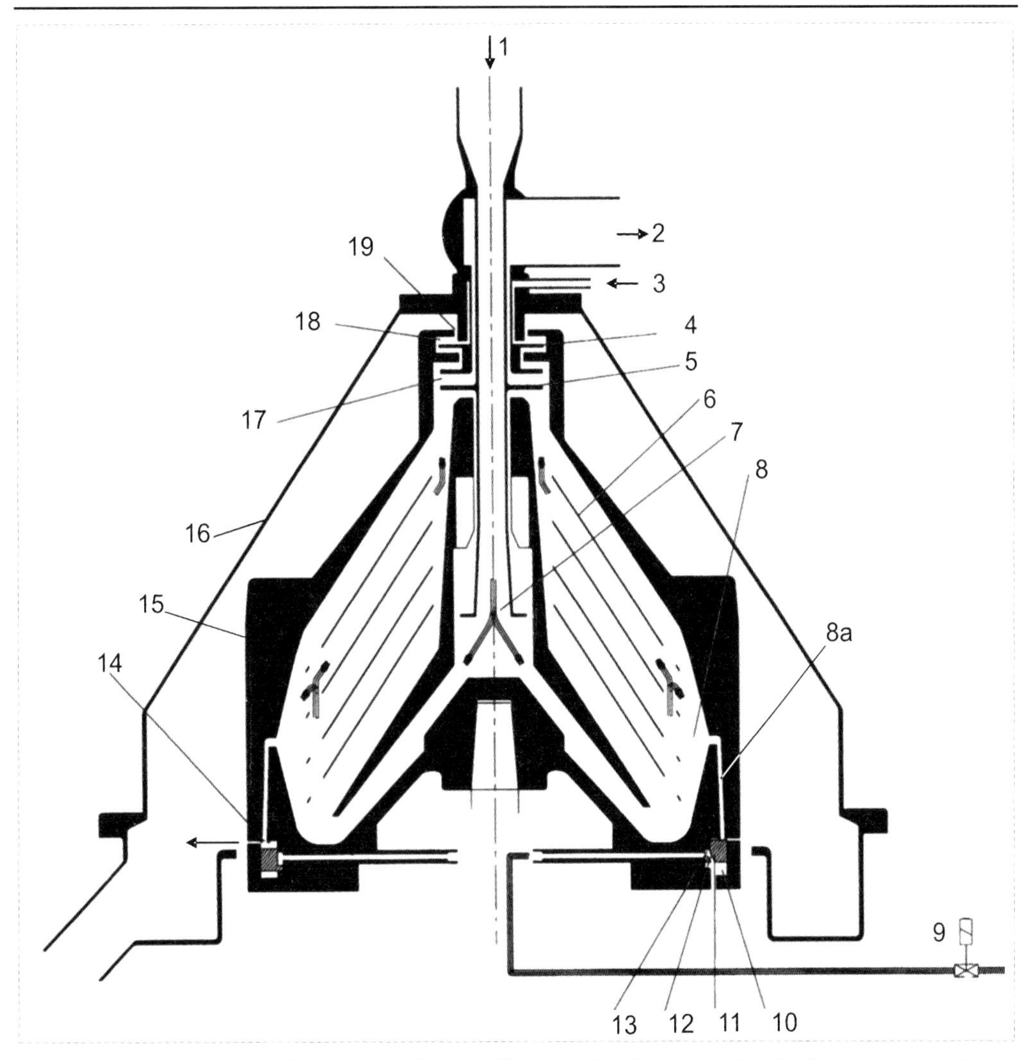

Abbildung 265 Feststoffaustrag bei einer Trommel mit einem Ringkolben, schematisch
Links: Austrag geöffnet; Rechts: Austrag geschlossen
(Beispiel: Separator Typ CSA 500 nach GEA Westfalia)

1 Zulauf **2** Ablauf, geklärt **3** Sperrflüssigkeit **4** Hydrohermetikscheibe **5** Greifer **6** Teller **7** Hydrohermetisches Zulaufsystem **8** Feststoffraum **8a** Feststoff-Austragskanal **9** Steuerwasserventil **10** Schließkammer **11** Ringkolben **12** Ablaufbohrung **13** Öffnungskammer **14** Feststoffaustritt **15** Trommel **16** Haube **17** Greiferkammer **18** Hydrohermetikkammer **19** Überlaufwehr **20** Überlaufbohrung **21** Steuerwasserzulauf

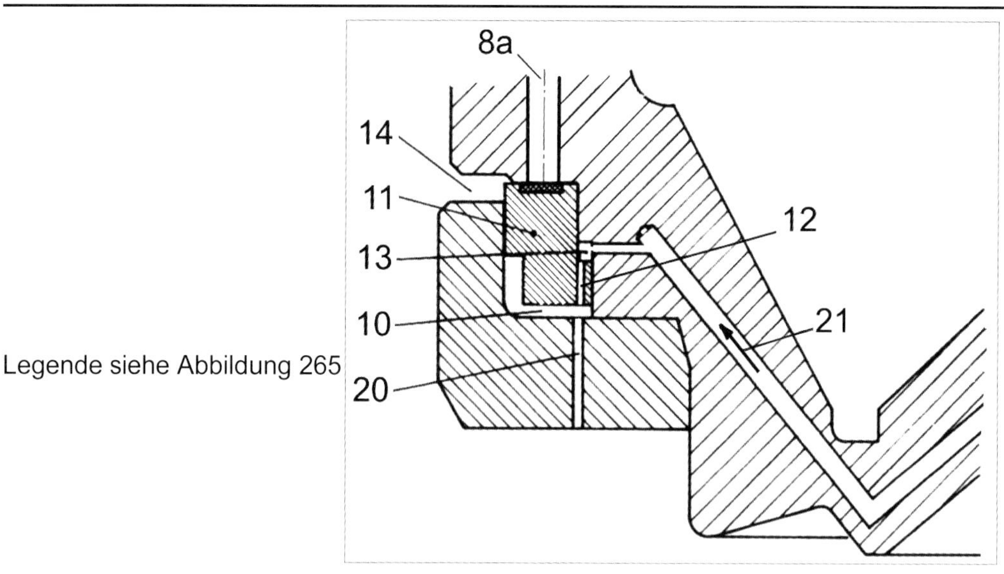

Legende siehe Abbildung 265

Abbildung 265a Einzelheit Ringkolben, sinngemäß nach Abbildung 265; Geschlossener Zustand

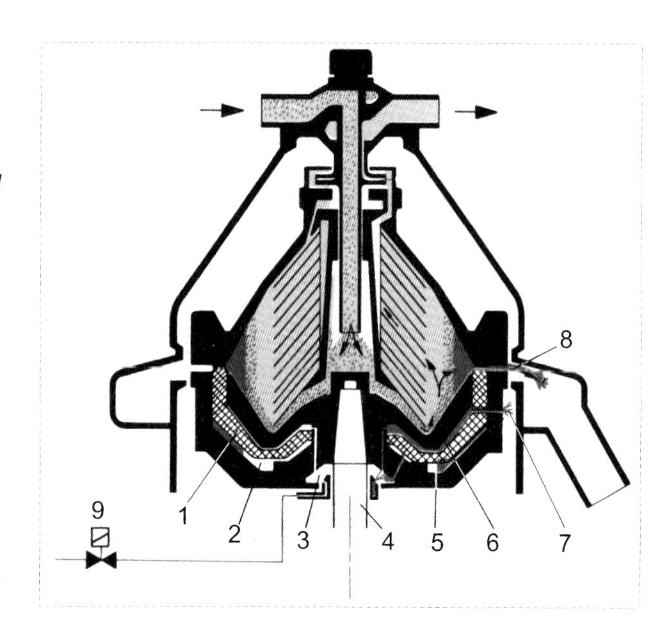

Abbildung 266 Feststoffaustrag bei einer Trommel mit Kolbenschieber, schematisch (nach GEA Westfalia)
Links: Trommel geschlossen, Rechts: Trommel geöffnet
1 Kolbenschieber **2** Schließkammer **3** Einspritzkammer für Steuerwasser **4** Spindel **5** Überlaufbohrung für Schließkammer **6** Öffnungskammer **7** Ablaufbohrung für Öffnungskammer **8** Austrittsspalt für Feststoff **9** Steuerwasserventil

17.4.3 Trommeln mit Kolbenschieber

In Abbildung 266 ist eine Trommel mit Kolbenschieber für den Feststoffaustrag schematisch dargestellt. Bei modernen Separatoren wird diese Variante des Feststoffaustrages nicht mehr benutzt, da die Öffnungszeiten nicht genügend reduziert werden können. Eine moderne Variante eines Kolbenschiebers ist der bewegliche Schleuderraumboden s.a. Abbildung 263 und Abbildung 264.

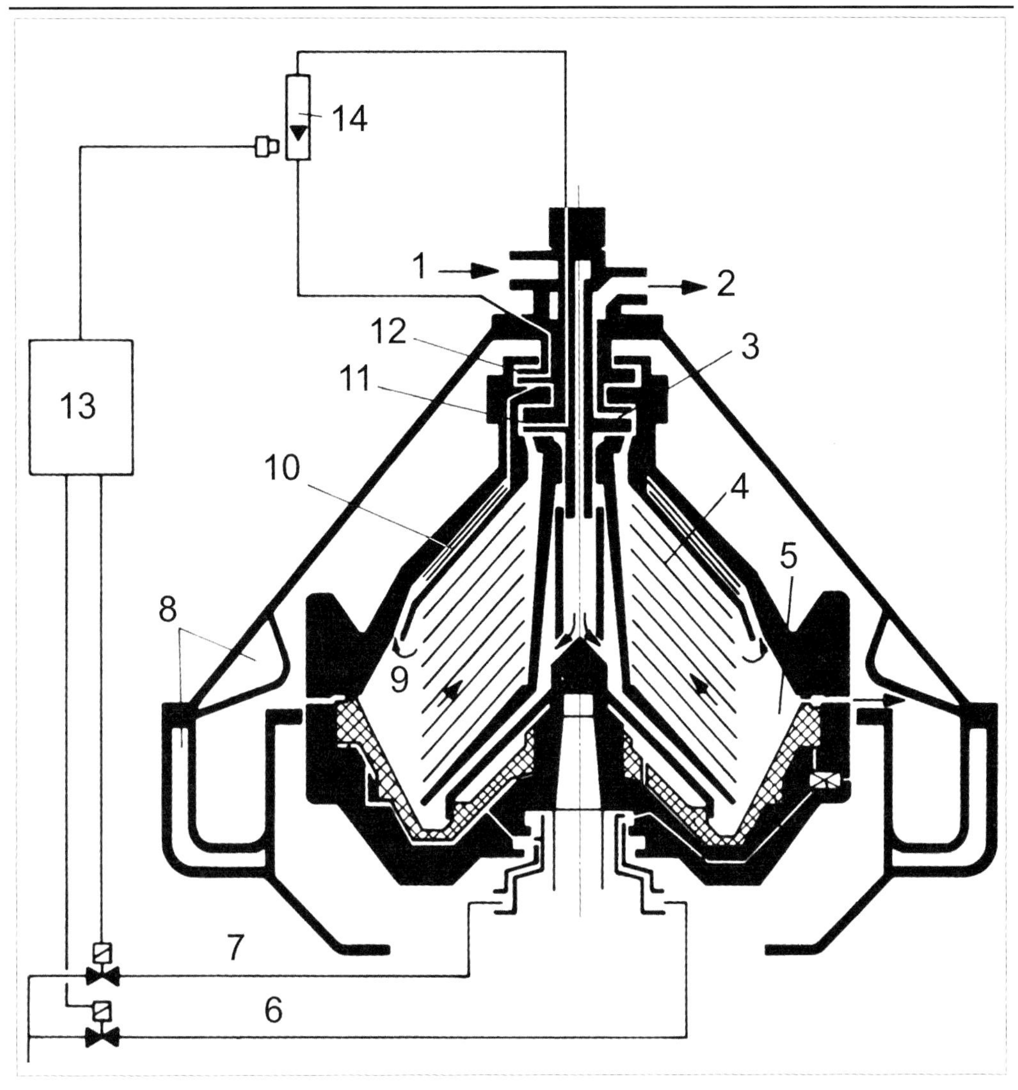

Abbildung 267 Eigensteuerung eines selbstentleerenden Separators mittels Fühlerflüssigkeit, schematisch (nach GEA Westfalia)

1 Zulauf **2** Ablauf **3** Greifer und Greiferkammer für den Ablauf **4** Teller **5** Feststoffsammelraum **6** Öffnungswasser **7** Schließwasser **8** Kühlkammer **9** Eintritt der Fühlerflüssigkeit in den Klärtellerbereich **10** Klärteller für Fühlerflüssigkeit („Scheideteller") **11** Steuergreifer 1 **12** Steuergreifer 2 **13** Steuergerät **14** Durchfluss-Sensor

17.4.4 Messung des Feststoff-Füllungsgrades in der Trommel

In Abbildung 267 ist dieses Eigensteuerungssystem für den Feststoffaustrag einer selbstentleerenden Trommel schematisch dargestellt. Der Hauptstrom der geklärten Flüssigkeit wird von dem Greifer (3) ausgetragen. Ein kleiner Nebenstrom (Fühlerflüssigkeit) wird aus dem Feststoffraum (5) bei Pos. (9) abgezweigt und für die Signalgewinnung genutzt (s.a. Abbildung 255).

Bei Pos. 9 fließt die Fühlerflüssigkeit über einen Scheideteller durch die Tellerzwischenräume (10) zwecks Klärung zum Steuergreifer (12). Dieser drückt sie durch einen Durchflusssensor (14) und über den Steuergreifer (11) in die Greiferkammer (3) zurück. Von hier tritt sie mit dem geklärten Schleudergut aus dem Separator aus. Wenn bei Pos. (9) der Fühlerflüssigkeitseintritt durch Auffüllen des Trommelfeststoffraumes mit Sedimenten abbricht, wird der Zulauf zum Durchflusssensor (14) unterbrochen. Der Sensor gibt ein Signal zum Steuergerät (13), das den Entleerungsvorgang/die Teilentleerung einleitet.

Die Außendurchmesser der beiden Steuergreifer (11) und (12) sind so bemessen, dass auch bei schwankendem Flüssigkeitsspiegel in den Greiferkammern, hervorgerufen z. B. durch Durchsatzschwankungen, die notwendige Eintauchtiefe gewährleistet ist. Die Differenz der Steuergreiferdurchmesser ist gering, der erzeugte Druckunterschied ebenfalls. Dadurch zirkuliert nur ein Mindestmaß an Fühlerflüssigkeit, und das Steuersystem reagiert auch bei schleimigen Feststoffen.

Der Durchflusssensor (14) ist ein handelsübliches Gerät, z. B. ein Schwebekörper-Messgerät (s.a. [4]). Der Sensorkreislauf ist in den CIP-Kreislauf eingebunden.

17.5 CIP-Reinigung

Die Separatoren lassen sich nach dem CIP-Verfahren automatisch reinigen und desinfizieren. Dazu werden die Medien nach einem Programm durch den Separator gefördert. Nach jedem Medium bzw. Reinigungsschritt kann die vollständige oder teilweise Entleerung der Trommel durchgeführt werden.

18. Berechnung des Schwandes und der Kapazität von Gär- und Reifungsabteilungen

18.1 Definitionen, Bedeutung und geschichtliche Einordnung

18.1.1 Schwand

In allen Brauereien treten in den einzelnen Produktionsabteilungen und bei den einzelnen Produktionsschritten Produktverluste auf, die im Allgemeinen als Schwand oder Schwund bezeichnet werden. Bei dem Schwand unterscheidet man zwischen dem Würzeschwand von der heißen Ausschlagwürze (= 100 %) bis zur kalten Anstellwürze (Eingang in die Gärabteilung) und dem Bierschwand von der Anstellwürze bis zum fertigen Bier. Beide Teile fasst man zum Gesamtschwand zusammen und bezieht alle Verluste auf die heiße Ausschlagwürze (= 100 %).

Da durch die neuen Verfahren der Nachverdampfung, die erst nach der Heißwürzeklärung im Whirlpool zur Reduzierung des DMS-Gehaltes erfolgen, auch die Volumina der in der Würzepfanne gemessenen heißen Ausschlagwürzen verändert werden, sind die Ermittlungen der Extraktausbeuten im Sudhaus und die der nachfolgenden Verluste auf der Basis der gemessenen kalten Anstellwürze sicherer und genauer.

In früheren Jahrzehnten wurden die Schwandermittlungen inklusive der Teilschwandermittlungen in den einzelnen Produktionsabteilungen unter der Aufsicht der für die Biersteuerberechnung verantwortlichen staatlichen Behörde durchgeführt. Sie dienten dazu, ausgehend von der verbrauten Schüttungsmenge an Malz (Kontrolle über die verplombte Malzwaage) oder über die erzeugten Hektoliter an heißer Ausschlagwürze (Sudabnahme durch das Finanzamt bzw. den Zoll, Protokollierung im Braumanual), die im Berichtszeitraum produzierten und verkauften Biermengen für die zu entrichtende Biersteurer zu ermitteln.

Da in der jetzigen Biersteuergesetzgebung für die Biersteuer die tatsächlich verkauften Biermengen zugrunde gelegt werden, ist die Schwand- bzw. Teilschwandermittlung in den Brauereien eine innerbetriebliche Kontrollmaßnahme zur Überprüfung der Wirtschaftlichkeit. Sie ist auch wichtig für die Produktions- und Kapazitätsplanung.

18.1.2 Kapazitätsermittlung

Die Kapazität eines Betriebes oder einer Produktionsabteilung stellt das Produktionsvermögen eines Betriebes oder einer Abteilung dar, das unter rationaler Ausnutzung der vorhandenen Anlagen und unter Einhaltung der üblichen Herstellungsnormen nachhaltig produziert werden kann.

Es werden nach ökonomischen Kategorien unterschieden:

- Die Produktionskapazität K einer Anlage eines Betriebes, die die Produktionsmenge des bestimmenden Aggregates in dem technisch möglichen Zeitfonds (Kalendertage im Jahr x 24 h/d minus technisch und technologisch bedingte Stillstandszeiten) berechnet.
- Die mögliche Kapazitätsausnutzung eines Betriebes K_m, die die mögliche Produktionsmenge nach dem Engpassaggregat bzw. nach dem Produktionsbereich mit der geringsten Teilkapazität ausrichtet.
- Die geplante Kapazitätsausnutzung K_p, die die Produktionsmenge unter Berücksichtigung der Ausnutzung des technisch möglichen Zeitfonds reduziert um die planbaren Stillstandszeiten (für Pflege und

Wartung, planmäßige Reparaturen, arbeitsfreie Wochenend- und Feiertage, saisonale Bedarfsschwankungen) berechnet.

Für die Berechnung aller drei Kategorien ist auch der Gesamtschwand von der heißen Ausschlagwürze bis zum abgefüllten Fertigbier und der bereits durchlaufene Teilschwand mit einzubeziehen. Diese Zahlen sind sehr stark abhängig von den technologischen Voraussetzungen, dem technischen Zustand und der Größe des Betriebes. Nachfolgend aufgeführte Richtzahlen können nur als erste Orientierungswerte dienen.

18.2 Schwandzahlen und Schwandberechnungen

Bei dem Schwand unterscheidet man in der Bierherstellung zwischen dem Volumenschwand und dem Extraktschwand. Einen Überblick über in der Literatur genannte Richtzahlen für den Gesamtvolumenschwand gibt Tabelle 191 und für kalkulierbare Teilschwände Tabelle 193.

Tabelle 191 Richtwerte für den Gesamtschwand S_g (Volumenschwand) von der heißen Ausschlagwürze bis zum abgefüllten Fertigbier in Abhängigkeit von den Betriebsverhältnissen

Hinweise zu den technischen Einrichtungen	S_g in %	cit. im Jahr	cit. durch
Klassische Brauerei, unter sehr günstigen Betriebsverhältnissen	≤ 13		
Klassische Brauerei, unter günstigen Betriebsverhältnissen	≤ 15	1953	[534]
Klassische Brauerei, unter weniger günstigen Betriebsverhältnissen	≤ 18		
Klassische Brauerei, unter ungünstigen Betriebsverhältnissen	> 18		
Klassische Brauerei, Kleinbetriebe	bis 24	1963	[5]
Klassische Brauerei, Großbetriebe	8...15		
Klassische Brauerei, offene Kühlung, Tank- u. Fassabfüllung	12		
Klassische Brauerei, offene Kühlung, Flaschenabfüllung	14		
Klassische Brauerei, geschlossene Kühlung, Tank- u. Fassabfüllung	10	1985	[535]
Klassische Brauerei, geschlossene Kühlung, Flaschenabfüllung	12		
ZKT - Gärung u. Reifung, Tank- u. Fassabfüllung	9		
ZKT - Gärung u. Reifung, Flaschenabfüllung	11		
Klassische Brauerei mit Kühlschiff	12...20	1986	[38]
Moderne Brauerei, Großbrauerei	8...12		
ZKT - Zweitank-Verfahren, geschlossene Kühlung, Großbetrieb	8		
Klassische Gefäße, ältere kleinere Betriebe oder hohe Sortenvielfalt	12	1994	[536]
Extremwerte bei offenem Würzeweg (Kühlschiff, Berieselungskühler)	bis 24		

18.2.1 Volumenschwand

Der Volumenschwand bezieht sich in dem kontrollierten Zeitabschnitt normalerweise auf die produzierte Menge Hektoliter heißer Ausschlagwürze (= 100 %). Die Differenz zu der Menge an abgefülltem Fertigbier, bezogen auf die jeweilige Menge an heißer Ausschlagwürze, ist der Bierschwand (auch Schwund genannt).

Bei der Bierproduktion treten u.a. folgende Volumenverluste, ausgehend von der heißen Ausschlagwürze, auf:

- Kontraktion durch Abkühlung (ca. 4 %; kein Extrakt-Verlust);
- Verdunstung von Wasser bei offener Kühllinie und offenen Gefäßen (kein Extraktverlust);
- Benetzungsverluste (normal nach [5], [38] 0,2...0,4 %), bei einer Umstellung auf ein Eintankverfahren im ZKT reduziert sich dieser Verlust in der Prozessstufe Gärung und Reifung auf ca. 0,1 %.
  Bei normaler ZKT-Entleerung dürfte die Dicke der Haftschicht bei ≤ 0,1 mm liegen (die Schichtdicke der Haftflüssigkeit ist eine Funktion der Oberflächenstruktur und der verfügbaren Ablaufzeit;
- Schaum- und Tropfverluste (Abheben der Gärdecke, Kräusendecke, überlaufende Schmutzdecke bei offener Obergärung; nach [5], [38] beträgt der Schwand 0,1...0,4 %, bezogen auf die kalte Anstellwürze);
- Durch die normale Hefevermehrung (nach [5] z. B. bei 3facher Vermehrung von 0,5 auf 1,5 L Hefe/hL ergibt sich eine Volumenschwand von 1 %, wenn die Hefe nicht zum Wiederanstellen verwendet wird), bei ZKT wurde bei gleicher Vermehrungsrate ein Volumenverlust von 1...2 % im Eintankverfahren, bezogen auf die kalte Anstellwürze, ermittelt (ohne Wiederverwendung der Hefe und ohne Hefebierrückgewinnung);
- Biergehalt der Erntehefe in der Hauptgärung und in der Gelägerhefe in der Lagerphase (0,3...0,4 L Geläger/hL Tankinhalt), wenn keine Bierrückgewinnung erfolgt (nach [5], [38] enthält fest abgesetzte Hefe 0,5...1 % Bier bezogen auf das Volumen der kalten Anstellwürze, 50 % sind rückgewinnbar, siehe Kapitel 19);
- Nicht wieder gewonnene Abseihbiere in liegenden Lagertanks;
- Nicht wieder verwendete Vor- und Nachläufe beim Nachdrücken mit Wasser und bei der Bierfiltration;
- Abfüllverluste beim Überschäumen und durch geplatzte Flaschen.

Die Erfassung des Volumenschwandes wird im Brauereibetrieb erschwert bei einer großen Vielfalt an produzierten Biersorten, bei viel Verschnitt mit vielen kleinen Gär- und Lagergefäßen und bei nicht genau erfassten Nachdrück- und Verschnittwasserzusätzen. Ein Wasserzusatz, wie beim High-gravity-brewing (siehe Kapitel 13), reduziert den Volumenschwand und erfordert genaue Volumenmessgeräte.

Der Bierschwand kann sich für die einzelnen Biersorten deutlich unterscheiden und in den einzelnen Jahren auch sehr deutlich schwanken. So wurden in einer größeren klassisch eingerichteten Brauerei (offene Gärbottiche aus Beton und Holz, liegende Lagertanks und noch zwei Holzfassabteilungen) in den Jahren 1960...1963 folgende jährliche Schwandzahlen ermittelt (siehe Tabelle 192).

Tabelle 192 Ermittelte Gesamtvolumenschwandzahlen für einzelne Biersorten in den Jahren 1960...1963 (eigene Betriebserfahrungen)

Biersorte	St in %	Gesamtvolumenschwand in %		
		1960	1961	1963
Einfach, dunkel	6,0	10,5	10,5	11,5
Helles Lagerbier	11,5	12,5	12,0	13,0
Pilsner	12,5	13,0	12,5	11,9
Bockbier	16,0	18,0	12,5	12,5
Porter	18,0	19,0	18,0	17,0

Tabelle 193 Teil- und Gesamtschwandsätze für eine Neubauauslegung nach Vey [536]

Produktionsabschnitt		Teilschwand in %	Teilschwandfaktor f_{TS} bis Verkaufsbier [1])
von	bis		
Sudhaus	Hauptgärung	4,5	0,920
Hauptgärung	Lagern/Reifen	1,0	0,965
Lagern/Reifen	Filtration	0,5	0,975
Filtration	Drucktank	1,0	0,980
Drucktank	Abfüllung	0,5	0,990
Abfüllung	Verkaufsbier	0,5	0,995
Sudhaus	Verkaufsbier	8,0	0,920

[1]) f_{TS} sind Teilschwandsätze von der betreffenden Abteilung bis zum Verkaufsbier; bei obergärigen Bieren können die Schwandsätze in Abhängigkeit vom Produktionsverfahren von den aufgeführten Werten erheblich abweichen. Sie dienen für die Umrechnung der Teilbestände in Verkaufsbier.

Die Schwankungen in Tabelle 192 ergaben sich aus Veränderungen des Absatzvolumens und damit des Produktionsvolumens der einzelnen Biersorten. Allgemein kann man feststellen, je höher die Stammwürze und je geringer das Produktionsvolumen der Biersorte ist, um so höher ist der Schwand der betreffenden Biersorte. Die Absatzzunahme der stärker konzentrierten, höherwertigen Biersorten (Pilsner, Bock und Porter) führte bei diesen Biersorten ab 1961 zu niedrigeren Schwandzahlen, bei den einfacheren Biersorten war die Tendenz gegenläufig. Die Einführung der Gärung und Reifung in ZKT ab ca. 1970 führte zu einer weiteren deutlichen Reduzierung des Volumenschwandes (siehe auch Tabelle 191).

Nach *Jakob* [534] können die Verluste im klassischen Brauereibetrieb vom Gärkeller bis zum Ausstoß, bezogen auf heiße Ausschlagwürze, zwischen 2,5...9 % schwanken, davon im:

- Gärkeller 1...4 %;
- Lagerkeller 1...3 %;
- Filtration und Abfüllung 0,5...2 %.

Er klassifizierte die Betriebe, wenn die Verluste vom Anstellen bis zum Ausstoß in folgenden Bereichen schwankten, wie folgt ein:

- 2,5...4,5 % ein sehr guter Betrieb,
- 4,5...7,0 % ein guter bis mittlerer Betrieb;
- 7,0...10 % ein schlechter Betrieb.

Um bei der Monatsabrechnung die Kellerbestände in Verkaufsbier umzurechnen, empfiehlt er folgende Bestandskorrekturen:

- Gärkellerbestand minus 5 % (nach [38] nur 4 %);
- Lagerkellerbestand minus 2 %.

Nach *Narziß* [38] beträgt der Bierschwand vom Anstellen bis zum Fertigbier normal 3... 5 %.

18.2.1.1 Nutzvolumen der Gär- und Lagergefäße

Vom Bruttovolumen müssen bei der Bestandsaufnahme bei Gärbottichen (Untergärung) 7 % Steigraumvolumen und bei den Lagertanks 3 % Steigraum (Spundblase) abgezogen werden.

Bei ZKT ergibt sich das Nutzvolumen aus der Differenz Bruttovolumen minus dem erforderlichen Steigraum. Nach [537] sind bei ZKT folgende Steigräume einzuplanen:

- Weizenbiertanks 40 %;
- Untergärige ZKG 25 %;
- Untergärige ZKL 10...25 % (je nach Gärverfahren).

Bei der Angabe des Steigraumes muss die Bezugsgröße angegeben werden. Diese kann die Höhe des Steigraumes sein oder das Volumen des Steigraumes. Die Bezugsbasis muss ebenfalls angegeben werden: Netto- oder Bruttovolumen, s.a. das Beispiel in Tabelle 194.

Tabelle 194 ZKT mit 2500 hL netto; Ø 4200 mm; Konuswinkel 90°; Steigraum 37 m^3

Bezugsbasis		Steigraum bezogen auf	
		Brutto-Volumen	Netto-Volumen
Netto-Volumen	250 m^3		14,8 %
Brutto-Volumen	287 m^3	12,9 %	
Höhe der Biersäule	19,4 m		
Höhe des Steigraumes	2,7 m	13,9 % der Biersäule	
Gesamthöhe im ZKT	22,1 m	12,2 % der Gesamthöhe	

Bei der Festlegung des Steigraumes muss außerdem die maximale Gärtemperatur berücksichtigt werden. Im o.g. Beispiel beträgt die maximale Gärtemperatur ≤ 13 °C.

Bei höheren Gärtemperaturen muss der Steigraum vergrößert werden, siehe die Übersicht in Tabelle 195. Bei Gärung unter Druck verringert sich der Steigraumbedarf.

Tabelle 195 Steigraum als Funktion der Temperatur

Gärtemperatur	Steigraum, bezogen auf das Nettovolumen
10 °C	≥ 12 %
15 °C	≥ 15 %
20 °C	≥ 25 %
25 °C	≥ 30 %

Nach [5] können für die Berechnung der Teilschwände können die Berechnungsgleichungen Gleichung 77 bis Gleichung 80 verwendet werden:

18.2.1.2 Gärkellerschwand

$$S_{GK} = \frac{V_{AW} - (V_{LB} + V_{HB})}{V_{AuW}} \cdot 100\ \% \qquad \text{Gleichung 77}$$

S_{GK} = Gärkellerschwand in %
V_{AW} = Volumen der Anstellwürze in hL
V_{LB} = Volumen des geschlauchten Lagerbier in hL
V_{HB} = Volumen des zurück gewonnenen Hefebieres in hL
V_{AUW} = Volumen der heißen Ausschlagwürze in hL

Wenn durch Verschnitt das Volumen der heißen Ausschlagwürze V_{AUW} nicht bekannt ist, aber der Würzeteilschwand S_w vom Sudhaus bis zum Anstellen bestimmt wurde, kann folgende Formel für die Ermittlung des Gärkellerschwandes verwendet werden:

$$S_{GK} = \frac{(S_D + H_E - H_G) \cdot (100 - S_W)}{V_{AW}}\ \% \qquad \text{Gleichung 78}$$

S_D = Volumen der abgeschöpften Decke in hL
H_E = Volumen der Hefeernte in hL
H_G = Volumen der Hefegabe in hL
S_W = Würzeteilschwand in % (z. B. 7 %)
V_{AW} = Volumen der Anstellwürze in hL

18.2.1.3 Lagerkellerschwand

Da durch viel Verschnitt die Formel für S_{GK} nicht anwendbar erscheint, wird folgende Formel vorgeschlagen:

$$S_{LK} = \frac{(S_B + V_G - V_B) \cdot (100 - S_W - S_{GK})}{V_T}\ \% \qquad \text{Gleichung 79}$$

S_{LK} = Lagerkellerschwand in %
S_B = Geschätzte Benetzungsverluste in hL
V_G = Volumen der geernteten Gelägermenge in hL
V_B = Volumen des zurück gewonnnen Gelägerbieres in hL
S_W = Würzeteilschwand in % (z. B. 7 %)
S_{GK} = Gärkellerschwand in %
V_T = Nettovolumen des Lagertankinhaltes in hL

18.2.2 Extraktschwand

Der Extraktschwand S_E gibt an, wie viele Prozent des Extraktgehaltes der heißen Ausschlagwürze bis zum Fertigbier verloren gehen. Nach [5] schwankt der Extraktschwand zwischen 3...12 %. Die Hauptursachen für den Extraktverlust sind:

- Alle o.g. „echten“ Würze- und Bierverluste sind gleichzeitig auch Extrakt-verluste, ausgeschlossen sind also Verdunstungsverluste und Konzen-trationsänderungen durch Abkühlungen oder Wasserzusätze;

- Der Extraktverbrauch der Hefe für den eigenen Bau- und Betriebsstoffwechsel, nach Berechnungen in [7] beträgt der durchschnittliche Extraktschwand nach diesem Berechnungsbeispiel für eine Hefezuwachs von $10 \cdot 10^6$ Zellen/mL in einer 12%igen Anstellwürze ca. 0,45 %.

Heyse [538] gibt einen Extraktverlust durch die Hefe in Abhängigkeit vom angewandten System von 1,5...3 % und durch Geläger von 0,3...0,5 % an. *Narziß* [38] nimmt als Richtwert für eine Extraktminderung bei normaler Hefevermehrung 0,3 % an.

Die Berechnung des Extraktschwandes S_E erfolgt ähnlich der Berechnung des Volumenschwandes:

$$S_E = \frac{E_A - E_B}{E_A} \cdot 100\ \% \qquad \text{Gleichung 80}$$

EA = Extraktmenge in der kalten Ausschlagwürze in kg
= VAW · 0,96 · StAW in kg — Gleichung 81
EB = Extraktmenge (incl. des vergorenen Extraktes) im Verkaufsbier in kg
= VVB·· StVB in kg — Gleichung 82
VAW =·Volumen heiße Ausschlagwürze, umgerechnet auf kalte Ausschlagwürze, mit dem Faktor 0,96 in hL
StAW = Extraktgehalt der kalten Ausschlagwürze in kg/hL
VVB = Volumen der Verkaufsbiermenge in hL
StVB = Extraktgehalt des Verkaufsbieres in kg/hL

Da der Aufwand für die Ermittlung des durchschnittlichen Extraktgehaltes aus den Extraktgehalten der einzelnen Bierchargen und Biersorten sehr aufwendig und sehr ungenau sein kann, wird für die innerbetriebliche Kontrolle meist nur der Gesamtvolumenschwand ermittelt. Bei nicht erklärbaren Differenzen allerdings ist eine stichprobenartige Tiefenprüfung mit Extrakt- und Teilschwandermittlungen notwendig.

18.3 Die Kapazitäts- und Kostenberechnung für Anlagen der Gärungs- und Getränkeindustrie

18.3.1 Allgemeine Bemerkungen

Die Kapazitätsberechnung und die Anlagendimensionierung sind wichtige Teile der Anlagenplanung.

Ein relevanter Aspekt der Bewertung der Anlagenplanung und der Entscheidung für eine bestimmte Variante sind die zu erwartenden Investitions- und Betriebskosten der konzipierten Anlage.

Die Berechnungen werden mit folgenden Zielstellungen vorgenommen:

- Ermittlung der möglichen Kapazität einer bestehenden Anlage,
- Ermittlung der möglichen Kapazität einer geplanten Anlage,
- Dimensionierung einer Anlage zur Absicherung einer gewünschten Kapazität,
- Nachweis der Wirtschaftlichkeit einer geplanten Anlage,
- Prüfung einer Anlagenplanung auf Realisierbarkeit bei gegebenem Budget.

Für die Kapazitätsberechnung und die Anlagendimensionierung sind 2 prinzipielle Wege möglich:

- systematische Berechnung der gesuchten Größe und

- die Nutzung von Formeln aus der Literatur.

Wirtschaftlichkeitsberechnungen aller Art setzen eine definierte, abgestimmte verfahrenstechnische und maschinen- und apparatetechnische Lösung voraus, auf deren Basis eine detaillierte Kostenermittlung vorgenommen werden kann.

Es müssen also der Aufgabenstellung (AST) entsprechende, vergleichbare, aktuelle und verbindliche Preisangebote zum Liefer-, Montage- und Inbetriebnahmeumfang vorliegen (Hinweise hierzu s.a. [595]).

Wegen der relativ begrenzten zeitlichen Gültigkeit der Preisangebote infolge der Einflüsse des Marktes können Literaturangaben nur mit großer Vorsicht verwendet werden. Sie sind allenfalls für grobe Voreinschätzungen nutzbar.

18.3.2 Berechnung der Produktionskapazität für die Gärung und Reifung

Nachfolgend wird auf die Berechnung der Produktionskapazität der Prozessstufe Gärung und Reifung nach Literatur- und Formelangaben eingegangen.

18.3.2.1 Prozess- und Belegungsdauer

Eichin [539] plante für die Auslegung eines modernen Gär- und Lagerkellers folgende Prozess- und Belegungsdauer ein:

- Gärdauer bei Weizenbier 5...6 Tage;
- Gärdauer bei Pilsner 6...7 Tage;
- Lagerdauer für beide Biersorten 17 Tage;
- Zusätzliche Manipulationszeit bei der Gärung 1,5 Tage;
- Zusätzliche Manipulationszeit bei der Lagerung 2 Tage.

18.3.2.2 Angaben zum Saisonausstoß

Nach [536] werden in Deutschland in den drei Sommermonaten Juli, August und September durchschnittlich 10...11 % des Jahresausstoßes pro Monat benötigt.

Nachfolgend werden für die Berechnung der Produktionskapazitäten einige Beispiele nach [535] aufgeführt.

18.3.2.3 Jährliche Produktionskapazität eines klassischen Gärkellers

$$K_G = \frac{V_G \cdot 0{,}93 \cdot T_K \cdot S_{FG}}{D_K \cdot S_{FT}} \text{ hL/a} \qquad \text{Gleichung 83}$$

K_G = Produktionskapazität in hL/a

V_G = Bruttovolumen aller klassischen Gärgefäße in hL

0,93 = Faktor Steigraum (= 100 % - 7 %)

T_K = technisch möglicher Zeitfonds Kalendertage/a
365 d/a:
- technisch bedingte Stillstandszeiten (Sudpause, Instandhaltung im Gärkeller), z. B. 14 d/a,
- technologisch bedingte Stillstandszeiten (Generalreinigungen), z. B. 15 d/a = <u>336 d/a</u>

S_{FG} = Faktor Gesamtschwand; z. B. für klassische Gärung u. Reifung mit geschlossener Kühllinie, vorwiegend Flaschenabfüllung S_G = 12 %

$$S_{FG} = \frac{100-12}{100} = 0{,}88$$

D_K = Durchlaufzeit des Bieres im Gärkeller 6 d, z. B. Pilsner (Hauptsorte)
+ Reinigung, Desinfektion, Befüllung, Entleerung 1 d = 7 d

S_{FT} = Faktor Teilschwand bis Einlauf Gärkeller, z. B. bei geschlossener Kühllinie S_T = 5 %

$$S_{FT} = \frac{100-5}{100} = 0{,}95$$

Für die mögliche Kapazitätsausnutzung K_m ist für D_K die durchschnittliche Verweilzeit des Biersortiments D_{Km} (in Tagen) wie folgt zu berechnen: z. B. bei einem betrieblichen Biersortiment mit den Biersorten:

Lager Hell 6 d Hauptgärung
Pilsner 7 d Hauptgärung
Festbier 8 d Hauptgärung

$$D_{Km} = \frac{(x_1 \cdot 6) + (x_2 \cdot 7) + (x_3 \cdot 8)}{\sum_1^3 x}$$ Gleichung 84

+ Reinigung, Desinfektion, Befüllung, Entleerung 2 d = $\sum D_{Km}$

x_1, x_2, x_3 Sortiment in Hektoliter je Sorte

Bei der geplanten Kapazitätsausnutzung K_p ist für T_k der planbare technisch zur Verfügung stehende Zeitfonds T_{kp} in die Kapazitätsformel einzusetzen.

Der planbare technisch zur Verfügung stehende Zeitfonds T_{kp} ergibt sich z. B. wie folgt:

Nomineller Zeitfonds	365 d/a
- arbeitsfreie Wochenenden u. Feiertage	111 d/a
- technisch bedingte Stillstandszeiten	15 d/a
- technologisch bedingte Stillstandszeiten	9 d/a
Geplante Ausnutzung des T_K für den Gärkeller	230 d/a.

18.3.2.4 Produktionskapazität eines klassischen Lagerkellers

$$K_L = \frac{V_L \cdot 0{,}97 \cdot T_K \cdot S_{FG}}{D_K \cdot S_{FT}} \text{ hL/a}$$ Gleichung 85

K_L = Produktionskapazität Lagerkeller in hL/a
V_L = Bruttovolumen aller Lagergefäße in hL
0,97 = Faktor Steigraum (100 % - 3 %)
T_K = Technisch möglicher Zeitfonds (336 d/a)
S_{FG} = Faktor Gesamtschwand (= 0,88)
D_K = Durchlaufzeit im Lagerkeller
z. B. Pilsner 20 d
+ Reinigung, Desinfektion, Befüllen u. Entleeren 1 d = 21 d
S_{FT} = Faktor Teilschwand bis Einlauf Lagerkeller, z. B. bei geschlossener Kühllinie S_T = 7 %

$$S_{FT} = \frac{100-7}{100} = 0{,}93$$

Die Berechnung der möglichen und der planbaren Kapazitätsausnutzung des Lagerkellers erfolgt in gleicher Weise wie für den Gärkeller.

18.3.2.5 Produktionskapazität der Gärung und Reifung in einer ZKT-Abteilung

Hier ist als maximaler Nutzinhalt V_{ZKT} das Nettofüllvolumen einzusetzen (= Bruttoinhalt minus sorten- bzw. verfahrensbedingten Steigraum, s.o.). Als Beispiel wird hier nachfolgend nur die Berechnungsformel für ein Eintankverfahren ausgewiesen.

$$K_{ZKT} = \frac{V_{ZKT} \cdot T_K \cdot S_{FG}}{D_K \cdot S_{FT}} \text{ hL/a} \qquad \text{Gleichung 86}$$

K_{ZKT} = Produktionskapazität ZKT-Keller in hL/a

V_{ZKT} = Nettofüllvolumen aller ZKT in Hektoliter - 2 % Volumenverlust durch Anstellhefemenge und Gelägerbier

T_K = Technisch möglicher Zeitfonds (336 d/a)

S_{FG} = Faktor Gesamtschwand, z. B. für S_g = 10 % (= 0,90)

D_K = Durchlaufzeit im ZKT bei untergärigen Vollbieren,

z. B. Gärung bis Vs ≈ Vsend	7 d
Reifung bis Gesamtdiacetyl < 0,10 mg/L	3 d
Abkühlung auf 0 °C...-2 °C	3 d
Kaltlagerphase	7 d
Befüllung, Entleerung, Reinigung u. Desinfektion	2 d
Gesamt	22 d

S_{FT} = Faktor Teilschwand bis Einlauf ZKT, z. B. bei einem Teilschwand von S_T = 5 %

$$S_{FT} = \frac{100 - 5}{100} = 0{,}95$$

Die Berechnung der möglichen und der planbaren Kapazitätsausnutzung der ZKT-Abteilung erfolgt analog wie für den klassischen Gärkeller.

18.3.2.6 Zur Nutzung von Formeln aus der Literatur

Die Nutzung von Formeln und anderen Gleichungen, die in der Literatur angeboten werden, ist sicher auf den ersten Blick die einfachere Variante, um Kapazitäten zu berechnen oder Behälter zu dimensionieren.

Das Problem liegt aber schon oft darin, eine für den konkreten Fall geeignete Formel im richtigen Augenblick zu finden.

Ein wesentlicher Nachteil der Formel-Nutzung ist, dass die in diesen verwendeten Faktoren oft auf Annahmen beruhen, deren Gültigkeit nur schwer oder überhaupt nicht nachvollzogen werden kann. In vielen Fällen ist die Gültigkeit der Formel auf ein relativ eng begrenztes Intervall beschränkt, ohne dass dieses angegeben wird.

Insbesondere Formeln und Richtwerte in der älteren Literatur sind auf moderne, optimierte technologische Abläufe nicht übertragbar. Das gilt vor allem für Energie- und Wasserverbrauchswerte, wärme- und kältetechnische Angaben, Angaben zur Wärmedämmung, spezifische Verbrauchswerte aller Art, Angaben zur Anlagentechnik.

Deshalb muss vor dem unkritischen, schematischen Gebrauch von Formeln etwas gewarnt werden!

Verwertbare Literaturangaben zu Kennzahlen und Berechnungsformeln sind in der jüngeren Literatur nur sehr vereinzelt anzutreffen. Eine Vielzahl von Veröffentlichungen ist bei oberflächlicher Betrachtung durchaus interessant, eine eingehendere Prüfung

ergibt aber selten auswertbare Daten für die Anlagenplanung. Diese Feststellung gilt für den Bereich von ausgeführten Brauerei-Neubauten oder -Erweiterungen.
Positiv ist die Verwendung von Formeln für Berechnungen von Kapazitäten oder für die Anlagendimensionierungen im Rahmen von Tabellen-Kalkulationsprogrammen einzuschätzen (zum Beispiel EXCEL® o.ä.), die *systematisch* entwickelt werden und deren *Gültigkeitsgrenzen* dem Nutzer bekannt sind und deren *Ergebnisse kritisch* überprüft wurden.

Leider sind diese Programme im Allgemeinen nicht käuflich zu erwerben; ihr Besitz gehört zum „know how" der Dienstleister.

Formeln zur Auslegung von Anlagen für die Gärung und Reifung finden sich zum Beispiel bei *Petersen* [540] und *Unterstein* [541], [542], [543].

18.3.3 Die systematische Berechnung der Kapazität

Die systematische Berechnung einer gesuchten Größe ist sicherlich die anzustrebende Variante.

Vorteilhaft ist hierbei, dass (fast) keine Formeln erforderlich sind, deren Herkunft und Gültigkeit oftmals nicht nachvollzogen werden kann. Es genügt die Kenntnis weniger naturwissenschaftlich begründeter formelmäßiger Zusammenhänge und Basisdaten.

Ausgangspunkt der Berechnungen ist im Allgemeinen eine bestimmte Menge eines Endproduktes, das in einer vorgegebenen Zeit fertiggestellt sein soll, zum Beispiel eine bestimmte Menge Verkaufsbier, angegeben in Hektoliter VB/a oder Hektoliter VB/d.

Die Berechnung dieser Menge Endprodukt muss natürlich unter Beachtung der beeinflussenden Faktoren erfolgen:

- Tatsächlicher Arbeitszeitfonds;
- Sortiment;
- Mögliche Belegzeit;
- Die Zeit für den CIP-Prozess;
- Die Entleerungszeit;
- Maximaler Produktbedarf je Zeiteinheit, saisonale Schwankungen und Einflüsse usw.

18.3.3.1 Arbeitszeitfonds

Der Arbeitszeitfonds im Bereich Gärung und Reifung entspricht in der Regel dem Kalenderjahr. Ausnahmen sind ggf. geplante Reparaturen am ZKT, an den Armaturen oder geplante Stillstandszeiten für Generalreinigungen, Prüfungen gemäß Betriebssicherheitsverordnung (BetrSichV) durch befähigte Personen oder zugelassene Überwachungsstellen (ZÜS).

18.3.3.2 Sortiment und Behältergröße

Für jede Sorte muss mindestens ein Behälter verfügbar sein. Die Behältergröße muss so gewählt werden, dass mit ganzzahligen Sudmengen der Behälter gefüllt werden kann. Die Behältergröße muss auf den Sortenbedarf abgestimmt sein. Ziel ist es dabei, die erforderliche Gär- und Reifezeit mit dem Bedarf zu synchronisieren, um den Behälter nicht länger als erforderlich zu belegen und den Behälter so schnell als möglich zu entleeren. Ein noch teilweise gefüllter Behälter muss vermieden werden.
Der Behälter sollte möglichst mit seiner Nennfüllmenge gefüllt werden, um den Gärraum optimal zu nutzen, außerdem werden die Voraussetzungen für die CO_2-Rückgewinnung verbessert (s.a. Kapitel 24).

Wird beispielsweise ein ZKT pro Woche benötigt, dann muss auch jede Woche ein ZKT gefüllt werden.

18.3.3.3 Belegzeit

Hier geht die Füllzeit des Behälters, die Gär- und Reifungszeit und vor allem die Zeit für die Entleerung mit ein, außerdem die Reinigungszeit.

Der Behälter sollte nach Möglichkeit in ≤ 12 Stunden gefüllt werden, in maximal 24 Stunden sollte er voll sein.

Die eigentliche Prozesszeit für die Gärung, Reifung, Hefeernte und Abkühlung auf Lagertemperatur wird von den technologischen Festlegungen beeinflusst, vor allem aber von der Biersorte/Stammwürze, dem angestrebten Ausstoß- bzw. Endvergärungsgrad und dem geforderten Temperaturregime. Das technologische Regime beeinflusst natürlich auch die mögliche CO_2-Rückgewinnungsmenge.

Insbesondere die Abkühlzeit von Reifetemperatur auf die angestrebte Lagertemperatur zur Ausscheidung kälteinstabiler Komponenten ist von den apparativen Voraussetzungen abhängig.

Bei der Reinigungszeit ist zu beachten, dass in diese Zeit die Summe der Zeiten für die Entspannung des geleerten Behälters, die Entfernung des CO_2 vor der alkalischen Reinigung, die Zeit für Reinigung und Dekontamination und ggf. das Vorspannen mit CO_2 ist.

18.3.3.4 Entleerungszeit

Grundsätzlich sollte ein ZKT so schnell als möglich entleert werden, um den Behälter wieder zu nutzen. Wird der Entleerungsprozess auf weniger als 12 Stunden begrenzt, kann mit steriler Druckluft entleert werden.

Eine schnelle Entleerung setzt eine entsprechende Filterkapazität und genügend Drucktankvolumen voraus. Das Drucktankvolumen, die Kapazität der Füllanlage und die Stapelflächen müssen aufeinander abgestimmt sein.

18.3.3.5 Monatlicher Spitzenbedarf

Der monatliche Spitzenbedarf bei Getränken kann bei 10...12 % der Jahresmenge liegen. Die konkreten Daten müssen aus der Absatzstatistik der letzten Jahre ermittelt werden, ebenso die Anzahl der Spitzenmonate. Daraus folgen auch Aussagen zum Minderbedarf der absatzschwachen Monate des Jahres.

18.3.3.6 Bestimmung der Kapazität

Aus der Endproduktmenge je Zeiteinheit lässt sich die dazu erforderliche Ausgangsmenge unter Beachtung der Produktionsverluste (Schwand) berechnen.

Durch die Ausgangsmenge sind die einzusetzenden Rohstoffmengen berechenbar. Aus den durchzusetzenden Mengen bzw. Volumina ergeben sich auch die aufzuwendenden oder abzuführenden Wärmemengen und die erforderliche Elektroenergiemenge.

Die Behältervolumina lassen sich unter Beachtung der Prozessdauer, der anteiligen Menge des Sortiments, der Größe der Sudchargen, des möglichen Füllungsgrades und der Schaumbildung berechnen. Dabei ist natürlich zu beachten, dass mögliche Bedarfsspitzen abgedeckt werden können. Das ist möglich durch eine festzulegende Pufferkapazität. Diese kann als fertiges Unfiltrat, als Filtrat im Drucktank oder als abgefüllte Ware im Versandlager vorrätig gehalten werden. Bei Splittersortimenten müssen in der Regel Kompromisse geschlossen werden.

Die Abfälle des Prozesses und die Nebenprodukte lassen sich relativ exakt aus den Bilanzgleichungen ermitteln (CO_2, Althefe, Abwasser, Restbiere).

Die möglichen Einsparpotenziale bei Wasser, Energie und Rohstoffen resultieren aus den Bilanzgleichungen bei Kenntnis der objektiv erforderlichen Einsatzmengen.

Die Verbrauchswerte bei den Reinigungsmitteln und bei Wasser/Abwasser lassen sich ebenfalls aus den Verfahrensabläufen, dem realen Anlagenlayout, dem Rohrleitungsplan und den Bilanzgleichungen ermitteln.

Daraus folgt, dass mit der Kenntnis relativ weniger Basisgrößen Kapazitätsberechnungen und Anlagendimensionierungen möglich sind, wenn die funktionellen Zusammenhänge und Abhängigkeiten bekannt sind.

Stillschweigend wird der richtige Umgang mit physikalischen Größen und stöchiometrischen Zusammenhängen sowie Formeln, Gleichungen, Maßzahlen und Größeneinheiten vorausgesetzt.

Ohne dieses Wissen sind Berechnungen der angegebenen Art nicht realisierbar, und es können auch anderweitig berechnete Werte, beispielsweise mittels zugeschnittener Größengleichungen und Formeln, nicht auf ihre Richtigkeit überprüft werden.

In Fällen, bei denen die exakten Zahlen nicht verfügbar sind oder sein können, müssen die benötigten Daten sachkundig festgelegt werden, beispielsweise als Durchschnittswerte einer bekannten Schwankungsbreite der gesuchten Größe.

18.3.3.7 Hilfsmittel für die Kapazitätsbestimmung

Es muss darauf hingewiesen werden, dass bei der Ermittlung von Verbrauchs- oder Kennwerten als Funktion der Zeit grafische Verfahren bzw. Hilfsmittel (Schablonen) zu Vereinfachungen führen können, beispielsweise bei der grafischen Addition von Extraktabbaukurven, Behälterbelegungszeiten, bei der Ermittlung der Gleichzeitigkeit usw.

Grafische Verfahren sind sehr effizient handhabbar und anschaulich, wenn die Vorarbeiten einmalig geleistet wurden.

18.3.4 Die Berechnung der Investitions- und Betriebskosten

Wie bereits vorstehend ausgeführt, sind aussagefähige Berechnungen zu den Investitions- und Betriebskosten nur auf der Basis abgestimmter Anlagenplanungen und aktueller, verbindlicher Preisangebote zum gesamten Leistungsspektrum möglich.
Weiterhin müssen die spezifischen Verbrauchswerte und die betrieblichen Aufwendungen für Wasser, Abwasser, Elektroenergie, Wärme und Kälte, CO_2, Druckluft, Instandhaltung, Personal, Zwischen- und Endprodukte usw. bekannt sein.

Die Aufwendungen für das Grundstück werden im Allgemeinen gesondert ausgewiesen, da eine Vergleichsbasis dafür in den seltensten Fällen gegeben ist.

Die Grundstückskosten einschließlich der Erschließungskosten beeinflussen natürlich den Gesamtaufwand erheblich. Sie können damit auch die vorgesehene Bauweise der Funktionsgebäude (ebenerdige Hallen oder Geschossbauweise) oder die Frage nach einer eigenen Abwasserbehandlungsanlage erheblich beeinflussen.

Die gesamte Palette der Wirtschaftlichkeitsberechnung einer Investition und ihre Methodik sind nicht Gegenstand dieser Ausführungen.

19. Hefebiergewinnung und Verwertungsmöglichkeiten von Hefebier und Überschusshefe

Die jährlich anfallende Überschusshefe beträgt etwa 2...3 % des Gesamtbierausstoßes, ihre Verwertung ist deshalb wirtschaftlich nicht zu ignorieren!

19.1 Die Hefebiergewinnung

Die geerntete Hefe enthält je nach Erntezeitpunkt unterschiedliche Biermengen. Soweit die Erntehefe wieder zum Anstellen genutzt wird, ist dieses Bier nicht verloren.

Von der ausgesonderten Hefe sollte jedoch das Hefebier vor der Abgabe als Überschusshefe abgetrennt und betrieblich aufgearbeitet werden. Bedingung dafür ist, die Überschusshefe möglichst sauerstofffrei bzw. -arm zu erfassen und das Hefebier zu gewinnen sowie diese Gewinnung aus der frisch geernteten Abfallhefe möglichst ohne lange Zwischenlagerzeit zu realisieren. Die folgenden Möglichkeiten der Hefebiergewinnung bestehen:

- Die Trennung durch Sedimentation;
- Die Trennung durch Zentrifugal-Separation mittels Dekanters und/oder Tellerseparators;
- Die Trennung mittels Filterpresse;
- Die Trennung durch Membrantrennprozesse.

Die Hefebiergewinnung aus Erntehefe ist relativ unproblematisch, aus klassischer Gelägerhefe ist sie schwieriger und das daraus gewonnene Gelägerbier auch von minderer Qualität. Eine Hefebiergewinnung aus klassischer Gelägerhefe kann deshalb aus qualitativen Gründen nicht ohne besondere Aufbereitung empfohlen werden.

Kunst et al. [544] berichteten über die Hefebiergewinnung mittels Dekanter mit nachgeschaltetem Zentrifugalseparator und KZE-Anlage. Bei dieser Variante wird auch aus Gelägerhefe Hefebier gewonnen, das sich ohne erkennbare Probleme weiterverarbeiten lässt.

19.2 Sedimentation

Im einfachsten Fall wird die kalte Hefe-Bier-Suspension durch den Einfluss der Schwerkraft getrennt, also durch Sedimentation. Im Hefebehälter trennen sich die Phasen, dieser Prozess ist nach 2...3 Tagen abgeschlossen und das überstehende Bier kann oberschichtig abgezogen werden, z. B. durch seitliche Anstiche oder es wird abgehebert. Der erzielbare Hefe-Trockensubstanz-Gehalt (HTS) des Hefesedimentes ist u.a. vom Trubgehalt abhängig und kann nicht genau vorausgesagt werden.
Es lassen sich etwa 12...15 % HTS erreichen.

Da in der Regel die Hefe möglichst dickbreiig geerntet wird, sind die Möglichkeiten der Hefebiergewinnung durch Sedimentation stark eingeschränkt.

Das Sedimentationsverfahren zur Hefebiergewinnung lohnt sich nur bei dünnflüssigen Erntehefen (Erntehefen mit einem hohen Bieranteil). Das sind Hefesuspensionen mit einem Feststoffvolumenanteil von $\alpha < 0{,}3$ m³/m³ ($\hat{=}$ HTS-Gehalt < 10...11 %).

Ab einem Feststoffvolumenanteil von α > 0,7...8 m³/m³ sedimentieren die Hefezellen nicht mehr in technologisch relevanten Zeiten (weitere Aussagen dazu siehe in [7], Kapitel 4.2.10 und Kapitel 4.2.11).

Die Restbiergewinnung durch Sedimentation ist nur dann sinnvoll, wenn die HTS-Konzentration in der Erntehefe gering ist, also bei relativ dünner Hefesuspension. Die Sedimentation erfordert zweckmäßigerweise:

- ≥ 2 Behälter, die abwechselnd genutzt werden;
- Behälter mit einem Verhältnis h/d ≥ 2;
- Die Möglichkeit des oberschichtigen Abzuges des Restbieres;
- Eine entsprechende Austragvorrichtung für die Hefe, beispielsweise mittels Dickstoffpumpe. Der Auslaufkonus muss an die Förderaufgabe angepasst sein.
  Es sollte grundsätzlich anaerob gearbeitet werden.

19.3 Separation

Bei der Separation wird durch die Zentrifugalkraft die Trennung gegenüber der Sedimentation beschleunigt (s.a. Kapitel 17). Mittels Dekanters wird die Suspension in eine feste Phase mit etwa 24...28 % HTS und in das Hefebier getrennt. Mit modernen Zentrifugal-Separatoren lassen sich HTS-Gehalte von 24...26 % erreichen [545].

Für die Funktion der Hefeabtrennung mit einem Tellerseparator ist eine relativ konstante Zellkonzentration im Zulauf wichtig (z. B. 30...40 Vol.-% entsprechend α = 0,3...0,4 m³/m³). Erreicht wird das durch Homogenisieren und Einsatz eines Puffertanks sowie ggf. Beimischung von abgetrenntem Hefebier.

Zur Verbesserung der Separatorenfunktion kann es sinnvoll sein, die Hefe mit entgastem und möglichst kaltem Wasser zu verdünnen, dann zu separieren und das abgetrennte Hefebier/Wassergemisch über einen Zirkulationstank im Kreislauf zum erneuten Verdünnen zu nutzen. Die abgetrennte Hefe wird entsorgt. Das Hefebier/Wassergemisch kann am Ende bei verringertem Durchsatz des Separators von den letzten Heferesten getrennt werden.

Klassische Gelägerhefe kann nur nach Verdünnung separiert werden. Dabei können eventuell dosierte Stabilisierungsmittel stören.

19.3.1 Einsatz von selbstentleerenden Tellerseparatoren für die Hefebiergewinnung

Die Separatorentrommel wird zentral mit der Hefesuspension beschickt. Nach Beschleunigung auf Trommeldrehzahl werden die Hefe und Teile der partikulären Biertrubstoffe an den Tellern abgeschieden und gleiten in den Schlammraum.

Über die Trübung des auslaufenden Bieres und/oder über ein herstellerabhängiges Schlammraumabtastsystem wird dieser periodisch bei kontinuierlichem Zulauf entleert. Für einen einwandfreien Ablauf des Verfahrens sollte die Konzentration der zulaufenden Hefe 40 Vol.-%, entsprechend etwa 10 % HTS, nicht überschreiten. Deshalb wird zum Teil auf die Verdünnung des Zulaufs mit Bier oder entgastem Wasser zurückgegriffen, s.o.

Wichtige Parameter des Separators sind die gleichmäßige Verteilung der zugeführten Hefesuspension und ein schnelles, präzises Feststoffentleerungssystem zum Erreichen einer maximalen HTS- und Bierausbeute.

In der Literatur werden nachfolgende Daten für Tellerseparatoren angegeben:

- Bis zu 90 % Ausbeute, bezogen auf die in der Hefe enthaltene Biermenge;
- 18...21 bis 24...26 % HTS je nach Maschinentyp;
- ≤ $0{,}5 \cdot 10^6$ Hefezellen/mL im ablaufenden Bier;
- Durchsatz je Einheit bis 40 hL/h bei 10 % HTS-Zulaufkonzentration

Im Testbetrieb wurden mit einem Düsenseparator mit Schälrohren bei Einlaufkonzentrationen von 8...12 % HTS Auslaufkonzentrationen von 15,5...21 % HTS bei einem Durchsatz von 25...75 hL/h erreicht (Leistungsaufnahme des Separators 45 kW). Die Hefezellzahl lag bei < 10^5 Zellen/mL im separierten Bier [546].

19.3.2 Einsatz eines Dekanters zur Hefebiergewinnung

Im Gegensatz zu Separatoren werden die an der Trommelwand der horizontal rotierenden Trommel abgeschiedenen Feststoffe kontinuierlich mittels einer „Schnecke" (korrekt ist es eine Schraube) ausgetragen. Als Vorteil kann angeführt werden, dass Dekanter eine deutliche höhere Feststoffkonzentration im Zulauf vertragen (bis zu 70 Vol.-%), sodass eine Verdünnung unnötig ist. Dafür ist die Klärung, besonders bei proteinreichen Suspensionen, aber als schlechter anzusehen. Klassische Dekanter hatten eine hohe Sauerstoffaufnahme, die bei modernen Ausführungen jedoch konstruktiv beseitigt wurde. Moderne Hefedekanter sind CIP-fähig. Nachfolgend werden zwei Beispiele genannt.

Westfalia Brauereidekanter CB 506 (bzw. GCB 506)

Durch eine automatische Anpassung der Schneckendrehzahl und des Flüssigkeitsstandes in der Trommel kann auf Zulaufkonzentrationen zwischen 0...70 Vol.-% ohne Handeingriff reagiert werden. Bei dickbreiiger Kernhefe von 70 Vol.-% beträgt der Durchsatz 25 hL/h, bei dünnflüssigem Geläger bis zu 40 hL/h.

Die Auslaufhefezellzahl, d. h. die Hefekonzentration im gewonnenen Hefebier liegt bei ≤ $1 \cdot 10^6$ Zellen/mL, die HTS liegt im Bereich von > 25 %.

Als Vorteile können der Null-Mann-Betrieb und die große Flexibilität bei Zulaufschwankungen (keine Homogenisierung nötig, Verwendung von Standardtanks als Hefepuffertanks) angeführt werden.

Sedicanter® der Fa. Flottweg

Der Sedicanter® ist mit einer gegenüber dem normalen Dekanter geänderten Trommelgeometrie ausgestattet (s.a. Abbildung 268).

Der Sedicanter erreicht ein Beschleunigungsvielfaches von etwa 6.500...10.000·g. Der Energiebedarf wird mit etwa 0,7...1 kWh/hL-Hefesuspension angegeben.

Der Hefesuspensions-Durchsatz kann im Bereich 6...40 hL/h liegen. Die Hefe wird mit 24...≤ 28 % HTS ausgetragen [547]. Die Zulaufkonzentration kann 8...16 % HTS (≙ 30...70 Vol.-%) betragen.

Die Vorteile des Sedicanters werden u.a. mit geringerem Energiebedarf, geringeren Investitions- und Betriebskosten, der Entbehrlichkeit der Kühlung, geringeren R/D-Zeiten und geringer O_2-Aufnahme (≤ 0,05 ppm/L) beschrieben.

19.3.3 Förderung der mittels Separators/Dekanters abgetrennten Hefe

Die abgetrennte Hefe muss mit Wasser auf etwa 12...15 % HTS rückverdünnt werden, um sie pumpfähig zu machen. Vorzugsweise werden Verdrängerpumpen (Einspindelpumpen, Zahnradpumpen, Kreiskolbenpumpen) zur Förderung der Hefesuspensionen eingesetzt.
Der Förderweg muss CIP-fähig gestaltet werden.

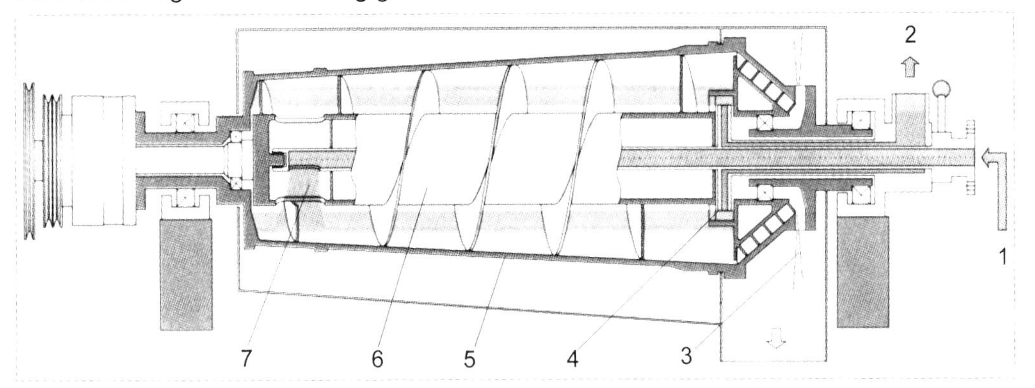

Abbildung 268 Trommel eines Sedicanters®, schematisch (nach Fa. Flottweg)
1 Zulauf Unfiltrat **2** Austrag Hefebier (unter Druck) **3** Austrag Hefe **4** Schälscheibe **5** Trommel **6** Förderschraube („Schnecke“, sie wird mit einer Differenzdrehzahl zur Trommel betrieben **7** Eintritt Unfiltrat

19.3.4 Einsatz von Klärseparatoren vor der Filtration

In verschiedenen Betrieben wurde gefunden, dass die Filtrierbarkeit des Bieres durch eine Vorklärung mittels eines Zentrifugal-Separators zum Teil deutlich verbessert werden kann. Vor allem zu hohe Hefegehalte, aber auch ein Teil der während der Gärung, Reifung und Lagerung ausgeschiedenen Feststoffe lassen sich entfernen. Damit lassen sich die zu erzielenden Filtratmengen erhöhen und der spezifische Filterhilfsmittelverbrauch lässt sich reduzieren.

Trübungsspitzen im Unfiltrat müssen durch einen Puffertank und eine automatische Umschaltung auf Kreislauf verhindert werden.

Die abgetrennten Feststoffe können direkt dem Verkaufshefebehälter zugeführt werden.

Prinzipiell ist es möglich, die Hefebier-/Gelägerbiergewinnung mit der Vorklärung des Unfiltrates mittels eines Separators zu kombinieren. Dazu wird dem Unfiltrat die sauerstofffreie Hefesuspension vor dem Separator zudosiert, möglichst vor dem stets anzustrebenden Puffertank, der auch mögliche „Hefestöße“ kompensieren soll, s.a. Abbildung 269. Grundsätzlich ist diese Variante nur anwendbar bei:

- einer sauerstofffreien Hefesuspension,
- absolut frischen, nicht zwischengelagerten, gesunden Erntehefen, mit einem Totzellenanteil < 5 % (besser < 2 %) oder bei
- einer generellen Hochkurzzeiterhitzung der gesamten filtrierten Biercharge vor der Abfüllung.

Hefebiere aus gelagerten oder geschädigten Erntehefen (Totzellenanteile > 5 %) sollten grundsätzlich zur Inaktivierung der Proteinase A der Hefe thermisch behandelt werden (siehe Vorschläge in Kapitel 19.7).

19.3.5 Nutzung von Jungbier-Separatoren

ZKT, die mit einem Anstich am oberen Ende des Konus ausgerüstet sind (Abbildung 270; s.a. Kapitel 8.5), können aus diesem Anstich („Ziehstutzen") entleert werden. Das Geläger kann während der Entleerung synchron vor der Klärseparation dosiert werden, sodass eine separate Restbiergewinnung entfallen kann.

In gleicher Weise können auch Jungbier-Separatoren für die Hefebiergewinnung genutzt werden, indem ihnen eine frisch geerntete Hefesuspension zudosiert wird. Soll die abgetrennte Hefe wieder als Anstellhefe eingesetzt werden, muss die zugeführte Hefesuspension natürlich auch die Eigenschaften einer Anstellhefe besitzen.

Die Vorteile des Einsatzes der Separatoren für die Jungbier-Klärung bzw. die Vorklärung des Bieres können also mit der Wirtschaftlichkeit der Restbiergewinnung kombiniert werden. Die Restbiergewinnung ist damit ohne zusätzliche Installationen möglich.

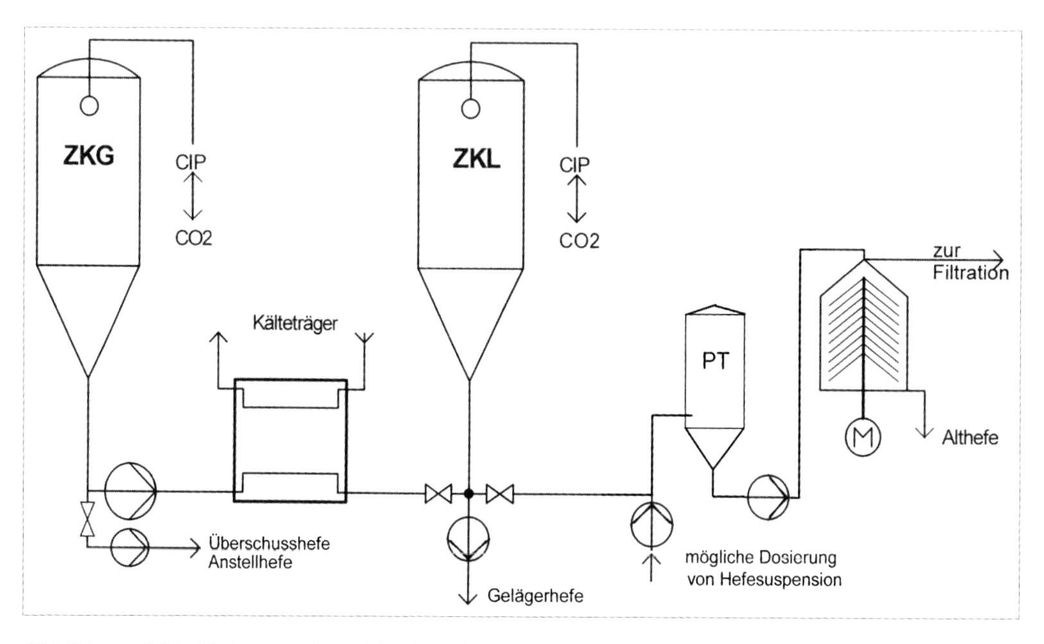

Abbildung 269 Nutzung eines Vorklär-Separators vor der Filteranlage zur Hefebiergewinnung aus einer Hefesuspension, PT Puffertank

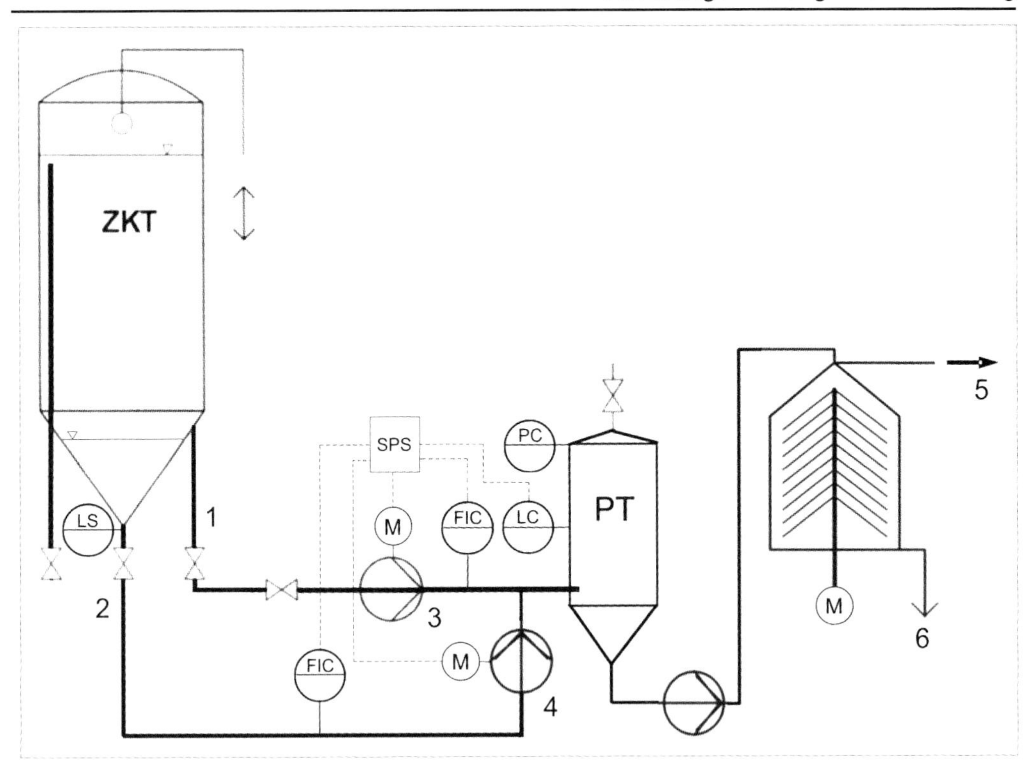

Abbildung 270 Entleerung eines ZKT über den „Ziehstutzen" (1) und synchrone Dosierung des Gelägers (2) vor dem Klär-Separator

1 Bier vom Ziehstutzen **2** Geläger **3** Bierpumpe **4** Hefe-Dosierpumpe **5** Bier zur Filteranlage **6** (Abfall-)Hefe

19.4 Hefepresse

Die Hefebiergewinnung kann mittels Kammerfilterpresse oder Membran-Filterpresse oder Siebband-Filterpresse erfolgen. Die Pressen lassen sich bei Bedarf unter CO_2-Schutzgas betreiben, sodass das Hefebier keinen Sauerstoff aufnehmen kann. Der Hefefilterkuchen kann bei Bedarf mit Wasser zusätzlich ausgewaschen werden.

Die Siebband-Filterpresse (System *Grau*) und bedingt die Membran-Filterpresse sind für das CIP-Verfahren einrichtbar.

Die in der Backhefe-Industrie eingesetzten Vakuum-Trommelfilter sind für die Hefebiergewinnung nicht nutzbar, Druck-Trommelfilter nur bedingt.

Die Hefe lässt sich bis auf etwa 28...34 % HTS konzentrieren (die Konsistenz ist etwa der von Backhefe H_{27} vergleichbar), sodass die abgetrennte Hefe ggf. mit Wasser rückverdünnt werden muss, um sie pumpfähig zu machen.

Alternativ kann die abgepresste Hefe auch mechanisch gefördert werden bzw. kann mit nachgeschalteten Formmaschinen (Schneckenpresse, Extruder) mikrobiologisch einwandfreie Überschusshefe in keimfreie Gefäße oder Packungsmittel wie in der Backhefeindustrie verpackt und an andere Brauereien in Form von Presshefe zum Wiederanstellen versendet werden (s.a. in [7], Kapitel 6.9).

Hefepressen sind relativ kostenintensiv (Investitions- und Betriebskosten) und die Anlagen lassen sich nur mit großem Aufwand automatisieren. Der Aufwand für die Gewinnung qualitativ guten Hefebieres ist groß. Deshalb gilt diese Form der Hefebiergewinnung als veraltet.

19.5 Membran-Trennverfahren

Zur Trennung der Hefesuspensionen wird zurzeit vor allem die Membrantrenntechnik in Form der Crossflow-Mikrofiltration mittels keramischer Membranen genutzt.

Ein weiteres Crossflow-Mikrofiltrationssystem mit Membranen wurde von der Fa. Alfa Laval entwickelt.

Die in der Vergangenheit teilweise benutzte dynamische Vibrations-Mikrofiltration System *PallSep VMF* [548] wird nicht mehr angewandt.

19.5.1 Crossflow-Mikrofiltration

Bei dieser Variante wird die Hefe-Bier-Suspension durch Membranfilter getrennt. Verwendet werden vor allem asymmetrische keramische Membranen in Rohrmodul-Bauweise, die in Crossflow-Technik (Synonym: Tangentialflussfiltration) betrieben werden, s.a. Abbildung 272.

Die Crossflow-Mikrofiltration wird etwa seit 1988/90 in der Brauereipraxis eingesetzt. Berichte zur Hefebiergewinnung mit Crossflow-Mikrofiltrationsanlagen finden sich u.a. in [549], [550], [551] und [552].

In Abbildung 277 sind keramische Membranmodule dargestellt. Membranmodule werden in der Regel aus Elementen mit sechseckigem Querschnitt gefertigt (s.a Abbildung 271 und Abbildung 273). Die Daten der Membranmodule sind in Tabelle 196 zusammengestellt.

Die asymmetrische Membran besitzt einen porösen Träger (die Porenweite liegt im Bereich von 10...20 µm), auf den die eigentliche dünne Membranschicht (Dicke etwa 50 µm) aufgebracht wird. Diese Membranschicht kann mit einer Porenweite im Bereich von 0,02...5 µm hergestellt werden. Für die Hefebiergewinnung werden meist Porenweiten von 0,2...0,45 µm eingesetzt (die Porenweite ist der Durchschnittswert der Porenweiten-Verteilung).

Keramische Membranen sind stabiler als Polymermembranen; nach [553] werden asymmetrische keramische Membranen in der Praxis für die Hefebiergewinnung bei korrekter Bedienung bis dato ohne Ausfälle, d. h. seit über 14 Jahren, betrieben.

Der Crossflow-Effekt wird durch die tangentiale Anströmung der Membranoberfläche erzielt. Die dafür erforderlichen hohen Fließgeschwindigkeiten bedingen in den rohrförmigen Membrankanälen relativ hohe Druckverluste. Die liegen im Bereich von 0,3...1,8 bar/(1 m Membranmodullänge) in Abhängigkeit von der Viskosität bei einer Fließgeschwindigkeit von 1...5 m/s. Bei der Bierrückgewinnung wird nur mit $\leq$ 3 m/s umgewälzt. Den Zusammenhang zwischen Modullänge, Fließgeschwindigkeit und Druckverlust zeigt Abbildung 278.

Der Permeatfluss nimmt als Funktion der Zeit durch Verlegung der Poren exponentiell ab. Er kann durch zyklische Rückspülung der Membranen mit Permeat oder (nach Produktverdrängung) mit entgastem Wasser wesentlich gesteigert werden, sodass sich die Zeiten bis zur Reinigung deutlich verlängern (Abbildung 279).

Der Energieeintrag der eingesetzten Pumpen ist infolge der geringen hydraulischen Wirkungsgrade relativ groß. Deshalb muss die zirkulierende Hefesuspension ständig gekühlt werden (s.a. Abbildung 274).

Die Suspension wird im Kreislauf mit hoher Fließgeschwindigkeit durch die Kanäle gefördert, das Hefebier tritt durch den Membrankörper hindurch und wird abgeleitet. Auch bei diesem System kann bzw. muss mit entgastem Verdünnungswasser gearbeitet werden. Die Hefe kann je nach angewandtem Verfahren nur bis auf etwa 17... 20 % HTS konzentriert werden.

Tabelle 196 Eigenschaften von Crossflow-Membranmodulen für die Hefebiergewinnung, (nach Angaben verschiedener Hersteller)

	nach Fa. *Pall*	nach Fa. *Filtrox*
Werkstoff	α-Al_2O_3	
mittlerer Porendurchmesser der Membranschicht	0,8 µm	0,9 µm
Modullänge	1020 mm	
Kanaldurchmesser	6 mm	8 mm
Anzahl der Kanäle/Element	19	7
Membranfläche/Element bei 6 mm Ø:	0,36 m^2	
Anzahl der Elemente/Modul bei 6 mm Ø:	22 ≙ 13,0 m^2	bei 8 mm Ø: 9,1 m^2
Ø - Fließgeschwindigkeit in den Kanälen	1,5...2 m/s	3...≤ 5 m/s
max. HTS-Gehalt	< 20 %	< 20 %
Ø - Permeatdurchsatz (abhängig von HTS-Gehalt des Unfiltrats)	17...20 L/(m^2·h)	15...25 L/(m^2·h)

Das Membran-Trennverfahren kann sauerstofffrei betrieben werden und ist automatisierbar.

Die Crossflow-Filtration für die Hefebiergewinnung kann prinzipiell in folgenden Varianten betrieben werden:

- Als kontinuierlicher Prozess (s.a. Abbildung 274);
- Als halbkontinuierlicher Prozess (s.a. Abbildung 275);
- Als Batchprozess (diskontinuierlich; s.a. Abbildung 276).

Der Batchprozess ist vor allem für kleinere Anlagen geeignet. Nach [554] werden Batch-Anlagen mit 8,6 m^2, 15,8 m^2 und 23,7 m^2 Filtrationsfläche als anschlussfertige automatisierte Anlagen gefertigt.

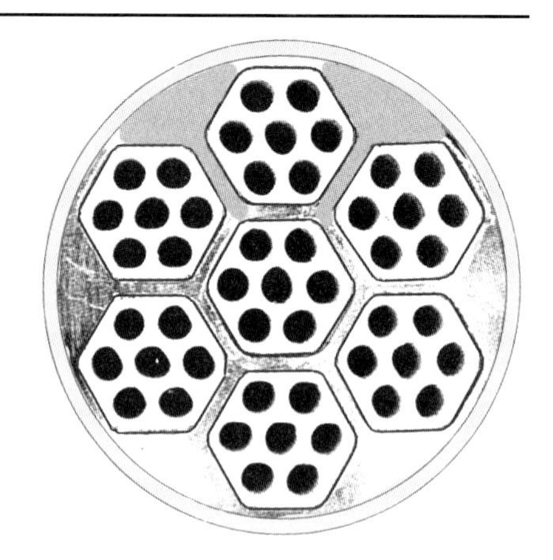

Abbildung 271 Crossflow-Modul der Fa. Filtrox im Schnitt

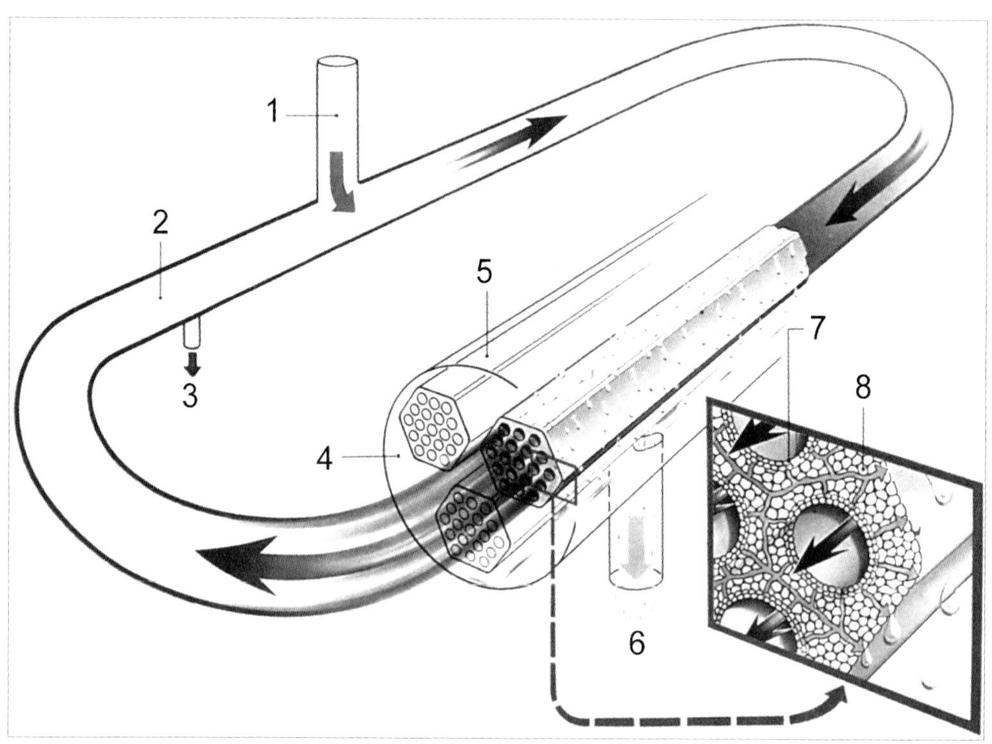

Abbildung 272 Crossflow-Filtration, schematisch (nach Fa. Schenk)
1 Unfiltrat-Zulauf **2** Retentat-Kreislauf **3** Retentat-Ausschleusung **4** Modul aus Membranfilterelementen **5** Filterelement **6** Permeat (Filtrat) **7** Keramik-Membran-Filterschicht **8** Keramikstützkörper

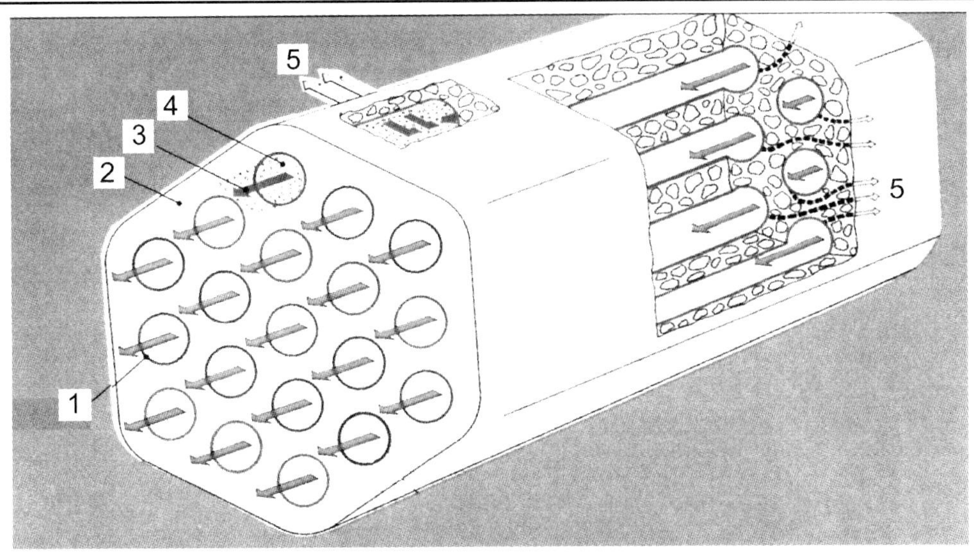

Abbildung 273 Keramisches Modulelement (nach Fa. Schenk)
1 Membran **2** Trägermaterial **3** Retentatfluss **4** Fließkanal
5 Permeat (Filtrat)

Reinigung von Membranfiltern

Die Reinigung der Membranfilter erfolgt automatisiert nach dem CIP-Verfahren. Die alkalische Reinigung kann durch alkalische Proteasen unterstützt werden.

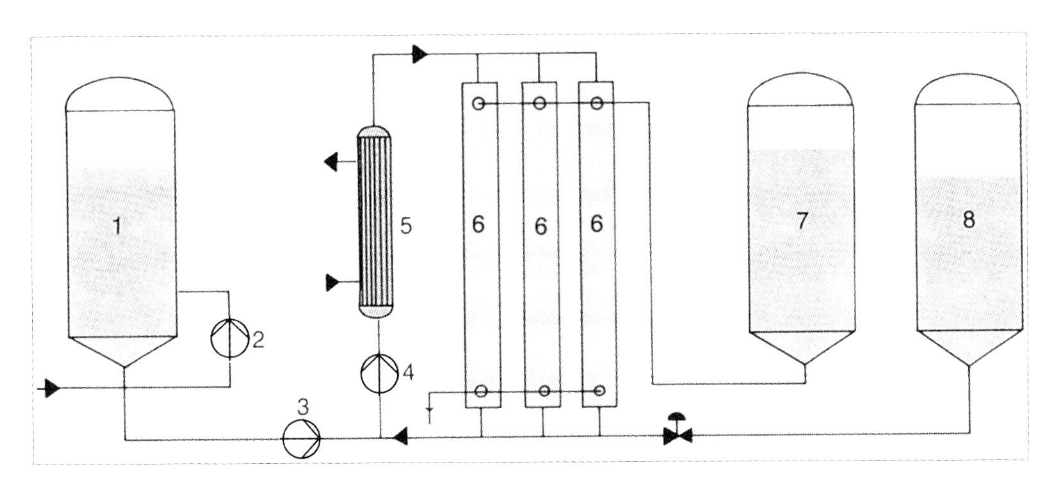

Abbildung 274 Fließschema einer Crossflow-Mikrofiltrationsanlage, für kontinuierlichen Betrieb geeignet (nach Fa. Schenk)
1 Hefestapeltank **2** Umwälzpumpe **3** Speisepumpe **4** Umwälzpumpe für Retentat
5 Wärmeübertrager Retentat-Kreislauf **6** Crossflow-Module **7** Permeat-Stapeltank (Hefebier) **8** Retentat-Stapeltank (Überschusshefe)

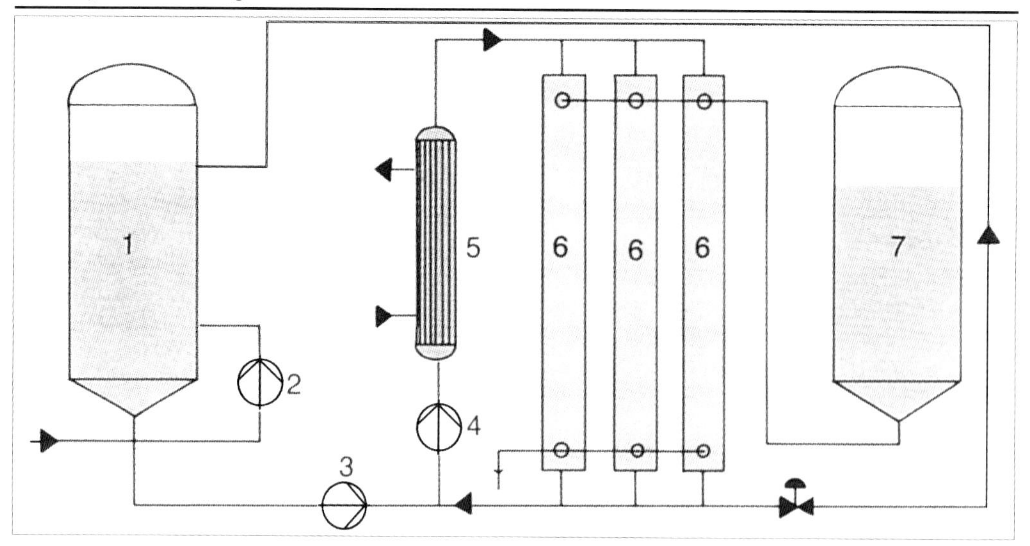

Abbildung 275 Fließschema einer Crossflow-Mikrofiltrationsanlage für halbkontinuierlichen Betrieb (nach Fa. Schenk)
1 Hefestapeltank **2** Umwälzpumpe **3** Speisepumpe **4** Umwälzpumpe für Retentat **5** Wärmeübertrager Retentat-Kreislauf **6** Crossflow-Module **7** Permeat-Stapeltank (Hefebier)

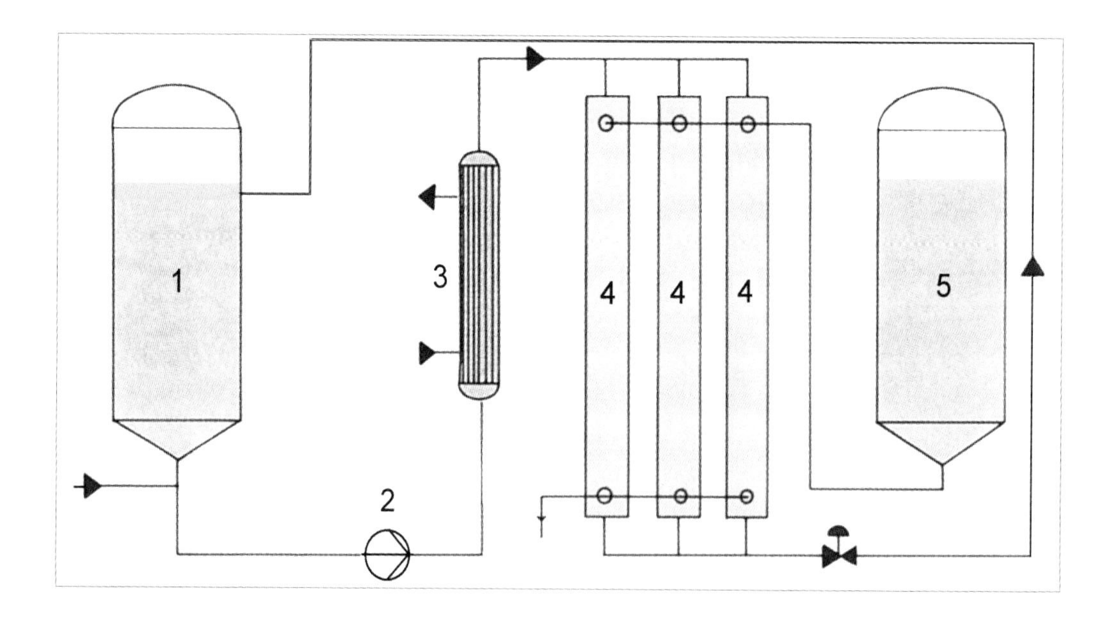

Abbildung 276 Fließschema einer Crossflow-Mikrofiltrationsanlage für Batchbetrieb (nach Fa. Schenk)
1 Hefestapeltank **2** Umwälzpumpe **3** Wärmeübertrager Retentat-Kreislauf **4** Crossflow-Module **5** Permeat-Stapeltank (Hefebier)

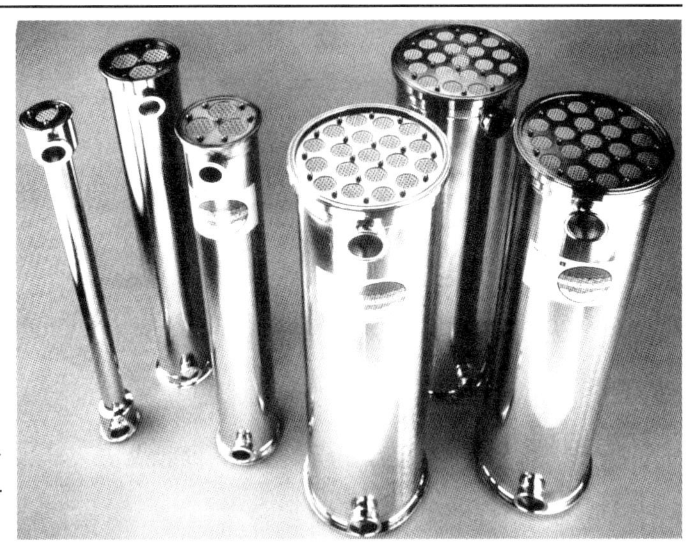

Abbildung 277 Beispiele für keramische Membran-Rohrmodule (nach Fa. Schenk)

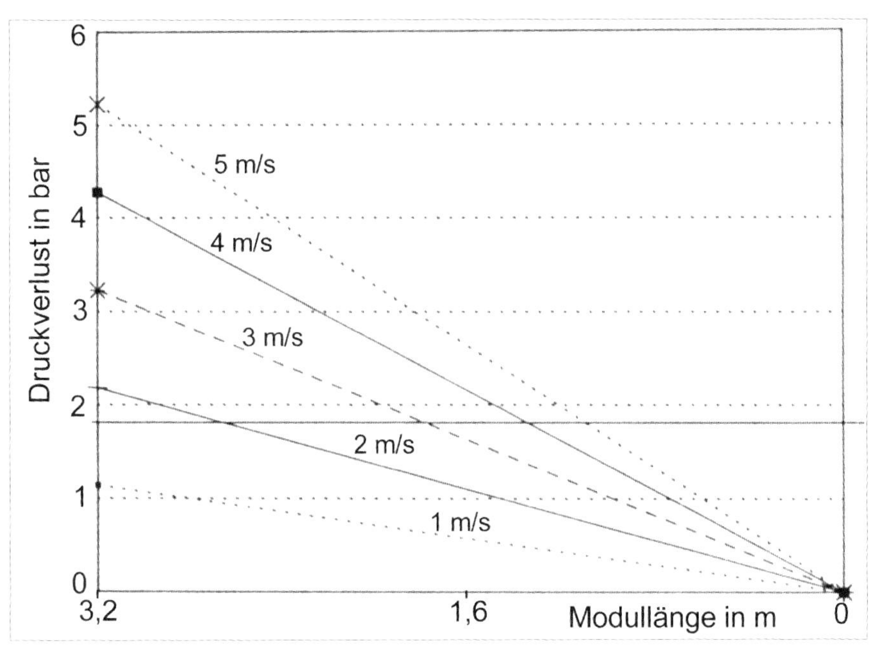

Abbildung 278 Druckverlust als Funktion von Fließgeschwindigkeit und Membrankanallänge (nach [550])

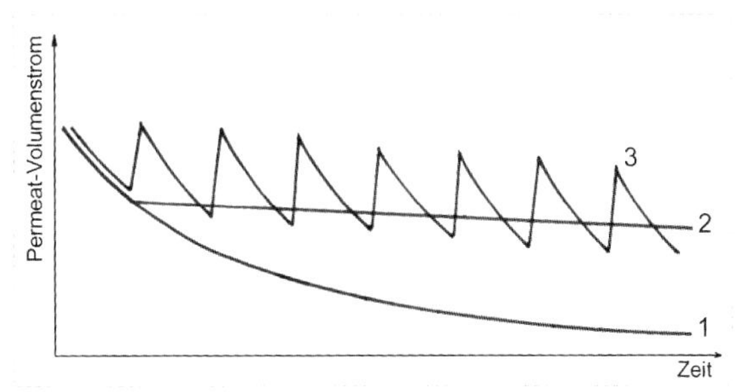

Abbildung 279 Permeat-Volumenstrom als Funktion der Zeit, schematisch
1 Permeatfluss normal **2** durchschnittlicher Permeatfluss mit Rückspülung
3 aktueller Permeatfluss

19.5.2 Restbiergewinnung nach Alfa Laval

In Abbildung 280 ist ein Schema zur Restbiergewinnung nach einem Crossflow-Mikrofiltrationsverfahren dargestellt. Das Filtersystem mit M39-H-Modulen arbeitet mit FSM-0,45 µm-Membranen aus PVDF. Die Flachmembranen sind in einem Gestell mit Rahmen und Platten eingespannt.

Es sind Filterflächen zwischen 30 und 168 m^2 realisierbar, die Filterfläche wird auf 1 bis 5 Module („Loop") verteilt. Die Module können in Reihe geschaltet betrieben werden. Die Anschlussleistungen liegen zwischen 25 und 175 kW. Die Produktionszeit kann 18 bis 22 h/d betragen.

Je nach Hefequalität (Überschusshefe aus der Gärung oder/und Gelägerhefe) sind Hefedurchsätze (mit 10...15 % TS) von 50 bis 100 hL/d je Modul erreichbar. Daraus werden bis zu 45 hL Bier (Permeat) gewonnen, dabei wird das Retentat auf 18...20 % TS aufkonzentriert. Die Filtrationstemperatur sollte im Bereich von 10 °C liegen. Die Anlage läuft im Automatikbetrieb.

Das Retentat (Restbier) kann entweder dem Filtrat der Bierfilteranlage direkt beigedrückt werden (≤ 2,5 %) oder es wird wieder mit Würze verschnitten. Über positive Betriebserfahrungen mit dem System berichtete *Faustmann* [555]. Mit der Anlage (Membranfilterfläche 36 m^2, $\dot{V}$ ca. 15 hL/h) werden aus 50.000 hL Resthefe/a etwa 25.000 hL Restbier gewonnen, die direkt nach der Bierfltration wieder zudosiert werden.

Die Reinigung der CMF-Anlage erfolgt noch jeder dritten Charge mit Natronlauge, Additiven und Säure. Nach jeder ersten und zweiten Charge wird nur eine Spülung mit Heißwasser (85 °C) vorgenommen.

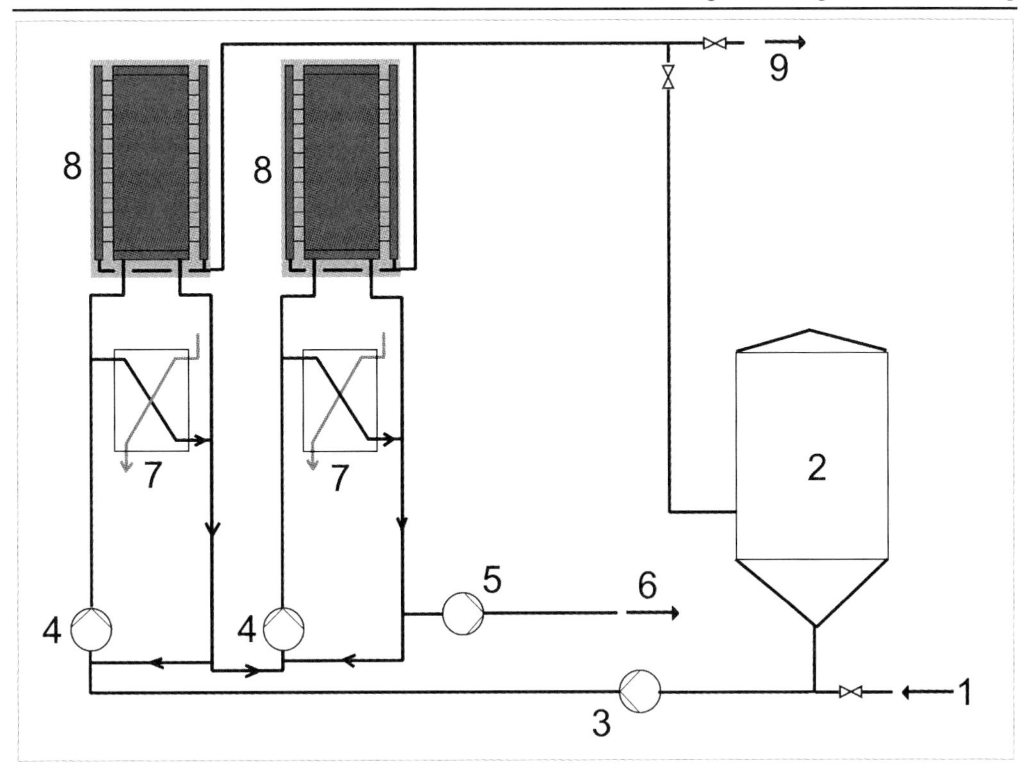

Abbildung 280 Restbiergewinnung mit einem Alfa Laval-Crossflow-Membrantrennverfahren (nach [556]). Im Beispiel sind 2 Module installiert, die in Reihe geschaltet betrieben werden.

1 Resthefesuspension, homogenisiert **2** CIP-Behälter **3** Hefespeisepumpe **4** Kreislaufpumpe des Moduls **5** Permeatpumpe **6** Retentat (Hefekonzentrat) **7** Kühler für Retentat **8** Membranmodul **9** Permeat (Restbier)

Abbildung 281 Ansicht einer CMF-Anlage für die Restbiergewinnung von Alfa Laval, bestehend aus 2 CMF-Modulen, in der Oettinger Brauerei Mönchengladbach (Foto Alfa Laval). Im Vordergrund die Retentatpumpen, jeweils links davon die Retentatkühler

Abbildung 282 Ansicht des CMF-Moduls gemäß Abbildung 281 (Foto Alfa Laval)
1 Hefezulauf **2** Retentatrücklauf **3** Hefebier (Permeat) **4** Rahmen und Platten mit den Flachmembranen **5** Sammelkanal für Permeat (2 Stück je Modul) **6** Spannvorrichtung

19.6 Einschätzung der Varianten

Die unter Kapitel 19.3 bis 19.5 genannten Verfahren sind für die Hefebiergewinnung aus qualitativer Sicht relativ gut geeignet. Bedingung für diese Bewertung ist, dass die Hefebiergewinnung sauerstofffrei erfolgt.

Ein Nachteil liegt in den hohen Investitions- und Betriebskosten begründet, sodass diese Varianten nur für relativ große Brauereien geeignet sind.

Vorteilhaft sind die Verringerung des Althefetransportvolumens, die Reduzierung der organischen Abwasserbelastung und die Schwandsenkung.

Die Hefebiermenge ist von den apparativen Voraussetzungen (Form und Größe der Gärbehälter, technische Ausstattung der Hefebehälter) und von der Geschwindigkeit und Sorgfalt der Hefeernte abhängig. Die gewinnbare Hefebiermenge liegt im Bereich von 1...2 % der Verkaufsbiermenge, z.T. auch darüber.

Voraussetzungen für eine Hefebier-Verwendung ohne technologische und qualitative Nachteile sind:

- Die möglichst sauerstofffreie Gewinnung des Hefebieres und das Vermeiden von Kontaminationen (z. B. durch eine ausreichende Pasteurisation ohne Ethanolverluste, beispielsweise durch Dosierung in die heiße Ausschlagwürze vor dem Würzekühler bei gesicherter Verweilzeit);
- Das Hefebier sollte zur Inaktivierung eventuell exkretierter Proteasen immer mit einer KZE-Anlage thermisch behandelt werden, soweit es nicht in die heiße Würze dosiert wird.
- Ein Verschnitt mit der Würze bzw. dem Bier sollte im gleichen Verhältnis erfolgen, wie das Hefebier anfällt oder nur geringfügig größer (1...2 Teile Hefebier zu 99...98 Teilen Würze bzw. Bier);
- Die Gewinnung von Hefebier sollte nur von frisch geernteten Überschusshefen erfolgen, möglichst ohne längere Zwischenlagerung, um den Eintrag von den die Bierqualität schädigenden Hefeexkretionsstoffen durch längere Lagerung und durch geschädigte Hefesätze zu vermeiden (siehe Kapitel 2.14);
  Die unmittelbare Nutzung des Hefebieres beim Einsatz von Klär-Separatoren, in deren Zulauf die Hefesuspension dosiert wird, kann nur bei frisch geernteten Hefen empfohlen werden;
- Die Überschusshefen sollten bei Temperaturen ≤ 5 °C gestapelt werden, soweit sie nicht unmittelbar nach der Ernte aufgearbeitet werden können.

Nur bei absolut sauerstofffreier Trennung von Hefe und Hefebier aus frisch geernteter, gesunder Überschusshefe mit einem Totzellenanteil < 5 % kann dieses direkt nach der thermischen Inaktivierung der Proteasen dem Prozess wieder zugeführt werden, indem es auf der Unfiltratseite vor dem Bierfilter dosiert wird (s.a. Kapitel 19.7).

Die Entscheidung für eine der genannten Varianten muss die objektspezifischen Investitions- und Betriebskosten berücksichtigen.

Auch bei mittleren Brauereigrößen kann sich eine Hefebiergewinnung unter Verwendung einer auf die betreffende Betriebsgröße angepassten Hefebiergewinnungsanlage rechnen. Die Entscheidung kann nur auf der Grundlage einer betriebsspezifischen Wirtschaftlichkeitsbetrachtung erfolgen.

19.7 Qualitätseigenschaften und Aufarbeitung von Hefebieren

Hefebiere haben im Vergleich zu normalen, unfiltrierten Lagerbieren:

- Einen höheren pH-Wert (pH > 4,5...6);
- Eine dunklere Farbe;
- Einen betont hefigen und zum Teil auch bittereren Geschmack;
- Eine Resthefekonzentration von < $2 \cdot 10^6$ Zellen/mL (Zentrifuge, Dekanter) bzw. nur 0...1 Zelle/mL (Crossflow-Mikrofiltration);
- Eine erhöhte Konzentration an:
  - Hefeenzymen (besonders Proteinase A),
  - Bitterstoffen,
  - freiem α-Aminostickstoff,
  - mittelkettigen Fettsäuren,
  - Diacetyl,
  - Dimethylsulfid und
  - Estern.

Die Tabelle 197 zeigt am Beispiel eines Betriebsbieres die deutlichen qualitativen Unterschiede zu dazugehörigen Hefebieres (nach [557]).

Tabelle 197 Zusammensetzung des Hefebieres im Vergleich zum Betriebsbier (nach [557])

Qualitätsmerkmal	Einheit	Betriebsbier	Hefebier
Farbe	EBC-Einheiten	8,8	22,8
pH-Wert	-	4,7	6,11
Löslicher Gesamt-N-Gehalt	mg/100 mL	109,9	327,0
FAN- Gehalt	mg/100 mL	11,9	55,0
Viskosität	mPa·s	1,638	1,804
Gesamtfettsäuregehalt	mg/L	7,9	16,6

Die Negativeigenschaften des Hefebieres nehmen zu, je länger und je wärmer (≥ 4 °C) die Hefe vor der Hefebiergewinnung gelagert wurde und je schlechter der physiologische Zustand des verarbeiteten Hefesatzes ist (Totzellenanteil > 2...5 %).

Hefebier aus Überschusshefe und Geläger sollte deshalb dem Bierherstellungsprozess nicht unbehandelt wieder zugeführt werden. Das ist weniger eine Frage der möglichen Kontaminationen oder einer Sauerstoffbelastung, die sich bei entsprechender Anlagengestaltung und Betriebsweise weitgehend ausschließen lassen, als vielmehr die Forderung nach thermischer Inaktivierung der vorhandenen Proteaseaktivität aus den Hefezellen, insbesondere der Schaum schädigenden Proteinase A (siehe auch Kapitel 3.3.4).

Weiterhin sollte aus Sicherheitsgründen das Hefebier nochmals einer Gärung unterzogen werden. Dies führt zur Reduktion der mittelkettigen Fettsäuren und des FAN-Eintrages durch das Hefebier.

Nachfolgende Arbeitsweise ist zur Vermeidung von Qualitätsschäden im Endprodukt durch den Zusatz von Hefebier zu empfehlen:

- Möglichst keine oder nur eine kurze Zwischenlagerung von Hefesuspensionen und Hefebieren bis zur Weiterverarbeitung;
- Zwischenlagerungen dieser Produkte immer bei $\vartheta < 4$ °C;
- Thermische Inaktivierung der Hefeproteasen im Hefebier vor dessen Weiterverarbeitung;
- Unterziehung des Hefebiers einer zweiten Gärung durch Zusatz zur Anstellwürze;
- Hefebiere und auch sonstige Restbiere lassen sich relativ problemlos in die heiße Würze vor dem Würzekühler dosieren;
- Sinnvoll ist es, das Restbier (Hefebier, Gelägerbier und sonstige Restbiere) möglichst unter Sauerstoffausschluss zu sammeln und kühl zu stapeln sowie schnellst möglich zu jedem Sud zwischen Whirlpool und Würzekühlerpumpe in die heiße Würze zu dosieren.
  Die Dosierung sollte immer in der gleichen Menge erfolgen, wie die Restbiere anfallen, beispielsweise mit ≤ 2 %.

Die Dosierung aus einem Stapeltank lässt sich mit relativ wenig Aufwand automatisieren. Beachtet werden muss,
- dass das Dosierverhältnis eingehalten wird,
- dass die Würzetemperatur nach der Dosierung möglichst nicht unter 95 bis 96 °C absinkt und
- dass die Verweilzeit vor dem Würzekühler so bemessen wird, dass etwa 1000...2000 PE erzielt werden können (s.a. das nachfolgende Beispiel).

Bei der geschilderten Verfahrensweise geht kein Ethanol verloren und die biologische Sicherheit ist gegeben. Der Verschnitt des Hefebieres wird durch diese Arbeitsweise automatisch gesichert und es werden eventuelle Hefezell-Exkretionen (z. B. Proteasen) inaktiviert. Eine sensorische Beeinflussung des Bieres ist bei der genannten Dosierung nahezu ausgeschlossen.

Hefebiere aus der Trennung mittels Membrantrennverfahren und modernen Dekantern oder Teller-Separatoren können bei Erfüllung der vorstehend genannten Kriterien nach einer KZE-Behandlung auch vor der Filtration in das Unfiltrat dosiert werden, s.o.

Beispiel-Modellrechnung für die erforderliche Verweilzeit für PE ≥ 2000 bei der Dosierung von Rest- und Hefebier in die heiße Würze vor dem Würzekühler:

Ausgangsdaten:

Geforderte PE: ≥ 2000
Ausschlagmenge: 600 hL
Kühlzeit: 50 min ≙ $\dot{V}$ = 720 hL/h
Dosierte Biermenge: ≤ 2 % ≙ ≤ 12 hL ≙ $\dot{V}$ = 18 hL/h
Temperatur der Restbiermenge: 5 °C
Dosierzeit: 40 min, Start 5 min nach Beginn Würzekühlung

Würzetemperatur vor dem Dosieren:	98,00 °C	97,0 °C	96,00 °C
resultierende Temperatur nach der Dosierung:	95,18 °C	94,6 °C	93,24 °C

Berechnungsgleichung für die Pasteurisiereinheiten (PE):

$$PE = t \cdot 1{,}33^{(\vartheta - 60\,°C)}$$ Gleichung 87

t = Zeit in min

ϑ = Temperatur nach der Dosierung in °C

In Gleichung 87 wurde der z-Wert zu z = 8 K nach einem Vorschlag von *Röcken* angenommen (üblicherweise wird mit einem z-Wert = 7 K gerechnet, sodass sich dann der bekannte Faktor 1,393 ergibt) [558]. Mit dem Faktor 1,33 ergibt sich ein „sicherer" PE-Wert auch bei *Lactobacillen*.
Mit Gleichung 87 resultieren folgende Heißhaltezeiten (Tabelle 198):

Tabelle 198 Heißhaltezeiten als Funktion der PE-Einheiten

PE	Temperatur nach der Dosierung	Erforderliche Heißhaltezeit	
		in min	in s
2000	95,18 °C	0,0879	5,3
5000	95,18 °C	0,220	13,2
2000	94,60 °C	0,104	6,2
5000	94,60 °C	0,259	15,5
2000	93,24 °C	0,153	9,2
5000	93,24 °C	0,382	22,9

Für die erforderliche Länge der Würzeleitung zwischen Dosierstelle und Würzekühlereintritt ergeben sich die Zusammenhänge nach Tabelle 199.

Tabelle 199 Erforderliche Leitungslänge für die Heißhaltezeit nach Tabelle 198

DN	erforderliche Heißhaltezeit in s	$\dot{V}$ in hL/h	Fließgeschwindigkeit in m/s	erforderliche Leitungslänge in m
100	5,3	738	2,61	≥ 13,8
100	6,2	738	2,61	≥ 16,2
100	9,2	738	2,61	≥ 24,0
100	13,2	738	2,61	≥ 34,4
100	15,5	738	2,61	≥ 40,5
100	22,9	738	2,61	≥ 60,0
125	5,3	738	1,67	≥ 8,9
125	6,2	738	1,67	≥ 10,4
125	9,2	738	1,67	≥ 15,4
125	13,2	738	1,67	≥ 22,0
125	15,5	738	1,67	≥ 25,9
125	22,9	738	1,67	≥ 38,2

Die in der Vergangenheit empfohlene Aufarbeitung des Hefebieres mittels Aktivkohle-Behandlung ist aufwendig und nicht unumstritten [559].

19.8 Verwertung der Überschusshefe

Die Überschusshefe wird in der Regel an entsprechende Abnehmer verkauft. Die Aufbereitung in der Brauerei ist im Allgemeinen zu aufwendig.
Verwertungsmöglichkeiten der Überschusshefe bestehen z. B. in folgenden Varianten:

- Dickbreiige Überschusshefe als Futtermittel;
- Überschusshefe als Maischezusatz;
- Trocknung der Hefe und weitere Aufarbeitung;
- Trocknung der Hefe und Nutzung als Futterhefe (ggf. nach Entbitterung);
- Einsatz in der Mischfutterproduktion;
- Herstellung von Hefeextrakten als Geschmackskomponenten für die Suppen- und Soßenindustrie;
- Hefeextrakte als Bionutrition für die Mikrobiologie und Biotechnologie;
- Getrocknete Bierhefe als Zusatz für Nahrungsergänzungsmittel bzw. für die Tablettenproduktion;
- Gewinnung von Hefezellfraktionen für den menschlichen und tierischen Bedarf;
- Einsatz als natürliches Beschichtungsmaterial („Yeast Wrap") in Verbindung mit pflanzlichen Faserstoffen;
- Die anaerobe Fermentation mit Biogasgewinnung und -nutzung (Energie- und ökonomische Bilanz siehe u.a. [563]).

19.8.1 Bierhefe als Futtermittel

Bierhefe ist aufgrund ihres hohen Gehaltes an Rohprotein mit guter biologischer Wertigkeit und hoher Verdaulichkeit, aber auch wegen ihres beachtlichen Mineralstoff- und Vitamingehaltes, ein sehr wertvolles Nebenprodukt der Bierbereitung.

Burgstaller [560] hat zum Thema „Bierhefe - ein wertvolles Eiweißfuttermittel für landwirtschaftliche Nutztiere" eine detaillierte Übersicht erarbeitet. Damit die Hefeinhaltsstoffe von den Tieren problemlos verwertet werden können, muss diese als Futtermittel vorher thermisch abgetötet und damit aufgeschlossen werden.

19.8.2 Bierhefe zur Maische

Eigene Versuche zeigten auch die Möglichkeit auf, die Überschusshefe im frischen Zustand der Maische zuzusetzen und sie so mit den Trebern zu verkaufen. Folgendes ist dabei zu beachten:

- Um Läuterprobleme zu vermeiden, sollte der Zusatz von 1 kg dickbreiiger Hefe je Hektoliter Ausschlagwürze nicht überschritten werden.
- Der Zusatz sollte grundsätzlich bei Maischtemperaturen über 60 °C erfolgen, um einen Gärprozess und damit Extraktverluste in der Maische zu vermeiden.
- Im Normalfall erzielt man bei dieser Entsorgungsvariante einen geringen Extraktgewinn und eine Zunahme des FAN-Gehaltes der Anstellwürzen von 5…10 mg/L.

19.8.3 Sonstige Verwendungen

Überschusshefe, die als lagerfähige Futterhefe verwendet werden soll, wird in der Regel aus Kostengründen nach einer Vorkonzentrierung (Dekanter o.ä.) auf Walzentrocknern thermisch aufgeschlossen und getrocknet.

Die Bierhefe-Verwertung wurde zusammenfassend erstmals von *Vogel* [561] beschrieben, heute ein historischer Rückblick.

Nach *von Laer* [562] ist qualitativ gut geeignete Bierhefe ein guter Rohstoff für die Herstellung von speziellen Nischenprodukten für die Lebensmittelindustrie. In Tabelle 200 sind einige Anforderungen an den Rohstoff Bierhefe für die Lebensmittelproduktion zusammengefasst.
Weitere ergänzende Ausführungen dazu siehe in [7], Kapitel 7.8.

Tabelle 200 Anforderungen an den Rohstoff Bierhefe für die Lebensmittelproduktion (nach [562])

Allgemeine Kriterien	Frisch und von gutem typischen Geruch	
	Nach Deutschem Reinheitsgebot hergestellt	
	Nach ISO 9001:2000, HACCP, GMO-freien Bedingungen produziert	
	Frei von Verunreinigungen, wie Filterhilfsmitteln, Spelzen etc.	
Chemisch-physikalische Kriterien	Farbe	hell beige
	Trockensubstanz	> 12 %
	pH-Wert	5,0...6,0
	Temperatur	< 12 °C
	Bittereinheiten	< 150 BE (EBC)
	Proteingehalt	> 45 %
Mikrobiologische Kriterien	Anteil Lebendzellen	> 85 %
	Fremdkeimzahl	< 10^5/g
	Salmonellen	Negativ/25 g
	E. coli	< 10/g
	Bacillus cereus-Gruppe	< 10/g
	Lactobacillus	< 10/g

Probleme bei der Verwertung von Bierhefe zu Lebensmittelingredienzien bereiten (nach [562]):

- Das stark schwankende Rohstoffvolumen zwischen Winter- und Sommersaison;
- Die stark schwankende Rohstoffqualität Bierhefe;
- Die geringe Möglichkeit der Einflussnahme auf die Zusammensetzung der Überschussbierhefe;
- Die Notwendigkeit der extrem mikrobiologisch sauberen Arbeitsweise;
- Der große Forschungsaufwand und die lange Einführungszeit für die Implementierung neuer Produkte;
- Der hohe Wettbewerbsdruck von Seiten der Backhefehersteller.

19.8.4 Lagerung der Überschusshefe

Die Überschusshefe wird in geeigneten Behältern gestapelt, aus denen sie in Tankwagen gefüllt wird. Die Hefeabgabe erfolgt zweckmäßigerweise homogenisiert nach Feststoffgehalt und kann durch Wägung des Tankwagens ermittelt werden.
Hefestapelbehälter müssen frostsicher installiert werden.

Die Tankwagenfüllstation muss ebenfalls frostsicher gestaltet werden. Wassereinläufe müssen an das Produktionsabwassernetz angeschlossen werden. Der Tankwagen muss über eine Überfüllsicherung verfügen bzw. es muss eine mobile Grenzwertsonde anschließbar sein.

Anforderungen an einen Hefestapelbehälter:

- Frostsichere Aufstellung (Begleitheizung);
- Anschluss an das CIP-Reinigungssystem;
- Ausrüstung mit einer Überfüllsicherung und einer geeigneten Inhaltsmessung;
- Installation einer Homogenisiermöglichkeit: beispielsweise durch Umpumpen oder mittels Rührwerk;
- Die zylindrokonische Bauform ist günstig. Zweckmäßig ist es, den Behälter für einen geringen Betriebsüberdruck auszulegen, um ihn schaumfrei füllen zu können.

19.9 Überschusshefe und Abwasserbelastung

Da der Absatz organischer Brauereireststoffe als Futtermittel zunehmend schwieriger wird, gilt es auch alternative Nutzungswege zu finden, die durch eine konsequente Abfallvermeidung und eine wertstoffliche Nebenproduktnutzung zur Wertschöpfungssteigerung einer Brauerei beitragen.

Die Entsorgung der Überschuss- und Abfallhefe über das Abwasser bei indirekt einleitenden Brauereien würde zu Starkverschmutzerzuschlägen und damit zu erheblichen Kosten (siehe [563]) führen.

Die in Tabelle 201 aufgeführten Richtwerte sind bei der in der Brauerei anfallenden Abfall- und Überschusshefe zu berücksichtigen.

Tabelle 201 Richtwerte für die Einschätzung einer evtl. Umweltbelastung durch Überschuss- bzw. Abfallhefe (nach [563])

Anteil der Hefe bzw. des Gelägers an den biogenen Reststoffen einer Brauerei		9…10 %
Geläger- u. Überschusshefemenge gesamt je Hektoliter Verkaufsbier (VB)		2,0…2,6 kg/hL VB
Gärkellerhefe je Hektoliter Verkaufbier		1,1…1,8 L/hL VB
• davon Presshefe		0,7…1,1 kg/hL VB
• davon Abpressbier		0,4…0,7 L/hL VB
Lagerkellerhefe je Hektoliter Verkaufsbier		0,9…1,5 L/hL VB
• davon Presshefe		0,5…0,9 kg/hL VB
• davon Abpressbier		0,3…0,5 L/hL VB
Einsparpotenzial je 1 hL VB an zurückgewonnenem Extrakt		0,10 Euro/hL VB
CSB-Werte der Gärkellerhefe	200 000 mg O_2/L	= ca. 2,22 EWG/L Hefe[1)]
CSB-Werte der Lagerkellerhefe	170 000 mg O_2/L	= ca. 1,89 EWG/L Hefe[1)]

[1)] EWG = CSB-Verbrauch je Einwohner und Tag
(CSB = Chemischer Sauerstoffbedarf; EWG = Einwohnergleichwert)

20. Reinigung und Desinfektion im Gär- und Lagerkeller

20.1 Geschichtliche Entwicklung

Die Gärbottiche, ursprünglich aus Holz, und die Lagerfässer wurden immer mit Wasser und Bürsten bzw. Schrubber manuell gereinigt („Bottich wichsen" bzw. „Fass schlupfen"). In der Regel schweißtreibende Arbeiten. Auch mit dem Übergang zu Lagertanks veränderte sich an der Arbeit nichts. Der Einsatz von konfektionierten Desinfektionsmitteln begann Ende des 19. Jahrhunderts.

Der Übergang zu geschlossenen Gärbottichen (Ziel war die CO_2-Gewinnung), etwa Ende der 1950er Jahre, ermöglichte die mechanisierte Bottichreinigung mittels Sprühköpfen. Eine verdünnte Reinigungslauge wurde im Kreislauf gepumpt.

Erst der Einsatz der korrosionsbeständigen Edelstähle als Werkstoff für Bottiche und Tanks ermöglichte die Entwicklung und Nutzung der CIP-Verfahren (cleaning in place).

Diese CIP-Verfahrenstechnik war wiederum die Voraussetzung für die Nutzung großer Behältervolumina. Große Behälter, egal welcher Geometrie, waren nicht mehr manuell zu reinigen. Gleiches gilt auch die Reinigung/Desinfektion von Rohrleitungen, Wärmeübertragern usw.

Die Entwicklung führte folgerichtig zum zylindrokonischen Tank, der ideale Voraussetzungen für die CIP-Reinigung bot. Liegende zylindrische Behälter ließen sich mit entsprechendem Aufwand auch nach dem CIP-Verfahren reinigen.

Die Probleme der CIP-Reinigung wurden seit Mitte der 1960er Jahre intensiv bearbeitet.

In größeren Betrieben werden die wichtigen Produktionsabschnitte mit eigenen CIP-Stationen ausgerüstet, zum Beispiel das Sudhaus, die Gärung/Reifung/Lagerung, die Filtration, die Füllanlagen. Es empfiehlt sich, zumindest den Unfiltrat- vom Filtratbereich reinigungstechnisch zu trennen.

Die Installation mehrerer CIP-Stationen wird vor allem durch die ständige Verfügbarkeit der R/D entsprechend den technologischen Abläufen und die Konzentration der Arbeiten auf bestimmte Zeiten oder Produktionsintervalle begründet.

Eine zusammenfassende Darstellung zu CIP-Anlagen (s.a. [564]), zur Reinigung und Desinfektion von Rohrleitungen und Behältern (s.a. [565]), zu Reinigungs- und Desinfektionsmitteln (s.a. [566] und [567]) und zur Korrosion wird in [612] gegeben. Verwiesen wird auch auf [7], [568] und [595].

20.2 Begriffe und Stand der Technik

Vorangestellt werden folgende Begriffsdefinitionen:

- Reinigung: Ist die Entfernung von unerwünschten Stoffen (Produktreste, Mikroorganismen, Ablagerungen, Ausscheidungen usw.) von Oberflächen, z. B. aus Behältern, Rohrleitungen, Maschinen und Apparaten.
  Die unerwünschten Stoffe werden zum Teil auch als „Schmutz" oder „Verunreinigung" bezeichnet.
- Desinfektion: Ist die möglichst vollständige Inaktivierung oder Entfernung unerwünschter Keime, beispielsweise die Inaktivierung bzw. Beseitigung bierschädlicher Organismen.

- Sterilisation: Ist die vollständige Abtötung oder Abtrennung aller Mikroorganismen, einschließlich ihrer Sporen und ggf. Viren.
- Kontamination: Darunter wird in der Getränkeindustrie das Vorhandensein unerwünschter Mikroorganismen (Kontaminanten) verstanden, z. B. werden auch Hefen im filtrierten Bier dazu gezählt.
  Die Dekontamination ist dann die Entfernung von Kontaminanten. In der Vergangenheit wurde dafür nicht ganz richtig auch das Synonym „Infektion" benutzt. Darunter wird die Anwesenheit unerwünschter Keime (meist pathogener Keime) im medizinischen Bereich verstanden.
- Reinigung und Desinfektion sind in der Gärungs- und Getränkeindustrie ein sehr wichtiger, unverzichtbarer Teil der Produktion, um eine kontaminationsfreie oder -arme Verfahrensführung zu ermöglichen.
  In der Reihenfolge wird die Desinfektion stets nach der Reinigung durchgeführt. Die beiden Teilschritte gehen teilweise ineinander über.
- Unterschieden wird in:
  - die manuelle Reinigung und Desinfektion und in
  - die mechanisierte oder automatische Reinigung und Desinfektion.

20.3 Wichtige Parameter der Reinigung und Desinfektion

Reinigungs- und Desinfektionsprozesse können mathematisch als Reaktion erster Ordnung (eine exponentielle Funktion) beschrieben werden. Die Entfernung der „Verunreinigungen" und die Inaktivierung unerwünschter Keime sind vor allem abhängig von:

- der Ausgangsmenge der Verschmutzung bzw. der Keime,
- der Zeit,
- der Temperatur,
- der Konzentration,
- der Art des Reinigungs- oder Desinfektionsmittels und
- der mechanischen Wirksamkeit des Reinigungs- und Desinfektionsverfahrens.

Zur Kinetik der Reinigungsvorgänge und die sie beeinflussenden Faktoren wird auf die Fachliteratur verwiesen, z. B. [569], [570], [571], [572].

20.3.1 Temperatur

Höhere Temperaturen verbessern den Reinigungseffekt, s.a. Abbildung 283. Das ist eine bekannte Tatsache. Diese Erscheinung lässt sich durch eine allgemeine Beschleunigung der Reaktionen als Funktion der Temperatur erklären. Insbesondere die Parameter Lösungsverhalten, Viskosität und Oberflächenspannung (s.a. zum Beispiel Abbildung 284) werden positiv beeinflusst.

Die Benetzbarkeit der Oberflächen, vor allem von Spalten, wird mit Abnahme der Oberflächenspannung als Funktion der Temperaturerhöhung verbessert. Die Benetzbarkeit ist eine Grundvoraussetzung für die Wirkung von Reinigungs- oder Desinfektionsmitteln (s.a. Abbildung 285). Höhere Temperaturen führen weiterhin zu einem thermischen Effekt der Keiminaktivierung bzw. -abtötung, der durch Wärmeleitung auch Keime an „geschützten Stellen" wie Spalten, Ablagerungen etc. erfasst, die durch die chemische Wirkung eines Desinfektionsmittels infolge fehlender Benetzung nicht erreicht werden.

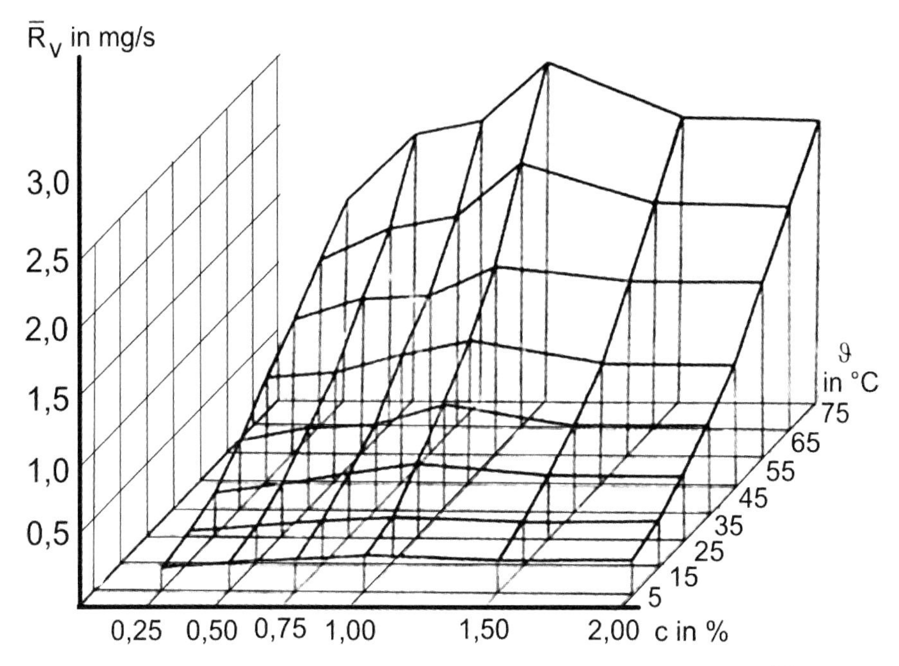

Abbildung 283 Zusammenhang zwischen Reinigungsgeschwindigkeit $\bar{R}_V$, Reinigungsmittelkonzentration c und Temperatur ϑ (nach [570]; Modellversuche; Konstante Bezugsfläche 30 cm^2 bei einer Ausgangsverschmutzung von 270 mg)

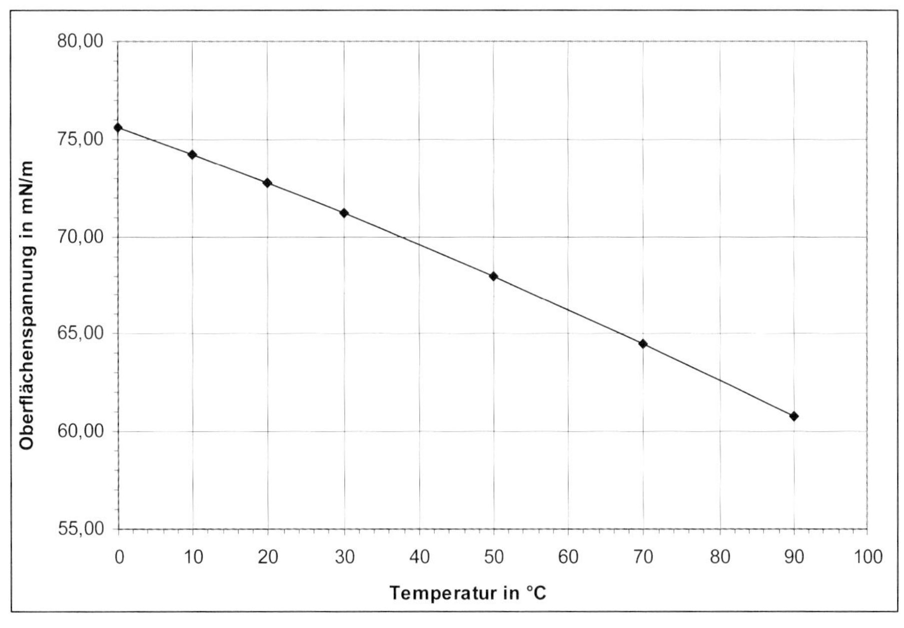

Abbildung 284 Die Oberflächenspannung von Wasser als Funktion der Temperatur (nach D'Ans/Lax [573])

20.3.2 Konzentration

Die Konzentration eines Reinigungsmittels beeinflusst den Reinigungseffekt und die Reinigungsgeschwindigkeit erheblich (s.a. Abbildung 283). Beachtet werden muss jedoch, dass der Effekt nicht ständig mit der Konzentration steigt und dass er ab einer bestimmten Konzentration wieder fällt. Daraus folgt, dass es einen optimalen Bereich gibt, der nach Möglichkeit einzuhalten ist. Er liegt im Bereich von 0,8 bis 1,6 Ma.-% und muss dem Datenblatt des Reinigungsmittels entnommen werden (es gilt also nicht: „Viel hilft viel", sondern: „Weniger kann mehr sein"). Eine eventuelle Schaumbildung vermindert das Reinigungsvermögen.

Die Konzentration eines Desinfektionsmittels erhöht im Allgemeinen auch die Wirkung bzw. ermöglicht kürzere Einwirkungszeiten für einen angestrebten Effekt. Die Konzentration sollte so gewählt werden, dass bei Einwirkungszeiten von etwa 30 min bei Temperaturen von ≤ 10 °C ein ausreichender Effekt erzielt wird.

Die Anwendungskonzentration beeinflusst direkt die Verluste beim Ausspülen bzw. Verdrängen und damit die Kosten.

20.3.3 Oberflächenspannung

Die Oberflächenspannung der R/D-Mittel, aber auch der Produkte und Spülwässer, ist für die Benetzung der Oberflächen und damit für die Wirkung entscheidend. Hierin können auch die teilweise unbefriedigenden Ergebnisse (trotz „richtiger" Reinigung, Konzentration und Einwirkungszeit) eines benutzten Desinfektionsmittels begründet sein bzw. die scheinbar „erfolgreiche Desinfektion" bei höheren Temperaturen (s.o.). Die Oberflächenspannung lässt sich durch Additive (z. B. Tenside) beeinflussen. Dabei muss aber beachtet werden, dass sich auch das Ausspülverhalten des Mediums verändert.

Ist die Oberflächenspannung des Spülwassers höher als die des R/D-Mittels, ist dessen Ausspülbarkeit nicht oder nur bedingt (durch Diffusion) gegeben. Als Beispiele werden folgende Oberflächenspannungen genannt (Tabelle 202):

Tabelle 202 Oberflächenspannungen (zum Teil nach [574])

Produkt	Oberflächenspannung
Wasser	70...74 mN/m
Würze	36...38 mN/m
Bier	42...44 mN/m
R/D-Mittel in üblicher Konzentration	50...70 mN/m
Quart. Ammoniumverbindungen (QAV) in üblicher Konzentration	24...34 mN/m

R/D-Medien können die Oberflächen nur dann erreichen, wenn diese vollständig benetzt werden (s.a. Abbildung 285). Das gilt sowohl für die Abhängigkeit von der Oberflächenspannung als auch für die vollständige Füllung von Rohrleitungen und Apparaten. Die Medien müssen die Querschnitte vollständig ausfüllen, Gasblasen dürfen nicht mehr vorhanden sein. Durch entsprechend große Strömungsgeschwindigkeiten lassen sich Gase verdrängen. Günstig sind selbstentlüftende Systeme bzw. Installationen.

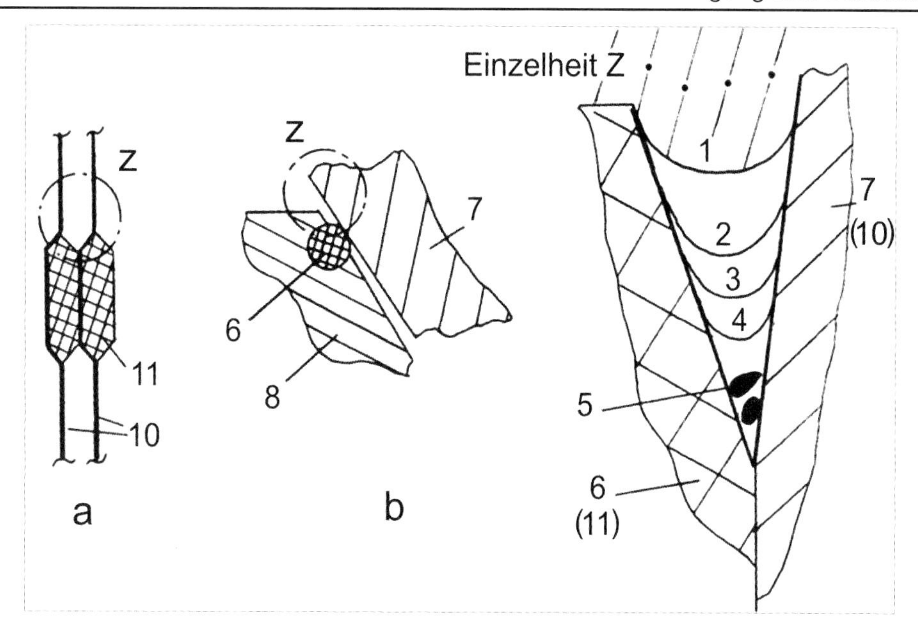

Abbildung 285 Oberflächenspannung und Benetzbarkeit, schematisch
a Spalt an einer Wärmeübertrager-Platte **b** Spalt an einer Ventil-Dichtung
1 PG hohe Oberflächenspannung (Wasser) **2** PG Bier **3** PG Würze **4** PG Quartemäre Ammoniumverbindungen (QAV; Desinfektionsmittel) **5** Keime (werden nicht erfasst) **6** O-Ring **7** Ventilsitz-Dichtfläche **8** Ventilkegel **9** Dichtung **10** Wärmeübertragerplatte **11** Dichtung **PG** Phasengrenzfläche

20.3.4 Die Fließgeschwindigkeit

Die Wirkung der R/D-Mittel kann durch eine mechanisch wirkende Komponente verstärkt werden, indem an der Oberfläche eine ständige Erneuerung der Phasen unterstützt wird (Konzentrations- und Temperaturunterschiede, Abtransport gelöster Teilchen).

Die mechanische Komponente ist eine Funktion des Strömungszustandes, der Turbulenz. Diese kann für die Rohrströmung, aber auch für den Rieselfilm einer Tankwandung, als dimensionslose *Reynolds*-Zahl ausgedrückt werden. Die *Re*-Zahl wird für die Rohrströmung wie folgt berechnet (Gleichung 88):

$$Re\text{-Zahl} = \frac{d \cdot w}{\nu} \qquad \text{Gleichung 88}$$

d = Durchmesser in m
w = Fließgeschwindigkeit in m/s
ν = Viskosität des Mediums in m^2/s
siehe Tabelle 203.

Aus der Gleichung 88 ist ersichtlich, dass die *Re*-Zahl infolge der Viskosität eine temperaturabhängige Größe ist. Berechnungsbasis für Vergleichszwecke muss eine festgelegte Temperatur sein, zum Beispiel 20 °C. Mit steigender Temperatur sinkt die Viskosität und die *Re*-Zahl bzw. die Turbulenz werden größer. Dieser Effekt verbessert also die Reinigungswirkung und spricht deshalb auch für die heiße Reinigung.

Die *Re*-Zahl sollte bei der Rohrreinigung bei > $5 \cdot 10^4$, besser bei $1 \ldots 1{,}5 \cdot 10^5$ liegen.

Bei gegebener Nennweite einer Rohrleitung lässt sich daraus die erforderliche Fließgeschwindigkeit berechnen. Daraus folgt aber auch, dass es die *ideale*, allgemeingültige Fließgeschwindigkeit für Rohrleitungen verschiedener Nennweiten bei der Reinigung *nicht* gibt. Beachtet werden muss natürlich die Druckverlust-Volumenstrom-Kennlinie der Anlage bei der Auslegung der Pumpen, um die erforderliche Fließgeschwindigkeit auch zu sichern.

20.3.5 Der Rieselfilm

Bei der Behälterreinigung wird vom auf die Tankwandung auftreffenden Strahl eine mechanische Wirkung erzielt. Das Problem liegt darin, dass der Strahl bei Niederdrucksystemen bereits kurz nach dem Verlassen der Sprühkugel bzw. des Zielstrahlreinigers nur noch eine geringe mechanische Energie besitzt, da der Strahl auffächert und großflächig auftrifft.

Tabelle 203 Kinematische Viskosität von Wasser (nach [573])

Temperatur in °C	ν in m^2/s	Temperatur in °C	ν in m^2/s
0	$1{,}792 \cdot 10^{-6}$	30	$0{,}801 \cdot 10^{-6}$
5	$1{,}520 \cdot 10^{-6}$	50	$0{,}554 \cdot 10^{-6}$
10	$1{,}308 \cdot 10^{-6}$	70	$0{,}413 \cdot 10^{-6}$
20	$1{,}004 \cdot 10^{-6}$	90	$0{,}326 \cdot 10^{-6}$

Deshalb muss ein turbulenter Rieselfilm auf der Behälterwandung aufrechterhalten werden, der eine verfügbare Mindestflüssigkeitsmenge je Fläche voraussetzt. Nach *Brauer* [575] errechnet sich die *Re*-Zahl für den turbulenten Rieselfilm mit der Beziehung nach Gleichung 89:

$$\mathrm{Re} = \frac{\overline{w} \cdot d}{\nu} \qquad \text{Gleichung 89}$$

$\overline{w}$ = mittlere Rieselfilmgeschwindigkeit in m/s
d = mittlere Rieselfilmdicke in m
ν = kinematische Viskosität in m^2/s
Zahlenwerte siehe Tabelle 203

In Gleichung 89 wird die mittlere Rieselfilmgeschwindigkeit $\overline{w}$ mit Gleichung 90 berechnet:

$$\overline{w} = \mathrm{Re}_{krit}^{1/5} \cdot \left(\frac{\nu \cdot g}{3}\right)^{1/3} \cdot \mathrm{Re}^{7/15} \qquad \text{Gleichung 90}$$

Die mittlere Filmdicke d errechnet sich nach Gleichung 91:

$$d = \mathrm{Re}_{krit.}^{-1/5} \cdot \left(\frac{3\nu^2}{g}\right)^{1/3} \cdot \mathrm{Re}^{8/15} \qquad \text{Gleichung 91}$$

$Re_{krit.}$ hat nach [575] den Zahlenwert: $Re_{krit.} = 400$.

Die Oberflächengeschwindigkeit des Rieselfilms beträgt etwa das 2...2,2fache der mittleren Rieselfilmgeschwindigkeit.

Anzustreben sind *Re*-Zahlen von etwa 500. Eine wesentliche Erhöhung der Re-Zahl bringt keine Vorteile, da der Rieselfilm dann auf der Oberfläche Schwallwellen zeigt, die in den freien Fall übergehen und die die Reinigungswirkung nicht verbessern und u.U. das Gegenteil erreichen.

Beispiel:

ZKT: Ø = 4200 mm

Umfang = 13,2 m

Kinematische Viskosität von Wasser (20 °C): $1{,}004 \cdot 10^{-6}$ m^2/s

Aufgebrachte Reinigungsflüssigkeitsmenge (20 °C) = 0,5 L/(m · s) ≙ 1,8 $m^3/(m \cdot h)$ ≙ 23,8 m^3/h

Die Rechnung muss iterativ erfolgen, die *Re*-Zahl wird beispielsweise mit 500 angenommen.

Mit dieser Vorgabe folgen aus Gleichung 90 und Gleichung 91 für:

- die mittlere Rieselfilmgeschwindigkeit $\overline{w}$:

$$\overline{w} = 400^{1/5} \cdot \left(\frac{1{,}004 \cdot 10^{-6} \cdot 9{,}81}{3} \right)^{1/3} \cdot 500^{7/15} = \underline{0{,}93\ \text{m/s}}$$

- und die mittlere Filmdicke d :

$$d = 400^{-1/5} \cdot \left(\frac{3 \cdot \left(1{,}004 \cdot 10^{-6}\right)^2}{9{,}81} \right)^{1/3} \cdot 500^{8/15} = \underline{0{,}62\ \text{mm}}$$

Mit diesen Ergebnissen kann mit Gleichung 89 die *Re*-Zahl = 574 berechnet werden.

Mit den Werten $\overline{w}$ = 0,93 m/s und d = 0,62 mm ergibt sich für die benötigte Flüssigkeitsmenge bei *Re* = 574:

$\dot{V}$ = 0,93 m/(m · s) · 0,00062 m = 0,577 L/(m · s)
= 2,07 $m^3/(m \cdot h)$ · 13,2 m ≈ <u>27 m^3/h</u>.

Die in der Aufgabenstellung vorgegebene Flüssigkeitsmenge muss also etwas erhöht werden (die Alternative wäre eine Rechnung mit verringerter Re-Zahl; diese Lösungsvariante ist aber als weniger gut einzuschätzen).

20.4 Anforderungen an Reinigungs- und Desinfektionsmittel

Die Anforderungen an ein Reinigungsmittel lassen sich wie folgt formulieren:

- Gute Löslichkeit im Wasser;
- Gute Reinigungswirkung/Lösungsvermögen gegenüber den zu entfernenden Stoffen;
- Wirksamkeit bereits bei niedrigen Temperaturen;
- Gutes Benetzungsvermögen der Oberflächen (geringe Oberflächenspannung);
- Gutes „Schmutztragevermögen", gutes Emulgierverhalten;
- Keine Schaumentwicklung;
- Keine Ablagerungen auf Werkstoffoberflächen, gutes Ausspülverhalten;
- Keine chemischen Reaktionen;
- Keine Reaktionen mit den Wassersalzen;

- Keine Korrosion der Werkstoffe;
- Einfaches Handling, einfache Dosierbarkeit;
- Möglichst kein selektiver Verbrauch einzelner Bestandteile;
- Einfache Bestimmung der aktuellen Konzentration;
- Geringe Kosten;
- Gegebene Umweltverträglichkeit, möglichst biologisch abbaubar.

Die Anforderungen an ein Desinfektionsmittel lassen sich wie folgt formulieren:

- Gute Löslichkeit in Wasser;
- Möglichst breites Wirkungsspektrum gegenüber Mikroorganismen;
- Wirksamkeit bereits bei geringen Temperaturen;
- Kurze erforderliche Einwirkungszeiten;
- Geringe Anwendungskonzentrationen;
- Gutes Benetzungsvermögen;
- Keine Schaumbildung;
- Gute Ab- und Ausspülbarkeit;
- Einen geringen oder gar keinen Eiweißfehler (Reaktion mit Eiweißbestandteilen und damit Verlust an Wirksamkeit);
- Keine Korrosion bei den verwendeten Werkstoffen;
- Einfaches Handling, einfache Dosierbarkeit;
- Möglichst kein selektiver Verbrauch einzelner Bestandteile;
- Einfache Bestimmung der aktuellen Konzentration;
- Geringe Kosten;
- Gegebene Umweltverträglichkeit, möglichst biologisch abbaubar;
- Beherrschbare Gesundheitsgefährdung beim Handling.

Die angegebenen Eigenschaften schließen sich zum Teil aus. Angestrebt wird ein guter Kompromiss der Eigenschaften.

20.5 Reinigungs- und Desinfektionsmedien

Die CIP-Reinigung und Desinfektion verläuft im Allgemeinen in den folgenden Schritten:

- Vorspülung mit Wasser, z.T. alkalisiert;
- Alkalische Reinigungslösung;
- Zwischenspülung;
- Säurespülung;
- Zwischenspülung;
- Desinfektionsmittelspülung;
- Trinkwassernachspülung.

Bedingung für eine alkalische Reinigung ist ein CO_2-freier Behälter (hierzu s.a. [576]).

Alternativ wird statt der alkalischen Reinigungslösung eine saure Lösung angewandt. Diese Variante ermöglicht die Reinigung der Behälter unter CO_2-Atmosphäre und wird vor allem im Lager-/Kaltlagerphasen-Bereich bei Zweitankverfahren sowie im Filtrat-Bereich praktiziert. Intervallmäßig sollten ständig sauer gereinigte Behälter nach Entfernung des CO_2 alkalisch gereinigt werden.

Saure Reinigungsmittel lassen sich zum Teil mit sauren Desinfektionsmitteln kombiniert anwenden.

Wichtig ist die Erhaltung der vorgeschriebenen Anwendungskonzentration bei Mitteln, die sich im Gegensatz zu ihrer Leitsubstanz „verbrauchen“ (beispielsweise bei Salpetersäure/Peressigsäure).

Notwendig ist es, die Wirksamkeit der sauren Desinfektionsmittel durch eine vorausgegangene gründliche Reinigung und Neutralisation der alkalischen Reinigungsmittel zu sichern. Dabei sind die Fragen der Benetzbarkeit der Oberflächen und die Ausspülbarkeit/Rückstandsproblematik äußerst wichtig (s.o.).

Zwischenspül- und Nachspülwässer können gestapelt und als Vorspülwasser beim nächsten R/D-Zyklus eingesetzt werden („Retourwasser“), soweit es deren Kontaminationsgrad zulässt.

Als Reinigungs- und Desinfektionsmedien werden vor allem die in Tabelle 204 genannten Produkte genutzt.

Die rost- und säurebeständigen Edelstähle sind *nicht* unter allen Bedingungen korrosionsbeständig. Ein Überblick zur Beständigkeit gibt Tabelle 205, s.a. Kapitel 23.1.

Die Chemikalien können zum Teil als Grundchemikalien bezogen werden, sind aber auch als konfektionierte Mittel im Handel und werden dann unter firmenspezifischen Handelsbezeichnungen vertrieben. Die Zusammensetzung bzw. die wesentlichen Bestandteile können aus den vom Hersteller oder Lieferanten bereitgestellten Sicherheitsdatenblättern und Anwendungsrichtlinien entnommen werden.

Große Mengen werden per Tankwagen geliefert, meist in Konzentratform. Kleinere Mengen werden in Tankpaletten, Fässern oder Kanistern aus Polyethylen oder Polypropylen geliefert. Die Verpackungsmittel sollten Mehrwege-Verpackungen sein (Leihverpackungen).

Tabelle 204 Reinigungs- und Desinfektionsmedien für CIP-Prozesse

Medium	wesentliche Inhaltsstoffe	Konzentration in Masse-Prozent	
Reinigungslauge	NaOH, Additive [1])	1,5...2	
	NaOH + NaHOCl + Additive [2])	2...3	nur bei pH-Werten ≥ 9
Saures Reinigungsmittel	HNO_3 und /oder H_3PO_4, z.T. auch Additive	1...1,5	
	Gluconsäure		
	H_2SO_4 [3])		
Desinfektions-mittel-Lösung	Peressigsäure	0,1...0,3	s.a. [617], [615]
	ClO_2	≤ 0,4 mg/L	[5]) s.a. [617], [615]
	Annolyte® und andere		[4])
Ozon			s.a. [577]

[1]) *Additive*: vor allem Polyphosphate, Silikate, z.T. Entschäumer. Zur Verbesserung der Reinigungswirkung (Emulgiervermögen, Lösevermögen, Benetzbarkeit, Verhinderung von Ausfällungen, Kompensation der Einflüsse der Wasserhärte u.a.) und zur Schaumdämpfung werden der Lauge Additive zugesetzt. Teilweise werden auch Korrosionschutz-Inhibitoren dosiert.

[2]) Für die Intensivreinigung werden O_2-abspaltende Reinigungsverstärker oder auch teilweise Aktiv-chlorhaltige alkalische Reiniger (auf der Basis Na-Hypochlorit) angeboten, die in größeren zeitlichen Intervallen eingesetzt werden können, deren Anwendung aber konsequent überwacht werden muss, um Lochfraß-Korrosion auszuschalten.

3) Bei schwefelsäurehaltigen Produkten muss bei Temperaturen ≥ 20 °C bei den meisten Edelstählen mit Korrosion gerechnet werden. Ihr Einsatz ist deshalb problematisch und sollte besser unterbleiben.

4) In jüngster Zeit wird für Wasser die Applikation einer Membranzellenelektrolyse vorgeschlagen, beispielsweise mit NaCl als Betriebsmittel. Dabei entsteht eine Lösung, die desinfizierend wirkt, und deren Hauptbestandteil hypochlorige Säure ist. Diese Verbindung wird von verschiedenen Herstellern (z. B. [578], [579]) unter verschiedenen Bezeichnungen gehandelt, z. B. Annolyte®, Nades®.
Die Anwendungskonzentration soll im Bereich 0,5...2 % liegen (der freie Chlorgehalt beträgt dann ≤ 4 ppm), die Wirksamkeit der Produkte wird bestätigt, beispielsweise von [580], [581], [582] und [583]. Zum Teil ist die Halogenionen-Konzentration in den Produkten relativ hoch [584], es besteht z. T. Korrosionsgefahr. Hingewiesen werden muss auch darauf, dass zur rechtlichen Einordnung dieser Desinfektionsmittellösungen (z. B. Biozid: ja/nein) zurzeit noch offene Fragen bestehen [585], [586], [587].

5) Nach der TrinkwV [589] muss die zugesetzte ClO_2-Menge (max. 0,4 mg/L) überwacht werden und die nach der Reaktion im Wasser verbleibende Reststoffmenge an ClO_2 (max. 0,2 mg/L, min. 0,05 mg/L). Bei den Entkeimungs- und Oxidationsprozessen entstehen aus dem Chlordioxid Chlorid-Ionen, Chlorit-Ionen (ClO_2^-) und Chlorat-Ionen (ClO_3^-). Für die Chlorit-Konzentration bestehen Grenzwerte, deren Einhaltung überwacht werden muss. Nach der WHO-Richtlinie sind es zurzeit ≤ 0,8 mg/L, nach der EU-Gesetzgebung jedoch nur ≤ 0,2 mg/L [588], [589].
Auch bei einer Fehlfunktion der ClO_2-Anlage kann ein Chloritgehalt resultieren, dessen rechtzeitige Erfassung der Betriebssicherheit dient.

Tabelle 205 Einsatzkriterien für Reinigungs- und Desinfektionsmittel bei nichtrostendem Stahl und dem Dichtungswerkstoff EPDM (nach DIN 11483 [590])

Medium	Konzentration	Temperatur	pH-Wert	Einwirkzeit
Na-Hypochlorit + NaOH 1)	≤ 5%	≤ 70 °C	≥ 11	≤ 1 h
NaOH 2)	≤ 5%	≤ 140 °C	≥ 13	≤ 3 h
Na-Hypochlorit	≤ 300 mg akt.Cl/L	≤ 20 °C	≥ 9	≤ 2 h
Na-Hypochlorit	≤ 300 mg akt.Cl/L	≤ 60 °C	≥ 9	≤ 0,5 h
H_2SO_4	≤ 1,5 % 4)	≤ 60 °C		≤ 1 h
H_2SO_4	≤ 3,5 % 5)	≤ 60 °C		≤ 1 h
HNO_3 / H_3PO_4 6)	≤ 5%	≤ 90 °C		≤ 1 h
HNO_3 / H_3PO_4 7)	≤ 5%	≤ 140 °C		≤ 5 min.
Peressigsäure 3)	≤ 0,15%	≤ 20 °C		≤ 2 h
Peressigsäure 3)	≤ 0,0075%	≤ 90 °C		≤ 30 min.
Jodophore	≤ 50 mg Jod/L	≤ 30 °C		≤ 24 h
Werkstoff EPDM:				
HNO_3	≤ 2%	≤ 50 °C		≤ 0,5 h
HNO_3	≤ 1%	≤ 90 °C		≤ 0,5 h
H_3PO_4	≤ 2%	≤ 140 °C		≤ 1h
Peressigsäure	≤ 1%	≤ 90 °C		≤ 0,5 h
Peressigsäure	≤ 1%	≤ 20 °C		≤ 2 h
Jodophore	≤ 0,5%	≤ 30 °C		≤ 24 h
Heißwasser		≤ 140 °C		ohne Begrenzung

Erläuterungen zu Tabelle 205

1) ≤ 300 mg Cl-Ionen/L im Ansatzwasser
2) ≤ 500 mg Cl-Ionen/L im Ansatzwasser
3) bis zu 300 mg Cl-Ionen/L, bei geringeren Gehalten ist eine Verlängerung der Einwirkzeit möglich
4) CrNi-Stahl bei < 150 mg Cl-Ionen/L im Ansatzwasser
5) CrNiMo-Stahl bei < 250 mg Cl-Ionen/L im Ansatzwasser
6) CrNi-Stahl bei < 200 mg Cl-Ionen/L im Ansatzwasser
7) CrNiMo-Stahl bei < 300 mg Cl-Ionen/L im Ansatzwasser

Ergänzung zu Tabelle 205: Die Edelstahlqualität ist nicht näher spezifiziert. Beachtet werden muss natürlich, dass die einzelnen Edelstahlqualitäten eine unterschiedliche Korrosionsbeständigkeit, insbesondere auch gegenüber den Halogenionen, besitzen (s.a. Kapitel 23.1).

In vielen Fällen werden konfektionierte Reinigungs- und Desinfektionsmittel eingesetzt. In diesen Fällen müssen die Empfehlungen der Hersteller bzw. Lieferanten beachtet werden. Die Nutzung der Anwendungstechniker für die Optimierung der betrieblichen CIP-Abläufe wird empfohlen.

Die Entfernung unerwünschter Mikroorganismen

Im Ergebnis einer Reinigungs- und Desinfektionsmaßnahme werden kontaminationsfreie Anlagen-Oberflächen erwartet, zumindest dürfen keine getränkeschädlichen Keime mehr vorhanden sein (Sterilität wird nicht erreicht). Möglichkeiten, diesen Zustand zu erreichen, sind gegeben durch:

- Die Anwendung eines Desinfektionsmittels als Teilschritt der CIP-Prozedur. Dabei ist eine ausreichende Einwirkungszeit der Desinfektionskomponente bei gegebener Konzentration zu sichern;
- Die heiße Reinigung der Anlage. Vor allem heiße Natronlauge ist wirkungsvoll;
- Die Anwendung von Heißwasser mit einer Temperatur im Rücklauf von ≥ 85 °C. Vorteilhaft ist die Verwendung angesäuerten Heißwassers (pH ≤ 4), um die Ausscheidung von Wassersalzen (Carbonaten) zu verhindern.
  Bei heißem Wasser gibt es im Prinzip keine Rückstandsproblematik.
- Das Dämpfen der Anlage mit Sattdampf von ≥ 100 °C. Bedingung ist Dampf in Lebensmittelqualität, vor allem Ölfreiheit. Der Dampf muss am Ende der Anlage ausströmen. Voraussetzung ist eine Minimierung der Wärmeverluste durch Wärmedämmungen. Das gilt vor allem für größere Behälter. Dampf erreicht jede Spalte und besitzt ein sehr gutes Benetzungsvermögen. Er ist rückstandsfrei.
  Dichtungswerkstoffe werden allerdings stärker belastet (s.a. Kapitel 23.2). Höhere Temperaturen lassen sich nur durch zusätzliche Druckanwendung realisieren.
- Die Anwendung von Strahlen (UV-Licht, γ-Strahlen) scheidet für Anlagen aus.

20.6 CIP-Anlagen

20.6.1 Wesentliche Komponenten einer CIP-Station

Eine CIP-Station sollte in Abhängigkeit von der Betriebsgröße, den Reinigungsaufgaben und dem Reinigungsverfahren aus folgenden Komponenten bestehen:

- Stapelbehälter für heiße Lauge, kalte Lauge, saures Reinigungsmittel/ Desinfektionsmittel, Stapelwasser (Retourwasser), Frischwasser.
  Die Stapelbehälter müssen über Wrasenabzug, Überlauf, Mannloch für die Begehung, Innenreinigungsmöglichkeit durch Sprühkugel, Füllstandsanzeige, Probeentnahmearmatur und ggf. Wärmedämmung verfügen.
- Rohrleitungen, Armaturen und Pumpen.
  Pumpen und Rohrleitungen/Armaturen müssen so ausgelegt werden, dass Kavitation verhindert wird. Die unbeabsichtigte Medienvermischung kann durch Doppelsitzventile, Absperrklappen in „block and bleed“-Schaltung (die Kombination von 3 Klappen mit separater Leckageklappe) oder Schwenkbogen gesichert werden.
- Wärmeübertrager (WÜ) für die Aufheizung der Medien. Der WÜ kann sich im Hauptstrom befinden oder im Bypass betrieben werden.
- Chemikalienbevorratung und –Dosierung.
- Der Messtechnik, vor allem für Temperatur, Druck, Leitwert, Volumenstrom, Füllstand bzw. Leermeldung.
- Der Anlagensteuerung.

Die Reihenfolge der CIP-Medien, die einzelnen Behandlungszeiten und die Trennung der Medien im Rücklauf sollten durch eine automatische Steuerung gesichert werden. Wichtige Messgrößen dafür sind die Leitfähigkeit der Medien und/oder der Volumenstrom.

Die Verteilung der Medien auf die einzelnen Bedarfsträger und die Zusammenfassung der Rückläufe kann mittels fest verrohrter, fernbetätigter Armaturen erfolgen, aber auch manuell mittels Paneeltechnik und Schwenkbogen.

Wichtig ist es vor allem bei manueller Verschaltung, unbeabsichtigte Medienvermischungen durch entsprechende Sensoren, die die Stellung der Schwenkbögen erfassen bzw. überwachen, zuverlässig zu verhindern.

20.6.2 Varianten für den Betrieb einer CIP-Station

Prinzipiell können CIP-Stationen in den folgenden Varianten betrieben werden:

- Stapelreinigung/-desinfektion;
- Verlorene Reinigungs-/Desinfektionsmittel;
- Zum Teil auch kombiniert: Stapelreinigung und verlorenes Desinfektionsmittel.

Bei der Stapelreinigung/-desinfektion werden die Rückläufe gestapelt und nach Bedarf vor dem erneuten Einsatz mit Konzentrat aufgeschärft (s.a. Abbildung 271).

Die verlorene Variante verzichtet auf die Gewinnung und Stapelung der Rückläufe (s.a. Abbildung 287). Die Medien werden immer frisch angesetzt (Wasser-, Chemikalien- und Energieverbrauch sind höher, es entfallen hier Stapelbehälter, die mögliche Keimverschleppungsgefahr durch die Medien ist geringer) .

Die Entscheidung für die eine oder andere Variante kann nur nach Kenntnis der zeitlichen Anforderungen, der Häufigkeit von R/D-Prozeduren, des Chemikalienverbrauches je Zyklus, der benötigten Mengen (Volumen, Volumenstrom), des Anlagenlayouts und der resultierenden Kosten getroffen werden.

Folgende Schlussfolgerungen lassen sich nach [564] ableiten:

- Die Stapelreinigung von ZKT ist etwas günstiger aus der Sicht des Frischwasserverbrauches und der benötigten Chemikalienmengen. Das Verhältnis verschiebt sich mit zunehmender Rohrleitungslänge bzw. größeren Nennweiten zugunsten der Stapelreinigung. Voraussetzung für einen geringen Frischwasserverbrauch ist die Verfügbarkeit von Stapelwasser aus der Rohrreinigung.
- Die Stapelreinigung ist bei der Rohrleitungsreinigung bezüglich des Chemikalieneinsatzes und der Abwassermenge eindeutig im Vorteil (nur ca. 10 % des Aufwandes der verlorenen Reinigung).
- Der Elektroenergieaufwand für die Pumpen ist bei beiden Varianten in etwa gleichzusetzen.
- Der Wärmeaufwand ist bei Neuansatz der Lösungen gleich; bei häufiger Stapelreinigung und guter Wärmedämmung der Stapelbehälter verringert er sich deutlich, da nur die zu reinigenden Anlagenelemente aufgeheizt werden müssen, die umgewälzte Flüssigkeit nicht.
- Die Vergleichbarkeit der beiden Systeme setzt neben der optimalen Anlagenauslegung optimale Rezepte und Programmabläufe voraus.
- Der apparative Aufwand ist bei der Stapelreinigung größer. Es werden die Stapelbehälter, zum Teil mit Wärmedämmung, und die Armaturen für Vor- und Rücklauf benötigt.
  Die Volumina der Stapelbehälter müssen an die erforderlichen Rohrleitungsvolumina bzw. Vor- und Rücklaufvolumina bei ZKT angepasst sein.
- Der Grundflächenbedarf bzw. das Bauvolumen sind bei der Stapelreinigung größer.
- Der alleinige Vergleich der Anlagenkosten geht zugunsten der verlorenen Reinigung aus.
- Der Investitionskostennachteil der Stapelreinigung wird mit zunehmender Häufigkeit der Nutzung durch eingespartes Wasser und eingesparte Chemikalien immer geringer und kann bei größeren Objekten im Prinzip vernachlässigt werden.
- Steigende Kosten für Reinigungsmittel und Wasser/Abwasser und die Entlastung der Abwasserklärwerke sprechen eindeutig für die Stapelreinigung.
- Die verlorene Reinigung ist bei der kalten Behälterreinigung aus der Sicht möglicher Kontaminationen grundsätzlich als günstiger einzuschätzen.
- Stapelreinigungsanlagen, die einen Kreislauf auch unter Umgehung der Stapelbehälter ermöglichen, sind unter dem Aspekt Kontamination als gleichwertig zur verlorenen Reinigung zu bewerten (Abbildung 273).
  Bei dieser Variante können die Vorspülungen mit Stapelwasser bzw. alkalisiertem Stapelwasser im Kreislauf erfolgen und anschließend direkt in das Gully abgeleitet werden. Die Kreislaufförderung der Medien wird unter Umgehung der Stapelbehälter ermöglicht.
- Am Ende eines Reinigungsschrittes kann das Reinigungsmedium wieder nahezu vollständig gestapelt werden.

- Bei der kalten Reinigung müssen bei der Stapelreinigung ggf. Maßnahmen zur Keimreduzierung in den Medien ergriffen werden.
  Das Frischwasser muss natürlich Trinkwasserqualität besitzen.

20.6.3 Ansatz und Kontrolle der R/D-Medien

Laugen, Säuren und Additive lassen sich durch Dosierpumpen fördern, bei Bedarf auch mengenproportional. Gleiches gilt bedingt auch für Desinfektionsmittel.
Die mengenproportionale Förderung und Dosierung setzt allerdings voraus, dass sich alle beteiligten Komponenten gleichmäßig verbrauchen. Ist das nicht der Fall, muss die sich überproportional verbrauchende Komponente separat messtechnisch erfasst und nach dem aktuellen Messwert dosiert werden (Beispiel ist die Peressigsäure).

In den meisten Fällen kann die Konzentrationsmessung auf eine Leitfähigkeitsmessung zurückgeführt werden. Beachtet werden muss, dass die Leitfähigkeit eines Mediums sehr stark von der Temperatur abhängig ist. Vorteilhaft werden induktive Leitfähigkeitsmessgeräte eingesetzt, deren Messung nicht durch Belagbildung verfälscht wird.

Die Leitfähigkeiten können mit den folgenden Gleichungen berechnet werden für:

NaOH	$y = 0{,}0908\,x^3 - 2{,}4548\,x^2 + 51{,}253\,x - 0{,}27$	($R^2 = 1$)
HNO_3	$y = -0{,}8143\,x^2 + 55{,}75\,x + 1{,}2786$	($R^2 = 0{,}999$)
H_3PO_4	$y = 0{,}1442\,x^3 - 1{,}5382\,x^2 + 10{,}213\,x + 0{,}9567$	($R^2 = 0{,}999$)
H_2SO_4	$y = -1{,}1955\,x^2 + 48{,}238\,x + 0{,}4917$	($R^2 = 0{,}999$)

In den Gleichungen ist *y* die Leitfähigkeit in mS/cm und *x* die Konzentration in Ma.-%. Die Gleichungen sind gültig für den Konzentrationsbereich von 0,3...5 % und für eine Temperatur von ca. 12...15 °C.

Wichtige Routine-Kontrollen bei den R/D-Medien und der Funktion der CIP-Anlage sind folgende Untersuchungen:

- Die Konzentration der Medien bzw. der wirksamen Komponente; die Funktion der automatischen Aufschärfung;
- Die regelmäßige Prüfung (Kalibrierung) der Leitwert-Sensoren und ggf. deren Justierung;
- Die Wirksamkeit der Desinfektionskomponente;
- Der Kontaminationszustand der CIP-Medien (vor allem des Nach- und Spülwassers und des Stapelwassers) und der Anlage (Stapelbehälter, Rohrleitungen) durch regelmäßige Stufenkontrollen;
- Die Wirksamkeit der Medientrennung im Rücklauf, insbesondere bei der Behälterreinigung.

Bei der alkalischen Behälterreinigung sollte die CO_2-Freiheit der Behälter vor Reinigungsbeginn geprüft werden, ggf. müssen die Behälter z. B. weiter mit Luft gespült werden (s.a. [576]).

20.6.4 Die Trennung von Medien bei CIP-Anlagen

Die qualitative und quantitative Trennung der einzelnen Medien eines CIP-Programmes ist möglich:

- Durch Messung des Leitwertes und Umschaltung der Medien nach einem einstellbaren Grenzwert;
- Durch Messung der Durchsatzmenge bei Kenntnis des Anlagen-volumens. Dieses muss individuell für jeden Behälter von der CIP-Station bis zur Sprühkugel/Reinigungsvorrichtung ermittelt werden.

Die resultierenden Mischphasen sind bei konsequenter Nutzung der vorstehend genannten Varianten, insbesondere bei der zweiten Variante, zu vernachlässigen.

Der Medientrennung kommt entgegen, dass in Rohrleitungen eine Pfropfenströmung resultiert, die nur zu geringen Vermischungen tendiert. Bei Rohrleitungsreinigungen reicht es deshalb, einen Wasserpfropfen in die Rohrleitung zu bringen, der die Trennung zweier Medien ermöglicht.

Bei der Behälterreinigung handelt es sich dagegen um offene Kreisläufe mit einer Rücklaufpumpe. In diesen Fällen muss das letzte Medium mit dem neuen bzw. dem Spülwasser bis zum Behälter verdrängt werden. Danach kann eine kurze Zwischen-spülung mit dem anliegenden Medium erfolgen. Nach einer kurzen Pause, in der die Flüssigkeitsreste von der Behälterwand ablaufen, müssen die „alten“ Medienreste aus dem Behälter vollständig abgepumpt werden, ehe dann das nachfolgende Medium eingeleitet werden kann und den Rücklauf frei spült. In der CIP-Station kann dann im Rücklauf nach dem Leitwert umgeschaltet werden.

Varianten für die Minimierung der Rückvermischung siehe Kapitel 20.8.7.

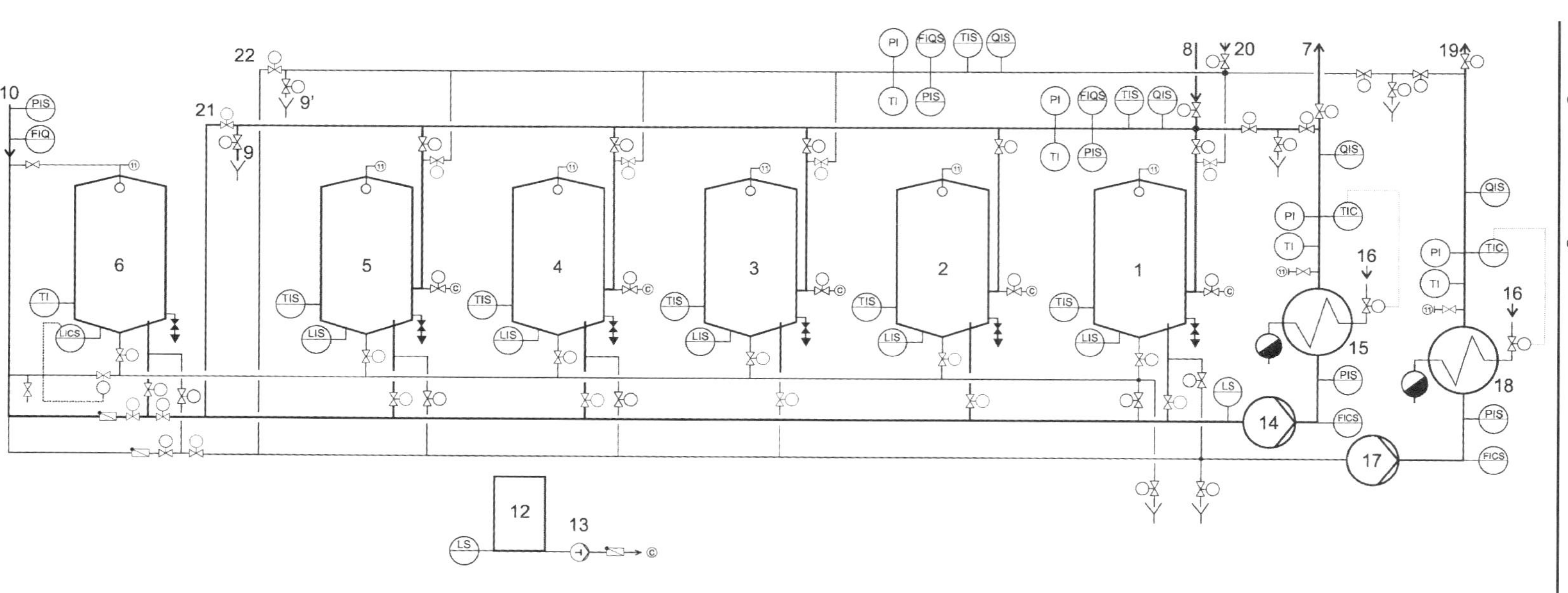

Abbildung 286 CIP-Station für die Stapelreinigung in „normaler Ausführung" für zwei parallel laufende Kreisläufe, schematisch
Stapelbehälter 1 bis 6: **1** Stapelwasser **2** Heißlauge **3** Kaltlauge **4** Säure/saures Reinigungsmittel **5** Desinfektionsmittel **6** Frischwasser **7** zum CIP-Vorlaufverteiler Rohrleitungen **8** vom CIP-Rücklaufverteiler Rohrleitungen **9** Abwasser/Gully **10** Frischwasserzulauf (bei Bedarf auch Heißwasser) **11** Anschlüsse für Stapelbehälter-CIP **12** Chemikalien-Dosierbehälter je Medium **13** Dosierpumpe je Medium **14** CIP-Vorlaufpumpe Rohrleitungen **15** Wärmeübertrager **16** Dampf **17** CIP-Vorlaufpumpe Behälterreinigung **18** Wärmeübertrager Behälterreinigung **19** zum CIP-Vorlaufverteiler Behälterreinigung **20** vom CIP-Rücklaufverteiler Behälterreinigung **21** Umgehung Stapelbehälter Rohrleitungs-CIP **22** Umgehung Stapelbehälter Behälter-CIP; **c** der Anschluss für die jeweilige Chemikaliendosierung (Lauge, Additive, Säure, Desinfektionsmittel)

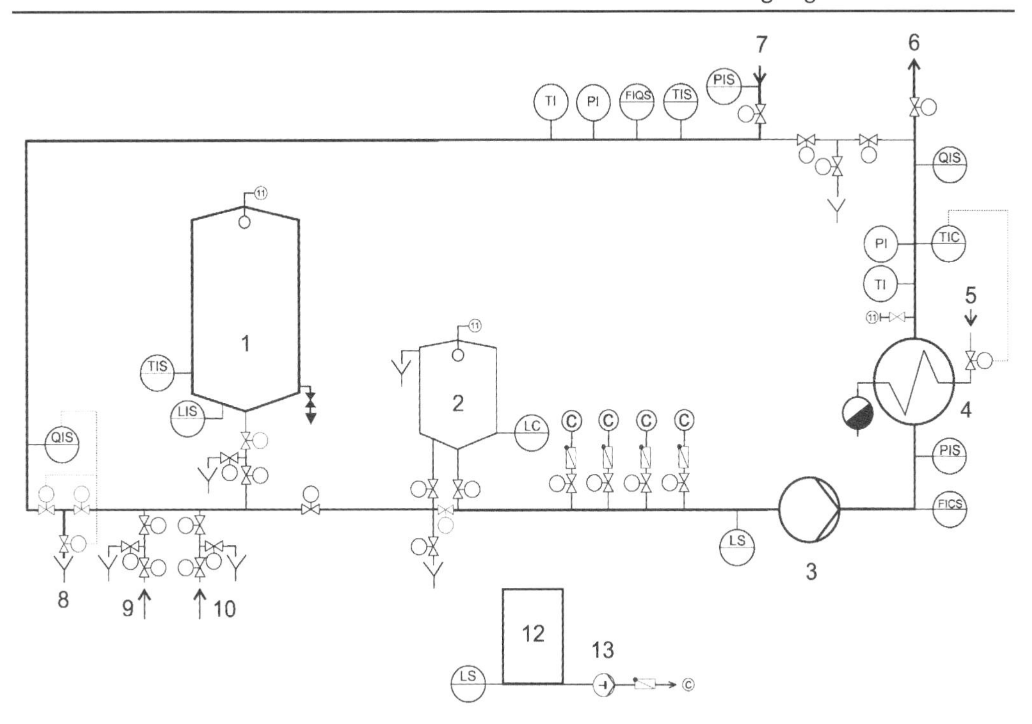

Abbildung 287 CIP-Station für die verlorene Reinigung, schematisch
1 Stapelwasserbehälter **2** Vorlaufbehälter (sowohl im Bypass als auch durchströmt zu betreiben) **3** Vorlaufpumpe **4** Wärmeübertrager **5** Dampf **6** zum CIP-Vorlaufverteiler **7** vom CIP-Rücklaufverteiler **8** Abwasser/Gully **9** Frischwasser **10** Heißwasser **11** Anschlüsse für Vorlauf- bzw. Stapelbehälter-CIP **12** Chemikalien-Dosierbehälter für jedes Medium **13** Dosierpumpe für jedes Medium
c der Anschluss für die jeweilige Chemikaliendosierung (Lauge, Additive, Säure, Desinfektionsmittel)

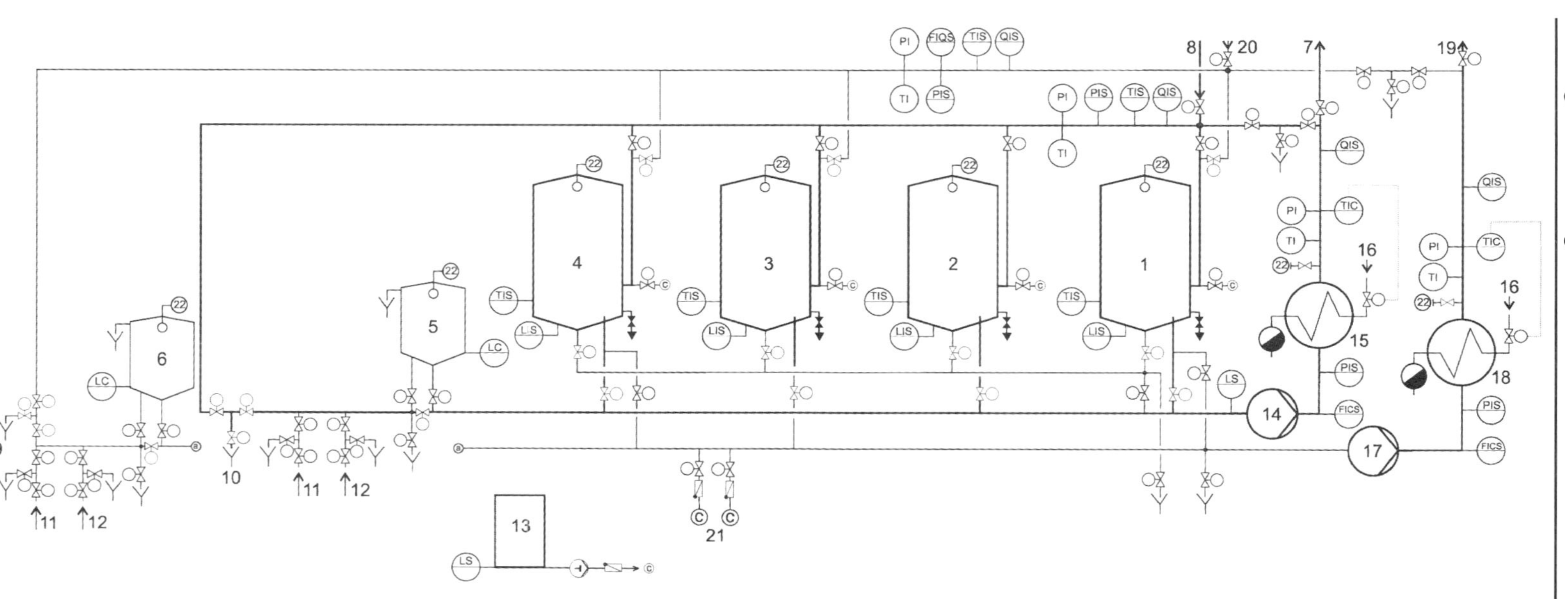

Abbildung 288 CIP-Anlage mit Vorlaufbehältern für die Umgehung der Stapelbehälter für zwei parallel laufende Reinigungsprozesse, schematisch

Stapelbehälter 1 bis 4: **1** Stapelwasser **2** Heißlauge **3** Säure/saures Reinigungsmittel **4** Desinfektionsmittel **5**, **6** Vorlaufbehälter (sowohl im Bypass als auch durchströmt zu betreiben) **7** zum CIP-Vorlaufverteiler Rohrleitungen **8** vom CIP-Rücklaufverteiler Rohrleitungen **9** Abwasser/Gully Behälterreinigung **10** Abwasser/Gully Rohrleitungen **11** Kaltwasser **12** Heißwasser **13** Chemikalien-Dosierbehälter und Dosierpumpe für jedes Medium **14** CIP-Vorlaufpumpe Rohrleitungen **15** Wärmeübertrager Rohrleitungsreinigung **16** Dampf **17** CIP-Vorlaufpumpe Behälterreinigung **18** Wärmeübertrager Behälterreinigung **19** zum CIP-Vorlaufverteiler Behälterreinigung **20** vom CIP-Rücklaufverteiler Behälterreinigung **21** Dosierung für Lauge und Additiv Behälterreinigung **22** Anschlüsse für Vorlauf- bzw. Stapelbehälter-CIP
c der Anschluss für die jeweilige Chemikaliendosierung (Lauge, Additive, Säure, Desinfektionsmittel)

20.6.5 Beispiele für CIP-Anlagen

In Abbildung 286 bis Abbildung 288 werden CIP-Stationen für die Stapelreinigung, für die verlorene Reinigung und für die Umgehung der Stapelbehälter beispielhaft dargestellt.

20.7 Reinigungsvorrichtungen für die Behälterreinigung

Die Reinigungsvorrichtung hat die Aufgabe, die Reinigungsmedien auf die Behälteroberfläche aufzubringen. Unterschieden werden:

- Hochdrucksysteme;
- Niederdrucksysteme.

Hochdrucksysteme nutzen die kinetische Energie des Flüssigkeitsstrahles zur Unterstützung der Chemikalienwirkung. Die um mehrere Achsen rotierende Reinigungsvorrichtung (Synonyme: Reinigungsturbine, Orbitalreiniger, Jetreiniger) „arbeitet" die Tankoberfläche lückenlos ab. Der Strahl tritt aus 2...4 rotierenden Düsen aus und soll sich auf seinem Weg zur Oberfläche möglichst wenig auffächern (Abbildung 289 und Abbildung 290).

Übliche Drücke liegen bei $p_ü$ = 10...25 bar, zum Teil auch geringer, der Volumenstrom liegt bei etwa $\dot{V}$ = 15...30 m^3/h in Abhängigkeit von der Behältergröße. Die technischen Parameter können den Datenblättern der Hersteller entnommen werden (z. B. [591], [592]).

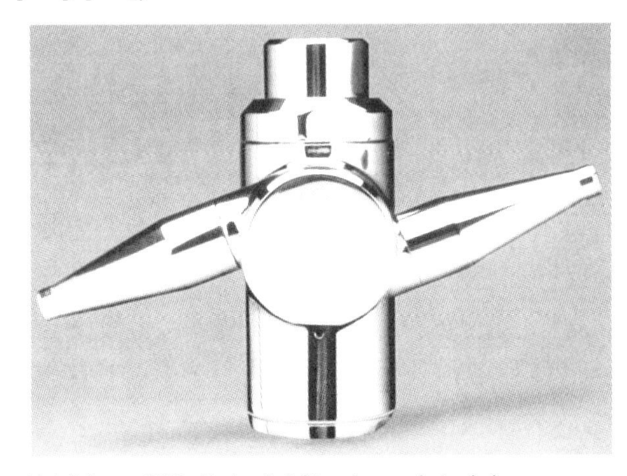

Abbildung 289 Beispiel für einen Jetreiniger (Type LT der Fa. Butterworth [591])

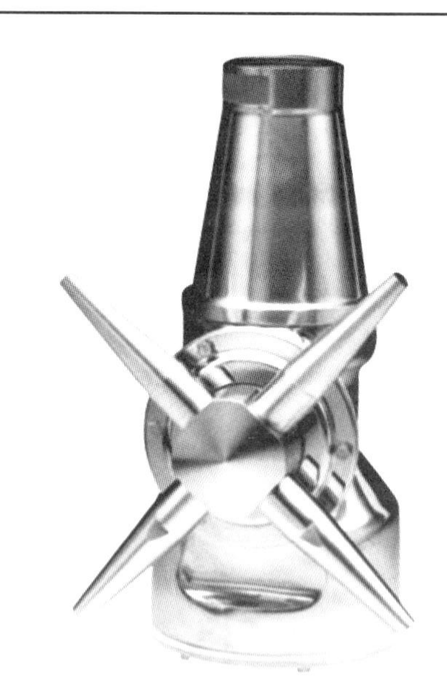

Abbildung 290 Beispiel für einen Jetreiniger (Type Toftejorg TZ 79 [592])

Der Antrieb erfolgt durch einen Getriebemotor oder vorzugsweise durch Rückstoß. Die gesamte Tankoberfläche ist nach etwa 45...65 Umdrehungen (je nach Getriebe bzw. Hersteller) einmal komplett „abgearbeitet" (= eine „Reinigungsphase"). Die rotierenden Düsen sind mittels eines Getriebes mit dem sich drehenden Gehäuse gekoppelt. Die Drehzahl ist vom verfügbaren Druck abhängig. Eine Reinigungsphase dauert etwa 5... 7 min. Es sind mehrere Phasen erforderlich.

Niederdrucksysteme bringen die Flüssigkeit so auf die Behälteroberfläche auf, dass ein Rieselfilm entsteht (Schwall-Reinigung). Die Verteilung der Flüssigkeit erfolgt z. B.:

- mit einer Sprühkugel (Abbildung 291) oder
- einem sogenannten Zielstrahl-Reiniger (Abbildung 292).

Sprühkugeln besprühen gleichzeitig die gesamte Tankdecke und -wandung, das Zielgebiet kann durch die Anordnung der Bohrungen variiert werden. Beim Zielstrahl-Reiniger rotieren 1...2 Fächerdüsen (Antrieb durch eine integrierte Wasserturbine vom Medium), die einen aufgefächerter Strahl auf die Wandung aufbringen.

Der Sprühdruck an der Kugel liegt im Bereich $p_ü$ = 1...1,5 bar, der $\dot{V}$ ≤ 40 m^3/h, bei Zielstrahlreinigern: $p_ü$ = 2,5...4,5 und $\dot{V}$ = 15...30 m^3/h (in Abhängigkeit von der Behältergröße), die Drehzahl bei 3...6 U/min. Die genauen Werte können den Datenblättern der Hersteller entnommen werden. Sprühkugeln sind für Tankdurchmesser ≤ 6 m einsetzbar, Zielstrahlreiniger für ≤ 10 m.

Der Vorteil des Zielstrahl-Reinigers liegt darin begründet, dass er eine relativ große Flüssigkeitsmenge auf die Flächeneinheit aufträgt. Damit läuft die Schwallfront schraubenförmig nach unten, ohne dass sich Vorzugsströmungen ausbilden können. Die Folge von Vorzugsströmungen ist, dass nicht mehr die gesamte Oberfläche geschwallt wird. Diese Gefahr besteht, wenn der flächenbezogene Volumenstrom zu klein wird, beispielsweise bei Behältern mit großem Durchmesser. Der Flüssigkeitsfilm läuft dann auf Vorzugsbahnen.

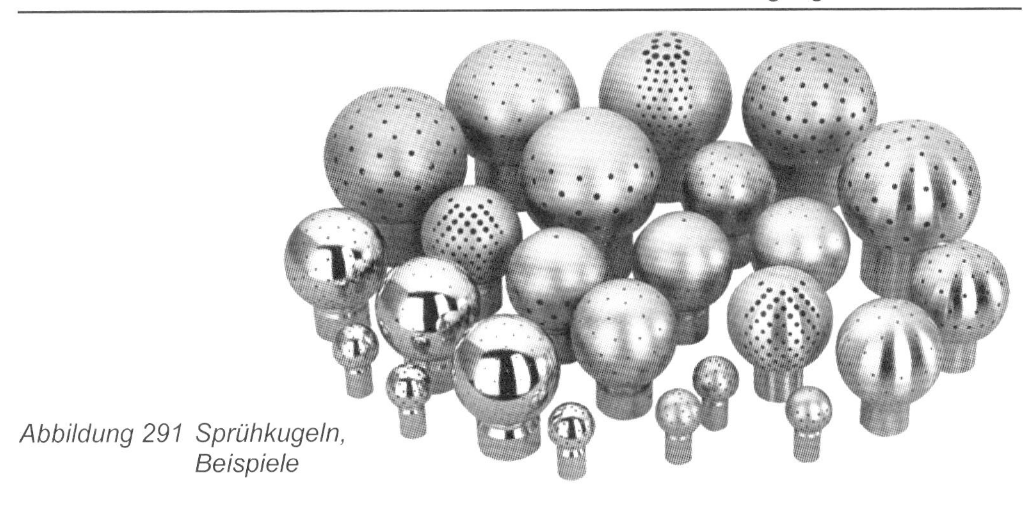

Abbildung 291 Sprühkugeln, Beispiele

Das Sprühbild und der Durchsatz können durch die Variation der Bohrungsanordnung, die Zahl und den Durchmesser der Bohrungen an die Reinigungsaufgabe angepasst werden.

Als Richtwerte für die benötigte Flüssigkeitsmenge der Sprühkugel gelten:

$$\dot{V} = 30 \ldots 36\ \mathrm{L/(m \cdot min)}.$$

Dieser Richtwert bezieht sich also auf 1 m Tankumfang. Mit diesem spezifischen Volumenstrom bildet sich eine Rieselfilmdicke von 0,5...0,6 mm aus, die mit einer mittleren Rieselfilmgeschwindigkeit von 0,9...1 m/s auf der Tankwandung abläuft.

Bei rotierenden Reinigungsvorrichtungen gilt die o.g. spezifische Flüssigkeitsmenge sinngemäß. Deren Funktion muss messtechnisch durch die Anlagensteuerung überwacht werden. Bei Fehlfunktionen muss die Anlage selbsttätig stillgesetzt werden.

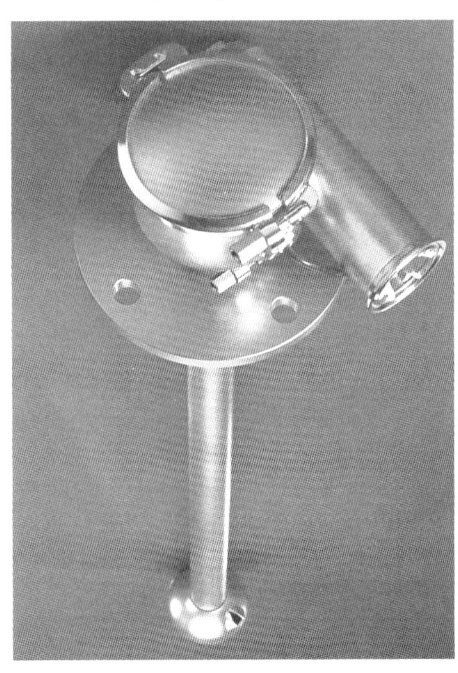

Abbildung 292 Zielstrahl-Reiniger (nach GEA Tuchenhagen)

Beispiel ZKT:

Tankdurchmesser d = 4500 mm, Tankumfang = 14,1 m

Der Volumenstrom einer Reinigungskugel muss dann betragen:

$\dot{V}_{max}$ = 36 L/(m · min) · 14,1 m · 60 min/h = <u>30,5 m³/h</u>

$\dot{V}_{min}$ = 30 L/(m · min) · 14,1 m · 60 min/h = <u>25,4 m³/h</u>

An der Sprühkugel müssen $\dot{V}$ = 25... 30 m^3/h verfügbar sein.

Bei einem Zielstrahlreiniger (n = 3 U/min) werden bei dem o.g. ZKT etwa 20...25 m^3/h benötigt.

Reinigungsvorrichtung bei ZKT des VEB Germania Karl-Marx-Stadt

Die vom VEB Germania gefertigten ZKT besitzen eine Niederdruck-Schwallvorrichtung, die sich mit 3...4 U/min dreht, Antrieb durch Rückstoß. Die Austrittsöffnungen befinden sich etwa 150 mm vor der Zarge. Die beiden Rohre drehen sich parallel zur Tankdecke und besitzen oben im Abstand von 50 mm versetzt Bohrungen (Ø 4 mm), sodass bei einer Umdrehung in 25 mm Abstand gesprüht wird (Abbildung 293).

Der erforderliche Druck an der Reinigungsvorrichtung beträgt nur $p_ü$ = 0,5 bar bei $\dot{V}$ = 30...35 m^3/h. Die Funktion wird durch einen Sensor überwacht.

Die CIP-Vorlaufleitung ist gleichzeitig die CO_2-Ableitung.

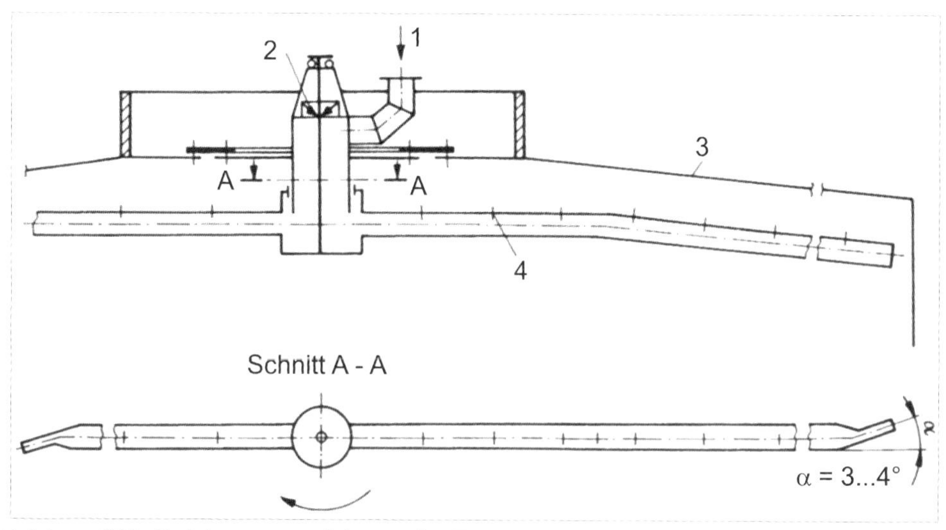

Abbildung 293 Reinigungsvorrichtung für ZKT des VEB Germania (Karl-Marx-Stadt, heute Chemnitz)

20.8 Hinweise zur Gestaltung und zum Betrieb von CIP-Stationen - Voraussetzungen für die automatische Reinigung und Desinfektion

20.8.1 Allgemeine Hinweise

Bei der Anlagenplanung muss u.a. die Frage: „zentrale CIP-Station" oder „dezentrale Anlagen" entschieden werden. Dabei muss beachtet werden, dass die CIP-Anforderungen der einzelnen Abteilungen oft zeitlich determiniert sind, sodass mehrere optimierte Anlagen zweckmäßig sind, zum Beispiel für den Bereich Sudhaus incl.

Würzekühlung, Gärung/Reifung/Hefe, Filtration und Drucktankbereich, Abfüllung. Die Zuordnung kann nur bei Kenntnis der betriebsspezifischen Belange getroffen werden (Betriebsrhythmus, Chargenfolge, erforderliche CIP-Intervalle, Zeitaufwand je CIP-Programm und eventuelle Vorbereitungszeiten durch Ausblasen von ZKT, Leitungslängen usw.).

Aus Sicht der Investitionskosten ist die zentrale Anlage anzustreben, zumindest für die Chemikalienlagerung.

Als wesentliche Gestaltungsfragen bzw. Anforderungen für eine CIP-Anlage, die in der Planungsphase zu klären sind, werden genannt:

- Die Anzahl der Stapelbehälter und ihre Spezifikation (Innenreinigung mittels Sprühkugel, Wärmedämmung, Behältergeometrie, Brutto- und Netto-Volumen), Überläufe, Be- und Entlüftung, Wrasenabzug mit Kondensatableitung;
- Die Entscheidung für heiße oder kalte Reinigung, Stapelreinigung oder verlorene Reinigung, alkalische oder sauere Reinigung, kombinierte oder getrennte Reinigung und Desinfektion;
- Installation des WÜ zur Aufheizung im Haupt- oder Nebenstrom;
- Die Ansatzbereitung bzw. das Nachschärfen der CIP-Medien;
- Manuelle Verschaltung der CIP-Vor- und Rückläufe mittels Paneeltechnik oder Festverrohrung und Automation;
- Manuelle Steuerung des CIP-Programmes oder Einsatz einer SPS;
- Der MSR-Aufwand;
- Betrieb der Vor- und Rücklaufpumpen über Frequenzumrichter, ggf. im Volumenstrom geregelt, oder nur Einsatz eines Sanftanlaufes;
- Der erforderliche Volumenstrom für die einzelnen Applikationen;
- Die Beachtung der Druckverluste der Rohrleitungen und Apparate. Insbesondere die Stapelbehälterausläufe und die Saugleitungen der Pumpen müssen optimiert werden, um Kavitation zu vermeiden;
- Ausreichend bemessene Abwassereinläufe, entsprechend dem anfallenden Ausschub-Volumenstrom;
- Die CIP-Rückleitung in ZKT-Anlagen sollte so verlegt werden, dass das CO_2 nicht in den Betriebsräumen austreten kann. Durch diese Voraussetzung ist die Möglichkeit gegeben, beispielsweise den ZKT über den Konusstutzen und die CIP-Rückleitung zu entspannen, eventuelle Reste auszuschieben und vor allem das CO_2 zu entfernen.

Das Nettovolumen der CIP-Stapelbehälter sollte grundsätzlich minimiert werden, um Wärme-, Chemikalien- und Wasser-Kosten zu senken.

Die CIP-Reinigung von Behältern stellt immer einen offenen Kreislauf dar, der eine Rückförderung der Medien erfordert. Zur Verringerung des Medienverbrauches bei der Stapelreinigung ist es bei gegebenen bauseitigen Voraussetzungen günstig, die CIP-Station im Niveau tiefer als die zu reinigende Anlage zu installieren. Damit kann die Schwerkraft für den Rücklauf der Medien genutzt werden und Zwischenspülwassermengen bzw. Mischphasen lassen sich minimieren oder ganz vermeiden.

Alternativ können Rohrleitungen auch so verlegt werden, dass ihr Gefälle für die selbsttätige Entleerung genutzt werden kann. Bei Bedarf können Überhöhungspumpen eingesetzt werden oder mehrere dezentrale Rückförderungspumpen (auch der Ausschub mittels Spanngasen kann eine Effizienz verbessernde Lösung sein).

Bleiben Rohrleitungen nach der CIP-Reinigung mit Wasser oder Desinfektionslösung gefüllt stehen, kann der Ausschub mit einer kleinen Wassermenge und dem sich anschließenden Produkt erfolgen und vollständig oder teilweise gestapelt werden, wenn die Fließwege entsprechend installiert werden.

Der Medienverbrauch kann sich bei sehr langen Rohrleitungen großer Nennweite auch durch die Molchtechnik reduzieren lassen (hierzu ist eine Einzelfalluntersuchung erforderlich).

Besonderes Augenmerk (s.u.) erfordert die Vermeidung oder Minimierung der Medienvermischung beim Medienwechsel innerhalb der CIP-Programme der Behälterreinigung. Es muss die Regel gelten:

- Erst das „alte" Medium bis zum Behälter verdrängen,
- dann den Rest des „alten" Mediums aus dem Behälter zurück fördern und
- erst danach das „neue" Medium im Kreislauf pumpen.

Die vorstehend genannte Schwerkraftförderung ist für diese Problematik gut zu nutzen.

Zwischenspülschritte können zur Wassereinsparnis, vor allem bei der Rohrleitungsreinigung, relativ kurz gestaltet werden, indem das Spülwasser nur als Wasserpfropfen durch die Leitung geschickt wird. Die Vermischung in der Leitung ist sehr gering, auch wenn beispielsweise WÜ integriert sind. Am Ende der Leitung können die Medien dann getrennt werden. Auch die Verdrängung eines Mediums durch ein Spanngas kann eine Variante zur Verringerung der Medienverbrauchswerte sein. Der gleiche Effekt kann durch eine Vakuum-Rückförderung erreicht werden.

20.8.2 Heißreinigung

Die heiße Reinigung der Anlagen ist mit vielen Vorteilen verbunden. Infolge der geringeren Oberflächenspannung der heißen Fluide wird die Benetzbarkeit der Oberflächen verbessert, die Reinigungswirkung erhöht und die Medien erreichen auch Spalten, beispielsweise die Spalten zwischen WÜ-Platte und Dichtung, die Dichtungen in Rohrverschraubungen oder Flanschverbindungen, die Dichtungen von Absperrklappen und Ventilen. Werkstoffe mit größeren Mittenrauwerten lassen sich heiß besser reinigen. Zur heißen Reinigung von ZKT siehe [593].

Die thermische Keimzahlverminderung bzw. Abtötung ist gerade bei Spalten und Toträumen die einzige Möglichkeit, zumal oberflächenaktive Desinfektionsmittel neben dem Problem der vollständigen Benetzbarkeit das Problem der vollständigen Entfernung durch Spülen aufweisen (Rückstandsproblematik). In diesem Zusammenhang muss auf die Vorteile der Desinfektion mit angesäuertem Heißwasser ($\vartheta \geq 85$ °C, pH-Wert ≤ 4 zur Vermeidung von Carbonatausscheidungen) verwiesen werden.

20.8.3 Mikrobiologie

Die heiße Reinigung vonohrleitungen und Behältern bietet grundsätzliche Vorteile wie möglicher Verzicht auf Desinfektionsmittel, besserer Reinigungseffekt bei geringerem Chemikalienverbrauch und große biologische Sicherheit, vor allem bei Armaturen, Rohrverbindungen, Dichtungen, Pumpen, Wärmeübertragern usw. Sie sollte grundsätzlich bevorzugt bzw. angestrebt werden.

Voraussetzung für die heiße Reinigung sind geeignete Behälter, Wärmedämmungen und Rohrleitungsinstallationen, die die thermisch bedingte Längenausdehnung ohne mechanische Schäden ermöglichen und eine Unterdruckbildung zuverlässig ausschließen.

Bei der kalten Stapelreinigung müssen die Keimverschleppung und das Wachstum von Kontaminanten in den gestapelten Lösungen, vor allem in den Stapelwässern und in der Kaltlauge, zuverlässig verhindert werden. Stapelbehälter müssen regelmäßig in das CIP-System einbezogen werden. Dazu gehört auch die Peripherie der Stapelbehälter (z. B. Überlauf, Standgläser, Probenahmearmaturen, Sensoren).

Die Kreisläufe mit Vorspülwasser oder Vorspüllauge müssen unter Umgehung der Stapelbehälter möglich sein und die Medien müssen direkt in das Abwassersystem gefördert werden können.

Desinfektionsmittel müssen über eine ausreichend bemessene Einwirkzeit verfügen und sie müssen die zu desinfizierenden Flächen vollständig benetzen. In diesem Zusammenhang müssen die Zusammenhänge zwischen Oberflächenspannung und Ausspülbarkeit beachtet werden.

Weitere wichtige Aspekte bei der Festlegung von desinfizierend wirkenden Komponenten sind die Korrosion und die Wirksamkeit bei den vorliegenden Milieubedingungen wie pH-Wert und Temperatur.

20.8.4 Empfehlungen für die Anlagenplanung

Folgende Empfehlungen für die CIP-Anlagenplanung werden gegeben:

- Die „optimale CIP-Station" ist eine Stapelreinigungsstation, die auch die „verlorene Behälterreinigung" ermöglicht und die damit die Vorteile beider Systeme kombiniert (s.a. Abbildung 273).
- Die optimierte CIP-Station benötigt keinen Kaltlaugebehälter. Entsprechend den betriebsspezifischen Gegebenheiten kann aber ein kleiner Kaltlauge-stapelbehälter auch sinnvoll sein (in Abbildung 273 nicht dargestellt).
  Ebenso kann der Wärmeübertrager entfallen, wenn immer kalt gereinigt wird. Bei dieser Entscheidung muss aber auch beachtet werden, dass bei niedrigen Außentemperaturen eine Medientemperierung erforderlich werden kann, um temperaturbedingte Parameter (z. B. Oberflächenspannung, Reinigungsvermögen) zu beeinflussen oder konstant zu halten.
- Der Frischwasserbehälter kann unter der Voraussetzung entfallen, dass der verfügbare Wasservolumenstrom für die CIP-Reinigung ausreicht.
  In diesem Fall wird der kleine Vorlaufbehälter nur zur Entkopplung des Wasservorlaufes von der CIP-Vorlaufpumpe genutzt.
  Ggf. muss die Wasserzufuhr unterschiedlich gedrosselt, umschaltbar für Behälter- und Rohrleitungsreinigung, erfolgen.
- Das Rohrleitungssystem (Vor- und Rücklauf) für die Behälterreinigung muss unter Beachtung des Druckverlustes für minimales Rohrleitungs-volumen ausgelegt werden.
- Die Rohrleitungsinstallation und die Mess- und Steuerungstechnik müssen die minimal mögliche Medienvermischung bei der Behälterreinigung sichern.
- Die Reinigung von Rohrleitungen erfordert aus der Sicht der Betriebskostenminimierung immer Stapelreinigungssysteme.
- Die verlorene Reinigung ist bei der kalten Behälterreinigung aus der Sicht möglicher Kontaminationen grundsätzlich als günstiger einzuschätzen.
- Stapelreinigungsanlagen, die einen Kreislauf auch unter Umgehung der Stapelbehälter ermöglichen, sind unter dem Aspekt Kontaminationsvermeidung als gleichwertig zu bewerten und ermöglichen die Nutzung der Vorteile der Stapelreinigung.

Bestehende Stapelreinigungsanlagen lassen sich mit relativ geringem Aufwand mit einem Umgehungskreislauf nachrüsten.

20.8.5 Reinigungssysteme für die verlorene Reinigung

Hierfür lassen sich neben den vorstehend genannten Bedingungen folgende allgemeine Argumente finden:

- CIP-Anlagen für die verlorene Reinigung sind gut geeignet für die ausschließliche ZKT- und Behälter-Reinigung unter der Voraussetzung kurzer Rohrleitungswege und geringer Nennweiten;
  Diese Aussage gilt auch für die Sudgefäßereinigung (einschließlich des Würzekühlers).
  Gleiches gilt für sehr kurze Rohrleitungssysteme;
- Die CIP-Station sollte in diesen Fällen zentral zur Behälteranlage angeordnet werden;
- Ein Stapelwasserbehälter sollte vorhanden sein; sein Volumen muss unter Beachtung des Laugekreislaufvolumens und der resultierenden Ausschubwassermengen festgelegt werden;
- Die Dosierung der Reinigungschemikalien muss exakt mengenproportional vorgenommen werden. Der Ausgleich von Konzentrationsunterschieden in der umlaufenden Reinigungsmittelmenge erfolgt nur sehr langsam;
- Die verlorene Reinigung ist für die Rohrleitungsreinigung unzweckmäßig. Die Nachteile steigen mit der Nennweite und Länge der Rohrleitungen.

20.8.6 Anforderungen an den Vorlaufbehälter

Der Vorlaufbehälter hat die Funktionen:

- Entkopplung von Vor- und Rücklaufpumpe;
- Entgasung des Rücklaufes;
- Sicherung eines relativ konstanten Vorlaufdruckes für die Vorlaufpumpe;
- Pufferfunktion.

Der Vorlaufbehälter muss nur ein geringes Volumen besitzen. Es reichen im Prinzip Volumina von 50...100 L.

Zur Sicherung des Vorlaufdruckes bzw. des erforderlichen NPSH-Wertes der Vorlaufpumpe ist eine größere Bauhöhe (1...1,5 m) vorteilhaft. Der Behälter kann deshalb beispielsweise im unteren Teil aus einem Stück Rohr (DN 100...150) bestehen, an den sich nach oben ein zylindrischer Teil größeren Durchmessers anschließt. Der Einlauf in den Vorlaufbehälter erfolgt zweckmäßig tangential. Der Vorlaufbehälter muss in den Behälter-CIP-Kreislauf eingebunden werden.

Als Zubehör muss ein Überlauf vorhanden sein, der auch den größtmöglichen Volumenstrom ableiten können muss. Vorteilhaft kann eine Niveauregelung in Verbindung mit der Vorlaufpumpe sein.

20.8.7 Minimierung der Medienvermischung

Die VL- und RL-Rohrleitungslängen und -Nennweiten müssen minimiert sein. Gestaltungsbeispiele hierzu siehe Abbildung 294 und Abbildung 295:

- Die kürzeste *installierte* Leitungslänge für eine Behältergruppe ist mit der Variante nach Abbildung 294 erzielbar. Diese im Allgemeinen übliche Variante ist um die Länge der Ausschubleitung länger und benötigt eine fernbetätigte Armatur in der Verbindungsleitung zwischen Vor- und Rücklauf;
- Die kürzeste Leitungslänge *bei der CIP-Produktförderung* einer Behältergruppe ergibt sich mit der Variante Abbildung 295.
  Die Verbindungen Behälter/VL und Behälter/RL können über Paneele geschaltet werden. Die Paneele können für jede Behältergruppe installiert werden. Alternativ können die Verbindungen auch vor Ort durch Passstücke erfolgen.

Die Variante gemäß Abbildung 294 wird beim Medienwechsel in der Regel so betrieben, dass der Vorlauf gestoppt wird. Danach wird die Armatur A geöffnet und das aktuelle Medium kann aus der Tankzuleitung und dem ZKT ablaufen und über die RL-Pumpe zurück gefördert werden. Das neue Medium wird dann nach Schließen der Armatur A eine definierte kurze Zeit in den ZKT gefördert und der ZKT nachgespült. Sobald die Leermeldesonde LS wieder signalisiert „ZKT leer", wird Armatur A geöffnet und die Vorlaufförderung beginnt. Nach einer definierten Zeit wird Armatur A geschlossen und der Kreislauf über den ZKT bis zum nächsten Medienwechsel betrieben.

Eine weitere Möglichkeit zur Reduzierung der Medienvermischung und -verluste wird im Einsatz der Vakuumtechnik zur Rückförderung der Medien gesehen [594],siehe auch Kapitel 20.8.8.

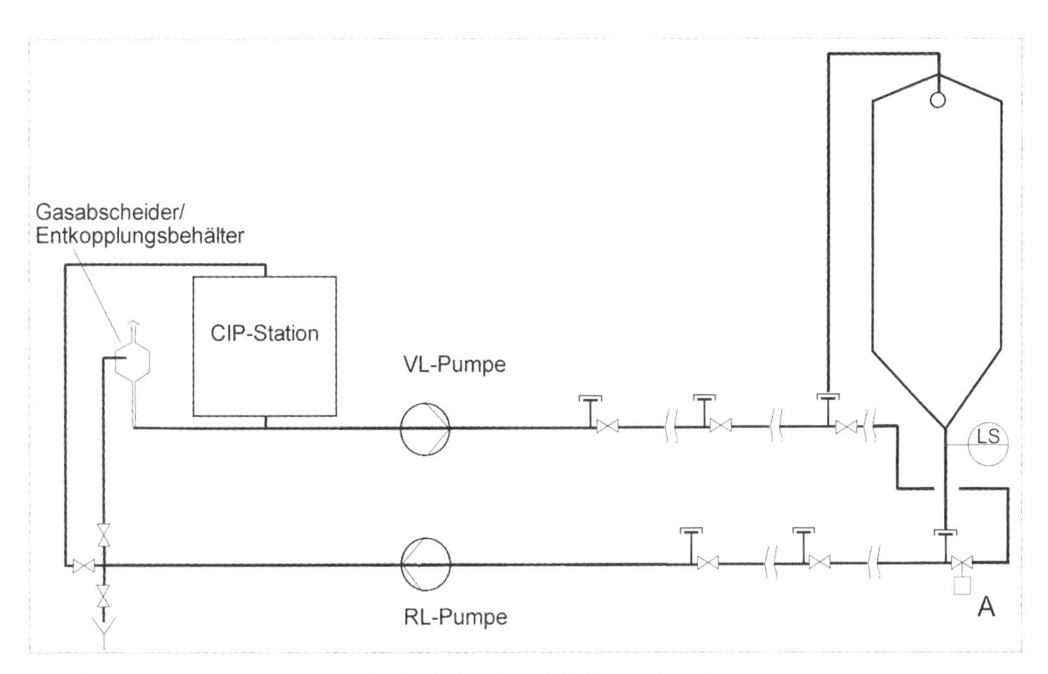

Abbildung 294 Variante a für CIP-Vorlauf und CIP-Rücklauf

Die Schaltungsvariante nach Abbildung 295 benötigt keine schaltbare Verbindung zwischen Vor- und Rücklauf. Das Rohrleitungsvolumen ist dabei minimiert, sodass sich die geringstmöglichen Verluste beim Medienwechsel realisieren lassen unter der Voraussetzung, dass die benötigte Verdrängungsmenge genau dosiert wird. Das ist z. B. mit MID problemlos möglich.

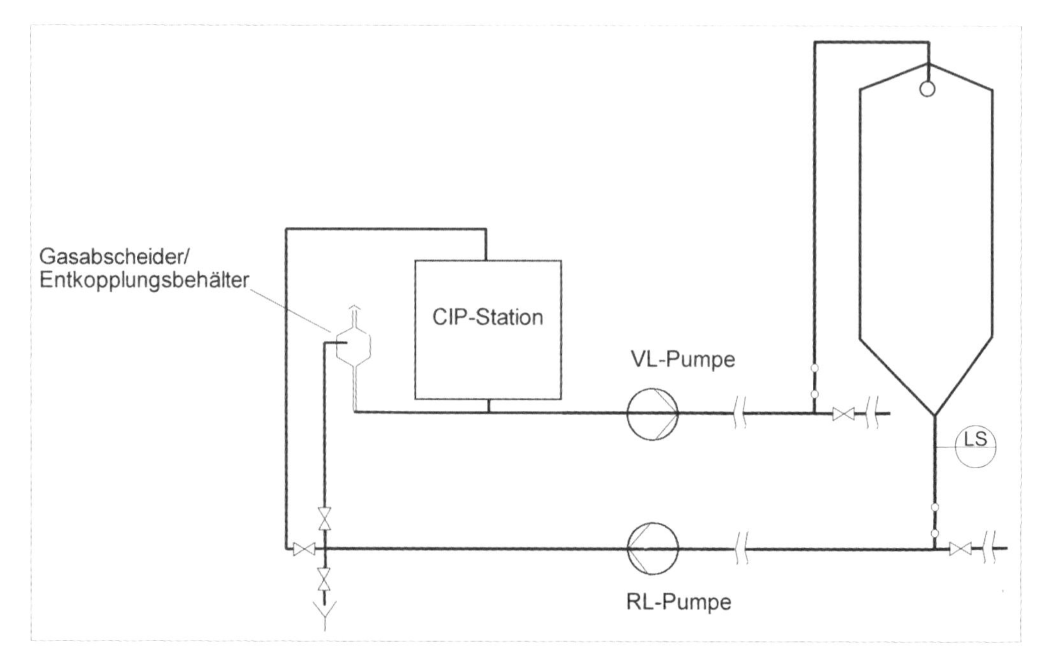

Abbildung 295 Variante b für CIP-Vorlauf und CIP-Rücklauf

20.8.8 Rückförderung der CIP-Medien bei der Behälterreinigung

Üblicherweise werden die Medien aus den zu reinigenden Behältern mittels Pumpen zurück gefördert. Benutzt werden dafür vor allem selbstansaugende Pumpen (z. B. Sternradpumpen), die auch Gasanteile fördern können.

Die Rücklaufpumpen werden in der Regel fest installiert. Bei der Festlegung der Rohrleitungs-Nennweite und -länge muss der NPSH-Wert der Pumpe beachtet werden. Zum Teil werden die Rücklaufpumpen auch fahrbar ausgeführt und direkt am Behälterauslauf eingesetzt. In automatisierten Anlagen ist diese Lösung nicht realisierbar.

Eine Alternative ist der Verzicht auf eine Rückförderpumpe. Die Rückförderung kann beispielsweise durch Schwerkraftförderung (s.o.) oder durch Unterdruck in der Leitung erfolgen.

Der Unterdruck wird durch eine Zirkulationspumpe in der CIP-Station in Verbindung mit einem Strahlapparat (Prinzip der Wasserstrahlpumpe) erzeugt. Eine derartige Anlage wird von [594] beschrieben. Dabei wird das jeweils aktuelle CIP-Medium von der Zirkulationspumpe im „kleinen Kreislauf“ gefördert.

20.9 Voraussetzungen für optimale CIP-Systeme

Insbesondere die Variante Stapelreinigung erfordert für den kostengünstigen Betrieb des Systems nachfolgende Voraussetzungen, die natürlich auch zum Teil für die verlorene Reinigung relevant sind, und die Beantwortung einiger Fragen:

- Die Frage zentrale CIP-Station oder dezentrale CIP-Stationen kann nur betriebsspezifisch bei Kenntnis des Layouts der Gesamtanlage beantwortet werden. Gleiches gilt für die Chemikalienlagerung;
- Minimierung der Vorlauf- und Rücklauf-Leitungslängen bei der Behälterreinigung; die örtliche Zuordnung der CIP-Station zu den Behältern muss optimiert sein; Im Übrigen muss stets geprüft werden, ob statt einer zentralen CIP-Station mehrere Stationen in unmittelbarer Nähe der zu reinigenden Anlagen installiert werden, um kurze Leitungen zu sichern oder ob sich durch eine gezielte räumliche Zuordnung der CIP-Station zu den Reinigungsobjekten Vorteile ableiten lassen.
- Optimale Auslegung der Rohrleitungsnennweiten bezüglich Druckverlust und minimalem Gesamtvolumen (s.o.);
- Maximale Rückgewinnung der Medien bzw. optimale Trennung von Medien und Wasser; die Umschaltpunkte von Gully auf Gewinnung und umgekehrt müssen für minimale Produktverluste optimiert sein;
- Zur Energieeinsparung sollte die Kreislaufförderung der Medien getaktet werden:
  - z. B. Förderzeit mit maximalem Volumenstrom: 1 min,
  - Förderzeit mit reduziertem Volumenstrom oder Pause: 5 min usw.

  Auch während der Pausen wirken die Reinigungs- und Desinfektionsmedien durch Diffusion an den Grenzflächen weiter (aus den Grenzflächeneffekten resultiert übrigens auch die Einhaltung von Mindestbehandlungszeiten bei den CIP-Rezepten!!).
- Die Aufteilung von Spülmengen in mehrere Teilmengen ist günstiger als eine große einmalige Menge;
- Bei der Behälterreinigung muss auf minimal mögliche Medienvermischung im Behälter geachtet werden, im Behälter soll sich keine Sumpfmenge ausbilden.

  Der Medienwechsel setzt einen leeren Behälter und eine funktionsfähige Leermeldesonde am Behälterauslauf voraus.

  Für den optimalen Medienwechsel sind mehrere Varianten möglich (das „neue“ Medium sollte bereits bis zum Behältereinlauf anstehen). Die Auswahl der günstigsten Variante kann nur betriebsspezifisch erfolgen und muss das Layout der Behälteraufstellung und -verschaltung mit berücksichtigen (s.u. Minimierung der Medienvermischung);
- Die Behälterreinigung erfordert die individuelle Anpassung der Vorlauf- und Spülvolumina an jeden Behälter unter Beachtung der Behälterabmessungen, z. B. durch Dosierung mittels MID.

  Dazu müssen die jeweils beteiligten Rohrleitungsvolumina exakt ermittelt und von der SPS der CIP-Station verarbeitet werden (s.u. Minimierung der Medienvermischung);
- CO_2-freie ZKT vor Beginn der Laugespülung sind eine Grundvoraussetzung für eine effiziente alkalische Reinigung (s.a. [576]);
- Bei der ZKT-Reinigung kann eine Laugedosierung in die Stapelwasservorspülung statt der Nutzung der Lauge-Stapellösung sinnvoll sein;

- Die Medien müssen bei der ZKT-Reinigung über eine Volumendosierung (zum Beispiel MID) in die Anlage gefördert werden, eine Dosierung nach Zeit ist nicht möglich;
- Die erforderliche Fließgeschwindigkeit bei der Rohrleitungsreinigung und auch bei Wärmeübertragern resultiert aus den angestrebten Strömungsbedingungen, ausgedrückt beispielsweise durch die Reynolds-Kennzahl. Diese sollte im Bereich von $Re = 1 \cdot 10^5 \ldots 2 \cdot 10^5$ liegen (bezogen auf Wasser von 20 °C), um eine geringe Grenzschichtdicke zu sichern;
  Die erforderliche Strömungsgeschwindigkeit ist also immer eine Funktion der Nennweite!
- Müssen mit den Rohrleitungen integrierte Doppelsitzventile gereinigt werden, so müssen diese über eine Ventilsitzanliftung verfügen. Der Hub dieser Anliftung muss einstellbar sein. Er muss in Abhängigkeit des Systemdruckes eingestellt werden und soll nur wenige Zehntelmillimeter betragen.
  Die Öffnungszeit ist auf ca. 4...5 s zu begrenzen (grundsätzlich gilt: zweimal kurz ist besser als einmal lang). Gleichzeitig sind nicht mehr als 3...4 Ventile anzuliften.
  Je Medium soll 2...3 mal angeliftet werden, die Anlüftung bei Spülwasser ist außer beim letzten Spülwasser nicht erforderlich;
- Doppelsitzventile ohne Sitzanliftung sollten in Produktleitungen nicht eingesetzt werden. Lässt sich das nicht vermeiden, muss die Ansteuerung des Ventils durch die SPS auf ein Minimum begrenzt werden: Öffnen und sofort nach der Ventilsitzfreigabe wieder Schließen.

20.10 Hinweise zur Chemikalienlagerung

Die Räume und insbesondere die Fußböden sowie die Stapelbehälter des Chemikalienlagers müssen den Vorschriften des WHG entsprechen bzw. sie müssen bauartgeprüft sein. Gleiches gilt für Annahmestellen für Tankware.

In vielen Fällen müssen die Stapelbehälter und die gelieferten Gebinde (Tankpaletten, Fässer, Kanister) in sogenannten Säuretassen aufgestellt bzw. gelagert werden. Diese müssen so groß sein, dass sie im Havariefalle mindestens den Inhalt des größten Gebindes aufnehmen können.

Statt der Aufstellung in Tassen können auch doppelwandige Behälter genutzt werden. Der Schutzbehälter ist dabei drucklos und sollte über eine Leckagemeldung verfügen.

Eine mögliche Vermischung mit entsprechender Reaktion der beteiligten Chemikalien muss ausgeschlossen werden, erforderlichenfalls müssen getrennte Räume oder Sammeltassen errichtet werden (Beispiel: die getrennte Lagerung der Komponenten zur Erzeugung von Chlordioxid: Natriumhypochlorit und Salzsäure).

Die Wassereinläufe müssen in das Produktionsabwasser führen und sie dürfen *keine* Verbindung zu Regenwassersammelkanälen haben.
Die Anzahl der eingesetzten Chemikalien sollte minimiert werden.

Die Chemikalienkosten lassen sich teilweise erheblich reduzieren, wenn größere Mengen beschafft werden, vorzugsweise per Tankwagen (Mengenrabatte, lose Ware ist preiswerter). Das ist vor allem für größere Unternehmen interessant.

Die Stapelbehälter müssen so groß sein, dass eine Tankkammer entleert werden kann (Tankwagen dürfen nicht mit teilgeleerten Kammern bewegt werden). Die Stapelbehälter müssen natürlich über eine Überfüllsicherung verfügen, die Füllleitung sollte freien Auslauf besitzen und selbsttätig leer laufen.

Die Annahmearmaturen sollten unverwechselbar sein.
Die Annahmestelle muss als säurefeste Gefälletasse mit Einlauf in das Produktionsabwasser gestaltet werden. Winterbetrieb muss gewährleistet sein.

Bei der Annahme konzentrierter Natronlauge sollte die Konzentration mit Wasser auf etwa 25 % herabgesetzt werden (Rührbehälter oder mengenproportionaler Verschnitt), um Auskristallisationen durch Abkühlung zu vermeiden.

Chemikalienlager müssen über eine Lüftung verfügen und korrosionsgeschützt errichtet werden.

Die Mengenbilanzierung der Verbrauchsmengen und die Erfassung der Liefermengen erfolgen mit der installierten MSR-Technik, bei loser Ware bietet sich die Wägung an.

Die Rohrleitungen für die Chemikalienförderung müssen die Regeln des Arbeits- und Gesundheitsschutzes erfüllen. Sie müssen ggf. mit Spritzschutz, Tropfrinne oder doppelwandig ausgeführt werden. Anzustreben ist immer der freie Auslauf der Leitungen in die Behälter, um Druckaufbau zu vermeiden. Eventuell vorhandene Absperrarmaturen müssen gegen unbeabsichtigtes Schließen gesichert werden.

20.11 Möglichkeiten der Kostensenkung bei der R/D

Die besten Voraussetzungen für eine Kosten dämpfende Reinigung und Desinfektion bestehen dann, wenn das Prinzip: „soviel wie nötig" verwirklicht wird.
Erreichen lässt sich dieses Ziel vor allem durch:

- Die konsequente Trennung der Medien und Vermeidung größerer Produktvermischungen;
- Die Minimierung der R/D-Mittel-Anwendungskonzentrationen;
- Die Senkung der Vor- und Nach-Spülwassermengen auf das begründete Maß;
- Die Vermeidung von kompletten Rohrspülungen durch Nutzung eines Wasser-Trennpfropfens;
- Ausreichend bemessene Zeiten für den Restablauf bzw. den Ablauf der Wandbenetzung;
- Die vollständige Entfernung des CO_2 bei der alkalischen Reinigung;
- Eine sinnvolle Festlegung der erforderlichen Volumenströme und die Auswahl entsprechender Rohrleitungs-Nennweiten und der daraus resultierenden Druckverluste.

20.12 Arbeitsschutz und Unfallverhütung

Im Bereich der Reinigung und Desinfektion wird mit Chemikalien gearbeitet. Die Medien werden zum Teil heiß und unter Druck gefördert.

Gefahr besteht durch äußere und innere Verätzungen der Haut und vor allem der Augen.

Die Unfallverhütung besitzt deshalb einen hohen Stellenwert, und die Berufsgenossenschaften (für die Getränkeindustrie die BG Nahrungsmittel und Gaststätten) sind intensiv um die Senkung der Unfälle und eine prophylaktische Beeinflussung des Unfallgeschehens bemüht (s.a. [650] sowie Kapitel 26).

Wichtig ist es zur Vermeidung von Unfällen aller Art, insbesondere im Bereich der Reinigung und Desinfektion bzw. der CIP-Station, darauf zu achten, dass

- Die Anlagen den „anerkannten Regeln der Technik“ entsprechen und dass die gesetzlichen Grundlagen respektiert werden,
- Die Unfallverhütungsvorschriften (UVV) bekannt sind und eingehalten werden,
- Die persönlichen Schutzausrüstungen beim Umgang mit Chemikalien getragen werden (Schutzbrillen, Schutzkleidung, Handschuhe, Fußbekleidung),
- Die Sicherheitsdatenblätter und Anwendungsrichtlinien der Hersteller oder Lieferanten gewissenhaft beachtet werden,
- Die Anlagen mit funktionsfähigen Schutzmitteln ausgerüstet sind (u.a. Augenduschen, Wasserbrausen, Verbandskästen),
- Unbenutzte Armaturen durch Blindkappen verschlossen werden,
- Mögliche Spritzstellen (Flansche, Armaturen, Pumpen usw.) mit einem Spritzschutz ausgerüstet werden,
- Chemikalien vorschriftsmäßig gelagert, transportiert, gefördert oder angenommen warden,
- Chemikalien vorschriftsmäßig verdünnt oder dosiert warden und
- Beim Verdünnen von konzentrierten Laugen und Säuren grundsätzlich die zur Verdünnung erforderliche Wassermenge vorgelegt wird und dann die Konzentrate schrittweise und vorsichtig zudosiert werden. Dieser Verdünnungsvorgang ist exotherm, d.h., die Mischung erhitzt sich stark und neigt zum Aufschäumen, Spritzen und Überkochen. Es besteht bei unsachgemäßem Handeln Verbrennungs- und Verätzungsgefahr.

Gesetzliche Grundlagen und wichtige Regeln im Zusammenhang mit der R/D s.a. in Kapitel 26.

21. Hinweise für die Gestaltung von Anlagen und Anforderungen an die Anlagen

21.1 Allgemeine Hinweise

Die Planung, Gestaltung und Ausführung von Anlagen muss immer unter Beachtung der gültigen gesetzlichen Grundlagen, UVV, Normen und den *anerkannten Regeln der Technik* erfolgen. Eine wichtige Informationsquelle hierfür stellt der „DIN-Katalog für technische Regeln“ [651] dar.

Die Umsetzung des *Standes der Technik* und des *Standes von Wissenschaft und Technik* sollte bei der Anlagenplanung ständig auf Realisierbarkeit geprüft werden.

Beim „Stand der Technik“ ist das Fachwissen noch nicht Allgemeingut und nur wenigen Fachleuten bekannt. Unter dem „Stand von Wissenschaft und Technik“ wird das wissenschaftlich gesicherte, technisch Machbare verstanden, das aber noch nicht in die Praxis umgesetzt worden sein muss.

Die „anerkannten Regeln der Technik“ stellen das *allgemeingültige*, eingeführte und bewährte Fachwissen dar.

Nachfolgend werden einige Hinweise für die zweckmäßige Gestaltung von Anlagenelementen und Anlagen gegeben und Anforderungen an Anlagen speziell für die Lebensmittelindustrie sowie die Gärungs- und Getränkeindustrie genannt.

Ziel dieser Hinweise ist es auch, auf Schwerpunkte aufmerksam zu machen, die teilweise vergessen oder wenig beachtet werden.

Die Schwerpunkte liegen im Bereich:

- Der zweckmäßigen Anlagengestaltung;
- Der kontaminationsfreien Arbeitsweise;
- Der sauerstofffreien Arbeitsweise;
- Der Verfahrens-, Anlagen- und Betriebssicherheit.

Eine Vollständigkeit dieser Ausführungen ist naturgemäß nicht möglich! Wichtige Hinweise werden in [595] vermittelt.

21.2 Voraussetzungen für die Automation moderner Anlagen

Um Anlagen in der Gärungs- und Getränkeindustrie zu automatisieren, müssen nachfolgende Voraussetzungen erfüllt sein:

- Für die Realisierung des geplanten Verfahrensablaufes bzw. des Prozesses muss ein Algorithmus vorhanden sein, nach dem ein Prozessablaufplan erarbeitet werden kann;
- Alle Anlagenkomponenten müssen fernbedienbar sein;
- Die Anlagenkomponenten müssen durch fest installierte Rohrleitungen und Armaturen verbunden sein;
- Die Anlagen müssen sich für die CIP-Reinigung und -Desinfektion eignen;
- Die Anlagen müssen über Sensoren für alle relevanten Messgrößen verfügen, mit denen sich Zeitplansteuerungen für die Prozessführung realisieren lassen bzw. die die Regelung der Prozessgrößen ermöglichen und den Prozess optimal ablaufen lassen;
- Die Werkstoffe der Anlage müssen korrosionsbeständig sein.

Die vorstehend genannten Bedingungen sind mit den zurzeit gegebenen Voraussetzungen erfüllbar (die Entwicklung der dafür benötigten Ausrüstungselemente hat etwa in der Zeit ab 1965/1970 begonnen).

Bedingt durch die resultierenden Kosten für die Anlagentechnik werden auch moderne Anlagen nicht vollständig für die automatische Arbeitsweise vorgesehen. Es werden insbesondere die Teile der Anlagen halb automatisch oder von Hand bedient betrieben, die eine Einflussnahme nur in relativ großen zeitlichen Abständen erfordern (z. B. die Füllung oder die Entleerung eines ZKT).

21.3 Anforderungen an die Gestaltung von Rohrleitungen und Anlagen im Hinblick auf kontaminationsfreies Arbeiten

Das kontaminationsfreie Arbeiten einer Anlage und die Schaffung der maschinen- und apparatetechnischen Voraussetzungen dafür sind wichtige Zielstellungen, die bereits bei der Anlagenplanung berücksichtigt werden müssen und die bei der Auswahl und Beschaffung sowie Verarbeitung der Komponenten ihre konsequente Fortsetzung finden müssen.

Ein Teil der Anforderungen ist in der Norm DIN-EN 1672, Teil 1 und 2, allgemeingültig formuliert [596]. Wichtige Hinweise geben die Dokumente der EHEDG (European Hygienic Equipment Design Group) [597].

Eine umfassende Darstellung der Probleme und Lösungsmöglichkeiten zur hygienegerechten Gestaltung von Apparaten und Anlagen gibt *Hauser* [598], [599].

Sensoren und moderne Anschlusssysteme werden nach den Richtlinien der EHEDG (European Hygienic Equipment Design Group) (s.a. [600]) gefertigt, sie entsprechen damit auch den Forderungen des US 3-A-Standards 74-00.

Die BG Nahrungsmittel und Gaststätten hat die „Grundsätze der hygienischen Lebensmittelherstellung“ herausgegeben [601], die Gesellschaft für Öffentlichkeitsarbeit der Deutschen Brauwirtschaft den Leitfaden „Gute Hygienepraxis und HACCP“ [602].

Von der Fachabteilung „Sterile Verfahrenstechnik“ im VDMA wurde ein Prüfsystem für die Reinigungsfähigkeit von Anlagen-Komponenten entwickelt, das „Qualified Hygienic Design“ (QHD) [603].

Beachtet werden müssen auch die Lebensmittel-Hygiene-Verordnung [604] und das Lebensmittel-, Bedarfsgegenstände- und Futtermittelgesetzbuch (LFGB) [605].

Wichtige Aspekte bei der Gestaltung von Rohrleitungen, Armaturen und Anlagenkomponenten für kontaminationsfreies Arbeiten sind (s.a. [595]):

- Die Werkstoffauswahl: Edelstähle mit entsprechender Korrosionsbeständigkeit im vorgesehenen Einsatzfall;
- Dichtungen: geeignete Dichtungswerkstoffe, statische Dichtungen mit definierter Vorspannung und minimaler Oberfläche zum Produkt, dynamische Dichtungen mit klarer Trennung Produkt/Umgebung;
- Die Werkstoffoberfläche: Mittenrauwert $R_a \leq 1{,}6$ µm für produktberührte Oberflächen; s.a. DIN EN ISO 4287 und DIN EN ISO 4288;
- Die Verarbeitung der Werkstoffe: qualifiziertes Schutzgas-Schweißverfahren mit lückenloser Formierung, Passivierung der Werkstoffoberfläche nach dem Schweißen;
- Keine Spalten und Toträume, keine Gewinde mit Mediumkontakt;
- Vollständige Benetzbarkeit durch CIP-Medien;
- Zugänglichkeit aller Oberflächen für die Reinigung und Desinfektion, keine Ecken und Winkel, keine offenen Hohlprofile;
- Konsequente Trennung von Lagerung und Dichtung bei Wellen;

- Vollständige Entleerbarkeit, keine Produkt- oder CIP-Medien-Reste;
- Verhinderung des Kontaktes kontaminierter Oberflächen mit dem Produkt;
- Oberflächengestaltung so, dass alle Medien problemlos ablaufen können;
- Ausführung von Abdeckungen aller Art, Durchführungen und Maschinenverkleidungen in CIP-gerechter Form, schwall- und spritzwasserdicht;
- Vermeidung des Einziehens unsteriler Umgebungsluft bei CIP-Vorgängen oder Entleerungen von Behältern. Günstig ist die ständige Sicherung eines geringen Überdruckes in der Anlage.

Nur die ständige Prüfung auf Einhaltung der vorstehend genannten Kriterien und Bedingungen während der Planungs- und Montagephase und bei der Lieferantenauswahl bzw. Beschaffung sichert den Erfolg.

Kompromisse bezüglich der Einhaltung der vorstehend genannten Gestaltungsprämissen und der Qualitätssicherung sind nicht möglich!

Toträume in Rohrleitungen

Grundsätzlich dürfen in Rohrleitungen für Produkt, CIP, Wasser etc. der Gärungs- und Getränkeindustrie keine Toträume vorhanden sein. Für alle anderen Ver- und Entsorgungsmedien wird ebenfalls Totraumfreiheit angestrebt.

Der Idealzustand ist die fortlaufende Rohrleitung ohne Abzweige, also nur ein Strang. Ähnlich wie in der Elektrotechnik werden deshalb Rohrleitungen bei Bedarf „durchgeschleift", um tote Rohrleitungsabschnitte zu vermeiden.

In den Fällen, die Abzweige erfordern, beispielsweise für den Anschluss eines Behälters an eine Produktleitung, wird der Abzweig mit einer Absperrarmatur abgeschlossen.

Wichtig ist es, die Armatur so nahe als technisch möglich an der Rohrleitung zu platzieren, um den entstehenden Totraum zu minimieren (s.a. Abbildung 306).

Als Armatur wird eine mit einem sogenannten Anschweißende ausgewählt, die an einer Rohraushalsung oder einem kurzen T-Stück angeschweißt wird. Gegebenenfalls müssen die zu verschweißenden Enden eingekürzt werden. Das Orbital-Schweißverfahren ist in diesen Fällen in der Regel nicht einsetzbar.

Anzustreben ist, dass der maximale Abstand des Abzweig-Endes kleiner als der Rohrleitungsdurchmesser ist.

Auch bei der Verbindung von Rohrleitungskreisläufen mit CIP-Vor- und Rücklauf sollten die Anschlussstellen so dicht als möglich an die Absperrarmatur herangerückt werden.

Abzweige werden üblicherweise horizontal zur Rohrachse angeordnet. Damit werden Produktreste und Gasblasen vermieden.

Die Rohrleitungsabzweige werden zweckmäßigerweise mit einer Blindkappe verschlossen und die Absperrklappen geöffnet. Sie werden dadurch bei der Rohrleitungsreinigung nach dem CIP-Verfahren ständig mit gereinigt.

21.4 Ausschluss von Produktvermischung

Eine unbeabsichtigte Medienvermischung muss grundsätzlich ausgeschlossen sein. Die Verbindung zwischen „feindlichen“ Rohrleitungen kann deshalb sicher nur vorgenommen werden durch:

- Manuell geschaltete Schwenkbögen oder andere Verbindungselemente. Diese werden nur bei Bedarf verschaltet und sollten nur einmal vorhanden sein. Unverwechselbarkeit sollte angestrebt werden. Die Verbindung sollte durch Sensoren überwacht werden, siehe auch Abbildung 296 und Abbildung 308;
- Eine Leckage-Armaturenkombination, bestehend aus 3 Armaturen, deren Stellung durch Sensoren überwacht wird („block and bleed“-Installation), siehe auch Abbildung 297;
- Doppelsitzventile in einer geeigneten Bauform, druckstoßsicherer Betriebsweise bzw. Installation.

21.4.1 Schwenkbogen

Der *Schwenkbogen* ist die einfachste und kostengünstigste Lösung, jedoch für automatisierte Anlagen nicht geeignet. Sinnvollerweise sollte das Vorhandensein des Schwenkbogens in der beabsichtigten Stellung durch einen Sensor von der Steuerung überwacht werden. Auch die Stellung der beteiligten Armaturen kann erfasst werden.

Der starre Schwenkbogen kann nur als 180°-Bogen gefertigt werden, da er fast keinen temperaturbedingten Längenausgleich ermöglicht. Die Anforderungen an die Parallelität der zu verbindenden Verschraubungen sind groß und erfordern eine sorgfältige Montage. Der Ausgleich von Parallelitätsfehlern erfordert mindestens *eine* Verschraubung im 180°-Bogen.

Der „Schwenkbogen“ mit Längenausgleich („Gelenk-Schere“) muss ein zusätzliches Gelenk besitzen. Er lässt sich zur Verbindung von in einer Ebene liegenden parallelen Rohrleitungsenden recht universell verwenden.

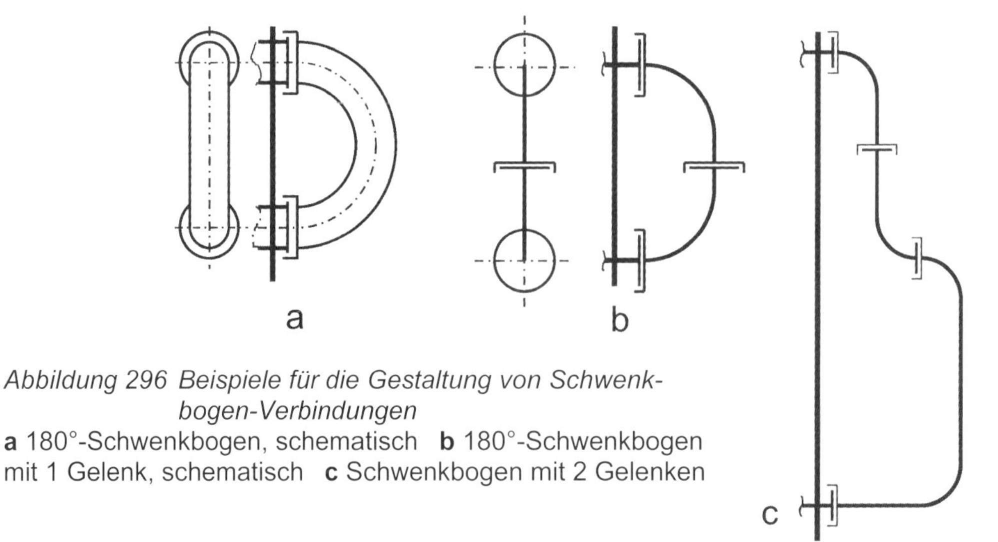

Abbildung 296 Beispiele für die Gestaltung von Schwenkbogen-Verbindungen
a 180°-Schwenkbogen, schematisch **b** 180°-Schwenkbogen mit 1 Gelenk, schematisch **c** Schwenkbogen mit 2 Gelenken

Ein räumlich einsetzbares Verbindungselement muss mindestens 4 „Gelenke“ (Verschraubungen) besitzen. Es lässt sich mit wenig Aufwand zum Beispiel aus 5 Stück 90°-Schraub-Bögen zusammenstellen, ggf. muss linear verlängert werden.

21.4.2 Leckage-Armaturenkombination

Die *Leckage-Armaturenkombination* ist die kostengünstigste Lösung zur Trennung unterschiedlicher Medien bei Ausschluss der Vermischung für automatisierte Anlagen. Die Leckage-Armatur kann in der Nennweite relativ klein ausgeführt werden. Wichtig ist es, diese Kombination bei allen CIP-Prozessen anzusteuern. Die Leckage-Armatur kann so angeordnet werden, dass sich der Raum zwischen den beiden Absperr-Armaturen entleert. Bei Anlagen, bei denen es auf O_2-freies Arbeiten ankommt, muss die selbsttätige Entleerung verhindert werden, beispielsweise durch Anordnung der Leckageableitung vertikal oben oder seitlich mit Schwanenhals.

Prinzipiell können aus Kostengründen die 3 Armaturen gemeinsam angesteuert werden, die Einzelansteuerung ist jedoch vorzuziehen (Vorteile im Störfall).

Wesentliche Nachteile der Leckage-Armaturenkombination gegenüber dem Doppelsitzventil sind der größere erforderliche Einbauraum und das zwischen den Absperrarmaturen verbleibende Flüssigkeitsvolumen bei O_2-freier Arbeitsweise. Diese Nachteile treten vor allem bei der Verschaltung einer Rohrmatrix auf engstem Raum („Ventilknoten") auf. Für diesen Anwendungsfall haben Doppelsitzventile eindeutige Vorteile.

Einen Sonderfall stellt der Einsatz des Kugelhahnes dar. Er ist als Absperrarmatur in CIP-Vor- und Rücklaufleitungen brauchbar, wenn das Gehäuse über einen Spül- und Leckage-Anschluss verfügt. Kugelhähne sind auch bei großen Nennweiten kostengünstiger als Doppelsitzventile, teilweise auch preiswerter als Leckage-Armaturenkombinationen. Der Kugelhahn ist druckstoßfest.

21.4.3 Doppelsitzventil

Das *Doppelsitzventil* ist sicherlich die zweckmäßigste Armatur zur Verschaltung von zwei Rohrleitungen ohne Vermischungsgefahr im getrennten Schaltzustand. Im Prinzip sind die relativ hohen Kosten bei Beschaffung und Reparatur der Doppelsitzventile der einzige Nachteil (Gleiches gilt für die Bauform: *Doppeldichtventil*).

Die erfolgreiche Nutzung eines Doppelsitzventiles setzt aber den Einsatz der für den gegebenen Anwendungsfall *geeigneten* Bauform voraus:

- Doppelsitzventile in druckschlagfester Ausführung bzw. mit druckentlasteten Ventiltellern,
- Doppelsitzventile mit separater Ventilsitzanlüftung bei CIP-Vorgängen,
- Doppelsitzventile mit Spülanschluss der Ventilschaft-Dichtungen,
- Doppelsitzventile mit Faltenbalg oder Membran als spaltfreie Dichtung des Ventilschaftes bei Sterilbetrieb.

Die entsprechende Auswahl muss getroffen werden, um das selbsttätige Öffnen der Ventile durch den Druck des Mediums zu vermeiden. In vielen Fällen reicht es aus, die Ventile so einzubauen, dass das Medium mit dem höchsten möglichen Druck (insbesondere im Havariefall) das Ventil schließt bzw. der Flüssigkeitsdruck in Richtung der Schließkraft bzw. der Schließrichtung wirkt.

Doppelsitzventile werden in druckschlagfester Ausführung eines Fließweges (ein Ventilteller ist druckbalanciert oder formschlüssige Anlage des Ventiltellers auf dem Sitz) oder beider Fließwege (beide Ventilteller sind druckbalanciert) gefertigt. Der Raum zwischen den beiden Ventiltellern des Doppelsitzventiles kann separat gespült werden. Über ihn erfolgt die drucklose Ableitung eventueller Leckagen.

Die aus CIP-Ventilsitzreinigungen resultierenden Flüssigkeiten und die Schaltleckagen werden über spezielle Rohrleitungen (mit Einlaufkonus oder -trichter) oder mittels Sammelwannen (flache Bleche mit Aufkantung und Speicherfunktion) abgeleitet.

Die separate Ventilsitzanlüftung mittels eines separaten Liftantriebes (der Hub sollte zur Begrenzung der Austrittsmenge einstellbar sein) ist für Rohrleitungskreisläufe mit erhöhten Anforderungen an kontaminationsarmes oder -freies Arbeiten, beispielsweise im Filtratbereich oder im Bereich Würze und Hefe, sehr zu empfehlen. Alternativ bleibt nur die CIP-Reinigung mit Temperaturen ≥ 85 °C.

Der Bereich der Gleitflächen der Ventilstangendichtungen bzw. der Ventilkörper ist eine Problemzone, deren Zustand vom Verschleiß der Dichtungswerkstoffe abhängig ist. Auch hier ist die heiße Reinigung Problem mindernd. Bei höheren Anforderungen müssen diese Dichtungszonen spülbar ausgelegt werden oder mittels Faltenbalg oder Membran gedichtet werden. Sie können auch mit einem Desinfektionsmittel- oder Dampf-Schloss ausgestattet werden.

Hinweise auf Armaturen-Bauformen werden im Kapitel 21.8 bis 21.10 gegeben.

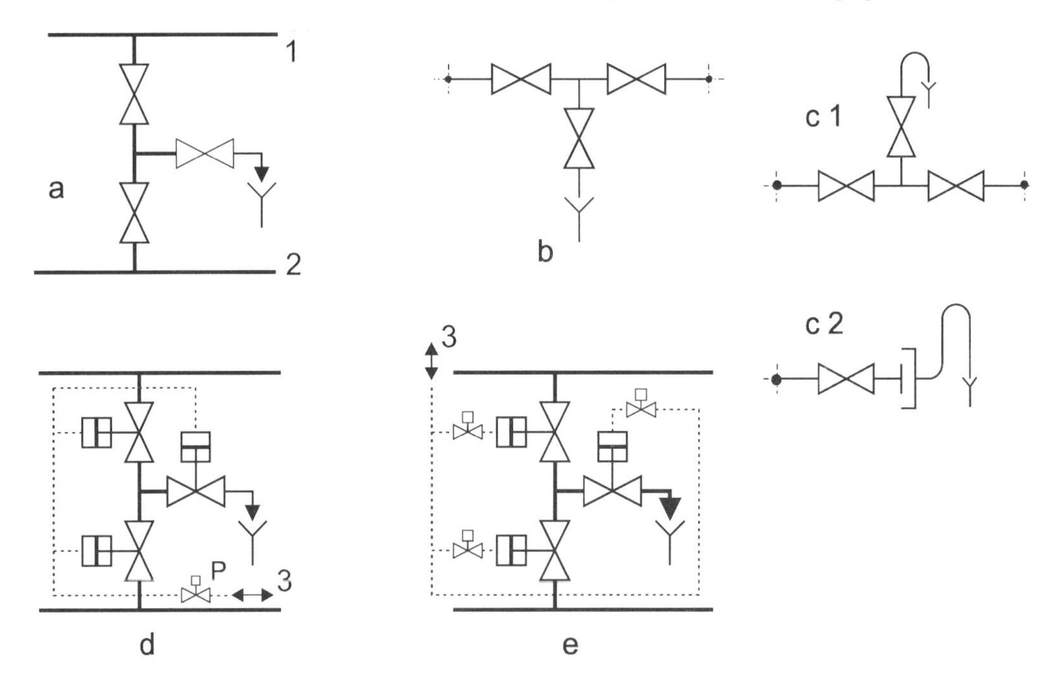

Abbildung 297 Beispiel für die Verschaltung von Rohrleitungen mittels einer Leckage-Armaturenkombination („block and bleed"-Schaltung)

a Leckage-Armaturenkombination, schematisch **b** selbsttätige Entleerung des Leckageraumes **c** Verhinderung der selbsttätigen Entleerung des Leckageraumes **d** gemeinsame Ansteuerung der Armaturenkombination **e** getrennte Ansteuerung der Armaturenkombination

P Pilotventil (2-Wege-Ventil) **1** Medium 1 **2** Medium 2 **3** Druckluft

21.5 Hinweise für die Gestaltung von Rohrleitungen

21.5.1 Allgemeine Hinweise

Die Nennweiten (Abkürzung DN) der Rohrleitungen sind genormt. Für Produktleitungen kommen fast ausnahmslos die Nennweiten DN 10, 15, 20, 25, 32, 40, 50, 65, 80, 100, 125 und 150 zum Einsatz.

Der Nenndruck (Abkürzung PN) der Produktleitungen aus Edelstählen ist, durch den Nenndruck der verwendeten Edelstahlarmaturen bedingt, auf PN 16 begrenzt, ein Teil der Armaturen ist auch *nur* für PN 6 bzw. 10 zulässig (z. B. Schaugläser).

Hauptsächlich werden die universell einsetzbaren austenitischen Werkstoffe der Werkstoffnummern 1.4404 und 1.4571 (nach DIN EN 10027) verwendet (diese Qualitäten entsprechen im englischen Sprachraum der Güte AISI 316 L bzw. 316 Ti), siehe Kapitel 23.

Für korrosiv weniger anspruchsvolle Einsatzfälle lassen sich die Werkstoffnummern 1.4301, 1.4550 und 1.4541 verwenden (diese entsprechen der Güte AISI 304). Bei höheren Temperaturen ($\vartheta \geq 30$ °C), pH-Werten < 8 und bei Anwesenheit von Halogenen, vor allem von Chlorid-Ionen ≥ 50 mg/L, sind diese Werkstoff-Nummern nicht mehr einsetzbar, da mit Korrosion gerechnet werden muss.

Neuere Werkstoffe sind z. B. die Werkstoffnummern 1.4307, 1.4439, 1.4539, 1.4462 und 1.4565.

Zu Forderungen bezüglich der Oberflächenbeschaffenheit siehe Kapitel 23.3.

Rohrleitungen sollten nach dem Durchflussmedium gekennzeichnet werden, ebenso Armaturen und Sensoren in Übereinstimmung mit dem RI-Fließbild.

21.5.2 Rohrleitungsverbindungen

Unlösbare Leitungsverbindungen

Produkt-Rohrleitungen aus Edelstählen sollten soweit als möglich fest verbunden werden. Geeignete Montage-Schweißverfahren sind das WIG-Hand-Schweißverfahren und das automatisierte Orbitalschweißverfahren. Schutzgas ist Argon, die Rohrleitungen müssen mit Schutzgas gewissenhaft gespült („formiert") werden. Dazu werden Argon oder „Formiergase" (beispielsweise Formiergas 90/10 mit 90 % Stickstoff und 10 % Wasserstoff) verwendet.

Nach dem Schweißen müssen die Schweißstellen passiviert werden (durch Bürsten und/oder Beizen). Zum Beizen werden Beizlösungen oder Beizpasten verwendet, die als wesentliche Bestandteile HF, HNO_3 und HCl enthalten, meist im Gemisch.

Die Innenseiten von Rohrleitungsnähten sind in der Regel nicht zugänglich. Deshalb müssen die Rohre vor dem Schweißen gewissenhaft formiert werden. Anlauffarben lassen sich auch mit höherprozentiger HNO_3 *nicht* oder nur bedingt entfernen!

Die Qualität der Schweißausführung und ihre Kontrollen sollten im Leistungsvertrag vereinbart werden, gegebenenfalls sollten Muster angefertigt und hinterlegt werden.

Das Schleifen von WIG-Schutzgas-Schweißnähten bringt meist Nachteile bezüglich der Oberfläche und sollte deshalb unterbleiben, falls nicht R_a-Werte $\leq 1{,}6$ µm gesichert werden können. Die Oberfläche der Schweißnaht ist im Allgemeinen glatt, da die Schmelze aufgrund der Oberflächenspannung ohne Rauigkeiten erstarrt. Fachgerechte Schweißraupen stören nicht.

Schleifen und elektrolytisches Polieren verbessern die Korrosionsbeständigkeit und *nicht nur* die Optik.

Lösbare Leitungsverbindungen

Lösbare Rohrleitungsverbindungen und Verbindungen zwischen Rohrleitungen und Apparaten oder Maschinen können durch folgende Verbindungsvarianten erfolgen:

- Verschraubungen;
- Flanschverbindung;
- Clamp-Verbindung;
- Spannring-Verbindung.

Die *Verschraubung* besteht aus Kegelstutzen, Gewindestutzen, Dichtring und Überwurfmutter. Die Verbindung der beiden Stutzen erfolgt durch geeignete Schweißverfahren (s.o.).

Bevorzugt sollten nur solche Verschraubungen eingesetzt werden, bei denen die Dichtung definiert vorgespannt wird und Kegel- und Gewindestutzen formschlüssig und zentriert verbunden werden (Verschraubung in Sterilausführung nach DIN 11864-1, s.a. Abbildung 298).

Verschraubungen werden in den Nennweiten DN 10 bis 100 (150) gefertigt.

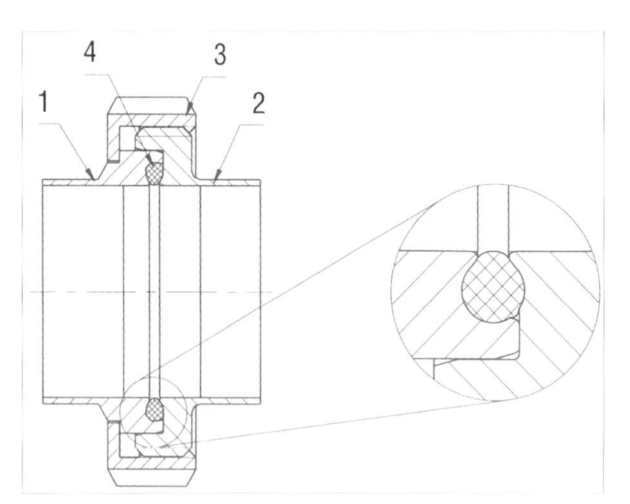

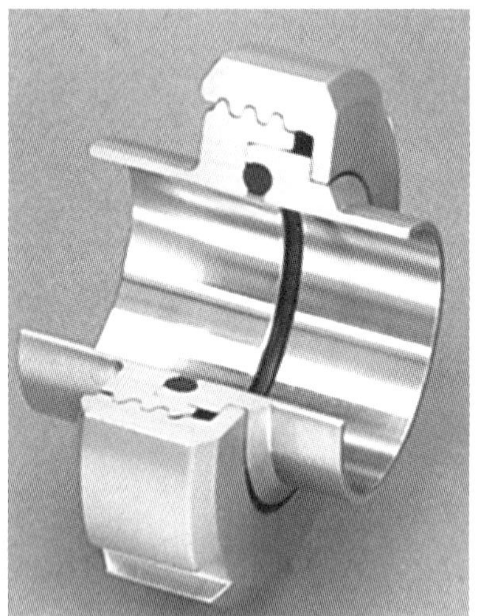

Abbildung 298 Verschraubung in Sterilausführung (nach DIN 11864-1)
1 Rohrstutzen **2** Gewindestutzen **3** Mutter **4** O-Ring-Dichtung
Die Positionen **1** und **2** werden formschlüssig durch die Mutter **3** verbunden; der O-Ring (**4**) ist definiert vorgespannt und dichtet ab. Er wird nicht zusätzlich mechanisch belastet (s.a. Abbildung 326)

Nachteilig ist bei Verschraubungen, dass zu ihrer Demontage die Enden um einen geringen Betrag axial verschoben werden müssen. Ist diese Verschiebung nicht möglich, gibt es Probleme. Für unter mechanischen Spannungen stehende Rohrleitungen und solche, die häufigen Temperaturwechseln unterliegen, sollten Verschraubungen nicht verwendet werden. Gleiches gilt für verschraubte Armaturen.

Verschraubungen können nur dann ohne Nachteile verwendet werden, wenn die Verschraubungsteile absolut parallel zueinander verschweißt sind. Eventuelle Abweichungen, bedingt durch Montageungenauigkeiten, kann die Dichtung nicht ausgleichen. Bei älteren Verschraubungsausführungen war durch das asymmetrische „Quetschen“ der Dichtung *regelwidrig* ein geringer Ausgleich möglich.

Das Anziehen der Überwurfmutter (Nutmutter) wird mittels eines Hakenschlüssels vorgenommen. Dazu darf keine besondere Kraftanwendung erforderlich sein. Ist das jedoch der Fall, dann ist dies ein deutlicher Hinweis auf Montagefehler. Die Folgen von vergrößerter Hebelwirkung des Hakenschlüssels sind erhöhter Dichtungsverschleiß und die Gefahr des „Fressens“ des Gewindes. Im Übrigen sollte das Gewinde immer leicht mit einem Siliconfett in Lebensmittelqualität geschmiert sein.

Als Dichtungswerkstoffe sollten nur EPDM (Ethylen-Propylen-Dien-Mischpolymerisat, schwarz gefärbt) oder Silicon (rot gefärbt, teilweise auch transluzent) verwendet werden. Das blau gefärbte NBR (Nitril-Butadien-Kautschuk) ist für Anwendungen, die heiß nach dem CIP-Verfahren gereinigt werden, im Prinzip ungeeignet.

Die *Flanschverbindung* wird im qualifizierten Rohrleitungsbau nach Möglichkeit bevorzugt (Abbildung 299). Flanschverbindungen für die Gärungs- und Getränkeindustrie werden überwiegend als sogenannte Leichtbauflansche für den Nenndruck PN 16 (seltener PN 10) gefertigt. Die Flanschlänge sollte so gewählt werden, dass Orbitalschweißverfahren anwendbar sind. Von dieser Regel muss jedoch teilweise abgewichen werden, wenn es darum geht, minimale Toträume zu sichern, beispielsweise bei Rohrleitungsabzweigen.

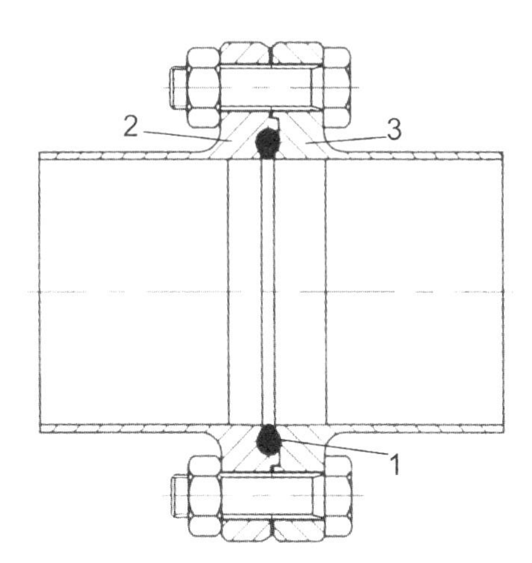

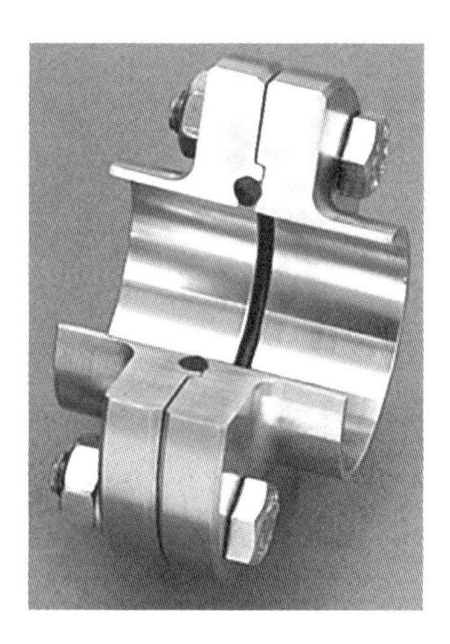

Abbildung 299 Flansch in Sterilausführung (nach DIN 11864-2) ***1*** *O-Ring* ***2, 3*** *Flansch*

Die Nennweiten der Leichtbau-Flansche liegen im Bereich DN 10...150.

Die Dichtungen werden unter Beachtung der VDMA 11851 meist als Rundring (O-Ring; die Bezeichnung „Null-Ring“ ist unkorrekt) ausgeführt, teilweise aber auch als Profildichtung. Ein Flansch ist dann ein sogenannter Glattflansch, der andere trägt die Dichtung. Es werden also Flanschpaare verarbeitet. Die Dichtung sollte eine minimale produktberührte Oberfläche besitzen und Totraum frei sein. Sie wird definiert vorgespannt. Die Flansche werden formschlüssig ohne Zwischenraum verschraubt. Sie können mit einer Zentrierung versehen sein, aber auch die Schrauben können die Flansche zentrieren.

Die Abmessungen der Flansche sind nicht genormt, die Ausführungen der einzelnen Hersteller sind bis jetzt nicht austauschbar. Verwendet werden zur Verbindung 4, 6 oder 8 Schrauben.

Aseptik-Flanschverbindungen sind nach DIN 11864-2 genormt (DN 10...150). Sie werden mit O-Ring- und mit Profildichtung gefertigt (Abbildung 299).

Armaturen, insbesondere Absperrklappen, werden oft in sogenannter Zwischenflanschausführung benutzt. Zwischen zwei glatten Flanschen werden die Armaturen geklemmt. Die Abdichtung erfolgt im Allgemeinen mit den der Armatur zugeordneten Dichtungen.

Die wesentlichen Vorteile der Flanschverbindung gegenüber der Verschraubung liegen in der besseren Funktionalität der Flanschverbindung, in der einfacheren Demontage/Montage und in dem günstigeren Preis. Mit der Flanschverbindung können geringe Montagefehler leichter ausgeglichen werden als bei einer Verschraubung.

In allen Fällen von Flanschverbindungen, insbesondere bei nicht formschlüssig montierten Flachdichtungen, ist der Spritzschutz der Flanschverbindung zu sichern, beispielsweise durch entsprechende Verkleidungen oder Manschetten. Diese Aussage gilt für alle gefährlichen Fördermedien (beispielsweise CIP-Leitungen, Chemikalienleitungen), die mit höheren Drücken gefördert werden müssen.

Die Tri-Clamp®-Verbindung (nach Norm ISO 2852) wird zum Teil international eingesetzt, in Deutschland weniger. Sie ist im Prinzip eine Spannring-Verbindung mit Profildichtung (Abbildung 300) und umfasst die Nennweiten DN 10 bis 200. Ähnliche Verbindungsvarianten sind in der DIN-Norm 32676 [606] und der Norm DIN 11864-3 [607] beschrieben (s.a. Abbildung 300).

Die Vorteile liegen in der einfachen Montage und der Preiswürdigkeit begründet, ohne Nachteile bezüglich Reinigungsfähigkeit.

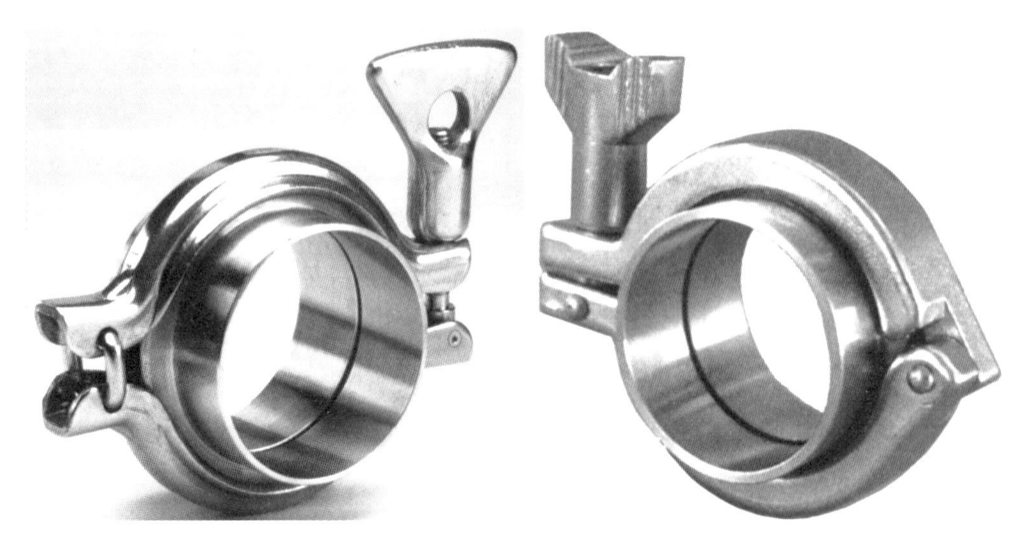

Abbildung 300 Clamp-Verbindungen, Beispiele
Links: Ausführung aus Blech; Rechts: Ausführung als Gussteil

Die *Spannringverbindung* als Verbindungsvariante wird vor allem zur Verbindung von Armaturenkomponenten (beispielsweise für die Montage von Doppelsitzventil-Gehäuseteilen) und Sensoren mit der Ausrüstung, zum Beispiel mit einer Rohrleitung,

verwendet. Ein Beispiel hierfür ist das VARIVENT®-System der Firma Tuchenhagen (s.a. Abbildung 307).
Auch für die Befestigung von Pumpengehäusen werden Spannringe eingesetzt.

21.5.3 Verlegung von Rohrleitungen und die Gestaltung von Rohrleitungshalterungen, Wärmedehnungen

Bei der Planung und Verlegung von Rohrleitungen muss als ein wichtiger Punkt die durch Temperaturänderungen bedingte Längenänderung berücksichtigt werden.

Die Verlegung muss so erfolgen, dass die Längenänderungen nicht zu mechanischen Spannungen führen. Das gilt sowohl für die Rohrleitungen selbst, als auch für Verbindungen zwischen den Leitungen und festen Anschlusspunkten der Anlagenelemente.

Rohrleitungen werden üblicherweise mit einem Gefälle von 1 bis 2 % verlegt. In vielen Anwendungsfällen der Gärungs- und Getränkeindustrie ist das nicht möglich, deshalb werden die Leitungen horizontal ausgerichtet.

Bei der Verlegung ist darauf zu achten, dass die Leitung bei Bedarf vollständig entleert werden kann. Eventuelle Querschnittsänderungen sind mit exzentrischen Rohreinziehungen zu gestalten.

Abbildung 301 Rohrleitungen in einem ZKT-Keller; Gestaltung als Rohrzaun mit Paneel an jedem ZKT (nach ZIEMANN)

Die Abstände für Halterungen bzw. Auflager der Rohrleitungen müssen so gewählt werden, dass die Rohrleitungen nicht „durchhängen".

Anzustreben ist außerdem, dass Rohrleitungen, falls erforderlich, stetig steigend verlegt werden, um die Entlüftung zu erleichtern. Da diese Forderung teilweise nicht realisierbar ist, müssen besondere Maßnahmen für die Entlüftung vorgesehen werden.

Rohrleitungen sollten horizontal abzweigen. Bei dieser Ausführung bleiben keine Produktreste oder Gasblasen zurück.

In der Regel werden die Rohrleitungen zur Ver- und Entsorgung einer ZKT-Anlage vertikal übereinander verlegt, oft in Wandnähe, aber auch frei stehend. Für die vertikale Anordnung wird zum Teil der Begriff *Rohrzaun* gebraucht (s.a. Abbildung 301 und Abbildung 302).

Abbildung 302 Rohrzaun unterhalb der ZKT

Rohrleitungshalterungen werden als feste Lagerung oder als Gleitlagerung gestaltet. Die Stelle des festen Lagers sollte so gewählt werden, dass die thermisch bedingten Längenänderungen symmetrisch verteilt werden. Zwischen zwei Festlagern muss sich die Leitung frei dehnen können.

Als Fest- und Gleitlager eignen sich die 1- oder 2-teilige Rohrschelle und insbesondere der Rohrbügel. Bei der Verwendung als Gleitlager muss sich die Rohrleitung verschieben lassen, ohne dass es zu Verkantungen oder Verklemmungen infolge von Reibungskräften und Selbsthemmung kommt. Die Halterung selbst muss fest verschraubt sein und zur Rohrleitung einen kleinen Spalt besitzen. Beispiele zeigt Abbildung 303.

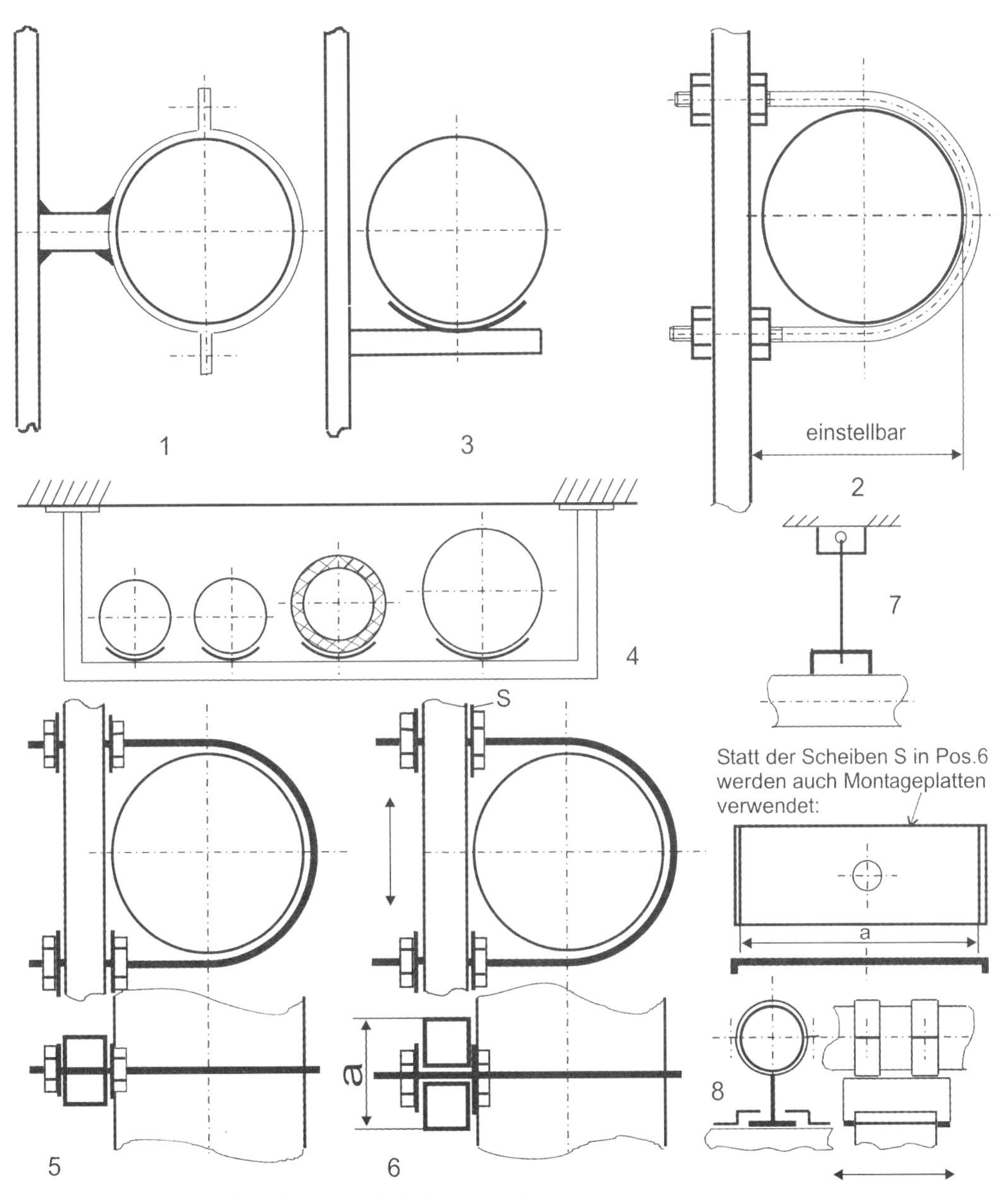

Abbildung 303 Beispiele für Rohrleitungshalterungen
1 2-teilige Rohrschelle **2** Spannbügel **3** Halbschale **4** horizontale Lagerung **5** vertikale Halterung **6** vertikale Halterung, verstellbar **7** hängende Halterung **8** Loslager mit Gleiter

Anzustreben sind vorgefertigte Rohrleitungshalterungen, die eine Justierung der Rohre auch nach der Montage ermöglichen (s.a. Abbildung 303 (Pos. 6)).

In den meisten Fällen werden die Rohrhalterungen vor Ort gefertigt oder es werden vorgefertigte Elemente angepasst.

Die Halterungen sollen einstellbar sein und die Montagearbeit erleichtern. Der Werkstoff für die Halterungen muss mit dem der Rohrleitung möglichst identisch sein, um Korrosion zu vermeiden. Deshalb kommen nur Edelstahlprofile infrage.

Bei feuerverzinkten Tragkonstruktionen werden CrNi-Stahl-Gleitleisten isoliert aufgeschraubt.

Anzustreben sind aus Gründen der Reinigungsfähigkeit und der allgemeinen Betriebshygiene geschlossene Profile. Die Profilenden werden nach Montageende durch Kunststoffstopfen verschlossen oder verschweißt.

Wand- und Deckendurchführungen sind mit besonderer Aufmerksamkeit zu gestalten. Vor allem bei Deckendurchführungen müssen bauseitig flüssigkeitsdichte Schutzrohre entsprechender Nennweite (Beachtung eventueller Wärmedämmungen) vorgesehen werden. Die durchgeführten Rohre werden dann durch verschweißte Rohrglocken gegen Spritzwasser flexibel gedichtet. Im Trockenbereich genügen teilweise für die Deckendurchführung einfachere Rohrschächte oder Aufkantungen, die auch abgedeckt werden können.

Thermisch bedingte Längenänderungen

Alle Werkstoffe verändern ihre Länge bei Veränderung der Temperatur. Würde diese Ausdehnung behindert, wären erhebliche Spannungen bzw. Biege- oder Torsionsmomente die Folge.

Deshalb ist es von großer Bedeutung, die freie Ausdehnung einer Rohrleitung zu garantieren. Möglichkeiten hierfür sind:

- Die Gleitlagerung und freie Verschiebbarkeit der Rohrleitung (s.o.)
  (Hierzu zählt auch die hängende Lagerung/Abhängung von Rohren);
- Die Verwendung von Kompensatoren;
- Die mehrfache Abwinkelung der Rohrleitung und Installation genügend langer Rohr-Schenkel, die durch Biegung die Längenänderung kompensieren.

Die zuletzt genannte Variante ist nur bei genügender Montagefläche bzw. Freizügigkeit bei der Rohrleitungsplanung nutzbar. Die Rohrschenkellänge muss einige Meter betragen, um die auftretenden Biege- bzw. Torsionsspannungen in Grenzen zu halten. Die Gestaltung des Dehnungsausgleiches durch Verlegung der Rohre in U-Form ist nur in wenigen Fällen möglich. Diese Variante wird zum Beispiel bei Fernwärmeleitungen praktiziert. Auch bei der Rohrleitungsführung unterhalb von ZKT oder Drucktanks kann diese Form des Dehnungsausgleiches genutzt werden.

Der Dehnungsausgleich zwischen Rohrleitungen und fixen Anschlusspunkten wird vor allem und vorzugsweise mit Gelenk-Schwenkbogen gesichert, bei kleineren Nennweiten werden auch Schläuche verwendet, die mit 90°-Bögen kombiniert eingesetzt werden, um enge Schlauchradien bzw. das Abknicken der Schläuche zu vermeiden.

Die Verwendung von Dehnungsausgleichern wird bei zahlreichen Medienleitungen praktiziert. Benutzt werden vor allem die Bauformen:

- Elastomer-Faltenbalg-Kompensator (Werkstoffe Gummi, PTFE, PE),
- Metall-Faltenbalg-Kompensator;
- Koaxiale Rohrkompensatoren, Dichtung mittels Stopfbuchse oder Dichtungsringen;
- Kompensatoren in Hygieneausführung (Abbildung 304).

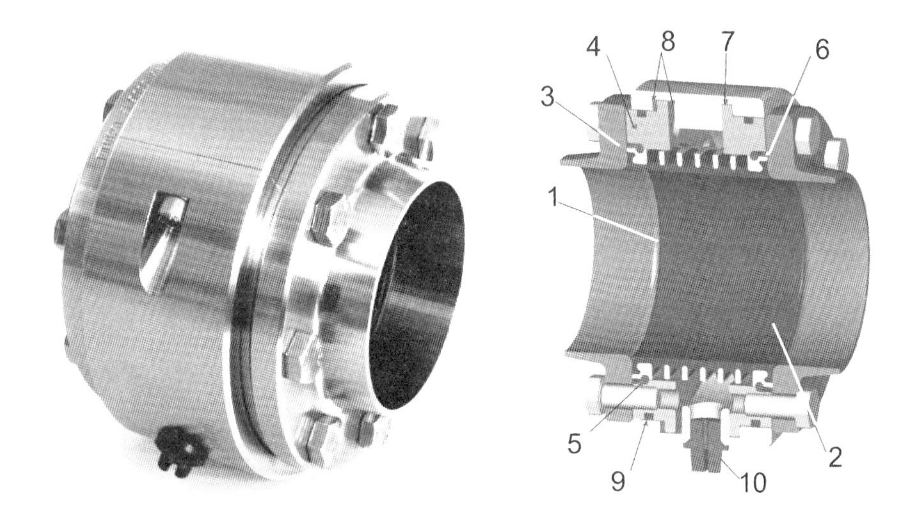

Abbildung 304 Kompensator für Rohrleitungen in Hygieneausführung (nach GEA Tuchenhagen)

1 Spaltfreie Abdichtung **2** Rohrbündiger, glatter Durchgang **3** VARIVENT®-Flansch **4** Flansch zur Fixierung des Kompensatorelements **5** Runddrahtring **6** Metallischer Anschlag **7** Fixierung des Kompensationselements **8** Anschlag zur Wegbegrenzung **9** Rundring **10** Leckageanzeige

21.5.4 Die Fließgeschwindigkeit in Rohrleitungen, Druckverluste

Die Fließgeschwindigkeit in Rohrleitungen sollte unter Beachtung der Druckverluste (Betriebskosten) und der Investitionskosten festgelegt werden. Ein weiterer relevanter Gesichtspunkt ist die CIP-Fähigkeit der Leitung.

In jüngster Zeit wird auf die Bedeutung der Scherkräfte hingewiesen und es werden möglichst geringe Fließgeschwindigkeiten für Würze und Bier empfohlen. Die Aussagen bezüglich der Glucanausscheidungen und anderer Qualitätsbeeinflussungen als Folge hoher Scherkräfte sollten nicht überbewertet werden, solange beispielsweise Kreiselpumpen als Fördermaschinen, Doppelsitzventile oder Zentrifugal-Separatoren für die Bierklärung akzeptabel bleiben (beim Betrieb dieser Anlagen treten erhebliche Scherkräfte auf!).

Bei längeren Rohrleitungen, zum Beispiel bei Würzeleitungen, werden die Betriebskosten vor allem vom resultierenden Druckverlust beeinflusst. Deshalb sind der sinnvoll nutzbaren Fließgeschwindigkeit Grenzen gesetzt. Anzustreben sind stets die minimalen Gesamtkosten, die sich aus den Investitions- und Betriebskosten ergeben.

Bei kurzen Rohrlängen können auch wesentlich höhere Fließgeschwindigkeiten toleriert werden. Beispielsweise lassen sich Schwenkbögen in kleinerer Nennweite als die Rohrleitung ausführen, um das Handling zu erleichtern.

In Saugleitungen vor Pumpen müssen dagegen geringe Fließgeschwindigkeiten und damit minimale Druckverluste garantiert werden, um Kavitation auszuschließen.

Diese Aussage gilt insbesondere für die Förderung heißer und gashaltiger Medien mit geringem Vordruck bzw. aus drucklosen Behältern.

In vielen Fällen kann eine bestimmte Zulaufhöhe zur Pumpe erforderlich sein, d. h., die Pumpe muss möglichst tief aufgestellt werden oder die Behälterausläufe müssen angehoben werden.
Eine wichtige Aussage zur erforderlichen Zulaufhöhe gestattet der sogenannte NPSH-Wert (net positive suction head) der Pumpe, der bei der Anlagenplanung eine große Rolle spielt. Der NPSH-Wert kann aus dem Datenblatt der Pumpe entnommen werden, s.a. Kapitel 22.

In Rohrleitungen und Armaturen sind nach Literaturangaben die Fließgeschwindigkeiten nach Tabelle 206 unter Beachtung der resultierenden Druckverluste anzustreben (s.a. [595]):

Tabelle 206 Empfohlene Fließgeschwindigkeiten in der Brauindustrie

Maische für Läuterbottiche	≤ 1,5 m/s
Maische für Maischefilter und in der Brennerei	≤ 2,5 m/s
Würze und Bier	≤ 3,0 m/s
Wasser	≤ 4,0 m/s
Wasser in langen Rohrleitungen	≤ 2,0 m/s
dickbreiige Hefesuspensionen	≤ 1,0 m/s
Saugleitungen von Pumpen, kalte Medien	≤ 1,8 m/s
Saugleitungen von Pumpen heiße Medien ohne Vorlaufdruck	≤ 1,0 m/s
Kälteträger (Glykol, Sole)	≤ 2,0 m/s
Ammoniak, flüssig	≤ 1,6 m/s
Ammoniak, gasförmig	< 20 m/s
Druckluft, CO_2	10 - 25 m/s
Steuerluft	≤ 10 m/s
Dampf bei ≤ 3 bar	15 - 25 m/s
Dampf bei 10 bis 40 bar	20 - 40 m/s
Gase in Saugleitungen	6 - 10 m/s
Kondensat	≤ 2 m/s

Bei CO_2-haltigen Medien ist bei der Festlegung der Fließgeschwindigkeit zu beachten, dass der Druck den 1,5-fachen Wert des CO_2-Partialdruckes (er entspricht dem CO_2-Gleichgewichtsdruck und ist eine Funktion von Temperatur und CO_2-Gehalt) an keiner Stelle des Fließweges unterschreiten soll.

Die Fließgeschwindigkeit bei CIP-Prozessen muss in Abhängigkeit von Temperatur und Nennweite so festgelegt werden, dass eine ausreichende mechanische Komponente der CIP-Medien gesichert wird (die Dicke der Grenzschicht ist unter anderem eine Funktion der Re-Zahl, s.a. [565]).

Die Fließgeschwindigkeit in einer Rohrleitung lässt sich aus dem Volumenstrom und der Nennweite berechnen (Gleichung 92):

$$\dot{V} = w \cdot A = w \cdot \frac{\pi \cdot d^2}{4}$$ Gleichung 92

$\dot{V}$ = Volumenstrom in m^3/s
w = Fließgeschwindigkeit in m/s
A = Querschnittsfläche der Rohrleitung in m^2
d = Durchmesser der Rohrleitung in m

Zweckmäßigerweise lassen sich Berechnungen dieser Art unter Verwendung eines Nomogramms durchführen, Zwischenwerte lassen sich leicht interpolieren. In vielen Fällen erlauben diese Nomogramme auch das Abschätzen der zu erwartenden Druckverluste (s.a. Abbildung 305).

Druckverlustabschätzung mittels Nomogramms für Flüssigkeiten

Alternativ zu der Berechnung des dynamisch bedingten Druckverlustes einer Rohrleitungsanlage bietet sich die Abschätzung mit einer für die Gärungs- und Getränkeindustrie hinreichenden Genauigkeit unter Verwendung eines Nomogramms (s.a. Abbildung 305) an.

Mit den Nomogrammen wird eine sogenannte Druckverlusthöhe ΔH_v ermittelt, bezogen auf 100 m Leitungslänge. Der zur Druckverlusthöhe proportionale Druckverlust ergibt sich nach Gleichung 93:

$$\Delta p = \rho \cdot g \cdot H_v$$ Gleichung 93

Δp = Druckverlust in N/m^2
ρ = Dichte in kg/m^3
g = Fallbeschleunigung = 9,81 m/s^2
H_v = Druckverlusthöhe als Flüssigkeitssäule in m

In guter Näherung kann für Wasser angenommen werden:

H_v = 10 m $\hat{=}$ Δp = 1 bar (genauer 0,981 bar)

Die Druckverlusthöhe wird auf der Ordinate in Metern Wassersäule je 100 m Leitungslänge angegeben, auf der Abszisse wird der Volumenstrom vermerkt.

Das Prinzip der vereinfachten Druckverlustbestimmung besteht aus folgenden Schritten:

1. Ermittlung der tatsächlichen Leitungslänge in Metern,
2. Umrechnung der vorhandenen Rohrleitungskomponenten bzw. Armaturen in eine äquivalente Leitungslänge,
3. Bestimmung der scheinbaren Leitungslänge aus Pos. 1. und 2.,
4. Ermittlung der Druckverlusthöhe der Rohrleitung bei gegebener Nennweite und dem vorgesehenen Volumenstrom in Meter Druckverlust je 100 m Leitungslänge aus dem Nomogramm,
5. Berechnung der Druckverlusthöhe aus Pos. 3. und 4 und Umrechnung in Druckverlust nach Gleichung 93.

Beispiel

Gegeben ist eine Edelstahl-Rohrleitung in DN 80. Länge der Leitung 130 m. In der Leitung sind 15 Stück 90°-Rohrbögen enthalten (die äquivalente Leitungslänge eines

Bogens wird mit 6 m angenommen; s.a. in [595]). Der Volumenstrom (Wasser) beträgt 40 m^3/h. Wie groß ist der Druckverlust?

Aus Abbildung 305 folgt für $\dot{V}$ = 40 m^3/h eine Verlusthöhe von 7 m/100 m Leitungslänge. Die Fließgeschwindigkeit beträgt etwa 2,1 m/s.

Zur Leitungslänge von 130 m muss die äquivalente Leitungslänge der 90°-Bögen addiert werden: 15 · 6 m = 90 m. Damit muss der Druckverlust für eine Leitungslänge von 130 m + 90 m = 220 m bestimmt werden. Er beträgt dann 7 m/100 m · 220 m = 15,4 m Flüssigkeitssäule oder umgerechnet 1,54 bar.

Da Edelstahl-Leitungen geringere Rauigkeiten besitzen, kann mit dem Faktor 0,8 multipliziert werden (s.a. Abbildung 305): 1,54 bar · 0,8 = 1,23 bar = Druckverlust

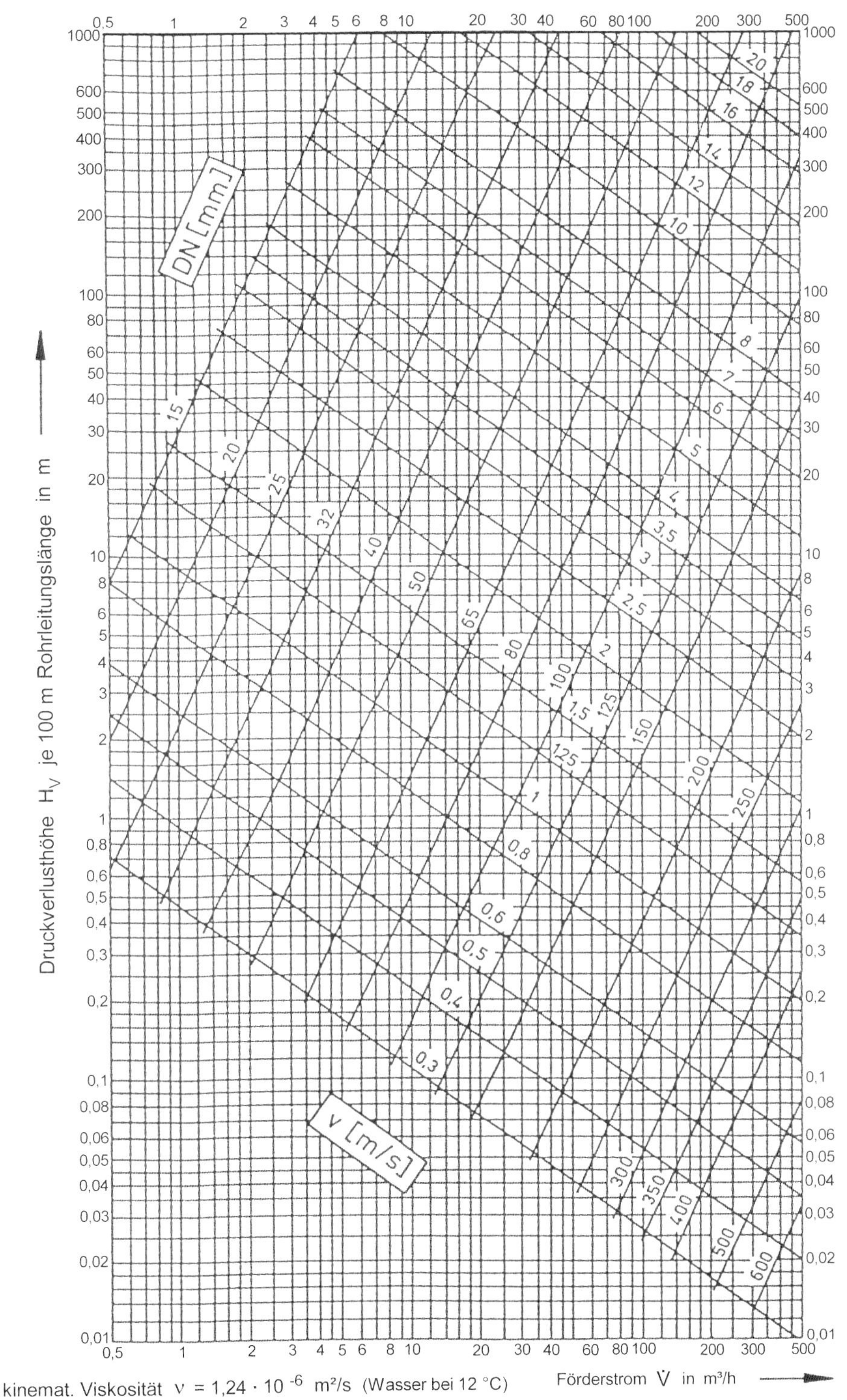

kinemat. Viskosität $\nu = 1{,}24 \cdot 10^{-6}$ m²/s (Wasser bei 12 °C)
bei Edelstahlleitungen kann der Wert H_V mit 0,8 multipliziert werden
es besteht der Zusammenhang: $\Delta p = \rho \cdot g \cdot H_V$

Abbildung 305

21.5.5 Maßnahmen gegen Flüssigkeitsschläge und Schwingungen

Flüssigkeitsschläge treten auf, wenn die kinetische Energie eines Flüssigkeitsstromes in einer Rohrleitung in kurzer Zeit in potenzielle Energie umgewandelt wird und umgekehrt, beispielsweise durch abruptes Schließen oder Öffnen von Armaturen bei großen Fließgeschwindigkeiten oder hohen Drücken (Fehlbedienungen!).

Zur Vermeidung von Flüssigkeitsschlägen bzw. unzulässiger Druckspitzen sollte die Fließgeschwindigkeit in der Rohrleitung möglichst gering sein, und die Schaltzeiten der Armaturen sollten nicht zu kurz sein. Die Sicherung der zuletzt genannten Bedingung ist bei Absperrarmaturen mit einem Schließwinkel von 90° (Absperrklappe, Kugelhahn) bei Handbetätigung nur schwer zu sichern und stets von den subjektiven Einflüssen des Personals abhängig.

Aber auch der Einsatz von fernbetätigten Armaturen mit pneumatischen Antrieben ist nicht problemfrei. Bei relativ großem erforderlichen Anfangsdrehmoment ist bei der Öffnung ein Drehmomentüberschuss vorhanden, der zur schnellen Öffnung führt. Beim Schließen ist der größte Teil des Schließwinkels fast ohne Einfluss auf den Flüssigkeitsstrom. Erst im allerletzten Teil wird stark verzögert.

Ein Beitrag zur Lösung der Problematik können einstellbare Drosseln in den Pneumatikleitungen sein.

Bei Doppelsitzventilen kann der Flüssigkeitsstrom die Schließgeschwindigkeit sogar noch erhöhen. Abhilfe kann der strömungsgerechte Einbau der Ventile bringen.

Eine weitere, anzustrebende Betriebsweise ist bei automatisierten Anlagen die Armaturenbetätigung im drucklosen Zustand. Erst nach der Schaltung der Fließwege werden die Pumpen eingeschaltet, zweckmäßigerweise über einen Frequenzumrichter mit einstellbarer Anfahrrampe. Die Abschaltung erfolgt in umgekehrter Reihenfolge.

Der Betrieb von Pumpen mittels Frequenzumrichter oder zumindest „Sanftanlauf" ist natürlich auch bei Handsteuerung vorteilhaft möglich.

In Fällen, bei denen die Druckspitzen durch das Steuerungskonzept nicht vollständig kompensiert werden können, sind geschaltete oder selbsttätige Überströmventile nutzbar, die allerdings bei CIP-Prozeduren getaktet werden müssen.

Schwingungen oder Pulsationen können von Pumpen, Verdichtern oder Drosseln verursacht werden. Puffertanks bzw. Gaspolster (mit Windkesselfunktion) können Abhilfe schaffen, bedeuten aber in jedem Fall Zusatzaufwand, vor allem bei der Reinigung/Desinfektion (CIP).

Auch die Entkopplung von Rohrleitungen und Pumpen durch Kompensatoren oder Schläuche o.ä. kann die Schwingungen mindern.

Zur Schwingungsdämpfung (Geräuschdämpfung) werden teilweise Rohrhalterungen in Gummi gelagert.

Mechanische Schwingungen sind von Sensoren und MSR-Technik fernzuhalten. Schrauben und Muttern sind zu sichern, beispielsweise durch Verwendung selbsthemmender Muttern.

21.5.6 Entlüftung der Rohrleitungen, Sauerstoffentfernung

Der Idealfall, die stetig steigende Rohrleitung, ist technisch kaum zu realisieren. Höhenunterschiede bedingen, dass die Leitung sich nicht selbsttätig entlüften lässt.

Abhilfe schaffen selbsttätige oder gesteuerte Entlüftungsarmaturen an der jeweils höchsten Stelle der Leitung. Bei Produktleitungen scheidet diese Form aus Gründen der Reinigung/Desinfektion jedoch im Allgemeinen aus.

Die Entgasung/Sauerstoffentfernung ist in vielen Fällen eine wichtige Voraussetzung für die Qualitätssicherung. Sie kann erfolgen durch:

- Verdrängen bzw. Lösung des Sauerstoffes mittels sauerstofffreien Wassers,
- Verdrängen des Sauerstoffes mittels CO_2.

Die Applikation entgasten Wassers setzt ausreichende Vorräte und genügend große Fließgeschwindigkeiten voraus. Soweit sich die Gasblasen nicht durch die Strömung verdrängen lassen, kann Sauerstoff nur durch Lösung im Wasser entfernt werden. Dieser Vorgang ist zeitabhängig und wird durch die Partialdruckdifferenz limitiert.

Aus diesem Grunde kann Sauerstoff auch nicht durch luftgesättigtes Wasser entfernt werden. Nachteilig bei dieser Variante sind die relativ hohen Kosten für die Bereitstellung sauerstofffreien Wassers und des Wassers selbst.

Wesentlich kostengünstiger bei vollständiger Sauerstoff-Entfernung ist die Spülung der Rohrleitung mit Inertgas, vorzugsweise mit CO_2, das gleichzeitig zum Vorspannen der Leitung verwendet werden kann [608].

Der Druck des Spülgases muss etwa 0,4...1,5 bar größer sein als der maximal mögliche statische Druck der Flüssigkeitssäule. Bei geringerem Überdruck wird relativ viel Spülzeit benötigt.

Das Spülgas kann nur bedingt zum Ausschieben von Flüssigkeitsresten benutzt werden, da in horizontalen Leitungen die Flüssigkeitsreste „überspült" werden. In der Leitung befindliche Flüssigkeitsreste/Vorlauf müssen deshalb abgetrennt werden.

21.5.7 Gestaltung von Wärmedämmungen bei Rohrleitungen

Bei Wärmedämmungen (umgangssprachlich auch als „Isolierung" bezeichnet) wird die Dicke der Dämmschicht nach wirtschaftlichen Gesichtspunkten festgelegt: Die Aufwendungen müssen ins Verhältnis zu den einsparbaren Energiekosten gesetzt werden. Dabei müssen künftige Entwicklungen der Kosten beachtet werden.

Wichtige Dämmwerkstoffe sind PUR-Hartschaum, vorzugsweise als Ortschaum verarbeitet, und vorgefertigte Elemente (Halbschalen) aus Schaum-PS oder Schaumglas (Foam-Glas) für kaltgehende Rohrleitungen („Kälteisolierungen"). Für den gleichen Zweck werden auch geschäumte Kunststoffe (Weichschaum, Elastomere) verwendet (z. B. Handelsname „AF/Armaflex").

Für Wärmedämmungen bei Temperaturen oberhalb der Raumtemperatur wird vor allem Mineralwolle eingesetzt, seltener Glaswolle.

Bei allen kaltgehenden Rohrleitungen (Produktleitungen, Eiswasser, Kaltwasser, Kälteträger, Kältemittel) muss die Wasserdampfdiffusion zuverlässig ausgeschaltet werden. Diese verschlechtert die Dämmeigenschaften beträchtlich und führt beim Erreichen des Taupunktes zur Kondensation bzw. Durchfeuchtung des Dämmstoffes.

Da es keine diffusionsdichten Kunststoffe gibt, müssen metallische Sperrschichten (eine sogenannte „Dampfbremse") als Abschluss der Dämmschicht verwendet werden.

Die Wasserdampfsperre wird im Allgemeinen mit dem mechanischen Schutz der Dämmung kombiniert. Der mechanische Schutz dient in der Regel auch dem Witterungsschutz.

Verwendet werden vor allem Aluminium-Blech, Stahlblech, verzinkt (teilweise mit zusätzlicher Kunststoff-Beschichtung) und Edelstahlblech, teilweise mit strukturierter Oberfläche, um die Optik zu verbessern. Glatte oder polierte Oberflächen zeigen sehr deutlich Unrundheiten, Dellen, Kratzer usw.

Die Sicherung gegen Wasserdampfdiffusion kann auch mit Al-/PE-Verbundfolie erfolgen, die verklebt bzw. verschweißt wird und die mit einem geeigneten Hartmantel geschützt wird. Die Verwendung von Bitumenprodukten als Dampfsperre ist veraltet.

Die Dampfbremse muss also diffusionsdicht gefertigt werden (Verwendung von Dichtungsmassen oder Verschweißen der Bleche). Die Endstücken-Gestaltung muss sorgfältig erfolgen. Die geschweißte Stirnscheibe ist zu bevorzugen.

Die Halterungen bzw. Auflager der wärmegedämmten Rohrleitungen müssen so gestaltet werden, dass die Dampfbremse nicht unterbrochen wird. Günstig ist deshalb die Verwendung von Halbschalen, auf denen der Hartmantel flächig aufliegt (s.a. Kapitel 21.6).

Wärmegedämmte Rohrleitungen sollten so verlegt werden, dass sie bei Wartungs- und Reparaturarbeiten nicht beschädigt werden können (Ausführungen mit PUR-Hartschaum, speziell als Ortschaum verarbeitet, sind diesbezüglich etwas im Vorteil).

Wärmedämmungen sind keine Lauf- oder Arbeitsflächen!

21.5.8 Gestaltung von Rohrausläufen

Ausblaseleitungen und Überströmleitungen von Sicherheitsventilen, Entlüftungsleitungen, Entleerungsleitungen, Spülleitungen, CIP-Ausschubleitungen usw., die ein Medium unter Druck ableiten müssen, sollten in Behälter oder Rohrleitungen münden, um das Verspritzen der Medien auf dem Fußboden zu verhindern bzw. um diese gefahrlos abzuleiten (Verbrühungsgefahr, Verätzungsgefahr). Günstig ist in jedem Fall die direkte, druckdichte Einbindung in das Abwassersystem.

Müssen diese Leitungen frei oberhalb des Fußbodens enden, sollten sie möglichst weit nach unten geführt und stabil gehaltert werden. Das Rohrleitungsende sollte ein sogenannter Pralltopf sein, der den Strahl vor dem Auftreffen auf den Fußboden bricht, um das Verspritzen zu verhindern.

Auch die tangentiale Einleitung in ein Rohr größeren Durchmessers ist geeignet (Zentrifugal-Abscheider).

21.5.9 Sicherung der Rohrleitungen gegen Frost und Verstopfungen

Rohrleitungen können mit einer Begleitheizung ausgerüstet werden, um das Einfrieren zu verhindern. Die Beheizung erfolgt meistens elektrisch und von einem Thermostaten gesteuert. Die Widerstandsheizbänder werden um die Rohrleitung gewickelt und von der ohnehin vorhandenen Wärmedämmung geschützt.

Andere Heizmedien können Dampf, Kondensat und Wasser sein. Die Funktion der Begleitheizsysteme muss natürlich überwacht werden. Im Notfall kann:

- Eine Leitung im Kreislauf gepumpt werden;
- Ein geringer Volumenstrom eingestellt werden (ständige Umwälzung);
- Die Leitung entleert werden. Bei nicht gegebener vollständiger Entleerungsmöglichkeit kann die Leitung mit Spanngas leer geblasen werden oder ein geringer Gas-Volumenstrom wird aufrecht erhalten.

Medien, die bei Unterschreitung einer bestimmten Temperatur auskristallisieren (zum Beispiel Natronlauge oder Zuckerlösungen) oder ihre Viskosität beträchtlich erhöhen, müssen entweder verdünnt werden oder sie müssen thermostatiert werden.

21.5.10 Toträume in Rohrleitungen

Grundsätzlich dürfen in Rohrleitungen für Produkt, CIP, Wasser etc. der Gärungs- und Getränkeindustrie keine Toträume vorhanden sein. Für alle anderen Ver- und Entsorgungsmedien wird ebenfalls Totraumfreiheit angestrebt.

Der Idealzustand ist die fortlaufende Rohrleitung ohne Abzweige, also nur ein Strang. Ähnlich wie in der Elektrotechnik werden deshalb Rohrleitungen bei Bedarf „durchgeschleift", um tote Rohrleitungsabschnitte zu vermeiden.

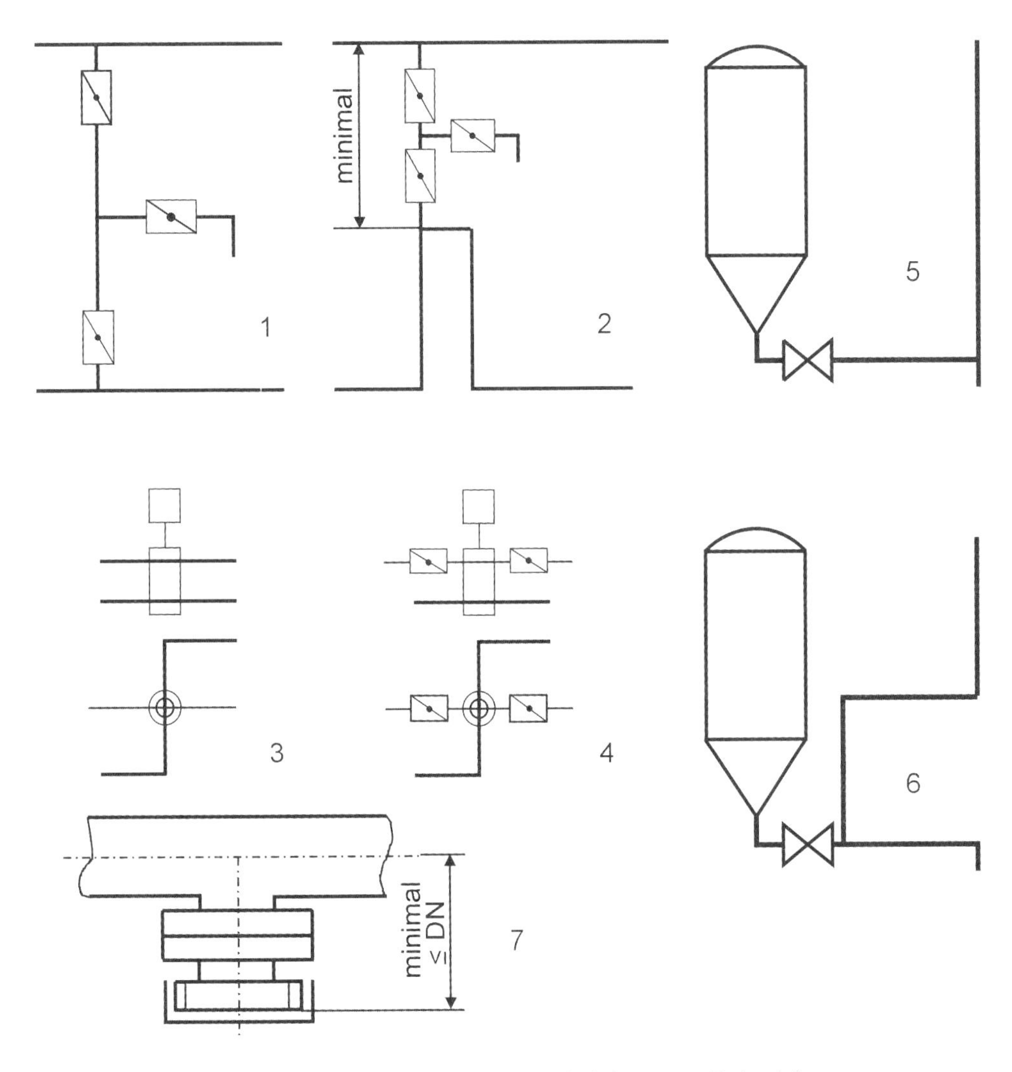

Abbildung 306 Minimierung von Toträumen in Rohrleitungen, Beispiele
1, 5 ungünstige Verlegung **2, 6** günstiger, Leitung „durchgeschleift" **3** günstige Verknüpfung mit Doppelsitzventil **4** wie Pos. 3, zusätzlich kann der obere Fließweg durch eine Armatur geschlossen werden **7** zwischen abzweigender Armatur und Rohrleitung muss der minimal mögliche Abstand angestrebt werden. Anzustreben ist, dass der maximale Abstand des Abzweig-Endes kleiner als der Rohrleitungsdurchmesser ist.

In den Fällen, die Abzweige erfordern, beispielsweise für den Anschluss eines ZKT an eine Produktleitung, wird der Abzweig mit einer Absperrarmatur abgeschlossen.

Wichtig ist es, dass die Armatur so nahe als technisch möglich an der Rohrleitung platziert wird, um den entstehenden Totraum zu minimieren (s.a. Abbildung 306).
Auch bei der Verbindung von Rohrleitungskreisläufen mit CIP-Vor- und Rücklauf sollten die Anschlussstellen so dicht als möglich an die Absperrarmatur herangerückt werden.

Abzweige werden üblicherweise horizontal zur Rohrachse angeordnet. Damit werden Produktreste und Gasblasen vermieden.

Die Rohrleitungsabzweige werden zweckmäßigerweise mit einer Blindkappe verschlossen und die Absperrklappen geöffnet. Sie werden dadurch bei der Rohrleitungsreinigung nach dem CIP-Verfahren ständig mit gereinigt.

Bei CIP muss natürlich der gesamte Rohrquerschnitt mit Flüssigkeit ausgefüllt sein, es dürfen keine Gasblasen vorhanden sein.

21.5.11 Dampfleitungen

Die ungehinderte Ausdehnung von Dampfleitungen muss selbstverständlich sein. Zur Vermeidung von Kondensatschlägen muss die Leitung so verlegt werden, dass sich das unvermeidliche Kondensat in regelmäßigen Abständen sammeln und abgeleitet werden kann.

Die Ableitungen sind mit einem Puffervolumen in Rohrleitungs-Nennweite (T-Stück) auszustatten, das danach auf Kondensatleitungs-DN reduziert wird. Zur Kondensatableitung müssen entsprechende, geeignete Kondensatableitungssysteme eingesetzt werden. Sie werden mit Rohrsieben kombiniert.

Die Kondensate werden gesammelt und möglichst verlustlos dem Kessel wieder zugeführt. Anzustreben sind geschlossene Kondensatsysteme. Anfallende Entspannungsbrüden sollten genutzt werden.

Abzweige von Dampfleitungen werden auf der Oberseite der Rohrleitung angeordnet.
Kalte Dampfleitungen müssen langsam in Betrieb genommen werden.

Dampf- und Kondensatleitungen müssen mit einer Wärmedämmung ausgerüstet werden. Wärmebrücken an den Rohrhalterungen sind zu vermeiden.

21.5.12 Einbau von Sensoren zur Onlinemessung von Prozessgrößen

Für die Onlinemessung der Prozessgrößen (Temperatur, Druck, pH-Wert, O_2-Gehalt, Trübung, Füllstand usw., s.a. Kapitel 8.5.4) werden Einbauarmaturen gefertigt, die die firmenspezifischen Sensoren aufnehmen und die in standardisierte, aber firmenspezifische Anschlusssysteme (Synonym: Adapter) eingesetzt werden. Damit wird der Sensorwechsel vereinfacht.

Der Prozessanschluss kann zum Beispiel wahlweise sein:

- Eine Armatur für das VARINLINE®-Gehäusesystem der Fa. GEA Tuchenhagen (s.a. Abbildung 307);
- Eine Armatur für das APV®-Gehäuse der Fa. APV/Invensys;
- Eine Armatur mit Tri-Clamp-Anschluss 1 1/2“ oder 2“;
- Ein Anschlusssystem BioConnect®/Biocontrol® [609];
- Ein Einschweißstutzen Ø 25 mm der Fa. Ingold/Mettler Toledo.

Teilweise werden die Prozessanschlüsse so gestaltet, dass die Messsonde während des Betriebes gewechselt oder gewartet werden kann, s.a. [4].

Die Prozessanschlüsse können auch für die Installation von Probenahmearmaturen eingesetzt werden.

Sensoren und moderne Anschlusssysteme werden nach den Richtlinien der EHEDG (European Hygienic Equipment Design Group) gefertigt, sie entsprechen damit auch den Forderungen des US 3-A-Standards 74-00.

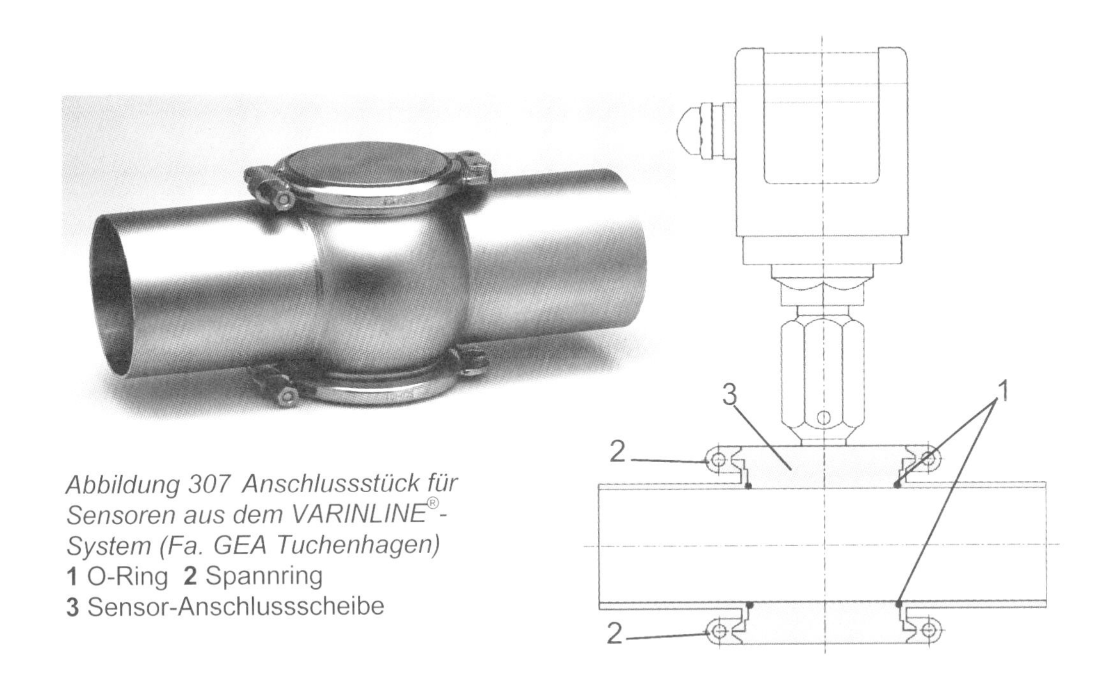

Abbildung 307 Anschlussstück für Sensoren aus dem VARINLINE®-System (Fa. GEA Tuchenhagen)
1 O-Ring **2** Spannring
3 Sensor-Anschlussscheibe

21.6 Hinweise zur Gestaltung und Ausführung von Wärme- und Kältedämmungen

21.6.1 Allgemeine Hinweise

Zur Verringerung von Energieverlusten werden Maschinen, Apparate, Rohrleitungen und Anlagen, teilweise inclusive der Armaturen, mit einer *Wärmedämmung* ausgerüstet (statt des Begriffes Dämmung wurde früher der Begriff Isolierung verwendet).

Die Wärmedämmung soll den Wärmeleitwiderstand vergrößern, um Verluste zu verringern.

Treibende Kraft der Wärmeübertragung, vorzugsweise durch Wärmeleitung und durch Konvektion, zum Teil auch durch Strahlung, ist eine Temperaturdifferenz. Da die Ursachen der Konvektion und Strahlung kaum zu beeinflussen sind, wird versucht, den Wärmestrom durch Verringerung der Wärmeleitung zu reduzieren.

Auch die Vermeidung der Schwitzwasserbildung bei kaltgehenden Rohrleitungen und Apparate-Oberflächen ist eine Aufgabe der Wärmedämmung.

Die Notwendigkeit der Wärmedämmung wird mit der Verminderung der Energieverluste begründet, einem zum Teil erheblichen Kostenfaktor, der unmittelbar von den Energiepreisen beeinflusst wird. Er ist also dynamisch. Deshalb muss die

Entwicklung der Energiepreise bei der Dimensionierung der Wärmedämmungen berücksichtigt werden.

Die wirtschaftliche Dämmstoffdicke wird unter Beachtung der ständig steigenden Kosten für Energie und die Wärmedämmung angestrebt. Die „Lebensdauer" einer Wärmedämmung und die Erhaltung der Berechnungsgrundlagen spielen dabei eine große Rolle. Damit folgt für ZKT beispielsweise eine Dämmschichtdicke von ≥ 100 mm. Ausgeführt werden gegenwärtig Schichtdicken von 120...150 mm (s.a. Kapitel 8.8).

Rohrleitungen werden mit 40...60 mm Dicke gedämmt. Diese Werte sind reichlich bemessen.

Tabelle 207 Dämmstoffe und Wärmeleitkoeffizient λ

Dämmstoff	λ in W/(m·K)	Dichte in kg/m³
PS-Schaum	0,04	22...25
PUR-Hartschaum FCKW-freier Ortschaum	0,03...0,035 0,038 bei 20 °C	≥ 45
Schaumglas	0,44	150
Mineralwolle-Matten	0,03	≥ 110
Glasfaser-Matten	0,03... 0,045	55...130
Weichschaum „Armaflex"	0,034 bei -20 °C 0,036 bei 0 °C	ca. 90

Die in der Vergangenheit benutzten Dämmstoffe: PUR-Hartschaum (FCKW-getrieben), Kork (expandiert und pechgebunden), Kieselguren, Perlite, Asbestfaser-Schnur (für Dampfleitungen), Harnstoff-Formaldehyd-Harze („PIATHERM") besitzen nur noch historisches Interesse bzw. sind bei der Entsorgung problembehaftet.

In der Tieftemperaturtechnik werden vakuumisolierte Rohrleitungen und Behälter eingesetzt.

21.6.2 Vermeidung von Wasserdampfdiffusion und Schwitzwasserbildung

Kaltgehende Ausrüstungselemente (sie werden unterhalb der Raum- oder Umgebungstemperatur betrieben) neigen zur Schwitzwasserbildung. Ursache dafür ist das Erreichen bzw. Unterschreiten des Taupunktes der Luft.

Gleiches gilt für Wärmedämmungen, deren Oberflächentemperatur niedriger als die Umgebungstemperatur liegt. Die Dicke einer Dämmschicht muss deshalb so bemessen werden, dass der Taupunkt auf der Oberfläche mit Sicherheit nicht erreicht wird.

Aus dem gleichen Grunde muss bei einer Wärmedämmschicht auch verhindert werden, dass durch Wasserdampfdiffusion in dem Dämmwerkstoff an den Stellen der Taupunkttemperatur Wasserdampf kondensieren kann. Das Kondensat würde den Dämmstoff durchfeuchten und den Wärmeleitkoeffizienten beträchtlich erhöhen.

Wasserdampfdiffusion kann nur durch metallische Sperrschichten verhindert werden (Bleche, Metallverbundfolien) oder durch Bitumenanstriche oder Bitumenpappe mit Alufolie beschichtet.

Die Wasserdampfsperre, auch als Dampfbremse bezeichnet, muss stets auf der Seite der höheren Temperatur angebracht werden.

21.7 Hinweise zur Rohrleitungsverschaltung, zum Einsatz von Armaturen und zur Probeentnahme

21.7.1 Allgemeine Hinweise

Die Anzahl der verwendeten Armaturen sollte grundsätzlich minimiert werden, um Kosten zu sparen, Druckverluste zu reduzieren und mögliche Fehlerquellen auszuschalten, insbesondere bezüglich eventueller Kontaminationen.

Es ist zwar prinzipiell möglich, Anlagen der Gärungs- und Getränkeindustrie mit den gleichen Maßstäben bzw. Standards zu errichten, wie sie in der Steriltechnik biotechnologischer Anlagen üblich sind. Das scheidet aber im Allgemeinen aus Kostengründen aus.

In der Gärungs- und Getränkeindustrie sind folgende Basis-Varianten der Verbindungstechnik für Rohrleitungen und Apparate oder Anlagen in Gebrauch (s.a. [595]):

- Die manuelle Verbindung mittels Passstück, Schwenkbogen oder
- Schlauch;
- Die Festverrohrung.

Zwischen diesen beiden Extremen sind natürlich alle Zwischenvarianten denkbar.

Die Entscheidung für eine der beiden Varianten oder eine gemischte Variante muss unter Beachtung der folgenden Kriterien getroffen werden:

- Investitions- und Betriebskosten,
- Bedienbarkeit und Bedienungsaufwand,
- O_2-Aufnahme und
- Betriebssicherheit der Anlage.

Bei geforderter bzw. begründeter Automation der Anlage scheidet die manuelle Verbindungstechnik aus.

Die manuelle Verbindungstechnik bietet sich vor allem in den Fällen an,

- bei denen sich die Manipulations- oder Bedienungshäufigkeit gering ist und sich über längere Zeiträume erstrecken oder
- die terminlich flexibel gestaltet werden können und
- bei denen es auf geringe Installations- und Wartungskosten ankommt.

Beispielsweise bietet eine ZKT-Abteilung für die Gärung und Reifung relativ große zeitliche Spielräume für Füllung, Entleerung, CIP. Gleiches gilt für Hefepropagationsanlagen. Ebenso lassen sich Verteiler für CIP-Vor- und Rückläufe kostengünstig in Paneeltechnik erstellen.

Bedingung ist bei der manuell gestalteten Verbindungstechnik, dass die Regeln der Kontaminationsverhinderung eingehalten werden (s.u.) und dass bei Bedarf der O_2-Eintrag durch Schwenkbögen, Schläuche oder andere Verbindungselemente verhindert wird (das gilt natürlich nicht für Hefepropagationsanlagen), beispielsweise durch Spülung der Verbindungselemente mit CO_2. Diese Aussage gilt in gleicher Weise für die Festverrohrung.

21.7.2 Die manuelle Verbindungstechnik mittels Passstück oder Schwenkbogen

Die manuelle Verbindungstechnik und die manuelle Schaltung der Armaturen/Fließwege setzt eine qualifizierte, sorgfältige Arbeitsweise des Bedienungspersonals voraus. Die Anforderungen an das Personal für eine kontaminationsarme oder -freie Arbeitsweise sind erheblich, aber beherrschbar.

Große Aufmerksamkeit erfordert der Oberflächenzustand der zu verbindenden Elemente. Diese müssen kontaminationsfrei sein. Deshalb müssen sie:

- vor jedem Gebrauch gespült und dekontaminiert werden,
- nach jedem Gebrauch gespült und dekontaminiert werden oder
- sie werden in die CIP-Reinigung/Desinfektion lückenlos einbezogen und
- es muss der kontaminationsfreie Zustand aufrecht erhalten werden, beispielsweise durch aufgeschraubte Blindkappen, Aufbewahrung unter Desinfektionslösung bzw. Einsprühen/Einpinseln mit dieser.

Absperrklappen an Rohrleitungsabzweigen einer Rohrleitung werden zweckmäßigerweise mit einer Blindkappe verschlossen und verbleiben in geöffneter Stellung. Bei CIP-Prozeduren werden dadurch auch die Abzweige mit erfasst (s.o.).

Die Sicherung der Anlage gegen Fehlbedienung kann durch Sensoren an den Absperrarmaturen und den Verbindungselementen erfolgen, die eine bestimmte Stellung der Armaturen oder Verbindungselemente erfassen und deren Signale von einer Steuerung ausgewertet werden können. Diese kann auch die jeweils geschalteten Fließwege auf einem Display visualisieren.

Rohrverschraubungen und Clamp-Verbindungen können keine Achs- und Winkelabweichungen ausgleichen. Die zu verbindenden Teile müssen deshalb absolut parallel zueinanderpassen.

Für Schwenkbögen in Form des 180°-Bogens trifft diese Aussage auch vollinhaltlich zu. Schwenkbögen mit einem oder mehreren zusätzlichen Gelenken (Verschraubungen) können Achs- und Winkelabweichungen sowie Längenänderungen kompensieren.

Soll mit starren Schwenkbögen gearbeitet werden, müssen die zu verbindenden Rohrenden parallel zueinander und im definierten Abstand fixiert werden, beispielsweise mittels eines Blechpaneels. Zum Verschweißen sind Lehren zu verwenden, die Einflüsse von Schweißspannungen müssen kompensiert werden, ggf. muss nach dem Schweißen gerichtet werden.

Die Paneeltechnik mittels Schwenkbogenverbindung ist nur manuell bedienbar. Vorteilhaft sind aber:

- die geringen Kosten und
- die große Betriebssicherheit bzw. Eindeutigkeit der Verbindung, s.a. die Ausführung mit Stellungssensor nach Abbildung 308.

Nachteilig ist der erforderliche qualifizierte Bedienungsaufwand, vor allem, wenn sauerstofffrei gearbeitet werden muss.

Wenn an einer Rohrleitung mehrere Anschlussstellen geschaffen werden müssen, gibt es für die Paneeltechnik zwei Varianten, die sich in ihrem Armaturenaufwand unterscheiden, siehe Abbildung 308 (anzustreben ist Variante a).

Absperrarmaturen (Abbildung 308b) an den Rohrenden am Paneel sind nicht in jedem Fall notwendig.

Die Schwenkbögen bzw. Schwenkbögen mit Gelenk können in ihrer Nennweite kleiner als die Rohrleitung ausgeführt werden, um die Handlichkeit zu verbessern. Die aus der kleineren Nennweite resultierenden Druckverluste können im Allgemeinen vernachlässigt werden.

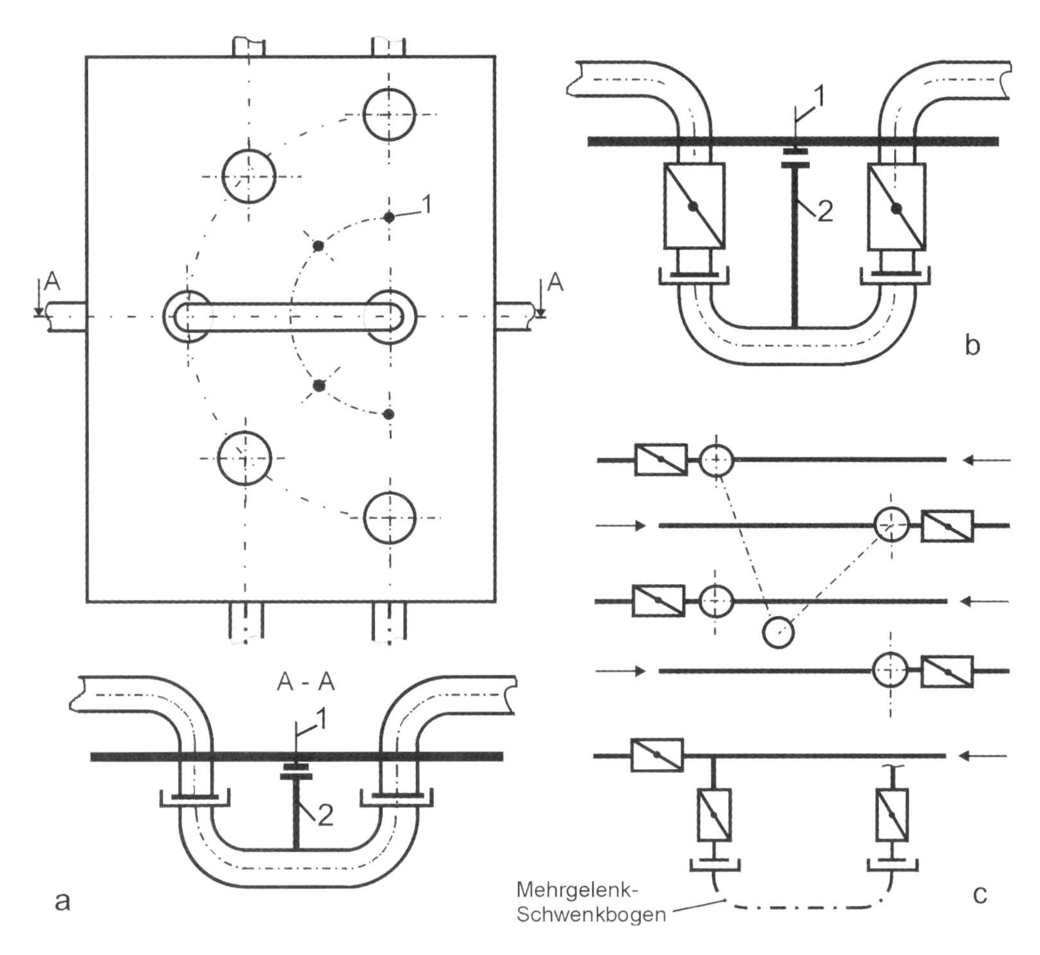

Abbildung 308 Rohrleitungsabzweige und Paneeltechnik in Varianten, schematisch
a Auftrennung der Rohrleitung ohne Armaturen **b** Auftrennung der Rohrleitung mit Armaturen **c** Abzweig von einer Rohrleitung mit Armaturen;
1 Sensor für Stellungsmeldung des Schwenkbogens
2 Sensorbetätigung des Schwenkbogens

21.7.3 Schlauchverbindung

Die Schlauchverbindung ist die ursprüngliche Verbindungstechnik im Kellereibereich. Sie ermöglicht auf sehr einfache Weise die Verbindung zwischen Rohrleitungen und dem Behälterauslauf. Es gelten im Prinzip die gleichen Vorteile wie beim Passstück bzw. Schwenkbogen. Die Flexibilität ist sehr groß, weil der Schlauch „immer passt". Die Nachteile sind vor allem:

- Es wird Personal mit Überblick benötigt;

- Fehlschaltungen sind leicht möglich, es besteht damit ein Produktionsrisiko;
- Sauerstofffrei kann nur mit großem Aufwand gearbeitet werden;
- Hygienische Probleme.

Schlauchverbindungen werden insbesondere in kleineren Brauereien genutzt. Die Nennweiten bis zu DN 65 sind noch relativ einfach zu handhaben. Größere Nennweiten erfordern zum Teil schon viel Kraft. Beim Befüllen/Entleeren von Tankwagen kann auf Schläuche kaum verzichtet werden.

Der Schlaucheinsatz erfordert einen relativ großen Reinigungsaufwand: außen und innen. Die Innenreinigung erfolgt heiß nach dem CIP-Verfahren, außen muss von Hand gereinigt werden. Die Reinigungschemikalien greifen den Schlauchwerkstoff an, Schläuche müssen deshalb prophylaktisch erneuert werden.

Schlauchwerkstoffe

Es werden sogenannte Gummischläuche in Lebensmittelqualität eingesetzt. Diese sind bei entsprechender Wanddicke auch nahezu Vakuum fest. Schläuche können mit Gewebe bzw. Draht verstärkt werden. Zum Teil werden Schläuche mit PE ausgekleidet. Alternativ zum Gummischlauch sind Metallschläuche (Wellrohrschlauch aus Edelstahl) verfügbar, die außen mit einem Metallgewebe und einer „Drahtspirale“ geschützt werden. Nachteil der Metallschläuche: hoher Preis und relativ große erforderliche Radien.

Schlaucharmaturen

Schläuche werden beidseitig mit Verschraubungsteilen (Gewindetülle, Konusstutzen/ Mutter) ausgerüstet. Für die Montage gibt es spezielle Vorrichtungen.

Die Schläuche werden entweder „verpresst“ (Abbildung 310) oder mit Klemmschelle (Abbildung 311) auf den Schlauchtüllen befestigt. Problemzone bleibt immer der Spalt beim Übergang vom Schlauch auf die Tülle (vor allem deshalb muss heiß gereinigt werden).

Zur Schonung der Verschraubungsteile sollte stets ein Gummi-Schutzring genutzt werden (Abbildung 309).

Abbildung 309 Gummi-Schutzring

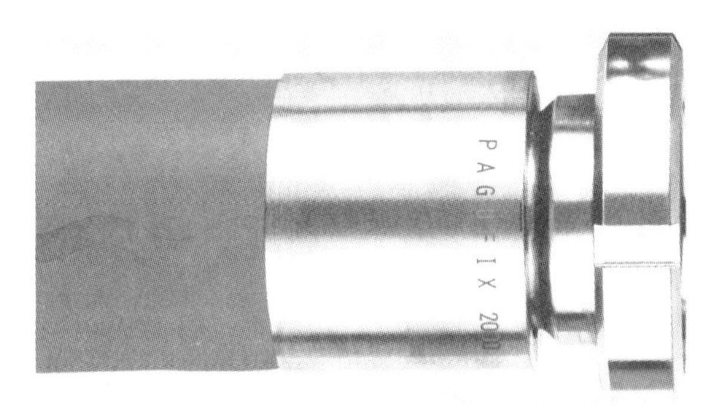

Abbildung 310 Schlauch-Pressarmatur (nach Paguag-Schlauchtechnik)
Rechts ist eine Pressarmatur im Schnitt dargestellt.

Abbildung 311 Schlauchleitungen mit Klemmfassung (l.c. [610])

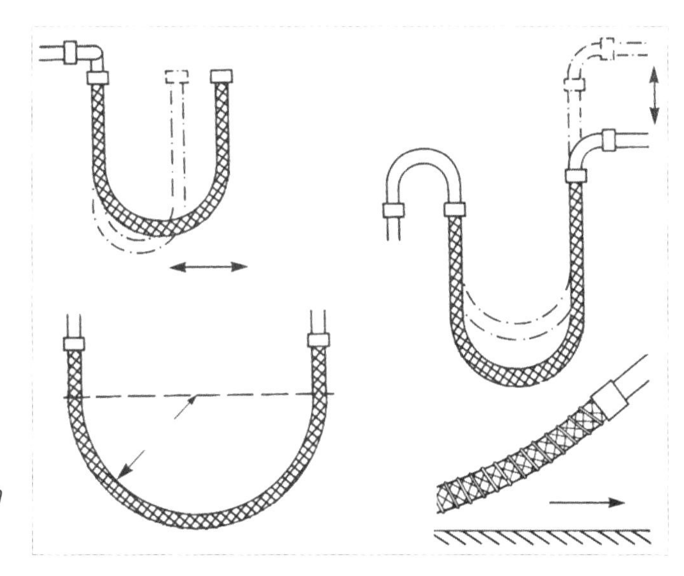

Abbildung 312 Schlauch-Anwendung, gute Lösungen

Schlauchbefestigungen mittels Schlauchschelle, Spannband, Schlauchbinder oder ähnlichen Hilfsmitteln sind an Schläuchen mit Gefährdungspotenzial nicht zulässig.

Hinweise zum Umgang mit Schläuchen

Schläuche dürfen nicht geknickt werden. Schläuche sollten nach Möglichkeit senkrecht hängen. Dazu müssen sie mittels eines Bogenstückes (45°- oder 90°-Bogen) angeschlossen werden, s.a. Abbildung 313. Bespiele für den schlauchgerechten Umgang mit Schläuchen zeigt Abbildung 312.

Frei auskragende Rohrstutzen sind zu vermeiden, da das Biegemoment dann durch die Schlauchmasse sehr groß wird (Abbildung 314).

Schläuche sollen übersichtlich genutzt und aufbewahrt werden, Stolperstellen sind zu vermeiden, ggf. sind Schlauchbrücken zu nutzen. Schläuche sollten nicht länger als notwendig sein (s.a. Abbildung 315 und Abbildung 316).

Abbildung 313 Schlauchanschluss mittel eines 45°-Bogens (l. c. [610])

Abbildung 314 Schlauchanschluss, Negativbeispiel (l. c. [610])

Die Belastung der Edelstahlarmaturen durch die Schlauchmasse ist relativ groß. Nach der Absperrklappe bzw. vor dem Schauglas müsste ein 45°- oder 90°-Bogen folgen.

Abbildung 315 Schlaucheinsatz, Negativbeispiel (l. c. nach [611])

Abbildung 316 Schlaucheinsatz in einem ZKT-Keller (nach Fa. Edel))

21.7.4 Die Festverrohrung

Bei der Festverrohrung einer Anlage werden alle benötigten Fließwege realisiert. Die Aktivierung der Fließwege wird durch Armaturen vorgenommen, die manuell oder fernbetätigt geschaltet werden. Auch in diesem Falle werden die Stellungsmeldungen der Armaturen von einer Steuerung ausgewertet. Bei Fehlern werden diese signalisiert und die Anlage schaltet selbsttätig in einen definierten, festgelegten Zustand.

Festverrohrte Leitungssysteme bieten eine relativ große Sicherheit für den eindeutigen, transparenten und dokumentierten Betriebsablauf. Fehlschaltungen lassen sich bei gegebenem Sensor- und Steuerungsaufwand vermeiden.
Voraussetzungen für einen kompromisslosen Betriebsablauf sind dabei unter anderem:

- Ein optimales Anlagen- und Rohrleitungs-Design;
- Die Fließweg-Gestaltung ohne tote Zonen;
- Die Verhinderung unbeabsichtigter Medienvermischung;
- Funktionstüchtige, gewartete Armaturen und Rohrleitungsverbindungen, funktionsfähige Dichtungen;
- Die Sicherung der freien Ausdehnung infolge Temperatur bedingter Längenänderungen;
- Die automatische Leckageüberwachung der Armaturen;
- Sachgerechte Ausführung der Rohrleitungs- und Armatureninstallation;
- Regelmäßige CIP-Prozeduren;
- Erprobte, betriebssichere Verfahrensabläufe sowie reproduzierbare Verfahrensparameter für alle Produktions- und Reinigungsphasen;
- Ein funktionsfähiges Qualitätssicherungssystem.

Die Festverrohrung ist bei automatisierten Anlagen eine Notwendigkeit und sollte immer dann angestrebt werden, wenn:

- eine große Sicherheit gegenüber Kontaminationen gefordert wird,
- eine große Sicherheit gegen Fehlbedienungen notwendig ist und wenn
- die Bedienungshäufigkeit groß ist.

21.8 Armaturen für Rohrleitungen und Anlagenelemente

Armaturen für Rohrleitungen in der Gärungs- und Getränkeindustrie müssen insbesondere unter den folgenden Aspekten ausgewählt werden (s.a. [595]):

- Armaturenfunktion;
- Funktionssicherheit;
- Vermeidung von Kontaminationen;
- Aufwand;
- CIP-Fähigkeit.

Armaturen (s.a. Kapitel 8.6) werden funktionell gestaltet als:

- Absperrarmaturen;
- Behälterauslaufarmaturen;
- Probeentnahmearmaturen;
- Mehrwegearmaturen (Zweiwegeventile/Umschaltventile, Ventile mit 2, 3 und 4 Gehäuseanschlüssen);
- Stell- oder Regelarmaturen (meist als Ventil gestaltet, seltener als Klappe oder Kugelhahn).
- Sicherheitsarmaturen (Kapitel 8.6.2.4)

Geeignete Bauarten sind im Wesentlichen die Absperrklappe, das Ventil bzw. Doppelsitzventil und mit Einschränkungen der Kugelhahn.

Wenn Anlagen unter sterilen Bedingungen betrieben werden müssen, sind nur Armaturen in Sterilausführung ohne dynamische Dichtflächen einsetzbar.

Die Funktionssicherheit umfasst vor allem die Temperatur- und Korrosionsbeständigkeit bzw. die Chemikalienbeständigkeit der Werkstoffe und Dichtungsmaterialien, die Dichtheit innerhalb des Nenndruckbereiches und die Druckstoßsicherheit. Die Druckstoßsicherheit kann entweder konstruktiv oder durch die Einbaulage der Armatur gesichert werden. Dazu gehört auch das definierte Verhalten der Armatur bei Ausfall der Hilfsenergie des Antriebes. Antriebe werden fast ausschließlich mit pneumatischer Hilfsenergie ($p_ü \geq 6$ bar; obwohl auch Antriebe für geringere Drücke verfügbar sind!) betrieben, vereinzelt auch hydraulisch und elektromechanisch. Der Kolben- bzw. Drehwinkel-Antrieb kann mit Druckluft geöffnet und mit Federkraft geschlossen werden oder umgekehrt. Auch die Variante Öffnen und Schließen mittels Druckluft ist möglich.

Die jeweilige Stellung der Armatur muss durch Sensoren der Steuerung gemeldet werden. Anzustreben ist das Signalisieren beider Endstellungen. Vielfach wird aus Gründen der Kostenersparnis nur der angesteuerte Zustand erfasst.

Die Armaturenbauform muss kontaminationsfreies oder zu mindest kontaminationsarmes Arbeiten ermöglichen. Spalten und Toträume sollen nicht vorhanden sein, statische und dynamische Dichtungen müssen funktionsgerecht gestaltet sein.

Der materielle Aufwand bzw. die Armaturenkosten werden erheblich von der benötigten Nennweite, dem Nenndruck, dem Werkstoff und der Bauart beeinflusst. Deshalb muss die Armaturenauswahl und Festlegung der Parameter sorgfältig getroffen werden, insbesondere müssen auch die dynamischen Druckverluste der Armaturen beachtet werden (das gilt vor allem für Doppelsitzventile).

Die CIP-Fähigkeit setzt geeignete Werkstoffe und entsprechende Oberflächengüte (Rauigkeit; Mittenrauwert R_a) sowie ein entsprechendes Design voraus.

Bei der Festlegung des Mittenrauwertes ($R_a \leq 1{,}6$ µm) nach DIN 4762 als Mindestwert sollten bei der Armaturenauswahl keine übertriebenen Forderungen gestellt werden. Die angestrebten Mittenrauwerte der Armaturen, Rohrleitungen und Maschinen und Apparate sollten aufeinander abgestimmt sein. Die Bewertung der Oberflächenbeschaffenheit aller produktberührten Anlagenkomponenten muss nach einheitlichen Kriterien und Anforderungen vorgenommen werden (s.a. Kapitel 23).

In diesem Zusammenhang ist es relevant, die CIP-Parameter auf die vorhandenen Werkstoffoberflächen abzustimmen, die Heißreinigung ist für Hefereinzucht- und Hefepropagationsanlagen grundsätzlich anzustreben.

Armaturen

Einen ausführlichen Überblick zum Thema „Armaturen in der Gärungs- und Getränkeindustrie“ gibt [612]. Außerdem wird auf die Produktionsprogramme der Armaturenhersteller verwiesen, die im Internet aktuell verfügbar sind.

Doppelsitzventile in den verschiedenen Ausführungsvarianten besitzen insbesondere bei Gestaltung der Rohrverbindungen als Matrix in 2 Ebenen („Rohrleitungsknoten“) erhebliche Vorteile. Die funktionsgerechte Festlegung der Ventilbauform ist dabei eminent wichtig. Für Produktleitungen (Würze, Bier, Hefe) kommen nur Ausführungen mit separater Ventilsitzanlüftung mittels eines Liftantriebes infrage. Der Ventilsitz kann druckschlagfest mit Balancer ausgeführt werden.

Die Betriebsstellung der Armaturen muss durch Sensoren erfasst werden. Anzustreben ist, dass beide Endstellungen („auf" und „zu") signalisiert und von der SPS ausgewertet werden.

Die Leckageräume der Armaturen müssen bei CIP-Vorgängen von jedem Medium beaufschlagt werden. Die Ansteuerung bzw. Medienzufuhr kann für mehrere Armaturen parallel erfolgen.

Die raumsparende Zusammenfassung der Armaturen in einem sogenannten Ventilknoten besitzt die Vorteile des geringen erforderlichen Bauvolumens, die Möglichkeit der Vorfertigung und Funktionsprüfung der kompletten Armaturenkombination und damit eine vereinfachte und kurzfristige Baustellenmontage und Inbetriebnahme.

Wichtig ist natürlich die gute Zugänglichkeit der Armaturen zu Wartungs- und Reparaturzwecken.

Die Ventilgehäuse werden in der Regel zu einer Matrix verschweißt. Wichtig ist es dabei, die Ausdehnungsmöglichkeit bei temperaturbedingten Längenänderungen (zum Beispiel eine Leitung heiß, eine kalt) der Rohrleitungsstränge durch Einsatz von geeigneten Kompensatoren zu sichern. Diese Forderung begrenzt die Anzahl der in Reihe angeordneten Ventile eines Knotens.

Moderne Ausführungen der Doppelsitzventile ermöglichen durch integrierte Pilotventile und Busansteuerung erhebliche Reduzierungen des Montageaufwandes.

Behälterauslaufarmaturen

Eine für den ZKT-Bereich optimierte Behälterauslaufarmatur zeigt Abbildung 317. Siehe auch Kapitel 8.5.2.3.

In der Armaturenkombination Eco-Matrix® sind die Doppelsitz-Armaturen mit Liftantrieb für die Füllung, Entleerung, Hefeziehen, CIP-Rücklauf, CO_2-Ausschub usw. dem ZKT-Auslauf so zugeordnet, dass sich die kürzest mögliche Verbindung ergibt. Für die Rohrleitungsmontage ergeben sich optimale Bedingungen, insbesondere für die Kompensation der Temperatur bedingten Längenänderungen, bei minimierten Investitions- und Betriebskosten.

Außer der in Abbildung 317 gezeigten Ausführung kann die Armatur auch mit manuell betätigten Armaturen ausgerüstet werden (Eco-Fence®).

Eine weitere Variante sind sogenannte Doppelsitz-Bodenventile, die direkt am ZKT-Auslauf angesetzt werden können (Abbildung 318), aber auch in horizontal einsetzbarer Ausführung verfügbar sind. Bodenventile werden in den verschiedensten Ausführungen gefertigt (u.a. mit Liftantrieb für die Leckageraumspülung, s.a. die Produktunterlagen der Hersteller).

Neben diesen speziell entwickelten Armaturen können auch „normale" Doppelsitzventile genutzt werden. Auch die Absperrklappe wird häufig eingesetzt (allerdings mit nicht ganz auszuschließendem biologischen Risiko). Siehe auch Abbildung 137.

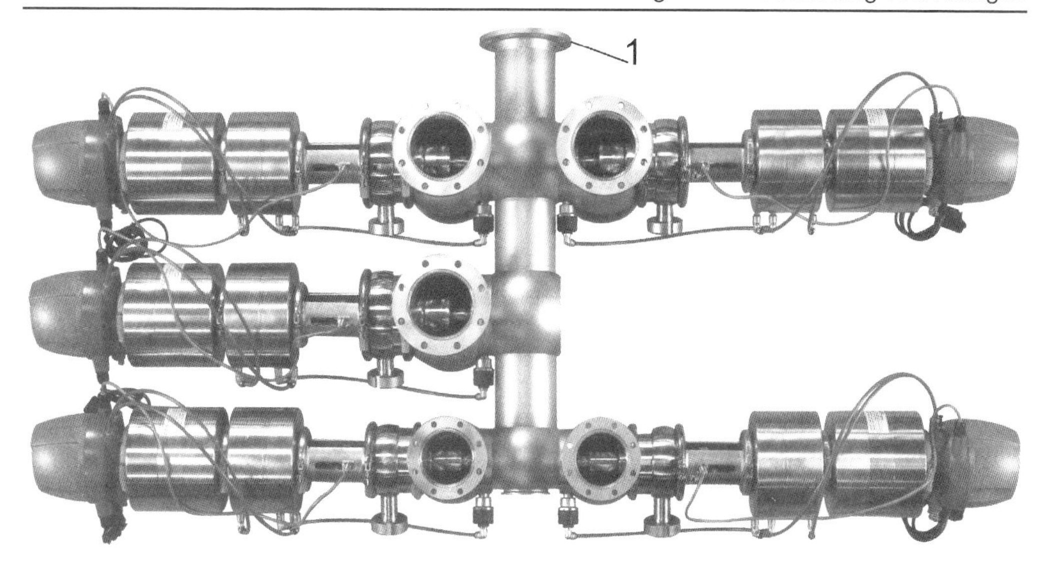

Abbildung 317 ZKT-Auslauf mit Armaturenkombination ECO-MATRIX® (nach Fa. GEA Tuchenhagen) 1 zum ZKT

Abbildung 318 Doppelsitz-Bodenventil (nach GEA Tuchenhagen)

1 Einschweißflansch für den Behälter
2 Spannring
3 Rohrleitungsanschluss
4 CIP-Anschluss für Leckageraumspülung

21.9 Rohrleitungszubehör

Hierzu zählen vor allem:

- Rohrleitungshalterungen (s.a. Kapitel 21.5);
- Dehnungsausgleicher (s.a. Kapitel 21.5);
- Anschlussstücke für Sensoren (s.a. Kapitel 21.5.12)
- Schaugläser;
- Sonstiges Zubehör.

Schaugläser

Für Rohrleitungen können Schaugläser eingesetzt werden. Ziel ist die Beobachtung des strömenden Mediums. In vielen Fällen ist die Beobachtung durch Sensoren abgelöst worden, z. B. für das Erkennen von Farbunterschieden, Trübungen, zur Medientrennung oder zur Erfassung des Strömungszustandes. Schaugläser werden je nach Anforderung an die Druckbeständigkeit eingesetzt als:

- Schauglas in Zylinderform;
- Schauglas mit zwei parallelen Scheiben („Bullaugen").

Die zylindrischen Schaugläser müssen mit einem Splitterschutz ausgerüstet werden, der Nenndruck (PN) ist von der Nennweite (DN) abhängig. Bei höheren Drücken müssen Schaugläser mit parallelen Scheiben genutzt werden. In der Regel sind Schaugläser bis PN 10 einsetzbar, in besonderer Ausführung auch höher.

Schaugläser werden auch im VARINLINE®-System von GEA Tuchenhagen gefertigt. Zubehör des Schauglases kann eine Beleuchtungseinrichtung sein.

Rückschlagarmaturen

Diese Armaturen werden in den Bauformen Rückschlagklappe und Rückschlagventil gefertigt. Sie können Schwerkraft betätigt, federbelastet oder strömungsdynamisch schließend sein.
Sie können anlüftbar sein, um CIP-Prozesse zu ermöglichen.

Entlüftungslaternen

Entlüftungslaternen dienen der Gasabtrennung aus Flüssigkeiten (s.a. Kapitel 6.3.5.1). Sie können in der Bauform wie Schaugläser ausgeführt werden, die Entlüftung kann Sensor oder Schwimmer gesteuert erfolgen. Bei CIP-Prozessen müssen alle Fließwege erfasst werden.

Blindkappen

Armaturen- oder Rohrleitungsabzweige sollten grundsätzlich durch Blindkappen verschlossen werden. Die Ausführung kann als massive Blindmutter oder als Blechformteil in Verbindung mit einer Nut- oder Kronenmutter oder Spannring erfolgen. Blindkappen gehören bei Nichtgebrauch in eine Desinfektionslösung.

Beschriftungselemente/Kennzeichnung

Rohrleitungen sollten nach ihrem Durchflussmedium eindeutig gekennzeichnet werden.

Geeignet dazu sind beispielsweise Schilder oder Klebebänder. Bei der Kennzeichnung sind die bestehenden Normen zu beachten, zum Beispiel:

DIN 2403 Kennzeichnung von Rohrleitungen nach dem Durchflussstoff
DIN 2405 Rohrleitungen in Kälteanlagen, Kennzeichnung

21.10 Probeentnahmearmaturen

Probeentnahmearmaturen an der richtigen Stelle sind für die Belange der Qualitätssicherung in der Gärungs- und Getränkeindustrie unverzichtbar.

Die eingesetzten Armaturen müssen die Entnahme einer repräsentativen, unverfälschten Probemenge ermöglichen und dürfen nicht selbst zur Kontaminationsquelle werden.

In vielen Fällen muss die schaumfreie Probeentnahme auch bei CO_2-haltigen Medien möglich sein.

Die Anforderungen an eine Probeentnahmearmatur sind:

- Die Entnahme der Probe unter aseptischen Bedingungen muss gewährleistet sein;
- In der Armatur dürfen keine Produktreste zurückbleiben; sie sollte spülbar sein;
- Die manuelle oder automatische Reinigung/Desinfektion/Sterilisation der Armatur vor und nach der Probeentnahme muss möglich sein;
- Die Armatur sollte CIP-fähig sein; manuell betätigte Armaturen laufen mit geringem Durchsatz während des CIP-Programmes stetig und sollten in Intervallen geöffnet und gedrosselt werden, Armaturen mit Stellantrieb werden getaktet betätigt.

Probeentnahmearmaturen sind in der Regel sowohl für manuelle Bestätigung als auch für die pneumatische Betätigung ausrüstbar. Weitere Hinweise siehe [612] und [613].

Automatische Probenehmer erfüllen im Allgemeinen die o.g. Forderungen, die Probe wird in einem sterilen Gefäß gesammelt. Damit lassen sich Durchschnittsproben über einen vorbestimmten Zeitraum relativ einfach gewinnen.

Die Probenehmer werden nach dem CIP-Verfahren gereinigt bzw. nach dem SIP-Verfahren sterilisiert. Die Sterilisation ist durch geeignete Messgrößen zu kontrollieren, beispielsweise durch die Kontrolle des Temperatur-Zeit-Verlaufes.

Bei erhöhten Anforderungen bezüglich kontaminationsfreien Arbeitens müssen Sterilarmaturen mit Faltenbalgdichtung benutzt werden.

Manuell betätigte Armaturen müssen spülbar sein und sollten über zwei verschließbare Anschlüsse verfügen (Gewindestutzen, Schlauchtülle, Stopfen). Nach der Probeentnahme wird gespült und mit einem Desinfektionsmittel aufgefüllt (Peressigsäure-Lösung, Ethanol-Lösung etc.) und/oder mit mobilem Dampfgenerator gedämpft (s.u.).

Die Voraussetzungen für die Spülung nach der Probeentnahme müssen gegeben sein, zum Beispiel müssen Wasseranschlüsse in einer geeigneten Nennweite und keimfreies Wasser verfügbar sein.

Dynamische Dichtungen (O-Ringe, Buchsen) der Ventilstange sind ungünstig, anzustreben sind „Sterilarmaturen“ mit spaltfreier Faltenbalg-Dichtung aus Metall oder PTFE.

Die in der Vergangenheit vielfach eingesetzten Probeentnahme-Kükenhähnchen sind aus mikrobiologischer Sicht grundsätzlich *ungeeignet*.

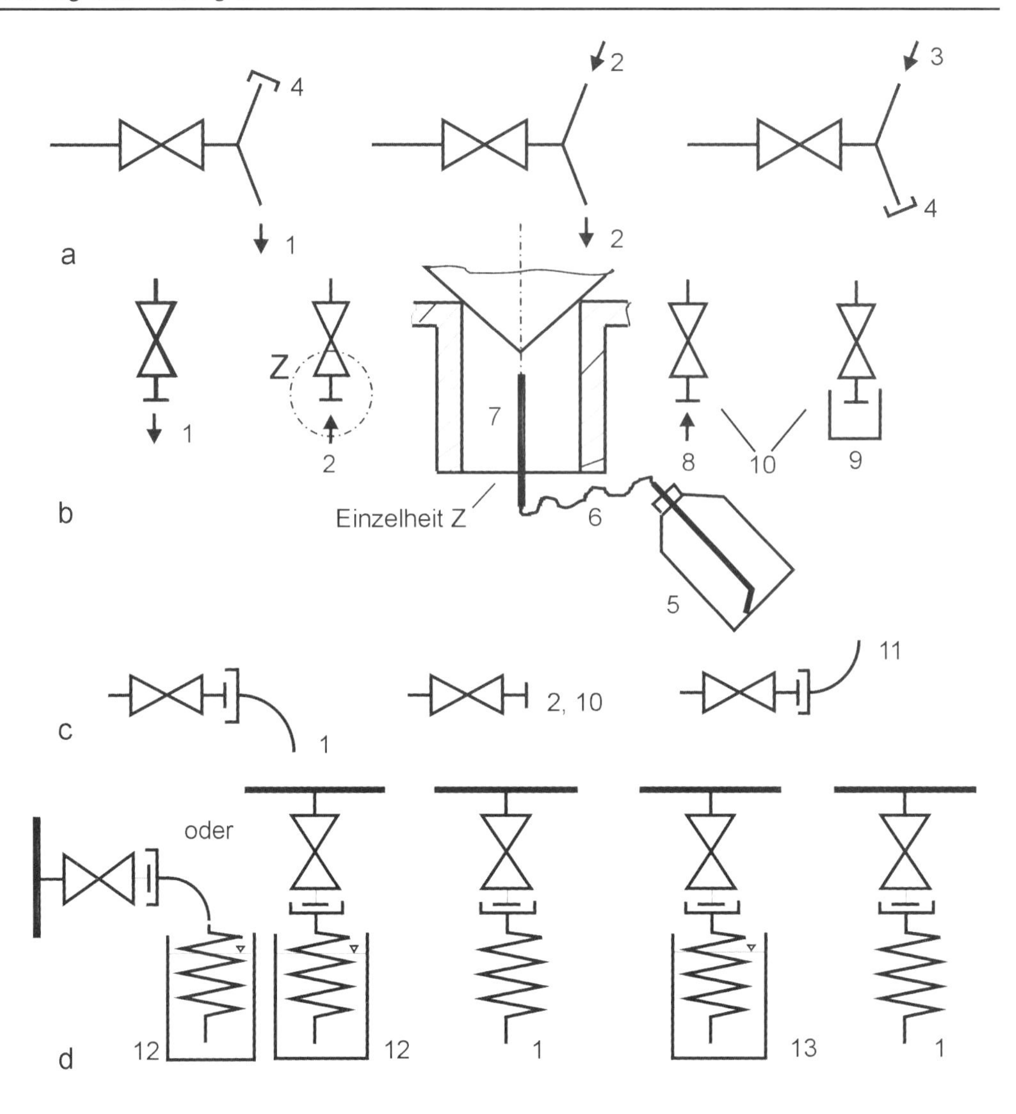

Abbildung 319 Sicherung der Probeentnahmearmatur gegen Kontaminationen, schematisch

a spülbare Probenahmearmatur **b** Probenahmeventil, Abgang nach unten **c** Probenahmeventil, horizontaler Abgang **d** Probenahmeventil, ständig verbunden mit Kompensationswendel

1 Abflambieren und Probenahme **2** Spülung nach der Probenahme **3** Auffüllen mit Desinfektionsmittel **4** Blindstopfen **5** Spritzflasche für Desinfektionsmittel **6** Verbindungsschlauch **7** Kanüle **8** Spülen mit Desinfektionsmittel (mittels Pos. 5...7), **9** Blindkappe mit Desinfektionsmittel **10** Einsprühen der Armatur mit Desinfektionsmittel-Zerstäuber **11** Krümmer, gefüllt mit Desinfektionsmittel **12** nach dem CIP-Vorgang Eintauchen in einen Desinfektionsmittelbehälter **13** Spülen und Eintauchen in einen Desinfektionsmittelbehälter

Armaturen mit nur einem Ausgang

Armaturen mit nur einem Auslauf können nach der CIP-Prozedur und der ersten Probeentnahme nur gefüllt stehen bleiben. Der Auslauf wird nach dem Abspülen in einen mit Desinfektionslösung gefüllten Container gesteckt, sodass Kontaminationen ausgeschlossen werden können (s.a. Abbildung 319). Dafür geeignet sind auch Druckkompensationswendeln. Diese Variante der Probeentnahmearmatur-Nutzung ist zwar ein Kompromiss, aber bei funktionsgerechter Handhabung brauchbar.

Alternativ besteht oft die Möglichkeit der Spülung und Desinfektion, das setzt aber eine qualifizierte, zum Teil unkonventionelle Arbeitsweise und die Bereitschaft zur gewissenhaften Arbeit voraus.

Armaturen mit zwei Ausgängen

Manuell betätigte Armaturen sollten grundsätzlich spülbar sein und sollten deshalb über zwei verschließbare Anschlüsse verfügen (Gewindestutzen, Schlauchtülle, Stopfen), s.a. Abbildung 319. Nach der Probeentnahme wird gespült und mit einem Desinfektionsmittel aufgefüllt (Peressigsäure-Lösung, Ethanol-Lösung etc.). Günstig ist auch das Dämpfen mit einem mobilen Dampfgenerator (s.a. Abbildung 322a).

Gestaltung von Probeentnahmearmaturen

Probeentnahmearmaturen können konstruktiv gestaltet werden als:

- Membranventile;
- Nadelventile;
- Einfache Ventile;
- Probehahn.

Die Nennweite der Probeentnahmearmaturen liegt im Bereich von DN 4 bis etwa DN 10. Größere Nennweiten (DN ≤ 25) werden nur in Ausnahmefällen genutzt, beispielsweise bei ZKT, sind aber nicht zweckmäßig (Produktverlust bei der Probenahme).

Membranventile

Unter diesem Begriff werden verschiedene Bauformen zusammengefasst:

- Ventile mit einer flachen Membranplatte, die linear linienförmig abdichtet;
- Ventile mit einem Faltenbalg, der kreislinienförmig den Durchgang abschließt;
- Ventile mit einer Dichtung, die verformt wird und die kreislinienförmig abdichtet.

Membranventile besitzen keine dynamischen, produktberührten Dichtelemente. Sie sind deshalb prinzipiell auch für Sterilprozesse einsetzbar, soweit ihre Ausführung einschlägig geprüft wurde und den Regeln der EHEDG entspricht [614], [615].
Beispiele für Probeentnahmeventile zeigt Abbildung 321.

Dekontamination der Probeentnahmearmaturen

Das übliche Flambieren der Probeentnahmearmatur zur Vorbereitung der Probeentnahme kann nur den Oberflächenzustand bezüglich des Kontaminantenbesatzes etwas verbessern. Ein thermischer Effekt ist bei produktbelegten Armaturen/Rohrleitungen aufgrund der Wärmeleitung illusorisch. Bei Kükenhähnen wird außerdem das Schmiermittel beseitigt!

Moderne Probeentnahmearmaturen verfügen über zwei Anschlüsse und lassen sich mittels eines mobilen Dampfgenerators dämpfen. Wenn der Dampf über ein Überströmventil abgeleitet wird, kann bei höheren Temperaturen sterilisiert werden ($p_ü$ = 1 bar ≙ 121 °C), s.a. Abbildung 322. Beim Dämpfen muss die Zeitabhängigkeit des Sterilisationseffektes beachtet werden, die Dämpfzeiten und die zu erreichenden Temperaturen müssen vorgegeben und überwacht werden. Bei sogenannten aseptischen Probenahmesystemen wird auch der Probenahmeschlauch (Silicongummi) einschließlich des sterilen Probenahmebehälteranschlusses mit gedämpft (Abbildung 322). Mit diesem System wird eine größtmögliche Sicherheit für unverfälschte Proben geboten.

Prophylaktisch sollten die Fließwege durch chemische Dekontamination von Kontaminanten freigehalten werden. Die Probeentnahme-Utensilien sind in Desinfektionsmittellösung aufzubewahren. Diese Verfahrensweise ist auch bei Nutzung der Dampfsterilisation zusätzlich zu empfehlen. Der Auslauf sollte bereits vor der Sterilisation mit einer Druckkompensationswendel verbunden werden (s.o.).

Probeentnahmesystem mit integriertem CIP-Kreislauf

Im Kapitel 8.6.2.2 wird auf ein automatisiertes Probeentnahmesystem verwiesen, bei dem aus einem ZKT eine Probe entnommen wird (Abbildung 320). Das gesamte System in DN 10 kann einem CIP-Prozess unterworfen werden.

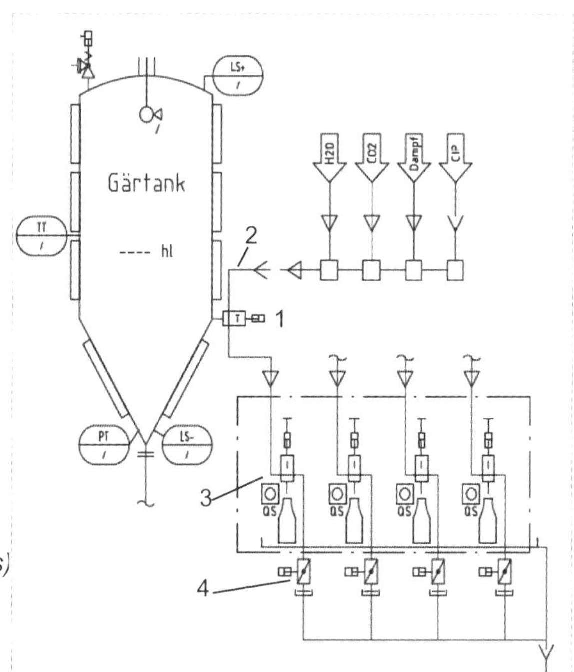

Abbildung 320 Probenahmesystem für ZKT (nach GEA Brewery Systems)
1 Probenahmeventil am ZKT
2 CIP-Anschluss **3** Probeausgabe-Ventil **4** Ablauf in den Kanal

Das Probenahmeprogramm läuft wie folgt ab [616]:

- Ausschub Wasser mit CO_2;
- Sterilisation der Probenahmeleitung mit Dampf;
- Bier vorschießen lassen;
- Probenahme manuell vor Ort. Die Probeentnahme ist erst nach einer Bereitschaftsmeldung möglich;
- Fertigmeldung der Probenahme;
- Ausschub Bier mit Wasser;
- Wasserspülung der Leitung.

Mikrobiologische Probenahme

Wenn nur kleine, sterile Probemengen benötigt werden, z. B. für mikrobiologische Kontrollen, können diese relativ einfach mit einer „Injektionsspritze“ mit Kanüle gezogen werden. Mit der Kanüle wird ein Silicongummistopfen durchstochen, der sich nach dem Herausziehen der Kanüle wieder schließt.

Die Silicongummistopfen sind mehrfach durchstechbar und sind mechanisch vorgespannt.

Bei Einsatz von Einwegkanülen und -spritzen wird eine relativ große biologische Sicherheit erzielt. Um Kontaminationen von außen durch Schmier- und Hafteffekte der Kanüle zu verhindern, müssen die Silicongummistopfen äußerlich dekontaminiert werden.

Die Regeln der sterilen Probeentnahme müssen beachtet werden.

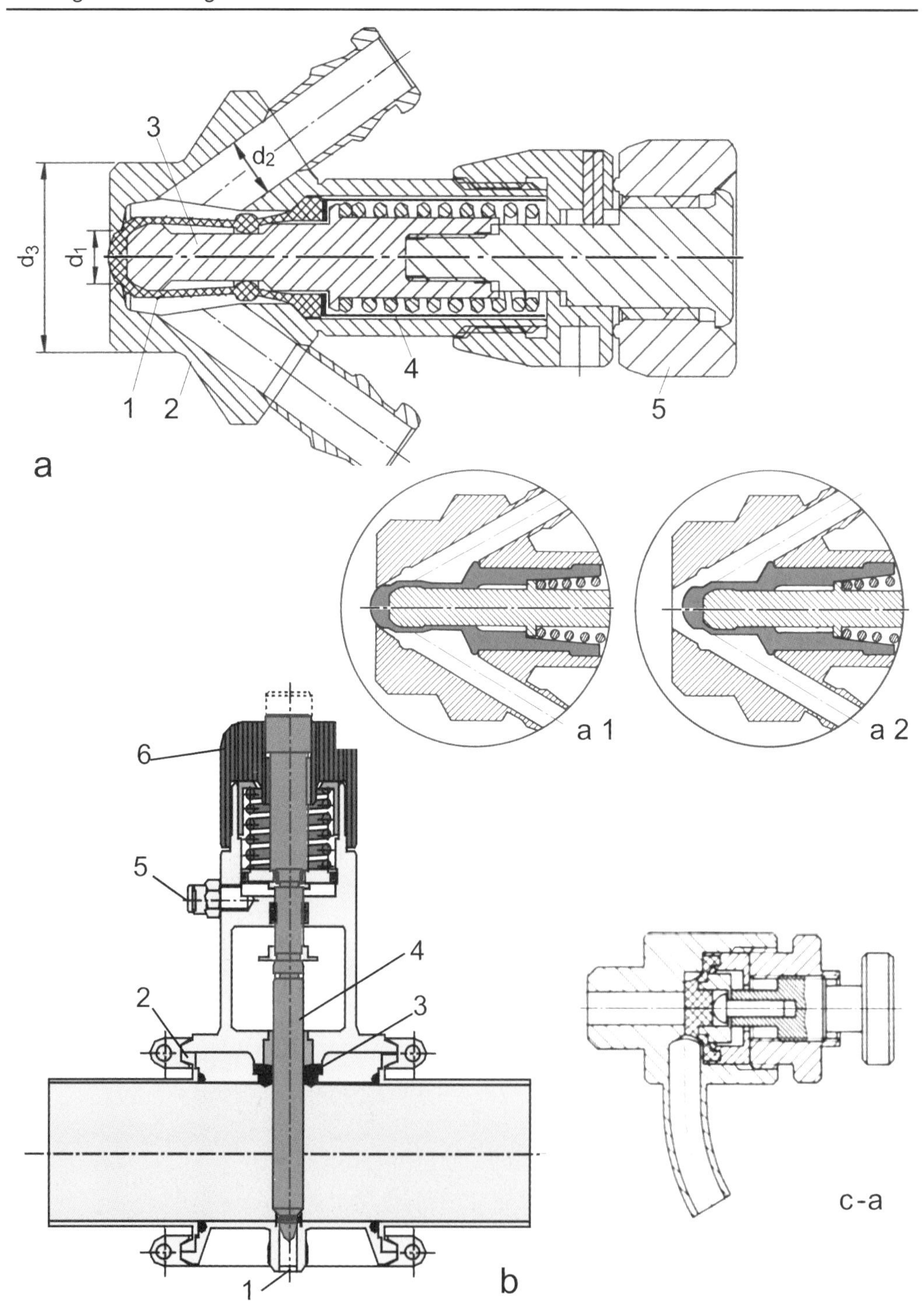

Abbildung 321 Probeentnahmearmaturen, Beispiele, siehe auch folgende Seite

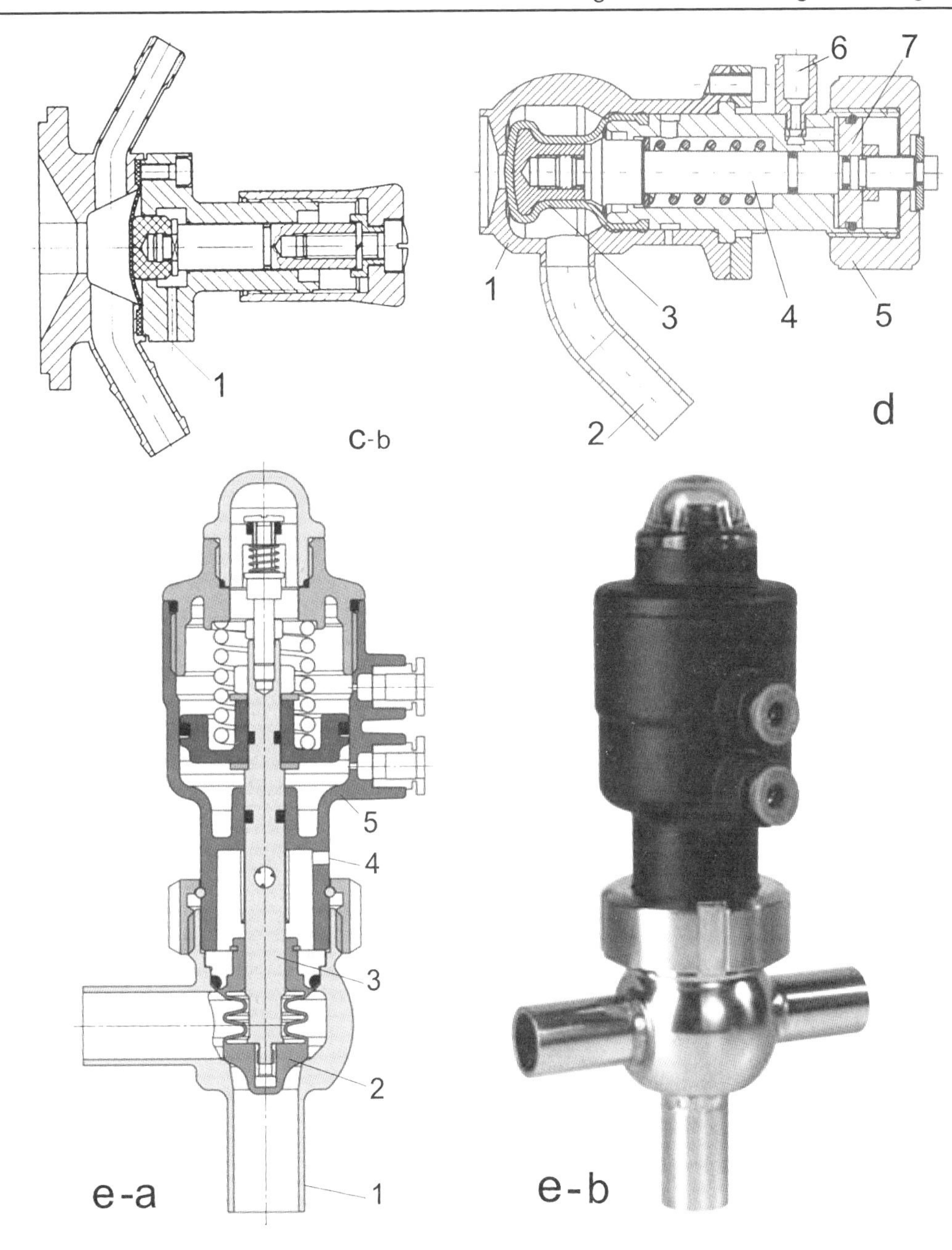

Abbildung 321 Probeentnahmearmaturen, Beispiele
a *Probenahmearmatur, Fa. KEOFITT (DK) (d_1 = 5 oder 8 mm, d_2 = 4 oder 9 mm, d_3 = 25 mm; der Ventilkörper ist zum Einschweißen vorgesehen, andere Anschlussvarianten sind möglich).*
a 1 Einzelheit Pos. 1 geschlossen (Spülung oder Desinfektion) **a 2** Einzelheit Pos. 1 geöffnet (Probeentnahme) **1** Dichtelement (Membran) **2** Ventilkörper **3** Ventilstößel **4** Hülse zum Fixieren der Membran **5** Handrad

Noch Legende zu Abbildung 321

b *Probeentnahmearmatur, Beispiel VARINLINE®-Probeentnahmesystem, gefertigt für Rohre DN 10…125 (Fa. GEA TUCHENHAGEN)*
Die Armaturen sind für Hand- und pneumatische Betätigung ausgerüstet;
1 Probenauslauf **2** VARINLINE®-Gehäuse **3** Dichtung **4** Ventilstange mit Dichtelement **5** Druckluftanschluss **6** Handrad

c *Membranventile mit verformbaren Dichtelementen und Handbetätigung (nach Fa. Guth)*
a einfache Armatur in DN 6 **b** Armatur mit Spülmöglichkeit in DN 10
1 Leckageanzeige für Membranschaden

d *Probenahme(membran)ventil, Fa. Nocado*
1 Armaturengehäuse zum Einschweißen **2** Probe **3** Silikonmembran **4** Ventilstange **5** Handbetätigung (mit Gewinde) **6** Druckluftanschluss für pneumat. Betätigung **7** Kolben

e *Sterilventil VESTA® in DN 10 bis 25 (nach GEA Tuchenhagen)*
a PTFE-Faltenbalg **b** Ausführung mit 3 Stutzen
1 Ventilgehäuse **2** PTFE-Faltenbalg-Dichtelement **3** Ventilstange **4** Kontrollbohrung für eventuelle Membrandefekte **5** pneumatischer Antriebskopf

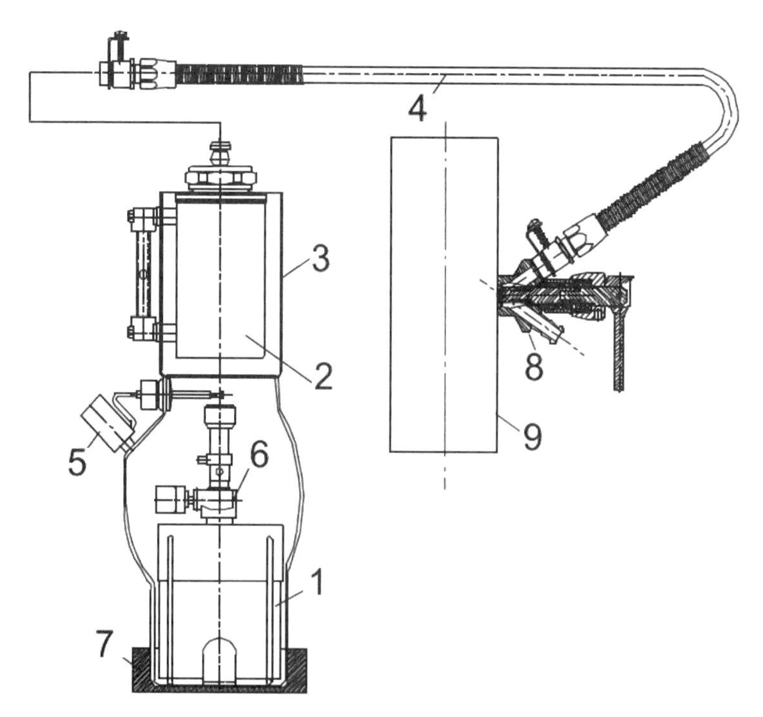

Abbildung 322a Dampfgenerator (nach KEOFITT / DK)
1 Gasbehälter („Kartusche") **2** Wasserkessel mit Standanzeige **3** Gehäuse **4** Dampfschlauch (Teflon) **5** Piezo-Zünder **6** Gasbrenner **7** Fuß **8** Probeentnahmearmatur **9** Rohrleitung oder Behälter

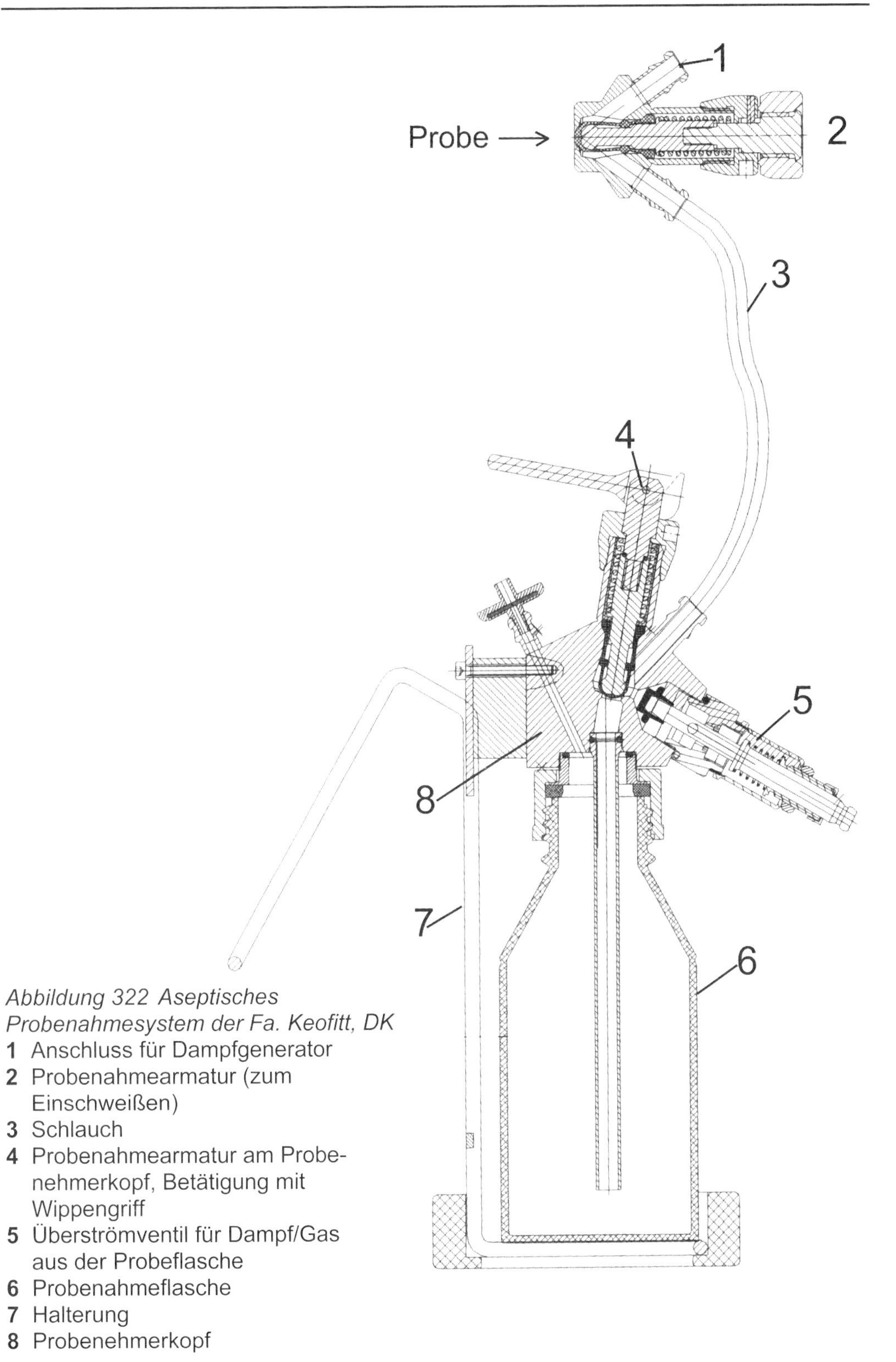

Abbildung 322 Aseptisches Probenahmesystem der Fa. Keofitt, DK

1 Anschluss für Dampfgenerator
2 Probenahmearmatur (zum Einschweißen)
3 Schlauch
4 Probenahmearmatur am Probenehmerkopf, Betätigung mit Wippengriff
5 Überströmventil für Dampf/Gas aus der Probeflasche
6 Probenahmeflasche
7 Halterung
8 Probenehmerkopf

21.11 Hinweise zum Einsatz und zur Gestaltung von MSR-Stellen und von automatischen Steuerungen

21.11.1 Allgemeine Hinweise

Zur Einführung in die Problematik Messtechnik und technische Messgrößen in der Gärungs- und Getränkeindustrie wird auf [617] bzw. [4] verwiesen.

Die Auswahl des für die spezielle Messaufgabe optimalen Messgerätes oder Messverfahrens muss sehr sorgfältig erfolgen und immer gesamtbetrieblich gesehen werden.

Obwohl die Anschlussmaße der Messaufnehmer weitestgehend genormt oder standardisiert sind, ist es immer sinnvoll, bereits in der Planungsphase einer Anlage auf eine weitestgehende innerbetriebliche Standardisierung bezüglich der Anschlussmaße, der Messbereiche, der verwendeten Messprinzipien und der Hersteller zu achten, um die Wartung und Instandhaltung zu vereinfachen und um Kosten zu senken.

Generell gilt für alle technischen Messungen: „so genau wie nötig" und „so oft wie nötig", um den Gesamtaufwand so gering als möglich zu halten.

Bei jeder Planung sollte die Notwendigkeit und Aussagefähigkeit jeder Messstelle sorgfältig geprüft werden. In zahlreichen Fällen werden Messergebnisse nur bei der Inbetriebnahme einer Anlage oder für die Justierung von Anlagenelementen benötigt.

21.11.2 Anforderungen an die Messunsicherheit der verwendeten Messtechnik

Die Anforderungen an die Messtechnik sind bezüglich der Messunsicherheit sehr differenziert zu sehen. Eine Einteilung ist zum Beispiel möglich in:

- allgemeine Betriebsmessgeräte, in
- die die Produktqualität direkt beeinflussenden Messgeräte oder Messeinrichtungen,
- die betriebswirtschaftlich relevanten Messgeräte und
- die Labormessgeräte und -einrichtungen.

Die *Betriebsmessgeräte* sollen allgemeine Prozessdaten anzeigen. Dabei soll in vielen Fällen nur die „Normalität" der Maschinen- oder Anlagenfunktion angezeigt werden. Die Messwerte sollen sich innerhalb von vereinbarten Bereichsgrenzen befinden. Von sicherheits- oder produktionsrelevanten Messgrößen sollen nicht tolerierbare Abweichungen signalisiert werden oder es werden selbsttätige Eingriffe vorgenommen. Dafür genügen Betriebsmessgeräte mit relativen Fehlergrenzen von 1 bis 2 %.

Es wird immer nur *so genau wie nötig* gemessen, da zwischen der Fehlergrenze eines Messgerätes und seinem Preis meist ein umgekehrt proportionaler Zusammenhang besteht. Auch sind Messgeräte mit größeren Fehlergrenzen oftmals robuster und deshalb weniger störanfällig.

Zu dieser Gruppe gehören die Maschinenthermometer, Manometer, Strömungswächter, Messgeräte für Füllstand und Durchfluss, Leitfähigkeit usw.

Messaufnehmer sind Teile von Messeinrichtungen und stellen im Allgemeinen die Signale für Steuer- oder Regelanlagen bereit. Je größer die Anforderungen an die Genauigkeit der Steuerungen oder Regelungen sind, desto mehr Aufwand muss bei der Messwertermittlung getrieben werden. Bei modernen Messaufnehmern wird das Messsignal meist digital verarbeitet und mögliche unerwünschte Einflüsse werden umfassend kompensiert, sodass die Messgenauigkeit und die Langzeitstabilität der Geräte hinreichend befriedigt werden. Waren in der Vergangenheit die Messsignal-

Aufnehmer das schwächste Glied der Kette, so sind es gegenwärtig meist die Stellorgane.

Qualitätsrelevante Messgeräte oder Messeinrichtungen müssen erhöhte Anforderungen an das Messergebnis und die Messunsicherheit erfüllen. Beispiele sind die Temperatur-Messung der Maische und des Anschwänzwassers (die Malzenzyme haben sehr eng tolerierte Temperatur-Optima und -Maxima, deren Überschreitung sehr schnell zur Inaktivierung führt), die exakte Einhaltung der Pasteurisationstemperatur und -Zeit, die Messung des Spundungsdruckes (in Abhängigkeit von der Temperatur wird dadurch der CO_2-Gehalt des Bieres festgelegt), die Messung des O_2- und des CO_2-Gehaltes des Bieres, die Bieranalyse (Stammwürzebestimmung, Bestimmung des Alkoholgehaltes) oder die Malzanalyse.

Betriebswirtschaftlich relevante Messungen müssen mit möglichst geringen Messunsicherheiten vorgenommen werden, um die Betriebskosten exakt erfassen und auswerten zu können. Dazu zählen vor allem Messgeräte oder Messeinrichtungen für die Erfassung des Energie- und Wasserverbrauches und des Roh- und Hilfsstoffverbrauches.

Wo es möglich ist, sollte die Wägung zum Einsatz kommen, denn die Masseermittlung ergibt nur kleine Messunsicherheiten. Die Wägung eignet sich bei bekannter Dichte auch sehr gut zur Kalibrierung von Volumen-Messgeräten.

Durch Kontrollmessungen und -berechnungen sollten die Funktionsfähigkeit der Messeinrichtung oder des Messgerätes und die Verbrauchswerte/Messwerte ständig auf ihre Aussagefähigkeit geprüft werden (z. B. durch Vergleich der Lieferscheinangaben mit den tatsächlichen Liefermengen und Qualitätsparametern oder Vergleich der Einzel-/Teilmengen-Messungen mit der Gesamtmengen-Messung).
Redundante Messungen können die Auswertesicherheit verbessern.

An Messgeräte/Messeinrichtungen der Qualitätssicherung bzw. des Labors werden höchste Anforderungen gestellt, um die Aussagefähigkeit und Vergleichbarkeit der Messergebnisse zu garantieren. Deshalb müssen diese Messgeräte gegebenenfalls täglich oder vor jedem Gebrauch geprüft oder kalibriert oder justiert werden.

Wichtig ist es, diese Tätigkeiten zu dokumentieren. Die Prüf- und Messmittel-Überwachung ist ein wesentliches Element der Qualitätssicherungssysteme. Hierfür sind PC-gestützte Systeme verfügbar, die täglich auf alle relevanten Kontrollen verweisen.

21.11.3 Messwertauswertung

Die Auswertung der von den Sensoren gewonnenen Messwerte erfolgte in der Vergangenheit vor allem drahtgebunden mit Messleitungen in 2-Leiter- oder 3-Leiter-Technik.

Die Austauschbarkeit von Messaufnehmern wird erleichtert, wenn nicht die Messgröße selbst als proportionales Signal ausgegeben wird, sondern wenn die Messgröße direkt umgewandelt und verstärkt wird und in Form eines normierten Einheitssignals bereitgestellt wird. Die Messeinrichtung umfasst dann Mess-Aufnehmer, -Verstärker, -Umformer und Messwertausgabe in einem kompakten Gehäuse. Diese kann vor Ort und in einer Messwarte vorgenommen werden.

Mit der Zusammenfassung aller wichtigen Elemente zu einer anschlussfertigen und ggf. kalibrierten Messeinrichtung entfallen mehr oder weniger aufwendige Abgleich-

und Justagearbeiten nach Wechsel des Messaufnehmers und der Installationsaufwand wird deutlich geringer.

Das Einheitssignal kann zum Beispiel eine Spannung von 0 bis 10 V oder ein Strom von 0 bis 20 mA oder ein Strom von 4 bis 20 mA sein. Dem untersten Messwert des Messbereichs entspricht im zuletzt genannten Beispiel dann ein Strom von 4 mA, dem obersten Messwert ein Strom von 20 mA. Das letztgenannte Einheitssignal ermöglicht auf einfache Weise die Funktionskontrolle der Übertragungsstrecke. Ein Strom von 0 mA deutet z. B. auf einen Drahtbruch hin. Werte < 4 mA bzw. > 20 mA können ebenfalls für die Fehlererkennung automatisch ausgewertet werden. Vorteile bei der Messwertübertragung bringen insbesondere Feldbussysteme, siehe unten und [4].

Feldbussysteme

Zur Verringerung des Installationsaufwandes (Material und Zeit) werden statt der 4... 20-mA-Zweidraht-Technik seit den 1990er Jahren vor allem standardisierte Feldbus-Systeme für die Übertragung der Messwerte an die SPS genutzt. Vorteilhaft ist dabei, dass Geräte verschiedener Hersteller, die das gleiche Datenprotokoll unterstützen, an einem Bussystem betrieben und ggf. ausgetauscht werden können. Beispiele sind das System Profibus® oder das System Foundation Fieldbus™ (FIB).

Die Systeme Profibus PA und FIB sind offene Feldbussysteme. Profibus PA benötigt nur 2 Leiter, die als „Linie“ von Sensor zu Sensor geführt werden, oder als „Stern“ bzw. „Baum“ mit dem Master verbunden werden.

Die Auswertung kann dann an jedem berechtigten Teilnehmer des Bussystems erfolgen. Bei Profibus PA und dem AS-i-Sensorbus erfolgt auch die Netzversorgung über das Datenkabel. Beim Profibus DP werden Daten- und Netzleitung mittels Hybridleitungen getrennt verlegt. In der Regel werden Spezialkabel für unterschiedliche Einsatzfälle mit geschirmten, verdrillten Zweidrahtleitungen eingesetzt. Für die Leitungsverbindungen sind Spezialwerkzeuge verfügbar.

Prinzipiell sind statt drahtgebundener Datenübertragung auch Lichtwellenleiter (z. B. Glasfasern) möglich.

Die Feldbussysteme können mit übergeordneten Bussystemen über Gateways, z. B. High Speed Ethernet (HSE), kommunizieren.

Die Entscheidung für eine der vorstehend genannten Installationsformen (Feldbus oder klassische „Drahtinstallation“) kann nur unter Beachtung der objektkonkreten Aufgabe getroffen werden (u.a. die räumlichen Entfernungen der Anlagenkomponenten, die Zahl der Sensoren und Aktoren). Wesentliches Entscheidungskriterium sind dabei die Investitionskosten. Im Vergleich müssen natürlich auch die Installationsvorteile, die Erweiterungsfähigkeit und der Anwendernutzen eines Bussystems gesehen und bewertet werden.

21.11.4 Anforderungen des Einbauortes und der Reinigung/Desinfektion

Die Anforderungen an die Gestaltung der Messtechnik und des Einbauortes für Messgeräte oder Messaufnehmer sind in der Gärungs- und Getränkeindustrie sehr differenziert zu sehen.

Einbauorte können Rohrleitungen, Behälter und Maschinen oder Apparate sein. Wesentliche Anforderungen an die Messgeräte oder Messaufnehmer sind:

- Die chemische Beständigkeit;
- die mechanische Belastbarkeit;

- Einfache Montage und Austauschbarkeit im Reparaturfall; die Zugänglichkeit des Einbauortes ist zu sichern;
- Die Eignung für die Reinigung/Desinfektion nach dem CIP-Verfahren (s.a. die Publikationen der EHEDG [597]);
- Keine Schädigung des Produktes;
- Kurze Ansprechzeit;
- Keine Verfälschung des Messwertes durch ungünstigen Einbau-ort: z. B. Verfälschung durch Wärmeleitung, Belagbildung, elektrische Felder.

Die chemische Beständigkeit wird bei metallischen Werkstoffen durch die Verwendung von rost- und säurebeständigen Edelstählen (z. B. Werkstoff-Nummern 1.4301, 1.4401, 1.4541, 1.4571) gewährleistet. Diese Werkstoffe sind gegenüber fast allen Medien beständig, die in der Brauerei verwendet werden.

Als Dichtungswerkstoffe eignen sich insbesondere PTFE (Polytetrafluorethylen, Handelsname z. B. „Teflon“), *Silicon*-Gummi (meist rot gefärbt) und das Elastomer EPDM (Ethylen-Propylen-Dien-Mischpolymerisat, meist schwarz gefärbt). Andere Elastomere (z. B. NBR Acrylnitril-Butadien-Kautschuk, blau gefärbt) sind nur eingeschränkt einsatzfähig, da ihre thermische und chemische Beständigkeit begrenzt ist, oder sie sind nicht für Lebensmittel zugelassen (zum Beispiel einige Fluor-Elastomere), s.a. Kapitel 23.2.

Die mechanische Belastbarkeit ist in der Regel bei Verwendung der vorstehend genannten Werkstoffe gesichert. Grenzen setzt allenfalls die Wanddicke, die im Interesse kurzer Ansprechzeiten bei Temperaturaufnehmern oder großer Empfindlichkeit bei Druckaufnehmern relativ dünn ausgeführt werden muss. Mechanische Beanspruchungen, die über die betriebsbedingten hinausgehen, können beispielsweise bei Flüssigkeitsschlägen infolge von Bedienungsfehlern, durch Vakuumbildung oder bei Montagefehlern auftreten.

Anschlussstücke werden mittels Verschraubung, Clamp-Verbindung oder Spannring-Verbindung (z. B. in der Variante des VARINLINE®-Systems), seltener als Flansch-verbindung, befestigt (s.a. Kapitel 21.5.2 und Kapitel 21.5.12).

Die Anschlussmaße entsprechen den üblichen Rohrleitungs-Nennweiten (vorzugsweise DN 50, aber auch DN 25, 32, 40, 65, 80, 100).

Die Anschlussstücke werden mit den jeweiligen Messaufnehmern ausgerüstet, beispielsweise werden Thermometer-Schutzrohre eingeschweißt, oder die Anschluss-stücke werden als Druckmittler gestaltet, in die Manometer oder Druckaufnehmer beliebiger Bauform eingeschraubt werden können. Abbildung 307 zeigt Aus-führungsbeispiele für die Befestigung von Anschlussstücken, die teilweise auch als Adapter bezeichnet werden.

Für Rohrleitungen werden oft spezielle Aufnahmegehäuse mit 2 Anschlüssen angeboten, deren Querschnittsfläche sich vergrößert, um die Druckverluste durch den Messaufnehmereinbau gering zu halten. Diese Gehäuse entstammen den Ventil-Baukasten-Systemen der Armaturenhersteller und sind herstellerspezifisch. Ein Bei-spiel zeigt Abbildung 307. Die Gehäuse werden eingeschweißt oder mittels Flanschen verbunden.

Die Eignung für das CIP-Reinigungs- und Desinfektionsverfahren bedingt neben der bereits erwähnten Chemikalienbeständigkeit, Totraum- und Spaltfreiheit die Forderungen nach:

- Vollständiger Benetzbarkeit;

- Selbsttätiger Entlüftung und Entleerung;
- Möglichst glatten Werkstoffoberflächen (möglichst geringe Mittenrauwerte, günstig ist Elektropolitur);
- Temperaturbeständigkeit bis 100 °C (bzw. 130 °C, wenn gedämpft werden soll).

Bei einigen Druck-Messaufnehmern werden Fluide als Druckmittler eingesetzt. In der Lebensmittelindustrie werden dafür Speiseöl und Siliconöl benutzt. In der Brauerei sollte bei Produkt-Messungen (Würze, Bier, Hefe, Wasser) *Siliconöl* verwendet werden, das im Havariefall keine Schaumbeeinträchtigung nach sich zieht.

21.11.5 Anforderungen der Betriebssicherheit und Anlagensicherheit

Der sichere Prozessablauf und die Sicherheit der Betriebsführung setzen eine funktionsfähige Messtechnik voraus. Neben einer hohen Zuverlässigkeit der Messtechnik wird eine möglichst große Langzeitstabilität der Signale erwartet bei minimalem Wartungsaufwand.

Neuere Messgeräte oder Messeinrichtungen sind oftmals bereits selbstprüfend oder -abgleichend und werden automatisch kalibriert bzw. justiert. Eventuelle Störungen werden automatisch ausgewertet, und gegebenenfalls wird die Anlage stillgelegt.

Bei sehr großen Anforderungen an die Betriebssicherheit oder bei Automatikbetrieb müssen Messaufnehmer bzw. Messeinrichtungen doppelt installiert werden, die Störungserkennung und die Umschaltung müssen natürlich selbsttätig erfolgen, die Störungen müssen protokolliert, Störungsmeldungen müssen quittiert werden.

Bei Nutzung von Qualitätssicherungssystemen bzw. -managementsystemen ist die *Mess-* und *Prüfmittelüberwachung* ein wichtiges Element, das entsprechend dokumentiert werden muss.

Dazu eignen sich *Plaketten, Kontrollmarken* oder Aufkleber, von denen der nächste Prüftermin ablesbar ist, oder die eine Messstelle als funktionsuntüchtig oder gesperrt ausweisen, *Gerätebegleitkarten* und andere Aufzeichnungen.

Es sollte selbstverständlich sein, dass alle Messgeräte und Messeinrichtungen in einer Kartei oder Datenbank erfasst sind und entsprechend PC-gestützt verwaltet werden.

Grundlage dafür kann die Kennzeichnung der Messstellen im RI-Fließbild sein.

21.11.6 Anforderungen der Wartung und Instandhaltung

Zur Gewährleistung der Funktionsfähigkeit der Messtechnik gehört die regelmäßige Wartung und gegebenenfalls die Instandsetzung. Der personelle und materielle Aufwand dafür soll natürlich minimal bleiben.

Wichtig ist es deshalb bereits in der Planungs- bzw. Projektierungsphase darauf zu achten, dass die Funktionskontrollen oder das Kalibrieren der Messtechnik mit möglichst geringem Aufwand durchgeführt werden können.

Als mögliche Anschlusspunkte für die Vergleichsmessgeräte bieten sich in vielen Fällen Absperrarmaturen oder Probenahmearmaturen der Anlage an, oder die Messaufnehmer lassen sich leicht ausbauen und prüfen. Es ist günstig, wenn für den universellen Anschluss von vorhandenen Messgeräten oder Messnormalen an die vorstehend genannten Armaturen entsprechende Anschlussstücke verfügbar sind.

In vielen Fällen lassen sich die in anderen Betriebsabteilungen vorhandenen Messeinrichtungen für die Prüfung oder Kalibrierung nutzen, beispielsweise können Durchflussmessgeräte mittels einer Kaltwürzemesseinrichtung geprüft werden oder eine Durchflussmenge wird erfasst (z. B. in einem Tankwagen) und mittels Wägung geprüft. Auch die beispielsweise in CIP-Anlagen oftmals vorhandene Messtechnik (z. B. IDM, Temperatur- und Leitfähigkeitssensoren) lässt sich für die Prüfung anderer Messgeräte nutzen, zum Teil können die CIP-Medien gleich mit für die Prüfung genutzt werden.

Die Instandhaltungskosten lassen sich minimieren, wenn konsequent auf eine innerbetriebliche Standardisierung geachtet wird, bei der die Anzahl der erforderlichen Messgeräte, Gerätetypen, Messbereiche und Anschlussmaße schon in der Planungsphase oder bei der Anlagenbeschaffung auf das unbedingt notwendige Maß reduziert wird.

Zunehmend werden PC-gestützte Instandhaltungs-Planungssysteme genutzt. Mit diesen Systemen ist eine umfassende Planung der Instandhaltung, Überwachung aller Maßnahmen bis zur Erstellung der Aufträge für externe Unternehmen möglich. Die betrieblichen Instandhaltungsmaßnahmen können detailliert geplant und ausgewertet werden (Störzeiten, Störursachen, Historie der Schadensfälle usw.), ebenso erfolgt die Verwaltung der Ersatz- und Verschleißteile. Die Kosten können den einzelnen Kostenstellen zugeordnet werden. Die Zugangsberechtigten können jederzeit die betriebliche Situation abrufen und ggf. steuern. Über ein erfolgreich installiertes Instandhaltungs-Planungssystem informierte *Stiebeling* [618].

21.11.7 Anforderungen an automatische Steuerungen

Dank der teilweise beträchtlichen Kostensenkungen der Hardware für industrielle Steuerungen, die als sogenannte speicherprogrammierbare Steuerungen (SPS) gefertigt werden, aber auch der Software und vor allem der Verbesserung und Vereinfachungen der Bedienbarkeit der SPS, konnten sich diese ein breites Einsatzgebiet „erobern“. Das Ende dieser sehr erfreulichen Entwicklung ist noch nicht abzusehen.

Die Anforderungen an eine Steuerung müssen besonders sorgfältig zusammengestellt werden. Insbesondere der Aufgabenumfang muss gewissenhaft formuliert werden, auch unter dem Gesichtspunkt möglicher Erweiterungen und künftiger Entwicklungen.

Die Fragestellungen hierfür müssen unter folgenden Blickpunkten gesehen werden:

- Gibt es bereits automatische Steuerungen (SPS) im Unternehmen?
- Sollen die einzelnen SPS vernetzt werden (können)? Welche Vorstellungen bestehen hinsichtlich der gewünschten Hierarchie bezüglich der Zugriffsebenen, der Endausbaustufe, der Betriebsdatenerfassung, der Verwendung der Daten?
- Gibt es bereits einen betrieblichen Standard für das Bussystem; drahtgebunden oder Lichtwellenleiter?
- Zentrale SPS oder dezentrale SPS im Unternehmen, in der Abteilung, in der Anlage?
- Sollen automatische Regelungen von Prozessgrößen oder Anlagenkomponenten durch Hardware- oder Software-Regler erfolgen, oder kombiniert?
- Welcher Maximalumfang ist für die SPS zu erwarten? Welche Optionen sollen für nachträgliche Erweiterungen bestehen?

- Welcher Aufwand wird bei der Prozess- oder Betriebsdatenerfassung (BDE) gewünscht und welcher Umfang soll bezüglich der Archivierung dieser Daten betrieben werden? Ist die Kompatibilität zur Bürosoftware gegeben?
- Sollen die erfassten Daten für betriebliche Optimierungen genutzt werden, zum Beispiel für die Steuerung des automatischen Lastabwurfes oder für die Ermittlung vermeidbarer Stör- oder Ausfallzeiten?
- Welcher Aufwand soll bezüglich der automatischen betriebswirtschaftlichen Auswertung dieser Daten getrieben werden? Wie kann die Übernahme der Daten durch die betriebliche kaufmännische Software erfolgen?
- Sollen die Labor- und Analysendaten mit in die Protokollierung einbezogen werden (vom Rohstoff bis zum Fertigprodukt, incl. Produktverfolgung bis zum Händler)? In welcher Weise soll die Eingabe dieser Daten erfolgen?
- Welchen Umfang soll die Prozessprotokollierung besitzen, insbesondere die Störfallprotokollierung? Welche Ansprüche sollen hinsichtlich der Beweiskraft im Sinne der Störfallverordnung, des Produkthaftungsgesetzes usw. erfüllt werden?
- Ist eine Handsteuer-Ebene erforderlich? Welcher Aufgabenumfang soll der Handsteuerung zugeordnet werden? Welche Sicherheits-Verriegelungsbedingungen sollen auch bei der Handsteuerung erhalten bleiben?
- In welcher Weise soll die Vor-Ort-Schaltung von elektrischen Antrieben (Reparatur-Schaltung) realisiert werden?
- In welcher Weise soll die Vor-Ort-Betätigung von pneumatischen und elektrischen Antrieben im Reparatur- oder Havariefall erfolgen?

Die Handsteuerung bzw. die Nutzung der Handsteuerebene bei einer SPS sollte grundsätzlich die Ausnahme bleiben und auf die Not- oder Havariesituationen beschränkt werden. Die Nutzung muss einem berechtigten Personenkreis vorbehalten bleiben (Password-Schutz), der über die notwendige Qualifikation verfügt, und sie muss protokolliert werden.

Zum anderen ist die Handsteuerebene aber auch für bestimmte Situationen eine beträchtliche Vereinfachung, beispielsweise bei den Funktionstests von Anlagenkomponenten, bei der Inbetriebnahme einer Anlage, zur Lösung von Havariesituationen oder bei der Erprobung neuer Verfahrensabläufe.

Diese Belange müssen bei der Festlegung der auch in der Handsteuerebene wirksamen Sicherheits-Verriegelungen berücksichtigt werden. Ggf. müssen differenzierte Verriegelungsniveaus festgelegt werden.

Der erfolgreiche Einsatz einer SPS setzt die Bereitstellung der erforderlichen Informationen zum Zustand der Anlage voraus:

- Durch Sensoren für die benötigten Mess- und Stellgrößen;
- Signale zur Verfügbarkeit der beteiligten Medien (zum Beispiel Wasser, Druckluft, CO_2, Dampf, R/D-Mittel); „Produktmangelsicherung";
- Angaben zur Stellung der Armaturen: „auf", „zu" bzw. der Stellorgane;
- Angaben zur Stellung oder zum Vorhandensein handbetätigter Verbindungselemente, wie Schwenkbögen;
- Angaben zum Schaltzustand von Antrieben.

Anforderungen an die Visualisierung der Verfahrensabläufe:

Die Darstellung der prozessrelevanten Daten auf einem Monitor oder einem Display („Bedienerterminal") sollte auf der Basis des RI-Fließbildes vorgenommen werden, dass zu diesem Zweck vereinfacht werden kann.

Die Bedienung der SPS erfolgt überwiegend mit der „Maus" oder ähnlichen Eingabegeräten (Trackball, Touchpad) oder per Touchscreen.

Die grafische Gestaltung und die Farbgebung sollten unter den Gesichtspunkten Übersichtlichkeit, Transparenz der Abläufe und Anschaulichkeit vorgenommen werden. Die Verwendung von DIN-Symbolen für Anlagenelemente wie Armaturen, Pumpen, Wärmeübertrager und MSR-Stellen sollte bevorzugt werden.

Angezeigt werden sollten auf der Visualisierungsebene:

- Die aktuellen Prozessdaten in einer maschinen- und apparatebezogenen Form, bei geregelten Prozessgrößen auch die eingestellten Sollwerte. Bei Bedarf auch die Parameter des Reglers;
- Gewählte Programme, ablaufende Programmschritte und deren Zeitbedarf bzw. die noch erforderliche Restzeit eines Schrittes. Sinnvoll sind auch Angaben zu Laufzeitüberwachungen und Überwachungszeiten;
- Die Schaltzustände von Armaturen und Antrieben durch unterschiedliche Signalfarben;
- Die geschalteten Fließwege durch Farbumschlag;
- Die Bezeichnungen der Armaturen, Messstellen und Pumpen und sonstigen Ausrüstungselemente gemäß RI-Fließbild; diese Angaben sollten ausgeblendet bzw. bei Bedarf eingeblendet werden können; das gleiche gilt für die Parametrierungsebene der Software-Regler;
- Die Signalisierung von Störungen (optisch, akustisch, wo?, was?, wann?).

Bei der Visualisierung besitzen großformatige Monitore natürlich Vorteile gegenüber kleineren Displays, auch aus der Sicht der Erkennbarkeit aus unterschiedlichen Blickwinkeln. Der Trend geht jedoch zum großformatigen Display.

Die Anzahl der aufgestellten Monitore sollte sich nach der Anzahl der parallel zu betreuenden Prozesse richten bzw. nach der Zahl der simultan erforderlichen Bilder. Die Umschaltung der Prozessbilder ist zwar möglich, erfordert aber Zeitaufwand, der nicht immer ohne Störung der Abläufe verfügbar ist.

Die Zahl der Bedienungsplätze bzw. der Monitore sollte aus falsch verstandener Sparsamkeit nicht zu klein festgelegt werden. Zumindest sollte die Zahl der verfügbaren Bedienplätze so festgelegt werden, dass bei Bedarf zusätzliche Plätze, ggf. temporär, eingerichtet werden können (zum Beispiel in der Inbetriebnahmephase einer Anlage oder während erforderlicher Optimierungsarbeiten).

Im Übrigen soll sich eine SPS mit wenig Aufwand programmieren lassen. Betrieblich erforderliche Änderungen oder Ergänzungen der Software und der Prozessbilder sollten durch Mitarbeiter des Unternehmens vorgenommen werden können.

Dass gleiche gilt für die Parametrierung der Anlage, für die Eingabe und die Veränderung von Rezepten und anderen Daten.

Anforderungen an die Programme

Für alle gewünschten Verfahrensschritte oder Verfahrensabläufe, die von einer Steuerung abgearbeitet werden sollen, müssen Programme verfügbar sein.

Diese Programme werden im Allgemeinen vom AN der Steuerung mit angeboten und geliefert. Die Programme selbst werden von den Softwareherstellern aus „Pro-

grammbausteinen" erstellt. Diese werden dann im Betrieb installiert und während der Inbetriebnahmephase angepasst und optimiert.
Es gibt zwei Varianten der Programmerstellung:

- Der AN erstellt die benötigten Programme aus den bei ihm vorhandenen Programmbausteinen nach seinen Erfahrungen auf der Grundlage der AST bzw. Ausschreibung des AG. Dabei legt er auch die Anzahl und den Inhalt der einzelnen Programme nach seinen Vorstellungen fest. Der AG erhält im Wesentlichen eine Standard-Software.
  Diese kann optimal sein, muss es aber nicht sein.
- Der AG übergibt dem AN seine detaillierten Vorstellungen zum Inhalt und zum Programmablauf der einzelnen Programme. Der AN entwickelt daraus dann die spezielle Software unter Verwendung seiner Programmbausteine.
  Der AG erhält eine optimierte Software, die um so besser ist, je qualifizierter die AST hierfür war.

Die zuletzt genannte Variante ist die anspruchsvollere, da von Beginn an die Programmerstellung die speziellen Wünsche und Forderungen berücksichtigen kann und dem AG eine „Maßanfertigung" geliefert wird. Die betriebliche Optimierung und Anpassung wird relativ schnell vorgenommen werden können.

Bedingung dafür ist jedoch, dass der AG seine detaillierten Vorstellungen der einzelnen Programmschritte und Programmabläufe rechtzeitig dem AN in Form einer Programmbeschreibung, und/oder eines Programmablaufplanes (PAP) oder eines Funktionsplanes übergeben kann.
Bei der Erstellung des Funktionsplanes ist die DIN 40719 [619] zu beachten.

Zweckmäßigerweise sollten die Programme im Team von kompetenten Vertretern des AG und des AN erarbeitet, abgestimmt und getestet werden, natürlich vor Beginn des Probebetriebes.

In gleicher Weise sollten die erforderlichen Rezepte bzw. Verfahrensanweisungen sowie deren Parametrierung erarbeitet und abgestimmt werden. Gleiches gilt auch für die Prozessbilder (Gestaltung, Grafik, Inhalt).

Zur Reduzierung der Datenmengen sollten nach Möglichkeit nur die von den Sollwerten oder den vorgegebenen Toleranzen abweichenden Daten archiviert werden. „Datenfriedhöfe" sind zu vermeiden.

Automatische Steuerungen, allgemeine Hinweise

Angestrebt werden sollte eine offene Software-Architektur, die möglichst Hardware-Lieferanten unabhängig ist. Es sollten Standard-Betriebssysteme verwendet werden.
Die Datenkompatibilität zur betrieblichen Bürosoftware sollte gegeben sein.

Dezentrale, objektbezogene SPS, die in eine hierarchische Struktur eingebunden sind, ermöglichen die Optimierung der Prozessabläufe ohne Beeinträchtigung der vor- und nachgeschalteten Prozessstufen und sind relativ leicht austauschbar. Im Havariefall wird nur ein Teil der Anlage stillgesetzt.

Die SPS kann bereits bei entsprechender Softwarevoraussetzung für einzelne Prozessstufen die Optimierung der Verfahrensabläufe übernehmen (fuzzi logic, fuzzi control).

Der Installationsaufwand im Bereich der Feldebene für die Ansteuerung der Antriebstechnik, der Armaturen und Stellglieder sowie die Informationsgewinnung der MSR-Technik kann durch Feldbussysteme (zum Beispiel *Profibus*) deutlich verringert werden. Die Flexibilität der Anlagentechnik wird außerdem beträchtlich vergrößert, die BDE wird vereinfacht.

Wichtig ist ganz besonders die After Sales-Betreuung durch den gewählten AN/Lieferanten. Anzustreben ist eine bankseitig abgesicherte Betreuungszeit-Garantie für die Lieferbarkeit der Hardware und Pflege der Software.

Hinsichtlich der Verfügbarkeit der Hard- und Software und zur Reaktionszeit des Servicedienstes sollten konkrete Vereinbarungen getroffen werden.

Die Ferndiagnose bzw. Fernbetreuung der Steuerung, insbesondere der Software, per ISDN-Modem o.ä. gewinnt zunehmend an Bedeutung (Kostensenkung).

21.12 Wartung und Instandhaltung

21.12.1 Definitionen zur Instandhaltung

Instandhaltung

Die Instandhaltung umfasst gemäß DIN 31051 [620] alle „Maßnahmen zur Bewahrung und Wiederherstellung des Sollzustandes sowie zur Feststellung und Beurteilung des Istzustandes von technischen Mitteln eines Systems", s.a. [621].
Die Maßnahmen werden untergliedert in:

- Wartung,
- Inspektion und
- Instandsetzung.

Bei der betrieblichen Planung der Wartung und Instandhaltung müssen die Vorgaben der Hersteller der Anlagen berücksichtigt werden. Genauso wichtig ist es aber auch, die betrieblichen Erkenntnisse zu Störungen der Anlagen regelmäßig auszuwerten und die Ursachen der Störungen zu eliminieren. Damit können nicht unerhebliche Kosten eingespart werden.

Hinweise für eine sinnvolle Wartungs- und Instandhaltungsstrategie geben *Mexis* [622], [623] und *Hartmann* [624]. Diese grundlegenden Hinweise sollten im Betrieb umgesetzt werden. Nach *Mexis* ist die Instandhaltung keine Frage der Kosten, die Kosten sind aber die Folge der (richtigen oder falschen) Instandhaltung.

Wartung

Die Wartung umfasst alle Maßnahmen zur Bewahrung des Sollzustandes von technischen Mitteln eines Systems. Diese beinhalten das Erstellen eines Wartungsplanes, der auf die spezifischen Belange des jeweiligen Betriebes oder der betrieblichen Anlage abgestellt ist und hierfür verbindlich gilt:

- Vorbereiten der Durchführung;
- Durchführung;
- Rückmeldung.

Inspektion

Die Inspektion umfasst Maßnahmen zur Beurteilung des Istzustandes von technischen Mitteln eines Systems. Diese beinhalten:

Erstellen eines Planes zur Feststellung des Istzustandes, der für die spezifischen Belange des jeweiligen Betriebes oder der betrieblichen Anlage abgestellt ist und hierfür verbindlich gilt. Dieser Plan soll u.a. Angaben über Termine, Methoden, Geräte und Maßnahmen enthalten:

- Vorbereiten der Durchführung;

- Durchführung, d. h. die quantitative Ermittlung bestimmter Zustandsgrößen;
- Vorlage des Ergebnisses der Ist-Zustandsfeststellung;
- Auswertung der Ergebnisse zur Beurteilung des Istzustandes;
- Ableitung der notwendigen Konsequenzen aufgrund der Beurteilung.

Instandsetzung

Die Instandsetzung umfasst Maßnahmen zur Wiederherstellung des Sollzustandes von technischen Mitteln eines Systems. Diese beinhalten: Auftrag, Auftragsdokumentation und Analyse des Auftragsinhaltes; Planung im Sinne des Aufzeigens und Bewertens alternativer Lösungen unter Berücksichtigung betrieblicher Forderungen:

- Entscheidung für eine Lösung;
- Vorbereitung der Durchführung, beinhaltend Kalkulation, Terminplanung, Abstimmung,
- Bereitstellung von Personal, Mitteln und Material. Zur Instandsetzung ist auch der Schmierstoffwechsel zu rechnen.
- Erstellung von Arbeitsplänen;
- Vorwegmaßnahmen wie Arbeitsplatzausrüstung, Schutz- und Sicherheitseinrichtungen usw.;
- Überprüfung der Vorbereitung und der Vorwegmaßnahmen einschließlich der Freigabe zur Durchführung;
- Durchführung;
- Funktionsprüfung und Abnahme;
- Fertigmeldung;
- Auswertung einschließlich Dokumentation, Kostenaufschreibung, Aufzeigen und gegebenenfalls Einführen von Verbesserungen.

21.12.2 Instandhaltung

Die Definition der Instandhaltung ist entsprechend der DIN 31051 bereits sehr weit gefasst. Eine effektive und kostengünstige Instandhaltung ist dementsprechend nur mit weitgehend integrierten Methoden durchzuführen. Instandhaltung ist in zwei Kategorien zu unterteilen:

- Planbare, vorbeugende Instandhaltung umfasst alle Maßnahmen, ein technisches System in einem definierten Sollzustand zu erhalten. Sie schließt periodische Inspektionen, Zustandsüberwachung; Fristaustausch kritischer Teile, Kalibrierung u.ä. ein.
- Nicht planbare, korrektive Instandhaltung als Folge des Ausfalls bzw. technischen Versagens einer Baugruppe oder Komponente umfasst alle Maßnahme zur Wiederherstellung des Sollzustandes; sie beinhaltet auch die Fehlererkennung und -lokalisation, den Austausch und die Reparatur des defekten Teils.

Grundsätzlich ist Instandhaltung so zu konzipieren, dass mögliche technische Defekte nicht die Sicherheit gefährden. Anhand einer Ausfalleffektanalyse werden alle Baugruppen auf alle möglichen Ausfallarten hin untersucht und die Möglichkeiten zur Erkennung und Behebung der Störungen erarbeitet.

Die wesentlichen Möglichkeiten zur Ausfallerkennung sind:

- Automatische Meldung,
- Inspektion,
- Wiederkehrende Prüfungen.

Sicherheits- und betriebskritische Ausfälle sind unbedingt zu vermeiden, geeignete Maßnahmen hierzu sind beispielsweise:

- Eine periodische Zustandsüberwachung;
- Ersatzgeräte;
- Eine redundante Auslegung;
- Maßnahmen zur Begrenzung von Folgeschäden.

Bei Ausfällen von Teilsystemen und Baugruppen, die bestimmte nicht sicherheitskritische Funktionen beeinträchtigen, kommen überwiegend Maßnahmen der korrektiven, nicht planbaren Instandsetzung in Betracht.

Auf der Seite der Instandhaltung gilt es primär, den Zeitbedarf für die Instandhaltungstätigkeiten auf ein Minimum zu reduzieren. Dies wird in vielen Fällen zu erhöhten Instandhaltungskosten führen.

Da bei vielen Anlagen häufig nachfragebedingte Betriebspausen auftreten, z. B. nachts, wird durch die Durchführung möglichst vieler Instandhaltungsmaßnahmen in derartigen Stillstandszeiten eine betriebliche und kostenmäßige Optimierung erreicht. Die Effektivität des Betriebes kann weiter gesteigert werden, wenn die Aspekte der Instandhaltung in die Einsatzplanung mit einbezogen werden.

Die konventionelle Instandhaltung war größerenteils durch vorbeugende Instandhaltung mit festen Fristen, Laufzeiten, Prüfungen, Überholungen der Geräte ohne Berücksichtigung ihres Zustands gekennzeichnet.

Im Zuge von Instandhaltungsmaßnahmen wurden Geräte und Baugruppen zumeist aus den Systemen ausgebaut und in der Werkstatt nach starr festgelegten und zeitraubenden Prozeduren überprüft, um die Betriebssicherheit und Zuverlässigkeit zu erhalten. Hierbei wurden die Geräte häufig „kaputt geprüft“ und „zu Tode überholt“.

Moderne Instandhaltung ist durch zustandsbedingte Maßnahmen gekennzeichnet, deren Prinzipien lauten:

- Die vorbeugende, d. h. planbare Instandhaltung ist zu minimieren,
- Die korrektive (nicht planbare) Instandhaltung ist zu optimieren,
- Die zustandsüberwachende Instandhaltung ist zu maximieren.

Die Maßnahmen der Instandhaltung schließen auch die nachfolgenden Aufgaben ein:

- Abstimmung der Instandhaltungsziele mit den Unternehmenszielen,
- Festlegung von entsprechenden Instandhaltungsstrategien und -konzepten.

Der Betreiber der Anlage sollte sicherstellen, dass die Anlage ausreichend geprüft, regelmäßig überwacht und instand gehalten wird.

Die (vorbeugende) Instandhaltung sollte planmäßig in Übereinstimmung mit dem Betriebsanleitungshandbuch und der Betriebshäufigkeit (Betriebsstundenzähler) erfolgen. Letzteres gilt vor allem für die erforderlichen Kontrollen der Sicherheitseinrichtungen und installierten Messtechnik.

Der Instandhaltungsplan muss einen Zeitplan enthalten und den Umfang der Kontrollen ausweisen.

21.12.3 Voraussetzungen für die Instandhaltung

Als Voraussetzungen für die qualifizierte Instandhaltung können genannt werden:

- Qualifiziertes Personal (eigenes Personal, Personal des Herstellers/Lieferanten);
- Dokumentationen der Anlage und ihrer Komponenten, Zeichnungen, Ersatzteillisten;
- Eine gründliche Inspektion der Anlage;
- Bestellung der benötigten Ersatz- und Verschleißteile;
- Bereitstellung der Werkzeuge und Montagehilfsmittel (z. B. Hebezeuge, Anschlagmittel);
- Messwerkzeuge;
- Betriebsmittel (Schmierstoffe, usw.).

21.12.4 Schmierstoffversorgung

Die Versorgung der Schmierstellen muss planmäßig und nach den Vorgaben der Hersteller erfolgen. Für die Anlagen sollten Schmierpläne vorliegen oder erarbeitet werden. Darin müssen das Schmierintervall, die Schmierstoffqualität und Schmierstoffmenge festgelegt sein.

Die Funktion von Zentralschmieranlagen und die Funktionstüchtigkeit von Schmiernippeln sind regelmäßig zu prüfen.

Getriebe sind in der Regel für die gesamte „Lebensdauer" versorgt, wenn synthetische Schmierstoffe benutzt werden und Wasserzutritt ausgeschlossen werden kann, das Gleiche gilt für Lagerstellen, die bei modernen Anlagen auch für ihre Lebensdauer geschmiert sind. Die zu erwartende „Lebensdauer" ergibt sich aus den Maschinendokumentationen.

Ältere Ausrüstungen müssen nach einem individuellen Wartungsplan behandelt werden.

Bei der Auswahl der Schmierstoffe müssen auch die Aspekte des Umweltschutzes (z. B. Beachtung der Wassergefährdungsklasse) berücksichtigt werden.

Hydraulikfluide sollten biologisch abbaubar sein, ihr Eindringen in das Abwassersystem muss verhindert werden.

Ausrüstungen der Lebensmittelindustrie bzw. der Getränkeindustrie, die mit einem Produkt in Berührung kommen können, dürfen nur mit sogenannten H1-Schmierstoffen geschmiert werden. Diese sind unbedenklich bzw. beeinträchtigen bei Bier nicht den Schaum. Die Angaben der Hersteller zur Schmierstoffauswahl sind unbedingt zu beachten (s.o.).

H1-Schmierstoffe sind in der Regel synthetische Schmierstoffe, die sich nicht auswaschen, sie färben nicht und sind geschmacks- und geruchsneutral. Mikroorganismenwachstum wird verhindert. Sie sind von der NSF (National Science Foundation) registriert und US-FDA autorisiert. Oft sind ihre Basis Silicone, PTFE u.a.

21.12.5 Hinweise für die Berücksichtigung der Wartung und Instandhaltung während der Planungsphase

Bei der Anlagenplanung müssen die Belange der späteren Wartung und Instandhaltung von Anfang an beachtet werden.

Ausreichende Zugänglichkeit zu allen Ausrüstungselementen muss auch nach Montageabschluss gewährleistet werden. Das gilt vor allem für Armaturen, Pumpen, Motoren, Getriebe, Sensoren, aber auch für Wärmeübertrager (PWÜ: Plattenwechsel, Spannbarkeit; RWÜ: Rohrreinigung).

Die Zugänglichkeit darf beispielsweise nicht über Rohrleitungen erfolgen. Ggf. müssen entsprechende Podeste oder Laufstege installiert werden.

Bei schweren Ausrüstungselementen müssen Montagehilfsmittel vorgesehen werden, zumindest geeignete Anschlagmittel oder Befestigungen, zum Beispiel für Kettenzüge oder andere Hebezeuge.

Die Gebäude müssen über ausreichende Montageöffnungen verfügen. Auch die Montage über Dach kann eine günstige Lösung sein, wenn die Voraussetzungen dafür von Anfang an geschaffen werden, zum Beispiel durch wieder aufnehmbare Kassettendecken.

MSR-Stellen, Armaturen, Antriebe, Pumpen, Apparate und Rohrleitungen sollten mit einer eindeutigen Kennzeichnung ausgerüstet werden, die nicht nur über die technologische Zuordnung im RI-Fließbild Auskunft gibt, sondern auch Informationen zur Wartung und Instandhaltung enthält (letzte oder nächste planmäßige Wartung oder Funktionskontrolle, nächste Instandsetzung usw.).

Eine innerbetriebliche Standardisierung der Ausrüstungselemente (Armaturen, Motoren, Sensoren usw.) kann die Instandhaltung nicht unwesentlich vereinfachen und die Kosten senken!

Zunehmend werden PC-gestützte Instandhaltungs-Planungssysteme genutzt. Mit diesen Systemen ist eine umfassende Planung der Instandhaltung, Überwachung aller Maßnahmen bis zur Erstellung der Aufträge für externe Unternehmen möglich. Die betrieblichen Instandhaltungsmaßnahmen können detailliert geplant und ausgewertet werden (Störzeiten, Störursachen, Historie der Schadensfälle usw.), ebenso erfolgt die Verwaltung der Ersatz- und Verschleißteile. Die Kosten können den einzelnen Kostenstellen zugeordnet werden. Die Zugangsberechtigten können jederzeit die betriebliche Situation abrufen und ggf. steuern. Über ein erfolgreich installiertes Instandhaltungs-Planungssystem informierte *Stiebeling* [618].

22. Hinweise zum Einsatz von Pumpen

22.1 Allgemeine Hinweise

Grundsätzlich sollten Pumpen für ihren Einsatzfall optimal aus der Vielzahl der möglichen Pumpenbauformen ausgewählt werden, s.a. [625].

Wichtige Kriterien für die Pumpenauslegung und -auswahl sind unter anderem (s.a. [595]):

- Die Vermeidung von Kavitation;
- Die Sicherung der Voraussetzungen für kontaminationsfreies Arbeiten (hierzu s.a. die Publikationen der EHEDG [597]);
- Die Gewährleistung der CIP-Volumenströme;
- Der Wirkungsgrad (hydraulisch, elektrisch und mechanisch) sollte vor allem bei der Auswahl größerer Pumpen beachtet werden.

Die Anordnung von Absperr-Armaturen vor und nach einer Pumpe muss im Einzelfall geprüft werden, ebenso die Notwendigkeit einer installierten, ggf. selbsttätigen Entlüftungsarmatur auf der Druckseite einer Pumpe.

Auf der Saugseite sollten Pumpen über einen Trockenlaufschutz verfügen (z. B. eine Leermeldesonde). Die gleiche Signalisierung kann aber in vielen Fällen indirekt durch andere installierte Sensoren bereitgestellt werden, zum Beispiel von Durchflussmessgeräten, Drucksensoren, Füllstandssonden etc.

Bei der Festlegung der Nenndrehzahl einer Pumpe sollte der resultierende Lärmpegel mit in die Überlegungen einbezogen werden.

Die Auswahl der Gehäusebauform bzw. des zulässigen Nenndruckes muss auch extreme Betriebsbedingungen berücksichtigen: Pumpen mit einem verschraubten Gehäuse sind problemloser als solche mit Spannring-Verschluss.

Zu speziellen Hinweisen muss auf die Fachliteratur verwiesen werden, beispielsweise auf [626], und auf die Druckschriften der Hersteller.

22.2 Verdrängerpumpen

Verdrängerpumpen eignen sich je nach Bauform auch für höherviskose Medien oder für solche mit höheren Feststoffgehalten (zum Beispiel Hefesuspensionen, Chemikalienkonzentrate, Treber, Filterrückstände, Trub usw.).

Bei ihrem Einsatz muss beachtet werden, dass Flüssigkeiten inkompressibel sind. Unzulässige Drücke müssen deshalb verhindert werden, beispielsweise durch:

- Eine unverschließbare Druckleitung (freier Auslauf);
- Ein Druckbegrenzungsventil;
- Ein Überströmventil in einem Bypass zwischen Druck- und Saugseite.

Druckbegrenzungseinrichtungen sollten grundsätzlich ohne Hilfsenergie arbeiten!
Geeignet sind deshalb kraftschlüssige Armaturen, die durch Feder- oder Massenkraft betätigt werden. Die Federkraft kann durch eine „pneumatische Feder" sehr feinfühlig realisiert werden (ggf. auch als Gegenkraft für eine Schließ-Feder). Berstscheiben oder elektrische Druckschalter sind weniger geeignet.

Pneumatisch angetriebene Membranpumpen lassen sich gegebenenfalls durch Begrenzung des Luftdruckes überlastsicher betreiben.

Druckbegrenzungseinrichtungen müssen natürlich während der CIP-Prozesse angelüftet bzw. getaktet werden.

In den meistens Fällen ist es während der Reinigung erforderlich, die Verdrängerpumpe im Bypass zu betreiben, um den für die Rohrleitung erforderlichen Volumenstrom zu sichern (s.a. Abbildung 323).

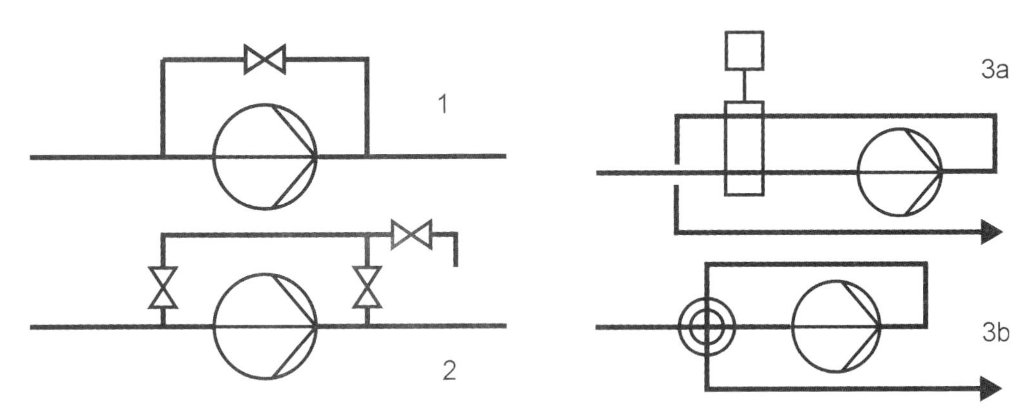

Abbildung 323 Verdrängerpumpe mit Bypass für die CIP-Reinigung, schematisch
1 einfacher Bypass **2** Bypass mit Leckagearmatur **3a**, **3b** Bypass mit Doppelsitzventil (Darstellungsvarianten)

Verdrängerpumpen sind im Allgemeinen selbstansaugend. Beachtet werden muss bei gashaltigen Fluiden jedoch, dass der Partialdruck des betreffenden Gases (z. B. CO_2) in der Saugleitung nicht unterschritten wird, um Entgasung zu vermeiden (wichtig beispielsweise bei der Hefeförderung oder bei der Förderung von Filterhilfsmitteln, die in Bier suspendiert werden). Bei Bedarf muss das Fluid der Pumpe unter Druck zugeführt werden.

Die Druckseite der Pumpen sollte eine Entlüftungsarmatur (handbetätigt oder selbsttätig mit Stellantrieb) besitzen, da beim Ansaugen die Gasförderung bei Gegendruck nicht oder nur bedingt möglich ist bzw. erfordert die Entlüftung der Rohrleitung unnötig viel Zeit.

Ebenso muss an das Problem „Trockenlauf der Pumpe“ gedacht werden.

Die Saug- und Druckleitungen der Pumpen sollten über Absperrarmaturen verfügen, um Wartungsarbeiten zu erleichtern. Diese Armaturen sind aber *gegen unbefugtes* Schließen zu sichern.

Verdrängerpumpen können durch Drehzahländerung (Kreiskolbenpumpen, Exzenterschneckenpumpen, Zahnradpumpen) an den Förderstrom angepasst werden.

Bedingung für die Verwendung von rotierenden Verdrängerpumpen in mikrobiologischen Anlagen ist die Ausführung der Wellendichtung als Gleitringdichtung (GLRD), möglichst als doppelte GLRD mit integrierter CIP-Prozedur, die externe Lagerung der Welle(n) sowie die Trennung der Baugruppen Lagerung und Wellendichtung.

Die Mindestforderung ist die Ausführung der GLRD mit Quench. Der Quenchraum muss mit Sterilwasser oder mit Desinfektionsmittellösung gespült werden.

22.3 Zentrifugalpumpen

Im Wesentlichen zählen hierzu Kreiselpumpen und selbstansaugende Seitenkanal-Pumpen („Sternradpumpen").

Zentrifugalpumpen sollten vorzugsweise durch Drehzahlverstellung an die Förderaufgabe angepasst werden, die Drosselung sollte nur bei Kreiselpumpen für untergeordnete Aufgaben oder bei kleinen Pumpen praktiziert werden.

Die Anpassung der Pumpe an den erforderlichen Volumenstrom bzw. die benötigte Förderhöhe erfolgt zweckmäßigerweise und nahezu ohne Leistungsverluste durch Frequenzsteuerung.

Moderne Frequenzumrichter gestatten nicht nur die optimale Drehzahlanpassung, sie können auch für den Sanftanlauf und definiertes Abschalten sowie für die Überwachung der Stromaufnahme eingesetzt werden.

Bei Produktpumpen (Würze, Bier, Hefe) steht neben der eigentlichen Förderaufgabe das kontaminationsfreie oder -arme Arbeiten im Vordergrund. Pumpen für diese Aufgabe sollten mit doppelter Gleitringdichtung (GLRD) der Welle ausgerüstet sein. Der Raum zwischen den GLRD kann bei Bedarf mit geeigneten Desinfektionsmitteln aufgefüllt werden und er sollte in das CIP-System einbezogen werden. Alternativ kann die GLRD mit Sterilwasser oder Desinfektionsmittellösung gespült werden.

Die Mindestforderung ist die Ausführung der GLRD mit Quench. Der drucklose Quenchraum muss mit Sterilwasser oder Desinfektionsmittellösung gespült werden.

Die Saug- und Druckleitungen der Pumpen sollten über Absperrarmaturen verfügen, um Wartungsarbeiten zu erleichtern. Diese Armaturen sind aber *gegen unbefugtes* Schließen zu sichern. Pumpen müssen gegen Trockenlauf gesichert werden.

Auch bei selbstansaugenden Pumpen ist es sinnvoll, die Saugleitung gasfrei zu halten (damit wird Zeit für die Entlüftung eingespart und unnötiger Trockenlauf vermieden). Leermeldesonden, an der richtigen Stelle positioniert, können dieses Problem lösen.

Bei der Anlagenplanung muss der kavitationsfreie Betrieb der Pumpen Priorität besitzen. Diese Problematik wird bei der Förderung von CO_2-haltigen oder heißen Fluiden oft unterschätzt.

Zur Lösung dieser Aufgabenstellung können beitragen:

- Berücksichtigung des NPSH-Wertes der Pumpe bei der Planung;
- Geringe Fließgeschwindigkeiten in der Saugleitung;
- Sicherung einer genügend großen Zulaufhöhe (bei Bedarf muss die Pumpe tiefer aufgestellt werden mit allen damit verbundenen Problemen) bzw. eines genügend großen Überdruckes in der Saugleitung.

Der NPSH-Wert (Net Positive Suction Head) bzw. der „Haltedruck" der Anlage muss größer als der der Pumpe sein (s.a. [595]).

Es muss gesichert werden: $NPSH_{erf.} \leq NPSH_{vorh.}$.

Der NPSH-Wert der Pumpe ist konstruktiv festgelegt und kann nicht nachträglich verändert werden. Beachtet werden muss, dass der NPSH-Wert der Pumpe in der Regel eine Funktion des Volumenstromes bzw. der Drehzahl ist (wichtig beim Einsatz frequenzgesteuerter Pumpen). Der NPSH-Wert einer Pumpe kann aus dem zugehörigen Datenblatt entnommen werden (s.a. Abbildung 324).

Der NPSH-Wert der Anlage kann wie folgt berechnet werden (Gleichung 94 bis Gleichung 96:

$$NPSH_{erf} = \frac{\Delta p_{Herf}}{g \cdot \rho}$$ Gleichung 94

$$\Delta p_{Herf} = NPSH_{erf} \cdot g \cdot \rho$$ Gleichung 95

$$NPSH_{vorh} = \frac{p - \Delta p_{Saug} - p_D}{\rho \cdot g} - H_{geoSmax}$$ Gleichung 96

$NPSH_{erf}$ = erforderlicher Haltedruck in m
$NPSH_{vorh}$ = vorhandener Haltedruck der Anlage in m
Δp_{Herf} = erforderlicher Haltedruck in N/m^2
p = Druck über der Förderflüssigkeit ≙ bei offenen Behältern dem Luftdruck in N/m^2 (1 bar ≙ 10^5 N/m^2)
Δp_{Saug} = dynamischer Druckverlust in der Saugleitung in N/m^2
p_D = Dampfdruck (absolut) des Fördermediums in N/m^2
1 N/m^2 = 1 Pa:

Wasser			
13,0 °C	1,5 kPa	60,1 °C	20 kPa
21,1 °C	2,5 kPa	69,1 °C	30 kPa
31,0 °C	4,5 kPa	81,4 °C	50 kPa
41,5 °C	8,0 kPa	90,0 °C	70 kPa
54,0 °C	15,0 kPa	99,6 °C	100 kPa

$H_{geoSmax}$ = maximale geodätische Saughöhe in m
g = Fallbeschleunigung, g = 9,81 m/s^2
ρ = Dichte des Fluides in kg/m^3

Der erforderliche Mindestdruck über dem Flüssigkeitsspiegel bzw. in der Rohrleitung beträgt (Gleichung 97):

$$p \geq g \cdot \rho \cdot H_{geoS} + \Delta p_{Saug} + \Delta p_{Herf} + p_D$$ Gleichung 97

Der Zusammenhang zwischen dem Druckverlust und der „Förderhöhe" besteht nach Gleichung 98:

$$\Delta p = H \cdot g \cdot \rho$$ Gleichung 98

Δp = Druckverlust in N/m^2
H = Förderhöhe in m
g = Fallbeschleunigung, g = 9,81 m/s^2
ρ = Dichte in kg/m^3

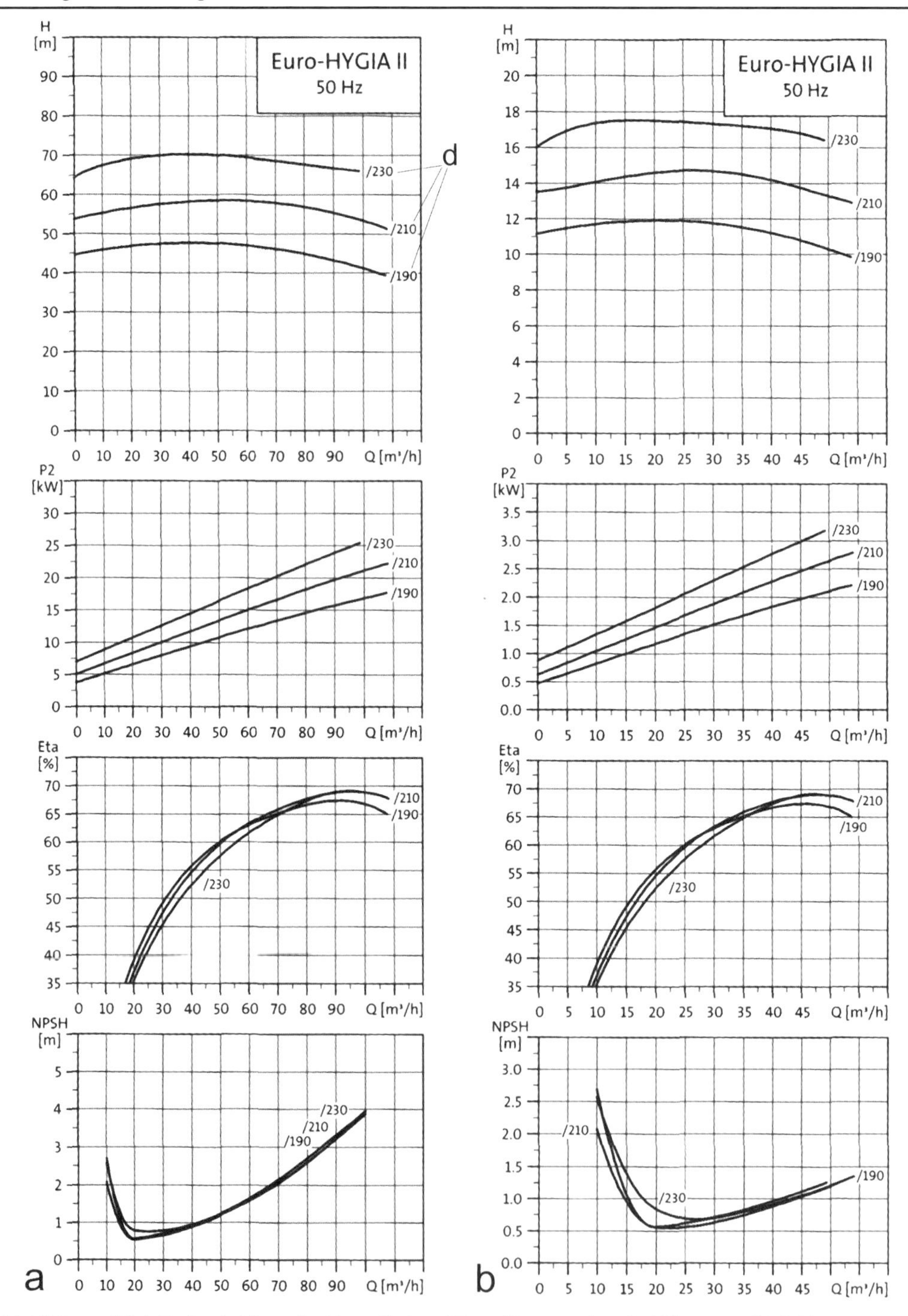

Abbildung 324 Beispiel für ein Kennlinien-Blatt (Bezugsbasis Wasser, 20 °C) (Typ Euro-Hygia® II, Fa. Hilge, Bodenheim)
***a** Motor 2-polig (n = 2900 U/min)* ***b** Motor 4-polig (n = 1450 U/min); H Förderhöhe, P2 Motorleistung der Pumpe eta Wirkungsgrad* ***NPSH**-Wert s. Seite 726*
Q Volumenstrom d Laufraddurchmesser

Ist der vorhandene Haltedruck kleiner als der erforderliche Mindestdruck, muss die Flüssigkeit der Pumpe zulaufen (negativer H_{geoS}) oder die Flüssigkeit wird mit einem zusätzlichen Druck beaufschlagt.

Die Unterschreitung des erforderlichen Haltedruckes bzw. NPSH-Wertes oder des Mindestdruckes über der Flüssigkeit bedeutet Kavitation, die sich durch Schwingungen und Geräuschbildung bemerkbar macht und zur Erosion des Pumpenwerkstoffes führen kann. Schwingungen können die Konstruktionsteile der Pumpe (Welle, GLRD) erheblich belasten mit der Folge von Schwingungsbrüchen.

Weiterhin wird der Flüssigkeitsstrom in der Saugleitung reduziert, es kann zum Abreißen der Strömung kommen.

Vor dem Saugstutzen der Pumpe sollte stets ein gerades Rohrstück ($L = \geq 5 \cdot d$) zur Strömungsberuhigung eingesetzt werden.

Die theoretische Saughöhe beträgt ca. 10 m, praktisch kann nur mit etwa 7 m gerechnet werden, in Abhängigkeit von der Temperatur der Flüssigkeit und dem Druckverlust der Saugleitung.

Gashaltige Flüssigkeiten müssen in der Saugleitung zur Verhinderung des Ausgasens unter einem Druck gehalten werden, der über dem Partialdruck der gelösten Gase liegt. Aus Sicherheitsgründen sollte zur Vermeidung von Gasentbindung/Schäumen mindestens mit dem 1,5...2fachen Sättigungsdruck gerechnet werden.

22.4 Scherkräfte

In Strömungsmaschinen, insbesondere Kreiselradpumpen, treten zwangsläufig Scherkräfte bzw. Schubspannungen auf. Diese lassen sich nicht verhindern, aber verringern.

Alles was bei einer Pumpe zur Verbesserung des hydraulischen Wirkungsgrades beiträgt, reduziert auch die Scherkräfte. Daraus folgt, dass Pumpen mit einem hohen Wirkungsgrad weniger Scherkräfte verursachen als solche mit einem geringen.

Scherkräfte führen letztendlich zur Umwandlung der zugeführten mechanischen Energie in Wärme. Ziel muss es deshalb sein, Pumpen mit einem möglichst hohen Wirkungsgrad einzusetzen.

Die Verringerung des Volumenstromes durch Drosselung verschlechtert den Wirkungsgrad beträchtlich und führt zu hohen Schubspannungen im Pumpengehäuse und der Drosselarmatur. Auch deshalb ist eine Drosselung zu vermeiden.

23. Werkstoffe und Oberflächen

23.1 Metallische Werkstoffe

Dominierender Werkstoff ist Edelstahl Rostfrei® (Abbildung 325). Als Synonyme können auch die Begriffe (austenitischer) CrNi-Stahl bzw. CrNiMo-Stahl verwendet werden, die sich von den wesentlichen Legierungselementen ableiten, s.a. Tabelle 208. Eine Einführung in die Werkstoffe der Gärungsindustrie gibt [612].

Vor allem die austenitischen Stähle der Werkstoffnummern 1.4435, 1.4404 und 1.4571 (nach DIN EN 10027-1 und 10027-2) werden eingesetzt, s.a. Tabelle 209:

Abbildung 325 Warenzeichen für Edelstahl Rostfrei®

Tabelle 208 Die Bedeutung der Werkstoffnummern bei Edelstahl Rostfrei

Werkstoffnummer	Bedeutung	Bemerkungen
1.40..	Cr-Stähle mit < 2,5 % Ni	ohne Mo, Nb oder Ti
1.41..	Cr-Stähle mit < 2,5 % Ni	mit Mo, ohne Nb oder Ti
1.43..	Cr-Stähle mit ≥ 2,5 % Ni	ohne Mo, Nb oder Ti
1.44..	Cr-Stähle mit ≥ 2,5 % Ni	mit Mo, ohne Nb oder Ti
1.45..	Cr-, CrNi- oder CrNiMo-Stähle	mit Sonderzusätzen wie Ti, Nb, Cu usw.
1.46..		

Kennzeichnung mit dem Kurznamen

Der Kurzname gibt eine Information zu den wesentlichen Legierungsbestandteilen.

Er beginnt immer mit *X* für hoch legierten Stahl (≥ 5 % Legierungsbestandteile). Die folgende Ziffer gibt den C-Gehalt mit dem Faktor 100 an. Darauf folgen die Symbole der wesentlichen Legierungselemente, die folgenden Ziffern geben den durchschnittlichen Gehalt der einzelnen Legierungselemente an (mit dem Faktor 1).

Beispiel Werkstoff 1.4401:	X 5 CrNiMo17-12-2		
	X	=	hochlegierter Stahl
	5	=	Kohlenstoffgehalt 0,05 % (≤ 0,07 %)
	Cr	=	Chrom-Gehalt 17 % (16,5 - 18,5 %)
	Ni	=	Nickel-Gehalt 12 % (10,0 - 13,0 %)
	Mo	=	Molybdän-Gehalt 2 % (2,0 - 2,5 %)

In Tabelle 209 sind für einige wichtige austenitische Edelstähle die mechanischen und physikalischen Eigenschaften angegeben.

Tabelle 209 Mechanische und physikalische Eigenschaften einiger Edelstähle

Stahlsorte		Dichte	Zugfestigkeit R_m	0,2 %-Dehngrenze $R_{p0,2\ zul}$	spez. Wärmekapazität bei 20 °C	Wärmeleitfähigkeit bei 20 °C
Werkstoff-Nr.	Kurzname	in kg/m³	in N/mm²	in N/mm²	J/(kg·K)	in W/(m·K)
1.4301	X5CrNi18-10	7700	540...750	230	500	15
1.4306	X2CrNi19-11		520...670	220		
1.4307	X2CrNi18-9		520...670	220		
1.4401	X5CrNiMo17-12-2	8000	530...680	240	500	15
1.4404	X2CrNiMo17-12-2		530...680	240		
1.4439	X2CrNiMoN17-13-5		580...780	290		
1.4462	X2CrNiMoN22-5-3	7800	660...950	480	500	15
1.4539	X1NiCrMoCuN25-20-5		530...730	240		
1.4541	X6CrNiTi18-10	7900	520...720	220	500	15
1.4565	X2CrNiMnMoNbN25-18-5-4		800...950	420		
1.4571	X6CrNiMoTi17-12-2	8000	540...690	240	500	15

Charakteristisch ist für austenitische Stähle, dass sie nicht magnetisch sind. Durch diese Eigenschaft lassen sie sich von ferritischen oder martensitischen Stählen leicht unterscheiden.

Die Eigenschaften der nichtrostenden Edelstähle sind in der europäischen Norm EN 10088 „Nichtrostende Stähle" festgelegt. In der BR Deutschland gilt die DIN EN 10088, Teil 1 bis 3 [627]. Eine Einführung in die Thematik geben [628] und [629].

Handelt es sich statt eines Walz- oder Schmiedestahles um einen Gusswerkstoff, wird dem X ein G vorangestellt: G-X...
Im englischen Sprachraum ist die Kennzeichnung nach AISI üblich (American Iron and Steel Institute). Wichtige Stähle sind beispielsweise im Vergleich:

AISI 304	1.4301
AISI 304 L	1.4307
AISI 304 Ti	1.4541
AISI 316	1.4401
AISI 316 L	1.4404
AISI 316 Ti	1.4571

Das L steht für *low carbon*.

Ein Überblick zur Thematik Edelstahl Rostfrei® ist in [630] zu finden. Einen „Universalstahl" gibt es nicht. Die Auswahl des geeigneten Werkstoffes muss die geforderte Korrosionsbeständigkeit, die beteiligten Medien (Temperatur, pH-Wert, Gehalt an Halogenionen, insbesondere Chlorionen), die Ansprüche an die Festigkeit, die Montagebedingungen und die Kosten berücksichtigen. Relativ universell lassen sich die Werkstoffe 1.4404 und 1.4571 einsetzen.

Der jeweilige erforderliche Werkstoff muss immer anhand der gegebenen Einsatzkriterien individuell und sorgfältig ausgewählt werden.

Mit Korrosion muss bereits bei Temperaturen ≥ 25 °C, pH-Werten < 9 und Chlorionenkonzentrationen > 50 mg/L gerechnet werden. Kritische Stellen sind vor allem Phasengrenzflächen Gas/Flüssigkeit und Stellen, an denen es durch Verdunstung zu lokalen Konzentrationserhöhungen kommen kann.

Bei metallischen Werkstoffen sollte immer ein Potenzialausgleich („Erdung") erfolgen. Bereits geringe elektrische Potenziale von wenigen Millivolt können den passiven Bereich der Werkstoffe in den aktiven Bereich verschieben!

Korrosionsarten

Es lassen sich vor allem unterscheiden:

- *Flächenkorrosion*: sie spielt bei Edelstahl Rostfrei kaum eine Rolle;
- *Lochkorrosion*: sie kann auftreten, wenn die Ausbildung der Passivschicht gestört wird. Ursachen hierfür können sein:
  - Chlor-, Brom- oder Jod-Ionen bei pH-Werten ≤ 9 und Temperaturen ≥ 25 °C,
  - Fremdrost,
  - Schweißfehler (Anlauffarben, Zunder, Schlackenreste, falsche Zusatzwerkstoffe, fehlende Formierung, fehlende Nachbehandlung),
  - elektrische Potenzialunterschiede.
- Spaltkorrosion;
- *Spannungsrisskorrosion* (mechanische Spannungen, beispielsweise Zug-, Biege-, Schrumpf-/Schweiß-Spannungen, in Kombination mit Chlorid-Ionen und einem anfälligen Werkstoff);
- *Interkristalline Korrosion* (bei geeigneter Werkstoffwahl und entsprechendem Schweißverfahren nahezu ausgeschlossen);
- *Kontaktkorrosion* (unterschiedliche Werkstoffe);
- *Mikrobielle* Korrosion.

Durch sachgerechte Werkstoffauswahl, die vor allem die Einsatzkriterien (pH-Wert-Bereich, die Temperatur, Halogengehalt, ggf. den Sulfat-Ionengehalt) berücksichtigt, und qualifiziertes Schweißen/Schweißnahtnachbehandlung lassen sich Korrosionsschäden vermeiden oder begrenzen. Weitere Hinweise zur Thematik Korrosion und Korrosionsschutz bei Edelstählen siehe [631].

Beim Einsatz von Gewinden ist zu beachten, dass Edelstähle ein ungünstiges Reibverhalten zeigen. Sie neigen bei größerer Belastung zum *Kaltverschweißen* („Fressen") des Gewindes. Deshalb sollte ein Gewinde immer gut geschmiert werden („Lebensmittelfett", Molybdändisulfid MoS_2).

Hochbelastete Gewinde (z. B. Gewindespindeln an Plattenwärmeübertragern) sollten aus einer anderen Werkstoffpaarung gefertigt werden, die ggf. mit einem mechanischen Korrosionsschutz (Kapselung) ausgerüstet wird. Die Reibung zwischen großen Muttern und Unterlegscheiben kann durch Axiallager reduziert werden.

Aus dem gleichen Grunde sollten Verschraubungen an Rohrleitungen regelmäßig geschmiert werden und nur mäßig mit dem zugehörigen Hakenschlüssel **ohne** Verlängerung angezogen werden. Voraussetzung dafür sind parallele Dichtflächen und intakte Dichtungen.

Das Schweißen

Montage-Schweißen: In Frage kommen nur Schutzgasverfahren, z. B. das *WIG*-Verfahren (Wolfram-Inertgas-Verfahren). Das Orbital-Schweißverfahren ist ein automatisiertes WIG-Verfahren für Rohre.

In der *Werkstatt-Fertigung* werden neben dem vorstehend genannten Hand-Schweißverfahren automatisierte Verfahren benutzt, beispielsweise das *MIG*-Verfahren (**M**etall-**I**nert**g**as-Verfahren), das *MAG*-Verfahren (**M**etall-**A**ktiv-**G**as-Verfahren), das Plasma-Schweißverfahren und das Laser-Schweißverfahren, sowie das *UP*-Verfahren (**U**nter-**P**ulver-Schweißverfahren).

Der Lichtbogen, der zwischen einer Wolframelektrode oder dem Zusatzwerkstoff und dem Werkstück brennt, wird dabei von einem Edelgas umspült, meist wird Argon (Schweißargon 99,95 %) verwendet. Die Rückseite des Schweißbades (der Wurzelbereich) wird ebenfalls mit Argon gespült, meistens jedoch aus Kostengründen mit einem Formiergas (z. B. Formiergas 90/10: 90 % N_2, 10 % H_2).
Das Plasma- und das Laser-Verfahren lassen sich auch zum Schneiden einsetzen.

Beim Schweißen kommt es darauf an, die Gefügezusammensetzung des Edelstahles zu erhalten. Insbesondere die Bildung von Chrom-Carbiden muss verhindert werden. Das ist einmal möglich durch niedrige C-Gehalte im Stahl, zum anderen durch die Legierung der Elemente Titan oder Niob. Diese beiden Elemente bilden bevorzugt Carbide, sodass die unerwünschte Bildung von Cr-Carbiden, mit der Folge der Verarmung der Legierung an Chrom, unterbunden wird. Edelstähle mit den Legierungselementen Ti und Nb werden deshalb auch als *stabilisierte* Stähle bezeichnet.

Die Ausbildung von Cr-Carbiden wird auch durch eine schnelle Abkühlung verhindert. Deshalb werden die Stähle zur Auflösung eventuell gebildeter Carbide geglüht und anschließend schnell abgekühlt, zum Beispiel mit Wasser. Dieser Vorgang wird als Abschrecken bezeichnet, dieser Lieferzustand wird durch das Kurzzeichen *AS* dokumentiert. Das Lösungsglühen und anschließende Abschrecken ist jedoch nach dem Schweißen in den meisten Fällen aufgrund der Bauteilgeometrie nicht mehr möglich. Deshalb werden stabilisierte Stähle eingesetzt, die ohne Nachbehandlung universell schweißbar sind.

Schweißnaht-Nachbearbeitung:

Je besser es gelingt, den Luft-Sauerstoff von der Schweißstelle fernzuhalten, desto geringer ist die Verschlechterung der Korrosionsbeständigkeit. Die sich bildenden Oxide bzw. Anlauffarben müssen *mechanisch* (durch CrNi-Stahl-Drahtbürsten, durch Schleifen oder durch Strahlen) und/oder chemisch durch *Beizen* vollständig entfernt werden. Das Beizen (s.a. Tabelle 210) wird im Allgemeinen durch mechanische Einflüsse unterstützt, zum Beispiel mittels metallfreien Reinigungspads aus Kunststoff-Vlies.
Anlauffarben *in* den Rohrleitungen lassen sich mechanisch kaum entfernen, da die Zugänglichkeit nicht gegeben ist. In diesen Fällen hilft nur die prophylaktisch vollständige Formierung, die messtechnisch überwacht werden sollte.

Die Qualität der Schweißnähte, der Stichprobenumfang und ggf. eventuelle Sanktionen sollten grundsätzlich mit dem Montage-Unternehmen vertraglich festgelegt werden („Vertrauen ist gut, Kontrolle ist besser“!). Zur Kontrolle sind beispielsweise Endoskope geeignet.

Mechanische Oberflächenbehandlung

Die Oberfläche von metallischen Werkstoffen kann beeinflusst werden durch:

- Schleifen,
- Bürsten,
- Polieren und
- Strahlen

Das Schleifen kann mit Schleifscheiben (mit Kunstharz- oder Hartgummibindung, Tuchscheiben) oder -bändern erfolgen. Die Schleifkörper sind entweder gebunden oder sie werden als Schleifpaste aufgetragen. Begonnen wird stets mit einer groben Körnung (z. B. 24er oder 36er), danach wird die Körnung immer feiner (80er...240er). Zum Polieren wird 320er und 400er Körnung verwendet.

Geschliffen oder poliert wird trocken oder nass (zur besseren Abführung der Wärme). Eine Hochglanzpolitur lässt sich nur bei nicht stabilisierten Stählen erzielen.

Das Strahlen (mit Glasperlen, Quarzsand oder Edelstahlkorn) erzeugt matte Oberflächen, die neutrale, nicht richtungsorientierte Strukturen ermöglichen.

Geschliffene, polierte oder gestrahlte Oberflächen müssen gegen mechanische Einwirkungen geschützt werden, teilweise werden die Oberflächen durch selbstklebende Kunststofffolien geschützt.

Generell gilt, dass die Edelstahloberflächen bei Montage- und Demontagearbeiten oder Reparaturen nicht durch Funkenflug, wie sie beim Trennschleifen, Brennschneiden oder Schweißen auftreten, beeinträchtigt werden. Die Oberflächen müssen lückenlos durch geeignete, unbrennbare Planen oder Folien abgedeckt werden. Diese Forderung gilt auch für Fußböden.

Chemische Oberflächenbehandlung

Die Elektropolitur ist ein chemisches Verfahren, bei dem die „Werkstoffspitze" elektrisch in einer Elektrolytlösung eingeebnet werden (z. B. die Konusoberfläche von ZKT).

Das *Beizen* und *Passivieren* (s.a. Tabelle 210) wird angewandt, um metallisch reine Oberflächen zu erzeugen, die die Voraussetzung für die Ausbildung einer Passivschicht sind.

Beim *Beizen* werden Zunderschichten und Anlauffarben, die sich beim Schweißen gebildet haben, entfernt. Gebeizt wird in *Beizbädern* oder durch aufgetragene *Beizpasten*. Durch mechanischen Einfluss kann das Beizen unterstützt werden (Bürsten, Schwämme, Kunstfaser-Vlies).

Tabelle 210 Zusammensetzung von Beiz- und Passivierungslösungen (nach [629])

Beizlösung	Salpetersäure (50%ig) Flusssäure Wasser Badtemperatur Beizdauer	10...30 Vol.-% 2,5...3 Vol.-% Rest 20...40 °C etwa 20 min.
Passivierungslösung	Salpetersäure (50%ig) Wasser Badtemperatur Passivierungsdauer	10...25 Vol.-% Rest 20...60 °C etwa 60 min.

Das *Passivieren* fördert die Ausbildung der Passivschicht, kann aber Zunderschichten und Anlauffarben **nicht** entfernen (das geht nur durch das Beizen).

Wichtig ist es, die Beiz- oder Passivierungschemikalien quantitativ nach der Behandlung zur Vermeidung von Korrosion zu entfernen. Die Chemikalien werden konfektioniert gehandelt und müssen nach Gebrauchsanweisung gehandhabt werden.

Reinigung/Desinfektion und Pflege des Edelstahles

Rostfreier Edelstahl besitzt nur im passiven Zustand seine Korrosionsbeständigkeit. Wichtigste Voraussetzung für die Ausbildung der *Passivschicht* ist die metallisch *reine* Oberfläche (die Aussage „rost- und säurebeständig" gilt für Edelstahl Rostfrei® *nur* unter bestimmten Voraussetzungen, zu denen u.a. die saubere Oberfläche gehört).

Nach der Montage müssen die Oberflächen einer *Grundreinigung* unterzogen werden. Dazu gehört die Entfettung und ggf. die Entfernung von Klebstoffresten der Schutzfolien mit geeigneten organischen Lösungsmitteln. Die Entfettung kann mit einer alkalischen CIP-Reinigung erfolgen, die Lauge sollte dann nur für diesen Zweck und nicht weiter verwendet werden.

Produktberührte Oberflächen werden üblicherweise nach dem CIP-Verfahren gereinigt und desinfiziert, vor allem in der Form der Niederdruck-Schwallreinigung bei Behältern. Dabei werden vor allem alkalische Medien auf der Basis von Natronlauge und saure Reinigungsmittel auf der Basis von HNO_3 und/oder H_3PO_4 verwendet. Bei der Anwendung von sauren Reinigungs- und Desinfektionsmitteln ist darauf zu achten, dass der Gehalt an Chlorid-Ionen (auch im Ansatzwasser) möglichst gering bleibt, um Lochkorrosion auszuschließen, ebenso sollten die Temperaturen niedrig bleiben.

In der Norm DIN 11483 [632] werden Einsatzkriterien für Reinigungs- und Desinfektionsmittel genannt (s.a. Kapitel 20.3 und Tabelle 205).

23.2 Kunststoffe

Für Messelektroden werden Glas und Kunststoffe verwendet. Geeignet sind u.a. PTFE (Polytetrafluorethylen; Teflon®), PP (Polypropylen), PEEK (Poly-Ether-Ether-Keton), PVC (Polyvinylchlorid) und PES (Polyethersulfon).

Als Gehäusewerkstoff für Antriebe wird zum Teil PPS (Polyphenylensulfid) eingesetzt.

Für die Membran von Membranventilen werden verwendet:

- EPDM (Ethylen-Propylen-Dien-Mischpolymerisat);
- PTFE (Teflon®) und andere fluorhaltige Polymerisate (z. B. Viton®)
- FPM (Propylen-Tetrafluorethylen-Kautschuk);

Teilweise werden die o.g. Membranwerkstoffe auch kombiniert eingesetzt: eine dünne Membran und eine dicke Membran als Trägerwerkstoff. Die Membran kann faserverstärkt werden.

Werkstoff für den Faltenbalg ist meistens PTFE. Die bisher kleinste Nennweite ist DN 10 (der Faltenbalg setzt Grenzen für die Nennweite). Bei größeren Nennweiten können auch Metall-Faltenbälge zum Einsatz kommen.

Die Kunststoffe müssen die FDA-Zulassung (Food- and Drug-Administration, USA) besitzen.

Dichtungen werden vorzugsweise als O-Ring (gesprochen: Rundring) gestaltet. Der Einbauort der Dichtung muss so gestaltet werden, dass der Dichtring nur definiert gepresst oder gespannt und nicht gequetscht werden kann (das entspricht den Prinzipien der Aseptik-Verschraubung nach DIN 11864-1).

23.3 Oberflächenzustand

Der Lieferzustand der rostfreien Edelstähle wird durch ein Kurzzeichen angegeben. Dieses ist nach DIN EN 10088 genormt. Warmgewalzte Werkstoffe beginnen immer mit der Ziffer 1, kaltgewalzte mit der Ziffer 2, denen ein Großbuchstabe folgt (Beispiele siehe Tabelle 211).

Es empfiehlt sich, in Lieferverträge immer den geforderten Mittenrauwert R_a (nach DIN 4762) für produktberührte Oberflächen mit aufzunehmen. Für Anlagen der Brau- und Getränkeindustrie sind Werte von $R_a \leq 1{,}6$ µm anzustreben.

Tabelle 211 Ausführungsart und Oberflächenbeschaffenheit von Edelstahl Rostfrei® (Auswahl der Beispiele nach DIN EN 10088)

Kurzzeichen *) nach DIN EN 10088	Ausführungsart	ehemalige Kurzzeichen nach DIN 17440
2 D	Kalt weiterverarbeitet, wärmebehandelt, gebeizt	h (III b)
2 B	Kaltgewalzt, wärmebehandelt, gebeizt, kalt nachgewalzt	n (IIIc)
2 R	Kaltgewalzt, blankgeglüht	m (III d)
2 G	geschliffen	o (IV)
2 J	Gebürstet oder mattpoliert	q
2 P	Poliert, blankpoliert	p (V)

*) Ziffer 1: warm gewalzt oder warm geformt,
Ziffer 2: kalt gewalzt oder weiterverarbeitet

Da der Preis der Werkstoffe und die Verarbeitungskosten vom Mittenrauwert abhängig sind, sollte gelten: „So gering wie nötig" (die Angabe der Rautiefe R_t oder der gemittelten Rautiefe R_z ist nicht sinnvoll).

Beachtet werden sollte auch, dass zum Beispiel Rohre nur mit folgenden Mittenrauwerten geliefert werden (nach DIN 11850):

- Nahtlose Edelstahlrohre mit $R_a \leq 2{,}5$ µm und $R_a \leq 1{,}6$ µm (DIN 17456);
- Geschweißte Rohre mit $R_a \leq 1{,}6$ µm und $R_a \leq 0{,}8$ µm (DIN 17455).

Rohre werden nach DIN 11866 [633] und DIN EN 10357 [634] eingesetzt. Bei Rohren nach DIN 11866 werden u.a. die Hygieneklassen H1 bis H5 unterschieden. Diese beziehen sich auf die Rautiefe der Rohrinnenfläche und des Schweißnahtbereiches (Tabelle 212). Bei der Auswahl der Rohre müssen natürlich die nicht unwesentlich höheren Kosten der Rohre mit geringer Rauheit beachtet werden.

Tabelle 212 Hygieneklassen bei Rohren nach DIN 11866

Hygieneklasse	R_a Innenfläche	R_a Schweißnahtbereich
H 1	< 1,6 µm	< 3,2 µm
H 2	< 0,8 µm	< 1,6 µm
H 3	< 0,8 µm	< 0,8 µm
H 4	< 0,4 µm	< 0,4 µm
H 5	< 0,25 µm	< 0,25 µm

Es ergibt keinen Sinn, an einzelnen Stellen der Anlage geringere Mittenrauwerte mit höheren Kosten einzusetzen (Prinzip der Kette: das schwächste Glied bestimmt die Eigenschaften). Ebenso muss gesichert werden, dass an allen Stellen der Anlage nach der Montage die gleichen Mittenrauwerte erreicht werden.

Geringere Mittenrauwerte können in einzelnen Fällen technologisch begründet sein, beispielsweise bei der Konusoberfläche eines Hefezuchtbehälters oder ZKT, um den quantitativen Hefeaustrag zu erleichtern.

Mittenrauwerte ≤ 1,6 µm lassen sich im Allgemeinen nur durch Elektropolitur erzielen. Die produktberührten Oberflächen von Armaturen oder Sensoren werden teilweise trotzdem mit einer Rautiefe Ra ≤ 0,4 µm gefertigt.

Nach neueren Erkenntnissen verbessert sich die Reinigungsfähigkeit der Oberfläche bei R_a-Werten ≤ 0,8 µm nicht mehr [635], im Gegenteil, die Reinigungsfähigkeit verschlechtert sich bei sehr kleinen R_a-Werten [636], [637].
Wichtige Hinweise geben auch die Publikationen der EHEDG [597].

23.4 Dichtungswerkstoffe

Beispiele sind in der Getränkeindustrie die in Tabelle 213 genannten Elastomere:

Die Elastomere sind eine Mischung aus dem eigentlichen Polymer bzw. den beteiligten Polymeren, Füllstoffen, Farbstoffen, Weichmachern, Aktivatoren und Vernetzern, Alterungsschutzmitteln und anderen Verarbeitungshilfsmitteln.

Die Dichtungswerkstoffe werden oft durch die Füllstoffe eingefärbt. Ein sehr wichtiger aktiver Füllstoff ist Ruß. Deshalb sind viele Dichtungen schwarz gefärbt. Anorganische Füllstoffe verbessern die chemische Beständigkeit der Dichtungswerkstoffe im Allgemeinen nicht.

Die Dichtungswerkstoffe müssen die FDA-Zulassung (Food- and Drug-Administration, USA) besitzen. Teilweise werden weitere Zulassungen gefordert, z. B. nach dem 3A Sanitary-Standard (USA).

Tabelle 213 Dichtungswerkstoffe für die Getränkeindustrie

Abkürzung	Bezeichnung	Einsatzgrenzen	Handelsname
NBR	Acrylnitril-Butadien-Kautschuk	-30...100 °C	Perbunan, Nitril-Kautschuk
HNBR	Hydrierter NBR-Kautschuk	-20...140 °C	
VMQ	Polymethylsiloxan-Vinyl-Kautschuk	-40...110 °C	Silicone
EPDM	Ethylen-Propylen-Dien-Mischpolymerisat	-30...160 °C	
PTFE	Polytetrafluorethylen	-200...260 °C	z. B.: Teflon®
FKM	Fluorelastomere; Fluorkautschuk	-15...160 °C	z. B.: Viton®,
FFKM	Perfluorkautschuk	-15...≥ 230 °C	z. B.: Kalrez®, CHEMRAZ® Simriz®
FPM	Propylen-Tetrafluorethylen-Kautschuk		

23.4.1 Unterscheidungsmöglichkeiten für Elastomere

Eine eindeutige Zuordnung von Farben zu den einzelnen Dichtungswerkstoffen ist leider nicht möglich.

EPDM, HNBR, FKM und FFKM sind in der Regel schwarz gefärbt (Füllstoff Ruß), Silicon-Kautschuk VMQ kann rot gefärbt sein, NBR ist oft blau. Die Farben sind zurzeit nicht standardisiert und werden herstellerspezifisch festgelegt.

Eine Unterscheidung ist zum Teil nach der Dichte oder anderen physikalisch messbaren Kriterien möglich, zum Beispiel können die IR-Spektren der Elastomere für die Unterscheidung genutzt werden [638]. Diese Bestimmungen sind im Allgemeinen nur durch die Hersteller möglich, die Dichtung wird dabei meistens zerstört.

Bei FKM kann die Dichte von etwa 2 g/cm^3 zur Unterscheidung von anderen Elastomeren benutzt werden. Viele Elastomere unterscheiden sich nur geringfügig in ihrer Dichte (EPDM, VMQ und NBR liegen bei einer Dichte von etwa 1,1 bis 1,2 g/cm^3.

Die Unterscheidung der Elastomere durch eine so genannte Brennprobe ist nur bedingt möglich. Die entstehenden Gase können zwar teilweise einem bestimmten Kunststoff zugeordnet werden, aber da dabei auch giftige Gase entstehen können, muss von dieser Unterscheidungsmöglichkeit dringend abgeraten werden.

Die Lieferspezifikationen müssen im Lager den Dichtungen zur sicheren Unterscheidung deshalb dauerhaft zugeordnet bleiben.

23.4.2 Hinweise zur Beständigkeit der Dichtungswerkstoffe

Hinweise zur Beständigkeit von Elastomeren gegenüber R/D-Medien gibt die DIN 11483-2 [639].

Tabelle 214 Einsatzkriterien für Reinigungs- und Desinfektionsmittel bei dem Dichtungswerkstoff EPDM (nach DIN 11483 [639])

Medium	Konzentration	Temperatur	Einwirkzeit
HNO_3	≤ 2 %	≤ 50 °C	≤ 0,5 h
HNO_3	≤ 1 %	≤ 90 °C	≤ 0,5 h
H_3PO_4	≤ 2 %	≤ 140 °C	≤ 1,0 h
$H_3PO_4 + HNO_3$	≤ 5 %	≤ 90 °C ≤ 140 °C	≤1 h ≤ 5 min
Peressigsäure	≤ 1 %	≤ 90 °C	≤ 0,5 h
Peressigsäure	≤ 1 %	≤ 20 °C	≤ 2,0 h
Peressigsäure	≤ 0,15 % < 0,0075 %	≤ 20 °C < 90 °C	≤ 2 h ≤ 30min
Jodophore	≤ 0,5 %	≤ 30 °C	≤ 24 h
NaOH	≤ 5 %	≤ 140 °C	Mehrere Stunden
NaOH	≤ 2 %	≤ 80 °C	ohne Begrenzung
NaOH + Na-Hypochlorit	≤ 5 %	≤ 70 °C	≤ 1 h
Na-Hypochlorit pH ≥ 9, Cl^- ≤ 300 mg/L		20 °C 60 °C	< 2 h < 30 min
Heißwasser		≤ 140 °C	ohne Begrenzung

Gegen Ethanol/Spiritus ist EPDM beständig.

Der zum Teil blau gefärbte Dichtungswerkstoff NBR (Acrylnitril-Butadien-Kautschuk) ist für mit heißer Lauge gereinigte Anlagen unbrauchbar. Für Heißwürze ist auch HNBR nutzbar.

Dichtungen werden vorzugsweise als O-Ring (gesprochen: Rundring) gestaltet. Der Einbauort der Dichtung muss so gestaltet werden, dass der Dichtring nur definiert gepresst oder gespannt und nicht gequetscht werden kann (Prinzip der Sterildichtung in der Aseptikverschraubung nach DIN 11864).

23.4.3 Schmierstoffe für Dichtungen

Dynamisch beanspruchte Dichtungen, beispielsweise an Ventilspindeln oder -stangen oder die Mitteldichtung bei Absperrklappen, müssen zur Minderung des Verschleißes durch Reibung geschmiert werden. Dazu können nur Schmierstoffe (Fette, Öle) eingesetzt werden, die das Produkt nicht schädigen (beispielsweise den Bierschaum) und die aus Sicht der Lebensmittelhygiene unbedenklich sind.
Es werden folgende Schmierstoffgruppen unterschieden:

- NSF H1: Kennzeichnung für Food Grade Lubricants, d. h. Schmierstoffe die dort eingesetzt werden dürfen, wo ein gelegentlicher, technisch unvermeidbarer Kontakt mit Lebensmitteln nicht auszuschließen ist.
- NSF H2: Kennzeichnung für Schmierstoffe zur allgemeinen Anwendung in der Lebensmitteltechnologie, vorausgesetzt ein Lebensmittelkontakt ist ausgeschlossen.

Die vom USDA (United States Department of Agriculture) für Betriebsstoffe in der Lebensmittelindustrie vergebene H1-Freigabe definiert auch präzise Hygienestandards bei Schmierstoffen. Entsprechend lebensmitteltechnisch einwandfreie H1-Schmierstoff-Komponenten nimmt die amerikanische Arzneimittelbehörde „Food and Drug Administration (FDA)“ in speziellen Positivlisten auf.

Nachdem die USDA keine Freigaben mehr vornimmt, wird diese Aufgabe heute von der nicht staatlichen, gemeinnützigen und international ausgerichteten Gesundheitsorganisation National Sanitation Foundation (NSF) wahrgenommen.

23.4.4 Form der Dichtungen

Dichtungen werden vor allem als O-Ring (gesprochen: Rundring), als Profil-Dichtungen (z. B. für Verschraubungen nach DIN 11851 und bei Clamp-Verbindungen) und als Flachdichtungen eingesetzt. Weitere Dichtungsvarianten sind Wellendichtungen (Wellendichtringe (Synonym *Simmering*), Gleitringdichtungen, Stopfbuchspackungen); Einzelheiten hierzu s.a. [625]. Eine weitere wichtige Dichtung ist die Mitteldichtung bei Absperrklappen.

Der Einbauort der Dichtung muss so gestaltet werden, dass der Dichtring oder die Profildichtung nur definiert gepresst oder gespannt und nicht gequetscht werden kann. Das entspricht dem Prinzip der Sterildichtung in der Aseptikverschraubung nach DIN 11864-1, s.a. Abbildung 298.

Der Einbauraum wird so bemessen, dass auch die thermisch bedingte Ausdehnung kompensiert werden kann (Abbildung 326).

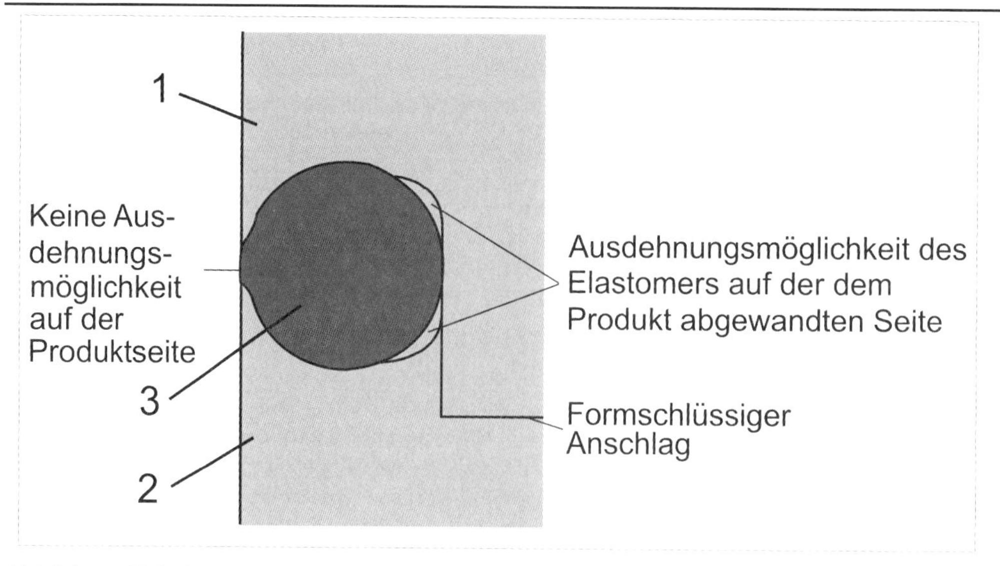

Abbildung 326 Aseptik-Verbindung, Einzelheit des Dichtungsraumes, schematisch (nach Tuchenhagen)
1 Rohrstutzen **2** Gewindestutzen **3** O-Ring-Dichtung

23.4.5 Haltbarkeit von Dichtungen

Die Standzeit von dynamisch beanspruchten Dichtungen ist begrenzt. Sie ist natürlich vor allem von der Anzahl der Schaltspiele und von der thermischen, chemischen und mechanischen Beanspruchung abhängig, die das Altern der Dichtungswerkstoffe beeinflussen.

Eine exakte „Lebensdauer" lässt sich nicht vorhersagen. Die Hersteller geben zum Teil die möglichen Schaltspiele als Richtwert an oder sie empfehlen eine bestimmte Betriebszeit, nach deren Ablauf die Dichtungen erneuert werden sollten.

Da die Dichtungssätze für Armaturen, beispielsweise für Doppelsitzventile, relativ hohe Kosten verursachen, geht der Trend zum Dichtungswechsel immer mehr zum Austausch: „erst im Schadensfall". Das heißt aber nicht, dass von den Betrieben nicht auch nach festen Zyklen erneuert wird.

Weiterführende Literatur

Hierzu wird auf die Internetseiten der einschlägigen Hersteller verwiesen, beispielsweise [640], [641], [642]. Diese Seiten vermitteln zahlreiche weiterführende Details, die verfügbaren Produktspezifikationen und Beständigkeitsnachweise.

24. CO_2-Rückgewinnungsanlagen

24.1 Allgemeiner Überblick

In Abbildung 327 ist eine CO_2-Rückgewinnungsanlage schematisch dargestellt. Zur detaillierten Darstellung der CO_2-Rückgewinnung wird auf die Literatur verwiesen [8].

24.2 Konzeptionen für den Bau und Betrieb von CO_2-Rückgewinnungsanlagen

Für die Auslegung und den Betrieb einer CO_2-Rückgewinnungsanlage bestehen verschiedene Möglichkeiten der Betriebsstrategie, die sich nach folgenden Kriterien unterscheiden lassen:

- Nach dem Verhältnis der gewonnenen Menge CO_2 zur gewinnbaren Menge; nur Eigenbedarfsdeckung oder maximal gewinnbare Menge/Verkauf des Überschusses;
- Nach der CO_2-Reinheit des Rohgases vor der Rückgewinnungsanlage;
- Nach der Reinheit des CO_2 nach der Verflüssigung;
- Nach dem Betriebsregime der Verdichteranlage: Aussetzbetrieb mit häufigen Schaltspielen Ein/Aus oder möglichst kontinuierliche Betriebsweise;

Prinzipiell ist es möglich,

- die Anlage mit einer geringeren CO_2-Reinheit des Rohgases zu betreiben und das verflüssigte CO_2 zu rektifizieren oder
- auf letzteren Verfahrensschritt ganz oder teilweise zu verzichten und dafür auf die maximale Konzentration des Rohgases zu achten.

Da sich die beiden vorstehend genannten Varianten bezüglich des erforderlichen Energieaufwandes und der resultierenden CO_2-Menge unterscheiden, müssen die Vor- und Nachteile beider Konzepte gegeneinander sorgfältig abgewogen werden.

Als wesentliche Qualitätskriterien der verflüssigten Kohlensäure müssen die Parameter Ölgehalt und Sauerstoffgehalt angesehen werden.

Der erstgenannte Punkt lässt sich durch die Nutzung eines ölfreien Verdichters und eine entsprechende Anlagenauslegung relativ einfach sichern.

Der zweite Punkt ist vor allem eine Frage des Betriebsregimes. Wird das Rohgas quasi O_2-frei der CO_2-Rückgewinnungsanlage zugeführt, verringert sich der Aufwand für eine O_2-Reduzierung in der verflüssigten Kohlensäure und die Verluste durch die nicht kondensierbaren Gase (Abgasverluste im Kondensator) werden geringer.

Die Sicherung O_2-freien Rohgases ist nicht zwangsläufig mit einer Verringerung der verfügbaren Rohgasmenge verbunden.

Wird auf maximale CO_2-Menge orientiert, muss die Gewinnung so zeitig als möglich bei geringeren Rohgaskonzentrationen von beispielsweise ≥ 95 % beginnen. In diesem Falle muss aber eine Rektifikationsstufe folgen mit der Konsequenz eines höheren Energiebedarfes, um geringe O_2-Werte zu erreichen. Ebenso erhöhen sich die Abgasverluste im Kondensator.

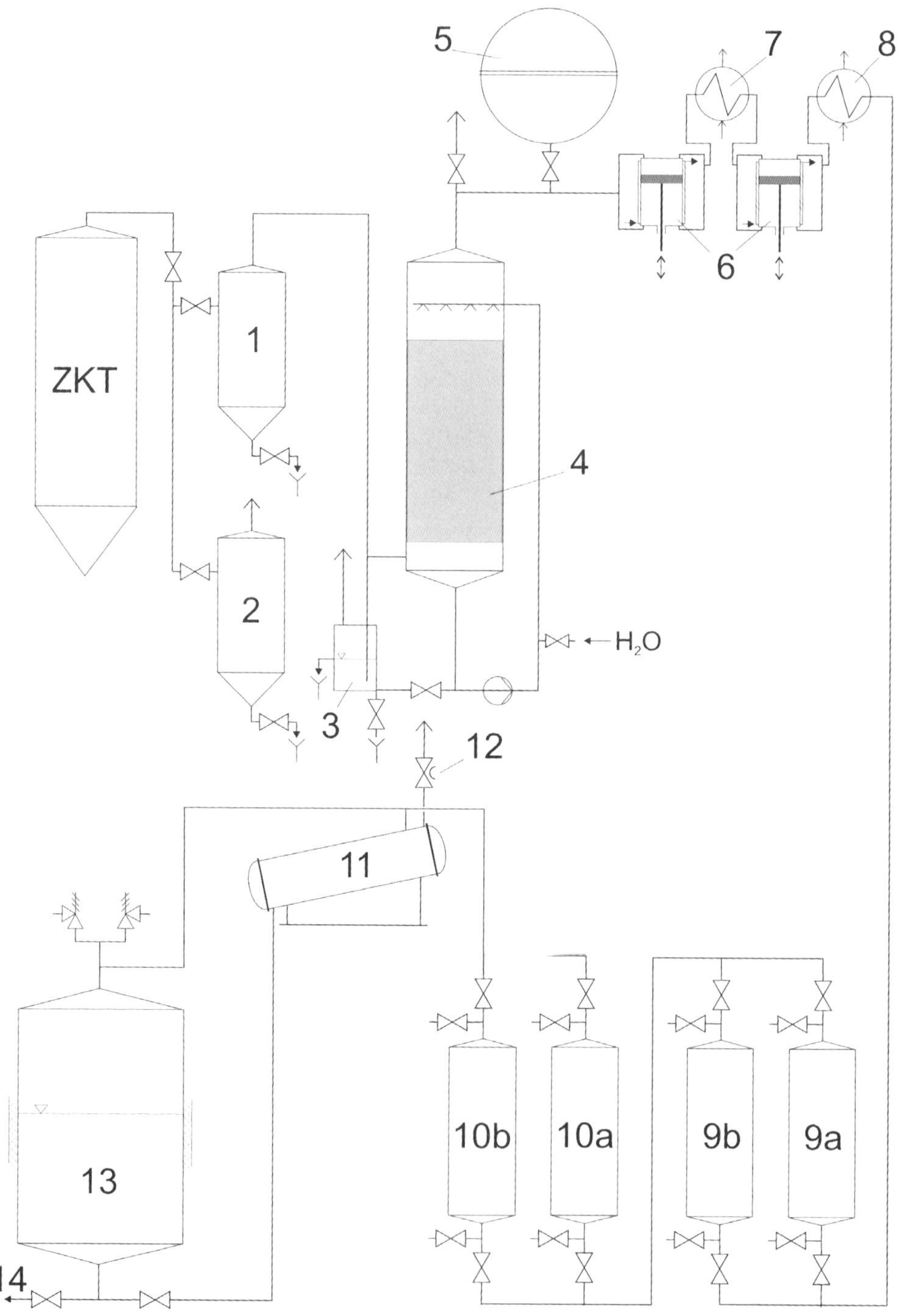

Abbildung 327 CO_2-Rückgewinnungsanlage, schematisch
1 Rohgas-Schaumabscheider **2** Schaumabscheider Abgas **3** Sicherheitsabtauchung **4** Rohgaswäscher **5** Ballongasspeicher **6** zweistufiger Kolbenverdichter **7**,**8** Zwischenkühler **9** Aktivkohle-Adsorber **10** Adsorptionstrockner **11** CO_2-Kondensator **12** Ableitung für nicht kondensierbare Gase **13** CO_2-Speicher **14** zum CO_2-Verdampfer

24.3 Rohgasgewinnung

In Abbildung 328 ist die Rohgasgewinnung aus einem ZKT schematisch dargestellt. Die Abscheider sind für den Notfall, bei dem ein ZKT „spuckt“, vorgesehen. Ihr Volumen sollte so groß wie möglich gewählt werden, um praktikable Reaktionszeiten für die Steuerung der ZKT-Anlage zu erhalten.
Die Rohgasgewinnung muss folgende Aufgaben ermöglichen bzw. sichern:

- Die Umschaltung eines Gärbehälters von Angärung auf Gewinnung bzw. von Gewinnung auf Abluft;
- Der Druck im Gärbehälter darf sich bei Umschaltungen nicht ändern (Schaumgefahr); die Einbindung der Gewinnungsleitung muss nach der Spundarmatur erfolgen;
- Der Druck im Gärbehälter sollte immer höher als der Druck in der Rohgasgewinnungs-/-reinigungsanlage sein. Die Rohrleitungen sollten für eine Minimierung der Druckverluste konzipiert werden;
- Der Füllungsgrad der Abscheider muss automatisch überwacht werden, ggf. muss die Steuerung oder der Bediener reagieren;
- Der Abscheider in der Gewinnungsleitung sollte unter geringem Überdruck betrieben werden, um Lufteinzug auszuschließen (wichtig bei Gewinnungsanlagen ohne CO_2-Rektifikation).

Beachtet werden muss, dass die störungsfreie Rohgasgewinnung den regelgerechten Betrieb der Gärbehälter voraussetzt. Dazu gehören:

- Die Einhaltung der Füllmenge;
- Ausreichender Steigraum im Gärbehälter;
- Möglichst konstante Anstellparameter (Temperatur, Zellzahl, O_2-Gehalt der Würze, Hefequalität);
- Keine plötzlichen Druckabsenkungen.

Der O_2-Gehalt des Rohgases sollte in Anlagen ohne Rektifikationsmöglichkeit messtechnisch überwacht werden. Bei Grenzwertüberschreitung sollte automatisch auf Abluft umgestellt werden. O_2-Einbrüche in das Rohgasgewinnungssystem erfordern längere Spülzeiten und bedingen CO_2-Mengen- und -Qualitätsverluste.

Alle Rohrleitungen und Behälter müssen CIP-fähig gestaltet sein und im Sinne geringer Druckverluste dimensioniert werden. Bei sehr langen Rohrleitungen muss unter Umständen der Druckverlust durch einen Verdichter bzw. Lüfter am Anfang der Leitung kompensiert werden.

Die Schaumabscheider sollten über eine automatisch vom Füllstand aktivierte Spülvorrichtung (Sprühkugel) verfügen. Die Schaumbeseitigung kann durch die Dosierung von Antischaummitteln verbessert werden. Ziel muss es aber sein, durch Einhaltung der Gärbehälter-Parameter ein Überschäumen grundsätzlich zu verhindern.

Rohgaszusammensetzung: die Gärungskohlensäure fällt nahezu O_2-frei an. Die bei der Angärung im Gärbehälter noch vorhandene Luft wird relativ schnell verdrängt. Wird dieser Zeitpunkt exakt ermittelt und werden die beeinflussenden Parameter (s.o.) konstant gehalten, ist das CO_2-Rohgas quasi O_2-frei. Werden die Gasreinigung und die Verdichtung so betrieben, dass Sauerstoff-Zutritt ausgeschlossen wird, kann auf die relativ aufwendige Rektifikation des verflüssigten CO_2 verzichtet werden und die Verluste durch nicht kondensierbare Gase im Kondensator verringern sich.

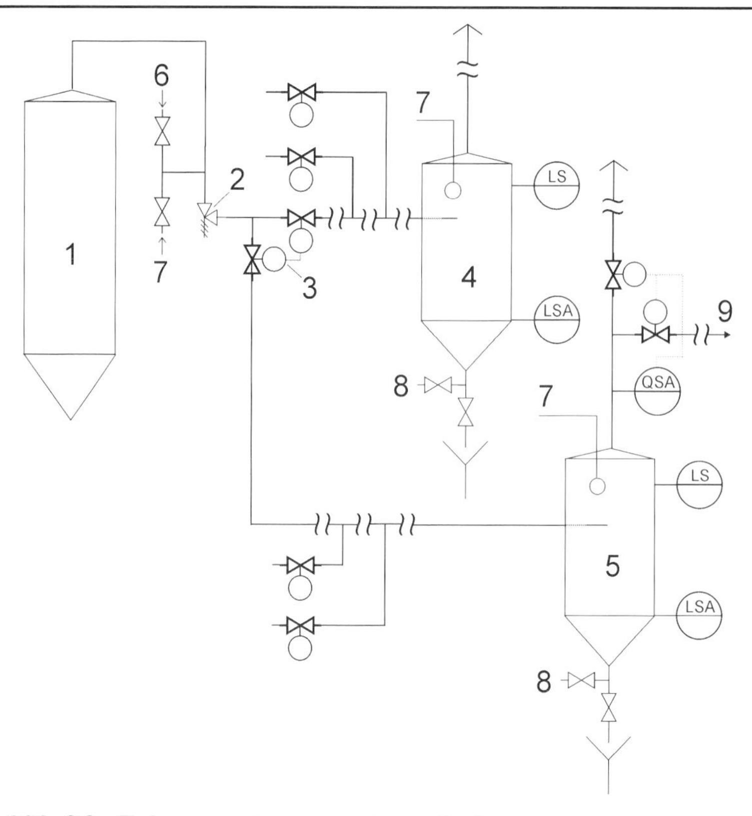

Abbildung 328 CO_2-Rohgasgewinnung, schematisch
1 ZKT **2** Spundarmatur/Überströmventil **3** Umschaltarmatur Abluft/Gewinnung **4** Schaumabscheider/Sicherheitsvorlage für Abgas **5** Schaumabscheider/ Sicherheitsvorlage für Rohgas zur Gewinnung **6** Spanngas **7** CIP-VL, H_2O **8** CIP-RL **9** CO_2-Rohgas zur Gewinnungsanlage

24.4 Zur Bestimmung der gewinnbaren CO_2-Menge

Für die Planung einer CO_2-Rückgewinnungsanlage ist die Kenntnis der gewinnbaren CO_2-Menge eine wichtige Voraussetzung, ebenso ist die Kenntnis der die Ausbeute bestimmenden Faktoren wichtig für die Optimierung einer Anlage. Nur das Wissen um die Ursachen der Differenz zwischen gewinnbarer und gewonnener CO_2-Menge ermöglicht betriebliche Entscheidungen für diese.

24.4.1 Welche Parameter bestimmen die gewinnbare CO_2-Menge

Die bei der Gärung gebildete spezifische CO_2-Menge wird hauptsächlich bestimmt von

- der Extraktkonzentration der Anstellwürze,
- dem Anteil der vergärbaren Zucker am Gesamtextrakt der Anstellwürze, messbar durch den eingestellten Endvergärungsgrad, und
- der wirklichen Extraktdifferenz zwischen Ausstoß- und Endvergärungsgrad.

Bei der alkoholischen Gärung werden die vergärbaren Zucker in Ethanol und CO_2 gespalten. Das verläuft nach der folgenden Brutto-Gleichung 99:

	$C_6H_{12}O_6$	$\rightarrow$	$2\ C_2H_5OH$	+	$2\ CO_2$	$+ \Delta H$	Gleichung 99
1 mol Glucose	$\hat{=}$ 180,1 g	$\rightarrow$	92,1 g	+	88 g	105,5 kJ/mol	
1 kg Glucose	$\hat{=}$ 1000 g	$\rightarrow$	511,4 g	+	488,6 g	586 kJ/kg	

Dabei ist zu beachten, dass aus 1 kg Maltose bei der Umwandlung 1,0526 kg Glucose entstehen.

Da bei der alkoholischen Gärung stets eine bestimmte Menge Hefe gebildet wird, reduzieren sich die Ethanol- und die CO_2-Menge geringfügig. *Balling* gab in seiner Formel an (hier ist es der Zucker Maltose):

2,0655 g Zucker $\rightarrow$ 1,0 g Ethanol + 0,9565 g CO_2 + 0,11 g Hefe bzw.

1 kg Zucker $\rightarrow$ 483,9 g Ethanol + 462,9 g CO_2 + 53,2 g Hefe

Nach der korrigierten *Balling*-Formel werden nur ca. 0,075 g Hefe gebildet.

Nach *Bronn* [643] kann mit folgenden Werten bei der anaeroben Hefeassimilation praktisch gerechnet werden:

1 kg Glucose $\rightarrow$ 470 g Ethanol + 450 g CO_2 + 75 g Hefe

bzw. 1 kg Maltose $\rightarrow$ 494,7 g Ethanol + 473,6 g CO_2 + 78,9 g Hefe

Daraus folgt, dass bei der realen Gärung die gebildete spezifische CO_2-Menge/kg-Extrakt u.a. eine Funktion des Baustoffwechsels und der Hefegabe ist und im Bereich 463...≤ 474 g CO_2/kg Extrakt liegen kann. Dabei wird davon ausgegangen, dass der Extrakt der Würze überwiegend Maltose ist.

Durchschnittlich kann mit folgender Zusammensetzung der vergärbaren Zucker bei einer Stammwürze von 11...12 % gerechnet werden (Tabelle 215):

Tabelle 215 Vergärbare Zuckerarten in der Bierwürze

Zucker	Gehalt nach [644]	Ø-Gehalt nach [645]
Maltose	60...70 %	65,5 %
Maltotriose	15...18 %	17,5 %
Saccharose	3...6 %	5 %
Glucose	8...17 %	12 %
Fructose	0,8...2,8 %	
Gesamt	100 %	100 %

Angabe in Prozent der Extraktmenge der Würze

Die Brutto-Gleichung für die vollständige Vergärung von Maltose lautet:

	$C_{12}H_{22}O_{11}$	$+ H_2O$	$\rightarrow 2\ C_6H_{12}O_6$	$\rightarrow 4\ C_2H_5OH$	$+ 4\ CO_2$
für 1 mol	$\hat{=}$ 342,2 g	+ 18,0 g	$\rightarrow$ 360,2 g	$\rightarrow$ 184,2 g	+ 176,0 g
für 1 kg Maltose	$\hat{=}$ 1000 g	+ 52,6 g	$\rightarrow$ 1052,6 g	$\rightarrow$ 538,3 g	+ 514,3 g

Daraus folgt, dass aus 1 kg Maltose 1,0526 kg Glucose entstehen und die 1,0526-fache Menge CO_2 gebildet wird (514,3 g / 488,6 g = 1,0526).

Aus 1 kg Maltotriose entstehen 1,0714 kg Glucose bzw. die 1,0714-fache CO_2-Menge.

Da die Monosaccharide etwa zu gleichen Anteilen wie die Trisaccharide vorhanden sind, kann mit hinreichender Genauigkeit mit einem Gehalt von 100 % Maltose in der Würze bei der Berechnung der Gärungsprodukte gerechnet werden. Weiterhin korrelieren Veränderungen im Endvergärungsgrad der Anstellwürzen hauptsächlich mit dem Maltosegehalt.

Die gewinnbare CO_2-Menge ist abhängig von:

- Der gebildeten spezifischen CO_2-Menge;
- Der im Bier gelösten CO_2-Menge;
- Der im Gärbehälter (Steigraum) verbleibenden CO_2-Menge;
- Den Verlusten bei der Erfassung das CO_2-Rohgases;
- Den Verlusten bei der Gewinnung und ggf. Rektifikation des CO_2.

Von den vorstehend genannten Parametern sind der Extraktgehalt der Anstellwürze, der Endvergärungsgrad, die Vergärungsgraddifferenz und die im Bier gelöste CO_2-Menge nur im Rahmen der üblichen Bierspezifikationen wählbar und damit festgelegt.

Zur Reduzierung der vermeidbaren Verluste siehe die Kapitel 24.4.2 und 24.4.4.

Die Verwendung der gewonnenen Kohlensäure lässt sich unterscheiden in

- betriebsnotwendiges CO_2 und
- Überschuss-CO_2, dass für eine überbetriebliche Nutzung oder zum Verkauf verfügbar ist.

Betriebsnotwendiges CO_2 ist beispielsweise erforderlich für:

- Für die Nachcarbonisierung des Bieres;
- Für die Softdrink-Produktion;
- Als Spanngas bei der Behältervorspannung und -entleerung;
- Als Spanngas für den Betrieb von Füllmaschinen;
- Für die Luftentfernung/Spülgas aus Packmitteln und zur Verringerung des Luftgehaltes beim Verschließen bzw. in Verschließmaschinen;
- Für die Wasserentgasung.

Die Rückgewinnung von CO_2 über den Eigenbedarf einer Brauerei/Brauereigruppe hinaus ist dann sinnvoll, wenn das überschüssige CO_2 mit Gewinn veräußert werden kann.

Der Bedarf für Gärungs-CO_2 ist immer gegeben, da diese Quelle ökologisch günstig einzustufen ist und vor allem unbedenkliches CO_2 ohne Fremdstoffe liefert.

24.4.2 Möglichkeiten zur Senkung von Verlusten bei der CO_2-Rohgaserfassung

Die Ausführungen dieses Kapitels gelten vor allem dann, wenn keine Rektifikationsanlage betrieben wird.

Prinzipiell ist es möglich, das CO_2-Rohgas aus dem Gärbehälter mit einer großen Reinheit/hohen Konzentration zu gewinnen. Bedingung dafür ist es, den optimalen Umschaltpunkt für die Gewinnung zu finden und zuverlässig den Zutritt von Luft in die Gewinnungsanlage zu vermeiden (s.a. Kapitel 24.3). Dazu gehört auch die Nutzung von entgastem Wasser für den Betrieb der CO_2-Wäsche.

Ehe aus einem gefüllten Gärbehälter reines CO_2-Rohgas verfügbar ist, muss das unreine Gas abgeleitet werden. Das bedeutet Verlust. Die Verlustmenge lässt sich minimieren durch:

- Eine schnelle Befüllung des Gärbehälters;

- Eine intensive Angärung;
- Durch Vermeidung von Unterfüllung/Unterschreitung der Netto-Füllmenge.

Werden die Anstellparameter (Anstelltemperatur, Hefekonzentration, physiologischer Zustand der Hefe, O_2-Gehalt der Würze, Würzezusammensetzung) möglichst exakt eingehalten, ist es möglich eine Zeit zu ermitteln, nach der der Gärbehälter auf CO_2-Gewinnung geschaltet werden kann. Diese Zeit sollte immer einen Sicherheitsbetrag beinhalten und in Intervallen überprüft werden. Diese Variante ist die kostengünstigste.

Alternativ zu dieser einfachen Variante kann auch eine Extraktdifferenz ermittelt werden, nach deren Erreichen umgestellt werden kann.

Für die Nutzung dieser beiden Varianten eignen sich insbesondere ZKT in schlanker Bauform (h zu d $\geq$ 3,5).

In größeren Anlagen bietet sich die Umstellung auf Gewinnung nach der Messgröße O_2-Gehalt im Rohgas an. Dazu können die Gärbehälter in festgelegten Zyklen mit einem Sensor durch Umschaltung verbunden werden, dessen Messwert über die Umschaltung entscheidet.

Die Nutzung des CO_2-Rohgases und von Sekundär-CO_2 aus der „Spanngasrückgewinnung“ (s.a. Kapitel 24.5) kann bereits bei geringeren Konzentrationen (beispielsweise schon bei $\geq$ 90...95 %) begonnen werden unter der Voraussetzung, dass eine Rektifikation des Flüssig-CO_2 erfolgen kann, s.a. Kapitel 24.3. Damit steigt die gewinnbare Menge an, jedoch ist ein größerer Energieaufwand für die Verdichtung und bei der Kondensation des CO_2 die Folge.

24.4.3 Der Zusammenhang zwischen CO_2-Rohgaskonzentration, Abgaskonzentration und CO_2-Ausbeute

Bei CO_2-Rückgewinnungsanlagen ohne Rektifikationsmöglichkeit des flüssigen CO_2 muss die Rohgaskonzentration möglichst groß sein, wenn die verflüssigte Kohlensäure einen hohen Reinheitsgrad besitzen soll. Das gilt insbesondere für den O_2-Gehalt. Die Möglichkeiten, den O_2-Gehalt des CO_2 im Kondensator noch zu verringern, sind sehr beschränkt und setzen neben niedriger Kondensatortemperatur große Abblasemengen nicht kondensierten Gases voraus.

Eine Rektifikation des CO_2 ist zur Verringerung des O_2-Gehaltes möglich. Sie nutzt die unterschiedlichen Gleichgewichtskonzentrationen des CO_2 in der gasförmigen und flüssigen Phase. Damit steigen aber der Energiebedarf und die Verluste an.

24.4.4 Möglichkeiten zur Senkung von Verlusten bei der CO_2-Rückgewinnung

Neben der bereits in Kapitel 24.3 genannten rechtzeitigen Umstellung der Gärbehälter auf Gewinnung sind es:

- Das Verhindern von Lufteinzug in allen Bereichen der CO_2-Gewinnung und -lagerung; die messtechnische Überwachung des O_2-Gehaltes trägt zur Verringerung der Verluste wesentlich bei;
- Die optimale Betriebsweise der CO_2-Trockner und Adsorber bei der Regenerierung;
- Die Optimierung der CO_2-Abblasemenge am Kondensator auf das notwendige Maß;
- Die Optimierung der Kondensationsparameter Druck und Temperatur.

24.5 Möglichkeiten zur Senkung des CO_2-Eigenbedarfs

Zur sparsamen Verwendung des CO_2 gehören:

- Die Minimierung der Mischphase Luft/CO_2 beim Vorspannen von Rohrleitungen und Behältern: nicht nur „nach Zeit“ oder „Gefühl“, sondern anhand ermittelter Messwerte;
- Nutzung des Steigraum-CO_2 bei der Behälterentleerung; Verwendung von steriler Druckluft, wo es geht;
- Günstige Betriebsweise von Füll- und Verschließmaschinen bezüglich CO_2-Verbrauch;
- Im Drucktankbereich Nutzung von „Gaspendelleitungen“ beim Füllen und Entleeren;
- Anwendung der „sauren Reinigung und Desinfektion“ unter CO_2-Atmosphäre bei Drucktanks;
- Eintankverfahren sind günstiger als Zweitankverfahren, weil das Vorspannen des ZKL mit CO_2 entfällt.

Der Eigenbedarf lässt sich durch Rückgewinnung des in den ZKT und Drucktanks nach der Entleerung verbleibenden CO_2 reduzieren. Diese Aussage gilt vor allem dann, wenn die gesamte Tankentleerung mit CO_2 als Spanngas erfolgt. Dieses kann vor einer alkalischen Reinigung mit Sterilluft über den Behälterauslauf ausgeschoben und zurück gewonnen werden. Die CO_2-Phase mit großer Reinheit lässt sich durch eine zügige Entleerung/kurze Standzeit vergrößern, da die Diffusion der Luft in das CO_2 u.a. eine Funktion der Temperatur und der Zeit ist. Der Umschaltzeitpunkt von Gewinnung auf Abgas muss messtechnisch gesteuert werden.

24.6 Die Ermittlung der täglich gewinnbaren CO_2-Menge

Die Ermittlung der täglich gebildeten CO_2-Menge einer Gäranlage ist proportional zu dem täglichen Extraktabbau. Dieser kann beispielsweise wie folgt ermittelt werden:

- Bestimmung der vergorenen Extraktmenge vEs eines Gärbehälters und grafische Darstellung des Verlaufes über der Zeit (Abbildung 329); die Ermittlung muss mehrfach (z. B. mittels Aräometers) und für jede Sorte erfolgen.
  Die grafische Darstellung erfolgt entweder auf Millimeterpapier (einfache Variante) oder aus den Messwerten wird mit einem Tabellen-Kalkulationsprogramm (zum Beispiel mit „Excel“®) ein Diagramm erstellt.
- Aus dem grafisch dargestellten Extraktabbau gemäß Abbildung 329 wird die abgebaute Extraktmenge als vEs/d eines Gärbehälters für jede Sorte bestimmt (auf der „Tageslinie“) und als Diagramm dargestellt (Abbildung 330).
  Die grafische Darstellung erfolgt wie vorstehend beschrieben.
  Der tägliche Extraktabbau-Verlauf kann für die Anfertigung einer Schablone für jede Sorte genutzt werden (fester Karton);
- Mit der/den Schablone(n) lässt sich der tägliche Extraktabbau unter Beachtung der Sorten für alle Gärbehälter zeichnen, beginnend jeweils am Füllbeginn.
  Auf den Tageslinien lassen sich die Summenwerte durch grafische Addition leicht finden. Diese werden dann zur Summenkurve des

täglichen Extraktabbaues verbunden (Abbildung 331).
Ebenso ist es natürlich möglich, mit den Tabellenwerten der Abbildung 330 zeitversetzt gemäß Füllregime mit dem Tabellen-Kalkulationsprogramm die Einzelkurven darzustellen und daraus die Summenkurve zu bilden (die Daten eines Füllzyklus lassen sich einfach zeitversetzt in separate Spalten kopieren; daraus können in einer weiteren Spalte die Summen gebildet werden. Daraus und mit den Werten der Zeitachse lässt sich die Summenkurve im Diagramm erstellen, s.a. Tabelle 217).
Aus der Summenkurve lassen sich der Maximalwert vEs/(d·100 kg) und die übrigen interessierenden Werte ablesen;

- Der Wert vEs /(d·100 kg) lässt sich umrechnen in vEw/(h·hL) mit Gleichung 99:
- $$\text{vEw/(d·hL)} = \frac{\text{vEs} \cdot 0{,}81 \cdot \rho}{\text{d} \cdot 100\ \text{kg}} \qquad \text{Gleichung 100}$$

vEs/(d·100 kg) = scheinbar vergorener Extrakt in kg E/(d·100 kg)
vEw/(d·hL) = wirklich vergorener Extrakt in kg E/(d·hL)
ρ = aktuelle Dichte in kg/hL
0,81 = $(St_{AW} - Ew)/(St_{AW} - Es)$

- Durch Multiplikation von vEw/(d·hL) mit dem Volumen des Gärbehälters ergibt sich die durchschnittliche täglich umgesetzte Extraktmenge der Gäranlage und daraus die anfallende CO_2-Menge/d.
  Von dieser Menge muss die nicht gewinnbare CO_2-Menge eines Gärbehälters gemäß Tabelle 216 abgezogen werden, um die täglich gewinnbare Menge zu erhalten.
  Zur Umrechnung auf die durchschnittlich stündlich gewinnbare CO_2-Menge muss durch 24 h/d dividiert werden.
- Dieses Rechenbeispiel setzt voraus, dass alle Gärbehälter die gleiche Größe haben.
  Sind unterschiedliche Tankgrößen vorhanden, muss der Wert vEs/d in Abbildung 330 auf die Bezugstankgröße umgerechnet und in Abbildung 331 eingetragen werden:

  Beispiel:
  Bezugstankgröße 2500 hL,
  vorhandene Tankgröße der Sorte xyz: 1200 hL:
  Umrechnung vEs/d · 1200 hL/2500 hL = vEs/d · 0,48.

Von der täglich gebildeten CO_2-Menge muss die im Bier und in den Gärbehältern verbleibende, nicht gewinnbare CO_2-Menge abgezogen werden, um auf die gewinnbare CO_2-Menge zu kommen.

Die nicht gewinnbare CO_2-Menge (objektive Verluste) kann nach Tabelle 216 geschätzt werden:

Tabelle 216 Nicht gewinnbare CO_2-Menge

	ZKT-Größe		
	1000 hL	2500 hL	5000 hL
im Bier gelöste CO_2-Menge	0,5…0,6 kg/hL	0,5…0,6 kg/hL	0,5…0,6 kg/hL
CO_2-Menge im Bier	500…600 kg	1250…1500 kg	2500…3000 kg
CO_2-Menge im Gasraum bei 18 % Steigraum und $p_ü$ = 0,6 bar	69 kg	173 kg	346 kg
CO_2-Menge im Gasraum bei 20 % Steigraum und $p_ü$ = 0,6 bar	79 kg	197 kg	394 kg
CO_2-Verlust im Abgas bis zu einer Reinheit von 99,9 % *)	$\leq$ 95 kg	$\leq$ 236 kg	$\leq$ 473 kg
nicht gewinnbare CO_2-Menge	664…774 kg	1659…1933 kg	3319…3867 kg
spezif. nicht gewinnbares CO_2	0,65…0,77 kg/hL		

*) diese Menge kann sich bei einem früheren Beginn der Rückgewinnung verringern

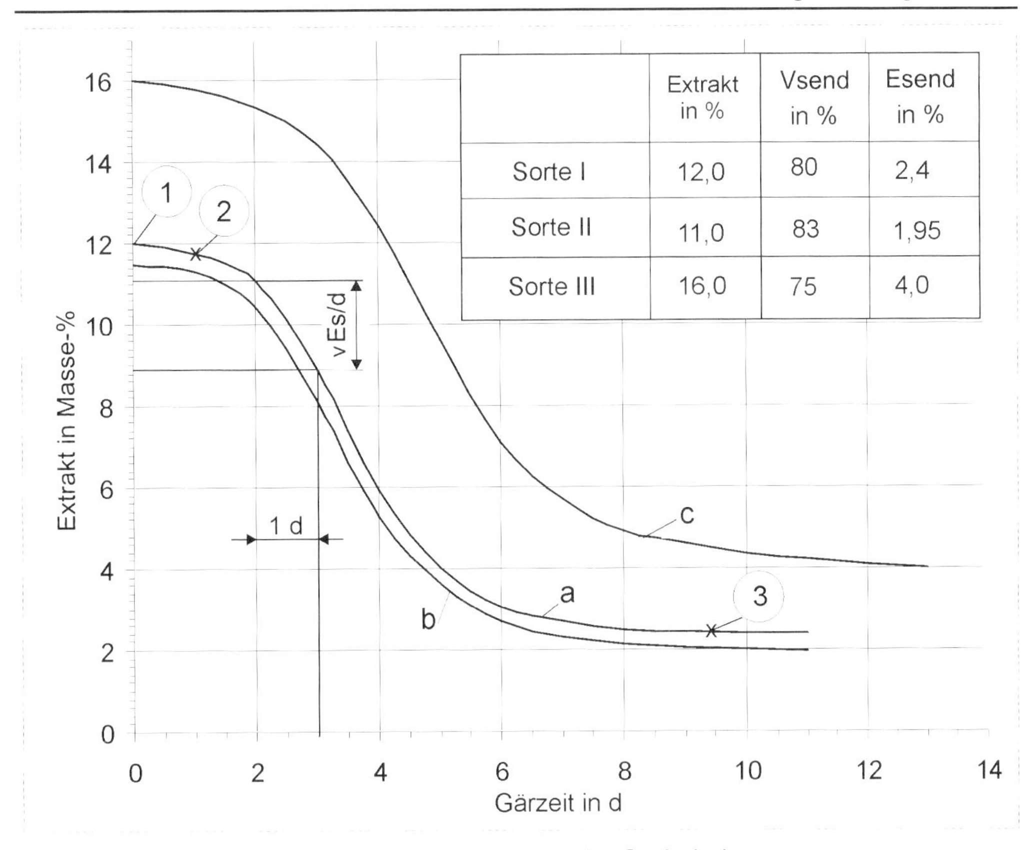

Abbildung 329 Gemessener realer Extraktabbau im Gärbehälter
a Sorte I b Sorte II c Sorte III
1 Füllanfang 2 Füllende 3 Esend

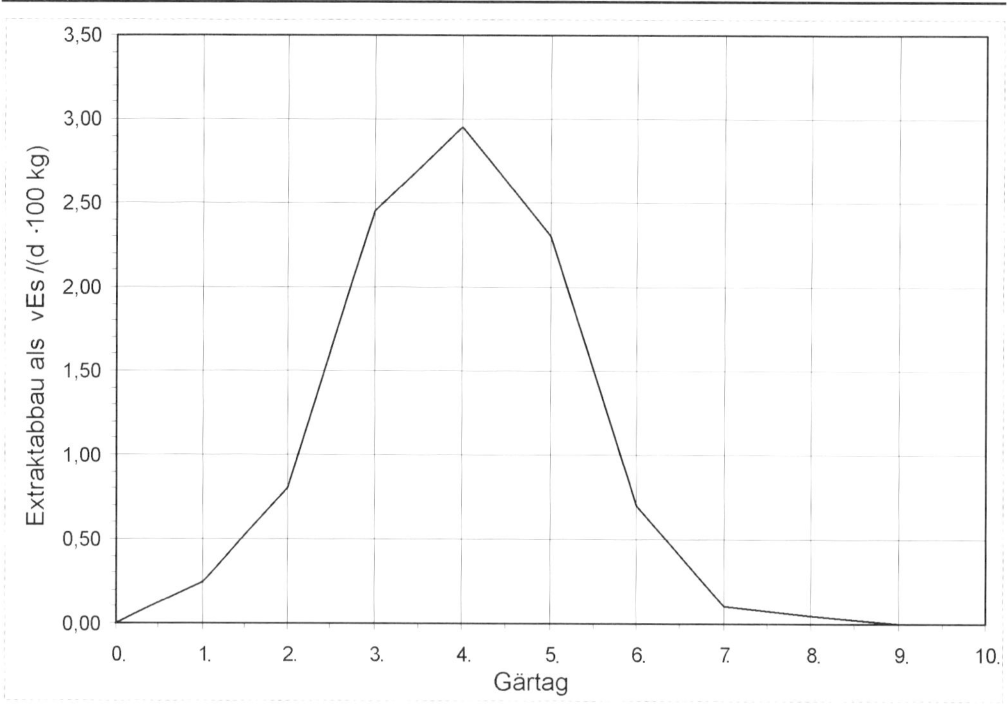

Abbildung 330 Aus Abbildung 329 ermittelter täglicher Extraktabbau in vEs/(d·100 kg) für Sorte I

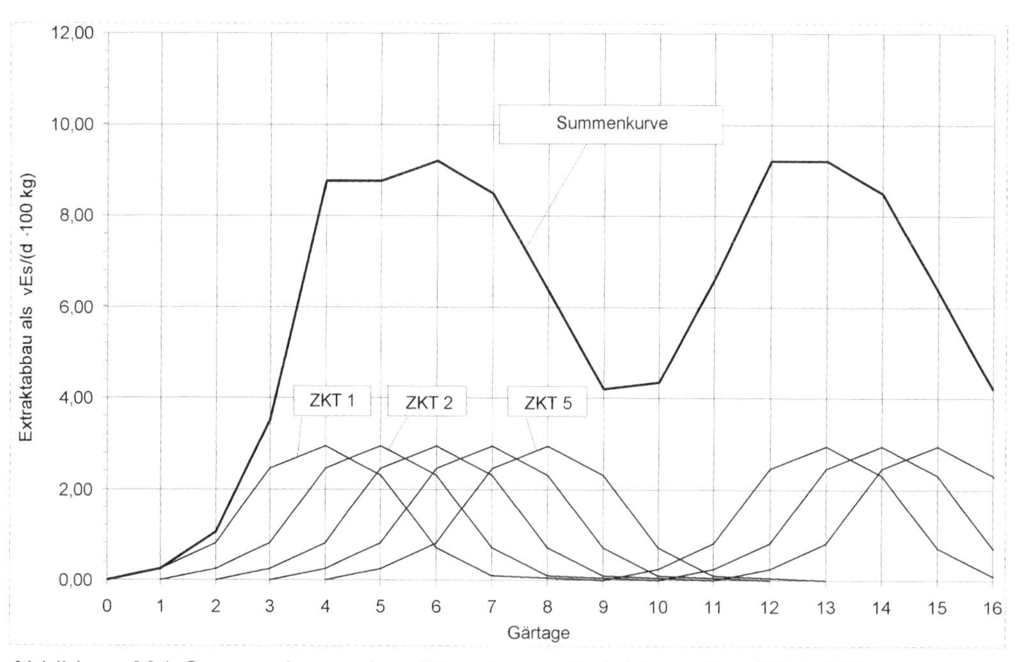

Abbildung 331 Summenkurve einer Gäranlage mit gleich großen Gärbehältern zur Ermittlung von vEs/(d·100 kg); Das Maximum des Extraktabbaues liegt am 6. Gärtag bzw. zwischen 12. und 13. Gärtag. Dargestellt sind 5 ZKT/Woche: Füllbeginn erster ZKT: Montag 12 Uhr, Füllende Montag 24 Uhr; Füllende letzter ZKT: Freitag 24 Uhr

Tabelle 217 Ermittlung der Summenkurvenwerte in vEs/(d·100 kg)

Gär-tag	ZKT 1	ZKT 2	ZKT 3	ZKT 4	ZKT 5	ZKT 6	ZKT 7	ZKT 8	ZKT 9	ZKT 10	ZKT 11	ZKT 12	ZKT 13	Summen-kurven-werte
0	0													0
1	0,25	0												0,25
2	0,8	0,25	0											1,05
3	2,45	0,8	0,25	0										3,5
4	2,95	2,45	0,8	0,25	0									8,75
5	2,3	2,95	2,45	0,8	0,25									8,75
6	0,7	2,3	2,95	2,45	0,8									9,2
7	0,1	0,7	2,3	2,95	2,45	0								8,5
8	0,05	0,1	0,7	2,3	2,95	0,25	0							6,35
9	0	0,05	0,1	0,7	2,3	0,8	0,25	0						4,2
10		0	0,05	0,1	0,7	2,45	0,8	0,25	0					4,35
11			0	0,05	0,1	2,95	2,45	0,8	0,25	0				6,6
12				0	0,05	2,3	2,95	2,45	0,8	0,25				9,2
13					0	0,7	2,3	2,95	2,45	0,8				9,2
14						0,1	0,7	2,3	2,95	2,45	0			8,5
15						0,05	0,1	0,7	2,3	2,95	0,25	0		6,35
16						0	0,05	0,1	0,7	2,3	0,8	0,25	0	4,2
17							0	0,05	0,1	0,7	2,45	0,8	0,25	4,35
18								0	0,05	0,1	2,95	2,45	0,8	
19									0	0,05	2,3	2,95	2,45	
20										0	0,7	2,3	2,95	

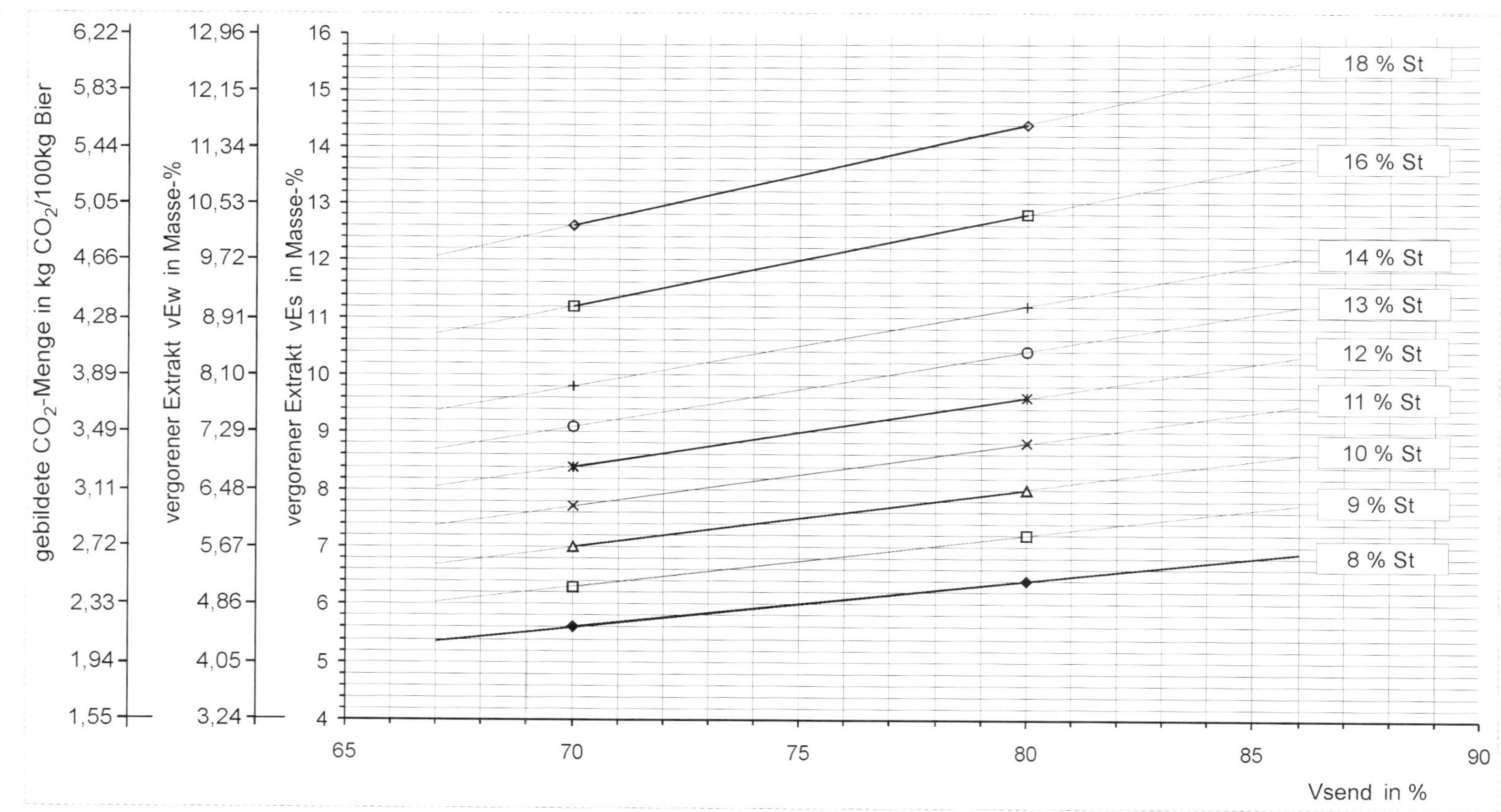

Abbildung 332 Gebildete CO_2-Menge als Funktion von Stammwürze und Endvergärungsgrad V_{send}

24.7 Grundlagen für die Planung der Anlagengröße der CO_2-Gewinnungsanlage

Eine Vorabschätzung der gebildeten CO_2-Menge als Funktion von Stammwürzegehalt und Vergärungsgrad ist nach Abbildung 332 möglich.

Die mit den Werten vEs/(d·100 kg) aus Abbildung 331 errechneten Werte vEw/(d·hL) gemäß Gleichung 100 und dem Abzug der nicht gewinnbaren CO_2-Menge lassen sich für die Festlegung der CO_2-Rückgewinnungsanlagengröße nutzen. Es ist möglich, diese

- nach dem durchschnittlichen stündlichen CO_2-Anfall,
- nach einem Wert zwischen maximalem und durchschnittlichen Anfall, aber auch
- nach jedem anderen Wert auszulegen.

Durch entsprechende Speicherung des CO_2-Rohgases in den „gärschwachen Zeiten“ kann auch dieses für die Gewinnung verfügbar gemacht werden, ohne die Gewinnungsanlage ständig an- und abfahren zu müssen.

Bei Betrieb der Gewinnungsanlage mit einer Rektifikationsanlage ist auch die Nutzung von Rohgas mit geringerer Reinheit möglich, sodass sich die gewonnene CO_2-Menge der gewinnbaren bzw. gebildeten annähert.

Alternativ kann statt der anfallenden CO_2-Menge auch der durchschnittliche Bedarf der Brauerei als Grundlage für die Festlegung der Anlagengröße genommen werden. Dabei wird also dann bewusst auf einen Teil der gewinnbaren CO_2-Menge verzichtet.

Die vorstehend genannten Rechenmodelle für die Ermittlung der CO_2-Rückgewinnungsanlagengröße sollten gegenüber der Auslegung nach empirischen Zahlenwerten bevorzugt werden, s.a. Tabelle 218.

Tabelle 218 Gewinnbare CO_2-Menge nach Literaturangaben

Gewinnbare CO_2-Menge in kg CO_2/hL Bier	Quelle	
2,1...2,5	Fa. Huppmann	Prospekt „CO_2-Rückgewinnungsanlagen“
2,3...3	Fa. Seeger	Prospekt „CO_2-Anlagen für Brauereien“ (1/98)
2,5	Fa. Haffmans	CO_2-Rückgewinnungsanlagen [646]
≤ 3,1	Buchhauser u. Meyer-Pittroff	Alternative zum Stripping; Neuartiges Verfahren zur CO_2-Rückgewinnung [647]

24.8 Qualitätsanforderungen an Kohlendioxid

24.8.1 Qualitätsanforderungen an die Kohlensäure

Die Anforderungen an die Qualität der Kohlensäure (CO_2) zur Verwendung in der Gärungs- und Getränkeindustrie sind bisher nicht einheitlich festgelegt. Einige Anwender von Handels-Kohlensäure haben firmenspezifische Anforderungen erstellt und machen diese zur Grundlage ihrer Lieferverträge mit den Herstellern bzw. Lieferanten des CO_2 (z. B. Coca Cola, VDM). Kohlendioxid für die Brauerei und die Softdrinkindustrie wird zurzeit nicht nach einheitlicher Spezifikation beschafft.

Ausgehend von dieser Situation wurde von einem Arbeitskreis des TWA der VLB Berlin unter Leitung von Herrn *Rüdiger Gruß* (Bindung Brauerei AG, Frankfurt am Main) eine Branchenvereinbarung für Handels-Kohlensäure erarbeitet, die im Sinne einer STLB verwendet werden soll und die die Qualitätsanforderungen zwischen Brauindustrie, Getränkeindustrie und den CO_2-Herstellern bzw. -Händlern des Industriegase-Verbandes (IGV) fixiert.

Grundlage dieser Qualitätsanforderungen sind die Forderungen der TWA-Mitglieder, soweit sie sich an der Umfrage des TWA-Arbeitskreises beteiligt haben, und die Spezifikation des Europäischen Industriegase-Verbandes (EIGA) in Verbindung mit der amerikanischen Druckgase-Vereinigung (CGA).

In Tabelle 219 sind die vom TWA-Arbeitskreis erarbeiteten aktuellen Anforderungen zusammengestellt. Dieser Entwurf befindet sich gegenwärtig noch in der Diskussion.

Da die Herkunft der Handels-Kohlensäure in der Regel nicht bekannt ist, müssen die in Tabelle 219 genannten Qualitätsparameter vom Lieferanten gesichert werden.

Sinngemäß müssen diese Anforderungen auch für die Gewinnung von Gärungs-CO_2 und die Applikation von Handels-CO_2 in der Brauindustrie gelten.

Hier sind es vor allem die Parameter O_2-Gehalt, Drucktaupunkt und Ölgehalt, während einige andere Parameter herkunftsbedingt in der Regel keine Rolle spielen.

Dabei wird bewusst nicht auf die deutsche Problematik des Reinheitsgebotes von 1516 eingegangen, nach dem zur Carbonisierung des Bieres nur Gärungs-CO_2 verwendet werden darf.

24.8.2 Diskussion der Qualitätsforderungen aus der Sicht der Anwender in der Brauindustrie

Die in Tabelle 219 genannten Qualitätsparameter und die dazu erforderlichen Analysenvorschriften bzw. Analysenverfahren sollen nach Abschluss der Diskussion Bestandteil der Lieferverträge der Brau- und Getränkeindustrie werden.

Individuelle Anforderungen können zwischen dem Käufer/Anwender und dem CO_2-Lieferanten erarbeitet und vereinbart werden.

Da eine vollständige CO_2-Analyse relativ arbeits- und kostenaufwendig ist, muss die Wareneingangskontrolle bei Handels-Kohlensäure auf wesentliche Parameter beschränkt werden. Gleiches gilt für die CO_2-Eigengewinnung. In Tabelle 224 sind Parameter der empfohlenen Eingangskontrolle zusammengestellt.

Die Parameter O_2-Gehalt (wichtig für die Alterung und Alterungsbeständigkeit des Bieres) und Ölgehalt (Schaumstabilität) sind neben der Sensorik (Geschmack und Geruch) für den Gebrauch des CO_2 in der Brauerei sehr bedeutungsvoll. Fehler bei diesen Kriterien sind irreversibel.

Tabelle 219 Qualitätsanforderungen an Handels-Kohlensäure zur Verwendung in der Brau- und Getränkeindustrie; - Entwurf -;
Quelle: TWA, Arbeitskreis Qualitätsanforderungen an Handels-CO_2,
Leitung: Rüdiger Gruß

	Merkmal	Größeneinheit	Spezifikation der Deutschen Brauindustrie (EIGA-Spezifikation)	
1	Herkunft der Kohlensäure	Festlegungen zur Herkunft der Kohlensäure erfolgen zwischen Lieferanten und Käufer		
2	Reinheit des CO_2	% v/v	≥ 99,9	[1])
3	Feuchtigkeit (Drucktaupunkt)	ppm v/v	≤ 50 (≤ - 48 °C)	
4	Geruch und Geschmack		rein + typisch	
5	Sauerstoff	ppm v/v	≤ 30	[2])
6	Schwefelwasserstoff	ppm v/v	≤ 0,1	[3])
7	Schwefeldioxid	ppm v/v	≤ 1,0	[3])
8	Carbonylsulfid	ppm v/v	≤ 0,1	[3])
9	Gesamtschwefel	ppm v/v	≤ 0,1	
10	Aromatische Kohlenwasserstoffe	ppm v/v	≤ 0,02	
11	nichtflüchtige organische Bestandteile (Öl)	ppm m/m	≤ 1,0	[4])
12	Säure	ppm v/v	n.n.	
13	Ammoniak	ppm v/v	≤ 2,5	
14	Stickoxide NO, NO_2	ppm v/v	je ≤ 2,5	
15	Kohlenwasserstoffe (als Methan)	ppm v/v	≤ 50	
16	Kohlenwasserstoffe, davon nicht Methan	ppm v/v	≤ 20	
17	Kohlenmonoxid	ppm v/v	≤ 10	
18	Acetaldehyd	ppm v/v	≤ 0,2	
19	Methanol	ppm v/v	≤ 10	
20	Phosphine	ppm v/v	≤ 0,3	[5])
21	Cyanwasserstoff	ppm v/v	≤ 0,5	[6])
22	Nichtflüchtige Bestandteile	ppm m/m	≤ 10	

1) Der Zahlenwert wird durch die Analysenmesstechnik limitiert, genauere Angaben erfordern relativ großen analytischen Aufwand.
2) dieser Zahlenwert wird gesondert diskutiert, s.u.
3) bei Einhaltung des Gesamt-Schwefelgehaltes sind die Anforderungen erfüllt. Überschreitet der Gesamt-Schwefelgehalt 0,1 ppm v/v, müssen die Schwefelkomponenten einzeln überprüft werden.
4) dieser Sollwert weicht von der EIGA-Spezifikation ab.
5) Analyse nur bei CO_2 aus Phosphatherstellung.
6) Analyse nur bei CO_2 aus Kohlevergasung.

Die analytischen Methoden zur Feststellung der Übereinstimmung mit der Spezifikation sind von der Internationalen Gesellschaft der Getränke-Technologen (ISBT) erarbeitet worden und im Anhang C der EIGA-Spezifikation aufgeführt. Jeder Lieferung muss ein Zertifikat beigefügt sein über die Einhaltung:

- Der EIGA-Spezifikation (DOC 70/99D) einschließlich der Änderungen bzw. Ergänzungen;
- Der EIGA-Empfehlungen zur Verhinderung von CO_2 Rückfluss-verunreinigung;
- Der EIGA-Empfehlungen für das Betreiben der CO_2 Tankwagen.

24.8.3 Sauerstoffgehalt

Insbesondere in der Brauindustrie ist der O_2-Gehalt der Kohlensäure ein relevanter Qualitätsparameter, vor allem dann, wenn mit der Kohlensäure Bier carbonisiert werden soll. Aber auch bei der Nutzung als Spanngas sind die Folgen eines zu hohen O_2-Gehaltes zu beachten.

In Tabelle 220 ist der Zusammenhang zwischen „Reinheit" des CO_2 und dem möglichen O_2-Gehalt und den Folgen für die Bier-Carbonisierung dargestellt.
Danach ist eine „Reinheit" des CO_2

- von 99,995 % die Mindestforderung, wenn der CO_2-Gehalt um 1 g/L und
- von 99,999 %, wenn um 5 g/L erhöht werden soll bei einer Annahme eines maximalen O_2-Gehaltes des Bieres von 0,01 mg/L.

Dabei ist die Angabe der „Reinheit" des CO_2 nur eine theoretische Größe, da dieser Parameter mit üblichen Messgeräten nicht ermittelt werden kann. Dazu ist eine aufwendige Analysentechnik erforderlich. Deshalb muss der O_2-Gehalt in der Kohlensäure messtechnisch bestimmt werden, wenn eine äquivalente Aussage getroffen werden muss.

Der in Tabelle 219 ausgewiesene Grenzwert für Sauerstoff von $\leq$ 30 ppm v/v ist zu hoch. Er muss für Brauereibetriebe entsprechend den betriebsspezifischen Anforderungen ggf. mit $\leq$ 5 ppm v/v festgelegt werden, wenn bewusst sauerstoffarm gearbeitet werden soll.

Die Angaben zum O_2-Gehalt erfolgen in Milligramm O_2/Kilogramm CO_2 oder oft in „ppm (v/v)" oder „ppm (m/m)". Mit Tabelle 221 können die Umrechnungen entnommen werden.

24.8.4 Ölgehalt

Der nach der EIGA-Spezifikation zulässige Wert von 5 ppm m/m ist deutlich zu hoch, s.a. Tabelle 223.

Für in der Brauerei eingesetztes Kohlendioxid muss ein Grenzwert von $\leq$ 1 ppm m/m gefordert werden.

Tabelle 220 Zusammenhang zwischen CO_2-Reinheit, Fremdgasgehalt im CO_2, O_2-Gehalt und die Auswirkung bei der Carbonisierung

CO_2-Reinheit in %	Fremdgasgehalt im CO_2 in ppm v/v	O_2-Gehalt in ppm v/v [1]) (mL O_2/m^3)	O_2-Gehalt in ppm m/m (mg O_2/kg)	O_2-Zunahme bei einer Erhöhung des CO_2-Gehaltes des Bieres um 1 g/L in ppm m/m
99,50	5000	1500	1088	1,0880
99,90	1000	300	218	0,2180
99,95	500	150	109	0,1090
99,97	300	90	65,2	0,0650
99,99	100	30	22	0,0220
99,995	50	15	10,9	0,0109
99,997	30	9	6,5	0,0065
99,999	10	3	2,2	0,0022
99,9995	5	1,5	1,1	0,0011

[1]) bei einem O_2-Gehalt von 30 % im Fremdgas

Tabelle 221 Umrechnung der O_2-Konzentrationsangaben

Angabe in	entspricht einem O_2-Gehalt von		
1 mg O_2/kg CO_2	1 ppm O_2 (m/m)		
1 ppm O_2 (v/v)	1 mL O_2/m^3 CO_2	1,43 mg O_2/m^3 CO_2 1,43 µg O_2/L CO_2	0,725 mg O_2/kg CO_2 0,725 µg O_2/g CO_2
1 ppm O_2 (m/m)	1 mg O_2/kg CO_2		

Der O_2-Gehalt der Luft beträgt etwa 209 000 ppm (v/v) O_2/m^3 Luft. Mit diesem Wert lassen sich beispielsweise O_2-Messgeräte kalibrieren.
Weitere Stoffwerte für Gase werden in Tabelle 222 genannt:

Tabelle 222 Stoffwerte von Gasen

	O_2	N_2	Luft
molare Masse in g/mol	32,000	28,016	28,964
Gaskonstante R in kJ/(kg·K)	0,2598	0,2968	0,2871
molares Volumen bei 0 °C und 1,013 bar	22,415 L/mol		
Dichte in kg/m^3 bei 0 °C und 1,013 bar	1,4276	1,2499	1,2922

Tabelle 223 Beeinflussung des Schaums durch Öl; Dosierung von 1 g CO_2/L (nach [648])

Ölgehalt des CO_2	Vergleichsbier	1 ppm m/m	5 ppm m/m	10 ppm m/m
Öldosage	0	1 ppb	5 ppb	10 ppb
Schaum nach NIBEM in s	285	283	276	229

24.8.5 Keimgehalt des CO_2

In der Regel kann davon ausgegangen werden, dass gekaufte Kohlensäure keimarm bzw. keimfrei ist. Bei der Eigengewinnung gilt diese Aussage im Prinzip auch.

Trotzdem sollte es grundsätzlich üblich sein, direkt bei jedem „Verbraucher“ einen Sterilfilter (Membranfilter, Porenweite $\leq$ 0,2 µm) zu installieren, der regelmäßig gewartet wird.

Das CO_2-Leitungssystem muss für eine CIP-Reinigung eingerichtet und sterilisierbar sein.

Tabelle 224 Parameter der CO_2-Eingangskontrolle

Probenahmestelle	Parameter	Verfahren/Analytik	Häufigkeit
Tankwagen	Öl nicht verdampfbare Bestandteile Geruch und Geschmack Sauerstoff	Kampfertest „Schneeprobe“ Sensorik, Online Messung	regelmäßig regelmäßig regelmäßig regelmäßig [1])
CO_2 nach dem Verdampfer	Geruch und Geschmack Öl Sauerstoff	Sensorik Kampfertest Online Messung	täglich täglich online
CO_2-Analyse, extern	Schwefelverbindungen, Aromaten [2]), nichtflüchtige Kohlenwasserstoffe [2])		1 bis 4 mal/a
CO_2-Analyse	Komplettanalyse		bei Bedarf
CO_2 am Produkteingang	Keimgehalt	biologische Probenahme	bei Bedarf

[1]) diese Messung ist anzustreben
[2]) nur bei Handels-CO_2

24.8.6 Sonstige Beimengungen in der Gärungskohlensäure

Die nahezu quantitative Entfernung von H_2S ist u.a. wichtig, um die Bildung von Carbonylsulfid (Kohlenoxidsulfid; COS) zu verhindern (beispielsweise im Verdichter). Deshalb ist die H_2S-Entfernung aus dem Rohgas vor der Verdichtung prinzipiell günstig und anzustreben. Aus dem COS entsteht bei der Hydrolyse wieder H_2S.

Niedrige Grenzwerte für H_2S und COS sind vor allem für die Verwendung des CO_2 zur Carbonisierung von Getränken Voraussetzung.

25. Druckluftversorgung

Als Druckluft, die mit Produkt (Würze, Bier, Hefe) in Berührung kommen kann, sollte prinzipiell nur ölfrei verdichtete Druckluft eingesetzt werden. Dafür kommen nur sogenannte Trockenlaufverdichter infrage.

Druckluft muss mit Membranfilterkerzen steril filtriert werden (Rückhaltevermögen ≤ 0,2 µm). Die Filter sind regelmäßig zu warten, das Gleiche gilt auch für das Druckluft-Rohrleitungssystem. Dieses sollte CIP-fähig und sterilisierbar sein.

Arbeitsluft für pneumatische Antriebe muss nicht ölfrei verdichtet werden. Der maximale Druck sollte so niedrig als möglich festgelegt werden (z. B. $p_ü \leq 6$ bar), um Energie zu sparen. Bedingung ist natürlich, dass die pneumatischen Antriebe für diesen Betriebsdruck ausgelegt werden (es sind Antriebe mit verschiedenen Kolbendurchmessern verfügbar). Das Druckluftnetz sollte ohne Leckageverluste betrieben werden.

Wichtig ist bei Druckluft, die als Antriebsenergie für pneumatische Antriebe genutzt werden soll, ein Drucktaupunkt von ≤ -20 °C, um Kondensatbildung zuverlässig auszuschalten.
Weiter Hinweise zum Thema Druckluft siehe zum Beispiel in [10].

26. Arbeits- und Gesundheitsschutz, technische Sicherheit

26.1 Allgemeine Hinweise

Zu vielen Fragen der Anlagen- und Betriebstechnik, der technischen Sicherheit sowie zum Arbeits- und Gesundheitsschutz bestehen Gesetze, Verordnungen, Regeln und andere Vorschriften, die zu beachten sind (s.a. [595]).

Grundlage dieser Vorschriften sind die Richtlinien die Europäische Union, die in nationales Recht umgesetzt werden und zunehmend die nationalen Gesetze und Vorschriften ablösen bzw. bereits abgelöst haben.

Wichtige Informationsquellen für die zu beachtenden Gesetzte, Vorschriften usw. sind:

- Der „DIN-Katalog für technische Regeln“ [651];
- Liste der DIN-Normen [649]
- Das Informationsmaterial der Berufsgenossenschaft Nahrungsmittel und Gaststätten (BGN).

Die wichtigen Unterlagen der BGN (BGV, BGI, BGG, BGR und ASI) können im Internet eingesehen werden und sind auf der jährlich erscheinenden DVD enthalten [650], ebenso die wichtigen gesetzlichen Grundlagen zum nationalen und europäischen Recht. Insbesondere zu Fragen der Organisation des Arbeitsschutzes und der Unfallverhütung ist die BGN Ansprechpartner.
Die CD-ROM verfügt über eine umfangreiche Suchfunktion.

Allgemeine Hinweise für die Beschaffung von Gesetzestexten, Verordnungen, TR usw. s.a.: http://bundesrecht.juris.de/bundesrecht/GESAMT_index.html

Auskünfte zur Gültigkeit von Normen usw. siehe beim Beuth-Verlag, Berlin (unter: www.beuth.de) sowie [649] Möglich sind auf dieser Verlagsseite die Nummern- und die Schlagwort-Recherche.

26.2 Gesetzliche Grundlagen zum Unfallschutz und zur technischen Sicherheit

Wichtige Unterlagen stellen die Regelwerke der Berufsvereinigungen dar, beispielsweise das ATV-Regelwerk, das DVGW-Regelwerk usw., siehe auch [651].

Arbeitsmittel, die nach Prüfung dem Gerätesicherheitsgesetz entsprechen, wurden in der Vergangenheit mit dem Zeichen für geprüfte Sicherheit (*GS*-Zeichen) gekennzeichnet. Das GS-Zeichen kann weiterhin auf freiwilliger Basis durch den Hersteller neben dem *CE*-Kennzeichen vergeben werden, wenn durch eine zugelassene/zertifizierte Stelle eine Baumusterprüfung mit Produktionsüberwachung vorgenommen wurde. Zwischen CE-Kennzeichen und GS-Zeichen darf *keine* Sachidentität bestehen.

Seit 01.01.1995 ist das Kennzeichen *CE* (**C**ommunauté **E**uropéenne $\hat{=}$ Europäische Gemeinschaft) der Europäischen Union für Maschinen zwingend vorgeschrieben. Damit wird die Konformität der Maschinen mit den europäischen Sicherheits- und Hygieneanforderungen, die in der „EG-Maschinenrichtlinie“ (aktuell RL 2006/42/EG), und den daraus abgeleiteten europäischen Normen (*CEN-EN*) festgelegt sind, bestätigt. Aktuell sind gegenwärtig die DIN-EN 1672-2 [652], DIN EN ISO 14159 [653]. Weitere Hinweise zu aktuellen Normen sind in [651] zu finden.

Das Zeichen **CE** wird teilweise auch für „**C**onformité **E**uropéenne“ benutzt.

26.3 Wichtige Dokumente zur Anlagenplanung, zum Unfallschutz und zum Gesundheitsschutz

26.3.1 Europäisches Recht

Wichtige Richtlinien der Europäischen Union sind beispielsweise:

- Richtlinie 2008/50/EG: *Luftqualität* und saubere Luft für Europa;
- Richtlinie 2006/95/EG: *Niederspannungsrichtlinie*;
- Richtlinie 2006/42/EG: *Maschinenrichtlinie*;
- Richtlinie 2004/108/EG: *Elektromagnetische Verträglichkeit* umgesetzt durch das Gesetz über die Elektromagnetische Verträglichkeit EMVG;
- Richtlinie 2003/10/EG: Mindestvorschriften zum Schutz von Sicherheit und Gesundheit der Arbeitnehmer vor der Gefährdung durch physikalische Einwirkungen (Lärm) - *Lärmschutzrichtlinie*, umgesetzt durch: Verordnung zum Schutz der Beschäftigten vor Gefährdungen durch Lärm und Vibrationen (*Lärm- und Vibrations-Arbeitsschutzverordnung* - Lärm-VibrationsArbSchV;
- Richtlinie 1999/92/EG Schutz der Arbeitnehmer, die durch explosionsfähige Atmosphären gefährdet werden können (ATEX 137);
- Richtlinie 89/391/EWG des Rates vom 12.06.1989 über die Durchführung von Maßnahmen zur Verbesserung der Sicherheit und des Gesundheitsschutzes der Arbeitnehmer bei der Arbeit (*Arbeitsschutz-Rahmenrichtlinie*);
- Richtlinie 89/654/EWG des Rates vom 30.11.1989 über Mindestvorschriften für Sicherheit und Gesundheitsschutz in Arbeitsstätten;
- Richtlinie 2009/104/EG des Rates vom 16.09.2009 über Mindestvorschriften für Sicherheit und Gesundheitsschutz bei Benutzung von Arbeitsmitteln;
- EG-Verordnung 852/2004 über Lebensmittelhygiene
- Verordnung (EU) Nr. 10/2011 über Materialien und Gegenstände aus Kunststoff, die dazu bestimmt sind, mit Lebensmitteln in Berührung zu kommen.

Bisher: Richtlinie 2002/72/EG über Materialien und Gegenstände aus Kunststoff, die dazu bestimmt sind, mit Lebensmitteln in Berührung zu kommen.

26.3.2 Nationale gesetzliche Grundlagen

Nachfolgend wird auf wichtige gesetzliche Grundlagen verwiesen (hierzu s.a. [650]):

- *Bundes-Immissionsschutzgesetz* (BImSchG) und seine Verordnungen insbesondere:
  4. BImSchV: Verordnung über genehmigungsbedürftige Anlagen: Genehmigungsbedürftig sind:
     - Brauereien ≥ 3000 hL/d (nach Spalte 1) und Brauereien mit 200 bis 3000 hL/d (nach Spalte 2),
     - Mälzereidarren mit > 300 t/d (nach Spalte 1) bzw. < 300 t/d (nach Spalte 2),
     - Feuerungsanlagen (in Abhängigkeit von der Wärmeleistung)
     - Ammoniak-Kälteanlagen mit > 30 t (nach Spalte 1) und >3 t...<30 t (nach Spalte 2);

  12. BImSchV: Störfall-Verordnung;
  42. BImSchV: Verdunstungskühlanlagen;
- Technische Anleitung zur Reinhaltung der Luft - TA Luft (in Überarbeitung)
- Technische Anleitung zum Schutz gegen Lärm - TA Lärm (2017)
- Das Arbeitsschutzgesetz (ArbSchG);
- Das Energieeinsparungsgesetz (EnEG);
- Gesetz für den Vorrang Erneuerbarer Energien (*Erneuerbare-Energien-Gesetz* - EEG)
- Kraft-Wärme-Kopplungs-Gesetz KWKG (in Überarbeitung)
- Das Gesetz zum Schutz vor gefährlichen Stoffen (Chemikaliengesetz - ChemG);
- Die Verordnung über gefährliche Stoffe (Gefahrstoffverordnung – GefStoffV [654]);
- *Betriebsverfassungsgesetz* (BetrVG) in der Fassung vom 25.09.2001, zuletzt geändert 20.04.2013;
- Gesetz über die Durchführung von Maßnahmen des Arbeitsschutzes zur Verbesserung der Sicherheit und des Gesundheitsschutzes der Beschäftigten bei der Arbeit (*Arbeitsschutzgesetz* - ArbSchG;
- Gesetz über Betriebsärzte, Sicherheitsingenieure und andere Fachkräfte für Arbeitssicherheit (*Arbeitssicherheitsgesetz* - ASiG);
- Verordnung über Arbeitsstätten (*Arbeitstättenverordnung* - ArbStättV);
- Verordnung über Sicherheit und Gesundheitsschutz bei der Bereitstellung von Arbeitsmitteln und deren Benutzung bei der Arbeit, über Sicherheit beim Betrieb überwachungsbedürftiger Anlagen und über die Organisation des betrieblichen Arbeitsschutzes (*Betriebssicherheitsverordnung* - BetrSichV), insbesondere der Anhang 5 der BetrSichV;
- Gesetz über technische Arbeitsmittel und Verbraucherprodukte (*Geräte- und Produktsicherheitsgesetz* - GPSG);
- Verordnungen zum GPSG, vor allem interessieren hier:
  1. GPSGV: Elektrische Betriebsmittel. Verordnung über das Inverkehrbringen elektrischer Betriebsmittel zur Verwendung innerhalb bestimmter Spannungsgrenzen,

3. GPSGV: Maschinenlärm;
6. GPSGV: einfache Druckbehälter;
7. GPSGV: Gasverbrauchseinrichtungsverordnung;
8. GPSGV: Verordnung über das Inverkehrbringen von persönlichen Schutzausrüstungen;
9. GPSGV: Maschinenverordnung;
11. GPSGV: Explosionsschutzverordnung,
12. GPSGV: Aufzüge: Aufzugsverordnung;
14. GPSGV: Druckgeräteverordnung;

- Gesetz zur Ordnung des Wasserhaushalts (*Wasserhaushaltsgesetz* - WHG);
- Gesetz zum Schutz vor gefährlichen Stoffen (*Chemikaliengesetz* - ChemG);
- Lebensmittel-, Bedarfsgegenstände- und Futtermittelgesetzbuch (*Lebensmittel- und Futtermittelgesetzbuch* - LFGB)
- Verordnung zum Schutz vor gefährlichen Stoffen (*Gefahrstoffverordnung* - GefstoffV);
  TR für Gefahrstoffe TRGS 900, Luftgrenzwerte (MAK-Werte);
- Verordnung über Sicherheits- und Gesundheitsschutz bei der Benutzung persönlicher Schutzausrüstungen bei der Arbeit (*PSA-Benutzungsverordnung* - PSA-BV);
- Gesetz zur Förderung der Kreislaufwirtschaft und Sicherung der umweltverträglichen Beseitigung von Abfällen (Kreislaufwirtschaftsgesetz); und das *Abfallverbringungsgesetz (AbfVerbrG)*;
- *Gewerbeordnung* (GewO), in der Fassung vom 01.01.1987, geändert 23.11.1994, zuletzt geändert 29. Juli 2009.

26.4 Die gewerblichen Berufsgenossenschaften

Grundlage der Arbeit der gewerblichen *Berufsgenossenschaften* ist die Reichsversicherungsordnung (von 1911), das Unfallversicherungs-Neuregelungsgesetz (1963) und das Sozialgesetzbuch (seit 1976) in seiner jeweils letzten Fassung.
Aufgaben der Berufsgenossenschaften sind vor allem:

- die *Erarbeitung* von Unfallverhütungsvorschriften (DGUV-V),
- die *Erarbeitung* von DGUV-Regeln (DGUV-R), DGUV-Informationen (DGUV-I), DGUV-Grundsätzen (DGUV-G) und Arbeitssicherheitsinformationen (ASI),
- die *Verhütung* von Arbeitsunfällen,
- der *Versicherungsschutz* der Arbeitnehmer bei Arbeitsunfällen, Wegeunfällen, Berufskrankheiten und
- die *Entschädigung* im Versicherungsfall, ggf. auch für Hinterbliebene.

Die Berufsgenossenschaften (BG) haben berufsgenossenschaftliche *Fachausschüsse* und *Technische Aufsichtsbeamte*. Die Techn. Aufsichtsbeamten sind unter anderem vor Ort in den Betrieben beratend und überwachend tätig. Sie können Auflagen zur Gewährleistung der technischen Sicherheit und der Einhaltung der bestehenden Unfallverhütungsvorschriften (DGUV-V) erteilen. Ggf. hilft Ihnen dabei das „Gesetz über Ordnungswidrigkeiten“ (OWiG) [655] bei der Durchsetzung von Auflagen.

Die Arbeit der BG wird von den angeschlossenen Betrieben (jeder Unternehmer ist durch Gesetzeskraft Mitglied einer BG) durch eine Umlage der Kosten finanziert.

Die BGV werden von den BG erarbeitet und erlassen. Sie werden durch den Bundesminister für Arbeit und Soziales bestätigt.

Im Auftrag dieses Ministeriums ist die Bundesanstalt für Arbeitsschutz und Arbeitsmedizin (BAuA) in D-44149 Dortmund, Friedrich-Henkel-Weg 1-25, tätig, die auch Publikationen zum Arbeitsschutz und zur technischen Sicherheit herausgibt (www.baua.de).

Die DGUV-V sind eine Mindestnorm, die in jedem Falle zu gewährleisten ist. Die Einhaltung der Vorschriften obliegt dem verantwortlichen Leiter eines Betriebes. Seine Pflichten können per Formblatt auf Beauftragte übertragen werden.

Der Unternehmer kann bzw. muss Sicherheitsbeauftragte einsetzen, die für die Entwicklung der Sicherheit zuständig sind.

Gegenwärtig gibt es 9 gewerbliche Berufsgenossenschaften in der BR Deutschland. Es bestehen Forschungseinrichtungen bei den gesetzlichen Unfallversicherungsträgern für den Arbeitsschutz.

Für die Gärungs- und Getränkeindustrie ist die *BG Nahrungsmittel und Gastgewerbe* in D-68165 Mannheim, Dynamostraße 7-11, zuständig, die in den verschiedenen Bundesländern Vertretungen hat (*Bezirksverwaltungen* in Berlin, Dortmund, Erfurt, Hannover, Mannheim und München). Einzelheiten zur Organisation der BGN (siehe unter: www.bgn.de).
Die BG Nahrungsmittel und Gastgewerbe gibt auch die **A**rbeits**S**icherheits-**I**nformationen (ASI) heraus.

Für bestimmte Randgebiete kann es sinnvoll sein, auch die Publikationen der BG der chemischen Industrie in Heidelberg mit zu Rate zu ziehen (www.bgchemie.de).

Literatur zum Arbeitsschutz wird vor allem von [656] vertrieben.

26.5 Wichtige Informationsquellen zum Unfallschutz und der technischen Sicherheit

Die wichtigen Unterlagen der BGN (DGUV-V, DGUV-G, DGUV-I, DGUV-R und ASI) können im Internet eingesehen werden (www.bgn.de) und sind auf der jährlich erscheinenden DVD enthalten [650], ebenso die wichtigen gesetzlichen Grundlagen zum nationalen und europäischen Recht.

Für den Bereich Brauerei sind beispielsweise folgende Dokumente der BGN von Bedeutung:

- ASI 0.90 Erste Hilfe im Betrieb
- ASI 3.10 Elektr. Strom
- ASI 4.40 Fußböden
- ASI 4.06 Treppen
- ASI 6.80 Sicherer Betrieb von Getränkeschankanlagen
- ASI 6.84 Hygienischer Betrieb von Getränkeschankanlagen
- ASI 8.01 CO_2 in der Getränkeindustrie
- ASI 8.03 Tätigkeiten mit Peressigsäure
- ASI 8.05 Reizende und ätzende Stoffe
- ASI 9.30 Brandschutz in Betrieben
- ASI 9.50 Vermeidung von Sturzgefahren und Leiterunfällen
- ASI 10.13 Arbeitsbedingungen in Brauereien verbessern

- DGUV Regel 113-004 | Behälter, Silos und enge Räume;
  Teil 1: Arbeiten in Behältern, Silos und engen Räumen

- TRBS 1001 Struktur und Anwendung der Technischen Regeln für Betriebssicherheit
- TRBS 1111 Gefährdungsbeurteilung und sicherheitstechnische Bewertung
- TRBS 1201 Prüfungen von Arbeitsmitteln und überwachungsbedürftigen Anlagen
- TRBS 1203 Befähigte Personen - Allgemeine Anforderungen
- TRBS 1203 Teil 2 Befähigte Personen - Besondere Anforderungen - Druckgefährdungen
- TRBS 1203 Teil 3 Befähigte Personen - Besondere Anforderungen - Elektrische Gefährdungen

26.6 Sicherung der Anlage gegen unzulässige Drücke

Alle Anlagenkomponenten müssen so betrieben werden, dass der zulässige Betriebsdruck nicht überschritten wird oder überschritten werden kann.

Dazu ist es erforderlich, die Anlage mit selbsttätigen Sicherheitseinrichtungen auszurüsten, die das Entstehen unzulässiger Betriebsbedingungen zuverlässig verhindern. Dabei ist zu beachten, dass die Sicherheitseinrichtungen auch bei Ausfall der Hilfsenergien (Elektroenergie, Druckluft, Steuerluft, Hydraulik) oder der Steuerung wirksam sein müssen, sie sollten selbsttätig sein.
Sicherheits-Armaturen siehe Kapitel 8.6.2.4.

26.6.1 Sicherung der Anlagen gegen unzulässigen Überdruck

Die Sicherung der Anlage gegen Überdruck (im Allgemeinen sind es überwachungsbedürftige Anlagen) ist nach den Vorschriften der einschlägigen Regelwerke vorzunehmen. Die Anlagen müssen zu diesem Zweck mit selbsttätigen Sicherheits- oder Überströmventilen ausgerüstet sein. Diese werden durch Federkraft oder Massenkraft betätigt.

Wichtig ist es, dass die Querschnitte dieser Sicherheitsarmaturen ausreichend bemessen werden.

Sicherheitsarmaturen müssen *bauartgeprüft* sein und ihre Funktion ist in vorgeschriebenen Intervallen zu prüfen und zu dokumentieren.

Beachtet werden muss beispielsweise, dass aus Behältern, die mittels Pumpe gefüllt werden, bei Ausfall der Überfüllsicherung die zulaufende Flüssigkeitsmenge von der Sicherheitsarmatur ohne unzulässigen Druckanstieg abgeleitet werden muss. Die Auslegung der Sicherheitsarmatur muss also für den *größtmöglichen* Flüssigkeits-Volumenstrom erfolgen.

Die Abblaseleitungen oder Überström-/Abströmleitungen müssen ausreichend bemessen werden. Sie müssen so verlegt werden, dass im Ansprechfall keine Gefährdungen entstehen können. Produktleitungen müssen CIP-fähig sein. Deshalb werden Sicherheitsarmaturen anlüftbar ausgeführt und bei CIP-Prozessen angesteuert. Auch Einweg-Sicherheitsvorrichtungen (z. B. Berstscheiben) sind verwendbar.

26.6.2 Sicherung der Anlage gegen unzulässigen Unterdruck

Die Sicherung der Anlage gegen unzulässigen Unterdruck ist Aufgabe des Betreibers. Da Schädigungen oder Gefährdungen der Gesundheit von Mitarbeitern von Unterdruck in der Regel nicht ausgehen, sind die Anlagen diesbezüglich nicht überwachungsbedürftig.

Insbesondere große Behälter (Stapeltanks, ZKT) sind empfindlich gegen Unterdruck. Im Allgemeinen sind auch Druckbehälter schon bei sehr geringen Unterdrücken gefährdet (wenige Millimeter Wassersäule), soweit sie nicht vakuumfest ausgelegt sind. Unterdruck in einem System kann entstehen durch:

- Die Entleerung von Behältern ohne Ausgleich des auslaufenden Mediums, beispielsweise durch Gas;
- Heberwirkung beim Überlauf von Behältern;
- Abkühlung des Behälterinhalts ohne Ausgleich der Volumenänderung;
- Durch chemische Reaktion des Behälterinhaltes.

Drucklose Behälter sind mit ausreichendem Querschnitt mit der Atmosphäre zu verbinden.

Überläufe an Behältern *müssen* an der höchsten Stelle eine Entlastungsbohrung oder ein nach oben offenes Standrohr besitzen, um *Heberwirkung* (= Vakuumbelastung des Behälters) zu verhindern.

Der bei der Abkühlung heißer oder warmer Behälter erforderliche nachströmende Gas-Volumenstrom ist von der Abkühlgeschwindigkeit des Behälters (Volumenstrom des Abkühlmediums, Behältermasse, Behältergröße, spezifische Wärmekapazität, Temperaturdifferenzen) abhängig und kann mit diesen Parametern gesteuert werden. Vakuumventile müssen für den größtmöglich erforderlichen Volumenstrom ausgelegt werden unter Beachtung der nutzbaren Differenzdrücke.

Die heiße CIP-Reinigung von Behältern oder ZKT ist vorteilhaft bei geringem Überdruck des kalten Behälters und der Vermeidung von Gasabströmung während der Reinigung durchzuführen. Der Behälter-Innendruck sollte von der Steuerung überwacht werden.

Wird auf die Abkühlung heiß gereinigter Behälter verzichtet (Spülung mit Heißwasser; selbsttätiges Nachspannen mit Sterilgas bei der langsamen Abkühlung, z. B. bei der Füllung des Behälters), ergeben sich relativ einfache Installationen.

26.7 Sonstige Literaturhinweise

Feische, M. u. C. Haid: Unter Druck – eine Risikobetrachtung
Brauwelt **156** (2017) 27/28, S. 791-794

Roithmeier, M.: Aktuelle Aspekte zur Prüfung von Druckgefäßen
Brauwelt **157** (2018) 8/9, S. 224-227

Roßmann, A.: Umgang mit der CO_2 – Gefahr in der Brauerei
Brauwelt **157** (2018) 29, S. 810-814

27. Hinweise zur Nachhaltigkeit der Biergärung und -reifung

Der Prozess der Biergärung und -reifung muss auch unter dem Gesichtspunkt einer minimalen Umweltbelastung („Fußabdruck") und der Nachhaltigkeit der Verfahrensführung geführt werden. Folgende Schwerpunkte sind in dieser Prozessstufe der Bierherstellung dazu zu beachten (s.a. [657]):

- Minimierung des Energieaufwandes für die Kühlung, Pumpen und Antriebe;
- Minimierung des Wasserbedarfes für die Reinigung und Desinfektion;
- Minimierung des Abwasseranfalls durch eine sinnvolle Aufbereitung (Umkehrosmose des Abwassers);
- Minimierung der Bierverluste;
- Minimierung der Abfallprodukte bzw. ihre weitgehende Wiedergewinnung und Verwertung (Schwerpunkte sind die Heferestbiergewinnung, die Resthefeverwertung, die weitgehende CO_2-Rückgewinnung);
- Nach [658] produziert eine Brauerei mit einem Jahresausstoß von 1 Mio. hL Bier folgende Nebenprodukte pro Tag:
  - Ca. 80 t Treber;
  - Ca. 10 t feuchte Abfallhefe;
  - Ca. 8 t feuchten Würzeheißtrub;
  - Ca. 2 t feuchten Filterhilfsmittelschlamm.

Mit einem Dekanter lassen sich bei den vier Abprodukten die Feststoffkonzentrationen auf ca. das Doppelte erhöhen.

Das Abwasser belasten vor allem alle partikelhaltigen Abwässer der CIP- und Normalreinigung aus dem Lagerkeller, der Hefereinzucht, der Hefe- und Gärtanks sowie Prozessen, die partikelhaltige Abwässer vom Lagertank, Separator, aus den Leitungen mit Produkt- oder Nebenproduktresten, Hefepresssaft, Hefe-Bier-Gemisch und Geläger mit hohen Feststoffkonzentrationen ohne Aufbereitung ableiten. Erste Richtwerte dazu sind in Tabelle 225 und Tabelle 226 aufgeführt.

Tabelle 225 Durchschnittswerte für den Abwasseranfall der Biergärung und -reifung (cit. durch [659])

Abteilung	ø CSB Menge mg/L	CSB-Fracht m³/hL-VB	Abwasseranfall kg/hL-VB
Gär- u. Lagerkeller	800...2000	0,047	0,038...0,094

Kübeck [660] ermittelte 1973 einen spezifischen Anfall an Gesamtüberschusshefe von 2,11 kg/hL Verkaufsbier, weitere Richtwerte siehe auch [7].

Tabelle 226 CSB- und BSB_5-Konzentrationen von Produkten und Nebenprodukten aus der Bierherstellung (nach [659])

Herkunft	CSB mg/L	BSB_5 mg/L	EGW120 120 g CSB ≙ 1 EWG	EGW 60 60 g BSB_5 ≙ 1 EGW
Bier	120.000	80.000	1,0	2,0
Gärkellerhefe	210.000	140.000	1,75	3,5
Lagerkellerhefe	180.000	120.000	1,5	3,0
Heißtrub	16.500	11.000	0,14	0,28
Kühltrub	19.500	13.000	0,16	0,33
Kieselgur	16.500	11.000	0,14	0,28

CSB Chemischer Sauerstoffbedarf BSB_5 Biologischer Sauerstoffbedarf in 5 Tagen, EWG Einwohnergleichwert des Abwassers

Anhang: Physikalisch-technische Messgrößen und ihre Umrechnung

Volumen

Einheit	Kurz-zeichen	Umrechnung	Bemer-kungen
Liter	L	1 L = 1,000 028 dm³ = 1000,028 cm³ = 1000 mL = 0,219 969 Imp gal	1 L ≈ 1 dm³
Kubikmeter	m³	1 m³ = 1000 dm³ = 1000 L = 10 hL = 35,3147 cu ft = 219,969 Imp gal	
cubic inches	cu in	1 cu in = 16,3871 cm³ = 0,576 744 fl oz	
cubic feet	cu ft	1 cu ft = 28,3168 L = 1728 cu in = 7,48055 US gal = 6,229 Imp gal	
cubic yards	cu yd	1 cu yd = 764,555 L = 27 cu ft = 201,974 US gal = 168,179 Imp gal	
US gallons	US gal	1 US gal = 3,785 41 L = 231 cu in = 0,832 674 Imp gal 1 US gal = 4 quarts = 8 pints = 128 fl. oz	auch für Schüttgut, aber auch für Bier
fluid ounce	fl. oz. US	1 fl. Oz. US = 29,573 mL	Bier
Imp. gallon	Imp. gal	1 Imp gal = 4,546 09 L = 1,20032 US gal 1 Imp gal = 2 pottles = 4 quarts = 8 pints = 32 gills = 160 fl oz	auch Bier
fluid ounce	fl. oz. Imp.	1 fl. Oz. Imp. = 28,4131 cm³ = 1,733 87 cu in	Bier
pint	pt	1 pt = 20 fl. Oz.	Bier
bushel (U.K.)	bu (Imp)	1 bu = 36,3687 L = 1,032 bu (US) = 8 Imp gal = 9,60256 US gal 1 bu: Braugerste = 50 (56) lbs, Malz = 42 lbs, Reis = 60 lbs, Weizen = 60 lbs, Roggen 60 lbs, mit 1 lbs = 0,453 592 37 kg	im Getreide-handel
bushel (US)	bu (US)	1 bu = 35,24 L = 0,969 bu (U.K.) = 7,7544 Imp gal = 9,3092 US gal 1 bu: Braugerste = 48 lbs, Malz = 34 lbs, Mais 56 lbs, Reis = 45 lbs, Weizen = 60 lbs, Roggen 56 lbs, mit 1 lbs = 0,4536 kg	im Getreide-handel und für Schüttgut, auch für Kanada
quarter		1 quarter = 8 bu (U.K.) = 290,94 L	Schüttgut
standard barrel (US)	stand. bbl	1 bbl = 119,24 L	Flüssigkeit
beer barrel (US)	beer bbl	1 beer bbl = 31 US gal = 248 pt = 3968 fl oz = 1,173 48 hL	Bier
barrel (US)	bbl	1 bbl = 42 US gal = 158,987 L	nur Petro-leum/Öl

beer barrel (U.K.)	bbl	1 bbl = 36 Imp gal = 163,659 L	Bier
Tonne (Bier)		1 Tonne Bier: in Preußen = 4 Scheffel = 1,14503 hL in Berlin = 1,25 hL in Hamburg = 48 Stübchen = 1,739 hL in Sachsen = 0,98237 hL in Mecklenburg/Schwerin = 1,164 hL in Schleswig-Holstein = 1,1593 hL aber auch 3,4752 hL	regional sehr unter-schiedlich
Kanne		1 Kanne = 1,18 L (Berlin), = 0,936 L (Dresden), = 1,06903 L (Bayern = 1 Maß)	Bier
Eimer		1 Schenk-Eimer = 60 Maß = 64,14 L in Bayern 1 Eimer in Preußen = 68,7 L 1 Eimer in Sachsen = 67,36 L	Bier
Maß		1 Maß = 2 Seidel = 1,069 L (Bayern) = 1 Maßkanne	Bier
Quart		1 Quart = 0,267 L	Bier
Faß		1 Faß = 3,93 hL (Sachsen), = 17,104 hL (Bayern), = 2,29 hL (Preußen)	Bier
Malter		1 Malter = 12 Scheffel = 6,955 hL (Preußen), = 12,478 hL (Sachsen)	Getreide
Ohm		1 Ohm = 1,5 hL (Baden), = 1,6 hL (Hessen)	Wein
Gebräude		1 Gebräude = 18 Faß = 41,22 hL (Preußen), = 24 Faß = 94,31 hL (Sachsen)	Bier

Masse

Einheit	Kurz-zeichen	Umrechnung	Bemerkungen
Kilogramm	kg	1 kg = 1000 g	
Tonne, Tonnes	t	1 t = 10 dt = 1000 kg = 2204,62 lb = 1,102 31 short ton = 0,984 207 long ton	
Zentner	Ztr.	1 Ztr. = 50 kg	nicht mehr zu-lässig, im Hopfen-handel noch üblich
Doppel-zentner	dz	1 dz = 1 dt = 100 kg	nicht mehr zulässig
pounds	lb	1 lb = 453,592 37 g	
short tons	short ton	1 short ton = 2000 lb = 907,185 kg	
long tons	long ton	1 long ton = 2240 lb = 1016,05 kg	
ounce	oz	1 oz = 28,3495 g	
grains		1 grain = 0,064 798 9 g	
quarter (U.K.)		1 quarter = 1,12 quarter (US) = 28 lb = 12,7 kg = 448 lb Gerste = 336 lb Malz	
quarter (US)		1 quarter = 0,893 quarter (U.K.) = 25 lb = 11,34 kg	

Kraft

Einheit	Kurzzeichen	Umrechnung	Bemerkungen
Newton	N	1 N = 1 kgm/s²	
lbf	lbf	1 lbf = 4,44822 N	
Kilopond	kp	1 kp = 9,81 N	nicht mehr zulässig

Druck

Einheit	Kurz-zeichen	Umrechnung	Bemer-kungen
Pascal	Pa	1 Pa = 1 N/m²	
Bar	bar	1 bar = 100 000 Pa = 100 kPa = 0,1 MPa = 750,06 Torr = 10,194 mWS = 14,5038 psi	keine SI-Einheit
pounds per square inch	psi (lbf/in²)	1 psi = 6894,76 N/m² = 0,06895 bar = 51,72 Torr	psia = Absolutdruck psig = Überdruck
pounds per square feet	psf	1 psf = 47,9 N/m²	
techn. Atmosphäre	at	1 at = 1 kp/cm² = 98,0665 kPa = 750,2 Torr =	nicht mehr zulässig
physikal. Atmosphäre	atm	1 atm = 1,01325 bar = 101,325 kPa	nicht mehr zulässig
Torr	Torr	1 Torr = 1 mm Hg-Säule = 133,3323 Pa; 760 Torr = 1,01325 bar	nicht mehr zulässig
Millimeter Wassersäule	mmWS	1 mmWS = 9,81 Pa ≈ 10 Pa	nicht mehr zulässig
water, inches	water, inches	1 water, in = 249,089 Pa = 0,036 1273 psi	
Meter Wassersäule	mWS	1 mWS = 9,81 kPa ~ 10 kPa; 10 mWS = 98,1 kPa ≈ 100 kPa = 1 bar	nicht mehr zulässig
feet water column	ft H_2O	1 ft H_2O = 2989,07 Pa = 0,433 528 psi	

Arbeit/Energie/Wärmemenge

Einheit	Kurz-zeichen	Umrechnung
Joule	J	1 J = 1 Nm = 1 Ws = 1 kg·m²/s² vorzugsweise werden mechan. Arbeit in Nm, elektr. Arbeit in Ws und Energie bzw. Wärmemengen in J angegeben.
Kilowattstunde	kWh	1 kWh = 3,6 MJ = 860 kcal = 1,36 PSh; 1 Wh = 3,6 kJ
Kilokalorie	kcal	1 kcal = 4,1868 kJ = 3,961 86 BTU; 1 Mcal = 1,163 kWh
PS-Stunde	PSh	1 PSh = 2,648 kJ = 736 W

British Thermal Unit	BTU	1 BTU = 1,0548 kJ = 251,997 cal = 0,293 072 Wh
therm		1 therm = 10^5 BTU
thermie		1 thermie = 1000 frigories = 4,1868 MJ
pound ice melting	lb ice m	1 lb ice m = 144 BTU

Leistung

Einheit	Kurz-zeichen	Umrechnung
Watt	W	1 W = 1 Nm/s = 1 J/s = 1 kg·m²/s³ = 3,412 13 BTU/hr
Kilokalorie pro Stunde	kcal/h	1 kcal/h = 1,163 W
Kilokalorie pro Sekunde	kcal/s	1 kcal/s = 4,1868 kW
Pferdestärke	PS	1 PS = 735,5 W
BTU/hr		1 BTU/hr = 0,252 kcal/h
tons of refrigeration (US)	ton (US)	1 ton (US) = 2000 lb ice /24 hr = 3,516 85 kW = 3024 kcal/h = 12000 BTU/hr = 288 000 BTU/d = 2009,1 lb ice melted per day
Horse power (U.K.)	HP (U.K.)	1 HP (U.K.)= 745,7 W = 641,2 kcal/h
Horse power (metr.)	HP (metr.)	1 HP (metr.) = 735,499 W
pound ice melting/hour	lb ice m/hr	1 lb ice m/hr = 36,29 kcal/h

Spezifische Wärme / Wärmekapazität

Kurzzeichen	Umrechnung
kJ/(kg·K)	1 kJ/(kg·K) = 0,23885 kcal/(kg·K)
BTU/lb deg. F	1 BTU/(lb·°F) = 1 kcal/(kg·K) = 4,1868 kJ/(kg·K)

Wärmeleitfähigkeit

Kurzzeichen	Umrechnung
W/(m·K)	1 W/(m·K) = 0,8598 kcal/(m·h·K) = 0,5777 BTU/(ft·hr·°F)
kcal/(m·h·K)	1 kcal/(m·h·K) = 1,163 W/(m·K) = 0,672 BTU/(ft·hr·°F)
BTU/(ft·hr·°F)	1 BTU/(ft·hr·°F) = 1,731 W/(m·K) = 1,488 kcal/(m·h·K)

Wärmeübergangskoeffizient, Wärmedurchgangskoeffizient

Kurzzeichen	Umrechnung
W/(m²·K)	1 W/(m²·K) = 0,8598 kcal/(m²·h·K) = 0,1761 BTU/(ft²·hr·°F)
kcal/(m²·h·K)	1 kcal/(m²·h·K) = 1,163 W/(m²·K) = 0,2048 BTU/(ft²·hr·°F)
BTU/(ft²·hr·°F)	1 BTU/(ft²·hr·°F) = 5,678 W/(m²·K) = 4,882 kcal/(m²·h·K)

dynamische Viskosität

Einheit	Kurz-zeichen	Umrechnung
Pascalsekunde	Pa·s	1 Pa·s = 1N·s/m² = 0,6721 lb/(ft·s) = 2,0885·10^{-2} lb·f·s/ft²
Poise, Zentipoise	P, cP	1 P = 0,1 Pa·s; 1 cP = 0,001 Pa·s = 1 mPa·s
	lb/(ft·s)	1 lb/(ft·s) = 1,488 Pa·s = 0,20482 lb·f·s/ft²
	lb·f·s/ft²	1 lb·f·s/ft² = 47,88 Pa·s = 32,174 lb/(ft·s)

kinematische Viskosität

Einheit	Kurz-zeichen	Umrechnung
Quadratmeter/Sekunde	m²/s	1 m²/s = 10,76 ft²/s= 10^4 St
Stokes, Zentistokes	St, cSt	1 St = 1 cm²/s = 1·10^{-4} m²/s, 1 cSt = 1 mm²/s = 1·10^{-6} m²/s
	ft²/s	1 ft²/s = 0,0929 m²/s
Englergrade	°E	1 °E = 7,58 cSt = 30,7 R" = 35,11 S"
Redwood-Sekunden	R"	1 R" = 0,247 cSt = 3,26·10^{-2} °E = 1,14 S"
Saybolt-Sekunden	S"	1 S" = 0,216 cSt = 2,85·10^{-2} °E = 0,887 R"

Temperatur *) siehe unten

Einheit	Kurz-zeichen	Umrechnung	Bemerkungen
Grad Celsius	°C	0 °C = 273,13 K = 32 °F = 0 °R; 100 °C = 373,13 K = 212 °F = 80 °R	
Grad Réaumur	°R	80 °R = 100 °C 0 °C = 0 °R	nicht mehr zulässig
Grad Fahrenheit	°F	32 °F = 0 °C 212 °F = 100 °C	Differenz: 1 deg. F = 0,5556 K
Kelvin	K	0 K = -273,13 °C, 273,13 K = 0 °C	

*) Temperaturdifferenzen bei Anwendung von Celsiusgraden sollten in Kelvin angegeben werden. Zulässig ist auch die Angabe in °C.

Wasserhärte

Einheit	Kurzzeichen	Umrechnung
	mval/kg	1 mval/kg = 50 ppm $CaCO_3$
deutscher Härtegrad	°d	1 °d = 0,356 mval/kg = 10 ppm CaO = 17,8 ppm $CaCO_3$ =1,78 °f = 1,24 °e
französ. Härtegrad	°f	1 °f = 0,2 mval/kg = 10 ppm $CaCO_3$ = 0,562 °d = 0,699 °e
englischer Härtegrad	°e	1 °e = 0,286 mval/kg = 14,3 ppm $CaCO_3$ = 0,804 °d = 1,43 °f
	ppm $CaCO_3$	1 ppm $CaCO_3$ = 0,02 mval/kg = 0,0562 °d = 0,1 °f = 0,0699 °e
		Es gilt 10 ppm $CaCO_3$ = 8,4 ppm $MgCO_3$
		1 ppm = 1 mg/kg; bei Wasser gilt auch 1 ppm $\approx$ 1 mg/L

Weiterführende Literatur

Hoffmann, J.: Taschenbuch Messtechnik, 3. Aufl., Leipzig: Fachbuchverlag im Carl Hanser Verlag, 2002

Hart, H.: Einführung in die Meßtechnik, 5. Aufl., Berlin: Verlag Technik, 2002

Hoffmann, J. (Hrsg.) Handbuch der Messtechnik München: Carl Hanser Verlag, 1999

Schöne, A. Meßtechnik, 2. Aufl., Berlin-Heidelberg-New York: Springer Verlag, 1997

Weise, K. u. W. Wöger: Messunsicherheit und Messdatenauswertung Weinheim: Wiley-VCH Verlag GmbH, 1999

von Alberti, H.-J. Maß und Gewicht Berlin: Akademie-Verlag, 1957

Stichwortverzeichnis

B

D

E

F

H

I

J

K

L

M

N

O

P

Q

R

S

T

U

V

W

X

Z

Quellennachweise

1 DIN EN ISO 10628: Schemata für die chemische und petrochemische Industrie, T 1 u. T 2

2 DIN EN 62424: Darstellung von Aufgaben derProzessleittechnik - Fließbilder und Datenaustausch zwischen EDV-Werkzeugen zur Fließbilderstellung an CAE-Systemen

3 DIN EN ISO 81714: Gestaltung von graphischen Symbolen fü die Anwendung in der technischen Projektdokumentation; T 1 bis T 3

4 Manger, H.-J.: Kompendium Messtechnik; Online-Messgrößen in Brauerei, Mälzerei und Getränkeindustrie; 2. Aufl., Berlin: Verlagsabteilung der VLB Berlin, 2020

5 Weinfurtner, F.: Die Technologie der Gärung. Das fertige Bier. Die Bierbrauerei Band 3, 3. Aufl., Stuttgart: F. Enke Verlag, 1963

6 De Clerck, J.: Lehrbuch der Brauerei, Band I, 2. Aufl.; in der Übersetzung von P. Kolbach, Berlin: Versuchs- und Lehranstalt für Brauerei, 1964 hierzu erschienen Ergänzungen: 1. + 2. (1967); 3. + 4. (1970)

7 Annemüller, G., Manger, H.-J. u. P. Lietz: Die Hefe in der Brauerei, 4. Auflage Berlin: Verlagsabteilung der VLB Berlin, 2020

8 Manger, H.-J. u. H. Evers: Kohlendioxid und CO_2-Gewinnungsanlagen, 4. Aufl., Berlin: VLB-Berlin, 2019

9 Manger, H.-J.: Kälteanlagen in der Brau- und Malzindustrie; Berlin: Verlag der VLB Berlin, 2006

10 Evers, H. u. H.-J. Manger: Druckluft in der Brauerei; 3. Aufl., Berlin: PR- und Verlagsabteilung der VLB Berlin, 2019

11 Annemüller, G. u. H.-J. Manger: Klärung und Stabilisierung des Bieres Berlin: Verlagsabteilung der VLB Berlin, 2011

12 Walsh, R. M. u. P. A. Martin: Growth of Saccharomyces cerevisiae and Saccharomyces uvarum in a Temperature-Gradient-Incubator J. Inst. Brewing **83** (1977) S. 169-172

13 Hutzler, M., Meier-Dörnberg, T., Stretz, D., Englmann, J., Zarnkow, M. u. F. Jakob: TUM Yeast-LeoBavaricus Is Born – TUM68®, Brauwelt International 2017/IV, S. 280-282

14 Michel, M., Meier-Dörnberg, T., Hutzler, M. u. F. Jakob: Alternative Bierhefen - Was erwartet uns, Brauwelt **158** (2018) 10, S. 266-268

15 Pahl, R.: Rezepturentwicklung und die neue Forschungs- und Lehrbrauerei der VLB, Vortrag auf dem 24. Dresdner Brauertag, Tagungsunterlagen, Dresden am 27.04.2018

16 Hageboeck, M.: persönliche Mitteilung, Berlin 12.12.2019

17 Lietz, P.: Mikrobiologie für die Gärungs- u. Getränkeindustrie, Teil III Lehrbrief für das Ingenieurfernstudium, Karl-Marx-Stadt, 1968

18 Pfenninger, H. B. et al.: Analytica Microbiologica EBC, Mikrobiologische Arbeitsmethoden Ref. in: Brauwissenschaft **30** (1977) 3, S. 65-77

19 Schade, W., Kirste, K.-H. u. A. Jährig: Großraumfermenter in Freibauweise für die Gärung und Reifung von Bier, III. Mitteilung: Mikrobiologische Probleme und Fragen der Hefewahl; Lebensmittelindustrie **23** (1976) 7, S.315-318; 8, S.365-368

20 Mändl, B., Eschenbecher, F. u. K. Wackerbauer: Spezialhefen für geschlossene Gärung und Druckgärung; Brauwelt **114** (1974) 34, S. 707-708

21 Pöhlmann, R.: Die Gärungstechnologie auf neuen Wegen Brauwelt **111** (1971) 88, S. 1947-1952

22 Annemüller, G.: Verfahren zur beschleunigten diskontinuierlichen Gärung und Reifung von hellen Vollbieren in zylindrokonischen Großtanks Dissertation A, Humboldt-Univ. zu Berlin, 1975

23 Back, W., Imai, T., Forster, C. u. L. Narziss: Hefevitalität und Bierqualität Mschr. f. Brauwiss. **51** (1998) 11/12, S. 189-195

24 Hlaváček, F.: Brauereihefen, Leipzig: VEB Fachbuchverlag, 1961, S. 62 ff.

25 Müller-Auffermann, K., Hutzler, M., Schneiderbanger, H. u. F. Jacob: Scientific evaluation of different methods for the determination of yeast vitality; Brewing Science **64** (2011) S. 107-118

26 Schneeberger, M., Krottenthaler, M. u. W. Back: Hefesuspension - Der Einfluss der Aufbewahrungsbedingungen der Hefesuspension auf die Qualität des darin enthaltenen, wieder gewinnbaren Hefebieres Brauwelt **144** (2004) 38, S.1148-1151

27 Wullinger, F. u. A. Piendl: Vom Wesen der Gärungs- und Hefetechnologie in der Brauerei Monatsschrift f. Brauerei **17** (1964) 9, S.165-173 u. 9, S. 200-205

28 Wackerbauer, K., Beckmann, M. u. Ch. Cheong: Die Propagation der Hefe Brauwelt **142** (2002) 23/24, S. 785-797

29 Sanchez, R. G.: Breeding of Lager Yeast; Vortrag auf dem EBC-Symposium „Innovative solutions in cellar area and filter room", Kopenhagen, 10.-13.09.2012

30 Gerätebeschreibung Flusszytometer PAS; PARTEC GmbH, Münster, 1999

31 Hutter, K.-J. u. S. Müller: Biomonitoring der Betriebshefen in praxi mit fluoreszenzoptischen Verfahren - III. Mitteilung: Funktionalitätstests an Hefezellen Monatsschrift f. Brauwissenschaft **49** (1996) 5/6, S. 164-170

32 Hutter, K.-J., Remer, M. u. S. Müller: Biomonitoring der Betriebshefen in praxi mit fluoreszenz-optischen Verfahren - VII. Mitteilung: Untersuchungen zur flusscytometrischen Bestimmung des Glykogengehaltes der Betriebshefe; Monatsschrift f. Brauwissenschaft **53** (2000) 5/6, S. 68-76

33 Schild, E. u. G. Nowak: Ballings Attenuationslehre ref. in Pawlowski-Schild: Die Brautechnischen Untersuchungsmethoden, 8. Aufl., Nürnberg: Verlag Hans Carl, 1961

34 Lüers, H.: Die wissenschaftlichen Grundlagen von Mälzerei und Brauerei Nürnberg: Verlag Hans Carl, 1950

35 De Clerck, J.: Lehrbuch der Brauerei Bd. 1, Berlin: Verlag der VLB, 1962, S.637

36 Dyr, J.: Chemie a technologie sladu a piva II; Prag: Verlag SNTL, 1965, S. 81 u. 98

37 Lejsek, T.: Ermittlung der bei der Gärung von Würze frei gewordenen Wärme Brauwelt **109** (1969), 42/43, S. 829-833

38 Narziss, L.: Abriss der Bierbrauerei, 3. Aufl., Stuttgart: F. Enke Verlag, 1972

39 Manger, H.-J.: Beiträge zur Gestaltung und apparativen Ausrüstung von Großraumgefäßen zur Gärung und Reifung von Bier Dissertation A, Humboldt-Univ. zu Berlin, 1975

40 Stryer, L.: Biochemie, völlig neu bearbeitete Auflage, 1990 aus dem Amerikan. Übersetzt von B. Pfeiffer u. J. Guglielmi Heidelberg-Berlin-New York: Spektrum Akad. Verlag, 1991

41 Rautio, J. et al.: Daily changes in maltopermease and maltase activities during normal and high gravity fermentations by ale and lager stains EBC-Proceedings, Budapest 2001, S. 37/1-37/10

42 Hohmann, St.: Zelluläre Schutzfaktoren Trehalose und Glycerin: Ansätze zur Verbesserung der Stressresistenz der Hefe Proceedings der Tagung der Versuchsanstalt der Hefeindustrie e.V., Hamburg 1995, S. 153-162

43 Eschenbecher, E. u. H. Hindelang: Zum physiologisch-gärungstechnologischen Verhalten der Bruchhefeernte in der untergärigen Brauerei Brauwissenschaft **29** (1976) 2, S. 33-38
44 Quain, D. et al. Why warm cropping is best! EBC-Proceedings, Budapest 2001, S. 41/1-41/9
45 Autorenkollektiv European Brewery Convention: Fermentation & Maturation, Manual of Good Practice, 2000 Nürnberg: EBC and Fachverlag Hans Carl, 2000
46 Fischer, S., Weiß, S. u. Th. Becker: Hefelagerung - Einfluss auf Gäraktivität und Vitalität, Brauwelt **157** (2017) 37-38, S. 1118-1122
47 Cahill, G., Walsh, P. K. u. D. Donnelly: A study of the variation in temperature, solids concentration and yeast viability in agitated stored yeast EBC-Proceedings, Dublin 2003, S. 42/1-42/16
48 Back, W.: Hefetechnologie und Bierqualität; Handbuch zum 37. Technologischen Seminar Weihenstephan (2004) S. 1/1-1/11
49 Schneeberger, M., Krottenthaler, M. u. W. Back: Der Einfluss des Aufbewahrungszeitraumes von Überschusshefe auf die Qualität des darin enthaltenen, wiedergewinnbaren Hefebieres; Handbuch zum 37. Technologischen Seminar Weihenstephan (2004) S.3/1-3/3
50 Powell, C. D., Boulton, C. u. T. Fischborn: Dry yeast – myths and facts; Postervortrag; EBC-Congress Hamburg, 2009
51 Informationsschrift: Tips and Tricks - Ein Handbuch für Brauer über Hefen und die Gärung der Fa. fermentis (siehe auch: www.fermentis.com)
52 Product Specifications: Fa. DCL YEAST Limited, Sutton (UK)
53 Balling, C. J. N.: Die Gährungschemie, Bd. I Die Bierbrauerei, 3. Aufl., Prag: Verlag Friedrich Tempsky, 1865
54 Brischke, G. W. A.: Betriebsstörungen bei der Bierbereitung, 2. Aufl., Nürnberg: Verlag Hans Carl, 1953
55 Annemüller, G.: Ein Beitrag zur Optimierung der Bierwürzequalität Dissertation B, Humboldt-Univ. zu Berlin 1986
56 Schröderheim, J.: An attempt to characterize the primary fermentation in lager beer breweries; EBC-Proceedings, Brighton 1951, S. 141-167
57 Jones, M. u. J. S. Pierce: Absorption of amino acids from wort by yeasts J. Inst. Brewing **70** (1964) 2, S. 307-315
58 Stewart, G. G. u. I. Russel: Centenary Review - one hundred years of yeast research and development in the brewing Industry J. Inst. Brewing **92** (1986) 6, S. 537-558
59 Analytica-EBC 8.10 Free Amino-Nitrogen in Wort by Spectrophotometrie (IM) Nürnberg: Verlag Hans Carl, 1998
60 Masschelein, V. A.: Neue Erkenntnisse über biochemische Veränderungen während der Reifung des Bieres; Monatsschr. f. Brauerei **28** (1975) 8, S. 189-194
61 Stamm, M.: Einfluss von Hefeproteinasen auf den Bierschaum, Handbuch zum 34. Technol. Seminar Weihenstephan 2001, S. 23/1-23/3
62 Miedl, M., Brey, St., Bruce, J. H. u. G. G. Stewart: Der Einfluss von Hefe-Proteinase A auf die Schaumstabilität von Bier; Tagungsband des 2. Weihenstephaner Hefesymposiums, Freising, d. 15./16.06.2004
63 Wagner, D.: Zum Verhalten von Nucleobasen und Nucleosiden bei der Gärung EBC-Proceedings, Berlin (West) 1979, S.737-753
64 Mändl, B. et al.: Purine im Bier; Brauwissenschaft **32** (1979) 8, S. 221-226
65 Leedham, P. A.: Control of brewery fermentations via yeast growth EBC-Proceedings, London 1983, S.153-160

66 Bausch, H. A., Silbereisen, K. u. H.-J. Bielig: Arbeitsvorschriften zur chemisch-brautechnischen Betriebs-Kontrolle, Berlin: P. Parey-Verlag, 1963
67 Kaneda, H. et al.: Detection of Free Radicals in Beer Oxidation J. Food Sci. **53** (1988) 3, S. 885-888
68 Back, W., O. Franz u. T. Nakamura: Das antioxidative Potenzial von Bier Brauwelt **141** (2001) 6/7, S. 209-215
69 Kunz, Th. u. F.-J. Methner: The influence of radical reactions on the haze formation in stabilized beer; Vortrag EBC-Congress Hamburg, 2009
70 Zufall, C.: Cardboard or bread? The relative importance of oxidative and Maillard pathways for beer ageing; Vortrag EBC-Congress Hamburg 2009
71 Steiner, K. u. U. Länzlinger: Zur Redoxpotentialmessung von Würze und Bier Schweizer Brauerei-Rdsch. **97** (1986) 4, S.69-72
72 Gray, Ph. P. u. J. Stone: Oxidation in beers, III. Oxidation in the Brewing Process Wallerstein Lab. Communications (1939), 7, S. 49-60
73 Drawert, F., Krempl, H. u. S. Sipos: Über das Redoxpotenzial des Bieres Brauwissenschaft **30** (1977) 7, S. 197-204
74 MEBAK Spektralphotometrische Methode zur Bestimmung des Reduktions-Vermögens; Bd. II, 4. Aufl., 2002, Pkt. 2.16.1, S. 104-105
75 Back, W.: Forschungsschwerpunkte am Lehrstuhl Für Technologie der Brauerei I, Rückblick - Ausblick; 41. Technologisches Seminar der TU München-Weihenstephan 2008
76 Wurzbacher, M.: Aktuelle Aspekte zur Geschmacksstabilität; 42. Technologisches Seminar der TU München-Weihenstephan 2009
77 Hartwig, A.: Untersuchungen zur erwünschten SO_2-Bildung im Praxismaßstab; 42. Technologisches Seminar der TU Münch.-Weihenstephan 2009
78 Thiele, F.: Einfluss der Hefevitalität und der Gärparameter auf die Stoffwechselprodukte der Hefe und auf die Geschmacksstabilität; Dissertation, TU München-Weihenstephan, 2006
79 Hanke, S.: Synergistic and suppression of flavour compounds in beer Vortrag EBC-Congress Hamburg, 2009
80 Produktinformation der Fa. Weyermann GmbH Bamberg, 1995
81 Hormes, J.: Röstmalzbiere zur Herstellung dunkler Biere Brauerei Forum **13** (1998) 8, S. 170-171
82 Hough, J. S., Briggs, D. E. u R. Stevens: Malting and Brewing London: Science-Verlag Chapman and Hall Ltd.,1971
83 Laws, D. R. J. et al.: The losses of bitter substances during fermentation J. Inst. Brewing **78** (1972) 4, S. 314-321
84 Narziss, L., Reicheneder, E. u. W. Neidhardt: Veränderungen der Hopfenbitterstoffe während der Gärung; Brauwelt **116** (1976) 16, S. 460-465
85 D'Ans/Lax: Taschenbuch für Chemiker und Physiker, 3. Aufl., Bd. 1, S. 1205 Berlin: Springer-Verlag, 1967,
86 Enders, C., Kleber, W. u. E. Paukner: Über die Löslichkeit von Kohlensäure, Sauerstoff und Stickstoff in Bier und Wasser Brauwissenschaft **9** (1956) 1, S. 2-8 u. 2, S. 50-58
87 Paukner, E.: Über die Löslichkeit von Kohlensäure, Stickstoff und Sauerstoff in Bier und Wasser, Dissertation, TU München, 1953
88 Rammert, M. u. M. H. Pahl: Die Löslichkeit von Kohlendioxid in Getränken Brauwelt **131** (1991) 12, S. 488-499
89 Haffmans, B.: Berechnung des CO_2-Gehaltes, Unterlagen zum CO_2-Messgerät, Venlo/NL

90 Pahl, M. H. und M. Rammert: Die manometrische Bestimmung des CO_2-Gehaltes in Getränken, Teil 1 und 2; Brauwelt **131** (1991) 50, S. 2402-2413 und **132** (1992) 1/2, S. 15-30

91 Rammert, M.: Zur Optimierung von Hochleistungsfüllanlagen für CO_2-haltige Getränke; Diss., Universität-Gesamthochschule Paderborn, 1993

92 Fa. Haffmans: Prospekt über Haffmans CO_2-Meß- und Regelanlage Typ AGM-05 Venlo/NL

93 Haffmans, B.: Nachkarbonisierung, Physikalische Grundlagen, Verfahrens-technische Lösungsmöglichkeiten, Auslegungskriterien Brauwelt **137** (1997) 27, Sonderdruck S. 1-8

94 Zangrando, T. et al.: Neue Untersuchungen über die Absorption von Kohlensäure im Bier EBC-Proceedings, Estoril 1971, S. 355-377

95 Annemüller, G.: Untersuchungen zur Beurteilung der Filtrierbarkeit der Biere Lebensmittelindustrie **31** (1984) 1, S. 31-34

96 Anonym Probleme des Temperaturausgleiches in hohen Lagertanks und kritische Biertemperaturen; Ref. in: Brauwelt **119** (1979) 40, S. 1445-1446

97 Reiff, F. et al.: Die Hefen , Bd. 1, Die Hefen in Wissenschaft Nürnberg: Verlag Hans Carl Nürnberg, 1960

98 Bergander, E.: Biologie der Hefen, Leipzig: VEB Fachbuchverlag, 1967

99 Lüers, H.: Die wissenschaftlichen Grundlagen von Mälzerei und Brauerei Nürnberg: Verlag Hans Carl, 1950, S. 729

100 Narziss, L., Miedaner, H. u. A. Gresser: Heferasse und Bierqualität. Bildung der höheren Alkohole während der Gärung;
Brauwelt **123** (1983) 27, S. 1139-1140, 1142, 1144
Heferasse und Bierqualität. Der Einfluß der Heferasse auf die Bildung der niederen freien Fettsäuren während der Gärung sowie auf das Niveau der Schaumwerte im Bier
Brauwelt **123** (1983) 33, S. 1354-1357
Heferasse und Bierqualität. Die Bildung der Ester während der Gärung; Brauwelt **123** (1983) 45, S. 2024, 2026-2027, 2030, 2032, 2034

101 Kremkow, C.: Bieranalyse und Bierqualität; Mschr. f. Brauerei **24** (1971) 2, S. 25-32

102 Mändl, B., Geiger, E. u. A. Piendl: Über die Bildung von Acetohydroxysäuren und das Verhalten von vicinalen Diketonen während der Gärung Brauwissenschaft **27**(1974) 3 , S. 57-66

103 Wainwright, T.: Diacetyl - A Review
Part I Analytical and Biochemical Considerations
Part II Brewing Experience
J. Inst. Brewing **79** (1973) 5, S. 451-470

104 Dellweg, H.: Diacetyl und Bierreifung; Monatsschrift f. Brauerei **38** (1985) 6, S. 262-266

105 Inoue, T. u. Y. Yamamoto: Decomposition Rate of Precursors of Diacetyl and 2,3-Pentandione during Beer Fermentation
Report of Kirin Brewery Co. Ltd. **14** (1971), S. 55-59
Ref. durch J. Inst. Brewing **79** (1973) 3, S. 338

106 Baker, D. A. u. B. H. Kirsop: Rapid Beer Production and Conditioning using a Plug Fermentor J. Inst. Brewing **79** (1973) 8, S. 487-494

107 Droz, A.: Untersuchungen zur Verkürzung der Reifung von untergärigem Bier in zylindrokonischen Großtanks
Dissertation A, Humboldt-Univ. zu Berlin, 1983

108 Haukeli, A. D. u. S. Lie: Conversion of α-Acetolactate and Removal of Diacetyl - a Kinetic Study; J. Inst. Brewing **84** (1978) 1, S. 85-89

109 Annemüller, G., H.-J. Manger, O. Müke et al.: DDR-Wirtschaftspatent 126822 IPK C12 C9/00 v. 02.08.76

110 Annemüller, G. et al.: Verfahren zur Biergärung und Reifung
DDR-Wirtschaftspatent 0151766, IPK C12 C11/04 v. 26.06.80
111 Manger, H.-J. u. G. Annemüller: Versuche zur Reifungszeitverkürzung des Bieres
Monatsschr. f. Brauwissenschaft **43** (1990) 7, S. 238-249
112 Röcken, W., Staruß, M. u. C. C. Emeis: Differenzierung von ober- und untergärigen
Brauereihefen auf Pektinatgel-Nährböden
Monatsschrift f. Brauerei **32** (1979) 4, S. 172-175
113 MEBAK : Vicinale Diketone (EBC-Methode)
Freising-Weihenstephan: Selbstverlag; Bd. II Würze - Bier (2002),
Pkt. 2.23, S. 134-135 (Bestimmung des Gesamtdiacetylgehaltes)
114 MaturexTM L; Produktblatt d. Bioindustrial Group d.
Fa. Novo Nordisk, Bagsvaerd (DK) 1993
115 Gotdfredsen, S. E. u. M. Ottesen: Reifung von Bier mittels Alpha-acetolactat-decarboxylase
Carlsberg Res. Commun. **47** (1982), S. 93-102
Ref. durch Monatsschrift f. Brauwiss. **36** (1983) 1, S. 47-48
116 Jepsen, S.: Using ALDC to speed up fermentation
Brewers' Guardian **122** (1993) 9, S. 55-56
117 Pessa, E.: Variations in the acetaldehyde content of beer;
EBC-Proceedings, Estoril 1971, S. 333-342
118 Harrison, C. A. F.: Investigations on beer flavour and aroma by gas chromatography
EBC-Proceedings, Brussels 1963, S. 247-256
119 Niefind, H.-J. u. G. Späth: Ein Beitrag zur Bildung flüchtiger Schwefelverbindungen
EBC-Proceedings, Salzburg 1973, S. 297-308
120 Narziß, L. et al.: Einfluss von biereigenem SO_2 auf die Alterung des Bieres
Brauwelt **135** (1995) 49, S. 2576-2606
121 Link, K.: Alterungsstabilität und SO_2-Gehalt - Erfahrungen und Ergebnisse
aus Praxisversuchen der Spaten-Löwenbräu-Gruppe München
Bericht vor dem TWA-Fachausschuss für Gärung, Lagerung und
Abfüllung der VLB, Saarbrücken, 08.03.2004
122 Back, W.: Hefetechnologie und Bierqualität; Handbuch zum 37. Technologischen Seminar Weihenstephan, (2004), S. 1/1-1/11
123 Mändl, B.: Durchschnitts- und Schwellenwerte für Gärungsnebenprodukte
ref. durch Brauerkalender 1974, 2. Teil
Nürnberg: Brauwelt-Verlag Nürnberg 1974, S. 204-207
124 Niefind, H.-J.: Über die flüchtigen Schwefelverbindungen im Bier und ihre gaschromatographische Bestimmung; Dissertation, TU Berlin, 1969
125 Niemsch, K. u. G. Bender: Verkosterschulung mittels verbesserter Testreihen
Monatsschrift f. Brauerei **32** (1979) 4, S. 183
126 Niefind, H.-J. u. G. Späth: Die Bildung flüchtiger Aromastoffe durch Mikroorganismen
EBC-Proceedings, Estoril 1971, S. 459-468
127 Wainwright, T.: Sulphur Tastes and Smells in Beer
Ref. durch J. Inst. Brewing **79** (1973) 1, S. 71
128 Brenner, M. W.: Einfacher Geruchstest für Schwefelverbindungen im Bier
ref. durch Tageszeitung f. Brauerei **69** (1972) 64, S. 397
129 Wainwright, T.: Origin and control of undesirable sulphur compounds in beer
EBC-Proceedings, Estoril 1971, S. 437-449
130 Beubler, A. u. P. Steffen: Symposiumsbericht über II. Internat. Symposium der Gärungs- u.
Getränkeindustrie der DDR des Forschungsinstitut für die Gärungsindustrie, Enzymologie und techn. Mikrobiologie,
Berlin 1968, Bd. 1.1, S. 187-205
131 Takahashi, T. et al.: Schwefelwasserstoff bei der Bierbereitung
Ref. durch Brauwelt **119** (1979) 40, S. 1424

132 Voerkelius, G. A.: Einige Bemerkungen zur Gär- und Lagerkellerarbeit unter Berücksichtigung der Stoffwechselprodukte der Hefe
Brauwissenschaft **19** (1966) 10, S. 381-387 u. 11, S. 434-447

133 Nakajima,S. u. L. Narziss: Der Einfluß des Würzekochens und der Würzebehandlung auf den DMS-Gehalt in Würze und Bier
Brauwissenschaft **31** (1978) 9, S. 254-259

134 Piendl, A.: Schwefeldioxid im Bier; Brauwelt **120** (1980) 47, S. 1746-1762

135 Wurzbacher, M.: Aktuelle Aspekte zur Geschmacksstabilität; 42. Technologisches Seminar der TU München-Weihenstephan, 2009

136 Wurzbacher, M.: Untersuchungen zum Einfluss antioxidativer Substanzen auf die Geschmacksstabilität des Bieres, Dissertation TU München, 2011

137 Rainbow, C.: in Rose, A. H. u. J. S. Harrison: The Yeasts Vol. 3:
Yeast Technology, S. 147-224,
London and New York: Academic Press, 1970

138 unveröffentlicht Vorlesungsunterlagen der VLB, Berlin 2005

139 Suomalainen, H.: Yeast and its Effect on the Flavour of Alcoholic Beverages
J. Inst. Brewing **77** (1971) 2, S. 164-177

140 Steffen, P., A. Hämmerling u. A. Beubler: Bestimmung des Ethylacetats in Bier und gärender Würze; Die Nahrung **14** (1970) 7, S. 599-605

141 Witworth, L.: Nebenproduktbildung bei der Brauereigärung
Ref. durch Brauwelt **120** (1980) 23, S. 849

142 Arkims, V. u. P. Jounela-Eriksson: Über die Bedeutung der Ester für das Bieraroma
Ref. durch Brauwelt **119** (1979) 24, S. 854

143 Engan, S.: Organoleptic Threshold Values of some Alcohols and Esters in Beer
J. Inst. Brewing **78** (1972) 1, S. 33-36

144 Hohmann, St.: Zelluläre Schutzfaktoren Trehalose und Glycerin: Ansätze zur Verbesserung der Stressresistenz der Hefe
Proceedings der Tagung der Versuchsanstalt der Hefeindustrie e.V., Hamburg 1995, S. 153-162

145 Jost, P. u. A. Piendl: Glycerin im Bier; Brauwelt **115** (1975) 19, S. 628-630 u. 632

146 Rosculet, G.: Aroma and Flavor of Beer; Part II. The Origin and Nature of Less-Volatile and Non-Volatile Components of Beer
The Brewers Digest - June 1971, S. 68-98

147 Piendl, A.: Vorkommen und Beeinflussung des Glycerins im Bier
Ref. durch Tageszeitung f. Brauerei **69** (1972) 54, S. 328

148 Suomalainen, H. u. M. Lehtonen: The Production of Aroma Compounds by Yeast
J. Inst. Brewing **85** (1979) 2, S. 149-156

149 Hough, J. S., Briggs, D. E. u. R. Stevens: Malting and Brewing
London: Science-Verlag Chapman and Hall Ltd., 1971

150 MEBAK: Richtwerte für die Normbereiche der organischen Säuren im Bier
Freising-Weihenstephan: Selbstverlag, Bd. III Rohstoffe (2006), S. 235

151 Aries, V., Kirsop, B. H. u. G. T. Taylor: Yeast lipids
EBC-Proceedings, Amsterdam 1977, S. 255-266

152 David, M. H. u. B. H. Kirsop: Yeast Growth in Relation to the Dissolved Oxygen and Sterol Content of Wort; J. Inst. Brewing **79** (1973) 1, S. 20-25

153 Kirsop, B. H.: Oxygen in Brewery Fermentation
J. Inst. Brewing **80 (**1974) 3, S. 252-259

154 Nordheim, W.: Über die Bedeutung der Lipide für den Stoffwechsel der Hefen
Brauwissenschaft **18** (1965) 4, S. 125-132

155 Forch, M.: Lipide und Bierqualität – eine Übersicht
Monatsschrift f. Brauerei **30** (1977) 5, S. 124-135

156 Heyse, K. U.: Einfluß von gärungstechnologischen Faktoren auf das enzymatische Verhalten von Brauereihefe
Dissertation TU München, 1973
157 Narziss, L.: Neue Aspekte der Biergärung
ref. durch Brauwissenschaft **26** (1973) 3, S. 85
158 Owades, J. L., Maresca, L. u. G. Rubin: Nitrogen Metabolism during Fermentation in the Brewing Process - II. Mechanism of Diacetyl Formation
ref. d. Wallerstein Lab. Communications **23** (1960) 80, S. 58-59
159 Portno, A. D.: Some Factors Affecting the Concentration of Diacetyl in Beer
J. Inst. Brewing **72** (1966) 2, S. 193-196
160 Schulthess, D. u. L. Ettlinger: Zur Regulation der anabolischen Bildung von Fuselalkoholen
EBC-Proceedings, Amsterdam 1977, S. 471-482
161 Kreisz, St.: Evaluation of the amino acid profile and fermentation performance of 100 % barley worts; Vortrag EBC-Congress Hamburg, 2009
162 EBC-Analytica, III. Aufl. ;Verlag Schweizer Brauerei-Rdsch., Zürich 1975, S. 61
163 Narziß, L.: Abschließende Bemerkungen über die Ergebnisse des Würzesymposiums; EBC-Monograph I, Zeist 1974, S. 376-379
164 Bech, L. M.: Significance of amino acids for the production of Strecker aldehydes and potential-ways of reducing there staling compounds in beer; Vortrag auf dem EBC-Symposium „Innovative solutions in cellar area and filter room", Kopenhagen, 10.-13.09.2012
165 Kremkow, C.: Ist der Endvergärungsgrad ein Qualitätsmerkmal des Braumalzes? Monatsschrift f. Brauerei **26** (1973) 6, S. 131-137
166 Hoekstra, S. F.: Fermentable Sugars in Wort, Brewed with Adjuncts and Fermented with Bottom-Yeast
EBC-Monograph I, Zeist 1974, S. 189-197
167 Kirsop, B. H. u. M. L. Brown: Some Effects of Wort Composition on the Rate and Extent of Fermentation by Brewing Yeasts
J. Inst. Brewing **78** (1972) 1, S.51-57
168 Kirsop, B. H.: Yeast Metabolism and Sugar Utilisation
Brewers Guardian **100** (1971) 8, S. 56-58
169 Engan, S.: Wort Composition and Beer Flavour. II. The Influence of Different Carbohydrates on the Formation of some Flavour Components during Fermentation; J. Inst. Brewing **78** (1972) 2, S. 169-173
170 Ramos-Jounehomme, Cl.: Die katabolische Repression und Hemmung der Maltozymase und der Atmungsenzyme bei Saccharomyces cerevisiae und Saccharomyces carlsbergensis - Praktische Schlußfolgerungen
Ref. durch Monatsschrift f. Brauerei **28** (1975) 11, S. 266
171 Haboucha, J. u. Ch. A. Masschelein: Die Vergärung von Maltotriose durch Brauereihefen
ref. durch Monatsschrift f. Brauerei **30** (1977) 10, S. 457
172 Taidi, B., Rosti, J. u. J. Gangloff: Zinc supplementation to multi-brew fermentations and zinc toxicity; Postervortrag EBC-Congress Hamburg, 2009
173 Savel, J., Prokopová, M. u. J. Ŝatava: Einfluß der Nitrite auf die Bierhefen
Kvasnỳ průmysl **22** (1976) 12, S. 268-272
174 Mändl, B.: Beeinflussung der Gärung durch den Mineralstoffgehalt der Würze; Brauwissenschaft **27**(1974) 7, S. 177-182
175 Weinfurtner, F., Eschenbecher, F. u. G. Thoss: Über „Termobakterien" und ihren Einfluß auf die Wuchsstoffverhältnisse in der Würze
Brauwelt **102** (1962) 78, S. 1485-1489
176 Schade, W.: Mikrobiologie in der Brauerei, 1. Lehrbrief, Zentralstelle für das Hochschulfernstudium Dresden, 1979

177 Annemüller, G.: Probleme der Hefetechnologie bei der Gärung und Reifung von Bier in zylindrokonischen Großtanks Lebensmittelindustrie **28** (1981) 12, S. 549-555

178 Kühbeck, F.: Trubstoffe in der Würze und ihre Auswirkungen auf die Gärung und Bierqualität; Handbuch zum 41. Technolog. Seminar der TU München-Weihenstephan 2008, S. 14/1-14/7

179 Schur, F. u. H. Pfenninger: Statistisch fundierte Erkenntnisse aus großtechnischen Ringversuchen über Bedeutung und Steuerung des Würzekühltrubgehaltes; EBC-Proceedings, Amsterdam 1977, S. 225-234

180 Schur, F. u. H. Pfenninger: Charakterisierung filtrationshemmender Stoffe. 1. Mitteilung: Informationwert des β-Glucangehaltes Schweizer Brauerei-Rdsch. **89** (1978) 2, S.17-23

181 Schur, F.: Untersuchungen über die Amylolyse beim Maischen unter besonderer Berücksichtigung der Kinetik und Energetik sowie der Glycosyl-Transferasen-Aktivität; Dissertation TU München 1975

182 Kieninger, H. u. W. Röttger: Kohlenhydrate in reinen Gersten-Malzwürzen - vergärbare Zucker; EBC-Monograph I, Zeist 1974, S. 113-123

183 Enevoldsen, B. S.: Dextrins in Brewing – a Review EBC-Monograph I, Zeist 1974, S. 158-188

184 Schur, F. u. A. Piendl: Dextrine im Bier; Brauwissenschaft **30** (1977) 2, S.46-50

185 Litzenburger, K.: Über das Verhalten von Gummistoffen und cytolytischen Enzymen während des Maischens; Dissertation TU München, 1976

186 Schur, F.: Kohlenhydratabbau während des Maischens Vortrag zum 10. Kolloquium der Gärungs- u. Getränke-Industrie der DDR, Berlin, 1978

187 Beubler, A., Dempwolf, M. u. C. Nielebock: Grundlagen und Verfahrensuntersuchungen bei der Mitverwendung von Gerstenrohfrucht unter Anwendung mikrobieller Enzympräparate; Dissertation A, Humboldt-Universität zu Berlin, 1972

188 Schur, F., Hug, H. u. H. Pfenninger: Dextrine, Beta-Glucane und Pentosane in Vollmalzwürzen; EBC-Monograph I, Zeist 1974, S. 135-149

189 Letters, R.: Beta-Glucans in brewing; EBC-Proceedings, Amsterdam 1977, S. 211-224

190 Krauß, G. u. K. J. Eifler: Bierfiltration II. Einfluß der Malzqualität und der Sudhausarbeit auf die Filtrierbarkeit der Biere; Monatsschrift f. Brauerei **29** (1976) 3, S. 108-120

191 Narziss, L.: Rohstoffe und technologische Faktoren bei der Herstellung hochqualifizierter heller Biere; Brauwelt **116** (1976) 34, S. 1083-1090

192 MEBAK Brautechnische Analysenmethoden Bd. II, 4. Aufl. 2002, Nr. 2.5.2, S. 42-45: Fluorimetrische β-Glucanbestimmung

193 Wieninger, F. M.: Über den Nachweis geringer Stärkemengen im Bier bei mangelhafter Verzuckerung; Wochenschrift f. Brauerei **52** (1935) 41, S. 327

194 MEBAK Brautechnische Analysenmethoden Bd. II, 4. Aufl. 2002, Nr. 2.3.2, S. 34-35. Photometrische Jodprobe

195 Scheurer, J.: Untersuchungen zum Einfluss von Hopfeninhaltsstoffen auf die Gärung und Reifung von Bier; Dissertation A, Humboldt-Univ. zu Berlin, 1975

196 Jährig, A.: Untersuchungen zur antimikrobiellen Wirksamkeit von Hopfeninhaltsstoffen bei der Bierherstellung; Dissertation A, Humboldt-Univ. zu Berlin, 1978

197 Annemüller, G.: Neue Erfahrungen bei der beschleunigten Gärung und Reifung von Bier in Großraumtanks und Schlussfolgerungen für alle Anwender; Lebensmittelindustrie **21** (1974) 12, S. 543-549

198 Bellmer, H. G.: Studie über die Polyphenole und deren Polymerisationsindex in den Rohstoffen des Bieres und ihre Veränderung während der Bierbereitung; Dissertation, TU München, 1976

199 Vancraenenbroeck, R.: Les Polyphenols et les Anthocyanogenes dans les Mouts de Fermentation Basse; EBC-Monograph I, Zeist 1974, S. 313-322

200 Ricketts, R. W.: Tannins, Anthocyanogens and Melanoidins in Top Fermentation Worts; EBC-Monograph I, Zeist 1974, 332-338

201 Pöhlmann, R.: Die Gärungstechnologie auf neuen Wegen Brauwelt **111** (1971) 88, S. 1947-1952

202 Runkel, K.-D. u. M. Forch: Die Bedeutung der Würzelipide für die Bierqualität und Möglichkeiten zu ihrer quantitatven Beeinflussung EBC-Monograph I, Zeist 1974, S. 258-268

203 Wange, E.: Studium ausgewählter Würze- und Bierinhaltsstoffe unter dem Gesichtspunkt der Filtrierbarkeit von Bier; Dissertation A, Humboldt-Univ. zu Berlin, 1986

204 DDR-Standard TGL 25497/15: Biere, Prüfvorschriften, Bestimmung der α-Glucane Berlin, Ausgabe 10/1986

205 MEBAK Bestimmung der gelbildenden β-Glucanfraktion Bd. Würze - Bier in Vorbereitung 2010

206 Chapon, L. u. C. Louis: Substances Reductrices des Mouts - Phenomenes d'Oxydation EBC-Monograph I Zeist, 1974, S. 294-305

207 Lindsay, R. C.: Stale Flavours in Beer; Technical Quarterly of MBAA **10** (1973), S. 18-19 Ref. durch J. Inst. Brewing **79** (1973) 3, S. 339

208 Narziß, L.: Biersortenvielfalt, eine Chance für den mittelständigen Brauer Brauwelt **140** (2000) 39/40, S. 1585-1588 u. **140** (2000) 44, S. 1855-1858

209 Englmann, J.: Exotische Vielfalt - Hefestämme und Biergeschmack Brauindustrie **84** (1999) 2, S. 75-78

210 Hinrichs, J.: Persönliche Mitteilung aus der VLB vom 03.03.2009

211 Hlaváček, F.: Brauereihefen; Leipzig: VEB Fachbuchverlag, 1961

212 Lüers, H.: Die wissenschaftlichen Grundlagen von Mälzerei und Brauerei Nürnberg: Verlag Hans Carl, 1950

213 Krauß, G. u. G. Sommer: Versuche zur Abkürzung der Gär- und Lagerzeit bei der Bierherstellung; Monatsschr. f. Brauerei **20** (1967) 2, S. 49-77

214 Lüers, H.. Die wissenschaftlichen Grundlagen von Mälzerei und Brauerei Nürnberg: Verlag Hans Carl, 1950, S. 610

215 De Clerck, J. : Lehrbuch der Brauerei, Bd. I, Berlin: VLB-Verlag, 1962

216 Masschelein, Ch.: Geometrie der Großraumgefäße und ihr Einfluß auf die Funktionen der Hefe; Brauwelt **115** (1975) 19, S. 608-617

217 Lindner, P.: Das Nathan'sche Bierherstellungsverfahren im „Hansena"-Apparat; Wochenschr. f. Brauerei **19** (1901) 28, S. 354-356 und Vorläufige Mittheilungen über das Nathan'sche Bierherstellungsverfahren Wochenschr. f. Brauerei **19** (1902) 1, S. 5-7; 2, S. 13-15

218 Nathan, L.: Nathan's Bierbereitung; Wochenschr. f. Brauerei **19** (1902) 40, S. 597-599

219 Miedaner, M., Narziss, L. u. G. Wörner: Über den Einfluß der Gärungsparameter Temperatur und Druck auf die Entwicklung einiger Gärungsnebenprodukte des Bieres; Brauwissenschaft **27** (1974) 8, S. 208-215

220 Devreux, A.: La Garde – Justification – Tendances – Perspectives D'Avenir Fermentatio **67** (1971) 2, S. 55-69

221 Wellhoener, H. J.: Neuzeitliche Gär- und Reifungsverfahren im Widerstreit ref. in Tageszeitung f. Brauerei **69** (1972) 126, S. 778

222 Hashimoto, N. u. Y. Kuroiwa: Maturation of Beer Flavor During Lagering
Brewers Digest **47** (1972) 8, S. 64-71
223 Narziss, L.: BRD-Patentschrift 2.144.754, IPK C12H1/22
224 Narziss, L.: BRD-Patentschrift 2.146.201, IPK C12H1/00
225 Liebs, P., Wolter, H.-C. u. M. Krüger: DDR-Wirtschaftspatent 70542, IPK C12H1/00
226 Liebs, P., Wolter. H.-C. u. M. Krüger: DDR-Wirtschaftspatent 79990, IPK C12H1/00
227 Wolf, K.-H.: Beiträge zur Maßstabsübertragung und Dynamik kontinuierlicher quasizweiphasiger fermentativer Prozess in Rührreaktoren
Dissertation B, TH Magdeburg, 1980
228 Sommer, G. et al.: Einfluss der Sauerstoffaufnahme beim Schlauchen auf die Nachgärung und Bierqualität
EBC-Proceedings, Amsterdam 1977, S. 577-589
229 Manger, H.-J.: Die technisch-technologisch optimale Brauerei
Brauwelt **138** (1998) 41/42, S. 1916-1923
230 Delente, J., Akin, C., Krabbe, E. u. K. Ladenburg: Kohlendioxid während der Biergärung, T. 2, Technical Quarterly of MBAA **5** (1968) 4, S. 228-234
231 Delente, J., Akin, C., Krabbe, E. u. K. Ladenburg: Hydrodynamik der anaeroben Fermentation
Biotechnology and Bioengineering **11** (1969) 4, S. 631-646
232 Borkmann, K., Senge, I. u. H. Hoffmann: Großraumfermenter in Freibauweise für die Gärung und Reifung von Bier, 3. Mitteilung: Messung der Strömungsgeschwindigkeit im 250 m³-Fermenter
Lebensmittelindustrie **28** (1981) 2, S. 62-67
233 Boulton, C. u. M. Nordkvist: The design of large capacity conical fermentation vessels and their management; Vortrag EBC-Congress Hamburg, 2009
234 Aktuell sind gültig: - Richtlinie 97/23/EG: Druckgeräte (Druckgeräterichtlinie);
- Gesetz über technische Arbeitsmittel und Verbraucherprodukte Geräte- und Produktsicherheitsgesetz - GPSG);
- Verordnungen zum GPSG, vor allem interessieren hier:
- 14. GPSGV: Druckgeräteverordnung;
- 6. GPSGV: einfache Druckbehälter;
- AD 2000 Regelwerk (Arbeitsgemeinschaft Druckbehälter); Das Regelwerk ist auf die RL 97/23/EG abgestimmt.
235 Mieth, H. O.: Verlorene Kühltage beim Eintanksystem
ref. in Brauwelt **112** (1972) 27, S. 554
236 Borkmann, K., Müke, O., Manger, H.-J., Annemüller, G. u. W. Schade: Zur Technologie der Gärung und Reifung im freigebauten Großraumfermenter
Brauwissenschaft **31** (1978) 3, S. 61-67 u. **31** (1978) 4, S. 102-107
237 MEBAK Stammwürze und Alkohol; Bd. II (2002), Pkt. 2.1.0, S. 72-78
238 Fehrmann, K. u. M. Sonntag: Mechanische Technologie der Brauerei, 2. Aufl., Berlin: Verlag Paul Parey, 1962
239 Verordnung zum Schutz vor Gefahrstoffen (Gefahrstoffverordnung - GefStoffV) und ASI 8.01/02 CO_2 in der Gärungsindustrie.
240 Huppmann, F.: Beitrag zur Größenbestimmung der Brauereiabteilung Gärkeller unter besonderer Berücksichtigung der Kältebedarfsermittlung;
Diss., TU München 1954
241 Kunze, W.: Technologie für Brauer und Mälzer, 7. Aufl., Bild 4.16
242 Fehrmann, K.: 15. Brauerei-Maschinenausstellung 1910
Wochenschr. f. Br. **27** (1910) 52, S. 653
243 Kunze, W.: Technologie für Brauer und Mälzer, 4. Aufl., Bild 172
244 Lüers, H. (Hrsg.): Die angewandte Technik im Brauereigewerbe, Köln: Gilde-Verlag, 1926

245 Prospektangaben des VEB Eisen- und Hüttenwerke Thale, 1977
246 Es wird auf die historische Literatur verwiesen, zum Beispiel:
Thausing, J. E.: Die Theorie und Praxis der Malzbereitung und Bierfabrikation in 2 Theilen; 6. Auflage; sowie Atlas zu Theorie und Praxis der Malzbereitung und Bierfabrikation, 6. Auflage Leipzig: J. M. Gebhardt, 1907;
Heiß, Ph. bearbeitet von E. Leyser: Die Bierbrauerei. Die Malz- und Bierbereitung; II. Lage und Bau der Keller; III. Chemische, biologische und maschinentechnische Betriebskontrolle, 11. Auflage; Stuttgart: M. Waag, 1910;
Fasbender, F.: Die Mechanische Technologie der Bierbrauerei und Malzfabrikation; Teil I: 1881; Teil II: 1883; Teil III: 1885 Leipzig: J. M. Gebhardt's Verlag
Habich, G. E., hrsg. v. Schneider/Behrend: Die Praxis der Bierbraukunde, 4. Aufl., Halle: W. Knapp, 1883
247 Niefind, H.-J.: Liegende Großraumgärtanks im Freien Schweizer Brauerei-Rdsch. **86** (1975) 1/2, S. 31-33
248 DDR-Standard TGL 24602 Bier; Operativtechnologie für das Druckgärverfahren (Ausgabe 05/1969)
249 Lietz, P.: DDR-Wirtschaftspatent 53983, IPK C12 C11/00
250 Lietz, P.: Verfahren zur Verkürzung der Gär- und Reifungszeit in der Brauerei Lebensmittelindustrie **12** (1965) 10, S. 379-382
251 Wellhoener, H. J.: Gärverfahren für unter- und obergäriges Bier Österreich. Patentschrift 258 238, IPK C12 C
252 Wellhoener, H. J.: Ein Verfahren revolutioniert die Brauerei Brauwelt **103** (1963) 22/23, S. 397, Der Einfluß der Gärtemperatur auf die Bierqualität Brauwelt **103** (1963) 45/46, S. 845-851
253 Beubler, A. u. P. Steffen: Die Desorption von Schwefelwasserstoff aus Wasser und Bier mittels Kohlendioxid; Symposiumsbericht II. Internat. Symposium der Gärungs- u. Getränkeindustrie der DDR, Leipzig 1968 Bd. 1.1, S. 187-205 ; Berlin: Forschungsinstitut für die Gärungsindustrie, Enzymologie u. techn. Mikrobiologie Berlin
254 Steffen, P.: Chemische Untersuchungen über die Bildung und Konzentrations-Erniedrigung von Jungbukettstoffen während der Gärung und Reifung des Bieres; Dissertation A, Martin-Luther-Univ. Halle, 1969
255 Steffen, P.: Die Desorption einiger charakteristischer flüchtiger Verbindungen aus Bier mittels Kohlendioxid; Die Nahrung **14** (1970) 5, S. 403-404
256 Bärwald, G.: persönliche Mitteilung, 2008
257 Kleber, W.: Fragen aus der Praxis weisen neue Wege Brauwelt **104** (1964) 78, S. 1479-1483
258 Sandegren, E.: Rührgärverfahren; Brauwelt **104** (1964) 79, S. 1504-1519
259 Hannack, H.: Die Brauerei im Umbruch; Brauwelt **112** (1972) 42, S. 871-876
260 Haboucha, J., Masschelein, Ch. A. u. A. Devreux: Diskontinuierliche Schnellgärung und ihr Einfluss auf den Stoffwechsel der Hefe EBC-Proceedings, Madrid 1967, S. 197-211
261 Selthoft, M.: Die Schaumdecke als Oxidationsschutz für das Bier Brauwelt **114** (1974) 35, S. 727-729
262 Ref. durch Wackerbauer, K.: Entwicklungstendenzen in der Gärungsverfahrenstechnik der Brauerei; Brauwelt **116** (1976) 14, S. 399-400
263 Kleber, W.: Gär- und Lagerkeller im Freien; Brauwelt **106** (1966) 27, S. 481-484

264 Takayanagi, S. u. T. Harada: Fragen des Energiehaushaltes bei Gär- und Lagertanks ohne umbauten Raum;
Symposiumsberichte II. Intern. Sypmp. der Gärungs- und Getränkeindustrie der DDR, Leipzig 1968; Bd. 1.2, S. 921-933
Berlin. Forschungsinstitut für Gärungsindustrie, Enzymologie und techn. Mikrobiologie, 1968 und
Erfahrungen mit neuartigen Gär- und Lagertanks im Freien
EBC-Proceedings, Madrid 1967, S. 473-488

265 Ladenburg, K.: Engineering development of Outdoor Starage Tanks for Falstaff Brewing Corp.; Brewers Digest **40** (1965) 7, S. 24-25

266 Knudsen, F. B. u. N. L. Vacano: „Uni-Tanks“ - Grundideen, Betriebserfahrungen, Wirtschaftlichkeit; Brauwelt **113** (1973) 9, S. 158-167

267 Martin, S., Bosch, J., Almenar, J. u. J. Posada: Große freistehende sphäro-konische Tanks, eine neue Vorstellung vom Gär- und Lagerprozess;
EBC-Proceedings, Nice 1975, S. 301-310

268 Takayanagi, S.: Gär- und Lagergroßbehälter für die Bierherstellung
BRD-Patentschrift 1 517 795, v. 20.12.1973; AT: 01.09.1966

269 Knudsen, F. B. u. N. L. Vacano: Economic Aspects of Uni-Tanks
Technical Quarterly MBAA **10** (1973) 1, S. 6-10

270 Gerlach, E.: 50 Jahre Brautechnik - Rückblick und Ausblick
Vortrag auf der 95. Brau- u. maschinentechnischen Arbeitstagung der VLB, Kulmbach, 10.-12.03.2008

271 Litzenburger, K.: Erfahrungen aus der Betriebsberatung
Brauwelt **133** (1993) 16, S.659-668

272 Eßlinger, H.-M.: Gär- und Lagertanks, Brauwelt **134** (1994) 24/25, S. 1147-1152

273 Schuch, C.: Probenahme in zylindrokonischen Tanks
Brauwelt **136** (1996) 17/18, S.788-806

274 Unterstein, K.: Zylindrokonische Gärtanks, Brauwelt **132** (1992) 27, S. 1280-1286

275 Schuch, C.: Temperaturverteilung in zylindrokonischen Tanks
Brauwelt **136** (1996) 13, S. 594-597

276 Fries, G.: Das *Nathan* - Bierherstellungsverfahren
Z. ges. Brauwesen **47** (1924) 2, S. 9-16

277 Acht Jahrhunderte Bier in Freiberg; Teil 3: Die Entwicklung der Freiberger Brauerei 1850-1990; Mitteilungen des Freiberger Altertumsvereins; 83. Heft, 1999

278 Sacher, B. u. Th. Becker: Alte Ideen aus der Brautechnik neu belebt (Teil 2),
Brauwelt **158** (2018) 7, S. 185-189

279 Stöckli, A.: *Nathan* - Verfahren; Schweizer Brauerei-Rdsch. **86** (1975) 1/2, S. 29-31

280 Zangrando, T.: Leopold Nathan - genialer Erfinder der zylindrokonischen Gär- und Lagertanks; GGB-Jahrbuch 2011, S. 280-297

281 Amaha, M. et al.: Einige Versuche mit dem Eintankprozess im Asahi-Großtank
EBC-Proceedings, Amsterdam 1977, S. 545-560

282 Annemüller, G. u. H.-J. Manger: Zylindrokonische Tanksysteme für die Gärung und Reifung von Bier - Vergleichende Bewertung zweier unterschiedlicher Systeme;
Brauwelt **134** (1994) 24/25, S. 1135-1146

283 Crabb, D. u. D. R. Maule: Temperature control and yeast sedimentation characteristics in large storage vessels; EBC-Monograph V: Fermentation and Storage Symposium, Zoeterwoude 1978, S. 165-180

284 Annemüller, G. u. T. Schnick: Ein Vorschlag für einen Filtrierbarkeits- und Stabilitäts-Check im unfiltrierten Lagerbier; Brauwelt **138** (1998) 45, S. 2128-2135

285 Annemüller, G. u. H.-J. Manger: Anstell- und Angärphase im ZKG - die Blackbox des Gär- und Reifungsprozesses? Brauwelt **136** (1996) 40/41, S. 1894-1897

286 Annemüller, G., Burkhardt, L. u. A. K. Woinar: Die Anstell- und Angärphase eines ZKG's muß keine Blackbox sein! Brauwelt **137** (1997) 39/40, S. 1786-1793
287 Mende, Y.: Messwerte aus der Diplomarbeit; TFH Köthen 1993
288 Senge, I.: Untersuchung des Durchmischungseinflusses auf die Gärgeschwindigkeit sowie Messung der Strömungsgeschwindigkeiten im 250 m^3-Bierfermenter als Beitrag zur Optimierung von Großraumfermentern; Diss., Humboldt-Universität zu Berlin, 1980
289 Müke, O. u. G. Annemüller: Großraumfermenter in Freibauweise für die Gärung und Reifung von Bier, II. Mitteilung: Verfahren zur beschleunigten diskontinuierlichen Gärung und Reifung von hellen Vollbieren Lebensmittelindustrie **23** (1976) 3, S. 123-128 und **23** (1976) 4, S. 173-179
290 Fachbereichstandard der DDR TGL 33273 – Brauindustrie – Verfahrensführung – Beschleunigte Gärung und Reifung in frei gebauten Großraumbehältern; Staatl. Getränkekontor Berlin, 31.12.1976
291 Wellhoener, H. J.: Druckgärverfahren Schweizer Brauerei-Rdsch. **86** (1975) 1/2, S. 34-37
292 Eco-Matrix®: Das effizientere Verrohrungssystem mit der Qualität im Fokus; Info-Schrift GEA Tuchenhagen Brewery Systems, 2009
293 Bei den ZKT der DDR-Bauform Germania konnte ein schwenkbarer Konus aus Gründen der fehlenden Fertigungskapazitäten des Anlagenbaues nicht verwirklicht werden
294 Pahl, R.: Das Tank-O-Skop: Vortrag zur Frühjahrstagung der VLB in Nürnberg, 2009
295 Gattermeyer, P.: Steinecker Poseidon - Dynamische Fermentation; Vortrag zur Oktobertagung der VLB Berlin, 2017
296 Annemüller, G. u. H.-J. Manger: Die technisch-technologisch optimale Brauerei, Brauerei-Forum **33** (2018) 3, S. 8-13
297 Michel, R.: ECO-Ferm™ - Potenziale zur Beschleunigung der Gärung und Reifung (mit Praxisbeispielen/-ergebnissen); Vortrag auf der 99. Oktobertagung der VLB, Berlin 2012
298 Clemmensen, B. u. O. Nielsen: Boost capacity and cut fermentation time with Iso-Mix; Vortrag auf dem EBC-Symposium „Innovative solutions in cellar area and filter room", Kopenhagen, 10.-13.09.2012
299 Boulton, Ch. U. M. Nordkvist: The design of large capacity conical fermentation vessels and their management; Vortrag auf dem EBC-Congress 2009, Hamburg
300 Müller-Auffermann, K.: Verkürzte Gär- und Lagerzeiten, Brauwelt **157** (2017) 41, S. 1208-1209
301 Esslinger, H. M.: Gär- und Lagertanks; Brauwelt **134** (1994) 24/25, S. 1147-1152
302 Geräte- und Produktsicherheitsgesetz (GPSG); Verordnungen zum Geräte- und Produktsicherheitsgesetz (GPSGV); Vierzehnte Verordnung zum Geräte- und Produktsicherheitsgesetz (Druckgeräteverordnung; 14. GPSGV)
303 Datenblätter der Fa. Tyforop GmbH, Hamburg
304 Weissler, H. E.: Die Temperatur der maximalen Dichte bei Malzgetränken, ASBC-Proceedings, 1965, S. 167-169
305 Heyse, K.-U.: Handbuch der Brauerei-Praxis, 3. Aufl., S. 186; Nürnberg: Verlag Hans Carl, 1995
306 TWA-Anlagen und Betriebstechnik der VLB Berlin, Arbeitsgruppe Isolierung unter Mitarbeit der Fa. Kaefer-Isoliertechnik, Bremen: „Entscheidungshilfen zur Ausführung von Isolierungen an Gär- und Lagerbehältern, Ausgabe 05.10.2005".
307 Reiß: Vortrag Wärmedämmstoffe der Zukunft, Brauwelt **137** (1997) 30, S. 1230
308 AF/Armaflex® : Infomaterial der Fa. Armstrong World Industries GmbH, Düsseldorf

309 Infomaterial der Fa. Aeroflex, Backnang (www.aeroflex.de)
310 VDI 2055 Wärme- und Kälteschutz für betriebs- und haustechnische Anlagen - Berechnungen, Gewährleistungen, Meß- und Prüfverfahren, Gütesicherung, Lieferbedingungen (1994 - 07)
VDI 2055 Blatt 1 Wärme- und Kälteschutz von betriebstechnischen Anlagen in der Industrie und in der Technischen Gebäudeausrüstung - Berechnungsgrundlagen (2008 - 09)
311 Nach Angaben der Fa. Kaefer, Bremen
312 Beetz, R.: Kontinuierliche Gärung und Schnellgärung. Ein Überblick über die wichtigsten Verfahren, ihre technologischen Merkmale und deren Bedeutung für die Bierqualität; Dissertation, TU München, 1967
313 Hlaváček, Fr.: Verkürzung der Gärung und Lagerung des Bieres Brauwelt **105** (1965) 38, S. 734-738
314 Diddi, O. u. M. Kahler: Semikontinualne kvasenie v praxi Kvasný průmysl **12** (1966)11, S. 264-265
315 Haboucha, J.: Fermentation discontinue acceleree coulage continu Petit J. Brass. **78** (1970) 3315, S. 459-462
316 Haboucha, J.: Fermentation discontinue acceleree coulage continu Petit J. Brass. **78** (1970) 3318, S. 495-496
317 Wackerbauer, K.: Zusammenfassung kleiner Lagertanks zu kontinuierlichen Systemen; Ref. d. Brauwelt **117** (1977) 40,S. 1541-1542
318 Pollock, J. R. A.: Rapid fermentation of brewer's wort J. Inst. Brewing **67** (1961) 1, S. 5-6
319 Beubler, A. u. W. Waßmuth: Eine moderne Anlage zur Herstellung von Bier nach einem kontinuierlichen Verfahren; Chem. Technik **24** (1972) 8, S. 498-501
320 Cofala, J.: Der kontinuierliche Bierprozess in der Phase der Hauptgärung u. Reifung in der Tychy-Brauerei (VR Polen); Vortrag zum 8. Wiss.-techn. Kolloquium d. Gärungs- u. Getränkeindustrie d. DDR, Berlin, 1976
321 Wolter, H. C.: Untersuchungen über Prozessvariablen der kontinuierlichen Biergärung unter besonderer Berücksichtigung der spezifischen Wachstumsgeschwindigkeit der Hefe als Parameter für die Bildung einiger Bierinhaltsstoffe Habilitationsschrift, Humboldt-Univ. zu Berlin, 1968
322 Lietz, P.: Zu einigen Schwerpunkten der Industrieforschung der Gärungs- und Getränkeindustrie in der DDR; Jahrbuch der Gesellschaft für Geschichte des Brauwesens e.V., Berlin 2008, S. 9-57
323 Klopper, W. J., Roberts, R. H., Royston, M. G. u. R. G. Ault: Continuous fermentation in a tower fermenter; EBC-Proceedings, Stockholm 1965, S. 238-259
324 A.P.V. Druckschrift Kontinuierliches Brauen; Fa. A.P.V. Ltd. Großbritannien (o. J.)
325 Lietz, P., Singer, G., Markgraf, K., Röser, G., Schmidt, M. u. W. Waßmuth: DD-WP 83543, DPK 6b, 17
326 Wolter, H.-C., Beubler, A., Lietz, P., Liebs, P. u. P. Steffen: Verfahren zur kontinuierlichen Gärung und Reifung des Bieres DD-WP 68209 DPK 6b, 8/01 und DD-WP 73017 DPK 6b, 8/01
327 Wolter, H.-C., Krüger, M., Liebs, P., Möwius, J. u. K.-H. Wolf: Verfahren zur beschleunigten kontinuierlichen Gärung und Reifung von Bier; Zusatz zu DD-WP 68209; DD-WP 108554 DPK 6b, 8/01a
328 Möwius, J. ,H.-C. Wolter et al.: Fortschritte bei der Biergärung und -reifung in drei Tagen Lebensmittelindustrie **22** (1975) 6, S.263-265
329 Ricketts, R. W. u. J. S. Hough: Influence of aeration on production of beer by continuous fermentation; J. Inst. Brewing **67** (1961) 1, S. 29-32

330 Monod, J.: La technique de culture continue, theorie et applications
Ann. Inst. Pasteur **79** (1950) S. 390-410

331 Gerhardt, P. u. M. C. Barlett: Continuous industrial fermentations
Adv. Appl. Microbiol. **1** (1959) S. 215-260

332 Herbert, D.: Continuous Culture of Microorganisms
S.C.I. Monograph No. 12 (1961) S. 21-53

333 Emeis, C. C.: Die kontinuierliche Kultur von Mikroorganismen
Mschr. f. Brauerei **18** (1965) 9, S. 224-228

334 Portno, A. D.: Continuous fermentation of brewer's wort
J. Inst. Brewing **74** (1968) S. 55-63 u. S. 448-456 und
Continuous fermentation in relation to yeast metabolism
J. Inst. Brewing **74** (1968) 5, S. 448-456

335 Portno, A. D.: Theoretical and practical aspects of continuous fermentation
Wallerstein Lab Comm. **33** (1970) 112, S. 149-161

336 Rehm, H.-J.: Industrielle Mikrobiologie; Berlin: Springer-Verlag, 1980

337 Wolf, K.-H.: Beiträge zur Maßstabsübertragung und Dynamik kontinuierlicher quasizweiphasiger fermentativer Prozesse in Rührreaktoren
Dissertation B, TH Magdeburg, 1980

338 Kollnberger, P.: Vorstudie der VLB über die „Entwicklung von kontinuierlichen Bierherstellverfahren" Berlin: VLB 1989

339 Berdelle-Hilge, Ph. u. P. Hellich: Kurzfassung der Vorträge: Kurzzeit-Bierherstellung mit dem Durchfluß-Gärverfahren. Das Bio-Brew-Verfahren
Ref. durch Tageszeitg. f. Brauerei **71** (1974) 32/33, S. 165-166

340 Hellich, P.: Konventionelle Gärverfahren und Schnellgärverfahren - ein Beitrag zur Technik und Wirtschaftlichkeit. Gegendarstellung zum Artikel von W. Reuschl, Brauwelt Nr. 35 (1973)
Brauwelt **113** (1973) 47, S. 1019-1020

341 Reuschl, W.: Konventionelle Gärverfahren und Schnellgärverfahren - ein Beitrag zur Technik und Wirtschaftlichkeit
Brauwelt **113** (1973) 35, S. 735-742

342 Baker, D. A. u. B. H. Kirsop: Schnelle Bierproduktion unter Verwendung eines Pfropfen-Fermenters; J. Inst. Brewing **79** (1973) S. 487-494

343 Narziss, L.: Verfahren zum Abbau des Diacetylgehaltes von Bier
DE-PS 2 144 754; IPK: C12 h 1/22; und Zusatz:
Verfahren zum Schnellreifen von Bier: DE-OS 2146201

344 Pollock, J. R. A.: Neue Entwicklungen in der Gärungstechnologie
Brauwelt **113** (1973) 35, S. 743-747

345 Wellhoener, H. J.: Ein kontinuierliches Gär- und Reifungsverfahren für Bier
Brauwelt **94** (1954) 44, S. 624-626

346 Coutts, M. W.: Austr. Pat. Nr. 216618 v. 24.07.1957

347 Miedaner, H.: Kontinuierliche Gärung; Ref. in
Brauwelt **127** (1987) 40, S.1787-1789

348 A.P.V. Company, Ltd.: Brit. Pat. Nr. 938173 v. 04.02.1960

349 A.P.V. Company, Ltd.: Brit. Pat. Nr. 959049 v. 28.11.1962

350 Klopper, W. J., et al.: Continuous fermentation in a tower fermenter
EBC-Proceedings, Stockholm 1965, S. 238-259

351 Ludwig, A.: Zur Verbesserung der Langzeitstabilität von Verfahren mit immobilisierter Hefe bei der Hauptgärung; Dissertation TU Berlin, 2003

352 Gröquist, A., Pajunen, E. u. B. Ranta: Secondary fermentation with immobilized yeast - industrial scale; EBC-Proceedings, Zürich 1989, S. 339-346

353 Lommi, H.: Immobilised yeast for maturation and alcohol-free beer
Brew & Dist Int. (1990) May, S. 22-23

354 Pajunen, E., Grönquist, A. u. H. Lommi: Continous secondary fermentation and maturation of beer in an immobilized yeast reactor
MBAA Tech. Quarterly **26** (1989), S. 147-151
355 Pajunen, E.: Immobilized yeast lager maturation: DEAE-Cellulose at Sinebrychoff
EBC-Monograph XXIV, EBC-Symposium Immobilized Yeast Applications in the Brewing Industry, Espoo 1995, S. 24-33
356 Produktinformation Nr. 60038 der Fa. Schott Engineering,
Schott Glaswerke Mainz 1996/1997
357 Groneick, E., Groppe, H., Dillenhöfer, W. u. D. Rönn: Kontinuierliche Bierreifung im Praxistest; Informationsheft der Fa. Alfa Laval GmbH, Glinde bei Hamburg, 1996/1997
358 Dillenhöfer, W. u. D. Rönn: Ein gutes Bier reift jetzt noch intensiver – Alfa Konti-Reifung Informationsheft der Fa. Alfa Laval GmbH, Glinde bei Hamburg, 1996/1997
359 Thorne, R. S. W.: Some observations on yeast mutation during continuous fermentation;
J. Inst. Brewing **74** (1968) 6, S. 516-524
360 Portno, A. D.: Fermentation and Storage Symposium;
EBC-Monograph V, Zoeterwoude 1978, S. 145-154
361 Stewart, G. G. u. I. J. Russel: Centenary review one hundred years of yeast research and development in the brewing industry
J. Inst. Brewing **92** (1986) 6, S. 537-558
362 Müller-Auffermann, K. u. F. Jacob: Process and plant fort the Continuous Fermentation of fluids; Vortrag auf dem EBC-Symposium „Innovative solutions in cellar area and filter room“, Kopenhagen, 10.-13.09.2012
363 Annemüller, G. u. H.-J. Manger: Fachrechnen für Mälzerei- und Brauereitechnologen,
Berlin: Verlagsabteilung der VLB Berlin, 2015
364 Krüger, E. u. H.-M. Anger: Kennzahlen zur Betriebskontrolle und Qualitätsbeschreibung in der Brauwirtschaft; Hamburg: Behr's Verlag, 1992
365 De Clerck, J.: Lehrbuch der Brauerei, Bd. 1; Berlin: Verlag der VLB, 1962
366 Schönfeld, F.: Die Herstellung obergähriger Biere;
Berlin: P. Parey Verlag, 1902
367 Schönfeld, F.: Obergärige Biere und ihre Herstellung, 2. neu bearb. Aufl.,
Berlin: P. Parey Verlag, 1938
368 Kieninger, H. u. F. Schweiger: Zur Technologie obergäriger Weizenbiere
Brauwelt **116** (1976) 13, S. 370-375
369 Kieninger, H.: Das bayrische Weizenbier; Brauwelt **118** (1978) 49, S. 1895-1897
370 Schmidt, G.: Rund um das Hefeweizenbier
Brauwelt **118** (1978) 17, S. 580-592 u. **120** (1980) 18, S. 638-652
371 Kaiser, A.: Praktische Hinweise zur Erzeugung von Altbieren
Brauwelt **118** (1978) 33, S. 1210-1214
372 Rieber, B.: Birgits Bierstilkunde - W wie Weizenbier, Verlag W. Sachon GmbH + Co, Mindelheim: Leidenschaft Craft 2/2019, S. 48-49
373 Englmann, J.: Zu einigen Besonderheiten bei der Herstellung von Hefeweizen
Vortrag zum 14. Dresdner Brauertag, Dresden 27.04.2007
374 Wackerbauer, K., Kossa, T. u. R. Tressl: Die Bildung von Phenolen durch Hefen
EBC-Proceedings, Amsterdam 1977, S. 495-505
375 Wackerbauer, K., Krämer, P. u. J. Siepert: Phenolische Aromastoffe im Bier
Brauwelt **122** (1982) 15, S. 618-626
376 Back, W.: Ausgewählte Kapitel der Brauereitechnologie
Nürnberg: Verlag Hans Carl, Ausgabe 2005

377 Vanbeneden, N.: Volatile phenols in beer: formation of 4-vinylguaiacol during wort fermentation and its fate during beer ageing
Vortrag EBC-Congress Hamburg, 2009

378 Schwarz, C.: A measurement systems for haze stability of turbid beers
EBC-Proceedings, Venedig 2007,

379 Schwarz, C.: Messtechnische Erfassung und technologische Einflussnahme auf die Trübungsstabilität von Weizenbier; 42. Technologisches Seminar der TU München-Weihenstephan 2009, Vortrag Nr. 23/1-23/11

380 Jacob, F. u. D. Tiesch: Einfuss der Kurzzeiterhitzung auf die Trübungsstabilität von Weizenbier; 42. Technologisches Seminar der TU München-Weihenstephan 2009, Vortrag Nr. 24/1-24/4

381 Annemüller, G., Manger, H.-J., Lietz, P. et al.: Die Berliner Weiße - Ein Stück Berliner Geschichte; Berlin: Verlag der VLB, 2008

382 Methner, F.-J.: Über die Aromabildung beim Berliner Weißbier unter besonderer Berücksichtigung von Säuren und Estern
Dissertation, TU Berlin, 1987

383 Verordnung über diätetische Lebensmittel (Diätverordnung), Bekanntmachung vom 28. April 2005 (BGBl. I, S. 1161), geändert durch Artikel 1 der Verordnung vom 1. Oktober 2010 (BGBl. I S. 1306)

384 http//www.brauer-bund.de/bier-ist-genuss/biersorten-im-portraet/bierspezialitaeten, 06.01.2013

385 Krüger, E.: Änderungen der Diätbierverordnung und ihre Auswirkung auf die Diätbierbereitung; Tagesztg. f. Brauerei **78** (1981) 57, S. 205-206

386 Schöber, J.: Untersuchungen zur Produktion eines Malzenzympräparates und dessen Applikation bei der Diätbierherstellung; Dissertation, TU Berlin, 1998

387 Schöber, J. u. G. Annemüller: Diätbier - Untersuchungen zur Optimierung von Technologie und Qualität; Brauwelt **139** (1999) 35, S. 1560-1574

388 Narziß, L.: Abriß der Bierbrauerei, 5. Auflage; Stuttgart: Ferd. Enke Verlag, 1986, S. 336

389 Kunze, W.: Technologie Brauer und Mälzer, 9. Aufl.,
Berlin: Verlag der VLB Berlin, 2007

390 Annemüller, G., Manger, H.-J. u. Th. Bauch: Gewinnung von Malzenzymprodukten durch Crossflow-Filtration; DE PS 4 234 392 v. 08.10.1992

391 Annemüller, G. et al.: Verfahren zur Gewinnung unterschiedlich angereicherter Enzymgruppen aus gemälztem Getreide und deren Applikation in der Bier- und Nahrungsmittelindustrie; DE PS 10 027 915 v. 31.05.2000

392 Annemüller, G., Schöber, J., Manger, H.-J. et al.: Verfahren zur Gewinnung von pflanzlichen Enzymen und Wuchsstoffkonzentraten aus gemälztem Getreide, geeignet für den Einsatz in Getränke- und Lebensmittelindustrie
DE PS 10 241 647 v. 09.09.2002

393 Annemüller, G. u. J. Schöber: Diätbier - Die ungeliebte Biersorte der deutschen Brauindustrie
Brauwelt **139** (1999) 19, S. 862-867

394 BMI 04-85 Brauindustrie, Verfahrensführung; Einsatz von Glucoamylasepräparaten bei der Herstellung von Diabetiker-Pils; Werkstandard des VEB WTÖZ der Brau- und Malzindustrie, Berlin, November 1985

395 TGL 29167/02: Glucoamylase-Flüssigkonzentrat, Bestimmung der Aktivität von Glucoamylase aus *Endomycopsis;* Fachbereichstandard der DDR,
Berlin; Dezember 1986

396 Emeis, C. C.: Züchtung von Brauereihefen für die Herstellung kohlenhydratarmer Biere
Brauwelt **131** (1991) 10, S. 337-338

397 Hammond, J.: Better beers offers slime hope;
http://134.225.114/NCBE/Features/beer.html, 1997

398 Narziß, L.: Biersortenvielfalt, eine Chance für den mittelständischen Brauer Brauwelt **140** (2000) 39/40, S. 1585-1588 und 44, S. 1855-1858

399 Kelch, K. u. Chr. Hohmann: Alkoholfreies Bier und Malztrunk - Marktentwicklung über 20 Jahre; Brauwelt **154** (2014) 33, S. 988-990

400 Leibhard, M.: Optimierung verschiedener biologischer Verfahren zur Herstellung alkoholfreier Biere, Dissertation TU München-Weihenstephan, 1991

401 Pahl, R.: Modern technologies and processes for the production of non-alcoholic beers - an overview, Vortrag 106. Internationale VLB Oktobertagung, Berlin 2019

402 Wucherpfennig, K. u. S. Neubert: Zur teilweisen Entalkoholisierung von Bier mittels Umkehrosmose; Brauwelt **116** (1976) 41, S. 1326-1332; 43, S.1419-1423; 47, S. 1573-1579

403 VLB-Seminar „Verfahren und Rechtsfragen zur Herstellung alkoholreduzierter Biere; 27.11.1981; Monatsschrift für Brauerei **35** (1982) 3, S.86-109

404 Hochberg, U.: Verfahrenstechnische Probleme und deren Lösung bei der Entalkoholisierung von Getränken durch Verdampfung ZFL - Internationale Zeitschrift für Lebensmittel-Technologie und -Verfahrenstechnik **38** (1987) 1, S. 12-17

405 Hochberg, U. u. J. Zander: Entalkoholisieren von Bier durch Verdampfen im Fallstromverdampfer; Brauerei-Journal **106** (1988) 12, S. 414-417

406 Narziß, L., Back, W. u. S. Stich: Versuche mit einer Gegenstromdestillationsanlage mit Rektifikation zur Entalkoholisierung von Bier; Brauwelt **133** (1993) 38, S. 1806-1820

407 Zufall, C. u. K. Wackerbauer: Verfahrenstechnische Parameter bei der Entalkoholisierung von Bier mittels Fallstromverdampfung und ihr Einfluß auf die Bierqualität Monatsschrift f. Brauwissenschaft **53** (2000) 7/8, S. 124-137

408 Narziß, L., Wolfinger, H., Stich, S. u. R. Laible: Versuche mit einer neuen Hochleistungsverdampfer-Anlage zur Entalkoholisierung von Bier Brauwelt **132** (1992) 51/52, S. 2650-2656

409 Plett, E.: Thermisches Verfahren zur Entalkoholisierung von Bier Brauindustrie **76** (1991) 6, S. 531-533

410 Folz, R.: Aroma recovery from fermentation gases as an optimisation possibility in alcoholfree beer production; Vortrag auf dem EBC-Symposium „Innovative solutions in cellar area and filter room", Kopenhagen, 10.-13.09.2012

411 Schmitz, F. J.: Theoretische Grundlagen der Dialyse zur Herstellung alkoholreduzierter Biere; Monatsschrift f. Brauerei **35** (1982) 3, S. 92-94

412 Niefind, H.-J. u. F. J. Schmitz: Neues Verfahren zur Alkoholreduzierung von Bier durch selektive Diffusion an Membranen; EBC-Proceedings, Kopenhagen 1981, S. 599-606

413 Niefind, H.-J.: Praktische Erfahrungen mit der Dialyse zur Herstellung alkoholreduzierter Biere; Monatsschrift f. Brauerei **35** (1982) 3, S. 95-97

414 Schwinghammer, G.: Verfahren und Apparate zur Herstellung Von Bieren mittels Dialyse Brauwelt **134** (1994) 44, S. 2360-2367

415 Saier, H.-D.: Technische Dialyse; Brauwelt **133** (1993) 51/52, S. 2578-2581

416 Zufall, C. u. K. Wackerbauer: Die Entalkoholisierung von Bier durch Dialyse - Verfahrenstechnische Beeinflussung der Bierqualität Monatsschrift f. Brauwissenschaft **53** (2000) 9/10, S. 164-179

417 v. Hodenberg, G. W.: Die Herstellung von alkoholfreien Bieren mittels Umkehrosmose Brauwelt **131** (1991) 15, S. 565-569

418 Ziegler, E. u. J. Mühlbauer: Möglichkeiten zur Herstellung alkoholfreier und alkoholarmer Getränke mit Biercharakter; Brauwelt **115** (1975) ??, S. 800-803

419 Michel, R. u. R. Scheibner: De-alkoholization of beer with the new GEA-AromaPlus® technology, Tagungsunterlagen des Vortrages auf der 106. Internationalen VLB Oktobertagung, Berlin, 14.-15.10.2019
420 Eckert, M.: Entalkoholisierung von Bier mittels Verdampfung bzw. Hochdruckextraktion unter besonderer Berücksichtigung der Aromastoffe Diss., Universität Hohenheim, 1990
421 Glaubitz, M., Koch, R. u. G. Bärwald: Atlas der Gärungsorganismen Berlin u. Hamburg: Verlag Paul Parey, 1983
422 Kunz, Th. u. F.-J. Methner: Verfahren zur Herstellung eines Getränkes, DE-OS 102009023209 v. 29.05.2009
423 Schur, F.: Alkoholfreies Bier - Neues Herstellungsverfahren Ref. Brauwelt **123** (1983) 30, S. 1281
424 Esslinger, H.-M.: Alkoholfreies Bier; Ref. Brauwelt **133** (1993) 22/23, S. 999-1000
425 Lüders, J.: Technologie mit immobilisierten Hefen Brauwelt **134** (1994) 3, S. 57-62
426 Anonym Alkoholfreies Bier aus Bioreaktor Ref. Brauwelt **133** (1993) 7/8, S. 302-306
427 Dubbel; Taschenbuch für den Maschinenbau, Dampftafel Seite D 30, 16. Aufl., Berlin-Heidelberg-NY: Springer-Verlag, 1987
428 Druckschrift Nr. 372: SIGMATEC Entalkoholisierungsanlage; API Schmidt-Bretten GmbH & Co. KG
429 Fichtel, H., Breitenfellner, G. u. A. Hofbauer: Interview: Geschmack regt zum Weitertrinken an - Arcobräu mit Entalkoholisierungsanlage; Brauindustrie **92** (2007) 7, S. 10-14
430 Back, W.: Ausgewählte Kapitel der Brauereitechnologie, S. 261 Nürnberg: Verlag Hans Carl, 2005
431 Infoschrift PFT00233EN 0611 Alfa Laval: „Spinning cone column boosts beer quality“ (SCC)
432 www. flavourtech.com
433 Alfa Laval: Alfa Laval De-alcoholization module (Druckschrift 200000830-1-EN-GB) www.alfalaval.com
434 Adler, K.-W.: Ein neues Verfahren zur Herstellung von alkoholvermindertem Bier Brauwelt **114** (1974) 22, S. 443-446
435 Eckert, M.: Entalkoholisierung von Bier mittels Verdampfung bzw. Hochdruckextraktion unter besonderer Berücksichtigung der Aromastoffe Diss., Universität Hohenheim, 1990
436 Kunze, W.: Technologie Brauer und Mälzer, 8. Aufl., S. 479 Berlin: Verlag der VLB, 1998
437 Durchschnittswerte bei Bieranalysen 2001 Brauerei Forum **17** (2002) 11, S. 298
438 Im sogenannten „Süßbier-Krieg“ wurde 1960 in der BRD durch den Bundesgerichtshof entschieden, dass Malzbiere mit Zuckerzusatz in Deutschland unter der Bezeichnung „Malztrunk“ in den Handel zu bringen sind, um das Deutsche Reinheitsgebot nicht zu beschädigen.
439 TGL 7764: Fachbereichstandard, Biere, Gütevorschriften; VEB WTÖZ der Brau- u. Malzindustrie Berlin, Verbindlich ab 01.07.1987
440 Prospekt Eisbier System BECA® - Typ Ice 50 Fa. BECA® Prozessanlagen GmbH, Neuwied
441 Durchschnittswerte bei Bieranalysen; Brauerei-Forum **22** (2007) 2, S. 11
442 Schiffner, K.: Belgisches Dubbel; Brauwelt **152** (2012) 50, S. 1522
443 Belgien Beer Experience; ref. in Brauwelt **145** (2005) 1/2, S. 14-20
444 Schiffner, K.: Belgisches Fruit Lambic; Brauwelt **151** (2011) 19/20, S. 629

445 Teagle, J., Krottenthaler, M. u. T. Becker: Analytical and sensorial aspects of dryhopping; Vortrag auf dem EBC-Symposium „Innovative solutions in cellar area and filter room“, Kopenhagen, 10.-13.09.2012
446 Schönberger, Ch., Gahr, A. u. E. Wiesen: Hopfenstopfen - gut gestopft ist halb gewonnen; Brauwelt **152** (2012) 9/10, S. 251-254
447 Wiesen, E. u. Ch. Schönberger: Post fermentation hopping - possibilities and limits; Vortrag auf dem EBC-Symposium „Innovative solutions in cellar area and filter room“, Kopenhagen, 10.-13.09.2012
448 Jani, M.: Untersuchungen zur Verbesserung der Verfahrensführung und der Produktqualität traditioneller afrikanischer, ethanolarmer Getränke am Beispiel von Mbegebier in Tansania; Dissertation; TU Berlin 1998
449 Annemüller, G. et al.: Probiotische milchsaure Fermentationsgetränke - Eine Alternative zur Auslastung und Ergänzung der Produktion in Brauereien? GETRÄNKE! Technologie und Marketing **7** (2002) 5, S. 4-7
450 Annemüller, G. et al.: Screeningverfahren zur Auswahl eines potentiell probiotischen, homofermentativen Milchsäurebakterienstammes, der für die Herstellung eines probiotischen Fermentationsgetränkes auf cerealer Basis geeignet ist; Forschungsbericht TU Berlin, 2003
451 Fleischer, L. et al.: Entwicklung funktioneller milchsaurer fermentierter Getränke auf cerealer Basis; Brauerei Forum **19** (2004) 6, S. 151-153 u. 7, S. 173-175
452 Bahns, P. u. R. Michel: Kwass - vom Hausgebräu zur industriellen Produktion; Brauwelt **150** (2010) 9/10, S. 268-271
453 Zangrando, T.: Möglichkeiten und Praxisprobleme bei verkürzten Bierherstellungsverfahren; Brauwelt **113** (1973) 9, S. 143-157
454 Kirsop, B. H.: Lipide, Hefeaktivität und Bieraroma Ref. durch Monatsschrift f. Brauerei **28** (1975) 11, S. 276-277
455 Day, A. et al.: Die Fettzusammensetzung der Hefen und die Kontrolle der Lebensfähigkeit in Fermentationen mit konzentrierter Bierwürze 5th Int. Ferm. Symp. Berlin 1976, S. 468 Ref. durch Monatsschrift f. Brauerei **31** (1978) 4, S. 134
456 Hawkins, P. I.: Hochkonzentriertes Brauen; Lebensmittelindustrie **23** (1976) 1, S. 19-21
457 Schur, F., Anderegg, P., Senften, H. u. Pfenninger, H.: Brautechnologische Bedeutung von Oxalat; Schweizer Brauerei Rdsch. **91** (1980) 12, S. 201-207
458 Dyer-Smith, P.: Ozon- und UV-Einsatz bei der Trinkwasserdesinfektion; Vortrag auf der 94. Brau- u. maschinentechnische Arbeitstagung der VLB, Bad Kreuznach, 12. - 14.03.2007
459 Ahrens, A.: Trinkwasser: Rechtliche Anforderungen an Aufbereitungsstoffe und Desinfektionsverfahren; Vortrag auf der 94. Brau- u. maschinentechnischen Arbeitstagung der VLB, Bad Kreuznach, 12./14.03.2007
460 Kunzmann, Ch.: Chlordioxideinsatz in der Praxis - technologische und analytische Aspekte; Vortrag auf der 94. Brau- u. maschinentechnischen Arbeitstagung der VLB, Bad Kreuznach, 12./14.03.2007
461 Barlet, E.: High-gravity-brewing im Leipziger Brauhaus, Technologie-Energie-Kosten; Vortrag zum 16. Dresdner Brauertag; 24.04.2009
462 Methner, F. et al.: The Influence of the Filtration Procedure and Use of Different Filter Aids on Colloidal Stability of Beer; Vortrag auf dem EBC-Symposium „Innovative solutions in cellar area and filter room“, Kopenhagen, 10.-13.09.2012
463 Nguyen, M.-T., v. Roon, J. u. L. Edens: Kostensparen durch Verzicht auf Kaltstabilisierung Brauwelt **148** (2008) 18/19, S. 512-515
464 Mussche, R. A. u. Ch. De Pauw: Total Stabilisation of Beer in a Single Operation J. Inst. Brewing **105** (1999) 6, S. 386-397

465 Asano, K., Shinagawa, K. u. N. Hashimoto: Characterization of haze-forming proteins of beer and their roles in chill haze formation
J. of the American Society of Brewing Chemists **40** (1982) 4, S. 147-154

466 Batchvarov, V. u. L. Chapon: Vorausbestimmung der kolloidalen Bierhaltbarkeit,
1. Teil: Die verschiedenen Methoden und deren Nützlichkeit
Mschr. f. Brauwissenschaft **38** (1985) 8, S. 331-342
2. Teil: Einfluß der Bieralterung auf die Ergebnisse der analytischen Schnellmethode; Mschr. f. Brauwissenschaft **39** (1986) 3, S. 143-150
3. Teil: Einfluß von Stabilisierungsmaßnahmen auf das Ergebnis schneller Analysenmethoden;
Mschr. f. Brauwissenschaft **39** (1986) 5, S. 188-192

467 Siebert, K. J. u. P. Lynn: www.contex2.com/ift/99annual/abstracts/4146. htm (1999)

468 Annemüller, G., Fischer, W. u. T. Schnick: Die Wahl der „richtigen" Kieselgur und eine Vorklärung mit Kieselsol als Voraussetzungen für gute kolloidale Stabilitäten; GETRÄNKE! Technologie & Marketing **6** (2001) 3, S. 33-37

469 Annemüller, G., Marx, R. u. L. Gottkehaskamp: Überprüfung der Filtratqualität mit einem Partikel-Messgerät; Brauwelt **140** (2000) 39/40, S. 1573-1578

470 Chapon, L.: Wissenswertes über die Kältetrübung des Bieres
Brauwelt **108** (1968) 96, S. 1769-1775

471 Naziß, L. u. E. Reicheneder: Kolloidale Stabilität von Bier;
Brauwelt **117** (1977) 28, S. 918-924

472 Esser, K. D.: Zur Messung der Filtrierbarkeit; Mschr. f. Brauerei **25** (1972) 6, S.145-151

473 Enzinger, L. A.: Apparat mit Filterböden aus Papier zum Filtrieren von trüben und moussierenden Flüssigkeiten unter Abschluss der Luft
Deutsches Reichspatent Nr. 5159 v. 04.06.1878

474 Annemüller, G.: Ein persönlicher Beitrag zur Geschichte der Bierklärung; Bericht vor dem TWA der VLB (FA GLA), Berlin, d. 08.10.2007

475 Goslich, W.: Die neue Brauerei von Julius Bötzow in Berlin
Wochenschrift für Brauerei **2** (1885) 46, S. 665-668

476 Über Klärmittel; l. c. in: Der Bierbrauer **3** (1872) 14, S. 222-223; Begründet v. G. E. Habich; Leipzig: Verlag O. Spamer, 1872

477 Pfauth, H.: Die Behandlung des Winterbieres im Schenkkeller; Neuestes Illustr. Taschenb. d. bayer. Bierbrauerei; ref. in:
Der Bierbrauer **3** (1872) 24, S. 378-380

478 Fasbender, F.: Die Mechanische Technologie der Bierbrauerei und Malzfabrikation, Band III, Leipzig: J. M. Gebhardt's Verlag, 1885, S. 709-717

479 Simon, B.: Klärvorrichtung aus Metall für gärendes Bier und andere Flüssigkeiten; DRP Nr. 539550 (Kl. 6d Gr. 3) v. 23.02.1928

480 Iler, R. K.: The Chemistry of Silica; New York: Verlag John Wiley & Sons Inc., 1979

481 Raible, K., Mohr U.-H., Bantleon, H. u. Th. Heinrich: Kieselsäuresol - ein Bierstabilisierungsmittel zur Verbesserung der Filtrationseigenschaften von Bier
Mschr. f. Brauwissenschaft **36** (1983) 2, S. 76-82 u. 3, S. 113-119

482 Raible, K., Heinrich, h., u. W. Birk: Behandlung der heißen Ausschlagwürze mit Kieselsol
Brauwelt **125** (1985) 13, S. 540-546

483 Niemsch, K.: Einsatz von Kieselsol bei der Bierherstellung
Brauindustrie **74** (1989) 8, S. 900-902

484 Schnick, T., Annemüller, G., Aßmann, E. u. L. Hippe: Kieselsole als Klär- und Stabilisierungsmittel bei der Bierherstellung; Brauwelt **138** (1998)10/11, S. 390-396

485 Meier, J.: Die Stabilisierung des Bieres mit PVPP
Brauerei-Rundschau **97** (1986) 5, S. 93-97

486 BASF AG, Bereich Feinchemikalien: Anwendungsempfehlung für Divergan F, Ludwigshafen 1995

487 Hoeren, P.: Die Entfernung des Sauerstoffs oder der Luft beim Abfüllen von Bier in Flaschen und Dosen; Mschr. f. Brauerei **30** (1977) 1, S. 36-44

488 Kiefer, J.: Filtrationstechnik unter ökologischen Gesichtspunkten Brauwelt **133** (1993) 38, S. 1832-1838

489 Pawlowsky, K., C. Damiani u. G. Peretti: Clarifying the haze issue; Vortrag auf dem EBC-Symposium „Innovative solutions in cellar area and filter room", Kopenhagen, 10.-13.09.2012

490 Senge, B. u. G. Annemüller: Strukturaufklärung von β-Glucan-Ausscheidungen eines Bieres Monatsschrift f. Brauwissenschaft **48** (1995) 11/12, S. 356-369

491 Annemüller, G., Nagel, R. u. Th. Bauch: Ein Beitrag zur Charakterisierung von β-Glucanausscheidungen eines Bieres; Brauwelt **138** (1998) 14, S. 597-600

492 Wagner, N.: Beta-Glucan im Bier und Bedeutung dieser Stoffgruppe für die Bierfiltration; Dissertation TU Berlin, 1990

493 Anderegg, P.: Filtrationshemmende Stoffe und Filtrierbarkeit Brauerei-Rundschau **90** (1979)1/2, S. 40-43

494 Annemüller, G. u. J. Schöber: Ein Malzenzympräparat zur Verbesserung der Bierfiltrierbarkeit, Erste Praxiserfahrungen beim Einsatz; Bericht vor dem Technisch-Wissenschaftlichen Ausschuss der VLB, FA GLA, Berlin, 07.10.2002

495 Schöber, J. et al.: Forschungsprojekt der Fa. fermtec GmbH im Rahmen des Forschungsprogrammes „Nachhaltige Bioprodukte" (Projektträger FZ Jülich GmbH, BMBF u. BMWi)

496 Bauch, Th.: Gewinnung und Applikation von Malz-Enzympräparaten zur Verbesserung der Bierfiltrierbarkeit; Dissertation TU Berlin, 2001

497 Schur, F.: Untersuchungen über die Amylolyse beim Maischen unter besonderer Berücksichtigung der Kinetik und Energetik sowie der Gycosyl-Transferasen-Aktivität; Dissertation TU München, 1975

498 Schur, F. u. H. Pfenninger: Charakterisierung filtrationshemmender Stoffe; 1. Mitteilung: Informationswert des β-Glucangehaltes Schweizer Brauerei-Rdsch. **89** (1978) 2, S. 17-23

499 Schur, F., Anderegg, A. u. H. Pfenninger: Charakterisierung filtrationshemmender Stoffe; 2. Mitteilung: Photometrische Jodprobe Schweizer Brauerei-Rdsch. **89** (1978) 8, S. 129-132

500 Heidrich, G.: Untersuchungen zur kolloidalen Stabilität des Bieres unter besonderer Berücksichtigung der Kohlenhydratverhältnisse Dissertation A, Humboldt- Universität zu Berlin, 1980

501 Körber, K.: Versuche zur Erhöhung der kolloidalen Stabilität des Bieres unter besonderer Berücksichtigung der Eiweißverhältnisse Dissertation A, Humboldt-Universität zu Berlin, 1982

502 Annemüller, G.: Über die Filtrierbarkeit des Bieres - Beurteilung und Einfluss der Inhaltsstoffe; Monatsschrift f. Brauwissenschaft **44** (1991)2, S. 64-72

503 Windisch, W.: Das chemische Laboratorium des Brauers, S. 307 Berlin: P. Parey-Verlag, 1902,

504 Annemüller, G., Bauch, Th., Nagel, R. u. W. Böhm: Der Endo-β-Glucanasegehalt - ein Maß für die cytolytische Kraft des Malzes? Brauwelt **135** (1995) 5/6, S. 206-210

505 Back, W.: Die biologische Situation im Jahr 2007; Vortrag und Tagungsunterlagen zum 41. Technologischen Seminar der TU München-Weihenstephan, 2008

506 Röcken, W.: Prinzipien des Fremdhefennachweises in der untergärigen Brauerei Brauindustrie 69 (1984) 19, S. 1390-1395

507 Hutzler, M., Geiger, E. u. S. Rainieri: Nachweis von Fremdhefen in obergärigen und untergärigen Brauereihefekulturen mittels REAL-TIME-PCR; Vortrag und

Tagungsunterlagen zum 41. Technologischen Seminar der TU München-Weihenstephan, 2008

508 Hage, T. u. K. Wold: Practical experiences on the combat of major Pectinatus and Megaspera infection of with the help of Taq-Man real-time PCR; Vortrag 114; EBC-Proceedings, Dublin 2003, Nürnberg: Verlag Hans Carl

509 Brandl, A.: Entwicklung und Optimierung von PCR-Methoden zur Detektion und Identifizierung von brauereirelevanten Mikroorganismen zur Routine-Anwendung in Brauereien; Dissertation, TU München, 2006

510 Powell, C. D., Mercier, A. u. F. Strachan: Rapid detection of yeast in brewing rinse water Postervortrag EBC-Congress Hamburg, 2009

511 Hutzler, M., Müller-Auffermann, K. u. F. Jacob: Yeast quality control – standards and novel approaches; Vortrag auf dem EBC-Symposium „Innovative solutions in cellar area and filter room", Kopenhagen, 10.-13.09.2012

512 Hutzler, M.: Sinnvoller Einsatz moderner Analysenmethoden zur Untersuchung spezifischer brauereimikrobiologischer Problemstellungen; Vortrag auf dem Technologischen Seminar der TU München-Weihenstephan 2012

513 MEBAK Brautechnische Analysenmethoden Bd. III Spezialanalysen, 2. Aufl. 1996, Gaschromatographie Pkt. 1.1-1.5.2, S. 15-52

514 Chapon, L. u. M. Chemardin: Untersuchung über die Kältetrübung EBC-Proceedings, Madrid 1967, S. 389-405

515 MEBAK Brautechnische Analysenmethoden Bd. II, 4.Aufl. 2002, Bestimmung der Schaumhaltbarkeit,
- nach *Ross & Clark* Pkt.2.19.1, S. 118-120;
- nach NIBEM Pkt. 2.19.2, S. 121-124;
- mit Lg-Foamtester Pkt. 2.19.3, S. 124-125

516 Potreck, M.: Optimierte Messung der Bierschaumstabilität in Abhängigkeit von den Milieubedingungen und fluiddynamischen Kennwerten; Dissertation, TU Berlin, 2004

517 Hormes, J.: Röstmalzbiere zur Herstellung dunkler Biere Brauerei Forum **13** (1998) 8, S. 170-171

518 D'Ans/Lax: Taschenbuch für Chemiker und Physiker, 3. Aufl., Band 1, S. 1203; Heidelberg-Berlin-New York: Springer-Verlag, 1967

519 Stumpf, M. et al.: Wasserentgasung in der Brauerei Brauindustrie **89** (2004) 11, S. 46-52

520 Mette, M.: Druckentgasung, Getränkeindustrie **54** (2000) 9, S. 526-531

521 Bohne, G.: Da geht dem Sauerstoff die Puste aus Getränkeindustrie **58** (2004) 10, S. 62-64

522 Daebel, U., Koukol, R. u. B. Brauner: Energieoptimierter Betrieb - Wasserentgasung mittels hydrophober Membranen Brauindustrie **90** (2005) 9, S. 82-86

523 Freier, R. K.: Kesselspeisewasser, 2. Aufl. Berlin: Walter deGruyter & Co., 1963

524 Autorenkollektiv: Grundwissen des Ingenieurs, 10. Aufl., S. 628 Leipzig: Fachbuchverlag, 1981

525 Sokolow, W. J.: Moderne Industriezentrifugen, 2. Aufl., Berlin: VEB Verlag Technik, 1971

526 Stahl, W. H.: Industrie-Zentrifugen;
Band 1: Fest-Flüssig-Trennung
Band 2: Maschinen- und Verfahrenstechnik, 2004
Band 3: Betriebstechnik Und Prozessintegration, 2008
Männedorf: DRM Press, 2004

527 Janoske, U.: Untersuchung der Strömungszustände und des Trennverhaltens von Suspensionen im Spalt eines Tellerseparators; Fortschrittberichte VDI:

Reihe 3, Verfahrenstechnik; Nr. 591 (Diss. Univ. Stuttgart)
Düsseldorf: VDI-Verlag; 1999

528 GEA Westfalia Separator: www.westfalia-separator.com
Alfa Laval: www.alfalaval.de
Flottweg GmbH & Co. KGaA: www.flottweg.com
Kyffhäuser Maschinenfabrik Artern GmbH: www.kma-artern.de

529 Infomaterial GEA Westfalia: Goodbye Kieselgur, Welcome Profi®

530 Druckschrift: „Separatoren und Dekanter in Brauereien - Kontinuierlich. Effizient. Ressourcen schonend.“ Hrsg.: GEA Westfalia Westfalia Separator Food Tec GmbH; 59302 Oelde; www.westfalia-separator.com

531 AK Grundlagen des Separierprozesses und Separatorenbauarten des VEB Kyffhäuserhütte Artern;
Techn. Information; Heft 2, 1970; VEB Kyffhäuserhütte Artern

532 Trawinski, H.: Die äquivalente Klärfläche von Zentrifugen
Chemiker-Zeitung **83** (1959) 18, S. 602-612

533 Fritsche, E.: Berechnung der Durchsatzleistung von Zentrifugalseparatoren
Chem. Techn. **20** (1968) 1, S. 19-23

534 Jakob, G.: Ausbeute und Schwand, 2. Aufl.; Nürnberg: Verlag Hans Carl, 1953

535 VEB Wissenschaftlich-Technisch-Ökonomisches Zentrum der Brau- u. Malzindustrie:
Methodik der Ermittlung und Abrechnung von Produktionskapazitäten in der Erzeugnisgruppe Bier und alkoholfreie Erfrischungsgetränke
2. Auflage, Berlin 1985

536 Vey, St.: Brauereiplanung; Brauwelt **134** (1994) 44, S. 2340-2343

537 Unterstein, K.: Planungs- und Orientierungshilfen zur Dimensionierung von Produktions- und Abfüllanlagen; Brauwelt **141** (2001) 17, S. 622-639

538 Heyse, K.-U.: Handbuch der Brauerei-Praxis, 2. Aufl.; Nürnberg: Verlag Hans Carl, 1989

539 Eichin, O.: Kellergedanken - Der Gär- u. Lagerkeller einer Brauerei - Grundlagen der Planung; Brauindustrie **83** (1998) 10, S. 620-625

540 Petersen, H.: Brauerei-Anlagen; 2. Aufl., Nürnberg: Verlag Hans Carl, 1993

541 Unterstein, K.: Kapazitätsfeststellung einer Brauerei;
Brauwelt **117** (1977) 46, S. 1783-1787

542 Unterstein, K.: Gären, Reifen, Lagern; Planungskriterien für untergärige Biere;
Mitteilungsblatt Deutscher Braumeister- und Malzmeister-Bund 1996,
Nr. 2, S. 40-45; Nr. 3, S. 82-84

543 Unterstein, K.: Kapazitätsberechnungen für Gär- und Lagerkeller
Brauwelt **134** (1994) 12, S.470-477
Wie viele Tanks braucht das Bier? Teile 1 - 3; Brauwelt **146** (2006) 34/35, S. 1008-1011; 37, S. 1095-1097; 40, S. 1184-1186

544 Kunst, T., Eger, C., Jünemann, A., Lustig, S. und H.-G- Bellmer:
Yeast beer recovery with a decanter;
EBC-Proceedings, Dublin 2003, S. 37/1-37/9

545 Druckschrift: Separatoren und Dekanter in Brauereien; GEA-Westfalia Separator, S. 16

546 Krumm, B.: Bericht über den Testeinsatz des Hefeseparators FEUX 510 ,
TWA der VLB-Berlin, 2003

547 Colesan, F. und S. Paterson: Bierrückgewinnung aus Überschußhefe mit dem Flottweg-Sedicanter®, Brauwelt **139** (1999) 8, S. 300-302

548 Produktbeschreibung „PallSep VMF“ Fa. Pall GmbH Filtrationstechnik, Dreieich

549 Müller, W. K. und K.-G. Polster: Tangentialfluß-Filtration von Hefe zur Bierrückgewinnung, Teil 1 und 2
Brauwelt **131** (1991) 16, S. 618-624; 29, S. 1260-1263

550 Laackmann, H.-P.: Hefebiergewinnung, Brauwelt **133** (1993) 14/15, S. 620-623

551 Gottkehaskamp, L. und R. Schlenker: Die Aufbereitung von Überschußhefe mit Keraflux-Anlagen, Brauwelt **137** (1997) 38, S. 1704-1707

552 Girr, M.: Bier aus Überschusshefe, Brauindustrie **78** (1993) 10, S. 1032-1039

553 Bock, M.: persönl. Mitteilung vom April 2003, Fa. PallSeitzSchenk Filtersystems GmbH

554 Rögener, F., Bock, M. und M. Zeiler: Neuer Batch-Prozess für die Bierrückgewinnung aus Überschusshefe; Brauwelt **143** (2003) 16/17, S. 505-508

555 Faustmann, A.: Von der Pilotanlage zur Industrieanlage - Hefebierrückgewinnung durch Crossflow-Membranen-Filtration, Vortrag zur Oktobertagung der VLB Berlin am 13.10.2008

556 Restbiergewinnung mit einem Crossflow-Mikrofiltrationssystem nach Alfa Laval (nach Druckschrift PCM00069EN 0706)

557 Ref. in Brauwelt **126** (1986) Nr. 18, S. 739-741

558 Röcken, W.: Aktuelle Gesichtspunkte zum Thema Pasteurisation Brauwelt **124** (1984) 42, S. 1826 - 1832

559 Donhauser, S. und K. Glas: Hefepreßbier und seine Aufbereitung Monatsschrift f. Brauwissenschaft **39** (1986) 8, S. 284-292

560 Burgstaller, G.: Bierhefe - ein wertvolles Eiweißfuttermittel für landwirtschaftliche Nutztiere
Hrsg.: Bayerischer Brauerbund e.V., München, 1994

561 Vogel, H.: Sammlung chemischer und chemisch-technischer Vorträge; Hrsg. von R. Pummerer; Neue Folge Heft 42:
Die Technik der Bierhefe-Verwertung
Stuttgart: Ferdinand Enke, 1939

562 von Laer, M.: Nebenprodukt Bierhefe - Rohstoff für Ingredients der Lebensmittelindustrie; Tagungsband des 2. Weihenstephaner Hefesymposiums, Freising, d. 15./16.06.2004

563 Pesta, G.: Verfahrenstechnische und wirtschaftliche Aspekte bei der Verwertung und Entsorgung von Hefe; Tagungsband des 2. Weihenstephaner Hefesymposiums, Freising, d. 15./16.06.2004

564 Manger, H.-J.: CIP-Anlagen: Stapelreinigung oder verlorene Reinigung Brauwelt **146** (2006) 21, S. 606-611

565 Manger, H.-J.: Produktrohrleitungen in der Brauerei - ein Problem? Brauerei-Forum **18** (2003) 7, S. 193-195, 9, S. 246-249, 10, S.275-277

566 Manger, H.-J.: Reinigung und Desinfektion im Brauereibetrieb, Teil 1 Brauerei Forum **27** (2012) 3, S. 8-11; Reinigung und Desinfektion im Gär- und Lagerkeller, Teil 2: BF (2012) 4, S. 8-11; Teil 3: BF (2012) 5, S. 8-11; Teil 4: (2012) 6, S. 17-20; Teil 5: BF (2012) 8, S. 17-19

567 Reimann, S. u. A. Ahrens: Chlordioxid und Anolyt: Zwei Desinfektionsmedien in der Getränkeindustrie; Brauerei Forum **27** (2012) 10, S. 11-14

568 DIN 11483 Milchwirtschaftliche Anlagen; Reinigung und Desinfektion;
Teil 1 Berücksichtigung der Einflüsse auf nichtrostenden Stahl (Ausgabe 01/83)
Teil 1 A1, dito; Änderung 1 (Ausgabe 01/91)
Teil 2 Berücksichtigung der Einflüsse auf Dichtungsstoffe (Ausgabe 02/84)

569 Schlüßler, H.-J.: Zur Kinetik von Reinigungsvorgängen an festen Oberflächen Brauwissenschaft **29** (1976) 9, S. 263-268

570 Schlüßler, H.-J.: Zur Reinigung fester Oberflächen in der Lebensmittelindustrie Milchwissenschaft **25** (1970) 3, S. 133-145

571 Wildbrett, Gerhard [Hrsg.]: Reinigung und Desinfektion in der Lebensmittelindustrie, 2. Aufl., Hamburg : Behr's Verlag, 2006

572 Kessler, H.-G.: Lebensmittel- und Bioverfahrenstechnik - Molkereitechnologie, Kapitel 21.5; München: Verlag A. Kessler, 1996

573 D'Ans/Lax: Taschenbuch für Chemiker und Physiker, 4. Aufl., Band 1, S. 623 und 632; Berlin-Heidelberg-New York, 1992

574 Donhauser, S., Wagner, D. und E. Geiger: Zur Wirkung von Desinfektionsmitteln in der Brauerei; Brauwelt **131** (1991) 16, S. 604-616

575 Brauer, H.: Strömung und Wärmeübergang bei Rieselfilmen, VDI-Forschungsheft 457; Düsseldorf: VDI-Verlag, 1956

576 Manger, H.-J.: Die Entfernung von CO_2 aus Behältern; Brauerei Forum **16** (2001) 7, S. 192-194

577 Ostwald, B. u. G. Schories: Mehr als gründlich - Anlagenreinigung und Desinfektion mit Ozon Brauindustrie **94** (2009) 2, S. 32-35

578 Innowatech Imaca®, Horb a.N.; www.innowatech.de

579 Aquagroup AG, Regensburg; www.aquagroup.com

580 Wolf, D.: Bewertung der Einsatzmöglichkeiten der Membranzellen-Elektrolyse bei Abfülllinien; Vortrag zur 95. Brau- und Maschinentechnischen Arbeitstagung der VLB-Berlin in Kulmbach, 10.-12. 03.2008

581 Kunzmann, Chr.: Innovative Wasserdesinfektion - analytische und technologische Aspekte; Vortrag zur 95. Brau- und Maschinentechnischen Arbeitstagung der VLB-Berlin in Kulmbach, 10.-12. 03.2008

582 Saefkow, M.: Genug geschwallt? Reinigungs- und Desinfektionsverfahren mit erweiterten Einsatzmöglichkeiten in Brauerei und Flaschenkeller; Brauindustrie **93** (2008) 4, S. 10-12

583 Grund, H.: Sichere und effiziente Desinfektion mittels Membranzellen-Elektrolyse - 2 Jahre Praxiserfahrung bei der Stiegl Brauerei Vortrag zur 95. Brau- und Maschinentechnischen Arbeitstagung der VLB-Berlin in Kulmbach, 10.-12. 03.2008 (www.innowatech.de)

584 Kunzmann, Chr.: Vor-Ort-erzeugte Desinfektionsmittel in der Brauerei: Pro und Contra verschiedener Ansätze; Vortrag zum 16. Dresdner Brauertag, 2009 und On-site produced disinfectants in the brewery analytics, monitoring and technical aspects; Vortrag: EBC Congresss Hamburg; 11./13.05.2009

585 Meyer, F.: Vor Ort-Herstellung von Bioziden, Brauwelt **149** (2009) 21/22, S. 604/605

586 Hohmann, H.: Biozidrechtliche Zulassungspflicht bei der vor Ort-Herstellung; Brauwelt **149** (2009) 12/13, S. 352-353

587 Bühler, Th.: Leserbrief zur „Vor-Ort-Herstellung von Bioziden“ Brauwelt **149** (2009) 28/29, S. 816

588 Richtlinie 98/83/EG des Rates vom 03.11.1998 über die Qualität von Wasser für den menschlichen Gebrauch; Amtsblatt der Europäischen Gemeinschaften vom 05.12.1998

589 Verordnung über die Qualität von Wasser für den menschlichen Gebrauch (Trinkwasserverordnung - TrinkwV 2001 vom 21.05.2001, BGBl 2001, Teil ,I, Nr. 24, S. 959-980)

590 DIN 11483 Milchwirtschaftliche Anlagen; Reinigung und Desinfektion;
Teil 1 Berücksichtigung der Einflüsse auf nichtrostenden Stahl (Ausgabe 01/83)
Teil 1 A1, dito; Änderung 1 (Ausgabe 01/91)
Teil 2 Berücksichtigung der Einflüsse auf Dichtungsstoffe (Ausgabe 02/84)

591 www.butterworth.com

592 www.alfalaval.com/solution-finder/products/toftejorg

593 Manger, H.-J.: Die heiße Reinigung von Behältern;
Brauerei-Forum **22** (2007) 8, S. 13-15; 9, S. 11-13
594 Abels-Rümping, A., Ringholt, M. u. M. Breil: Vakuum-CIP für Tanklager; Ein System - 7 Vorteile; KHS-Journal 2008/1, S. 52-53
595 Manger, H.-J.: Planung von Anlagen für die Gärungs- und Getränkeindustrie, 3. Aufl., Berlin: Verlagsabteilung der VLB Berlin, 2012
596 DIN-EN 1672-1 Nahrungsmittelmaschinen, Sicherheits- und Hygiene-anforderungen, Allgemeine Gestaltungsleitsätze,
Teil 1 Sicherheitsanforderungen, Entwurf 04/1995
DIN EN 1672-2 Teil 2 Hygieneanforderungen, Entwurf 02/1995
597 EHEDG s.a.: www.ehedg.org
598 Hauser, G.: Hygienische Produktionstechnologie
Weinheim: Wiley-VCH Verlag GmbH & Co. KGaA, 2008
599 Hauser, G.: Hygienegerechte Apparate und Anlagen
Weinheim: Wiley-VCH Verlag GmbH & Co. KGaA, 2008
600 Richtlinien der EHEDG siehe „EHEDG Guidelines“ unter www.ehedg.org
601 ASI 8.21/94 BG Nahrungsmittel und Gaststätten (Hrsg.),
„Grundsätze einer hygienischen Lebensmittelherstellung“
602 Gesellschaft für Öffentlichkeitsarbeit der Deutschen Brauwirtschaft e.V. (Hrsg.),
Bonn: „Gute Hygienepraxis und HACCP“, 1997
603 N.N. QHD - Ein Prüfsystem für die Reinigbarkeit von Anlagenkomponeneten
Brauwelt **138** (1998) 31/32, S. 1412-1413
604 LMHV Verordnung über Lebensmittelhygiene (Lebensmittel-Hygieneverordnung) vom 05.08.97 (BGBl.I 1997, S.2008)
605 LFGB Lebensmittel- , Bedarfsgegenstände- und Futtermittelgesetzbuch i. d. Fassung vom 1. Sept. 2005 (BGBl. I S. 2618, 3007)
606 DIN 32676 Armaturen für Lebensmittel, Chemie und Pharmazie - Klemmverbindungen für Rohre aus nichtrostendem Stahl - Ausführung zum Anschweißen (02/2001)
607 E DIN 11864-3 Armaturen aus nichtrostendem Stahl für Aseptik, Chemie und Pharmazie (06/2004) Teil 3: Aseptik-Klemmverbindung, Normalausführung
608 Manger, H.-J.: Technische Möglichkeiten zur sauerstoffarmen Arbeitsweise bei der Bierherstellung, Brauwelt **137** (1997) 18, S.696-701
609 Anschlusssystem BioConnect®/BioControl®
Fa. NEUMO GmbH & Co. KG (www.neumo.de)
610 Hertlein, W.: Flexible Leitungen; Brauindustrie **90** (2005) 12, S. 26-29
611 Gattermeyer, P.: Modern process engineering for fermentation and storage cellars
Vortrag EBC-Congress Hamburg, 2009
612 Manger, H.-J.: Armaturen, Rohrleitungen, Pumpen, Wärmeübertrager, CIP-Anlagen u.a. in der Gärungs- und Getränkeindustrie
Berlin: Verlagsabteilung der VLB Berlin, 2013
613 Manger, H.-J.: Armaturen für die Probeentnahme in der Gärungs- und Getränkeindustrie; Brauerei-Forum **23** (2008) 4, S. 10-13; 5, S. 13-17
siehe auch [612]
614 EHEDG European Hygienic Equipment Design Group,
Prüfzeichen QHD (Qualified Hygienic Design), s.a.
www.ehedg.org und www.hygienic-design.de
615 N.N. QHD - Ein Prüfsystem für die Reinigbarkeit von Anlagenkomponenten
Brauwelt **138** (1998) 31/32, S. 1412-1413
616 Murach, M.: Das Tucher-Projekt; Vortrag zur 96. Frühjahrstagung der VLB in Nürnberg, 2009

617 Manger, H.-J.: Technische Messgrößen in Brauerei und Mälzerei
Brauerei-Forum **11** (1996) 22, S.355-361; 24, S.389-395;
12 (1997) 2, S. 28-30; 4, S. 59; 6, S.89-92; siehe auch [4].
618 Stiebeling, U.: Instandhaltungsplanungssystem der Krombacher Brauerei:
INPLAST (INstandhaltungsPLANung und STeuerung) der Firma
SLT GmbH aus Wettenberg;
Vortrag zur Frühjahrstagung der VLB, Nürnberg, 2009
619 DIN 40719, Teil 6 Schaltungsunterlagen, Regeln für Funktionspläne (02/92)
DIN 40719, Teil 11 Schaltungsunterlagen, Zeitablaufdiagramme, Schaltfolgediagramme (08/78)
620 DIN 31051 Grundlagen der Instandhaltung
621 DIN EN 13306 Begriffe der Instandhaltung
622 Mexis, N. D.: Reparaturchaos - die Wende einer fehlgeschlagenen Instandhaltungspolitik; Getränkeindustrie **61** (2007) 5, S. 8-12
623 Mexis, N. D.: Reparatur: die Insolvenzerklärung der Instandhaltung; Ursachen beseitigen, nicht Störungen reparieren; [erfolgreiche Instrumente zur Kostensenkung und Unternehmenssicherung]
Mannheim: Institut für Analytik und Schwachstellenforschung, 2007
624 Hartmann, Ed. H.: TPM : effiziente Instandhaltung und Maschinenmanagement; Stillstandzeiten verringern, Maschinenleistungen steigern, Betriebszeiten erhöhen; Übers. aus dem Engl. von Dagmar Beese,
3., akt. u. erw. Aufl.; Landsberg am Lech: mi, 2007
TPM: Total Productive Maintenance bzw. Total Productive Manufacturing bzw. Total Productive Management
625 Manger, H.-J.: Pumpen in der Gärungs- und Getränkeindustrie;
Brauerei-Forum **21** (2006) 9, S. 13-16; 10, S. 14-17;
22 (2007) 1, S. 22-25; 2, S. 15-22; 3, S. 23-26; 4, S. 16-20;
5, S. 16-19 und 6, S. 18-22; siehe auch [612]
626 Wagner, W.: Kreiselpumpen und Kreiselpumpenanlagen, 2. Aufl.,
Würzburg: Vogel-Verlag, 2004
627 DIN EN 10088 Nichtrostende Stähle (z.Z. gilt Ausgabe 06/93)
Teil 1 Verzeichnis der nichtrostenden Stähle
Teil 2 Technische Lieferbedingungen für Blech und Band für allgemeine Verwendung
Teil 3 Technische Lieferbedingungen für Halbzeug, Stäbe, Walzdraht und Profile für allgemeine Verwendung
628 Informationsstelle Edelstahl Rostfrei®: Edelstahl Rostfrei – Eigenschaften
Druckschrift MB 821, 2. Aufl., Ausgabe 1997
Informationsstelle Edelstahl Rostfrei, Sohnstr. 65 in
40237 Düsseldorf
629 Informationsstelle Edelstahl Rostfrei®: Die Verarbeitung von Edelstahl Rostfrei
Druckschrift MB 822, 3. Aufl., Ausgabe 1994
(Anschrift siehe [628])
630 Manger. H.-J.: Edelstahl Rostfrei® in der Gärungs- und Getränkeindustrie
Brauerei Forum **14** (1999) 10, S. 283-285; 11, S. 315-317
631 Manger, H.-J.: Korrosion und Korrosionsschutz an Edelstählen in der Getränkeindustrie; Brauerei Forum **15** (2000) 3, S. 77-79; 4, S. 109-111
632 DIN 11483 Milchwirtschaftliche Anlagen; Reinigung und Desinfektion;
Teil 1 Berücksichtigung der Einflüsse auf nicht rostenden Stahl (Ausgabe 01/83)
Teil 1 A1, dito; Änderung 1 (Ausgabe 01/91)

Teil 2 Berücksichtigung der Einflüsse auf Dichtungsstoffe (Ausgabe 02/84)
633 DIN 11866 Rohre aus nichtrostenden Stählen für Aseptik, Chemie und Pharmazie - Maße, Werkstoffe (2003-01)
634 DIN EN 10357: Austenitische, austenitisch-ferritische und ferritische längsnahtgeschweißte Rohre aus nichtrostendem Stahl für die Lebensmittel- und chemische Industrie; (2014-03)
635 Bobe, U. und K. Sommer: Untersuchungen zur Verbesserung der CIP-Fähigkeit von Oberflächen Brauwelt **147** (2007) 31/32, S. 844-847
636 Lehrstuhl Maschinen und Apparatekunde der TU München Werkstoffoberflächen, Haftung, Reinigung; Brautechnik; Brauwelt **143** (2003) 20/21, S. 632-635
637 Schmidt, R., Beck, U., Weigl, B., Gamer, N., Reiners, G. und K. Sommer: Topographische Charakterisierung von Oberflächen im steriltechnischen Anlagenbau; Chem.-Ing.-Techn. **75** (2003)4, S. 428-431
638 Probst, R.: Einwirkungen von Reinigungs- und Desinfektionsmitteln auf elastomere Dichtungsmaterialien; Brauindustrie **93** (2008) 2, S. 12-17
639 DIN 11483-2 Milchwirtschaftliche Anlagen; Reinigung und Desinfektion; Berücksichtigung der Einflüsse auf Dichtungsstoffe
640 www.freudenberg-process-seals.com
641 www.simrit.de
642 www.dichtung.net
643 Bronn, W. K.: Technologie der Hefefabrikation, Kapitel 4.4, S. 18 Berlin: Versuchsanstalt der Hefeindustrie, 1986
644 Narziss, L.: Die Technologie der Würzebereitung, 7. Aufl., S. 122 Stuttgart: Ferdinand Enke Verlag, 1992
645 Annemüller, G.: Lehrbriefreihe Bier; Heft 3: Einflussfaktoren Gärung und Reifung, S. 99 Berlin: Staatliches Getränkekontor, 1979
646 Fa. Haffmans: CO_2-Rückgewinnungsanlagen; Brauindustrie **81** (1996) 3, 5 und 6
647 Buchhauser, U. und R. Meyer-Pittroff: Alternative zum Stripping; Neuartiges Verfahren zur CO_2-Rückgewinnung; Brauindustrie **91** (2006) 5, S. 42-44
648 Gruss, R.: Qualitätsanforderungen an Kohlensäure Vortrag zum 20. Kölner Brauertag, Mai 2001
649 Liste der DIN-Normen, s.a. https://de.wikipedia.org/wiki/Liste_der_DIN-Normen
650 Die BGN-DVD: Das Standardwerk für alle Betriebe - Alles zum Arbeitsschutz; Hrsg.: BGN (www.bgn.de). Die DVD erscheint jährlich neu. Mitgliedsbetriebe der BGN erhalten die DVD kostenlos. Vertrieb: BC GmbH Verlags- und Mediengesellschaft Kaiser-Friedrich-Ring 53, 65185 Wiesbaden (info@bc-verlag.de)
651 Deutsches Informationszentrum für technische Regeln im DIN, Deutsches Institut für Normungen e.V. (Hrsg.): „DIN-Katalog für technische Regeln“: als Printausgabe (ISBN 3-410-17187-8 / 978-3-410-17187-4); als CD-ROM oder als Online-Ausgabe (www.din-katalog.de); Berlin: Beuth-Verlag GmbH
652 E-DIN-EN 1672-2: Nahrungsmittelmaschinen, Sicherheits- und Hygieneanforderungen, Allgemeine Gestaltungsleitsätze, Teil 2 Hygieneanforderungen (07/2009)
653 DIN EN ISO 14159: Sicherheit von Maschinen - Hygieneanforderungen an die Gestaltung von Maschinen (07/2008) + Berichtigung 01/2009

654 Bundesanstalt für Arbeitsschutz und Arbeitsmedizin: Verordnung zum Schutz vor Gefahrstoffen Gefahrstoffverordnung (GefStoffV), pdf-Datei Dortmund, 2004 (www.baua.de)

655 OWiG Gesetz über Ordnungswidrigkeiten, vom 19.02.1987, zuletzt geändert 29.7.2009

656 Informationen und Schriften für Sicherheit und Gesundheit Heidelberg: Jedermann-Verlag GmbH

657 Mol, M.: Assure product quality, reduce operating costs and support a sustainable future; Vortrag auf dem EBC-Symposium „Innovative solutions in cellar area and filter room", Kopenhagen, 10.-13.09.2012

658 Jurado, J.: Modern ways in extract recovery methods and zero waste by added value by-products in Breweries; Vortrag auf dem EBC-Symposium „Innovative solutions in cellar area and filter room", Kopenhagen, 10.-13.09.2012

659 Verhülsdonk, M., Glas, K. u. H. Palar: Ganzheitliches Konzept der Wasser- und Wertstoffrückgewinnung für die Lebensmittelindustrie in der Brauerei (Teil I); Brauwelt **151** (2011) 7, S. 186-188

660 Kübeck, G.: Abwasserabgabe - Konsequenzen für Brauereien und Mälzereien, Brauwelt **113** (1973) 49, S. 1051-1056

661 Die Autoren konnten sich im Rahmen der Frühjahrstagung 2017 der VLB Berlin von der sehr zweckmäßigen Gestaltung des Brauereineubaues überzeugen. Die Vorträge von F. Seeger-v. Klitzing, Chr. Dahncke, K. Garus et al. und R. Kansy (alle Paulaner) und P. Gatermeyer (Krones) waren eine überzeugende Vorstellung des Projektes.